Elementary Number Theory and Its Applications

Seventh Edition

初等数论及其应用

（原书第7版）

[美] 肯尼思·H. 罗森（Kenneth H. Rosen）著

夏鸿刚 译

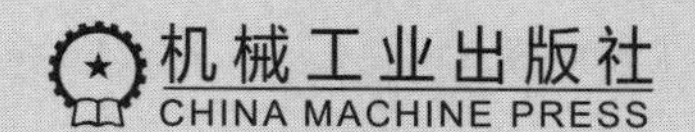

图书在版编目（CIP）数据

初等数论及其应用 ： 原书第 7 版 /（美）肯尼思・H. 罗森（Kenneth H. Rosen）著 ； 夏鸿刚译. -- 北京 ： 机械工业出版社，2024. 12. --（现代数学丛书）.

ISBN 978-7-111-76776-3

Ⅰ. O156.1

中国国家版本馆 CIP 数据核字第 2024Y8U836 号

机械工业出版社（北京市百万庄大街 22 号　邮政编码 100037）

策划编辑：刘　慧　　　责任编辑：刘　慧

责任校对：张雨霏　马荣华　景　飞　　　责任印制：李　昂

河北宝昌佳彩印刷有限公司印刷

2025 年 1 月第 1 版第 1 次印刷

186mm×240mm・34.5 印张・815 千字

标准书号：ISBN 978-7-111-76776-3

定价：139.00 元

电话服务	网络服务
客服电话：010-88361066	机　工　官　网：www.cmpbook.com
010-88379833	机　工　官　博：weibo.com/cmp1952
010-68326294	金　　书　　网：www.golden-book.com
封底无防伪标均为盗版	机工教育服务网：www.cmpedu.com

译 者 序

从我翻译本书的第 5 版到目前的第 7 版，已过去十余年，作者坚持不懈、精益求精的学术精神令人敬佩. 本书几十年来在国内外的畅销想来也是必然的.

数论一直是整个数学研究中最为活跃的领域之一. 而推动数论发展的诸多核心重要问题都可在初等数论中找到相关的背景. 本书内容十分丰富，追本溯源，一览众山，可作为初等数论的百科全书式工具书，相信对于专业学者会有所帮助；本书又兼具易读性与趣味性，这使得它亦可作为数学科普读物面向普通大众，尤其对激发青少年读者对数论的兴趣、提高整个社会的数学素养很有帮助.

夏鸿刚

2024 年夏于山东大学

前　言

我最初编写本书的目的是写一本关于数论的入门级读物．起初我的想法是制作一个教学上的有效工具．我希望能展示这一数学分支中丰富的题材以及出乎意料的实用性．数论既是古典的又是现代的，既是理论的又是实用的．在本书中我力求抓住数论的这些对立面，并最大限度地将它们糅合在一起．在本书的历次修订中我维持了这些想法，并努力深化最初的想法，同时添加了一些新发现和应用．

本书是本科阶段数论课程的理想教材．除一些必要的数学素养和大学代数知识外不需要其他预备知识．本书也可作为初等数论参考资料：既可以作为计算机科学课程的有益补充，也可以作为对数论和密码学新进展感兴趣的读者的初级读物．因为本书内容全面，所以可以作为教材，也可以作为学习初等数论及其广泛应用的长期参考书．

自本书第 1 版出版以来，数论中的许多重要猜想得到了解决．计算机运算能力的提升导致了一系列惊人的发现．在过去的 40 年里，数论出现了许多新应用，包括在密码学中的许多应用．每一次修订新版，我都力求涵盖一些新主题，使本书与时俱进．

该版本的发行是为了庆祝本书出版 38 周年．多年来，全世界有超过 10 万名学生使用本书的各个版本学习数论．本书各版本都受益于许多师生和审阅者的反馈和建议．这个新版本延续了前几版的基本框架，但有许多改进和补充．希望不熟悉本书的教师，或者没有读过最近几个版本的读者，仔细通读第 7 版．你们会欣赏到本书中丰富的习题、引人入胜的人物传记和历史注记、最新进展的追踪、严谨的证明、有用的例子、丰富的应用、对数学软件(Maple、Mathematica 和 SageMath)的支持，以及大量网络资源．

第 7 版的变化

第 7 版的改动是为了使本书更易于教学、更有趣味性，并且尽可能及时更新诸多进展．许多改动是由第 6 版的用户和审阅者提出的．下面列出本版的一些重要更改．

- **多样性、公平性和包容性**

我们努力使新版更加充分地支持多样性、公平性和包容性．出版社对本书进行了全面审查．由于这次审查而做的改动包括新的和改进的人物传记以及习题的修订．

- **新发现**

本版追踪了数值计算和理论证明方面的新发现．在数值计算方面的新发现给出了四个新的梅森素数、新的已知的最大孪生素数，以及支持许多重要猜想的证据等．新的理论发现贯穿全书，比如弱哥德巴赫猜想的证明和存在使用 $O(n\log_2 n)$次位运算来计算两个 n 位整数的乘积的算法等结果．

- **人物传记和历史注记**

包括陈景润、Derrick Lehmer 和 Sophie Germaine 在内的许多传记都进行了较大修改．补充了许多传记，尤其是在世和近代数学家的传记，包括 Manindra Agrawal、Emma Lehmer、Craig Gentry、Dan Shanks、John von Neumann、Lenore Blum、Taher ElGamal、Preda V. Mihăilescu、Helmut Hasse 和 Hendrik Willem Lenstra Jr.

• **开放问题**

如前所述，自本书第 1 版出版以来，数论中许多悬而未决的问题得到了解决. 尽管如此，数论仍然有大量易于理解但未解决的问题. 本版提供了大量开放问题，其中许多可以在附录 F 中找到. ㊀

• **更灵活的组织**

第 6 版中关于最大公因子和素数的第 3 章在本版中被分为两章——第 3 章关于最大公因子和第 4 章关于素数. 这样更便于教师使用本书备课.

• **与抽象代数的联系**

虽然本书没有假定读者具备抽象代数预备知识，但介绍了一些基本的代数结构，如群、环和域. 例如引入了模 p 的整数环，其中 p 是素数，还涵盖了由算术函数集上的直接加法与狄利克雷乘法运算构成的交换环——狄利克雷环. 这对已学过抽象代数的学生有用，也对将来要学抽象代数的学生理解其中的重要概念有益.

• **密码学**

扩大了密码学的覆盖范围. 增加了椭圆曲线密码的内容，而背包密码的内容被删除，因为它已成为公钥密码学发展的历史脚注. 引入了同态加密这一重要概念.

• **原根和离散对数**

判定哪些正整数具有原根的定理的证明被简化了. 引入了离散对数的小步-大步算法.

• **模 p 椭圆曲线**

增加了模 p 椭圆曲线的内容，其中 p 是奇素数，补充了实数上椭圆曲线的相关内容. 增加了通过模奇素数 Hendrik-Lenstra 椭圆曲线方法来分解因子的内容. 讨论了椭圆曲线在密码学中的应用，包括 ElGamal 椭圆曲线密码系统的简要介绍、椭圆曲线 Diffie-Hellman 密钥交换和椭圆曲线数字密钥交换.

• **增强型习题集**

为了改进习题，我们做了大量工作. 增加了几百个新习题，从常规的到具有挑战性的都有. 此外，增加了一些新的计算和研究习题.

• **准确性**

为了本书的准确性我们付出了不少努力. 本书的每一章都由两名独立的审稿者对准确性进行审查，并且由其他人员进行全面审查. 交叉引用的资料也已经过仔细检查.

习题集

习题非常重要，我将相当多的精力投入在编写和修订习题的工作上. 学生应该记住，想学好数学就要尽可能地多做习题. 下面简要介绍本书中的习题类型以及答案的出处.

㊀ 附录 F 在中文版中没有列出，有需要者可以从网址 http://qr.cmpedu.com/CmpBookResource/download_resource.do?id=161744 下载.

- **普通习题**

常规习题着重训练基本技能，注意这种习题奇数编号和偶数编号的都有. 大量中等难度的习题帮助学生融合若干概念形成新的结果，也有许多习题是为了建立新概念. 教师也可以为学有余力的学生找一些具有挑战性的习题.

- **有难度的习题**

书中有不少具有挑战性的习题，用"*"标记较难的习题，用"**"标记极难的习题. 有一些习题包含的结果后面将会用到，这些习题用"☞"标记，应尽可能完成这类习题.

- **习题答案**

本书的后面提供了所有奇数编号习题答案[1]. 更多的习题答案可在本书英文版网站上的"Student's Solutions Manual"中找到. 所有解答都经过了多次检查，以确保准确性.

- **计算习题**

每一节都包括计算和研究，这些计算和研究类习题需要用一个计算程序来完成，可用诸如 Maple、Mathematica、PARI/GP 或 SageMath 之类的软件，或者使用由教师或学生自己编写的程序. 学生可以进行一些常规的计算练习来学习如何使用基本命令(如附录 C 中 Maple、Mathematica 和 SageMath 的命令以及 PARI/GP 网站上的命令)，也可尝试为实验和创造力而设计的更多开放式问题. 每节还包括一组编程项目，学生可以选用一种编程语言或程序来完成.

网站

教师可通过本书的网站 www.pearsonhighered.com/rosen7e 获取专为教师提供的资源，这些资源的获取需要通过 Pearson 获得密码. 学生和教师也可以在该网站发现许多可以与本书结合使用的资源.

- **外部链接**

本书的英文版网站包含一个指南，提供了许多与数论相关的网站的注释链接. 附录 D 中列出了一些与数论相关的重要网站.

- **教师手册**[2]

包含所有习题的答案，包括偶数编号习题的答案，以及很多不对学生开放的其他资源，包括教学大纲、教学建议以及试题库等.

如何使用本书设计课程

本书可以作为不同专业和不同层次的初等数论课程的教材. 因此，教师可以灵活地设计教学大纲. 大多数教师都想覆盖第 1 章(根据需要)、2.1 节(根据需求)、第 3 章和第 4 章、5.1 节～5.3 节、第 7 章、8.1 节～8.3 节和 10.1 节、10.2 节中的核心内容.

---

[1] 限于篇幅，中文版中没有给出答案部分内容，有需要者可以从网址 http://qr.cmpedu.com/CmpBookResource/download_resource.do?id=161745 下载.

[2] 教师手册仅供教师使用，教师可在本书英文版网站 www.pearsonhighered.com/rosen7e 凭密码访问.

制定教学大纲时，教师可以添加自己感兴趣的主题．主题通常可以大致分为纯理论的和应用的．纯理论的主题包括莫比乌斯反演(8.4节)、整数拆分(8.5节)、原根(第10章)、连分数(第13章后半部分)、丢番图方程(第14章前半部分)、椭圆曲线(第14章后半部分)和高斯整数(第15章).

一些教师希望涵盖一些易于理解的应用，例如整除性测试、万年历和校验位(第6章).想强调计算机应用和密码学的教师应涵盖第2章和第9章，可能还应包括10.3节和10.4节、第11章以及12.5节和14.7节.

在决定涵盖哪些主题后，教师可以参考下面的各章之间的关系图：

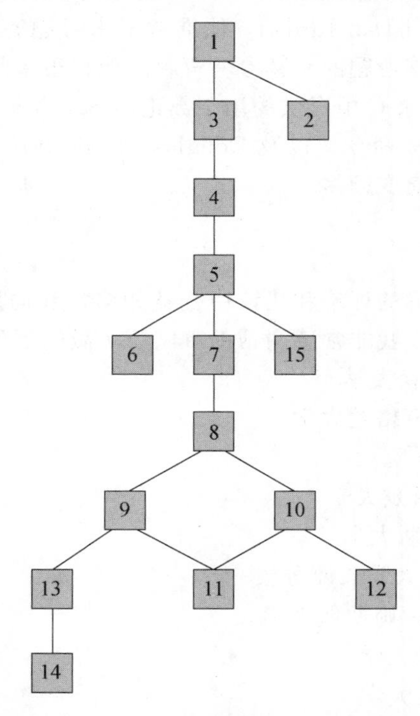

尽管可以省略第2章，但它解释了全书描述数理论算法复杂性所使用的大 O 表示法.除了定理13.4依赖第10章，第13章仅依赖第1章．14.4节是第14章中唯一依赖第13章的部分．如果第12章中省略涉及10.1节中原根的注释，则可以跳过第10章来学习第12章．15.3节应与14.3节一起学习．希望介绍椭圆曲线的教师可以覆盖14.5节和14.6节，如果他们希望涉及模 p 椭圆曲线的应用，可以增加14.7节.

如需要进一步帮助，教师可以参考英文版网站上的“教师资源指南”(Instructor's Resource Guide)中提供的不同课程的教学大纲建议.

致谢

感谢培生的编辑 Jonathan Krebs 的持续大力支持和热情，他尽心尽力，确保了本版的顺利出版．Jonathan 在确保质量方面提供了很多建议．感谢 Jeff Weidenaar，他是本书的原编辑，在 Jonathan Krebs 换了工作后他接管了相关工作. 感谢编辑 Bill Hoffman，他编辑这本书的时间比之前的许多编辑都要长得多. 本书的制作、营销和媒体团队，包括 Rajinder Singh(内容制作人)、Anjali Singh(图片研究员)、Nicholas Sweeney(媒体制片人)、培生的 Stacey Sveum(高级产品营销经理)、Paul Anagnostopoulos(项目经理)、MaryEllen Oliver(文案编辑、校对)，以及 Windfall Software 的 Laurel Muller(艺术家).

我还要再次感谢所有支持本书前六版出版工作的人，包括之前的 Addison-Wesley 的众多编辑以及 AT&T 贝尔实验室的管理层.

感谢 Nathan Moyer、Michael Freeze 和 Will Murray 的帮助，他们检查和复查了整个手稿，包括习题的答案. 感谢 Dan Jordan，他准备书末习题答案以及在线教师手册. Dan 还校对了整本书并核对了解答习题的交叉参考资料. 他在很多其他方面也对我帮助很大.

感谢 Marc Renault 在附录 C 中提供的用于数论的 SageMath 命令，感谢 Eric Schulz 在附录 C 中提供的 Mathematica 命令，以及 Douglas Meade 在附录 C 中提供的 Maple 命令. 这些计算软件在过去十年中演变颇多.

审阅人

我从以前用户的深思熟虑的评论和建议中受益颇多，我向所有人表示衷心的感谢. 他们的许多想法已被纳入本版. 我非常感谢帮助审阅第 7 版的下列人员：

David Nacin，威廉帕特森大学
Jennifer Beineke，西新英格兰大学
Robert Gross，波士顿学院
Chris Schneider，威廉伍兹大学
Nathan Moyer，惠特沃斯大学
Will Murray，加州州立大学长滩分校
Kevin Ferland，宾州布卢姆斯堡大学
Emma Previato，波士顿大学
Jeffrey L. Meyer，雪城大学
Joel Cohen，马里兰大学
Andrew Sills，乔治亚南方大学
Mits Kobayashi，加州理工大学波莫纳分校
Alia Khurram，韦恩州立大学
Christian Roettger，爱荷华州立大学
Diane Meuser，波士顿大学
Hassan Farhat，内布拉斯加大学奥马哈分校
Michael Freeze，北卡罗来纳大学威尔明顿分校

我还要感谢前几版的 50 多位审阅人. 他们的工作同样有助于改进本书.

目　录

何谓数论

数论引起了热议：成千上万的人在网上研究共同关心的数论问题……PBS电视系列节目NOVA报道了一个著名数论问题被解决的新闻……人们研究数论是为了理解信息加密系统……这门学问到底是什么？为何有那么多人对它感兴趣？

数论是数学的一个分支，研究一类特殊数的性质和相互关系．在数论所研究的数当中，最重要的是正整数集合．更具体地说，特别重要的是*素数*，即那些没有大于1且小于自身的正因子的正整数．数论的一个很重要的结果表明，素数是正整数的乘法结构的基石．这个结果叫作*算术基本定理*，它告诉我们，每个正整数可以唯一地写成递增素数的乘积．对于素数的兴趣要追溯到2 500年前古希腊数学家的研究工作．人们思考的第一个问题可能是：素数是否有无穷多个．在《几何原本》(*The Elements*)中，古希腊数学家欧几里得(Euclid)对素数的无穷性给出了证明．这个证明被认为是所有数学证明中最漂亮的证明之一．17、18世纪研究素数的热情被重新点燃，数学家费马(Fermat)和欧拉(Euler)证明了许多重要结果，并且对素数的生成提出许多猜想．素数的研究在19世纪取得重大进展，其结果包括：在等差数列中有无穷多素数，对不超过正数x的素数个数做了精细的估计等．最近100年来发明了研究素数的许多强大的技术方法，但是许多问题用这些方法仍不能解决．比如说，一个未解决的问题是：孪生素数(即相差为2的两个素数)是否有无穷多对？将来肯定还会有新的结果，因为数学家们仍在致力于研究与素数有关的许多悬而未决的问题．

现代数论的发展始于德国数学家高斯(Gauss)，他是历史上最伟大的数学家之一，在19世纪初期发明了同余的语言．我们称两个整数a和b是模m同余的(其中m为正整数)，是指m整除$a-b$．这种语言使我们在研究整除性关系的时候变得像研究方程那样容易．高斯提出了数论中的许多重要概念．例如，他证明了最具智慧和美感的一个结果：*二次互反律*．这个定律把素数p是否为模另一个素数q的完全平方与q是否为模p的完全平方联系起来．高斯给出二次互反律的许多不同的证明，其中有些证明开启了数论的一些新领域．

区分素数与合数是数论的一个关键问题．这方面的工作发展出了大量的*素性检验法*．最简单的素性检验法是检查一个正整数是否被不超过此数平方根的每个素数所整除．不幸的是，对于非常大的正整数，这个检验方法效率很低．用于确定某个整数是否为素数的方法有多种．例如，在17世纪，费马证明了若p为素数，则p整除2^p-2．一些数学家考虑反过来是否也成立(即若n整除2^n-2，则n必为素数)．但这是不成立的，在19世纪初期人们找到反例：对于合数$n=341$，n整除2^n-2．这样的整数叫作*伪素数*．尽管存在伪素数，但是多数合数都不是伪素数，基于这个事实给出的素性检验现在仍可用来快速找到一些非常大的素数．然而这种方法并不能用来确定一个整数为素数．寻求有效算法来证明一个整数为素数是一个有几百年历史的问题，但令数学界惊讶的是，在2002年，这个问题由三位印度计算机科学家Manindra Agrawal、Neeraj Kayal和Nitin Saxena解决了．他们的算法能在多项式时间内证明一个整数 n 是素数(即 n 的位数的多项式时间).

将正整数进行素因子分解是数论中的另一个核心问题. 可以用试除法把一个正整数分解，但是这种方法非常耗时. 费马、欧拉和许多其他数学家提出了一些富有想象力的分解算法，这些算法在过去的 30 年中扩展成一大批因子分解方法. 用目前已知的最先进技术，我们可以很容易地找到几百位甚至几千位长的素数，但是要把同样位长的整数进行因子分解，目前最快的计算机还不能胜任.

找出大素数和分解大数在时间上的强反差是当今非常重要的 RSA *系统*的基础. RSA *系统*是一种公钥密码系统，在此类系统中，每个用户有公、私两把密钥. 每个用户可以用别人的公钥来加密信息，但只有拥有相应私钥的用户才能解密. 要明白 RSA 密码系统的工作机制就必须要懂得一些数论的基础知识，现代密码学的其他分支也要求这一点. 数论在密码学上的极端重要性推翻了早期许多数学家的看法，那就是数论在现实世界的应用中并不重要. 具有讽刺意味的是历史上的一些著名的数学家还为数论没有像今天这样得到广泛应用而沾沾自喜.

寻求方程的整数解是数论的又一个重要内容. 一个方程若要求解仅为整数，则称为*丢番图方程*，以纪念古希腊数学家丢番图(Diophantus). 人们研究了许多不同类型的丢番图方程，其中最著名的是*费马方程* $x^n+y^n=z^n$. *费马大定理*说：若 n 是大于 2 的整数，则这个方程没有整数解(x, y, z)，其中 $xyz\neq 0$. 费马在 17 世纪猜想这个定理是对的. 在随后的 300 多年里数学家(和其他人)一直在努力地寻求证明，直到 1995 年才由怀尔斯(Andrew Wiles)给出第一个证明，他使用了直到 20 世纪后半叶才发展出来的椭圆曲线理论. 在本书中我们将研究许多不同种类的丢番图方程，并演示如何用它们来解决不同的问题.

正像怀尔斯的证明中所显示的，数论不是一个静止的对象！新的发现不停地产生，研究人员不断得到重大理论结果. 今天计算机联网所产生的巨大威力使数论在计算方面的研究步伐大大加快. 每个人都能加入这项研究的队伍中，比如，你可以一起来寻找新的*梅森*(Mersenne)*素数*，即形为 2^p-1 的素数，其中 p 也是素数. 截至目前，已经找出了 51 个梅森素数. 如果你足够幸运能找出一个新梅森素数，则可获取 3 000 美元的奖励. 2008 年 8 月，第一个超过 1 000 万位的素数被发现，即梅森数 $2^{43\,112\,609}-1$，该发现获得了由电子前沿基金颁发的 10 万美元大奖. 大家正在协同努力去寻找超过 1 亿位的素数，奖金为 15 万美元. 直到 2022 年中，已知的最大梅森素数位数小于 2 500 万，所以，也许发现 1 亿位以上的梅森素数要过很久. 在学过本书的某些内容之后，你也能够决定是否涉猎这项活动，将你的计算资源用于有益的事业.

何谓初等数论？你可能会想，为什么书名上冠以“初等”二字. 本书只考虑数论的一部分，即称为*初等数论*的那部分，它不依赖于诸如复变函数、抽象代数或者代数几何等高等数学. 有志于继续学习数学的学生会学到数论的更高深内容，如解析数论(使用复变函数)和代数数论(用抽象代数的概念证明代数数域的有趣结果).

一些建议 在你开始学数论的时候，要记住数论既是一门具有几千年历史的经典学科，也是很现代的学科，新的发现不断快速地涌现. 它既是最富含人类智慧的一个纯数学分支，也是应用数学，它在密码学和计算机科学以及电子工程方面有重要的应用. 我希望你能捕捉到数论的多种面孔，就像在你之前的许多数学迷那样，在离开学校之后仍旧对数论保持浓厚的兴趣.

动手实验和探索是研究数论所不可缺少的部分. 本书的所有成果都是数学家不断考察大量的数值计算现象、寻找规律并做出猜测而得到的. 他们努力地工作以证明他们的猜测，一些猜想被证明而成为定理，另一些由于找到反例而被否定，还剩下一些未被解决. 在你学习数论的时候，我建议你考察大量的例子，从中寻找规律，形成你自己的猜测. 你可以自己动手研究一些小例子，就像数论的奠基者所做的那样，但与这些先行者不同的是，你可以利用当今强大的计算能力和计算工具. 通过手工或借助计算机来研究这些例子，会帮助你学习这门学科，甚至你也会得到自己的一些新结果.

第1章　整　　数

在最一般的意义下，数论研究各种数集合的性质．在本章中我们讨论某些特别重要的数的集合，包括整数、有理数和代数数集合．我们将简单介绍用有理数逼近实数的概念，也介绍序列(特别是整数序列)的概念，包括古希腊人所研究的一些垛积数序列．一个常见问题是如何由一些初始项来判定一个特别的整数序列．我们将简单讨论一下如何解决这种问题．

利用序列概念，我们定义可数集合并且证明有理数集合是可数的．我们还引进了求和符号和求积符号，并建立一些有用的求和公式．

数学归纳法是数论(和许多数学分支)中最重要的证明方法之一．我们讨论数学归纳法的两种形式，说明如何用它们来证明各种结果，并且解释数学归纳法为什么是一种有效的证明手段．

然后我们介绍著名的斐波那契(Fibonacci)数序列，讲述引出这种数的原始问题．我们将建立与斐波那契数有关的一些恒等式和不等式，其中有些证明就使用了数学归纳法．

本章最后一节讲述数论的一个基本概念：整除性．我们将建立整数除法的基本性质，包括“带余除法”，还将解释如何用最大整数函数来表示一个整数去除另一个整数的商和余数．(也讲述了最大整数函数许多有用的性质．)

1.1　数和序列

本节将介绍一些基础知识，它们在本书中经常用到．特别地，我们将涉及数论中所研究的重要的数集合、整数序列的概念、求和与求积符号．

1.1.1　数

首先，我们介绍一些不同类型的数．整数是集合{…，－3，－2，－1，0，1，2，3，…}中的数．整数在数论的研究中扮演着重要的角色．关于正整数的一个性质是值得关注的．

良序性质(the well-ordering property)　*每个非空的正整数集合都有一个最小元．*

良序性质看起来是显然的，但是在1.3节中我们将看到这是能够帮助证明关于整数集合的许多结果的一个基本性质．

良序性质可以作为定义正整数集合的公理，或者由一组公理推导出来．(附录A列出了整数集合的这组公理．)我们说正整数集合是*良序的*．但是所有整数的集合不是良序的，因为在有些整数集合中没有最小的元素，例如负整数的集合、小于100的偶数集合和全体整数的集合．

在数论学习中的另一类重要的数是那些可以被写为整数的比的数的集合．

定义　*如果存在整数 p 和 $q\neq 0$，使得 $r=p/q$，则称实数 r 是***有理数**．*如果 r 不是有理的，则称为***无理数**．

例 1.1 $-22/7$，$0=0/1$，$2/17$ 和 1 111/41 都是有理数. ◀

注意每个整数 n 都是有理数，因为 $n=n/1$. 无理数的例子有$\sqrt{2}$，π 和 e. 我们可以用正整数集合的良序性质证明$\sqrt{2}$是无理数. 我们给出的证明尽管技巧性较强，但却不是证明$\sqrt{2}$是无理数的最简单的方法. 读者可以参考我们在第 4 章给出的证明，该证明基于第 4 章中所给出的概念.（参看 4.3 节的例 4.13、例 4.14 以及习题 72c).）$\sqrt{2}$为无理数是初等数论中有着多种证明的结果之一. 书中其他的有多种证明的结果也会得到强调.（e 是无理数的证明作为习题 44. 关于 π 是无理数的证明并不容易，请参考[HaWr08].）

定理 1.1 *$\sqrt{2}$是无理数.*

证明 假设$\sqrt{2}$是有理数，那么存在正整数 a 和 b 使得$\sqrt{2}=a/b$. 因此，$S=\{k\sqrt{2} \mid k$ 和 $k\sqrt{2}$ 为正整数$\}$是一个非空的正整数集合(非空是因为 $a=b\sqrt{2}$ 是 S 的一个元素). 因此，由良序性质，S 有最小元，比如 $s=t\sqrt{2}$.

$s\sqrt{2}-s=s\sqrt{2}-t\sqrt{2}=(s-t)\sqrt{2}$. 由于 $s\sqrt{2}=2t$ 和 s 都是整数，故 $s\sqrt{2}-s=s\sqrt{2}-t\sqrt{2}=(s-t)\sqrt{2}$ 也必是整数. 而且，这个数是正的，这是因为 $s\sqrt{2}-s=s(\sqrt{2}-1)$ 且$\sqrt{2}>1$. 而这个数又小于 s，这是因为$\sqrt{2}<2$，从而$\sqrt{2}-1<1$. 这与 s 是 S 中的最小元矛盾. 因此$\sqrt{2}$是无理数. ■

整数集合、正整数集合、有理数集合和实数集合通常分别记为 $\mathbb{Z}$，$\mathbb{Z}^{+}$，$\mathbb{Q}$ 和 $\mathbb{R}$. 我们也用 $x\in S$ 来表示 x 属于集合 S. 在本书中我们偶尔会使用这些记号.

这里我们简要地提及几种其他类型的数，在第 13 章才会再涉及它们.

定义 数 α 称为**代数数**，如果它是整系数多项式的根；也就是说，α 是代数数，如果存在整数 a_0，a_2，…，a_n 使得 $a_n\alpha^n+a_{n-1}\alpha^{n-1}+\cdots+a_0=0$. 如果数 α 不是代数数，则称为**超越数**.

例 1.2 无理数$\sqrt{2}$是代数数，因为它是多项式 x^2-2 的根. ◀

注意每个有理数都是代数数，这是因为数 a/b 是多项式 $bx-a$ 的根，其中 a，b 是整数且 $b\neq 0$. 在第 13 章中，我们将给出超越数的一个例子. e 和 π 也是超越数，但是这些事实的证明超出了本书的范围(可参看[HaWr08]).

1.1.2 最大整数函数

在数论中我们用一个特别的符号来表示小于或者等于一个给定的实数的最大整数.

定义 实数 x 中的**最大整数**(greatest integer)记为$[x]$，是小于或等于 x 的最大整数，即$[x]$是满足

$$[x]\leqslant x<[x]+1$$

的整数.

例 1.3 $[5/2]=2$，$[-5/2]=-3$，$[\pi]=3$，$[-2]=-2$，$[0]=0$. ◀

注 最大整数函数也被称为取整函数(floor function). 在计算机科学中通常用记号$\lfloor x\rfloor$来代替$[x]$. 上整数函数(ceiling function)是在计算机科学中常用的相关函数. 一个实数 x

的上整数函数记为$\lceil x \rceil$，是大于或等于 x 的最小整数. 例如$\lceil 5/2 \rceil=3$，$\lceil -5/2 \rceil=-2$.

最大整数函数出现在许多情况下. 除了在数论中有重要应用之外，我们在本书中也会看到，它在计算机科学的一个分支——算法分析中也扮演着重要角色. 下面的例子体现了这个函数的一个非常有用的性质. 最大整数函数的其他性质可参看本节后的习题和[GrKnPa94].

例 1.4 证明：如果 n 是整数，则对于任意实数 x，都有$[x+n]=[x]+n$. 为了证明这个性质，设$[x]=m$，则 m 是整数，即 $m\leqslant x<m+1$. 我们在这个不等式上加上 n 得到 $m+n\leqslant x+n<m+n+1$. 这说明 $m+n=[x]+n$ 是小于或等于 $x+n$ 的最大整数，从而$[x+n]=[x]+n$. ◀

定义 实数 x 的**分数部分**(fractional part)记为$\{x\}$，是 x 与$[x]$的差，即$\{x\}=x-[x]$.

由于$[x]\leqslant x<[x]+1$，从而对任意实数 x，有 $0\leqslant\{x\}=x-[x]<1$. 因为 $x=[x]+\{x\}$，所以 x 的最大取整也叫作 x 的整数部分.

例 1.5 $\{5/4\}=5/4-[5/4]=5/4-1=1/4$. $\{-2/3\}=-2/3-[-2/3]=-2/3-(-1)=1/3$. ◀

1.1.3 丢番图逼近

我们知道一个实数和与之最接近的整数的距离不超过 1/2. 但是我们可否证明一个实数的前 k 个倍数中的某一个一定更接近某个整数？数论中一个很重要的部分称为丢番图逼近，它正是研究这类问题的. 特别地，丢番图逼近着重研究用有理数逼近实数的问题.(丢番图这个词来自古希腊数学家丢番图(Diophantus)，他的传记见 3.3 节.)

这里我们将要证明在实数 α 的前 n 个倍数中至少有一个实数与最接近它的整数的距离小于 $1/n$. 这个证明是基于德国数学家狄利克雷(Dirichlet)提出的鸽笼原理[⊖](pigeonhole principle). 简单地说，这个原理告诉我们，如果有比盒子多的物体，那么当要把这些物体放进盒子中时，至少有两个物体被放入同一个盒子里. 尽管这个想法看起来特别简单，但是它在数论和组合数学中非常有用. 我们现在陈述并证明这个重要的事实. 如果你所拥有的鸽子数多于鸽笼数，那么必有两只鸽子栖息在同一个鸽笼中，因此我们把它称为鸽笼原理.

定理 1.2(鸽笼原理) 如果把 $k+1$ 个或者更多的物体放入 k 个盒子中，那么至少有一个盒子中有两个或者更多的物体.

证明 如果 k 个盒子中的任何一个中都没有多于一个的物体，那么所有物体的总数至多为 k. 这个矛盾说明有一个盒子中至少有两个或者更多的物体. ■

现在我们来叙述并证明狄利克雷逼近定理，它能够保证一个实数的前 n 个倍数之一必定在某个整数的 $1/n$ 邻域内. 我们给出的证明说明了鸽笼原理很有用. (关于鸽笼原理的更多应用参见[Ro19].)(注意在证明中我们用到了绝对值函数(absolute value function). 在这里我们先回顾一下，当 $x\geqslant 0$ 时 x 的绝对值$|x|$等于 x，当 $x<0$ 时$|x|$等于$-x$. $|x-y|$给出了 x

---

⊖ 狄利克雷并未把定理 1.2 称为鸽笼原理，而是用德语称为 Schubfachprinzip，译为英语是抽屉原理(drawer principle). 狄利克雷的传记见 4.1 节.

与 y 之间的距离.)

定理 1.3(狄利克雷逼近定理)　如果 α 是一个实数，n 是一个正整数，则存在整数 a 和 b，$1\leqslant a\leqslant n$，使得 $|a\alpha-b|<1/n$.

证明　考虑 $n+1$ 个数 0，$\{\alpha\}$，$\{2\alpha\}$，…，$\{n\alpha\}$. 这 $n+1$ 个数是数 $j\alpha(j=0,1,\cdots,n)$ 的分数部分，所以 $0\leqslant\{j\alpha\}<1$，$j=0,1,\cdots,n$. 这 $n+1$ 个数中的每一个都位于 n 个互不相交的区间 $0\leqslant x<1/n$，$1/n\leqslant x<2/n$，…，$(j-1)/n\leqslant x<j/n$，…，$(n-1)/n\leqslant x<1$ 中的一个. 由于我们考虑的是 $n+1$ 个数，但是仅有 n 个区间，因此由鸽笼原理可知至少有两个数位于同一个区间中. 由于这些区间的长度都等于 $1/n$，并且不包含右端点，所以位于同一区间中的两个数的距离小于 $1/n$，从而存在整数 j 和 k，$0\leqslant j<k\leqslant n$，使得 $|\{k\alpha\}-\{j\alpha\}|<1/n$. 现在证明 $a=k-j$ 时，乘积 $a\alpha$ 位于一个整数的 $1/n$ 邻域内，即 $b=[k\alpha]-[j\alpha]$. 由于 $0\leqslant j<k\leqslant n$，可见 $1\leqslant a=k-j\leqslant n$. 而且

$$\begin{aligned}|a\alpha-b|&=|(k-j)\alpha-([k\alpha]-[j\alpha])|\\&=|(k\alpha-[k\alpha])-(j\alpha-[j\alpha])|\\&=|\{k\alpha\}-\{j\alpha\}|<1/n.\end{aligned}$$

这样我们就找到了想要的整数 a 和 b，满足 $1\leqslant a\leqslant n$ 且 $|a\alpha-b|<1/n$. ■

例 1.6　假定 $\alpha=\sqrt{2}$ 且 $n=6$. 我们发现 $1\cdot\sqrt{2}\approx1.414$，$2\cdot\sqrt{2}\approx2.828$，$3\cdot\sqrt{2}\approx4.243$，$4\cdot\sqrt{2}\approx5.657$，$5\cdot\sqrt{2}\approx7.071$，$6\cdot\sqrt{2}\approx8.485$. 在这些数中 $5\cdot\sqrt{2}$ 的分数部分最小. 我们看到 $|5\cdot\sqrt{2}-7|\approx|7.071-7|=0.071\leqslant1/6$. 所以如果 $\alpha=\sqrt{2}$，$n=6$，那么可以取 $a=5$，$b=7$，从而使得 $|a\alpha-b|<1/n$. ◀

对于定理 1.3 我们采取的是狄利克雷 1834 年的原始证明. 把定理 1.3 中的 $1/n$ 替换为 $1/(n+1)$，可以得到一个更强的结论. 它的证明并不困难(见本节习题 32). 进一步，在本节习题 34 中我们展示如何用狄利克雷逼近定理来证明对于一个无理数 α，存在无数多个不同的有理数 p/q 使得 $|\alpha-p/q|\leqslant1/q^2$，这是丢番图逼近定理中的一个重要结果. 我们将在第 13 章再回到这个话题.

1.1.4　序列

序列 $\{a_n\}$ 是一列数 a_1，a_2，a_3，…. 我们在研究数论时会考虑一些特殊的整数序列.(注意一个序列可以以 a_0 为首项，也可以以任意整数 n 为首项下标.)在下面的例子中我们将介绍一些有用的序列.

例 1.7　序列 $\{a_n\}$(其中 $a_n=n^2$)由 1，4，9，16，25，36，49，64，…开始. 这是整数平方序列. 序列 $\{b_n\}$(其中 $b_n=2^n$)由 2，4，8，16，32，64，128，256，…开始. 这是 2 的乘方序列. 序列 $\{c_n\}$(当 n 是奇数时 $c_n=0$；当 n 是偶数时 $c_n=1$)由 0，1，0，1，0，1，0，1，…开始. ◀

有一些序列每个后继的项都是由前一项乘一个公共因子得到的. 例如，在 2 的乘方序列中每一项都是由前一项乘 2 得到的. 这引出了下面的定义.

定义　**等比数列**(geometric progression)是形如 a，ar，ar^2，ar^3，…的序列，其中**初始项**(initial term)a 和**公比**(common ratio)r 都是实数.

例 1.8 序列$\{a_n\}$(这里$a_n=3\cdot5^n$，$n=0$，1，2，…)是一个等比数列，初始项是3，公比为5.(注意这个序列是由项a_0开始的.) ◀

数论中的一个常见问题是寻找构造序列的通项公式或者规则，即使仅有很少的几项是已知的(例如寻找第n个三角数$1+2+3+\cdots+n$的公式). 尽管一个序列的几个初始项不能确定这个序列，但是知道前几项有助于我们猜测通项公式或规则. 考虑下面的例子.

例 1.9 猜测a_n的公式，这里序列$\{a_n\}$的前8项是4，11，18，25，32，39，46，53. 从我们注意到第二项开始的每一项都是由前一项加7得到的. 因此第n项应该为初始项加$7(n-1)$. 一个合理的猜测是$a_n=4+7(n-1)=7n-3$. ◀

例1.9中给出的序列是一个*等差数列*(arithmetic progression)，即形如a，$a+d$，$a+2d$，…，$a+nd$，…的序列. 例1.9中的序列是$a=4$，$d=7$的特殊形式.

例 1.10 猜测a_n的公式，这里序列$\{a_n\}$的前8项是5，11，29，83，245，731，2 189，6 563. 我们注意到每一项都接近前一项的3倍，暗示着在a_n的通项公式中有项3^n. 对于$n=1$，2，3，…，整数3^n分别为3，9，27，81，243，729，2 187，6 561. 比较这两个序列，我们会发现生成这个序列的公式为$a_n=3^n+2$. ◀

例 1.11 猜测a_n的公式，这里序列$\{a_n\}$的前10项是1，1，2，3，5，8，13，21，34，55. 从不同的角度观察这个序列，我们注意到这个序列中前两项之后的每一项都是它之前两项的和. 也就是说，我们发现$a_n=a_{n-1}+a_{n-2}$，$3\leqslant n\leqslant10$. 这是一个递归定义序列的例子，将在1.3节中讨论. 在这个例子中列出的项是斐波那契序列的前几项，这个序列将在1.4节中讨论. ◀

值得注意的是，无论你知道一个数列的多少项，总有一个甚至多个定义简单的序列以这些项开头. 下面的例子说明了这一情况.

例 1.12 找出三个不同的序列以2，4，6开头. 首先我们想到的是正的偶数序列，即$a_n=2n$. 但这并非唯一答案. 非立方的偶数序列也以2，4，6开头，所以这也是一个正确答案. 另一个以2，4，6开头的序列是所谓的禁e数，即在数字的(英文)拼写中不出现字母e的数字序列. 这些序列的前五项分别是2，4，6，8，10；2，4，6，10，12；以及2，4，6，30，32.(禁e数是Neil Sloane在1990年左右提出的，是作为娱乐而非研究目的提出的.)尽管我们已提出了三种以2，4，6开头的序列，但若在网站On-Line Encyclopedia of Integer Sequences(OEIS，在线整数序列大全)上搜索的话则可得到5 296种此类序列.

在数论中整数序列频繁出现. 在这些序列中我们将会研究斐波那契数、素数(第4章)和完全数(在8.3节中介绍). 除了在数论中，整数序列也大量出现在其他学科中. Neil Sloane在他的On-Line Encyclopedia of Integer Sequences中收集了超过355 481种各种类型的数列(截至2022年中). 该网站现由OEIS基金会维护.(参考文献[SIPI95]是早期的只包含了目前该网站一小部分内容的印刷版.)该网站提供了一个小程序，可用于寻找与输入的几个起始项匹配的序列. 你会发现这是一个在你以后的数论(或其他学科)学习中颇有价值的资源. OEIS上的数列被统一编码. 例如例1.12中的禁e数代码是A006933. Sloane还创办了刊物《整数序列杂志》(*Journal of Integer Sequences*)，刊登一些研究OEIS上序列的文章. 仔细阅读OEIS的话，你会发现许多涉及数列的未解决的问题. Sloane本人写了一篇很棒的文章“我最喜爱的整数序列”(“My Favorite Integer Sequences”, http://neilsloane.com/doc/sg.pdf)，文中提及了一些他特别关注的数列. 在 OEIS 上超过 341 000 种数列中他最喜欢的是雷克曼数列. 该数列在本节习题 46 的序文中有所介绍.

整数序列在数论中的许多地方出现. 在这些序列中我们将会研究斐波那契数、素数(第 3 章)和完全数(在 8.3 节中介绍). 除了数论外，整数序列还出现在很多其他学科中. 尼尔·斯劳恩(Neil Sloane)在他的《在线整数序列百科全书》(*On-Line Encyclopedia of Integer Sequences*)中搜集了超过 170 000 个整数序列(截至 2010 年年初)，此书现可网上查阅(2010 年年初，由 OEIS 基金会接手维护该书). (参考文献[SlPl95]是早期的只包含了目前该书一小部分内容的印刷版.)该书所在的网址中提供了一个程序，用于寻找与输入的几个起始项匹配的序列. 你会发现在你今后的数论(和其他学科)学习中这是一个很有价值的资源.

我们现在定义什么是可数集，并且证明一个集合可数当且仅当它的元素可以被列为一个序列.

定义　一个集合**可数**(countable)，如果它是有限的或者是无穷的但与正整数集合之间存在一个一一映射. 如果一个集合不是可数的，则称为**不可数**(uncountable).

一个无穷集合是可数的当且仅当其中的元素可以被列为一个由正整数标记的序列. 为了看到这一点，只需要注意从正整数集合到一个集合 S 的一一映射 f 其实就是把集合中的元素列成序列 $a_1, a_2, \cdots, a_n, \cdots$，其中 $a_i=f(i)$.

例 1.13　整数集合是可数的，因为整数可以被列出来，由 0 开始，接下来是 1 和 -1，2 和 -2，如此继续下去. 这样产生一个序列 $0, 1, -1, 2, -2, 3, -3, \cdots$，这里 $a_1=0$，$a_{2n}=n$，$a_{2n+1}=-n$，$n=1, 2, \cdots$. ◀

有理数集合是否可数? 对于这个问题，第一眼看上去，似乎在正整数集合与有理数集合之间不存在一一映射. 然而，其中确实存在一个映射，如下述定理所述.

定理 1.4　有理数集合是可数的.

证明　我们可以将有理数作为一个序列的项列举如下. 首先，将全部有理数排列成一个二维阵列，如图 1.1 所示. 将第一行放置分母为 1 的所有分数，它们的分子按照例 1.13 的顺序放置. 接下来，按照图 1.1 的顺序，将所有分数序列列举在连续的对角线上. 最后，从列表中将已经列举过的有理数的分数删除. (例如，并不列举 2/2，因为已经列举了 1/1.)

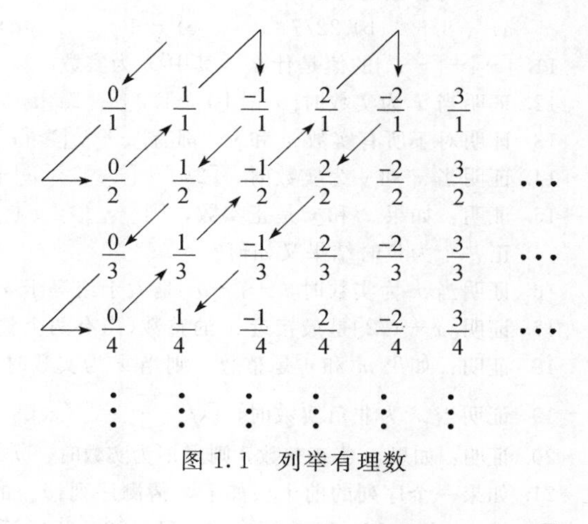

图 1.1　列举有理数

所得序列的初始几项是 $0/1=0$，$1/1=1$，$-1/1=-1$，$1/2$，$1/3$，$-1/2$，$2/1=2$，$-2/1=-2$，$-1/3$，$1/4$，等等. 此过程将全部有理数列举为一个序列的项，请读者自行补充证明细节. ■

注　我们使用了一种相对简单但并非很巧妙的方法证明了有理数集可数. 在第 4 章中

我们将会用初等数论中最重要的定理之一——算术基本定理来给出另一种更优雅的证明.

我们已经证明了有理数集合是可数的，但并没有给出不可数集合的例子. 本节的习题45将会证明实数集合不可数.

1.1 节习题

1. 确定下列集合是否是良序的. 或者使用正整数集合的良序性质给出一个证明，或者给出集合的一个没有最小元的子集作为反例.
   a) 大于3的整数集合
   b) 偶正整数集合
   c) 正有理数集合
   d) 能够写成 $a/2$ 形式的正有理数集合，其中 a 为正整数
   e) 非负有理数集合
2. ☞ 证明：如果 a 和 b 为正整数，则在所有形如 $a-bk(k\in\mathbb{Z})$ 的正整数中有一个最小元.
3. 证明两个有理数的和与积都是有理数.
4. 证明或推翻下列命题.
   a) 有理数与无理数之和为无理数.
   b) 两个无理数的和是无理数.
   c) 有理数与无理数之积是无理数.
   d) 两个无理数的积是无理数.
5. *用良序性质证明 $\sqrt{3}$ 是无理数.
6. 证明每个非空的负整数集合都有一个最大元.
7. 求下列最大整数函数的值.
   a) $[1/4]$ b) $[-3/4]$ c) $[22/7]$ d) $[-2]$ e) $[[1/2]+[1/2]]$ f) $[-3+[-1/2]]$
8. 求下列最大整数函数的值.
   a) $[-1/4]$ b) $[-22/7]$ c) $[5/4]$ d) $[[1/2]]$ e) $[[3/2]+[-3/2]]$ f) $[3-[1/2]]$
9. 求下列各数的分数部分.
   a) $8/5$ b) $1/7$ c) $-11/4$ d) 7
10. 求下列各数的分数部分.
    a) $-8/5$ b) $22/7$ c) -1 d) $-1/3$
11. $[x]+[-x]$ 的值是什么？其中 x 为实数.
12. 证明当 x 为实数时 $[x]+[x+1/2]=[2x]$.
13. 证明对于所有实数 x 和 y，都有 $[x+y]\geqslant[x]+[y]$.
14. 证明当 x 和 y 为实数时，$[2x]+[2y]\geqslant[x]+[y]+[x+y]$.
15. 证明：如果 x 和 y 是正实数，则 $[xy]\geqslant[x][y]$. 当 x 和 y 都是负实数时结果如何？当 x 和 y 一个为正一个为负时结果又如何？
16. 证明当 x 为实数时，$-[-x]$ 是大于或等于 x 的最小整数.
17. 证明 $[x+1/2]$ 是最接近 x 的整数(当有两个整数与 x 等距时，这是其中比较大的那个).
18. 证明：如果 m 和 n 是整数，则当 x 为实数时，$[(x+n)/m]=[([x]+n)/m]$.
19. *证明当 x 为非负实数时，$[\sqrt{[x]}]=[\sqrt{x}]$.
20. *证明：如果 m 为正整数，则当 x 为实数时，$[mx]=[x]+[x+(1/m)]+[x+(2/m)]+\cdots+[x+(m-1)/m]$.
21. 如果一个序列的前十项如下，猜测序列 $\{a_n\}$ 的第 n 项公式.
    a) 3，11，19，27，35，43，51，59，67，75
    b) 5，7，11，19，35，67，131，259，515，1 027

c) 1，0，0，1，0，0，0，0，1，0

d) 1，3，4，7，11，18，29，47，76，123

22. 如果一个序列的前十项如下，猜测序列$\{a_n\}$的第n项公式.

a) 2，6，18，54，162，486，1 458，4 374，13 122，39 366

b) 1，1，0，1，1，0，1，1，0，1

c) 1，2，3，5，7，10，13，17，21，26

d) 3，5，11，21，43，85，171，341，683，1 365

23. 找出序列$\{a_n\}$的三个不同通项公式或规则，其中序列的前三项分别是1，2，4.

24. 找出序列$\{a_n\}$的三个不同通项公式或规则，其中序列的前三项分别是2，3，6.

25. 证明由大于-100的所有整数构成的集合是可数的.

26. 证明所有形如$n/5$的有理数集合是可数的，其中n是整数.

27. 证明所有形如$a+b\sqrt{2}$的数的集合是可数的，其中a和b是整数.

* 28. 证明两个可数集合的并是可数的.

* 29. 证明可数多个可数集合的并是可数的.

30. 如果必要，使用一些计算辅助方法，求整数a和b使得$1\leqslant a\leqslant 8$且$|a\alpha-b|<1/8$，其中α为

a) $\sqrt{2}$　b) $\sqrt[3]{2}$　c) π　d) e

31. 如果必要，使用一些计算辅助方法，求整数a和b使得$1\leqslant a\leqslant 10$且$|a\alpha-b|<1/10$，其中α为

a) $\sqrt{3}$　b) $\sqrt[3]{3}$　c) π^2　d) e^3

32. 证明下面的强狄利克雷逼近定理. 如果α是实数，n是正整数，则存在整数a和b使得$1\leqslant a\leqslant n$且$|a\alpha-b|\leqslant 1/(n+1)$.（提示：考虑$n+2$个数0，…，$\{j\alpha\}$，…，1和$n+1$个区间$(k-1)/(n+1)\leqslant x<k/(n+1)$，$k=1$，…，$n+1$.）

33. 证明：如果α是实数，n是正整数，则存在整数k，使得$|\alpha-n/k|\leqslant 1/2k$.

34. 使用狄利克雷逼近定理证明：如果α为无理数，则存在无穷多个正整数q，对于每个q存在一个整数p，使得$|\alpha-p/q|\leqslant 1/q^2$.

35. 求四个有理数p/q，使得$|\sqrt{2}-p/q|\leqslant 1/q^2$.

36. 求五个有理数p/q，使得$|\sqrt[3]{5}-p/q|\leqslant 1/q^2$.

37. 证明：如果$\alpha=a/b$是有理数，则只有有限多个有理数p/q，使得$|p/q-a/b|<1/q^2$.

实数α的谱序列(spectrum sequence)是第n项为$[n\alpha]$的一个序列.

38. 求下列各数的谱序列的前十项.

a) 2　b) $\sqrt{2}$　c) $2+\sqrt{2}$　d) e　e) $(1+\sqrt{5})/2$

39. 求下列各数的谱序列的前十项.

a) 3　b) $\sqrt{3}$　c) $(3+\sqrt{3})/2$　d) π

40. 证明：如果$\alpha\neq\beta$，则α的谱序列与β的谱序列不同.

** 41. 证明：每个正整数仅在α的谱序列或β的谱序列中出现一次，当且仅当α和β是正无理数且$1/\alpha+1/\beta=1$.

定义乌拉姆数$u_n(n=1, 2, 3, \cdots)$如下. 我们规定$u_1=1$且$u_2=2$. 对接下来的每个整数m，$m>2$，这个整数是乌拉姆数当且仅当它可以唯一地写成两个不同的乌拉姆数之和. 这些数是以斯坦尼斯诺·乌拉姆的名字命名的，他于1964年第一个描述了它们.（在OEIS中乌拉姆数编号是A002858）

斯坦尼斯诺·乌拉姆(Stanislaw M. Ulam，1909—1984)出生于波兰的Lvov市．12岁时，他收到叔叔送给他的一架望远镜，开始对天文学和物理学感兴趣．乌拉姆决心去学一些必要的数学知识来读懂相对论，并且在14岁时，他开始从课本上学习微积分和其他数学知识．

在Lvov的理工学院学习期间，乌拉姆在数学家巴拿赫(Banach)的指导下，于1933年获得了实分析专业的博士学位．1935年，他应邀在高等研究院进行了几个月的高级研究．1936年，乌拉姆作为Society of Fellows的成员进入哈佛大学工作一直到1940年．其间，每年夏天他都会回到波兰，在苏格兰咖啡厅之类的地方与他在这里的数学家伙伴们深入研讨数学．

乌拉姆是幸运的，他于1939年离开波兰，而一个月后第二次世界大战全面爆发．1940年，他在美国威斯康星大学做助理教授．1943年，他在Los Alamos从事第一颗原子弹的研究工作，这是曼哈顿计划的一部分．在Los Alamos，乌拉姆还发展了蒙特卡罗(Monte Carlo)方法．这是用随机数抽样技术寻找数学问题的解的一种方法．

第二次世界大战后，乌拉姆在Los Alamos一直待到1965年．他在南加州大学、科罗拉多大学、佛罗里达大学的学院工作过．乌拉姆有超强的记忆力，而且口才极好．他的头脑是汇集轶闻、笑话、智力游戏、语录、公式、问题和许多其他信息的宝库．他写了许多书，包括*Sets, Numbers, and Universes*和*Adventures of a Mathematician*．他对包括数论、实分析、概率论和生物数学在内的很多数学领域感兴趣，并做出了贡献．

42. 求前十个乌拉姆数．

* 43. 证明存在无穷多个乌拉姆数．

* 44. 证明e是无理数．(提示：使用e=1+1/1！+1/2！+1/3！+…这一事实．)

* 45. 证明实数集不可数。(提示：假定可将0，1之间的实数进行排列．构造一个实数如下：

如果第i个实数的第i位是5，其小数点后的第i位取值为4，若第i个实数的第i位非5，则它的第i位取值为5．证明如此构造的实数不在前述排列之中．)

雷克曼数列$a_n(n=0, 1, 2, 3, \cdots)$定义如下．令$a_0=0$，$a_n=a_{n-1}-n$，$n=1, 2, 3, \cdots$，如果$a_{n-1}-n$为正值且在前项中未出现过，否则$a_n=a_{n-1}+n$．该数列以哥伦比亚数学家Bernardo Recamán Santos的名字命名．Neil Sloane在1991年与雷克曼的通信中知晓了该数列．他曾表示这是OEIS上他最喜欢的数列．(雷克曼数列在OEIS上编号为A005132．)

46. 写出雷克曼数列a_n，$n\leqslant 10$．
47. 证明雷克曼数列的第n项a_n不超过$n(n+1)/2$．
48. 证明或证否，若m，n为不同的正整数，则$a_m\neq a_n$．

计算和研究

1. 求10个有理数p/q使得$|\pi-p/q|\leqslant 1/q^2$．
2. 求20个有理数p/q使得$|e-p/q|\leqslant 1/q^2$．
3. 尽可能多地求出$\sqrt{2}$的谱序列中的项(谱序列的定义参看习题38前面的导言)．
4. 尽可能多地求出π的谱序列中的项(谱序列的定义参看习题38前面的导言)．
5. 求前1 000个乌拉姆数．
6. 你能找到多少对都是乌拉姆数的连续整数？
7. 除了1和2，其他任意两个相继的乌拉姆数之和是否可以为另外一个乌拉姆数？如果是，你能找到多少个这样的例子？

8. 相继的乌拉姆数之间的差有多大？你认为这些差可以是任意大吗？
9. 关于小于整数 n 的乌拉姆数的个数，你有什么猜想？你的计算是否支持你的猜想？
10. 找出雷克曼数列的前 1 000 项.

雷克曼数列上的一个尚未解决的猜想是每个正整数都会出现在该数列中. 852 655 是目前为止尚不能确定是否在雷克曼数列中的最小正整数.

11. 证明 4，8，10，14 均出现在雷克曼数列中.
12. 验证 852 655 并非雷克曼数列中的第 n 项，$n\leqslant 1\,000\,000$.

程序设计

1. 给定一个数 α，求有理数 p/q 使得 $|\alpha-p/q|\leqslant 1/q^2$.
2. 给定一个数 α，求它的谱序列.
3. 求前 n 个乌拉姆数，这里 n 是正整数.
4. 找出雷克曼数列中的前 n 项.

1.2 和与积

由于和与积在数论的研究中频繁出现，我们现在就来介绍和与积的记号. 下面的记号表示数 a_1，a_2，…，a_n 的和：

$$\sum_{k=1}^{n} a_k = a_1 + a_2 + \cdots + a_n.$$

字母 k 称为求和下标(index of summation)，是一个“虚变量”，可以用任意字母代替. 例如

$$\sum_{k=1}^{n} a_k = \sum_{j=1}^{n} a_j = \sum_{i=1}^{n} a_i\text{，等等.}$$

例 1.14 $\sum_{j=1}^{5} j = 1+2+3+4+5=15$，$\sum_{j=1}^{5} 2 = 2+2+2+2+2=10$，$\sum_{j=1}^{5} 2^j = 2+2^2+2^3+2^4+2^5=62$.

我们还注意到，在求和的记号中，求和下标可以在任意两个整数之间变动，只要求和下界不超过上界. 如果 m 和 n 是整数且满足 $m\leqslant n$，则 $\sum_{k=m}^{n} a_k = a_m + a_{m+1} + \cdots + a_n$. 例如，$\sum_{k=3}^{5} k^2 = 3^2+4^2+5^2=50$，$\sum_{k=0}^{2} 3^k = 3^0+3^1+3^2=13$，$\sum_{k=-2}^{1} k^3 = (-2)^3+(-1)^3+0^3+1^3=-8$. ◀

我们经常需要考虑一些和，其中的求和下标是取遍所有具有某种特殊性质的整数. 可以使用求和记号来标记在和式中出现的单项的下标所必须满足的特殊的一条或多条性质. 下面的例子说明了这个记号的作用.

例 1.15 我们有

$$\sum_{\substack{j\leqslant 10 \\ j\in\{n^2 \mid n\in\mathbb{Z}\}}} 1/(j+1) = 1/1 + 1/2 + 1/5 + 1/10 = 9/5,$$

和式中的项是所有那些与不超过 10 的完全平方数 j 对应的项. ◀

下面的三个和式的性质通常是很有用的. 我们把它们的证明留给读者.

$$\sum_{j=m}^{n} ca_j = c\sum_{j=m}^{n} a_j \tag{1.1}$$

$$\sum_{j=m}^{n}(a_j+b_j)=\sum_{j=m}^{n}a_j+\sum_{j=m}^{n}b_j \tag{1.2}$$

$$\sum_{i=m}^{n}\sum_{j=p}^{q}a_ib_j=\Big(\sum_{i=m}^{n}a_i\Big)\Big(\sum_{j=p}^{q}b_j\Big)=\sum_{j=p}^{q}\sum_{i=m}^{n}a_ib_j \tag{1.3}$$

接下来，我们给出几个有用的求和公式. 我们经常需要求一个等比数列的相继若干项的和. 下面的例子说明了如何推导这样的和的公式.

例 1.16 求等比数列 a，ar，…，ar^k，…的前 $n+1$ 项的和

$$S=\sum_{j=0}^{n}ar^j.$$

我们把上式两边同时乘以 r 并对求和结果进行处理：

$$\begin{aligned}
rS &= r\sum_{j=0}^{n}ar^j \\
&= \sum_{j=0}^{n}ar^{j+1} \\
&= \sum_{k=1}^{n+1}ar^k \qquad \text{（平移求和下标，取 } k=j+1\text{）} \\
&= \sum_{k=0}^{n}ar^k+(ar^{n+1}-a) \qquad \text{（移出第 } k=n+1 \text{ 项，并添加第 } k=0 \text{ 项）} \\
&= S+(ar^{n+1}-a).
\end{aligned}$$

这说明

$$rS-S=(ar^{n+1}-a).$$

当 $r\neq 1$ 时求解 S，

$$S=\frac{ar^{n+1}-a}{r-1}.$$

注意当 $r=1$ 时，我们有 $\sum_{j=0}^{n}ar^j=\sum_{j=0}^{n}a=(n+1)a$. ◀

例 1.17 在例 1.16 得到的公式中取 $a=3$，$r=-5$ 和 $n=6$，我们得到 $\sum_{j=0}^{6}3(-5)^j=\frac{3(-5)^7-3}{-5-1}=39\,063$. ◀

下面的例子说明 2 的前 n 个连续方幂之和比 2 的下一个方幂小 1.

例 1.18 设 n 为正整数. 求和

$$\sum_{k=0}^{n}2^k=1+2+2^2+\cdots+2^n,$$

利用例 1.16，并取 $a=1$，$r=2$，得到

$$1+2+2^2+\cdots+2^n=\frac{2^{n+1}-1}{2-1}=2^{n+1}-1.$$ ◀

形如 $\sum_{j=1}^{n}(a_j - a_{j-1})$ 的和被称为是叠进的(telescoping)，其中 a_0，a_1，a_2，…，a_n 是一数列．叠进和是很容易计算的，因为

$$\sum_{j=1}^{n} a_j - a_{j-1} = (a_1 - a_0) + (a_2 - a_1) + \cdots + (a_n - a_{n-1}) = a_n - a_0.$$

古希腊人对排列规则等间距的点组成的数列很有兴趣．下面的例子说明了这样的一个数列．

例 1.19 三角数 t_1，t_2，t_3，…，t_k，…是一个数列，其中 t_k 为第 j 行有 j 个点的 k 行三角阵列中点的个数． ◀

注 三角数序列在 OEIS 中编号为 A000217.

图 1.2 表示 $k=1$，2，3，4，5 时，相继增大的正三角形中点的个数 t_k.

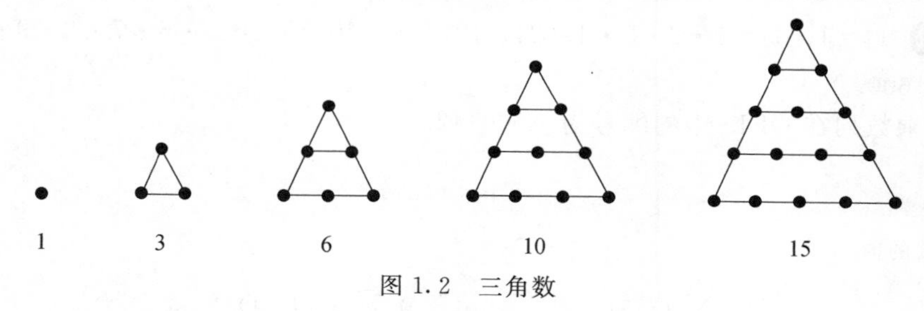

图 1.2　三角数

接下来，我们将要确定第 n 个三角数 t_n 的表达公式．

例 1.20 我们怎么能够找到第 n 个三角数的表达式呢？一种方法是使用恒等式 $(k+1)^2 - k^2 = 2k+1$．当我们把因子 k 分离出来时，得到 $k = ((k+1)^2 - k^2)/2 - 1/2$．把这个表达式关于 k 求和，其中 $k=1$，2，…，n，我们得到

$$\begin{aligned} t_n &= \sum_{k=1}^{n} k \\ &= \left(\sum_{k=1}^{n}((k+1)^2 - k^2)/2\right) - \sum_{k=1}^{n} 1/2 \quad (\text{用}((k+1)^2 - k^2)/2 - 1/2\text{ 取代 } k) \\ &= ((n+1)^2/2 - 1/2) - n/2 \quad (\text{化简叠进和}) \\ &= (n^2 + 2n)/2 - n/2 \\ &= (n^2 + n)/2 \\ &= n(n+1)/2. \end{aligned}$$

第二个等式由叠进级数 $a_k = (k+1)^2 - k^2$ 的求和公式得出．我们推出第 n 个三角数 $t_n = n(n+1)/2$．(t_n 的另一种求法见习题 7.) ◀

与求和类似，我们也给乘积定义一个记号．数 a_1，a_2，…，a_n 的积记为

$$\prod_{j=1}^{n} a_j = a_1 a_2 \cdots a_n.$$

上面的字母 j 是"虚变量"，可以用任意字母代替．

例 1.21 为了说明求积符号，我们有

$$\prod_{j=1}^{5} j = 1 \cdot 2 \cdot 3 \cdot 4 \cdot 5 = 120,$$

$$\prod_{j=1}^{5} 2 = 2 \cdot 2 \cdot 2 \cdot 2 \cdot 2 = 2^5 = 32,$$

$$\prod_{j=1}^{5} 2^j = 2 \cdot 2^2 \cdot 2^3 \cdot 2^4 \cdot 2^5 = 2^{15}.$$

◀

阶乘函数(factorial function)在数论中通篇出现.

定义 设 n 为正整数，则 $n!$（读为"n 的阶乘"）是整数 1，2，…，n 的积. 我们还特别定义 $0!=1$. 采用乘积符号，我们有 $n! = \prod_{j=1}^{n} j$.

例 1.22 $1!=1$，$4!=1\cdot 2\cdot 3\cdot 4=24$，$12!=1\cdot 2\cdot 3\cdot 4\cdot 5\cdot 6\cdot 7\cdot 8\cdot 9\cdot 10\cdot 11\cdot 12=479\,001\,600$. ◀

注 阶乘数列在 OEIS 中的编号为 A000142.

1.2 节习题

1. 求下列和式的值.

   a) $\sum_{j=1}^{5} j^2$　　b) $\sum_{j=1}^{5} (-3)$　　c) $\sum_{j=1}^{5} 1/(j+1)$

2. 求下列和式的值.

   a) $\sum_{j=0}^{4} 3$　　b) $\sum_{j=0}^{4} (j-3)$　　c) $\sum_{j=0}^{4} (j+1)/(j+2)$

3. 求下列和式的值.

   a) $\sum_{j=1}^{8} 2^j$　　b) $\sum_{j=1}^{8} 5(-3)^j$　　c) $\sum_{j=1}^{8} 3(-1/2)^j$

4. 求下列和式的值.

   a) $\sum_{j=0}^{10} 8\cdot 3^j$　　b) $\sum_{j=0}^{10} (-2)^{j+1}$　　c) $\sum_{j=0}^{10} (1/3)^j$

*5. 用 n 以及$[\sqrt{n}]$表示求和公式 $\sum_{k=1}^{n} [\sqrt{k}]$，并加以证明.

6. 把两个三角阵列组合在一起，其中一个是 n 行而另外一个是 $n-1$ 行，形成一个正方形阵列(下图所示为 $n=4$ 的情形)，证明 $t_{n-1}+t_n=n^2$，这里 t_n 是第 n 个三角数.

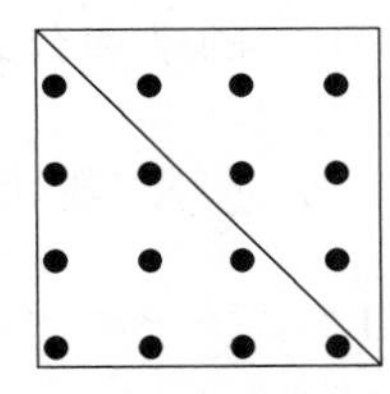

7. 把两个三角阵列组合在一起，每个都是 n 行，形成一个有 n 乘 $n+1$ 个点的矩形阵列(下图所示为 $n=4$ 的情形)，证明 $2t_n=n(n+1)$，从而得到 $t_n=n(n+1)/2$.

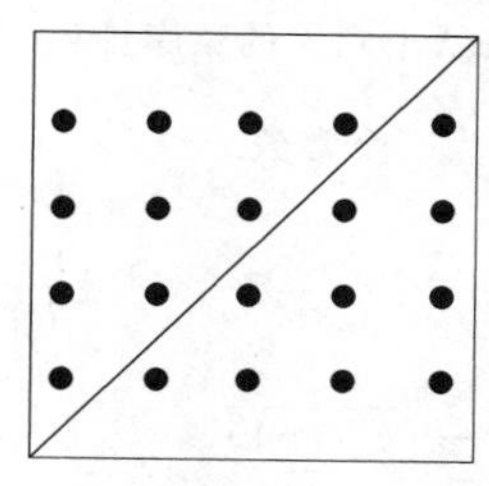

8. 若 t_n 是第 n 个三角数，证明 $3t_n+t_{n-1}=t_{2n}$.
9. 若 t_n 是第 n 个三角数，证明 $t_{n+1}^2-t_n^2=(n+1)^3$.

五边形数(pentagonal number，OEIS 中的 A000326)p_1，p_2，…，p_k，…记录的是 k 个嵌套在一起的五边形中点的个数，如下图所示.

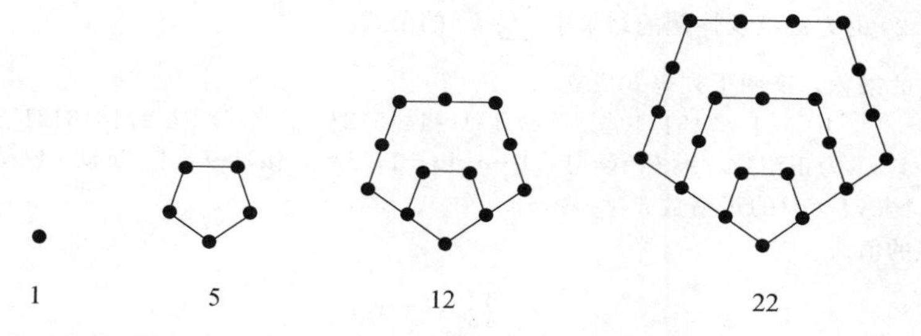

10. 证明 $p_1=1$，而对 $k\geqslant 2$，$p_k=p_{k-1}+(3k-2)$. 从而有 $p_n=\sum_{k=1}^{n}(3k-2)$，计算这个和，以求出 p_n 的简单公式.
11. 证明第$(n-1)$个三角数与第 n 个平方数之和为第 n 个五边形数.
12. a) 用与三角数、平方数、五边形数类似的方法定义六边形数 h_n(OEIS 中的 A000384)，其中 $n=1$，2，….（注意六边形是个有六个边的多边形.）
    b) 求六边形数的公式.
13. a) 用与三角数、平方数、五边形数类似的方法定义七边形数.（注意七边形是有七个边的多边形.）
    b) 求七边形数的公式.
14. 证明 $h_n=t_{2n-1}$ 对所有的正整数 n 成立，其中 h_n 是习题 12 中定义的六边形数，t_{2n-1} 是第 $2n-1$ 个三角数.
15. 证明 $p_n=t_{3n-1}/3$，其中 p_n 是第 n 个五边形数，t_{3n-1} 是第 $3n-1$ 个三角数.

四面体数(tetrahedral number)T_1，T_2，T_3，…，T_k，…记录的是 k 个嵌套在一起的四面体的面上点的个数，如下图所示.

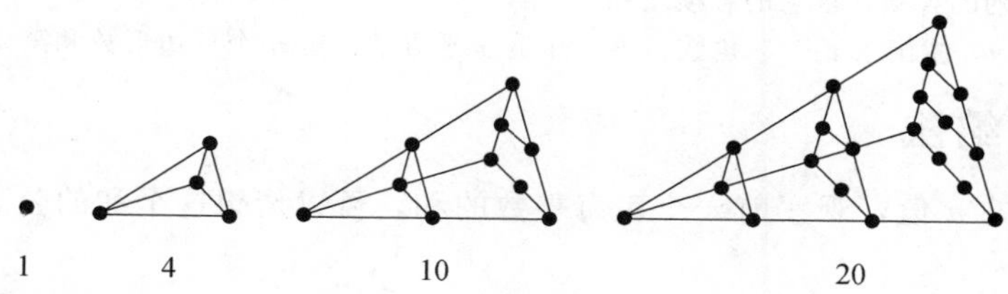

16. 证明第 n 个四面体数是前 n 个三角数之和.
17. 求第 n 个四面体数的公式并证明之.
18. 当 n 分别等于前十个正整数时求 $n!$.

19. 把整数 $100!$，100^{100}，2^{100} 和$(50!)^2$ 按从小到大的顺序排列．证明你的结果是正确的．

20. 把下面各乘积用 $\prod_{i=1}^{n} a_i$ 表示，其中 k 为一个常数．

a) $\prod_{i=1}^{n} ka_i$　　b) $\prod_{i=1}^{n} ia_i$　　c) $\prod_{i=1}^{n} a_i^k$

21. 使用恒等式$\frac{1}{k(k+1)}=\frac{1}{k}-\frac{1}{k+1}$计算 $\sum_{k=1}^{n} \frac{1}{k(k+1)}$.

22. 使用恒等式$\frac{1}{k^2-1}=\frac{1}{2}\left(\frac{1}{k-1}-\frac{1}{k+1}\right)$计算 $\sum_{k=2}^{n} \frac{1}{k^2-1}$.

23. 用类似于例 1.20 的方法和公式求 $\sum_{k=1}^{n} k^2$ 的公式．

24. 用类似于例 1.20 的方法以及该例的结果求 $\sum_{k=1}^{n} k^3$ 的公式．

25. 不用计算各项的乘积，证明下列等式成立．

a) $10!=6!7!$　　b) $10!=7!5!3!$　　c) $16!=14!5!2!$　　d) $9!=7!3!3!2!$

26. 设 a_1，a_2，…，a_n 为正整数．设 $b=(a_1!a_2!\cdots a_n!)-1$，$c=a_1!a_2!\cdots a_n!$．证明 $c!=a_1!a_2!\cdots a_n!b!$.

27. 求所有满足 $x!+y!=z!$的正整数 x，y 和 z.

28. 求下面各乘积的值．

a) $\prod_{j=2}^{n} (1-1/j)$　　b) $\prod_{j=2}^{n} (1-1/j^2)$

正整数 n 的双阶乘，记为 $n!!$，定义为：n 为奇正整数时 $n!!=n(n-2)(n-4)\cdots 5\cdot 3\cdot 1$，$n$ 为偶正整数时 $n!!=n(n-2)(n-4)\cdots 6\cdot 4\cdot 2$ 并且定义 $0!!=(-1)!!=1$.

29. 对正整数 n，$n\leqslant 10$，计算 $n!!$.

30. 对非负整数 n，证明$(2n+1)!!2^n(n!)=(2n+1)!$.

31. 对非负整数 n，找出并证明一个关于 $n!!(n-1)!!$ 的计算公式．

计算和研究

1. 使得 $n!$ 少于 100 位数字的 n 的最大值是什么？使得 $n!$ 少于 1 000 位数字的 n 的最大值是什么？使得 $n!$ 少于 10 000 位数字的 n 的最大值是什么？
2. 找出尽可能多的同时是完全平方数的三角数．(我们将在 14.4 节的习题中研究这个问题．)
3. 找出尽可能多的同时是完全平方数的四面体数．

程序设计

1. 给定序列 a_1，a_2，…，a_n 的各项，计算 $\sum_{j=1}^{n} a_j$ 和 $\prod_{j=1}^{n} a_j$.
2. 给定一个等比数列的各项，求它的各项之和．
3. 给定一个正整数 n，找出第 n 个三角数、第 n 个完全平方数、第 n 个五边形数和第 n 个四面体数．

1.3 数学归纳法

对于比较小的 n 值，观察前 n 个正奇整数的和，可以猜想这个和的公式．我们有

$$1=1,$$
$$1+3=4,$$
$$1+3+5=9,$$
$$1+3+5+7=16,$$

$$1+3+5+7+9=25,$$
$$1+3+5+7+9+11=36.$$

从上面的值可以猜想对于正整数 n，有 $\sum_{j=1}^{n}(2j-1)=1+3+5+7+\cdots+2n-1=n^2$.

我们如何才能证明这个公式对所有的整数 n 都成立?

数学归纳原理(The principle of mathematical induction)是证明与整数有关的结果的一个有效工具——例如上面关于前 n 个正奇整数和的公式的猜想. 首先，我们叙述这个原理，然后说明如何应用. 接下来，我们使用良序原理来说明数学归纳法是一个有效的证明方法. 在关于数论的研究中，将要多次使用数学归纳原理以及良序性质.

使用数学归纳法证明一个特定命题对所有正整数都成立必须实现两步. 第一，设 S 为我们认为命题成立的那个正整数集合，必须说明 1 属于 S；即命题对整数 1 为真. 这叫作*基础步骤*.

第二，必须证明对每个正整数 n，如果 n 属于 S 则 $n+1$ 也属于 S；即如果这个命题对 n 为真，则对 $n+1$ 也为真. 这被称为*归纳步骤*. 一旦这两步都完成了，我们就可以由数学归纳原理得到结论：命题对所有正整数为真.

定理 1.5(数学归纳原理)　*一个包含整数 1 的正整数集合如果具有如下性质，即若其包含整数 k，则其也包含整数 $k+1$，那么这个集合一定是所有正整数的集合.*

下面用几个例子来说明如何应用数学归纳法，首先我们证明本节开始给出的猜想.

例 1.23　使用数学归纳法来证明

$$\sum_{j=1}^{n}(2j-1)=1+3+\cdots+(2n-1)=n^2$$

对所有正整数 n 成立.（顺便指出，如果我们关于上述和式的值的猜想是错误的，那么数学归纳法将不能给出证明!）

我们从基础步骤开始，由于

$$\sum_{j=1}^{1}(2j-1)=2\cdot 1-1=1=1^2,$$

所以这一步成立.

对于归纳步骤，我们的归纳假设为公式对于 n 成立，即假定 $\sum_{j=1}^{n}(2j-1)=n^2$. 使用归纳假设，我们有

$$\begin{aligned}\sum_{j=1}^{n+1}(2j-1)&=\sum_{j=1}^{n}(2j-1)+(2(n+1)-1) &&\text{(把 } j=n+1 \text{ 的项分出来)}\\ &=n^2+2(n+1)-1 &&\text{(使用归纳假设)}\\ &=n^2+2n+1\\ &=(n+1)^2.\end{aligned}$$

由于基础步骤和归纳步骤都完成了，我们知道结果成立. ◀

下面我们用数学归纳法证明不等式.

数学归纳法的起源

长期以来许多学者认为数学归纳法的使用最早出现在 16 世纪数学家 Francesco Maurolico(1494—1575)的工作中，在他的著作 *Arithmeticorum Libri Duo* 中，Maurolico 给出了整数的各种性质以及证明．为了完成一些证明，他发明了数学归纳法．在他的书中，数学归纳法首次出现在证明前 n 个正奇数的和是 n^2 中．最近的研究表明 14 世纪的 Levi ben Gerson(也作 Gersonides)已经大量地使用数学归纳法了．一些学者认为 Pascal 在 1665 年最早正式使用了数学归纳法．现在普遍认为“数学归纳法”这个词是 DeMorgan 于 1838 年引入的．

例 1.24 我们可以用数学归纳法证明 $n!\leqslant n^n$ 对任意正整数 n 成立．基础步骤中，也就是当 $n=1$ 时，由于 $1!=1\leqslant 1^1=1$，故命题成立．现在假定 $n!\leqslant n^n$；这就是归纳假设．为了完成证明，我们必须证明在上述归纳假设成立的条件下，$(n+1)!\leqslant(n+1)^{n+1}$．应用归纳假设，我们有

$$\begin{aligned}(n+1)! &= (n+1)\cdot n!\\ &\leqslant (n+1)n^n\\ &< (n+1)(n+1)^n\\ &= (n+1)^{n+1}.\end{aligned}$$

这样就完成了归纳步骤，并且完成了整个证明．◀

现在我们根据良序性质证明数学归纳原理．

证明 设 S 是包含整数 1 的正整数集合，并且如果它包含整数 n，则一定包含 $n+1$．假定(为了推出矛盾)S 不是所有正整数的集合．因此有某个正整数不包含在集合 S 中．由良序性质，由于不包含在 S 中的正整数集合是非空的，所以不包含于 S 中的所有正整数中存在一个最小的正整数，记为 n．注意由于 1 在 S 中，故 $n\neq 1$．

现在，由于 $n>1$(因为不存在正整数 n 满足 $n<1$)，故 $n-1$ 是小于 n 的正整数，并且一定在集合 S 中．但是因为 S 包含 $n-1$，从而一定包含 $(n-1)+1=n$，这与假定 n 为不包含于 S 中的最小整数矛盾．这说明 S 一定是所有正整数的集合．■

数学归纳原理的另一形式有时在证明中也很有用．

定理 1.6(第二数学归纳原理)　*对于包含 1 的正整数集合，如果它具有性质：对每一个正整数 n，如果它包含全体正整数 1，2，…，n，则它也包含整数 $n+1$，那么这个集合一定是由所有正整数构成的集合．*

为了区别于数学归纳原理，第二数学归纳原理有时也称为*强归纳*，而数学归纳原理也称为*弱归纳*．

在证明第二数学归纳原理的有效性之前，我们先给出一个例子说明如何使用它．

例 1.25 我们要证明任何超过 1 分的邮资都可以仅仅由 2 分和 3 分的邮票构成．对于基础步骤，注意 2 分的邮资可以使用一张 2 分的邮票，3 分的邮资可以使用一张 3 分的邮票．

对于归纳步骤，假定所有不超过 $n(n\geqslant 3)$ 分的邮资都可以由 2 分和 3 分的邮票构成．则 $n+1$ 分的邮资可以由 $n-1$ 分的邮资和一张 2 分的邮票构成．这就完成了证明．◀

现在证明第二数学归纳原理是正确的.

证明　设 T 是一个包含 1 的整数集合，并且对任意正整数 n，如果它包含 $1, 2, \cdots, n$，则它也包含 $n+1$. 设 S 是所有使得小于或等于 n 的正整数都在 T 中的正整数 n 的集合. 则 1 在 S 中，并且，根据假设，我们看到如果 n 在 S 中，则 $n+1$ 在 S 中. 因此，由数学归纳法原理，S 必为所有正整数的集合，故显然 T 也是所有正整数的集合，因为 S 是 T 的一个子集. ■

递归定义

数学归纳原理提供了一种定义函数在正整数处的值的方法. 我们不用明确给出函数在 n 处的值，而是给出其在 1 处的值，并且给出对于任意正整数 n，从函数在 n 处的值来寻找在 $n+1$ 处的值的规则.

定义　*我们说函数 f 是***递归定义的***，如果指定了 f 在 1 处的值，而且对于任意正整数 n，都提供了一个规则来根据 $f(n)$ 确定 $f(n+1)$.*

数学归纳原理可以用来证明递归定义的函数在每个正整数上都是唯一定义的(参看本节末尾的习题 25). 我们用下面的例子说明如何来递归定义一个函数.

例 1.26　我们将递归定义阶乘函数 $f(n)=n!$. 首先，给定

$$f(1)=1.$$

然后对每个正整数给出一个根据 $f(n)$ 求 $f(n+1)$ 的规则，即

$$f(n+1)=(n+1)\cdot f(n).$$

这两个公式对正整数集合唯一定义了 $n!$.

根据递归定义来求 $f(6)=6!$ 的值，连续应用第二个公式如下：

$$f(6)=6\cdot f(5)=6\cdot 5\cdot f(4)=6\cdot 5\cdot 4\cdot f(3)=6\cdot 5\cdot 4\cdot 3\cdot f(2)=6\cdot 5\cdot 4\cdot 3\cdot 2\cdot f(1)$$

然后应用定义中的第一个公式，用 1 来代替 $f(1)$，得到

$$6!=6\cdot 5\cdot 4\cdot 3\cdot 2\cdot 1=720.$$ ◀

第二数学归纳原理也可以作为递归定义的基础. 我们可以如下定义一个定义域为正整数集合的函数：首先指定它在 1 处的值，并且对每个正整数 n，给定一个根据 $f(j)(1\leqslant j\leqslant n-1)$ 的值求 $f(n)$ 的规则. 这将是在 1.4 节中讨论的斐波那契数序列的定义的基础.

1.3 节习题

1. 用数学归纳法证明对任意正整数 n，有 $n<2^n$.
2. 猜想前 n 个正偶数的和的公式. 用数学归纳法证明你的结果.
3. 用数学归纳法证明对任意正整数 n，有 $\sum_{k=1}^{n}\frac{1}{k^2}=\frac{1}{1^2}+\frac{1}{2^2}+\cdots+\frac{1}{n^2}\leqslant 2-\frac{1}{n}$.
4. 对较小的整数 n，猜测 $\sum_{k=1}^{n}\frac{1}{k(k+1)}=\frac{1}{1\cdot 2}+\frac{1}{2\cdot 3}+\cdots+\frac{1}{n\cdot(n+1)}$ 的公式. 用数学归纳法证明你的猜测是正确的.（与 1.2 节习题 21 比较.）
5. 猜测 $\boldsymbol{A}^n$ 的公式，其中 $\boldsymbol{A}=\begin{pmatrix}1 & 1\\ 0 & 1\end{pmatrix}$. 用数学归纳法证明你的猜测.

6. 用数学归纳法证明对任意正整数 n，都有 $\sum_{j=1}^{n} j=1+2+3+\cdots+n=n(n+1)/2$.（与 1.2 节例 1.20 比较.）

7. 用数学归纳法证明对任意正整数 n，都有 $\sum_{j=1}^{n} j^2=1^2+2^2+3^2+\cdots+n^2=n(n+1)(2n+1)/6$.

8. 用数学归纳法证明对任意正整数 n，都有 $\sum_{j=1}^{n} j^3=1^3+2^3+3^3+\cdots+n^3=[n(n+1)/2]^2$.

9. 用数学归纳法证明对任意正整数 n，都有 $\sum_{j=1}^{n} j(j+1)=1\cdot 2+2\cdot 3+\cdots+n\cdot(n+1)=n(n+1)(n+2)/3$.

10. 用数学归纳法证明对任意正整数 n，都有 $\sum_{j=1}^{n}(-1)^{j-1}j^2=1^2-2^2+3^2-\cdots+(-1)^{n-1}n^2=(-1)^{n-1}n(n+1)/2$.

11. 求 $\prod_{j=1}^{n} 2^j$ 的公式.

12. 证明对任意正整数 n，都有 $\sum_{j=1}^{n} j\cdot j!=1\cdot 1!+2\cdot 2!+\cdots+n\cdot n!=(n+1)!-1$.

13. 证明大于 11 分的任意整数分值的邮资都可以仅仅由 4 分和 5 分的邮票构成.

14. 证明大于 53 分的任意整数分值的邮资都可以仅仅由 7 分和 10 分的邮票构成.

设 H_n 是调和级数的前 n 项和，即 $H_n=\sum_{j=1}^{n} 1/j$.

* 15. 用数学归纳法证明 $H_{2^n}\geqslant 1+n/2$.

* 16. 用数学归纳法证明 $H_{2^n}\leqslant 1+n$.

17. 用数学归纳法证明：如果 n 为正整数，则 $(2n)!<2^{2n}(n!)^2$.

18. 用数学归纳法证明 $x-y$ 是 x^n-y^n 的因子，其中 x 和 y 是变量.

☞ 19. 应用数学归纳原理证明，包含整数 k 的整数集合如果满足只要包含 n 就包含 $n+1$，则这个集合包含大于或等于 k 的整数集合.

20. 应用数学归纳法证明对于 $n\geqslant 4$，有 $2^n<n!$.

21. 应用数学归纳法证明对于 $n\geqslant 4$，有 $n^2<n!$.

22. 应用数学归纳法证明：如果 $h\geqslant -1$，则对于任意非负整数 n，有 $1+nh\leqslant(1+h)^n$.

23. 七巧板问题就是把它的每一块按照正确的方式组合在一起. 证明解决 n 片七巧板问题恰需要移动 $n-1$ 步，其中移动一步表示把两块放在一起，而每一块包含一个或多个装配好的片.（提示：用第二数学归纳原理.）

24. 解释下面利用数学归纳法证明所有马都是同色的过程错在哪里：显然只有一匹马的集合中所有马都是同色的，这就是基础步骤. 现在假定任何 n 匹马的集合中所有马都是同色的. 考虑有 $n+1$ 匹马的集合，分别标记为整数 $1, 2, \cdots, n+1$. 由归纳假设，标号为 $1, 2, \cdots, n$ 的马为同色的，标号为 $2, 3, \cdots, n, n+1$ 的马也为同色的. 由于这两个集合有公共成员，即 $2, 3, 4, \cdots, n$ 号马，所以所有的这 $n+1$ 匹马一定是同色. 这就完成了归纳步骤.

25. 应用数学归纳原理证明递归定义的函数在每个正整数处的值都是唯一确定的.

26. 由 $f(1)=2$ 和 $f(n+1)=2f(n)(n\geqslant 1)$ 递归定义的函数 $f(n)$ 是什么？用数学归纳法证明你的结论.

27. 如果 g 是由 $g(1)=2$ 和 $g(n)=2^{g(n-1)}(n\geqslant 2)$ 递归定义的，那么 $g(4)$ 是多少？

28. 应用第二数学归纳原理证明：如果指定 $f(1)$ 的值，且给定了根据 f 在前 n 个正整数处的值求 $f(n+1)$

的规则，则 $f(n)$ 对每个正整数 n 都是唯一确定的.

29. 我们对所有正整数 n 递归地定义函数如下：$f(1)=1$，$f(2)=5$，且对 $n\geqslant 2$，$f(n+1)=f(n)+2f(n-1)$. 用第二数学归纳原理证明 $f(n)=2^n+(-1)^n$.
30. 证明当 n 为大于 4 的整数时，$2^n>n^2$.
31. 假定 $a_0=1$，$a_1=3$，$a_2=9$，且对 $n\geqslant 3$，$a_n=a_{n-1}+a_{n-2}+a_{n-3}$. 证明对每个非负整数 n，有 $a_n\leqslant 3^n$.
32. 河内塔是在 19 世纪末流行的难题. 这个题目包括三个木桩和八个不同尺寸且按照尺寸大小放置的圆环，这些圆环最大的在底部，全都套在一个木桩上. 题目要求每次移动一个圆环，并且不能把尺寸大的圆环放在尺寸小的圆环上面，利用第三个辅助木桩，把所有的圆环从第一个木桩移动到第二个木桩.
    a) 应用数学归纳法证明，按照前述规则把 n 个圆环从一个木桩移动到另外一个木桩上的最小移动次数为 2^n-1.
    b) 一个古代传说讲述的是在一个塔中有一些僧侣，并且有 64 个金环和三个钻石桩子. 当世界被创立之初，他们以每秒钟移动一个环的速度开始移动金环. 当他们把所有的环都移动到第二个桩子上时，就是世界的末日. 那么这个世界将会存在多久？

* 33. 正实数 a_1，a_2，…，a_n 的算术平均和几何平均分别为 $A=(a_1+a_2+\cdots+a_n)/n$ 和 $G=(a_1a_2\cdots a_n)^{1/n}$. 用数学归纳法证明对任意正实数的有限序列，$A\geqslant G$. 等式何时成立？

34. 用数学归纳法证明缺一个小方格的 $2^n\times 2^n$ 的棋盘可以被 L-形的片覆盖，其中每个 L-形片包括三个小方格.

* 35. 单分数是形为 $1/n$ 的分数，其中 n 为正整数. 由于古埃及人把分数表示为不同的单分数的和，因此这样的和被称为埃及分数. 证明任意有理数 p/q（其中 p 和 q 为整数，且 $0<p<q$）可以被写为不同的单分数的和，即写为埃及分数.（提示：对分子 p 用强归纳来证明在每一步加上一个可能的最大单分数的算法是可以终止的. 例如，运行这个算法证明 $5/7=1/2+1/5+1/70$.）

36. 用习题 35 的算法把下面这些数写为埃及分数.
    a) 2/3　　b) 5/8　　c) 11/17　　d) 44/101

计算和研究

1. 使用数值和符号计算两种方法，完成基础步骤和归纳步骤，对所有正整数 n，证明 $\sum_{j=1}^{n} j=n(n+1)/2$.
2. 使用数值和符号计算两种方法，完成基础步骤和归纳步骤，对所有正整数 n，证明 $\sum_{j=1}^{n} j^2=n(n+1)(2n+1)/6$.
3. 使用数值和符号计算两种方法，完成基础步骤和归纳步骤，对所有正整数 n，证明 $\sum_{j=1}^{n} j^3=(n(n+1)/2)^2$.
4. 利用 $n=1，2，3，4，5，6$ 时 $\sum_{j=1}^{n} j^4$ 的值来猜测这个和的表达式是一个关于 n 的 5 次多项式，并从数值和符号计算两种途径用数学归纳法证明你的猜测.
5. Paul Erdös 和 Ernst Straus 曾经猜测分数 $4/n$ 可以被写为三个单分数的和，即对任意满足 $n>1$ 的整数 n，$4/n=1/x+1/y+1/z$，其中 x，y 和 z 是不同的正整数. 对尽量多的正整数 n 求这样的表示.
6. 设 p 和 q 是满足 $0<p<q$ 的整数，且 q 为奇数，猜想有理数 p/q 可以表示为埃及分数，即奇数分母的单分数之和. 使用下述算法研究这个猜想，即在每一步逐步地加上具有最小正奇数分母 q 的单分数.（例如，$2/7=1/5+1/13+1/115+1/10\,465$.）

程序设计

* 1. 列出河内塔问题（见习题 32）中的移动步骤. 如果可以，动画显示这些移动步骤.

** 2. 用 L-形片覆盖缺一个小方格的 $2^n \times 2^n$ 棋盘(见习题34).

3. 给定有理数 p/q，用习题35中描述的算法把 p/q 表示为埃及分数.

1.4　斐波那契数

数学家斐波那契在他写于1202年的书《算经》(*Liber Abaci*)中提出了一个有关某特定地区兔子数量的问题. 这个问题可以如下叙述：一对年轻的兔子，性别不同，被放在一个岛上. 假定兔子到两个月大才开始繁殖，两个月后每对兔子每个月生一对兔子，问 n 个月后有多少对兔子?

设 f_n 为 n 个月后兔子的对数. 我们有 $f_1=1$，因为一个月后在岛上只有原始的那对兔子. 由于这对兔子在第二个月不繁殖，故 $f_2=1$. 为了求 n 个月后的兔子对数，把岛上上个月兔子的数目 f_{n-1} 加上新出生的兔子对数，即为 f_{n-2}，因为每一对新出生的兔子都来自至少两个月大的兔子. 这就导出了下面的定义.

定义　斐波那契序列有如下递归定义：$f_1=1$，$f_2=1$，且对 $n\geqslant 3$，$f_n=f_{n-1}+f_{n-2}$. 这个序列中的项被称为**斐波那契数**.

斐波那契(Fibonacci，1180—1228)(filus Bonacci，Bonacci之子的简称)也称为比萨的里昂纳多，生于意大利的商业中心比萨. 斐波那契是一个商人，经常往来于中东. 在那里他接触了一些阿拉伯世界的数学工作. 在他的著作《算经》中，斐波那契将阿拉伯数字的记法及其算法引入了欧洲. 该书中就提到了这个著名的兔子繁殖问题. 斐波那契还写过一本关于几何学与三角几何学的专著 *Practica geometriae* 以及一本关于丢番图方程的书 *Liber quadratorum*. 最近的两本书[De11]和[De17]的作者是数学家 Keith Devlin. 他耗费了十年时间深入研究了斐波那契及其工作，并用一种深入浅出和有趣的方式陈述了一切.

数学家爱德华·卢卡斯于19世纪给出了这个序列的许多性质，并以斐波那契命名这个序列. 只要我们得到 f_n 的完备公式，就可以回答斐波那契的问题，因为 f_n 就是几个月后岛上兔子的对数.

在研究斐波那契序列的性质时，检查它的初始几项是十分有用的.

例1.27　我们计算前十个斐波那契数如下：

$$
\begin{aligned}
f_3&=f_2+f_1=1+1=2\\
f_4&=f_3+f_2=2+1=3\\
f_5&=f_4+f_3=3+2=5\\
f_6&=f_5+f_4=5+3=8\\
f_7&=f_6+f_5=8+5=13\\
f_8&=f_7+f_6=13+8=21\\
f_9&=f_8+f_7=21+13=34\\
f_{10}&=f_9+f_8=34+21=55.
\end{aligned}
$$

◀

我们可以定义 $f_0=0$，从而 $f_2=f_1+f_0$. 还可以对负数 n 定义 f_n，使其满足递归定义(见本节习题 37).

斐波那契数列在数学和计算机科学中特别有用，在植物学、美术、建筑、音乐以及经济学上也有着广泛应用. 例如，在植物学中植物的螺旋线的数目(叶序)总是斐波那契数. 它们在大量计数问题的解答中出现. 例如在没有两个连续的 1 的位串数目的计数问题中(参看[Ro18]).

正是因为它们的广泛应用，我们怀疑古人早已认识它们. 数学史家发现早在斐波那契之前该数列已得到认知. 已知该数列最早出现在 2 200 年前印度数学家 Pingala 的著作中. 在其著作 *Chandahśāstra* 中，他利用该数列对梵文诗歌做了一些度量分析. 这只是斐波那契数列在诗歌及音乐中的一个完整应用. 大约在 1 150 年前，印度数学家 Hemachandra 也提及了斐波那契数列. 在其著作中他证明了长为 n 的韵律可由长为 $n-1$ 的韵律添加一短音节或由长为 $n-2$ 的韵律添加一长音节得到，由此可得斐波那契数列的递推关系.

1.4.1 斐波那契数的恒等式

斐波那契数还满足相当多的恒等式. 例如，我们可以容易地找到一个关于前 n 个斐波那契数的和的恒等式.

例 1.28 对于 $1\leqslant n\leqslant 8$，前 n 个斐波那契数的和等于 1，2，4，7，12，20，33 和 54. 观察这些数，可以看到它们恰比斐波那契数 f_{n+2} 小 1. 故可以猜想，对所有正整数 n，

$$\sum_{k=1}^{n} f_k = f_{n+2}-1.$$

我们将要用两个不同的方法证明这个恒等式对于所有正整数 n 成立. 我们提供两个不同的实例来说明：常常有多种方法来证明一个恒等式是正确的.

首先，利用事实 $f_n=f_{n-1}+f_{n-2}(n=2,3,\cdots)$ 得出 $f_k=f_{k+2}-f_{k+1}$，其中 $k=1$，2，3，…. 这意味着

$$\sum_{k=1}^{n} f_k = \sum_{k=1}^{n}(f_{k+2}-f_{k+1}).$$

我们很容易计算这些和，因为它们是叠进和. 利用 1.2 节中的叠进和的公式，我们得到

$$\sum_{k=1}^{n} f_k = f_{n+2}-f_2=f_{n+2}-1.$$

这就证明了上述结果.

还可以用数学归纳法证明这个恒等式. 因为 $\sum_{k=1}^{1} f_k=1$，且 $f_{1+2}-1=f_3-1=2-1=1$，故基础步骤成立. 归纳假设是

$$\sum_{k=1}^{n} f_k = f_{n+2}-1.$$

我们必须在这个假设下证明

$$\sum_{k=1}^{n+1} f_k = f_{n+3}-1.$$

为了证明这个结果，注意，根据归纳假设有

$$\begin{aligned}\sum_{k=1}^{n+1} f_k &= \left(\sum_{k=1}^{n} f_k\right) + f_{n+1} \\ &= (f_{n+2} - 1) + f_{n+1} \\ &= (f_{n+1} + f_{n+2}) - 1 \\ &= f_{n+3} - 1.\end{aligned}$$

◀

本节末的习题要求证明关于斐波那契数的许多其他恒等式.

1.4.2 斐波那契数增长有多快

下面的不等式说明斐波那契数比公比为 $\alpha=(1+\sqrt{5})/2$ 的等比数列增长得快，这一结论将在第3章中应用.

例 1.29 我们可以用第二数学归纳原理证明对 $n\geqslant 3$，有 $f_n>\alpha^{n-2}$，其中 $\alpha=(1+\sqrt{5})/2$. 基础步骤包括对于 $n=3$ 和 $n=4$ 验证这个不等式. 我们有 $\alpha<2=f_3$，所以定理对 $n=3$ 成立. 由于 $\alpha^2=(3+\sqrt{5})/2<3=f_4$，故定理对 $n=4$ 成立.

归纳假设假定对满足 $k\leqslant n$ 的所有整数 k，都有 $\alpha^{k-2}<f_k$. 由于 $\alpha=(1+\sqrt{5})/2$ 是 $x^2-x-1=0$ 的一个解，故 $\alpha^2=\alpha+1$. 因此

$$\alpha^{n-1}=\alpha^2\cdot\alpha^{n-3}=(\alpha+1)\cdot\alpha^{n-3}=\alpha^{n-2}+\alpha^{n-3}.$$

由归纳假设，我们得到不等式

$$\alpha^{n-2}<f_n,\quad \alpha^{n-3}<f_{n-1}.$$

把这两个不等式加起来，得到

$$\alpha^{n-1}<f_n+f_{n-1}=f_{n+1}.$$

这就完成了证明. ◀

我们用第 n 个斐波那契数的一个显式计算公式来结束本节. 我们在正文中不给出证明，但是在本节末的习题41和习题42中概述了如何分别利用线性齐次递归关系和母函数来求这个公式. 进一步，习题40要求通过说明这些项满足与斐波那契数相同的递归定义来证明这个恒等式，习题45要求用数学归纳法来证明. 前两个方法的优点是它们可以用来发现公式，而后两个方法却不能.

定理 1.7 设 n 是正整数，$\alpha=\frac{1+\sqrt{5}}{2}$，$\beta=\frac{1-\sqrt{5}}{2}$. 则第 n 个斐波那契数 f_n 由下式给出：

$$f_n=\frac{1}{\sqrt{5}}(\alpha^n-\beta^n).$$

注 随着 n 的不断增大，相邻两个斐波那契数 f_n 和 f_{n-1} 的比值不断逼近 $\alpha=(1+\sqrt{5})/2$，α 又被称为黄金比例. 它在自然界和建筑学上发挥了很重要的作用.

我们已经给出了关于斐波那契数的几个重要结果. 有大量关于这些数以及它们在植物学、计算机科学、地理学、物理学以及其他领域的应用的文献(参见[Va89]). 甚至有一个学术刊物《斐波那契季刊》(*The Fibonacci Quarterly*)专门报道关于它们的研究.

1.4 节习题

1. 求下列斐波那契数.

   a) f_{10}　b) f_{13}　c) f_{15}　d) f_{18}　e) f_{20}　f) f_{25}

2. 求下列斐波那契数.

   a) f_{12}　b) f_{16}　c) f_{24}　d) f_{30}　e) f_{32}　f) f_{36}

3. 证明当 n 为正整数时，$f_{n+3}+f_n=2f_{n+2}$.
4. 证明当 n 为正整数时，$f_{n+3}-f_n=2f_{n+1}$.
5. 证明当 n 为正整数时，$f_{2n}=f_n^2+2f_{n-1}f_n$.（注意 $f_0=0$.）
6. 证明当 n 为满足 $n\geqslant 2$ 的整数时，$f_{n-2}+f_{n+2}=3f_n$.（注意 $f_0=0$.）
7. 对正整数 n，求前 n 个奇数下标的斐波那契数的和的简单公式，并且给出证明，即求 $f_1+f_3+\cdots+f_{2n-1}$ 的一个公式.
8. 对正整数 n，求前 n 个偶数下标的斐波那契数的和的简单公式，并且给出证明，即求 $f_2+f_4+\cdots+f_{2n}$ 的一个公式.
9. 对正整数 n，求表达式 $f_n-f_{n-1}+f_{n-2}-\cdots+(-1)^{n+1}f_1$ 的一个简单公式.
10. 证明当 n 为正整数时，$f_{2n+1}=f_{n+1}^2+f_n^2$.
11. 证明当 n 为正整数时，$f_{2n}=f_{n+1}^2-f_{n-1}^2$.（注意 $f_0=0$.）（提示：利用习题 5.）
12. 证明当 n 为满足 $n\geqslant 3$ 的正整数时，$f_n+f_{n-1}+f_{n-2}+2f_{n-3}+4f_{n-4}+8f_{n-5}+\cdots+2^{n-3}=2^{n-1}$.
13. 证明对任意正整数 n，$\sum_{j=1}^{n} f_j^2 = f_1^2+f_2^2+\cdots+f_n^2 = f_nf_{n+1}$.
14. 证明对任意正整数 n，$f_{n+1}f_{n-1}-f_n^2=(-1)^n$.
15. 证明对任意正整数 n，$n>2$，有 $f_{n+1}f_n-f_{n-1}f_{n-2}=f_{2n-1}$.
16. 证明：如果 n 是一个正整数，则 $f_1f_2+f_2f_3+\cdots+f_{2n-1}f_{2n}=f_{2n}^2$.
17. 证明当 m 和 n 为正整数时，$f_{m+n}=f_mf_{n+1}+f_nf_{m-1}$.

卢卡斯数以 François-Eduoard-Anatole Lucas（见第 8 章的人物传记）命名，递归定义如下：

$$L_n = L_{n-1}+L_{n-2},\ n\geqslant 3$$

其中 $L_1=1$，$L_2=3$. 它们满足与斐波那契数相同的递归关系，但是初始的两项是不同的.

18. 求前 12 个卢卡斯数.
19. 当 n 为正整数时，写出前 n 个卢卡斯数的和的公式，并证明.
20. 当 n 为正整数时，写出前 n 个奇数下标的卢卡斯数的和的公式，并证明.
21. 当 n 为正整数时，写出前 n 个偶数下标的卢卡斯数的和的公式，并证明.
22. 证明当 n 为满足 $n\geqslant 2$ 的整数时，$L_n^2-L_{n+1}L_{n-1}=5(-1)^n$.
23. 证明当 n 为满足 $n\geqslant 1$ 的整数时，$L_1^2+L_2^2+\cdots+L_n^2=L_nL_{n+1}-2$.
24. 证明第 n 个卢卡斯数是第 $n+1$ 个斐波那契数 f_{n+1} 和第 $n-1$ 个斐波那契数 f_{n-1} 之和.
25. 证明对满足 $n\geqslant 1$ 的所有整数 n，有 $f_{2n}=f_nL_n$，其中 f_n 是第 n 个斐波那契数，L_n 是第 n 个卢卡斯数.
26. 证明当 n 为正整数时，$5f_{n+1}=L_n+L_{n+2}$，其中 f_n 是第 n 个斐波那契数，L_n 是第 n 个卢卡斯数.

*27. 证明当 m 和 n 为正整数且 $n>1$ 时，$L_{m+n}=f_{m+1}L_n+f_mL_{n-1}$，其中 f_n 是第 n 个斐波那契数，L_n 是第 n 个卢卡斯数.

28. 证明第 n 个卢卡斯数 L_n 由下式给出：

$$L_n = \alpha^n+\beta^n,$$

其中 $\alpha=(1+\sqrt{5})/2$，$\beta=(1-\sqrt{5})/2$.

正整数的泽肯朵夫(Zeckendorf)表示是把整数写成不同的斐波那契数的和的唯一表示，其中这些斐波那契数中没有任何两个是斐波那契序列中的连续项，并且不使用 $f_1=1$ 这一项(但是可能会用到 $f_2=1$ 这一项.)

29. 求整数 50，85，110 和 200 的泽肯朵夫表示.

* 30. 证明每个正整数都有唯一的泽肯朵夫表示.

31. 证明对每个满足 $n\geqslant 2$ 的正整数 n 都有 $f_n\leqslant\alpha^{n-1}$，其中 $\alpha=(1+\sqrt{5})/2$.

32. 证明

$$\binom{n}{0}+\binom{n-1}{1}+\binom{n-2}{2}+\cdots+\binom{1}{n-1}=f_{n+1},$$

其中 n 为非负整数，f_{n+1} 为第 $n+1$ 个斐波那契数.（关于二项式系数请参看附录 B.）

33. 证明当 n 为非负整数时，$\sum_{j=1}^{n}\binom{n}{j}f_j=f_{2n}$，其中 f_j 是第 j 个斐波那契数.

34. 设 $\boldsymbol{F}=\begin{pmatrix}1 & 1\\ 1 & 0\end{pmatrix}$，证明当 $n\in\mathbb{Z}^+$ 时 $\boldsymbol{F}^n=\begin{pmatrix}f_{n+1} & f_n\\ f_n & f_{n-1}\end{pmatrix}$.

35. 通过对习题 34 的结果两边同时取行列式来证明习题 14 中的恒等式.

36. 递归定义广义斐波那契数如下：$g_1=a$，$g_2=b$，$g_n=g_{n-1}+g_{n-2}$，$n\geqslant 3$. 证明 $g_n=af_{n-2}+bf_{n-1}$，$n\geqslant 3$.

37. 当 n 为负整数时，给出斐波那契数的一个递归定义. 用该定义对 $n=-1，-2，-3，\cdots，-10$ 求出 f_n.

38. 当 n 为正整数时，利用习题 37 的结果给出一个刻画 f_{-n} 和 f_n 的关系的公式的猜想. 用数学归纳法证明你的猜想.

39. 指出下面陈述中的错误：8×8 的正方形能够分割成几片，在重新组合之后形成一个如下图所示的 5×13 长方形.

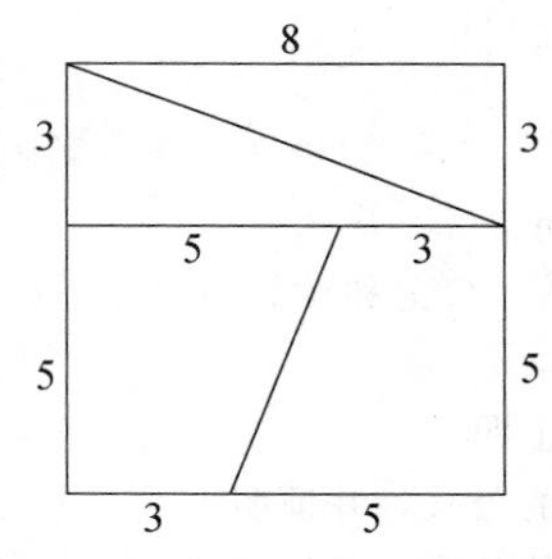

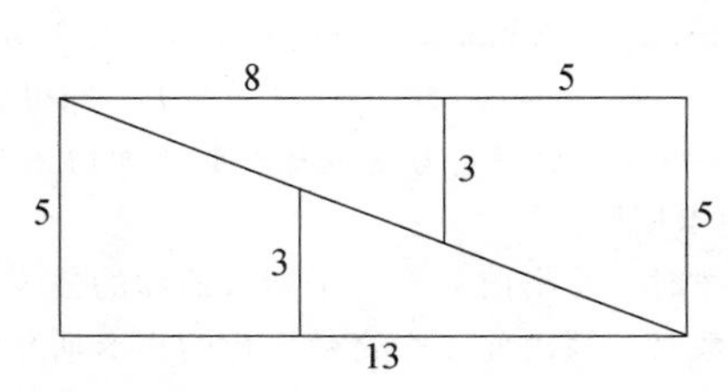

（提示：观察习题 14 中的恒等式. 哪里多出了一个平方单元?）

40. 证明：如果 $a_n=\frac{1}{\sqrt{5}}(\alpha^n-\beta^n)$，其中 $\alpha=(1+\sqrt{5})/2$，$\beta=(1-\sqrt{5})/2$，则 $a_n=a_{n-1}+a_{n-2}$，且 $a_1=a_2=1$. 从而得到 $f_n=a_n$，其中 f_n 是第 n 个斐波那契数.

一个常系数的 2 次线性齐次递归关系是一个形如

$$a_n=c_1a_{n-1}+c_2a_{n-2}$$

的方程，其中 c_1 和 c_2 为实数且 $c_2\neq 0$. 不难证明(见[Ro18])如果方程 $r^2-c_1r-c_2=0$ 有两个不同的根 r_1 和 r_2，则序列 $\{a_n\}$ 是线性齐次递归关系 $a_n=c_1a_{n-1}+c_2a_{n-2}$ 的解当且仅当 $a_n=C_1r_1^n+C_2r_2^n$，其中 $n=0，1，2，\cdots$，且 C_1 和 C_2 是常数. 这些常数的值可以通过这个序列的前两项求得.

41. 通过解初始条件为 $f_0=0$ 和 $f_1=1$ 的递归关系 $f_n=f_{n-1}+f_{n-2}$(其中 $n=2，3，\cdots$)求 f_n 的显式公式，从而证明定理 1.7.

序列 a_0，a_1，…，a_k，…的母函数是无穷级数

$$G(x)=\sum_{k=0}^{\infty}a_kx^k.$$

42. 用母函数 $G(x)=\sum_{k=0}^{\infty}f_kx^k$ 来求 f_k 的一个显式公式，证明定理 1.7，其中 f_k 是第 k 个斐波那契数.（提示：使用事实 $f_k=f_{k-1}+f_{k-2}(k=2, 3, \cdots)$来证明 $G(x)-xG(x)-x^2G(x)=x$. 解这个方程证明 $G(x)=x/(1-x-x^2)$，然后像在微积分中一样把它写成部分分式的形式.)(关于应用母函数的信息请参看[Ro18].)
43. 用习题 41 中的技巧求卢卡斯数的显式公式.
44. 用习题 42 中的技巧求卢卡斯数的显式公式.
45. 用数学归纳法证明定理 1.7.

雅可布斯托尔序列(Jacobsthal sequence){J_n}，以德国数学家 Ernst Erich Jacobsthal 的名字命名. 定义如下，$J_0=0$，$J_1=1$，对 $n\geqslant 2$，$J_n=J_{n-1}+2J_{n-2}$. 该数列在各种计数问题中出现.（在 OEIS 上其编号为 A001045.）.

46. 对正整数 $n\leqslant 10$，计算 J_n.
47. 证明：对非负整数 n 有 $J_{n+1}=2J_n+(-1)^n$.
48. 由相应的递归关系证明 $J_n=(2^n-(-1)^n)/3$.

雅可布斯托尔-卢卡斯序列{j_n}定义如下：$j_0=2$，$j_1=1$. $j_n=j_{n-1}+2j_{n-2}$，对 $n\geqslant 2$.（在 OEIS 上其编号为 A014551.）

49. 求解以下关于雅可布斯托尔-卢卡斯序列的问题(J_n 为上面的第 n 个雅可布斯托尔数).
    a) 对正整数 $n\leqslant 10$ 计算 j_n.
    b) 证明对正整数 n，J_n 和 j_n 均为奇数.
    c) 证明对非负整数 n，$j_n=2^n+(-1)^n$.
    d) 证明对非负整数 n，$J_n+j_n=2J_{n+1}$.
50. 帕多文数(Padovan number) $p(n)$，以建筑师 Richard Padovan 的名字命名(他将此归功于荷兰建筑师汉斯·范德兰的介绍). 定义如下：$p(0)=p(1)=p(2)=1$，对 $n\geqslant 3$，$p(n)=p(n-2)+p(n-3)$. 帕多文数在建筑设计上颇为重要.（OEIS 上其编号为 A000931.）求解以下关于帕多文数的问题.
    a) 对 $0\leqslant n\leqslant 12$，计算 $p(n)$.
    b) 由递归关系证明对正整数 $n\geqslant 5$ 有 $p(n)=p(n-1)+p(n-5)$.
    c) 证明：当 n 为正整数时 $\sum_{j=1}^{n}p(j)=p(n+5)-2$.
    d) 证明：当 n 为正整数时 $\sum_{j=1}^{n}p(5j)=p(5n+1)$.
    e) 由递归关系式 $p(n)=p(n+3)-p(n+1)$(此为帕多文数定义递归式的变种)将帕多文数的定义延拓到负整数 n 上. 利用延拓定义对 $-12\leqslant n\leqslant -1$ 计算 $p(n)$.

计算和研究

1. 求斐波那契数 f_{100}，f_{200} 和 f_{500}.
2. 求卢卡斯数 L_{100}，L_{200} 和 L_{500}.
3. 考察尽可能多的斐波那契数，判断它们是否是完全平方数，并依此提出相关的猜想.
4. 考察尽可能多的斐波那契数，判断它们是否是三角数，并依此提出相关的猜想.
5. 考察尽可能多的斐波那契数，判断它们是否是完全立方数，并依此提出相关的猜想.
6. 分别找出不超过 10 000 的最大的斐波那契数、不超过 100 000 的最大的斐波那契数和不超过 1 000 000

的最大的斐波那契数.

7. 一个令人惊讶的定理表明斐波那契数是当 x 和 y 取遍所有非负整数时多项式 $2xy^4+x^2y^3-2x^3y^2-y^5-x^4y+2y$ 的全部正值. 对满足 $x+y\leqslant 100$ 的非负整数 x 和 y，验证这个猜想.
8. 找出尽可能多的斐波那契数和帕多文数.

程序设计

1. 给定一个正整数 n，求斐波那契序列的前 n 项.
2. 给定一个正整数 n，求卢卡斯序列的前 n 项.
3. 给定一个正整数 n，求其泽肯朵夫表示(习题 29 前有定义).
4. 对正整数 n，写出帕多文序列的前 n 项.

1.5 整除性

一个整数可以被另一个整数整除的概念在数论中处于中心地位.

定义 如果 a 和 b 为整数且 $a\neq 0$，我们说 $\boldsymbol{a}$ **整除** $\boldsymbol{b}$ 是指存在整数 c 使得 $b=ac$. 如果 a 整除 b，我们还称 $\boldsymbol{a}$ **是** $\boldsymbol{b}$ **的一个因子**，且称 $\boldsymbol{b}$ **是** $\boldsymbol{a}$ **的倍数**.

如果 a 整除 b，则将其记为 $a\mid b$，如果 a 不能整除 b，则记其为 $a\nmid b$. (小心不要弄混了记号 $a\mid b$ 和 a/b，前者表示 a 整除 b，后者表示 a 被 b 除所得的商.)

例 1.30 下面是说明整数的整除性概念的例子：$13\mid 182$，$-5\mid 30$，$17\mid 289$，$6\nmid 44$，$7\nmid 50$，$-3\mid 33$，$17\mid 0$. ◀

例 1.31 6 的因子是 ± 1，± 2，± 3，± 6. 17 的因子是 ± 1，± 17. 100 的因子是 ± 1，± 2，± 4，± 5，± 10，± 20，± 25，± 50，± 100. ◀

在后面几章中，需要一些关于整除性的简单性质，现在我们来叙述并证明它们.

定理 1.8 如果 a，b 和 c 是整数，且 $a\mid b$，$b\mid c$，则 $a\mid c$.

证明 因为 $a\mid b$，$b\mid c$，故存在整数 e 和 f，使得 $ae=b$，$bf=c$. 因此 $c=bf=(ae)f=a(ef)$，从而得到 $a\mid c$. ■

例 1.32 因为 $11\mid 66$，$66\mid 198$，故由定理 1.8 可知 $11\mid 198$. ◀

定理 1.9 如果 a，b，m 和 n 为整数，且 $c\mid a$，$c\mid b$，则 $c\mid (ma+nb)$.

证明 因为 $c\mid a$ 且 $c\mid b$，故存在整数 e 和 f，使得 $a=ce$，$b=cf$. 因此，$ma+nb=mce+ncf=c(me+nf)$. 从而，$c\mid (ma+nb)$. ■

例 1.33 由于 $3\mid 21$，$3\mid 33$，故由定理 1.9 可知 3 能够整除

$$5\cdot 21-3\cdot 33=105-99=6.$$ ◀

1.5.1 带余除法

下面的定理是一个关于整除性的重要结论.

定理 1.10(带余除法) 如果 a 和 b 是整数且 $b>0$，则存在唯一的整数 q 和 r，使得 $a=bq+r$，$0\leqslant r<b$.

在带余除法给出的公式中，我们称 q 为商，r 为余数. 我们还称 a 为被除数，b 为除数. (注意：这个定理采用了传统的名字，尽管带余除法实际上不是一个算法. 我们将在 2.2 节中讨论算法.)

我们注意到 a 能被 b 整除当且仅当在带余除法中的余数为 0. 在证明带余除法之前，先考虑下面的例子.

例 1.34 如果 $a=133$，$b=21$，则 $q=6$，$r=7$，因为 $133=21\cdot 6+7$ 且 $0\leqslant 7<21$. 类似地，如果 $a=-50$，$b=8$，则 $q=-7$，$r=6$，因为 $-50=8(-7)+6$ 且 $0\leqslant 6<8$. ◀

我们现在用良序性质证明带余除法.

证明 考虑形如 $a-bk$ 的所有整数集合 S，其中 k 为整数，即 $S=\{a-bk\mid k\in\mathbb{Z}\}$. 设 T 是 S 中的所有非负整数构成的集合. T 是非空的，因为当 k 是满足 $k<a/b$ 的整数时，$a-bk$ 是正的.

由良序性质，T 中有最小元 $r=a-bq$.（q 和 r 的值如定理中所述.）根据 r 的构造可知 $r\geqslant 0$，且容易证明 $r<b$. 如果 $r\geqslant b$，则 $r>r-b=a-bq-b=a-b(q+1)\geqslant 0$，这与我们选择 $r=a-bq$ 为形如 $a-bk$ 的整数中的最小元矛盾. 因此 $0\leqslant r<b$.

为了证明 q 和 r 的值是唯一的，我们假定有两个方程 $a=bq_1+r_1$ 和 $a=bq_2+r_2$，满足 $0\leqslant r_1<b$，$0\leqslant r_2<b$. 把第二个方程从第一个方程中减去，可得

$$0=b(q_1-q_2)+(r_1-r_2).$$

因此，

$$r_2-r_1=b(q_1-q_2).$$

由此可知 b 整除 r_2-r_1. 因为 $0\leqslant r_1<b$，$0\leqslant r_2<b$，故 $-b<r_2-r_1<b$. 因此 b 可以整除 r_2-r_1 只有当 $r_2-r_1=0$，或者，换句话说，当 $r_1=r_2$ 时. 因为 $bq_1+r_1=bq_2+r_2$，且 $r_1=r_2$，我们还得到 $q_1=q_2$. 这说明商 q 与余数 r 是唯一的. ■

我们现在应用最大整数函数(在 1.1 节中定义的)来给出带余除法中商和余数的显式公式. 因为商 q 是满足 $bq\leqslant a$ 和 $r=a-bq$ 的最大整数，因而

$$q=[a/b],\quad r=a-b[a/b]. \tag{1.4}$$

下面的例子展示了除法中的商和余数.

例 1.35 设 $a=1\,028$，$b=34$，则 $a=bq+r$，$0\leqslant r<b$，其中 $q=[1\,028/34]=30$，$r=1\,028-[1\,028/34]\cdot 34=1\,028-30\cdot 34=8$. ◀

例 1.36 设 $a=-380$，$b=75$，则 $a=bq+r$，$0\leqslant r<b$，其中 $q=[-380/75]=-6$，$r=-380-[-380/75]\cdot 75=-380-(-6)75=70$. ◀

我们可以使用式(1.4)来证明关于最大整数函数的一个有用的性质.

例 1.37 证明：如果 n 是正整数，则当 x 为实数时$[x/n]=[[x]/n]$. 为了证明这个等式，假定$[x]=m$. 由带余除法，我们有整数 q 和 r 使得 $m=nq+r$，其中 $0\leqslant r\leqslant n-1$. 根据式(1.4)，我们有 $q=[[x]/n]$. 因为$[x]\leqslant x<[x]+1$，故 $x=[x]+\varepsilon$，其中 $0\leqslant\varepsilon<1$. 我们看到$[x/n]=[([x]+\varepsilon)/n]=[(m+\varepsilon)/n]=[((nq+r)+\varepsilon)/n]=[q+(r+\varepsilon)/n]$. 因为 $0\leqslant\varepsilon<1$，所以有 $0\leqslant r+\varepsilon<(n-1)+1=n$. 因此$[x/n]=[q]$. ◀

给定一个正整数 d，可以根据整数被 d 除的余数把它们分类. 例如，当 $d=2$ 时，我们从带余除法中看到任意整数被 2 除所得的余数或为 0，或为 1. 这引出了下面一些常见术语的定义.

定义 如果 n 被 2 除的余数为 0，则对某个整数 k，有 $n=2k$，我们称 n 为**偶数**；而如

果 n 被 2 除的余数为 1，则对某个整数 k，有 $n=2k+1$，我们称 n 为**奇数**.

类似地，当 $d=4$ 时，我们从带余除法中看到当整数 n 被 4 除时，余数为 0，1，2 或者 3. 因此，每个整数都形如 $4k$，$4k+1$，$4k+2$ 或 $4k+3$，其中 k 为正整数.

我们将在第 5 章继续讨论这个问题.

1.5.2　最大公因子

如果 a 和 b 为不全为零的整数，则它们的公因子的集合是一个有限的整数集，通常包括 1 和 -1，我们对其中最大的那个公因子感兴趣.

定义　不全为零的整数 a 和 b 的**最大公因子**是指能够同时整除 a 和 b 的最大整数.

a 和 b 的最大公因子记作 (a, b). (有时也记作 $\gcd(a, b)$，特别是在非数论的著作中. 我们将一直沿用传统的记号 (a, b)，虽然有时候这种记法也表示有序数对.) 注意当 n 为正整数时，$(0, n)=(n, 0)=n$. 虽然所有的正整数都能整除 0，我们还是定义 $(0, 0)=0$. 这样可以确保关于最大公因子的相关结论在所有情况下均成立.

例 1.38　24 和 84 的公因子有 ±1，±2，±3，±4，±6，±12，因此 $(24, 84)=12$. 类似地，通过查看公因子集合，我们有 $(15, 81)=3$，$(100, 5)=5$，$(17, 25)=1$，$(0, 44)=44$，$(-6, -15)=3$，以及 $(-17, 289)=17$. ◀

我们特别关注那些所有公因子均不超过 1 的整数对，这样的数对被称为**互素**.

定义　设 a，b 均为非零整数，如果 a 和 b 的最大公因子 $(a, b)=1$，则称 a 与 b **互素**.

例 1.39　因为 $(25, 42)=1$，所以 25 和 42 互素. ◀

我们将在第 3 章中详细研究最大公因子，并给出计算最大公因子的算法. 同时也将证明许多相关的结论，而这些结论能导出很多数论中的重要定理.

1.5 节习题

1. 证明 $3 \mid 99$，$5 \mid 145$，$7 \mid 343$，$888 \mid 0$.
2. 证明 1 001 可以被 7，11 和 13 整除.
3. 确定下面整数中哪个可被 7 整除.
   a) 0　　b) 707　　c) 1 717　　d) 123 321　　e) $-285\,714$　　f) $-430\,597$
4. 确定下面整数中哪个可被 22 整除.
   a) 0　　b) 444　　c) 1 716　　d) 192 544　　e) $-32\,516$　　f) $-195\,518$
5. 求带余除法中的商和余数，其中除数为 17，被除数为
   a) 100　　b) 289　　c) -44　　d) -100
6. 求出能整除下列整数的所有正整数.
   a) 12　　b) 22　　c) 37　　d) 41
7. 求出能整除下列整数的所有正整数.
   a) 13　　b) 21　　c) 36　　d) 44
8. 通过求整除下列数对中每个整数的所有正整数并选取最大的那个来求下列数对的最大公因子.
   a) $(8, 12)$　　b) $(7, 9)$　　c) $(15, 25)$　　d) $(16, 27)$
9. 通过求整除下列数对中每个整数的所有正整数并选取最大的那个来求下列数对的最大公因子.

a) (11, 22)　b) (36, 42)　c) (21, 22)　d) (16, 64)

10. 求出所有与 10 互素且小于 10 的正整数.
11. 求出所有与 11 互素且小于 11 的正整数.
12. 求出不超过 10 且互素的正整数对.
13. 求出介于 10 与 20 之间(包括 10 与 20)的互素的正整数对.
14. 如果 a 和 b 是非零整数，且 $a \mid b$，$b \mid a$，你能得到什么结论？
15. 证明：如果 a，b，c 和 d 是整数，a 和 c 非零，且满足 $a \mid b$，$c \mid d$，则 $ac \mid bd$.
16. 是否有整数 a，b 和 c，使得 $a \mid bc$，但是 $a \nmid b$，且 $a \nmid c$？
17. 证明：如果 a，b 和 $c \neq 0$ 都是整数，则 $a \mid b$ 当且仅当 $ac \mid bc$.
18. 证明：如果 a 和 b 是正整数且 $a \mid b$，则 $a \leqslant b$.
19. 证明：如果 a 和 b 是整数且满足 $a \mid b$，则对任意正整数 k，有 $a^k \mid b^k$.
20. 证明两个偶数或两个奇数的和是偶数，而一个奇数和一个偶数的和是奇数.
21. 证明两个奇数的积是奇数，而如果两个整数中有一个为偶数，则这两个整数的积是偶数.
22. 证明：如果 a 和 b 是正奇数且 $b \nmid a$，则存在整数 s 和 t 使得 $a = bs + t$，其中 t 是奇数，且 $|t| < b$.
23. 当整数 a 被整数 b 除时，其中 $b > 0$，带余除法给出一个商 q 和一个余数 r. 证明：如果 $b \nmid a$，则当 $-a$ 被 b 除时，带余除法给出商为 $-(q+1)$，余数为 $b - r_j$，而如果 $b \mid a$，则商为 $-q$，余数为 0.
24. 证明：如果 a，b 和 c 为整数，$b > 0$，$c > 0$，使得当 a 被 b 除时商为 q，余数为 r，且 q 被 c 除的商为 t，余数为 s，则当 a 被 bc 除时，商为 t，余数为 $bs + r$.
25. a) 通过允许除数为负来扩展带余除法. 特别地，证明当 a 和 $b \neq 0$ 为整数时，存在唯一的整数 q 和 r 使得 $a = bq + r$，其中 $0 \leqslant r < |b|$.

    b) 求 17 除以 -7 的余数.
26. 证明：如果 a 和 b 为正整数，则存在唯一整数 q 和 r 使得 $a = bq + r$，其中 $-b/2 < r \leqslant b/2$. 这个结果被称作*改良型带余除法*(modified division algorithm).
27. 证明：如果 m 和 $n > 0$ 为整数，则

$$\left[\frac{m+1}{n}\right] = \begin{cases} \left[\dfrac{m}{n}\right], & \text{如果对某整数 } k \text{，有 } m \neq kn - 1; \\ \left[\dfrac{m}{n}\right] + 1, & \text{如果对某整数 } k \text{，有 } m = kn - 1. \end{cases}$$

28. 证明整数 n 为偶数当且仅当 $n - 2[n/2] = 0$.
29. 证明小于或等于 x 且能够被正整数 d 整除的正整数个数等于 $[x/d]$，其中 x 为正实数.
30. 求不超过 1 000 且能够被 5，25，125 和 625 整除的正整数个数.
31. 在 100 和 1 000 之间有多少整数能够被 7 整除？被 49 整除？
32. 求不超过 1 000 且不能被 3 或 5 整除的正整数个数.
33. 求不超过 1 000 且不能被 3，5 或 7 整除的正整数个数.
34. 求不超过 1 000 且能够被 3 整除但不能被 4 整除的正整数个数.
35. 2021 年 7 月，在美国邮寄一封一等信件，一盎司内需花费 55 美分，而后每增加一盎司(不足也按一盎司计)，需要多花费 20 美分. 求一个用最大整数函数来表示的当时邮资的公式. 2021 年 7 月，美国是否可能花费 1.95 美元或 2.65 美元来邮寄一封一等信件？
36. 证明：如果 a 为整数，则 3 整除 $a^3 - a$.
37. 证明两个形如 $4k+1$ 的整数之积仍然是这种形式，而两个形如 $4k+3$ 的整数的积的形式为 $4k+1$.
38. 证明每个奇数的平方都形如 $8k+1$.
39. 证明每个奇数的四次方都形如 $16k+1$.

40. 证明两个形如 $6k+5$ 的整数的积形如 $6k+1$.
41. 证明任意三个连续的整数的积都能被 6 整除.
42. 用数学归纳法证明对任意正整数 n，n^5-n 可以被 5 整除.
43. 用数学归纳法证明三个连续的整数的立方和能够被 9 整除.

在习题 44～48 中，f_n 表示第 n 个斐波那契数.

44. 证明 f_n 为偶数当且仅当 n 可被 3 整除.
45. 证明 f_n 能被 3 整除当且仅当 n 可被 4 整除.
46. 证明 f_n 能被 4 整除当且仅当 n 可被 6 整除.
47. 证明当 n 为满足 $n>5$ 的正整数时，$f_n=5f_{n-4}+3f_{n-5}$. 应用这个结果证明当 n 能被 5 整除时，f_n 能被 5 整除.

* 48. 证明当 m 和 n 为正整数，且 $m>1$ 时，$f_{n+m}=f_m f_{n+1}+f_{m-1}f_n$. 应用这个结果证明当 m 和 n 为正整数且满足 $n \mid m$ 时 $f_n \mid f_m$.

设 n 为正整数，我们定义

$$T(n)=\begin{cases} n/2, & \text{如果 } n \text{ 为偶数；} \\ (3n+1)/2, & \text{如果 } n \text{ 为奇数.} \end{cases}$$

则可以通过迭代 T 来得到一个序列：n，$T(n)$，$T(T(n))$，$T(T(T(n)))$，…. 例如，从 $n=7$ 开始，我们得到 7，11，17，26，13，20，10，5，8，4，2，1，2，1，2，1，…. 一个著名的猜想(有时被称为 Collatz 猜想)宣称无论由哪个正整数 n 开始，由迭代 T 得到的序列总是会达到整数 1.

49. 求从 $n=39$ 开始通过迭代 T 所得到的序列.
50. 证明从 $n=(2^{2k}-1)/3$ 开始通过迭代 T 所得到的序列总是会达到整数 1，其中 k 为大于 1 的正整数.
51. 证明：如果可以证明对于任意整数 n，$n\geqslant 2$，在通过迭代 T 得到的序列中总存在一项小于 n，那么 Collatz 猜想为真.
52. 验证对于所有满足 $2\leqslant n\leqslant 100$ 的正整数 n，由正整数 n 开始，通过迭代 T 得到的序列中存在一项小于 n.（提示：从容易证明这个结论正确的正整数集合开始考虑.）

* 53. 证明：当 n 为非负整数时，$[(2+\sqrt{3})^n]$为奇数.

* 54. 确定满足$[a/2]+[a/3]+[a/5]=a$ 的正整数 n 的个数，其中$[x]$是通常的最大整数函数.

55. 用第二数学归纳原理证明带余除法.

计算和研究

1. 求 111 111 111 111 被 987 654 321 除所得的商和余数.
2. 对于不超过 10 000 的所有整数 n，验证习题 49 前的导言中描述的 Collatz 猜想.
3. 考察一些数据，对于在迭代 $T(n)$得到的序列达到 1 之前所需的迭代步数，你能做出什么样的猜测？其中 n 为给定的正整数.
4. 考察一些数据，推导出关于斐波那契数对于 7，8，9，11 和 13 等数的可除性的猜测.

魔术师序列(juggler sequence)定义如下：指定一个整数 a_0，随后通项定义为 $a_{k+1}=\lfloor a_k^{1/2}\rfloor$，如果 a_k 为偶数；$a_{k+1}=\lfloor a_k^{3/2}\rfloor$，如果 a_k 为奇数. 该序列由美国数学家 Clifford Pickover 提出. 猜想所有的魔术师序列都会达到 1.

5. 对 $a_0\leqslant 50$ 的魔术师序列验证上述猜想. 并计算这些序列中的最大值.

程序设计

1. 确定一个整数是否能被一个给定的整数整除.
2. 求带余除法中的商和余数.
3. 求在习题 26 中给出的特殊带余除法中的商、余数和符号.
4. 对给定的正整数 n，计算习题 49 前面定义的序列 n，$T(n)$，$T(T(n))$，$T(T(T(n)))$，…中的项.

第 2 章　整数的表示法和运算

整数的各种表示法对于人们和计算机对这些整数进行有效运算有着重大的影响. 本章的目的是给出整数如何进行 b 进制展开，以及如何用这种展开式进行整数的基本算术运算. 特别地，我们要证明，对正整数 b，每个正整数有唯一的 b 进制展开式，例如当 b 为 10 时，我们有整数的十进制展开式. 当 b 为 2 时，我们有这个整数的二进制展开式. 而当 b 为 16 时，我们有十六进制展开式. 我们将给出整数进行 b 进制展开的一个程序和用 b 进制展开做整数算术运算的基本算法. 最后，在介绍大 O 符号之后，我们用位运算次数的大 O 估计来分析这些基本运算的计算复杂性.

2.1　整数的表示法

我们在日常生活中采用十进制表示整数. 用一些数字表示 10 的方幂来把整数写下来. 例如把一个整数写成 37 465，意思是

$$3 \cdot 10^4 + 7 \cdot 10^3 + 4 \cdot 10^2 + 6 \cdot 10 + 5.$$

十进制是*位值制*的一个例子，每个数字的位置决定它所代表的数值. 从古到今，人们还采用过许多其他表示整数的方法. 例如，3 000 年前巴比伦数学家采用十六进制表示整数. 罗马人采用的罗马数字在今天还用来表示年份. 古代玛雅人采用二十进制. 还有许多计数系统也被发明和使用过.

十进制成为一种固定下来的计数方法，很可能是因为人有十个手指. 我们还会看到，每个大于 1 的正整数都可作为位值制的基. 随着计算机的发明和发展，十进制以外的其他进制变得越来越重要. 特别是以 2，8 和 16 为基的进位制在计算机各种功能中得到广泛的采用.

在本节中，我们将要说明无论把哪个整数 b 取为基，每个正整数都可以唯一地表示为以 b 为基的记号. 在 2.2 节中，我们将要说明如何应用这种表示来进行整数运算. （参考本节末的习题，学习计算机用来表示正负数的补 1 表示法和补 2 表示法.）

关于正整数系统的有趣历史的更多信息，我们给读者推荐[Or88]或[Kn97]，可以找到大量的综述和很多参考文献.

我们现在证明每个大于 1 的正整数都可以被取为基.

定理 2.1　*令 b 是正整数，$b>1$，则每个正整数 n 都可以被唯一地写为如下形式：*

$$n = a_k b^k + a_{k-1} b^{k-1} + \cdots + a_1 b + a_0,$$

其中 k 为非负整数，a_j 为整数，$0 \leqslant a_j \leqslant b-1(j=0, 1, \cdots, k)$，且首项系数 $a_k \neq 0$.

证明　我们按照下述方法通过连续应用带余除法来得到所描述类型的表示. 首先用 b 除 n 得到

$$n = bq_0 + a_0, \quad 0 \leqslant a_0 \leqslant b-1.$$

如果 $q_0 \neq 0$，则用 b 除 q_0 得到

$$q_0 = bq_1 + a_1, \quad 0 \leqslant a_1 \leqslant b-1.$$

继续这个过程得到

$$
\begin{aligned}
q_1 &= bq_2 + a_2, & 0 \leqslant a_2 \leqslant b-1, \\
q_2 &= bq_3 + a_3, & 0 \leqslant a_3 \leqslant b-1, \\
&\vdots \\
q_{k-2} &= bq_{k-1} + a_{k-1}, & 0 \leqslant a_{k-1} \leqslant b-1, \\
q_{k-1} &= b \cdot 0 + a_k, & 0 \leqslant a_k \leqslant b-1.
\end{aligned}
$$

当得到商 0 时这个过程就到了最后一步．为了看清楚这一点，首先注意商序列满足

$$n > q_0 > q_1 > q_2 > \cdots \geqslant 0.$$

因为序列 q_0，q_1，q_2，…是一个递减的非负整数序列，且只要其中的项为正数就继续下去，因而在这个序列中至多存在 q_0 个项，且最后一项为 0.

从上面的第一个方程可以看出

$$n = bq_0 + a_0.$$

下面用第二个方程取代 q_0，得到

$$n = b(bq_1 + a_1) + a_0 = b^2 q_1 + a_1 b + a_0.$$

依次取代 q_1，q_2，…，q_{k-1}，我们得到

$$
\begin{aligned}
n &= b^3 q_2 + a_2 b^2 + a_1 b + a_0 \\
&\vdots \\
&= b^{k-1} q_{k-2} + a_{k-2} b^{k-2} + \cdots + a_1 b + a_0 \\
&= b^k q_{k-1} + a_{k-1} b^{k-1} + \cdots + a_1 b + a_0 \\
&= a_k b^k + a_{k-1} b^{k-1} + \cdots + a_1 b + a_0,
\end{aligned}
$$

其中 $0 \leqslant a_j \leqslant b-1$，$j=0$，1，…，$k$ 且 $a_k \neq 0$．给定 $a_k = q_{k-1}$ 为最后的非零商．这样，我们就找到了所述类型的展开式．

为了说明这个展开式的唯一性，假定有两个等于 n 的这种展开式，即

$$
\begin{aligned}
n &= a_k b^k + a_{k-1} b^{k-1} + \cdots + a_1 b + a_0 \\
&= c_k b^k + c_{k-1} b^{k-1} + \cdots + c_1 b + c_0,
\end{aligned}
$$

其中 $0 \leqslant a_k < b$，$0 \leqslant c_k < b$（并且如果必要，我们在其中的一个展开式中添加零系数的起始项使得它们的项数相同）．从一个展开式中减去另外一个，我们得到

$$(a_k - c_k) b^k + (a_{k-1} - c_{k-1}) b^{k-1} + \cdots + (a_1 - c_1) b + (a_0 - c_0) = 0.$$

如果这两个展开式不同，则存在一个最小的整数 j，$0 \leqslant j \leqslant k$，使得 $a_j \neq c_j$．因此，

$$b^j((a_k - c_k) b^{k-j} + \cdots + (a_{j+1} - c_{j+1}) b + (a_j - c_j)) = 0,$$

故

$$(a_k - c_k) b^{k-j} + \cdots + (a_{j+1} - c_{j+1}) b + (a_j - c_j) = 0.$$

从中解出 $a_j - c_j$，得到

$$
\begin{aligned}
a_j - c_j &= (c_k - a_k) b^{k-j} + \cdots + (c_{j+1} - a_{j+1}) b \\
&= b((c_k - a_k) b^{k-j-1} + \cdots + (c_{j+1} - a_{j+1})).
\end{aligned}
$$

因此，我们看到

$$b \mid (a_j - c_j).$$

但是因为 $0 \leqslant a_j < b$ 且 $0 \leqslant c_j < b$，故 $-b < a_j - c_j < b$．因此 $b \mid (a_j - c_j)$ 意味着 $a_j = c_j$．这

与假设两个展开式不同矛盾. 综上我们得到 n 关于基 b 的展开式是唯一的. ■

对于 $b=2$，由定理 2.1 可知下面的推论成立.

推论 2.1.1 每个正整数都可以被表示为 2 的不同次幂的和.

证明 设 n 为正整数. 在定理 2.1 中取 $b=2$，我们知道 $n=a_k2^k+a_{k-1}2^{k-1}+\cdots+a_12+a_0$，其中每个 a_j 或者为 0 或者为 1. 因此每个正整数都是 2 的不同次幂的和. ■

在定理 2.1 所描述的展开式中，b 被称为展开式的基(base)或根(radix). 我们称基为 10 的表示(即通常整数的写法)为十进制(decimal)表示. 基为 2 的表示被称为二进制(binary)表示，基为 8 的表示被称为八进制(octal)表示，基为 16 的表示被称为十六进制(hexadecimal)表示，或者简称为 hex. 系数 a_j 被称为展开式的数字(digit). 在计算机术语中二进制数字被称为位(bit，是英文 binary digit 的缩写).

为了区别整数关于不同基的表示，我们采用一种特别的记号，用 $(a_ka_{k-1}\cdots a_1a_0)_b$ 来表示数 $a_kb^k+a_{k-1}b^{k-1}+\cdots+a_1b+a_0$.

例 2.1 为了说明基为 b 的表示，注意到 $(236)_7=2\cdot 7^2+3\cdot 7+6=125$ 和 $(10010011)_2=1\cdot 2^7+1\cdot 2^4+1\cdot 2^1+1=147$. ◀

定理 2.1 的证明提供了一种求任意一个正整数 n 的 b 进制展开 $(a_ka_{k-1}\cdots a_1a_0)_b$ 的方法. 特别地，为了求 n 的 b 进制展开，我们首先要用 b 除 n，余数为数字 a_0. 然后用 b 除商 $[n/b]=q_0$，余数为数字 a_1. 继续这个过程，连续地用 b 除得到商，以获得 n 关于基 b 的展开式中的数字. 一旦得到的商为 0，这个过程就停止. 换句话说，为了求得 n 的 b 进制展开，我们重复地使用除法，每次用商取代被除数，当商为 0 时停止. 然后从下到上读取余数序列来得到 b 进制展开. 下面用例 2.2 来说明这个过程.

例 2.2 为了求出 1 864 的二进制展开式，我们连续使用除法：

$$
\begin{aligned}
1\,864 &= 2\cdot 932+0,\\
932 &= 2\cdot 466+0,\\
466 &= 2\cdot 233+0,\\
233 &= 2\cdot 116+1,\\
116 &= 2\cdot 58+0,\\
58 &= 2\cdot 29+0,\\
29 &= 2\cdot 14+1,\\
14 &= 2\cdot 7+0,\\
7 &= 2\cdot 3+1,\\
3 &= 2\cdot 1+1,\\
1 &= 2\cdot 0+1.
\end{aligned}
$$

为了得到 1 864 的二进制展开式，只需要取这些除法中的余数即可，就是说 $(1\,864)_{10}=(11101001000)_2$. ◀

计算机内部是使用一系列状态为“开”或者“关”的“开关”来表示数的. (这可以使用磁头、电开关或者其他手段机械地实现.)因此，每个开关可以有两个可能的状态. 我们可以使用“开”来表示数字 1，而“关”表示数字 0；这就是为什么计算机内部使用二进制来表示整数.

为了实现不同的目的，计算机中也使用 8 或 16 为基. 在基为 16(十六进制)的表示中有16个数字，通常使用0，1，2，3，4，5，6，7，8，9，A，B，C，D，E，F．字母A，B，C，D，E和F被用来表示对应于10，11，12，13，14和15(用十进制的写法)的数字．下面的例子说明了从十六进制到十进制表示的转换．

例2.3 把$(A35B0F)_{16}$从十六进制转换为十进制表示：

$$\begin{aligned}(A35B0F)_{16} &= 10\cdot16^5+3\cdot16^4+5\cdot16^3+11\cdot16^2+0\cdot16+15\\ &=(10705679)_{10}.\end{aligned}$$

◀

在二进制与十六进制表示之间可以有一个简单的转换．我们可以把每个十六进制数字根据表2.1给出的对应关系写成一个由四位二进制数字组成的块．

表2.1 从十六进制到二进制的转化

十六进制数	二进制数	十六进制数	二进制数
0	0000	8	1000
1	0001	9	1001
2	0010	A	1010
3	0011	B	1011
4	0100	C	1100
5	0101	D	1101
6	0110	E	1110
7	0111	F	1111

例2.4 从十六进制到二进制的转换的一个例子是$(2FB3)_{16}=(10111110110011)_2$．每个十六进制数字被转换为一个四位二进制数字块(与数字$(2)_{16}$相关的初始块$(0010)_2$的起始的0被省略了)．

为了把二进制数转换为十六进制，考虑$(11110111101001)_2$．我们从右端开始把这个数划分为四位的块．这些块从右到左分别是1001，1110，1101和0011(添加了两个起始的0)．把每个块转换为十六进制，我们得到$(3DE9)_{16}$． ◀

注意，当两个基中一个是另一个的幂时，它们之间的转换与二进制和十六进制之间的转换一样容易．

2.1节习题

1. 把$(1999)_{10}$从十进制表示转换为七进制表示．把$(6105)_7$从七进制表示转换为十进制表示．
2. 把$(89156)_{10}$从十进制表示转换为八进制表示．把$(706113)_8$从八进制表示转换为十进制表示．
3. 把$(10101111)_2$从二进制表示转换为十进制表示，并把$(999)_{10}$从十进制表示转换为二进制表示．
4. 把$(101001000)_2$从二进制表示转换为十进制表示，并把$(1984)_{10}$从十进制表示转换为二进制表示．
5. 把$(100011110101)_2$和$(11101001110)_2$从二进制转换为十六进制．
6. 把$(ABCDEF)_{16}$，$(DEFACED)_{16}$和$(9A0B)_{16}$从十六进制转换为二进制．
7. 解释为何实际上当我们把大的十进制整数分成三位的块并用空格隔开时是在使用基为1 000的表示．
8. 证明：如果b是小于-1的负整数，则每个非零整数n可以被唯一地写成如下形式：

$$n=a_kb^k+a_{k-1}b^{k-1}+\cdots+a_1b+a_0,$$

其中 $a_k\neq 0$ 且 $0\leqslant a_j<|b|$，$j=0$，1，2，…，k. 我们把它写成 $n=(a_ka_{k-1}\cdots a_1a_0)_b$，就像基为正数那样.

9. 求$(101001)_{-2}$和$(12012)_{-3}$的十进制表示.
10. 求十进制数−7，−17和61的基为−2的表示.
11. 证明当所有的砝码都放在一个盘子中时，不超过 2^k-1 的重量可以使用重为1，2，2^2，…，2^{k-1} 的砝码来测量.
12. 证明每个非零整数可以被唯一地表示为如下形式：
$$e_k3^k+e_{k-1}3^{k-1}+\cdots+e_13+e_0,$$
其中 $e_j=-1$，0或 $1(j=0,1,2,\cdots,k)$ 且 $e_k\neq 0$. 这个展开式被称为平衡三元展开式(balanced ternary expansion).
13. 应用习题12证明当砝码可以被放在任何一个盘子中时，不超过 $(3^k-1)/2$ 的重量可以使用重为1，3，3^2，…，3^{k-1} 的砝码来测量.
14. 解释如何从三进制表示转换为九进制表示，以及如何从九进制表示转换为三进制表示.
15. 解释如何从基为 r 的表示转换为基为 r^n 的表示，以及如何从基为 r^n 的表示转换为基为 r 的表示，其中 $r>1$ 且 n 为正整数.
16. 证明：如果 $n=(a_ka_{k-1}\cdots a_1a_0)_b$，则 n 被 b^j 除所得的商和余数分别是 $q=(a_ka_{k-1}\cdots a_j)_b$，$r=(a_{j-1}\cdots a_1a_0)_b$.
17. 如果 n 的 b 进制展开为 $n=(a_ka_{k-1}\cdots a_1a_0)_b$，那么 b^mn 的 b 进制展开是什么？

整数的补1表示被用来简化计算机算法. 为了表示绝对值小于 2^n 的正、负整数，一共要用到 $n+1$ 个位.

最左边的位被用来表示符号. 这个位置上的0用来表示正数，而1用来表示负数.

对于正整数，余下的位和整数的二进制表示是一样的. 对于负整数，余下的位如下确定：首先求这个整数的绝对值的二进制表示，然后对每个位取其补. 这里1的补为0，而0的补为1.

18. 求下列整数的补1表示，使用长度为6的位串.
a) 22　　b) 31　　c) −7　　d) −19
19. 下面长度为5的表示是哪个整数的补1表示？
a) 11001　　b) 01101　　c) 10001　　d) 11111
20. 当使用长度为 n 的位串时，如何从 m 的补1表示得到 $-m$ 的补1表示？
21. 证明：如果整数 m 的补1表示为 $a_{n-1}a_{n-2}\cdots a_1a_0$，那么 $m=-a_{n-1}(2^{n-1}-1)+\sum_{i=0}^{n-2}a_i2^i$.

整数的补2表示也被用来简化计算机算法(事实上，它们比补1表示更常用). 为了表示满足 $-2^{n-1}\leqslant x\leqslant 2^{n-1}-1$ 的整数 x，需要用到 n 个位.

最左边的位用来表示符号，0表示正数，而1表示负数.

对于正整数，余下的 $n-1$ 个位和该整数的二进制表示相同. 对于负整数，余下的位是 $2^{n-1}-|x|$ 的二进制展开.

22. 用长度为6的位串求习题18中的整数的补2表示.
23. 如果习题19中的每个数都是一个整数的补2表示，那么它们分别对应哪些整数？
24. 证明：如果整数 m 的补2表示为 $a_{n-1}a_{n-2}\cdots a_1a_0$，那么 $m=-a_{n-1}\cdot 2^{n-1}+\sum_{i=0}^{n-2}a_i2^i$.
25. 当使用长度为 n 的位串时，如何从 m 的补2表示得到 $-m$ 的补2表示？
26. 如何从一个整数的补1表示得到它的补2表示？

27. 有时整数编码采用由四位的二进制展开来表示一个十进制数字的方法，这产生了整数的二进制编码的十进制(binary coded decimal)形式．例如，791用这种方法编码为011110010001．使用这种编码方法需要用多少个位来表示一个n位的十进制数？

正整数n的康托尔展开(Cantor expansion)是一个和式

$$n = a_m m! + a_{m-1}(m-1)! + \cdots + a_2 2! + a_1 1!,$$

其中每个a_j都是一个满足$0 \leqslant a_j \leqslant j$的整数，且$a_m \neq 0$.

28. 求14，56和384的康托尔展开.

*29. 证明每个正整数有唯一的康托尔展开.（提示：对每个正整数n，存在正整数m使得$m! \leqslant n < (m+1)!$．对于a_m，取n除以$m!$的商，然后迭代.）

中国的拿子(nim)游戏是这样玩的．有几堆火柴棍，在游戏的开始每一堆中都包含着任意数目的火柴棍．每一步中一个玩家从任意一堆火柴棍中拿走一根或多根．玩家轮流拿火柴，谁拿到最后一根火柴谁就赢得游戏.

取胜位置是火柴堆中火柴的布局，如果一个玩家可以把火柴拿走后，剩下火柴堆具有那种布局，则(无论第二个玩家怎么做)第一个玩家有必赢的方法．这种位置的一个例子是有两堆火柴，每一堆包含一根火柴；这就是取胜位置，因为第二个玩家必须拿走一根火柴，从而把拿走最后一根火柴的取胜机会留给第一个玩家.

30. 证明在拿子游戏中，有两堆火柴而每堆都包含两根火柴的位置是取胜位置.

31. 对于火柴堆中火柴数目的每种布局，把每堆的火柴数目用二进制表示，然后把这些数每行一个排起来对齐(如果有必要在首位补零)．证明一个位置是取胜位置当且仅当在每一列中1的数目是偶数．(例如：三堆分别为3，4和7的火柴可以写为

$$\begin{matrix} 0 & 1 & 1 \\ 1 & 0 & 0 \\ 1 & 1 & 1 \end{matrix}$$

其中每一列恰有两个1.)（提示：证明从一个取胜位置开始的任意一步都将产生非取胜位置，并证明从任意一个非取胜位置开始都存在一种做法达到一个取胜位置.）

设a为一个四位的十进制整数，其中所有的数字不全相同．设a'是通过把a的各位数字按照递减的顺序排列得到的十进制整数，a''为通过把a的各位数字按照递增的顺序排列得到的十进制整数．定义$T(a)=a'-a''$．例如，$T(7\,318)=8\,731-1\,378=7\,353$.

*32. 证明唯一一个使得$T(a)=a$的四位十进制整数(其中所有的数字不全相同)为$a=6\,174$．整数6 174被称为卡普瑞卡常数(Kaprekar's constant)，是以印度数学家D. R. Kaprekar的名字命名的，因为它是具有这个性质的唯一整数.

卡普瑞卡(D. R. Kaprekar，1905—1986)出生于印度的Dahanu，从小就对数字感兴趣．他在Thana接受了中学教育，并曾在Poona的Fergusson学院学习．卡普瑞卡后来进入了孟买大学并于1929年获得学士学位．从1930年到1962年退休，他一直在印度的Devlali做教师．卡普瑞卡发现了趣味数论中许多有意思的性质．他发表过许多诸如幻方数、循环数以及其他具有特殊性质的整数的作品.

**33. a) 证明：如果a是一个有四位十进制展开的正整数，并且所有的数字不全相同，则通过迭代T得到的序列a，$T(a)$，$T(T(a))$，…，最终达到整数6 174.

b) 确定在a)中定义的序列达到6 174所需的最大步数.

设b为正整数，a是具有b进制四位展开式的整数，并且所有的数字不全相同．定义$T_b(a)=a'-a''$，其中a'是通过把a的b进制展开的各位数字按照递减的顺序排列得到的b进制展开的整数，a''为通过

把 a 的 b 进制展开的各位数字按照递减的顺序排列得到的 b 进制展开的整数.

** 34. 设 $b=5$. 求唯一的一个具有五进制展开的四位整数 a_0 使得 $T_5(a_0)=a_0$. 证明这个整数 a_0 是一个五进制卡普瑞卡常数；换句话说，只要 a_0 是以 5 为基的四位展开整数，并且并非所有的数字都相同，则 a，$T(a)$，$T(T(a))$，$T(T(T(a)))$，…最终达到 a_0.

* 35. 证明不存在基为 6 的四位数的卡普瑞卡常数.

* 36. 确定是否存在基为 10 的三位数的卡普瑞卡常数. 证明你的答案的正确性.

37. 一个序列 $a_j(j=1, 2, \cdots)$ 被称为是**西唐序列**(以匈牙利数学家西蒙・西唐(Simon Sidon)的名字命名)，如果所有的两项和 $a_i+a_j(i\leqslant j)$ 互不相同. 用定理 2.1 来证明 $a_j(j=1, 2, \cdots)$ 是西唐序列，其中 $a_j=2^j$.

设 n 为十进制正整数，令 $p(n)$ 为 n 与 n 的倒序数的和. $p(n)$ 被称为**反序和函数**(reverse-and-add function). 例如，$p(136)=136+631=767$. 对于一个数 n，如若不断用反序和函数迭代，始终不会产生回文数(即倒序与原数相同)，则 n 被称为是**林切尔数**(Lychrel number). 例如 $p(136)=767$，767 为回文数，故 136 非林切尔数. (OEIS 的 A023108 给出了可能的林切尔数.)

林切尔数是否存在至今尚未得知. 最小的一个未能判断是否为林切尔数的整数是 196. 对该数用反序和函数迭代了一百万次仍未发现回文数，但进一步的迭代是否会产生回文数尚无证明.

38. 证明下列整数均非林切尔数.

a) 56　　b) 57　　c) 58　　d) 59

39. 解释林切尔数的倒序仍为林切尔数.

设 n 为 b 进制正整数. 令 $p_b(n)$ 为 n 与 n 的倒序数之和. $p_b(n)$ 被称作 **b 进制反序和函数**. 例如，令 $b=3$，则 $p_3(1222)_3=(1222)_3+(2221)_3=(11220)_3$. 对于某数，若不断用 b 进制反序和函数迭代均不会产生 b 进制回文数，则被称作 **b 进制林切尔数**.

* 40. 证明 $(10110)_2$ 为 2 进制林切尔数.

* 41. 证明 $(3333)_4$ 为 4 进制林切尔数.

** 42. 证明：对任一正整数 m，均存在 2^m 进制林切尔数. (提示：考虑 2^m 进制下的 $(1\ 0\ 2^m-1\ 2^m-2\ 2^m-1\ 0\ 0)$. 这里 2^m-1 表示以 2^m 为基的数字表示的数 2^m-1，2^m-2 表示以 2^m 为基的数字表示的数 2^m-2. 例如，在 8 进制下，$(1076700)_8$ 可被证明为林切尔数.)

计算和研究

1. 求下列各个整数的二进制、八进制和十六进制展开.

a) 9876543210　　b) 1111111111　　c) 10000000001

2. 求下列各个整数的十进制展开.

a) $(1010101010101)_2$　　b) $(765432101234567)_8$　　c) $(\mathrm{ABBAFADACABA})_{16}$

3. 求下列和式的值，用各自表达式所使用的基来表示你的答案.

a) $(110110110110110111)_2+(1001001001001001001001)_2$

b) $(12345670123456)_8+(765432107654321)_8$

c) $(123456789\mathrm{ABCD})_{16}+(\mathrm{BABACACADADA})_{16}$

4. 求整数 100 000，10 000 000 和 1 000 000 000 的康托尔展开. (康托尔展开的定义参看习题 28 前面的导言.)

5. 对于各位数字不全相同的几个不同的四位整数验证习题 33 中描述的结果.

6. 通过计算数据给出一个关于序列 a，$T(a)$，$T(T(a))$，…的猜测，其中 a 为用基 10 表示的五位整数且所有数字不全相同，$T(a)$ 如习题 32 前的导言中所定义.

7. 研究序列 a，$T(a)$，$T(T(a))$…，关于不同的基 b 的规律，其中 a 为用基 b 表示的三位整数，你可以做出什么样的猜测？使用基 b 表示的四位整数和五位整数重复你的研究.

8. 证明：100 以内的正整数均非林切尔数.

9. 验证下列正整数用反序和函数迭代100次均不会产生回文数.

a) 196　　b) 897　　c) 1 997

10. 对于整数89，试计算需迭代多少次才会产生回文数.

11. 对于10 911，试计算需迭代多少次才会产生回文数.

程序设计

1. 从一个整数的十进制展开式求其二进制展开式，反之亦然.
2. 把基为 b_1 的表示转换为基为 b_2 的表示，其中 b_1 和 b_2 是大于1的任意整数.
3. 把二进制表示转换为十六进制表示，反之亦然.
4. 从一个整数的十进制表示求其基为(−2)的表示(参看习题8).
5. 从一个整数的十进制展开式求其平衡三元展开式(参看习题12).
6. 从一个整数的十进制展开式求其康托尔展开式(参看习题28前面的导言).
7. 设计一个在拿子游戏中的取胜策略(参看习题30前面的导言).

* 8. 研究序列 a，$T(a)$，$T(T(a))$，…(习题32前的导言中定义)，其中 a 为正整数，找出达到6 174所需的最少步骤.

9. 给定正整数 b 和 n. 检查 n 用 b 进制反序和函数不断迭代的结果是否产生回文数.

2.2　整数的计算机运算

在计算机发明之前，数学家是用手或一些机械设备来进行计算的. 采用这两种方法中的任何一种都只能处理不是很大的整数. 很多数论问题，例如大数分解和素性检验，都需要计算100位甚至200位的整数. 在本节中，我们将要学习用计算机做运算的一些基本算法. 在下一节中，将研究实现这些算法所需要的运算的次数.

我们已经提过，计算机本质上是使用位或二进制数来表示数的. 计算机对于可以在机器算法中使用的整数大小是有内在限制的. 这个上限被称为字长(word size)，用 w 表示. 字长通常是2的幂，例如在奔腾系列上是 2^{32}，大多数现代计算机字长为 2^{35} 或 2^{64}，而有时字长为10的幂.

为了实现关于大于字长的整数的算法，我们必须把每个整数用多个字来表示. 为了存储整数 $n>w$，我们把 n 用基 w 表示，并且对每个数位用计算机的一个字表示. 例如，如果字长为 2^{35}，则由于小于 2^{350} 的整数在采用基为 2^{35} 的表示时不超过10个数位，因此使用10个计算机字就可以存储像 $2^{350}-1$ 那么大的整数. 还要注意为了找到一个整数用基 2^{35} 的展开表示，我们只需要将长为35位的块合并在一起.

讨论大整数的计算机算法的第一步是刻画基本的算术运算是如何系统地实现的.

下面描述 r 进制表示的整数的基本算术运算实现的经典方法，其中 r 是大于1的整数. 这些方法是算法(algorithm)的例子.

定义　**算法**是为了实现一个计算或者解决一个问题的精确指令的有限集合.

算法(algorithm)一词的来历

"algorithm"是单词"algorism"的讹误，最初来源于9世纪一本书 *Kitab al-jabr w'al-muqabala*(《复位与约简规则》)作者的名字 Abu Ja'far Mohammed ibn Mûsâ al-Khwârizmî(请参看稍后他的小传). "algorism"一词最初是指用印度-阿拉伯数字进行运算的规则. 但18世纪演变为"algorithm". 随着对机器计算的兴趣日益剧增，算法的概念也被广泛地理解为解决问题的所有确定步骤，而不仅仅限于当初用阿拉伯记数法对整数的算术运算了.

阿布·贾法·穆哈默德·伊本·穆萨·阿科瓦里茨米(Abu Ja'far Mohammed ibn Mûsâ al-Khwârizmî，780—850)是天文学家和数学家．他是智慧堂即巴格达科学院的成员．阿科瓦里茨米(al-Khwârizmî)的原意是“来自花剌子模”(Kowarzizm)，即现在乌兹别克斯坦的希瓦(Khiva)．阿科瓦里茨米写了很多关于数学、天文学和地理方面的书．西方人从他的书 *Kitab al-jabr w'al muqabala* 中第一次学习了代数，单词“algebra”就是来自 al-jabr，这本书被翻译成拉丁文，并且被广泛地作为教科书使用．他的另外一本书讲述了用印度-阿拉伯数字来进行算术计算的过程．

我们将要描述两个 n 位整数 $a=(a_{n-1}a_{n-2}\cdots a_1a_0)_r$ 和 $b=(b_{n-1}b_{n-2}\cdots b_1b_0)_r$ 的加法、减法和乘法，如果有必要则在初始位补零以使得两个展开式具有相同的长度．这里描述的算法既适用于小于计算机字长的二进制整数，也适用于大于字长 w 且以 w 为基的整数的高精度(multiple precision)算法．

加法 当把 a 和 b 加在一起时，得到和

$$a+b=\sum_{j=0}^{n-1}a_jr^j+\sum_{j=0}^{n-1}b_jr^j=\sum_{j=0}^{n-1}(a_j+b_j)r^j.$$

为了求得 $a+b$ 的 r 进制展开式，首先根据带余除法，存在整数 C_0 和 s_0，使得

$$a_0+b_0=C_0r+s_0,\quad 0\leqslant s_0<r.$$

由于 a_0 和 b_0 为不超过 r 的正整数，故 $0\leqslant a_0+b_0\leqslant 2r-2$，因此 $C_0=0$ 或 1；这里 C_0 是进位到下一个位的数．下面，我们求整数 C_1 和 s_1，使得

$$a_1+b_1+C_0=C_1r+s_1,\quad 0\leqslant s_1<r.$$

由于 $0\leqslant a_1+b_1+C_0\leqslant 2r-1$，故 $C_1=0$ 或 1．这样进行归纳，我们对于 $1\leqslant i\leqslant n-1$ 求整数 C_i 和 s_i，

$$a_i+b_i+C_{i-1}=C_ir+s_i,\quad 0\leqslant s_i<r,$$

其中 $C_i=0$ 或 1．最后，设 $s_n=C_{n-1}$，这是由于两个 n 位整数相加若在第 n 位有进位，则它们的和为 $n+1$ 位．我们总结得到这个和基于 r 的展开式为 $a+b=(s_ns_{n-1}\cdots s_1s_0)_r$．

当我们手算基为 r 的加法时，可以使用类似于十进制加法的技巧．

例 2.5 把$(1101)_2$和$(1001)_2$加起来，写作

$$\begin{array}{rrrrr}
\mathit{1} & & & \mathit{1} & \\
 & 1 & 1 & 0 & 1 \\
+ & 1 & 0 & 0 & 1 \\
\hline
1 & 0 & 1 & 1 & 0
\end{array}$$

这里用斜体的 *1* 在适当的列上表明进位．我们通过如下等式得到和的二进制数字：$1+1=1\cdot 2+0$，$0+0+1=0\cdot 2+1$，$1+0+0=0\cdot 2+1$，$1+1+0=1\cdot 2+0$． ◀

减法 假定 $a>b$．考虑

$$a-b=\sum_{j=0}^{n-1}a_jr^j-\sum_{j=0}^{n-1}b_jr^j=\sum_{j=0}^{n-1}(a_j-b_j)r^j.$$

注意由带余除法，存在整数 B_0 和 d_0 使得

$$a_0 - b_0 = B_0 r + d_0, \quad 0 \leqslant d_0 < r,$$

且由于 a_0 和 b_0 是小于 r 的整数，因而有

$$-(r-1) \leqslant a_0 - b_0 \leqslant r-1.$$

当 $a_0-b_0 \geqslant 0$ 时，我们得到 $B_0=0$. 否则，当 $a_0-b_0<0$ 时，我们得到 $B_0=-1$；B_0 是从 a 的 r 进制展开式的下一位的借位数. 再次使用带余除法求整数 B_1 和 d_1，使得

$$a_1 - b_1 + B_0 = B_1 r + d_1, \quad 0 \leqslant d_1 < r.$$

从这个方程可以看出只要 $a_1-b_1+B_0 \geqslant 0$，则借位 $B_1=0$，否则 $B_1=-1$，这是因为 $-r \leqslant a_1-b_1+B_0 \leqslant r-1$. 这样一步步归纳地进行下去，可求出整数 B_i 和 d_i，使得

$$a_i - b_i + B_{i-1} = B_i r + d_i, \quad 0 \leqslant d_i < r$$

其中 $B_i=0$ 或 -1，$1 \leqslant i \leqslant n-1$. 由于 $a>b$，故 $B_{n-1}=0$. 于是得到

$$a - b = (d_{n-1} d_{n-2} \cdots d_1 d_0)_r.$$

当我们手算基为 r 的减法时，可以使用类似于十进制减法的技巧.

例 2.6 用$(11011)_2$减去$(10110)_2$，我们有

$$\begin{array}{rccccc} & & & \mathit{-1} & & \\ & 1 & 1 & 0 & 1 & 1 \\ - & 1 & 0 & 1 & 1 & 0 \\ \hline & & & 1 & 0 & 1 \end{array}$$

其中一列上面的斜体-1表示一个借位. 我们通过如下等式得到差的二进制数字：$1-0=0\cdot 2+1$，$1-1+0=0\cdot 2+0$，$0-1+0=-1\cdot 2+1$，$1-0-1=0\cdot 2+0$ 且 $1-1+0=0\cdot 2+0$. ◀

乘法 在讨论乘法之前，我们先讨论移位(shifting). 用 r^m 乘$(a_{n-1}a_{n-2}\cdots a_1 a_0)_r$，只需要把展开式左移 m 位，并附加 m 个 0 位即可.

例 2.7 用 2^5 乘$(101101)_2$，我们把所有的数字左移五位并在后面附加五个零，得到$(10110100000)_2$. ◀

首先讨论一个 n 位整数与一个一位整数的乘法. 为了用$(b)_r$乘$(a_{n-1}\cdots a_1 a_0)_r$，我们首先注意到

$$a_0 b = q_0 r + p_0, \quad 0 \leqslant p_0 < r,$$

且 $0 \leqslant q_0 \leqslant r-2$，这是因为 $0 \leqslant a_0 b \leqslant (r-1)^2$. 接着有

$$a_1 b + q_0 = q_1 r + p_1, \quad 0 \leqslant p_1 < r,$$

且 $0 \leqslant q_1 \leqslant r-1$. 一般地，我们有

$$a_i b + q_{i-1} = q_i r + p_i, \quad 0 \leqslant p_i < r,$$

且 $0 \leqslant q_i \leqslant r-1$. 进一步，我们有 $p_n = q_{n-1}$. 这样得到$(a_{n-1}\cdots a_1 a_0)_r (b)_r = (p_n p_{n-1}\cdots p_1 p_0)_r$.

为了实现两个 n 位整数的乘法，我们将其写成

$$ab = a\left(\sum_{j=0}^{n-1} b_j r^j\right) = \sum_{j=0}^{n-1} (ab_j) r^j.$$

对每个 j，首先用 b_j 乘 a，然后左移 j 位，最后把这样得到的所有 n 个整数加起来得到乘积.

当我们手算两个具有 r 进制展开的整数的乘积时，可以使用类似于十进制乘法的技巧.

例 2.8 把$(1101)_2$ 和$(1110)_2$ 相乘，有如下算式：

$$
\begin{array}{r}
1\ 1\ 0\ 1 \\
\times\ 1\ 1\ 1\ 0 \\
\hline
0\ 0\ 0\ 0 \\
1\ 1\ 0\ 1 \\
1\ 1\ 0\ 1 \\
1\ 1\ 0\ 1 \\
\hline
1\ 0\ 1\ 1\ 0\ 1\ 1\ 0
\end{array}
$$

注意首先用$(1110)_2$ 的每个数字乘$(1101)_2$，每次做适当数目的移位，然后把适当的整数相加得到积.

除法 我们希望求出带余除法

$$a=bq+R,\quad 0\leqslant R<b$$

中的商 q. 如果 q 的 r 进制展开为 $q=(q_{n-1}q_{n-2}\cdots q_1q_0)_r$，则

$$a=b\Big(\sum_{j=0}^{n-1}q_jr^j\Big)+R,\quad 0\leqslant R<b.$$

为了确定 q 的第一个数字 q_{n-1}，我们注意到

$$a-bq_{n-1}r^{n-1}=b\Big(\sum_{j=0}^{n-2}q_jr^j\Big)+R.$$

这个方程的右边不仅仅是正的，而且小于 br^{n-1}，这是因为 $\sum_{j=0}^{n-2}q_jr^j\leqslant\sum_{j=0}^{n-2}(r-1)r^j=\sum_{j=0}^{n-1}r^j-\sum_{j=0}^{n-2}r^j=r^{n-1}-1$. 因此

$$0\leqslant a-bq_{n-1}r^{n-1}<br^{n-1}.$$

这告诉我们

$$q_{n-1}=\left[\frac{a}{br^{n-1}}\right].$$

我们通过从 a 中连续地减去 br^{n-1} 直到得到一个负的结果来求得 q_{n-1}. q_{n-1} 比减法的次数小 1.

为了得到 q 的其他位上的数字，我们定义部分余数(partial remainder)序列 R_i 如下：

$$R_0=a,$$

且对于 $i=1, 2, \cdots, n$,

$$R_i=R_{i-1}-bq_{n-i}r^{n-i}.$$

利用数学归纳法，我们来证明

$$R_i=\Big(\sum_{j=0}^{n-i-1}q_jr^j\Big)b+R. \tag{2.1}$$

对于 $i=0$，显然这是正确的，因为 $R_0=a=qb+R$. 现在，假定

$$R_k=\Big(\sum_{j=0}^{n-k-1}q_jr^j\Big)b+R.$$

则

$$\begin{aligned} R_{k+1} &= R_k - bq_{n-k-1}r^{n-k-1} \\ &= \Big(\sum_{j=0}^{n-k-1} q_j r^j\Big)b + R - bq_{n-k-1}r^{n-k-1} \\ &= \Big(\sum_{j=0}^{n-(k+1)-1} q_j r^j\Big)b + R, \end{aligned}$$

这样就得到式(2.1).

由式(2.1)可知，对于 $i=1, 2, \cdots, n$，由于 $\sum_{j=0}^{n-i-1} q_j r^j \leqslant r_{n-i}-1$，故 $0 \leqslant R_i < r^{n-i}b$. 从而，由 $R_i = R_{i-1} - bq_{n-i}r^{n-i}$ 和 $0 \leqslant R_i < r^{n-1}b$ 可知数字 q_{n-i} 由 $[R_{i-1}/(br^{n-i})]$ 给出，并通过从 R_{i-1} 中连续地减去 br^{n-i} 直到得到一个负的结果而得到，q_{n-i} 比减法的次数小 1. 这就说明了如何求得 q 中的数字.

例 2.9 用 $(111)_2$ 除 $(11101)_2$，设 $q=(q_2q_1q_0)_2$. 我们从 $(11101)_2$ 中减去一次 $2^2(111)_2=(11100)_2$ 得到 $(1)_2$，再减一次得到一个负数，因此 $q_2=1$. 现在，$R_1=(11101)_2-(11100)_2=(1)_2$. 可以求得 $q_1=0$，因为 $R_1-2(111)_2$ 小于零，类似地，$q_0=0$. 因此，该除法得到的商为 $(100)_2$，余数为 $(1)_2$. ◀

2.2 节习题

1. 求 $(101111011)_2$ 加上 $(1100111011)_2$ 的和.
2. 求 $(10001000111101)_2$ 加上 $(11111101011111)_2$ 的和.
3. 求 $(1111000011)_2$ 减去 $(11010111)_2$ 的差.
4. 求 $(1101101100)_2$ 减去 $(101110101)_2$ 的差.
5. 求 $(11101)_2$ 乘以 $(110001)_2$ 的积.
6. 求 $(1110111)_2$ 乘以 $(10011011)_2$ 的积.
7. 求 $(110011111)_2$ 除以 $(1101)_2$ 的商和余数.
8. 求 $(110100111)_2$ 除以 $(11101)_2$ 的商和余数.
9. 求 $(1234321)_5$ 加上 $(2030104)_5$ 的和.
10. 求 $(4434201)_5$ 减去 $(434421)_5$ 的差.
11. 求 $(1234)_5$ 乘以 $(3002)_5$ 的积.
12. 求 $(14321)_5$ 除以 $(334)_5$ 的商和余数.
13. 求 $(\mathrm{ABAB})_{16}$ 加上 $(\mathrm{BABA})_{16}$ 的和.
14. 求 $(\mathrm{FEED})_{16}$ 减去 $(\mathrm{CAFE})_{16}$ 的差.
15. 求 $(\mathrm{FACE})_{16}$ 乘以 $(\mathrm{BAD})_{16}$ 的积.
16. 求 $(\mathrm{BEADED})_{16}$ 除以 $(\mathrm{ABBA})_{16}$ 的商和余数.
17. 解释如何在字长为 1 000 的计算机上实现整数 18 235 187 和 22 135 674 的加法、减法和乘法.
18. 写出用基 (-2) 表示的整数的基本运算的算法(见 2.1 节的习题 8).
19. 如何从两个整数的补 1 表示得到它们的和的补 1 表示？
20. 如何从两个整数的补 1 表示得到它们的差的补 1 表示？
21. 给出康托尔展开的加法算法和减法算法(见 2.1 节习题 28 前面的导言).
22. 一打(dozen)等于 12，一罗(gross)等于 12^2. 用 12 为基或十二进制(duodecimal)算法，回答下列问题.

a）如果从 11 罗 3 打鸡蛋中取出 3 罗 7 打零 4 个鸡蛋，还剩下多少鸡蛋？

b）如果每卡车有 2 罗 3 打零 7 个鸡蛋，共往超市运送 5 卡车，那么一共运了多少鸡蛋？

c）如果 11 罗 10 打零 6 个鸡蛋被分成等数量的 3 堆，那么每堆有多少鸡蛋？

23. 对于十进制展开为$(a_na_{n-1}\cdots a_1a_0)$且末位数字$a_0=5$的整数，求其平方的一个众所周知的规则是求乘积$(a_na_{n-1}\cdots a_1)_{10}[(a_na_{n-1}\cdots a_1)_{10}+1]$并在最后添上数字$(25)_{10}$．例如，$(165)^2$的十进制展开由$16\cdot 17=272$开始，所以$(165)^2=27\,225$．证明这个规则是有效的．

24. 在这个习题中，我们推广习题 23 中给出的规则，来求 $2B$ 进制展开且末位数字为 B 的整数的平方，这里 B 为正整数．证明整数$(a_na_{n-1}\cdots a_1a_0)_{2B}^2$的 $2B$ 进制展开式中前面的数字为$(a_na_{n-1}\cdots a_1)_{2B}[(a_na_{n-1}\cdots a_1)_{2B}+1]$，当 B 为偶数时，后面的数字为 $B/2$ 和 0；当 B 为奇数时，后面的数字为$(B-1)/2$ 和 B．

计算和研究

1. 用你自己选定的例子验证习题 23 和习题 24 给出的规则．

程序设计

1. 实现任意大整数的加法．
2. 实现任意大整数的减法．
3. 用传统算法计算两个任意大的整数的乘积．
4. 计算任意大的整数的除法，求商和余数．

2.3 整数运算的复杂度

一旦给定一种运算的算法，就可以考虑这个算法在计算机上实现所需的时间量．我们以位运算(bit operation)为单位来衡量时间量．这里位运算是指两个二进制数字的加、减、乘以及一个二位整数除以一个一位整数(得到一个商和一个余数)，或者把一个二进制整数移位一位．(在一台计算机上进行一次位运算所需的实际时间依赖于计算机的结构和容量．)当描述实现一个算法所需的位运算的次数时，就是在描述这个算法的计算复杂度(computational complexity)．

在描述实现计算所需的位运算时，我们将使用大 O 记号．当变量很大时，大 O 记号用一个众所熟知的参考函数给出函数大小的一个上界，而这个大的参考函数的值是容易理解的．

为了引出这个记号的定义，考虑下面的情况．假定为了实现关于整数 n 的指定运算需要至多 $n^3+8n^2\log n$ 次位运算．由于对每个整数 n 有 $8n^2\log n<8n^3$，因此这个运算需要少于 $9n^3$ 次位运算．由于所需的位运算的次数总是小于一个常数乘以 n^3，即 $9n^3$，因此我们称需要的位运算为 $O(n^3)$．一般说来，我们有下面的定义．

定义 S 是一个指定的实数集合，如果 f 和 g 为取正值的函数，且对所有的 $x\in S$ 有定义，则如果存在正常数 K 使得对所有充分大的 $x\in S$ 均有 $f(x)<Kg(x)$，那么 f 在 S 上是 $O(g)$ 的．(通常我们取 S 为正整数集合，这时便不再另提集合 S．)

大 O 记号在数论和算法分析中被广泛使用．保罗·巴赫曼(Paul Bachmann)在 1892 年引入大 O 记号([Ba94])．大 O 记号有时被称为兰道符号，是根据埃德蒙·兰道(Edmund Landau)的名字命名的，他在数论的很多函数的估计中使用了这个符号．在算法分析中大 O 记号是由著名的计算机科学家高德纳(Donald Knuth)所推广使用的．

保罗·古斯塔夫·海因里希·巴赫曼(Paul Gustav Heinrich Bachmann，1837—1920)是牧师的儿子，继承了他父亲虔诚的生活方式和对音乐的热爱．小时候他的老师就发现了他的数学天赋．在他的结核病痊愈后，先就读于柏林大学后来转入哥廷根大学，在那里他参加了狄利克雷(Dirichlet)教授的课程．1862年，在数论学家库默尔(Kummer)的指导下获得了博士学位．巴赫曼首先受聘为布雷斯劳大学(Breslau)的教授，之后转到了明斯特(Münster)大学．退休之后，他继续从事数学研究、弹奏钢琴和发表专栏音乐评论．他的著作包括5卷本的数论概要、2卷本的初等数论、一本关于无理数的书和一本关于费马大定理的书(这个定理将在第14章讨论)．巴赫曼1892年引入了大O记号．

埃德蒙·兰道(Edmund Landau，1877—1938)是一个柏林妇科医生的儿子，曾在柏林就读高中．1899年在弗罗贝尼乌斯(Frobenius)的指导下获得博士学位．兰道先在柏林大学教书后来转到哥廷根大学，在那里他一直担任全职教授直到纳粹强迫他离开教学岗位．兰道对数学的主要贡献在解析数论；他给出了若干有关素数分布的重要结果．兰道写过一部3卷本的数论著作和很多关于数学分析以及解析数论的书．

我们用几个例子来解释大O记号的概念．

例2.10 我们可以在正整数集合上证明n^4+2n^3+5是$O(n^4)$的．为了证明这个结果，注意对所有正整数都有$n^4+2n^3+5\leqslant n^4+2n^4+5n^4=8n^4$．(我们在定义中取$K=8$.)读者应该也注意到$n^4$是$O(n^4+2n^3+5)$的． ◀

例2.11 我们可以容易地给出$\sum_{j=1}^{n} j$的一个大O估计．注意被加数均小于n，于是$\sum_{j=1}^{n} j\leqslant\sum_{j=1}^{n} n=n\cdot n=n^2$．易从公式$\sum_{j=1}^{n} j=n(n+1)/2$导出这个估计． ◀

现在我们要给出一些对函数组合运算的大O估计有用的结果．

定理2.2 如果f是$O(g)$的，c是正常数，则cf是$O(g)$的．

证明 如果f是$O(g)$的，则存在常数K，使得对我们考虑的所有x，有$f(x)<Kg(x)$，因此$cf(x)<(cK)g(x)$，所以cf是$O(g)$的． ■

定理2.3 如果f_1是$O(g_1)$的，f_2是$O(g_2)$的，则f_1+f_2是$O(g_1+g_2)$的，且f_1f_2是$O(g_1g_2)$的．

证明 如果f_1是$O(g_1)$的，f_2是$O(g_2)$的，则存在常数K_1和K_2，使得对我们考虑的所有x，有$f_1(x)<K_1g_1(x)$，$f_2(x)<K_2g_2(x)$．因此

$$\begin{aligned}f_1(x)+f_2(x) &< K_1g_1(x)+K_2g_2(x)\\ &\leqslant K(g_1(x)+g_2(x)),\end{aligned}$$

其中K是K_1和K_2中的较大值，从而f_1+f_2是$O(g_1+g_2)$．

另外，

$$f_1(x)f_2(x) < K_1g_1(x)K_2g_2(x)$$

$$=(K_1K_2)(g_1(x)g_2(x)),$$

因此 f_1f_2 是 $O(g_1g_2)$的. ■

高德纳(Donald Knuth, 1938—)在密尔沃基市(Milwaukee)长大，他的父亲经营一个小印刷工厂，同时教授记账课程. 他是个非常优秀的学生，同时也将他的聪明用在了一些异乎寻常的地方，比如从"Ziegler's Giant Bar"这些字母中组出了超过 4 500 个的单词，这为他的学校赢得了一台电视机，并为班上的每位同学赢得了一根棒棒糖.

1960 年高德纳毕业于凯斯理工学院(Case Institute of Technology)，因为他的杰出成绩，学校破例同时授予他数学学士和硕士学位. 在凯斯理工学院，他把自己的数学天赋用在管理篮球队上，用他改进的方程评估每个球员(这曾被 CBS 电视台和 Newsweek 报纸报道过). 高德纳于 1963 年在加州理工学院(California Institute of Technology)获得博士学位.

高德纳先后在加州理工学院和斯坦福大学执教，为了集中精力写书，他于 1992 年退休. 他特别喜欢更新续写他的系列著作《计算机程序设计艺术》(*the Art of Computer Programming*). 这一系列著作对计算机科学产生了深远的影响. 高德纳是研究计算复杂度的奠基人，他对程序编译也有奠基性的贡献. 高德纳发明了用于数学(和普通)排版的 TeX 和 Metafont 系统. TeX 在 HTML 和浏览器的发展过程中扮演了重要的角色. 他在有关算法分析的作品中普及了大 O 记号.

高德纳在许多专业的计算机和数学杂志上发表过文章. 但他的处女作却是 1957 年大一时发表在《疯狂杂志》(*MAD Magazine*)上的一篇文章——"普茨比度量衡体系"("The Potrzebie System of Weights and Measures")，这是一篇关于度量体系的打油诗.

推论 2.3.1 如果 f_1 和 f_2 是 $O(g)$的，则 f_1+f_2 是 $O(g)$的.

证明 定理 2.3 告诉我们 f_1+f_2 是 $O(2g)$的. 但是如果 $f_1+f_2<K(2g)$，则 $f_1+f_2<(2K)g$，因此 f_1+f_2 是 $O(g)$的. ■

使用大 O 估计的目的是使用最简单的参考函数来得到最好的大 O 估计. 在大 O 估计中常用的参考函数包括 1，$\log n$，n，$n\log n$，$n\log n\cdot\log\log n$，n^2 和 2^n，以及其他一些重要函数. 可以通过计算说明在这列函数中每个函数都比下一个函数小，因为随着 n 无限增大，相邻两个函数的比趋于 0. 注意在大 O 估计中会出现更复杂的函数，这将在后面的章节中涉及.

我们用下面的例子解释如何利用前面的定理进行大 O 估计.

例 2.12 为了给出$(n+8\log n)(10n\log n+17n^2)$的大 O 估计，首先注意到根据定理 2.2、定理 2.3 和推论 2.3.1，$n+8\log n$ 是 $O(n)$的. 且 $10n\log n+17n^2$ 是 $O(n^2)$的(因为 $\log n$ 是 $O(n)$的，而 $n\log n$ 是 $O(n^2)$的). 再由定理 2.3 可知$(n+8\log n)(10n\log n+17n^2)$是 $O(n^3)$的. ◀

使用大 O 记号，我们可以看到两个 n 位整数相加或相减都需要 $O(n)$次位运算，然而用通常的方法来将两个 n 位整数相乘则需要 $O(n^2)$次位运算(参见本节末的习题 12 和习题 13). 令人吃惊的是，存在计算大整数乘法的快速算法. 为了介绍这一算法，我们首先考虑两个 $2n$ 位整数的乘法，比如 $a=(a_{2n-1}a_{2n-2}\cdots a_1a_0)_2$ 和 $b=(b_{2n-1}b_{2n-2}\cdots b_1b_0)_2$. 我们将其写为

$$a=2^nA_1+A_0,\quad b=2^nB_1+B_0,$$

其中

$$A_1=(a_{2n-1}a_{2n-2}\cdots a_{n+1}a_n)_2,\quad A_0=(a_{n-1}a_{n-2}\cdots a_1a_0)_2,$$

$$B_1=(b_{2n-1}b_{2n-2}\cdots b_{n+1}b_n)_2,\quad B_0=(b_{n-1}b_{n-2}\cdots b_1b_0)_2.$$

我们将要使用恒等式

$$ab=(2^{2n}+2^n)A_1B_1+2^n(A_1-A_0)(B_0-B_1)+(2^n+1)A_0B_0. \tag{2.2}$$

为了应用式(2.2)求 a 和 b 的乘积，需要进行三个 n 位整数的乘法(分别为 A_1B_1，$(A_1-A_0)(B_0-B_1)$ 和 A_0B_0)以及一些加法和移位．这可用下面的例子说明．

例 2.13 可以使用式(2.2)来计算 $(1101)_2$ 和 $(1011)_2$ 的积．我们有 $(1101)_2=2^2(11)_2+(01)_2$ 和 $(1011)_2=2^2(10)_2+(11)_2$．应用式(2.2)，可得

$$\begin{aligned}(1101)_2(1011)_2&=(2^4+2^2)(11)_2(10)_2+2^2((11)_2-(01)_2)\cdot\\&\quad((11)_2-(10)_2)+(2^2+1)(01)_2(11)_2\\&=(2^4+2^2)(110)_2+2^2(10)_2(01)_2+(2^2+1)(11)_2\\&=(1100000)_2+(11000)_2+(1000)_2+(1100)_2+(11)_2\\&=(10001111)_2.\end{aligned}$$

◀

我们现在来估计反复使用式(2.2)将两个 n 位整数相乘所需的位运算的次数．如果令 $M(n)$ 表示两个 n 位整数相乘所需的位运算的次数，从式(2.2)中可得

$$M(2n)\leqslant 3M(n)+Cn, \tag{2.3}$$

这里 C 为一个常数，因为三个 n 位整数乘法中的每一个都需要 $M(n)$ 次位运算，而用式(2.2)计算 ab 所需的加法和移位的次数不依赖于 n，这些操作中的每一个都需要 $O(n)$ 次的位运算．

在式(2.3)中，利用数学归纳法，可以证明

$$M(2^k)\leqslant c(3^k-2^k), \tag{2.4}$$

其中 c 是 $M(2)$ 和 C(式(2.3)中的常数)中的较大值．为了进行归纳，我们首先注意到当 $k=1$ 时，由于 c 是 $M(2)$ 和 C 的较大值，故 $M(2)\leqslant c(3^1-2^1)=c$．

作为归纳假设，我们假定

$$M(2^k)\leqslant c(3^k-2^k).$$

所以，应用式(2.3)有

$$\begin{aligned}M(2^{k+1})&\leqslant 3M(2^k)+C2^k\\&\leqslant 3c(3^k-2^k)+C2^k\\&\leqslant c3^{k+1}-c\cdot 3\cdot 2^k+c2^k\\&\leqslant c(3^{k+1}-2^{k+1}).\end{aligned}$$

这就说明对所有正整数 k，式(2.4)是正确的．

应用式(2.4)可以证明下面的定理．该定理的证明首先由俄罗斯数学家 Anatoly Karatsuba 于 1962 年给出．

定理 2.4 两个 n 位整数的乘法可以用 $O(n^{\log_2 3})$ 次位运算实现．(注意：$\log_2 3$ 近似为 1.585，小于在传统乘法算法所需的位运算次数的估计中的次数 2.)

证明 从式(2.4)中，我们有

$$\begin{aligned}M(n)&=M(2^{\log_2 n})\leqslant M(2^{[\log_2 n]+1})\\&\leqslant c(3^{[\log_2 n]+1}-2^{[\log_2 n]+1})\\&\leqslant 3c\cdot 3^{[\log_2 n]}\leqslant 3c\cdot 3^{\log_2 n}=3cn^{\log_2 3}\text{(因为 }3^{\log_2 n}=n^{\log_2 3}\text{)}.\end{aligned}$$

因此，$M(n)$是$O(n^{\log_2 3})$的. ■

下面给出一些定理 2.4 的改进结果. 第一个结论由德国数学家 Arnold Schön hage 和 Volker Strassen 于 1970 年给出.（参看[Kn97]和[Kr79]给出的证明细节.）

定理 2.5 给定一个正数 $\varepsilon>0$，存在计算两个 n 位整数的乘积的算法，只需要 $O(n\log_2 n\log_2\log_2 n)$次位运算.

因为 $n\log_2\log_2\log_2 n$ 是 $O(n^{\log_2 3})$，所以定理 2.4 是定理 2.5 的推论. 类似地对任意正实数 $\varepsilon>1$，$M(n)$是$O(n^{\varepsilon})$的.

2019 年澳大利亚数学家 David Harvey 及荷兰数学家 Joris Van der Hoeven 给出了实质性的改进，他们去掉了定理 2.5 中的 $\log_2\log_2 n$ 这个因子.（参看[HaHo21].）这实际上证明了 Schön hage 和 Strassen 提出的一个猜想的一部分.

定理 2.6 存在计算两个 n 位整数乘积的算法，该算法只使用 $O(n\log_2 n)$次位运算.

虽然我们知道 $M(n)$是$O(n\log_2 n)$的，但简单起见，在随后的讨论中还是用 $M(n)$是$O(n^2)$的这一明显估计.

在 2.2 节中给出的传统算法用$O(n^2)$次位运算实现了一个 $2n$ 位整数被一个 n 位整数除的算法. 然而，整数除法所需的位运算的次数与整数乘法所需的位运算的次数相关. 我们基于[Kn97]中讨论的算法给出下面的定理.

定理 2.7 当 $2n$ 位整数 a 被整数 b（不超过 n 位）除时，存在使用 $O(M(n))$次位运算求商 $q=[a/b]$的算法，其中 $M(n)$是求两个 n 位整数乘积所需的位运算次数.

2.3 节习题

1. 在正整数集合上确定下列函数是否是 $O(n)$的.

   a) $2n+7$ b) $n^2/3$ c) 10 d) $\log(n^2+1)$ e) $\sqrt{n^2+1}$ f) $(n^2+1)/(n+1)$

2. 在正整数集合上证明 $2n^4+3n^3+17$ 是 $O(n^4)$的.
3. 证明$(n^3+4n^2\log n+101n^2)(14n\log n+8n)$是 $O(n^4\log n)$的.
4. 在正整数集合上证明 $n!$ 是 $O(n^n)$的.
5. 证明$(n!+1)(n+\log n)+(n^3+n^n)((\log n)^3+n+7)$是 $O(n^{n+1})$的.
6. 若 m 是正实数，证明 $\sum_{j=1}^{n} j^m$ 是 $O(n^{m+1})$的.

*7. 在正整数集合上证明 $n\log n$ 是 $O(\log n!)$的.

8. 证明：如果 f_1 和 f_2 分别是 $O(g_1)$和 $O(g_2)$的，且 c_1 和 c_2 为常数，则 $c_1f_1+c_2f_2$ 是 $O(g_1+g_2)$的.
9. 证明：如果 f 是$O(g)$的，则对所有正整数 k，f^k 是$O(g^k)$的.
10. 设 r 是大于 1 的正实数，证明函数 f 是 $O(\log_2 n)$的当且仅当 f 是 $O(\log_r n)$的.（提示：回顾 $\log_a n/\log_b n=\log_a b$.）
11. 证明正整数 n 的 b 进制展开有$[\log_b n]+1$ 位.
12. 分析传统的加法和减法算法，证明 n 位整数的这些运算需要 $O(n)$次位运算.
13. 证明用传统方法求一个 n 位整数和一个 m 位整数乘积需要 $O(nm)$次位运算.
14. 估计计算 $1+2+\cdots+n$ 所需的位运算的次数.

    a) 通过逐项相加；

    b) 通过使用恒等式 $1+2+\cdots+n=n(n+1)/2$ 和乘法以及移位.

15. 给出计算下面式子所需的位运算次数的估计.

a) $n!$ b) $\binom{n}{k}$

16. 给出把一个整数从十进制转为二进制所需的位运算次数的估计.
17. 用 $n=2$ 的恒等式(2.2)来计算$(1001)_2$ 和$(1011)_2$ 的乘积.
18. 先利用 $n=4$、再利用 $n=2$ 的恒等式(2.2)计算$(10010011)_2$ 和$(11001001)_2$ 的乘积.
19. a) 证明对于十进制展开存在一个类似于式(2.2)的恒等式.
    b) 应用 a)的结果,只用三个一位整数乘法以及移位和加法来计算 73 和 87 的乘积.
    c) 应用 a)的结果,把 4 216 和 2 733 的乘法简化到三个二位整数乘法以及一些移位和加法;然后再次应用 a)部分,把每个二位数乘法简化到三个一位数乘法和一些移位与加法,最终只使用九个一位整数乘法和一些移位、加法完成这个乘法运算.
20. 如果 $\boldsymbol{A}$ 和 $\boldsymbol{B}$ 是 $n\times n$ 矩阵,其元素分别为 a_{ij} 和 b_{ij},$1\leqslant i\leqslant n$,$1\leqslant j\leqslant n$,则 $\boldsymbol{AB}$ 是 $n\times n$ 矩阵,其元素为 $c_{ij}=\sum_{k=1}^{n} a_{ik}b_{kj}$. 证明直接根据定义计算 $\boldsymbol{AB}$ 需要用到 n^3 个整数乘法.
21. 证明通过下面的等式,只用七个整数乘法实现两个 2×2 矩阵的乘法是可能的.

$$\begin{bmatrix} a_{11} & a_{12} \\ a_{21} & a_{22} \end{bmatrix}\begin{bmatrix} b_{11} & b_{12} \\ b_{21} & b_{22} \end{bmatrix}=\begin{bmatrix} a_{11}b_{11}+a_{12}b_{21} & \begin{matrix} x+(a_{21}+a_{22})(b_{12}-b_{11})+ \\ (a_{11}+a_{12}-a_{21}-a_{22})b_{22} \end{matrix} \\ \begin{matrix} x+(a_{11}-a_{21})(b_{22}-b_{12})- \\ a_{22}(b_{11}-b_{21}-b_{12}+b_{22}) \end{matrix} & \begin{matrix} x+(a_{11}-a_{21})(b_{22}-b_{12})+ \\ (a_{21}+a_{22})(b_{12}-b_{11}) \end{matrix} \end{bmatrix}$$

其中 $x=a_{11}b_{11}-(a_{11}-a_{21}-a_{22})(b_{11}-b_{12}+b_{22})$.

*22. 使用归纳的方法,把$(2n)\times(2n)$矩阵分成四个 $n\times n$ 矩阵,应用习题 21 证明只使用 7^k 个乘法和少于 7^{k+1} 个加法实现两个 $2^k\times 2^k$ 矩阵的乘法是可能的.

23. 从习题 22 中推出如果两个 $n\times n$ 矩阵中的所有元素都是少于 c 位的数,则只需要 $O(n^{\log_2 7})$次位运算即可实现它们的乘法,其中 c 是一个常数.

计算和研究

1. 计算 81 873 569 和 41 458 892 的乘积,对这两个八位整数使用式(2.2),归结为四位整数相乘,再次应用式(2.2),再归结为二位整数相乘.
2. 用习题 21 中矩阵的恒等式计算你自己选择的两个 8×8 矩阵的乘法,然后对得到的 4×4 矩阵再次应用习题 21.

程序设计

*1. 用恒等式(2.2)计算两个任意大的整数相乘.

**2. 用习题 21~23 中讨论的算法计算两个 $n\times n$ 矩阵的乘积.

第3章 最大公因子

在第1章中，我们引入了两个整数的最大公因子的概念，但没有建立其重要性质．在本章中，我们介绍并证明一些关键性质，例如两个正整数的最大公因子是这些整数的最小正线性组合．我们可以使用这些性质来证明数论中的许多重要定理．

在第1章中，我们并没有提供一种有效的方法来计算最大公因子，但在本章中，我们将描述一种有效的算法，称为欧几里得算法，用于找出两个整数的最大公因子．我们通过分析其计算复杂度来证明它是一种有效的算法．

最后，我们引入丢番图方程的概念，它是一类方程，我们只关注其中的整数解．我们展示了最大公因子可以用来帮助求解线性丢番图方程．找到这些方程的解回答了若干变量的那些线性组合等于一个固定正整数的问题．与许多其他丢番图方程不同，线性丢番图方程组可以简单而系统地求解．

3.1 最大公因子及其性质

在1.5节中我们引入了两个整数的最大公因子这个概念，即两个不同为0的整数 a 和 b 的最大公因子是指能同时整除 a 和 b 的最大整数，记为 (a, b)．同时我们也约定 $(0, 0)=0$，这样能确保我们关于最大公因子的结果在一般情况下均成立．在1.5节中，我们曾定义了两个整数互素是指除了1它们没有其他的公因子．

注意由于 $-a$ 的因子与 a 的因子相同，故有 $(a, b)=(|a|, |b|)$（其中 $|a|$ 表示 a 的绝对值，当 $a\geqslant 0$ 时，$|a|=a$，当 $a<0$ 时，$|a|=-a$）．因此，我们只关注正整数对的最大公因子．

在例1.38中，$(15, 81)=3$．如用 $(15, 81)=3$ 去除15和81，会得到互素的两个整数5和27．这并不奇怪，因为我们已将公因子部分除掉了．如此可得到下面的定理，即如将两个整数分别除以其最大公因子，则可得到两个互素的整数．

定理3.1 *a，b 是整数，且 $(a, b)=d$，那么 $(a/d, b/d)=1$．（换言之，a/d 与 b/d 互素．）*

证明 已知 a，b 是整数，且 $(a, b)=d$．我们将证明 a/d，b/d 除了1之外没有其他的公因子．假设还有正整数 e 使得 $e\,|\,(a/d)$ 且 $e\,|\,(b/d)$，那么存在整数 k 和 l 使得 $a/d=ke$，$b/d=le$，于是 $a=dek$，$b=del$．因此 de 是 a，b 的公因子．因为 d 是 a，b 的最大公因子，故 $de\leqslant d$，于是 $e=1$．因此 $(a/d, b/d)=1$． ■

一个分数 p/q 被称为是*既约分数*，如果 $(p, q)=1$．下面的结论告诉我们每一个分数都与一个既约分数相等．

推论3.1.1 *如果 a，b 为整数，且 $b\neq 0$，则 $a/b=p/q$，其中 p，q 为整数，且 $(p, q)=1$，$q\neq 0$．*

证明 假设 a，b 为整数且 $b\neq 0$，令 $p=a/d$，$q=b/d$，其中 $d=(a, b)$，则 $p/q=(a/d)/(b/d)$．由定理3.1可知 $(p, q)=1$，命题得证． ■

将一个整数的任意倍数加到另一个整数上，得到的两个整数的最大公因子与原来的两个整数的最大公因子是相同的. 在例 1.38 中，我们说明了(24，84)=12，那么将 24 的任意倍数加到 84，得到的整数和 24 的最大公因子还是 12. 例如，2·24=48，(-3)·24=72，那么(24，84+48)=(24，132)=12，(24，84+(-72))=(24，12)=12. 这是因为 24 和 84 的最大公因子与 24 和 24 的任意倍加到 84 后得到的数的最大公因子相同. 下面这个定理将证明上述推理的正确性.

定理 3.2 令 a，b，c 是整数，那么$(a+cb, b)=(a, b)$.

证明 令 a，b，c 是整数. 我们将证明 a，b 的公因子与 $a+cb$，b 的公因子相同，即证明$(a+cb, b)=(a, b)$. 令 e 是 a，b 的公因子. 由定理 1.9 可知 $e \mid (a+cb)$，所以 e 是 $a+cb$ 和 b 的公因子. 如果 f 是 $a+cb$ 和 b 的公因子，那么由定理 1.9 可知 f 整除$(a+cb)-cb=a$，所以 f 是 a，b 的公因子. 因此$(a+cb, b)=(a, b)$. ■

我们将证明两个不全为零的整数 a，b 的最大公因子可以写成 a 的倍数与 b 的倍数之和. 为了表达得更加简洁，我们给出下面的定义.

定义 如果 a，b 是整数，那么它们的**线性组合**具有形式 $ma+nb$，其中 m，n 都是整数.

例 3.1 当 m，n 都是整数时，线性组合 $9m+15n$ 是什么呢？在这个线性组合中有 $-6=1\cdot 9+(-1)\cdot 15$；$-3=(-2)\cdot 9+1\cdot 15$；$0=0\cdot 9+0\cdot 15$；$3=2\cdot 9+(-1)\cdot 15$；$6=(-1)\cdot 9+1\cdot 15$，等等. 可以证明 9 和 15 的线性组合所构成的集合为$\{\cdots, -12, -9, -6, -3, 0, 3, 6, 9, 12, \cdots\}$，当读者阅读下面两个定理的证明后即可以来验证. ◀

在例 3.1 中，我们发现(9，15)=3 是 9 和 15 的线性组合中最小的正整数. 这不是偶然的，下面的定理将给出证明.

定理 3.3 两个不全为零的整数 a，b 的最大公因子是 a，b 的线性组合中最小的正整数.

证明 令 d 是 a，b 的线性组合中最小的正整数.（因为当 $a\neq 0$ 时，两个线性组合 $1\cdot a+0\cdot b$ 和$(-1)\cdot a+0\cdot b$ 中必有一个为正，因此由良序性质，存在最小的正整数.）我们有

$$d=ma+nb, \tag{3.1}$$

其中 m，n 是整数. 我们将证明 $d\mid a$，$d\mid b$.

由带余除法，得到

$$a=dq+r,\quad 0\leqslant r<d.$$

由这个方程和式(3.1)可以得到

$$r=a-dq=a-q(ma+nb)=(1-qm)a-qnb.$$

这就证明了整数 r 是 a，b 的线性组合. 因为 $0\leqslant r<d$，故 d 是 a，b 的线性组合中最小的正整数，于是我们得到 $r=0$，因此 $d\mid a$. 同理可得，$d\mid b$.

我们证明了 a，b 的线性组合中最小的正整数 d 是 a，b 的公因子，剩下要证的是它是 a，b 的最大公因子. 为此只需证明 a，b 所有的公因子 c 都能整除 d，这是因为所有 d 的正因子都小于 d. 由于 $d=ma+nb$，因此如果 $c\mid a$ 且 $c\mid b$，那么由定理 1.9 有 $c\mid d$，因此 $d\geqslant c$. 这就完成了证明. ■

由定理 3.3 可知，两个整数 a，b 的最大公因子可以写作 a 与 b 的线性组合.（注意该

定理不但告诉我们(a, b)可写为它们的线性组合，而且是这些组合中的最小正整数．这是一条重要的性质，因此将其单列为一个推论．）

推论 3.3.1（Bézout 定理） *如果 a 与 b 均为整数，则有整数 m 和 n 使得 $ma+nb=(a, b)$.*

推论 3.3.1 被称为 Bézout 定理，其名称来自 18 世纪的法国数学家 Étienne Bézout. Bézout 实际上证明了一个关于多样式的更一般的结论．虽然该推论被称作是 Bézout 定理，但多年以前 Claude Gaspar Bachet 已经证明了该结果（参看第 14 章他的小传）.

方程 $ma+nb=(a, b)$ 被称为 Bézout 等式，对给定的整数 a，b 满足该等式的整数 m 和 n 被称为是 a 与 b 的 Bézout 系数或 Bézout 数.

例 3.2 因为 1 和 2 是 4 和 10 仅有的正公因子，故 $(4, 10)=2$. 等式 $(-2)\cdot 4+1\cdot 10=2$ 表明 -2 和 1 是 4 和 10 的 Bézout 系数．因为 $8\cdot 4+(-3)\cdot 10=2$，故 8 和 -3 也是 4 和 10 的 Bézout 系数．事实上，4 和 10 有无穷多组不同的 Bézout 系数，这是因为 $-2+10t$ 和 $1+(-4)t$ 对所有整数 t 均是 4 和 10 的 Bézout 系数. ◀

我们在整数 a 与 b 互素时会经常用到推论 3.3.1，故将此特殊情形列为定理 3.3 的第二个推论.

推论 3.3.2 *整数 a 与 b 互素当且仅当存在整数 m 和 n 使得 $ma+nb=1$.*

证明 我们注意到如果 a，b 互素，那么 $(a, b)=1$. 因此由定理 3.3 可知，1 是 a 和 b 的线性组合的最小正整数．于是存在整数 m，n 使得 $ma+nb=1$. 反之，如果有整数 m 和 n 使得 $ma+nb=1$，则由定理 3.3 可得 $(a, b)=1$. 这是因为 a，b 不同为 0，并且 1 显然是 a，b 的线性组合中的最小正整数. ■

ÉTIENNE Bézout（1730—1783）生于法国纳莫斯，父亲是当地的治安官．他的父母想让他子承父业，然而在读了大数学家里昂纳德·欧拉的著作后，他决定成为一个数学家．从 1756 年开始，Bézout 发表了一系列研究论文，包括一些关于积分的文章．1758 年他在巴黎科学院获得了一个职位，1763 年他被任命为海军卫队的督察，而且被委任以编写数学教科书的任务．1767 年，他写出了一部四卷的教科书．1768 年 Bézout 被任命为炮兵督察，随后在 1768 年和 1770 年接连被提拔．Bézout 因 1770 年至 1782 年出版的六卷综合数学教科书而广为人知．他撰写的教材很受欢迎，希望入读建于 1794 年的著名的巴黎综合理工学院的好多代学生都会研读他的书．这些教科书被译为英文并在北美被广泛使用，包括哈佛.

他最重要的原创性工作收于 1779 年出版的 *Thèorie générale des équations algébriques* 一书中，在该书中他引入了解多元多项式方程组的重要方法．这本书中最重要的成果现在被称为 Bézout 定理，其一般形式告诉我们两个平面代数曲线的交点数恰是这两个曲线次数的乘积．现在一般将行列式的发明归功于 Bézout.（英国大数学家詹姆斯·约瑟夫·西尔维斯特（James Joseph Sylvester）将其称为 Bezoutian.）

Bézout 待人温和热忱，个性有点内向忧郁，他的婚姻很幸福并育有子女.

定理 3.3 是很有用的：由两个整数的最大公因子是这两个整数的线性组合的最小正整数这个事实，就能求得这两个数的最大公因子．两个整数的最大公因子的不同表示使我们可以选择一个最有效的表达方法来解决一些特定的问题．在下面的定理证明中就阐明了这一点.

定理 3.4 如果 a，b 是正整数，那么所有 a，b 的线性组合构成的集合与所有 (a, b) 的倍数构成的集合相同.

证明 假设 $d=(a, b)$. 我们首先证明每个 a，b 的线性组合是 d 的倍数. 首先注意到由最大公因子的定义，有 $d|a$ 且 $d|b$. 每个 a，b 的线性组合具有形式 $ma+nb$，其中 m，n 是整数. 由定理1.9，只要 m，n 是整数，d 就整除 $ma+nb$. 因此，$ma+nb$ 是 d 的倍数.

我们现在证明每一个 d 的倍数也是 (a, b) 的线性组合. 由定理3.3，存在整数 r，s 使得 $(a, b)=ra+sb$. 而 d 的倍数具有形式 jd，其中 j 是整数. 在方程 $d=ra+sb$ 的两边同时乘以 j，我们得到 $jd=(jr)a+(js)b$. 因此，每个 d 的倍数是 (a, b) 的线性组合. 这就完成了证明. ■

我们利用整数的有序性定义了整数的最大公因子. 也就是说，对于给定的两个不同的整数，必有一个大于另一个. 然而，我们可以在不依赖整数序概念的基础上来定义两个整数的最大公因子，就像在下面定理3.5中给出的那样. 这样定义的最大公因子的特征不依赖于序，在代数数论的学习中我们会看到这种方法普遍应用于众所熟知的代数数域.

定理 3.5 如果 a，b 是不全为零的整数，那么正整数 d 是 a，b 的最大公因子当且仅当

(i) $d|a$ 且 $d|b$

(ii) 如果 c 是整数且 $c|a$，$c|b$，那么 $c|d$.

证明 我们首先证明 a，b 的最大公因子具有这两个性质. 假设 $d=(a, b)$. 由公因子的定义，$d|a$ 且 $d|b$. 由定理3.3，$d=ma+nb$，其中 m，n 是整数. 因此，如果 $c|a$ 且 $c|b$，那么由定理1.9可知，$c|d=ma+nb$. 我们现在已经证明了如果 $d=(a, b)$，那么性质(i)和(ii)成立.

现假设性质(i)和(ii)成立，则 d 是 a，b 的公因子. 由性质(ii)，我们知道如果 c 是 a，b 的公因子，那么 $c|d$，所以存在整数 k 有 $d=ck$. 因此，$c=d/k\leqslant d$. (我们用到了这样一个事实：一个正整数在除以任意一个非零整数后变小.)这就证明了满足性质(i)和(ii)的正整数一定是 a，b 的最大公因子. ■

注意由定理3.5可知两个不全为0的整数 a，b 的最大公因子也是能被所有其他公因子整除的正公因子.

我们已经证明了两个不全为零的整数 a，b 的最大公因子是这两个数的线性组合. 然而，我们还没有说明如何求这个等于 (a, b) 的特殊的线性组合. 在下一节中，我们将给出求这个特殊的线性组合的算法.

我们还可以定义多于两个整数的最大公因子.

定义 令 a_1，a_2，…，a_n 是不全为零的整数. 这些整数的公因子中最大的整数就是**最大公因子**. a_1，a_2，…，a_n 的最大公因子记为 $(a_1, a_1, \cdots, a_n)$. (注意 a_i 在这里面出现的顺序并不影响结果.)

例 3.3 我们很容易得到 $(12, 18, 30)=6$，$(10, 15, 25)=5$. ◀

可以用下面的引理来求两个以上整数的最大公因子.

引理 3.1 如果 a_1，a_2，…，a_n 是不全为零的整数，那么 $(a_1, a_2, \cdots, a_{n-1}, a_n)=$

$(a_1, a_2, \cdots, a_{n-2}, (a_{n-1}, a_n))$.

证明 n 个整数 $a_1, a_2, \cdots, a_{n-1}$ 和 a_n 的任意公因子也是 a_{n-1} 和 a_n 的公因子，因此也是 (a_{n-1}, a_n) 的因子. 同样，$n-1$ 个整数 $a_1, a_2, \cdots, a_{n-2}$ 和 (a_{n-1}, a_n) 的公因子也是 n 个整数 $a_1, a_2, \cdots, a_{n-1}, a_n$ 的公因子，因为如果某整数整除 (a_{n-1}, a_n)，那么它一定同时整除 a_{n-1} 和 a_n. 因此，这 n 个整数的公因子和由前 $n-2$ 个整数与后两个整数的最大公因子组成的集合的公因子完全相同，它们的最大公因子也一定相同. ■

例 3.4 我们用引理 3.1 来求三个整数 105，140 和 350 的最大公因子，$(105, 140, 350)=(105, (140, 350))=(105, 70)=35$. ◀

例 3.5 考虑整数 15，21 和 35，我们用下面的步骤求得这三个整数的最大公因子是 1：

$$(15, 21, 35)=(15, (21, 35))=(15, 7)=1.$$

这三个整数两两的最大公因子都大于 1，$(15, 21)=3$，$(15, 35)=5$，$(21, 35)=7$. ◀

由例 3.5 引出了下面的定义.

定义 如果 $(a_1, a_2, \cdots, a_n)=1$，那么我们说整数 $a_1, a_2, \cdots, a_n$ **互素**. 如果对于整数集中每对整数 a_i, a_j，$i \neq j$，有 $(a_i, a_j)=1$，即整数集中的任意一对整数都互素，那么我们就说这些整数**两两互素**.

两两互素的概念要远比互素的概念使用得多. 并且若集合中的整数两两互素，那么这些整数一定是互素的，但是反过来不成立(就像在例 3.5 中给出的 15，21，35 那样).

3.1 节习题

1. 求下面每对整数的最大公因子.

   a) 15，35　b) 0，111　c) -12，18　d) 99，100　e) 11，121　f) 100，102

2. 求下面每对整数的最大公因子.

   a) 5，15　b) 0，100　c) -27，-45　d) -90，100　e) 100，121　f) 1001，289

3. 令 a 是正整数. 那么 a 和 $2a$ 的最大公因子是多少？
4. 令 a 是正整数. 那么 a 和 a^2 的最大公因子是多少？
5. 令 a 是正整数. 那么 a 和 $a+1$ 的最大公因子是多少？
6. 令 a 是正整数. 那么 a 和 $a+2$ 的最大公因子是多少？
7. 证明两个偶数的最大公因子是偶数.
8. 证明一个偶数与一个奇数的最大公因子是奇数.
9. 证明：如果 a，b 是不全为零的整数，c 是非零整数，那么 $(ca, cb)=|c|(a, b)$.
10. 证明：如果整数 a，b 的最大公因子 $(a, b)=1$，那么 $(a+b, a-b)=1$ 或 2.
11. 设 a，b 是不全为零且互素的整数，那么 $(a^2+b^2, a+b)$ 是多少？
12. 证明：如果 a，b 是不全为零的偶数，那么 $(a, b)=2(a/2, b/2)$.
13. 证明：如果 a 是偶数，b 是奇数，那么 $(a, b)=(a/2, b)$.
14. 证明：如果整数 a，b，c 满足 $(a, b)=1$ 且 $c \mid (a+b)$，那么 $(c, a)=(c, b)=1$.
15. 证明：如果非零整数 a，b，c 互素，那么 $(a, bc)=(a, b)(a, c)$.
16. ☞ a) 证明：如果整数 a，b，c 满足 $(a, b)=(a, c)=1$，那么 $(a, bc)=1$.

    b) 用数学归纳法证明：如果对整数 $a_1, a_2, \cdots, a_n$，有另一个整数 b，使得 $(a_1, b)=(a_2, b)=\cdots=(a_n, b)=1$，那么 $(a_1a_2\cdots a_n, b)=1$.

17. 求3个整数使得它们互素，但是并不两两互素. 不要使用本书中的例子.
18. 求4个整数使得它们互素，但是任意三个并不互素.
19. 求下面每个整数集的最大公因子.
    a) 8，10，12 b) 5，25，75 c) 99，9 999，0 d) 6，15，21 e) −7，28，−35 f) 0，0，1 001
20. 从整数66，105，42，70，165中选出三个互素的数.
21. 证明：如果a_1，a_2，…，a_n是不全为零的整数，且c是正整数，那么$(ca_1, ca_2, \cdots, ca_n)=c(a_1, a_2, \cdots a_n)$.
22. 证明不全为零的整数a_1，a_1，…，a_n的最大公因子是a_1，a_2，…，a_n的线性组合中最小的正整数.
23. 证明：如果k是整数，那么整数$6k-1$，$6k+1$，$6k+2$，$6k+3$和$6k+5$两两互素.
24. 证明：如果k是正整数，那么$3k+2$和$5k+3$互素.
25. 证明对于所有的整数a，$8a+3$和$5a+2$互素.
26. 证明：若k为正整数，则$(6k+7)/(3k+4)$是既约分数.
27. 证明：若k为正整数，则$(15k+4)/(10k+3)$是既约分数.
28. 证明：如果整数a，b互素，那么$(a+2b, 2a+b)=1$或3.
29. 证明：所有大于6的正整数是两个大于1的互素的整数之和.
30. 证明：若n为正整数，则$(n+1, n^2-n+1)=1$或3.
31. 证明：若n为正整数，则$(2n^2+6n-4, 2n^2+4n-3)=1$.
32. 证明：若n为正整数，则$(n^2+2, n^3+1)=1$，3或9

n阶费瑞级数(Farey series)$\mathscr{F}_n$(以约翰·费瑞命名)是一个按递升次序排列的分数h/k的集合，其中h和k是整数，$0\leqslant h\leqslant k\leqslant n$且$(h, k)=1$. 我们分别将0，1表示为形式0/1，1/1. 例如，4阶费瑞级数为

$$\frac{0}{1}, \frac{1}{4}, \frac{1}{3}, \frac{1}{2}, \frac{2}{3}, \frac{3}{4}, \frac{1}{1}.$$

约翰·费瑞(John Farey，1766—1826)16岁前都在英格兰的Woburn上学. 1782年他进入了Yorkshire的Halifax的学校，在那里他学习了数学、绘图、测量. 他于1790年结婚，次年有了第一个儿子. 1792年，Bedford的公爵任命他为Woburn地产的管理者. 费瑞一直任职到1802年，在此期间，他在地质学上的专长得到发展. 由于公爵突然去世，公爵的弟弟免去了他的职务. 随后他去了伦敦，以测量员和地质学家的身份参与了大量的实地工作.

费瑞的地质工作包括对Derbyshire的地层和土壤的研究. 他还绘制了伦敦和Brighton之间的表层地层图. 费瑞写了大量科研文章，大约有60多篇发表在哲学或自然科学杂志上. 这些文章涉及的领域很广，有地质学、森林学、物理学以及其他学科.

尽管他作为地质学家取得了一些声誉，但费瑞最令人难忘的还是对数学的贡献. 1816年在他的一篇只写了四个段落的文章《关于普通分数的一个奇妙性质》(On a curious property of vulgar fractions)中，费瑞提到了既约分数p/q($0<p/q<1$，$q<n$)的分子和分母分别是那些0和1之间分母不超过n的既约分数按照升序排列时位于p/q两边的分数的分子及分母之和(参看习题33). 费瑞说他不知道这一性质是否为前人提过，他也提到他不能给出证明. 法国数学家柯西在读过费瑞的文章后，在1816年出版的*Exercises de mathématique*中给出了证明. 柯西将其命名为费瑞级数，因为他认为是费瑞首先发现了这个性质.

当然，费瑞虽然因该性质出名却并非首个发现该性质的人. 早在1802年，C. Haros在一篇用普通分数逼近十进制小数的文章中，对$n=99$利用这一性质构造了费瑞级数.

习题33～37是关于费瑞级数的.

33. 求 5 阶费瑞级数.
34. 求 7 阶费瑞级数.
* 35. 证明：如果 a/b，c/d，e/f 是费瑞级数中的连续项，那么

$$\frac{c}{d}=\frac{a+e}{b+f}.$$

* 36. 证明：如果 a/b 和 c/d 在费瑞级数中是连续的项，那么 $ad-bc=-1$.
* 37. 证明：如果 a/b 和 c/d 是 n 阶费瑞级数中连续的项，则 $b+d>n$.
* 38. a) 证明：如果 a，b 是正整数，那么 $((a^n-b^n)/(a-b), a-b)=(n(a, b)^{n-1}, a-b)$.
b) 证明：如果 a，b 是互素的正整数，那么 $((a^n-b^n)/(a-b), a-b)=(n, a-b)$.
39. 证明：如果整数 a，b，c，d 中 b，d 是正整数，$(a, b)=(c, d)=1$ 且 $\frac{a}{b}+\frac{c}{d}$ 是一个整数，那么 $b=d$.
40. 如果 a，b，c 是正整数，$(a, b)=(b, c)=1$ 且 $\frac{1}{a}+\frac{1}{b}+\frac{1}{c}$ 是一个整数，那么你能据此得出什么结论？
41. 证明：如果 a，b 是正整数，那么 $(a, b)=2\sum_{i=1}^{a-1}[bi/a]+a+b-ab$.（提示：用两种方式数格点的个数，格点是在以 $(0, 0)$，$(0, b)$ 和 $(a, 0)$ 为顶点的三角形内或边上的坐标为整数的点.）
42. 如果 c，d 是两个互素的正整数，那么定义整数 $a_j(j=0, 1, 2, \cdots)$ 为 $a_0=c$ 且 $a_n=a_0a_1\cdots a_{n-1}+d$，$n=1, 2, \cdots$，证明 $a_j(j=0, 1, 2, \cdots)$ 是两两互素的.

计算和研究

1. 计算(987 654 321，123 456 789)和[987 654 321，123 456 789].
2. 计算(122 333 444 455 555，666 667 777 888 990)和[122 333 444 455 555，666 667 777 888 990].
3. 构造阶为 100 的费瑞级数.
4. 在阶为 100 的费瑞级数中自己选择连续的项，验证习题 27～29 所给出的费瑞级数的性质.

* 5. 阶为 n 的费瑞分数的数目 $|\mathscr{F}_n|$ 大致是 $3n^2/\pi^2$. 研究随着 n 增大该式与 $|\mathscr{F}_n|$ 的逼近程度.

程序设计

1. 从两个整数的公因子的表中求其最大公因子.
2. 对一个给定的正整数 n，给出阶为 n 的费瑞级数.

3.2 欧几里得算法

我们将建立一套系统的方法或者说是算法来求两个正整数的最大公因子. 这个方法被称为欧几里得算法(Euclidean algorithm). 它是根据古希腊数学家欧几里得命名的，这个方法被记载在他的《几何原本》中.（这个求最大公因子的方法也在 6 世纪被印度数学家 Aryabhata 记载过，他称这个方法为“粉碎机算法”(the pulverizer).）

在讨论这个算法之前，我们先用一个例子来说明这个算法的用法：求 30 和 72 的最大公因子. 我们先做带余除法，$72=30\cdot 2+12$，并用定理 3.7 得到 $(30, 72)=(30, 72-2\cdot 30)=(30, 12)$. 注意在计算中已经用一个小的数 12 来代替 72，因为 $(72, 30)=(30, 12)$. 接下来继续使用带余除法，$30=2\cdot 12+6$. 同理得到 $(30, 12)=(12, 6)$. 因为 $12=6\cdot 2+0$，故 $(12, 6)=(6, 0)=6$. 这样，我们就得到了结果 $(72, 30)=6$. 在这里没有先求 30，72 的所有公因子再来求最大公因子.

我们现在给出计算两个正整数的最大公因子的通用的欧几里得算法.

定理 3.6(欧几里得算法) 令整数 $r_0=a$，$r_1=b$ 满足 $a\geqslant b>0$，如果连续做带余除法得到 $r_j=r_{j+1}q_{j+1}+r_{j+2}$，且 $0<r_{j+2}<r_{j+1}(j=0, 1, 2, \cdots, n-2)$，$r_{n+1}=0$，那么 $(a, b)=r_n$，它是最后一个非零余数.

从定理中我们看到通过连续应用带余除法，在每一步中被除数和除数被更小的数代替(这些更小的数实际上是每一步中的除数和余数)，运算直到余数为零时终止. 这一系列运算产生了一系列的等式，而最大公因子就是最后一个非零的余数.

欧几里得(Euclid，公元前 350 年左右)是史上最成功的数学教科书作者，他著名的《几何原本》(*Elements*)从古至今已经有了上千种版本. 除了曾经在亚历山大学院教书外，欧几里得的生活很少为人所知. 显然他并不强调数学的应用，一个很有名的故事是当他的一个学生问他学几何有什么用时，欧几里得让他的奴隶给了这个学生三个硬币，“因为他想在学习中获取实利”. 欧几里得的《几何原本》介绍了从平面到立体几何以及数论的知识. 欧几里得算法可以在《几何原本》第 13 卷的第 7 章找到，关于素数无限性的证明则在第 9 章. 欧几里得还写过很多关于天文、光学、音乐和力学等领域的书.

为了证明欧几里得算法得到最大公因子的正确性，我们给出如下引理.

引理 3.2 如果 e 和 d 是整数且 $e=dq+r$，其中 q，r 是整数，那么 $(e, d)=(d, r)$.

证明 在定理 3.2 中，取 $a=r$，$b=d$，$c=q$，那么由定理 3.2 可以直接得到引理. ■

我们现在证明欧几里得算法得到的是两个整数的最大公因子.

证明 令 $r_0=a$，$r_1=b$ 是正整数且满足 $a\geqslant b$，那么通过连续运用带余除法，我们求得

$$
\begin{aligned}
r_0 &= r_1q_1+r_2 & 0\leqslant r_2<r_1,\\
r_1 &= r_2q_2+r_3 & 0\leqslant r_3<r_2,\\
&\vdots\\
r_{j-2} &= r_{j-1}q_{j-1}+r_j & 0\leqslant r_j<r_{j-1},\\
&\vdots\\
r_{n-4} &= r_{n-3}q_{n-3}+r_{n-2} & 0\leqslant r_{n-2}<r_{n-3},\\
r_{n-3} &= r_{n-2}q_{n-2}+r_{n-1} & 0\leqslant r_{n-1}<r_{n-2},\\
r_{n-2} &= r_{n-1}q_{n-1}+r_n & 0\leqslant r_n<r_{n-1},\\
r_{n-1} &= r_nq_n.
\end{aligned}
$$

可以假设最终一定会有一个余数为零，这是因为余数组成的序列 $a=r_0\geqslant r_1>r_2>\cdots\geqslant 0$ 所包含的项的个数不会大于 a(因为每个余数都是整数). 由引理 3.2，我们得到 $(a, b)=(r_0, r_1)=(r_1, r_2)=(r_2, r_3)=\cdots=(r_{n-3}, r_{n-2})=(r_{n-2}, r_{n-1})=(r_{n-1}, r_n)=(r_n, 0)=r_n$. 因此 $(a, b)=r_n$，这是最后一个非零余数. ■

我们举下面的例子来说明欧几里得算法的用法.

例 3.6 用欧几里得算法求(252，198)的步骤如下：

$$252 = 1 \cdot 198 + 54$$
$$198 = 3 \cdot 54 + 36$$
$$54 = 1 \cdot 36 + 18$$
$$36 = 2 \cdot 18.$$

我们将这些步骤总结在下表中.

j	r_j	r_{j+1}	q_{j+1}	r_{j+2}
0	252	198	1	54
1	198	54	3	36
2	54	36	1	18
3	36	18	2	0

最后一个非零余数(在最后一列倒数第二行的那个数)就是 252 和 198 的最大公因子. 因此(252, 198)=18. ◀

阿耶波多(Aryabhata, 476—550)出生于印度拘苏摩补罗(Kusumapura, 今巴特那(Patna)). 他编写的《阿耶波多历数书》(*Aryabhatiya*)是一本用诗歌体写成的印度数学概论. 这本书包含了天文、几何、平面和球面三角学、算术和代数领域的内容, 研究的题目包括面积和体积公式、连分数、幂级数、π 的近似值和正弦表. 阿耶波多还给出了一个和欧几里得算法一样的求最大公因子的方法. 他的关于三角形和圆形面积的公式是正确的, 但是关于球形和棱锥的体积公式是错误的. 阿耶波多还编写了一本天文学的教科书《苏利亚历》(*Siddhanta*), 这本书包括了大量精确的陈述(也有很多陈述是错误的). 比如, 他说行星的轨道都是椭圆的, 他还正确地解释了日食和月食的原因. 1975 年, 印度把他们通过俄罗斯发射的第一颗卫星命名为 Aryabhata, 以此纪念他在天文和数学上所做出的奠基性贡献.

欧几里得算法是一种快速地求最大公因子的方法.

接下来, 当我们用欧几里得算法求两个正整数的最大公因子来估算除法的最大步数时会看到这一点. 但是, 我们首先要证明对于一个给定的正整数 n, 存在整数 a, b 使得用欧几里得算法求 (a, b) 恰好需要 n 步除法. 我们可以通过斐波那契序列中连续的项来求这样的整数.

用欧几里得算法来求斐波那契序列中连续项的最大公因子的速度很慢, 因为除了最后一步, 其余的每一步的商都是 1, 如下例所示.

例 3.7 用欧几里得算法求(34, 55). 注意到 $f_9 = 34$, $f_{10} = 55$, 我们有

$$55 = 34 \cdot 1 + 21$$
$$34 = 21 \cdot 1 + 13$$
$$21 = 13 \cdot 1 + 8$$
$$13 = 8 \cdot 1 + 5$$
$$8 = 5 \cdot 1 + 3$$
$$5 = 3 \cdot 1 + 2$$
$$3 = 2 \cdot 1 + 1$$

$$2=1\cdot 2.$$

可以看出用欧几里得算法求 $f_9=34$，$f_{10}=55$ 的最大公因子需要用 8 次除法．此外，(34，55)=1，因为 1 是最后一个非零的余数． ◀

下面的定理将告诉我们用欧几里得算法求斐波那契序列中连续两项的最大公因子需要多少步除法．

定理 3.7 令 f_{n+1} 和 $f_{n+2}(n>1)$ 是斐波那契序列中连续两项．用欧几里得算法证明 $(f_{n+1},f_{n+2})=1$ 一共需要 n 步除法．

证明 应用欧几里得算法，从斐波那契序列的定义出发，在每一步都有 $f_j=f_{j-1}+f_{j-2}$，那么

$$\begin{aligned}
f_{n+2}&=f_{n+1}\cdot 1+f_n,\\
f_{n+1}&=f_n\cdot 1+f_{n-1},\\
&\vdots\\
f_4&=f_3\cdot 1+f_2,\\
f_3&=f_2\cdot 2.
\end{aligned}$$

因此，用欧几里得算法证明 $(f_{n+1},f_{n+2})=1$ 一共需要 n 步除法． ■

欧几里得算法的计算复杂度 下面我们给出一个定理，这是由 19 世纪法国数学家拉梅(Gabriel Lamé)首先证明的，他给出了用欧几里得算法计算最大公因子的除法次数的一个估计．

加布里尔·拉梅(Gabriel Lamé，1795—1870)毕业于巴黎综合理工学院．作为一个市政和铁路工程师，他发展了弹性数学理论，并发明了曲线坐标．尽管他的主要贡献在数学物理上，他还是在数论上得出了几个重要结论，包括欧几里得算法需要的步数的估算和对费马大定理 $n=7$ 的证明(见 14.2 节)．值得一提的是高斯认为拉梅是那个时代法国一流的数学家．

定理 3.8(拉梅定理) 用欧几里得算法计算两个正整数的最大公因子时，所需的除法次数不会超过两个整数中较小的那个十进制数的位数的 5 倍．

证明 当我们用欧几里得算法计算两个整数 $a=r_0$，$b=r_1(a>b)$ 的最大公因子的时候，会得到下面的一系列等式：

$$\begin{aligned}
r_0&=r_1q_1+r_2 &\quad 0\leqslant r_2<r_1,\\
r_1&=r_2q_2+r_3 &\quad 0\leqslant r_3<r_2,\\
&\vdots\\
r_{n-2}&=r_{n-1}q_{n-1}+r_n &\quad 0\leqslant r_n<r_{n-1},\\
r_{n-1}&=r_nq_n.
\end{aligned}$$

我们用了 n 次除法．注意到每个商 q_1，q_2，…，$q_{n-1}\geqslant 1$，$q_n\geqslant 2$，这是因为 $r_n<r_{n-1}$．因此

$$\begin{aligned}
r_n&\geqslant 1=f_2,\\
r_{n-1}&\geqslant 2r_n\geqslant 2f_2=f_3,
\end{aligned}$$

$$r_{n-2} \geqslant r_{n-1} + r_n \geqslant f_3 + f_2 = f_4,$$
$$r_{n-3} \geqslant r_{n-2} + r_{n-1} \geqslant f_4 + f_3 = f_5,$$
$$\vdots$$
$$r_2 \geqslant r_3 + r_4 \geqslant f_{n-1} + f_{n-2} = f_n,$$
$$b = r_1 \geqslant r_2 + r_3 \geqslant f_n + f_{n-1} = f_{n+1}.$$

故如果在欧几里得算法中用了 n 次除法，那么必有 $b \geqslant f_{n+1}$. 由例 1.28，当 $n>2$ 时 $f_{n+1} > \alpha^{n-1}$，其中 $\alpha=(1+\sqrt{5})/2$. 因此有 $b>\alpha^{n-1}$. 又由于 $\log_{10}\alpha > 1/5$，因此

$$\log_{10} b > (n-1)\log_{10}\alpha > (n-1)/5.$$

因此，

$$n - 1 < 5 \cdot \log_{10} b.$$

令 b 的十进制位数是 k，那么 $b<10^k$，即 $\log_{10} b<k$. 因此我们得 $n-1<5k$，因为 k 是整数，所以 $n \leqslant 5k$. 这就证明了拉梅定理. ■

下面的结果是拉梅定理的推论，它告诉我们欧几里得算法是非常高效的.

推论 3.8.1 *求两个正整数 a，$b(a>b)$的最大公因子需要 $O((\log_2 a)^3)$次的位运算.*

证明 由拉梅定理可知求(a, b)一共需要 $O(\log_2 a)$次除法，每一个除法又需要 $O((\log_2 a)^2)$次的位运算. 因此，由定理 2.3，一共需要 $O((\log_2 a)^3)$次的位运算. ■

用线性组合的方法来表示最大公因子 欧几里得算法可用来将两个整数的最大公因子表示为它们的线性组合. 我们以 252 和 198 为例来说明，即用它们的线性组合来表示最大公因子$(252, 198)=18$. 观察用欧几里得算法求$(252, 198)$的倒数第二步，

$$18 = 54 - 1 \cdot 36.$$

它的前面一步是

$$36 = 198 - 3 \cdot 54,$$

这意味着

$$18 = 54 - 1 \cdot (198 - 3 \cdot 54) = 4 \cdot 54 - 1 \cdot 198.$$

同样，由第一步，我们得

$$54 = 252 - 1 \cdot 198,$$

因此

$$18 = 4(252 - 1 \cdot 198) - 1 \cdot 198 = 4 \cdot 252 - 5 \cdot 198.$$

最后一个等式将 $18=(252, 198)$写成了 252，198 的线性组合的形式.

一般地，为了知晓如何使用 a，b 的线性组合来表示它们的最大公因子 $d=(a, b)$，需要涉及欧几里得算法中产生的一系列等式. 由倒数第二个等式有

$$r_n = (a, b) = r_{n-2} - r_{n-1} q_{n-1}.$$

这就用 r_{n-2} 和 r_{n-1} 的线性组合表示了(a, b). 倒数第三步可以将 r_{n-1} 用 $r_{n-3} - r_{n-2} q_{n-2}$ 来表示，即

$$r_{n-1} = r_{n-3} - r_{n-2} q_{n-2},$$

用这个等式来消去上面的表达式中的 r_{n-1}，则有

$$\begin{aligned}(a, b) &= r_{n-2} - (r_{n-3} - r_{n-2} q_{n-2}) q_{n-1} \\ &= (1 + q_{n-1} q_{n-2}) r_{n-2} - q_{n-1} r_{n-3},\end{aligned}$$

这就将(a, b)表示成了r_{n-2}，r_{n-3}的线性组合．我们继续沿着欧几里得算法相反的步骤将(a, b)表示成接下来的余数的线性组合，直到将(a, b)表示成$r_0=a$，$r_1=b$的线性组合．对于特定的j，如果已经求得

$$(a, b)=sr_j+tr_{j-1},$$

那么，因为

$$r_j=r_{j-2}-r_{j-1}q_{j-1},$$

我们有

$$\begin{aligned}(a, b)&=s(r_{j-2}-r_{j-1}q_{j-1})+tr_{j-1}\\&=(t-sq_{j-1})r_{j-1}+sr_{j-2}.\end{aligned}$$

这显示了如何沿着欧几里得算法产生的等式递进，最终使得a和b的最大公因子(a, b)可以表示成它们的线性组合．

这种将(a, b)表示成a，b线性组合的方法在计算上很不方便，因为它必须给出欧几里得算法的步骤，并保存这些步骤，然后沿着欧几里得算法相反的步骤将(a, b)表示成每一对相邻的余数的线性表示．有另一种计算(a, b)的方法只需要用一次欧几里得算法．下面的定理给出了这个方法，叫作*扩展欧几里得算法*．

定理 3.9 *令a，b是正整数．那么*

$$(a, b)=s_na+t_nb,$$

其中s_n，t_n是下面定义的递归序列的第n项：

$$s_0=1,\quad t_0=0,$$
$$s_1=0,\quad t_1=1,$$

且

$$s_j=s_{j-2}-q_{j-1}s_{j-1},\quad t_j=t_{j-2}-q_{j-1}t_{j-1}$$

其中$j=2, 3, \cdots, n$，q_j是欧几里得算法求(a, b)时每一步的商．

证明 我们将证明

$$r_j=s_ja+t_jb,\ j=0, 1, \cdots, n. \tag{3.2}$$

因为$(a, b)=r_n$，一旦式(3.2)成立，我们就有

$$(a, b)=s_na+t_nb.$$

我们用第二数学归纳原理来证明式(3.2)．对于$j=0$，有$a=r_0=1\cdot a+0\cdot b=s_0a+t_0b$．因此对于$j=0$成立．类似地，$b=r_1=0\cdot a+1\cdot b=s_1a+t_1b$，所以式(3.2)对于$j=1$成立．

现在假设

$$r_j=s_ja+t_jb$$

对于$j=1, 2, \cdots, k-1$成立．那么，由欧几里得算法的第k步，我们有

$$r_k=r_{k-2}-r_{k-1}q_{k-1}.$$

由归纳假设，得到

$$\begin{aligned}r_k&=(s_{k-2}a+t_{k-2}b)-(s_{k-1}a+t_{k-1}b)q_{k-1}\\&=(s_{k-2}-s_{k-1}q_{k-1})a+(t_{k-2}-t_{k-1}q_{k-1})b\\&=s_ka+t_kb.\end{aligned}$$

这就完成了证明. ■

下面的例子说明如何用这个算法将(a, b)表示成a, b的线性组合.

例 3.8 我们在下面的表中总结了用扩展欧几里得算法将(252, 198)表示成252和198的线性组合的步骤.

j	r_j	r_{j+1}	q_{j+1}	r_{j+2}	s_j	t_j
0	252	198	1	54	1	0
1	198	54	3	36	0	1
2	54	36	1	18	1	−1
3	36	18	2	0	−3	4
4					4	−5

s_j和$t_j(j=0, 1, 2, 3, 4)$的值计算如下:

$$s_0=1, \qquad t_0=0,$$
$$s_1=0, \qquad t_1=1,$$
$$s_2=s_0-s_1q_1=1-0\cdot 1=1, \qquad t_2=t_0-t_1q_1=0-1\cdot 1=-1,$$
$$s_3=s_1-s_2q_2=0-1\cdot 3=-3, \qquad t_3=t_1-t_2q_2=1-(-1)3=4,$$
$$s_4=s_2-s_3q_3=1-(-3)\cdot 1=4, \qquad t_4=t_2-t_3q_3=-1-4\cdot 1=-5.$$

因为$r_4=18=(252, 198)$且$r_4=s_4a+t_4b$, 故

$$18=(252, 198)=4\cdot 252-5\cdot 198.$$ ◀

注意到两个不全为0的整数的最大公因子的线性组合的表示方法有无穷多种. 换句话说, 对每一对不全为0的整数有无穷多对Bézout系数. 令$d=(a, b)$, a, b的线性组合$d=sa+tb$是d的一种表示方法, 则s, t为a与b的Bézout系数, 由前面的讨论知它们必定存在. 则对所有的整数k, $s+k(b/d)$和$t-k(a/d)$同样也是a与b的Bézout系数, 这是由于$d=(s+k(b/d))a+(t-k(a/d))b$.

例 3.9 对于$a=252$, $b=198$, 我们有$18=(252, 198)=(4+11k)252+(-5-14k)198$对于所有的整数$k$成立. ◀

3.2 节习题

1. 用欧几里得算法求下列整数的最大公因子.
   a) (45, 75) b) (102, 222) c) (666, 1 414) d) (20 785, 44 350)
2. 用欧几里得算法求下列整数的最大公因子.
   a) (51, 87) b) (105, 300) c) (981, 1 234) d) (34 709, 100 313)
3. 对于习题1中的每一对整数, 用它们的线性组合表示它们的最大公因子.
4. 对于习题2中的每一对整数, 用它们的线性组合表示它们的最大公因子.
5. 求下面每组整数的最大公因子.
   a) 6, 10, 15 b) 70, 98, 105 c) 280, 330, 405, 490
6. 求下面每组整数的最大公因子.
   a) 15, 35, 90 b) 300, 2 160, 5 040 c) 1 240, 6 660, 15 540, 19 980

n 个整数 a_1，a_2，…，a_n 的最大公因子可以用这些整数的线性组合表示. 要求它们的线性表示，首先将 (a_1, a_2) 用 a_1，a_2 的线性组合表示出来，然后将 $(a_1, a_2, a_3)=((a_1, a_2), a_3)$ 用 a_1，a_2，a_3 的线性组合表示出来. 重复上面的过程直到 $(a_1, a_1, \cdots, a_n)$ 用 a_1，a_2，…，a_n 的线性组合表示出来，在习题 7 和习题 8 中运用这一过程.

7. 对于习题 5 中的每一组整数，用它们的线性组合表示它们的最大公因子.

8. 对于习题 6 中的每一组整数，用它们的线性组合表示它们的最大公因子.

两个正整数的最大公因子可以通过下面的算法求得，该算法只有减法、奇偶校验和二进制展开式的移位，不用任何的除法运算. 算法过程递归重复下面的约化方法：

$$(a, b)=\begin{cases} a, & \text{如果 } a=b; \\ 2(a/2, b/2), & \text{如果 } a, b \text{ 都是偶数}; \\ (a/2, b), & \text{如果 } a \text{ 是偶数}, b \text{ 是奇数}; \\ (a-b, b), & \text{如果 } a, b \text{ 都是偶数, 且 } a>b. \end{cases}$$

（注意：在必要的时候交换 a，b 的位置.）习题 9～13 将用到这个算法.

9. 用上述算法求 $(2\,106, 8\,318)$.

10. 证明这个算法总是可以计算出两个正整数的最大公因子.

* 11. 如果 $a=(2^n-(-1)^n)/3$，$b=2(2^{n-1}-(-1)^{n-1})/3$，当 n 是正整数的时候，用这个算法求 (a, b) 需要多少步？

* 12. 证明用这个算法求 (a, b) 的时候，在化简中用到的减法的步数不会超过 $1+[\log_2 \max(a, b)]$.

* 13. 设计一种用两个正整数的平衡三进制展开的算法来求它们的最大公因子.

在 1.5 节的习题 26 中，给出了一种改进后的带余除法，即如果 a，$b>0$ 是整数，那么存在唯一的整数 q，r 和 e 使得 $a=bq+er$，其中 $e=\pm 1$，$r\geqslant 0$ 且 $-b/2<er\leqslant b/2$. 我们可以在这个改进的除法基础上建立一种类似于欧几里得算法的计算两个整数的最大公因子的算法，叫作**最小余数算法**. 算法如下：令 $r_0=a$，$r_1=b$，其中 $a>b>0$. 重复使用改进的带余除法，那么在一系列除法算式中我们得到的最后一个非零的余数 r_n 就是要求的 a，b 的最大公因子.

$$\begin{aligned} r_0 &= r_1 q_1 + e_2 r_2, & -r_1/2 &< e_2 r_2 \leqslant r_1/2 \\ &\vdots \\ r_{n-2} &= r_{n-1} q_{n-1} + e_n r_n, & -r_{n-1}/2 &< e_n r_n \leqslant r_{n-1}/2 \\ r_{n-1} &= r_n q_n. \end{aligned}$$

14. 用最小余数算法求 $(384, 226)$.

15. 证明最小余数算法总是可以计算出两个整数的最大公因子.

** 16. 证明最小余数算法至少和欧几里得算法的速度一样快.（提示：首先证明，如果 a，b 是正整数且 $2b<a$，那么用最小余数算法求 (a, b) 的步数不会多于用它来求 $(a, a-b)$ 的步数.）

* 17. 求一整数序列 v_0，v_1，v_2，…，使得用最小余数算法求 (v_{n+1}, v_{n+2}) 恰好需要 n 步除法.

* 18. 证明用最小余数算法求两个正整数的最大公因子需要的除法步数小于两个整数中较小者的位数乘 8/3 再加上 4/3.

* 19. 令 m，n 是正整数且 a 是大于 1 的整数. 证明 $(a^m-1, a^n-1)=a^{(m,n)}-1$.

* 20. 证明：如果 m，n 是正整数，那么 $(f_m, f_n)=f_{(m,n)}$.

下面的两个习题是关于欧几里得游戏的. 两个玩家从一对正整数开始轮流根据下面的法则改变这两个数. 玩家可以将这对整数从 $\{x, y\}$，$x\geqslant y$ 改变成任何形如 $\{x-ty, y\}$ 的整数对，其中 t 是任意的正整数且 $x-ty\geqslant 0$. 改变后使得其中的一个整数为零就算赢.

21. 证明从整数对 $\{a, b\}$ 开始改变的序列最后一定以 $\{0, (a, b)\}$ 结束.

* 22. 证明：如果游戏是从整数对 $\{a, b\}$ 开始的话，那么当 $a=b$ 或 $a>b(1+\sqrt{5})/2$ 时第一个玩家会赢；否

则第二个玩家会赢.（提示：首先证明，如果 $y<x\leqslant y(1+\sqrt{5})/2$，那么从$\{x, y\}$到整数对$\{z, y\}$存在唯一的改变，其中 $y>z(1+\sqrt{5})/2$.）

* 23. 证明用欧几里得算法求两个正整数 a，$b(a>b)$的最大公因子所需的位运算次数为 $O((\log_2 a)^2)$.（提示：首先证明计算一个正整数 q 除以正整数 d 所需要的计算复杂度为 $O(\log d \log q)$.）

* 24. 令 a，b 是正整数，令 r_j 和 $q_j(j=1, 2, \cdots, n)$是这一节中给出的欧几里得算法各步的余数和商.

a) 求 $\sum_{j=1}^{n} r_j q_j$.

b) 求 $\sum_{j=1}^{n} r_j^2 q_j$.

25. 假设 a，b 是两个正整数且 $a\geqslant b$. 令 q_i 和 $r_i(i=1, 2, \cdots, n)$是欧几里得算法中各步的余数和商，其中 r_n 是最后一个非零余数. 令 $\boldsymbol{Q}_i=\begin{pmatrix} q_i & 1 \\ 1 & 0 \end{pmatrix}$和 $\boldsymbol{Q}=\prod_{i=0}^{n} \boldsymbol{Q}_i$. 证明$\begin{pmatrix} a \\ b \end{pmatrix}=\boldsymbol{Q}\begin{pmatrix} r_n \\ 0 \end{pmatrix}$.

计算和研究

1. 求(9 876 543 210，123 456 789)，(11 111 111 111，1 000 000 001)和(45 666 020 043 321，73 433 510 078 091 009).
2. 对上一题中的每对整数求出其 Bézout 系数.
3. 自己选择几对大的正整数来验证拉梅定理.
4. 选择几对大的正整数，比较欧几里得算法和习题 9 的导言中给出的算法以及习题 14 的导言中给出的最小余数算法求最大公因子所需的步数.
5. 估计一对正整数(a, b)互素的比例，分别对不超过 1 000、不超过 10 000、不超过 100 000 和不超过 1 000 000 的 a 和 b 进行估计. 为了实现估计，可能需要测试随机选择的少量的这种数对(关于伪随机数的内容参看 10.1 节). 你能从上述证据推出什么猜想？

程序设计

1. 用欧几里得算法求两个整数的最大公因子.
2. 用习题 14 的导言中给出的改进的欧几里得算法求两个整数的最大公因子.
3. 不用除法求两个整数的最大公因子(见习题 9 的导言).
4. 求多于两个整数的最大公因子.
5. 给定一对正整数，求出其 Bézout 系数.
6. 给定一组(多于两个)整数，求出其 Bézout 系数.

* 7. 试玩习题 21 的导言中给出的欧几里得游戏.

3.3 线性丢番图方程

考虑下面的问题：一个人想从他的储蓄账户提取 510 美元. 钱的面值只有 20 美元和 50 美元两种. 那么应该如何组合？如果令 x 表示组合中 20 美元的数量，y 表示 50 美元的数量，那么应该满足方程 $20x+50y=510$. 为了解决这一问题，应该求出这个方程的所有解，其中 x，y 为非负整数.

类似的问题有，当一个妇女想邮寄一个包裹时，邮局的职员测定邮寄这个包裹的费用是 4.15 美元，但是只有 75 美分和 30 美分的邮票，那么是否可以用这两种邮票的组合来邮寄这个包裹呢？为了回答这个问题，我们先令 x 表示 30 美分邮票的数量，令 y 表示 75 美分邮票的数量. 那么有 $30x+75y=415$，其中 x，y 是非负整数.

丢番图(Diophantus，公元前 250)编写了《算术》(*Arithmetica*)，这是已知的代数方面最早的一本书. 这本书第一次系统地用数学符号表示方程中的未定元和未定元的幂. 除了知道大约公元前 250 年他居住在亚历山大外，人们对他的生活一无所知. 关于他生平细节的唯一资料来源于一本名为《希腊诗选》(*Greek Anthology*)的警句诗中"丢番图的一生，幼年占去 1/6，又过了 1/12 的青春期，又过了 1/7 才结婚，五年后生儿子，子先父四年而卒，寿为其父之半."从中读者可以推出丢番图活了 84 岁.

当我们需要求解特定方程的整数解的时候，就得到了一个*丢番图方程*. 这些方程是根据古希腊数学家丢番图而命名的，他写下了一些方程并将解限定在有理数域上. 方程 $ax+by=c$(其中 a，b，c 是整数)被称为关于*两个变量的线性丢番图方程*.

注意整数对(x, y)是线性丢番图方程 $ax+by=c$ 的解当且仅当(x, y)是平面中位于直线 $ax+by=c$ 上的格点. 我们将在图 3.1 中用线性丢番图方程 $2x+3y=5$ 加以说明.

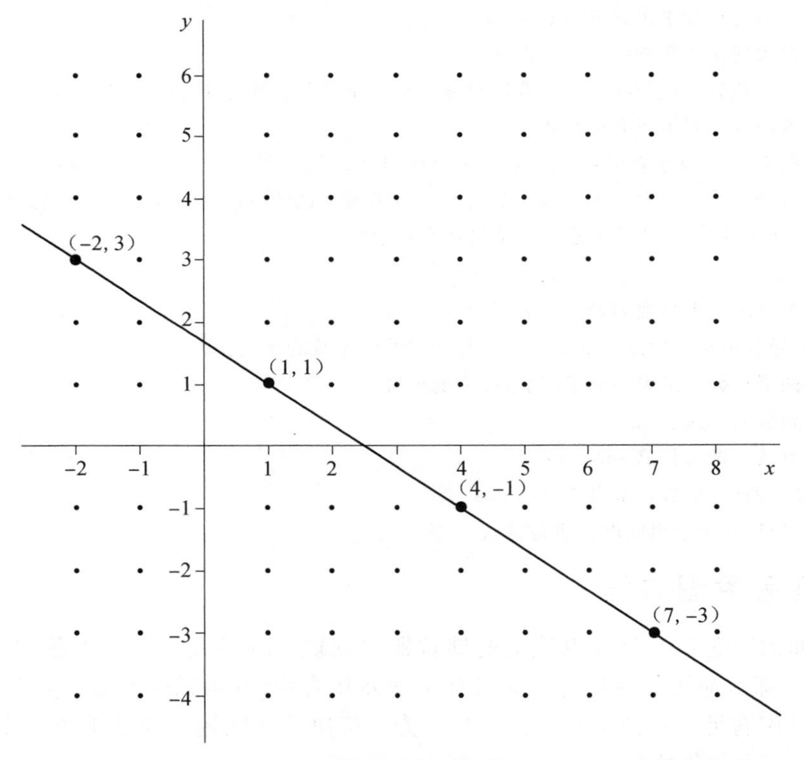

图 3.1 $2x+3y=5$ 的整数解对应于直线 $2x+3y=5$ 上的格点

第一个描述线性丢番图方程的一般解的是印度数学家婆罗摩笈多(Brahmagupta)，这个结论记录在他于 7 世纪写的一本书里. 为了求解这类方程我们现在发展这个理论. 下面的定理说明什么时候这类方程有解，当有解的时候又如何明确地描述它们.

婆罗摩笈多(Brahmagupta，598—670)据说生于印度的乌贾因(Ujjain)，并成为当地天文观察台的领导，这个观察台是当时印度数学研究的中心. 婆罗摩笈多编写了两本重要的关于数学和天文学的书 *Brahma-Sphuta-Siddhanta*(《宇宙的起源》)和 *Khandakhadyaka*，分别写于628年和665年. 他提出了很多有趣的平面几何上的公式和定理，研究了等差数列和二次方程. 婆罗摩笈多给出了新的代数符号，他对数字系统的理解在当时是很先进的. 他被认为是第一个给出线性丢番图方程解的人. 在天文学方面，他研究了日食、行星的位置和年的长度.

定理 3.10 设 a，b，c 是整数且 $d=(a,b)$. 如果 $d\nmid c$，那么方程 $ax+by=c$ 没有整数解. 如果 $d\mid c$，那么存在无穷多个整数解. 另外，如果 $x=x_0$，$y=y_0$ 是方程的一个特解，那么所有的解可以表示为

$$x=x_0+(b/d)n,\quad y=y_0-(a/d)n,$$

其中 n 是整数.

证明 假设 x，y 是整数，满足 $ax+by=c$. 那么因为 $d\mid a$，$d\mid b$，由定理1.9同样有 $d\mid c$. 因此如果 $d\nmid c$，那么这个方程就不存在整数解.

现在假设 $d\mid c$. 由定理3.3，存在整数 s，t 使得

$$d=as+bt. \tag{3.3}$$

因为 $d\mid c$，有整数 e 使得 $de=c$. 在式(3.3)两边同时乘以 e，我们有

$$c=de=(as+bt)e=a(se)+b(te).$$

因此，$x=x_0$，$y=y_0$ 就是方程的一个解，其中 $x_0=se$，$y_0=te$.

为了证明方程存在无穷多个解，令 $x=x_0+(b/d)n$，$y=y_0-(a/d)n$，其中 n 是整数. 首先证明任何一对整数 x，y，令 $x=x_0+(b/d)n$，$y=y_0-(a/d)n$，n 是整数，则 x，y 是方程的解. 然后再证明方程的任何一个解都具有这种形式. 易知整数对 x，y 是解，这是因为

$$ax+by=ax_0+a(b/d)n+by_0-b(a/d)n=ax_0+by_0=c.$$

我们现在证明方程 $ax+by=c$ 的解都具有定理中所描述的那种形式. 假设整数 x，y 满足 $ax+by=c$. 因为

$$ax_0+by_0=c,$$

做减法得到

$$(ax+by)-(ax_0+by_0)=0,$$

这就说明

$$a(x-x_0)+b(y-y_0)=0.$$

因此，

$$a(x-x_0)=b(y_0-y).$$

上一方程两边同时除以 d，得

$$(a/d)(x-x_0)=(b/d)(y_0-y).$$

由定理3.1，$(a/d,b/d)=1$. 用引理4.2，有$(a/d)\mid(y_0-y)$. (引理4.2将在第4章中证明.)

因此，存在整数 n 使得$(a/d)n=(y_0-y)$，这就意味着 $y=y_0-(a/d)n$. 现在将这个 y 值代入方程 $a(x-x_0)=b(y_0-y)$，我们得到 $a(x-x_0)=b(a/d)n$，这就得到了 $x=x_0+(b/d)n$. ■

下面的例子是对定理 3.10 用法的说明.

例 3.10 由定理 3.10，线性丢番图方程 $15x+6y=7$ 没有整数解，这是因为$(15, 6)=3$，但是 $3\nmid 7$. ◀

例 3.11 由定理 3.10，线性丢番图方程 $21x+14y=70$ 存在无穷多个解，这是因为$(21, 14)=7$ 且 $7\mid 70$. 为了求这些解，首先由欧几里得算法，我们有 $1\cdot 21+(-1)\cdot 14=7$，所以 $10\cdot 21+(-10)\cdot 14=70$. 因此 $x_0=10$，$y_0=-10$ 是方程的一个特解. 那么所有的解为 $x=10+2n$，$y=-10-3n$，其中 n 是整数. ◀

现在我们将用定理 3.10 解决本节开始提出的两个问题.

例 3.12 考虑问题：如何用 30 美分和 75 美分的邮票组成 4.15 美元的邮资. 如果用 x 表示 30 美分邮票的数量，y 表示 75 美分邮票的数量，那么有 $30x+75y=415$. 因为$(30, 75)=15$ 不能整除 415，由定理 3.10 可知不存在整数解. 因此，不存在 30 美分和 75 美分的邮票组成 4.15 美元的邮资. ◀

例 3.13 考虑用面值 20 美元和 50 美元的现金提取 510 美元的问题. 每一种面值应该用多少张恰好为 510 美元？

令 x 表示面值为 20 美元现金的数量，y 表示面值为 50 美元现金的数量. 我们有方程 $20x+50y=510$. 注意到 20 和 50 的最大公因子为$(20, 50)=10$. 因为 $10\mid 510$，因此这个线性丢番图方程有无穷多个整数解. 用欧几里得算法，我们求得 $20(-2)+50=10$. 两边同时乘以 51，得 $20(-102)+50(51)=510$. 因此，$x_0=-102$，$y_0=51$ 是方程的一个特解. 由定理 3.10 可知，所有形如 $x=-102+5n$，$y=51-2n$ 的整数都是这个方程的解. 因为我们要求 x，y 非负，所以必有 $-102+5n\geqslant 0$ 且 $51-2n\geqslant 0$；于是 $n\geqslant 102/5$ 且 $n\leqslant 51/2$. 又因为 n 是整数，故有 $n=21, 22, 23, 24, 25$. 所以我们有下面 5 个解：$(x, y)=(3, 9)$，$(8, 7)$，$(13, 5)$，$(18, 3)$，$(23, 1)$. 于是出纳员可以给顾客 3 张 20 美元和 9 张 50 美元，8 张 20 美元和 7 张 50 美元，13 张 20 美元和 5 张 50 美元，18 张 20 美元和 3 张 50 美元，23 张 20 美元和 1 张 50 美元. ◀

可以将定理 3.10 推广为多个变量的线性丢番图方程，下面的定理给出了这个推广.

定理 3.11 *如果 $a_1, a_2, \cdots, a_n$ 是非零整数，那么方程 $a_1x_1+a_2x_2+\cdots+a_nx_n=c$ 有整数解当且仅当 $d=(a_1, a_2, \cdots, a_n)$ 整除 c. 另外当存在一个解的时候，方程有无穷多个解.*

证明 如果存在整数 $x_1, x_2, \cdots, x_n$ 满足 $a_1x_1+a_2x_2+\cdots+a_nx_n=c$，则由于 d 整除 a_i，$i=1, 2, \cdots, n$，故由定理 1.9，d 整除 c. 因此，如果 $d\nmid c$，则方程不存在整数解.

我们将用数学归纳法证明当 $d\mid c$ 时存在无穷多个整数解. 注意，由定理 3.10，该结论在 $n=2$ 时成立.

现在假设对于所有 n 个变量的方程存在无穷多个解. 那么由定理 3.4，线性组合 $a_nx_n+a_{n+1}x_{n+1}$ 所构成的集合与(a_n, a_{n+1})的倍数构成的集合相同. 因此，对于每个整数 y，

线性丢番图方程 $a_n x_n + a_{n+1} x_{n+1} = (a_n, a_{n+1}) y$ 有无穷多个解. 这说明原来的关于 $n+1$ 个变量的方程可以简化成关于 n 个变量的线性丢番图方程：

$$a_1 x_1 + a_2 x_2 + \cdots + a_{n-1} x_{n-1} + (a_n, a_{n+1}) y = c.$$

注意，c 可以被$(a_1, a_2, \cdots, a_{n-1}, (a_n, a_{n+1}))$整除，这是因为由引理 3.1，这个最大公因子等于$(a_1, a_2, \cdots, a_n, a_{n+1})$. 将它看成关于 n 个变量的线性丢番图方程，那么由归纳假设，因为其中系数的最大公因子整除 c，故这个方程有无穷多个解. 这就意味着原来的 $n+1$ 个变量的方程存在无穷多个解. ■

求多个变量的线性丢番图方程的解的方法是用定理 3.11 证明中的归纳法，我们把定理 3.11 的应用留作习题.

3.3 节习题

1. 对于下面的线性丢番图方程，求它们的解或者证明不存在整数解。
   a) $2x+5y=11$ b) $17x+13y=100$ c) $21x+14y=147$
   d) $60x+18y=97$ e) $1\,402x+1\,969y=1$
2. 对于下面的线性丢番图方程，求它们的解或者证明不存在整数解.
   a) $3x+4y=7$ b) $12x+18y=50$ c) $30x+47y=-11$
   d) $25x+95y=970$ e) $102x+1\,001y=1$
3. 一个日本商人去北美旅行后回美国要将美元和加元兑换成日元. 如果他换到了 10 396 日元，已知每一美元兑换 111 日元，每一加元兑换 83 日元，那么他有多少美元和加元？
4. 一个学生从欧洲回美国要将欧元和瑞士法郎兑换成美元. 如果她一共换得 51.24 美元，已知每一欧元兑换 1.12 美元，每一瑞士法郎兑换 98 美分，已知她至少有 20 欧元和 20 瑞士法郎，那么她共有多少欧元和瑞士法郎？
5. 一个教授去巴黎和伦敦参加会议后回美国要将欧元和英镑兑换成美元。如果他一共换得 105.56 美元，已知每一欧元兑换 1.12 美元，每一英镑兑换 1.32 美元，已知他有超过 20 欧元和 20 英镑，那么他有多少欧元和英镑？
6. 设 a 与 b 是互素的正整数. 证明，若 c 为正整数，则丢番图方程 $ax+by=c$ 的解(x, y)的数目等于 $\left[\frac{c}{ab}\right]$或$\left[\frac{c}{ab}\right]+1$.
7. 计算丢番图方程 $11x+8y=c$ 解的数量，其中 x，y 均为非负整数，c 为下列整数.
   a) 44 b) 96 c) 52
   d) 345 e) 69 f) 777
8. 9 世纪的印度天文学家和数学家 Mahavira 提出了下面的难题：一个由 23 人组成的旅游团疲倦地走进了一片茂密的森林. 他们发现了 63 堆香蕉，每一堆的数量相同，还剩下一堆有 7 根香蕉. 他们平分了这些香蕉. 问 63 堆中每一堆有几根香蕉？请解决这个难题.
9. 一个商人预订苹果和橘子共用了 15.24 美元. 如果一个苹果 45 美分，一个橘子 33 美分，下列情形中每一种水果他分别预订了多少？
   a) 他至少买了 20 个苹果.
   b) 他买的苹果数目小于 10.
   c) 他购买橘子和苹果的数目差小于 10.
10. 一个顾客一共买了 11.34 美元的水果，其中橘子 33 美分一个，葡萄柚 69 美分一个. 那么这个顾客购买的橘子和葡萄柚的总数最少是多少？

11. 一个邮局只有 42 美分和 63 美分的邮票出售，那么怎样组合才能刚好得到下面的邮资？

 a) 10.50 美元 b) 12.00 美元 c) 23.31 美元

12. 在室外聚餐中，一份龙虾是 21 美元，一个烧鸡是 12 美元．那么从下面的每一个总费用中你能推断出各买了多少份的龙虾和烧鸡？

 a) 915 美元 b) 822 美元 c) 777 美元

* 13. 求下面线性丢番图方程的所有整数解．

 a) $2x+3y+4z=5$ b) $7x+21y+35z=8$ c) $101x+102y+103z=1$

* 14. 求下面线性丢番图方程的所有整数解．

 a) $2x_1+5x_2+4x_3+3x_4=5$

 b) $12x_1+21x_2+9x_3+15x_4=9$

 c) $15x_1+6x_2+10x_3+21x_4+35x_5=1$

 美国的硬币有 1 美分、5 美分、10 美分和 25 美分这四种．

15. 怎样组合面值分别为 1 美分、10 美分和 25 美分的硬币，使得其总值为 99 美分？

16. 使用下面的硬币，有多少种方式组成 1 美元？

 a) 10 美分和 25 美分

 b) 5 美分、10 美分和 25 美分

 c) 1 美分、5 美分、10 美分和 25 美分

 在习题 17～19 中我们将同时考虑几个线性丢番图方程．为了解决这些问题，我们首先进行消元直到余下两个变量，然后求解两个变量的线性丢番图方程．

17. 求下面的线性丢番图方程组的所有整数解．

 a) $x+y+z=100$ $x+8y+50z=156$

 b) $x+y+z=100$ $x+6y+21z=121$

 c) $x+y+z+w=100$ $x+2y+3z+4w=300$ $x+4y+9z+16w=1\,000$

18. 一个储钱罐中有 24 枚硬币，面值有 5 美分、10 美分和 25 美分．如果这些硬币的总值是 2 美元，那么这些硬币的组合有哪些可能？

19. Nadir 航空公司提供了 3 种从波士顿到纽约的机票．头等机票需要 140 美元，二等机票需要 110 美元，候补机票需要 78 美元．如果 69 位乘客一共支付了 6 548 美元，那么每一种机票售出了多少？

20. 是否有可能包含了 1 美分、10 美分和 25 美分的 50 枚硬币的总值是 3 美元？

 令 a，b 是互素的正整数，n 是正整数．当 x 和 y 均为非负时，线性丢番图方程 $ax+by=n$ 的解 x，y 是非负的．

* 21. 证明当 $n\geqslant(a-1)(b-1)$ 时，$ax+by=n$ 存在非负解．

* 22. 证明：如果 $n=ab-a-b$，那么 $ax+by=n$ 没有非负解．

* 23. 证明恰好有 $(a-1)(b-1)/2$ 个非负整数 $n<ab-a-b$，使得方程 $ax+by=n$ 有非负解．

24. 在缅因州的一个小镇上的邮局中只剩下两种面值的邮票．他们发现有 33 种邮资不能用这两种邮票来组合，其中一种是 46 美分．那么问剩下的两种邮票的面值是多少？

* 25. 在 6 世纪的时候，中国古代数学家张邱建给出了一个数学难题叫作“百鸡问题”，他问道：如果公鸡 5 文一只，母鸡 3 文一只，三只小鸡一文钱．那么 100 只鸡一共 100 文，问公鸡、母鸡和小鸡分别是几只？请解决这个问题．

* 26. 求下面丢番图方程的整数解．

$$\frac{1}{x}+\frac{1}{y}=\frac{1}{14}.$$

计算和研究

1. 求线性丢番图方程 $10\ 234\ 357x+331\ 108\ 819y=1$ 和 $10\ 234\ 357x+331\ 108\ 819y=123\ 456\ 789$ 的所有解.
2. 求线性丢番图方程 $1\ 122\ 334\ 455x+10\ 101\ 010\ 101y+9\ 898\ 989\ 898z=1$ 和 $1\ 122\ 334\ 455x+10\ 101\ 010\ 101y+9\ 898\ 989\ 898z=987\ 654\ 321$ 的所有解.
3. 判断哪些正整数可写为 $999x+1\ 001y$ 的形式，其中 x，y 是非负整数. 并用你的结果验证习题 21～23.

程序设计

1. 已知两变量线性丢番图方程的系数，求其所有解.
2. 已知两变量线性丢番图方程的系数，求其所有正解.
3. 已知三变量线性丢番图方程的系数，求其所有正解.

*4. 已知 a，b，求所有使得线性丢番图方程 $ax+by=n$ 无正解的 n(见习题 21 的导言).

第4章 素　　数

本章介绍数论的一个核心概念：素数．素数是恰好有两个正整数因子的整数．古希腊人对素数做了大量的研究，并发现了素数的许多基本性质．过去的三百年间，数学家花费了大量的时间探索素数世界．他们发现了许多有趣的性质，提出了各种猜想，证明了很多有趣和奇妙的结果．直到今天，人们仍在研究与素数有关的各种问题，其部分原因是因为素数在现代密码学中具有重要作用．关于素数的许多悬而未决的问题也刺激新的研究工作．还有不少人想要打破已知最大素数的纪录，载入史册．

本章我们要证明素数有无穷多个，给出的证明可回溯到古代．我们将给出一种方法来求出某个给定整数范围以内的所有素数，所采用的埃拉托色尼斯(Eratosthenes)筛法也源于古代．我们还要讨论素数的分布，并给出在19世纪末所证明的著名的素数定理．这个定理对于不超过某个整数的素数个数给出一个精确的估计．尽管数学家做了几百年的努力，仍有关于素数的许多问题未被解决．我们将选取讨论其中的一些，包括最著名的两个：孪生素数猜想和哥德巴赫(Goldbach)猜想．

本章还要证明每个正整数都可以被唯一地写成素数的乘积(此时素数根据其大小按照升序排列)．这个结果被称为算术基本定理．为了证明该定理，将使用两个整数的最大公因子这一概念．我们将在本章给出一些关于最大公因子的重要性质，例如它是这些整数的最小的线性组合．我们也将讨论把整数分解为素数的乘积的方法，并讨论这些方法的复杂度．在数论中常常研究具有特殊形式的数，本章中，我们将介绍费马数，即形如 $2^{2^n}+1$ 的整数．(费马猜想它们都是素数，但是这被证明是不对的．)

4.1 素数概述

正整数1只有一个正整数因子．任意其他的正整数至少有两个正整数因子，因为它一定可以被1和它本身整除．在数论中只有两个正整数因子的整数是非常重要的，它们被称为素数．

定义 **素数**是大于1的正整数，并且除了1和它本身外不能被其他正整数所整除．

例 4.1 整数2，3，5，13，101和163都是素数． ◀

定义 大于1的不是素数的正整数称为**合数**．

例 4.2 整数 $4=2\cdot 2$，$8=4\cdot 2$，$33=3\cdot 11$，$111=3\cdot 37$，$1001=7\cdot 11\cdot 13$ 都是合数． ◀

素数是整数乘法的构成单元．下面，我们会看到每一个正整数都能唯一地表示成一些素数的积．

本节将讨论给定正整数集中素数的分布并证明该分布的一些基本性质，同时还将讨论关于素数分布的一些更强的结论．在我们将要介绍的定理中包含了数论中一些最著名的结论．

在书的最后，表E.1中给出了小于10 000的所有素数．

素数的无限性　我们从证明有无穷多个素数开始，为此需要下面的引理.

引理 4.1　*每一个大于 1 的正整数都有一个素因子.*

证明　我们通过反证法进行证明. 假设存在一个大于 1 的正整数没有素因子，那么大于 1 且没有素因子的正整数构成的集合非空，由良序性知集合存在一个大于 1 且没有素因子的最小的正整数 n. 由于 n 能被 n 整除且 n 没有素因子，因此 n 不是素数. 于是 n 可以写成 $n=ab$，其中 $1<a<n$，$1<b<n$. 因为 $a<n$，所以 a 一定有素因子. 由定理 1.8，a 的任何因子也是 n 的因子，因此 n 必有素因子，与假设 n 没有素因子矛盾. 所以我们就得到了结论：任何一个大于 1 的正整数至少有一个素因子. ■

下面我们证明一个古希腊时期被认为是令人惊奇的结果：素数是无穷多的. 这是数论中的关键性定理之一，它的证明方法有好多种. 我们给出的证明方法是欧几里得(Euclid)在他的《几何原本》一书(Book IX，20)中给出的. 这个简单而又优美的证明方法被认为相当完美. 这就不奇怪为什么在专门收录一些特别有洞察力且特别巧妙的证明的书 *Proofs from THE BOOK*[AiZi18]中，会以欧几里得的这个证明作为开始. 另外，我们将在本书中给出素数无穷性的六种不同证明方法.（这里，*THE BOOK* 是指收集完美证明的书，Paul Erdös 称这些证明是由上帝掌管的）. 本节中我们将给出两种证明，包括欧几里得的和一个新近的证明. 另外在本章的后面. 我们将给出素数有无穷多的各种不同的证明.（参看本节习题 8 及 4.3 节的习题给出的其余 8 种证明.）该结论的证明出奇的多. 新的证明不断出现. 这里我们给出的第二种证明是 2005 年的一种方法. Romeo Meštrović的一篇文章(https://arxiv.org/abs/1202.3670)综述了大约 183 种证明.

定理 4.1　*存在无穷多个素数.*

证明　假设只有有限多个素数 p_1，p_2，…，p_n，其中 n 是正整数. 考虑整数 Q_n，它由这些素数的乘积加 1 得到，即

$$Q_n=p_1p_2\cdots p_n+1.$$

由引理 4.1，Q_n 至少有一个素因子，设为 q. 我们将证明 q 不是上述素数中的任何一个，从而得到矛盾.

如果 $q=p_j$，其中 j 为某个整数且 $1\leqslant j\leqslant n$，由于 $Q_n-p_1p_2\cdots p_n=1$，且 q 可以整除上面等式的左端两项，因此由定理 1.9，$q\mid 1$. 这显然是不可能的，因为 1 不能被任何素数整除. 于是 q 不是 p_j 中的任何一个. 这就与假设矛盾. ■

定理 4.1 的证明过程不是构造性的，因为我们在证明中构造的整数 Q_n(由前 n 个素数加 1 得到)可以是素数也可以不是(见习题 15). 因此，在证明过程中我们只是知道存在一个新的素数但是并没有求得它. 下面我们给出一种完全不同的证明，这是由新西兰数学家 Filip Saidak 于 2006 年提出的。

证明　首先任取大于 1 的正整数 n_1，利用递归式 $n_k=n_{k-1}(n_{k-1}+1)$得到序列 n_1，n_2，…，n_k，…，利用数学归纳法可证 n_k 至少有 k 个不同的素因子，这就表明素数有无穷多.

基础步骤需要说明 n_1 至少有一个素因子. 这可由引理 4.1 得出.

现在证明归纳步骤. 假设 n_k 至少有 k 个不同的素因子，其中 k 为大于或等于 1 的整数. 注意，n_k 和 n_k+1 互素，这是因为 n_k+1 和 n_k 的公因子应该能够整除它们的差 1. 由归纳假设 n_k 至少有 k 个不同的素因子，而由引理 4.1，n_k+1 至少有一个素因子，且与 n_k

的素因子均不相同，所以 $n_k=n_{k-1}(n_{k-1}+1)$ 至少有 $k+1$ 个不同的素因子. ■

我们可以用该证明方法来构造一个素数的无穷序列，但是我们需要对 n_k 进行素因子分解，因此该证明是非构造性的. 下面我们通过例子示范利用该证明得到一个素数的无穷序列.

例 4.3 令 $n_1=2$，那我们的素数序列从 2 开始，因为 $n_2=n_1(n_1+1)=2\cdot 3=6$，则 3 也进入这个数列. 而 $n_3=n_2(n_2+1)=6\cdot 7=42$，则 7 也进入这个序列. 同样，$n_4=n_3(n_3+1)=42\cdot 43=1\,806$，我们得到 43. $n_5=n_4(n_4+1)=1\,806\cdot 1\,807=3\,263\,442$，我们得到 13，因为 13 是 $n_4+1=1\,807$ 的素因子(因为 $1\,807=13\cdot 139$，13 和 139 都是素数，我们也可以用 139 取代 13). $n_6=n_5(n_5+1)=3\,263\,442\cdot 3\,263\,443=10\,650\,056\,950\,806$，下一个素数是 3 263 443 的因子，(手算或者借助计算机)我们发现 3 263 443 是一个素数. 因此我们的素数序列现在是 2，3，7，43，13，3 263 443. 重复以上步骤，我们可以不断扩展该序列。从上面的计算中我们也可以发现添加新的素数需要强度越来越大的计算，需要分解的整数急剧增大，耗时越来越长，读者可以自行尝试继续推进几项. ◀

前面提到除了上面给出的两种证明，在习题当中也有很多其他的证明. 新证明的不断出现，体现了人类卓越的创新力，也显示了数学不同分支之间的关联.

求素数 在下面的章节中，我们将把兴趣放在如何求大素数和使用大素数上. 将素数和合数加以区分的测试是至关重要的，这种测试叫作*素性检验*. 最基本的素性检验是*试除法*. 它将告诉我们，整数 n 是素数当且仅当它不能被任何一个小于$\sqrt{n}$的素数整除. 下面我们将证明这种方法可以用来确定一个数 n 是否为素数.

定理 4.2 *如果 n 是一个合数，那么 n 一定有一个不超过$\sqrt{n}$的素因子.*

证明 既然 n 是合数，那么 n 可以写为 $n=ab$，其中 a 和 b 为整数且 $1<a\leqslant b<n$. 一定有 $a\leqslant\sqrt{n}$，否则，若 $b\geqslant a>\sqrt{n}$，那么有 $ab>\sqrt{n}\cdot\sqrt{n}=n$. 由引理 4.1，$a$ 至少有一个素因子，再由定理 1.8，a 的因子一定也是 n 的因子，显然这个素因子小于或等于$\sqrt{n}$. ■

给定一个正整数 n，使用定理 4.2 可以找到所有小于或等于 n 的素数. 这种方法是由古希腊数学家埃拉托色尼斯提出的，所以这个过程叫作*埃拉托色尼斯筛法*. 我们通过图 4.1 来举例说明如何寻找小于 100 的素数. 首先注意到小于 100 的合数一定有一个小于 $\sqrt{100}=10$ 的素因子. 而我们知道小于 10 的素数只有 2，3，5，7，那么我们首先用水平线(一)删去那些大于 2 且能被 2 整除的数，然后用斜线(/)删去除了 3 以外的能被 3 整除的数，用反斜线(\)删去除 5 以外的能被 5 整除的数，最后用竖线(|)删去除了 7 以外的能被 7 整除的数. 那么剩下的数(除了用×划掉的 1 以外)都是素数(在图中用黑体显示).

埃拉托色尼斯(Eratosthenes，公元前 276—194)出生于希腊属地埃及西部的昔兰尼(Cyrene). 他在雅典的柏拉图学院学习了一段时间. 托勒密二世(Ptolemy Ⅱ)邀请埃拉托色尼斯到亚历山大教他的儿子. 后来埃拉托色尼斯成为著名的亚历山大图书馆的馆长，该图书馆是一个藏有文学、艺术和自然科学方面古代著作的知识宝库. 他是一个非常多才多艺的学者，著有数学、地理、天文、历史、哲学和文学方面的书. 除了在数学方面的工作，埃拉托色尼斯还以古代编年史和地理测量闻名，包括他著名的地球直径测量.

~~1~~	**2**	**3**	~~4~~	**5**	~~6~~	**7**	~~8~~	~~9~~	~~10~~
11	~~12~~	**13**	~~14~~	~~15~~	~~16~~	**17**	~~18~~	**19**	~~20~~
~~21~~	~~22~~	23	~~24~~	~~25~~	~~26~~	~~27~~	~~28~~	**29**	~~30~~
31	~~32~~	~~33~~	~~34~~	~~35~~	~~36~~	**37**	~~38~~	~~39~~	~~40~~
41	~~42~~	**43**	~~44~~	~~45~~	~~46~~	**47**	~~48~~	~~49~~	~~50~~
~~51~~	~~52~~	**53**	~~54~~	~~55~~	~~56~~	~~57~~	~~58~~	**59**	~~60~~
61	~~62~~	~~63~~	~~64~~	~~65~~	~~66~~	**67**	~~68~~	~~69~~	~~70~~
71	~~72~~	**73**	~~74~~	~~75~~	~~76~~	~~77~~	~~78~~	**79**	~~80~~
~~81~~	~~82~~	**83**	~~84~~	~~85~~	~~86~~	~~87~~	~~88~~	**89**	~~90~~
~~91~~	~~92~~	~~93~~	~~94~~	~~95~~	~~96~~	**97**	~~98~~	~~99~~	~~100~~

图 4.1　使用埃拉托色尼斯筛法求小于 100 的素数

虽然埃拉托色尼斯筛法可以找到小于或等于一个给定的整数的所有素数，但是对于一个特定的整数 n，确定其是否为素数就要通过判断它能否被不超过$\sqrt{n}$的素数整除来确定. 这种方法的效率不高；我们将在后面给出一些更好的方法来判断一个整数是否为素数.

我们现在介绍一个函数，用它来表示不超过特定的数的素数的个数.

定义　*函数 $\pi(x)$表示不超过 x 的素数的个数，其中 x 是正实数.*

例 4.4　从上述用埃拉托色尼斯筛法所举的例子中可以看到 $\pi(10)=4$，$\pi(100)=25$. ◀

等差数列中的素数　每一个奇数都可以表示为 $4n+1$ 或者 $4n+3$ 的形式. 是否存在无穷多的素数为这两种形式呢？素数 5，13，17，29，37，41，…为形式 $4n+1$，素数 3，7，11，19，23，31，43，…为形式 $4n+3$. 可以看到上面的两个等差数列包含了无穷多个素数. 那么其他的等差数列呢？如 $3n+1$，$7n+4$，$8n+7$，等等. 这些序列是否也包含了无穷多的素数呢？德国数学家狄利克雷(G. Lejeune Dirichlet)在 1837 年用复分析的方法证明了如下定理，从而解决了这一问题.

定理 4.3(狄利克雷关于等差数列中素数的定理)　*假设 a，b 是互素的正整数. 那么等差数列 $an+b(n=1, 2, 3, \cdots)$包含了无穷多的素数.*

目前为止狄利克雷定理没有简单的证法.（狄利克雷的原始证明使用了复变量. 后来爱尔迪希(Erdös)和塞尔伯格(Selberg)在 20 世纪 50 年代给出了一个初等但较复杂的证明.）但是狄利克雷定理的一些特例很容易证. 我们将通过在 4.3 节中证明有无穷多个 $4n+3$ 型的素数来说明这一点.

已知的最大素数　在近千百年的历史中，数学家和一些数学爱好者们总是试图找到一个比已知的最大素数更大的素数. 一个人会因为找到这样的素数而至少在当时一举成名，并且他或她的名字也将被载入史册. 因为有无穷多的素数，因而总有素数比当时的已知最大素数要大. 寻找新素数也有一些系统化的方法. 人们并不是随机挑选一些数来检验其是否为素数，而是选取一些特殊形式的数．例如，我们将在第 7 章中讨论具有 2^p-1 形式的素数，其中 p 是素数；这种数被称为梅森素数(Mersenne prime)．我们将看到用一种特殊的测试可以检验出 2^p-1 是否为素数，而不需要用试除法．过去几百年中多数时间里最大的素数一直是梅森素数．截至 2022 年中，最大的素数纪录是 $2^{82\,589\,933}-1$.

素数公式 是否有一个公式只产生素数呢？这是多年来吸引数学家的另一个问题．一个变元的多项式没有这种性质，习题 35 证明了这一点．同样，n 个变元的多项式不能只产生素数，其中 n 是一个正整数(这个结论超出了本书的范围)．有一些可以只产生素数的公式，但是不实用．例如，1947 年美国数学家 William H. Mills 证明了存在一个常数 Θ 使得函数 $f(n)=[\Theta^{3^n}]$ 只生成素数．我们只知道 $\Theta\approx 1.306\,4$．用这个公式产生素数是不实用的，不仅因为 Θ 的确切值未知，也因为要计算出 Θ 必须知道函数 $f(n)$ 所生成素数的值(详细内容参见[Mi47])．

G. 热纳・狄利克雷(G. Lejeune Dirichlet，1805—1859)出生于一个居住在德国科隆的法国家庭．他就读于巴黎大学，当时它是重要的世界数学中心．他先后在布雷斯劳大学和柏林大学工作，1855 年接替了高斯(Gauss)在哥廷根大学的位置．据说他是精通高斯已出版 20 多年的《算术探讨》(*Disquisitiones Arithmeticae*)的第一人．传闻他一直随身带着这本书，就是在旅行中也如此．他在数论方面的著作《数论讲义》(*Vorlesungen über Zahlentheorie*)使得高斯的思想在其他数学家中得以广泛传播．除了在数论方面奠基性的著作外，狄利克雷在数学分析上也做出了重要的贡献．他著名的“抽屉原理”(又叫鸽笼原理)被广泛地用在组合和数论方面．

如果没有一个实用的公式可以产生大素数，那么怎么才能生成它们呢？在第 7 章中将介绍如何用概率素性检验法来生成大素数．

素性证明

如果有人给出一个正整数 n 并声称它是一个素数，那么你怎么才能确定 n 真的是一个素数呢？我们已经知道可以通过用不超过$\sqrt{n}$的素数与 n 做除法来测试其是否为素数．如果 n 不能被这些素数中的任何一个整除，那么 n 是一个素数．因此，一旦我们知道了 n 不能被不超过$\sqrt{n}$的任何一个素数整除，那么也就给出了 n 是素数的证明．这样的证明被称为素性验证(certificate of primality)．

遗憾的是，用试除法来进行素性验证的效率不高．为了说明这一点，我们来估计这个测试的位运算数．用不超过$\sqrt{n}$的素数除 n 来检验 n 是否为一个素数，那么根据素数定理，可估计位运算次数．素数定理告诉我们，不超过$\sqrt{n}$的素数个数大约有$\sqrt{n}/\log\sqrt{n}=2\sqrt{n}/\log n$ 个，而用一个整数 m 去除 n 需要 $O(\log_2 n\cdot\log_2 m)$ 次位运算．因此用这种方法来检验 n 是否为素数的位运算次数至少为 $(2\sqrt{n}/\log n)(c\log_2 n)=c\sqrt{n}$ (我们忽略了 $\log_2 m$ 这项，因为它至少为 1，尽管它有时会大到 $(\log_2 n)/2$)．用这种方法来确定 n 是一个素数的效率很低，因为不仅需要知道不超过$\sqrt{n}$的所有的素数，而且还需要做至少$\sqrt{n}$的常数倍次的位运算.

要将一个整数输入计算机程序，那么输入的是这个整数的二进制表示. 因此，确定一个整数是否为素数的算法的计算复杂度根据整数的二进制数的位数来衡量. 通过2.3节的习题11，我们知道一个正整数n的二进制表示为$[\log_2 n]+1$位. 因此在算法的计算复杂度表示中关于n的二进制位数的大O表示可以转化为关于$\log_2 n$的大O表示，反之亦然. 注意，用试除法来检验一个整数n是否为素数的计算复杂度的大O表示是关于n的二进制位数或$\log_2 n$的指数增长的，这是因为$\sqrt{n}=2^{\log_2 n/2}$. 这就是说，这个算法用关于n的二进制的位数来衡量，具有指数时间的计算复杂度. 随着n的增长，指数复杂度的算法很快就会变得不实用. 用试除法确定一个200位的数是否为一个素数用现在最快的计算机至少也要数十亿年.

数学家花费了很长的时间寻找一些有效的素性检验法. 事实上他们已经找到了一个用整数输入的二进制位数来衡量的多项式时间的素性验证的算法. 在广义黎曼猜想(generalized Riemann hypothesis)成立的条件下，米勒(G. L. Miller)于1975年给出了一个可用$O((\log n)^5)$次位运算来证明一个整数是素数的算法. 但可惜的是，广义黎曼猜想到现在还只是一个猜想. 在1983年，Leonard Adleman、Carl Pomerance和Robert Rumely建立了一个计算复杂度为$(\log n)^{c\log\log\log n}$的算法，其中$c$是常数. 虽然他们的算法不是多项式时间的，但是它已经接近多项式时间了，因为$\log\log\log n$增长得非常慢. 使用他们的算法结合现在的计算机确定一个100位的整数是否为素数只需几毫秒，确定一个400位的整数是否为素数用时不超过一秒，而确定一个1 000位的整数是否为素数用时少于一小时.（关于他们的算法的更多内容参见[AdPoRu83]和[Ru83].）

素性验证的多项式时间算法 直到2002年，还没有人能够给出一种多项式时间算法来检验一个正整数是否为素数. 2002年，印度计算机教授M. Agrawal和他的两个学生N. Kayal与N. Saxena宣布找到了一个素性检验法，对于整数n，只要使用$O((\log n)^{12})$次位运算就能检测出其是否为素数. 他们发现的用于证明一个正整数是否为素数的多项式时间算法震惊了整个数学界. 在他们发表的论文中提出“PRIMES属于P”. 这里，计算机科学家用PRIMES来表示确定一个给定的整数n是否为素数的问题，P表示一类能够用多项式时间解决的问题. 因此，“PRIMES属于P”表示我们能够使用一种计算复杂度以关于n的二进制位数(或者等价于$\log n$)的多项式为界的算法来确定n是否为素数. 他们算法的证明参见[AgKaSa02]，学过数论和抽象代数的大学生都能理解. 在这篇论文中，他们还提出如果在被广泛认同的索菲·热尔曼(Sophie Germain)素数密度(参见第14章关于法国数学家索菲·热尔曼的传记)[⊖](p是素数，那么$2p+1$也是素数)猜想成立的假设下，他们的算法只需要$O((\log n)^6)$次位运算. 其他的数学家改进了Agrawal、Kayal和Saxena的结果. 特别地，H. Lenstra和C. Pomerance将算法的复杂度从开始估计的幂次12减到了$6+\varepsilon$，其中ε是任意的正实数.

⊖ 索菲·热尔曼的全名被用来描述p和$2p+1$都是素数. 在用其他数学家的名字来做形容词定语的术语中这类术语很少见.

马宁达·阿格拉瓦尔(Manindra Agrawal, 1966—)出生于印度北方邦的一个中等城市阿拉哈巴德(Allahabad, 目前约有100万居民). 阿拉哈巴德位于三条河流交汇处, 是印度教徒的圣地. 阿格拉瓦尔的父母都是教师; 他的父亲在阿拉哈巴德大学教数学, 母亲在那里教教育学. 他小时候喜好阅读, 凡是能找到的数学书他都会读. 阿格拉瓦尔就读于阿拉哈巴德政府中级学院的高中.

虽然他没有上过一流的高中, 但他在印度理工学院(IIT)的联合入学考试中表现很好, 并进入了印度理工大学坎普尔分校. 尽管他是一个懒散的本科生, 喜欢大学生的许多典型消遣, 他之所以出色, 是因为他出色的短期记忆和补习能力. 在印度理工学院的时光为他打开了一个新的广阔世界, 他知道了自己喜欢什么, 不喜欢什么. 1986年, 阿格拉瓦尔获得了印度理工学院坎普尔分校的理工学士学位, 并且成为了那里的一名研究生, 他开始更加认真地对待学业, 不仅研究数学, 还探索了其他学科, 如印度古典哲学. 他于1991年在Somenath Biswas教授的指导下获得博士学位.

阿格拉瓦尔1991年到1993年是印度理工学院坎普尔分校计算机科学与技术系的副研究员, 然后是马德拉斯SPIC科学基金会数学学院的研究员, 直到1995年, 后来成为德国乌尔姆大学的洪堡研究员. 1996年, 他重新加入印度理工学院坎普尔分校, 担任助理教授.

阿格拉瓦尔最出名的工作是他与博士生Neeraj Kayal和Nitin Saxena共同开发的AKS素性检验. 该检验是第一个无条件确定性算法, 可以使用n的多项式时间来确定n位数是否为素数. 阿格拉瓦尔、Kayal和Saxena因这项发现获得了富尔克森(Fulkerson)奖和哥德尔(Gödel)奖(均于2006年). 阿格拉瓦尔还因为这项工作获得了2002年克莱(Clay)研究奖. 2008年, 阿格拉瓦尔因在数学方面的杰出贡献而被授予第一届Infosys数学奖, 2013年, 他被授予印度第四高平民奖Padma Shri.

阿格拉瓦尔目前是印度理工学院坎普尔分校计算机科学与工程系教授, 也是该校副校长. 他的工作领域包括复杂度理论和计算数论, 以及密码学. 他也为印度海军和空军设计了密码加密算法.

我们现在只是讨论了素性检验中的*确定性算法*(deterministic algorithm), 即用来确定一个整数是否为素数的算法. 在第7章中我们将讨论概率素性检验法, 这个测试将告诉我们一个整数有很高的可能性是素数, 但并不确定其为素数.

4.1 节习题

1. 以下哪些整数是素数?
   a) 101 b) 103 c) 107 d) 111 e) 113 f) 121
2. 以下哪些整数是素数?
   a) 201 b) 203 c) 207 d) 211 e) 213 f) 221
3. 用埃拉托色尼斯筛法求所有小于150的素数.
4. 用埃拉托色尼斯筛法求所有小于200的素数.
5. 求所有等于两个整数的四次方的差的素数.
6. 证明具有n^3+1形式的整数除了$2=1^3+1$外都不是素数.
7. 如果a和n是正整数, $n>1$且a^n-1是素数, 那么试证明$a=2$且n是素数. (提示: 利用等式$a^{kl}-1=(a^k-1)(a^{k(l-1)}+a^{k(l-2)}+\cdots+a^k+1)$.)

一个回文素数既是素数又是回文数(十进制下正、反序是一样的).

8. 找出所有的小于 100 的回文素数.
9. 找出具有偶位数的回文素数.

美国数学家 Eric Rowland 在 2008 年发现了一种利用递归关系生成素数的方法. 他证明了，如取 $a(1)=7$，并在 $n=2, 3, \cdots$ 时令 $a(n)=a(n-1)+(n, a(n-1))$，则 $a(n)-a(n-1)=(n, a(n-1))$ 为 1 或者素数.

10. 计算 $a(k)$，$k=1, 2, \cdots$ 直到产生 3 个不同的素数(中间夹杂着一些 1)，一共需要计算多少项?
11. 计算 $a(k)$，$k=1, 2, \cdots$ 直到产生 4 个不同的素数(中间夹杂着一些 1)，一共需要计算多少项?
12. (这个习题给出了素数的无限性的另一种证明.)证明整数 $Q_n=n!+1$ 有一个大于 n 的素因子，其中 n 是正整数. 推出存在无穷多个素数的结论.
13. 是否能够通过观察整数 $S_n=n!-1$(其中 n 是正整数)来证明存在无限多个素数?
14. 用欧几里得对素数无限多的证明说明第 n 个素数 p_n 不会超过 $2^{2^{n-1}}$，其中 n 是正整数. 由此证明当 n 是一个正整数时，小于 2^{2^n} 的素数至少有 $n+1$ 个.
15. 令 $Q_n=p_1p_2\cdots p_n+1$，其中 $p_1, p_2, \cdots, p_n$ 是 n 个最小的素数. 对于 $n=1, 2, 3, 4, 5, 6$，给出 Q_n 的最小的素因子. 你是否认为 Q_n 有无限多次是素数?(注：这是一个还未解决的问题.)
16. 证明，设 n 为正整数，i, j 为整数，$1\leqslant i<j\leqslant n$，则 $(n!\cdot i+1, n!\cdot j+1)=1$.
17. 利用习题 16 的结论给出素数有无穷多的新证明.(提示：若只有 r 个素数，考察 $r+1$ 个数 $(r+1)!\cdot i+1$，$i=1, 2, \cdots, r+1$. 该证明由 P. Schorn 发现.)
18. 证明：如果 p_k 是第 k 个素数，其中 k 是正整数，那么当 $n\geqslant 3$ 时，有 $p_n\leqslant p_1p_2\cdots p_{n-1}+1$.
19. 证明：如果正整数 n 的最小的素因子 p 超过了 $\sqrt[3]{n}$，那么 n/p 一定是素数或是 1.
20. 证明：如果 p 是等差数列 $3n+1(n=1, 2, 3, \cdots)$ 中的一个素数，那么 p 一定也在等差数列 $6n+1(n=1, 2, 3, \cdots)$ 中.
21. 求等差数列 $an+b$ 中最小的素数.
    a) $a=3$，$b=1$.　　b) $a=5$，$b=4$.　　c) $a=11$，$b=16$.
22. 求等差数列 $an+b$ 中最小的素数.
    a) $a=5$，$b=1$.　　b) $a=7$，$b=2$.　　c) $a=23$，$b=13$.
23. 用狄利克雷定理证明有无穷多个素数的个位数是 1.
24. 用狄利克雷定理证明有无穷多个素数的末两位数是 23.
25. 用狄利克雷定理证明有无穷多个素数的后三位数是 123.
26. 证明对任意的正整数 n，有一个素数以至少 n 个 1 结尾.

* 27. 证明对任意的正整数 n，有一个素数中间有 n 个连续的 1，并且个位数是 3.

* 28. 证明对任意的正整数 n，有一个素数中间有 n 个连续的 2，并且个位数是 7.

29. 使用第二数学归纳法证明每个大于 1 的整数或者是素数，或者是两个或多个素数的积.

* 30. 用容斥原理(附录 B 的习题 16)证明

$$\pi(n)=(\pi(\sqrt{n})-1)+n-\left(\left[\frac{n}{p_1}\right]+\left[\frac{n}{p_2}\right]+\cdots+\left[\frac{n}{p_r}\right]\right)+$$
$$\left(\left[\frac{n}{p_1p_2}\right]+\left[\frac{n}{p_1p_3}\right]+\cdots+\left[\frac{n}{p_{r-1}p_r}\right]\right)-$$
$$\left(\left[\frac{n}{p_1p_2p_3}\right]+\left[\frac{n}{p_1p_2p_4}\right]+\cdots+\left[\frac{n}{p_{r-2}p_{r-1}p_r}\right]\right)+\cdots,$$

其中 $p_1, p_2, \cdots p_r$ 是小于或等于 $\sqrt{n}$ 的素数($r=\pi(\sqrt{n})$).(提示：令性质 P_i 为一个整数能被 p_i 整除的性质.)

31. 用习题 30 的结论计算 $\pi(250)$.

32. 证明 x^2-x+41 对于 $0\leqslant x\leqslant 40$ 是素数. 然而，当 $x=41$ 时是合数.
33. 证明 $2n^2+11$ 对于 $0\leqslant n\leqslant 10$ 是素数. 然而，当 $n=11$ 时是合数.
34. 证明 $2n^2+29$ 对于 $0\leqslant n\leqslant 28$ 是素数. 然而，当 $n=29$ 时是合数.
*35. 证明：如果 $f(x)=a_nx^n+a_{n-1}x^{n-1}+\cdots+a_1x+a_0$，其中 $n\geqslant 1$ 且系数 $a_i(0\leqslant i\leqslant n)$ 是整数，那么存在一个正整数 y 使得 $f(y)$ 是合数.（提示：假设 $f(x)=p$ 是素数，证明对所有整数 k，p 能整除 $f(x+kp)$. 根据一个 n 次多项式($n>1$)取每个值最多 n 次这一事实，推断出存在一个整数 y 使得 $f(y)$ 是合数.）

一个幸运数由以下的筛选方法产生：从一些正整数中进行筛选. 我们从 1 开始，每两个删去后一个. 那么除了 1 以外，没有被删去的最小的整数是 3. 接着还从 1 开始，每 3 个数删去最后一个. 那么剩下的没有被删去的整数是 7(除了 1，3). 接下来从 1 开始，根据得到的 7，每 7 个数字删去最后一个. 继续这个过程，在每一步中我们每 k 个删去一个，其中 k 是除了 1 以外，在前面的筛选过程中没有被使用过的最小的整数. 那么最后留下的整数就是幸运数.

36. 求小于 100 的幸运数.
37. 证明有无穷多个幸运数.
38. 假设 t_k 是大于 $Q_k=p_1p_2\cdots p_k+1$ 的最小素数，其中 p_j 是第 j 个素数.
    a) 证明 t_k-Q_k+1 不能被 p_j 整除，其中 $j=1, 2, \cdots, k$.
    b) R. F. Fortune 是剑桥大学的知名人类学家，对数学很有兴趣，他猜想对于所有的正整数 k，t_k-Q_k+1 是素数. 证明这个猜想对于 $k\leqslant 5$ 是正确的.

下面的习题给出了素数无穷多的另一种证明，这是建立在斐波那契数列相关性质的基础上的. 该证明(参看[Wu65])由美国数学家 Marvin Wunderlich 于 1965 年发现.

39. 完成并填充由 Wunderlich 发现的利用斐波那契数列得到素数无穷多的这个结论的证明，首先，假设只有有限个素数 2，3，5，…，37，41，…，p_n，其中 p_n 为最大的素数. 对所有正整数 j，k 已知 $(f_j, f_k)=f_{(j,k)}$(参看 3.2 节习题 20). 由此可以推断出 f_{p_i} 和 f_{p_j} 互素，对 $i\neq j$，$1\leqslant i\leqslant n$，$1\leqslant j\leqslant n$ 成立. 解释为什么除了 $f_2=1$ 和 f_{p_j} 恰有两个素因子，其余的 f_{p_i} 均只有一个素因子. 这与 f_{37} 有三个素因子相矛盾.

计算和研究

1. 求第 n 个素数，n 分别为以下整数.
   a) 1 000 000　　b) 333 333 333　　c) 1 000 000 000
2. 求大于下列整数的最小素数.
   a) 1 000 000　　b) 100 000 000　　c) 100 000 000 000
3. 计算小于 1 000 的回文素数.
4. 找出尽可能多的回文素数. 一个尚未解决的猜想是存在无穷多个回文素数.
5. 画出第 n 个素数函数(以 n 为自变量)的图形，其中 $1\leqslant n\leqslant 100$.
6. 画出 $\pi(x)$ 的图，$1\leqslant x\leqslant 1\,000$.
7. 求 $n!+1$ 的最小素因子，n 为正整数且 $n\leqslant 20$.
8. 对不超过 20 的正整数 n，计算 $n!!+1$ 的最小素因子($n!!$ 为在 1.2 节习题 29 的导言中提到的双阶乘符号).
9. 求 $p_1p_2\cdots p_k+1$ 的最小素因子，p_1，…，p_k 是前 k 个最小的素数，其中 k 是不超过 100 的所有正整数. 这些数中哪些是素数？p_{k+1} 是哪些非素数的最小公因子？
10. 求 $p_1p_2\cdots p_k-1$ 的最小素因子，p_1，…，p_k 是前 k 个最小的素数，其中 k 是不超过 100 的所有正整数. 这些数中哪些是素数？p_{k+1} 是哪些非素数的最小素因子？
11. 欧拉-穆林(Euler-Mullin)序列 q_1，q_2，…，q_k，…的定义是取 $q_1=2$，q_{k+1} 为 $q_1q_2\cdots q_k+1$ 的最小素

因子，其中 k 为正整数．求出该序列尽可能多的项．有人猜想该序列只是素数序列的重排．

12. 用埃拉托色尼斯筛法求小于 10 000 的所有素数．
13. 用习题 30 的结论求 $\pi(10\,000)$，即所有不超过 10 000 的素数个数．
14. 利用 Rowland 的方法生成 100 个素数，并确定所要计算的项数(参看习题 10 的导言)．
15. 利用 Rowland 的方法生成素数 397，并确定所要计算的项数(参看习题 10 的导言)．
16. 一个著名的由哈代和利特尔伍德提出的猜想断言 $\pi(x+y)\leqslant\pi(x)+\pi(y)$ 对所有大于 1 的正整数 x 和 y 成立，但现在一般认为该猜想是错误的．通过对不同的 x 和 y 值计算 $\pi(x+y)-(\pi(x)+\pi(y))$ 来研究该猜想．
17. 对尽可能多的 k 验证 R. F. Fortune 猜想，即对于所有的正整数 k，t_k-Q_k+1 是素数，其中 t_k 是大于 $Q_k=\prod_{j=1}^{k}p_j+1$ 的最小素数．
18. 求不超过 10 000 的幸运数(在习题 36 前的导言中已经定义)．

程序设计

1. 判定一个给定的整数是否为素数，用不超过该整数平方根的所有素数去除这个整数来验证．

* 2. 用埃拉托色尼斯筛法求小于 n 的所有素数，其中 n 是给定的正整数．

** 3. 根据习题 30，求小于等于 n 的素数的个数 $\pi(n)$．

4. 给定两个正整数 a，b，它们不能被相同的素数整除．求等差数列 $an+b$ 中最小的素数，其中 n 是正整数．
5. 对正整数 n，利用 Rowland 的方法生成 n 个不同的素数．(参看习题 10 的导言．)

* 6. 求小于 n 的幸运数，其中 n 是一个给定的正整数(见习题 36 前的导言)．

4.2 素数的分布

我们知道素数是无穷多的，但是能否估计出小于一个正实数 x 的素数有多少？被认为是在数论中甚至在数学界中最著名的定理之一的*素数定理*回答了这个问题．

在 18 世纪后期，数学家通过手算建立了素数表．通过这些数值，他们开始寻找函数来估计 $\pi(x)$．在 1798 年，法国数学家勒让德(Adrien-Marie Legendre)(他的传记见第 12 章)通过由 Jurij Vega 计算到 400 031 的素数表得到了 $\pi(x)$ 的近似估计函数

$$\frac{x}{\log x-1.083\,66}.$$

伟大的德国数学家高斯(Karl Friedrich Gauss)(他的传记见第 5 章)猜测 $\pi(x)$ 的增长速率和下面的函数是相同的：

$$x/\log x \quad 和 \quad \mathrm{Li}(x)=\int_2^x\frac{\mathrm{d}t}{\log t}$$

$\left(其中 \int_2^x\frac{\mathrm{d}t}{\log t} 表示曲线 y=1/\log t 在 t 轴上面从 t=2 到 t=x 之间的区域面积\right)$．(Li 是对数积分(logarithmic integral)的简写．)

勒让德和高斯都没能证明这些函数在 x 很大的时候可以用来很好地近似 $\pi(x)$．直到 1811 年，一个计算到 1 020 000 的素数表出现了(由匈牙利 Ladislaus Chernac 建立)，该素数表为这些猜想提供了证据．

1850 年俄国数学家切比雪夫(Pafnuty Lvovich Chebyshev)第一个实质性地证明了

$\pi(x)$可以用$x/\log x$来近似表示．他证明了存在正实数C_1和C_2，且$C_1<1<C_2$，使得

$$C_1(x/\log x)<\pi(x)<C_2(x/\log x)$$

对于足够大的x都成立．(特别地，他证明了当$C_1=0.929$和$C_2=1.1$的时候结果成立．)他还证明了如果随着x的增长，$\pi(x)$和$x/\log x$的比的极限存在的话，那么这个极限必然是1．

素数定理可以表述为随着x的增长，$\pi(x)$和$x/\log x$的比趋于1，这个定理在1896年被证明，当时法国数学家阿达玛(Jacques Hadamard)和比利时数学家德・拉・瓦雷-普桑(Charles-Jean-Gustave-Nicholas de la Vallée-Poussin)分别独立地给出了证明．他们的证明是基于复分析理论的结果．他们发展了德国数学家黎曼(Bernhard Riemann)在1859年的思想，即将在复平面上的函数

$$\zeta(s)=\sum_{n=1}^{\infty}\frac{1}{n^s}$$

与$\pi(x)$联系起来．(函数$\zeta(s)$后被称为黎曼ζ函数．)下面的等式给出了黎曼ζ函数与素数之间的关系：

$$\zeta(s)=\sum_{n=1}^{\infty}\frac{1}{n^s}=\prod_{p}\left(1-\frac{1}{p^s}\right)^{-1},$$

其中在方程右边的乘积取遍所有的素数p．我们将在4.3节中解释这个等式的正确性(关于ζ函数的零点的黎曼猜想的更多内容参看本节后面方框中的文字)．

帕夫努季・洛沃维奇・切比雪夫(Pafnuty Lvovich Chebyshev，1821—1894)出生于他父母的家乡——俄国鄂卡托夫(Okatovo)．他的父亲是位退休的陆军军官．1832年切比雪夫一家搬到了莫斯科，在那里他接受家庭教育完成了中学学业．1837年他进入莫斯科大学，1841年毕业．在读本科的时候，他就提出了一种新的逼近方程的根的办法，这是他做出的第一项贡献．1843年起他在圣彼得堡大学任教，一直到1882年退休．他在1849年写的博士论文很长时间都被俄罗斯大学当作数论方面的教科书使用．除了数论，切比雪夫在数学其他领域也做出了很多贡献，如概率论、数值分析和实分析．他在理论力学与应用力学方面也有研究，他爱好构造一些包括连杆组和铰链的机械装置．他是一个非常受欢迎的老师，同时对俄罗斯数学的发展有着重要的影响．根据“数学谱系”的网站 https://genealogy.math.ndsu.nodak.edu/所述，切比雪夫可称为本文作者的“数学先祖”．

雅克・阿达玛(Jacques Hadamard，1865—1963)出生于法国凡尔赛(Versailles)．他的父亲是位拉丁文教师，他的母亲则是一位优秀的钢琴教师．本科毕业后他在巴黎中学教书．1892年他获得博士学位，成为了波尔多理学院的讲师．他随后在索邦大学、法兰西大学、巴黎综合理工学院以及巴黎中央理工学院任教授．阿达玛在复分析、泛函分析和数学物理上都做出了重要的贡献．他对素数定理的证明就是建立在复分析工作之上的．阿达玛是位受欢迎的老师，他写的很多关于初等数学的文章被多所法国学校采用，他关于初等几何的教科书也被使用了好多年．

德·拉·瓦雷-普桑(Charles-Jean-Gustave-Nicolas de la Valleé-Poussin，1866—1962)是位地质学教授的儿子，出生于比利时的鲁汶(Louvain)．他就读于蒙斯(Mons)的耶稣大学，开始学哲学，后来转为工程学．他获得学位后，并没有从事工程方面的工作，而是投身于数学．普桑对数学最重要的贡献是对素数定理的证明．延续这一工作，他建立了素数在等差数列上的分布和用二次型表示的素数的分布的结果．而且他还改进了素数定理，给出了误差估计．他在微分方程、逼近理论和数学分析上都做出了重要的贡献．他的教科书《分析教程》(*Cours d'analyse*)对20世纪前半叶的数学思想有着重大的影响．

另外在素数定理的证明上，德·拉·瓦雷-普桑证明了对于所有的常数 a，函数 $\text{Li}(x)$ 比 $x/(\log x-a)$ 更接近 $\pi(x)$．

尽管素数定理本身没有包含复数，但由阿达玛和德·拉·瓦雷-普桑给出的素数定理的证明却是依靠复分析理论给出的．这就留下了一个公开的挑战，即能否在不使用复变量定理的情况下证明素数定理．1949年，挪威数学家塞尔伯格(Atle Selberg)和匈牙利数学家爱尔迪希(Paul Erdös)分别给出了素数定理的初等证明，震惊了整个数学界．他们的证明尽管是初等的(这意味着他们没有使用复变理论)，但是却非常复杂和困难．

现在我们正式给出素数定理．

定理 4.4(素数定理)　*随着 x 的无限增长，$\pi(x)$ 和 $x/\log x$ 的比趋于1．这里，$\log x$ 是 x 的自然对数，如果用极限的语言来表述，我们有*

$$\lim_{x\to\infty}\pi(x)/(x/\log x)=1.$$

注　用一个简单的方法来表述素数定理是写成 $\pi(x)\sim x/\log x$．这里符号～表示"渐近于"．我们记 $a(x)\sim b(x)$ 来表示 $\lim\limits_{x\to\infty}a(x)/b(x)=1$，并且说 $a(x)$ 渐近于 $b(x)$．

阿特尔·塞尔伯格(Atle Selberg，1917—2007)出生于挪威朗厄松(Langesund)，当他还是一个学生的时候就对数学有浓厚的兴趣．他受到拉马努金(Ramanujan)著作的鼓舞，这种鼓舞不仅仅包括书里的数学内容，还有拉马努金人格的"神秘的气氛"．1943年塞尔伯格在奥斯陆大学获得博士学位．他一直在这里待到1947年，同年他结婚并且在普林斯顿高等研究院获得一个研究职位．在Syracuse大学待了很短的时间后，他又返回到高等研究院，1949年他在那里取得了终身职位．1951年他成为普林斯顿大学的教授．塞尔伯格因为在筛法上以及黎曼 ζ 函数零点的性质上的工作而获得菲尔兹奖，这是数学界的最高荣誉．他也因为对素数定理的初等证明(与保罗·爱尔迪希同时)、等差数列中的狄利克雷定理以及素数定理在等差数列上的推广而闻名．

素数定理告诉我们当 x 很大的时候，$x/\log x$ 与 $\pi(x)$ 的比接近于1．然而，还有很多函数和 $\pi(x)$ 的比与 $x/\log x$ 相比趋于1的速度要快得多．特别地，已经证明 $\text{Li}(x)$ 是一个更好的近似．在表4.1中，我们可以通过素数定理的具体数据看到 $\text{Li}(x)$ 是 $\pi(x)$ 的一个很好的近似．(注意，$\text{Li}(x)$ 的值被舍入到最接近的整数．)

保罗·爱尔迪希(Paul Erdös，1913—1996)出生于匈牙利的布达佩斯，他的父亲是位高中数学老师．当他 3 岁的时候，他就能心算三位数的乘法；4 岁的时候他自己发现了负数．他 17 岁进入罗兰大学，4 年后他取得了数学博士学位．毕业后他在英格兰的曼彻斯特大学做了 4 年博士后．1938 年因为匈牙利当时排斥犹太人的政治气氛，他来到了美国．

爱尔迪希在组合和数论上做出了重要的贡献．他最自豪的贡献之一是素数定理的初等证明．他还对组合中的拉姆齐(Ramsey)理论的发展做出了重要贡献．爱尔迪希常年游学在外，他同许多数学家合作过．他经常从一个数学家或者另一个数学小组游学到另外一个数学家或者另一个数学小组．他常常宣称他的大脑是开放的．爱尔迪希写过 1 500 多篇论文，和他合作过的人超过 500 个．爱尔迪希会对那些他认为有趣问题的解答者提供金钱奖励．最近出版的两本传记([Sc98]和[Ho99])对他的生活和工作有更详尽的记述．

表 4.1 逼近 $\pi(x)$

x	$\pi(x)$	$x/\log x$	$\pi(x)\Big/\dfrac{x}{\log x}$	$\mathrm{Li}(x)$	$\pi(x)/\mathrm{Li}(x)$
10^3	168	144.8	1.160	178	0.943 820 2
10^4	1 229	1 085.7	1.132	1 246	0.986 356 3
10^5	9 592	8 685.9	1.104	9 630	0.996 054 0
10^6	78 498	72 382.4	1.085	78 628	0.998 346 6
10^7	664 579	620 420.7	1.071	664 918	0.999 894 4
10^8	5 761 455	5 428 681.0	1.061	5 762 209	0.999 869 1
10^9	50 847 534	48 254 942.4	1.054	50 849 235	0.999 966 5
10^{10}	455 052 512	434 294 481.9	1.048	455 055 614	0.999 993 2
10^{11}	4 118 054 813	3 948 131 663.7	1.043	4 118 165 401	0.999 973 1
10^{12}	37 607 912 018	36 191 206 825.3	1.039	37 607 950 281	0.999 999 0
10^{13}	346 065 536 839	334 072 678 387.1	1.036	346 065 645 810	0.999 999 7
10^{14}	3 204 941 750 802	3 102 103 442 166.0	1.033	3 204 942 065 692	0.999 999 9

没有必要通过求不超过 x 的所有素数来计算 $\pi(x)$．在不求小于 x 的所有素数的情况下，估算 $\pi(x)$的一个方法是使用基于埃拉托色尼斯筛法的计数变量(见 4.1 节习题 30)．由 J. Lagarias 和 O. Odlyzko[LaOd82]设计的计算 $\pi(x)$的有效方法只需要 $O(x^{(3/5)+\epsilon})$次位运算，目前的世界纪录由 J. Buethe、J. Franke、A. Jost 和 T. Kleinjung 的团队保持，他们在 2013 年得到 $\pi(10^{25})=176\,846\,309\,399\,143\,769\,411\,680$．

黎曼猜想

许多数学家认为关于ζ函数零点的黎曼猜想是纯数学中最重要的未解决的问题．100 多年来，数论学家一直在很努力地尝试证明它．也许是因为 Clay 数学研究所悬赏的百万美元确实是真的，越来越多的人对它感兴趣．尽管该猜想涉及复变分析当中一些高深的知识，最近还是有一些介绍它的科普性读物出现，像[De03]、[Sa03a]以及[Sa03b]等，我们将对熟悉复变分析的读者简单介绍黎曼猜想，其他读者也可从中受益很多．

黎曼ζ函数定义为$\zeta(s)=\displaystyle\sum_{n=1}^{\infty}\frac{1}{n^s}$．该定义对于 $\mathrm{Re}(s)>1$ 的复数 s 成立，其中 $\mathrm{Re}(s)$是复数 s 的实部．黎曼将这个由无穷级数定义的函数延拓到整个复平面上，只在 $s=1$ 处有一个极点．在他著名的 1859 年的论文[Ri59]中，黎曼将 ζ 函数与素数的分布联系到了一起．他给出了一个用 $\zeta(s)$ 的零点来表达 $\pi(x)$ 的公式．由此对 ζ 函数零点分布知道得越多，我们对素数的分布也能知道得越多．黎曼猜想是一个关于这个函数零点分布的陈述．在给出这个猜想之前，我们首先注意到 ζ 函数在负偶数 -2，-4，-6，…处取值为零．这些称为*平凡零点*．黎曼猜想断言 $\zeta(s)$ 的非平凡零点的实部均为 1/2．注意，当我们引入 $\mathrm{Li}(x)$ 来估算 $\pi(x)$ 的误差时，有一个黎曼猜想的等价表述．这种等价的表述不涉及复变量．1901 年，瑞典数学家 von Koch 证明了黎曼猜想等价于上述误差项为 $O(x^{1/2}\log x)$ 的陈述．

许多数学家相信黎曼猜想是正确的，这一点也得到了大量证据的支持．首先，有大量的数值证据．我们现在知道前 2.5×10^{11} 个零点(按虚部的升序排列)的实部都是 1/2．(这些计算是由罗马尼亚软件工程师 Sebastian Wedeniwski 完成的，他建立并完成了一个称为 ZetaGrid 的分布式计算项目．)其次，我们知道至少 40% 的 ζ 函数的非平凡零点是单重的并且实部为 1/2．最后，我们也知道如果黎曼猜想不对，则这种零点在远离直线 $\mathrm{Re}(s)=1/2$ 时是非常稀少的．当然黎曼猜想有可能是错误的，而该证据误导了我们．也许过几年这一著名的问题能得到解决，但也有可能未来的几百年中人们都无法证明它．关于黎曼猜想的更详细的信息，可以参看意大利数论学家 Enrico Bombieri 为 Clay 研究所千禧大奖问题所撰写的网上论文以及[Ed01]．

第 n 个素数有多大呢？由素数定理我们知道 $n=\pi(p_n)\sim p_n/\log p_n$，对渐近公式两边取对数仍维持该渐近关系，故得 $\log n\sim\log(p_n/\log p_n)=\log p_n-\log\log p_n\sim\log p_n$．因此有 $p_n\sim n\log p_n\sim n\log n$．我们将上述结论表述为如下推论．

推论 4.4.1　*令 p_n 是第 n 个素数，其中 n 是正整数．那么 $p_n\sim n\log n$．即第 n 个素数渐近于 $n\log n$．*

如果随机地选择一个正整数，那么它是素数的概率是多大呢？我们已经知道不超过 x 的素数大概有 $x/\log x$ 个，那么随机选择的 x 是素数的概率是 $(x/\log x)/x=1/\log x$．例如，在 $10^{1\,000}$ 附近的整数是素数的概率为 $1/\log 10^{1\,000}\approx1/2\,303$．假如你想求一个 1 000 位的素数，那么在求素数之前应该选定多少个整数呢？你应该先选择大概 $1/(1/2\,303)=2\,303$ 个这个位数的整数，那么其中一个有可能是素数．当然，还需要通过一些方法来判断这些选中的整数是否为素数．在第 7 章中，我们将讨论如何进行有效的计算．

素数分布的间隔　我们已经证明了素数的无限性，并且讨论了小于一个给定的 x 的素数的分布量，但是我们还没有讨论素数在整个正整数中的分布规律．下面首先给出一个结论来表明存在任意长的连续正整数序列不含有素数．

自然出现在数学证明中的最大数字之一

利用表 4.1 中的数据，我们可以看到对于表中所有的 x，$\mathrm{Li}(x)-\pi(x)$ 为正且随着 x 的增大而增大．高斯只知道这个表中的前几行，但他相信上述结论对所有的正整数 x 都成立．然而在 1914 年，英国数学家利特尔伍德(J. E. Littlewood)证明了 $\mathrm{Li}(x)-\pi(x)$ 无穷多次改变正负号．在证明中，利特尔伍德并没有给出 $\mathrm{Li}(x)-\pi(x)$ 首次从正变负的下界．这一下界在 1933 年由利特尔伍德的学生 Samuel Skewes 给出．他证明了至少有一个 $x<10^{10^{10^{34}}}$ 使得 $\mathrm{Li}(x)-\pi(x)$ 变号．这个无比巨大的常数被称为是 Skewes 常数．该常数作为数学证明中自然出现的最大的数而著名．幸运的是，过去七十几年来，降低这一下界取得了很大的进展．目前最好的结果表明 $\mathrm{Li}(x)-\pi(x)$ 在 $x=1.398\,22\times10^{316}$ 附近改变了符号．

定理 4.5　对于任意的正整数 n，存在至少 n 个连续的正合数.

证明　考虑如下 n 个连续的正整数

$$(n+1)!+2,\ (n+1)!+3,\ \cdots,\ (n+1)!+n+1.$$

当 $2\leqslant j\leqslant n+1$ 时，我们知道 $j\mid(n+1)!$. 由定理 1.9，有 $j\mid(n+1)!+j$. 因此，这 n 个连续的整数都是合数. ■

例 4.5 从 $8!+2=40\ 322$ 开始的连续 7 个整数都是合数.（然而这比最小的连续的 7 个合数 90，91，92，93，94，95 和 96 要大得多.） ◀

关于素数的猜想

数学家和数学爱好者觉得素数非常奇妙，所以这就不奇怪他们给出了一大堆关于素数的猜想. 有一些猜想已经得到了解决，但是还有许多猜想没有得到证明. 我们将在这里给出一些非常有名的猜想.

在 19 世纪前半叶，数学家通过观察素数表给出了一些猜想，这些猜想是关于素数分布能否满足的一些基本性质. 例如如下猜想.

伯特兰猜想　1845 年，法国数学家伯特兰(Joseph Bertrand)猜想对于任意给定的正整数 $n(n>1)$，存在一个素数 p，使得 $n<p<2n$.

伯特兰验证了不超过 3 000 000 的 n 都满足这个猜想，但他始终无法给出这个猜想的证明. 这个猜想的第一个证明是由切比雪夫在 1852 年给出的. 因为这个猜想已经被证明了，所以它通常被称为伯特兰公设.（证明的概要见习题 26～28.）

约瑟夫·路易斯·弗朗索瓦·伯特兰(Joseph Louis François Bertrand，1822—1900)生于巴黎. 1839 年—1841 年在巴黎综合理工学院学习，1841 年—1844 年在巴黎高等矿业学院学习. 他决心成为一个数学家而不是矿业工程师. 伯特兰 1856 年的时候获得了巴黎综合理科学院的一个职位. 1862 年他又成为法兰西学院的教授. 1845 年根据素数表大量的数字证据，伯特兰猜想对每个大于 1 的整数 n，n 和 $2n$ 之间必有一个素数. 这一结果由切比雪夫于 1852 年证明. 除了数论，他的研究领域还包括概率论和微分几何. 他写过几卷关于概率和通过观察分析数据的小册子. 他 1888 年完成的著作 *Calcul des Probabilités* 包含了一个关于连续概率的悖论，该悖论现在被称之为伯特兰悖论. 伯特兰为人友善，极为聪明，精神饱满.

定理 4.5 说明了两个连续素数的间隔可以是任意长的. 另一方面两个素数也经常离得很近. 两个连续的相差为 1 的素数只有 2 和 3，因为 2 是唯一的偶素数. 然而，有很多对素数差为 2，这样的一对素数被称为孪生素数. 例如 3 和 5，5 和 7，11 和 13，101 和 103，4 967 和 4 969.

共有 35 对孪生素数小于 10^3，8 169 对孪生素数小于 10^6，3 424 506 对孪生素数小于 10^9，1 870 585 220 对孪生素数小于 10^{12}，808 675 888 577 436 对孪生素数小于 10^{18}. 这些迹象似乎表明存在无穷多对孪生素数. 于是就有了下面的猜想.

孪生素数猜想　存在无穷多的形如 p 和 $p+2$ 的素数对.

1966 年，中国数学家陈景润用复杂的筛法证明了存在无穷多个素数 p，使得 $p+2$ 或者为素数或者至多只有两个素数因子(殆素数). 寻找新的大孪生素数对成为了一种竞赛. 目前的最大孪生素数的纪录是 $2\,996\,863\,034\,895 \cdot 2^{1\,290\,000} \pm 1$，它们是 2016 年发现的一对 388 342 位的素数.

如用 $P(n)$表示有无穷对素数差恰为 n 这一断言，则孪生素数猜想对应于 $P(2)$为真. 在孪生素数猜想之后，数学家提出了一个较弱的猜想，称为有限间隔猜想(bounded gap conjecture)，即存在正整数 N，使得 $P(N)$为真. 2013 年，新罕布什尔大学的张益唐教授对有限间隔猜想的证明震惊了整个数学界，当时他已五十多岁，且自 2001 年后再未发表过任何论文. 特别地，他证明了存在一个整数 $N<70\,000\,000$，使得 $P(N)$为真. 后来一个数学家小组，包括陶哲轩在内，将张益唐的界降到了 $N\leqslant 246$，并且他们证明了在某些猜想被满足的条件下可以做到 $N\leqslant 6$，这也是张益唐的方法所可能达到的极限.

孪生素数猜想断言有无穷多个素数是相邻的奇数对，但相邻的素数可能隔得很远. 根据素数定理，随着 n 的增大，相邻的两个素数 p_n 和 p_{n+1} 之间的间距大致是 $\log p_n$，数论学家一直在努力尝试证明有无穷多相邻素数间的距离比上述的平均距离小得多. 2005 年 Daniel Goldston、János Pintz 和 Cem Yildrim 三人取得了突破性进展，他们证明了对任意正常数 c，有无穷多对相邻的素数 p_n 和 p_{n+1} 之间的距离小于相邻素数间的平均距离 $c\log p_n$. 而且在假定一个名为 Elliott-Halberstam 猜想成立的条件下，可以证明有无穷多对素数间隔小于 16.

挪威数学家 Viggo Brun 证明了 $\sum\limits_{p\text{为素数且}p+2\text{也为素数}}\left(\frac{1}{p}+\frac{1}{p+2}\right)=(1/3+1/5)+(1/5+1/7)+(1/11+1/13)+\cdots$ 收敛到一个叫作 Brun 常数的数，它近似等于 1.902 160 582 4. 令人惊奇的是，计算 Brun 常数对于发现 Intel 公司的原始奔腾芯片中的缺陷发挥了作用. 1994 年，弗吉尼亚州 Lynchburg 大学的 Thomas Nicely 在奔腾个人计算机上，用两种不同的方法来计算 Brun 常数的时候出现了两种不同的结果. 他跟踪错误发现了奔腾芯片上的缺陷，然后他向 Intel 公司提出了这个问题. (关于 Nicely 的发现的更多信息参看后面方框中的文字.)

张益唐 1955 年出生于上海. 他 10 岁时了解了一些著名的猜想，包括费马大定理和哥德巴赫猜想. 有一段时间他在田里干活没有上学. 后来他进入北京大学，分别于 1982 年和 1984 年获得学士学位和硕士学位. 随后他去了美国，在普渡大学攻读博士学位. 1991 年博士毕业后，由于与他的论文导师意见不一致而且就业市场不好，他没有找到一个教职. 于是他为纽约皇后区的一家餐厅做会计工作并送餐；再后来他到肯塔基州赛百味工作，这是他朋友开的餐馆. 在找工作时他甚至住在自己的车里，但最终他在新罕布什尔大学获得了一个讲师的教职，从 1999 年到 2014 年初他一直待在这个职位. 从 2009 年到 2013 年，他每周七天，每天大约花十个小时研究有界间隔猜想，直到他取得了关键性的突破. 他的成功使新罕布什尔大学将他提升为教授. 然而，2015 年他成为了加州大学圣巴巴拉分校的教授. 张益唐在 2014 年被授予了麦克阿瑟奖.

素数等差数列的爱尔迪希(Erdös)猜想 对任意的正整数 $n \geqslant 3$，有一个由素数组成的长度为 n 的等差数列.

该猜想的历史可能有一个世纪之久，爱尔迪希在 20 世纪 30 年代研究过它，虽然大量的数值计算结果支持该猜想成立，但该猜想多年来一直悬而未决.

陶哲轩(Terrence Tao，1975—)出生于澳大利亚，父母从中国香港移民而来. 父亲是儿科医师，母亲曾是中学数学老师. 陶哲轩小时候就天资过人，两岁开始自学算术. 10 岁时他成为国际数学奥林匹克竞赛(IMO)的最小参赛者，并在 13 岁时获得了国际数学奥林匹克竞赛金牌. 他 17 岁获得了学士与硕士学位，并开始在普林斯顿大学读研究生，三年后获得了博士学位. 1996 年受聘于加州大学洛杉矶分校并一直任教至今.

陶哲轩是一位特别多才的数学家，其兴趣横跨多个数学领域，包括调和分析、偏微分方程、数论和组合. 人们可以在他的博客上看到他的工作情况，上面有他在多个问题上的进展. 他最有名的成果是 Green-Tao 定理，该定理表明存在任意长度的由素数组成的等差数列. 除了在纯数学上的贡献外，陶哲轩在应用数学上也有重要的成就. 例如他在压缩采样领域做出了重大贡献，而压缩采样级数可用于由最少信息恢复数字图像.

陶哲轩在数学家中享有很高的声誉，他似乎能搞定一切数学家的问题. 著名的数学家 Charles Fefferman(小时候也是神童)曾经说过："如果你被某一问题卡住了，那么解决问题的一个好办法就是让陶哲轩感兴趣." 2006 年陶哲轩被授予了菲尔兹奖，这是数学界最具声望的大奖，并且只授予 40 岁以下的数学家. 同年他获得麦克阿瑟奖(MacArthur Fellowship). 2008 年他获得了艾伦 · 沃特曼奖(Alan T. Water Award)，该奖项奖金有 50 万美元，以支持数学家在其早期职业生涯的研究工作.

陶哲轩的妻子劳拉目前是美国宇航局喷气推进实验室的一名工程师.

例 4.6 5，11，17，23，29 是由五个素数组成的等差数列，199，409，619，829，1 039，1 249，1 459，1 669，1 879，2 089 是由十个素数组成的等差数列，读者请自行验证这一点. ◀

荷兰数学家 Johannes Van Der Corput(1890—1971)于 1939 年在该问题上取得了一定的进展，他证明了有无穷多组由素数组成的长度为 3 的等差数列. 2006 年 Ben Green 和陶哲轩取得了突破性进展从而证明了该猜想. 他们开始只是尝试证明有无穷多组长度为 4 的由素数构成的等差数列. 但后来发现能证明整个猜想，该猜想现被称为 Green-Tao 定理，他们的精彩工作是非构造性的存在性证明，糅合了包括解析数论和遍历论等几个数学分支的思想. 但因为他们的证明是非构造性的，所以并不能用来构造指定长度的素数等差数列. Green-Tao 定理可视为 20 世纪 30 年代 Paul Erdös 所提出的一个猜想的特例. 该猜想断言如果一个由正整数组成的集合 A 中所有数的倒数和发散，则 A 含有任意长度的等差数列，该猜想至今仍未得到解决.

哥德巴赫猜想 下面我们讨论关于素数的最令人头疼的猜想. 1742 年一位住在俄国的业余德国数学家克里斯汀 · 哥德巴赫(Christian Goldbach)给他的朋友欧拉(Leonhard Euler)写信阐述了两个猜想. 这些猜想现在被称为强哥德巴赫猜想(每个大于 2 的偶数是两个素数的和)和弱哥德巴赫猜想(每个大于 5 的奇数是 3 个素数的和).

我们首先讨论强哥德巴赫猜想，现在通常所说的哥德巴赫猜想就是它.

哥德巴赫猜想　*每个大于 2 的正偶数可以写成两个素数的和.*

例 4.7 整数 10，24 和 100 都能够写成两个素数的和：

$$10=3+7=5+5,$$
$$24=5+19=7+17=11+13,$$
$$100=3+97=11+89=17+83$$
$$=29+71=41+59=47+53.$$

奔腾芯片的缺陷

Thomas Nicely 碰到奔腾芯片缺陷的这个故事告诉我们，计算机给出的答案并不总是正确的. 大量的硬件和软件问题可能导致计算错误. 这个故事也表明隐瞒产品缺陷的公司会冒很大的风险. 1994 年 6 月，Intel 公司的测试员发现奔腾芯片并不能总是给出正确的运算结果，但 Intel 决定不公开这个问题. 相反，他们认为这一缺陷对许多用户并无影响，所以也没必要提醒上百万的奔腾计算机用户. 奔腾芯片的这一缺陷与错误使用一个浮点除法的算法有关. 虽然在做数的除法计算时这一缺陷出现的概率很低，但这种除法在数学、科学、工程甚至商业制表中都会频繁出现.

后来在同一个月，当 Nicely 在奔腾计算机上用不同的方法计算 Brun 常数时，他得到了两个不同的结果. 1994 年 10 月，在检查了所有可能的计算错误来源后，Nicely 联系了 Intel 的客服. 他们重复了 Nicely 的计算并且证实了这一缺陷，他们告诉 Nicely，这一缺陷以前没有被发现过. 但自此以后，Nicely 没有得到 Intel 的任何回复. 于是 Nicely 就用电子邮件告诉了一些人，而这些人又把这一消息传给了更多感兴趣的人. 几天后，这一缺陷被贴在了互联网上的新闻组里头. 到了 11 月下旬，CNN、纽约时报以及相关的媒体报道了这件事情.

迫于舆论，Intel 提出可以替换芯片，但只对那些使用 Intel 认为会受到除法缺陷影响的应用程序的用户更换. 这一提议没有平息奔腾使用者的怒火. 负面舆论使得 Intel 的股价下跌了好几美元，Intel 也成了大家开玩笑的对象，比如“在 Intel，质量就是工作 0.999 999 98”. 最后在 1994 年 12 月，Intel 决定根据用户需求更换芯片. 他们为此花费了大约 5 亿美元，并且雇请了好几百人处理用户的要求. 不管怎么讲，对 Intel 来说故事的结局并不差，他们改进后的芯片取得了很大的成功.

现在已经使用分布式计算技术验证了所有小于 10^{18} 的偶数满足这个猜想，随着计算机技术的进步，这个极限在相应地增长. 就如在例 4.7 中所看到的，一个特定的偶数可以写成两个素数的和有很多种形式. 然而，对于这个猜想的证明至今还没有人给出. 迄今为止最好的结果是陈景润给出的(在 1966 年)，他用强大的筛法证明了每个足够大的(偶)数可以写为一个素数和一个至多由两个素数的乘积得到的数的和.

下面我们讨论弱哥德巴赫猜想.

弱哥德巴赫猜想　*每个大于 5 的奇数可以表示为 3 个素数的和.*

例 4.8 整数 7，13，33，91 可以写为三个素数的和：

$$7=2+2+3,$$
$$13=3+3+7,$$
$$33=5+11+17=7+7+17=3+11+19,$$
$$91=7+41+43=7+11+73=3+5+83.$$

这个弱哥德巴赫猜想之所以称为“弱”的，是因为它是哥德巴赫猜想的推论(参看习题 15)．有时也称它为三项和哥德巴赫猜想．2013 年 5 月巴黎高师的秘鲁数学家 Harald Helfgott 公布了他的关于弱哥德巴赫猜想的证明．在这之前，已经能够证明大于 $10^{1\,500}$ 的奇数能表示为三个素数之和．Helfgott 利用有些素数非常靠近这一结果将这一下界降低到 10^{30}．Helfgott 的同事英国数学家 David Platt 则耗费了 40 000 CPU 小时的计算机时间验证了小于 10^{30} 的奇数均是三个素数的和．虽然 Helfgott 的证明被普遍认为是正确的，但并未在正式刊物上出版．值得一提的是，陶哲轩证明了每个大于 1 的奇数可表示为至多 5 个素数的和．这改进了法国数论学家 Olivier Ramaré 的每个偶自然数可表示为至多 6 个素数的结果．

陈景润(1933—1996)出生于中国福建省福州市．他的父亲是一名邮局职员，母亲是家庭主妇．他是一个相对贫穷的大家庭的第三个儿子．早年日本占领中国使他的生活极为艰难．陈景润随他的家人离开了福州，但在 1945 年日本投降后返回．他就读于福州三一中学．1948 年，他考入福州英华高中，在那里他遇到了清华大学的沈元老师，沈元是一名很好的老师，他向陈景润介绍了数论，包括哥德巴赫猜想，这对陈景润的一生影响很大．

1949 年，陈景润进入厦门大学数学系学习．毕业后，他被分配到北京四中任教．然而，事实证明他不是一个好老师，因此被解雇了．但 1955 年，在时任厦门大学校长王亚南的推荐下，他回到厦门大学担任图书管理员．同时，他继续学习数论，阅读书籍和研究文章，致力于改进各种研究成果．1956 年，他在厦门的一次数学会议上认识了华罗庚．华罗庚认识到他的才能，安排他到中国科学院数学研究所当助理．

在中国科学院工作期间，陈景润在数论的许多问题上取得了进展．他进一步推动了华罗庚在加性素数理论方面的工作．1962 年，他开始不停地努力证明哥德巴赫猜想．他证明了每一个正偶数都是一个素数和一个殆素数的和，接下来的一段时期，他对孪生素数、勒让德猜想和华林问题(在第 14 章中讨论)做出了最重要的发现．

1971 年，陈景润完成了他的论文，其中包含了他对哥德巴赫猜想的研究成果．1977 年，他因慢性健康问题住院治疗．在医院里，一位年轻的女军医承担对他的照顾工作．随着他们在一起的时间越来越多，他们相爱了，并于 1980 年结婚．第二年，1981 年，他们的儿子出生，他们的儿子后来成为了一名应用数学家．

1978 年，陈景润被评为研究员，1980 年当选为中国科学院院士．1984 年，陈景润在骑自行车时被另一个骑自行车的人撞倒，脑部严重受伤．在住院期间，发现他还患有帕金森病．几个月后他在摔倒时引发了脑震荡，住院好几年都没有任何好转．然而，在 1988 年，经过一年的针灸和吸氧治疗后，他恢复了正常生活，但没有进行研究工作了．他在长期患病后于 1996 年去世．1996 年，北京天文台以陈景润的名字命名了一颗小行星，1999 年，中国邮政局发行了一张名为“哥德巴赫猜想的最佳结果”的邮票，上面有陈景润的剪影和他证明的一个重要不等式．

克里斯汀·哥德巴赫(Christian Goldbach，1690—1764)生于普鲁士哥尼斯堡(这个城市因七桥问题而在数学界很有名)．1725 年，他成为圣彼得堡皇家学院的数学教授．1728 年，哥德巴赫来到莫斯科，并且成为沙皇彼得二世的教师．1742 年他任职于俄国外交部．哥德巴赫主要是因为和一些著名的数学家的通信而经常被提及，特别是和莱昂哈德·欧拉和丹尼尔·伯努利的通信．除了“每个大于 2 的偶数都能写为两个素数的和以及每个大于 5 的奇数能写为三个素数的和"这些著名的猜想外，哥德巴赫对数学分析也做出了令人瞩目的贡献.

有意思的是，目前还没见过哥德巴赫的肖像，尽管在互联网上发现了几幅所谓的肖像画. 其中最常见的其实是语言学家和数学家赫尔曼·格拉斯曼(Hermann Grassman)；另一幅则是安东尼奥·何塞(António José Severim de Noronha)，第一代特尔塞伊拉(Terceira)公爵，一位葡萄牙军官和总理. R. Haas 悬赏 100 美元寻找哥德巴赫的肖像(见他的文章"Goldbach, Hurwitz, and the infinitude of primes: Weaving a proof across the centuries", *Math. Intelligencer*，第 36 卷，2014 年第 1 期，第 54～60 页).

还有许多的猜想是关于素数的各种表示形式的，例如下面的猜想.

n^2+1 猜想　*存在无穷多个形如 n^2+1 的素数，其中 n 是正整数.*

一些最小的具有 n^2+1 形式的素数为 $5=2^2+1$，$17=4^2+1$，$37=6^2+1$，$101=10^2+1$，$197=14^2+1$，$257=16^2+1$ 和 $401=20^2+1$. 对于这个猜想至今为止得到的最好的结果是，存在无穷多个 n 使得 n^2+1 是素数或者是两个素数的乘积. 这个证明是 Henryk Iwaniec 在 1973 年给出的. 关于素数的猜想，如 n^2+1 猜想的表述是很简单的，但是有时解决起来却相当困难(更多的内容见[Ri96]).

在 1912 年的国际数学家大会上著名数论学家爱德蒙·兰道(Edmund Landau)提出了四个关于素数的难题，并认为"以当前的科学水平无法解决". 我们在上文已经讨论了其中的三个问题. 这四个问题合在一起被称为是"兰道问题"，它们分别是哥德巴赫猜想、孪生素数猜想、n^2+1 型素数是否无限多问题以及如下的勒让德猜想.

勒让德(Legendre)猜想　*每两个连续的整数的平方之间必有一个素数.*

该猜想是法国数学家 Adrien-Marie Legendre 提出的(其小传见第 12 章). 数值计算表明对 $n\leqslant 10^{18}$，n^2 与 $(n+1)^2$ 之间均存在一个素数，值得一提的是，Albert Ingham 曾经证明了对足够大的 n，n^3 与 $(n+1)^3$ 之间必有一素数.

虽然兰道在 1912 年所提出的这四个问题至今仍未得到解决，但人们在这些问题上已经取得了不少进展，也许在未来几年我们能彻底解决其中一个或几个. 当然也有可能再过一个世纪它们仍未解决.

4.2 节习题

1. 求五个最小的相邻的合数.
2. 求 100 万个相邻的合数.
3. 证明除了 3，5，7 之外，没有其他形如 p，$p+2$，$p+4$ 的"素数三元组".
4. 求最小的四组形如 p，$p+2$，$p+6$ 的素数三元组.
5. 求最小的四组形如 p，$p+4$，$p+6$ 的素数三元组.
6. 求在 n 和 $2n$ 之间最小的素数，其中 n 如下：

   a) 3　　b) 5　　c) 19　　d) 31
7. 求在 n 和 $2n$ 之间最小的素数，其中 n 如下：

   a) 4　　b) 6　　c) 23　　d) 47
8. 求 n^2 和 $(n+1)^2$ 之间最小的素数，其中正整数 $n\leqslant 10$.

9. 求 n^2 和 $(n+1)^2$ 之间最小的素数，其中正整数 n 满足 $11\leqslant n\leqslant 20$.

*10. 证明有无穷多个素数非孪生素数中的一员.（提示：应用狄利克雷定理.）

*11. 证明有无穷多个素数非素数三元组 p，$p+2$，$p+6$ 中的一员.（提示：应用狄利克雷定理.）

12. 对于如下的 n 验证哥德巴赫猜想.

a）50　b）98　c）102　d）144　e）200　f）222

13. 哥德巴赫还猜想每个大于 5 的奇数都能写成 3 个素数的和. 对于下面的奇数验证这一猜想.

a）9　b）17　c）27　d）97　e）101　f）199

14. 证明每个大于 11 的整数都能写成两个合数的和.

15. 证明由强哥德巴赫猜想可推导出弱哥德巴赫猜想.

16. 令 $G(n)$ 表示偶数 n 可以写成形式 $p+q$ 的个数，其中 p，q 是素数且 $p\leqslant q$. 哥德巴赫猜想断言对于所有的偶数 n，当偶数 $n>2$ 时，$G(n)\geqslant 1$. 一个更强的猜想是当偶数 n 无限增大时，$G(n)$ 趋于无穷.

a）对所有满足 $4\leqslant n\leqslant 30$ 的偶数求 $G(n)$.　b）求 $G(158)$.　c）求 $G(188)$.

*17. 证明：如果 n 和 k 是正整数，其中 $n>1$，且 a，$a+k$，…，$a+(n-1)k$ 这 n 个整数都是奇素数，那么 k 能被所有小于 n 的素数整除.

利用习题 17 解决习题 18～21.

18. 求一个包含 6 个数的等差数列，从 7 开始且每个数都是素数.

19. 求包含 4 个数且每个数都是素数的等差数列的最小公差.

20. 求包含 5 个数且每个数都是素数的等差数列的最小公差.

*21. 求包含 6 个数且每个数都是素数的等差数列的最小公差.

22. 证明勒让德猜想的一个推论，即对 $n\geqslant 3$，每对相邻的素数 p_n 和 p_{n+1} 的平方之间至少有 2 个素数.

23. Brocard 猜想，以法国数学家和气象学家 Pierre René Jean Baptisete Henri Brocard 的名字命名，断言在 $n\geqslant 2$ 时每对相邻的素数 p_n 和 p_{n+1} 的平方之间至少有 4 个素数，此处 p_n 为第 n 个素数. 对不超过 10 的整数 n 验证 Brocard 猜想.

24. a）1848 年，A. de Polignac 猜测每一个正的奇数可以写成一个素数与一个 2 的幂次之和. 证明 509 是这个猜想的一个反例，从而证明这个猜想是错误的.

b）求在 509 之后的这个猜想的最小反例.

*25. 一个素数幂是具有形式 p^n 的整数，其中 p 是素数，n 是大于 1 的正整数. 求所有差为 1 的素数幂对，并证明你的答案是正确的.

*26. 令 n 是大于 1 的正整数，p_1，p_2，…，p_t 是不超过 n 的所有素数. 证明 $p_1p_2\cdots p_t<4^n$.

*27. 令 n 是大于 3 的正整数，p 是素数且满足 $2n/3<p\leqslant n$，证明 p 不能整除二项式系数 $\binom{2n}{n}$.

**28. 用习题 26 和习题 27 的结论证明：如果 n 是正整数，那么存在一个素数 p 使得 $n<p<2n$.（这是伯特兰猜想.）

29. 用习题 28 证明：如果 p_n 是第 n 个素数，那么 $p_n\leqslant 2^n$.

30. 用伯特兰猜想证明，每个正整数 n 都可以表示成不同的素数之和，其中 $n\geqslant 7$.

31. 用伯特兰公设证明，当 n，m 是正整数时，$\frac{1}{n}+\frac{1}{n+1}+\cdots+\frac{1}{n+m}$ 不是整数.

*32. 在这个习题中我们将证明 Bonse 不等式，即如果 n 是整数且 $n\geqslant 4$，那么 $p_{n+1}<p_1p_2\cdots p_n$，其中 p_k 是第 k 个素数.

a）令 k 是一个正整数. 证明整数 $p_1p_2\cdots p_{k-1}\cdot 1-1$，$p_1p_2\cdots p_{k-1}\cdot 2-1$，…，$p_1p_2\cdots p_{k-1}\cdot p_k-1$ 都不能被前 $k-1$ 个素数中的任何一个整除，并且如果素数 p 能整除这些数中的一个，那么它必然不能整除其他的数.

b) 从 a)我们可以得到结论，如果 $n-k+1<p_k$，那么必然存在一个 a)中所列的整数不能被 p_j 整除，$j=1, \cdots, n$.（提示：使用鸽笼原理.）

c) 用 b)来证明：如果 $n-k+1<p_k$，那么 $p_{n+1}<p_1p_2\cdots p_k$. 固定 n 并且假设 k 是使得 $n-k+1<p_k$ 成立的最小的正整数. 证明当 $k\geqslant 5$ 时，$n-k\geqslant p_{k-1}-2$ 和 $p_{k-1}-2\geqslant k$ 成立. 并且如果 $n\geqslant 10$，那么 $k\geqslant 5$. 由此得到如果 $n\geqslant 20$，那么 $p_{n+1}<p_1p_2\cdots p_k$ 对于某个 k，$n-k\geqslant k$ 成立. 用这个结论证明 $n\geqslant 10$ 时的 Bonse 不等式.

d) 检验当 $4\leqslant n<10$ 时 Bonse 不等式成立，从而完成证明.

33. 证明 30 是满足下面性质的最大的整数 n：如果 $k<n$，并且没有素数同时整除 k 和 n，那么 k 就是素数.（提示：证明：如果 n 满足上面的性质，且 $n\geqslant p^2$，p 是素数，那么 $p\mid n$. 从而得出如果 $n\geqslant 7^2$，那么 n 一定能被 2，3，5 和 7 整除. 应用 Bonse 不等式我们可以证明这样的 n 一定可以被每个素数整除，产生矛盾. 证明 30 满足上面的性质，但是整数 $30<n<49$ 不满足这条性质.）

*34. 证明 $p_{n+1}p_{n+2}<p_1p_2\cdots p_n$，其中 p_k 是第 k 个素数且 $n\geqslant 4$.（提示：用伯特兰公设和证明 Bonse 不等式中 c)部分的证明.）

35. 证明 $p_n^2<p_{n-1}p_{n-2}p_{n-3}$，其中 p_k 是第 k 个素数且 $n\geqslant 6$. 并证明当 $n=3$，4 或 5 时不等式不成立.（提示：用伯特兰公设证明 $p_n<2p_{n-1}$ 和 $p_{n-1}<2p_{n-2}$.）

36. 证明对于每个正整数 N，存在一个偶数 K，使得存在超过 N 对相继的素数使得 K 为这些相继的素数之差.（提示：应用素数定理.）

37. 用推论 4.4.1 估算第 100 万个素数.

计算和研究

1. 尽可能多地验证表 4.1 中所给出的数据.
2. 计算尽可能多的相邻素数间的间距 d_n，$n=1, 2, \cdots$.
3. 尽可能多地求满足形式 p，$p+2$，$p+6$ 的素数三元组.
4. 对于小于 10 000 的正偶数验证哥德巴赫猜想.
5. 求小于 10 000 的孪生素数.
6. 求比计算题 1 中的每个整数都大的第一对孪生素数.
7. 作图 $\pi_2(x)$，它表示不超过 x 的孪生素数的对数，其中 $1\leqslant x\leqslant 1\,000$ 和 $1\leqslant x\leqslant 10\,000$.
8. 哈代和利特尔伍德猜想不超过 x 的孪生素数的对数 $\pi_2(x)$渐近于 $2C_2x/(\log x)^2$，其中 $C_2=\prod_{p>2}\left(1-\frac{1}{(p-1)^2}\right)$. 常数 C_2 近似等于 0.660 16. 对于尽可能大的 x，计算 $\pi_2(x)$的这个渐近公式的精确程度.
9. 计算 Brun 常数，使精度尽可能地高.
10. 设 $G(n)$表示偶数 n 可以写成形式 $p+q$ 的个数，其中 p，q 是素数且 $p\leqslant q$. 当偶数 $n\geqslant 188$ 时，猜想 $G(n)\geqslant 10$.
11. 一个尚未解决的猜想断言：对任意正整数 n，存在一个长度为 n 的等差数列由 n 个连续的素数组成. 至今为止已知这样的最长的等差数列包含 22 个连续的素数. 求小于 100 且包含 3 个连续素数的等差数列和小于 500 且包含 4 个连续素数的等差数列.
12. 证明从 115 453 391 开始长度为 15，公差为 4 144 140 的等差数列的每一项都是素数.
13. 证明包含 12 项从 23 143 开始，公差为 30 030 的等差数列的每一项都是素数.
14. 求从 4 943 开始的包含 13 个素数的等差数列.
15. 安瑞卡猜想(命名自多瑞・安瑞卡(Dorin Adrica))断言 $A_n=\sqrt{p_{n+1}}-\sqrt{p_n}<1$ 对于所有正整数 n 成立，其中 p_n 是第 n 个素数. 对于尽可能多的正整数 n 计算 A_n 来验证该猜想，并根据你的计算提出一个关于 A_n 最大值的猜想.

16. 分别对 $n=1\,000$，$n=10\,000$，$n=100\,000$ 和 $n=1\,000\,000$ 验证勒让德猜想.
17. 丹麦数学家、哲学家 Ludvig Oppermann 于 1882 年猜想对于每个大于 2 的整数 n，存在素数 p_1 和 p_2 使得 $n^2-n<p_1<n^2<p_2<n^2+n$. 分别对小于 100，小于 1 000 的正整数 n 验证 Oppermann 猜想.
18. 探索猜想：每个正偶数可以写成两个幸运数的和，幸运数可以相同. 继续探索猜想：给定一个正整数 k，存在一个正整数 n，n 可以表示成两个幸运数之和的方法恰有 k 种.
19. b 进制位敏素数(base-b digitally delicate base-b prime)是 b 进制素数，且改动它的任何一个数字都会产生一个合数.
   a) 对 $2\leqslant b\leqslant 10$，分别找出相应的最小位敏素数.
   b) 在十进制下，找出最小的四个位敏素数.

程序设计

1. 给定正整数 n，对小于 n 的偶数验证哥德巴赫猜想.
2. 给定正整数 n，求小于 n 的孪生素数.
3. 给定正整数 m，求前 m 个具有形式 n^2+1 的素数，其中 n 是正整数.
4. 给定正整数 n，求 $G(n)$，$G(n)$表示偶数 n 可以写成形如 $p+q$ 的个数，其中 p，q 是素数且 $p\leqslant q$.
5. 给定正整数 n，求尽可能多的长度为 n 且每项是素数的等差数列.

4.3 算术基本定理

算术基本定理是一个重要的结果，它说明素数是整数的乘法构成单元.

定理 4.6(算术基本定理) *每个大于 1 的正整数都可以被唯一地写成素数的乘积，在乘积中的素因子按照非降序排列.*

有时算术基本定理被扩展应用到整数 1，即 1 被看作唯一地被写成素数的空乘积.

例 4.9 一些正整数的因子分解如下：

$$240=2\cdot2\cdot2\cdot2\cdot3\cdot5=2^4\cdot3\cdot5,\quad 289=17\cdot17=17^2,\quad 1\,001=7\cdot11\cdot13.$$ ◀

注意为了方便可以把相同素数的所有因子组合在一起写成这个素数的幂，例如在前面的例子中：对 240 的分解，所有为 2 的因子组合在一起成为 2^4. 整数分解中把素因子组合成幂的形式被称为*素幂因子分解*(prime-power factorization).

为了证明算术基本定理，我们需要下面与可除性有关的引理. 这个引理在证明中是至关重要的.

引理 4.2 *如果 a，b 和 c 是正整数，满足$(a, b)=1$ 且 $a\mid bc$，则 $a\mid c$.*

证明 由于$(a, b)=1$，由 Bézout 定理(推论 3.3.1)，存在整数 x 和 y 使得 $ax+by=1$. 等式两边同时乘以 c，得 $acx+bcy=c$. 根据定理 1.9，a 整除 $acx+bcy$，这是因为这是 a 和 bc 的线性组合，而它们都可以被 a 整除. 因此，$a\mid c$. ■

注 引理 4.2 常被称为欧几里得引理，它是欧几里得《几何原本》的Ⅶ卷中的推论 30.

在算术基本定理的证明中要用到这一引理的下述推论.

引理 4.3 *如果 p 整除 $a_1a_2\cdots a_n$，其中 p 为素数，且 a_1，a_2，…，a_n 是正整数，则存在整数 i，$1\leqslant i\leqslant n$，使得 p 整除 a_i.*

证明 我们通过数学归纳法来证明这个结果. $n=1$ 的情况是平凡的. 假定结果对 n 成立. 考虑 $n+1$ 个整数的积 $a_1a_2\cdots a_{n+1}$，它是能够被素数 p 整除的. 我们知道或者有$(p, a_1a_2\cdots a_n)=1$，或者有$(p, a_1a_2\cdots a_n)=p$. 如果$(p, a_1a_2\cdots a_n)=1$，则由引理 4.2，

$p \mid a_{n+1}$. 另一方面，如果 $p \mid a_1 a_2 \cdots a_n$，由归纳假设，存在整数 i，$1 \leqslant i \leqslant n$，使得 $p \mid a_i$. 因此，对某个满足 $1 \leqslant i \leqslant n+1$ 的 i，$p \mid a_i$. 这样就证明了这个结果. ■

现在开始证明算术基本定理. 首先，我们将要证明每个大于 1 的正整数可以通过至少一种方法写成素数的乘积. 然后，证明当不考虑素数出现的顺序时这个乘积是唯一的.

证明 我们采用反证法. 假定某正整数不能写成素数的乘积. 设 n 是这样的整数中最小的(根据良序性质，这样的整数一定存在). 如果 n 是素数，那么显然它是素数的乘积，即一个素数 n. 所以 n 一定是合数. 设 $n=ab$，其中 $1<a<n$，$1<b<n$. 但是由于 a 和 b 都比 n 小，因此它们一定是素数的乘积. 然而，由于 $n=ab$，我们得到 n 也是素数的乘积. 这个矛盾说明每个正整数都可以写成素数的乘积.

我们现在通过证明这个分解的唯一性来完成算术基本定理的证明. 假定存在整数 n 有两种不同的素数分解形式：

$$n = p_1 p_2 \cdots p_s = q_1 q_2 \cdots q_t,$$

其中 p_1，p_2，…，p_s 和 q_1，q_2，…，q_t 为素数，且 $p_1 \leqslant p_2 \leqslant \cdots \leqslant p_s$，$q_1 \leqslant q_2 \leqslant \cdots \leqslant q_t$.

在这两个分解式中约去相同的素数，得到

$$p_{i_1} p_{i_2} \cdots p_{i_u} = q_{j_1} q_{j_2} \cdots q_{j_v},$$

其中等式左边的素数与右边的不同，$u \geqslant 1$，$v \geqslant 1$(因为假定两个原始分解是不同的). 然而，这导致了与引理 4.3 的矛盾；由该引理，一定存在某一个 k 使得 p_{i_1} 整除 q_{j_k}，这是不可能的，因为每个 q_{j_k} 都是与 p_{i_1} 不同的素数. 因此，正整数 n 的素因子分解是唯一的. ■

唯一因子分解在哪里不成立 每个正整数有唯一的素因子分解这个事实是整数集合与其他一些集合共有的一个特殊性质，但并非所有的数系都有这个性质. 在第 14 章，我们将要研究丢番图方程 $x^n + y^n = z^n$. 19 世纪，数学家认为他们可以用某一特别类型的代数数的唯一分解形式证明，当 n 为整数且 $n \geqslant 3$ 时，这个方程没有非零整数解(费马最后定理的结果). 但是这些数并不具有唯一分解的性质，因此假设的证明是不正确的，这个问题被很多优秀的数学家所忽略.

尽管我们不想离题太远(例如通过介绍代数数论)，但可以提供一个例子来说明唯一分解对某一确定类型的数不成立. 考虑形如 $a+b\sqrt{-5}$ 的数集，其中 a 和 b 为整数. 这个集合包含每个整数(取 $b=0$)，还有其他数，例如 $3\sqrt{-5}$，$-1+4\sqrt{-5}$，$7-5\sqrt{-5}$，等等. 一个这种形式的数是素的(在这种背景中)，如果它不能被写成两个都不等于 ± 1 的这种形式的数的乘积. 注意 $6 = 2 \cdot 3 = (1+\sqrt{-5})(1-\sqrt{5})$. 2，3，$1+\sqrt{-5}$ 和 $1-\sqrt{-5}$ 中的每一个都是素的(参考本节末的习题 19～22 来看为什么). 因此，形如 $a+b\sqrt{-5}$ 的数集不具有唯一素因子分解的性质. 另一方面，形如 $a+b\sqrt{-1}$ 的数(其中 a 和 b 为整数)具有唯一素因子分解性质，我们将在第 15 章给出证明.

素因子分解的应用

一个正整数 n 的素幂因子分解包含了关于 n 的本质信息. 给定这一分解，可以立即知道一个素数 p 是否能够整除 n，因为 p 整除 n 当且仅当它出现在这个分解中. (如果素数 p 整除 n，但是却没有出现在 n 的素幂因子分解中，则可以得到矛盾. 读者应该完成这个证明的其他部分.)例如，由于 $168=2^3\cdot3\cdot7$，素数 2，3 和 7 都整除 168，但是素数 5，11 和 13 中的任何一个都不行．进一步，一个素数 p 能整除 n 的最高次幂是这个素数在 n 的素幂因子分解中的幂．例如，2^3，3 和 7 都能整除 168，但是 2^4，3^2 和 7^2 都不能．而且，一个整数 d 整除 n 当且仅当 d 的素幂因子分解中出现的所有素数都在 n 的素幂因子分解中出现，且素数在 n 的素幂因子分解中的幂次至少要与在 d 的素幂因子分解中的幂次一样大.（读者也应该验证这可由算术基本定理推出.）下面的例子说明如何应用这个结果求出一个正整数的所有正因子.

例 4.10 $120=2^3\cdot3\cdot5$ 的正因子是那些素幂因子分解只包含素数 2，3 和 5 且幂次分别小于或等于 3，1 和 1 的正整数．这些因子是

1	3	5	$3\cdot5=15$
2	$2\cdot3=6$	$2\cdot5=10$	$2\cdot3\cdot5=30$
$2^2=4$	$2^2\cdot3=12$	$2^2\cdot5=20$	$2^2\cdot3\cdot5=60$
$2^3=8$	$2^3\cdot3=24$	$2^3\cdot5=40$	$2^3\cdot3\cdot5=120.$

◀

我们可以应用素因子分解的另一个途径是求最大公因子，如下例所述.

例 4.11 一个正整数若是 $720=2^4\cdot3^2\cdot5$ 和 $2\,100=2^2\cdot3\cdot5^2\cdot7$ 的公因子，则在其素幂因子分解中只能包含素数 2，3 和 5，且每个素数出现的幂次都不能大于 720 和 2 100 中任何一个的分解中这个素数的幂次．因此，一个正整数若是 720 和 2 100 的公因子，那么其素幂因子分解中只能包含素数 2，3 和 5，且其幂次分别不大于 2，1 和 1．因此，720 和 2 100 的最大公因子是 $2^2\cdot3\cdot5=60$. ◀

一般来说，为了描述如何用素因子分解来求最大公因子，可设 $\min(a, b)$ 为两个数 a 和 b 中较小的，或者说它们的最小值．现在设 a 和 b 的素因子分解为

$$a=p_1^{a_1}p_2^{a_2}\cdots p_n^{a_n},\quad b=p_1^{b_1}p_2^{b_2}\cdots p_n^{b_n},$$

其中每个次数都是非负整数，在上述两个乘积中包含了 a 和 b 的素因子分解中的所有素数，次数有可能为 0．我们注意到

$$(a, b)=p_1^{\min(a_1, b_1)}p_2^{\min(a_2, b_2)}\cdots p_n^{\min(a_n, b_n)},$$

这是因为对每个素数 p_i，a 和 b 恰好共同拥有 $\min(a_i, b_i)$ 个因子 p_i.

素因子分解还可以用来求同时为两个正整数的倍数的最小整数．当分数相加时，就会遇到求这种整数的问题.

定义 两个非零整数 a 和 b 的**最小公倍数**(the least common multiple)是能够被 a 和 b 整除的最小正整数.

a 和 b 的最小公倍数记为 $[a, b]$.（注：记号 $\mathrm{lcm}(a, b)$ 也常常被用来表示 a 和 b 的最小公倍数.）

例 4.12 我们有下面的最小公倍数：$[15, 21]=105$，$[24, 36]=72$，$[2, 20]=20$ 和 $[7, 11]=77$. ◀

一旦知道了 a 和 b 的素因子分解，便很容易求得 $[a, b]$．如果 $a=p_1^{a_1}p_2^{a_2}\cdots p_n^{a_n}$，$b=p_1^{b_1}p_2^{b_2}\cdots p_n^{b_n}$，其中 p_1，p_2，…，p_n 是出现在 a 和 b 的素幂因子分解中的素数(对某些 i，有可能有 $a_i=0$ 或 $b_i=0$)，则对一个能够同时被 a 和 b 整除的整数，其分解中必须出现 p_j

且其次数至少与 a_j 和 b_j 一样大．因此，能够被 a 和 b 同时整除的最小正整数 $[a, b]$ 为

$$[a, b]=p_1^{\max(a_1, b_1)} p_2^{\max(a_2, b_2)} \cdots p_n^{\max(a_n, b_n)},$$

其中 $\max(x, y)$ 表示 x 和 y 中较大的，或者说最大值．

求大整数的素因子分解比较耗费时间．因此，我们需要一种求两个整数的最小公倍数但却不使用整数的素因子分解的方法．我们将要说明一旦知道了两个正整数的最大公因子，就可以求出它们的最小公倍数．最大公因子可以用欧几里得算法求得．首先，我们证明下面的引理．

引理 4.4　如果 x 和 y 为实数，则 $\max(x, y)+\min(x, y)=x+y$.

证明　如果 $x \geqslant y$，则 $\min(x, y)=y$ 且 $\max(x, y)=x$，因此 $\max(x, y)+\min(x, y)=x+y$．如果 $x<y$，则 $\min(x, y)=x$，$\max(x, y)=y$，仍有 $\max(x, y)+\min(x, y)=x+y$. ■

已知 (a, b) 时，我们用下面的定理求 $[a, b]$.

定理 4.7　如果 a 和 b 是正整数，则 $[a, b]=ab/(a, b)$，其中 $[a, b]$ 和 (a, b) 分别是 a 和 b 的最小公倍数和最大公因子．

证明　设 a 和 b 的素幂因子分解为 $a=p_1^{a_1} p_2^{a_2} \cdots p_n^{a_n}$，$b=p_1^{b_1} p_2^{b_2} \cdots p_n^{b_n}$，其中指数为非负整数，且出现在每个分解式中的所有素数都同时在两个分解式中出现，次数可能为 0．现在设 $M_j=\max(a_j, b_j)$，$m_j=\min(a_j, b_j)$，则有

$$\begin{aligned}
[a, b](a, b) &= p_1^{M_1} p_2^{M_2} \cdots p_n^{M_n} p_1^{m_1} p_2^{m_2} \cdots p_n^{m_n} \\
&= p_1^{M_1+m_1} p_2^{M_2+m_2} \cdots p_n^{M_n+m_n} \\
&= p_1^{a_1+b_1} p_2^{a_2+b_2} \cdots p_n^{a_n+b_n} \\
&= p_1^{a_1} p_2^{a_2} \cdots p_n^{a_n} p_1^{b_1} \cdots p_n^{b_n} \\
&= ab.
\end{aligned}$$

这是因为根据引理 4.4，$M_j+m_j=\max(a_j, b_j)+\min(a_j, b_j)=a_j+b_j$. ■

算术基本定理的下述推论将在后面用到．

引理 4.5　设 m 和 n 是互素的正整数，那么如果 d 是 mn 的一个正因子，则存在唯一的一对 m 的正因子 d_1 和 n 的正因子 d_2 使得 $d=d_1d_2$．反之，如果 d_1 和 d_2 分别是 m 和 n 的正因子，则 $d=d_1d_2$ 是 mn 的正因子．

证明　设 m 和 n 的素幂因子分解为 $m=p_1^{m_1} p_2^{m_2} \cdots p_s^{m_s}$，$n=q_1^{n_1} q_2^{n_2} \cdots q_t^{n_t}$．由于 $(m, n)=1$，故素数集合 $p_1, p_2, \cdots, p_s$ 和素数集合 $q_1, q_2, \cdots, q_t$ 没有公共元素．因此，mn 的素幂因子分解为

$$mn=p_1^{m_1} p_2^{m_2} \cdots p_s^{m_s} q_1^{n_1} q_2^{n_2} \cdots q_t^{n_t}.$$

因此，如果 d 为 mn 的正因子，则

$$d=p_1^{e_1} p_2^{e_2} \cdots p_s^{e_s} q_1^{f_1} q_2^{f_2} \cdots q_t^{f_t},$$

其中 $0 \leqslant e_i \leqslant m_i$，$i=1, 2, \cdots, s$ 且 $0 \leqslant f_j \leqslant n_j$，$j=1, 2, \cdots, t$．现在，设 $d_1=(d, m)$，$d_2=(d, n)$，使得

$$d_1=p_1^{e_1} p_2^{e_2} \cdots p_s^{e_s} \quad \text{及} \quad d_2=q_1^{f_1} q_2^{f_2} \cdots q_t^{f_t}.$$

显然，$d=d_1d_2$ 且$(d_1, d_2)=1$. 这就是我们需要的 d 的分解. 进一步，这个分解是唯一的. 为了说明这一点，注意在 d 的分解中每个素数的幂必须出现在 d_1 或者 d_2 中，并且 d 的分解中的素数的幂若能整除 m，则必定出现在 d_1 中，而若能整除 n，则必定出现在 d_2 中. 因此 d_1 一定为(d, m)，d_2 一定为(d, n).

反之，设 d_1 和 d_2 分别为 m 和 n 的正因子，则

$$d_1=p_1^{e_1}p_2^{e_2}\cdots p_s^{e_s},$$

其中 $0\leqslant e_i\leqslant m_i(i=1, 2, \cdots, s)$，且

$$d_2=q_1^{f_1}q_2^{f_2}\cdots q_t^{f_t},$$

其中 $0\leqslant f_j\leqslant n_j(j=1, 2, \cdots, t)$. 整数

$$d=d_1d_2=p_1^{e_1}p_2^{e_2}\cdots p_s^{e_s}q_1^{f_1}q_2^{f_2}\cdots q_t^{f_t}$$

显然是

$$mn=p_1^{m_1}p_2^{m_2}\cdots p_s^{m_s}q_1^{n_1}q_2^{n_2}\cdots q_t^{n_t}$$

的因子，这是因为 d 的素幂因子分解中出现的每个素数的幂次都小于或等于 mn 的素幂因子分解中这个素数的幂次. ∎

狄利克雷定理中一种特殊情形的证明 素因子分解可以用来证明狄利克雷定理的一种特殊情形：狄利克雷定理表明当 a 和 b 为互素的正整数时，等差数列 $an+b$ 包含无穷多的素数. 我们将通过对数列 $4n+3$ 的狄利克雷定理的证明来说明这一点.

定理 4.8 *存在无穷多个形如 $4n+3$ 的素数，其中 n 为正整数.*

在证明这个结果之前，先证明一个有用的引理.

引理 4.6 *如果 a 和 b 都是形如 $4n+1$ 的整数，则乘积 ab 也是这种形式的.*

证明 由于 a 和 b 的形式都是 $4n+1$，因此存在整数 r 和 s 使得 $a=4r+1$，$b=4s+1$. 因此

$$ab=(4r+1)(4s+1)=16rs+4r+4s+1=4(4rs+r+s)+1,$$

这是想要的 $4n+1$ 的形式. ∎

现在我们证明想要的结果.

证明 假设只存在有限多个形如 $4n+3$ 的素数，不妨设为 $p_0=3$，p_1，p_2，$\cdots$，p_r. 设

$$Q=4p_1p_2\cdots p_r+3.$$

则在 Q 的分解中至少存在一个形如 $4n+3$ 的素数. 否则，所有这些素数都是形如 $4n+1$ 的，并且根据引理 4.6，这表示 Q 也将是这种形式的，于是产生矛盾. 然而，素数 p_0，p_1，$\cdots$，p_n 中的任何一个都不能整除 Q. 素数 3 不能整除 Q，因为如果 $3\mid Q$，则 $3\mid(Q-3)=4p_1p_2\cdots p_r$，这又导致了矛盾. 类似地，任何一个素数 p_j 都不能整除 Q，因为 $p_j\mid Q$ 蕴涵 $p_j\mid(Q-4p_1p_2\cdots p_r)=3$，这是荒谬的. 因此，存在无穷多个形如 $4n+3$ 的素数. ∎

关于无理数的结果 我们通过证明一些关于无理数的结果来结束本小节. 在我们关注无理数之前，先简单考虑将有理数表示为整数的商的不同方式. 如果 α 是有理数，则可以有无穷多种方法把 α 写成两个整数的商，因为如果 $\alpha=a/b$，其中 a 和 b 是满足 $b\neq 0$ 的整数，则只要 k 为非零整数就有 $\alpha=ka/kb$. 然而，由唯一因子分解可以看出，一个正有理数

r 可以被唯一地写成两个互素的正整数的商；当这样写的时候，我们说这个有理数为既约的(lowest term)．这种表示可以通过消去两个整数的任一商中的分子和分母的素公因子 r 得到．例如，有理数 11/21 是既约的．我们还可以看到

$$\cdots=-33/-63=-22/-42=-11/-21=11/21=22/42=33/63=\cdots.$$

下面两个结果说明某些数是无理数．我们从$\sqrt{2}$是无理数的另一种证明开始(最初在 1.1 节证明过这个结果)．

例 4.13 假定$\sqrt{2}$是有理数，则$\sqrt{2}=a/b$，其中 a 和 b 是互素整数且 $b\neq 0$．因此 $2=a^2/b^2$，从而 $2b^2=a^2$．由于 $2\mid a^2$，因此(参看本节末的习题 40)$2\mid a$．设 $a=2c$，故 $b^2=2c^2$．因此 $2\mid b^2$，且由习题 40，2 也整除 b．然而，由于$(a, b)=1$，故 2 不能同时整除 a 和 b．这个矛盾说明$\sqrt{2}$是无理数． ◀

我们还可以使用下面更一般的结果来证明$\sqrt{2}$为无理数．这是该结论的第三个证明．

定理 4.9 设 α 为多项式 $x^n+c_{n-1}x^{n-1}+\cdots+c_1x+c_0$ 的根，其中系数 c_0，c_1，…，c_{n-1} 为整数．则 α 或者是整数，或者是无理数．

证明 假设 α 为有理数，则可以写为 $\alpha=a/b$，其中 a 和 b 为互素整数且 $b\neq 0$．由于 α 是 $x^n+c_{n-1}x^{n-1}+\cdots+c_1x+c_0$ 的根，故有

$$(a/b)^n+c_{n-1}(a/b)^{n-1}+\cdots+c_1(a/b)+c_0=0.$$

乘以 b^n，得

$$a^n+c_{n-1}a^{n-1}b+\cdots+c_1ab^{n-1}+c_0b^n=0.$$

由于

$$a^n=b(-c_{n-1}a^{n-1}-\cdots-c_1ab^{n-2}-c_0b^{n-1}),$$

故 $b\mid a^n$．假定 $b\neq\pm 1$．则 b 有素因子 p．因为 $p\mid b$，$b\mid a^n$，故 $p\mid a^n$．因此由习题 41，$p\mid a$．但是$(a, b)=1$，于是得到矛盾，这表明 $b=\pm 1$．因此，如果 α 为有理数，则 $\alpha=\pm a$，所以 α 一定是整数． ■

我们用下面的例子来说明定理 4.9 的用途．

例 4.14 设 a 为正整数，并且不是一个整数的 m 次幂，因此$\sqrt[m]{a}$不是整数．则根据定理 4.9 有$\sqrt[m]{a}$是无理数，这是因为$\sqrt[m]{a}$是 x^m-a 的根．因此，像$\sqrt{2}$，$\sqrt[3]{5}$，$\sqrt[10]{17}$等这样的数是无理数． ◀

算术基本定理可以用来证明下面的结果，它将著名的黎曼 ζ 函数和素数联系起来．

定理 4.10 如果 s 是实数且 $s>1$，则

$$\zeta(s)=\sum_{n=1}^{\infty}\frac{1}{n^s}=\prod_{p\text{为素数}}\left(1-\frac{1}{p^s}\right)^{-1}.$$

当然，我们在此不去证明定理 4.10，因为它的证明依赖于数学分析中的结果．我们在这里给出一个证明，使用算术基本定理说明当右端的乘积被展开时，项 $1/n^s$(其中 n 为正整数)恰好只出现一次．为了看清楚这一点，我们使用下述事实

$$\frac{1}{1-p_j^{-s}}=\sum_{k=0}^{\infty}\left(\frac{1}{p_j^k}\right)^s$$

将这些项乘在一起，如果 $n=p_1^{k_1}p_2^{k_2}\cdots p_r^{k_r}$ 是 n 的素幂因子分解，那么

$$\frac{1}{n^s}=\left(\frac{1}{n}\right)^s=\left(\frac{1}{p_1^{k_1}p_2^{k_2}\cdots p_r^{k_r}}\right)^s.$$

在上述乘积展开式中恰好出现一次．证明的细节可参看[HaWr08]．

4.3 节习题

1. 求下面每个整数的素因子分解．
   a) 36　b) 39　c) 100　d) 289　e) 222　f) 256
   g) 515　h) 989　i) 5 040　j) 8 000　k) 9 555　l) 9 999
2. 求 111 111 的素因子分解．
3. 求 4 849 845 的素因子分解．
4. 求下面每个整数的所有素因子．
   a) 100 000　b) 10 500 000　c) 10!　d) $\binom{30}{10}$
5. 求下面每个整数的所有素因子．
   a) 196 608　b) 7 290 000　c) 20!　d) $\binom{50}{25}$
6. 证明一个整数 n 的素幂因子分解中所有的幂次都是偶数当且仅当 n 是一个完全平方数．
7. 哪些正整数恰有三个正因子？哪些恰有四个正因子？
8. 证明每个正整数都可以写成一个平方数和一个无平方因子数的乘积．无平方因子数(square-free integer)是不能被任何不同于 1 的完全平方数整除的数．
9. 整数 n 被称为重幂的(powerful)，如果当素数 p 能整除 n 时，p^2 也能整除 n．证明每个重幂数都可以写成完全平方数和完全立方数的乘积．
10. 证明：如果 a 和 b 是正整数且 $a^3\mid b^2$，则 $a\mid b$．
11. 设 p 为素数，n 为正整数．如果 $p^a\mid n$ 但是 $p^{a+1}\nmid n$，我们称 p^a 恰整除(exactly divide)n，记为 $p^a\parallel n$．
    a) 证明：如果 $p^a\parallel m$，$p^b\parallel n$，则 $p^{a+b}\parallel mn$．
    b) 证明：如果 $p^a\parallel m$，则 $p^{ka}\parallel m^k$．
    c) 证明：如果 $p^a\parallel m$，$p^b\parallel n$，且 $a\neq b$，则 $p^{\min(a,b)}\parallel(m+n)$．
12. 设 n 为正整数．证明出现在 $n!$ 的素幂因子分解中的素数 p 的幂为
$$[n/p]+[n/p^2]+[n/p^3]+\cdots.$$
13. 用习题 12 来求 20! 的素幂因子分解．
14. 在十进制表示中 1 000! 的后面有多少个零？在八进制的表示中呢？
15. 求在十进制表示中所有使得 $n!$ 的末尾恰有 74 个零的所有正整数 n．
16. 证明：如果 n 为正整数，那么 $n!$ 的十进制表示不可能恰好以 153 个零、154 个零或 155 个零结尾．

    设 $\alpha=a+b\sqrt{-5}$，其中 a 和 b 为整数．定义 α 的范数(norm)$N(\alpha)$为 $N(\alpha)=a^2+5b^2$．
17. 证明：如果 $\alpha=a+b\sqrt{-5}$，$\beta=c+d\sqrt{-5}$，其中 a，b，c 和 d 为整数，则 $N(\alpha\beta)=N(\alpha)N(\beta)$．
18. 一个形为 $a+b\sqrt{-5}$ 的数为素的，如果它不能够被写成数 α 和 β 的乘积，这里 α 和 β 都不等于 ±1．证明数 2 是一个形如 $a+b\sqrt{-5}$ 的素数．(提示：由 $N(2)=N(\alpha\beta)$开始，并应用习题 17．)
19. 用类似于在习题 18 中的推理来证明 3 是形如 $a+b\sqrt{-5}$ 的素数．
20. 用类似于在习题 18 中的推理来证明 $1\pm\sqrt{-5}$ 是形如 $a+b\sqrt{-5}$ 的素数．

21. 求两种不同的方法把数 21 分解为形如 $a+b\sqrt{-5}$ 的素数，其中 a 和 b 为整数.

* 22. 证明所有形如 $a+b\sqrt{-6}$ 的数集(其中 a 和 b 为整数)不具有唯一因子分解性质.

* 23. 证明所有形如 $a+b\sqrt{-14}$ 的数集(其中 a 和 b 为整数)不具有因子分解唯一性.

下面三道习题给出因子分解唯一性不成立的另一个系统. 设 H 是所有形如 $4k+1$ 的正整数集合，其中 k 为非负整数. 注意在引理 4.6 中已经证明了 H 中两个元素的乘积仍在 H 中.

大卫·希尔伯特(David Hilbert，1862—1943)生于哥尼斯堡(Königsberg)，这个城市因它的七桥问题而在数学界闻名，他的父亲是位法官. 1892 年—1930 年，希尔伯特在哥廷根大学任教，其间他对数学的很多领域都做出了奠基性的贡献. 他总是在数学的一个领域研究一段时间并做出一些重要的贡献后，就转入另外一个新的领域. 希尔伯特研究的领域有变分法、几何、代数、数论、逻辑和数学物理. 除了很多原创性的贡献外，希尔伯特还提出了 23 个著名的问题. 他在 1900 年国际数学家大会上提出了这些问题，以此挑战 20 世纪出生的数学家. 从那个时候开始，数学家对这些问题进行了大量的各种形式的研究. 尽管其中很多问题已经解决了，但是还有一些悬而未决，如希尔伯特的第 8 个问题是黎曼猜想. 希尔伯特还编写了一些关于数论和几何的重要教科书.

24. H 中的元素 $h\neq 1$ 被称为*希尔伯特素数*(Hilbert prime)(是根据德国著名数学家大卫·希尔伯特的名字命名的)，如果它能被写成 H 中两个整数的乘积的唯一方法是 $h=h\cdot 1=1\cdot h$. 求 20 个最小的希尔伯特素数.

25. 证明 H 中的每个大于 1 的元素都可以被分解成希尔伯特素数.

26. 通过求 693 的两种不同的分解为希尔伯特素数的方式证明，把 H 中的元素分解为希尔伯特素数的方式不是唯一的.

27. 哪些正整数 n 可以被所有不超过 $\sqrt{n}$ 的整数整除？

28. 求下面每对整数的最小公倍数.

a) 8，12　　b) 14，15　　c) 28，35　　d) 111，303　　e) 256，5 040　　f) 343，999

29. 求下面每对整数的最小公倍数.

a) 7，11　　b) 12，18　　c) 25，30　　d) 101，333　　e) 1 331，5 005　　f) 5 040，7 700

30. 求下面每对整数的最大公因子和最小公倍数.

a) $2\cdot 3^2 5^3$，$2^2 3^3 7^2$　　b) $2\cdot 3\cdot 5\cdot 7$，$7\cdot 11\cdot 13$

c) $2^8 3^6 5^4 11^{13}$，$2\cdot 3\cdot 5\cdot 11\cdot 13$　　d) $41^{101}47^{43}103^{1001}$，$41^{11}43^{47}83^{111}$

31. 求下面每对整数的最大公因子和最小公倍数.

a) $2^2 3^3 5^5 7^7$，$2^7 3^5 5^3 7^2$　　b) $2\cdot 3\cdot 5\cdot 7\cdot 11\cdot 13$，$17\cdot 19\cdot 23\cdot 29$

c) $2^3 5^7 11^{13}$，$2\cdot 3\cdot 5\cdot 7\cdot 11\cdot 13$　　d) $41^{11}79^{111}101^{1001}$，$41^{11}83^{111}101^{1000}$

* 32. 设 n 为大于 1 的正整数，证明 $1+\frac{1}{2}+\frac{1}{3}+\cdots+\frac{1}{n}$ 不是整数.

33. 周期蝉是一种有着非常长时间的幼虫周期和很短的成虫生命的昆虫. 对每种幼虫周期为 17 年的周期蝉，存在一种相似的幼虫周期为 13 年的周期蝉. 如果 1900 年在某一特别的地区出现了 17 年和 13 年的两种蝉，那么它们下次都出现在这个地区将是什么时候？

34. 哪对整数 a 和 b 有最大公因子 18 和最小公倍数 540？

35. 找出所有的三元数组 a，b，c，使得 a 和 b 的最小公倍数是 540，a 和 c 的最小公倍数是 675，b 和 c 的最小公倍数是 900.

36. (选自2018年美国数学协会组织的第十届美国数学竞赛)设 a, b, c, d 均为正整数，且有 $(a, b)=24$, $(b, c)=36$, $(c, d)=54$, $70<(d, a)<90$. 证明 $13 \mid a$.

37. 证明：如果 a, b 为正整数，则 $(a, b) \mid [a, b]$. 什么时候 $(a, b)=[a, b]$?

38. 证明：如果 a, b 为正整数，则存在 a 的因子 c 和 b 的因子 d，使得 $(c, d)=1$ 且 $cd=[a, b]$.

不全为零的整数 a_1, a_2, …, a_n 的最小公倍数是能够被所有整数 a_1, a_2, …, a_n 整除的最小正整数，记为 $[a_1, a_2, \cdots, a_n]$.

☞39. a) 证明：如果 a, b 和 c 为整数，则 $[a, b] \mid c$ 当且仅当 $a \mid c$ 且 $b \mid c$.

b) 设 a_1, a_2, …, a_n 和 d 均为整数，其中 n 为正整数，则 $[a_1, a_2, \cdots, a_n] \mid d$ 当且仅当 $a_i \mid d$ 对 $i=1, 2, \cdots, n$ 成立.

☞40. 用引理4.2证明：如果 p 为素数，a 为整数且 $p \mid a^2$，则 $p \mid a$.

☞41. 证明：如果 p 为素数，a 为整数，且 n 为正整数使得 $p \mid a^n$，则 $p \mid a$.

42. 证明：如果 a, b 和 c 为整数，且 $c \mid ab$，则 $c \mid (a, c)(b, c)$.

43. a) 证明：如果 a 和 b 为正整数，$(a, b)=1$，则对所有正整数 n，均有 $(a^n, b^n)=1$.

b) 用 a)中结果证明：如果 a 和 b 为满足 $a^n \mid b^n$ 的整数，其中 n 为正整数，则 $a \mid b$.

44. 证明 $\sqrt[3]{5}$ 为无理数：

a) 用类似于例4.13的方法证明.

b) 用定理4.9.

45. 证明 $\sqrt{2}+\sqrt{3}$ 为无理数.

46. 证明 $\log_2 3$ 为无理数.

47. 证明 $\log_p b$ 为无理数，其中 p 为素数，b 为正整数且不是 p 的幂.

48. a)如果 a, b 为正整数，则 $(a, b)=(a+b, [a, b])$.

b) 应用 a)的结论求出两个正整数，使得它们的和为798而最小公倍数为10 780.

49. 证明：如果 a, b 和 c 为正整数，则 $([a, b], c)=[(a, c), (b, c)]$, $[(a, b), c]=([a, c], [b, c])$.

50. 求 $[6, 10, 15]$ 和 $[7, 11, 13]$.

51. 证明 $[a_1, a_2, \cdots, a_{n-1}, a_n]=[[a_1, a_2, \cdots, a_{n-1}], a_n]$.

52. 设 n 为正整数，问有多少对正整数满足 $[a, b]=n$? (提示：考虑 n 的素因子分解.)

53. a) 证明：如果 a, b 和 c 为正整数，则

$$\max(a, b, c)=a+b+c-\min(a, b)-\min(a, c)-\min(b, c)+\min(a, b, c).$$

b) 用 a)的结论证明

$$[a, b, c]=\frac{abc(a, b, c)}{(a, b)(a, c)(b, c)}.$$

54. 推广习题53的结果，求一个关于 $(a_1, a_2, \cdots, a_n)$ 和 $[a_1, a_2, \cdots, a_n]$ 的公式，其中 a_1, a_2, …, a_n 为正整数.

55. 证明：如果 a, b 和 c 为正整数，则 $(a, b, c)[ab, ac, bc]=abc$.

56. 证明：如果 a, b 和 c 为正整数，则 $[a, b, c](ab, ac, bc)=abc$.

57. 证明：如果 a, b 和 c 为正整数，则 $([a, b], [a, c][b, c])=[(a, b), (a, c), (b, c)]$.

58. 证明存在无穷多个形如 $6k+5$ 的素数，其中 k 为正整数.

*59. 证明：如果 a 和 b 为正整数，则等差数列 a, $a+b$, $a+2b$, …包含任意数目的连续的合数项.

60. 求下列整数的素因子分解.

a) 10^6-1　b) 10^8-1　c) $2^{15}-1$　d) $2^{24}-1$　e) $2^{30}-1$　f) $2^{36}-1$

61. 一个折扣店卖一款照相机，价格低于其正常的零售价99美元，但高于1美元. 如果他们卖出了8 137

美元的照相机，并且打折的照相机价格是整数，那么他们一共卖出多少部照相机？

62. 一个出版公司卖出了 375 961 美元的某种书. 如果这种书的价格为大于 1 美元的整数，那么他们一共卖出了多少本这种书？

63. 如果一个商店以促销价卖出 139 499 美元的一批电子管理器，管理器的价格是介于 300 美元和 1 美元之间的一个整数，那么他们一共卖出了多少电子管理器？

64. 证明：如果 a 和 b 为正整数，则 $a^2 \mid b^2$ 意味着 $a \mid b$.

☞ 65. 证明：如果 a，b 和 c 为正整数，且 $(a, b)=1$，$ab=c^n$，则存在正整数 d 和 e，使得 $a=d^n$，$b=e^n$.

☞ 66. 证明：如果 $a_1, a_2, \cdots, a_n$ 为两两互素的整数，则 $[a_1, a_2, \cdots, a_n]=a_1a_2\cdots a_n$.

67. 证明在由 $n+1$ 个不超过 $2n$ 的正整数构成的任意集合中，必存在一个整数能够整除这个集合中的另一个整数.

68. 证明只要 m 和 n 为正整数，则 $(m+n)!/(m!n!)$ 为整数.

* 69. 求方程 $m^n=n^m$ 的所有解，其中 m 和 n 为整数.

70. 设 $p_1, p_2, \cdots, p_n$ 为前 n 个素数，设 m 为满足 $1<m<n$ 的整数，设 Q 为这列数中 m 个素数的乘积，R 为剩下的素数的乘积. 证明 $Q+R$ 不能被这列数中任何一个素数整除，且必存在素因子不在这列数中. 这样我们就可以推出有无穷多个素数.

71. 本习题给出存在无穷多个素数的另一种证明. 假定恰有 r 个素数 $p_1, p_2, \cdots, p_r$. 设 $Q_k=\left(\prod_{j=1}^{r} p_j\right)/p_k$，$k=1, 2, \cdots, r$. 设 $S=\sum_{j=1}^{r} Q_j$. 证明 S 必存在一个素因子不在这 r 个素数中. 这样就得到素数有无穷多个的结论.（这个证明是由 G. Métrod 在 1917 年发表的.）

72. 2019 年 William Rounds（参见[Ro19]）证明了对正整数 n 和 k，若 $n^{1/k}$ 为有理数，则 n 为某一整数的 k 次幂.

    a) 设 p 和 q 均为正整数，$n^{1/k}=p/q$. 利用引理 4.3 证明 p 的素因子集合是 n 的素因子集合与 q 的素因子集合的并.

    b) 利用 a) 证明 $q=1$，故有 $n=p^k$.

    c) 由 b) 证明 $\sqrt{2}$ 是无理数.

73. 证明每个正的有理数能被唯一表示为有限个素数的幂的积，此处的幂指数为整数（可正可负）.

74. 证明：如果 p 为素数且 $1 \leqslant k<p$，则二项式系数 $\binom{p}{k}$ 能够被 p 整数.

75. 证明在 $n!$ 的素因子分解中，存在至少一个素因子的幂指数为 1，其中 n 为整数，且 $n>1$.（提示：利用伯特兰公设.）

习题 76 和习题 77 给出了存在无穷多个素数的另外两种证明.

76. 假定 $p_1, \cdots, p_j$ 为按照升序列出的前 j 个素数. 记 $N(x)$ 为不超过整数 x 且不能被大于 p_j 的素数整除的整数 n 的个数.

    a) 证明不能被大于 p_j 的素数整除的每个整数都可以写成 $n=r^2s$ 的形式，其中 s 为无平方因子整数.

    b) 观察由 $p_k^{e_k}$ 的乘积构成的整数 n 的素因子分解，证明只存在 2^j 个如 a) 中所描述的 s 的可能值，其中 $0 \leqslant k \leqslant j$，$e_k$ 为 0 或 1.

    c) 证明：如果 $n \leqslant x$，则 $r \leqslant \sqrt{n} \leqslant \sqrt{x}$，其中 r 是 a) 中的数. 这样得到存在不超过 $\sqrt{x}$ 个可能的 r 的值. 因此 $N(x) \leqslant 2^j\sqrt{x}$.

    d) 证明：如果素数的数目有限，且 p_j 为最大的素数，则对所有整数 x，都有 $N(x)=x$.

    e) 根据 c) 和 d) 证明 $x \leqslant 2^j\sqrt{x}$，因此对所有 x，有 $x \leqslant 2^{2j}$，这导致矛盾. 这样我们得到一定存在无穷多个素数.

* 77. 本习题基于 A. Auric 在 1915 年发表的由算术基本定理发展出的一个存在无穷多个素数的证明．假定恰好存在 r 个素数，$p_1<p_2<\cdots<p_r$．假设 n 为正整数，设 $Q=p_r^n$．

a) 证明满足 $1\leqslant m\leqslant Q$ 的整数 m 可以被唯一地写成 $m=p_1^{e_1}p_2^{e_2}\cdots p_r^{e_r}$，其中 $e_i\geqslant 0$，$i=1, 2, \cdots, r$．进一步，证明对于具有这样的因子分解的整数 m，有 $p_1^{e_1}\leqslant m\leqslant Q=p_r^n$．

b) 设 $C=(\log p_r)/(\log p_1)$．证明对于 $i=1, 2, \cdots, r$，有 $e_i\leqslant nC$，并且 Q 不超过由整数 m 的素幂因子分解中的幂指数构成的 r 元组$(e_1, e_2, \cdots, e_r)$的个数，其中 $1\leqslant m\leqslant Q$．

c) 从 b)中推断出 $Q=p_r^n\leqslant(Cn+1)^r\leqslant n^r(C+1)^r$．

d) 证明 c)中的不等式对 n 的充分大的值不成立．这样就得到一定存在无穷多个素数．

假定 n 为正整数．我们定义 Smarandache 函数 $S(n)$为使得 n 能够整除 $S(n)!$ 的最小正整数．例如，$S(8)=4$，这是由于 8 不能整除 $1!=1$，$2!=2$ 和 $3!=6$，但是它能够整除 $4!=24$．

78. 对所有不超过 12 的正整数，求 $S(n)$．

79. 对 $n=40$，41 和 43，求 $S(n)$．

80. 证明只要 p 为素数，则 $S(p)=p$．

设 $a(n)$为 Smarandache 函数的最小逆，即使得 $S(m)=n$ 的最小正整数 m．换句话说，$a(n)$是序列 $S(1)$，$S(2)$，$\cdots$，$S(k)$，$\cdots$中整数 n 第一次出现的位置．

81. 对所有不超过 11 的正整数 n，求 $a(n)$．

* 82. 求 $a(12)$．

83. 证明只要 p 为素数，则 $a(p)=p$．

设 $\mathrm{rad}(n)$是 n 的素幂因子分解中所出现的素数的乘积．例如，$\mathrm{rad}(360)=\mathrm{rad}(2^3\cdot 3^2\cdot 5)=2\cdot 3\cdot 5=60$．

84. 对 n 的下列值求 $\mathrm{rad}(n)$．

a) 300　　b) 44　　c) 44 004　　d) 128 128

85. 证明当 n 为正整数时，$\mathrm{rad}(n)=n$ 当且仅当 n 是无平方因子的．

86. 当 n 为正整数时，$\mathrm{rad}(n!)$的值是什么？

87. 对所有的正整数 m 和 n，证明 $\mathrm{rad}(mn)\leqslant\mathrm{rad}(n)\mathrm{rad}(m)$．对哪些正整数 m 和 n 等式成立？

下面六个习题建立了对于 $\pi(x)$的大小的一些估计，其中 $\pi(x)$为小于或等于 x 的素数个数．这些结果最早由切比雪夫在 19 世纪给出证明．

88. 设 p 为素数，n 为正整数．证明$\binom{2n}{n}$恰好被 p 整除$([2n/p]-2[n/p])+([2n/p^2]-2[n/p^2])+\cdots+([2n/p^t]-2[n/p^t])$次，其中 $t=[\log_p 2n]$．推断出如果 p^r 整除$\binom{2n}{n}$，则 $p^r\leqslant 2n$．

89. 利用习题 88 证明

$$\binom{2n}{n}\leqslant(2n)^{\pi(2n)}.$$

90. 证明在 n 和 $2n$ 之间的所有素数的乘积介于$\binom{2n}{n}$和 $n^{\pi(2n)-\pi(n)}$之间．

（提示：n 和 $2n$ 之间的每个素数都能够整除$(2n)!$，但不能整除$(n!)^2$．）

91. 利用习题 89 和习题 90 来证明

$$\pi(2n)-\pi(n)<n\log 4/\log n.$$

* 92. 利用习题 91 来证明

$$\pi(2n)=(\pi(2n)-\pi(n))+(\pi(n)-\pi(n/2))+(\pi(n/2)-\pi(n/4))+\cdots\leqslant n\log 64/\log n.$$

* 93. 利用习题 89 和习题 92 来证明存在正常数 c_1 和 c_2，使得

$$c_1 x/\log x < \pi(x) < c_2 x/\log x$$

对所有 $x \geqslant 2$ 成立.（将此结果与 4.2 节定理 4.4 所叙述的素数定理给出的更强的结论进行比较.）

94. 本习题利用算术基本定理给出了正有理数是可数的另一种证明. 设 m 和 n 为互素的正整数，且 $m = p_1^{a_1} p_2^{a_2} \cdots p_s^{a_s}$，$n = q_1^{b_1} q_2^{b_2} \cdots q_t^{b_t}$. 函数 $K(m/n)$ 将 m/n 映射为 $p_1^{2a_1} p_2^{2a_2} \cdots p_s^{2a_s} q_1^{2b_1-1} q_2^{2b_2-1} \cdots q_t^{2b_t-1}$. 证明 K 是正有理数集合到正整数集合的一一对应.

计算和研究

1. 求 8 616 460 799；1 234 567 890；111 111 111 111 和 43 854 532 213 873 的素因子分解.
2. 当 n 取值在某一范围内时，比较形如 $4n+1$ 的素数个数和形如 $4n+3$ 的素数个数. 你能给出关于这两数之间关系的一个猜想吗?
3. 当整数 a 和 b 的值在一定范围内时，给定 a 和 b 的值，求形如 $an+b$ 的最小素数. 你能给出关于这种数的一个猜想吗?
4. 求出小于 10^m 的重幂数的个数(定义见习题 9)，分别取 $m=1, 2, 3, 4, 5, 6$.
5. 求出尽可能多的两个相邻的正整数，使得它们同为重幂数(定义见习题 9).

程序设计

1. 根据一个正整数的素因子分解求出它所有的正因子.
2. 根据两个正整数的素因子分解求出它们的最大公因子.
3. 根据两个正整数的素因子分解求出它们的最小公倍数.
4. 求 $n!$ 的十进制展开式末尾的零的个数，其中 n 为正整数.
5. 求 $n!$ 的素因子分解，其中 n 为正整数.
6. 求小于正整数 n 的重幂数(定义见习题 9)的数目.

4.4 因子分解方法和费马数

由算术基本定理，我们知道每一个正整数可以被唯一地写成一些素数的积. 在这一节我们将讨论如何确定这个因子分解，并且介绍几种简单的因子分解方法. 整数的因子分解在数学研究领域是非常活跃的，特别是因为它在密码学方面十分重要，这一点会在第 9 章中看到. 在那一章中我们将会知道 RSA 公钥密码系统的安全性是基于整数的因子分解比寻找大素数要难得多的这一事实.

在我们讨论现今的因子分解算法之前，首先考虑一种最直接的分解整数的方法，叫作*试除法*. 我们将会解释为什么它不是十分有效. 回忆定理 4.2，n 或者是一个素数，或者存在一个不超过 $\sqrt{n}$ 的素数因子. 因此，当我们依次用不超过 $\sqrt{n}$ 的素数 2，3，5…去除 n 的时候，或者得到 p_1 是 n 的素数因子，或者 n 是素数. 如果我们找到了 n 的素数因子 p_1，那么接下来找 $n_1 = n/p_1$ 的素数因子，从素数 p_1 开始搜索，因为 n_1 没有比 p_1 小的素数因子且任何一个 n_1 的因子也是 n 的因子. 如有必要继续用不超过 $\sqrt{n_1}$ 的素数来试除 n_1，继续这种算法，一步步进行，最终求得 n 的因子分解中的所有素因子.

例 4.15 设 $n = 42\,833$. 我们注意到 n 不能被 2，3 和 5 整除，但是 $7 \mid n$. 因而有

$$42\,833 = 7 \cdot 6\,119.$$

试除法表明 6 119 不能被 7，11，13，17，19，23 整除. 然而

$$6\,119 = 29 \cdot 211.$$

因为 $29\geqslant\sqrt{211}$，于是知道 211 是素数. 这样就得到了 42 833 的因子分解：$42\,833=7\cdot 29\cdot 211$.

但遗憾的是这个求整数的素因子分解的方法效率很低. 用它分解一个整数 N 可能需要做 $\pi(\sqrt{N})$ 次除法(假设我们已经知道不超过 $\sqrt{N}$ 的所有素数)，共需要 $\sqrt{N}\log N$ 次的位运算，因为由素数定理，$\pi(\sqrt{N})$ 近似等于 $\sqrt{N}/\log\sqrt{N}=2\sqrt{N}/\log N$，并且由定理 2.7，这些除法共需要 $O(\log^2 N)$ 次位运算.

4.4.1　现代因子分解方法

数学家已经致力于整数的因子分解这个问题很长时间了. 17 世纪，费马(Pierre de Fermat)给出了一种因子分解方法，这个方法基于将一个合数表示成两个平方数的差的形式. 这个方法在理论和某些实际应用中是相当重要的，但是它本身并不是一个十分有效的方法. 本节后面将会讨论费马的这一因子分解方法.

从 1970 年以来，很多新的因子分解方法被提出来，并在现代强大的计算机上实现了算法，一些之前难以处理的数现在可以分解了. 我们将会介绍这些新方法中简单的几种. 然而最强大的因子分解方法是非常复杂的，它们已经超出了本书的范围，但是我们会讨论它们所能分解的整数的大小.

皮埃尔·德·费马(Pierre de fermat，1601—1665)是位职业律师，他是法国 Toulouse 省立议会的著名法律专家. 费马大概是历史上最有名的业余数学家. 他几乎没发表一篇有关他的数学发现的文章，但是他跟同时期的许多数学家都有过通信. 从他的通信中，尤其是跟法国修道士梅森(将在第 8 章讨论)的通信中，我们了解了很多他对数学的贡献. 费马是解析几何的创建人之一，而且，他还奠定了微积分的基础. 费马和帕斯卡一道奠定了概率学的数学基础. 我们从费马在丢番图的书的空白处所做的批注可以了解他的一些发现. 他的儿子找到了这本写有批注的书，并且将其出版发行，由此其他的数学家才得以了解费马的工作.

在近期的因子分解方法中(在近 30 年里提出来的)有几种是由波拉德(J. M. Pollard)给出的，包括波拉德 ρ 方法(在 5.6 节中讨论)和波拉德 $p-1$ 方法(在 7.1 节中讨论). 一般而言，这两种方法对于复杂的因子分解问题速度太慢了，除非被分解的数有特定的性质. 在 13.5 节中，我们将会介绍另外一种用连分数来进行因子分解的方法. 由 Morrison 和 Brillhart 提出来的这种方法的一个变体是 20 世纪 70 年代用于分解大整数的主要方法. 这是第一个在次指数时间(subexponential time)内运行的因子分解算法，这意味着分解一个整数 n 所需要的位运算次数可以写成 $n^{\alpha(n)}$，当 n 增大时，$\alpha(n)$ 减小. 对于在一个次指数时间内运行的因子分解算法的位运算数，我们给出一个有用的记号 $L(a, b)$ 来描述它，这意味着用这个算法来进行因子分解需要的位运算次数是 $O(\exp(b(\log n)^a(\log\log n)^{1-a}))$. ($L(a, b)$ 的精确定义实际上更复杂.)这种由 Morrison 和 Brillhart 提出的连分数算法的变体使用了 $L(1/2, \sqrt{3/2})$ 次的位运算. 它最大的成功是在 1970 年分解了一个 63 位的整数.

在 14.7 节中我们将介绍一种重要的分解方法，被称为 Lenstra 椭圆曲线法. 这种算法是 1987 年发明的，是一种次指数时间算法，且是目前已知的第三快的算法．该算法的时间由所分解的整数 n 的小素因子的大小而不是 n 的大小所控制．在实践中，它被认为是分解 50 到 60 位的整数的最佳算法．

由 Carl Pomerance 在 1981 年提出的*二次筛法*第一次使分解 100 位以上的一般整数成为可能．这种方法在被提出来以后又进行了不少的改进，它需要用 $L(1/2, 1)$次位运算．它很大的一个成功是分解了一个被称为是 RSA-129 的 129 位整数，而这个整数的因子分解被 RSA 密码系统的发明者称为是一个挑战，RSA 密码系统将会在第 9 章中讨论．二次筛法目前是第二快的算法．

目前，对大于 115 位的一般整数进行分解的最好算法是*数域筛法*(number field sieve)，开始是由波拉德提出来的，后来被 Buhler、Lenstra 和 Pomerance 改进，它需要的位运算次数是 $L(1/3, (64/9))^{1/3}$．它的最大成功是在 2020 年分解了一个被称为是 RSA-250 的 250 位的整数．对于分解位数小于 115 位的整数，二次筛法似乎依然比数域筛法要来得快．

二次筛法和数域筛法(还有其他的方法)的一个重要特征是这些算法可以同时在很多台计算机(或处理器)上并行运算．这就使得很多团队成员可以同时分解同一个整数．(RSA-129 和其他 RSA 的挑战数字的因子分解历史纪录见这一小节的最后．)

将来我们可以分解多大的整数呢？这个问题的答案依赖于是否有更有效的算法(或者更多的是依赖于有多快)出现，以及计算能力发展的速度．一个有用的并常常被用来估计分解一个确定位数的整数所需的计算量是每秒百万条指令/年或者 MIPS-年(一个 MIPS-年显示在一年内经典的 DEC VAX 11/780 的计算能力．尽管这个计算机已经过时，但它仍被用来作为一个参考点．现代 PC 的运算能力为数百个 MIPS.)表 4.2(来自[Od95]中的信息)显示使用数域筛法分解给定大小的整数所需的计算量(以 MIPS-年为单位，舍入到最接近的十的幂)．团队成员可以一起工作，投入数千甚至数百万的 MIPS-年来分解特定的数．因此即使没有新算法的进展，在接下的几年，还是有可能看到 300 位或者 400 位的一般整数的因子分解．

表 4.2　使用数域筛法分解整数所需的计算量

数的十进制位数	所需的大致 MIPS-年
150	10^4
225	10^8
300	10^{11}
450	10^{16}
600	10^{20}

4.4.2　量子因子分解

1994 年，美国计算机专家 Peter Shor 提出了一种可在量子计算机上运行的极为高效的*量子因子分解算法*(quantum factorization algorithm)．该算法在量子计算机上分解 N 只需 $\log N$ 的多项式时间．另外更为高效的量子算法也已出现或正在构建中．

对物理学家而言，构建一台量子计算机颇具挑战性．直到 2022 年，只有小规模的量子计算机被造出来了．一旦造出对一些特殊问题的求解速度超过经典计算机的大点的量子计算机，则称实现了“量子霸权”．然而这并不意味着量子计算机对经典计算机的全面超越．

尽管许多研究者对量子计算机的发展以及量子分解算法比较乐观，我们何时以及能否在多项式时间内分解正整数仍然相当不确定．直到 2022 年末，使用量子因子分解算法处理的最大整数是 1 099 551 473 989．如果实用的量子分解算法能够实现，那么现在广泛使用的公开密钥密码体系(参看第9章和第10章)就会被抛弃.

对于分解算法进一步的信息，我们推荐读者参考[Br89]、[Br00]、[CrPo05]、[Di84]、[Gu75]、[Od95]、[Po84]、[Po90]、[Ri94]、[Ru83]、[WaSm87]和[Wi84].

4.4.3 费马因子分解

我们现在给出一个有趣但不总是有效的因子分解方法. 这个方法是费马发现的，被称为费马因子分解，它基于下面的引理.

引理4.7 *如果 n 是一个正奇数，那么 n 分解为两个正整数的积和表示成两个平方数的差是一一对应的.*

证明 令 n 是正奇数，$n=ab$ 为分解成两个正整数的积. 那么 n 可以写成两个平方数的差，这是因为

$$n=ab=s^2-t^2,$$

其中 $s=(a+b)/2$，$t=(a-b)/2$ 都是整数，因为 a，b 都是奇数.

反之，如果 n 可以写成两个平方数的差，比如 $n=s^2-t^2$，那么我们可以将 n 分解为 $n=(s-t)(s+t)$.

我们将一一对应关系的证明留给读者. ■

为了实现费马因子分解方法，我们通过寻找形如 x^2-n 的完全平方数来求方程 $n=x^2-y^2$ 的根. 因此，为了求 n 的因子分解，我们在整数序列

$$t^2-n,\ (t+1)^2-n,\ (t+2)^2-n,\ \cdots$$

中寻找完全平方数，其中 t 是大于 $\sqrt{n}$ 的最小整数. 这个过程是有限终止的，这是因为平凡因子分解 $n=n\cdot 1$ 可导出方程

$$n=\left(\frac{n+1}{2}\right)^2-\left(\frac{n-1}{2}\right)^2.$$

RSA 分解挑战

1991年到2007年，RSA分解挑战一直是一场挑战数学家分解某些大整数的竞赛. 其目的在于跟踪分解方法的进展，而这又与密码学密切相关(参见第9章). 第一个RSA挑战于1991年进行，来自1977年 Martin Gardner 在《科学美国人》杂志上的专栏文章，要求分解一个被称为RSA-129的129位的整数. 当时悬赏100美元解密一条消息. 当这个129位的整数被分解时，这条消息就能很容易地被解密出来. 反之则不能. 17年过去了，直到1994年这一挑战才得到回应. 使用二次筛法，600多人耗费了8个月完成了RSA-129的分解，其计算量大约为5 000MIPS-年. RSA数据安全公司(即第8章讨论的RSA密码系统专利拥有者)的一个部门RSA实验室赞助了这一挑战. 如能分解挑战名单上的整数，则能获得现金奖励. 目前为止他们共为一些成功的因子分解发放了超过8万美元的奖金. 因子分解名单上的整数产生了一些世界纪录. 例如，1996年 Arjen Lenstra 领导的一个小组用数域筛法分解了RSA-130，花费的计算量大约是750MIPS-年. 在1999年人们用数域筛法分解了RSA-140和RSA-155，计算量分别为2 000MIPS-年和8 000MIPS-年. 这项挑战目前分解的最大整数是具有200位的RSA-200，由波恩大学的 Jens Franke 所领导的团队在2005年攻克. 尽管RSA分解挑战在2007年正式终止，研究者仍在继续分解尚未分解的RSA数.

> 最新的进展是 2019 年分解了 240 位的数 RSA-240，在一台 2.1GHz 的 Intel Xeon Gold 6130 的计算机上运行了大约 900 小时. 2020 年，250 位的数 RSA-250 被 F. Boudot、P. Gaudry、A. Guillevic、N. Heninger、E. Thomé 和 P. Zimmermann 联合攻克，他们在一批计算机上使用了开源的 CADO-NFS 软件. 直到 2020 年初，RSA 分解挑战列表上的未被解决的数仍有 33 个，这些数的位数大致分布在 232 至 617 之间.

例 4.16 使用费马因子分解方法分解 6 077. 由于 $77<\sqrt{6\,077}<78$，我们在序列

$$78^2-6\,077=7$$
$$79^2-6\,077=164$$
$$80^2-6\,077=323$$
$$81^2-6\,077=484=22^2$$

中寻找完全平方数. 由于 $6\,077=81^2-22^2$，故 $6\,077=(81-22)(81+22)=59\cdot 103$. ◀

不幸的是，费马因子分解的效率是非常低的. 使用这种方法去分解 n 可能需要检查 $(n+1)/2-[\sqrt{n}]$ 个整数来确定它们是否为完全平方数. 费马因子分解在用来分解具有两个相似大小的因子的整数时最有效. 尽管费马因子分解很少被用来分解大整数，但是它的基本思想是计算机计算中广泛使用的很多更有效因子分解算法的基础.

4.4.4 费马数

整数 $F_n=2^{2^n}+1$ 被称为费马数. 费马猜想这些整数都是素数. 事实上，前面的几个都是素数，例如 $F_0=3$，$F_1=5$，$F_2=17$，$F_3=257$，$F_4=65\,537$. 很不幸，$F_5=2^{2^5}+1$ 是合数，我们现在证明这一点.

例 4.17 费马数 $F_5=2^{2^5}+1$ 能够被 641 整除. 我们可以通过使用一些不是很明显的观察结果而不是实际做除法来证明 $641\mid F_5$. 注意

$$641=5\cdot 2^7+1=2^4+5^4.$$

因此，

$$\begin{aligned}2^{2^5}+1&=2^{32}+1=2^4\cdot 2^{28}+1=(641-5^4)2^{28}+1\\&=641\cdot 2^{28}-(5\cdot 2^7)^4+1=641\cdot 2^{28}-(641-1)^4+1\\&=641(2^{28}-641^3+4\cdot 641^2-6\cdot 641+4).\end{aligned}$$

从而，我们得到 $641\mid F_5$. ◀

下面的结果在费马数因子分解中起着重要的辅助作用.

定理 4.11 *费马数 $F_n=2^{2^n}+1$ 的每个素因子都形如 $2^{n+2}k+1$.*

定理 4.11 的证明在第 12 章中作为一个习题出现. 这里，我们指出定理 4.11 在确定费马数的因子分解中是多么有用.

例 4.18 从定理 4.11，我们知道 $F_3=2^{2^3}+1=257$ 的每个素因子一定形如 $2^5k+1=$

$32 \cdot k+1$. 由于不存在小于或等于$\sqrt{257}$的这种形式的素数，因此得到结论 $F_3=257$ 为素数. ◀

例 4.19 在分解 $F_6=2^{2^6}+1$ 时，应用定理 4.11 可以看出它的所有素因子的形式都是 $2^8k+1=256 \cdot k+1$. 因此只需要用不超过$\sqrt{F_6}$的形如 $256 \cdot k+1$ 的素数对 F_6 的做试除法检验即可. 在大量的计算后，我们发现当 $k=1\,071$ 时，得到一个素因子，即 $274\,177=(256 \cdot 1\,071+1) \mid F_6$. ◀

已知的费马数因子分解 在费马数因子分解方面，人们付出了巨大的努力. 然而直到现在，还没有发现新的费马素数(大于 F_4 的). 一些数学家相信不存在其他的费马素数. 我们将在第 12 章给出关于费马数的一个素性检验法，它被用来证明许多费马数为合数. (当使用这样的测试时，没有必要使用试除法来检验一个数能否被不超过它的平方根的素数整除.)

截至 2022 年中，已知一共有 316 个费马数为合数，但是其中只有 7 个的完全因子分解是清楚的：F_5，F_6，F_7，F_8，F_9，F_{10} 和 F_{11}. 费马数 F_9 是 155 位的十进制数，1990 年由 Mark Manasse 和 Arjen Lenstra 使用数域筛法进行了分解，数域筛法可以把一个整数的分解问题转化为许多个较小的分解问题，并可以并行计算. 尽管 Manasse 和 Lenstra 将分解 F_9 的大量计算分给了数百名数学家和计算机科学家，但是仍然花费了大概两个月的时间来完成计算. (关于 F_9 的因子分解细节，请参看[Ci90].)

F_{11} 的素因子分解于 1989 年由 Richard Brent 给出，使用的分解算法被称为椭圆曲线法(详细描述见[Br89]). 在 F_{11} 中共有 617 位十进制数字，且 $F_{11}=319\,489 \cdot 974\,849 \cdot P_{21} \cdot P_{22} \cdot P_{564}$，其中 P_{21}，P_{22} 和 P_{564} 分别是 21 位、22 位和 564 位的素数. 直到 1995 年 Brent 才完成了 F_{10} 的分解. 他应用椭圆曲线因子分解发现 $F_{10}=45\,592\,577 \cdot 6\,487\,031\,809 \cdot P_{40} \cdot P_{252}$，其中 P_{40} 和 P_{252} 分别是 40 位和 252 位的素数.

我们知道很多费马数是合数，这是因为使用一些像定理 4.11 的结果，至少发现了这些数的一个素因子. 我们也知道当 $n=20$ 和 24 时，F_n 是合数，但是这些数的因子还没有找到. 已知的使得 F_n 为合数的最大的 n 为 $n=18\,233\,954$. ($F_{382\,447}$ 是被证明超过 100 000 位的第一个为合数的费马数，这是在 1999 年被证明的.) F_{33} 是现在还没有被证明是合数的最小费马数，如果它确实是合数的话. 由于计算机软件和硬件的稳步发展，我们可以期待关于费马数本质的新结果以及它们的因子分解将以良好的速度被发现.

费马数因子分解是由美国数学会资助的 Cunningham 项目的一部分. 这个项目以 A. J. Cunningham 的名字命名，致力于建立一个形如 $b^n \pm 1$ 的整数的所有已知的因子表，其中 $b=2$，3，5，6，7，10，11 和 12. A. J. Cunningham 是英国军队的陆军上校，他于 20 世纪早期编辑了一个这类整数的因子表. 1988 年的因子表包含在[Br88]中；该项目现在的情况可以在互联网上查到. 人们对形如 $b^n \pm 1$ 的数有特殊的兴趣，这是因为它们在生成伪随机数中的重要性(见第 11 章)，以及在抽象代数和数论中的重要性.

与 Cunningham 项目相关，一个需要被分解的“十大悬赏”整数的列表由普渡大学的 Samuel Wagstaff 保存着. 例如，直到 1990 年 F_9 被分解之前，它一直在这个表中. 随着分解技术和计算能力的发展，越来越大的数进入了这个列表. 20 世纪 80 年代初，最大的整数介于50至70位之间；20世纪90年代初，介于90至130位之间；而2010年初，最大整数已经介于85至233位之间了；2021年，则介于242至337位之间.

利用费马数证明素数的无穷性　利用费马数证明存在无穷多的素数是有可能的. 我们从证明两个不同的费马数是互素的开始. 这将会用到下面的引理.

引理 4.8　设 $F_k=2^{2^k}+1$ 表示第 k 个费马数，这里 k 为非负整数. 那么对于所有正整数 n，我们有

$$F_0F_1F_2\cdots F_{n-1}=F_n-2.$$

证明　我们将使用数学归纳法证明这一引理. 对于 $n=1$，等式为

$$F_0=F_1-2.$$

这显然是正确的，因为 $F_0=3$，$F_1=5$. 此时，假设等式对正整数 n 成立，即

$$F_0F_1F_2\cdots F_{n-1}=F_n-2.$$

由这个假设，我们很容易证明等式对整数 $n+1$ 成立，这是因为

$$\begin{aligned}F_0F_1F_2\cdots F_{n-1}F_n&=(F_0F_1F_2\cdots F_{n-1})F_n\\&=(F_n-2)F_n=(2^{2^n}-1)(2^{2^n}+1)\\&=(2^{2^n})^2-1=2^{2^{n+1}}-1=F_{n+1}-2.\end{aligned}$$

■

这样就推出了下面的定理.

定理 4.12　设 m 和 n 为互异的非负整数，则费马数 F_m 和 F_n 是互素的.

证明　假设 $m<n$. 由引理4.8，我们知道

$$F_0F_1F_2\cdots F_m\cdots F_{n-1}=F_n-2.$$

假定 d 是 F_m 与 F_n 的公因子. 则由定理1.8可知

$$d\mid(F_n-F_0F_1F_2\cdots F_m\cdots F_{n-1})=2.$$

因此，$d=1$ 或者 $d=2$. 然而，由于 F_m 和 F_n 为奇数，故 d 不可能等于2. 因此，$d=1$，$(F_m,F_n)=1$.

■

应用费马数，现在我们给出存在无穷多个素数的另一种证明. 首先，注意到根据4.1节中的引理4.1，每个费马数 F_n 有一个素因子 p_n. 由于 $(F_m,F_n)=1$，因此只要 $m\neq n$，便有 $p_m\neq p_n$. 从而，可以推知存在无穷多个素数.

费马素数与几何　费马素数在几何学中很重要. 高斯对下面著名定理的证明可以在[Or88]中找到.

定理 4.13　一个正 n 边形可用直尺(无刻度)和圆规来画出当且仅当 n 是一个2的非负幂次与非负个不同费马素数的乘积.

4.4 节习题

1. 求下面正整数的素因子分解.
   a) 33 776 925　　b) 210 733 237　　c) 1 359 170 111
2. 求下面正整数的素因子分解.
   a) 33 108 075　　b) 7 300 977 607　　c) 4 165 073 376 607
3. 利用费马因子分解法，分解下面的正整数.
   a) 143　　b) 2 279　　c) 43　　d) 11 413
4. 利用费马因子分解方法，分解下面的正整数.

a) 8 051　　b) 73　　c) 46 009　　d) 11 021　　e) 3 200 399　　f) 24 681 023

5. 证明完全平方数的最后两个十进制数字一定是下列数对之一：00，$e1$，$e4$，25，$o6$，$e9$，其中 e 表示任意偶数字，o 表示任意奇数字.（提示：证明 n^2，$(50+n)^2$ 和 $(50-n)^2$ 有相同的个位数字，然后考虑那些在 $0\leqslant n\leqslant 25$ 中的整数 n.）
6. 解释为什么习题5的结果可以被用来加速费马因子分解方法.
7. 证明：如果 n 的最小素因子为 p，则对于 $x>(n+p^2)/(2p)$，除了 $x=(n+1)/2$ 这个例外，x^2-n 都不是完全平方数.

习题8～10涉及Draim因子分解方法，该方法是用它的创建者Nicholas A. Draim上校的名字命名的. 为了使用这个方法来寻找正整数 $n=n_1$ 的因子，我们从使用带余除法开始，得到

$$n_1=3q_1+r_1,\quad 0\leqslant r_1<3.$$

令 $m_1=n_1$，取

$$m_2=m_1-2q_1,\quad n_2=m_2+r_1.$$

再次应用带余除法，得到

$$n_2=5q_2+r_2,\quad 0\leqslant r_2<5,$$

并且取

$$m_3=m_2-2q_2,\quad n_3=m_3+r_2.$$

反复应用带余除法递推下去，记

$$n_k=(2k+1)q_k+r_k,\quad 0\leqslant r_k<2k+1,$$

并定义

$$m_k=m_{k-1}-2q_{k-1},\quad n_k=m_k+r_{k-1}.$$

当得到余数 $r_k=0$ 时停止.

8. 证明 $n_k=kn_1-(2k+1)(q_1+q_2+\cdots+q_{k-1})$，$m_k=n_1-2(q_1+q_2+\cdots+q_{k-1})$.
9. 证明：如果 $(2k+1)\mid n$，则 $(2k+1)\mid n_k$ 且 $n=(2k+1)m_{k+1}$.
10. 用Draim因子分解方法分解5 899.

在习题11～13中，我们给出被称为欧拉方法的一个因子分解方法. 当被分解的整数为奇数且能够用两种不同方法写成两个平方数的和时，可以应用这个方法. 设 n 为奇数，且设 $n=a^2+b^2=c^2+d^2$，其中 a 和 c 为正奇数，b 和 d 为正偶数.

11. 设 $u=(a-c,\ b-d)$. 证明 u 为偶数，且如果 $r=(a-c)/u$，$s=(d-b)/u$，则 $(r,\ s)=1$，$r(a+c)=s(d+b)$，且 $s\mid(a+c)$.
12. 设 $sv=a+c$. 证明 $rv=d+b$，$v=(a+c,\ d+b)$，且 v 为偶数.
13. 证明 n 可以被分解为 $n=[(\mu/2)^2+(v/2)^2](r^2+s^2)$.
14. 用欧拉方法分解下列整数.
    a) $221=10^2+11^2=5^2+14^2$
    b) $2\,501=50^2+1^2=49^2+10^2$
    c) $1\,000\,009=1\,000^2+3^2=972^2+235^2$
15. 通过等式 $4x^4+1=(2x^2+2x+1)(2x^2-2x+1)$，容易证明所有形如 $2^{4n+2}+1$ 的数都可以分解. 应用这个等式分解 $2^{18}+1$.
16. 证明：如果 a 为正整数且 a^m+1 为奇素数，则对某个非负整数 n，$m=2^n$.（提示：回顾等式 $a^m+1=(a^k+1)(a^{k(l-1)}-a^{k(l-2)}+\cdots-a^k+1)$，其中 $m=kl$ 且 l 为奇数.）
17. 证明：如果 $n\geqslant 2$，则 $F_n=2^{2^n}+1$ 的十进制展开式中最后一个数位是7.（提示：用数学归纳法证明 2^{2^n} 的最后一个十进制数位为6.）

18. 使用 $F_4=2^{2^4}+1=65\ 537$ 的每个素因子都形如 $2^6k+1=64k+1$ 的这一事实，验证 F_4 为素数.（应该只需要做一次试除法.）

19. 使用 $F_5=2^{2^5}+1$ 的每个素因子都形如 $2^7k+1=128k+1$ 这一事实，证明 F_5 的素因子分解为 $F_5=641\cdot 6\ 700\ 417$.

20. 求所有形如 $2^{2^n}+5$ 的素数，这里 n 为非负整数.

21. 估计费马数 F_n 的十进制展开数的位数.

*22. n 和 F_n 的最大公因子是什么？其中 n 为正整数. 证明你的结论的正确性.

23. 证明形如 2^m+1(其中 m 为正整数)且为一个正整数的幂(即形如 n^k，其中 n 和 k 为正整数且 $k\geqslant 2$)的唯一整数出现在 $m=3$ 时.

24. 用费马因子分解方法分解 kn(其中 k 是一个较小的正整数)有时比用这个方法分解 n 还简单. 证明用费马因子分解法分解 901，且分解 $3\cdot 901=2\ 703$ 比分解 901 更简单.

计算和研究

1. 使用试除法，求你选择的大于 10 000 的一些整数的素因子分解.
2. 使用费马因子分解，求你选择的大于 10 000 的一些整数的素因子分解.
3. 使用定理 4.11 分解费马数 F_6 和 F_7.

程序设计

1. 给定一个正整数 n，求 n 的素因子分解.
2. 给定一个正整数 n，对 n 使用费马因子分解方法.
3. 给定一个正整数 n，对 n 使用 Draim 因子分解方法(参看习题 8 前面的导言).
4. 使用定理 4.11 查找费马数 F_n 的素因子，其中 n 为正整数.

第5章 同　　余

德国数学家高斯发明了同余的语言，这使得我们差不多能像处理等式一样来处理整除关系．在本章中，我们将给出同余的基本性质，描述如何进行同余式的算术运算，还将研究含有未知数的同余方程，例如线性同余方程．引出线性同余方程的一个例子是，求使得 $7x$ 被 11 除所得余数为 3 的所有整数 x．我们还将研究线性同余方程组，它们来源于古代中国难题：求一个数，它被 3，5 和 7 除所得余数分别为 2，3 和 2．我们将学习如何运用著名的中国剩余定理来解像上面难题那样的线性同余方程组．我们还将学习怎样解多项式同余方程．最后，我们用同余的语言来介绍一种(整数)分解方法，即波拉德 ρ 方法．

5.1　同余概述

本章所介绍的同余这一特殊语言在数论中极为有用，它是由历史上最著名的数学家之一卡尔·弗里德里希·高斯(Karl Friedrich Gauss)于 19 世纪初提出的．

卡尔·弗里德里希·高斯(1777—1855)是一个泥瓦匠的儿子．他的天赋很早就显现出来．事实上，在 3 岁时他就更正了他父亲工资表中的一个错误．在他的第一次算术课上，老师为使学生有事干，就布置了一项作业，即求前 100 个正整数的和．那时 8 岁的高斯得出此和等于 $50 \cdot 101=5\,050$，因为这些项可以分组求和：$1+100=101$，$2+99=101$，…，$49+52=101$，$50+51=101$．1796 年，高斯在几何的一个领域内做出了重大发现，而此领域自古代以来一直没有什么进展．特别地，他证明了仅用直尺和圆规可以画出正十七边形．1799 年，他给出了代数基本定理的第一个严格证明，此定理断言实系数 n 次多项式恰有 n 个根．高斯对天文学做出了很多重要贡献，包括计算谷神星的轨道．因为这一计算结果，高斯被任命为哥廷根天文台的台长．高斯于 1801 年写成 *Disquisitiones Arithmeticae* 一书，为现代数论打下了基础．在他所处的时代，高斯被誉为“数学王子”．尽管高斯因其在几何、代数、分析、天文学和数学物理中的众多发现而闻名，但是他对数论情有独钟，这可从他的名言看出：“数学是科学的女王，而数论是数学的女王．”高斯在早年获得了他的多数重要发现，晚年则致力于完善这些理论．高斯也有一些重要的成果并未公开，获得同样发现的数学家，往往吃惊地发现高斯好多年前早已在其未发表的手稿中描述过这些结果．

同余的语言使得人们能用类似于处理等式的方式来处理整除关系．在引入同余之前，人们研究整除关系所用的记号笨拙而且难用，而引入方便的记号对加速数论的发展起了帮助作用．

定义　设 m 是正整数．若 a 和 b 是整数，且 $m \mid (a-b)$，则称 **a 和 b 模 m 同余．**

若 a 和 b 模 m 同余，则记 $a \equiv b \pmod{m}$．若 $m \nmid (a-b)$，则记 $a \not\equiv b \pmod{m}$，并称 a 和 b 模 m 不同余．整数 m 称为同余的模．

例 5.1　因为 $9 \mid (22-4)=18$，所以 $22 \equiv 4 \pmod{9}$．类似地，$3 \equiv -6 \pmod{9}$，$200 \equiv$

2(mod 9). 另外，因为 $9 \nmid (13-5)=8$，所以 $13 \not\equiv 5 \pmod 9$.

同余在日常生活中经常可见. 例如，钟表对于小时是模 12 或 24 的，对于分钟和秒是模 60 的；日历对于星期是模 7 的，对于月份是模 12 的. 电表、水表通常是模 1 000 的，里程表通常是模 100 000 的.

有时需要将同余式转换为等式. 下面的定理能帮助我们做到这一点.

定理 5.1 若 a 和 b 是整数，则 $a \equiv b \pmod m$ 当且仅当存在整数 k，使得 $a=b+km$.

证明 若 $a \equiv b \pmod m$，则 $m \mid (a-b)$. 这说明存在整数 k，使得 $km=a-b$，所以 $a=b+km$.

反过来，若存在整数 k 使得 $a=b+km$，则 $km=a-b$. 于是，$m \mid (a-b)$，因而 $a \equiv b \pmod m$. ■

例 5.2 我们有 $19 \equiv -2 \pmod 7$ 和 $19=-2+3 \cdot 7$. ◀

下面的命题给出了同余的一些重要性质.

定理 5.2 设 m 是正整数. 模 m 的同余满足下面的性质：

(i) **自反性**. 若 a 是整数，则 $a \equiv a \pmod m$.

(ii) **对称性**. 若 a 和 b 是整数，且 $a \equiv b \pmod m$，则 $b \equiv a \pmod m$.

(iii) **传递性**. 若 a，b 和 c 是整数，且 $a \equiv b \pmod m$ 和 $b \equiv c \pmod m$，则 $a \equiv c \pmod m$.

证明

(i) 因为 $m \mid (a-a)=0$，所以 $a \equiv a \pmod m$.

(ii) 若 $a \equiv b \pmod m$，则 $m \mid (a-b)$. 从而存在整数 k，使得 $km=a-b$. 这说明 $(-k)m=b-a$，即 $m \mid (b-a)$. 因此，$b \equiv a \pmod m$.

(iii) 若 $a \equiv b \pmod m$，且 $b \equiv c \pmod m$，则有 $m \mid (a-b)$ 和 $m \mid (b-c)$. 从而存在整数 k 和 l，使得 $km=a-b$，$lm=b-c$. 于是，$a-c=(a-b)+(b-c)=km+lm=(k+l)m$. 因此，$m \mid (a-c)$，$a \equiv c \pmod m$. ■

由定理 5.2 可见，整数的集合被分成 m 个不同的集合，这些集合称为模 m 剩余类(同余类)，每个同余类中的任意两个整数都是模 m 同余的. 注意，当 $m=2$ 时，整数正好分成奇、偶两类. 我们将模 m 的整数 a 所在的同余类记为 $[a]_m$. 例如 $[2]_5=\{\cdots, -13, -8, -3, 2, 7, 12, 17, \cdots\}$.

如果你对集合上的关系比较熟悉，那么定理 5.2 表明对正整数 m 的模 m 同余是一种等价关系，并且每一个模 m 同余类即是由此种等价关系所定义的等价类.

例 5.3 模 4 的四个同余类是

$$[0]_4=\{\cdots, -8, -4, 0, 4, 8, \cdots\}$$
$$[1]_4=\{\cdots, -7, -3, 1, 5, 9, \cdots\}$$
$$[2]_4=\{\cdots, -6, -2, 2, 6, 10, \cdots\}$$
$$[3]_4=\{\cdots, -5, -1, 3, 7, 11, \cdots\}$$

这是因为

$$\cdots \equiv -8 \equiv -4 \equiv 0 \equiv 4 \equiv 8 \equiv \cdots \pmod 4$$
$$\cdots \equiv -7 \equiv -3 \equiv 1 \equiv 5 \equiv 9 \equiv \cdots \pmod 4$$

$$\cdots \equiv -6 \equiv -2 \equiv 2 \equiv 6 \equiv 10 \equiv \cdots \pmod 4$$
$$\cdots \equiv -5 \equiv -1 \equiv 3 \equiv 7 \equiv 11 \equiv \cdots \pmod 4. \quad ◀$$

设 m 是正整数. 给定整数 a，由带余除法有 $a=bm+r$，其中 $0\leqslant r\leqslant m-1$. 称 r 为 a 的模 m 最小非负剩余，是 a 模 m 的结果. 类似地，当 m 不整除 a 时，称 r 为 a 的模 m 最小正剩余.

另一个(尤其是在计算机科学应用中)常用的记号是 a **mod** $m=r$，它表示 r 是 a 被 m 除所得的余数. 例如，17 **mod** 5=2，−8 **mod** 7=6. 注意 **mod** m 实际上是从整数集到集合 $\{0, 1, 2, \cdots, m-1\}$ 的函数.

注 在许多编程语言中，用 $a\%m$ 而非 a **mod** m 来表示 a 模 m 的非负最小剩余.

这两种记法间的关系将在下面的定理中阐明，其证明作为本节后面的习题10和习题11留给读者.

定理 5.3 *如 a 与 b 为整数，m 为正整数，则 $a\equiv b \pmod m$ 当且仅当 a **mod** $m=b$ **mod** m.*

注意，由方程 $a=bm+r$ 有 $a\equiv r \pmod m$. 因此，每个整数都和 $0, 1, \cdots, m-1$(也就是 a 被 m 除所得的余数)中的一个模 m 同余. 因为 $0, 1, \cdots, m-1$ 中的任何两个都不是模 m 同余的，所以有 m 个整数使得每个整数都恰与这 m 个整数中的一个同余.

定义 一个**模 m 完全剩余系**是一个整数的集合，使得每个整数恰和此集合中的一个元素模 m 同余.

例 5.4 由带余除法可知，整数 $0, 1, \cdots, m-1$ 的集合是模 m 完全剩余系，称为模 m 最小非负剩余集合. ◀

例 5.5 设 m 是一个正奇数. 则整数

$$\left\{-\frac{m-1}{2}, -\frac{m-3}{2}, \cdots, -1, 0, 1, \cdots, \frac{m-3}{2}, \frac{m-1}{2}\right\}$$

的集合称为模 m 绝对最小剩余集合，它也是一个完全剩余系. ◀

我们将经常做同余的算术运算，这种算术称为模算术. 同余式与等式有很多相同的性质. 首先，我们证明在一个同余式两边同时做加法、减法或乘法仍保持同余.

定理 5.4 *若 a, b, c 和 m 是整数，$m>0$，且 $a\equiv b \pmod m$，则*

(i) $a+c\equiv b+c \pmod m$,

(ii) $a-c\equiv b-c \pmod m$,

(iii) $ac\equiv bc \pmod m$.

证明 因为 $a\equiv b \pmod m$，所以 $m\mid(a-b)$. 由等式 $(a+c)-(b+c)=a-b$ 可知，$m\mid((a+c)-(b+c))$. 因此，(i)得证. 类似地，从 $(a-c)-(b-c)=a-b$ 可以推出(ii). 为证(iii)，注意到 $ac-bc=c(a-b)$. 因为 $m\mid(a-b)$，所以 $m\mid c(a-b)$，从而 $ac\equiv bc \pmod m$. ■

例 5.6 因为 $19\equiv 3 \pmod 8$，所以根据定理5.4得，$26=19+7\equiv 3+7=10 \pmod 8$，$15=19-4\equiv 3-4=-1 \pmod 8$，$38=19\cdot 2\equiv 3\cdot 2=6 \pmod 8$. ◀

一个同余式两边同时除以一个整数会发生什么呢？考虑下面的例子.

例 5.7 我们有 $14=7\cdot 2\equiv 4\cdot 2=8 \pmod 6$，但是我们不能消去因子 2，因为 $7\not\equiv 4 \pmod 6$.

此例说明在同余式两边同时除以一个整数并不一定保持同余．然而，下面的定理给出了在同余式两边同时除以一个整数仍会保持的一个同余关系．

定理 5.5 *若 a，b，c 和 m 是整数，$m>0$，$d=(c, m)$，且有 $ac\equiv bc \pmod m$，则 $a\equiv b \pmod{m/d}$.*

证明 若 $ac\equiv bc \pmod m$，则 $m\mid(ac-bc)=c(a-b)$．因此，存在整数 k，使得 $c(a-b)=km$．两边同时除以 d，得到 $(c/d)(a-b)=k(m/d)$．因为 $(m/d, c/d)=1$，所以根据引理 4.2，有 $m/d\mid(a-b)$．因此，$a\equiv b \pmod{m/d}$. ■

例 5.8 因为 $50\equiv 20 \pmod{15}$，且 $(10, 15)=5$，所以 $50/10\equiv 20/10 \pmod{15/5}$，即 $5\equiv 2 \pmod 3$.

下面的推论是定理 5.5 的特殊情形，经常用到；它使得我们能够在模 m 同余式中消去与模 m 互素的数．

推论 5.5.1 *若 a，b，c 和 m 是整数，$m>0$，$(c, m)=1$，且有 $ac\equiv bc \pmod m$，则 $a\equiv b \pmod m$.*

例 5.9 因为 $42\equiv 7 \pmod 5$ 且 $(5, 7)=1$，所以有 $42/7\equiv 7/7 \pmod 5$，即 $6\equiv 1 \pmod 5$.

下面的定理比定理 5.4 更一般，也很有用，其证明与定理 5.4 的证明类似．

定理 5.6 *若 a，b，c，d 和 m 是整数，$m>0$，$a\equiv b \pmod m$，且 $c\equiv d \pmod m$，则*

(i) $a+c\equiv b+d \pmod m$，

(ii) $a-c\equiv b-d \pmod m$，

(iii) $ac\equiv bd \pmod m$.

证明 因为 $a\equiv b \pmod m$ 且 $c\equiv d \pmod m$，我们有 $m\mid(a-b)$ 与 $m\mid(c-d)$．因此，存在整数 k 与 l 使得 $km=a-b$，$lm=c-d$.

为证(i)，注意 $(a+c)-(b+d)=(a-b)+(c-d)=km+lm=(k+l)m$．因此，$m\mid[(a+c)-(b+d)]$，即 $a+c\equiv b+d \pmod m$.

为证(ii)，注意 $(a-c)-(b-d)=(a-b)-(c-d)=km-lm=(k-1)m$．因此，$m\mid[(a-c)-(b-d)]$，即 $a-c\equiv b-d \pmod m$.

为证(iii)，注意 $ac-bd=ac-bd+bc-bd=c(a-b)+b(c-d)=ckm+blm=m(ck+bl)$．因此，$m\mid(ac-bd)$，即 $ac\equiv bd \pmod m$. ■

例 5.10 因为 $13\equiv 3 \pmod 5$，且 $7\equiv 2 \pmod 5$，所以由定理 5.6 得，$20=13+7\equiv 3+2=5 \pmod 5$，$6=13-7\equiv 3-2=1 \pmod 5$，$91=13\cdot 7\equiv 3\cdot 2=6 \pmod 5$.

下面的引理帮助我们判定一个 m 元集合是否为模 m 的完全剩余系．

引理 5.1 *m 个模 m 不同余的整数的集合构成一个模 m 的完全剩余系.*

证明 假设 m 个模 m 不同余的整数集合不是模 m 完全剩余系．这说明，至少有一个整数 a 不同余于此集合中的任一整数．所以，此集合中的整数模 m 都不同余于 a 被 m 除所得的余数．从而，整数被 m 除所得的不同剩余至多有 $m-1$ 个．由鸽笼原理(若有多于

n个物体分配到n个盒子中，则至少有两个物体在同一盒子中），此集合中至少有两个整数有相同的模m剩余．这不可能，因为这些整数均模m不同余．因此，m个模m不同余的整数的集合构成一个模m的完全剩余系． ■

定理 5.7 若r_1，r_2，…，r_m是一个模m的完全剩余系，且正整数a满足$(a, m)=1$，则对任何整数b，

$$ar_1+b, ar_2+b, \cdots, ar_m+b$$

都是模m的完全剩余系．

证明 首先来证整数

$$ar_1+b, ar_2+b, \cdots, ar_m+b$$

中的任何两个都模m不同余．为此，注意若

$$ar_j+b \equiv ar_k+b(\bmod m),$$

则由定理5.4(ii)知

$$ar_j \equiv ar_k(\bmod m).$$

因为$(a, m)=1$，推论5.5.1表明

$$r_j \equiv r_k(\bmod m).$$

因为若$j \neq k$，则$r_j \not\equiv r_k(\bmod m)$，我们得到$j=k$．

由引理5.1，因为所考虑的集合由m个模m不同余的整数组成，所以这些整数构成一个模m的完全剩余系． ■

下面的定理表明同余式两边同时取相同的正整数幂仍保持同余．

定理 5.8 若a，b，k和m是整数，$k>0$，$m>0$，且$a \equiv b(\bmod m)$，则$a^k \equiv b^k(\bmod m)$．

证明 因为$a \equiv b(\bmod m)$，所以$m \mid (a-b)$．因为

$$a^k-b^k=(a-b)(a^{k-1}+a^{k-2}b+\cdots+ab^{k-2}+b^{k-1}),$$

所以$(a-b) \mid (a^k-b^k)$．因此，由定理1.8知$m \mid (a^k-b^k)$，即$a^k \equiv b^k(\bmod m)$． ■

例 5.11 由于$7 \equiv 2(\bmod 5)$，由定理5.8可知，$343=7^3 \equiv 2^3=8(\bmod 5)$． ◀

下面的结果说明如何将两个数关于不同模的同余式结合起来．

定理 5.9 若$a \equiv b(\bmod m_1)$，$a \equiv b(\bmod m_2)$，…，$a \equiv b(\bmod m_k)$，其中a，b，m_1，m_2，…，m_k是整数，且m_1，m_2，…，m_k是正的，则

$$a \equiv b(\bmod [m_1, m_2, \cdots, m_k]),$$

其中$[m_1, m_2, \cdots, m_k]$是m_1，m_2，…，m_k的最小公倍数．

证明 因为$a \equiv b(\bmod m_1)$，$a \equiv b(\bmod m_2)$，…，$a \equiv b(\bmod m_k)$，所以$m_1 \mid (a-b)$，$m_2 \mid (a-b)$，…，$m_k \mid (a-b)$．由4.3节的习题39，

$$[m_1, m_2, \cdots, m_k] \mid (a-b).$$

因此，

$$a \equiv b(\bmod [m_1, m_2, \cdots, m_k]).$$ ■

接下来的结论是此定理的一个直接且有用的推论．

推论 5.9.1 若$a \equiv b(\bmod m_1)$，$a \equiv b(\bmod m_2)$，…，$a \equiv b(\bmod m_k)$，其中a，b是整数，m_1，m_2，…，m_k是两两互素的正整数，则

$$a \equiv b(\bmod m_1 m_2 \cdots m_k).$$

证明　因为m_1，m_2，…，m_k是两两互素的正整数，所以由4.3节习题66有

$$[m_1, m_2, \cdots, m_k]=m_1m_2\cdots m_k.$$

因此，由定理5.9可知

$$a\equiv b(\bmod m_1m_2\cdots m_k).$$ ■

5.1.1 快速模指数运算

在接下来的学习中，我们将处理含有整数的高次幂的同余．例如，我们要求2^{644}模645的最小正剩余．若想求此最小正剩余，我们先计算2^{644}，则得到一个194位的十进制数，这是最不想要的．相反，为求2^{644}模645，我们先将指数644表示成二进制形式：

$$(644)_{10}=(1010000100)_2.$$

然后，通过逐个平方及模645约化来计算2，2^2，2^4，2^8，…，2^{512}的最小正剩余，给出下列同余式：

$$\begin{aligned}2&\equiv 2(\bmod 645),\\2^2&\equiv 4(\bmod 645),\\2^4&\equiv 16(\bmod 645),\\2^8&\equiv 256(\bmod 645),\\2^{16}&\equiv 391(\bmod 645),\\2^{32}&\equiv 16(\bmod 645),\\2^{64}&\equiv 256(\bmod 645),\\2^{128}&\equiv 391(\bmod 645),\\2^{256}&\equiv 16(\bmod 645),\\2^{512}&\equiv 256(\bmod 645).\end{aligned}$$

现在用2的合适的幂的最小正剩余的乘积来计算2^{644}模645，得

$$2^{644}=2^{512+128+4}=2^{512}2^{128}2^4\equiv 256\cdot 391\cdot 16=1\,601\,536\equiv 1(\bmod 645).$$

我们刚才演示了模指数运算，即计算b^N模m的一般过程，其中b，m和N是正整数．首先，将N用二进制记号表示成$N=(a_ka_{k-1}\cdots a_1a_0)_2$．然后，通过逐个平方及模$m$约化求出$b$，$b^2$，$b^4$，…，$b^{2^k}$模$m$的最小正剩余．最后，取$a_j=1$的$j$所对应的$b^{2^j}$模$m$的最小正剩余的乘积，再模$m$约化即可．

在后面的讨论中，我们需要对模指数运算所需位运算的次数进行估计．下面的命题给出了这一估计．

定理5.10　设b，m和N是正整数，且$b<m$，则计算b^N模m的最小正剩余要用$O((\log_2 m)^2\log_2 N)$次位运算．

证明　我们可以用上面所描述的算法来求b^N模m的最小正剩余．首先，通过逐个平方及模m约化求出b，b^2，b^4，…，b^{2^k}模m的最小正剩余，其中$2^k\leqslant N<2^{k+1}$．这总共需要$O((\log_2 m)^2\log_2 N)$次位运算，因为要做$[\log_2 N]$次模m平方，每次平方需要$O((\log_2 m)^2)$次位运算．然后，取N的二进制表示中为1的数字对应的b^{2^j}的最小正剩余的乘积，在每次乘法之后模m约化．这也需要$O((\log_2 m)^2\log_2 N)$次位运算，因为至多有$[\log_2 N]$次乘法，而每次

乘法需要$O((\log_2 m)^2)$次位运算．因此，总共需要$O((\log_2 m)^2\log_2 N)$次位运算． ■

5.1.2 $\mathbb{Z}_n$中的算术

我们用一个特别的符号表示模n的剩余类集．

定义 **模n剩余类集**，记为$\mathbb{Z}_n$，为如下集合：

$$\{[0]_n, [1]_n, [2]_n, \cdots, [n-1]_n\}.$$

对于大于或等于2的正整数n，我们可以定义剩余类的和、差和积．利用定理5.6可以证明这些运算是良定义的．（证明细节见习题53．注意$[a]_n=[b]_n$当且仅当$a\equiv b \bmod n$．）

定义 设n为正整数，a和b为整数，则有$[a]_n+[b]_n=[a+b]_n$，$[a]_n-[b]_n=[a-b]_n$，$[a]_n\cdot[b]_n=[a\cdot b]_n$．

例 5.12 我们有$[4]_7+[6]_7=[4+6]_7=[10]_7=[3]_7$，$[4]_7-[6]_7=[4-6]_7=[-2]_7=[5]_7$，$[4]_7\cdot[6]_7=[4\cdot 6]_7=[24]_7=[3]_7$． ◀

下面的定理总结了$\mathbb{Z}_n$中同余类加法和乘法的基本规则．相应的证明我们放到习题54．这些性质用同余类的定义以及整数的性质可以证明．

定理 5.11 设n为大于或等于2的正整数，a，b，c为整数．$\mathbb{Z}_n$中加法和乘法满足下列性质：

(i) 加法交换律：$[a]_n+[b]_n=[b]_n+[a]_n$

(ii) 加法结合律：$[a]_n+([b]_n+[c]_n)=([a]_n+[b]_n)+[c]_n$

(iii) 加法零元：$[a]_n+[0]_n=[a]_n$

(iv) 加法逆元：$[a]_n+[-a]_n=[0]_n$

(v) 乘法交换律：$[a]_n\cdot[b]_n=[b]_n\cdot[a]_n$

(vi) 乘法结合律：$[a]_n\cdot([b]_n\cdot[c]_n)=([a]_n\cdot[b]_n)\cdot[c]_n$

(vii) 乘法单位元：$[a]_n\cdot[1]_n=[a]_n$

(viii) 乘法对加法的分配律：$[a]_n\cdot([b]_n+[c]_n)=[a]_n\cdot[b]_n+[a]_n\cdot[c]_n$

定理5.11中的这些性质表明（$\mathbb{Z}_n$，$+$，$\cdot$）是一个含幺交换环，学过抽象代数的同学应该有所了解．

5.1 节习题

1．证明下列同余式成立．

a) $13\equiv 1 \pmod 2$ b) $22\equiv 7 \pmod 5$ c) $91\equiv 0 \pmod{13}$ d) $69\equiv 62 \pmod 7$

e) $-2\equiv 1 \pmod 3$ f) $-3\equiv 30 \pmod{11}$ g) $111\equiv -9 \pmod{40}$ h) $666\equiv 0 \pmod{37}$

2．判断下列每对整数是否模7同余．

a) 1，15 b) 0，42 c) 2，99 d) −1，8 e) −9，5 f) −1，699

3．对于哪些整数m下列命题为真？

a) $27\equiv 5 \pmod m$ b) $1\,000\equiv 1 \pmod m$ c) $1\,331\equiv 0 \pmod m$

4．证明：若a是偶数，则$a^2\equiv 0 \pmod 4$；若a是奇数，则$a^2\equiv 1 \pmod 4$．

☞ 5．证明：若a是奇数，则$a^2\equiv 1 \pmod 8$．

6．求下列整数模13的最小非负剩余．

a) 22　　b) 100　　c) 1 001　　d) -1　　e) -100　　f) $-1\,000$

7. 求下列整数模 28 的最小非负剩余.

a) 99　　b) 1 100　　c) 12 345

d) -1　　e) $-1\,000$　　f) $-54\,321$

8. 求 $1!+2!+\cdots+10!$ 的模下列整数的最小正剩余.

a) 3　　b) 11　　c) 4　　d) 23

9. 求 $1!+2!+\cdots+100!$ 的模下列整数的最小正剩余.

a) 2　　b) 7　　c) 12　　d) 25

10. 证明：若 a，b，m 为整数且 $m>0$，$a\equiv b(\bmod m)$. 则有 a **mod** $m=b$ **mod** m.

11. 证明：若 a，b，m 为整数且 $m>0$，a **mod** $m=b$ **mod** m. 则有 $a\equiv b(\bmod m)$.

12. 证明：若 a，b，m 和 n 是整数，$m>0$，$n>0$，$n\mid m$，且 $a\equiv b(\bmod m)$，则 $a\equiv b(\bmod n)$.

13. 证明：若 a，b，c 和 m 是整数，$c>0$，$m>0$，且 $a\equiv b(\bmod m)$，则 $ac\equiv bc(\bmod mc)$.

14. 证明：若 a，b 和 c 是整数，$c>0$，且 $a\equiv b(\bmod c)$，则 $(a, c)=(b, c)$.

15. 证明：若对 $j=1, 2, \cdots, n$，有 $a_j\equiv b_j(\bmod m)$，其中 m 是正整数，a_j，b_j 是整数，$j=1, 2, \cdots, n$，则

a) $\sum_{j=1}^{n} a_j \equiv \sum_{j=1}^{n} b_j(\bmod m)$.

b) $\prod_{j=1}^{n} a_j \equiv \prod_{j=1}^{n} b_j(\bmod m)$.

16. 找出如下命题的反例：设 m 为大于 2 的整数，则有 $(a+b)$ **mod** $m=a$ **mod** $m+b$ **mod** m 对所有整数 a，b 成立.

17. 找出如下命题的反例：设 m 为大于 2 的整数，则有 (ab) **mod** $m=(a$ **mod** $m)(b$ **mod** $m)$ 对所有整数 a，b 成立.

18. 证明：设 m 为大于 2 的整数，则有 $(a+b)$ **mod** $m=(a$ **mod** $m+b$ **mod** $m)$ **mod** m 对所有整数 a，b 成立.

19. 证明：设 m 为大于 2 的整数，则有 (ab) **mod** $m=((a$ **mod** $m)(b$ **mod** $m))$ **mod** m 对所有整数 a，b 成立.

在习题 20～22 中，利用模 6 的最小非负剩余代表同余类，构造模 6 的算术表.

20. 构造模 6 的加法表.

21. 构造模 6 的减法表.

22. 构造模 6 的乘法表.

23. 一个 12 小时刻度的钟表在下列情况下是什么时刻？

a) 11 点后 29 小时.　　b) 2 点后 100 小时.　　c) 6 点前 50 小时.

24. 哪些十进制数字作为一个整数的四次幂的最后一位数字出现？

25. 若 a，b 是整数，p 是素数，你能从 $a^2\equiv b^2(\bmod p)$ 得出什么结论？

26. 设 a，b，k 和 m 是整数，$k>0$，$m>0$，且 $(a, m)=1$. 证明，若 $a^k\equiv b^k(\bmod m)$ 且 $a^{k+1}\equiv b^{k+1}(\bmod m)$，则 $a\equiv b(\bmod m)$. 若去掉条件 $(a, m)=1$，结论 $a\equiv b(\bmod m)$ 还成立吗？

27. 证明：若 n 是正奇数，则

$$1+2+3+\cdots+(n-1)\equiv 0(\bmod n).$$

n 是偶数时上述结论还成立吗？

28. 证明：若 n 是正奇数，或 n 是能被 4 整除的正整数，则

$$1^3+2^3+3^3+\cdots+(n-1)^3\equiv 0(\bmod n).$$

上述结论对 n 是不被 4 整除的偶数还成立吗？

29.

$$1^2+2^2+3^2+\cdots+(n-1)^2\equiv 0(\bmod n)$$

对哪些正整数 n 成立?

30. 用数学归纳法证明，若 n 是正整数，则 $4^n\equiv 1+3n(\bmod 9)$.

31. 用数学归纳法证明，若 n 是正整数，则 $5^n\equiv 1+4n(\bmod 16)$.

32. 给出全是奇数的模 13 的完全剩余系.

33. 证明：若 $n\equiv 3(\bmod 4)$，则 n 不是两整数的平方和.

34. 证明：若 p 是素数，则同余方程 $x^2\equiv x(\bmod p)$仅有的解是使得 $x\equiv 1$ 或 $0(\bmod p)$的整数 x.

35. 证明：若 p 是素数且 k 是正整数，则同余方程 $x^2\equiv x(\bmod p^k)$仅有的解是使得 $x\equiv 1$ 或 $0(\bmod p^k)$的整数 x.

36. 求下列整数的模 47 的最小正剩余.

    a) 2^{32}　　b) 2^{47}　　c) 2^{200}

37. 设 m_1, m_2, $\cdots$, m_k 是两两互素的正整数. 令 $M=m_1m_2\cdots m_k$, $M_j=M/m_j$, $j=1, 2, \cdots, k$. 证明当 a_1, a_2, $\cdots$, a_k 分别取遍模 m_1, m_2, $\cdots$, m_k 的完全剩余系时，

$$M_1a_1+M_2a_2+\cdots+M_ka_k$$

取遍模 M 的完全剩余系.

38. 解释如何从 $u+v$ 模 m 的最小正剩余求出 $u+v$，其中 u, v 是小于 m 的正整数.（提示：假设 $u\leqslant v$，分别考虑 $u+v$ 的最小正剩余小于 u 和大于 v 的两种情形.）

39. 在字长为 w 的计算机上，$n<w/2$ 时的模 n 乘法可以如下施行. 设 $T=[\sqrt{n}+1/2]$, $t=T^2-n$. 对每次计算，证明所需的全部计算机算术都不超过字长 w.（这一方法被海德(Head)[He80]描述过.）

    a) 证明 $0<t\leqslant T$.

    b) 证明：若 x 和 y 是小于 n 的非负整数，则

$$x=aT+b,\quad y=cT+d,$$

    其中 a, b, c 和 d 是整数，满足 $0\leqslant a\leqslant T$, $0\leqslant b<T$, $0\leqslant c\leqslant T$ 和 $0\leqslant d<T$.

    c) 设 $z\equiv ad+bc(\bmod n)$，满足 $0\leqslant z<n$. 证明

$$xy\equiv act+zT+bd(\bmod n).$$

    d) 设 $ac=eT+f$，其中 e 和 f 是满足 $0\leqslant e\leqslant T$ 和 $0\leqslant f<T$ 的整数. 证明

$$xy\equiv(z+et)T+ft+bd(\bmod n).$$

    e) 设 $v\equiv z+et(\bmod n)$满足 $0\leqslant v<n$. 证明

$$v=gT+h,$$

    其中 g 和 h 是满足 $0\leqslant g\leqslant T$ 和 $0\leqslant h<T$ 的整数，且使得

$$xy\equiv hT+(f+g)t+bd(\bmod n).$$

    f) 用下面的方法证明，e)中同余式的右边的计算不会超过计算机字长：首先求 j 使得

$$j\equiv(f+g)t(\bmod n)$$

    且 $0\leqslant j<n$，然后求 k 使得

$$k\equiv j+bd(\bmod n)$$

    且 $0\leqslant k<n$，从而有

$$xy\equiv hT+k(\bmod n).$$

    这将给出想要的结果.

40. 设计一个模指数运算的算法，其中指数是以 3 为基的展开式.

41. 求下列最小正剩余.

    a) 3^{10} 模 11　　b) 2^{12} 模 13

c) 5^{16} 模 17　　d) 3^{22} 模 23

e) 你能从上述同余式提出一个定理吗?

42. 求下列最小正剩余.

a) 6! 模 7　b) 10! 模 11　c) 12! 模 13　d) 16! 模 17　e) 你能从上述同余式提出一个定理吗?

*43. 证明：对每个正整数 m，都有无穷多斐波那契数 f_n 使得 m 整除 f_n.（提示：证明斐波那契数的模 m 最小正剩余的序列是重复的.）

44. 利用数学归纳法证明定理 5.8.

45. 证明：计算两个小于 m 的正整数之积模 m 的最小非负剩余需要 $O(\log^2 m)$ 次位运算.

46. 五个人和一只猴子遇海难留在一座小岛上. 这些人收集了一堆椰子准备第二天早晨均分. 其中的一个人不信任其他的人，夜里起来把椰子分成五等份，剩余的一个椰子给了猴子，最后他把自己的一份藏起来. 其他四个人也在夜里做了同样的事情，将找到的椰子分成五等份，恰好剩的一个给猴子，再将自己的一份藏起来. 到了早晨，这些人把剩下的椰子分成五等份，剩下了一个给猴子. 问这些人一开始最少收集了多少椰子?

*47. 设有 n 个人和 k 只猴子，且每次每只猴子都得到一个椰子，回答习题 46 的问题.

我们称多项式 $f(x)$ 和 $g(x)$ 作为多项式模 n 同余，若 $f(x)$ 和 $g(x)$ 中对应的 x 的各方幂的系数模 n 同余. 例如，$11x^3+x^2+2$ 和 $x^3-4x^2+5x+22$ 作为多项式模 5 同余. 记号 $f(x)\equiv g(x) \pmod n$ 常用来表示 $f(x)$ 和 $g(x)$ 作为多项式模 n 同余. 在习题 48～52 中，假设 n 是大于 1 的整数，且所有多项式都是整系数的.

48. a) 证明：若 $f(x)$ 和 $g(x)$ 作为多项式模 n 同余，则对每个整数 a，都有 $f(a)\equiv g(a) \pmod n$.

b) 证明：若对每个整数 a 都有 $f(a)\equiv g(a) \pmod n$，则不一定有 $f(x)$ 和 $g(x)$ 作为多项式模 n 同余.

49. 证明：若 $f_1(x)$ 和 $g_1(x)$ 作为多项式模 n 同余，且 $f_2(x)$ 和 $g_2(x)$ 作为多项式模 n 同余，则

a) $(f_1+f_2)(x)$ 和 $(g_1+g_2)(x)$ 作为多项式模 n 同余.

b) $(f_1 f_2)(x)$ 和 $(g_1 g_2)(x)$ 作为多项式模 n 同余.

50. 证明：若 $f(x)$ 是整系数多项式，且 $f(a)\equiv 0 \pmod n$，则存在整系数多项式 $g(x)$，使得 $f(x)$ 和 $(x-a)g(x)$ 作为多项式模 n 同余.

51. 设 p 是素数，$f(x)$ 是整系数多项式，a_1，a_2，…，a_k 是模 p 非同余整数，且对 $j=1, 2, \cdots, k$，有 $f(a_j)\equiv 0 \pmod p$. 证明存在整系数多项式 $g(x)$，使得 $f(x)$ 和 $(x-a_1)(x-a_2)\cdots(x-a_k)g(x)$ 作为多项式模 p 同余.

52. 利用习题 51 证明，若 p 是素数，$f(x)$ 是整系数多项式，x 的最高次幂 x^n 的系数能被 p 整除，则同余方程 $f(x)\equiv 0 \pmod p$ 至多有 n 个模 p 不同余的解.

53. 设 n 为大于或等于 2 的整数，证明模 n 的剩余类的和、差、积都是良定义的.（利用定理 5.6 证明这些运算不依赖于参与运算的剩余类中元素的选取.）

54. 设 n 为大于或等于 2 的整数，证明模 n 的剩余类有定理 5.11 提到的所有性质.

计算和研究

1. 求 $7\,651^{891}$ 模 10 403 的最小正剩余.
2. 求 $7\,651^{20!}$ 模 10 403 的最小正剩余.

程序设计

1. 对于固定的模求整数的最小正剩余.
2. 做小于计算机一半字长的模加法和模减法.
3. 利用习题 39 做小于计算机一半字长的模乘法.
4. 利用课文中所描述的算法做模指数运算.

5.2 线性同余方程

设 x 是未知整数，形如

$$ax \equiv b \pmod{m}$$

的同余式称为一元线性同余方程．在本节中，我们会看到研究这类同余方程与研究二元线性丢番图方程是类似的．

首先注意，若 $x=x_0$ 是同余方程 $ax\equiv b \pmod{m}$ 的一个解，且 $x_1\equiv x_0 \pmod{m}$，则 $ax_1\equiv ax_0\equiv b \pmod{m}$，所以 x_1 也是一个解．因此，若一个模 m 同余类的某个元素是解，则此同余类的所有元素都是解．于是，我们会问模 m 的 m 个同余类中有多少个给出方程的解，这相当于问方程有多少个模 m 不同余的解．下面的定理告诉我们一元线性同余方程何时有解，在有解时方程有多少个模 m 不同余的解．

定理 5.12 *设 a，b 和 m 是整数，$m>0$，$(a, m)=d$．若 $d\nmid b$，则 $ax\equiv b \pmod{m}$ 无解．若 $d\mid b$，则 $ax\equiv b \pmod{m}$ 恰有 d 个模 m 不同余的解．*

证明 由定理 5.1，线性同余方程 $ax\equiv b \pmod{m}$ 等价于二元线性丢番图方程 $ax-my=b$．整数 x 是 $ax\equiv b \pmod{m}$ 的解当且仅当存在 y 使得 $ax-my=b$．由定理 3.10 可知，若 $d\nmid b$，则无解，而 $d\mid b$ 时，$ax-my=b$ 有无穷多解：

$$x=x_0+(m/d)t, \quad y=y_0+(a/d)t,$$

其中 $x=x_0$ 和 $y=y_0$ 是方程的特解．上述 x 的值

$$x=x_0+(m/d)t$$

是线性同余方程的解，有无穷多这样的解．

为确定有多少不同余的解，我们来找两个解 $x_1=x_0+(m/d)t_1$ 和 $x_2=x_0+(m/d)t_2$ 模 m 同余的条件．若这两个解同余，则

$$x_0+(m/d)t_1 \equiv x_0+(m/d)t_2 \pmod{m}.$$

两边减去 x_0，有

$$(m/d)t_1 \equiv (m/d)t_2 \pmod{m}.$$

因为 $(m/d)\mid m$，所以 $(m, m/d)=m/d$，再由定理 5.5，

$$t_1 \equiv t_2 \pmod{d}.$$

这表明不同余的解的一个完全集合可以通过取 $x=x_0+(m/d)t$ 得到，其中 t 取遍模 d 的完全剩余系．一个这样的集合可由 $x=x_0+(m/d)t$ 给出，其中 $t=0, 1, 2, \cdots, d-1$．■

如推论 5.12.1 所示，乘数 a 和模 m 互素的线性同余方程有唯一解．

推论 5.12.1 *若 a 和 $m>0$ 互素，且 b 是整数，则线性同余方程 $ax\equiv b \pmod{m}$ 有模 m 的唯一解．*

证明 因为 $(a, m)=1$，所以 $(a, m)\mid b$．因此，由定理 5.12，线性同余方程 $ax\equiv b \pmod{m}$ 恰有 $(a, m)=1$ 个模 m 不同余的解．■

现在我们来看定理 5.12 的应用．

例 5.13 为求出 $9x\equiv 12 \pmod{15}$ 的所有解，首先注意，因为 $(9, 15)=3$ 且 $3\mid 12$，所以恰有三个不同余的解．我们可以通过先找到一个特解，再加上 $15/3=5$ 的适当倍数来求得所有的解．

为求特解，我们考虑线性丢番图方程 $9x-15y=12$. 由欧几里得算法得

$$15=9\cdot 1+6$$
$$9=6\cdot 1+3$$
$$6=3\cdot 2,$$

所以 $3=9-6\cdot 1=9-(15-9\cdot 1)=9\cdot 2-15$. 因此，$9\cdot 8-15\cdot 4=12$，$9x-15y=12$ 的一个特解是 $x_0=8$ 和 $y_0=4$.

由定理 5.12 的证明可知，三个不同余的解由 $x=x_0\equiv 8 \pmod{15}$，$x=x_0+5\equiv 13 \pmod{15}$ 和 $x=x_0+5\cdot 2\equiv 18\equiv 3 \pmod{15}$ 给出. ◀

5.2.1 模的逆

现在考虑特殊形式的同余方程 $ax\equiv 1 \pmod{m}$. 由定理 5.12，此方程有解当且仅当 $(a, m)=1$，于是其所有的解都模 m 同余.

定义 *给定整数 a，且满足 $(a, m)=1$，称 $ax\equiv 1 \pmod{m}$ 的一个解为 a 模 m 的*逆.

例 5.14 因为 $7x\equiv 1 \pmod{31}$ 的解满足 $x\equiv 9 \pmod{31}$，所以 9 和所有与 9 模 31 同余的整数都是 7 模 31 的逆. 类似地，因为 $9\cdot 7\equiv 1 \pmod{31}$，所以 7 是 9 模 31 的逆. ◀

当我们有 a 模 m 的一个逆时，可以用它来解形如 $ax\equiv b \pmod{m}$ 的任何同余方程. 为看清这一点，令 $\overline{a}$ 是 a 模 m 的一个逆，所以 $a\overline{a}\equiv 1 \pmod{m}$. 于是，若 $ax\equiv b \pmod{m}$，则将同余方程两边同时乘以 $\overline{a}$，得到 $\overline{a}(ax)\equiv \overline{a}b \pmod{m}$，所以 $x\equiv \overline{a}b \pmod{m}$.

例 5.15 为求出 $7x\equiv 22 \pmod{31}$ 的所有解，我们在此方程两边同时乘以 9，这是 7 模 31 的一个逆，得 $9\cdot 7x\equiv 9\cdot 22 \pmod{31}$. 因此，$x\equiv 198\equiv 12 \pmod{31}$. ◀

例 5.16 为求出 $7x\equiv 4 \pmod{12}$ 的所有解，注意到 $(7, 12)=1$，所以方程有模 12 的唯一解. 为求此解，只需要求得线性丢番图方程 $7x-12y=4$ 的一个解. 由欧几里得算法，有

$$12=7\cdot 1+5$$
$$7=5\cdot 1+2$$
$$5=2\cdot 2+1$$
$$2=1\cdot 2.$$

因此，$1=5-2\cdot 2=5-(7-5\cdot 1)\cdot 2=5\cdot 3-2\cdot 7=(12-7\cdot 1)\cdot 3-2\cdot 7=12\cdot 3-5\cdot 7$. 所以，线性丢番图方程的一个特解为 $x_0=-20$ 和 $y_0=-12$. 从而，线性同余方程的所有解由 $x\equiv -20\equiv 4 \pmod{12}$ 给出. ◀

稍后，我们需要知道哪些整数是其自身模 p 的逆，其中 p 是素数. 下面的定理告诉我们哪些整数具备这样的性质.

定理 5.13 *设 p 是素数. 正整数 a 是其自身模 p 的逆当且仅当 $a\equiv 1 \pmod{p}$ 或 $a\equiv -1 \pmod{p}$.*

证明 若 $a\equiv 1 \pmod{p}$ 或 $a\equiv -1 \pmod{p}$，则 $a^2\equiv 1 \pmod{p}$，所以 a 是其自身模 p 的逆.

反过来，若 a 是其自身模 p 的逆，则 $a^2=a\cdot a\equiv 1 \pmod p$. 因此，$p\mid(a^2-1)$. 又因为 $a^2-1=(a-1)(a+1)$，所以 $p\mid(a-1)$ 或 $p\mid(a+1)$. 因此，$a\equiv 1\pmod p$，或者 $a\equiv -1\pmod p$. ■

5.2.2 $\mathbb{Z}_p$ 中的乘法单位元

在5.1节中，根据定理5.11我们知道($\mathbb{Z}_n$，+，·)为含有单位元的交换环. 当模 n 为素数 p 时，它有额外的性质，即当 p 为素数，且 a 为不能被 p 整除的整数时，推论5.12.1表明，存在 a 模 p 的逆 $\overline{a}$，使 $a\cdot\overline{a}=1\pmod p$. 这意味着 $[a]_p\cdot[\overline{a}]_p=[a\cdot\overline{a}]_p=[1]_p$，故 $[\overline{a}]_p$ 为 $[a]_p$ 在 $\mathbb{Z}_p$ 中的逆. 根据这条性质，除0外每个元素均有乘法逆. 此时($\mathbb{Z}_p^*$，+，·)不仅是含有单位元的交换环，也是一个域.（此处 $\mathbb{Z}_p^*$ 为 $\mathbb{Z}_p$ 中非0元素全体.）此时($\mathbb{Z}_p^*$，·)为交换群. 另外我们将在第10章中证明($\mathbb{Z}_p^*$，·)为循环群，即存在一个元素 $a\in\mathbb{Z}_p$，使 a 的方幂能遍历 $\mathbb{Z}_p$ 中所有元素.

5.2节习题

1. 求下列线性同余方程的所有解.

   a) $2x\equiv 5\pmod 7$　　b) $3x\equiv 6\pmod 9$　　c) $19x\equiv 30\pmod{40}$

   d) $9x\equiv 5\pmod{25}$　　e) $103x\equiv 444\pmod{999}$　　f) $980x\equiv 1\,500\pmod{1\,600}$

2. 求下列线性同余方程的所有解.

   a) $3x\equiv 2\pmod 7$　　b) $6x\equiv 3\pmod 9$　　c) $17x\equiv 14\pmod{21}$

   d) $15x\equiv 9\pmod{25}$　　e) $128x\equiv 833\pmod{1\,001}$　　f) $987x\equiv 610\pmod{1\,597}$

3. 求同余方程 $6\,789\,783x\equiv 2\,474\,010\pmod{28\,927\,591}$ 的所有解.

4. 假设 p 是素数，a 和 b 是正整数，且 $(p,a)=1$. 可以用下面的方法求解线性同余方程 $ax\equiv b\pmod p$.

   a) 证明：若整数 x 是 $ax\equiv b\pmod p$ 的一个解，则 x 也是线性同余方程

   $$a_1x\equiv -b[m/a]\pmod p$$

   的一个解，其中 a_1 是 p 模 a 的最小正剩余. 注意，此同余方程与原同余方程属同一类型，但 x 的系数是比 a 更小的正整数.

   b) 重复a)的过程，可得一列线性同余方程，其中 x 的系数为 $a_0=a>a_1>a_2>\cdots$. 证明存在正整数 n 使得 $a_n=1$，因此在第 n 步得到线性同余方程 $x\equiv B\pmod p$.

   c) 利用b)的方法解线性同余方程 $6x\equiv 7\pmod{23}$.

5. 一个宇航员知道卫星绕地球一周的时间少于1天，是1小时的某一整倍数. 若此宇航员注意到卫星在某时间段内绕地球11圈，该区间的起点是0时，终点是17时，则此卫星的轨道周期是多少？

6. 对于哪些小于30的非负整数 c，$12x\equiv c\pmod{30}$ 有解？若有解，问有多少不同余的解？

7. 对于哪些小于1 001的非负整数 c，$154x\equiv c\pmod{1\,001}$ 有解？若有解，问有多少不同余的解？

8. 求下列整数的模13的一个逆.

   a) 2　　b) 3　　c) 5　　d) 11

9. 求下列整数的模17的一个逆.

   a) 4　　b) 5　　c) 7　　d) 16

10. a) 确定哪些整数 a 有模14的一个逆，其中 $1\leqslant a\leqslant 14$.

    b) 求出a)中有模14的一个逆的每个整数的逆.

11. a) 确定哪些整数 a 有模 30 的一个逆，其中 $1\leqslant a\leqslant 30$.

    b) 求出 a) 中有模 30 的一个逆的每个整数的逆.

12. 证明：若 $\overline{a}$ 是 a 模 m 的一个逆，$\overline{b}$ 是 b 模 m 的一个逆，则 $\overline{a}\overline{b}$ 是 ab 的模 m 的一个逆.

13. 设 a，b，c 和 m 是整数，$m>0$，且 $d=(a, b, m)$. 证明，二元线性同余方程 $ax+by\equiv c(\bmod m)$ 在 $d\mid c$ 时恰有 dm 个不同余的解，其他情形无解.

14. 求下列二元线性同余方程的所有解.

    a) $2x+3y\equiv 1(\bmod 7)$　　b) $2x+4y\equiv 6(\bmod 8)$

    c) $6x+3y\equiv 0(\bmod 9)$　　d) $10x+5y\equiv 9(\bmod 15)$

15. 设 p 是奇素数，k 是正整数. 证明同余方程 $x^2\equiv 1(\bmod p^k)$ 恰有两个不同余的解 $x\equiv\pm 1(\bmod p^k)$.

16. 证明同余方程 $x^2\equiv 1(\bmod 2^k)$ 在 $k>2$ 时恰有四个不同余的解，它们是 $x\equiv\pm 1$ 或 $\pm(1+2^{k-1})(\bmod 2^k)$. 证明 $k=1$ 时仅有一个解，$k=2$ 时有两个不同余的解.

17. 证明：若 a 和 m 是互素的正整数，且 $a<m$，则通过 $O(\log^3 m)$ 次位运算可求得 a 模 m 的一个逆.

18. 证明：若 p 是奇素数，a 是不被 p 整除的正整数，则同余方程 $x^2\equiv a(\bmod p)$ 要么无解，要么恰有两个不同余的解.

计算和研究

1. 求解 $123\,456\,789x\equiv 9\,876\,543\,210(\bmod 10\,000\,000\,001)$.
2. 求解 $333\,333\,333x\equiv 87\,543\,211\,376(\bmod 967\,454\,302\,211)$.
3. 求 734 342，499 999 和 1 000 001 模 1 533 331 的逆.

程序设计

1. 利用书中的方法求解线性同余方程.
2. 利用本节习题 4 的方法求解线性同余方程.
3. 设整数 $m>2$，整数 a 与 m 互素. 求 a 模 m 的逆.
4. 利用逆求解线性同余方程.
5. 求解二元线性同余方程.

5.3　中国剩余定理

在本节和下一节中，我们讨论联立的同余方程组. 我们将研究两种类型的方程组：第一种类型有两个或更多个具有不同模的一元线性同余方程；第二种类型的同余方程的变元数多于一，且方程数多于一，但是方程的模相同.

首先，我们考虑仅有一个未知数但有不同模的同余方程组. 这样的方程组来源于古代中国难题，例如下面取自成书于公元 3 世纪晚期的《孙子算经》的问题. 求一个数，它被 3 除余 1，被 5 除余 2，被 7 除余 3. 这个难题引出下面的同余方程组：

$$x\equiv 1(\bmod 3),\quad x\equiv 2(\bmod 5),\quad x\equiv 3(\bmod 7).$$

涉及同余方程组的问题在公元 1 世纪古希腊数学家尼科马凯斯（Nicomachus）的著作中出现过，也在公元 7 世纪印度婆罗摩笈多的著作中出现过. 然而，直到 1247 年，秦九韶才在其著作《数书九章》中给出解线性同余方程组的一般方法. 我们现在给出关于一元线性同余方程组的解的主要定理. 此定理称为中国剩余定理，可能主要因为秦九韶等中国数学家对方程组的解做出了贡献.（更多关于中国剩余定理历史的信息可以参看[Ne69]、[LiDu87]、[Li73]和[Ka98].）

秦九韶(1202—1261)出生于中国四川省. 他在宋朝首都杭州学习天文学. 他有十年时间在与成吉思汗率领的蒙古军队作战的前线度过，危险且条件艰苦. 根据他的记叙，他向一位隐士学习了数学. 在前线的日子里，他研究了一些数学问题，并选取了其中的81个，将其分为九部分，写成了《数书九章》一书. 此书包括了线性同余方程组、中国剩余定理、代数方程、几何图形的面积、线性方程组以及其他一些内容.

秦九韶被认为是一个数学天才，他在很多方面都有天赋，例如建筑、音乐、诗歌，以及包括射箭、剑术和骑术在内的很多体育运动. 他曾在朝廷担任过很多官职，但声誉不佳.

定理 5.14(中国剩余定理) 设 m_1，m_2，…，m_r 是两两互素的正整数，则同余方程组

$$\begin{aligned} x &\equiv a_1 (\bmod m_1), \\ x &\equiv a_2 (\bmod m_2), \\ &\vdots \\ x &\equiv a_r (\bmod m_r) \end{aligned}$$

有模 $M=m_1m_2\cdots m_r$ 的唯一解.

证明 首先，构造同余方程组的一个联立解. 为此，令 $M_k=M/m_k=m_1m_2\cdots m_{k-1}m_{k+1}\cdots m_r$. 因为 $j\neq k$ 时 $(m_j, m_k)=1$，所以由3.1节习题16b)知 $(M_k, m_k)=1$. 因此由定理5.12，可求得 M_k 模 m_k 的一个逆 y_k，所以 $M_ky_k\equiv 1(\bmod m_k)$. 现在构造和

$$x=a_1M_1y_1+a_2M_2y_2+\cdots+a_rM_ry_r.$$

整数 x 就是 r 个同余方程的联立解. 要证明这一点，只要证明对于 $k=1, 2, \cdots, r$ 有 $x\equiv a_k(\bmod m_k)$. 因为当 $j\neq k$ 时 $m_k\mid M_j$，所以 $M_j\equiv 0(\bmod m_k)$. 因此，在 x 的和式中，除了第 k 项之外的所有项都和 $0(\bmod m_k)$ 同余. 从而，$x\equiv a_kM_ky_k\equiv a_k(\bmod m_k)$，这是因为 $M_ky_k\equiv 1(\bmod m_k)$. 现在来证任意两个解都是模 M 同余的. 设 x_0 和 x_1 都是同余方程组中 r 个方程的联立解. 则对每个 k，$x_0\equiv x_1\equiv a_k(\bmod m_k)$，所以 $m_k\mid(x_0-x_1)$. 由定理5.9可知，$M\mid(x_0-x_1)$. 因此，$x_0\equiv x_1(\bmod M)$. 这说明同余方程组的 r 个方程的联立解是模 M 唯一的. ■

我们通过解前述古代中国难题来说明中国剩余定理的用途.

例 5.17 解方程组

$$\begin{aligned} x &\equiv 1(\bmod 3) \\ x &\equiv 2(\bmod 5) \\ x &\equiv 3(\bmod 7). \end{aligned}$$

我们有 $M=3\cdot 5\cdot 7=105$，$M_1=105/3=35$，$M_2=105/5=21$，$M_3=105/7=15$. 为确定 y_1，解 $35y_1\equiv 1(\bmod 3)$，或等价地，解 $2y_1\equiv 1(\bmod 3)$，得 $y_1\equiv 2(\bmod 3)$. 解 $21y_2\equiv 1(\bmod 5)$，立即得 $y_2\equiv 1(\bmod 5)$. 最后，解 $15y_3\equiv 1(\bmod 7)$ 得 $y_3\equiv 1(\bmod 7)$. 因此，

$$\begin{aligned} x &\equiv 1\cdot 35\cdot 2+2\cdot 21\cdot 1+3\cdot 15\cdot 1 \\ &\equiv 157\equiv 52(\bmod 105). \end{aligned}$$

可以验证满足 $x\equiv 52(\bmod 105)$ 的 x 是同余方程组的解，这可由 $52\equiv 1(\bmod 3)$，$52\equiv 2(\bmod 5)$，$52\equiv 3(\bmod 7)$ 得出. ◀

也可以用迭代法解联立的同余方程组，我们举例说明之.

例 5.18 假设要解方程组

$$x \equiv 1 \pmod 5$$
$$x \equiv 2 \pmod 6$$
$$x \equiv 3 \pmod 7).$$

我们利用定理 5.1 把第一个同余方程改写成等式，即 $x=5t+1$，其中 t 是整数. 将 x 的这个表达式代入第二个同余方程，得到

$$5t+1 \equiv 2 \pmod 6,$$

容易解出 $t \equiv 5 \pmod 6$. 再由定理 5.1，有 $t=6u+5$，其中 u 是整数. 从而，$x=5(6u+5)+1=30u+26$. 将 x 的这个表达式代入第三个同余方程，得到

$$30u+26 \equiv 3 \pmod 7,$$

解此同余方程得 $u \equiv 6 \pmod 7$. 于是，由定理 5.1 可得 $u=7v+6$，其中 v 是整数. 因此，

$$x=30(7v+6)+26=210v+206,$$

将此等式转化为同余方程，得到

$$x \equiv 206 \pmod{210},$$

此即联立解. ◀

注意，我们刚才所用的方法说明，可以通过逐个解线性同余方程来解联立方程组的问题. 即使同余方程的模并不两两互素，只要同余方程是相容的，这种方法仍然可行(见本节后的习题 17～22).

利用中国剩余定理的计算机算术运算 中国剩余定理提供了实施大整数的计算机算术运算的方法. 存储很大的整数并做它们之间的算术运算需要特殊的技巧. 中国剩余定理告诉我们，给定两两互素的模 $m_1, m_2, \cdots, m_r$，一个小于 $M=m_1m_2\cdots m_r$ 的正整数 n 由它的模 m_j 最小正剩余唯一决定，其中 $j=1, 2, \cdots, r$. 假设一个计算机的字长仅为 100，但是我们想做大小为 10^6 的整数的算术运算. 首先，找到小于 100 的两两互素的正整数，使它们的积超过 10^6；例如，可取 $m_1=99$，$m_2=98$，$m_3=97$ 和 $m_4=95$. 我们将小于 10^6 的整数转换为 4 元组，每个分量分别是它模 m_1, m_2, m_3, m_4 的最小正剩余. (要转换大小为 10^6 的整数为它的最小正剩余的列表，需要用多精度技术来处理大整数. 然而，这仅需要在输入和输出时各做一次.) 然后，例如做整数的加法，仅需要把它们模 m_1, m_2, m_3, m_4 的最小正剩余相加，这用到如下结论：若 $x \equiv x_i \pmod{m_i}$，$y \equiv y_i \pmod{m_i}$，则 $x+y \equiv x_i+y_i \pmod{m_i}$. 然后利用中国剩余定理将所得的四个最小正剩余的和的集合转换为一个整数.

下面的例子说明了这一技巧.

例 5.19 想在字长仅为 100 的计算机上求 $x=123\,684$ 与 $413\,456$ 的和. 我们有

$$x \equiv 33 \pmod{99} \quad y \equiv 32 \pmod{99},$$
$$x \equiv 8 \pmod{98} \quad y \equiv 92 \pmod{98},$$
$$x \equiv 9 \pmod{97} \quad y \equiv 42 \pmod{97},$$
$$x \equiv 89 \pmod{95} \quad y \equiv 16 \pmod{95},$$

所以

$$x+y\equiv 65 \pmod{99},$$
$$x+y\equiv 2 \pmod{98},$$
$$x+y\equiv 51 \pmod{97},$$
$$x+y\equiv 10 \pmod{95}.$$

现在用中国剩余定理来求 $x+y$ 模 $99\cdot 98\cdot 97\cdot 95$. 我们有 $M=99\cdot 98\cdot 97\cdot 95=89\ 403\ 930$，$M_1=M/99=903\ 070$，$M_2=M/98=912\ 285$，$M_3=M/97=921\ 690$，$M_4=M/95=941\ 094$. 需要对 $i=1,2,3,4$ 来求 $M_i \pmod{y_i}$ 的逆. 为此，我们(用欧几里得算法)解下列同余方程：

$$903\ 070y_1\equiv 91y_1\equiv 1 \pmod{99},$$
$$912\ 285y_2\equiv 3y_2\equiv 1 \pmod{98},$$
$$921\ 690y_3\equiv 93y_3\equiv 1 \pmod{97},$$
$$941\ 094y_4\equiv 24y_4\equiv 1 \pmod{95},$$

得 $y_1\equiv 37 \pmod{99}$，$y_2\equiv 33 \pmod{98}$，$y_3\equiv 24 \pmod{97}$，$y_4\equiv 4 \pmod{95}$. 因此，

$$\begin{aligned}x+y &\equiv 65\cdot 903\ 070\cdot 37+2\cdot 912\ 285\cdot 33+51\cdot 921\ 690\cdot 24+10\cdot 941\ 094\cdot 4\\ &=3\ 397\ 886\ 480\\ &\equiv 537\ 140 \pmod{89\ 403\ 930}.\end{aligned}$$

因为 $0<x+y<89\ 403\ 930$，所以 $x+y=537\ 140$. ◀

大多数的计算机 CPU 处理的字长都是 2 的幂，一般是 2^{32} 或 2^{64}，CPU 的字长给出了其能存储的数字的上界. 例如，当 CPU 的字长是 2^{32} 时，其能表示的最大正整数是 $2^{32}-1$. 因此我们在用模运算以及中国剩余定理来处理计算机算术运算的时候，就需要处理的整数两两互素，小于 $2^{32}-1$，这样才能得到更大的整数. 为了找到这样的整数，我们采用形如 2^m-1 的整数，m 为正整数. 这类数的计算机算术运算相对而言比较简单(参看[Kn97]). 为了生成一批两两互素的这类数，我们首先证明下面的两个引理.

引理 5.2 若 a 和 b 是正整数，则 2^a-1 模 2^b-1 的最小正剩余是 2^r-1，其中 r 是 a 模 b 的最小正剩余.

证明 由带余除法，$a=bq+r$，其中 r 是 a 模 b 的最小正剩余. 我们有 $2^a-1=2^{bq+r}-1=(2^b-1)(2^{b(q-1)+r}+\cdots+2^{b+r}+2^r)+(2^r-1)$，这说明 2^a-1 被 2^b-1 除所得的余数是 2^r-1；此即 2^a-1 模 2^b-1 的最小正剩余. ■

我们利用引理 5.2 来证明如下结论.

引理 5.3 若 a 和 b 是正整数，则 2^a-1 和 2^b-1 的最大公因子是 $2^{(a,b)}-1$.

证明 不失一般性，假设 $a\geqslant b$. 对 $a=r_0$ 和 $b=r_1$，用欧几里得算法，得

$$\begin{aligned}r_0 &= r_1q_1+r_2 & 0\leqslant r_2<r_1\\ r_1 &= r_2q_2+r_3 & 0\leqslant r_3<r_2\\ &\vdots\\ r_{n-3} &= r_{n-2}q_{n-2}+r_{n-1} & 0\leqslant r_{n-1}<r_{n-2}\\ r_{n-2} &= r_{n-1}q_{n-1}.\end{aligned}$$

其中最后一个余数 r_{n-1} 是 a 和 b 的最大公因子.

再次对 $R_0=2^a-1$ 和 $R_1=2^b-1$ 用欧几里得算法，在每一步用引理 5.2 得到余数如下：

$$\begin{aligned} R_0 &= R_1Q_1+R_2 & R_2&=2^{r_2}-1\\ R_1 &= R_2Q_2+R_3 & R_3&=2^{r_3}-1\\ &\vdots \\ R_{n-3} &= R_{n-2}Q_{n-2}+R_{n-1} & R_{n-1}&=2^{r_{n-1}}-1\\ R_{n-2} &= R_{n-1}Q_{n-1}, \end{aligned}$$

这里，最后一个非零的余数 $R_{n-1}=2^{r_{n-1}}-1=2^{(a,b)}-1$ 是 R_0 和 R_1 的最大公因子. ■

利用引理 5.3 我们有如下定理.

定理 5.15　*正整数 2^a-1 和 2^b-1 是互素的当且仅当 a 与 b 是互素的.*

我们可以用定理 5.15 来产生一个两两互素的整数集，其中每个整数都小于 2^{32}，它们的积大于某个特定的整数. 假设我们想对大小为 2^{148} 的整数做算术运算. 取 $m_1=2^{31}-1$，$m_2=2^{30}-1$，$m_3=2^{29}-1$，$m_4=2^{23}-1$，$m_5=2^{19}-1$，$m_6=2^{17}-1$. 因为 m_j 中 2 的指数两两互素，所以由定理 5.15，m_j 是两两互素的. 而且，$M=m_1m_2m_3m_4m_5m_6>2^{148}$. 现在，我们能用模算术和中国剩余定理对大小为 2^{148} 的整数做算术运算了.

尽管用模算术和中国剩余定理对大整数做计算机算术运算有些不太方便，但这样做还是有好处的. 首先，在很多高速计算机上，运算可以同时进行. 所以，约化两个大整数的运算为较小整数(即大整数对于不同的模的最小正剩余)的集合的运算，然后可以同时计算，这比用大整数做一次运算快很多，特别是使用并行处理时. 其次，即使不考虑同时计算带来的好处，利用这些想法来做大整数的乘法也会比用其他多精度方法快. 有兴趣的读者可以参看 Knuth[Kn97].

5.3 节习题

1. 什么整数被 2 和 3 除都余 1?
2. 求一整数，它被 2 或 5 除余 1，但被 3 整除.
3. 求一整数，它被 3 或 5 除余 2，但被 4 整除.
4. 求下列线性同余方程组的所有解.

   a) $x\equiv 4 \pmod{11}$，$x\equiv 3 \pmod{17}$

   b) $x\equiv 1 \pmod 2$，$x\equiv 2 \pmod 3$，$x\equiv 3 \pmod 5$

   c) $x\equiv 0 \pmod 2$，$x\equiv 0 \pmod 3$，$x\equiv 1 \pmod 5$，$x\equiv 6 \pmod 7$

   d) $x\equiv 2 \pmod{11}$，$x\equiv 3 \pmod{12}$，$x\equiv 4 \pmod{13}$，$x\equiv 5 \pmod{17}$，$x\equiv 6 \pmod{19}$

5. 求线性同余方程组 $x\equiv 1 \pmod 2$，$x\equiv 2 \pmod 3$，$x\equiv 3 \pmod 5$，$x\equiv 4 \pmod 7$ 和 $x\equiv 5 \pmod{11}$ 的所有解.
6. 求线性同余方程组 $x\equiv 1 \pmod{999}$，$x\equiv 2 \pmod{1\,001}$，$x\equiv 3 \pmod{1\,003}$，$x\equiv 4 \pmod{1\,004}$ 和 $x\equiv 5 \pmod{1\,007}$ 的所有解.
7. 解释为何不用通过计算求解联立同余方程组 $x\equiv 4 \pmod 5$，$x\equiv 6 \pmod 7$，$x\equiv 8 \pmod 9$ 就可快速得知 $x\equiv 314 \pmod{315}$.

8. 解释为何不用通过计算求解联立同余方程组 $x\equiv 1 \pmod 3$，$x\equiv 2 \pmod 4$，$x\equiv 9 \pmod{11}$，$x\equiv 11 \pmod{13}$就可快速得知 $x\equiv 1\,714 \pmod{1\,716}$.
9. 17 只猴子把它们的香蕉分成 11 等份储存，每堆香蕉都多于一个，剩下 6 个香蕉. 它们把香蕉 17 等分，则没有剩余. 问它们最少有多少香蕉?
10. 一个计程器工作时，另有一个特殊的计数器按模 7 记录汽车行驶的英里数. 计程器按模 100 000 工作，当其读数为 49 335 时，解释如何用特殊计数器决定汽车到底开了 49 335、149 335 还是 249 335 英里.
11. 将军用下面的办法清点一次战斗后活着的士兵，他把士兵按每列不同的长度数排列，每排列一次记录剩余士兵数目，然后计算所剩士兵的总数. 若开战前有 1 200 个士兵，战后 5 个排一列剩余 3 个，6 个排一列剩余 3 个，7 个排一列剩余 1 个，11 个排一列没有剩余，问战后还剩多少士兵?
12. 求一整数，它被 10 或 11 除余 9，被 13 整除.
13. 求一整数，它是 11 的倍数，被 2，3，5，7 除都余 1.
14. 求解下面的古代印度问题：每次从篮子里拿出 2，3，4，5 或 6 个鸡蛋，篮子里分别剩下 1，2，3，4 和 5 个鸡蛋. 若每次拿 7 个鸡蛋，则正好拿完. 问原来篮子中最少有几个鸡蛋?
15. 证明存在任意长度的连续整数序列，满足每个整数都被一个大于 1 的完全平方数整除.（提示：用中国剩余定理证明同余方程组 $x\equiv 0 \pmod 4$，$x\equiv -1 \pmod 9$，$x\equiv -2 \pmod{25}$，…，$x\equiv -k+1 \pmod{p_k^2}$ 有联立解，其中 p_k 是第 k 个素数.）

* 16. 证明：若 a，b 和 c 是整数，且$(a, b)=1$，则存在整数 n 使得$(an+b, c)=1$.

在习题 17～20 中，我们考虑模不一定互素的同余方程组.

17. 证明同余方程组

$$x\equiv a_1 \pmod{m_1}$$
$$x\equiv a_2 \pmod{m_2}$$

有解当且仅当$(m_1, m_2)\mid(a_1-a_2)$. 证明：若有解，则解模$[m_1, m_2]$唯一.（提示：将第一个同余方程写为 $x=a_1+km_1$，其中 k 是整数，然后将 x 的这个表达式代入第二个同余方程.）

18. 利用习题 17 解下列同余方程组.

a) $x\equiv 4 \pmod 6$，$x\equiv 13 \pmod{15}$

b) $x\equiv 7 \pmod{10}$，$x\equiv 4 \pmod{15}$

19. 利用习题 15 解下列同余方程组.

a) $x\equiv 10 \pmod{60}$，$x\equiv 80 \pmod{350}$

b) $x\equiv 2 \pmod{910}$，$x\equiv 93 \pmod{1\,001}$

20. 同余方程组 $x\equiv 1 \pmod 8$，$x\equiv 3 \pmod 9$，$x\equiv 2 \pmod{12}$有联立解吗?

对有多于两个一元同余方程的联立方程组，模并非两两互素时会出现什么情况(如习题 20)? 下面的习题给出了这样的方程组有唯一解的相容性条件，其模为所有模的最小公倍数.

21. 证明同余方程组

$$x\equiv a_1 \pmod{m_1}$$
$$x\equiv a_2 \pmod{m_2}$$
$$\vdots$$
$$x\equiv a_r \pmod{m_r}$$

有解当且仅当对所有整数对(i, j)有$(m_i, m_j)\mid(a_i-a_j)$，其中 $1\leqslant i<j\leqslant r$. 证明：若有解，则它是模$[m_1, m_2, \cdots, m_r]$唯一的.（提示：利用习题 17 和数学归纳法.）

22. 利用习题 21 解下列同余方程组.

a) $x\equiv 5 \pmod 6$，$x\equiv 3 \pmod{10}$，$x\equiv 8 \pmod{15}$

b) $x\equiv 2 \pmod{14}$，$x\equiv 16 \pmod{21}$，$x\equiv 10 \pmod{30}$

c) $x\equiv 2 \pmod 9$，$x\equiv 8 \pmod{15}$，$x\equiv 10 \pmod{25}$

d) $x\equiv 2 \pmod{6}$
$x\equiv 4 \pmod{8}$
$x\equiv 2 \pmod{14}$
$x\equiv 14 \pmod{15}$

e) $x\equiv 7 \pmod{9}$
$x\equiv 2 \pmod{10}$
$x\equiv 3 \pmod{12}$
$x\equiv 6 \pmod{15}$

23. 有一箱龙虾，每次从中拿出2只、3只、5只或7只后均剩下1只，但每次拿11只正好拿完，问这箱龙虾至少有几只？
24. 一个古代中国问题是这样的：17个海盗把偷来的金币等分后剩下3个．他们为谁该得剩下的金币而打斗，其中一个海盗被杀．剩下的海盗再等分金币，剩下10个金币．当海盗又为谁该得剩下的金币而打斗时，另一个海盗也被杀．他们再次等分金币，正好分完．问海盗至少有多少金币．
25. 解下面最先由秦九韶给出的问题(利用了不同重量单位)．三个农民均分了一些大米，重量是整数斤．他们分别在三个不同的市场尽可能多地卖大米，这些市场的重量单位分别是83斤、110斤和135斤，且人们所买的大米都是这些重量的倍数．如果他们回家时分别还有32斤、70斤和30斤大米，那么当初他们每人最少分了多少大米？
26. 利用中国剩余定理，解释如何在字长为100的计算机上做784和813的加法和乘法．

设$x\geqslant 2$是由n位基为b的数字组成的正整数，若x^2的最后n位基为b的数字与x的相同，则称x是基为b的自守．

* 27. 求基为10的有四位数字(起始项允许为零)的自守．

* 28. 设b有素因子分解$b=p_1^{b_1}p_2^{b_2}\cdots p_k^{b_k}$，问具有不超过$n$位基为$b$的数字的基为$b$的自守有多少个？

根据生物节律理论，人的生命在出生时就开始有三个循环．它们是体力、情绪和智力循环，长度分别为23天、28天和33天．每个循环都依从一条周期为循环长度的正弦曲线，从0开始，在四分之一周期处升到1，再在半周期处回落到0，在四分之三周期处降低到-1，然后在周期结束时升回0.

回答习题29～31中关于生物节律的问题，时间单位用四分之一天(这样使得单位是整数)．

29. 你在什么时候达到三重顶峰，即三个循环都是最大值？
30. 你在什么时候达到三重谷底，即三个循环都是最小值？
31. 你在什么时候三个循环都在中间位置(取值为0)？

同余方程覆盖集是一个同余方程的集合，方程的模互不相同且大于1，并且每个整数至少满足其中一个同余方程．爱尔迪希提出了一个有名的猜想，即不存在模均为大于1的不同的奇数的同余方程覆盖集．

32. 证明同余方程$x\equiv 0 \pmod{2}$，$x\equiv 0 \pmod{3}$，$x\equiv 1 \pmod{4}$，$x\equiv 1 \pmod{6}$和$x\equiv 11 \pmod{12}$的集合是一个同余方程覆盖集．
☞ 33. 证明同余方程$x\equiv 1 \pmod{2}$，$x\equiv 2 \pmod{4}$，$x\equiv 1 \pmod{3}$，$x\equiv 8 \pmod{12}$，$x\equiv 4 \pmod{8}$，$x\equiv 0 \pmod{24}$是一个同余方程覆盖集．
34. 证明同余方程$x\equiv 1 \pmod{2}$，$x\equiv 0 \pmod{4}$，$x\equiv 0 \pmod{3}$，$x\equiv 2 \pmod{12}$，$x\equiv 2 \pmod{8}$，$x\equiv 22 \pmod{24}$是一个同余方程覆盖集．
35. 证明同余方程$x\equiv 0 \pmod{2}$，$x\equiv 0 \pmod{3}$，$x\equiv 0 \pmod{5}$，$x\equiv 0 \pmod{7}$，$x\equiv 1 \pmod{6}$，$x\equiv 1 \pmod{10}$，$x\equiv 1 \pmod{14}$，$x\equiv 2 \pmod{15}$，$x\equiv 2 \pmod{21}$，$x\equiv 23 \pmod{30}$，$x\equiv 4 \pmod{35}$，$x\equiv 5 \pmod{42}$，$x\equiv 59 \pmod{70}$和$x\equiv 104 \pmod{105}$的集合是一个同余方程覆盖集．

* 36. 设m是正整数，有素幂因子分解$m=2^{a_0}p_1^{a_1}p_2^{a_2}\cdots p_r^{a_r}$．证明同余方程$x^2\equiv 1 \pmod{m}$恰有$2^{r+e}$个解，其中若$a_0=0$或1则$e=0$；若$a_0=2$则$e=1$；若$a_0>2$则$e=2$．(提示：利用5.2节的习题15和习题16.)

37. 一家有三个孩子，他们脚的大小分别是5英寸、7英寸和9英寸．他们用脚测量餐厅的长度，发现都剩3英寸．餐厅有多长呢？

38. 求同余方程 $x^2+6x-31\equiv 0 \pmod{72}$ 的所有解.（提示：首先注意到 $72=2^3 3^2$. 用试探的方法求模 8 和模 9 的解，然后用中国剩余定理.）
39. 求同余方程 $x^2+18x-823\equiv 0 \pmod{1\,800}$ 的所有解.（提示：首先注意到 $1\,800=2^3 3^2 5^2$. 用试探的方法求模 8、模 9 和模 25 的解，然后用中国剩余定理.）
* 40. 给定正整数 R，一个素数 p 是 $p-R$ 和 $p+R$ 之间(包括端点)的唯一素数，则它被称为 R-单独的. 证明对每个正整数 R 都有无穷多 R-单独的素数.（提示：利用中国剩余定理，求整数 x 使得 p_j 整除 $x-j$，且 p_{R+j} 整除 $x+j$，其中 p_k 是第 k 个素数. 然后利用狄利克雷关于等差序列的素数定理.）

计算和研究

1. 求解同余方程组 $x\equiv 1 \pmod{12\,341\,234\,567}$，$x\equiv 2 \pmod{750\,000\,057}$，$x\equiv 3 \pmod{1\,099\,511\,627\,776}$.
2. 求解同余方程组 $x\equiv 5\,269 \pmod{40\,320}$，$x\equiv 1\,248 \pmod{11\,111}$，$x\equiv 16\,645 \pmod{30\,003}$，$x\equiv 2\,911 \pmod{12\,321}$.
3. 利用本节的习题 15 构造 100 个连续的正整数的序列，其中每个整数都被一个完全平方数整除. 你能找出具有这种性质的更小的一组整数吗？
4. 求同余方程覆盖集(如习题 32 的导言中的定义)，分别使得同余方程的最小模是 3、6 和 8.

程序设计

1. 求解中国剩余定理中所示类型的线性同余方程组.
2. 求解习题 17～22 中所示类型的线性同余方程组.
3. 利用中国剩余定理做超过计算机字长的大整数的加法.
4. 利用中国剩余定理做超过计算机字长的大整数的乘法.
5. 求基为 b 的自守，其中 b 是大于 1 的整数(见习题 27 的导言).
6. 画出生物节律图，找出三重顶峰和三重谷底(见习题 29 的导言).

5.4 求解多项式同余方程

本节给出了一个有用的工具，它能帮助求解形如 $f(x)\equiv 0 \pmod{m}$ 的同余方程，其中 $f(x)$ 是次数大于 1 的整系数多项式. 此类同余方程的一个例子是 $2x^3+7x-4\equiv 0 \pmod{200}$.

我们首先注意到，若 m 有素幂因子分解 $m=p_1^{a_1}p_2^{a_2}\cdots p_k^{a_k}$，则求解同余方程 $f(x)\equiv 0 \pmod{m}$ 等价于求解同余方程组

$$f(x)\equiv 0 \pmod{p_i^{a_i}},\quad i=1,\ 2,\ \cdots,\ k.$$

一旦解出 k 个模 p^{a_i} 的同余方程，就可以利用中国剩余定理求出模 m 的解. 下面的例子说明了这一点.

例 5.20 因为 $200=2^3 5^2$，所以求解同余方程

$$2x^3+7x-4\equiv 0 \pmod{200}$$

简化为求解

$$2x^3+7x-4\equiv 0 \pmod{8}$$

和

$$2x^3+7x-4\equiv 0 \pmod{25}.$$

模 8 同余的解是所有整数 $x\equiv 4 \pmod{8}$(因为若 x 是解，则必为偶数；容易验证 x 是奇数的情形不是解). 在例 5.21 中会看到，模 25 的解是整数 $x\equiv 16 \pmod{25}$. 我们用中国剩余定理求 $x\equiv 4 \pmod{8}$ 和 $x\equiv 16 \pmod{25}$ 的联立解，得到 $x\equiv 116 \pmod{200}$(读者可以

验证这一点). 这就是 $2x^3+7x-4\equiv0 \pmod{200}$ 的解.

我们会看到，一旦知道了多项式的模 p 同余方程的所有解，就有相对简单的方法来求解多项式的模 p^k 同余方程. 我们将证明，模 p 的解可以用来求模 p^2 的解，模 p^2 的解可以用来求模 p^3 的解，等等. 在介绍一般方法之前，我们举例说明从模 p 的解求模 p^2 的解的基本思路.

例 5.21 通过对 $x=0$，1，2，3，4 直接验证，可得

$$2x^3+7x-4\equiv0 \pmod 5$$

的解是 $x\equiv1 \pmod 5$. 如何求模 25 的解呢? 可以对 $x=0$，1，2，…，24 这 25 个值逐个验证. 但是，我们有更系统的方法. 因为

$$2x^3+7x-4\equiv0 \pmod{25}$$

的任何解都是模 5 的解，且模 5 的解都满足 $x\equiv1 \pmod 5$，所以 $x=1+5t$，其中 t 是整数. 用 $1+5t$ 代替 x 可以求 t，我们有

$$2(1+5t)^3+7(1+5t)-4\equiv0 \pmod{25}.$$

化简得到关于 t 的线性同余方程

$$65t+5\equiv15t+5\equiv0 \pmod{25}.$$

由定理 5.5，可以消去因子 5，于是

$$3t+1\equiv0 \pmod 5.$$

其解为 $t\equiv3 \pmod 5$. 这说明模 25 的解是 $x\equiv1+5t\equiv1+5\cdot3\equiv16 \pmod{25}$. 读者可以验证这确实是解. ◀

现在，我们介绍一种一般方法，它能帮助我们求解模素数幂的同余方程的解. 特别地，我们将展示如何从 $f(x)\equiv0 \pmod{p^{k-1}}$ 的解得到 $f(x)\equiv0 \pmod{p^k}$ 的解，其中 p 是素数，$k\geqslant2$ 是整数. 我们称同余方程模 p^k 的解是从同余方程模 p^{k-1} 提升的解. 相应的定理要用到 f 的导数 $f'(x)$. 但是，我们不需要用微积分的结论，相反，可以直接定义多项式的导数，并描述所需的性质.

定义 设 $f(x)=a_nx^n+a_{n-1}x^{n-1}+\cdots+a_1x+a_0$，其中 a_i 是实数，$i=0$，1，2，…，n. $f(x)$ 的**导数**等于 $na_nx^{n-1}+(n-1)a_{n-1}x^{n-2}+\cdots+a_1$，记为 $f'(x)$.

从一个多项式 $f(x)$ 开始，我们可以求它的导数，再求导数的导数，等等. 定义多项式 $f(x)$ 的 k 次导数为 $(k-1)$ 次导数的导数，记为 $f^{(k)}(x)$，即有 $f^{(k)}(x)=(f^{(k-1)})'(x)$.

下面是两个有用的引理，其证明留给读者.

引理 5.4 若 $f(x)$ 和 $g(x)$ 是多项式，则 $(f+g)'(x)=f'(x)+g'(x)$，$(cf)'(x)=c(f'(x))$，其中 c 是常数. 而且，若 k 是正整数，则 $(f+g)^{(k)}(x)=f^{(k)}(x)+g^{(k)}(x)$，$(cf)^{(k)}(x)=c(f^{(k)}(x))$，其中 c 是常数.

引理 5.5 若 m 和 k 是正整数，且 $f(x)=x^m$，则 $f^{(k)}(x)=m(m-1)\cdots(m-k+1)x^{m-k}$.

现在给出能用来提升多项式同余方程的解的结论. 为纪念德国数学家科特·亨泽尔(Kurt Hensel)，此结论称为亨泽尔引理，他在发明 p-进分析这一数学领域的工作中发现了这一结论.

定理 5.16(亨泽尔引理) 设 $f(x)$ 是整系数多项式，$k\geqslant2$ 是整数，p 是素数. 进一步假

设 r 是同余方程 $f(x)\equiv 0 \pmod{p^{k-1}}$ 的解. 则

(i) 若 $f'(r)\not\equiv 0 \pmod p$，则存在唯一整数 t，$0\leqslant t<p$，使得 $f(r+tp^{k-1})\equiv 0 \pmod{p^k}$，$t$ 由

$$t\equiv -\overline{f'(r)}(f(r)/p^{k-1}) \pmod p$$

给出，其中 $\overline{f'(r)}$ 是 $f'(r)$ 模 p 的逆；

(ii) 若 $f'(r)\equiv 0 \pmod p$，$f(r)\equiv 0 \pmod{p^k}$，则对所有整数 t 都有 $f(r+tp^{k-1})\equiv 0 \pmod{p^k}$；

(iii) 若 $f'(r)\equiv 0 \pmod p$，$f(r)\not\equiv 0 \pmod{p^k}$，则 $f(x)\equiv 0 \pmod{p^k}$ 不存在解使得 $x\equiv r \pmod{p^{k-1}}$.

在情形(i)中，$f(x)\equiv \pmod{p^{k-1}}$ 的一个解提升为 $f(x)\equiv 0 \pmod{p^k}$ 的唯一解，在情形(ii)中，这样的一个解或者提升为 p 个模 p^k 不同余的解，或者不能提升为模 p^k 的解. ■

为证亨泽尔引理，我们需要下面关于泰勒(Taylor)展开的引理.

注 在本节末我们给出一个亨泽尔引理的推广形式，对研究 p-进整数颇为重要.

引理 5.6 若 $f(x)$ 是 n 次多项式，a 和 b 是实数，则

$$f(a+b)=f(a)+f'(a)b+f''(a)b^2/2!+\cdots+f^{(n)}(a)b^n/n!,$$

其中，对于每一个给定的 a 值，系数(即 $f(a)$，$f'(a)$，$f''(a)/2!$，…，$f^{(n)}(a)/n!$)是关于 a 的整系数多项式.

证明 每个 n 次多项式 $f(x)$ 都是函数 x^m 的倍数的和，其中 $m\leqslant n$. 于是，由引理 5.4，仅需对多项式 $f_m(x)=x^m$ 建立引理 5.6，其中 m 是正整数.

由二项式定理，

$$(a+b)^m=\sum_{j=0}^{m}\binom{m}{j}a^{m-j}b^j.$$

由引理 5.5 知，$f_m^{(j)}(a)=m(m-1)\cdots(m-j+1)a^{m-j}$. 因此，

$$f_m^{(j)}(a)/j!=\binom{m}{j}a^{m-j}.$$

因为对所有满足 $0\leqslant j\leqslant m$ 的整数 m 和 j，$\binom{m}{j}$ 是整数，所以系数 $f_m^{(j)}(a)/j!$ 是 a 的整系数多项式. 证毕. ■

至此，我们有了证明亨泽尔引理所需的材料，下面是其证明.

科特·亨泽尔(Kurt Hensel，1861—1941)出生于普鲁士的哥尼斯堡(现为俄罗斯的加里宁格勒). 他先后在柏林和波恩学习数学，接受了包括克罗内克和魏尔斯特拉斯在内的很多领袖数学家的指导. 他的很多工作都关系到代数数域中算术的发展. 亨泽尔最为著名的成果是，在研究用幂级数表示代数数的工作中，他于1902年发明了 p-进数. p-进数可以看作有理数集的完备化，它不同于有理数集通常产生实数集的完备化. 亨泽尔能用 p-进数证明数论中的很多结论，这些数对代数数论的发展有很大影响. 亨泽尔在马堡大学担任教授一直到1930年. 他曾多年担任著名数学杂志 *Crelle's Journal* 的编辑，这个杂志的正式名称是 *Journal für die reine und angewandte Mathematik*.

证明　若 r 是 $f(x)\equiv 0(\bmod p^k)$ 的解，则它也是 $f(x)\equiv 0(\bmod p^{k-1})$ 的解．因此，$f(r)$ 等于 tp^{k-1}，t 是某个整数．一旦确定了 t 的条件，证明就完成了．

由引理 5.6，

$$f(r+tp^{k-1})=f(r)+f'(r)tp^{k-1}+\frac{f''(r)}{2!}(tp^{k-1})^2+\cdots+\frac{f^{(n)}(r)}{n!}(tp^{k-1})^n,$$

其中 $f^{(k)}(r)/k!$ 是整数，$k=1,2,\cdots,n$．给定 $k\geqslant 2$，对于 $2\leqslant m\leqslant n$，有 $k\leqslant m(k-1)$ 且 $p^k\mid p^{m(k-1)}$．因此，

$$f(r+tp^{k-1})\equiv f(r)+f'(r)tp^{k-1}(\bmod p^k).$$

因为 $r+tp^{k-1}$ 是 $f(r+tp^{k-1})\equiv 0(\bmod p^k)$ 的一个解，所以 $f'(r)tp^{k-1}\equiv -f(r)(\bmod p^k)$．

更进一步，由于 $f(r)\equiv 0(\bmod p^{k-1})$，因此可以在此同余方程两边同时除以 p^{k-1}．然后重排各项，得到 t 的一个线性同余方程，即

$$f'(r)t\equiv -f(r)/p^{k-1}(\bmod p).$$

通过考察它的模 p 的解，我们可以证明定理的各个情形．

设 $f'(r)\not\equiv 0(\bmod p)$，则 $(f'(r),p)=1$．应用推论 5.12.1，可知 t 的线性同余方程有唯一解

$$t\equiv(-f(r)/p^{k-1})\overline{f'(r)}(\bmod p),$$

其中 $\overline{f'(r)}$ 是 $f'(r)$ 模 p 的一个逆．情形(i)得证．

$f'(r)\equiv 0(\bmod p)$ 时，我们有 $(f'(r),p)=p$．由定理 5.12，若 $p\mid(f(r)/p^{k-1})$（此关系成立当且仅当 $f(r)\equiv 0(\bmod p^k)$），则所有 t 都是解．这说明 $x=r+tp^{k-1}$ 是解，$t=0,1,\cdots,p-1$．情形(ii)得证．

最后，考虑 $f'(r)\equiv 0(\bmod p)$ 但 $p\nmid(f(r)/p^{k-1})$ 的情形．我们有 $(f'(r),p)=p$ 且 $f(r)\not\equiv 0(\bmod p^k)$，所以，根据定理 5.12，$t$ 的任何值都不是解．情形(iii)得证．■

下面的推论说明，在亨泽尔引理的情形(i)下，我们可以从一个模 p 的解反复地进行解的提升．

推论 5.16.1　假设 r 是多项式同余方程 $f(x)\equiv 0(\bmod p)$ 的一个解，其中 p 是素数．若 $f'(r)\not\equiv 0(\bmod p)$，则存在模 p^k 的唯一解 r_k，$k=2,3,\cdots$，使得 $r_1=r$ 且

$$r_k=r_{k-1}-f(r_{k-1})\overline{f'(r)},$$

其中 $\overline{f'(r)}$ 是 $f'(r)$ 模 p 的一个逆．

证明　由假设，利用亨泽尔引理，r 提升为模 p^2 的唯一解 $r_2=r+tp$，其中 $t=-\overline{f'(r)}(f(r)/p)$．因此，

$$r_2=r-f(r)\overline{f'(r)}.$$

因为 $r_2\equiv r(\bmod p)$，所以 $f'(r_2)\equiv f'(r)\not\equiv 0(\bmod p)$．再次利用亨泽尔引理，可知有模 p^3 的唯一解 r_3，可以证明 $r_3=r_2-f(r_2)\overline{f'(r)}$．若一直这样做下去，可知引理对所有整数 $k\geqslant 2$ 成立．■

下面举例说明如何运用亨泽尔引理．

例 5.22　求解

$$x^3+x^2+29\equiv 0(\bmod 25).$$

设 $f(x)=x^3+x^2+29$.（通过试探）可见 $f(x)\equiv 0 \pmod 5$ 的解是 $x\equiv 3 \pmod 5$. 因为 $f'(x)=3x^2+2x$，$f'(3)=33\equiv 3\not\equiv 0 \pmod 5$，所以由亨泽尔引理知，有形如 $3+5t$ 的模 25 的唯一解，其中

$$t\equiv -\overline{f'(3)}(f(3)/5) \pmod 5.$$

注意到 $\overline{f'(3)}=\overline{3}=2$，因为 2 是 3 模 5 的逆. 并注意到 $f(3)/5=65/5=13$. 所以，$t\equiv -2\cdot 13\equiv 4 \pmod 5$. 因此，我们有 $f(x)\equiv 0 \pmod{25}$ 的唯一解 $x\equiv 3+5\cdot 4\equiv 23 \pmod{25}$. ◀

例 5.23 求解

$$x^2+x+7\equiv 0 \pmod{27}.$$

设 $f(x)=x^2+x+7$.（通过试探）可见 $f(x)\equiv 0 \pmod 3$ 的解是 $x\equiv 1 \pmod 3$. 由 $f'(x)=2x+1$ 可知，$f'(1)=3\equiv 0 \pmod 3$. 而且，因为 $f(1)=9\equiv 0 \pmod 9$，所以由亨泽尔引理的情形(ii)，对所有整数 t，$1+3t$ 都是模 9 的解. 这说明模 9 的解是 $x\equiv 1, 4, 7 \pmod 9$.

因为 $f(1)=9\not\equiv 0 \pmod{27}$，所以由亨泽尔引理的情形(iii)，$f(x)\equiv 0 \pmod{27}$ 没有满足 $x\equiv 1 \pmod 9$ 的解. 因为 $f(4)=27\equiv 0 \pmod{27}$，所以由情形(ii)，对所有整数 t，$4+9t$ 都是模 27 的解. 这说明 $x\equiv 4, 13, 22 \pmod{27}$ 是解. 最后，因为 $f(7)=63\not\equiv 0 \pmod{27}$，所以由情形(iii)，$f(x)\equiv 0 \pmod{27}$ 没有满足 $x\equiv 7 \pmod 9$ 的解.

综上，$f(x)\equiv 0 \pmod{27}$ 的所有解是 $x\equiv 4, 13, 22 \pmod{27}$. ◀

例 5.24 $f(x)=x^3+x^2+2x+26\equiv 0 \pmod{343}$ 有哪些解？通过试探，可知 $x^3+x^2+2x+26\equiv 0 \pmod 7$ 的解是 $x\equiv 2 \pmod 7$. 因为 $f'(x)=3x^2+2x+2$，所以 $f'(2)=18\not\equiv 0 \pmod 7$. 可用推论 5.16.1 求模 7^k 的解，$k=2, 3, \cdots$. 注意到 $\overline{f'(2)}=\overline{4}=2$，可得 $r_2=2-f(2)\overline{f'(2)}=2-42\cdot 2=-82\equiv 16 \pmod{49}$，$r_3=16-f(16)\overline{f'(2)}=16-4\,410\cdot 2\equiv -8\,804\equiv 114 \pmod{343}$. 因此，模 343 的解是 $x\equiv 114 \pmod{343}$. ◀

最后我们以亨泽尔引理扩展来结束本节，它的证明请参见习题 12.

亨泽尔引理扩展 设 $f(x)$ 为整系数多项式，p 为素数 k 是正整数，j 为整数且 $k\geqslant 2j+1$，$f(a)\equiv 0 \pmod{p^k}$，$p^j \| f'(a)$. 如果 $b\equiv a \pmod{p^{k-j}}$，则 $f(b)\equiv f(a) \pmod{p^k}$，$p^j \| f'(b)$. 且有唯一的 t 模 p 使得 $f(a+tp^{k-j})\equiv 0 \pmod{p^{k+1}}$.

5.4 节习题

1. 求下列同余方程的所有解.
   a) $x^2+4x+2\equiv 0 \pmod 7$　　b) $x^2+4x+2\equiv 0 \pmod{49}$　　c) $x^2+4x+2\equiv 0 \pmod{343}$
2. 求下列同余方程的所有解.
   a) $x^3+8x^2-x-1\equiv 0 \pmod{11}$　　b) $x^3+8x^2-x-1\equiv 0 \pmod{121}$　　c) $x^3+8x^2-x-1\equiv 0 \pmod{1\,331}$
3. 求解同余方程 $x^2+x+47\equiv 0 \pmod{2\,401}$.（注意，$2\,401=7^4$.）
4. 求 $x^2+x+34\equiv 0 \pmod{81}$ 的解.
5. 求 $13x^7-42x-649\equiv 0 \pmod{1\,323}$ 的所有解.
6. 求 $x^8-x^4+1\,001\equiv 0 \pmod{539}$ 的所有解.
7. 求 $x^4+2x+36\equiv 0 \pmod{4\,375}$ 的所有解.
8. 求 $x^6-2x^5-35\equiv 0 \pmod{6\,125}$ 的所有解.
9. 同余方程 $5x^3+x^2+x+1\equiv 0 \pmod{64}$ 有多少不同余的解？

10. 同余方程 $x^5+x-6\equiv 0(\bmod 144)$有多少不同余的解？

11. 设整数 a 和素数 p 使得$(a, p)=1$. 对所有正整数 k，利用亨泽尔引理求解同余方程 $ax\equiv 1(\bmod p^k)$ 的递归公式.

* 12. a) 设 $f(x)$是整系数多项式. 设 p 是素数，k 是正整数，j 是整数，满足 $k\geqslant 2j+1$. 设 a 是 $f(a)\equiv 0(\bmod p^k)$的一个解，其中 p^k 恰好整除 $f'(a)$. 证明：若 $b\equiv a(\bmod p^{k-j})$，则 $f(b)\equiv f(a)(\bmod p^k)$，$p^j$ 恰好整除 $f'(b)$，且存在唯一模 p 的 t 使得 $f(a+tp^{k-j})\equiv 0(\bmod p^{k+1})$. (提示：利用泰勒展开证明，$f(a+tp^{k-j})\equiv f(a)+tp^{k-j}f'(a)(\bmod p^{2k-2j})$.)

b) 证明 a)的假设成立时，$f(x)\equiv 0(\bmod p^k)$的解可以提升为模 p 的任意次幂的解.

* 13. 对于正整数 j，$x^2+x+223\equiv 0(\bmod 3^j)$有多少个解？(提示：先求得模 3^5 的所有解，再利用习题 12.)

计算和研究

1. 求 $x^4-13x^3+11x-3\equiv 0(\bmod 7^8)$的所有解.
2. 求 $x^9+13x^3-x+100\,336\equiv 0(\bmod 17^9)$的所有解.

程序设计

1. 利用亨泽尔引理解形如 $f(x)\equiv 0(\bmod p^n)$的同余方程，其中 $f(x)$是多项式，p 是素数，n 是正整数.

5.5 线性同余方程组

我们考虑这样的同余方程组，它们的未知数个数与方程个数相同，都是大于 1 的整数，并且所有方程的模都相同. 先从一个例子开始.

假设我们想求出满足

$$3x+4y\equiv 5(\bmod 13)$$
$$2x+5y\equiv 7(\bmod 13)$$

的所有整数 x 和 y. 尝试求 x 和 y，将第一个方程乘以 5，第二个方程乘以 4，得

$$15x+20y\equiv 25(\bmod 13)$$
$$8x+20y\equiv 28(\bmod 13).$$

再从第一个方程减去第二个，得

$$7x\equiv -3(\bmod 13).$$

因为 2 是 7(mod 13)的逆，所以在上面的同余方程两边同时乘以 2，得

$$2\cdot 7x\equiv -2\cdot 3(\bmod 13),$$

即

$$x\equiv 7(\bmod 13).$$

类似地，我们将(原来的)第一个方程乘以 2，第二个方程乘以 3，得

$$6x+8y\equiv 10(\bmod 13)$$
$$6x+15y\equiv 21(\bmod 13).$$

从第二个方程减去第一个方程，得

$$7y\equiv 11(\bmod 13).$$

为求 y，将上面的同余方程两边同时乘以 2，即 7 模 13 的一个逆，得

$$2\cdot 7y\equiv 2\cdot 11(\bmod 13),$$

所以

$$y \equiv 9 (\bmod 13).$$

这就证明了任何解(x，y)都满足

$$x \equiv 7 (\bmod 13), \quad y \equiv 9 (\bmod 13).$$

将关于 x 和 y 的这两个同余方程代入原来的方程组，可知它们确实是解：

$$3x + 4y \equiv 3 \cdot 7 + 4 \cdot 9 = 57 \equiv 5 (\bmod 13)$$
$$2x + 5y \equiv 2 \cdot 7 + 5 \cdot 9 = 59 \equiv 7 (\bmod 13).$$

因此，同余方程组的解是使得 $x \equiv 7 (\bmod 13)$，$y \equiv 9 (\bmod 13)$的所有整数对(x，y).

现在，我们给出一个一般结论，它是关于含有两个二元方程的同余方程组的.（此结论类似于求解线性方程组的克莱姆(Cramer)法则.）

定理 5.17 设 a，b，c，d，e，f，m 是整数，$m>0$，且$(\Delta, m)=1$，其中 $\Delta = ad - bc$. 则同余方程组

$$ax + by \equiv e (\bmod m)$$
$$cx + dy \equiv f (\bmod m)$$

有模 m 的唯一解如下：

$$x \equiv \overline{\Delta}(de - bf) (\bmod m)$$
$$y \equiv \overline{\Delta}(af - ce) (\bmod m),$$

其中 $\overline{\Delta}$ 是 Δ 模 m 的一个逆.

证明 为消去 y，将第一个方程乘以 d，第二个方程乘以 b，得

$$adx + bdy \equiv de (\bmod m)$$
$$bcx + bdy \equiv bf (\bmod m).$$

从第一个方程减去第二个方程，得

$$(ad - bc)x \equiv (de - bf) (\bmod m),$$

因为 $\Delta = ad - bc$，所以

$$\Delta x \equiv (de - bf) (\bmod m).$$

然后在同余方程两边同时乘以 $\overline{\Delta}$，即 Δ 模 m 的一个逆，得

$$x \equiv \overline{\Delta}(de - bf) (\bmod m).$$

类似地，为消去 x，将第一个方程乘以 c，第二个方程乘以 a，得

$$acx + bcy \equiv ce (\bmod m)$$
$$acx + ady \equiv af (\bmod m).$$

从第二个方程减去第一个方程，得

$$(ad - bc)y \equiv (af - ce) (\bmod m),$$

即

$$\Delta y \equiv (af - ce) (\bmod m).$$

最后，在此方程两边同时乘以 $\overline{\Delta}$，得

$$y \equiv \overline{\Delta}(af - ce) (\bmod m).$$

这就证明了若(x，y)是同余方程组的解，则

$$x \equiv \overline{\Delta}(de - bf) (\bmod m), \quad y \equiv \overline{\Delta}(af - ce) (\bmod m).$$

容易验证任何满足上面式子的整数对(x, y)都是解. 当$x \equiv \overline{\Delta}(de-bf)(\bmod m)$和$y \equiv \overline{\Delta}(af-ce)(\bmod m)$时，我们有

$$\begin{aligned} ax+by &\equiv a\overline{\Delta}(de-bf)+b\overline{\Delta}(af-ce) \\ &\equiv \overline{\Delta}(ade-abf+abf-bce) \\ &\equiv \overline{\Delta}(ad-bc)e \\ &\equiv \overline{\Delta}\Delta e \\ &\equiv e(\bmod m), \end{aligned}$$

且

$$\begin{aligned} cx+dy &\equiv c\overline{\Delta}(de-bf)+d\overline{\Delta}(af-ce) \\ &\equiv \overline{\Delta}(cde-bcf+adf-cde) \\ &\equiv \overline{\Delta}(ad-bc)f \\ &\equiv \overline{\Delta}\Delta f \\ &\equiv f(\bmod m). \end{aligned}$$

定理得证. ■

利用类似的方法，可以求解含有n个未知数和n个方程的同余方程组. 但是，我们要用线性代数的方法来推导解这样的方程组和更大的方程组的理论. 不熟悉线性代数的读者可以跳过本节剩下的内容.

含有n个未知数和n个方程的同余方程组将在第9章的密码学部分出现. 在研究n很大的这类方程组时，矩阵的语言很有帮助. 我们要用到一些矩阵算术的基本概念，这在大多数线性代数教材中都有讨论.

在继续之前，我们需要定义矩阵同余的概念.

定义 设$\boldsymbol{A}$和$\boldsymbol{B}$是$n \times k$阶整数矩阵，第(i, j)个元素分别是a_{ij}和b_{ij}. 若$a_{ij} \equiv b_{ij}(\bmod m)$对所有$(i, j)$成立，$1 \leqslant i \leqslant n$，$1 \leqslant j \leqslant k$，则称$\boldsymbol{A}$和$\boldsymbol{B}$**模$m$同余**. 若$\boldsymbol{A}$和$\boldsymbol{B}$模$m$同余，则记$\boldsymbol{A} \equiv \boldsymbol{B}(\bmod m)$.

矩阵同余$\boldsymbol{A} \equiv \boldsymbol{B}(\bmod m)$提供了表达$nk$个同余式$a_{ij} \equiv b_{ij}(\bmod m)(1 \leqslant i \leqslant n, 1 \leqslant j \leqslant k)$的一种简洁方法.

例5.25 易见

$$\begin{bmatrix} 15 & 3 \\ 8 & 12 \end{bmatrix} \equiv \begin{bmatrix} 4 & 3 \\ -3 & 1 \end{bmatrix} (\bmod 11).$$

◀

我们将来要用到下面的命题.

定理5.18 设$\boldsymbol{A}$和$\boldsymbol{B}$是$n \times k$阶矩阵，满足$\boldsymbol{A} \equiv \boldsymbol{B}(\bmod m)$，$\boldsymbol{C}$是$k \times p$阶矩阵，$\boldsymbol{D}$是$p \times n$阶矩阵，它们都是整数元素的矩阵. 则$\boldsymbol{AC} \equiv \boldsymbol{BC}(\bmod m)$，$\boldsymbol{DA} \equiv \boldsymbol{DB}(\bmod m)$.

证明 设$\boldsymbol{A}$和$\boldsymbol{B}$的元素分别是a_{ij}和b_{ij}，$1 \leqslant i \leqslant n$，$1 \leqslant j \leqslant k$. 且设$\boldsymbol{C}$的元素是$c_{ij}$，$1 \leqslant i \leqslant k$，$1 \leqslant j \leqslant p$. $\boldsymbol{AC}$和$\boldsymbol{BC}$的第(i, j)个元素分别是$\sum_{t=1}^{k} a_{it}c_{tj}$和$\sum_{t=1}^{k} b_{it}c_{tj}$，$1 \leqslant i \leqslant n$，

$1 \leqslant j \leqslant p$. 因为 $\boldsymbol{A} \equiv \boldsymbol{B} \pmod{m}$，所以对所有 i 和 t，有 $a_{it} \equiv b_{it} \pmod{m}$. 从而，由定理 5.4 可知，$\sum_{t=1}^{k} a_{it}c_{tj} \equiv \sum_{t=1}^{k} b_{it}c_{tj} \pmod{m}$. 因此，$\boldsymbol{AC} \equiv \boldsymbol{BC} \pmod{m}$.

对 $\boldsymbol{DA} \equiv \boldsymbol{DB} \pmod{m}$ 的证明类似，所以略去. ■

现在考虑同余方程组

$$\begin{aligned} a_{11}x_1 + a_{12}x_2 + \cdots + a_{1n}x_n &\equiv b_1 \pmod{m} \\ a_{21}x_1 + a_{22}x_2 + \cdots + a_{2n}x_n &\equiv b_2 \pmod{m} \\ &\vdots \\ a_{n1}x_1 + a_{n2}x_2 + \cdots + a_{nn}x_n &\equiv b_n \pmod{m}. \end{aligned}$$

利用矩阵记法，这个含有 n 个方程的同余方程组等价于矩阵同余方程 $\boldsymbol{AX} \equiv \boldsymbol{B} \pmod{m}$，其中

$$\boldsymbol{A} = \begin{bmatrix} a_{11} & a_{12} & \cdots & a_{1n} \\ a_{21} & a_{22} & \cdots & a_{2n} \\ \vdots & \vdots & & \vdots \\ a_{n1} & a_{n2} & \cdots & a_{nn} \end{bmatrix}, \quad \boldsymbol{X} = \begin{bmatrix} x_1 \\ x_2 \\ \vdots \\ x_n \end{bmatrix}, \quad \boldsymbol{B} = \begin{bmatrix} b_1 \\ b_2 \\ \vdots \\ b_n \end{bmatrix}.$$

例 5.26 方程组

$$\begin{aligned} 3x + 4y &\equiv 5 \pmod{13} \\ 2x + 5y &\equiv 7 \pmod{13} \end{aligned}$$

可以写为

$$\begin{bmatrix} 3 & 4 \\ 2 & 5 \end{bmatrix} \begin{bmatrix} x \\ y \end{bmatrix} \equiv \begin{bmatrix} 5 \\ 7 \end{bmatrix} \pmod{13}.$$ ◀

我们现在阐述一种求解形如 $\boldsymbol{AX} \equiv \boldsymbol{B} \pmod{m}$ 的同余方程组的方法. 这种方法基于求矩阵 $\overline{\boldsymbol{A}}$ 使得 $\overline{\boldsymbol{A}}\boldsymbol{A} = \boldsymbol{I} \pmod{m}$，其中 $\boldsymbol{I}$ 是单位矩阵.

定义 若 $\boldsymbol{A}$ 和 $\overline{\boldsymbol{A}}$ 是 $n \times n$ 阶矩阵，且 $\overline{\boldsymbol{A}}\boldsymbol{A} \equiv \boldsymbol{A}\overline{\boldsymbol{A}} \equiv \boldsymbol{I} \pmod{m}$，其中 $\boldsymbol{I} = \begin{bmatrix} 1 & 0 & \cdots & 0 \\ 0 & 1 & \cdots & 0 \\ \vdots & \vdots & & \vdots \\ 0 & 0 & \cdots & 1 \end{bmatrix}$ 是 n 阶单位矩阵，则 $\overline{\boldsymbol{A}}$ 称为 $\boldsymbol{A}$ **模 m 的逆**.

若 $\overline{\boldsymbol{A}}$ 是 $\boldsymbol{A}$ 的逆，且 $\boldsymbol{B} \equiv \overline{\boldsymbol{A}} \pmod{m}$，则 $\boldsymbol{B}$ 也是 $\boldsymbol{A}$ 的逆. 这是因为，由定理 5.18 有 $\boldsymbol{BA} \equiv \overline{\boldsymbol{A}}\boldsymbol{A} \equiv \boldsymbol{I} \pmod{m}$. 反过来，若 $\boldsymbol{B}_1$ 和 $\boldsymbol{B}_2$ 都是 $\boldsymbol{A}$ 的逆，则 $\boldsymbol{B}_1 \equiv \boldsymbol{B}_2 \pmod{m}$. 为了证明这一点，利用定理 5.18 得 $\boldsymbol{B}_1\boldsymbol{A} \equiv \boldsymbol{B}_2\boldsymbol{A} \equiv \boldsymbol{I} \pmod{m}$，所以有 $\boldsymbol{B}_1\boldsymbol{AB}_1 \equiv \boldsymbol{B}_2\boldsymbol{AB}_1 \pmod{m}$. 因为 $\boldsymbol{AB}_1 \equiv \boldsymbol{I} \pmod{m}$，所以 $\boldsymbol{B}_1 \equiv \boldsymbol{B}_2 \pmod{m}$.

例 5.27 由

$$\begin{bmatrix} 1 & 3 \\ 2 & 4 \end{bmatrix} \begin{bmatrix} 3 & 4 \\ 1 & 2 \end{bmatrix} = \begin{bmatrix} 6 & 10 \\ 10 & 16 \end{bmatrix} \equiv \begin{bmatrix} 1 & 0 \\ 0 & 1 \end{bmatrix} \pmod{5}$$

和

$$\begin{bmatrix}3&4\\1&2\end{bmatrix}\begin{bmatrix}1&3\\2&4\end{bmatrix}=\begin{bmatrix}11&25\\5&11\end{bmatrix}\equiv\begin{bmatrix}1&0\\0&1\end{bmatrix}\pmod 5$$

可知，矩阵$\begin{bmatrix}3&4\\1&2\end{bmatrix}$是$\begin{bmatrix}1&3\\2&4\end{bmatrix}$模 5 的逆. ◀

下面的命题给出了求 2×2 矩阵的逆的简单方法.

定理 5.19 设$\boldsymbol{A}=\begin{bmatrix}a&b\\c&d\end{bmatrix}$是整数矩阵，且 $\Delta=\det\boldsymbol{A}=ad-bc$ 与正整数 m 互素，则矩阵

$$\overline{\boldsymbol{A}}=\overline{\Delta}\begin{bmatrix}d&-b\\-c&a\end{bmatrix}$$

是 $\boldsymbol{A}$ 模 m 的逆，其中 $\overline{\Delta}$ 是 Δ 模 m 的逆.

证明 为证矩阵 $\overline{\boldsymbol{A}}$ 是 $\boldsymbol{A}$ 模 m 的逆，只需要证 $\boldsymbol{A}\overline{\boldsymbol{A}}\equiv\overline{\boldsymbol{A}}\boldsymbol{A}\equiv\boldsymbol{I}\pmod m$. 为此，注意

$$\boldsymbol{A}\overline{\boldsymbol{A}}\equiv\begin{bmatrix}a&b\\c&d\end{bmatrix}\overline{\Delta}\begin{bmatrix}d&-b\\-c&a\end{bmatrix}\equiv\overline{\Delta}\begin{bmatrix}ad-bc&0\\0&-bc+ad\end{bmatrix}$$

$$\equiv\overline{\Delta}\begin{bmatrix}\Delta&0\\0&\Delta\end{bmatrix}\equiv\begin{bmatrix}\overline{\Delta}\Delta&0\\0&\overline{\Delta}\Delta\end{bmatrix}\equiv\begin{bmatrix}1&0\\0&1\end{bmatrix}=\boldsymbol{I}\pmod m$$

和

$$\overline{\boldsymbol{A}}\boldsymbol{A}\equiv\overline{\Delta}\begin{bmatrix}d&-b\\-c&a\end{bmatrix}\begin{bmatrix}a&b\\c&d\end{bmatrix}\equiv\overline{\Delta}\begin{bmatrix}ad-bc&0\\0&-bc+ad\end{bmatrix}$$

$$\equiv\overline{\Delta}\begin{bmatrix}\Delta&0\\0&\Delta\end{bmatrix}\equiv\begin{bmatrix}\overline{\Delta}\Delta&0\\0&\overline{\Delta}\Delta\end{bmatrix}\equiv\begin{bmatrix}1&0\\0&1\end{bmatrix}=\boldsymbol{I}\pmod m,$$

其中 $\overline{\Delta}$ 是 Δ 模 m 的逆，它存在是因为$(\Delta, m)=1$. ■

例 5.28 设$\boldsymbol{A}=\begin{bmatrix}3&4\\2&5\end{bmatrix}$. 因为 2 是 der $\boldsymbol{A}=7$ 模 13 的逆，所以有

$$\overline{\boldsymbol{A}}\equiv2\begin{bmatrix}5&-4\\-2&3\end{bmatrix}\equiv\begin{bmatrix}10&-8\\-4&6\end{bmatrix}\equiv\begin{bmatrix}10&5\\9&6\end{bmatrix}\pmod{13}.$$ ◀

对正整数 $n(n>2)$，要想得到求 $n\times n$ 阶矩阵的逆的公式，我们需要线性代数的一个结论. 这要用到矩阵的伴随的概念，其定义如下.

定义 $n\times n$ 阶矩阵 $\boldsymbol{A}$ 的**伴随**是一个 $n\times n$ 阶矩阵，它的第(i, j)个元素是 C_{ji}，其中 C_{ij} 是$(-1)^{i+j}$乘以 $\boldsymbol{A}$ 删去第 i 行第 j 列所得矩阵的行列式. 矩阵 $\boldsymbol{A}$ 的伴随记为 adj$(\boldsymbol{A})$，或简记为 adj $\boldsymbol{A}$.

定理 5.20 若 $\boldsymbol{A}$ 是 $n\times n$ 阶矩阵，且 $\det\boldsymbol{A}\neq0$，则 $\boldsymbol{A}(\mathrm{adj}\,\boldsymbol{A})=(\det\boldsymbol{A})\boldsymbol{I}$，其中 adj $\boldsymbol{A}$ 是 $\boldsymbol{A}$ 的伴随.

利用这个定理，容易证明下面的定理.

定理 5.21 若 $\boldsymbol{A}$ 是 $n\times n$ 阶整数矩阵，m 是正整数，使得$(\det\boldsymbol{A}, m)=1$，则矩阵 $\overline{\boldsymbol{A}}=\overline{\Delta}(\mathrm{adj}\,\boldsymbol{A})$是 $\boldsymbol{A}$ 模 m 的一个逆，其中 $\overline{\Delta}$ 是 $\Delta=\det\boldsymbol{A}$ 模 m 的一个逆.

证明 若$(\det\boldsymbol{A}, m)=1$，则 $\det\boldsymbol{A}\neq0$. 因此，由定理 5.20，我们有

$$\boldsymbol{A}(\operatorname{adj} \boldsymbol{A})=(\det \boldsymbol{A})\boldsymbol{I}=\Delta \boldsymbol{I}.$$

因为$(\det \boldsymbol{A}, m)=1$，所以存在$\Delta=\det \boldsymbol{A}$模$m$的逆$\overline{\Delta}$. 从而

$$\boldsymbol{A}(\overline{\Delta}\operatorname{adj} \boldsymbol{A}) \equiv \boldsymbol{A} \cdot (\operatorname{adj} \boldsymbol{A})\overline{\Delta} \equiv \Delta\overline{\Delta}\boldsymbol{I} \equiv \boldsymbol{I} \pmod{m},$$

且

$$\overline{\Delta}(\operatorname{adj} \boldsymbol{A})\boldsymbol{A} \equiv \overline{\Delta}((\operatorname{adj} \boldsymbol{A})\boldsymbol{A}) \equiv \overline{\Delta}\Delta\boldsymbol{I} \equiv \boldsymbol{I} \pmod{m}.$$

这说明$\overline{\boldsymbol{A}}=\overline{\Delta}(\operatorname{adj} \boldsymbol{A})$是$\boldsymbol{A}$模$m$的一个逆. ■

例 5.29 设$\boldsymbol{A}=\begin{bmatrix}2 & 5 & 6\\ 2 & 0 & 1\\ 1 & 2 & 3\end{bmatrix}$，则$\det \boldsymbol{A}=-5$. 而且，$(\det \boldsymbol{A}, 7)=1$，4 是$\det \boldsymbol{A}=-5$模 7 的一个逆. 因此，

$$\overline{\boldsymbol{A}}=4(\operatorname{adj} \boldsymbol{A})=4\begin{bmatrix}-2 & -3 & 5\\ -5 & 0 & 10\\ 4 & 1 & -10\end{bmatrix}=\begin{bmatrix}-8 & -12 & 20\\ -20 & 0 & 40\\ 16 & 4 & -40\end{bmatrix}\equiv\begin{bmatrix}6 & 2 & 6\\ 1 & 0 & 5\\ 2 & 4 & 2\end{bmatrix} \pmod{7}.$$ ◀

我们可以用$\boldsymbol{A}$模m的逆解方程组

$$\boldsymbol{AX} \equiv \boldsymbol{B} \pmod{m},$$

其中$(\det \boldsymbol{A}, m)=1$. 在上式两边同时乘以$\boldsymbol{A}$的逆$\overline{\boldsymbol{A}}$，由定理 5.18 得

$$\begin{aligned}\overline{\boldsymbol{A}}(\boldsymbol{AX}) &\equiv \overline{\boldsymbol{A}}\boldsymbol{B} \pmod{m}\\ (\overline{\boldsymbol{A}}\boldsymbol{A})\boldsymbol{X} &\equiv \overline{\boldsymbol{A}}\boldsymbol{B} \pmod{m}\\ \boldsymbol{X} &\equiv \overline{\boldsymbol{A}}\boldsymbol{B} \pmod{m}.\end{aligned}$$

因此，我们求得形如$\overline{\boldsymbol{A}}\boldsymbol{B} \pmod{m}$的解$\boldsymbol{X}$.

注意，这一方法给出了定理 5.17 的另一证明. 为明确这一点，令$\boldsymbol{AX}=\boldsymbol{B}$，其中$\boldsymbol{A}=\begin{bmatrix}a & b\\ c & d\end{bmatrix}$，$\boldsymbol{X}=\begin{bmatrix}x\\ y\end{bmatrix}$，$\boldsymbol{B}=\begin{bmatrix}e\\ f\end{bmatrix}$. 若$\Delta=\det \boldsymbol{A}=ad-bc$与$m$互素，则

$$\begin{bmatrix}x\\ y\end{bmatrix}=\boldsymbol{X}\equiv\overline{\boldsymbol{A}}\boldsymbol{B}\equiv\overline{\Delta}\begin{bmatrix}d & -b\\ -c & a\end{bmatrix}\begin{bmatrix}e\\ f\end{bmatrix}=\overline{\Delta}\begin{bmatrix}de & -bf\\ af & -ce\end{bmatrix} \pmod{m}.$$

这表明，(x, y)是解当且仅当

$$x \equiv \overline{\Delta}(de-bf) \pmod{m}, \quad y \equiv \overline{\Delta}(af-ce) \pmod{m}.$$

下面我们给出用矩阵求解含有三个未知数和三个方程的同余方程组的一个例子.

例 5.30 考虑同余方程组

$$\begin{aligned}2x_1+5x_2+6x_3 &\equiv 3 \pmod{7}\\ 2x_1+x_3 &\equiv 4 \pmod{7}\\ x_1+2x_2+3x_3 &\equiv 1 \pmod{7}.\end{aligned}$$

这等价于矩阵同余方程

$$\begin{bmatrix}2 & 5 & 6\\ 2 & 0 & 1\\ 1 & 2 & 3\end{bmatrix}\begin{bmatrix}x_1\\ x_2\\ x_3\end{bmatrix}\equiv\begin{bmatrix}3\\ 4\\ 1\end{bmatrix} \pmod{7}.$$

我们在前面已经证明矩阵$\begin{bmatrix}6&2&6\\1&0&5\\2&4&2\end{bmatrix}$是$\begin{bmatrix}2&5&6\\2&0&1\\1&2&3\end{bmatrix}$模 7 的一个逆. 因此，我们有

$$\begin{bmatrix}x_1\\x_2\\x_3\end{bmatrix}=\begin{bmatrix}6&2&6\\1&0&5\\2&4&2\end{bmatrix}\begin{bmatrix}3\\4\\1\end{bmatrix}=\begin{bmatrix}32\\8\\24\end{bmatrix}\equiv\begin{bmatrix}4\\1\\3\end{bmatrix}\pmod 7.$$

在结束本节之前，顺便一提的是，有很多求解线性方程组的方法修改后可以用于求解同余方程组. 例如，可以修改高斯消元法用于求解同余方程组，其中除法变为乘以模 m 的逆. 而且，有类似于克莱姆法则的求解方法. 这些方法的推演留给熟悉线性代数的读者练习.

5.5 节习题

1. 求解下列线性同余方程组.

   a) $x+2y\equiv 1\pmod 5$
   $2x+y\equiv 1\pmod 5$

   b) $x+3y\equiv 1\pmod 5$
   $3x+4y\equiv 2\pmod 5$

   c) $4x+y\equiv 2\pmod 5$
   $2x+3y\equiv 1\pmod 5$

2. 求解下列线性同余方程组.

   a) $2x+3y\equiv 5\pmod 7$
   $x+5y\equiv 6\pmod 7$

   b) $4x+y\equiv 5\pmod 7$
   $x+2y\equiv 4\pmod 7$

* 3. 如果 p 是素数，a，b，c，d，e 和 f 是正整数，那么线性同余方程组

$$ax+by\equiv c\pmod p$$
$$dx+ey\equiv f\pmod p$$

不同余的解的个数有哪些可能?

4. 求矩阵 $\boldsymbol{C}$ 使得

$$\boldsymbol{C}\equiv\begin{bmatrix}2&1\\4&3\end{bmatrix}\begin{bmatrix}4&0\\2&1\end{bmatrix}\pmod 5,$$

且 $\boldsymbol{C}$ 的元素全是小于 5 的非负整数.

5. 用数学归纳法证明，若 $n\times n$ 阶整数矩阵 $\boldsymbol{A}$ 和 $\boldsymbol{B}$ 满足 $\boldsymbol{A}\equiv\boldsymbol{B}\pmod m$，则对所有正整数 k，有 $\boldsymbol{A}^k\equiv\boldsymbol{B}^k\pmod m$.

一个矩阵 $\boldsymbol{A}\neq\boldsymbol{I}$ 称为模 m 对合的，若 $\boldsymbol{A}^2=\boldsymbol{I}\pmod m$.

6. 证明$\begin{bmatrix}4&11\\1&22\end{bmatrix}$是模 26 对合的.

7. 证明或推翻下述结论：若 $\boldsymbol{A}$ 是 2×2 阶的模 m 对合矩阵，则 $\det\boldsymbol{A}\equiv\pm 1\pmod m$.

8. 求下列矩阵模 5 的一个逆.

   a) $\begin{bmatrix}0&1\\1&0\end{bmatrix}$　b) $\begin{bmatrix}1&2\\3&4\end{bmatrix}$　c) $\begin{bmatrix}2&2\\1&2\end{bmatrix}$

9. 求下列矩阵模 7 的一个逆.

   a) $\begin{bmatrix}1&1&0\\1&0&1\\0&1&1\end{bmatrix}$　b) $\begin{bmatrix}1&2&3\\1&2&5\\1&4&6\end{bmatrix}$　c) $\begin{bmatrix}1&1&1&0\\1&1&0&1\\1&0&1&1\\0&1&1&1\end{bmatrix}$

10. 利用习题9求下列方程组的所有解.

a) $x+y\equiv1(\bmod 7)$
$x+z\equiv2(\bmod 7)$
$y+z\equiv3(\bmod 7)$

b) $x+2y+3z\equiv1(\bmod 7)$
$x+2y+5z\equiv1(\bmod 7)$
$x+4y+6z\equiv1(\bmod 7)$

c) $x+y+z\equiv1(\bmod 7)$
$x+y+w\equiv1(\bmod 7)$
$x+z+w\equiv1(\bmod 7)$
$y+z+w\equiv1(\bmod 7)$

11. 下列同余方程组各有多少不同余的解?

a) $x+y+z\equiv1(\bmod 5)$
$2x+4y+3z\equiv1(\bmod 5)$

b) $2x+3y+z\equiv3(\bmod 5)$
$x+2y+3z\equiv1(\bmod 5)$
$2x+z\equiv1(\bmod 5)$

c) $3x+y+3z\equiv1(\bmod 5)$
$x+2y+4z\equiv2(\bmod 5)$
$4x+3y+2z\equiv3(\bmod 5)$

d) $2x+y+z\equiv1(\bmod 5)$
$x+2y+z\equiv1(\bmod 5)$
$x+y+2z\equiv1(\bmod 5)$

*12. 对于求解含有 n 个未知数和 n 个线性同余方程的方程组，推导类似克莱姆法则的解法.

*13. 对于求解含有 m 个未知数和 n 个线性同余方程的方程组，推导类似高斯消元法的解法(其中 m 和 n 可以不同).

*幻方*是整数方阵，它的每一列的和与每一行的和总是相等的. 在下面的练习中，我们给出生成幻方的一种方法.

*14. 证明 n^2 个整数 $0, 1, \cdots, n^2-1$ 可以放入 $n\times n$ 幻方的 n^2 个位置，不把两个整数放在同一位置，整数 k 放在第 i 行第 j 列，其中

$$i\equiv a+ck+e[k/n](\bmod n),$$
$$j\equiv b+dk+f[k/n](\bmod n),$$

$1\leqslant i\leqslant n$，$1\leqslant j\leqslant n$，且 a, b, c, d, e 和 f 是整数，满足 $(cf-de, n)=1$.

*15. 证明：若 $(c, n)=(d, n)=(e, n)=(f, n)=1$，则习题14生成了一个幻方.

*16. 一个 $n\times n$ 矩阵的*正对角线*和*负对角线*由 (i, j) 位置的元素组成，分别满足 $i+j\equiv k(\bmod n)$ 和 $i-j\equiv k(\bmod n)$，其中 k 是一个给定的整数. 一个方阵称为*恶魔幻方*，若正对角线上整数之和与负对角线上整数之和相等. 证明：若 $(c+d, n)=(c-d, n)=(e+f, n)=(e-f, n)=1$，则习题14的流程生成一个恶魔幻方.

计算和研究

1. 生成 4×4，5×5 和 6×6 的幻方.

程序设计

1. 利用定理5.17求解含有两个方程的二元线性同余方程组.
2. 利用定理5.19求 2×2 矩阵的逆.
3. 利用定理5.21求 $n\times n$ 矩阵的逆.
4. 利用矩阵的逆，求解含有 n 个方程的 n 元线性同余方程组.
5. 利用类似克莱姆法则的方法(见本节习题12)，求解含有 n 个方程的 n 元线性同余方程组.
6. 利用类似高斯消元法的方法(见本节习题13)，求解含有 n 个方程的 m 元线性同余方程组.
7. 对于给定的正整数 n，用本节习题14的方法生成一个 $n\times n$ 幻方.

5.6 利用波拉德 ρ 方法分解整数

在本节中，我们将描述一个基于同余的因子分解方法，它由波拉德(J. M. Pollard)在1974年提出. 波拉德称该方法为*蒙特卡罗方法*，因为它依赖于生成貌似随机挑选的整数，现在称为*波拉德 ρ 方法*，后面会解释为何这样命名.

设 n 是一个大合数，p 是它的最小素因子. 我们的目标是选取整数 x_0，x_1，…，x_s，使得它们模 n 有不同的最小非负剩余，但它们模 p 的最小非负剩余不是全部不同的. 使用一些概率公式(见[Ri94])易证，在 s 与 $\sqrt{p}$ 相比较大、而与 $\sqrt{n}$ 相比较小且数字 x_1，x_2，…，x_s 随机选取时，这是可能发生的.

一旦找到整数 x_i 和 x_j，$0 \leqslant i < j \leqslant s$，满足 $x_i \equiv x_j \pmod{p}$，但 $x_i \not\equiv x_j \pmod{n}$，则 $(x_i - x_j, n)$ 是 n 的非平凡因子，这是因为 p 整除 $x_i - x_j$，但 n 不整除 $x_i - x_j$. 可用欧几里得算法迅速求出 $(x_i - x_j, n)$. 然而，对每对 (i, j)，$0 \leqslant i < j \leqslant s$，求 $(x_i - x_j, n)$ 共需要求 $O(s^2)$ 个最大公因子. 我们将说明如何减少必须使用欧几里得算法的次数.

我们用下面的方法寻找这样的整数 x_i 和 x_j：首先随机选取种子值 x_0，而 $f(x)$ 是次数大于 1 的整系数多项式，然后用递归定义

$$x_{k+1} \equiv f(x_k) \pmod{n}, \quad 0 \leqslant x_{k+1} < n$$

计算 x_k，$k=1, 2, \cdots$. 多项式 $f(x)$ 的选取应该使得有很高的概率在出现重复之前生成适当多的整数 x_i. 经验表明，多项式 $f(x)=x^2+1$ 在这一检验中表现良好. 下面的例子说明了如何生成这样的序列.

例 5.31 设 $n=8\,051$，$x_0=2$，$f(x)=x^2+1$. 我们得到 $x_1=5$，$x_2=26$，$x_3=677$，$x_4=7\,474$，$x_5=2\,839$，$x_6=871$，等等. ◀

注意，由 x_k 的递归定义，若

$$x_i \equiv x_j \pmod{d},$$

其中 d 是一个正整数，则

$$x_{i+1} \equiv f(x_i) \equiv f(x_j) \equiv x_{j+1} \pmod{d}.$$

于是，若 $x_i \equiv x_j \pmod{d}$，则序列 x_k 变为模 d 周期的，其周期整除 $j-i$. 也就是说，在 $q \equiv r \pmod{j-i}$ 且 $q \geqslant i$，$r \geqslant i$ 时，$x_q \equiv x_r \pmod{d}$. 因此，若 s 是不小于 i 的 $j-i$ 的最小倍数，则 $x_s \equiv x_{2s} \pmod{d}$.

因此，为寻找 n 的一个因子，我们要求 $x_{2k} - x_k$ 与 n 的最大公因子，$k=1, 2, 3, \cdots$. 当找到 k 使得 $1 < (x_{2k} - x_k, n) < n$ 时，我们就得到了 n 的一个因子. 从之前的观察可见，我们很有可能找到一个接近于 $\sqrt{p}$ 的整数 k.

在波拉德 ρ 方法的实际应用中，经常用多项式 $f(x)=x^2+1$ 来生成整数序列 x_0，x_1，…，x_k，…，而且常选用种子 $x_0=2$. 在此因子分解方法中，这样选取的多项式和种子所生成的序列的特性很像随机序列.

例 5.32 取种子为 $x_0=2$，生成多项式为 $f(x)=x^2+1$，利用波拉德 ρ 方法求 $n=8\,051$ 的一个非平凡因子. 有 $x_1=5$，$x_2=26$，$x_3=677$，$x_4=7\,474$，$x_5=2\,839$，$x_6=871$. 由欧几里得算法，$(x_2-x_1, 8\,051)=(26-5, 8\,051)=(21, 8\,051)=1$，$(x_4-x_2, 8\,051)=(7\,474-26, 8\,051)=(7\,448, 8\,051)=1$. 但是接下来，我们得到 8 051 的一个非平凡因子，因为 $(x_6-x_3, 8\,051)=(871-677, 8\,051)=(194, 8\,051)=97$. 而 97 就是 8 051 的一个因子. ◀

要明白为什么称此方法为波拉德 ρ 方法，请看图 5.1. 此图说明了序列 x_i 的周期特性，其中 $x_0=2$，$x_{i+1} \equiv x_i^2+1 \pmod{97}$，$i \geqslant 1$. 字母 ρ 的尾部是此序列周期性出现之前的部

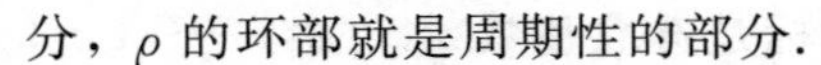
分，ρ 的环部就是周期性的部分.

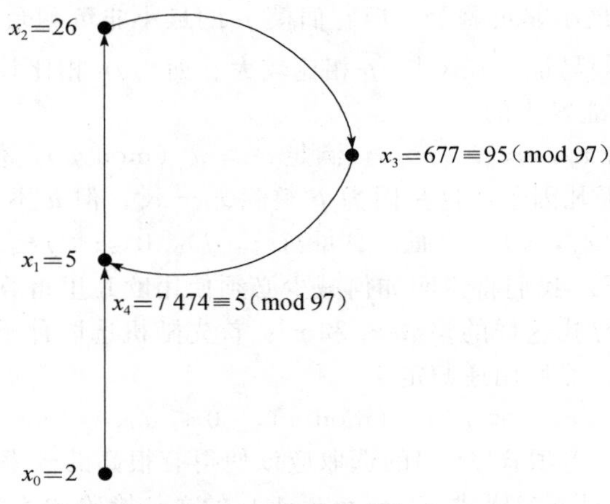

图 5.1　波拉德 ρ 方法

事实证明，对于具有相当大的素因子的整数因子分解来说，波拉德 ρ 方法是实用的. Brent 和 Pollard 使用该方法于 1980 年分解了 78 位数费马数 F_8. 取 $x_0=3$ 以及 $f(x)=x^{2^{10}}+1$. 他们共花费了约 2 小时的计算时间找出了一个 16 位的素因子.

在实际应用中，分解大整数时，首先用小素数试除，例如用小于 10 000 的素数；然后，用波拉德 ρ 方法来找中等大小(例如不超过 10^{15})的素因子. 在小素数试除和波拉德 ρ 方法失败之后，我们才采用真正强力的方法，例如二次筛法或椭圆曲线法.

5.6 节习题

1. 用波拉德 ρ 方法求下列整数的素因子分解，其中 $x_0=2$，$f(x)=x^2+1$.

   a) 133　　b) 1 189　　c) 1 927　　d) 8 131　　e) 36 287　　f) 48 227

2. 用波拉德 ρ 方法分解整数 1 387，使用下面的种子和生成多项式.

   a) $x_0=2$，$f(x)=x^2+1$　　b) $x_0=3$，$f(x)=x^2+1$

   c) $x_0=2$，$f(x)=x^2-1$　　d) $x_0=2$，$f(x)=x^3+x+1$

* 3. 说明为什么将 $f(x)$ 选取为线性多项式，即形如 $f(x)=ax+b$ 的函数(其中 a 和 b 是整数)是不好的选择.

计算和研究

1. 用波拉德 ρ 方法分解十个具有 15 到 20 位十进制数字的不同整数.
2. 用波拉德 ρ 方法分解接近 100 000 的大整数；并记录所用的步骤数. 基于所得数据，你能给出什么猜想？
3. 用波拉德 ρ 方法分解 $2^{58}+1$.

程序设计

1. 对给定的正整数 n，用波拉德 ρ 方法找到它的一个素因子.

第6章　同余的应用

同余有广泛的应用．前面已经介绍过一些这方面的例子，比如在 5.3 节中，就利用同余展示了怎样在计算机上做大整数的乘法．本章广泛涉及同余的各种类型的有趣应用．首先，我们将指出如何利用同余进行整除性检验，比如我们已经熟知的如何判断一个整数能否被 3 或 9 整除的简单检验．然后会推导出一个可以确定历史上任何一天的星期数的同余式．还有利用同余编排循环赛赛程．我们也将讨论同余性质在计算机科学中的一些应用，例如，应用在散列函数上，而散列函数本身就有很多种应用，比如确定数据储存位置的计算机存储地址．最后，我们将给出如何利用同余构造校验位，用来确定一个认证数是否被错误复制．

在后面的章中，我们将会讨论有关同余的更多应用．譬如，在第 9 章中，利用同余从不同的途径对消息进行加密；在第 11 章中，利用同余来产生伪随机数．

6.1　整除性检验

在小学大家都学过检验一个整数是否能被 3 整除，只需要检验该整数各位数相加之和能否被 3 整除就可以了．这是一个整除性检验的例子，它应用了一个整数的各位数字去检验这个数是否能被一个特定的除数整除，而不是用这个可能的除数直接去除那个整数．在本节中，我们将基于这样的检验给出有关的理论．特别地，将利用同余给出基于 b 进制展开的整数的整除性检验，其中 b 是一个正整数．取 $b=10$，即得到著名的用来检验整数能否被 2，3，4，5，7，9，11 和 13 等整除的检验．可能你在很久以前就学过这些整除性检验，在这里你会明白为什么要那样做．

被 2 的幂整除的检验　首先，我们要推导出能够判断被 2 的幂整除的检验．令 $n=32\,688\,048$，因为它的最后一位是偶数，所以容易看出 n 可以被 2 整除．考虑下面这些问题：n 是否能被 $2^2=4$ 整除？是否能被 $2^3=8$ 整除？$2^4=16$ 呢？能够整除 n 的 2 的最高次幂是多少呢？我们将要推导出一种检验方法来回答这些问题，而不是用 4，8 这些 2 的幂一个个去除 n 来判断．

在以下的讨论中，令 $n=(a_k a_{k-1}\cdots a_1 a_0)_{10}$．那么 $n=a_k 10^k+a_{k-1}10^{k-1}+\cdots+a_1 10+a_0$，其中 $0\leqslant a_j\leqslant 9$，$j=0,1,2,\cdots,k$．

因 $10\equiv 0\pmod 2$，由此可得到对所有的正整数 j 有 $10^j\equiv 0\pmod{2^j}$，因此

$$\begin{aligned}
n &\equiv (a_0)_{10}\pmod 2,\\
n &\equiv (a_1a_0)_{10}\pmod{2^2},\\
n &\equiv (a_2a_1a_0)_{10}\pmod{2^3},\\
&\vdots\\
n &\equiv (a_{k-1}a_{k-2}\cdots a_2a_1a_0)_{10}\pmod{2^k}.
\end{aligned}$$

以上这些同余式告诉我们，要判断一个整数 n 能否被 2 整除，只需要检验它的最后一位数字能否被 2 整除．类似地，判断 n 能否被 4 整除，只需要检验它的最后两位数字能否

被4整除．一般地，要检验 n 能否被 2^j 整除，只需要检验组成整数 n 的最后 j 位数字能否被 2^j 整除即可．

例 6.1 令 $n=32\,688\,048$．由 $2\mid 8$ 知 $2\mid n$，由 $4\mid 48$ 知 $4\mid n$，由 $8\mid 48$ 知 $8\mid n$，由 $16\mid 8\,048$ 知 $16\mid n$，但因 $32\nmid 88\,048$，故 $32\nmid n$． ◀

被5的幂整除的检验 下面将推导能被5的幂整除的整除性检验．

为了推导出能被5的幂整除的整除性检验，首先，由 $10\equiv 0\pmod 5$，有 $10^j\equiv 0\pmod{5^j}$ 对所有整数 j 成立．因此，能被5的幂整除的整除性检验类似于能被2的幂整除的整除性检验，我们只需要检验组成整数 n 的最后 j 位数字能否被 5^j 整除来判断 5^j 是否能整除 n．

例 6.2 令 $n=15\,535\,375$．由 $5\mid 5$ 知 $5\mid n$，由 $25\mid 75$ 知 $25\mid n$，由 $125\mid 375$ 知 $125\mid n$，但 $625\nmid 5\,375$，故 $625\nmid n$． ◀

被3和9整除的检验 下面将推导能被3和9整除的整除性检验．

注意，两同余式 $10\equiv 1\pmod 3$ 和 $10\equiv 1\pmod 9$ 同时成立，因此有 $10^k\equiv 1\pmod 3$ 和 $10^k\equiv 1\pmod 9$ 同时成立，由此可得到一个有用的同余式：

$$\begin{aligned}(a_ka_{k-1}\cdots a_2a_1a_0)_{10} &= a_k10^k+a_{k-1}10^{k-1}+\cdots+a_110+a_0\\ &\equiv a_k+a_{k-1}+\cdots+a_1+a_0 \pmod 3 \text{ 和} \pmod 9\end{aligned}$$

从而，我们只需要检验 n 的各位数字之和是否能被3或9整除，便可以分别判定 n 是否能被3或9整除．

例 6.3 令 $n=4\,127\,835$．那么 n 的各位数字之和是 $4+1+2+7+8+3+5=30$．因 $3\mid 30$ 但 $9\nmid 30$，故 $3\mid n$ 但 $9\nmid n$． ◀

被11整除的检验 对能否被11整除可以找到一个相当简单的检验．

因为 $10\equiv -1\pmod{11}$，所以有

$$\begin{aligned}(a_ka_{k-1}\cdots a_2a_1a_0)_{10} &= a_k10^k+a_{k-1}10^{k-1}+\cdots+a_110+a_0\\ &\equiv [a_k(-1)^k+a_{k-1}(-1)^{k-1}+\cdots-a_1+a_0] \pmod{11}\end{aligned}$$

这表明 $(a_ka_{k-1}\cdots a_2a_1a_0)_{10}$ 能被11整除的充要条件是对 n 的各位数字交替相加减，所得到的整数 $a_0-a_1+a_2-\cdots+(-1)^ka_k$ 能被11整除．

例 6.4 易知 $723\,160\,823$ 可以被11整除，因为其各位数字交替相加减，得到的整数是 $3-2+8-0+6-1+3-2+7=22$ 可以被11整除．另一方面，$33\,678\,924$ 不能被11整除，因为 $4-2+9-8+7-6+3-3=4$ 不能被11整除． ◀

被7，11，13整除的检验 接下来将要推导一个可以同时判断被素数7，11，13整除的整除性检验．

注意到 $7\cdot 11\cdot 13=1\,001$ 并且 $10^3=1\,000\equiv -1\pmod{1\,001}$．因此

$$\begin{aligned}(a_ka_{k-1}\cdots a_2a_1a_0)_{10} &= a_k10^k+a_{k-1}10^{k-1}+\cdots+a_110+a_0\\ &=(a_0+10a_1+100a_2)+1\,000(a_3+10a_4+100a_5)+\\ &\quad (1\,000)^2(a_6+10a_7+100a_8)+\cdots\\ &\equiv(100a_2+10a_1+a_0)-(100a_5+10a_4+a_3)+\end{aligned}$$

$$(100a_8+10a_7+a_6)-\cdots$$
$$=[(a_2a_1a_0)_{10}-(a_5a_4a_3)_{10}+(a_8a_7a_6)_{10}-\cdots](\bmod 1\,001).$$

这个同余式告诉我们，一个整数模 1 001 同余于这样一个数，即它是将原来那个整数按照十进制展开，然后从最右端开始每连续的三位数字分成一组，再按照原顺序构成新的三位数，最后将它们连续地交替相加减而得到的整数. 从而，因 7，11，13 均是 1 001 的因子，故为了判断一个整数是否能被 7，11 或 13 整除，只需要检验这些三位数的交替加减是否能被 7，11 或 13 整除.

例 6.5 令 $n=59\,358\,208$. 按照以上方法每三位数字分组得到的整数的交替加减 $208-358+59=-91$ 可以被 7 和 13 整除，但不能被 11 整除，由此可知：$7\mid n$，$13\mid n$，但 $11\nmid n$. ◀

我们在习题中提出的另外一种检验整数能否被 7，11 或 13 整除的方法实际上也可检验能否被任意与 10 互素的整数整除.

b 进制数的整除性检验 目前为止我们所推导的一切整除性检验都是基于 10 进制的，现在，我们来推导使用 b 进制表示的整除性检验，这里 b 是一个正整数.

定理 6.1 若 $d\mid b$，并且 j，k 都是正整数，满足 $j<k$，那么 $(a_k\cdots a_1a_0)_b$ 可被 d^j 整除当且仅当 $(a_{j-1}\cdots a_1a_0)_b$ 可以被 d^j 整除.

证明 因 $b\equiv 0(\bmod d)$，故 $b^j\equiv 0(\bmod d^j)$. 因此

$$\begin{aligned}(a_ka_{k-1}\cdots a_1a_0)_b &= a_kb^k+\cdots+a_jb^j+a_{j-1}b^{j-1}+\cdots+a_1b+a_0\\ &\equiv a_{j-1}b^{j-1}+\cdots+a_1b+a_0\\ &=(a_{j-1}\cdots a_1a_0)_b(\bmod d^j).\end{aligned}$$

因而，$d^j\mid(a_ka_{k-1}\cdots a_1a_0)_b$ 当且仅当 $d^j\mid(a_{j-1}\cdots a_1a_0)_b$. ■

定理 6.1 将十进制记号表示的被 2 的方幂和 5 的方幂整除的整除性检验推广到其他进制整数的整除性检验.

定理 6.2 若 $d\mid(b-1)$，那么 $n=(a_k\cdots a_1a_0)_b$ 可被 d 整除当且仅当 n 的各位数字之和 $a_k+a_{k-1}\cdots+a_1+a_0$ 可以被 d 整除.

证明 由 $d\mid(b-1)$ 知 $b\equiv 1(\bmod d)$. 因此根据定理 5.8，对任意正整数 j，有 $b^j\equiv 1(\bmod d)$. 从而 $n=(a_k\cdots a_1a_0)_b=a_kb^k+\cdots+a_1b+a_0\equiv(a_k+\cdots+a_1+a_0)(\bmod d)$. 这表明，$d\mid n$ 当且仅当 $d\mid(a_k+\cdots+a_1+a_0)$. ■

定理 6.2 将十进制符号表示的被 3 和 9 整除的整除性检验推广到其他进制整数的整除性检验.

定理 6.3 若 $d\mid(b+1)$，那么 $n=(a_k\cdots a_1a_0)_b$ 可被 d 整除当且仅当 n 的各位数字的交错和 $(-1)^ka_k+\cdots-a_1+a_0$ 可以被 d 整除.

证明 由 $d\mid(b+1)$ 可知 $b\equiv-1(\bmod d)$. 因此 $b^j\equiv(-1)^j(\bmod d)$. 从而 $n=(a_k\cdots a_1a_0)_b\equiv[(-1)^ka_k+\cdots-a_1+a_0](\bmod d)$. 故 $d\mid n$ 当且仅当 $d\mid[(-1)^ka_k+\cdots-a_1+a_0]$. ■

定理 6.3 将十进制符号表示的被 11 整除的整除性检验推广到其他进制整数的整除性检验.

例 6.6 令 $n=(7F28A6)_{16}$（十六进制）. 这里，基为 $b=16$. 因 $2\mid 16$，由定理 6.1 且 $2\mid 6$，故 $2\mid n$. 但 $2^2=4\nmid n$，因为 $4\nmid(A6)_{16}=(166)_{10}$.

因为 $b-1=15=3\cdot 5$，故可用定理 6.2 检验被 3，5 和 15 整除的整除性，注意到 n 的各位数字之和为 $7+F+2+8+A+6=(30)_{16}=(48)_{10}$. 因为 $3\mid 48$，但 $5\nmid 48$，$15\nmid 48$，故由定理 5.2 可知，$3\mid n$，但 $5\nmid n$，$15\nmid n$.

因为 $b+1=17$，故可用定理 6.3 检验被 17 整除的整除性. 注意到 n 的各位数字的交错和为 $6-A+8-2+F-7=(A)_{16}=(10)_{10}$，因 $17\nmid 10$，故 $17\nmid n$. ◀

例 6.7 令 $n=(1001001111)_2$. 利用定理 6.3 可知 $3\mid n$，因为 $n\equiv 1-1+1-1+0-0+1-0+0-1\equiv 0 \pmod 3$ 且 $3\mid(2+1)$. ◀

6.1 节习题

1. 求能够整除下列每个正整数的 2 的幂的最大值.
   a) 201 984　b) 1 423 408　c) 89 375 744　d) 41 578 912 246
2. 求能够整除下列每个正整数的 5 的幂的最大值.
   a) 112 250　b) 4 860 625　c) 235 555 790　d) 48 126 953 125
3. 下列哪个整数可以被 3 整除？在那些被 3 整除的数中，哪个可以被 9 整除？
   a) 18 381　b) 65 412 351　c) 987 654 321　d) 78 918 239 735
4. 下列哪个整数可以被 11 整除？
   a) 10 763 732　b) 1 086 320 015　c) 674 310 976 375　d) 8 924 310 064 537
5. 求能够整除下列整数的 2 的幂的最大值.
   a) $(101111110)_2$　b) $(1010000011)_2$　c) $(111000000)_2$　d) $(1011011101)_2$
6. 在习题 5 中确定可以被 3 整除的整数.
7. 下列哪些整数可以被 2 整除？
   a) $(1210122)_3$　b) $(211102101)_3$　c) $(1112201112)_3$　d) $(10122222011101)_3$
8. 在习题 7 中哪些整数可以被 4 整除？
9. 下列哪些整数可以被 3 整除？哪些可以被 5 整除？
   a) $(3EA235)_{16}$　b) $(ABCDEF)_{16}$　c) $(F117921173)_{16}$　d) $(10AB987301f)_{16}$
10. 在习题 9 中哪些整数可以被 17 整除？

    一个幺循环整数(repunit)是在十进制展开下所有位都是 1 的整数.

11. 求解什么样的幺循环整数可以被 3 整除？哪些幺循环整数可以被 9 整除？
12. 求哪些幺循环整数可以被 11 整除？
13. 求哪些幺循环整数可以被 1 001 整除？哪些可以被 7 整除？哪些可以被 13 整除？
14. 求位数不超过 10 位的且是素数的幺循环整数.

    b 进制幺循环数是在 b 进制展开下所有位都是 1 的整数.

15. 求可以被 $(b-1)$ 的因子整除的 b 进制幺循环数.
16. 求可以被 $(b+1)$ 的因子整除的 b 进制幺循环数.

    b 进制回文数是在 b 进制表示下正读和反读都相同的整数.

17. 求证任何一个偶数位的十进制回文数都可以被 11 整除.
18. 求证任何一个偶数位的七进制回文数都可以被 8 整除.

19. 基于 $10^3 \equiv 1 \pmod{37}$ 推导一个是否被 37 整除的检验，并利用该检验验证 443 692 和11 092 785 是否被 37 整除.
20. 设计一个检验判断一个 b 进制表示的整数是否可以被 n 整除，其中 n 是 b^2+1 的因子(提示：把该整数在 b 进制表示下从右端开始每两位分为一组).
21. 用在习题 20 中设计的检验判断下列命题：
    a) $(101110110)_2$ 可以被 5 整除.
    b) $(12100122)_3$ 可以被 2 整除. 它是否可以被 5 整除?
    c) $(364701244)_8$ 可以被 5 整除. 它是否可以被 13 整除?
    d) $(5837041320219)_{10}$ 可以被 101 整除.
22. 有一张字迹模糊的旧收据，上面写着 88 只鸡的价格是 $x4.2y$ 美元，其中 x，y 代表已经读不出来的位上的数字，那么每只鸡的价格是多少呢?
23. 利用模 9 的同余来求出丢失的数字，该等式是 89 878 · 58 965 = 5 299 ?56 270，其中用问号来表示该位上的数字已丢失.
24. 假设 $n=31\,888\,x74$，此处 x 代表一位丢失的数字，求出所有可能的 x 的值，使得 n 分别被下列整数整除：
    a) 2　b) 3　c) 4　d) 5　e) 9　f) 11
25. 假设 $n=917\,4x8\,835$，此处 x 代表一位丢失的数字，求出所有可能的 x 的值，使得 n 分别被下列整数整除：
    a) 2　b) 3　c) 5　d) 9　e) 11　f) 25

我们可以通过判断同余式 $c \equiv ab \pmod{m}$ 是否成立来判断乘式 $c=ab$ 是否正确，其中 m 是任意一个模数. 如果可以断定 c 模 m 与 ab 不同余，那么可以得到 $c=ab$ 是错误的. 当我们取 $m=9$ 且利用十进制的整数模 9 同余于其各位数字之和，这样可得到一个检验称作“弃九法”.

26. 利用弃九法检验下列乘式.
    a) 875 961 · 2 753 = 2 410 520 633
    b) 14 789 · 23 567 = 348 532 367
    c) 24 789 · 43 717 = 1 092 700 713
27. 利用弃九法检验一个乘式是否足够可靠?
28. 将一个整数按照十进制展开，怎样将它的各位数字组合使得得到的新数模 99 同余于该整数自身? 利用你所得到的答案，推导出一个基于弃九十九法的乘式检验. 并利用该检验法检验习题 26 的各个乘式.
29. 本习题中，我们将建立一种整除性检验的一般方法，设 $n=(a_k a_{k-1} \cdots a_1 a_0)_{10}$，$d$ 为正整数且 $(d, 10)=1$. 首先证明如果 e 是 10 模 d 的逆，则 $d \mid n$ 当且仅当 $d \mid n'=(n-a_0)/10+ea_0$. 利用这一结论证明我们可以通过生成序列 n，n'，$(n')'$，…，直到得到一项可以手算其能否被 d 整除来检验 d 能否整除 n.
30. 利用习题 29 建立一种检验能否被以下整数整除的方法：
    a) 7　b) 11　c) 17　d) 23
31. 利用习题 29 建立一种检验能否被以下整数整除的方法：
    a) 13　b) 19　c) 21　d) 27
32. 利用你在习题 30 中建立的方法来检验下列整数能否被 7，11，13 及 23 整除.
    a) 851　b) 8 694　c) 20 493　d) 558 851
33. 利用你在习题 31 中建立的方法来检验下列整数能否被 13，19，21 及 27 整除.
    a) 798　b) 2 340　c) 34 257　d) 348 327

计算和研究

1. 设 n 是一个不超过 30 的正整数，判断具有 n 位数的幺循环整数是否为素数. 你可以得到更进一步的结论吗?

程序设计

1. 给定正整数 n，求能够整除 n 的 2 的最高幂次数和 5 的最高幂次数.
2. 给定正整数 n，检验其能否被 3，7，9，11 和 13 整除(对于 7 和 13 利用模 1 001 的同余).
3. 给定正整数 n，通过将 n 在 b 进制下展开，求该整数的因子 b 在 n 中的最高次数.
4. 将一个正整数 n 进行 b 进制展开，检验 $b-1$ 和 $b+1$ 的因子是否可以整除该数.

6.2 万年历

在本节中，我们将给出一个计算公式，用来计算任何一年的任何一天的星期数. 因为星期是以 7 为周期的，所以可以利用模 7 的同余来计算. 我们把一个星期的每一天用集合 0，1，2，3，4，5，6 中的一个数表示，并设置

- 星期天＝0，
- 星期一＝1，
- 星期二＝2，
- 星期三＝3，
- 星期四＝4，
- 星期五＝5，
- 星期六＝6.

埃及历法每年精确到 365 天，尤利乌斯·凯撒(Julius Caesar)推行了一种新的历法叫做*凯撒历法*，该历法每年的平均长度是 $365\frac{1}{4}$天，同时为了更好地反映每一年的实际长度，每四年会增加一个闰年. 但是，最新的计算表明每一年的真实长度大约是 365.242 2 天. 随着世纪的更迭，每年会有 0.007 8 天的误差被累加起来，所以到了 1582 年已经大约有多余的 10 天被没有必要地加到了闰年里面. 为了纠正它，格里高利(Gregory)教皇在 1582 年创立了一种新历法. 首先，多余的 10 天被加进了原来的日期里，所以 1582 年 10 月 5 日变成了 1582 年 10 月 15 日(10 月 6 日到 10 月 14 日的日期被跳了过去). 闰年可以精确地定义为：除了能够整除 100 的年份(即标志世纪开始的年)，能够整除 4 的年份都是闰年，而那些能够整除 100 的年份，只有在年份同时被 400 整除时才是闰年. 作为例子，1700 年、1800 年、1900 年和 2100 年都不是闰年，但 1600 年和 2000 年是闰年. 按照这种安排，一个历法年的平均长度变成了 365.242 5 天，相当接近于实际的 365.242 2 天. 每年仍会有 0.000 3 天的误差，即每 10 000 年会有 3 天的误差. 将来，这个差异会得到更正，并且已经提出了多种可能的方法去纠正这个误差.

在处理世界上不同地区的历法日期时，有一个事实是必须考虑的，即并不是所有的地区都是在 1582 年采用的格里高利历法. 在英国及现在的美国，直到 1752 年才采用该历法，因此需要加上 11 天. 即在这些地区凯撒历法的 1752 年 9 月 3 日变成了格里高利历法的 1752 年 9 月 14 日. 日本是 1873 年采用的格里高利历法，俄罗斯及其周边国家是 1917 年，而希腊一直到 1923 年才采用此历法.

现在，我们将建立一个公式(称为万年历)来求在格里高利历法下给定的一个日期的星期数. 因为闰年中多出来的一天加到了二月的最后一天，所以我们有必要首先做出一些调整. 从每年的三月份开始，对月份重新进行计数，并将一月份和二月份算作前一年的一部分，比如，2000 年 2 月被认为是 1999 年的第十二个月，而 2000 年 5 月则是 2000 年的第三个月. 为了便于计算日期，在这种协议下，令

- k = 每一月份中的日期；
- m = 月份，且有

一月份=11	七月份=5
二月份=12	八月份=6
三月份=1	九月份=7
四月份=2	十月份=8
五月份=3	十一月份=9
六月份=4	十二月份=10

- N = 年份，N 是当前年份，该年的一月份和二月份归到前一年中，并且 $N=100C+Y$，其中
  - C = 世纪数，
  - Y = 每一世纪中特定的年份.

例 6.8 对于 1951 年 4 月 3 日，有 $k=3$，$m=2$，$N=1951$，$C=19$ 和 $Y=51$. 但注意对于 1951 年 2 月 28 日，有 $k=28$，$m=12$，$N=1950$，$C=19$ 和 $Y=50$，这是因为在我们的计算中，把二月份算作前一年的第十二个月了. ◀

以每一年的 3 月 1 日作为起点，令 d_N 代表第 N 年的 3 月 1 日的星期数. 从 1600 年开始，我们计算每一给定的年份的 3 月 1 日的星期数. 注意到如果第 N 年不是闰年，则第 $N-1$ 年与第 N 年的 3 月 1 日之间有 365 天，且因为 $365\equiv 1 \pmod 7$，所以 $d_N\equiv d_{N-1}+1 \pmod 7$，而若第 N 年是闰年，因这连续两年的 3 月 1 日之间多了一天，故

$$d_N \equiv d_{N-1}+2 \pmod 7.$$

因此，由 d_{1600} 计算 d_N，首先要计算出第 N 年与 1600 年间有多少个闰年(不包括 1600 年但包括第 N 年)，令这个数目是 x，为了计算 x，利用带余除法，在第 1600 年到第 N 年之间，有 $[(N-1\,600)/4]$ 个年份可以被 4 整除，有 $[(N-1\,600)/100]$ 个年份可以被 100 整除，有 $[(N-1\,600)/400]$ 个年份可以被 400 整除. 因而

$$\begin{aligned} x &= [(N-1\,600)/4]-[(N-1\,600)/100]+[(N-1\,600)/400] \\ &= [N/4]-400-[N/100]+16+[N/400]-4 \\ &= [N/4]-[N/100]+[N/400]-388. \end{aligned}$$

(我们利用了例 1.4 中的等式来简化这里的表述). 把 C 和 Y 代入上式，可得

$$\begin{aligned} x &= [25C+(Y/4)]-[C+(Y/100)]+[(C/4)+(Y/400)]-388 \\ &= 25C+[Y/4]-C+[C/4]-388 \\ &\equiv 3C+[C/4]+[Y/4]-3 \pmod 7. \end{aligned}$$

这里再次利用了例 1.4 中的等式、不等式 $Y/100<1$ 和方程 $[(C/4)+(Y/400)]=[C/4]$(因为 $Y/400<1/4$，故这可以从 1.5 节中的习题 27 推出).

现在可以根据 d_{1600} 计算 d_N 了，每过一年则在 d_{1600} 上加一天，并且加上在 1600 年到第 N 年间因闰年而多出的天数．这样便得到以下公式：

$$\begin{aligned} d_N &\equiv d_{1600} + N - 1\,600 + x \\ &= d_{1600} + 100C + Y - 1\,600 + 3C + [C/4] + [Y/4] - 3 \pmod 7. \end{aligned}$$

整理可得

$$d_N \equiv d_{1600} - 2C + Y + [C/4] + [Y/4] \pmod 7.$$

我们已经导出了联系任何一年 3 月 1 日的星期数与 1600 年 3 月 1 日的星期数的公式．利用事实 2025 年 3 月 1 日是星期六，可以推导 1600 年 3 月 1 日的星期数．对于 2025 年，因 $N=2\,025$，故 $C=20$，$Y=25$，又 $d_{2025}=6$，可得

$$6 \equiv d_{1600} - 40 + 25 + [20/4] + [25/4] \equiv d_{1600} - 4 \pmod 7.$$

因此，$d_{1600}=3$，即 1600 年 3 月 1 日是星期三．将 d_{1600} 的值代入计算 d_N 的公式便可得到

$$d_N \equiv 3 - 2C + Y + [C/4] + [Y/4] \pmod 7.$$

现在利用以上公式来计算第 N 年每个月的第一天的星期数．为了计算某个特定月份的第一天的星期数，我们会用到它与前一个月第一天的星期数相差的数值．因为 $30 \equiv 2 \pmod 7$，所以若某月有 30 天，那么它下月的第一天的星期数要比这个月第一天的星期数增加 2；如果是 31 天，则因 $31 \equiv 3 \pmod 7$，所以星期数会增加 3．因而我们必须加上以下天数：

从 3 月 1 日到 4 月 1 日：3 天
从 4 月 1 日到 5 月 1 日：2 天
从 5 月 1 日到 6 月 1 日：3 天
从 6 月 1 日到 7 月 1 日：2 天
从 7 月 1 日到 8 月 1 日：3 天
从 8 月 1 日到 9 月 1 日：3 天
从 9 月 1 日到 10 月 1 日：2 天
从 10 月 1 日到 11 月 1 日：3 天
从 11 月 1 日到 12 月 1 日：2 天
从 12 月 1 日到 1 月 1 日：3 天
从 1 月 1 日到 2 月 1 日：3 天

我们需要一个能够给出与上面具有相同增量的公式．注意到一共有 11 个增量共 29 天，故平均每个增量是 2.6 天．通过观察，可以发现当 m 取 2 到 12 时，函数 $[2.6m-0.2]-2$ 给出了与上面相同的增量，而 $m=1$ 时，函数值为零（该公式最先由克里斯蒂安·采勒（Christian Zeller[㊀]）提出，很明显他是根据不断地实验和修正得到此公式的）．因此，第 N 年第 m 月第一天的星期数是由 $d_N + [2.6m-0.2] - 2$ 模 7 的最小非负剩余给出的．

记 W 为第 N 年第 m 月第 k 天的星期数，我们只需要在已经推导出的计算该月第一天的星期数公式中添加 $k-1$，得到

$$W \equiv k + [2.6m - 0.2] - 2C + Y + [Y/4] + [C/4] \pmod 7.$$

㊀ 克里斯蒂安·采勒（1822—1899）生于德国 Neckar 的 Mühlhausen．他在完成神学学习后成为一名神父．1874 年到 1898 年，他担任 Markgröningen 女子学院院长．他在 1882 年发表计算特定日期的星期数的公式．

我们可以利用这个公式计算出格里高利历法任何一年中任何一天的星期数.

例 6.9 求 1900 年 1 月 1 日的星期数. 易知 $C=18$，$Y=99$，$m=11$，$k=1$(因我们把 1 月看作先前一年的第 11 月). 因此有

$$W \equiv 1+28-36+99+24+4 \equiv 1 (\bmod 7).$$

从而 1900 年 1 月 1 日是星期一. ◀

6.2 节习题

1. 求出你出生那一天的星期数，并算出你今年生日的星期数.
2. 求下列在美国历史上重要日期的星期数(1752 年 9 月 3 日以前用凯撒历法，从 1752 年 9 月 14 日至今用格里高利历法.)

* a) 1492 年 10 月 12 日	哥伦布在加勒比发现大陆
* b) 1626 年 5 月 6 日	彼得·米纽依特从当地土著那里购买了曼哈顿
* c) 1752 年 6 月 15 日	本杰明·富兰克林发明了避雷针
d) 1776 年 7 月 4 日	美国独立宣言发表
e) 1867 年 3 月 30 日	美国从俄罗斯购买了阿拉斯加州
f) 1888 年 3 月 11 日	美国东部发生特大暴风雪
g) 1898 年 2 月 15 日	美国“缅因号”军舰在哈瓦那港突然发生爆炸沉没
h) 1925 年 7 月 2 日	Scopes 因教进化论获罪案
i) 1945 年 7 月 16 日	第一颗原子弹爆炸成功
j) 1969 年 7 月 20 日	人类第一次登上月球
k) 1974 年 8 月 9 日	尼克松总统辞职
l) 1979 年 3 月 28 日	三里岛核电站核泄露事件
m) 1984 年 1 月 1 日	“大贝尔”公司解体
n) 1991 年 12 月 25 日	苏联解体
o) 2009 年 1 月 20 日	奥巴马首任总统
p) 2045 年 6 月 5 日	人类首次登陆火星

3. 在 2030 年有几个月的 13 日均是星期五?
4. 从公元 1 年到公元 10 000 年间一共包含多少个闰年?
5. 为了修改格里高利历法中每一年的天数与每年实际天数之间的微小差异，有人建议能被 4 000 整除的年份将不是闰年. 请考虑以上修改求给定日期星期数的公式以进行校正.
6. 证明在同一个世纪里，如果两个不同的年份相差 28，56 或 84 年，则它们相同的历法日期具有相同的星期数.
7. 在你出生后的一百年里，有哪些年你的生日的星期数与你出生那天的星期数相同?
8. 在序列 1 995，1 997，1 998，1 999，2 001，2 002，2 003 中下一项应该是多少?
9. 在序列 1 700，1 800，1 900，2 100，2 200，2 300 中下一项应该是多少?
10. 证明在连续的 400 年中闰年的数目总是相同的，并求出这个数.
11. 证明一年中两个连续月份的 13 号均是星期五当且仅当这两个月是二月和三月并且这一年的 1 月 1 号是星期四.

* 12. 有人建议用一种新的历法叫作*国际固定日历*. 这种历法有 13 个月，包括所有现有的月份，又增加了一个新的叫“Sol”的月份，并且插在了六月份和七月份之间. 每个月都有 28 天，但闰年的 6 月份多一天(闰年的判定方法跟格里高利历法一样). 还有一天不属于任何一个月称为*岁末天*，可以把它认为

是12月29日．为国际固定历法设计一个永久性的历法表，并给出历法日期的星期数．

13. 证明：在格里高利历法下，每年至少有一个月的13号是星期五．
14. 对任意整数 k，$1\leqslant k\leqslant 30$，证明格里高利历法的每年的12个月中的第 k 天包含了所有七个星期数．
15. 给定格里高利历法中某一年，确定某个月的31日有多少可能的星期数．
16. 求在一个世纪里最多有几个年份的2月份有五个星期天．

计算和研究

1. 求在1800年到2300年间每个月的第十三天是星期五的月份的个数．你能根据你发现的现象提出并证明一个猜想吗？

程序设计

1. 确定任何一个日期（按年月日记）的星期数．
2. 打印出任何一年的日历表．
3. 打印出指定某年的国际固定历法（见习题12）的历法表．

6.3 循环赛赛程

同余可以用来安排循环赛的赛程．在本节中，我们将说明如何安排 N 个队的循环赛的赛程，使得每个队每天至多有一场比赛，循环赛历时 $N-1$ 天，且与其他任何一个队都比赛一次．我们叙述的方法是由弗轮德（Freund）发明的[Fr56]．

首先，注意到若 N 是奇数，则因两两配对，实际参加比赛的队的总数是偶数，所以在每一轮中，并不是所有的队都参加比赛．所以，若 N 是奇数，则可以添加一个虚拟队，在某一轮中与虚拟队配对的队在本轮中轮空，不参加比赛．因此，可以始终假设有偶数个队参加比赛，在必要时增加一个虚拟队．

将 N 个队用整数 $1, 2, 3, \cdots, N-1, N$ 编号．构造一个赛程，按照下列方式进行配对．若 $i+j\equiv k \pmod{N-1}$，$i\neq N$，$j\neq N$，且 $j\neq i$，则在第 k 轮中，第 i 队与第 j 队比赛．除了第 N 队和满足 $2i\equiv k \pmod{N-1}$ 的第 i 队外，这个赛程表让其他所有队在第 k 轮中都参加比赛．这样的第 i 队是存在的，因为 $(2, N-1)=1$，由推论5.12.1可知，故同余方程 $2x\equiv k \pmod{N-1}$ 在 $1\leqslant x\leqslant N-1$ 时有且仅有一解．让这第 i 队与第 N 队在第 k 轮中比赛．

现在，我们将会证明每个队与其他任何一个队都只比赛一次．先考虑前 $N-1$ 个队，注意到在第 k 轮中第 i 队与第 N 队只比赛一次，其中 $1\leqslant i\leqslant N-1$ 且 $2i\equiv k \pmod{N-1}$．换句话说，第 i 队不会两次与同一队比赛．若第 i 队在第 k 轮和在第 k' 轮均与第 j 队比赛，则 $i+j\equiv k \pmod{N-1}$ 和 $i+j\equiv k' \pmod{N-1}$．这显然矛盾，因为 $k\equiv k' \pmod{N-1}$．因此，前 $N-1$ 个队的每一个队都比赛 $N-1$ 次，并且和同一队比赛不超过两次，故它和每个队只比赛一次．还有，第 N 队参加了 $N-1$ 次比赛，且任何其他队与第 N 队只比赛一次，故第 N 队与其他任何一队只比赛一次．

例6.10 为了安排五个队的循环赛，将这五个队用整数1，2，3，4，5编号，虚拟队用6编号．在第一轮中，第1队与第 j 队比赛，其中 $1+j\equiv 1 \pmod 5$．此处，$j=5$ 时同余式成立，故第1队与第5队比赛．因同余式 $2+j\equiv 1 \pmod 5$ 的解是 $j=4$，故在第一轮中，第2队与第4队比赛．又 $i=3$ 是同余式 $2i\equiv 1 \pmod 5$，故第3队与第6队即虚拟队配对，因此，在第一轮中第3队轮空．继续这个步骤，便可以完成在其他轮的赛程安排，如表6.1所示，第 k 轮第 i 队的对手在第 k 行第 i 列给出． ◀

表 6.1 五队循环赛赛程安排

轮	队				
	1	2	3	4	5
1	5	4	bye	2	1
2	bye	5	4	3	2
3	2	1	5	bye	3
4	3	bye	1	5	4
5	4	3	2	1	bye

6.3 节习题

1. 为下面的小组安排循环比赛的赛程.

   a) 7 个队　　b) 8 个队　　c) 9 个队　　d) 10 个队

2. 在安排循环赛赛程时，我们希望能够对每个队确定出主队与客队，使得当 N 是奇数时，N 个队中的每一个队主场与客场比赛的次数是一样的. 规定当 $i+j$ 是奇数时，i 和 j 中较小的一个队为主队，而当 $i+j$ 是偶数时，i 和 j 中较大的一个队为主队. 证明每个队主场与客场比赛的次数是相同的.

3. 在安排循环赛赛程时，利用习题 2 为含有下列队数的每场比赛确定其主队.

   a) 5 个队　　b) 7 个队　　c) 9 个队

计算和研究

1. 为 13 个队确定一个循环赛程，并在每场比赛中指定主队.

程序设计

1. 设 n 是一个正整数，为 n 个队确定一个循环赛赛程.
2. 设 n 是一个奇正整数，利用习题 2，为 n 个队确定一个循环赛赛程，并在每场比赛中指定主队.

6.4 散列函数

某个大学想要在计算机中为每一个学生储存一份文件. 每份文件的识别号码或者说关键词是每个学生的社会安全号码. 社会安全号码是一个九位数的整数，所以为每个可能的社会安全号码建立一个存储地址几乎是不可行的. 但可以利用一个系统化的方法，这种方法利用适当数量的存储单元，将这些文件排列在存储器中，这样就会很容易地访问每份文件. 排列文件的系统方法是基于(hashing function)散列函数发展起来的. 一个散列函数为每一份文件分配一个特定的存储单元. 现在已经有许多类型的散列函数，但最常用的类型是模运算. 我们将在此讨论这种类型的函数；关于更一般的散列函数的讨论，见[Kn97]或[CoLeRiSt10].

令 k 是被存储文件的关键词，在我们的例子中，k 是一个学生的社会安全号码. 令 m 是一个正整数. 定义散列函数 $h(k)$ 为

$$h(k) \equiv k(\bmod m),$$

其中，$0 \leqslant h(k) < m$，因此，$h(k)$是 k 模 m 的最小正剩余. 我们希望能够巧妙地找出一个 m，使得文件合理地分布在 m 个不同的存储单元 $0, 1, 2, \cdots, m-1$ 中.

首先要谨记的是，m 不能是关键词的基 b 的幂. 举个例子，当利用社会安全号码作为

关键词时，m 不能是10的幂，比如 10^3，这是因为此时散列函数的值会简单地变为关键词的最后几位数字，而且可能导致关键词不会在存储单元中分布均匀．例如，早期颁发的社会安全号码的最后三位数字往往会在000到099之间，很少会在900到999之间．类似地，利用一个可以整除 $b^k \pm a$ 的数也是不明智的，其中 k 和 a 对模 m 来说是较小的整数．在这种情况下，$h(k)$往往会强烈地依赖于关键词的某几位数字，并且相似的却重排了数字顺序的不同的关键词可能会被发送到同一个存储单元．例如，若 $m=111$，因为 $111 \mid (10^3-1)=999$，即 $10^3 \equiv 1 \pmod{111}$，所以社会安全号码064 212 848和064 848 212会被发送到同一个存储地址，因为

$$h(064\ 212\ 848) \equiv 064\ 212\ 848 \equiv 064+212+848 \equiv 1\ 124 \equiv 14 \pmod{111}$$

且

$$h(064\ 848\ 212) \equiv 064\ 848\ 212 \equiv 064+848+212 \equiv 1\ 124 \equiv 14 \pmod{111}.$$

为了避免这个麻烦，m 应该是接近于存储单元数目的一个素数．例如，若有5 000个存储单元适合存储2 000个学生的文件，则应该取 m 为素数4 969.

若散列函数为两份不同的文件分配了相同的存储单元，则称存在一个*冲突*．我们需要一个方法来解决这个冲突，以使得每份文件能分配到唯一的存储单元．有两种解决冲突的策略．第一种策略是，当发生冲突时，增加额外的存储单元，并与先前的存储单元建立链接．当某个人想对产生了冲突的文件进行存取，首先应对涉及的特定关键词的散列函数进行计算，然后搜索与该存储单元有链接的列表.

第二种解决冲突的策略是当分配给文件的地址被占据时，会寻找一个开放的存储地址．为了达到这个目的，人们提出了各种各样的建议，比如下面这个技术：

从初始的散列函数 $h_0(k)=h(k)$ 开始，定义一个存储地址序列：$h_1(k)$，$h_2(k)$，$\cdots$．首先试着把关键词为 k 的文件放在地址 $h_0(k)$，若这个地址被占有，则移动到下一个地址 $h_1(k)$，若该地址也被占有，则继续移动到地址 $h_2(k)$，如此继续.

有多种不同的方式选择序列函数 $h_j(k)$．最简单的一种方式是令

$$h_j(k) \equiv h(k)+j \pmod{m}, \quad 0 \leqslant h_j(k) < m.$$

这种方式使得存储关键词 k 的文件的地址离前面的存储地址 $h(k)$ 尽可能地近．注意，对 $h_j(k)$ 的这种选择，所有的存储单元都会被检测到，因此，若有开放的地址，则会被找到．遗憾的是，$h_j(k)$ 的这种简单的选择会导致一个困难，即文件会趋于堵塞．可以看到，对非负整数 i 和 j，若 $k_1 \neq k_2$ 且 $h_i(k_1)=h_j(k_2)$，则 $h_{i+k}(k_1)=h_{j+k}(k_2)$，$k=1, 2, 3, \cdots$．所以只要产生一个冲突，便会产生一系列相同的地址．这降低了在列表中搜索文件的效率．为了避免堵塞的问题，我们以另外一种方式选择 $h_j(k)$.

为了避免堵塞，我们利用被称作*双重散列*(double hashing)的技术．首先如前，选择 $h(k) \equiv k \pmod{m}$，作为散列函数，其中 $0 \leqslant h(k) < m$，m 是素数．取第二个散列函数

$$g(k) \equiv k+1 \pmod{m-2},$$

其中 $0 < g(k) \leqslant m-2$，所以 $(g(k), m)=1$．取

$$h_j(k) \equiv h(k)+j \cdot g(k) \pmod{m}$$

作为*检测序列*，其中 $0 \leqslant h_j(k) < m$．因 $(g(k), m)=1$，当 j 遍历所有整数 $0, 1, 2, \cdots, m-1$ 时，所有的存储单元将被选出．理想的情况是 $m-2$ 也是素数，从而 $g(k)$ 的值会以

一种合理的方式进行分布．因此，我们希望 m 和 $m-2$ 是一对孪生素数．

例 6.11 在我们的例子中利用社会安全号码，且 $m=4\,969$ 和 $m-2=4\,967$ 均是素数．检测序列是

$$h_j(k)\equiv h(k)+j\cdot g(k)\pmod{4\,969},$$

其中 $0\leqslant h_j(k)<4\,969$，$h(k)\equiv k\pmod{4\,969}$，$g(k)\equiv k+1\pmod{4\,967}$．

假设我们希望能给具有下列社会安全号码的学生文件分配存储地址：

$$k_1=344\,401\,659 \qquad k_2=325\,510\,778$$
$$k_3=212\,228\,844 \qquad k_4=329\,938\,157$$
$$k_5=047\,900\,151 \qquad k_6=372\,500\,191$$
$$k_7=034\,367\,980 \qquad k_8=546\,332\,190$$
$$k_9=509\,496\,993 \qquad k_{10}=132\,489\,973$$

因为 $k_1\equiv 269$，$k_2\equiv 1\,526$ 和 $k_3\equiv 2\,854\pmod{4\,969}$，所以首先分别分配三个文件的地址为 269，1 526 和 2 854．

因 $k_4\equiv 1\,526\pmod{4\,969}$，但存储地址 1 526 已经被占用，所以计算 $h_1(k_4)\equiv h(k_4)+g(k_4)=1\,526+216=1\,742\pmod{4\,969}$，这是因为 $g(k_4)\equiv 1+k_4\equiv 216\pmod{4\,967}$．

因为地址 1 742 是自由的，故可将这个地址分配给第四个文件．第五个、第六个、第七个、第八个文件分别可以分配到合适的地址 3 960，4 075，2 376 和 578，这是因为 $k_5\equiv 3\,960\pmod{4\,969}$，$k_6\equiv 4\,075\pmod{4\,969}$，$k_7\equiv 2\,376\pmod{4\,969}$，$k_8\equiv 578\pmod{4\,969}$．

可以发现 $k_9\equiv 578\pmod{4\,969}$．由于地址 578 已经被占据，因此计算 $h_1(k_9)\equiv h(k_9)+g(k_9)=578+2\,002=2\,580\pmod{4\,969}$，其中 $g(k_9)\equiv 1+k_9\equiv 2\,002\pmod{4\,967}$．因此分配给第九个文件的自由地址是 2 580．

最后，我们发现 $k_{10}\equiv 1\,526\pmod{4\,969}$，但地址 1 526 被占用．计算 $h_1(k_{10})\equiv h(k_{10})+g(k_{10})=1\,526+216=1\,742\pmod{4\,969}$，这是因为 $g(k_{10})\equiv 1+k_{10}\equiv 216\pmod{4\,967}$，但地址 1 742 也被占据．因此，继续寻找 $h_2(k_{10})\equiv h(k_{10})+2g(k_{10})\equiv 1\,958\pmod{4\,969}$，并将第十个文件分配在这个空闲的地址．

表 6.2 列出了利用社会安全号码对学生文件进行的地址分配．在表中，文件地址用黑体显示． ◀

表 6.2 学生文件的散列函数

社会安全号码	$h(k)$	$h_1(k)$	$h_2(k)$
344 401 659	**269**		
325 510 778	**1 526**		
212 228 844	**2 854**		
329 938 157	1 526	**1 742**	
047 900 151	**3 960**		
372 500 191	**4 075**		
034 367 980	**2 376**		
546 332 190	**578**		
509 496 993	578	**2 580**	
132 489 973	1 526	1 742	**1 958**

我们想找出双重散列法导致堵塞的条件. 因此，寻找

$$h_i(k_1)=h_j(k_2) \tag{6.1}$$

和

$$h_{i+1}(k_1)=h_{j+1}(k_2) \tag{6.2}$$

同时成立的条件，从而两个测验序列的两个连续项一致.

若式(6.1)和式(6.2)同时发生，那么

$$h(k_1)+ig(k_1)\equiv h(k_2)+jg(k_2)(\bmod m), \tag{6.3}$$

$$h(k_1)+(i+1)g(k_1)\equiv h(k_2)+(j+1)g(k_2)(\bmod m). \tag{6.4}$$

从同余式(6.4)减去同余式(6.3)，得到

$$g(k_1)\equiv g(k_2)(\bmod m).$$

因为 $0<g(k)\leqslant m-1$，故同余式 $g(k_1)\equiv g(k_2)(\bmod m)$意味着 $g(k_1)=g(k_2)$. 因此，

$$k_1+1\equiv k_2+1(\bmod m-2),$$

这说明

$$k_1\equiv k_2(\bmod m-2).$$

因 $g(k_1)=g(k_2)$，故可以简化同余式(6.3)得

$$h(k_1)\equiv h(k_2)(\bmod m),$$

这证明了

$$k_1\equiv k_2(\bmod m).$$

从而，因$(m-2, m)=1$，故由推论 5.9.1 知

$$k_1\equiv k_2(\bmod m(m-2)).$$

因此，两个测验序列的两个连续的项彼此一致的唯一可能是：被涉及的两个关键词 k_1 和 k_2 模 $m(m-2)$同余. 因此，堵塞是极少的. 实际上，若对任意的 k 有 $m(m-2)>k$ 成立，则堵塞不会出现.

6.4 节习题

1. 一个停车场共有 101 个停车位. 现在一共售出了 500 张停车卡，但预计在任何时间内只有 50～75 辆车停下. 根据汽车牌照上显示的六位数字构造一个散列函数和冲突解决策略来分配停车位.
2. 利用每个学生生日的日期作为关键词，为你们班上的每个学生分配一个存储地址，可以利用散列函数 $h(K)\equiv K(\bmod 19)$，并且
   a) 利用检测序列 $h_j(K)\equiv h(K)+j(\bmod 19)$.
   b) 利用检测序列 $h_j(K)\equiv h(K)+j\cdot g(K)(\bmod 19)$，$0\leqslant j\leqslant 16$，其中 $g(K)\equiv 1+K(\bmod 17)$.
*3. 设散列函数是 $h(K)\equiv K(\bmod m)$，$0\leqslant h(K)<m$，且设解决冲突的检测序列是 $h_j(K)\equiv h(K)+jq(\bmod 19)$，$0\leqslant h_j(K)<m$，$j=1, 2, \cdots, m-1$. 证明所有的存储地址都可以被检索到：
   a) 若 m 是素数且 $1\leqslant q\leqslant m-1$.
   b) 若 $m=2^r$ 且 q 是奇数.
*4. 给定散列函数 $h(K)\equiv K(\bmod m)$，其解决冲突的测验序列由 $h_j(K)\equiv h(K)+j(2h(K)+1)(\bmod m)$，$0\leqslant h_j(K)<m$ 给出.
   a) 证明：若 m 是素数，则所有的存储序列都会被检测到.
   b) 确定发生堵塞的情况，即当 $h_j(K_1)=h_j(K_2)$和 $h_{j+r}(K_1)=h_{j+r}(K_2)$对 $r=1, 2, \cdots$成立时的情况.

5. 利用本节中讲到的散列函数及测验序列的例子，为新增加的学生的文件分配存储地址．他们的社会安全号码分别是 $k_{11}=137\,612\,044$，$k_{12}=505\,576\,452$，$k_{13}=157\,170\,996$，$k_{14}=131\,220\,418$．（把这些文件添加到已经存储的 10 个文件之间．）

计算和研究

1. 利用例 6.11 中的散列函数和测验函数，为你们班所有同学的文件分配存储地址．做完这些后，为其他的文件编造社会安全号码，并为这些文件分配存储地址．

程序设计

在下列每个编程项目中，利用散列函数 $h(k)\equiv k(\bmod 1021)$，$0\leqslant h(k)<1\,021$，为学生的文件分配存储地址，其中关键词是学生的社会安全号码．

1. 当发生冲突时，将发生冲突的文件链接在一起．
2. 利用 $h_j(k)\equiv h(k)+j(\bmod 1\,021)(j=0,1,2,\cdots)$ 作为测验序列．
3. 利用测验序列 $h_j(k)\equiv h(k)+j\cdot g(k)(\bmod 1\,021)$，$j=0,1,2,\cdots$，其中 $g(k)\equiv 1+k(\bmod 1\,019)$．

6.5 校验位

同余理论可以应用在检验数据串的误差上．在本节中，我们将讨论位串的误差检测，其中位串是用来代表计算机数据的．然后，我们将描述同余理论是如何应用在检测十进制数据串误差上面的，十进制数据串经常被用来识别护照、支票、书籍或其他对象．

处理或传送位串可以产生误差．一个简单的检测误差的方法是在位串 $x_1x_2\cdots x_n$ 后添加一个奇偶校验位 x_{n+1}，其定义为

$$x_{n+1}\equiv x_1+x_2+\cdots+x_n(\bmod 2).$$

所以若位串的前 n 个位有偶数个 1，则 $x_{n+1}=0$，否则若有奇数个 1，则 $x_{n+1}=1$．增补后的位串 $x_1x_2\cdots x_nx_{n+1}$ 满足同余式

$$x_1+x_2+\cdots+x_n+x_{n+1}\equiv 0(\bmod 2). \tag{6.5}$$

我们利用这个同余式来寻找误差．

假设发送了数据串 $x_1x_2\cdots x_nx_{n+1}$，接收到的数据串是 $y_1y_2\cdots y_ny_{n+1}$．这两个数据串如果没有误差则应该相等，即 $y_i=x_i$，$i=1,2,\cdots,n+1$．但如果出现了误差，则改变了一个或多个位置，我们检验是否有

$$y_1+y_2+\cdots+y_n+y_{n+1}\equiv 0(\bmod 2). \tag{6.6}$$

若该同余式不成立，则至少有一位出错．但即使同余式成立，也仍有可能出现误差．然而，当误差较少并且随机时，最通常的误差是出现单个误差，总是能被检测出的．一般地，我们可以检查出奇数个误差，却不能检查出偶数个误差(见习题 4)．

例 6.12 假设我们收到了 1101111 和 11001000，其中每个数据串的最后一位是奇偶校验位．对第一个数据串，注意到 $1+1+0+1+1+1+1\equiv 0(\bmod 2)$，所以或者收到的数据串就是所传送的，或者它包含了偶数个误差．对第二个数据串，注意到 $1+1+0+0+1+0+0+0\equiv 1(\bmod 2)$，所以收到的数据串不是所传送的，因而可以要求重新发送． ◀

十进制数据串在多种场合被用来作为认证数．校验位被用来找出这些数据串中的误差，可以利用多种不同的方案来计算校验位．例如，校验位可以用来发现护照识别号码中的错误．在一些欧洲国家应用的方案中，若 $x_1x_2x_3x_4x_5x_6$ 是护照识别号码，则校验位 x_7

可以被这样选择：

$$x_7 \equiv 7x_1 + 3x_2 + x_3 + 7x_4 + 3x_5 + x_6 \pmod{10}.$$

例 6.13 假设一个护照识别号码是 211894. 为了找出校验位 x_7，计算

$$x_7 \equiv 7 \cdot 2 + 3 \cdot 1 + 1 \cdot 1 + 7 \cdot 8 + 3 \cdot 9 + 1 \cdot 4 \equiv 5 \pmod{10}.$$

所以校验位是 5，并且七位数字 2118945 会被印在护照上. ◀

在护照号码上增加一个按照上述方法计算出的校验位总是可以发现单个的误差. 为了说明这一点，假设我们在某一位上制造一个误差 a，即 $y_j \equiv x_j + a \pmod{10}$，其中 x_j 是第 j 位正确的数字，而 y_j 不正确，并替换了该位上正确的数字. 由校验位的定义，x_7 可以变为 $7a$，$3a$ 或 $a \pmod{10}$. 然而，传输两个数字造成的误差可以被发现当且仅当两个数字之间的差不是 5 或 -5，即它们不是满足 $|x_i - x_j| = 5$ 的 x_i 和 x_j(见习题 7). 这种方案还可以检测出很多可能存在三个数字的错乱.

国际标准书号(ISBN)

现在我们将注意力转移到图书出版过程中校验位的应用. 到 2007 年为止，所有书籍都可被其 10 位数的国际标准书号(ISBN)(ISBN-10)所识别. 比如，本书第一版的 ISBN-10 是 0-201-06561-4. 这里第一组数字 0 代表了本书的语种(英语)；第二组数字 201 代表了出版公司(Addison-Wesley)；第三组数字 06561 是出版公司分配给本书的一组数；最后一位(在这种情形下是 4)是校验位(每组数字的长度因语种和出版商的不同而不同). 在 ISBN-10 中的校验位可以用来发现当 ISBN 被复制时经常出现的误差，即单个误差和因两个数字倒置而造成的误差.

2005 年，新的 13 位数字代码的 ISBN-13 启用了. ISBN-13 为书籍提供了更多的识别代码. 这一方面是由于世界范围内出版书籍的增多，另一方面也是因为出版商的增多. 有的消费品说明书也有代码. 2007 年以后同一本书将会同时有一个 ISBN-10 代码和一个 ISBN-13 代码. ISBN-13 码有一个 3 位数的前缀，现在所有的书均以 978 或 979 开头，然后是在 ISBN-10 中沿用的九位数，并以一位校验位结尾.

ISBN 校验位 首先我们将描述校验位是如何确定的，然后证明它可以被用来发现经常出现的各种误差. 假设某本书的 ISBN-10 是 $x_1x_2\cdots x_{10}$，其中 x_{10} 是校验位(我们忽略ISBN 中的连字符，因为数据的分组不影响校验位的计算). 前九个数字是十进位数字，即属于集合$\{0, 1, 2, \cdots, 9\}$，而校验位 x_{10} 是一个 11 进位的数字，属于集合$\{0, \cdots, 9, \mathrm{X}\}$. 其中 X 是 11 进位的数字，代表整数 10(在十进制符号下). 选择校验位满足同余式

$$\sum_{i=1}^{10} i x_i \equiv 0 \pmod{11},$$

易知(见习题 10)校验位 x_{10} 可以由同余式 $x_{10} \equiv \sum_{i=1}^{9} i x_i \pmod{11}$ 计算出，即校验位是前九位数字的加权和除以 11 的剩余.

例 6.14 找出本书第一版的 ISBN 的校验位，ISBN 的开始是 0-201-06561，计算

$$x_{10} \equiv 1 \cdot 0 + 2 \cdot 2 + 3 \cdot 0 + 4 \cdot 1 + 5 \cdot 0 + 6 \cdot 6 + 7 \cdot 5 + 8 \cdot 6 + 9 \cdot 1 \equiv 4 \pmod{11}.$$

因此，ISBN 是 0-201-06561-4，正如前面所叙述. 类似地，若一本书的 ISBN 以 3-540-19102 开始，则利用同余式

$$x_{10} \equiv 1\cdot3+2\cdot5+3\cdot4+4\cdot0+5\cdot1+6\cdot9+7\cdot1+8\cdot0+9\cdot2 \equiv 10(\mathrm{mod}\ 11)$$

可知其校验位是 X，这个 11 进制数对应于十进制数 10. 因此，其 ISBN 是 3-540-19102-X.

我们将证明利用 ISBN 的校验位可以检测出单个的错误或两个数字是否倒置了. 首先，假设 $x_1x_2\cdots x_{10}$ 是一个正确的 ISBN，但这些数字被印成了 $y_1y_2\cdots y_{10}$. 因为 $x_1x_2\cdots x_{10}$ 是一个有效的 ISBN，故

$$\sum_{i=1}^{10} ix_i \equiv 0(\mathrm{mod}\ 11).$$

假设在印刷 ISBN 时出现了一个错误. 那么，对某个整数 j，当 $i\neq j$ 时，有 $y_i=x_i$，且 $y_j=x_j+a$，其中 $-10\leqslant a\leqslant 10$ 且 $a\neq 0$，这里 $a=y_j-x_j$ 是第 j 位的误差. 因为 $\sum_{i=1}^{10} ix_i\equiv 0(\mathrm{mod}\ 11)$，所以

$$\sum_{i=1}^{10} iy_i = \sum_{i=1}^{10} ix_i + ja \equiv ja \not\equiv 0(\mathrm{mod}\ 11).$$

并且由引理 4.2 知，$11\nmid ja$，这是因为 $11\nmid j$ 且 $11\nmid a$. 因此，可以得出结论 $y_1y_2\cdots y_{10}$ 不是正确的 ISBN.

现在假设两个不相等的数字被对换了，那么有不同的 j 和 k 使得 $y_j=x_k$ 且 $y_k=x_j$，当 $i\neq j$ 且 $i\neq k$ 时，有 $y_i=x_i$. 从而因为 $\sum_{i=1}^{10} ix_i\equiv 0(\mathrm{mod}\ 11)$，及 $11\nmid(j-k)$ 及 $11\nmid(x_k-x_j)$，故

$$\sum_{i=1}^{10} iy_i = \sum_{i=1}^{10} ix_i + (jx_k-jx_j)+(kx_j-kx_k) \equiv (j-k)(x_k-x_j) \not\equiv 0(\mathrm{mod}\ 11).$$

因而可知 $y_1y_2\cdots y_{10}$ 不是正确的 ISBN. 进一步可以检验出两个不相等的互换的数字.

对于 ISBN-13 代码，在有了前 12 位数字 $a_i(i=1, 2, 3, \cdots, 12)$后，校验位 a_{13} 由下面的同余式决定：

$$a_1+3a_2+a_3+3a_4+a_5+3a_6+a_7+3a_8+a_9+3a_{10}+a_{11}+3a_{12}+a_{13}\equiv 0(\mathrm{mod}\ 10)$$

同 ISBN-10 一样，ISBN-13 能够检测出单个错误，但不同的是，不能检测出所有的两个数的对换(参看习题 21 和习题 22). 因此增加 3 位数字的好处是以损失对换错误检测为代价的.

我们已经讨论了怎样利用校验位检测数据串中的错误. 但是利用单个校验位，我们不能找出具体错误并改正它，即不能将错误的数字用正确的加以替换. 使用额外的数字来检测并更正错误是可行的(例如参看习题 24 和习题 26). 读者可以参考关于编码理论的教科书来获得更多的信息. 编码理论应用了数学不同分支的许多结果，包括数论、抽象代数、组合甚至几何. 在[Ro18]的第 14 章中提供了许多很好的参考资料的信息. 关于校验码，读者可以参考 J. Gallian 的文章[Ga92]、[Ga91]、[Ga96]以及[GaWi88]，其中包括了驾照号码的校验码是如何被发明的. [Ki01]则是一本专门讲述校验码和识别号码的书.

6.5 节习题

1. 下列每一个位串的奇偶校验位是多少?

a) 111111　b) 000000　c) 101010　d) 100000　e) 11111111　f) 11001011

2. 假设你接收到了下列的位串，其中最后一位是奇偶校验位，那么下列哪个位串是错误的？

a) 111111111　b) 0101010101010　c) 1111010101010101

3. 下列数据串的末尾位是奇偶校验位，全部被正确接收，每一个数据串有一个以问号表示的丢失的位. 那么丢失的位是多少呢？

a) 1? 11111　b) 000? 10101　c) ? 0101010100

4. 证明奇偶校验位可以检验出奇数次错误，却不能检验出偶数次错误.

5. 利用本书中描述的校验位表，为下列护照识别码添加其校验位.

a) 132999　b) 805237　c) 645153

6. 下列护照识别号码是有效的吗？其中每个号码的第七位数字是利用课本中描述的方法计算出来的校验位.

a) 3300118　b) 4501824　c) 1873336

7. 证明课本中描述的护照校验位可以检验出位 x_i 和 x_j 互换当且仅当 $|x_i - x_j| \neq 5$.

8. 印刷在支票上的银行识别码包含前八位数 $x_1x_2\cdots x_8$，最后的第九位是校验位 x_9，其中 $x_9 \equiv 7x_1 + 3x_2 + 9x_3 + 7x_4 + 3x_5 + 9x_6 + 7x_7 + 3x_8 \pmod{10}$.

a) 八位识别码 00185403 的校验位是多少？

b) 用这种方法计算出的校验位可以检验出银行识别码中怎样的简单错误？

c) 这种校验位方案能够检验出哪两个位被互换了？

9. 为了补全下列 ISBN，应如何添加其校验位？

a) 2-113-54001　b) 0-19-081082　c) 1-2123-9940　d) 0-07-038133

10. 证明在一个 ISBN-10 $x_1x_2\cdots x_{10}$ 中，其校验位 x_{10} 可以由同余式 $x_{10} \equiv \sum_{i=1}^{9} ix_i \pmod{11}$ 计算得出.

11. 判断下列 ISBN-10 是否有效.

a) 0-394-38049-5　b) 1-09-231221-3　c) 0-8218-0123-6

d) 0-404-50874-X　e) 90-6191-705-2

12. 在下列每个 ISBN-10 号中均有一位数因被弄脏而不能读出，因而用问号表示这位数. 那么这位数应该是多少？

a) 0-19-8? 3804-9　b) 91-554-212?-6　c) ?-261-05073-X

13. 某职员在抄写一本书的 ISBN-10 时，误将其中的两位互换了，ISBN-10 变成了 0-07-289095-0 并且没有再出现其他的错误. 那么这本书正确的 ISBN-10 是什么？

零售产品经常用通用产品代码(Universal Product Code，UPC)来标示，最通常的是包含 12 位十进制数字. 第一位数字表示产品种类，接下来的五位数字表示其生产商，再接下来的五位数字表示特定的商品，最后一位数字代表校验位. 利用 UPC 的前 11 位数字，校验位可以通过下列三个步骤确定. 第一步，从左边开始，计算将奇数位上的数字加起来所得的和的三倍. 第二步，将所有偶数位的数字的和加到第一步所得到的和中. 第三步，找出一个十进制数字，使得它加到前面所得的和中得到一个新的整数能够被 10 整除. 这个找到的十进制数就是校验位.

14. 利用代表产品种类、生产商和特定商品的前 11 位数字，推导出 UPC 的校验位的同余式.

15. 判断下列每个 12 位数字能否作为某类产品的 UPC.

a) 0 47000 00183 6　b) 3 11000 01038 9　c) 0 58000 00127 5　d) 2 26500 01179 4

16. 求以下列 11 位数据串开头的 12 位 UPC 的校验位.

a) 3 81370 02918　b) 5 01175 00557　c) 0 33003 31439　d) 4 11000 01028

17. 判断 12 位的 UPC 码是否总可以判断出只是一位数字出现差错的情形.

18. 判断 12 位的 UPC 码是否总可以检测出两位数字互换的情形.

19. 判断下列 ISBN-13 代码是否有效.

a) 978-0-073-22972-0　　b) 978-0-073-10779-1

c) 978-1-4000-8277-3　　d) 978-0-43985-654-2

e) 978-1-56975-655-3

20. 判断下列 ISBN-13 代码是否有效.

a) 978-0-06135-328-9　　b) 978-0-79225-314-3

c) 978-1-41697-800-8　　d) 978-0-45228-521-0

e) 978-0-67-002053-9

21. 证明 ISBN-13 代码能检测出所有的单个错误.

22. 证明存在两个数字的对换不能被 ISBN-13 代码检测出来.

23. 假设有效的 10 位数字码 $x_1x_2\cdots x_{10}$ 满足同余式 $\sum_{i=1}^{10} x_i \equiv 0 \pmod{11}$.

a) 在一个码中能否判断出所有的单个数字差错的情形?

b) 在一个码中能否判断出两个数字是否互换?

* 24. 假设有效的 10 位码字 $x_1x_2\cdots x_{10}$ 是满足同余式 $\sum_{i=1}^{10} x_i \equiv \sum_{i=1}^{10} ix_i \equiv 0 \pmod{11}$ 的十位数数字.

a) 有效码字的每一位是十进制的，即每一位均属于集合{0，1，2，3，4，5，6，7，8，9}. 证明有效码字的最后两位满足同余式 $x_9 \equiv \sum_{i=1}^{8}(i+1)x_i \pmod{11}$ 和 $x_{10} \equiv \sum_{i=1}^{8}(9-i)x_i \pmod{11}$.

b) 找出所有有效码字的个数.

c) 证明在一个码字中可以发现并改正单个数字的差错，这是因为错误的位置和数值均可以被确定.

d) 证明在一个码字中可以检测出因两位数字互换而导致的错误.

25. 挪威政府为其每位市民分配了一个 11 位的十进制登记号码 $x_1x_2\cdots x_{11}$. 这是由挪威数论学家 Ernst Sejersted Selmer 设计的. 数字 $x_1x_2\cdots x_6$ 代表出生日期，数字 $x_7x_8x_9$ 代表当天出生的特定的人，x_{10} 和 x_{11} 均是校验位，它们是由下面的同余式计算出来的：$x_{10} \equiv 8x_1+4x_2+5x_3+10x_4+3x_5+2x_6+7x_7+6x_8+9x_9 \pmod{11}$，$x_{11} \equiv 6x_1+7x_2+8x_3+9x_4+4x_5+5x_6+6x_7+7x_8+8x_9+9x_{10} \pmod{11}$.

a) 确定前九位数字为 110491238 的校验位.

b) 证明这个方案可以检测出所有的登记号码中的单个数字差错.

* c) 哪些双重错误可以被检验出来?

* 26. 假设有效的 10 位码字 $x_1x_2\cdots x_{10}$ 是指满足同余式 $\sum_{i=1}^{10} x_i \equiv \sum_{i=1}^{10} ix_i \equiv \sum_{i=1}^{10} i^2x_i \equiv \sum_{i=1}^{10} i^3x_i \equiv 0 \pmod{11}$ 的十进制数字.

a) 共有多少个这样的有效 10 位码字?

b) 证明在一个码字中任意两个错误可以被检测出并改正.

c) 假设收到这样一个码字：0204906710. 若其中有两个错误，那么正确的码字应该是什么?

飞机票有 15 位识别码 $a_1a_2\cdots a_{14}a_{15}$，其中 a_{15} 是校验位，它等于整数 $a_1a_2\cdots a_{14}$ 模 7 的最小非负剩余.

27. 飞机票号码的前 14 位数字如下，求每个号码的校验位.

a) 00032781811224　　b) 10238544122339　　c) 00611133123278

28. 判断下列飞机票识别码是否有效.

a) 102284711033122　　b) 004113711331240　　c) 100261413001533

29. 利用飞机票上的校验位，判断哪些单个的数字错误可以被检验出，哪些不能被检验出.
30. 利用飞机票上的校验位，判断哪些因飞机票识别码相邻两位数字互换而导致的错误可以被检验出，哪些不能被检验出.

国际标准期刊号(ISSN)被用来识别期刊，它由两组四位数组成，第二组的最后一位是一个11进制的校验位. 在一个ISSN中，字符X代表10(十进制符号下). 校验位d_8是由同余式$d_8 \equiv 3d_1+4d_2+5d_3+6d_4+7d_5+8d_6+9d_7 \pmod{11}$确定的.

31. 对下面每一个ISSN的前七位，求其正确的校验位.
   a) 0317-847　　b) 0423-555　　c) 1063-669　　d) 1363-837
32. 在一个ISSN中是否总可以检测出存在的单个错误？即是否总可以检测出因为ISSN中某一个数字因复制差错而导致的错误？证明你的判断.
33. 在一个ISSN中是否总可以检测出因两个连续的数字被偶然互换而造成的错误？证明你的判断.

计算和研究

1. 检验选定的一批书的ISBN-10的校验位是否正确.
2. 检验新近出版的一批书的ISBN-13的校验位是否正确.

程序设计

1. 判断一个以奇偶校验位结尾的位串是否有奇数个或偶数个错误.
2. 给定前九位数字，求该ISBN-10的校验位.
3. 一个10位的数据串的前九位是十进制的数字，最后一位是十进制数字或者X，判断它是否为有效的ISBN-10代码.
4. 判断一个12位的十进制数字串是否为一个有效的UPC.
5. 给定一个ISBN-13代码的前12位数字，确定其校验位.
6. 判断一个给定的13位数字串是否为有效的ISBN-13代码.

第 7 章 特殊的同余式

在本章中，我们将讨论三个在理论和应用中都很重要的同余式：威尔逊定理(Wilson's theorem)证明了若 p 是素数，则 p 除 $(p-1)!$ 的余数是 -1. 费马小定理(Fermat's little theorem)给出了一个整数的 p 次幂模 p 的同余式. 特别地，若 p 是素数，a 是一个整数，那么 a^p 和 a 被 p 除有相同的余数. 欧拉定理则将费马小定理推广到模不是素数的情形.

这三个同余式有很广泛的应用. 例如，我们将解释费马小定理作为基础理论在素性检验和因子分解方面的应用，还要讨论一类称作伪素数的合数，这类合数满足素数在费马小定理中满足的同余式. 利用伪素数极其稀少的事实还可以导出一种检验法，它可以提供一个几乎不可抗拒的证据来证明一个整数是素数.

7.1 威尔逊定理和费马小定理

英国数学家爱德华·华林(Edward Waring)在 1770 年出版的一本书中声称，他的一位学生约翰·威尔逊发现，当 p 是素数时，$(p-1)!+1$ 可以被 p 整除. 他还声称，他本人及威尔逊都不知道该如何证明上述结论. 很可能威尔逊是根据计算事实给出了这个猜想. 例如，我们可以很容易地得到 2 整除 $1!+1=2$，3 整除 $2!+1=3$，5 整除 $4!+1=25$，7 整除 $6!+1=721$，等等. 尽管华林认为这个问题难以给出证明，但约瑟夫·拉格朗日(Joseph Lagrange)却在 1771 年证明了这个结果. 尽管如此，p 能够整除 $(p-1)!+1$ 这个事实却仍然被称为威尔逊定理. 现在将此定理以同余式的形式陈述如下.

定理 7.1(*威尔逊定理*) *若 p 是素数，则 $(p-1)!\equiv -1 \pmod p$.*

在证明威尔逊定理之前，先利用一个例子来描述证明背后的思想.

例 7.1 令 $p=7$，则有 $(7-1)!=6!=1\cdot 2\cdot 3\cdot 4\cdot 5\cdot 6$. 重排乘积中各因子，并把乘积互为模 7 的逆的分成一组. 注意到 $2\cdot 4\equiv 1 \pmod 7$ 和 $3\cdot 5\equiv 1 \pmod 7$. 因此，$6!\equiv 1\cdot(2\cdot 4)\cdot(3\cdot 5)\cdot 6\equiv 1\cdot 6\equiv -1 \pmod 7$. 从而证明了威尔逊定理的一个特殊情形. ◀

现在利用在上述例子中描述的技巧来证明威尔逊定理.

约瑟夫·路易·拉格朗日(Joseph Louis Lagrange，1736—1813)生于意大利，在都灵大学主修物理和数学. 虽然刚开始他打算以后研究物理，但后来随着对数学的兴趣日增，他改变了主修课程. 19 岁时，他受聘为都灵皇家炮兵学院的数学教授. 1766 年，腓特烈大帝邀请他继任因欧拉离开而空出的柏林皇家学院的位置. 拉格朗日主持皇家学院的数学部门工作 20 余年. 1787 年，当他的保护人腓特烈大帝去世后，拉格朗日受法国国王路易十六的邀请，加入了法兰西学院. 在法国他的授课和写作都取得了很高的成就. 虽然他当时得到了玛丽皇后的欣赏，但法国大革命后，他也设法得到了新政权的青睐. 拉格朗日对数学的贡献包括统一了力学的数学理论. 他对群论做出了奠基性的贡献，并且帮助把微积分建立在一个严格的基础上. 他对数论的贡献包括第一个给出了威尔逊定理的证明，以及证明了每个正整数都能写为四个整数的平方和.

证明 当 $p=2$ 时，有 $(p-1)!\equiv1\equiv-1(\bmod 2)$. 因此，当 $p=2$ 时定理成立. 现在设 p 是大于2的素数. 利用推论5.12.1，对每个满足 $1\leqslant a\leqslant p-1$ 的整数 a，存在逆 $\overline{a}$，使得 $1\leqslant\overline{a}\leqslant p-1$ 且 $a\overline{a}\equiv1(\bmod p)$. 由定理5.13知，在小于 p 的正整数中，逆是其本身的数只有1和 $p-1$. 因此，可以将2到 $p-2$ 分成 $(p-3)/2$ 对整数，并且每对的乘积模 p 余1. 从而有

$$2\cdot3\cdots(p-3)\cdot(p-2)\equiv1(\bmod p).$$

将上面的同余式两边同时乘以1和 $p-1$ 得到

$$(p-1)!=1\cdot2\cdot3\cdots(p-3)(p-2)(p-1)\equiv1\cdot(p-1)\equiv-1(\bmod p).$$

定理得证. ■

一个有趣的现象是威尔逊定理的逆命题也是正确的，这就是下面的定理.

定理7.2 *设 n 是正整数且 $n\geqslant2$，若 $(n-1)!\equiv-1(\bmod n)$，则 n 是素数.*

证明 假设 n 是一个合数并且 $(n-1)!\equiv-1(\bmod n)$. 因为 n 是合数，故有 $n=ab$，其中 $1<a<n$ 且 $1<b<n$. 又因为 $a<n$，且 a 是组成 $(n-1)!$ 的 $n-1$ 个数中的一个，故 $a\mid(n-1)!$. 因为 $(n-1)!\equiv-1(\bmod n)$，故 $n\mid((n-1)!+1)$. 由定理1.8，这意味着 a 也整除 $(n-1)!+1$. 利用定理1.9和 $a\mid(n-1)!$ 且 $a\mid((n-1)!+1)$，可知 $a\mid((n-1)!+1)-(n-1)!=1$，这与 $a>1$ 矛盾. ■

威尔逊定理可以用来证明一个合数不是素数，如例7.2所示.

例7.2 因为 $(6-1)!=5!=120\equiv0(\bmod 6)$，故由定理7.1可证明6不是素数这样一个显然的事实. ◀

正如我们所看到的，威尔逊定理及其逆命题给出了一种素性检验法. 为了判断一个整数 n 是否是素数，可以检查 $(n-1)!\equiv-1(\bmod n)$ 是否成立. 遗憾的是，这不是一个实用的检验法，因为这需要进行 $n-2$ 次模 n 的乘法运算才能得到 $(n-1)!$ 模 n 的值，运算量达到了 $O(n(\log_2 n)^2)$ 次位运算.

费马在数论领域有很多重要的发现，其中包括这样一个事实：若 p 是素数，a 是不能被 p 整除的整数，则 p 整除 $a^{p-1}-1$. 他在1640年给他的一个数学笔友Bernard Frénicle de Bessy写的一封信中叙述了上述结果. 费马在信中说怕该证明会太长，因而在信中并没有给出证明. 与将要在第14章讨论的著名的费马大定理不同，大家毫不怀疑费马确实知道如何证明这个定理(为了将这个定理与费马大定理区分开，称之为“费马小定理”). 欧拉在1736年第一个发表了他的证明. 他还给出了费马小定理的推广，这将在7.3节中给出.

定理7.3(费马小定理) *设 p 是一个素数，a 是一个正整数且 $p\nmid a$，则 $a^{p-1}\equiv1(\bmod p)$.*

我们用一个例子来描述证明的思想.

例7.3 该证明背后的基本思想是，将 a 的倍数 $1\cdot a$ 到 $(p-1)a$ 相乘并化简. 令 $p=7$ 和 $a=3$. 那么 $1\cdot3\equiv3(\bmod 7)$，$2\cdot3\equiv6(\bmod 7)$，$3\cdot3\equiv2(\bmod 7)$，$4\cdot3\equiv5(\bmod 7)$，$5\cdot3\equiv1(\bmod 7)$，$6\cdot3\equiv4(\bmod 7)$. 因此，

$$(1\cdot3)\cdot(2\cdot3)\cdot(3\cdot3)\cdot(4\cdot3)\cdot(5\cdot3)\cdot(6\cdot3)\equiv3\cdot6\cdot2\cdot5\cdot1\cdot4(\bmod 7).$$

所以 $3^6\cdot1\cdot2\cdot3\cdot4\cdot5\cdot6\equiv3\cdot6\cdot2\cdot5\cdot1\cdot4(\bmod 7)$，即 $3^6\cdot6!\equiv6!(\bmod 7)$，因此，$3^6\equiv1(\bmod 7)$. ◀

根据上面例子的思想给出费马小定理的证明.

证明 考虑 $p-1$ 个整数 a，$2a$，…，$(p-1)a$. 它们都不能被 p 整除，因为若 $p \mid ja$，且 $p \nmid a$，则由引理 4.2 知 $p \mid j$，因为 $1 \leqslant j \leqslant p-1$，故这是不可能的. 进一步，在 a，$2a$，…，$(p-1)a$ 中任何两个整数模 p 不同余. 为了证明这一点，设 $ja \equiv ka \pmod{p}$，其中 $1 \leqslant j < k \leqslant p-1$. 那么根据推论 5.5.1，因 $(a, p)=1$，故 $j \equiv k \pmod{p}$. 这也是不可能的，因为 j 和 k 都是小于 $p-1$ 的正整数.

因为整数 a，$2a$，…，$(p-1)a$ 是 $p-1$ 个满足模 p 均不同余于 0 且任何两个都互不同余的整数组成的集合中的元素，故由引理 5.1 可知，a，$2a$，…，$(p-1)a$ 模 p 的最小正剩余按照一定的顺序必定是整数 1，2，…，$p-1$. 由同余性，整数 a，$2a$，…，$(p-1)a$ 的乘积模 p 同余于前 $p-1$ 个正整数的乘积，即

$$a \cdot 2a \cdots (p-1)a \equiv 1 \cdot 2 \cdots (p-1) \pmod{p}.$$

因此，

$$a^{p-1}(p-1)! \equiv (p-1)! \pmod{p}.$$

因为 $((p-1)!, p)=1$，利用推论 5.5.1，可消去 $(p-1)!$，得到

$$a^{p-1} \equiv 1 \pmod{p}.$$

定理得证. ■

定理 7.4 *设 p 是素数且 a 是一个正整数，则 $a^p \equiv a \pmod{p}$.*

证明 若 $p \nmid a$，则由费马小定理可知 $a^{p-1} \equiv 1 \pmod{p}$. 同余式两边同乘以 a，可得 $a^p \equiv a \pmod{p}$. 若 $p \mid a$，那么也有 $p \mid a^p$，故 $a^p \equiv a \equiv 0 \pmod{p}$. 因为对 $p \nmid a$ 和 $p \mid a$ 均有 $a^p \equiv a \pmod{p}$，故证明结束. ■

在数论及其应用中，经常需要找出整数幂的最小正剩余，特别是在密码学中更是如此，我们将在第 9 章中看到这一点. 费马小定理在这类计算中很有用，正如下面的例子所示.

例 7.4 利用费马小定理，可以得到 3^{201} 模 11 的最小正剩余. 易知 $3^{10} \equiv 1 \pmod{11}$. 因此，$3^{201}=(3^{10})^{20} \cdot 3 \equiv 3 \pmod{11}$. ◀

下面的结果给出了费马小定理的一个有用的应用.

定理 7.5 *若 p 是素数，a 是一个整数且 $p \nmid a$，那么 a^{p-2} 是 a 模 p 的逆.*

证明 若 $p \nmid a$，则由费马小定理知，$a \cdot a^{p-2}=a^{p-1} \equiv 1 \pmod{p}$. 因此，$a^{p-2}$ 是 a 模 p 的逆. ■

例 7.5 由定理 7.5 易知，$2^9=512 \equiv 6 \pmod{11}$ 是 2 模 11 的逆. ◀

定理 7.5 给出了另外一种解模是素数的线性同余方程的方法.

推论 7.5.1 *若 a 和 b 是正整数，p 是素数且 $p \nmid a$，那么线性同余方程 $ax \equiv b \pmod{p}$ 的解是满足 $x \equiv a^{p-2}b \pmod{p}$ 的整数 x.*

证明 设 $ax \equiv b \pmod{p}$. 因 $p \nmid a$，故由定理 7.5 可知 a^{p-2} 是 $a \pmod{p}$ 的逆. 在原来的同余方程两边同乘以 a^{p-2}，有

$$a^{p-2}ax \equiv a^{p-2}b \pmod{p}.$$

因此，

$$x \equiv a^{p-2}b \pmod{p}.$$

■

波拉德 $p-1$ 因子分解法

基于费马小定理，波拉德在1974年发明了一种因子分解方法，称为波拉德 $p-1$ 法．当整数 n 有一个素因子 p 且能够整除 $p-1$ 的素数相对较小时，利用该方法可以找出 n 的一个非平凡因子．

为了理解这种方法的实质，我们求正整数 n 的因子．进一步，假设 n 有一个素因子 p 且 $p-1$ 整除 $k!$，其中 k 是一个正整数．要使 $p-1$ 仅有小的素因子，则需要整数 k 不能太大．例如，若 $p=2\,269$，那么 $p-1=2\,268=2^2\cdot3^4\cdot7$，所以 $p-1$ 整除 $9!$，但阶乘函数没有更小的值．

令 $p-1$ 整除 $k!$ 是为了应用费马小定理．由费马小定理可知 $2^{p-1}\equiv1(\bmod p)$．现在，因为 $p-1$ 整除 $k!$，故存在某个整数 q，使得 $k!=(p-1)\cdot q$．因此

$$2^{k!}=2^{(p-1)q}=(2^{p-1})^q\equiv1^q=1(\bmod p),$$

这意味着 p 整除 $2^{k!}-1$．现在令 M 是 $2^{k!}-1$ 模 n 的最小正剩余，所以存在整数 t，使得 $M=(2^{k!}-1)-nt$．因 p 同时整除 $2^{k!}-1$ 和 n，故 p 整除 M．

现在，为寻找 n 的一个因子，只需要计算 M 和 n 的最大公因子 $d=(M,n)$．这可以利用欧几里得算法很快得到．为了保证除数 d 是非平凡因子，M 必须非0．这种情况下，n 本身不整除 $2^{k!}-1$，但在 n 有大的素因子时，这种情况是很有可能发生的．

为了利用这种方法，我们必须计算 $2^{k!}$，其中 k 是一个正整数．这可以很快地计算出来，因为可以很有效地计算模指数．为了求出 $2^{k!}$ 模 n 的最小正剩余，令 $r_1=2$ 并利用下述一系列计算：$r_2\equiv r_1^2(\bmod n)$，$r_3\equiv r_2^3(\bmod n)$，…，$r_k\equiv r_{k-1}^k(\bmod n)$．我们在下面的例子中具体描述这个过程．

例 7.6 为求 $2^{9!}(\bmod 5\,157\,437)$，做以下一系列计算：

$$\begin{aligned}
r_2&\equiv r_1^2=2^2\equiv4(\bmod 5\,157\,437)\\
r_3&\equiv r_2^3=4^3\equiv64(\bmod 5\,157\,437)\\
r_4&\equiv r_3^4=64^4\equiv1\,304\,905(\bmod 5\,157\,437)\\
r_5&\equiv r_4^5=1\,304\,905^5\equiv404\,913(\bmod 5\,157\,437)\\
r_6&\equiv r_5^6=404\,913^6\equiv2\,157\,880(\bmod 5\,157\,437)\\
r_7&\equiv r_6^7=2\,157\,880^7\equiv4\,879\,227(\bmod 5\,157\,437)\\
r_8&\equiv r_7^8=4\,879\,227^8\equiv4\,379\,778(\bmod 5\,157\,437)\\
r_9&\equiv r_8^9=4\,379\,778^9\equiv4\,381\,440(\bmod 5\,157\,437).
\end{aligned}$$

因此，$2^{9!}\equiv4\,381\,440(\bmod 5\,157\,437)$． ◀

下面这个例子描述了如何利用波拉德 $p-1$ 法求整数5 157 437的一个因子．

例 7.7 利用波拉德 $p-1$ 法分解5 157 437．我们在例7.6中成功地求出了 $2^{k!}$ 模5 157 437的最小正剩余 r_k，$k=1,2,3,\cdots$．对每一步计算 $(r_k-1,5\,157\,437)$．因为对 $k=1,2,3,4,5,6,7,8$，有 $(r_k-1,5\,157\,437)=1$（读者可自己验证），而 $(r_9-1,5\,157\,437)=(4\,381\,439,5\,157\,437)=2\,269$，所以需要验证九步．从而得到2 269是5 157 437的一个因子． ◀

波拉德 $p-1$ 法并非总是比其他方法有效，包括试除法．对于分解整数 n，n 没有素因子 p，使得 $p-1$ 没有小的素因子的这种情况就是如此．（此种情况参看习题 29.）

另外我们可以通过利用 2 以外的整数作基来拓展这个方法．在实际应用中，先用小素数进行试除法，之后才用波拉德 $p-1$ 法对 n 进行因子分解，再不行才会用到其他更强的方法，例如二次筛法和椭圆曲线法．

7.1 节习题

1. 利用将 10！中模 11 互逆的两个数分成一组的方法，证明 $10!+1$ 可以被 11 整除.
2. 利用将 12！中模 13 互逆的两个数分成一组的方法，证明 $12!+1$ 可以被 13 整除.
3. 16！被 19 除的余数是多少？
4. 5！25！被 31 除的余数是多少？
5. 利用威尔逊定理，求 $8\cdot 9\cdot 10\cdot 11\cdot 12\cdot 13$ 模 7 的最小正剩余.
6. $7\cdot 8\cdot 9\cdot 15\cdot 16\cdot 17\cdot 23\cdot 24\cdot 25\cdot 43$ 被 11 除的余数是多少？
7. 18！被 437 除的余数是多少？
8. 40！被 1 763 除的余数是多少？
9. 5^{100} 被 7 除的余数是多少？
10. $6^{2\,000}$ 被 11 除的余数是多少？
11. 利用费马小定理，求 $3^{999\,999\,999}$ 模 7 的最小正剩余.
12. 利用费马小定理，求 $2^{1\,000\,000}$ 模 17 的最小正剩余.
13. 证明 $3^{10}\equiv 1 \pmod{11^2}$.
14. 利用费马小定理，求 3^{100} 的 7 进制展开中的最后一位.
15. 利用费马小定理，求下列线性同余方程的解.
    a) $7x\equiv 12 \pmod{17}$　　b) $4x\equiv 11 \pmod{19}$
16. 设 n 是一个合数且 $n\neq 4$，证明 $(n-1)!\equiv 0 \pmod{n}$.
17. 设 p 是一奇素数，证明 $2(p-3)!\equiv -1 \pmod{p}$.
18. 设 n 是一奇数且 $3\nmid n$，则 $n^2\equiv 1 \pmod{24}$.
19. 证明：当 $(a,35)=1$ 时，$a^{12}-1$ 被 35 整除.
20. 证明：当 $(a,42)=1$ 时，a^6-1 被 168 整除.
21. 证明：对任意的正整数 n，有 $42\mid(n^7-n)$.
22. 证明：对任意的正整数 n，有 $30\mid(n^9-n)$.
23. 证明：当 p 是素数时，$1^{p-1}+2^{p-1}+3^{p-1}+\cdots+(p-1)^{p-1}\equiv -1 \pmod{p}$.（有猜想说该结论的逆也是成立的.）
24. 当 p 是奇素数时，证明：$1^p+2^p+3^p+\cdots+(p-1)^p\equiv 0 \pmod{p}$.
25. 证明：设 p 是素数，a，b 是不能被 p 整除的整数且 $a^p\equiv b^p \pmod{p}$，那么 $a^p\equiv b^p \pmod{p^2}$.
26. 利用波拉德 $p-1$ 法求 689 的一个因子.
27. 利用波拉德 $p-1$ 法求 7 331 117 的一个因子.（本习题需要利用计算器或计算软件.）
28. 利用波拉德 $p-1$ 法求 15 251 的一个因子．
29. 利用波拉德 $p-1$ 法求 1 068 931 的一个因子．并解释这并不是找出其因子的最佳方法.（对于本题，你可能需要计算器或计算软件的协助.）
30. 设 p 和 q 是不同的素数，证明 $p^{q-1}+q^{p-1}\equiv 1 \pmod{pq}$.
31. 证明：若 p 是素数且 a 是一个整数，那么 $p\mid(a^p+(p-1)!a)$.

32. 证明：若 p 是奇素数，则 $1^2 3^2 \cdots (p-4)^2 (p-2)^2 \equiv (-1)^{(p+1)/2} \pmod{p}$.
33. 证明：若 p 是素数且 $p \equiv 3 \pmod{4}$，那么 $((p-1)/2)! \equiv \pm 1 \pmod{p}$.
34. a) 令 p 是素数，设 r 是小于 p 的正整数且 $(-1)^r \cdot r! \equiv -1 \pmod{p}$. 证明 $(p-r+1)! \equiv -1 \pmod{p}$.
    b) 利用 a)，证明 $61! \equiv 63! \equiv -1 \pmod{71}$.
35. 利用威尔逊定理，证明：若 p 是素数且 $p \equiv 1 \pmod{4}$，那么同余方程 $x^2 \equiv -1 \pmod{p}$ 有两个不同余的解：$x \equiv \pm((p-1)/2)! \pmod{p}$.
36. 设 p 是素数且 $0<k<p$，证明 $(p-k)! \cdot (k-1)! \equiv (-1)^k \pmod{p}$.
37. 若 n 是整数，证明：

$$\pi(n)=\sum_{j=2}^{n}\left[\frac{(j-1)!\ +1}{j}-\left[\frac{(j-1)!}{j}\right]\right].$$

38. 证明：若 p 是大于 3 的素数，则 $2^{p-2}+3^{p-2}+6^{p-2} \equiv 1 \pmod{p}$.
39. 证明：若 n 为非负整数，则 $5 \mid (1^n+2^n+3^n+4^n)$ 当且仅当 $4 \nmid n$.
*40. 哪些正整数 n 使得 n^4+4^n 是素数？
41. 证明正整数对 n 和 $n+2$ 是孪生素数当且仅当 $4((n-1)!\ +1)+n \equiv 0 \pmod{n(n+2)}$，其中 $n \neq 1$.
42. 若正整数 n 和 $n+k$ 均为素数，其中 $n>k$ 且 k 是正偶数，那么 $(k!)^2((n-1)!+1)+n(k!-1)(k-1)! \equiv 0 \pmod{n(n+k)}$.
43. 证明：若 p 是素数，则 $\binom{2p}{p} \equiv 2 \pmod{p}$.
44. 4.3 节的习题 74 证明了若 p 是素数且 k 是小于 p 的正整数，那么二项式系数 $\binom{p}{k}$ 被 p 整除. 利用这个事实和二项式定理证明：若 a 和 b 均是整数，那么 $(a+b)^p \equiv a^p+b^p \pmod{p}$.
45. 利用数学归纳法证明费马小定理.（提示：在归纳的步骤中，利用习题 44 可以得到关于 $(a+1)^p$ 的同余式.）
*46. 利用 5.3 节的习题 36 证明威尔逊定理的高斯推广：除了 $m=4$，p^t 或 $2p^t$ 之外，其中 p 是奇素数，t 是正整数，所有小于 m 而且和 m 互素的正整数的乘积同余于 $1 \pmod{m}$，而前一种情况同余于 $-1 \pmod{m}$.
47. 给一副纸牌洗牌，先将这副纸牌分成两份，每份 26 张，然后从底下那一份开始，交替从两份纸牌中每次抽取一张组成一副新的顺序的纸牌.
    a) 证明：若某张纸牌开始时是在第 c 张的位置，洗完牌后它将在第 b 张的位置，其中 $b \equiv 2c \pmod{53}$ 且 $1 \leqslant b \leqslant 52$.
    b) 按照上述洗牌方式，要经过几次洗牌才能使牌序和原来的一样？
48. 令 p 是素数，a 是正整数且不能被 p 整除. 定义费马商 $q_p(a)$ 为 $q_p(a)=(a^{p-1}-1)/p$. 证明：若 a 和 b 是不能被素数 p 整除的正整数，那么 $q_p(ab) \equiv q_p(a)+q_p(b) \pmod{p}$.
49. 设 p 是素数. 令 $a_1, a_2, \cdots, a_p$ 和 $b_1, b_2, \cdots, b_p$ 均是模 p 的完全剩余系. 证明 $a_1b_1, a_2b_2, \cdots, a_pb_p$ 不是模 p 的完全剩余系.
*50. 证明：若 n 是正整数且 $n \geqslant 2$，那么 n 不整除 2^n-1.
*51. 令 p 是奇素数，证明 $(p-1)!^{p^{n-1}} \equiv -1 \pmod{p^n}$.
52. 证明：若 p 是素数且 $p>5$，那么 $(p-1)!\ +1$ 至少有两个不同的素因子.
53. 证明：若 a 和 n 是互素的整数且 $n>1$，那么 n 是素数当且仅当 $(x-a)^n$ 与 x^n-a 作为多项式模 n 同余.（回忆第 5.1 节的习题 48 前面的导言，两个多项式作为多项式模 n 同余是指两个多项式中 x 的同幂次的系数模 n 同余.）(Agrawal、Kayal 和 Saxena[AgKaSa02]关于存在一个多项式时间算法确定一个整数是否为素数的证明便是源于此结论.)

54. 当 n 为正整数时计算 $(n!+1,(n+1)!)$.

在习题 55～60 中，我们发展了一种改进的波拉德 $p-1$ 法，有时比在正文中给出的方法更高效．设 A 为一个正整数，整数 n 有素因子分解 $n=\prod_{i=1}^{t} p_i^{e_i}$，如对 $i=1,2,\cdots,t$ 有 $p_i^{e_i}\leqslant A$，则称 n 为 A-幂光滑的(A-power smooth).

55. 下列哪些整数是 8-幂光滑的？

a) 80　　b) 77　　c) 90　　d) 120　　e) 135　　f) 150

56. 下列哪些整数是 30-幂光滑的？

a) 160　　b) 54　　c) 250　　d) 96　　e) 135　　f) 350

57. 设 P_A 为不超过 A 的素数的集合，证明 $[1,2,\cdots,A]=\prod_{p\in P_A} p^{[\log_p(A)]}$．(注意此处的 $[a_1,a_2,\cdots,a_n]$ 表示 $a_1,a_2,\cdots,a_n$ 的最小公倍数.)

58. 本题中我们利用习题 57 和费马小定理建立一种改进的波拉德 $p-1$ 法．设 A，e 为正整数，$b\equiv e^{[1,2,\cdots,A]}-1(\bmod N)$．证明若 $(e^{[1,2,\cdots,A]}-1,N)=1$ 且 $B\leqslant A$，则 $(e^{[1,2,\cdots,B]}-1,N)=1$，若 $(e^{[1,2,\cdots,A]}-1,N)=N$ 且 $B\geqslant A$，则 $(e^{[1,2,\cdots,B]}-1,N)=N$．计算 $f=(b,N)$，只要 $f\neq 1$，$f\neq N$，则我们得到了 N 的非平凡因子．这样对于指定的界 A 和基 e 我们得到了一种新的分解方法．如果对于特定的界和基，没有找出非平凡因子，可以更换界和基再试(如习题 60～62 所示，例子来自[St09]).

59. 利用习题 58，令 $A=5$，$e=2$，求 5 917 的一个因子.

60. 证明利用习题 58，令 $A=5$，$e=2$，不能得到 779 167 的一个非平凡因子，而令 $A=15$，$e=2$ 则可得到 779 167 的一个非平凡因子.

61. 证明利用习题 58，令 $A=7$，$e=2$，不能得到 4 331 的一个非平凡因子，而令 $A=5$，$e=2$ 则可得到 4 331 的一个非平凡因子.

62. 证明利用习题 58，令 $A=15$，$e=2$，不能得到 187 的一个非平凡因子，而令 $e=3$ 则可得到 187 的一个非平凡因子.

63. 证明如果 p 整除 N，$p-1$ 是 A-幂光滑的，则 $p\mid(e^{[1,2,\cdots,A]}-1,N)$．(提示：利用习题 57.)

计算和研究

1. 一个素数 p 称为*威尔逊素数*，如果 $(p-1)!\equiv -1(\bmod p^2)$．求出小于 10 000 的所有威尔逊素数.
2. 求出满足 $2^{p-1}\equiv 1(\bmod p^2)$ 的小于 10 000 的所有素数 p.
3. 选几个不同的奇整数，利用波拉德 $p-1$ 法找出每个数的一个因子.
4. 自己选出几个六位数，利用习题 58 提到的改进的波拉德 $p-1$ 法求出它们的一个因子.
5. 验证猜想：若 n 是合数，则 $1^{n-1}+2^{n-1}+3^{n-1}+\cdots+(n-1)^{n-1}\not\equiv -1(\bmod n)$．请选取尽可能多的 n 进行验证.

程序设计

1. 求出小于给定的正整数 n 的所有威尔逊素数.
2. 求出满足 $2^{p-1}\equiv 1(\bmod p^2)$ 的小于给定正整数 n 的所有素数 p.
3. 通过费马小定理求解模是素数的线性同余方程.
4. 利用波拉德 $p-1$ 法分解给定的正整数 n.
5. 给定正整数 n，利用习题 58 提到的改进的波拉德 $p-1$ 法，不断改动界和基，直到算出它们的一个因子为止.

7.2 伪素数

费马小定理告诉我们，若 n 是素数且 b 是整数，那么 $b^n\equiv b(\bmod n)$．因此，若存在整数 b 满足 $b^n\not\equiv b(\bmod n)$，那么 n 是合数.

例 7.8 可以证明 63 不是素数，这是因为

$$2^{63}=2^{60}\cdot 2^{3}=(2^{6})^{10}\cdot 2^{3}=64^{10}2^{3}\equiv 2^{3}\equiv 8\not\equiv 2(\mathrm{mod}\ 63).$$ ◀

利用费马小定理可以证明一个整数是合数. 若它可以提供一种方法来证明一个整数是素数，那么它将更有用. 通常说古代中国人相信若 $2^{n}\equiv 2(\mathrm{mod}\ n)$，则 n 一定是素数. 这个命题在 $1\leqslant n\leqslant 340$ 时是正确的. 可惜的是，费马小定理的逆不成立，正如下面的例子所示，它是由萨鲁斯(Sarrus)在 1919 年发现的.

> **历史上的误会**
>
> 显然，古代中国人相信若 $2^{n}\equiv 2(\mathrm{mod}\ n)$，则 n 是素数的说法是由于一个错误的翻译和 19 世纪的一个中国数学家的失误造成的. 1897 年，J. H. Jeans 报告说这个可以追溯到“孔子时代”的命题好像是对《九章算术》错误翻译的一个结果. 1869 年，亚历山大·韦德(Alexander Wade)在杂志 *Notes and Queries on China* 上发表了一篇论文“一个中国定理”，并把这个“定理”归功于数学家李善兰(1811—1882). 李善兰发现这个结果是错误的，但这个错误结果却被后来的作者保存下来了. 这些历史细节来自中国数学家萧文强(Siu Man-Keung)给保罗·利本鲍姆(Paulo Ribenboim)的一封信中(更详细的信息见[Ri96]).

例 7.9 令 $n=341=11\cdot 31$. 由费马小定理知 $2^{10}\equiv 1(\mathrm{mod}\ 11)$，所以 $2^{340}=(2^{10})^{34}\equiv 1(\mathrm{mod}\ 11)$，并且 $2^{340}=(2^{5})^{68}=(32)^{68}\equiv 1(\mathrm{mod}\ 31)$. 因此，由推论 5.9.1 可知 $2^{340}\equiv 1(\mathrm{mod}\ 341)$. 同余式两边同乘以 2，得 $2^{341}\equiv 2(\mathrm{mod}\ 341)$，尽管 341 不是素数. ◀

这个例子可以导出下面的定义.

定义 令 b 是一个正整数. 若 n 是一个正合数且 $b^{n}\equiv b(\mathrm{mod}\ n)$，则称 n 为**以 b 为基的伪素数**.

注意到若 $(b,n)=1$，那么同余式 $b^{n}\equiv b(\mathrm{mod}\ n)$ 与同余式 $b^{n-1}\equiv 1(\mathrm{mod}\ n)$ 等价. 为了理解这一点，由推论 5.5.1，因 $(b,n)=1$，故第一个同余式两边同除以 b，便可得到第二个同余式. 由定理 5.4 的第(iii)部分知，可以在第二个同余式两边同乘以 b，便可得到第一个同余式. 我们经常利用这种等价情形.

例 7.10 整数 $341=11\cdot 31$，$561=3\cdot 11\cdot 17$ 和 $645=3\cdot 5\cdot 43$ 都是以 2 为基的伪素数，因为容易验证 $2^{340}\equiv 1(\mathrm{mod}\ 341)$，$2^{560}\equiv 1(\mathrm{mod}\ 561)$ 和 $2^{644}\equiv 1(\mathrm{mod}\ 645)$. ◀

注 上面所定义的伪素数有时也被称为*费马伪素数*. 这个术语可以用来区分其他类型的伪素数. 更广泛地讲，*伪素数*(pseudoprime)是指那些能通过一个或多个素数检验的合数. 在本节的后面，我们还会讨论强伪素数，它们是能通过额外检验的费马伪素数. 在第 12 章中，我们将研究欧拉伪素数，这是另一种重要的伪素数.

如果以 b 为基具有相对较少的伪素数，那么检验同余式 $b^{n}\equiv b(\mathrm{mod}\ n)$ 是否成立是一个有用的检验，因为只有一小部分合数可以通过该检验. 事实上，不超过特定的界的以 b 为基的伪素数的个数远远小于不超过那个界的素数的个数. 特别地，在不超过 10^{10} 的数中，共有 455 052 511 个素数，但以 2 为基的伪素数却只有 14 884 个. 尽管对每个给定的基其伪素数是稀少的，然而它的伪素数却有无穷多个. 我们将以 2 为基作为例子来证明这一点. 下面的引理在证明中是有用的.

引理 7.1 若 d 和 n 均是正整数且 d 整除 n，那么 2^d-1 整除 2^n-1.

证明 给定 $d|n$，存在正整数 t，满足 $dt=n$. 在等式 $x^t-1=(x-1)(x^{t-1}+x^{t-2}+\cdots+1)$ 中令 $x=2^d$，可得 $2^n-1=(2^d-1)(2^{d(t-1)}+2^{d(t-2)}+\cdots+2^d+1)$. 因此有 $(2^d-1)|(2^n-1)$. ■

现在我们来证明以 2 为基的伪素数有无穷多个.

定理 7.6 以 2 为基的伪素数有无穷多个.

证明 我们将要证明：若 n 是一个以 2 为基的奇伪素数，那么 $m=2^n-1$ 也是以 2 为基的奇伪素数. 因为至少有一个以 2 为基的奇伪素数，即 $n_0=341$，故取 $n_{k+1}=2^{n_k}-1$，其中 $k=0, 1, 2, \cdots$，则因为 $n_0<n_1<n_2<\cdots<n_k<n_{k+1}<\cdots$，所以这些整数均不相同，从而我们构造出无穷多的以 2 为基的奇伪素数.

继续我们的证明，令 n 是以 2 为基的奇伪素数，则 n 是合数且 $2^{n-1}\equiv 1(\bmod n)$. 因为 n 是合数，令 $n=dt$，其中 $1<d<n$ 且 $1<t<n$. 我们将证明 $m=2^n-1$ 也是以 2 为基的伪素数：首先证明 m 是合数，然后证明 $2^{m-1}\equiv 1(\bmod m)$.

为证明 m 是合数，利用引理 7.1 可知，$(2^d-1)|(2^n-1)=m$. 为证明 $2^{m-1}\equiv 1(\bmod m)$，注意到因为 $2^n\equiv 2(\bmod n)$，故存在整数 k，使得 $2^n-2=kn$. 因此，$2^{m-1}=2^{2^n-2}=2^{kn}$. 由引理 7.1 知，$m=(2^n-1)|(2^{kn}-1)=2^{m-1}-1$. 因此，$2^{m-1}-1\equiv 0(\bmod m)$，即 $2^{m-1}\equiv 1(\bmod m)$. 综上所述，m 也是一个以 2 为基的伪素数. ■

若想知道一个整数 n 是否为素数，并且知道了 $2^{n-1}\equiv 1(\bmod n)$，则可知 n 或者是素数或者是以 2 为基的伪素数. 进一步的方法是用其他的基检验 n. 即选取若干正整数 b 来检验 $b^{n-1}\equiv 1(\bmod n)$ 是否成立. 若存在一个 b 满足 $(b, n)=1$ 且 $b^{n-1}\not\equiv 1(\bmod n)$，则可知 n 是合数.

例 7.11 我们已经知道 341 是以 2 为基的伪素数. 现在来检验 341 是否为以 7 为基的伪素数. 因为

$$7^3=343\equiv 2(\bmod 341)$$

和

$$2^{10}=1024\equiv 1(\bmod 341),$$

故

$$\begin{aligned}7^{340}&=(7^3)^{113}7\equiv 2^{113}7=(2^{10})^{11}\cdot 2^3\cdot 7\\&\equiv 8\cdot 7\equiv 56\not\equiv 1(\bmod 341).\end{aligned}$$

从而，由于 $7^{340}\not\equiv 1(\bmod 341)$，故由费马小定理的逆否命题知 341 是合数. ◀

7.2.1 卡迈克尔数

很遗憾，存在合数 n，但利用上述方法并不能证明它是合数. 这是因为存在着对任意基都是伪素数的整数，即存在合数 n，使得对所有满足 $(b, n)=1$ 的 b 都有 $b^{n-1}\equiv 1(\bmod n)$. 这导出了以下定义.

定义 一个合数 n 若对所有满足 $(b, n)=1$ 的正整数 b 都有 $b^{n-1}\equiv 1(\bmod n)$ 成立，则称为**卡迈克尔**(Carmichael)**数**(以在 20 世纪初研究它们的卡迈克尔而得名)或者称为**绝对伪素数**.

例 7.12 整数 $561=3\cdot 11\cdot 17$ 是一个卡迈克尔数. 为了证明这一点，注意到若 $(b,561)=1$，则 $(b,3)=(b,11)=(b,17)=1$. 因此，由费马小定理，有 $b^2\equiv 1(\mathrm{mod}\ 3)$，$b^{10}\equiv 1(\mathrm{mod}\ 11)$ 和 $b^{16}\equiv 1(\mathrm{mod}\ 17)$. 从而 $b^{560}=(b^2)^{280}\equiv 1(\mathrm{mod}\ 3)$，$b^{560}=(b^{10})^{56}\equiv 1(\mathrm{mod}\ 11)$，$b^{560}=(b^{16})^{35}\equiv 1(\mathrm{mod}\ 17)$. 因此，由推论 5.9.1，$b^{560}\equiv 1(\mathrm{mod}\ 561)$ 对所有满足 $(b,n)=1$ 的 b 成立. ◀

1912 年，卡迈克尔猜想存在无穷多个卡迈克尔数，这个猜想用了 80 年才被证实. 1992 年，阿尔福特(Alford)、格兰维尔(Granville)和帕梅让斯(Pomerance)证实了卡迈克尔是正确的[⊖]. 因为他们的证明很复杂非初等，故在此不予以描述. 但是，我们将证明一个关键的部分——一个可以用来寻找卡迈克尔数的定理.

定理 7.7 *若 $n=q_1q_2\cdots q_k$，其中 q_j 是不同的素数满足 $(q_j-1)\mid(n-1)$ 对所有 j 成立且 $k>2$，那么 n 是一个卡迈克尔数.*

证明 令 b 是一个正整数且 $(b,n)=1$，那么 $(b,q_j)=1$，其中 $j=1,2,\cdots,k$. 因此，由费马小定理知，$b^{q_j-1}\equiv 1(\mathrm{mod}\ q_j)$，$j=1,2,\cdots,k$. 因 $(q_j-1)\mid(n-1)$ 对每个整数 $j=1,2,\cdots,k$ 都成立，故存在整数 t_j 满足 $t_j(q_j-1)=n-1$. 因此，对每个 j，有 $b^{n-1}=b^{(q_j-1)t_j}\equiv 1(\mathrm{mod}\ q_j)$. 从而由推论 5.9.1 知，$b^{n-1}\equiv 1(\mathrm{mod}\ n)$. 综上所述，$n$ 是一个卡迈克尔数. ■

罗伯特·丹尼尔·卡迈克尔(Robert Daniel Carmichael，1879—1967)出生于阿拉巴马州的 Goodwater. 1898 年在 Lineville 学院获得学士学位，1911 年在普林斯顿大学获得博士学位. 卡迈克尔于 1911 年至 1915 年在印第安纳大学任教，1915 年至 1947 年在伊利诺伊大学任教. 他在 G. D. Birkhoff 指导下的博士论文被认为是美国人在微分方程上的第一个有影响力的贡献. 卡迈克尔在许多领域做过研究，包括实分析、微分方程、数学物理、群论以及数论等.

例 7.13 定理 7.7 说明 $6\,601=7\cdot 23\cdot 41$ 是一个卡迈克尔数，这是因为 7，23 和 41 均是素数，$6=(7-1)\mid 6\,600$，$22=(23-1)\mid 6\,600$，$40=(41-1)\mid 6\,600$. ◀

定理 7.7 的逆也是成立的，即所有的卡迈克尔数都具有形式 $q_1q_2\cdots q_k$，其中 q_j 是互不相同的素数且对所有的 j 满足 $(q_j-1)\mid(n-1)$. 我们将在第 11 章证明这一点.

另外，我们可以证明尽管仅有 43 个不超过 10^6 的卡迈克尔数，但随着数字的增大，它们变得极为稀疏. 例如，不超过 10^{15} 的卡迈克尔数有 105 212 个，不超过 10^{21} 的卡迈克尔数有 20 138 200 个. 这意味着在小于 10^{21} 的正整数中每 50 万亿个中才出现 1 个卡迈克尔数.

7.2.2 米勒检验

一旦同余式 $b^{n-1}\equiv 1(\mathrm{mod}\ n)$ 得到验证，其中 n 是一个奇数，则另外一个可能的方法是考虑 $b^{(n-1)/2}$ 模 n 的最小正剩余. 注意若 $x=b^{(n-1)/2}$，则 $x^2=b^{n-1}\equiv 1(\mathrm{mod}\ n)$. 若 n 是

⊖ 特别地，他们证明了 $C(x)$(也就是不超过 x 的卡迈克尔数的个数)在 x 充分大时满足不等式 $C(x)>x^{2/7}$.

一个素数，则由定理 5.13 可知，或者 $x\equiv1\pmod n$ 或者 $x\equiv-1\pmod n$. 因此，一旦我们有 $b^{n-1}\equiv1\pmod n$，则可以检验 $b^{(n-1)/2}\equiv\pm1\pmod n$ 是否成立. 若该同余式不成立，则可知 n 是合数.

例 7.14 令 $b=5$ 和 $n=561$ 为最小的卡迈克尔数. 可知 $5^{(561-1)/2}=5^{280}\equiv67\pmod{561}$. 因此，561 是合数. ◀

为了继续发展素性检验法，需要下列定义.

定义 令 n 是一个正整数，满足 $n>2$ 且 $n-1=2^st$，其中 s 是一个非负整数，t 是一个奇正整数. 称 n 通过**以 b 为基的米勒检验**(Miller's test，以美国计算机学家 Gary Miller 的名字命名)，如果有 $b^t\equiv1\pmod n$ 或者 $b^{2^jt}\equiv-1\pmod n$ 对某个 j 成立，其中 $1\leqslant j\leqslant s-1$.

下面的例子证明 2 047 通过了以 2 为基的米勒检验.

例 7.15 令 $n=2\,047=23\cdot89$，那么 $2^{2\,046}=(2^{11})^{186}=(2\,048)^{186}\equiv1\pmod{2\,047}$，因此，2 047 是以 2 为基的伪素数. 因为 $2^{2\,046/2}=2^{1\,023}=(2^{11})^{93}=(2\,048)^{93}\equiv1\pmod{2\,047}$，所以，2 047 通过了以 2 为基的米勒检验. ◀

现在来证明若 n 是素数，则 n 通过所有以 b 为基的米勒检验，其中 $n\nmid b$.

定理 7.8 若 n 是素数且 b 是正整数满足 $n\nmid b$，那么 n 能通过以 b 为基的米勒检验.

证明 令 $n-1=2^st$，其中 s 是一个非负整数且 t 是一个奇正整数. 令 $x_k=b^{(n-1)/2^k}=b^{2^{s-k}t}$，$k=0,1,2,\cdots,s$. 因为 n 是素数，故由费马小定理可知 $x_0=b^{n-1}\equiv1\pmod n$. 由定理 5.13，因为 $x_1^2=(b^{(n-1)/2})^2=x_0\equiv1\pmod n$，所以或者 $x_1\equiv-1\pmod n$ 或者 $x_1\equiv1\pmod n$. 如果 $x_1\equiv1\pmod n$，则因为 $x_2^2=x_1\equiv1\pmod n$，故或者 $x_2\equiv1\pmod n$ 或者 $x_2\equiv-1\pmod n$. 一般地，若 $x_0\equiv x_1\equiv x_2\equiv\cdots\equiv x_k\equiv1\pmod n$，其中 $k<s$，那么因为 $x_{k+1}^2=x_k\equiv1\pmod n$，故或者 $x_{k+1}\equiv-1\pmod n$ 或者 $x_{k+1}\equiv1\pmod n$.

对 $k=1,2,\cdots,s$ 继续这个过程，会发现或者 $x_s\equiv1\pmod n$ 或者 $x_k\equiv-1\pmod n$ 对某个整数 k，$0\leqslant k\leqslant s$ 成立. 因此，n 通过了以 b 为基的米勒检验. ■

若正整数 n 通过了以 b 为基的米勒检验，则或者 $b^t\equiv1\pmod n$ 或者 $b^{2^jt}\equiv-1\pmod n$ 对某个 j 成立，其中 $0\leqslant j\leqslant s-1$，这里 $n-1=2^st$ 且 t 为奇数.

两种情况下，我们都有 $b^{n-1}\equiv1\pmod n$，因 $b^{n-1}=(b^{2^jt})^{2^{s-j}}$ 对 $j=0,1,2,\cdots,s$ 成立，所以能够通过以 b 为基的米勒检验的合数 n 必然是以 b 为基的伪素数. 通过这个观察，可以导出以下定义.

定义 设 n 是一个合数，且通过以 b 为基的米勒检验，那么称 n 为**以 b 为基的强伪素数**.

例 7.16 在例 7.15 中，可以看到 2 047 是以 2 为基的强伪素数. ◀

尽管强伪素数极其稀少，但仍然有无穷多个. 下面的定理表明以 2 为基的强伪素数有无穷多个.

定理 7.9 有无穷多个以 2 为基的强伪素数.

证明 我们将要证明：若 n 是一个以 2 为基的伪素数，那么 $N=2^n-1$ 是以 2 为基的强伪素数.

令 n 是一个奇数且是以 2 为基的伪素数. 因此，n 是合数且 $2^{n-1}\equiv1(\mathrm{mod}\ n)$. 从这个同余式可以看到，存在某个整数 k，使得 $2^{n-1}-1=nk$，其中 k 一定是奇数. 我们有

$$N-1=2^n-2=2(2^{n-1}-1)=2^1nk;$$

这是 $N-1$ 的因子分解，它分解为一个奇数和 2 的一个幂.

注意

$$2^{(N-1)/2}=2^{nk}=(2^n)^k\equiv1(\mathrm{mod}\ N),$$

这是因为 $2^n=(2^n-1)+1=N+1\equiv1(\mathrm{mod}\ N)$. 从而证明 N 通过了米勒检验.

在引理 7.1 的证明中，我们证明了若 n 是合数，则 $N=2^n-1$ 也是合数. 因此，N 通过了米勒检验且是合数，所以 N 是以 2 为基的强伪素数. 因为每一个以 2 为基的伪素数 n 都产生一个以 2 为基的强伪素数 2^n-1，且以 2 为基的伪素数有无穷多个，故以 2 为基的强伪素数有无穷多个. ■

下面的论述结合米勒检验对相对小的整数的素性检验是有用的. 以 2 为基的最小的且是奇的强伪素数是 2 047，所以若 $n<2\,047$，n 是奇数，且 n 通过以 2 为基的米勒检验，则 n 是素数. 类似地，1 373 653 是同时以 2 和 3 为基的最小的奇的强伪素数，它给了小于 1 373 653 的整数的素性检验. 同时以 2，3 和 5 为基的最小的奇的强伪素数是 25 326 001. 以 2，3，5 和 7 为基的最小的奇的强伪素数是 3 215 031 751. 另外，对这些基，不再有小于 $25\cdot10^9$ 的任何其他的奇的强伪素数(读者应该对该陈述进行验证). 这给了对于小于 $25\cdot10^9$ 的整数的一个素性检验. 一个奇数 n 是素数，如果 $n<25\cdot10^9$ 能通过以 2，3，5 和 7 为基的米勒检验，且 $n\neq3\,215\,031\,751$.

计算表明，不超过 10^{12} 且同时是以 2，3 和 5 为基的强伪素数只有 101 个. 这里面只有 9 个是以 7 为基的强伪素数，并且没有一个是以 11 为基的强伪素数. 同时以 2，3，5，7 和 11 为基的最小的强伪素数是 2 152 302 898 747. 因此，若奇整数 n 是素数且 $n<2\,152\,302\,898\,747$，那么 n 是素数如果 n 能通过以 2，3，5，7 和 11 为基的米勒检验. 若要用此法对更大的整数进行素性检验，那么可以通过观察发现没有比 341 550 071 728 321 更小的正整数是以 2，3，5，7，11，13 和 17 为基的强伪素数. 一个不超过此数的正奇数是素数，如果它能通过 2，3，5，7，11，13 和 17 这七个素数的米勒检验.

强伪素数与卡迈克尔数之间没有相似性. 这是下面定理的结果.

定理 7.10 *若 n 是一个奇正合数，那么最多有 $(n-1)/4$ 个 b，其中 $1\leqslant b\leqslant n-1$，使得 n 能够通过以 b 为基的米勒检验.*

我们将在第 10 章证明定理 7.10. 定理 7.10 告诉我们若有超过 $(n-1)/4$ 个小于 n 的基，使得 n 能够通过这些基的米勒检验，那么 n 是素数. 然而，这是一个相当冗长的证明一个正整数是素数的方法，比完成普通试除法还要糟. 米勒检验给出了一个有趣且快速的用来证明整数 n“可能是素数”的方法. 为了说明这一点，随机选取整数 b，$1\leqslant b\leqslant n-1$(在第 11 章中将会看到如何做“随机”选择). 由定理 7.10 知，若 n 是合数，则 n 通过以 b 为基的米勒检验的可能性小于 1/4. 若选取 k 个小于 n 的不同的基，且对每个基完成米勒检验，则可以得出以下结论.

定理 7.11(拉宾(Rabin)概率素性检验) *设 n 是一个正整数. 取 k 个不同的小于 n 的正整数作为基，并且对 n 做每一个基的米勒检验. 若 n 是一个合数，则 n 通过所有 k 个检*

验的概率不超过$(1/4)^k$.

令n是一个正合数. 利用拉宾概率素性检验，若在1和n之间随机选取100个不同的整数，并且对这100个基中的每一个做米勒检验，那么n通过所有检验的概率要小于$(10)^{-60}$，这是极小的一个数. 事实上，一个计算机出错的概率也要比一个合数同时通过100个检验的概率大. 利用拉宾概率素性检验不能够明确地证明能够通过多次检验的整数n一定是素数，但它确实给了极强的、实际上几乎不可能否认的证据说明这个整数是素数.

在解析数论中有一个著名的猜想叫广义黎曼猜想，它是关于著名的黎曼ζ函数的一个命题，并且以德国数学家乔治·弗里德里希·伯恩哈德·黎曼(Georg Friedrich Bernhard Riemann)的名字命名，这在4.2节中已做过讨论. 下面的猜想是由Eric Bach给出的这个假设的推论.

猜想 7.1 对任何一个正合数n，存在一个基b，且$b<2(\log_2 n)^2$，使得n不能通过以b为基的米勒检验.

若这个猜想是正确的，正如许多数论学家相信的那样，下面的结果提供了一个快速的素性检验.

定理 7.12 若广义黎曼猜想是正确的，那么存在一个算法来判断一个正整数n是否为素数，并且该算法的位运算量是$O((\log_2 n)^5)$次.（关于大O符号参看2.3节.）

证明 令b是一个小于n的正整数. 为了对n完成以b为基的米勒检验，需要$O((\log_2 n)^3)$次位运算，这是因为完成这个检验需要不超过$\log_2 n$次模指数运算，而每次模指数运算需要用$O((\log_2 b)^2)$次位运算. 假设广义黎曼假设是正确的，若n是合数，那么由猜想7.1，存在一个基b，$1<b<2(\log_2 n)^2$，使得n不能通过以b为基的米勒检验. 为了找到这个b需要少于$O((\log_2 n)^3)\cdot O((\log_2 n)^2)=O((\log_2 n)^5)$次位运算. 因此，通过$O((\log_2 n)^5)$次位运算可以确定$n$是合数还是素数. ■

乔治·弗里德里希·伯恩哈德·黎曼(Georg Friedrich Bernhard Riemann, 1826—1866)出生于德国的布雷斯塞伦茨市，他是一个牧师的儿子. 在父亲的教导下他完成了初等教育，并且在完成了中学教育后，进入哥廷根大学学习神学，但他也参加关于数学的讲座，并且在得到了他父亲的同意后转入柏林大学，集中精力学习数学. 在那里，黎曼得到许多著名数学家的指点，其中包括狄利克雷(Dirichlet)和雅克比(Jacobi). 随后他又返回哥廷根大学，并在那里获得博士学位.

黎曼是数学史上最富想象力和创造力的数学家之一. 他为几何学、数学物理和分析学做出了很多奠基性的贡献. 他只写过一篇关于数论的文章，短短八页，却产生了深远的影响. 黎曼死于肺结核，年仅39岁.

关于拉宾概率素性检验和定理7.12非常重要的一点是，两个结果都表明仅需要$O((\log_2 n)^k)$次位运算就能检验出整数n的素性，其中k是一个正整数.（并且Agrawal、Kayal和Saxena[AgKaSa02]的最新结果证明存在一个$O((\log_2 n)^k)$次位运算的确定性检验.）这与因子分解问题形成强烈的对比. 整数分解的最好的算法需要的位运算次数是以待分解整数的位数的对数平方根为幂方的指数函数；而素性检验的算法似乎只需要少于待检验的整数的位数的多项式次位运算. 我们将在第9章中利用这个差异引入最新发明的一种密码系统.

7.2 节习题

1. 证明：91是以3为基的伪素数.
2. 证明：45是以17和19为基的伪素数.
3. 证明：偶数 $n=161\ 038=2\cdot 73\cdot 1\ 103$ 满足同余式 $2^n\equiv 2(\bmod n)$，且整数161 038是以2为基的最小的偶的伪素数.
4. 证明：任何一个奇合数是同时以1和−1为基的伪素数.
5. 证明：若 n 是一个奇合数并且 n 是一个以 a 为基的伪素数，则 n 是以 $n-a$ 为基的伪素数.
*6. 证明：若 $n=(a^{2p}-1)/(a^2-1)$，其中 a 是整数，$a>1$ 且 p 是奇素数但不整除 $a(a^2-1)$，那么 n 是以 a 为基的伪素数. 推出对任何基 a 都有无限多个伪素数.（提示：验证 $a^{n-1}\equiv 1(\bmod n)$，证明 $2p\mid(n-1)$，并证明 $a^{2p}\equiv 1(\bmod n)$.）
7. 证明：每一个非素的费马数 $F_m=2^{2^m}+1$ 是以2为基的伪素数.
8. 证明：若 p 是素数且 2^p-1 是合数，那么 2^p-1 是以2为基的伪素数.
9. 证明：若 n 是以 a 和 b 为基的伪素数，那么 n 也是以 ab 为基的伪素数.
10. 设 a 和 n 是互素的正整数. 证明：若 n 是以 a 为基的伪素数，那么 n 是以 $\overline{a}$ 为基的伪素数，其中 $\overline{a}$ 是 a 模 n 的逆.
11. 证明：若 n 是以 a 为基的伪素数，但不是以 b 为基的伪素数，其中 $(a,n)=(b,n)=1$，那么 n 不是以 ab 为基的伪素数.
12. 证明：25是以7为基的强伪素数.
13. 证明：1 387是以2为基的伪素数，但不是以2为基的强伪素数.
14. 证明：1 373 653是同时以2和3为基的强伪素数.
15. 证明：25 326 001是以2，3和5为基的强伪素数.
16. 证明下列整数是卡迈克尔数.

    a) $2\ 821=7\cdot 13\cdot 31$　b) $10\ 585=5\cdot 29\cdot 73$　c) $29\ 341=13\cdot 37\cdot 61$　d) $314\ 821=13\cdot 61\cdot 397$
    e) $278\ 545=5\cdot 17\cdot 29\cdot 113$　f) $172\ 081=7\cdot 13\cdot 31\cdot 61$　g) $564\ 651\ 361=43\cdot 3\ 361\cdot 3\ 907$
17. 求形如 $7\cdot 23\cdot q$ 的卡迈克尔数，其中 q 是一个不等于41的奇素数，或者证明除此之外没有其他的数.
18. a) 证明：具有形式 $(6m+1)(12m+1)(18m+1)$ 的整数是一个卡迈克尔数，其中 m 是使得 $6m+1$，$12m+1$，$18m+1$ 均是素数的正整数.

    b) 由a)推断出 $1\ 729=7\cdot 13\cdot 19$；$294\ 409=37\cdot 73\cdot 109$；$56\ 052\ 361=211\cdot 421\cdot 631$；$118\ 901\ 521=271\cdot 541\cdot 811$ 和 $172\ 947\ 529=307\cdot 613\cdot 919$ 是卡迈克尔数.
19. 具有六个素因子的最小的卡迈克尔数是 $5\cdot 19\cdot 23\cdot 29\cdot 37\cdot 137=321\ 197\ 185$. 验证这个数是卡迈克尔数.
*20. 证明：若 n 是卡迈克尔数，则 n 无平方因子.
21. 证明：若 n 是一个正整数且 $n\equiv 3(\bmod 4)$，那么其米勒检验共需 $O((\log_2 n)^3)$ 次位运算.

计算和研究

1. 求正整数 n，$n\leqslant 100$，使得整数 $n\cdot 2^n-1$ 是素数.
2. 找出尽可能多的具有形式 $(6m+1)(12m+1)(18m+1)$ 的卡迈克尔数，其中 $6m+1$，$12m+1$，$18m+1$ 均是素数.

3. 找出尽可能多的以 2 为基的偶的伪素数，且该数是三个素数的乘积．你认为这样的数会有无穷多个吗？
4. 具有形式 $n\cdot 2^n+1$ 的整数叫库仑数(Cullen number，以爱尔兰数学家 James Cullen 的名字命名)，其中 n 是大于 1 的正整数．你可以找到一个素的库仑数吗？

佩林序列 $R(n)$(以法国数学家 Francois Olivier Raoul Perrin 的名字命名)由递推关系 $R(n)=R(n-2)+R(n-3)$定义(如同 1.4 节习题中定义的帕多文序列一样)，并令 $R(0)=3$，$R(1)=0$，$R(2)=2$．该序列的前几项是 3，0，2，3，2，5，5，7，10，12．1899 年佩林注意到对素数 p，p 能整除 $R(p)$．(É. Lucas 于 1876 年首先提出这一点.)一个合数 n 若满足 $n\mid R(n)$，则称之为佩林伪素数．2010 年美国数学家 Jon Grantham 证明了有无穷多个佩林伪素数．

5. 对小于 1 000 的素数 p 验证 $p\mid R(p)$．
6. 验证没有小于 1 000 的佩林伪素数．
7. 证明 27 144 是一个佩林伪素数．尝试验证其为最小的佩林伪素数．

程序设计

1. 给定一个正整数 n，确定 n 是否满足同余式 $b^{n-1}\equiv 1(\bmod n)$，其中 b 是小于 n 的正整数．若满足，则 n 或者是一个素数或者是一个以 b 为基的伪素数．
2. 给定一个正整数 n，确定 n 是否能通过以 b 为基的米勒检验．若满足，则 n 或者是素数或者是以 b 为基的强伪素数．
3. 基于以 2，3，5 和 7 为基的米勒检验，完成小于 $25\cdot 10^9$ 的整数的素性检验．(利用定理 7.9 下面的注.)
4. 基于以 2，3，5，7 和 11 为基的米勒检验，完成小于 2 152 302 898 747 的整数的素性检验．(利用定理 7.9 下面的注.)
5. 基于以 2，3，5，7，11，13 和 17 为基的米勒检验，完成小于 341 550 071 728 321 的整数的素性检验．(利用定理 7.9 下面的注.)
6. 给定一个奇正整数 n，确定 n 能否通过拉宾概率素性检验．
7. 给定一个正整数 n，找出所有小于 n 的卡迈克尔数．
8. 给定正整数 n，设 $R(n)$为第 n 个佩林数，判断是否有 $n\mid R(n)$．若有，则判断 n 是否为素数，或者判断 n 是否为佩林伪素数．

7.3 欧拉定理

费马小定理告诉我们当模是素数时如何处理包含指数的特定同余式．那么我们怎么处理相对应的模是合数的同余式呢？

为此我们将为合数建立一个类似于由费马小定理所提供的同余式．正如在 7.1 节中所提到的，伟大的瑞士数学家欧拉在 1736 年发表了费马小定理的证明．1760 年，欧拉成功地给出了费马小定理的一个自然的推广，使它对合数也成立．在介绍这个结果之前，需要定义一个特殊的计数函数(由欧拉引进)，它将应用于此定理中．

定义 设 n 是一个正整数．**欧拉 ϕ 函数 $\phi(n)$**定义为不超过 n 且与 n 互素的正整数的个数．

在表 7.1 中，列出了 $1\leqslant n\leqslant 12$ 时 $\phi(n)$的值．对 $1\leqslant n\leqslant 100$ 的 $\phi(n)$的值见附录 E 的表 E.2.

表 7.1 欧拉 ϕ 函数 $\phi(n)$的值，$1\leqslant n\leqslant 12$

n	1	2	3	4	5	6	7	8	9	10	11	12
$\phi(n)$	1	1	2	2	4	2	6	4	6	4	10	4

在第8章中，我们会进一步研究欧拉 ϕ 函数. 本节中，利用欧拉 ϕ 函数对合数给出类似于费马小定理的结论. 为了做到这一点，我们需要准备一些基础知识.

定义　**模 n 的既约剩余系**是由 $\phi(n)$ 个整数构成的集合，集合中的每个元素均与 n 互素，且任何两个元素模 n 不同余.

例 7.17 集合 $\{1, 3, 5, 7\}$ 是模 8 的一个既约剩余系，集合 $\{-3, -1, 1, 3\}$ 也是模 8 的一个既约剩余系. ◀

下面是一个关于既约剩余系的定理.

定理 7.13　设 $r_1, r_2, \cdots, r_{\phi(n)}$ 是模 n 的一个既约剩余系，若 a 是一个正整数且 $(a, n)=1$，那么集合 $ar_1, ar_2, \cdots, ar_{\phi(n)}$ 也是模 n 的一个既约剩余系.

证明　先证明每个整数 ar_j 与 n 互素. 假设 $(ar_j, n)>1$，那么 (ar_j, n) 有一个素因子 p. 因此，或者 $p|a$ 或者 $p|r_j$. 从而或者 $p|a$ 且 $p|n$，或者 $p|r_j$ 且 $p|n$. 但是，因为 r_j 是模 n 的既约剩余系中的元素，故 $p|r_j$ 与 $p|n$ 不能同时成立. 又因为 $(a, n)=1$，故 $p|a$ 和 $p|n$ 不能同时成立. 因此，对 $j=1, 2, \cdots, \phi(n)$，ar_j 与 n 互素.

为了说明 ar_j 模 n 彼此不同余，设 $ar_j \equiv ar_k \pmod{n}$，其中 j 和 k 是不同的正整数且 $1 \leqslant j \leqslant \phi(n)$，$1 \leqslant k \leqslant \phi(n)$. 因为 $(a, n)=1$，由推论 5.5.1 知 $r_j \equiv r_k \pmod{n}$，又因为 r_j 和 r_k 是原来的模 n 的既约剩余系中的元素，故 $r_j \not\equiv r_k \pmod{n}$，得到矛盾. ■

莱昂哈德·欧拉(Leonhard Euler，1707—1783)是瑞士巴塞尔附近一个牧师的儿子，他除了学习神学外，还研究数学. 13 岁的时候，他就读于巴塞尔大学，目的是像他父亲希望的那样从事神学方面的工作. 在大学里，他师从著名的数学家伯努利家族中的约翰·伯努利(Johann Bernoulli)学习数学，他还成为伯努利的儿子尼克劳斯(Nicklaus)和丹尼尔(Daniel)的朋友. 他对数学的爱好使他放弃了继承父业的计划. 欧拉在 16 岁的时候获得了哲学硕士学位. 1727 年，彼得大帝(Peter the Great)在尼克劳斯·伯努利和丹尼尔·伯努利的推荐下，邀请欧拉加入圣彼得堡科学院，他们俩早在 1725 年这个科学院刚成立的时候就任职于此. 欧拉在 1727—1741 年和 1766—1783 年都在该科学院度过. 在 1741—1766 年这段时间内他任职于柏林皇家学院. 欧拉的多产令人惊讶，他写了超过 700 本的书和论文. 他去世后，圣彼得堡科学院用了 47 年的时间把他留下来的未出版的工作加以整理出版. 在他的一生中，他的论文创作速度很快，以至于他给科学院出版的论文都堆成了一堆. 于是他们先出版这堆论文中最上面的文章，这样这些新结果实际上在它们的基础工作发表之前就出现了. 在欧拉生命的最后 17 年，他失明了，但是他有着惊人的记忆力，所以失明并没有阻止他在数学上的研究. 他还有 13 个孩子，能够在一两个孩子在他膝上玩耍的时候继续他的研究. 瑞士科学院对欧拉所有作品和信件集《欧拉全集》(*Opera Omnia*)的出版工作从 1911 年开始，现已接近完成，只剩下一些专业的通信未被编辑.

下面的例子中，我们描述了定理 7.13 的用法.

例 7.18 1，3，5，7 是模 8 的一个既约剩余系. 因 $(3, 8)=1$，故由定理 7.13 知，$3 \cdot 1=3$，$3 \cdot 3=9$，$3 \cdot 5=15$，$3 \cdot 7=21$ 也是模 8 的一个既约剩余系. ◀

下面给出欧拉定理.

定理 7.14（欧拉定理）　设 m 是一个正整数，a 是一个整数且 $(a, m)=1$，那么 $a^{\phi(m)}\equiv 1(\mathrm{mod}\ m)$.

在证明欧拉定理之前，我们通过一个例子来说明其证明思想.

例 7.19 已知 1，3，5，7 和 $3\cdot 1$，$3\cdot 3$，$3\cdot 5$，$3\cdot 7$ 均是模 8 的既约剩余系. 因此，它们有相同的模 8 的最小正剩余. 从而

$$(3\cdot 1)\cdot(3\cdot 3)\cdot(3\cdot 5)\cdot(3\cdot 7)\equiv 1\cdot 3\cdot 5\cdot 7(\mathrm{mod}\ 8),$$

即

$$3^4\cdot 1\cdot 3\cdot 5\cdot 7\equiv 1\cdot 3\cdot 5\cdot 7(\mathrm{mod}\ 8).$$

因为 $(1\cdot 3\cdot 5\cdot 7, 8)=1$，故 $3^4=3^{\phi(8)}\equiv 1(\mathrm{mod}\ 8)$. ◀

现在利用上例中描述的思想来证明欧拉定理.

证明　令 $r_1, r_2, \cdots, r_{\phi(m)}$ 是由不超过 m 且和 m 互素的元素组成的既约剩余系. 由定理 7.13，因 $(a, m)=1$，故集合 $ar_1, ar_2, \cdots, ar_{\phi(m)}$ 也是模 m 的一个既约剩余系. 因此，在一定的顺序下 $ar_1, ar_2, \cdots, ar_{\phi(m)}$ 的最小正剩余一定是 $r_1, r_2, \cdots, r_{\phi(m)}$. 因此，若把每个既约剩余系中的所有项都乘起来，可得

$$ar_1ar_2\cdots ar_{\phi(m)}\equiv r_1r_2\cdots r_{\phi(m)}(\mathrm{mod}\ m).$$

因而

$$a^{\phi(m)}r_1r_2\cdots r_{\phi(m)}\equiv r_1r_2\cdots r_{\phi(m)}(\mathrm{mod}\ m).$$

因为 $(r_1r_2\cdots r_{\phi(m)}, m)=1$，故由推论 5.5.1 知，$a^{\phi(m)}\equiv 1(\mathrm{mod}\ m)$. ■

可以利用欧拉定理来寻找模 m 的逆. 若 a 和 m 互素，则

$$a\cdot a^{\phi(m)-1}=a^{\phi(m)}\equiv 1(\mathrm{mod}\ m).$$

因此，$a^{\phi(m)-1}$ 是 a 模 m 的逆.

例 7.20 由 $2^{\phi(9)-1}=2^{6-1}=2^5=32\equiv 5(\mathrm{mod}\ 9)$ 可知，$2^{\phi(9)-1}$ 是 2 模 9 的逆. ◀

利用这个定理也可以解线性同余方程. 为了解方程 $ax\equiv b(\mathrm{mod}\ m)$，其中 $(a, m)=1$，将同余方程两边同乘以 $a^{\phi(m)-1}$ 得到

$$a^{\phi(m)-1}ax\equiv a^{\phi(m)-1}b(\mathrm{mod}\ m).$$

因此，方程的解是 $x\equiv a^{\phi(m)-1}b(\mathrm{mod}\ m)$.

例 7.21 由于 $\phi(10)=4$，故同余方程 $3x\equiv 7(\mathrm{mod}\ 10)$ 的解由 $x\equiv 3^{\phi(10)-1}\cdot 7\equiv 3^3\cdot 7\equiv 9(\mathrm{mod}\ 10)$ 给出. ◀

7.3 节习题

1. 找出模为下列整数的一个既约剩余系.
   a) 6　　b) 9　　c) 10　　d) 14　　e) 16　　f) 17
2. 找出模 2^m 的既约剩余系，其中 m 是一个正整数.
3. 证明：若 $c_1, c_2, \cdots, c_{\phi(m)}$ 是模 m 的一个既约剩余系，其中 m 是一个正整数且 $m\neq 2$，那么 $c_1+c_2+\cdots+c_{\phi(m)}\equiv 0(\mathrm{mod}\ m)$.
4. 证明：若 a 和 m 是正整数且满足 $(a, m)=(a-1, m)=1$，那么 $1+a+a^2+\cdots+a^{\phi(m)-1}\equiv 0(\mathrm{mod}\ m)$.
5. 求 $3^{1\,000}$ 的十进制展开的最后一位数.
6. 求 $7^{999\,999}$ 的十进制展开的最后一位数.

*7. 找出 7^{7^7} 的个位数.

*8. 找出 $7^{7^{7^7}}$ 的最后两位数.

9. 利用欧拉定理求 $3^{100\,000}$ 模 35 的最小正剩余.

10. 设 a 是一个整数，或者不能被 3 整除或者被 9 整除. 证明：$a^7 \equiv a \pmod{63}$.

11. 证明：若 a 是一个整数且与 32 760 互素，那么 $a^{12} \equiv 1 \pmod{32\,760}$.

12. 设 a 和 b 是互素的正整数. 证明：$a^{\phi(b)} + b^{\phi(a)} \equiv 1 \pmod{ab}$.

13. 利用欧拉定理求解下列线性同余方程.

a) $5x \equiv 3 \pmod{14}$　　b) $4x \equiv 7 \pmod{15}$　　c) $3x \equiv 5 \pmod{16}$

14. 利用欧拉定理求解下列线性同余方程.

a) $3x \equiv 11 \pmod{20}$　　b) $10x \equiv 19 \pmod{21}$　　c) $8x \equiv 13 \pmod{22}$

15. 设 $n = p_1 p_2 \cdots p_k$，其中 p_1，p_2，…，p_k 为互异的奇素数，证明：$a^{\phi(n)+1} \equiv a \pmod{n}$.

16. 证明同余联立方程组

$$\begin{aligned} x &\equiv a_1 \pmod{m_1} \\ x &\equiv a_2 \pmod{m_2} \\ &\vdots \\ x &\equiv a_r \pmod{m_r} \end{aligned}$$

的解由 $x \equiv a_1 M_1^{\phi(m_1)} + a_2 M_2^{\phi(m_2)} + \cdots + a_r M_r^{\phi(m_r)} \pmod{M}$ 给出，其中 m_j 两两互素，$M = m_1 m_2 \cdots m_r$ 且 $M_j = M/m_j$，$j = 1, 2, \cdots r$.

17. 利用习题 16 解 5.3 节习题 4 的各同余方程组.

18. 利用习题 16 解 5.3 节习题 5 的同余方程组.

19. 利用欧拉定理求 $7^{1\,000}$ 的十进制展开的最后一位数.

20. 利用欧拉定理求 $5^{1\,000\,000}$ 的十六进制展开的最后一位数.

21. 求 $\phi(n)$，其中 n 为整数且 $13 \leqslant n \leqslant 20$.

22. 证明：任何一个与 10 互素的正整数整除无穷多幺循环整数(见 6.1 节习题 11 的导言). (提示：n 位的幺循环整数 $111\cdots11 = (10^n - 1)/9$.)

23. 证明：任何一个与 b 互素的正整数整除无穷多的以 b 为基的幺循环整数(见 6.1 节习题 15 的导言).

*24. 设 m 是一个正整数，$m > 1$，证明：$a^m \equiv a^{m-\phi(m)} \pmod{m}$ 对任意的正整数 a 成立.

25. 设有整数 b，满足 $(b, n) = 1$，且 n 不是以 b 为基的伪素数. 证明：若 $1 \leqslant a < n$，且 n 是以 a 为基的伪素数，则这样的 a 的数目不超过 $\phi(n)$. (提示：利用 7.2 节中习题 11，首先证明 a_1，a_2，…，a_r 与 ba_1，ba_2，…，ba_r 无公共元素，其中 a_1，a_2，…，a_r 是那些小于 n 且使得 n 为伪素数的基.)

计算和研究

1. 对所有小于 1 000 的 n 求 $\phi(n)$. 关于 $\phi(n)$ 的值你可以提出怎样的猜想?

2. 令 $\Phi(n) = \sum_{i=1}^{n} \phi(i)$. 增大 n 的值，探究 $\Phi(n)/n^2$ 的值，比如 $n = 100$，$n = 1\,000$ 和 $n = 10\,000$. 当 n 趋于无穷大时，你对这个比值的极限有怎样的猜想?

程序设计

1. 对给定的正整数 n，求模 n 的既约剩余系.

2. 利用欧拉定理解线性同余方程.

3. 利用欧拉定理和中国剩余定理求解线性同余方程组(见习题 16).

第8章 算术函数

在本章中，我们研究定义在正整数上被称为是算术函数的一类特殊函数. 本章大部分内容是研究其中的*乘性函数*. 乘性函数具有这样的性质，它在一个整数上的函数值等于对该整数做素幂因子分解后所有素数幂上的函数值之积. 我们将证明一些重要的函数是乘性的，包括因子个数函数、因子和函数以及欧拉 ϕ 函数. 利用这些函数是乘性函数的性质，基于正整数 n 的素幂因子分解，我们得到这些函数在 n 处的函数值的公式.

进一步，我们将研究一类称为*完全数*的特殊正整数，这类数与其真因子之和相等. 我们将证明所有偶完全数由一类称为梅森素数的特殊素数生成，梅森素数是那些形如 2 的幂减 1 的素数. 人们很早就开始寻找新的梅森素数，而具有很强计算能力的计算机和互联网的出现加速了这类素数的寻找.

我们还将证明如何用*算术函数*(即对所有正整数定义的函数)的和函数来得到函数自身的一些信息. 函数 f 的和函数在 n 处的函数值等于 f 在 n 的所有正因子处的函数值之和. 著名的莫比乌斯反演公式证明了如何从和函数的取值得到 f 的函数取值.

最后，我们将研究关于无限制拆分和受限制拆分的算术函数. 所谓拆分是指将一个正整数表示为若干个正整数的和，不计其中的次序. 受限制拆分则是指拆分项受到一定的约束. 我们将给出一系列令人惊讶的关于这些算术函数之间的等式，并且引入诸多在研究拆分时很重要的概念.

8.1 欧拉 ϕ 函数

欧拉 ϕ 函数具有这样的性质，它在整数 n 上的值等于对 n 做素幂因子分解后所有素数幂上的欧拉 ϕ 函数值之积. 具有这种性质的算术函数称为乘性函数. 在数论中这样的函数很多. 在本节中将证明欧拉 ϕ 函数是乘性函数. 我们可以通过整数的素幂因子分解来给出乘性函数在该整数上的函数值的计算公式. 在本章后面我们将学习其他的乘性函数，包括正整数的因子个数函数和因子之和函数.

首先给出几个定义.

定义 定义在所有正整数上的函数称为**算术函数**.

有些学者(如哈代和怀特)也要求 $f(n)$ 能体现出一些 n 的算术性质才能称为是算术函数. 本书中的算术函数一般是满足这一点的.

在本章中，我们关心的是具有某些特殊性质的算术函数.

定义 如果算术函数 f 对任意两个互素的正整数 n 和 m，均有 $f(mn)=f(m)f(n)$，就称为**乘性函数**(或**积性函数**). 如果对任意两个正整数 n 和 m，均有 $f(mn)=f(m)f(n)$，就称为**完全乘性**(或**完全积性**)函数.

例 8.1 对所有 n，函数 $f(n)=1$ 是一个完全乘性函数，所以也是乘性函数. 因为 $f(mn)=1$，$f(m)=1$ 和 $f(n)=1$，从而有 $f(mn)=f(m)f(n)$. 类似地，函数 $g(n)=n$ 是一个完全乘性函数，因此也是乘性函数，因为 $g(mn)=mn=g(m)g(n)$. ◀

如果 f 是一个乘性函数，那么对于给定的 n 的素幂因子分解，能够得到 $f(n)$ 的一个简单计算公式. 这是一个很有用的结果，它告诉我们在已知 n 的素幂因子分解 $n=p_1^{a_1}p_2^{a_2}\cdots p_s^{a_s}$ 的情况下如何从 $f(p_i^{a_i})(i=1,2,\cdots,s)$ 中得到 $f(n)$ 的值.

定理 8.1 *如果 f 是一个乘性函数，且对任意正整数 n 有素幂因子分解 $n=p_1^{a_1}p_2^{a_2}\cdots p_s^{a_s}$，那么 $f(n)=f(p_1^{a_1})f(p_2^{a_2})\cdots f(p_s^{a_s})$.*

证明 我们将基于整数 n 的素幂因子分解中出现的不同素数的个数，用数学归纳法来证明这个定理. 如果 n 在它的素幂因子分解中只有一个素数，即存在某个素数 p_1 使得 $n=p_1^{a_1}$，那么定理显然成立.

假设定理对素幂因子分解中出现 k 个不同素数的所有整数成立. 现在假设整数 n 的素幂因子分解中出现 $k+1$ 个不同的素数，比如 $n=p_1^{a_1}p_2^{a_2}\cdots p_k^{a_k}p_{k+1}^{a_{k+1}}$. 因为 f 是乘性函数且 $(p_1^{a_1}p_2^{a_2}\cdots p_k^{a_k},p_{k+1}^{a_{k+1}})=1$，故可推出 $f(n)=f(p_1^{a_1}p_2^{a_2}\cdots p_k^{a_k})f(p_{k+1}^{a_{k+1}})$. 由归纳假设知 $f(p_1^{a_1}p_2^{a_2}\cdots p_k^{a_k})=f(p_1^{a_1})f(p_2^{a_2})\cdots f(p_k^{a_k})$. 从而得 $f(n)=f(p_1^{a_1})f(p_2^{a_2})\cdots f(p_k^{a_k})f(p_{k+1}^{a_{k+1}})$. 证毕. ■

现在回到欧拉 ϕ 函数. 首先考虑它在各个素数与素数幂处的值.

定理 8.2 *如果 p 是素数，那么 $\phi(p)=p-1$. 反之，如果 p 是正整数且满足 $\phi(p)=p-1$，那么 p 是素数.*

证明 如果 p 是素数，那么任意小于 p 的正整数都是与 p 互素的. 因为有 $p-1$ 个这样的整数，所以有 $\phi(p)=p-1$. 反之，如果 p 不是素数，那么 $p=1$ 或者 p 是合数. 如果 $p=1$，那么 $\phi(p)\neq p-1$，因为 $\phi(1)=1$. 如果 p 是合数，那么 p 有一个因子 d 满足 $1<d<p$，显然 p 和 d 不互素. 由于 $p-1$ 个整数 $1,2,\cdots,p-1$ 中至少有一个整数(即 d)是不和 p 互素的，故 $\phi(p)\leqslant p-2$. 因此，如果 $\phi(p)=p-1$，那么 p 必是素数. ■

我们现在计算欧拉 ϕ 函数在素数幂处的值.

定理 8.3 *设 p 是素数，a 是一个正整数，那么 $\phi(p^a)=p^a-p^{a-1}$.*

证明 不超过 p^a 且和 p 不互素的正整数就是那些不超过 p^a 且能够被 p 整除的整数，即 kp，其中 $1\leqslant k\leqslant p^{a-1}$. 因为恰有 p^{a-1} 个这样的整数，所以存在 p^a-p^{a-1} 个不超过 p^a 且和 p^a 互素的正整数. 所以 $\phi(p^a)=p^a-p^{a-1}$. ■

例 8.2 利用定理 8.3，计算得到 $\phi(5^3)=5^3-5^2=100$，$\phi(2^{10})=2^{10}-2^9=512$ 和 $\phi(11^2)=11^2-11=110$. ◀

给定 n 的素因子分解，为了给出 $\phi(n)$ 的公式，需要证明 ϕ 是乘性函数. 我们用下面的例子来介绍其证明思想.

例 8.3 设 $m=4$，$n=9$，那么 $mn=36$. 如图 8.1 所示，分四行列出 1 到 36 之间的所有整数.

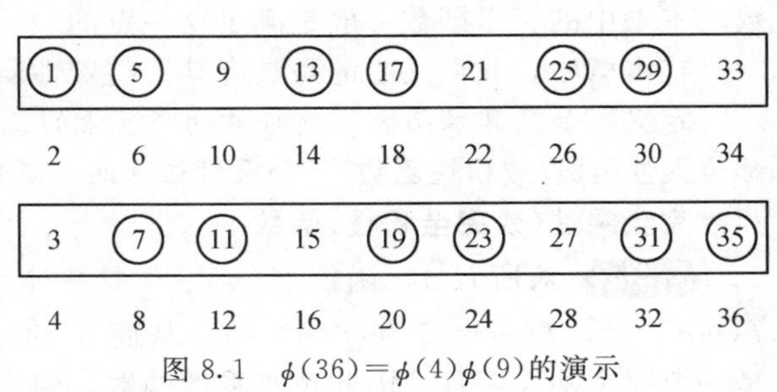

图 8.1　$\phi(36)=\phi(4)\phi(9)$ 的演示

第二行和第四行都不含有和 36 互素的整数，因为其中每个元素都不和 4 互素，所以也不和 36 互素．我们继续看剩下的两行，其中每个元素和 4 互素．在这两行里，每行有 6 个元素和 9 互素．我们圈出这些元素，它们就是和 36 互素的 12 个元素．所以有 $\phi(36)=2\cdot 6=\phi(4)\phi(9)$.

现在证明 ϕ 是乘性函数.

定理 8.4 设 m 和 n 是互素的正整数，那么 $\phi(mn)=\phi(m)\phi(n)$.

证明 我们用下面的方式列出不超过 mn 的所有正整数.

$$\begin{array}{ccccc}
1 & m+1 & 2m+1 & \cdots & (n-1)m+1 \\
2 & m+2 & 2m+2 & \cdots & (n-1)m+2 \\
3 & m+3 & 2m+3 & \cdots & (n-1)m+3 \\
\vdots & \vdots & \vdots & & \vdots \\
r & m+r & 2m+r & \cdots & (n-1)m+r \\
\vdots & \vdots & \vdots & & \vdots \\
m & 2m & 3m & \cdots & mn
\end{array}$$

现在假设 r 是不超过 m 的正整数，且设 $(m, r)=d>1$，那么第 r 行中没有与 mn 互素的元素，因为该行中任意一个元素都具有形式 $km+r$，其中 k 是整数，且满足 $0\leqslant k\leqslant n-1$. 又因为 $d\mid m$ 和 $d\mid r$，所以 $d\mid(km+r)$.

因此，为了找到表中所有与 mn 互素的整数，只需要考虑满足 $(m, r)=1$ 的第 r 行. 如果 $(m, r)=1$ 且 $1\leqslant r\leqslant m$，则必须确定该行里有多少个元素和 mn 互素．该行中的元素分别是 $r, m+r, 2m+r, \cdots, (n-1)m+r$. 因为 $(r, m)=1$，所以这里每个元素与 m 互素．由定理 5.7 可知，第 r 行中 n 个整数形成模 n 的一个完全剩余系．所以恰好有 $\phi(n)$ 个与 n 互素的整数．因为这 $\phi(n)$ 个整数也与 m 互素，所以它们也是与 mn 互素的.

因为 $\phi(m)$ 行中每行恰好有 $\phi(n)$ 个与 mn 互素的整数，所以 $\phi(mn)=\phi(m)\phi(n)$. ■

由定理 8.3 和定理 8.4，我们得到下面关于 $\phi(n)$ 的公式.

定理 8.5 设 $n=p_1^{a_1}p_2^{a_2}\cdots p_k^{a_k}$ 为正整数 n 的素幂因子分解，那么

$$\phi(n)=n\left(1-\frac{1}{p_1}\right)\left(1-\frac{1}{p_2}\right)\cdots\left(1-\frac{1}{p_k}\right).$$

证明 因为 ϕ 是乘性函数，故由定理 8.1 可知

$$\phi(n)=\phi(p_1^{a_1})\phi(p_2^{a_2})\cdots\phi(p_k^{a_k}).$$

另外由定理 8.3，我们知道当 $j=1, 2, \cdots, k$ 时，有

$$\phi(p_j^{a_j})=p_j^{a_j}-p_j^{a_j-1}=p_j^{a_j}\left(1-\frac{1}{p_j}\right),$$

因此

$$\begin{aligned}
\phi(n) &= p_1^{a_1}\left(1-\frac{1}{p_1}\right)p_2^{a_2}\left(1-\frac{1}{p_2}\right)\cdots p_k^{a_k}\left(1-\frac{1}{p_k}\right) \\
&= p_1^{a_1}p_2^{a_2}\cdots p_k^{a_k}\left(1-\frac{1}{p_1}\right)\left(1-\frac{1}{p_2}\right)\cdots\left(1-\frac{1}{p_k}\right) \\
&= n\left(1-\frac{1}{p_1}\right)\left(1-\frac{1}{p_2}\right)\cdots\left(1-\frac{1}{p_k}\right).
\end{aligned}$$

这就给出我们需要的 $\phi(n)$ 的公式. ■

注 定理 8.5 表明只要知道了 n 的所有素因子，就可以计算 $\phi(n)$，但并不需要知晓 n 的素因子分解中对应素数的幂方.

我们下面通过例子来说明定理 8.5 的用法.

例 8.4 利用定理 8.5，我们有

$$\phi(100)=\phi(2^2 5^2)=100\left(1-\frac{1}{2}\right)\left(1-\frac{1}{5}\right)=40$$

和

$$\phi(720)=\phi(2^4 3^2 5)=720\left(1-\frac{1}{2}\right)\left(1-\frac{1}{3}\right)\left(1-\frac{1}{5}\right)=192.$$ ◀

下面的定理表明，除了 $n=2$ 时，$\phi(n)$都是偶数.

定理 8.6 设 n 是一个大于 2 的正整数，那么 $\phi(n)$是偶数.

证明 假设 $n=p_1^{a_1}p_2^{a_2}\cdots p_s^{a_s}$ 是 n 的素幂因子分解. 因为 ϕ 是乘性函数，所以 $\phi(n)=\prod_{j=1}^{s}\phi(p_j^{a_j})$. 由定理 8.3，我们知道 $\phi(p_j^{a_j})=p_j^{a_j-1}(p_j-1)$. 可以看到当 p_j 是奇素数时，$\phi(p_j^{a_j})$是偶数，这是因为当 p_j 是奇数时，p_j-1 是偶数；当 $p_j=2$ 且 $a_j>1$ 时，$p_j^{a_j-1}$ 是偶数. 给定 $n>2$，p_j 是奇数或者 $p_j=2$ 且 $a_j>1$ 这两个条件中至少满足一个，所以 $\phi(p_j^{a_j})$在 $1\leqslant j\leqslant s$ 时至少有一个是偶数，因此 $\phi(n)$是偶数. ■

注 对 $n>2$，$(a, n)=1$ 当且仅当$(n-a, n)=1$. 这表明小于 n 的正整数是成对出现的. 如此很容易推知 $\phi(n)$为偶数.

定义 设 f 是一个算术函数，那么

$$F(n)=\sum_{d\mid n}f(d)$$

代表 f 在 n 的所有正因子处的值之和. 函数 F 称为 f 的**和函数**.

例 8.5 如果 f 是个算术函数，它的和函数为 F，那么

$$F(12)=\sum_{d\mid 12}f(d)=f(1)+f(2)+f(3)+f(4)+f(6)+f(12).$$

例如，如果 $f(d)=d^2$ 且 F 是 f 的和函数，那么 $F(12)=210$，因为

$$\sum_{d\mid 12}d^2=1^2+2^2+3^2+4^2+6^2+12^2=1+4+9+16+36+144=210.$$ ◀

下面证明 ϕ 函数在 n 的所有正因子处的值之和为 n，这个结果在后面也是有用的(见高斯的《算术探讨》第 38 篇). 这表明 $\phi(n)$的和函数是个恒等函数，即在 n 处的值恰是 n.

定理 8.7 设 n 为正整数，那么

$$\sum_{d\mid n}\phi(d)=n.$$

证明 我们将从 1 到 n 的整数构成的集合进行分类. 如果整数 m 与 n 的最大公因子为 d，则 m 属于 C_d 类. 也就是说，如果 m 属于 C_d，那么$(m, n)=d$ 当且仅当$(m/d, n/d)=1$. 所以，C_d 类中所含整数的个数是所有不超过 n/d 且和整数 n/d 互素的正整数的个数. 从上面的分析可以看到，C_d 类中存在 $\phi(n/d)$个整数. 因为我们将 1 到 n 的所有整数分成互不相交的类，

且每个整数只属于其中一个类，所以这些不同的类所含的所有整数的个数之和就是 n，因此

$$n=\sum_{d|n}\phi(n/d).$$

因为 d 取遍所有整除 n 的正整数，n/d 也取遍它的所有因子，所以

$$n=\sum_{d|n}\phi(n/d)=\sum_{d|n}\phi(d).$$

证毕. ■

例 8.6 我们用 $n=18$ 来具体说明定理 8.7 的证明. 从 1 到 18 的整数分成下面的类 C_d，其中 $d\mid 18$，C_d 包含所有满足 $(m, 18)=d$ 的整数. 即

$$C_1=\{1, 5, 7, 11, 13, 17\} \qquad C_6=\{6, 12\}$$
$$C_2=\{2, 4, 8, 10, 14, 16\} \qquad C_9=\{9\}$$
$$C_3=\{3, 15\} \qquad C_{18}=\{18\}$$

我们看到 C_d 类包含 $\phi(18/d)$个整数，就是上面这六个类分别包含 $\phi(18)=6$，$\phi(9)=6$，$\phi(6)=2$，$\phi(3)=2$，$\phi(2)=1$ 和 $\phi(1)=1$ 个整数. 我们有 $18=\phi(18)+\phi(9)+\phi(6)+\phi(3)+\phi(2)+\phi(1)=\sum_{d|18}\phi(d)$. ◀

设 k 是一个正整数，求满足 $\phi(n)=k$ 的所有正整数 n 的解的一个有用的办法就是给出满足方程 $\phi(n)=\prod_{i=1}^{k}p_i^{a_i-1}(p_i-1)$ 的所有整数解 n，其中 n 的素幂因子分解为 $n=\prod_{i=1}^{k}p_i^{a_i}$. 我们用下面的例子来说明.

例 8.7 满足方程 $\phi(n)=8$ 的所有正整数解 n 是什么呢？假设 n 有素幂因子分解 $n=p_1^{a_1}p_2^{a_2}\cdots p_k^{a_k}$. 因为

$$\phi(n)=\prod_{j=1}^{k}p_j^{a_j-1}(p_j-1),$$

故方程 $\phi(n)=8$ 蕴涵着没有超过 9 的素数整除 n(否则 $\phi(n)>p_j-1>8$). 而且 7 不能整除 n，否则 $7-1=6$ 就是 $\phi(n)$的一个因子. 从而 $n=2^a3^b5^c$，其中 a，b，c 为非负整数. 我们能得到 $b=0$ 或者 $b=1$，以及 $c=0$ 或者 $c=1$；否则 3 或 5 将整除 $\phi(n)=8$.

为了求出所有解，我们只需要考虑四种情形. 当 $b=c=0$ 时，我们有 $n=2^a$，其中 $a\geqslant 1$. 这给出 $\phi(n)=2^{a-1}$，意味着 $a=4$，$n=16$. 当 $b=0$ 且 $c=1$ 时，我们有 $n=2^a\cdot 5$，其中 $a\geqslant 1$. 这给出$\phi(n)=2^{a-1}\cdot 4$，从而 $a=2$ 且 $n=20$. 当 $b=1$ 且 $c=0$ 时，我们有 $n=2^a\cdot 3$，其中 $a\geqslant 1$. 这意味着$\phi(n)=2^{a-1}\cdot 2=2^a$，从而 $a=3$ 和 $n=24$. 最后当 $b=1$ 且 $c=1$ 时，我们有 $n=2^a\cdot 3\cdot 5$. 我们需要考虑 $a=0$ 以及 $a\geqslant 1$ 的情形. 若 $a=0$，我们有 $n=15$，这是 $\phi(15)=8$ 的一个解. 若 $a\geqslant 1$，我们有 $\phi(n)=2^{a-1}\cdot 2\cdot 4=2^{a+2}$，这意味着 $a=1$ 和 $n=30$. 将所有情形总结到一起，我们知道$\phi(n)=8$ 的所有解为 $n=15$，16，20，24，30. ◀

8.1.1 算术函数的狄利克雷积

我们已经介绍了欧拉 ϕ 函数，还将介绍许多其他的重要的算术函数. 有时我们可以用不同的方法将两个算术函数组合成一个新的算术函数. 例如，如果 f 和 g 均为算术函数，我们可以定义和函数$(f+g)(n)=f(n)+g(n)$，积函数$(fg)(n)=f(n)g(n)$. 我们还有

一种另外的方式将算术函数组合起来，称之为狄利克雷积或者卷积.

定义 如果 f 和 g 均为算术函数，定义它们的**狄利克雷积**或**卷积**为

$$(f*g)(n)=\sum_{d\mid n}f(d)g(n/d).$$

狄利克雷环是在算术函数上定义的交换环，其中两种运算分别是函数加法和狄利克雷积. 习题 37～41 将给出定理 8.8 的证明，即证明狄利克雷环满足环的所有要求.

定理 8.8 算术函数的和满足结合律和交换律. 狄利克雷积满足结合律、交换律以及对加法的分配律. 也就是说，如果 f，g，h 为算术函数，则

$$(f*g)*h=f*(g*h) \qquad \text{结合律}$$

$$f*g=g*f \qquad \text{交换律}$$

$$f*(g+h)=f*g+f*h \qquad \text{分配律}.$$

定义 $\iota(i)$ 为 $\iota(l)=1$，$n\neq1$ 时 $\iota(n)=0$，这是狄利克雷积运算中的单位元，因为对所有的算术函数 $f(n)$，

$$\iota(n)*f(n)=f(n)*\iota(n)=f(n).$$

(该等式的证明见习题 41.)

定理 8.7 可以转换为使用狄利克雷积的等式形式. 令 $I(n)=1$ 以及 $Id(n)=n$，即 $I(n)$ 为恒为 1 的常值函数，$Id(n)$ 为恒等函数. 利用这些函数，定理 8.7 中的 $\sum_{d\mid n}\phi(d)=n$ 可以表述为 $\phi*I=Id$.

注意，$f(n)$ 的(因子)和函数为 $F(n)=\sum_{d\mid n}f(d)$，算术函数 f 的(因子)和函数可以用狄利克雷积表达. 也就是说，在狄利克雷环中有

$$F=f*I.$$

8.1 节习题

1. 判断下面哪些算术函数是完全乘性的，并给出证明.

   a) $f(n)=0$ b) $f(n)=2$ c) $f(n)=n/2$ d) $f(n)=\log n$ e) $f(n)=n^2$

   f) $f(n)=n!$ g) $f(n)=n+1$ h) $f(n)=n^n$ i) $f(n)=\sqrt{n}$

2. 求出欧拉 ϕ 函数在下面各整数处的值.

   a) 100 b) 256 c) 1 001 d) $2\cdot3\cdot5\cdot7\cdot11\cdot13$ e) 10! f) 20!

3. 证明 $\phi(5\,186)=\phi(5\,187)=\phi(5\,188)$.

4. 找出所有整数 n，使得对应的 $\phi(n)$ 分别为下面的数，并证明你所找出的是所有的解.

   a) 1 b) 2 c) 3 d) 4

5. 找出所有满足 $\phi(n)=6$ 的正整数 n，并证明你找出的是所有的解.

6. 找出所有满足 $\phi(n)=12$ 的正整数 n，并证明你找出的是所有的解.

7. 找出所有满足 $\phi(n)=24$ 的正整数 n，并证明你找出的是所有的解.

8. 证明没有正整数 n 满足 $\phi(n)=14$.

9. 利用欧拉 ϕ 函数你能找出一条规则来生成一组序列为 1，2，2，4，4，4，6，8，6，…吗？(考虑附录中表 E.2)

10. 利用欧拉 ϕ 函数你能找出一条规则来生成一组序列为 2，3，0，4，0，4，0，5，0，…吗？(考虑附录中表 E.2)

11. 哪些正整数 n 满足 $\phi(3n)=3\phi(n)$?
12. 哪些正整数 n 满足 $\phi(n)$被 4 整除?
13. 哪些正整数 n 满足 $\phi(n)$等于 $n/2$?
14. 哪些正整数 n 满足 $\phi(n)\mid n$?
15. 证明：如果 n 是一个正整数，那么

$$\phi(2n)=\begin{cases}\phi(n), & \text{如果 } n \text{ 是奇数；}\\ 2\phi(n), & \text{如果 } n \text{ 是偶数.}\end{cases}$$

16. 证明：如果 n 是一个含有 k 个不同的奇素因子的正整数，那么 $\phi(n)$被 2^k 整除.
17. 哪些正整数 n 满足 $\phi(n)$是 2 的幂?
18. 证明：如果 n 是一个奇数，那么 $\phi(4n)=2\phi(n)$.
19. 证明：如果正整数 n 满足 $n=2\phi(n)$，那么存在一个正整数 j，使得 $n=2^j$.
20. 设 p 为素数，证明：对一个正整数 n，$p\nmid n$ 当且仅当 $\phi(np)=(p-1)\phi(n)$.
21. 证明：如果 m 和 n 是正整数且满足 $(m, n)=p$，其中 p 是素数，那么 $\phi(mn)=p\phi(m)\phi(n)/(p-1)$.
22. 证明：如果 m 和 k 是正整数，那么 $\phi(m^k)=m^{k-1}\phi(m)$.
23. 证明：如果 a 和 b 是正整数，那么

$$\phi(ab)=(a, b)\phi(a)\phi(b)/\phi((a, b)).$$

从而推出当 $(a, b)>1$ 时，有 $\phi(ab)>\phi(a)\phi(b)$.

24. 找出使下面的不等式成立的最小的正整数.

a) $\phi(n)\geqslant 100$　b) $\phi(n)\geqslant 1\,000$　c) $\phi(n)\geqslant 10\,000$　d) $\phi(n)\geqslant 100\,000$

25. 利用欧拉 ϕ 函数证明存在无穷多个素数.（提示：假设只有有限个素数 p_1，…，p_k. 考虑欧拉 ϕ 函数在这些素数乘积处的值.）
26. 证明：如果方程 $\phi(n)=k$ 只有唯一解 n，其中 k 是个正整数，那么 $36\mid n$.
27. 证明：当 k 是一个正整数时，只有有限个 n 满足方程 $\phi(n)=k$.
28. 证明：如果 p 为素数，$2^a p+1$ 对于 $a=1, 2, \cdots, r$ 是合数，且 p 不是费马素数，那么 $\phi(n)=2^r p$ 无解，其中 r 为正整数.

* 29. 证明存在无穷个正整数 k 使得方程 $\phi(n)=k$ 恰有两个解，其中 n 是一个正整数.（提示：取 $k=2\cdot 3^{6j+1}$，其中 $j=1, 2, \cdots$.）

30. 证明：如果 n 为正整数且 $n\neq 2$，$n\neq 6$，那么 $\phi(n)\geqslant\sqrt{n}$.

* 31. 证明：如果 n 为正整数且为合数，满足 $\phi(n)\mid(n-1)$，那么 n 无平方因子且是至少三个不同素数之积.

32. 证明：如果 m 和 n 是正整数且满足 $m\mid n$，那么 $\phi(m)\mid\phi(n)$.

* 33. 用容斥原理证明定理 8.5(见附录 B 习题 16).

34. 证明一个正整数 n 是合数当且仅当 $\phi(n)\leqslant n-\sqrt{n}$.
35. 设 n 是个正整数，通过 $n_1=\phi(n)$和 $n_{k+1}=\phi(n_k)$ $(k=1, 2, 3, \cdots)$递归定义一正整数序列 n_1，n_2，n_3，…. 证明存在一个正整数 r 使得 $n_r=1$.

一个乘性函数称为强乘性函数当且仅当对任意素数 p 和任意正整数 k 满足 $f(p^k)=f(p)$.

36. 证明 $f(n)=\phi(n)/n$ 是强乘性函数.
37. 证明算术函数的加法和乘法运算满足交换律和结合律. 也就是说，若 f，g，h 是算术函数，则有 $(f+g)(n)=(g+f)(n)$，$(f+(g+h))(n)=((f+g)+h)(n)$，$(fg)(n)=(gf)(n)$，$(f(gh))(n)=((fg)h)(n)$.
38. 证明算术函数的狄利克雷积对加法有分配律. 也就是说，$f*(g+h)=f*g+f*h$.
39. 证明算术函数的狄利克雷积满足交换律和结合律. 也就是说，若 f，g，h 是算术函数，则有 $f*g=$

$g*f$，$(f*g)*h=f*(g*h)$.

40. 证明：如果 f 和 g 是乘性函数，那么狄利克雷积 $f*g$ 也是乘性函数.
41. a) 证明 ι 为乘性函数.
    b) 证明对所有的正整数 n 有 $\iota(n)=[1/n]$.
    c) 证明对所有的算术函数 f 有 $\iota*f=f*\iota=f$.

    算术函数 g 称为算术函数 f 的狄利克雷逆函数，如果满足 $f*g=g*f=\iota$.
42. 证明算术函数 f 可逆当且仅当 $f(1)\neq 0$.（提示：当 $f(1)\neq 0$ 时，利用 $\iota(n)=\sum_{d\mid n}f(d)f^{-1}(n/d)$，通过递归计算 $f^{-1}(n)$ 得到 f 的逆函数 f^{-1}.）
43. 证明：如果 f 可逆，则逆函数是唯一的.
44. 证明：如果 f 和 g 是算术函数，$F=f*g$，h 是 g 的逆函数，那么 $f=F*h$.

我们如下定义以法国数学家刘维尔(Joseph Liouville)的名字命名的刘维尔函数 $\lambda(n)$：$\lambda(1)=1$，当 $n>1$ 时，$\lambda(n)=(-1)^{a_1+a_2+\cdots+a_m}$，其中 n 的素幂因子分解为 $n=p_1^{a_1}p_2^{a_2}\cdots p_m^{a_m}$.

45. 求出下列 n 值的 $\lambda(n)$.
    a) 12　b) 20　c) 210　d) 1 000　e) 1 001　f) 10!　g) 20!
46. 证明 $\lambda(n)$ 是完全乘性函数.
47. 证明：如果 n 是个正整数，那么当 n 不是一个完全平方数时，$\sum_{d\mid n}\lambda(d)$ 为 0，否则为 1.
48. 证明：如果 f 和 g 是乘性函数，那么 fg 也是乘性函数，其中对任意正整数 n，$(fg)(n)=f(n)g(n)$.
49. 证明：如果 f 和 g 是完全乘性函数，那么 fg 也是完全乘性函数.
50. 证明：如果 f 是完全乘性函数，那么 $f(n)=f(p_1)^{a_1}f(p_2)^{a_2}\cdots f(p_m)^{a_m}$，其中 n 的素幂因子分解为 $n=p_1^{a_1}p_2^{a_2}\cdots p_m^{a_m}$.

一个函数 f 称为**加性函数**，如果对所有互素的正整数 m 和 n 满足 $f(mn)=f(m)+f(n)$. 如果对所有正整数 m 和 n 满足该等式，则 f 称为**完全加性函数**.

51. 证明 $f(n)=\log n$ 是完全加性函数.

    记 $\omega(n)$ 为表示正整数 n 的不同素因子个数的函数.
52. 求出 $\omega(n)$ 在下列整数处的值.
    a) 1　b) 2　c) 20　d) 84　e) 128

约瑟夫·刘维尔(Joseph Liouville，1809—1882)出生于法国圣奥梅尔(Saint Omer)，他的父亲是拿破仑军队的一位上尉. 他曾在巴黎圣路易斯大学学习数学，于 1825 年进入巴黎综合理工学院；毕业后，他进入巴黎路桥学院. 在他从事工程项目的时候，健康问题一直困扰着他，而且他的兴趣在于理论研究，这些促使他决定获取一个学术职位. 他于 1830 年离开巴黎路桥学院，在这个学院任职的时候，他发表了一些关于电动力学、热原理和偏微分方程的文章.

刘维尔的第一个学术职位是 1831 年在巴黎综合理工学院担任助教. 他每周在几个不同的学院有 40 个小时的教学工作量. 一些能力不够的学生抱怨他讲课内容太深. 1836 年，刘维尔创建了《纯粹与应用数学杂志》(*Journal de Mathématiques Pures et Appliquées*)，这本杂志在 19 世纪对法国数学界起了非常重要的作用. 1837 年法兰西学院任命他为讲师，次年他被巴黎综合理工学院任命为教授. 除了学术研究，刘维尔对政治也很感兴趣. 1848 年，他以温和的共和党人身份人选立宪会议，但是在 1849 年落选，这使得他很痛苦. 1851 年刘维尔被任命为法兰西学院的主席，1857 年当选为科学院力学系主席. 在这段时间内，繁重的教学工作使得刘维尔力不从心. 然而刘维尔是个完美主义者，他对于自己没有足够的时间投入教学而感到不满意.

刘维尔的工作涵盖了数学很多不同的方向，如数学物理、天文和纯数学的很多领域．他是第一个精确地给出超越数的人．他提出了用于求解积分方程的著名的斯图姆(Sturm)-刘维尔理论．他还对微分几何做出了重要贡献．他一共发表了超过 400 篇数学论文，其中将近一半是关于数论的．

53. 求出 $\omega(n)$在下列整数处的值．
   a) 12　　b) 30　　c) 32　　d) 10!　　e) 20!　　f) 50!
54. 证明 $\omega(n)$是加性函数，但不是完全加性函数．
55. 证明：如果 f 是加性函数且 $g(n)=2^{f(n)}$，那么 g 是乘性函数．
56. 证明对任意实数 k，函数 n^k 是完全乘性的．
57. 证明如果 n 为正整数且 $1\leqslant a\leqslant n$，则$(a, n)=1$当且仅当$(n-a, n)=1$．利用这一点证明定理 8.6．

计算和研究

1. 当 n 取下面的值时，求出 $\phi(n)$．
   a) 185 888 434 028　　b) 1 111 111 111 111　　c) 121 110 987 654 321
2. 从第 1 题计算中的整数开始，分别求出欧拉 ϕ 函数经过多少次迭代，最后达到 1．（参看习题 35）
3. 对下列每个 k 值，求出最大的整数满足 $\phi(n)\leqslant k$．
   a) 1 000 000　　b) 10 000 000　　c) 1 000 000 000
4. 求出尽可能多的整数 n 满足 $\phi(n)=\phi(n+1)$．基于你找到的这些数，能否给出一个公式化的猜想？
5. 你能求出一个不是 5 186 的正整数满足 $\phi(n)=\phi(n+1)=\phi(n+2)$吗？你能求出一连串的正整数 n，$n+1$，$n+2$，$n+3$，使得 $\phi(n)=\phi(n+1)=\phi(n+2)=\phi(n+3)$吗？
6. 雷默(D. H. Lehmer)的一个尚未解决的猜想：如果 $\phi(n)$整除 $n-1$，那么 n 是素数．研究一下这个猜想的真实性．
7. 卡迈克尔的一个尚未解决的猜想：对任意正整数 n，存在一个正整数 m 使得 $\phi(m)=\phi(n)$．收集尽可能多的关于这个猜想的一些证据．

程序设计

1. 给定一个正整数 n，求出 $\phi(n)$的值．
2. 给定一个正整数 n，求出欧拉 ϕ 函数经过多少次迭代，最后达到 1．（这是习题 35 中的整数 r．）
3. 给定一个正整数 k，求出 $\phi(n)=k$ 的解的个数．

8.2 因子和与因子个数

正如在 8.1 节所提到的，所有因子个数与所有因子和都是乘性函数．本节将证明这些函数是乘性函数，并且通过正整数 n 的素因子分解来导出这些函数在 n 处函数值的计算公式．

定义　因子和函数 σ *定义为整数 n 的所有正因子之和，记为* $\sigma(n)$，即 $\sigma(n)=\sum_{d\mid n} d$．

在表 8.1 中，我们给出 $1\leqslant n\leqslant 12$ 的 $\sigma(n)$的值．在附录 E 的表 E.2 中，我们给出 $1\leqslant n\leqslant 100$ 的 $\sigma(n)$的值．（这些值也可以通过 Maple 或 Mathematica 等软件计算得到．）

表 8.1　$1\leqslant n\leqslant 12$ 的因子和

n	1	2	3	4	5	6	7	8	9	10	11	12
$\sigma(n)$	1	3	4	7	6	12	8	15	13	18	12	28

定义　因子个数函数 τ *定义为正整数 n 的所有正因子个数，记为* $\tau(n)$，即 $\tau(n)=\sum_{d\mid n} 1$．

在表 8.2 中，我们给出 $1\leqslant n\leqslant 12$ 的 $\tau(n)$的值. 在附录 E 的表 E.2 中，我们给出 $1\leqslant n\leqslant 100$ 的 $\tau(n)$的值.（这些值也可以通过 Maple 或 Mathematica 等软件计算得到.）

表 8.2 $1\leqslant n\leqslant 12$ 的因子个数

n	1	2	3	4	5	6	7	8	9	10	11	12
$\tau(n)$	1	2	2	3	2	4	2	4	3	4	2	6

为了证明 σ 和 τ 是乘性的，我们使用下面的定理.

定理 8.9 *如果 f 是乘性函数，那么 f 的和函数，即 $F(n)=\sum_{d\mid n} f(d)$ 也是乘性函数.*

在证明该定理之前，我们用下面的例子来阐述证明的思想. 设 f 是一个乘性函数，令 $F(n)=\sum_{d\mid n} f(d)$. 要证 $F(60)=F(4)F(15)$. 60 的每个因子可以如下写成 4 的因子和 15 的因子之积：$1=1\cdot 1$，$2=2\cdot 1$，$3=1\cdot 3$，$4=4\cdot 1$，$5=1\cdot 5$，$6=2\cdot 3$，$10=2\cdot 5$，$12=4\cdot 3$，$15=1\cdot 15$，$20=4\cdot 5$，$30=2\cdot 15$，$60=4\cdot 15$(在每个乘积里，第一个因子都是 4 的因子，第二个都是 15 的因子). 所以

$$\begin{aligned}
F(60) &= f(1)+f(2)+f(3)+f(4)+f(5)+f(6)+f(10)+f(12)+f(15)+\\
&\quad f(20)+f(30)+f(60)\\
&= f(1\cdot 1)+f(2\cdot 1)+f(1\cdot 3)+f(4\cdot 1)+f(1\cdot 5)+f(2\cdot 3)+f(2\cdot 5)+\\
&\quad f(4\cdot 3)+f(1\cdot 15)+f(4\cdot 5)+f(2\cdot 15)+f(4\cdot 15)\\
&= f(1)f(1)+f(2)f(1)+f(1)f(3)+f(4)f(1)+f(1)f(5)+f(2)f(3)+\\
&\quad f(2)f(5)+f(4)f(3)+f(1)f(15)+f(4)f(5)+f(2)f(15)+f(4)f(15)\\
&= (f(1)+f(2)+f(4))(f(1)+f(3)+f(5)+f(15))\\
&= F(4)F(15).
\end{aligned}$$

通过这个例子，现在证明定理 8.9.

证明 为了证明 F 是一个乘性函数，我们必须证明如果 m 和 n 是互素的正整数，那么 $F(mn)=F(m)F(n)$. 所以首先假设$(m, n)=1$，有

$$F(mn)=\sum_{d\mid mn} f(d).$$

由引理 4.5，因为$(m, n)=1$，故每个 mn 的因子可以唯一地写成 m 的因子 d_1 和 n 的因子 d_2 之积，并且这两个因子互素，即 $d=d_1d_2$，所以有

$$F(mn)=\sum_{\substack{d_1\mid m\\ d_2\mid n}} f(d_1d_2).$$

因为 f 是乘性的，且$(d_1, d_2)=1$，故

$$\begin{aligned}
F(mn) &= \sum_{\substack{d_1\mid m\\ d_2\mid n}} f(d_1)f(d_2)\\
&= \sum_{d_1\mid m} f(d_1)\sum_{d_2\mid n} f(d_2)\\
&= F(m)F(n).
\end{aligned}$$

■

现在用定理 8.9 来证明 σ 和 τ 是乘性的.

推论 8.9.1　因子和函数 σ 与因子个数函数 τ 是乘性函数.

证明　设 $f(n)=n$ 和 $g(n)=1$. f 和 g 均是乘性的. 由定理 8.9，可以得到 $\sigma(n)=\sum_{d|n} f(d)$ 和 $\tau(n)=\sum_{d|n} g(d)$是乘性的. ■

我们现在知道了 σ 和 τ 是乘性的，基于素因子分解，还可以推导出它们取值的公式. 首先给出当 n 是一个素数的幂时 $\sigma(n)$和 $\tau(n)$的公式.

引理 8.1　设 p 是一个素数，a 是一个正整数，那么

$$\sigma(p^a)=1+p+p^2+\cdots+p^a=\frac{p^{a+1}-1}{p-1}$$

和

$$\tau(p^a)=a+1.$$

证明　p^a 的所有因子为 1，p，p^2，…，p^{a-1}，p^a. 从而 p^a 恰有 $a+1$ 个因子，因此 $\tau(p^a)=a+1$. 利用例 1.16 中关于等比数列各项之和的公式，有 $\sigma(p^a)=1+p+p^2+\cdots+p^{a-1}+p^a=\frac{p^{a+1}-1}{p-1}$. ■

例 8.8　应用引理 8.1，对于 $p=5$ 和 $a=3$，我们有 $\sigma(5^3)=1+5+5^2+5^3=\frac{5^4-1}{5-1}=156$ 和 $\tau(5^3)=1+3=4$. ◀

引理 8.1 和推论 8.9.1 给出下面的公式.

定理 8.10　设正整数 n 有素因子分解 $n=p_1^{a_1}p_2^{a_2}\cdots p_s^{a_s}$. 那么

$$\sigma(n)=\frac{p_1^{a_1+1}-1}{p_1-1}\cdot\frac{p_2^{a_2+1}-1}{p_2-1}\cdots\frac{p_s^{a_s+1}-1}{p_s-1}=\prod_{j=1}^{s}\frac{p_j^{a_j+1}-1}{p_j-1}$$

和

$$\tau(n)=(a_1+1)(a_2+1)\cdots(a_s+1)=\prod_{j=1}^{s}(a_j+1).$$

证明　因为 σ 和 τ 是乘性的，所以有 $\sigma(n)=\sigma(p_1^{a_1}p_2^{a_2}\cdots p_s^{a_s})=\sigma(p_1^{a_1})\sigma(p_2^{a_2})\cdots\sigma(p_s^{a_s})$ 和 $\tau(n)=\tau(p_1^{a_1}p_2^{a_2}\cdots p_s^{a_s})=\tau(p_1^{a_1})\tau(p_2^{a_2})\cdots\tau(p_s^{a_s})$. 代入引理 8.1 中 $\sigma(p_i^{a_i})$和 $\tau(p_i^{a_i})$的值，就得到定理中的公式. ■

下面的例子说明如何使用定理 8.10.

例 8.9　由定理 8.10，得到

$$\sigma(200)=\sigma(2^3 5^2)=\frac{2^4-1}{2-1}\cdot\frac{5^3-1}{5-1}=15\cdot 31=465,$$

$$\tau(200)=\tau(2^3 5^2)=(3+1)(2+1)=12.$$

同样，得到

$$\sigma(720)=\sigma(2^4\cdot 3^2\cdot 5)=\frac{2^5-1}{2-1}\cdot\frac{3^3-1}{3-1}\cdot\frac{5^2-1}{5-1}=31\cdot 13\cdot 6=2\,418,$$

$$\tau(2^4\cdot 3^2\cdot 5)=(4+1)(2+1)(1+1)=30.$$ ◀

8.2 节习题

1. 求出下列整数的正整数因子的和.
   a) 35　b) 196　c) 1 000　d) 2^{100}　e) $2\cdot3\cdot5\cdot7\cdot11$
   f) $2^5 3^4 5^3 7^2 11$　g) 10!　h) 20!
2. 求出下列整数的正整数因子的个数.
   a) 36　b) 99　c) 144　d) $2\cdot3\cdot5\cdot7\cdot11\cdot13\cdot17\cdot19$
   e) $2\cdot3^2\cdot5^3\cdot7^4\cdot11^5\cdot13^4\cdot17^5\cdot19^5$　f) 20!
3. 找出习题 2 中那些整数的奇的正因子的个数.
4. 找出习题 2 中那些整数的不能被 5 整除的正因子的个数.
5. 哪些正整数有奇数个正因子？
6. 哪些正整数 n 的所有因子之和为奇数？

* 7. 求出 $\sigma(n)$分别为下列整数的所有正整数 n.
   a) 12　b) 18　c) 24　d) 48　e) 52　f) 84

* 8. 求出最小的正整数 n 使得 $\tau(n)$为下列整数.
   a) 1　b) 2　c) 3　d) 6　e) 14　f) 100

9. 证明：如果整数 $k>1$，那么方程 $\tau(n)=k$ 有无穷多个解.
10. 哪些正整数恰有两个正因子？
11. 哪些正整数恰有三个正因子？
12. 哪些正整数恰有四个正因子？
13. 一个正整数 n 的所有正因子之积是多少？
14. 证明当 k 是一个正整数时，方程 $\sigma(n)=k$ 至多存在有限个解.
15. 对下列序列，你能找出一个利用 τ 和(或)σ 函数的规则来生成对应的各项吗？(考虑附录 E 的表 E.2.)
    a) 3，7，12，15，18，28，24，31，…
    b) 0，1，2，4，4，8，6，11，…
    c) 1，2，4，6，16，12，64，24，36，48，…
    d) 1，0，1，1，0，1，1，1，0，0，0，2，1，…
16. 对下列序列，你能找出一个规则利用 τ 和(或)σ 函数来生成对应的各项吗？
    a) 2，5，6，10，8，16，10，19，16，22，…
    b) 1，4，6，8，13，12，14，24，18，…
    c) 6，8，10，14，15，21，22，26，27，33，34，35，…
    d) 1，2，2，2，3，2，2，4，2，2，4，2，3，…

一个大于 1 的正整数 n 称为高度合数(highly composite)，如果对所有整数 m，$1\leqslant m<n$，满足 $\tau(m)<\tau(n)$. 这个概念是由著名的印度数学家锡里尼哇沙・拉马努金(Srinivasa Ramanujan)提出的.

17. 求出前六个高度合数.
18. 证明：如果 n 是高度合数，m 是一个正整数满足 $\tau(m)>\tau(n)$，那么存在一个高度合数 k 使得 $n<k\leqslant m$. 由此推出存在无穷多个高度合数.
19. 证明：如果 $n\geqslant1$，则存在一个高度合数 k 使得 $n<k\leqslant 2n$. 用这个结论来推导出第 m 个高度合数的一个上界，其中 m 是一个正整数.
20. 证明：如果 n 是一个正整数且是高度合数，那么存在一个正整数 k 使得 $n=2^{a_1}3^{a_2}5^{a_3}\cdots p_k^{a_k}$，其中 p_k 是第 k 个素数且 $a_1\geqslant a_2\geqslant\cdots\geqslant a_k\geqslant1$.

* 21. 求出所有形如 $2^a 3^b$ 的高度合数，其中 a 和 b 是非负整数.

设 $\sigma_k(n)$ 为 n 的所有因子的 k 次幂之和，即 $\sigma_k(n)=\sum_{d|n} d^k$. 注意 $\sigma_1(n)=\sigma(n)$.

22. 求 $\sigma_3(4)$，$\sigma_3(6)$ 和 $\sigma_3(12)$.
23. 给出 $\sigma_k(p)$ 的公式，其中 p 为素数.
24. 给出 $\sigma_k(p^a)$ 的公式，其中 p 为素数，a 为正整数.
25. 证明 σ_k 是乘性的.
26. 通过习题 22 和习题 23，求出 $\sigma_k(n)$ 的公式，其中 n 的素幂因子分解为 $n=p_1^{a_1}p_2^{a_2}\cdots p_m^{a_m}$.

* 27. 求出所有满足 $\phi(n)+\sigma(n)=2n$ 的正整数 n.

* 28. 证明不存在两个正整数具有相同的因子之积.

29. 证明最小公倍数等于 n 的所有有序正整数对的个数为 $\tau(n^2)$.

锡里尼哇沙·拉马努金(Srinivasa Ramanujan，1887—1920)生于印度南部的马德拉斯附近，并在那里长大. 他的父亲是一个布店职员，他的母亲在当地的一个寺庙唱歌来补贴家用. 拉马努金在当地的一所英语学校学习，他的数学天赋在那时就表现出来了. 他 13 岁就掌握了大学生使用的一本教科书，15 岁时一个大学生借给他一本《纯数学的大纲》(*Synopsis of Pure Mathematics*)，拉马努金决定做完这书里的 6 000 道习题. 1904 年他高中毕业，获得了马德拉斯大学的奖学金. 他进入了一个很好的文科系，但是拉马努金眼里只有数学而忽略了其他的课程，因此他失去了奖学金. 在这段时间他的笔记本上写满了他的原创性笔记，有时候是重新发现的一些已经出版的文章结果，有时候则是新的发现.

由于没有大学学位，拉马努金发现找一份正当的工作很困难. 他依靠好朋友的接济来生存. 他给一些学生当过家教，但是由于他的不同寻常的思维方式和不按教学计划行事导致了很多问题. 1909 年，他在家人的安排下和一个 11 岁的姑娘结婚. 为了养活他和他的太太，他搬到了马德拉斯. 他向有可能成为他雇主的人展示他的笔记，但是他的笔记令人费解. 不过，Presidency 学院的一个教授发现了他的天赋并资助了他. 1912 年，他找到了一份出纳的工作，有了一点微薄的薪水.

拉马努金继续他的数学研究，于 1910 年在印度的一本杂志上发表了他的第一篇论文. 意识到他的工作超越了当时印度本土数学家的理解，他决定给当时英国顶尖的数学家写信. 尽管第一个数学家拒绝了他的请求，但哈代给拉马努金安排了一份奖学金，这样他于 1914 年来到英格兰. 本来哈代一开始想拒绝拉马努金，但是拉马努金在信中所陈述的一些没有证明的结果使得哈代很困惑. 他和他的合作者李特尔伍德(J. E. Littlewood)一同研究了拉马努金的文章. 他们认为拉马努金可能是一个天才，因为他的陈述“只可能由最高水平的数学家写出来，这一定是真的，否则就没有人有这样的想象力去发明它们”. 哈代亲自指导拉马努金，他们合作了 5 年时间，证明了关于整数分拆的一些很好的结果，这在 8.5 节中介绍. 在这段时间，拉马努金对数论做出了重要贡献，并且研究过椭圆函数、无穷级数以及连分数. 拉马努金对某些类型的函数和级数有着令人惊讶的洞察力，但是他对素数的一些猜想经常是错误的，这表明他对什么是一个正确的证明认识模糊.

拉马努金是英国皇家学会历史上最年轻的会士. 但不幸的是，在 1917 年他患了严重的疾病，虽然一度怀疑他染上了肺结核，但后来又认为他可能严重缺乏维生素. 但最后根据 D. A. B. Young 在 1994 出版的拉马努金去世后可追溯的诊断说明，他推断拉马努金的死因可能是肝脏的阿米巴病，一种肝脏的寄生虫感染病. 1919 年拉马努金回到了印度并继续他的数学工作，即使要躺在床上. 他有着虔诚的信仰，认为他的数学天赋来自他的家族守护神 Namaigiri.

他曾经说："一个方程除非它是神的意志，否则对我毫无意义."拉马努金于1920年4月去世，留下了几本未发表的笔记. 数学家花费了很多年研究和判定拉马努金笔记本中粗略写下的那些结果是否正确.

拉马努金一直是拍摄数学家题材的最佳对象. 2015年的电影《知无涯者》(*The Man Who Knew Infinity*，改编自Robert Kanigel的同名书籍)讲述了拉马努金生命最后十年的故事. 拉马努金由印度演员Dev Patel扮演，哈代由英国演员Jeremy Irons扮演. 数学家Ken Ono(本章后面有他的小传)是该片的数学顾问和助理制片人. Ono尽力使影片展现出拉马努金和哈代的真实面貌，并确保影片中的数学贴合主题.

30. 设 n 为正整数且 $n\geqslant 2$，定义整数序列 $n_1, n_2, n_3, \cdots$，其中 $n_1=\tau(n)$，$n_{k+1}=\tau(n_k)$，$k=1, 2, 3, \cdots$. 证明存在一个正整数 r 使得 $2=n_r=n_{r+1}=n_{r+2}=\cdots$.
31. 证明正整数 n 是合数当且仅当 $\sigma(n)>n+\sqrt{n}$.
32. 设 n 为正整数，证明 $\tau(2^n-1)\geqslant\tau(n)$.

* 33. 证明对任意正整数 n，$\sum_{j=1}^{n}\tau(j)=2\sum_{j=1}^{[\sqrt{n}]}[n/j]-[\sqrt{n}]^2$. 并且用这个公式来计算 $\sum_{j=1}^{100}\tau(j)$.

* 34. 设 a 和 b 为正整数，证明 $\sigma(a)/a\leqslant\sigma(ab)/(ab)\leqslant\sigma(a)\sigma(b)/(ab)$.

* 35. 证明：如果 a 和 b 为正整数，那么 $\sigma(a)\sigma(b)=\sum_{d\mid(a,\ b)}d\sigma(ab/d^2)$.

* 36. 证明：如果 n 为正整数，那么 $\left(\sum_{d\mid n}\tau(d)\right)^2=\sum_{d\mid n}\tau(d)^3$.

37. 证明：如果 n 为正整数，那么 $\tau(n^2)=\sum_{d\mid n}2^{\omega(n)}$，其中 $\omega(n)$ 为 n 的所有素因子的个数.
38. 证明当 n 为正整数时，$\sum_{d\mid n}n\sigma(d)/d=\sum_{d\mid n}d\tau(d)$.

* 39. 求出 $n\times n$ 矩阵的行列式，其中矩阵第 (i, j) 处的元素为 (i, j).

* 40. 设 n 为正整数且满足 $24\mid(n+1)$，证明 $\sigma(n)$ 能被24整除.

41. 证明：如果存在无穷多个孪生素数对或无穷多个梅森素数(就是形式为 2^p-1 的素数，其中 p 为素数)，那么存在无穷多个正整数对 m 和 n 使得 $\phi(m)=\sigma(n)$.
42. 用定理8.9证明 $\sum_{d\mid n}\phi(d)=n$(定理8.7).

计算和研究

1. 求出下列整数的 $\tau(n)$，$\sigma(n)$ 和 $\sigma_2(n)$(参看习题22前面导言中的定义).
   a) 121 110 987 654　　b) 11 111 111 111　　c) 98 989 898 989
2. 求出尽可能多的两个、三个和四个连续整数串，使得每串数中的数都有相同的正因子个数.
3. 对所有不超过1 000的正整数 n，确定序列 $n_1=\tau(n)$，$n_2=\tau(n_1)$，$\cdots$，$n_{k+1}=\tau(n_k)$，$\cdots$ 经过多少次迭代可达到整数2. 根据你计算得到的结果给出公式化猜想.
4. 求出所有不超过10 000的高度合数(参看习题17前面导言中的定义).

* 5. 证明293 318 625 600是高度合数.

程序设计

1. 给定正整数 n，计算 n 的正因子个数 $\tau(n)$.
2. 给定正整数 n，计算 n 的正因子之和 $\sigma(n)$.
3. 给定正整数 n 和正整数 k，计算 n 的正因子的 k 次幂之和 $\sigma_k(n)$.
4. 给定正整数 n，计算习题30中定义的整数 r.
5. 给定正整数 n，确定 n 是否为高度合数.

8.3 完全数和梅森素数

由于某些神秘的信念，古希腊人关心与所有真因子之和相等的整数．这样的整数称为完全数．

定义 如果 n 是一个正整数且 $\sigma(n)=2n$，那么 n 称为**完全数**．

例 8.10 因为 $\sigma(6)=1+2+3+6=12$，所以 6 是完全数．$\sigma(28)=1+2+4+7+14+28=56$，所以 28 也是完全数．

古希腊人很早就知道如何找出所有的偶完全数．下面的定理给出判断偶正整数是完全数的充要条件．

定理 8.11 正整数 n 是一个偶完全数当且仅当

$$n=2^{m-1}(2^m-1),$$

其中 $m\geqslant 2$ 是使得 2^m-1 是素数的整数．

证明 首先我们证明：如果 $n=2^{m-1}(2^m-1)$，其中 2^m-1 是素数，那么 n 是完全数．因为 2^m-1 是奇数，所以 $(2^{m-1}, 2^m-1)=1$．因为 σ 是乘性函数，所以

$$\sigma(n)=\sigma(2^{m-1})\sigma(2^m-1).$$

引理 8.1 给出 $\sigma(2^{m-1})=2^m-1$ 和 $\sigma(2^m-1)=2^m$，这是因为我们假设 2^m-1 是素数．则

$$\sigma(n)=(2^m-1)2^m=2n,$$

由此得到 n 是完全数．

为证反之也成立，设 n 是一偶完全数．记 $n=2^s t$，其中 s 和 t 是正整数且 t 是奇数．因为 $(2^s, t)=1$，由引理 8.1，有

$$\sigma(n)=\sigma(2^s t)=\sigma(2^s)\sigma(t)=(2^{s+1}-1)\sigma(t). \tag{8.1}$$

因为 n 是完全数，故

$$\sigma(n)=2n=2^{s+1}t. \tag{8.2}$$

式(8.1)和式(8.2)给出

$$(2^{s+1}-1)\sigma(t)=2^{s+1}t. \tag{8.3}$$

因为 $(2^{s+1}, 2^{s+1}-1)=1$，由引理 4.2 有 $2^{s+1}\mid\sigma(t)$．所以存在一个整数 q 满足 $\sigma(t)=2^{s+1}q$．在式(8.3)中代入 $\sigma(t)$ 的表达式得到

$$(2^{s+1}-1)2^{s+1}q=2^{s+1}t,$$

所以

$$(2^{s+1}-1)q=t. \tag{8.4}$$

故 $q\mid t$ 且 $q\neq t$．

我们在式(8.4)两边加上 q，有

$$t+q=(2^{s+1}-1)q+q=2^{s+1}q=\sigma(t). \tag{8.5}$$

要证 $q=1$．如果 $q\neq 1$，那么 t 至少存在三个不同的正因子，即 1，q 和 t．这意味着 $\sigma(t)\geqslant t+q+1$，这与式(8.5)矛盾．所以 $q=1$，且从式(8.4)得到 $t=2^{s+1}-1$．从式(8.5)得到 $\sigma(t)=t+1$，从而 t 必为素数，因为它的正因子只有 1 和 t．所以 $n=2^s(2^{s+1}-1)$，其中 $2^{s+1}-1$ 是素数． ■

8.3.1 梅森素数

由定理 8.11，为了求出偶完全数，我们必须求出形如 2^m-1 的素数. 在搜寻这种形式的素数的过程中，我们首先证明指数 m 必为素数.

定理 8.12 如果 m 是一个正整数且 2^m-1 是一个素数，则 m 必是素数.

证明 假设 m 不是素数，则 $m=ab$，其中 $1<a<m$ 和 $1<b<m$.（因为 2^m-1 是素数，故 $m>1$.）那么

$$2^m-1=2^{ab}-1=(2^a-1)(2^{a(b-1)}+2^{a(b-2)}+\cdots+2^a+1).$$

因为上式右边的两个因子都是大于 1 的，所以如果 m 不是素数，则 2^m-1 是合数. 故如果 2^m-1 是一个素数，则 m 也必是素数. ■

由定理 8.12，为了求出形如 2^m-1 的素数，只需要考虑 m 是素数的情形. 人们深入研究了形如 2^m-1 的整数，这些整数以研究过它们的 17 世纪法国修道士马林·梅森(Marin Mersenne)的名字命名.

定义 如果 m 是一个正整数，那么 $M_m=2^m-1$ 称为第 m 个**梅森数**(Mersenne number). 如果 p 是一个素数且 $M_p=2^p-1$ 也是素数，那么 M_p 就称为**梅森素数**(Mersenne prime).

例 8.11 梅森数 $M_7=2^7-1$ 是素数，梅森数 $M_{11}=2^{11}-1=2\,047=23\cdot 89$ 是合数. ◀

有一些定理可以帮助我们判断梅森数是否为素数. 现在给出其中一个这样的定理. 相关结果可见 12.1 节中的习题 37～39.

定理 8.13 如果 p 是一个奇素数，那么梅森数 $M_p=2^p-1$ 的因子均形如 $2kp+1$，其中 k 是一个正整数.

证明 设 q 为 $M_p=2^p-1$ 的一个素因子. 由费马小定理可知 $q\mid(2^{q-1}-1)$. 由引理 5.3 可知

$$(2^p-1,\ 2^{q-1}-1)=2^{(p,\ q-1)}-1. \tag{8.6}$$

因为 q 是 2^p-1 和 $2^{q-1}-1$ 的一个公因子，故 $(2^p-1,\ 2^{q-1}-1)>1$. 因此 $(p,\ q-1)=p$，这是因为另一种只可能是 $(p,\ q-1)=1$，则由式(8.6)得到 $(2^p-1,\ 2^{q-1}-1)=1$. 所以 $p\mid(q-1)$，从而存在一个正整数 m 使得 $q-1=mp$. 因为 q 是奇数，所以 m 必须是偶数，即 $m=2k$，其中 k 是正整数. 故 $q=mp+1=2kp+1$. 因为 M_p 的任意一个因子都是 M_p 的素因子之积，所以每个 M_p 的素因子的形式为 $2kp+1$，且这种形式的素因子之积也是这种形式，结论得证. ■

利用定理 8.13 可以帮助我们确定哪些梅森数是素数. 我们在下面的例子中将说明这一点.

例 8.12 为了确定 $M_{13}=2^{13}-1=8\,191$ 是否为素数，我们只需要寻找那些不超过 $\sqrt{8\,191}=90.504\cdots$ 的素数. 而且，由定理 8.13，这些素因子的形式必为 $26k+1$. 小于或等于 $\sqrt{M_{13}}$ 的 M_{13} 的素因子只能是 53 和 79. 通过试除法很容易排除这两种情形，从而 M_{13} 是素数. ◀

例 8.13 为了确定 $M_{23}=2^{23}-1=8\,388\,607$ 是否为素数，我们只需要确定 M_{23} 能否被小于或等于 $\sqrt{M_{23}}=2\,896.309\cdots$ 且形式为 $46k+1$ 的素数整除. 第一个这样的素数为 47.

通过试除法容易得到 8 388 607＝47・178 481，从而 M_{23} 是个合数.

马林・梅森(Marin Mersenne，1588—1648)出生在法国缅因的一个工人家庭．他在 Mans 学院和拉夫赖士的耶稣会学院学习过．他在索邦继续接受教育，学习神学．1611 年，他加入了“最小兄弟会”，这个组织的名字来源于单词“minimi”，这些人自认为是宗教信条最少的团体．除了祷告，成员还设法获得奖学金去学习．1612 年，梅森成为巴黎皇宫的一名牧师；1614 年到 1618 年，他在纳韦尔的小修道院教授哲学．1619 年他返回巴黎，在那里，他在 Minims de l'Annociade 的房间成了科学家、哲学家和数学家聚会的地方，其中有费马和帕斯卡(Pascal)．梅森跟欧洲许多学者有过通信，很多新的思想在他这里得到了交流传播．梅森写过关于力学、数学物理、数学、音乐和声学方面的书．他研究过素数并且试图给出一个能表达出所有素数的公式，但没有成功．1644 年，他宣称找到了所有小于 257 的素数 p，使得 2^p-1 是素数，当然这个结论并不准确．梅森还因替他同时代的名人笛卡儿和伽利略做宗教辩护而闻名．此外他也帮助揭露炼金术士和占星家的骗术.

现在已有关于梅森数素性的专门判别法，人们已经可以判别很大的梅森数是否为素数.

下面的卢卡斯-雷默(Lucas-Lehmer)判别法是非常有用的素性判别法．卢卡斯(Edouard Lucas)于 19 世纪 70 年代建立了这个判别法的理论基础，雷默(Derrick H. Lehmer)于 1930 年给出了该判别法的一个简化形式．(第 14 章中将介绍这种方法利用椭圆曲线的版本．这是近些年来由美国数学家 Benedict Gross 发展出来的.)目前最大的梅森素数就是用这种方法找到的，大家仍在用它来寻找新的梅森素数，本书后面将对此有所叙述．近些年包括现在，已知的最大梅森素数同样也是已知的最大素数．然而从 1990 年末到 1992 年初，人们所知的最大素数是 $391\,581\cdot 2^{216\,193}-1$．因为这个数具有形式 $k\cdot 2^n-1$，所以有特别的判定法可以证明它是素数.

弗朗索瓦・爱德华・阿纳托尔・卢卡斯(Francois-Edouard-Anatole Lucas，1842—1891)出生于法国亚眠，就读于巴黎高等师范学院．在完成学业后，他在巴黎天文台当助手．普法战争时期他曾担任过炮兵军官，战后他在一所中学当老师．他是一位杰出而又幽默的老师．卢卡斯非常喜欢计算并有过设计计算机的计划，然而不幸的是这些从来没有实现过．除了他对数论的贡献外，卢卡斯也因为在趣味数学方面的作品而留名．他在这个领域最有名的贡献就是著名的汉诺塔问题．一个奇异的突发事件导致了他的死亡．在一次宴会上，他被突然掉落的盘子的碎瓷片划伤了脸颊，几天后他死于伤口感染.

德里克・H. 雷默(Derrick H. Lehmer，1905—1991)，也称迪克，生于加州伯克利．他的父亲 Derrick N. Lehmer 是加州大学的数学教授，主要研究数论和机械计算(计算机技术的前身)．迪克在伯克利的公立学校上完高中后进入加州大学．迪克小的时候他的父亲在数论计算领域内颇为活跃，发表了很多因子表和素数表．这些表的数据计算来自老雷默自己发明建造的机械计算装置．迪克对这些计算设备很着迷，并尝试帮助父亲建造．值得一提的是，他帮助父亲建造了使用打孔带来分解整数的分解模版．这些模版能够快速分解不超过 $48\,611^2$ 的整数.

这项工作由他的父亲的一个本科学生艾玛(Emma Trotskaia，本节后面有她的小传)协助．迪克和艾玛日久生情并决定结婚．迪克在 1927 年获得了物理学士学位，但是他决定研究生转读数论．于是他去了芝加哥大学师从 L. E. Dickson 做研究．

迪克和艾玛结婚后，1928 年他们开始了一场从加州 Redwoods 出发的旅行，他们去了日本，拜访了艾玛的家人，然后返回伯克利．由于迪克在芝加哥大学并不愉快，他接受了布朗大学的讲师职位．他和艾玛开车横穿美国来到布朗大学，两人都在那里攻读硕士学位．迪克于 1929 年获得硕士学位，并在 1930 年获得博士学位，他的博士指导老师是雅各布・塔玛金(Jacob Tamarkin)．随后他在加州理工学院、普林斯顿高等研究院(IAS)、理海(Lehigh)大学和剑桥大学工作过，于 1940 年回到了加州大学伯克利分校数学系．1945 年到 1946 年他们夫妇二人在马里兰州的阿伯丁试验场工作，迪克在那里帮助安装和操作 ENIAC 计算机．

1950 年，由于拒绝签署由反共议员麦卡锡发起的由加州大学董事会实施的效忠宣誓，迪克被学校解雇．后来他成为美国国家标准局数值分析所的主任．他一直担任这一职位，直到这些效忠宣誓被宣布违宪，他在加州大学的职位得到了恢复．

迪克在数论的诸多领域做出了许多理论贡献，他发明了许多用于数论计算的专用设备．他的重要贡献有 Lucas-Lehmer 素性检验(用以确定梅森数是否为素数)具有给定原根的素数密度的结果，以及验证拉马努金的某些关于整数拆分的猜想．他也是第一个使用计算机处理黎曼猜想的人，即以计算机检查黎曼 ζ 函数的零点是否位于中轴线上．他的大部分工作都是与他的妻子艾玛合作完成的．迪克是哈罗德・斯塔克(Harold Stark)的论文导师，而斯塔克则是本书作者的论文导师．

Emma Trotskaia Lehmer(1906—2007)出生于俄罗斯萨马拉，她的父亲在一家俄罗斯糖业公司工作，她的母亲婚前是一名牙医．1910 年，她的父亲成了糖业公司的远东代表．他和家人搬到了中国哈尔滨．艾玛在哈尔滨一直接受家庭教育，直到 14 岁时到一所新开的社区学校读书．一位曾在莫斯科当过工程师的数学老师的鼓励激发了她对数学的热爱．俄国革命后，她决定去美国读大学．为了攒下足够的钱支付她的美国之行和教育费用，她花了一年时间做各种各样的工作，包括做保姆、辅导孩子数学、教钢琴和做翻译．艾玛申请了加州大学伯克利分校(该校曾接受了来自哈尔滨的其他俄罗斯学生)，并在 1924 学年被录取。在伯克利她参与了一个工程项目，但她发现数学更适合自己．她最喜欢的教授是 Derrick N. Lehmer．她选修了他的好几门课程，并在其指导下完成了一项研究．同时她还协助他构建一些数论计算设备，在制作分解模版时遇见了他的儿子(即她未来的丈夫)迪克．艾玛 1928 年以优异成绩获得数学学士学位，同年她嫁给了迪克．毕业后，她和迪克开始了一次长途旅行，拜访了她在亚洲的家人，返回伯克利之后很快开车去了罗德岛的布朗大学，在那里两人都被录取为研究生．

艾玛帮助丈夫完成了布朗大学的博士学位，打印论文并帮他阅读一些研究文章．她通过辅导学生数学缓解家庭经济压力．艾玛于 1930 年获得硕士学位．她的硕士论文“A Numerical Function Applied to Cyclotomy”发表在 1930 年的 *Bulletin of the American Mathematical Society* 上．在大萧条的动荡时期，迪克和艾玛经常搬家；1930 年到 1931 年他们在加州理工学院，而 1931 年到 1932 年他们在斯坦福大学．后来，他们在普林斯顿高等研究院度过了一段时间，然后又搬到了宾夕法尼亚州的理海大学．在理海大学时，艾玛为普林斯顿大学出版社将庞德里亚金(Pontryagin)的《拓扑群》(*Topological Groups*)翻译成了英文．雷默夫妇的第一个孩子劳拉生于 1932 年，他们的第二个孩子唐纳德出生于 1934 年．他们在理海大学一直待到 1940 年，其间 1938—1939 学年，他们访问了英国曼彻斯特大学和剑桥大学．

1940年，他们回到伯克利，迪克在那里成为数学教授. 由于大学规定禁止配偶在同一系任教，因此艾玛没有在伯克利工作. 但在第二次世界大战期间，这些规定被放宽了. 1945年到1946年他们利用ENIAC计算机上的空闲时间来解决一些数论问题.

艾玛发现不用教书给了她更多的时间进行研究. 她发表了60多篇关于数论中各种问题的论文，大约有三分之一是与迪克合作的. 这些合作涉及数论中的理论结果、计算方法和设备. 艾玛的主要兴趣之一是二次互反律；在她发表的论文中有"On the Quadratic Character of Some Quadratic Surds"和"Rational Reciprocity Laws"，其中第一篇发表在1971年的杂志*Crelle's Journal*上.

尽管今时艾玛有资格根据她的研究工作获得博士学位，并且有资格和她的配偶在同一机构任职，但她并没有因为自己扮演的角色和没有获得博士学位而感到不满. 夫妇二人组成了一个少见的研究小组，推动了数论的进展. 他们还创立了始于1969年的一年一度的"西海岸数论会议".

定理 8.14(卢卡斯-雷默判别法) 设 p 是素数，设第 p 个梅森数为 $M_p=2^p-1$. 设 $r_1=4$，对 $k\geqslant 2$，利用

$$r_k\equiv r_{k-1}^2-2(\bmod M_p),\quad 0\leqslant r_k<M_p$$

可以递归定义一个整数序列. 那么 M_p 是素数当且仅当 $r_{p-1}\equiv 0(\bmod M_p)$.

卢卡斯-雷默判别法的证明可见[Le80]和[Si64]. 下面的例子说明如何使用卢卡斯-雷默判别法.

例 8.14 考虑梅森数 $M_5=2^5-1=31$. 那么 $r_1=4$，$r_2\equiv 4^2-2\equiv 14(\bmod 31)$，$r_3\equiv 14^2-2\equiv 8(\bmod 31)$和 $r_4\equiv 8^2-2\equiv 0(\bmod 31)$. 因为 $r_4\equiv 0(\bmod 31)$，故可知 $M_5=2^5-1=31$ 是素数. ◀

正如下面推论所述，卢卡斯-雷默判别法运行起来很快. 通过这种判别法我们可以不用分解一个梅森数来确定该数是否为素数，这使得判别非常大的梅森数是否为素数成为可能，而其他形式的相似大小的数的素性判定就不在这种判定法范围之内了.

推论 8.14.1 设 p 是素数，$M_p=2^p-1$ 为第 p 个梅森数. 可以在 $O(p^3)$ 次位运算内确定 M_p 是否为素数.

证明 在用卢卡斯-雷默判别法判别 M_p 是否为素数时，需要 $p-1$ 次模 M_p 平方运算，其中每个这样的运算需要 $O((\log M_p)^2)=O(p^2)$ 次位运算. 所以卢卡斯-雷默判别法总共需要 $O(p^3)$ 次位运算. ■

人们研究梅森素数有好几个世纪了，目前猜想梅森素数有无穷多. 下面的猜想断言了梅森素数有无穷多，并且给出了小于指定正实数 x 的梅森素数个数的近似公式.

Lenstra-Pomerance-Wagstaff 猜想 梅森素数有无穷多，且小于 x 的梅森素数个数约为 $e^{\gamma}\cdot\log_2\log_2(x)$，其中 γ 为 Euler-Mascheroni 常数.(注意 γ 约为 0.577；它的定义是调和级数前 n 项的和与 $\ln n$ 的差的极限.) ■

尽管不能确定梅森素数有无穷多，但人们成功地找出了越来越大的梅森素数. 新的梅森素数的出现从时间上看还是比较常规. (例如，过去20年里，发现了13个新的梅森素数，大约小于两年就有新的梅森素数出现.)

8.3.2 寻找梅森素数

搜寻梅森素数的历史可以分为三个阶段. 第一阶段是从古代一直到计算机出现的20世

纪50年代. 在20世纪50年代之前，只有12个梅森素数为人所知，其中最大的一个是在1876年发现的. 而在有了计算机以后，人们找到了很多新的梅森素数，其中在1952年就一下子发现了5个新的梅森素数. 从1952年到1996年，共有22个新的梅森素数被各自独立的计算机发现，它们都是各自年代最为强力的超级计算机. 第二阶段终止于互联网的广泛应用，这也是第三阶段的开始，目前(2022年中)采用互联网的分布式计算机共发现了17个新的梅森素数，这就使得目前已知的梅森素数达到51个. 我们现在简单介绍一些在不同时代搜寻这些梅森素数的细节.

前计算机时代 在没有计算机的年代里，这类素数的搜寻中充满了错误和不可靠的声明，许多声明最后都被证明是错误的. 到了1588年，Pietro Cataldi 验证了 M_{17} 和 M_{19} 是素数，但他同时也声称对 $p=23, 29, 31, 37$，M_p 均是素数(实际上只有 M_{31} 是素数). 梅森在其1644年出版的 *Cogitata Physica-Mathematica* 一书中认为(同样没有给出证明) M_p 对 $p=2, 3, 5, 7, 13, 17, 19, 31, 67, 127, 257$ 是素数，并且对其他的素数 $p(p<257)$均非素数. 1772年，欧拉用试除法验证了到46 337的所有素数从而证明了 M_{31} 是素数，其中46 337是不超过 M_{31} 的平方根的最大素数. 1811年，英国数学家 Peter Barlow 在他的 *Theory of Numbers* 一书中写道 M_{31} 将会是人们发现的最大梅森素数，因为他认为人们不会去寻找更大的梅森素数，因为这些数"只是令人好奇，没有什么用处". 但这实在是个糟糕的预言. 人们不但找出了新的梅森素数，而且他的关于这些数的用途的看法也是错误的. 我们将在后文中说明这一点.

1876年，卢卡斯用他自己创立的方法证明了 M_{67} 是合数，证明的方法并没有分解 M_{67}. 实际上，过了27年 M_{67} 才被分解. 美国数学家弗兰克·科尔(Frank Cole)花费了20年的周日下午时光进行了计算，最终发现 $M_{67}=193\,707\,721\cdot 761\,838\,257\,287$. 1903年，当他在美国数学会的一次会议上一言不发地在黑板上写出这一分解时，现场的人们为他起立鼓掌，因为大家明白这一分解背后所付出的努力. 1876年至1914年，M_{61}，M_{89}，M_{107} 以及 M_{127} 均被证明是素数. 但直到1947年，在机械式计算器的帮助下，人们才完成了对所有 M_p(p 是素数且 $p<257$)的素性检验. 当这一工作完成以后，可以发现梅森当初的提法恰有五处错误. 首先 M_{67} 和 M_{257} 不是素数，其次梅森素数 M_{61}，M_{89} 以及 M_{107} 不在他的列表中.

计算机时代 我们知道，在现代计算机出现之前，人们只找出了12个梅森素数，最后一个是在1914年找到的. 但自从计算机被发明以来，找出新梅森素数的速度相当快，自1950年以后大约平均每两年就能发现一个新的梅森素数. 此处我们简单描述一下这些发现. 更多细节以及使用的计算机请参看表8.4. 在计算机帮助下发现的前五个梅森素数是第13个至第17个梅森素数，它们都是 Raphael Robinson 在1952年用 SWAC(the National Bureau of Standards Western Automatic Computer)在 D. H. 雷默及艾玛·雷默(Emma Lehmer)的帮助下找到的，第13个和第14个梅森素数是在 SWAC 上执行卢卡斯-雷默判别法的当天就找到的. 其余的则是在随后的九个月中找到的. 与现在的计算机相比，SWAC 是相当原始的，其总内存只有1 152个字节，并且一半要用于执行程序的指令，有趣的是，Robinson 实现卢卡斯-雷默判别法的程序也是他所写的第一个程序.

Riesel 使用瑞典的 BESK 发现了第18个梅森素数，Hurwitz 使用 IBM7090 发现了第19个和第20个梅森素数. Gillies 用 ILLIAC 2 发现了第21个、第22个和第23个梅森素数，Tuckerman 用 IBM360 发现了第 24 个梅森素数.

第 25 个和第 26 个梅森素数则是由高中生 Laura Nickel 和 Landon Noll 在加州州立大学(CSU)的 Cyber 174 计算机上利用空闲时间找到的. Nickel 和 Noll 当时只有 18 岁，是高中生，正在跟随 D. H. Lehmer 和 CSU 的教授 Dan Jurca 学习数论. 当时主流媒体的晚间新闻均对他们的发现做了报道. Nickel 和 Noll 一起发现了第 25 个梅森素数，但只有 Noll 坚持下去发现了第 26 个.

1979 年至 1996 年间，David Slowinski 与不同的合作者发现了第 $n=27$，28，30，31，32，33，34 个梅森素数. 例如 1996 年 Slowinski 与 Gage 一起发现了梅森素数 $M_{1\,257\,787}$，这是一个378 632 位的数，大约花费了一台 Cray 超级计算机 6 小时的时间来验证其为素数. Slowinski 漏掉的第 29 个梅森素数是 1988 年由 Colquitt 和 Welsh 在一台 NECSX-2 计算机上发现的. 你也许很奇怪为何 Slowinski 会漏掉这个素数，原因是他当时并不是对连续的素数 p 逐个检查 M_p 是否为素数，而是像多数研究者一样根据对梅森素数分布的一些直觉来挑选验证.

素数的互联网大搜索 互联网是加速发现梅森素数的另一功臣. 现在许多人通过 Great Internet Mersenne Prime Search(GIMPS)分工合作来寻找新的梅森素数. GIMPS 是 1996 年由 George Woltman 建立的. PrimeNet 上的 GIMPS 大约每秒付出了 40 兆(10^{12})次浮点运算的贡献，网络将 GIMPS 中分散的计算机连接起来形成了一个虚拟的超级计算机. 尽管这些分散的个体计算机大多数只是奔腾个人计算机，但是连接起来形成的虚拟计算机相当于许多现今世界上最大的超级计算机.

目前最大的 17 个梅森素数都是 GIMPS 项目的部分成果. $M_{1\,398\,269}$ 和 $M_{2\,976\,221}$ 分别在 1996 年和 1997 年被证实为素数. 其中 $M_{2\,976\,221}$ 的发现耗费了一台 100MHz 的奔腾计算机大约 15 天的 CPU 时间. 1998 年，一个 909 526 位的数 $M_{3\,021\,377}$ 被证实为素数，这位幸运的发现者 Rolan Clarkson 当时是 Dominguez Hills 加州州立大学的 19 岁大学生，他使用了一台 200MHz 的奔腾计算机，花费了大约相当于一周的 CPU 时间. $M_{6\,972\,593}$ 是一个有 2 098 960 位的数，它是由 GIMPS 的参与者 Nayan Hajratwala 在 1999 年 6 月发现的，他当时使用的是一台 350MHz 的奔腾计算机，花费了大约相当于 3 周的不间断的计算时间.

梅森素数 $M_{13\,466\,917}$ 是一个 4 053 946 位的整数，它是由一位 20 岁的加拿大大学生Michael Cameron 在 2001 年发现的. 他当时在一台 AMD 800MHz 的个人计算机上花费了 42 天才证明了该数为素数. 下一个最大的梅森素数 $M_{20\,966\,011}$ 是一个 6 320 430 位的整数，是由密歇根州立大学的一位 26 岁的化工系研究生 Michael Shafer 于 2003 年发现的，他使用一台 2.4GHz 的奔腾 4 计算机运行了 19 天. 梅森素数 $M_{24\,036\,583}$ 一共有 7 253 733 位，由 Josh Findley 在 2004 年得到. 他用一台 2.4GHz 的奔腾 4 计算机运行了 14 天得到. 梅森素数 $M_{25\,964\,951}$ 一共有 7 816 230 位，由眼科医生 Martin Nowak 于 2005 年 2 月用一台 2.4GHz 的奔腾 4 计算机运算了 50 多天才得到. 梅森素数 $M_{30\,402\,457}$ 共有 9 152 052 位，2005 年 12 月于美国中央密苏里州立大学(CMSU)在 Gurtis Cooper 及 Steven Boone 领导下经协同努力得到，他们在大约 700 台校园实验室计算机上运行 GIMPS 软件，该素数最终由一台通信系实验室的计算机断断续续运行了 50 天才得到. 而不到一年之后，2006 年 9 月该团队又发现了 9 808 358 位的梅森素数 $M_{32\,582\,657}$，发现该数的计算机与上一台计算机在同一实验室且相距不远.

2008 年，GIMPS 决定给予新发现亿位以下的梅森素数每个 3 000 美元的奖励，而亿位以上的则是 50 000 美元. 在 CMSU 发现两个梅森数两年之后，GIMPS 发布了两个新的梅森素数，其中较大的一个是具有 12 978 189 位的 $M_{43\,112\,609}$，它被较早发现. 它是由 UCLA 数学系的一位计算管理员 Edson Smith 于 2008 年 8 月在一台 2.4GHz 使用 Windows XP 操作系统的计算机上发现的. 当时一共有 75 台计算机在该实验室运行 GIMPS 的软件程序. 较小的一个梅森素数 $M_{37\,156\,667}$ 发现于 2008 年 9 月，它有 11 185 272 位数字，由一位在化学公司工作的电气工程师 Hans-Michael Elvenich 发现. 在 2009 年 4 月，一个具有 12 837 064 位的整数的第 46 个梅森素数 $M_{42\,643\,801}$ 被 Odd M. Strindmo 发现，他是一位挪威专业 IT 人士，当时是在一台 3.0GHz 的计算机上发现该素数的. 实际上，计算机于 2009 年 4 月发现了该素数，但几乎三个月过去了人们才发现这一点.

2013 年 1 月 25 日，美国中央密苏里州立大学的一台电脑发现了第 48 个梅森素数 $M_{57\,885\,161}$，有 17 425 170 位. 素性验证使用英特尔酷睿 2 双核 E8400@3.00GHz 的电脑运行了 39 天.

2016 年 1 月 7 日，GIMPS 在庆祝其 20 周年时发现了梅森素数 $M_{74\,207\,281}$，有 22 338 618 位，由美国中央密苏里州立大学的 Curtis Cooper 的计算机发现. 素性验证在英特尔 i7-4790 CPU 的 PC 上计算耗时 31 天. 这是 Cooper 博士发现的第四次创纪录的 GIMPS 梅森素数；他在美国中央密苏里州立大学的团队是 GIMPS 项目 CPU 时间的最大贡献者. Cooper 的计算机于 2015 年 9 月 17 日在 GIMPS 中报告了这一素数，但它当时并未被注意到，直到日常维护数据挖掘出了它. 官方发现日期是人类注意到结果的时间. 这是 GIMPS 的传统，因为历史上 $M_{4\,253}$ 没有被认为过是最大的素数，1961 年，它的发现者 Alexander Hurwitz 从后向前翻阅他的电脑打印件时，他在看到 $M_{4\,253}$ 是素数之前的几秒钟，看到了 $M_{4\,423}$ 是素数.

2017 年 12 月 26 日，51 岁的电气工程师 Jonathan Pace 在田纳西州的 Germantown 发现了已知的第 50 个梅森素数 $M_{77\,232\,917}$，有 23 249 425 位数字. Pace 14 年来一直在用 GIMPS 寻找大素数，这次在英特尔 i5-6600 CPU 的计算机上耗时 6 天发现了这一素数. 2018 年 12 月 7 日，GIMPS 发现了第 51 个梅森素数，这是截至 2022 年中，已知的最大素数 $M_{82\,589\,933}$，有 24 862 048 位数字. Patrick Laroche 用他的计算机做出了这一发现. 他是一名 35 岁的 IT 专业人士，住在佛罗里达州的奥卡拉，多年来，Patrick 一直使用 GIMPS 软件来测试他的电脑性能. 后来他决定用他的媒体服务器搜寻梅森素数作为回报. 非常幸运，不到四个月，当他测试他的第四个梅森数的素性时他就发现了这个新素数. 而一些 GIMPS 参与者搜索了 20 多年，检查了数万个梅森数，却始终没有发现一个梅森素数. 这表明资源有限的人在与拥有大量计算资源的人的竞争中也可以找到一个新的梅森素数. 这个梅森素数的素性验证在一台 Intel i5-4590T CPU 的计算机上花了 12 天的时间.

读者还应该注意，截至 2022 年中，并不是所有指数在 59 917 901 和 108 367 841 之间的梅森数经过了检验，因此在这个范围内可能存在一个或多个未被发现的梅森素数. 这意味着我们知道 47 个最小的梅森素数，但可能还有一些梅森素数大于第 47 个梅森素数，但小于已发现的第 51 个梅森素数.

搜寻梅森素数的工作正在热火朝天地进行着，大约有 10 万人在超过 70 万台计算机上运行 GIMPS 的程序以寻找新目标. GIMPS 的全球 CPU 网络每秒的运算次数达 450 兆, GIMPS 也是互联网史上持续时间最长的超算项目.

GIMPS 的搜寻工作似乎正在以一种越来越快的步伐进行，以后的几年 GIMPS 能否维持这种速度，我们拭目以待.（表 8.3、表 8.4 及表 8.5 列出了在不同时期所发现的梅森素数，并附有发现时的相关信息.）

表 8.3 计算机时代之前已知的梅森素数

No.	p	M_p 的位数	发现时间	发现者
1	2	1	古代	
2	3	1	古代	
3	5	2	古代	
4	7	3	古代	
5	13	4	1456	无名氏
6	17	6	1588	Cataldi
7	19	6	1588	Cataldi
8	31	10	1772	Euler
9	61	19	1883	Pervushin
10	89	27	1911	Powers
11	107	33	1914	Powers
12	127	39	1876	Lucas

表 8.4 用计算机而非互联网所发现的梅森素数

No.	p	M_p 的位数	发现时间	发现者	使用的计算机
13	521	157	1952	Robinson	SWAC
14	607	183	1952	Robinson	SWAC
15	1 279	386	1952	Robinson	SWAC
16	2 203	664	1952	Robinson	SWAC
17	2 281	687	1952	Robinson	SWAC
18	3 217	969	1957	Riesel	BESK
19	4 253	1 281	1961	Hurwitz	IBM 7090
20	4 423	1 332	1961	Hurwitz	IBM 7090
21	9 689	2 917	1963	Gillies	ILLIAC 2
22	9 941	2 993	1963	Gillies	ILLIAC 2
23	11 213	3 376	1963	Gillies	ILLIAC 2
24	19 937	6 002	1971	Tuckerman	IBM 360/91
25	21 701	6 533	1978	Noll, Nickel	Cyber 174
26	23 209	6 987	1979	Noll	Cyber 174
27	44 497	13 395	1979	Nelson, Slowinski	Cray 1
28	86 243	25 962	1983	Slowinski	Cray 1
29	110 503	33 265	1988	Colquitt, Welsh	NEC SX-2
30	132 049	39 751	1983	Slowinski	Cray X-MP
31	216 091	65 050	1985	Slowinski	Cray X-MP
32	756 839	227 832	1992	Slowinski, Gage	Cray 2
33	859 433	258 716	1994	Slowinski, Gage	Cray 2
34	1 257 787	378 632	1996	Slowinski, Gage	Cray T94

表 8.5 在 PrimeNet GIMPS 找出的梅森素数

No.	p	M_p 的位数	发现时间	发现者
35	1 398 269	420 921	1996	Armendgaud
36	2 976 221	895 952	1997	Spence
37	3 021 377	909 526	1998	Clarkson
38	6 972 593	2 098 960	1999	Hajratwala
39	13 466 917	4 053 946	2001	Cameron
40	20 996 011	6 320 430	2003	Shafer
41	24 036 583	7 253 733	2004	Findley
42	25 964 951	7 816 230	2005	Nowak
43	30 402 457	9 152 052	2005	Cooper，Boone
44	32 582 657	9 808 358	2006	Cooper，Boone
45	37 156 667	11 185 272	2008	Elvenich
46	42 643 801	12 837 064	2009	Strindmo
47	43 112 609	12 978 189	2008	Smith
48	57 885 161	17 425 170	2013	Curtis
49	74 207 281	22 338 618	2016	Curtis
50	77 232 917	23 249 425	2017	Pace
51	82 589 933	24 862 048	2018	Laroche

人们为何要找梅森素数？现在许多人投身于找寻新梅森素数的事业中来．为什么他们要耗费这么多的时间和精力来做这件事呢？这其中有许多原因．首先发现新的梅森素数能一举成名，也有些人是受到了奖金的推动，还有人是想为团队协作干点事．通过加入 GIMPS 和 PrimeNet，每个人都能对找出新的梅森素数做出贡献．对新梅森素数的搜寻也触发了许多新的理论结果，这同样也鼓舞了许多人；有人对素数的分布感兴趣，并想从中发现一些猜想的基础证据．许多人使用 GIMPS 提供的 Prime 95 这一卢卡斯-雷默算法的程序来考验其硬件平台，因为此种程序需频繁使用 CPU 和计算机总线．例如英特尔的奔腾Ⅱ芯片就是使用 GIMPS 的程序来测试的．2016 年，GIMPS 的软件发现了英特尔 Skylake CPU 的一个缺陷，即当执行一些复杂的(例如 Prime 95)工作任务时会导致系统死机．为此英特尔专门开发了补丁．也有人宁可在计算机闲置时找找梅森素数，而不是运行屏保程序．因此综上所述，有很多人找寻梅森素数．

如果你恰巧对寻找梅森素数感兴趣，那么你应当先仔细浏览 GIMPS 的网站以及相关的几个网址(这些链接可以在附录 D 以及本书的网址中找到)．在 GIMPS 的网址上，你可以获得一个执行卢卡斯-雷默判定法的程序，以及知道如何加入 PrimeNet．GIMPS 的执行卢卡斯-雷默判定法的程序已经在许多方面得到了优化，这样就比直接执行原判定法的效果好得多．你可以自己选取指数的一定范围来搜寻素数．如果上述历史继续的话，新梅森素数的纪录不久就将会被打破．如果加入 GIMPS，也许你就是那个打破纪录的幸运儿．

寻找素数的大奖

当 Nayan Hajratwala 找到梅森素数 $2^{6\,972\,593}-1$ 时，他是第一个找出具有 100 万位以上素数的人．这使得他获得了由电子前沿基金会(EFF)颁发的 5 万美元的奖金．EFF 是一个致力于保护互联网健康与发展的组织．后来梅森素数 $M_{43\,112\,609}$ 的发现者获得了 EFF 颁发的 10 万美元奖金，因为它是第一个具有 1 000 万位的素数．这些奖金一半留给了 UCLA 的数学系，25 000 美元捐给了慈善机构，余下的 25 000 美元由前面 6 个梅森素数的发现者及 GIMPS 组织分享．

只要找出大素数，你仍有机会获得由 EFF 提供的大奖．他们分别提供 15 万美元及 25 万美元给第一个发现具有 1 亿位及 10 亿位的素数的人．这些奖金由匿名的赞助者提供，旨在鼓励在涉及大规模计算的科学问题上的分工协作．而且如果你能找出 1 亿位以下的梅森素数也可获得现金奖励．每个这样的素数的发现者可获得由 GIMPS 提供的 3 000 美元的奖励．对使用 GIMPS 发现首个超亿位的新梅森素数的人，GIMPS 奖励 5 万美元，EFF 也会有奖励．

8.3.3 奇完全数

我们已经将偶完全数的研究归结于梅森素数的研究，但是有没有奇完全数呢？答案是现在仍不可知．但可证明如果它们存在，则需要满足很多条件(例如，参看习题 38-42)，很多这方面的工作都是建立在英国大数学家 James Joseph Sylvester 的工作基础之上的．在 1888 年，他表示奇完全数“在如此多的约束之网下挣脱开来一定是个奇迹”．如今这个断言似乎越显中肯．截至 2022 年中，我们知道没有小于 $10^{1\,500}$ 的奇完全数，一个奇完全数至少得有 9 个不同的素因子，并且算上重数则至少需要 101 个素因子，另外该数的最大素因子必须大于 10^8，其因子分解式中最大的指数至少为 4，其最大素因子的幂需要大于 10^{62}，还有许多其他的约束条件．关于奇完全数的相关讨论可以在[Gu94]或[Ri96]中找到，关于存在性的一些约束条件可以在[BrCote93]、[Co87]、[GoOh08]、[Ha83]和[OcRa12]中找到．

8.3 节习题

1. 求前六个最小的偶完全数．
2. 求第七个和第八个偶完全数．
3. 求下列整数的一个因子．
   a) $2^{15}-1$　　b) $2^{91}-1$　　c) $2^{1\,001}-1$
4. 求下列整数的一个因子．
   a) $2^{111}-1$　　b) $2^{289}-1$　　c) $2^{46\,189}-1$

对正整数 n，如果 $\sigma(n)<2n$，则称为亏数；如果 $\sigma(n)>2n$，则称为过剩数．任意整数只能是亏数，或者完全数，或者过剩数．

5. 求前六个最小的正过剩数．
*6. 求最小的奇正过剩数．
7. 证明每个素数的幂都是亏数．
8. 证明亏数或完全数的任意非平凡因子是亏数．
9. 证明一个过剩数或完全数的任意倍数还是过剩数，不包括完全数自身．
10. 证明：如果 $n=2^{m-1}(2^m-1)$，其中 m 是使得 2^m-1 为合数的正整数，则 n 是过剩数．

11. 证明存在无穷多个亏数.

12. 证明存在无穷多个偶过剩数.

13. 证明存在无穷多个奇过剩数.

14. 证明：如果 $n=p^a q^b$，其中 p 和 q 是不同的奇素数，a 和 b 是正整数，那么 n 是亏数.

两个正整数 m 和 n 称为亲和对，如果满足 $\sigma(m)=\sigma(n)=m+n$.

15. 证明下面每对整数是亲和对.

a) 220，284　　b) 1 184，1 210　　c) 79 750，88 730

16. a) 证明：如果 $n\geqslant 2$ 是一个正整数，且 $3\cdot 2^{n-1}-1$，$3\cdot 2^n-1$ 和 $3^2\cdot 2^{2n-1}-1$ 都是素数，那么 $2^n(3\cdot 2^{n-1}-1)(3\cdot 2^n-1)$ 和 $2^n(3^2\cdot 2^{2n-1}-1)$ 构成亲和对.

b) 利用 a)求三个亲和对.

整数 n 称为 k-完全的，如果 $\sigma(n)=kn$. 注意到完全数是 2-完全数.

17. 证明 $120=2^3\cdot 3\cdot 5$ 是 3-完全数.

18. 证明 $30\,240=2^5\cdot 3^3\cdot 5\cdot 7$ 是 4-完全数.

19. 证明 $14\,182\,439\,040=2^7\cdot 3^4\cdot 5\cdot 7\cdot 11^2\cdot 17\cdot 19$ 是 5-完全数.

20. 求出所有形式为 $n=2^k\cdot 3\cdot p$ 的 3-完全数，其中 p 为奇素数.

21. 证明：如果 n 是 3-完全数且 $3\nmid n$，那么 $3n$ 是 4-完全数.

整数 n 称为 k-过剩，如果 $\sigma(n)>(k+1)n$.

22. 求一个 3-过剩整数.

23. 求一个 4-过剩整数.

** 24. 证明对任意正整数 k，存在无穷多个 k-过剩整数.

正整数 n 称为超完全的，如果 $\sigma(\sigma(n))=2n$.

25. 证明 16 是超完全数.

26. 证明：如果 $n=2^q$，其中 $2^{q+1}-1$ 是素数，那么 n 是超完全数.

27. 证明每个偶超完全数都可以写成 $n=2^q$ 的形式，其中 $2^{q+1}-1$ 是素数.

* 28. 证明：如果 $n=p^2$，其中 p 是奇素数，那么 n 不是超完全数.

一个正整数 n 称为是**伪完全数**，如果它可以写为它自身的某个真因子子集的和. 如果一个伪完全数是除一个真因子以外的所有的真因子的和，则称其为**近完全数**，这个除去的因子 d 称为**冗数**(redundant).

29. 确定下列正整数是否为伪完全的。

a) 15　　b) 24　　c) 54　　d) 56　　e) 84　　f) 105

30. 证明下列正整数都是近完全的，并找出其冗数因子.

a) 12　　b) 20　　c) 56　　d) 104　　e) 224　　f) 234

31. 证明如果 n 是正整数，那么 $6n$ 是伪完全的。

32. 证明如果 p 和 2^p-1 都是素数，则 $n=2^{p-1}(2^p-1)^2$ 是近完全的，且其冗数因子是 2^p-1.

33. 用定理 8.13 判断下面哪些梅森数是素数.

a) M_7　　b) M_{11}　　c) M_{17}　　d) M_{29}

34. 利用定理 8.14 所述的卢卡斯-雷默判定法，判断下面哪些梅森数是素数.

a) M_3　　b) M_7　　c) M_{11}　　d) M_{13}

* 35. 证明：如果 n 是一个正整数且 $2n+1$ 是素数，那么或者 $(2n+1)\mid M_n$ 或者 $(2n+1)\mid(M_n+2)$. (提示：用费马小定理证明 $M_n(M_n+2)\equiv 0 \pmod{2n+1}$.)

36. 如果 n 是奇完全数，求 $\sigma(2n)$.

37. 解释为什么 $n=3^2 7^2 11^2 13^2 22\,021$ 不是一个奇完全数，尽管 $\sigma(3^2)\sigma(7^2)\sigma(11^2)\sigma(13^2)(22\,021+1)=2n$. (笛卡儿错误地认为 n 是奇完全数.)

*38. a) 证明：如果 n 是一个奇完全数，那么 $n=p^a m^2$，其中 p 是一个奇素数，$p\equiv a\equiv 1 \pmod 4$ 且 m 是一个整数.

b) 用 a) 中结果证明：如果 n 是一个奇完全数，那么 $n\equiv 1 \pmod 4$.

*39. 证明：如果 $n=p^a m^2$ 是一个奇完全数，其中 p 是素数，那么 $n\equiv p \pmod 8$.

*40. 证明：如果 n 是一个奇完全数，那么 3，5 和 7 不都是 n 的因子.

*41. 证明：如果 n 是一个奇完全数，那么 n 至少有三个不同的素因子.

**42. 证明：如果 n 是一个奇完全数，那么 n 至少有四个不同的素因子.

43. 求出所有正整数 n，使得它所有的真因子之积恰好是 n^2.（这些整数是乘法意义下的完全数.）

44. 设 n 是一个正整数，由 $n_0=n$，$n_{k+1}=\sigma(n_k)-n_k\ (k=0, 1, 2, 3, \cdots)$ 递归定义等分序列 n_1，n_2，n_3，$\cdots$.（“等分”(aliquot)的意思是在另外的某物中包含相同的数目. 一个整数的等分部分就是该整数的因子.）

a) 证明：如果 n 是个完全数，那么 $n=n_1=n_2=n_3=\cdots$.

b) 证明：如果 n 和 m 为亲和对，那么 $n_1=m$，$n_2=n$，$n_3=m$，$n_4=n$，$\cdots$，如此继续；也就是说，序列 n_1，n_2，n_3，$\cdots$ 是周期为 2 的序列.

c) 求出整数 $n=12\,496=2^4\cdot 11\cdot 71$ 生成的等分序列.

在计算机被用来检验等分序列的性质以前，人们猜想对所有整数 n，等分序列中的整数 n_1，n_2，n_3，$\cdots$ 是有界的. 但是通过计算一些大整数的情况来看，有些序列是无界的.

*45. 证明：如果 n 是大于 1 的正整数，那么梅森数 M_n 不可能是一个正整数的幂.

46. 双重梅森数是形如 M_{M_n} 的梅森数，其中 M_n 是第 n 个梅森素数.

a) 证明：若双重梅森数 M_{M_n} 为素数，则 n 与 M_n 均为素数.

b) 借助表 8.3 找出 $n\leqslant 30$ 时的双重梅森素数.

47. 证明一个伪完全数的倍数都是伪完全的.（参见习题 29 的序导.）

计算和研究

1. 通过直接计算证明 $2^{30}(2^{31}-1)$ 是完全数.
2. 证明 154 345 556 085 770 649 600 是个 6-完全数(见习题 17 前导言中的定义).
3. 证明下面每对数为亲和对(见习题 15 前导言中的定义).

   a) 609 928，686 072　b) 643 336，652 664　c) 938 304 290，1 344 480 478　d) 4 000 783 984，4 001 351 168
4. 利用定理 8.13，求出尽可能多的梅森数 M_p 的因子，其中 p 是素数.
5. 利用卢卡斯-雷默判定法，检验尽可能多的梅森素数的素性.（可以用 GIMPS 软件来做.）
6. 加入 GIMPS 搜索梅森素数.
7. 求出所有两个整数都小于 10 000 的亲和对.
8. 证明由整数 $n=14\,316$ 生成的等分序列(见习题 44 的定义)是个周期为 28 的周期序列.
9. 求出尽可能多的周期为 4 的等分序列.
10. 求出由整数 $n=138$ 生成的等分序列中第几项达到 1. 该序列中最大的项是多少？你能对 $n=276$ 回答同样的问题吗？
11. 找出所有小于 100 的伪完全数.（见习题 29 的导言.）
12. 求最小的奇伪完全数.（见习题 29 的导言.）
13. 找到所有小于 500 的近完全数，并找出相应的冗数因子.（参阅习题 29 的导言.）
14. 找一个奇的近完全数 .（见习题 29 的导言.）

程序设计

1. 根据是否是亏数、完全数和过剩数(见习题 5 前面导言中的介绍)来给正整数分类.
2. 利用定理 8.13 求出梅森数的因子.

3. 利用卢卡斯-雷默判定法，判断梅森数 2^p-1 是否是素数，其中 p 是素数.
4. 给定一个正整数 n，判断习题 44 定义的等分序列是否是周期序列.
5. 给定一个正整数 n，求出所有亲和对 a，b，其中 $a \leqslant n$ 和 $b \leqslant n$（见习题 15 前面导言中的介绍）.
6. 给定一个正整数 n，找出所有不超过 n 的伪完全数.
7. 给定一个正整数 n，找出所有不超过 n 的近完全数，并求相应的冗数因子.

8.4 莫比乌斯反演

设 f 为算术函数，f 的和函数 F 的值为 $F(n)=\sum_{d \mid n} f(d)$，它是由 f 的值决定的. 这种关系可以反过来吗？也就是说，是否存在一种用 F 来求出 f 的值的简便方法？本节将给出这样的公式. 我们首先通过一些研究来看看什么样的公式是可行的.

若 f 是算术函数，F 是它的和函数 $F(n)=\sum_{d \mid n} f(d)$. 按照定义分别展开 $F(n)$，$n=1$，2，…，8，我们有

$$
\begin{aligned}
F(1) &= f(1) \\
F(2) &= f(1)+f(2) \\
F(3) &= f(1)+f(3) \\
F(4) &= f(1)+f(2)+f(4) \\
F(5) &= f(1)+f(5) \\
F(6) &= f(1)+f(2)+f(3)+f(6) \\
F(7) &= f(1)+f(7) \\
F(8) &= f(1)+f(2)+f(4)+f(8),
\end{aligned}
$$

等等. 从上面的方程解出 $f(n)$ 在 $n=1$，2，…，8 处的值，我们得到

$$
\begin{aligned}
f(1) &= F(1) \\
f(2) &= F(2)-F(1) \\
f(3) &= F(3)-F(1) \\
f(4) &= F(4)-F(2) \\
f(5) &= F(5)-F(1) \\
f(6) &= F(6)-F(3)-F(2)+F(1) \\
f(7) &= F(7)-F(1) \\
f(8) &= F(8)-F(4).
\end{aligned}
$$

注意到 $f(n)$ 等于形式为 $\pm F(n/d)$ 的一些项之和，其中 $d \mid n$. 从这一结果中，可能有这样的一个等式，形式为

$$
f(n)=\sum_{d \mid n} \mu(d) F(n/d),
$$

其中 μ 是算术函数. 如果等式成立，我们计算得到 $\mu(1)=1$，$\mu(2)=-1$，$\mu(3)=-1$，$\mu(4)=0$，$\mu(5)=-1$，$\mu(6)=1$，$\mu(7)=-1$ 和 $\mu(8)=0$. 另外，$F(p)=f(1)+f(p)$ 给出 $f(p)=F(p)-F(1)$，其中 p 是素数. 则 $\mu(p)=-1$. 又因为

$$
F(p^2)=f(1)+f(p)+f(p^2),
$$

我们有

$$f(p^2)=F(p^2)-(F(p)-F(1))-F(1)=F(p^2)-F(p).$$

这要求对任意素数 p，有 $\mu(p^2)=0$. 类似的推理得出对任意素数 p 及整数 $k>1$，有 $\mu(p^k)=0$. 如果我们猜想 μ 是乘性函数，则 μ 的值就由所有素数幂处的值决定. 这就给出下面的定义.

定义 莫比乌斯函数 $\mu(n)$ 定义为

$$\mu(n)=\begin{cases}1, & \text{如果 } n=1;\\(-1)^r, & \text{如果 } n=p_1p_2\cdots p_r\text{，其中 } p_i \text{ 为不同的素数；}\\0, & \text{其他情形.}\end{cases}$$

莫比乌斯函数以莫比乌斯(August Ferdinand Möbius)的名字命名.

由该定义可知当 n 被一个素数的平方整除的话，则 $\mu(n)=0$. 在那些不含平方因子的 n 处，$\mu(n)\neq 0$.

例 8.15 从 $\mu(n)$ 的定义得到 $\mu(1)=1$，$\mu(2)=-1$，$\mu(3)=-1$，$\mu(4)=\mu(2^2)=0$，$\mu(5)=-1$，$\mu(6)=\mu(2\cdot 3)=1$，$\mu(7)=-1$，$\mu(8)=\mu(2^3)=0$，$\mu(9)=\mu(3^2)=0$ 和 $\mu(10)=\mu(2\cdot 5)=1$. ◀

例 8.16 $\mu(330)=\mu(2\cdot 3\cdot 5\cdot 11)=(-1)^4=1$，$\mu(660)=\mu(2^2\cdot 3\cdot 5\cdot 11)=0$，$\mu(4\,290)=\mu(2\cdot 3\cdot 5\cdot 11\cdot 13)=(-1)^5=-1$. ◀

我们现在直接从定义来证明莫比乌斯函数是乘性函数.

定理 8.15 莫比乌斯函数 $\mu(n)$ 是乘性函数.

证明 假设 m 和 n 是互素的正整数. 为了证明 $\mu(n)$ 是乘性函数，需要证明 $\mu(mn)=\mu(m)\mu(n)$. 首先考虑 $m=1$ 或者 $n=1$ 的情形. 若 $m=1$，则 $\mu(mn)$ 和 $\mu(m)\mu(n)$ 都等于 $\mu(n)$. 当 $n=1$ 时证明类似.

现在假设 m 和 n 中至少有一个被素数平方整除，那么 mn 也是被素数平方整除，因此 $\mu(mn)$ 和 $\mu(m)\mu(n)$ 均是 0. 最后考虑 m 和 n 都不含大于 1 的素数平方因子，不妨假设 $m=p_1p_2\cdots p_s$，其中 $p_1, p_2, \cdots, p_s$ 是不同的素数，$n=q_1q_2\cdots q_t$，其中 $q_1, q_2, \cdots, q_t$ 是不同的素数. 因为 m 和 n 互素，故没有素数同时出现在 m 和 n 的素因子分解中. 因此 mn 是 $s+t$ 个不同素数之积. 于是 $\mu(mn)=(-1)^{s+t}=(-1)^s(-1)^t=\mu(m)\mu(n)$. ■

奥古斯特·费迪南德·莫比乌斯(August Ferdinand Möbius，1790—1868)出生于德国瑙姆堡附近的舒勒普发塔的一个小镇. 他的父亲是舞蹈教师，他的母亲是马丁·路德(Martin Luther)的后裔. 莫比乌斯在 13 岁前一直接受家庭教育，很小的时候就显露出他在数学上的爱好和天赋. 他于 1803 年到 1809 年进入莱比锡大学，在那里接受了正规的数学训练. 他原本学法律，但后来决定投身于他喜欢的领域——数学、物理学和天文学. 在哥廷根深造的时候，他跟随高斯学习天文学. 在哈雷，他跟随普法夫(Pfaff)学习数学，后来他成为莱比锡的天文学教授，并在那里一直工作到去世. 莫比乌斯对很多领域都做出了贡献，如天文学、力学、射影几何、光学、静力学和数论. 今天，他最有名的成果就是发现了单侧曲面，即莫比乌斯带(Möbius strip)，把一个纸带旋转半圈再把两端粘上之后便可得到.

下面证明莫比乌斯函数的和函数是一个非常简单的函数.

定理 8.16 莫比乌斯函数的和函数在整数 n 处的值 $F(n)=\sum_{d\mid n}\mu(d)$，满足

$$\sum_{d\mid n}\mu(d)=\begin{cases}1, & 若\ n=1,\\ 0, & 若\ n>1.\end{cases}$$

注 因 $\mu(n)$ 的和函数是 $\mu*I$，则由定理 8.16 有

$$\mu*I=\iota. \tag{8.7}$$

证明 首先考虑 $n=1$ 的情形，有

$$F(1)=\sum_{d\mid 1}\mu(d)=\mu(1)=1.$$

其次，设 $n>1$，由定理 8.9，因为 μ 是乘性函数，故它的和函数 $F(n)=\sum_{d\mid n}\mu(d)$ 也是乘性的. 现在假设 p 是素数，k 是正整数，得到

$$\begin{aligned}F(p^k)&=\sum_{d\mid p^k}\mu(d)=\mu(1)+\mu(p)+\mu(p^2)+\cdots+\mu(p^k)\\&=1+(-1)+0+\cdots+0=0,\end{aligned}$$

这是因为对 $i\geqslant 2$ 有 $\mu(p^i)=0$. 最后不妨假设 n 是一个大于 1 的正整数，其素幂因子分解为 $n=p_1^{a_1}p_2^{a_2}\cdots p_t^{a_t}$. 因为 F 是乘性的，所以 $F(n)=F(p_1^{a_1})F(p_2^{a_2})\cdots F(p_t^{a_t})$. 因为该等式右边每个因子都是 0，故 $F(n)=0$. ■

莫比乌斯反演公式回答了我们本节开始提出的问题. 它给出如何根据和函数 F 的值来求出 f 的值的方法. 这个公式广泛应用于乘性函数的研究中，并且可以建立关于这些函数的新等式.

定理 8.17（莫比乌斯反演公式） 若 f 是算术函数，F 为 f 的和函数，对任意正整数 n 满足

$$F(n)=\sum_{d\mid n}f(d).$$

则对任意正整数 n，

$$f(n)=\sum_{d\mid n}\mu(d)F(n/d).$$

注 莫比乌斯反演公式可用狄利克雷积表示为 $f=\mu*F$，其中 F 为算术函数 f 的和函数.

证明 这个公式的证明中包含双重和的运算. 我们首先从公式右边的和式开始，通过 f 的和函数 F 的定义，将 $F(n/d)$ 用表达式 $\sum_{e\mid(n/d)}f(e)$ 代替，得到

$$\begin{aligned}\sum_{d\mid n}\mu(d)F(n/d)&=\sum_{d\mid n}\left(\mu(d)\sum_{e\mid(n/d)}f(e)\right)\\&=\sum_{d\mid n}\left(\sum_{e\mid(n/d)}\mu(d)f(e)\right).\end{aligned}$$

注意整数 d，e 满足 $d\mid n$ 和 $e\mid(n/d)$，同样有 $e\mid n$ 和 $d\mid(n/e)$. 这给出

$$\begin{aligned}\sum_{d\mid n}\left(\sum_{e\mid(n/d)}\mu(d)f(e)\right)&=\sum_{e\mid n}\left(\sum_{d\mid(n/e)}f(e)\mu(d)\right)\\&=\sum_{e\mid n}\left(f(e)\sum_{d\mid(n/e)}\mu(d)\right).\end{aligned}$$

由定理 8.16 得到 $\sum_{d|(n/e)}\mu(d)=0$，除非 $n/e=1$. 当 $n/e=1$，即 $n=e$ 时，这个和式等于 1. 因此有

$$\sum_{e|n}\left(f(e)\sum_{d|(n/e)}\mu(d)\right)=f(n)\cdot 1=f(n).$$

证毕. ■

下面给出莫比乌斯反演公式的另一种证明. 相比第一种证明去处理较为复杂的求和，这种方法要简明很多，运用 8.1 节以及本节早先证明的狄利克雷积的一些性质.

证明 第二种证明是建立在下列等式的基础上：

$$\mu * F=\mu *(I * f)=(\mu * I) * f=\iota * f=f.$$

上式证明如下：首先 f 的和函数 F 为 $I * f$；然后根据狄利克雷积的结合律，以及 $\mu * I=\iota$（见式(8.7)）；最后根据对任意算术函数 g 有 $\iota * g=g$ 我们完成了证明. ■

莫比乌斯反演公式可以用来构造许多新的等式，这些等式用别的方法是很难证明的，如下例所示.

例 8.17 如 8.2 节所示，函数 $\sigma(n)$ 和 $\tau(n)$ 分别是函数 $f(n)=n$ 和 $f(n)=1$ 的和函数. 即 $\sigma(n)=\sum_{d|n}d$ 和 $\tau(n)=\sum_{d|n}1$. 由莫比乌斯反演公式，对所有整数 n 有

$$n=\sum_{d|n}\mu(n/d)\sigma(d)$$

和

$$1=\sum_{d|n}\mu(n/d)\tau(d).$$

◀

由定理 8.9，我们知道如果 f 是乘性函数，那么它的和函数 $F(n)=\sum_{d|n}f(d)$ 也是乘性函数. 莫比乌斯反演公式的另一个有用的结果是我们可以将这个结论反过来. 也就是说，如果 f 的和函数 F 是乘性函数，那么 f 也是乘性函数.

定理 8.18 *设 f 是算术函数，它的和函数为 $F(n)=\sum_{d|n}f(d)$，那么如果 F 是乘性函数，则 f 也是乘性函数.*

证明 假设 m 和 n 是互素的正整数，要证 $f(mn)=f(m)f(n)$. 首先由引理 4.5，如果 d 是 mn 的一个因子，则 $d=d_1d_2$，其中 $d_1|m$，$d_2|n$ 且 $(d_1,d_2)=1$. 利用莫比乌斯反演公式与 μ 和 F 都是乘性的事实，我们得到

$$\begin{aligned}
f(mn)&=\sum_{d|mn}\mu(d)F\left(\frac{mn}{d}\right)\\
&=\sum_{d_1|m,\ d_2|n}\mu(d_1d_2)F\left(\frac{mn}{d_1d_2}\right)\\
&=\sum_{d_1|m,\ d_2|n}\mu(d_1)\mu(d_2)F\left(\frac{m}{d_1}\right)F\left(\frac{n}{d_2}\right)\\
&=\sum_{d_1|m}\mu(d_1)F\left(\frac{m}{d_1}\right)\cdot\sum_{d_2|n}\mu(d_2)F\left(\frac{n}{d_2}\right)\\
&=f(m)f(n).
\end{aligned}$$

■

8.4 节习题

1. 计算下面莫比乌斯函数的值.

   a) $\mu(12)$　b) $\mu(15)$　c) $\mu(30)$　d) $\mu(50)$

   e) $\mu(1\,001)$　f) $\mu(2 \cdot 3 \cdot 5 \cdot 7 \cdot 11 \cdot 13)$　g) $\mu(10!)$

2. 计算下面莫比乌斯函数的值.

   a) $\mu(33)$　b) $\mu(105)$　c) $\mu(110)$　d) $\mu(740)$

   e) $\mu(999)$　f) $\mu(3 \cdot 7 \cdot 13 \cdot 19 \cdot 23)$　g) $\mu(10!/(5!)^2)$

3. 计算 $\mu(n)$，其中 n 为整数且 $100 \leqslant n \leqslant 110$.
4. 计算 $\mu(n)$，其中 n 为整数且 $1\,000 \leqslant n \leqslant 1\,010$.
5. 求出 $1 \leqslant n \leqslant 100$ 中所有满足 $\mu(n)=1$ 的整数 n.
6. 求出 $100 \leqslant n \leqslant 200$ 中所有满足 $\mu(n)=-1$ 的合数 n.

   Mertens 函数 $M(n)$ 定义为 $M(n)=\sum_{i=1}^{n}\mu(i)$.

7. 对所有不超过 10 的正整数 n 求 $M(n)$ 的值.
8. 计算 $M(100)$.
9. 证明 $M(n)$ 是所有不超过 n 且不含平方因子的正整数中具有偶数个素因子的正整数的个数与具有奇数个素因子的正整数的个数之差.
10. 证明：如果 n 是一个正整数，那么 $\mu(n)\mu(n+1)\mu(n+2)\mu(n+3)=0$.
11. 是否存在无穷多个正整数 n 使得 $\mu(n)+\mu(n+1)=0$，并给出证明.
12. 是否存在无穷多个正整数 n 使得 $\mu(n-1)+\mu(n)+\mu(n+1)=0$，并给出证明.
13. 存在多少个连续整数使得对应的莫比乌斯函数 $\mu(n)$ 非零？
14. 存在多少个连续整数使得对应的莫比乌斯函数 $\mu(n)$ 为零？
15. 证明：如果 n 是一个正整数，那么 $\phi(n)=n\sum_{d \mid n}\mu(n)/d$.（提示：利用莫比乌斯反演公式.）
16. 利用莫比乌斯反演公式和 8.1 节所述的等式 $n=\sum_{d \mid n}\phi(n/d)$，证明下面的结论.

    a) 对任意素数 p 和正整数 t，有 $\phi(p^t)=p^t-p^{t-1}$.

    b) $\phi(n)$ 是乘性的.

17. 假设 f 是乘性函数且满足 $f(1)=1$，证明

$$\sum_{d \mid n}\mu(d)f(d)=(1-f(p_1))(1-f(p_2))\cdots(1-f(p_k)),$$

    其中 n 的素幂因子分解为 $n=p_1^{a_1}p_2^{a_2}\cdots p_k^{a_k}$.

18. 利用习题 17 求出对所有正整数 n，$\sum_{d \mid n}d\mu(d)$ 的简单公式.
19. 利用习题 17 求出对所有正整数 n，$\sum_{d \mid n}\mu(d)/d$ 的简单公式.
20. 利用习题 17 求出对所有正整数 n，$\sum_{d \mid n}\mu(d)\tau(d)$ 的简单公式.
21. 利用习题 17 求出对所有正整数 n，$\sum_{d \mid n}\mu(d)\sigma(d)$ 的简单公式.
22. 设 n 为正整数，证明

$$\prod_{d \mid n}\mu(d)=\begin{cases}-1, & \text{如果 } n \text{ 是素数；}\\ 0, & \text{如果 } n \text{ 含平方因子；}\\ 1, & \text{如果 } n \text{ 不含平方因子且是合数.}\end{cases}$$

23. 证明

$$\sum_{d\mid n}\mu^2(d) = 2^{\omega(n)},$$

其中$\omega(n)$是n中不同素因子的个数.

24. 用习题23和莫比乌斯反演公式证明

$$\mu^2(n) = \sum_{d\mid n}\mu(d)2^{\omega(n/d)}.$$

25. 证明对任意正整数n，有$\sum_{d\mid n}\mu(d)\lambda(d) = 2^{\omega(n)}$，其中$\omega(n)$是$n$中不同素因子的个数.（参看8.1节习题45前面导言中$\lambda(n)$的定义.）

26. 证明对任意正整数n，有$\sum_{d\mid n}\lambda(n/d)2^{\omega(d)} = 1$.

习题27～29利用8.1节习题里定义的狄利克雷积和狄利克雷逆函数的概念，给出了莫比乌斯反演公式和定理8.18的一个证明.

27. 证明莫比乌斯函数$\mu(n)$是函数$\nu(n)=1$的狄利克雷逆函数.

28. 用8.1节习题39和习题27证明莫比乌斯反演公式.

29. 如果$F=f*\nu$，其中对所有正整数n，有$\nu=1$，那么$f=F*\mu$，据此证明定理8.18.

Mangoldt函数Λ在正整数n上定义为

$$\Lambda(n) = \begin{cases}\log p, & \text{如果 } n = p^k\text{，其中 } p \text{ 是素数，} k \text{ 是正整数；}\\ 0, & \text{其他情形.}\end{cases}$$

30. 证明对任意正整数n，有$\sum_{d\mid n}\Lambda(d) = \log n$.

31. 用莫比乌斯反演公式和习题30证明

$$\Lambda(n) = -\sum_{d\mid n}\mu(d)\log d.$$

32. 找出“所有完全数均为偶数”这一论断“证明”中的错误.“证明”：如n为偶数，则$2n=\sum_{d\mid n}d$. 由莫比乌斯反演公式，$n=\sum_{d\mid n}\mu(n/d)2d$. 因该和式中每项均为偶数，故$n$为偶数.

对于复数ω，若$\omega^n=1$，但$\omega^k\neq 1$，$1\leqslant k\leqslant n-1$，则称其为$n$次本原单位根. 因$e^{2\pi i}=1$，故易知$n$次本原单位根恰为$\zeta^j$，其中$\zeta=e^{2\pi i/n}$，$1\leqslant j\leqslant n$且$(j,n)=1$. n阶分圆多项式$\Phi_n(x)$是以所有n次本原单位根为根的首一多项式，即$\Phi_n(x) = \prod_{\substack{1\leqslant j\leqslant n\\ (j,n)=1}}(x-\zeta^j)$.

☞ 33. a) 证明：当n为正整数时，$x^n-1=\prod_{d\mid n}\Phi_d(x)$.

b) 计算$\Phi_p(x)$，其中p为素数.

c) 计算$\Phi_{2p}(x)$，其中p为奇素数.

34. 设n为正整数，用莫比乌斯反演公式证明$\Phi_n(x)=\prod_{d\mid n}(x^d-1)^{\mu(n/d)}$.（提示：对习题33中a)的等式两边取对数.）

35. 设n为正整数，利用习题34的结论证明n阶分圆多项式$\Phi_n(x)$的系数为整数.

** 36. 设p，q为互异的奇素数，证明pq阶分圆多项式的系数是-1，0或1.

计算和研究

1. 求出$\mu(n)$在下列n处的值.

a) 421 602 180 943　　b) 186 728 732 190　　c) 737 842 183 177

2. 计算Mertens函数$M(n)$在下列各整数处的值.（见习题7前面导言中$M(n)$的定义.）

a) 1 000　　b) 10 000　　c) 100 000

3. 1897 年，F. Mertens 提出了一个著名猜想：对所有正整数 n，Mertens 函数 $M(n)$满足 $|M(n)|<\sqrt{n}$. 这被称为 Mertens 猜想，但被 A. Odlyzko 和 H. te Riele(见[Odte85])于 1985 年证否了. 找出尽可能大的整数 n 使得这个猜想成立. 不要想着找反例，因为使得这个猜想不成立的最小正整数也相当大. 已知在小于 $3.21\cdot 10^{64}$ 的正整数中存在反例. 在证明该猜想不成立之前，人们已经用计算机检验出直到整数 10^{10} 都是成立的. 这说明有时大量的证据反而是个误导，因为该猜想的最小反例处的整数太大了.
4. 对 $1\leqslant n\leqslant 50$ 计算 n 阶分圆多项式(见习题 33 的序言). (许多计算机的代数系统带有找分圆多项式的指令.)
5. 找出最小的整数 n，使得相应的 n 阶分圆多项式的系数不全是 0，±1. 找出最小的整数 n，使得相应的 n 阶分圆多项式的系数绝对值至少有一个大于或等于 10.

程序设计

1. 给定一个正整数 n，求 $\mu(n)$的值.
2. 给定一个正整数 n，求 $M(n)$的值.
3. 给定一个正整数 n，判断 Mertens 猜想是否对 n 成立，即是否有 $|M(n)|=\left|\sum_{i=1}^{n}\mu(i)\right|\leqslant\sqrt{n}$.
4. 给定一个正整数 n，试计算 n 阶分圆多项式.

8.5 拆分

一个正整数的拆分是指将其表为一些正整数的和，而不计其中的求和项的次序. 在本节中，我们将使用数论和组合学当中的一些思想来研究拆分. 这些是属于组合数论中的内容. 你会发现，拆分理论内容极为丰富且有很多令人惊讶的结果. 最早开始研究拆分的数学家是欧拉，他在各个方面都做出了奠基性的贡献. 特别要指出的是，今天不断出现的关于拆分的新发现使用了各种技巧，而这些技巧很多都是初等的.

我们从一些定义开始.

定义 一个正整数 n 的**拆分**是指将其表为一些正整数的和，而不计其中的求和项的次序. 对于一个拆分 λ，我们将其写为一个非递增的正整数序列$(\lambda_1, \lambda_2, \cdots, \lambda_r)$，其中 $\lambda_1+\lambda_2+\cdots+\lambda_r=n$. 整数 $\lambda_1, \lambda_2, \cdots, \lambda_r$ 称为拆分 λ 的**部分**.

例 8.18 序列(3, 1, 1)是 5 的一个拆分，因为 $3+1+1=5$ 且 $3\geqslant 1\geqslant 1$. 该拆分的各个部分为 3，1，1. 注意其中整数 1 作为部分出现了两次，这表明拆分不同部分可能是一样的. ◀

另外一种确定一个整数的拆分的方法是标明每一个整数作为部分出现的次数. 即我们在指定拆分 n 时，将 n 写成 $n=k_1a_1+k_2a_2+\cdots+k_ia_i+\cdots$，其中 $a_1, a_2, \cdots$为互异的非负递增的整数. 这里整数 k_i 被称为是 a_i 的频率. 它是 a_i 在拆分中出现的次数. 例如，$1\cdot 4+3\cdot 3+3\cdot 2+2\cdot 1$ 对应于拆分(4, 3, 3, 3, 2, 2, 2, 1, 1)，其中 4，3，2，1 的频率分别是 1，3，3，2.

下面将研究计算各种不同类型拆分数的算术函数，我们将介绍其中最重要的几种.

定义 n 的不同拆分的数目记为 $p(n)$，称 $p(n)$为**拆分函数**，定义 $p(0)=1$. 这种规定是合理的，因为 0 只有一种拆分，即空拆分没有部分.

例 8.19 $p(4)=5$，因为 4 的拆分有 5 个，即(4)，(3, 1)，(2, 2)，(2, 1, 1)和(1, 1, 1, 1)，而 $p(7)=15$，因为 7 有 15 个不同的拆分，它们是(7)，(6, 1)，(5, 2)，(5, 1, 1)，

(4，3)，(4，2，1)，(4，1，1，1)，(3，3，1)，(3，2，2)，(3，2，1，1)，(3，1，1，1，1)，(2，2，2，1)，(2，2，1，1，1)，(2，1，1，1，1，1)以及(1，1，1，1，1，1，1). ◀

为找出 $p(n)$，我们无须将 n 的所有拆分一一列出，在本节后面(定理 8.26)我们将通过一种递归关系来计算 $p(n)$. 这种递归关系曾被用来计算 $p(n)$直到 $n=25\,000\,000$. 可以证明 n 的拆分数增长得非常快，这一点可通过哈代与拉马努金在 1918 年给出的渐近公式 $p(n)\sim\frac{e^{\pi\sqrt{2n/3}}}{4n\sqrt{3}}$看出(参考[An76]中该公式及其证明)，该渐近公式能很好地逼近 $p(n)$. 例如，$p(1\,000)=24\,061\,467\,864\,032\,622\,473\,692\,149\,727\,991\approx 2.406\,1\times 10^{31}$，而$\frac{e^{\pi\sqrt{2\cdot 1\,000/3}}}{4\cdot 1\,000\sqrt{3}}$大约是 $2.440\,2\times 10^{31}$. Rademacher 于 1937 年给出了 $p(n)$的精确公式，该公式用一收敛级数各项的值表示 $p(n)$，但其中的每一项都很复杂.（这里不会给出主项. 若感兴趣可上网查询.）而且该精确公式无法用来实际计算 $p(n)$.（因含有一些超越函数.）

8.5.1 有限制的拆分

拆分函数 $p(n)$计算的是 n 的所有拆分的数目，除了要求各部分是正整数外并无别的限制，因此我们称 $p(n)$计算的是 n 的无限制拆分的数目. 下面我们将介绍一些相关的函数，它们计算的是各种有限制的拆分，即拆分的各部分要满足一个或多个条件. 读者请注意这些记法并不统一，不同的著者可能采用不同的记号来表示这些函数.

定义 令 S 为正整数集合的一个子集，m 为正整数. 定义

$p_S(n)$＝将 n 拆分为 S 中的部分的拆分数目.

$p^D(n)$＝将 n 拆分为不同部分的拆分数目.

$p_m(n)$＝将 n 拆分为大于或等于 m 的部分的拆分数目.

联合上述记号我们进一步定义

$p_S^D(n)$＝将 n 拆分为 S 中不同部分的拆分数目.

$p_m^D(n)$＝将 n 拆分为大于或等于 m 的不同部分的拆分数目.

$p_{m,S}(n)$＝将 n 拆分为 S 中大于或等于 m 的部分的拆分数目.

$p_{m,S}^D(n)$＝将 n 拆分为 S 中大于或等于 m 的不同部分的拆分数目.

如果记所有的奇整数集合为 O，记所有的偶整数集合为 E，那么利用上述记号，$p_O(n)$表示将 n 拆分为奇数部分的拆分数目，而 $p_E(n)$表示将 n 拆分为偶数部分的拆分数目.

后文中若有些不同于以上的受限制的拆分出现，则不再引入新的记号，而是统一采用 $p(n\,|$限制条件$)$表示 n 的满足特定条件的拆分数目，如 $p(n\,|$没有部分出现一次$)$，$p(n\,|$每个部分出现偶数次$)$，$p(n\,|$没有偶数部分重复$)$，等等.

例 8.20 在例 8.19 中我们列出了 7 的所有拆分，则 $p_O(7)=5$，$p^D(7)=5$，$p_2(7)=4$，这是因为所有部分均为奇数的拆分是(7)，(5，1，1)，(3，3，1)，(3，1，1，1，1)和(1，1，1，1，1，1，1). 拆分为不同部分的拆分是(7)，(6，1)，(5，2)，(4，3)以及(4，2，1). 拆分中的部分至少为 2 的拆分是(7)，(5，2)，(4，3)以及(3，2，2). 因为 7

没有全是偶数的拆分，所以 $p_E(7)=0$.

因为 7 只有一个拆分为不同的奇数的拆分，即(7)，故 $p_O^D(7)=1$. 同样 $p(n \mid$ 没有部分只出现一次$)=2$，这是由于 7 的拆分中只有(2，2，1，1，1)，(1，1，1，1，1，1，1)中每个部分出现一次以上. ◀

8.5.2 费勒斯图

接下来我们将介绍一种由英国数学家诺曼·费勒斯提出的用图形来表达拆分的方法. 为描述拆分$n=\lambda_1+\lambda_2+\cdots+\lambda_k$，其中$\lambda_1 \geqslant \lambda_2 \geqslant \cdots \geqslant \lambda_k$，我们画出一个 k 行的点阵，其在第 j 行有 λ_j 个点，每行点列均居左对齐. 这种描述拆分的图称为*费勒斯图*(Ferrers diagram).

诺曼·麦克劳得·费勒斯(Norman Macleod Ferrers，1829—1913)生于英格兰的格洛斯特郡，是一个富裕家庭的独子. 他的父亲是来自伦敦的股票经纪人，母亲来自赫布里底群岛. 费勒斯 1844 年到 1846 年在伊顿学习，1846 年到 1847 年他师从数学家 Havey Goodwin. 1847 年，他进入了剑桥大学的冈维尔与凯斯学院学习. 费勒斯是一个有数学天分的学生，在他的班级里名列前茅，并在 1852 年被推举为他们学院的会员. 随后，费勒斯搬到了伦敦，在那里他完成了在法律方面的学业，然而他并不愿意从事法律方面的工作，于是他回到了剑桥大学学习神职. 然后，他再次改变了专业，因为在数学上的声誉他获得了在剑桥大学的终身数学教职. 费勒斯因其生动的表达而著称，他被称为是全校最好的授课者. 费勒斯也因是一名大学改革派而著名. 1884 年他被委任为剑桥大学副校长. 费勒斯于 1886 年结婚，他和他的妻子艾米莉共有 5 个孩子. 1877 年他被推选为皇家学会成员.

费勒斯写过的好几本书及不少论文是关于拉格朗日方程、球谐函数、三线性和四点面坐标以及流体力学的，然而在他所出版的著作中却找不到在今天留名的费勒斯图. 费勒斯图是他在剑桥大学 1847 年的一次拔优考试中引入的. (这种拔优考试是剑桥大学在一些特定的项目上为本科生举办的. 作为本科生学士学位或某些荣誉学位的资格考试.)我们也仅是通过西尔韦斯特的记叙才知道了费勒斯在拆分研究中的奠基性工作. 费勒斯对西尔韦斯特将这个想法归功于自己表示了感谢，并对他的这一想法在研究拆分工作中的广泛应用而感到高兴.

例 8.21 图 8.2 中是 10 的拆分(5，2，1，1，1)，(4，4，2)以及(3，3，3，1)所对应的费勒斯图.

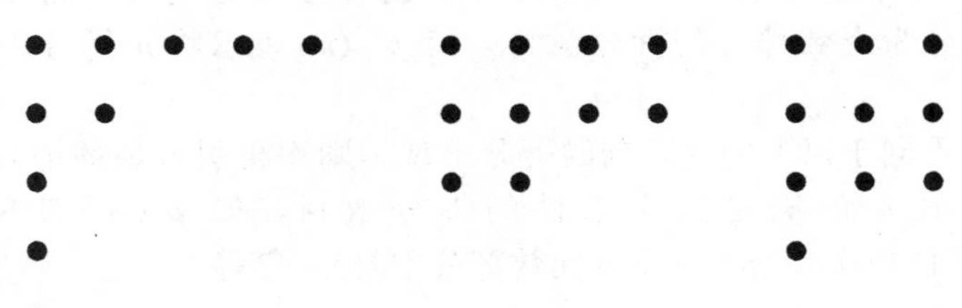

图 8.2 (5，2，1，1，1)，(4，4，2)及(3，3，3，1)对应的费勒斯图 ◀

下面将研究互换某给定拆分的费勒斯图中的行或列所产生的新拆分.

定义 给定义拆分$n=\lambda_1+\lambda_2+\cdots+\lambda_r$，其中$\lambda_1\geqslant\lambda_2\geqslant\cdots\geqslant\lambda_r$，定义$\lambda$的**共轭**为$\lambda'=\lambda'_1+\lambda'_2+\cdots+\lambda'_s$，其中$\lambda'_i$为拆分$\lambda$中至少为$i$的部分的数目．一个拆分称为是**自共轭的**，如果它与它的共轭相同．

例 8.22 考虑$n=14$的拆分$\lambda=(4,4,3,2,1)$．λ的所有5个部分均至少为1，有4个部分至少为2，有3个部分至少为3，有2个部分至少为4，故λ的共轭λ'为$(5,4,3,2)$．

为弄明白为何λ的共轭λ'亦是n的一个拆分，可参看费勒斯图．λ'的费勒斯图的第i行的点数恰与λ的费勒斯图的第i列的点数一致，这是因为第i列的点数与至少有i个点的行数相等．所以λ'的费勒斯图通过可由λ的费勒斯图通过行列互换得到．（从几何上看，将λ的费勒斯图沿着从左上角到右下角的对角线做翻转即可得到λ'的费勒斯图．）所以这两个图中的点数是一样的，而且我们可以看到共轭λ'的部分是以非递增顺序排列的，这是由于当$i<j$时，λ中至少为j的部分的数目不会超过至少为i的部分的数目．

例 8.23 下面将给出例 8.21 的图 8.3 中的三幅费勒斯图的共轭．经过行列互换后可以看到拆分$(5,2,1,1,1)$的共轭是其自身，故它是自共轭的．$(4,4,2)$及$(3,3,3,1)$的共轭分别是$(3,3,2,2)$和$(4,3,3)$，故均非自共轭．

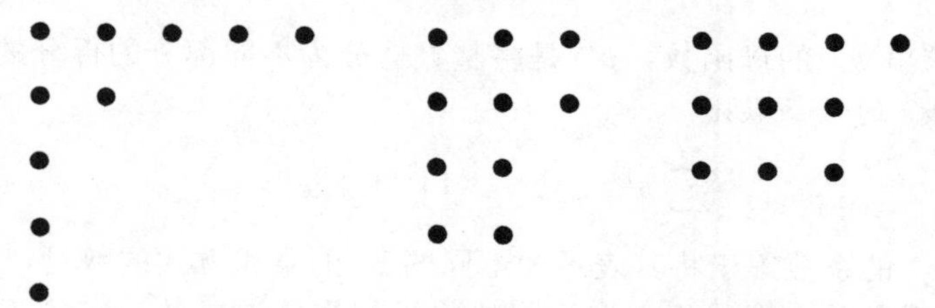

图 8.3 例 8.21 中拆分的共轭的费勒斯图

费勒斯图对于证明关于计算各种拆分函数的等式很有用，我们将在下面的例子中表明这一点．

定理 8.19 如果n为正整数，那么将n拆分为最大部分为r的拆分数目等于将n拆分为r部分的拆分数目．

证明 如λ是n的一个最大部分为r的拆分，则其费勒斯图正好有r列，互换其行列，则可得到其共轭拆分的费勒斯图，故该共轭拆分的费勒斯图共有r行，这意味着它是一个恰有r个部分的拆分的费勒斯图．更进一步，这种对应关系可以倒过来说，故我们建立了一个n的最大部分是r的拆分与恰有r个部分的拆分之间的一一对应关系．证毕． ■

8.5.3 使用母函数研究拆分

我们要考察的母函数是一种研究序列性质，特别是来自组合问题的序列的性质的重要工具．序列$a_n(n=0,1,2,3,\cdots)$的母函数(generating function)是幂级数$\sum_{n=0}^{\infty}a_nx^n$．在本书中，我们将只限于将母函数视为形式幂级数．这就是说，对于形式幂级数我们使用与多项式相同的运算规则，并以此来探索幂级数各项系数的编码．我们不会在此研究这些级数的收敛性. 母函数可以用来证明许多有趣的关于拆分的等式，而使用分析中的技巧(参看[An76]和[Gr82])，母函数可用来证明不少关于拆分的深奥定理.

首先，我们来研究无限制整数拆分数目的母函数.

定理 8.20 $p(n)$的母函数是

$$\sum_{n=0}^{\infty} p(n)x^n = \prod_{j=1}^{\infty} \frac{1}{1-x^j} = \prod_{j=1}^{\infty}(1+x^j+x^{2j}+\cdots+x^{kj}+\cdots).$$

证明 我们需要证明对任意正整数 n，上面等式右端母函数中 x^n 的系数等于 $p(n)$. 注意对任意固定值 j，$\frac{1}{1-x^j}$的母函数是 $1+x^j+x^{2j}+\cdots+x^{kj}+\cdots$，因此

$$\prod_{j=1}^{\infty} \frac{1}{1-x^j} = \prod_{j=1}^{\infty}(1+x^j+x^{2j}+\cdots+x^{kj}+\cdots).$$

将该乘积展开，则展开后和式中的每一项来自对每个正整数 j 选取形如 x^{kj} 的因子然后将这些项乘起来. 故母函数中 x^n 的系数为方程 $k_1a_1+k_2a_2+\cdots=n$ 的解的个数，其中 a_i 为正整数，若 $i\neq j$，则 $a_i\neq a_j$，而 k_j 为非负整数. 在上文中提过，该方程恰有 $p(n)$个这样的解，因该方程的解可与 n 的拆分一一对应，其中 k_i 为部分 a_i 的出现次数，故命题得证. ■

下面我们将求出 p^D 的母函数，p^D 是将整数拆分为不同部分的拆分的数目.

定理 8.21 p^D 的母函数是

$$\sum_{n=0}^{\infty} p^D(n)x^n = \prod_{j=1}^{\infty}(1+x^j).$$

证明 注意 x^n 的系数等于将其表示为不同的x^j 的乘积方式的数目，其中j 为正整数，故在和式中 x^n 的系数是右端乘积中将不同的因子相乘后形成的，它等于将 n 表示为不同正整数的和的方式的数目. 该系数恰为 $p^D(n)$. 定理得证. ■

很容易将定理 8.20 和定理 8.21 推广到 n 的受限制拆分上，如各部分都来自正整数集的某一子集 S. 定理 8.22 给出了这一推广，其证明留作习题.

定理 8.22 设 S 为正整数集合的子集，则将 n 写为 S 中数的和的方式的数目 $p_S(n)$的母函数以及将 n 写为 S 中不同数的和的方式的数目 $p_S^D(n)$的母函数分别是

$$\sum_{n=0}^{\infty} p_S(n)x^n = \prod_{j\in S} \frac{1}{1-x^j},$$

$$\sum_{n=0}^{\infty} p_S^D(n)x^n = \prod_{j\in S}(1+x^j).$$

下面的定理显示了母函数是如何用于证明一些关于拆分的有趣的理论的. 在例 8.20 中，7 有 5 种拆分为奇数部分之和的方式，也有 5 种拆分为不同部分之和的方式，即 $p_O(7)=p^D(7)=5$，这并非巧合，接下来的定理会阐明这一点.

定理 8.23(欧拉等分定理) 设 n 为正整数，则 $p_O(n)=p^D(n)$，即将 n 拆分为奇数部分之和的拆分数目与将n 拆分为不同部分之和的拆分数目相同.

证明 我们将采取与欧拉相同的证法，要证明 $p_O(n)$和 $p^D(n)$的母函数实质上是一样的，即使它们对应的无限乘积的表达式看起来并不一样.

由定理 8.21 及定理 8.22 可知，$\sum_{n=0}^{\infty} p^D(n)x^n = \prod_{i=1}^{\infty}(1+x^i)$ 以及 $\sum_{n=0}^{\infty} p_O(n)x^n = \prod_{j\in O}\frac{1}{1-x^j} = \prod_{i=1}^{\infty}\frac{1}{1-x^{2i-1}}$. 下面将证明这两个无限乘积相等. 为此首先注意到

$$\prod_{i=1}^{\infty}(1+x^i) = \prod_{i=1}^{\infty}\frac{1-x^{2i}}{1-x^i},$$

这是因为$(1+x^i)(1-x^i)=1-x^{2i}$. 其次因为乘积里分子和分母中的因子 $1-x^{2i}$ 都可以被约掉，故有

$$\prod_{i=1}^{\infty}\frac{1-x^{2i}}{1-x^i} = \frac{1-x^2}{1-x}\cdot\frac{1-x^4}{1-x^2}\cdot\frac{1-x^6}{1-x^3}\cdots = \prod_{i=1}^{\infty}\frac{1}{1-x^{2i-1}}.$$

综上，可推断出 $\prod_{i=1}^{\infty}(1+x^i) = \prod_{i=1}^{\infty}\frac{1}{1-x^{2i-1}}$.

我们已经证明 $p_O(n)$与 $p^D(n)$的母函数相同，这表明 $p_O(n)=p^D(n)$对所有正整数 n 成立. ■

另外一种证明欧拉等分定理的方法是找到这两种拆分之间的一一对应关系，在习题 32 中我们概述了此种方法. 虽然找出两种拆分之间的一一对应关系能够使我们加深对这些拆分等式的理解，但是利用母函数来证明往往要简单些. 实际上，数学家常常是在用母函数证明了这些拆分等式之后再来找出它们之间的一一对应关系从而解释这些等式.

8.5.4 欧拉五边形数定理

下面我们将注意力转向欧拉的另一个关于拆分的发现，这个令人惊讶的发现有着很重要的应用. 由定理 8.21 可知，$\prod_{i=1}^{\infty}(1+x^i) = \sum_{n=1}^{\infty} p^D(n)x^n$，如果将无穷乘积中的加号换成减号得到 $\prod_{i=1}^{\infty}(1-x^i)$，这将会有什么性质？其母函数是什么？下面的定理回答了这个问题.

定理 8.24 我们有 $\prod_{i=1}^{\infty}(1-x^i) = \sum_{n=1}^{\infty} a_n x^n$，其中 $a_n = p(n\mid$拆分为偶数个不同部分之和$)-p(n\mid$拆分为奇数个不同部分之和$)$.

证明 在将左端无穷乘积展开后，考虑母函数中 x^n 的系数的生成，其来自将 n 拆分为不同整数的拆分，并且如果是偶数个不同部分之和则符号为$+1$，如果是奇数个不同部分之和则符号为-1，故母函数中 x^n 的系数为 $p(n\mid$拆分为偶数个不同部分之和$)-p(n\mid$拆分为奇数个不同部分之和$)$. ■

欧拉发现定理 8.24 中的母函数中的系数有一个简单的表达式.

定理 8.25(欧拉五边形数定理) 设 n 为正整数，则当 $n=k(3k\pm1)/2$ 且 k 为正整数时，$p(n\mid$拆分为偶数个不同部分之和$)-p(n\mid$拆分为奇数个不同部分之和$)=(-1)^k$，否则为 0，即 $\prod_{i=1}^{\infty}(1-x^i) = \sum_{n=-\infty}^{\infty}(-1)^n x^{n(3n-1)/2} = 1+\sum_{n=1}^{\infty}(-1)^n x^{n(3n-1)/2}(1+x^n)$.

注 欧拉利用了母函数来证明定理 8.25，但此处我们给出一个由 Fabian Franklin 在 1881 年发现的更简单的证明. Franklin 是约翰·霍普金斯大学的一位教授，这个巧妙的证明常作为第一个由美国数学家做出的实质性贡献而被提及.

证明 我们将建立一个偶数个不同部分的拆分与奇数个不同部分的拆分之间的对应关系，然后证明若 $n \neq k(3k \pm 1)/2$，其中 k 为某个正整数，则该对应是一一对应. 在这种情况下，其中一种拆分中含有一个额外的拆分.

我们将利用 n 的一个拆分的费勒斯图来建立这种对应. 考察图中的两个部分，一个是图中的最后一行有 b 个点，一个是从第一行的最右端到最后一行的最左端(即右上角到左下角)的对角线 D 有 k 个点，这条对角线从第一行开始由所有比上一行恰少一个点的行的最后一点构成.

现在依照该拆分的费勒斯图来构造一个新的费勒斯图. 当 $b \leqslant k$ 时，我们移动最后一行的点，将它们分别置于前 b 行的最后(因 $b \leqslant k$，故这些点都能被放下). 这样相当于在对角线 D 的右边添加了新的对角斜边，新的费勒斯图代表着一个有着不同部分的拆分，当 $b > k$ 时，将 D 中的点移至最下使之成为新费勒斯图的最后一行，显然这一行的点数比其上一行的点数要少. 读者可以验证，这两种操作都是将有偶数个不同部分的拆分转换为有奇数个不同部分的拆分，反之亦然. 这就建立了一种一一对应关系，下面的图 8.4 表明了这一点.

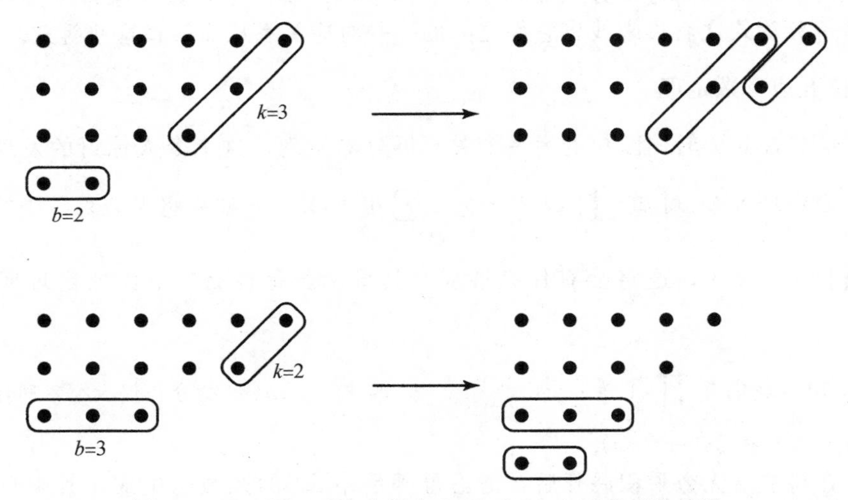

图 8.4 Franklin 对应分别在 $b<k$ 和 $b>k$ 时的两种情形

这里有两种特殊情形，即 $b=k$ 或 $b=k+1$ 时，会有一个拆分无法被转换为与其有不同奇偶数个部分的拆分，这种情形发生在 D 以及最后一行有公共点这两种情况下. 当 $b=k$ 时，费勒斯图有 k 行，最后一行有 k 个点，其余每行都比其下一行多一个点，故 $n=k+(k+1)+\cdots+(2k-1)=\sum_{j=1}^{2k-1} j-\sum_{j=1}^{k} j=(2k-1)2k/2-(k-1)k/2=k(3k-1)/2$(此处我们利用了例 1.20 中的公式). 同样，当 $b=k+1$ 时，费勒斯图有 k 行，最后一行有 $k+1$ 个点，其余各行均比下面的行多一个点，故 $n=(k+1)+(k+2)+\cdots+2k=\sum_{j=1}^{2k}j-\sum_{j=1}^{k}j=2k(2k+1)/2-k(k+1)/2=k(3k+1)/2$.

$n=k(3k\pm1)/2$ 时，具有奇数个不同部分的拆分数与有偶数个不同部分的拆分数之差为 $(-1)^k$，n 为其他值时，该差值为 0. ∎

当 $n=k(3k\pm1)/2$（k 为某一正整数）时，这种特殊情形是该定理被称为欧拉五边形数定理的原因. 回顾（由 1.2 节的习题 10）$p_k=k(3k-1)/2$ 是计算 n 个内接五边形内点数的第 k 个五边形数，我们将其下角标扩充到负整数上，即 $p_{-k}=-k(-3k-1)/2=k(3k+1)/2$. 那么 $p_k(k=0,\pm1,\pm2,\cdots)$ 被称为是广义五边形数，故定理 8.25 中的特殊情形恰好对应于 n 为广义五边形数时的情况.

欧拉五边形数定理的一个精彩结果是关于 $p(n)$ 的递推关系式，它也是由欧拉发现的.

定理 8.26（欧拉拆分公式） 设 n 为正整数，则 $p(n)=p(n-1)+p(n-2)-p(n-5)-p(n-7)+p(n-12)+p(n-15)-\cdots+(-1)^{k-1}[p(n-(k(3k-1)/2))+p(n-(k(3k+1)/2))]+\cdots$.

注 对于 $n<0$，$p(n)=0$. 因此欧拉拆分公式右端的项（随 k 增大）会逐步全变成 0. 故该级数求和实际只有有限项，使得该求和可行.

证明 利用无穷乘积的展开式 $\sum_{n=1}^{\infty}p(n)x^n=\prod_{i=1}^{\infty}\frac{1}{1-x^i}$ 以及欧拉五边形数定理 $\prod_{i=1}^{\infty}(1-x^i)=1+\sum_{n=1}^{\infty}(-1)^n x^{n(3n-1)/2}(1+x^n)$，我们有

$$1=\prod_{i=1}^{\infty}\frac{1}{1-x^i}\prod_{i=1}^{\infty}(1-x^i)=\left(\sum_{n=0}^{\infty}p(n)x^n\right)\left(1+\sum_{n=1}^{\infty}(-1)^n x^{n(3n-1)/2}(1+x^n)\right).$$

对 $n>0$，比较等式两端关于 x^n 的系数，有

$$0=p(n)-p(n-1)-p(n-2)+p(n-5)+p(n-7)-\cdots+(-1)^k p(n-k(3k-1)/2)+(-1)^k p(n-k(3k+1)/2)+\cdots$$

通过最后的等式解出 $p(n)$ 即可完成证明. ∎

在 19 世纪末，Percy MacMahon 利用欧拉拆分公式对 $1\leqslant n\leqslant200$ 计算了 $p(n)$，得到 $P(200)=3\,972\,999\,029\,388$. 令人惊讶的是，欧拉的递推关系式是目前所知最为有效的计算 $p(n)$ 的方法，可以证明（参看习题 38）这种方法计算 $p(n)$ 需要 $O(n^{3/2})$ 次位运算.

8.5.5 拉马努金的贡献

著名的印度数学家拉马努金（Srinivasa Ramanujan）对拆分理论有不少重要的贡献，我们将简略介绍其中的一些.

拆分函数所满足的同余关系是拉马努金所做的关于拆分的诸多令人惊讶的发现之一，特别是他证明了对所有的正整数 k，有

$$p(5k+4)\equiv0\pmod 5,$$
$$p(7k+5)\equiv0\pmod 7,$$
$$p(11k+6)\equiv0\pmod{11}.$$

在[An76]中可找到这些同余式的初等证明，这里不再给出.

形如 $p(ak+b)\equiv 0 \pmod{m}$ 的同余式(其中 a，b，m 为正整数)被称作是拉马努金同余式．拉马努金和其他的一些数学家对 5，7，11 和 13 的幂证明了此类同余式．许多年以来大家都认为除了这些素数幂模外没有别的拉马努金同余式了，但在 2000 年小野健(Ken Ono)证明了一个令人惊讶的结果．他利用模形式的理论证明了对所有的素数 $p\geqslant 5$，模 p 存在拉马努金同余式．随后不久，Scott Algren 证明了对所有的模 m(m 是与 6 互素的整数)有这种同余式．小野健所发现的这些拉马努金同余式比拉马努金所给出的要复杂得多，例如，小野健的工作表明：

$$p(11\,864\,749k+56\,062)\equiv 0 \pmod{13}$$
$$p(48\,037\,937k+1\,122\,838)\equiv 0 \pmod{17}.$$

小野健(KEN ONO，1968—)，著名数学家小野隆之子，他是日本移民，在美国马里兰州托森长大．他的父亲受 J. Robert Oppenheimer 邀请来到普林斯顿高等研究院，他期望他的儿子追随自己的脚步．根据小野健的说法，他的母亲是个“虎妈”，阻碍他对社交和体育活动的兴趣．

为了逃避父母的期望，高中他辍学了，但后来他被芝加哥大学录取，并在 1989 年获得学士学位．在大学期间，他参加了自行车比赛，后来成为了一名专业的自行车手．尽管本科期间他的成绩平平，以懒散著称，但他在 Paul Sally 教授的研究生课程中表现不错．Paul Sally 教授对小野健特别感兴趣，并帮助他进入加州大学洛杉矶分校攻读数学研究生．在加州大学洛杉矶分校，小野健引起了巴兹尔·戈登(Basil Gordon)的注意．戈登邀请小野健和他一起工作，他还带小野健去海滩散步看日落，并教小野健欣赏艺术和音乐．与戈登的合作培养了小野健对数学的热情。小野健于 1993 年获得博士学位，其论文是关于模形式和伽罗瓦表示论的。同时小野健在洛杉矶继续保持了他对自行车比赛的热情．

小野健曾在佐治亚大学(1993—1994)、伊利诺伊大学(1994—1995)和普林斯顿高等研究院(1995—1997)任职。在证明了拉马努金的一些猜想后，他逐渐有了些名气．他后来曾在宾夕法尼亚州立大学(1997—1999)和威斯康星大学(1999—2000)任教，2010 年加入埃默里大学的一个数论小组．2019 年他离开埃默里大学，成为弗吉尼亚州大学数学系主任．

小野健的研究涉及整数拆分、椭圆曲线、L-函数和模形式．他出版了几本书，发表了 170 多篇文章．2000 年，他极大地扩展了整数拆分理论中的同余集．2011 年小野健和德国数学家 Jan Hendrik Bruinier 推导出将 $p(n)$ 表示为一些代数数的有限和的一个算术公式．2014 年小野健宣布他和奥勒·沃纳(S. Ole Warnaar)、迈克尔·格里芬(Michael Griffin)为罗杰斯-拉马努金等式及相关算术性质找到了一个框架，解开了源于拉马努金笔记中的一个长期谜团．在他迷茫时，小野健从拉马努金的故事中获得了动力．他第一次知道拉马努金，是他的父亲给他看了拉马努金遗孀寄来的一封信，感谢老小野为建造拉马努金纪念碑的基金捐款．随着小野健知晓更多关于拉马努金的事迹，他的职业生涯一定程度建立在拉马努金的洞察之上．

小野健在 2013 年的纪录片《天才拉马努金》(*The Genius of Srinivasa Ramanujan*)中出力颇多．2014 年，他担任《知无涯者》(*The Man Who Knew Infinity*)的数学顾问和副制片人，这是一部关于拉马努金的电影(可能是有史以来最好的关于数学家的电影)。小野健指导演员德夫·帕特尔(Dev Patel)和杰里米·艾恩斯(Jeremy Irons)分别扮演拉马努金和 G. H. 哈代，教他们如何像数学家一样行事．对于数学家来说，观看这部电影颇多乐趣．

> 在他的回忆录《寻找拉马努金：我如何学会计数》(*My Search for Ramanujan*：*How I Learned to Count*，与阿米尔·D. 阿克泽尔合著)中，小野健将拉马努金的生活和他自己的成功之路联系起来. 他写的这本书展示了自己的弱点和挣扎，也说明了失败乃成功之母. 小野健花了大量时间指导学生. 他创设了一个“Spirit of Ramanujan Math Talent Initiative”的机构，并担任负责人. 该机构致力于“发掘世界各地的数学天才，并为他们提供进步的机会”. 小野健觉得因为有拉马努金做自己的守护天使，一切对他来说都很顺利. 当告诉学生自己的成功是多么困难时，他觉得自己似乎是一个更好的老师.
>
> 小野健获得了许多荣誉和奖项，包括 2000 年的总统早期职业奖、2003 年的古根海姆奖学金和 2017 年的国际科学电影节技术奖. 他大部分业余时间都在户外享受骑自行车、跑步、游泳、冲浪和潜水. 他是一名铁人三项运动员，曾代表美国队参加了三届国际铁人三项锦标赛. 小野健和他的妻子 Erika 有两个孩子；他们的女儿 Aspen 是一名很有实力的花样滑冰运动员，儿子 Sage 获得过游泳冠军.

拉马努金比较有名的工作之一是为两个最初被英国数学家 Leonard James Rogers 在 1890 年发现的重要拆分恒等式带来了新生，在拉马努金重新发现这些等式之前它们鲜为人知，读者可在[An76]查阅它们的证明.

定理 8.27(第一 Rogers-Ramanujan 恒等式)　设 n 为正整数，则将其拆分为不同部分之和且各部分相差至少为 2 的拆分数与将 n 拆分为模 5 余 4 或 1 的部分之和的拆分数相等.

定理 8.28(第二 Rogers-Ramanujan 恒等式)　设 n 为正整数，则将 n 拆分为不同部分之和而各部分至少为 2 且有两部分相差为 2 的拆分数，与将 n 拆分为模 5 余 2 或 3 的部分之和的拆分数相等.

Rogers-Ramanujan 恒等式有许多不同方向的推广，对此类恒等式的研究也一直很活跃.

拉马努金提出的最有趣的未经证实的说法之一是正整数 n 的拆分数可以表示为和的形式. 这个问题直到 2011 年小野健和德国数学家 Jan Hendrik Bruinier 发现了一个 $p(n)$ 的算术公式才得以解决，该公式是代数数的有限和，这些代数数涉及 Eisenstein 和的值和 Dedekind η 函数. 小野健和他的合作者的这个结果表明，$p(n)$ 具有分形结构，其值在整数上与不同的素数幂相关.

本节中我们仅涉及了关于拆分理论的一些较为粗略的知识，有兴趣的读者可参考[AnEr04]或[An76]进一步了解拆分理论.

8.5 节习题

1. 通过列出 n 的所有拆分来计算 $p(n)$，n 分别取下列值：

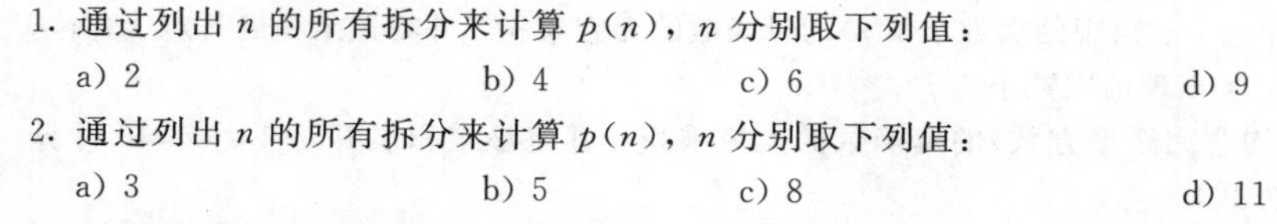

   a) 2　　b) 4　　c) 6　　d) 9
2. 通过列出 n 的所有拆分来计算 $p(n)$，n 分别取下列值：
   a) 3　　b) 5　　c) 8　　d) 11
3. 利用习题 1c)的结果计算 $p_O(6)$，$p^D(6)$以及 $p_2(6)$.
4. 利用习题 2c)的结果计算 $p_O(8)$，$p^D(8)$以及 $p_2(8)$.
5. 利用习题 1d)的结果计算下列值.
   a) $p_O(9)$　　b) $p_E(9)$　　c) $p_{\{m \mid m\equiv 1 \pmod 3\}}(9)$　　d) $p^D(9)$

e) $p_2(9)$ f) $p_O^D(9)$ g) $p_2^D(9)$ h) $p_{2,O}(9)$

6. 利用习题 2d)的结果计算下列值.

a) $p_O(11)$ b) $p_E(11)$ c) $p_{\{m \mid m\equiv1(\mathrm{mod}\ 3)\}}(11)$ d) $p^D(11)$

e) $p_2(11)$ f) $p_O^D(11)$ g) $p_3^D(11)$ h) $p_{3,O}(11)$

将 n 分解为恰好 k 个部分之和的拆分数记为 $p(n, k)$.

7. 证明：若 n 为正整数，则 $\sum_{k=1}^{n} p(n, k) = p(n)$.

8. 对 $k=1, 2, 3, 4$，计算 $p(4, k)$，并验证 $\sum_{k=1}^{4} p(n, k) = p(4)$.

9. 对 $k=1, 2, 3, 4, 5$，计算 $p(5, k)$，并验证 $\sum_{k=1}^{5} p(n, k) = p(5)$.

10. 证明若 n 是正整数，则 $p(n, k)$满足下列递推关系式：

$p(1, 1)=1$；如果 $k>n$ 或 $k=0$，则 $p(n, k)=0$；如果 $n\geqslant2$ 且 $1\leqslant k\leqslant n$，则 $p(n, k)=p(n-1, k-1)+p(n-k, k)$.

11. 求出将正整数 n 拆分为两部分之和的拆分数的公式.

12. 求出将 n 拆分为一个数(即 n 本身)的共轭拆分.

13. 求出 15 的下列拆分的共轭拆分，并由此检验这些拆分是否为自共轭的.

a) 6, 4, 2, 2, 1 b) 8, 7 c) 4, 3, 3, 2, 1, 1, 1 d) 2, 2, 2, 2, 2, 1, 1, 1, 1, 1

14. 求出 16 的下列拆分的共轭拆分，并由此检验这些拆分是否为自共轭的.

a) 5, 4, 2, 2, 2, 1 b) 11, 5 c) 5, 5, 2, 2, 1, 1 d) 3, 3, 3, 3, 3, 1

15. 求出 15 所有的自共轭拆分.

16. 求出 16 所有的自共轭拆分.

17. 利用费勒斯图证明 $p(n \mid$ 拆分为最多 m 部分$)=p(n \mid$ 没有大于 m 的部分)，其中 n 和 m 是正整数，且 $1\leqslant m\leqslant n$.

18. 利用费勒斯图证明 $p^D(n)=p(n \mid$ 拆分的部分从 1 开始到最大的部分之间没有间断).

19. 求出 $p(n \mid$ 各部分为 2 的不同方幂)的无穷乘积形式的母函数. 利用定理 2.1 求出该无穷乘积所对应的母函数.

20. 求出对应于 $p_{\{k \mid k\equiv1(\mathrm{mod}\ 3)\}}(n)$的母函数的无穷乘积，并将该乘积展开计算 $p_{\{k \mid k\equiv1(\mathrm{mod}\ 3)\}}(n)(1\leqslant n\leqslant16)$.

21. 求出对应于 $p(n \mid$ 偶数部分无重复)的母函数的无穷乘积，并将该乘积展开对 $1\leqslant n\leqslant10$ 计算 $p(n \mid$ 偶数部分无重复).

22. 求出对应于 $p(n \mid$ 各部分的重复不超过 d 次)的母函数的无穷乘积. 并将该乘积展开对 $1\leqslant n\leqslant10$ 计算 $p(n \mid$ 各部分的重复不超过 3 次).

23. 求出对应于 $p_{\{k \mid d\nmid k\}}(n)$的母函数的无穷乘积，其中 n 的各部分均不是 d 的倍数，d 是正整数，并将该乘积展开对 $1\leqslant n\leqslant10$ 计算 $p_{\{k \mid 4\nmid k\}}(n)$.

24. 求出对应于 $p(n \mid$ 对所有的 j，j 出现的次数小于 j)的母函数的无穷乘积，并将该乘积展开对 $1\leqslant n\leqslant10$ 计算 $p(n \mid$ 对所有的 j，j 出现的次数小于 j).

25. 求出对应于 $p(n \mid$ 各部分均非完全平方数)的母函数的无穷乘积，并将该乘积展开对 $1\leqslant n\leqslant10$ 计算 $p(n \mid$ 各部分均非完全平方数).

26. 利用习题 21、习题 22、习题 23 证明，对所有正整数 n 有 $p_{\{k \mid 4\nmid k\}}(n)=p(n \mid$ 偶数部分无重复$)=p(n \mid$ 各部分的重复不超过 3 次).

27. 利用习题 22、习题 23 证明，对所有正整数 n 有 $p_{\{k \mid d+1\nmid k\}}(n)=p_d(n \mid$ 各部分的重复不超过 d 次)，其中 d 为正整数.

28. 利用习题 24、习题 25 证明，对所有正整数 n 有 $p(n \mid$ 对所有的 j，j 出现的次数小于 $j) = p(n \mid$ 各部分均非完全平方数).
29. 通过以下方式证明正整数 n 的不包含 1 的拆分数是 $p(n) - p(n-1)$：
    a) 使用母函数.　　b) 构建一个双射.
* 30. 利用费勒斯图证明正整数 n 的自共轭的拆分数等于 $p_O^D(n)$，即将 n 表为不同的奇数部分之和的拆分数.（提示：计算一个自共轭拆分的费勒斯图的第一行或第一列的点数，由此得到表为不同奇数部分和的一个拆分的费勒斯图的第一行.）
31. 证明 $p_{\{1\}}(n) = p\{n \mid$ 相异的 2 的幂$\}$. 可通过如下方式建立双射：将成对的 1 合并为 2，将成对的 2 合并为 4，等等，一直做下去直到所有的部分均不相同. 解释为何这可证明每个正整数可以唯一地表为 2 的不同幂之和.
* 32. 构建一个双射证明欧拉等分定理(定理 8.23).（提示：将一个各部分全是奇数的拆分的相同部分合并，直到没有相同的部分为止. 反过来，持续地将偶数的部分均分为两部分，直到无偶数部分为止.）
33. 利用习题 30 证明 $p(n)$为奇数当且仅当 $p_O^D(n)$(即将 n 拆分为不同的奇数部分之和的拆分数)为奇数.
34. 证明 $p(n) > p(n-1)$对所有的正整数 n 成立.（提示：利用习题 29.）
* 35. 证明：对所有的正整数 $n \geqslant 2$，有 $p(n) \leqslant p(n-1) + p(n-2)$，并利用该不等式证明 $p(n) \leqslant f_{n+1}$(第 $n+1$ 个斐波那契数).（提示：利用习题 34，证明 $p(n-2) < p(n \mid$ 没有部分为 1).）
36. 证明：若 n 为正整数，则有 $p(n) \leqslant (p(n-1) + p(n+1))/2$.
37. 利用欧拉拆分公式计算 $p(n)$，其中 n 为正整数且 $n \leqslant 12$.
38. 证明：用欧拉拆分公式计算 $p(n)$需要 $O(n^{3/2})$次位运算.
39. 证明定理 8.22.
40. 对 $n=9$ 验证第一和第二 Rogers-Ramanujan 恒等式.
41. 对 $n=11$ 验证第一和第二 Rogers-Ramanujan 恒等式.
* 42. 证明：对于正整数 n，有 $p(n) = \frac{1}{n}\sum_{k=1}^{n}\sigma(k)p(n-k)$.（提示：对定理 8.20 中方程的两边取对数，然后两边求导.）
43. 用欧拉拆分公式(定理 8.26)证明 $p(n)$对无穷多正整数 n 是偶数，也对无穷多个正整数 n 是奇数.（该结果由挪威数学家奥德蒙德·科尔伯格(Oddmund Kolberg)首先给出.）(提示：证明如果有一个整数 a，若对所 $n \geqslant a$，$p(n)$是偶数，在欧拉拆分公式中令 $n = a(3a-1)/2$，并从 $p(0)=1$ 导出矛盾. 如果对于某整数 b，$p(n)$对于所有 $n \geqslant b$ 为奇数，在公式中取 $n = b(3b+1)/2$ 导出矛盾.）

计算和研究

1. 运用欧拉拆分公式(定理 8.26)计算 $p(100)$.
2. 运用欧拉拆分公式(定理 8.26)计算 $p(500)$.
* 3. 利用一些数值计算结果来提出一个将 n 拆分为三部分的拆分数的公式.
4. 对尽可能多的正整数 k，验证拉马努金同余式 $p(5k+4) \equiv 0 \pmod 5$，$p(7k+5) \equiv 0 \pmod 7$ 以及 $p(11k+6) \equiv 0 \pmod{11}$.
* 5. 对 $1 \leqslant n \leqslant 1\,000$，通过观察 $p(n)$的值(例如 H. Gupta，Tables of Partitions，*Royal Society Mathematical Tables*，第 4 卷，剑桥大学出版社，1958 年)，求出形如 $p(5^2k+b) \equiv 0 \pmod{5^2}$，$p(7^2k+b) \equiv 0 \pmod{7^2}$ 以及 $p(5^3k+b) \equiv 0 \pmod{5^3}$的对所有 k 成立的同余式.
6. Kohlberg 证明了分别有无穷多的正整数 n 使得 $p(n)$是奇数或偶数. Parkin 和 Shanks 猜想随着 n 的增大，$p(n)$是奇数(或偶数)的比例趋近于 1/2. 对尽可能多的 n 确定$p(n)$的奇偶性，从而来验证这一猜想.
7. 现今并不清楚是否有无穷多的正整数 n 使得 $p(n)$被 3 整除. 求出尽可能多的 n，使得 3 能整除 $p(n)$.

8. 若 m 是正整数，r 为整数，且 $0\leqslant r<m$，爱尔迪希(Erdös)猜想存在正整数 n 使得 $p(n)\equiv r(\bmod m)$. 纽曼(Newman)更进一步猜想对于给定的 m 和 r 有无穷多的 n 满足该同余式. 为这些猜想收集尽可能多的证据.
9. 找出尽可能多的 n，使得 $p(n)$ 为素数.
10. 研究随着 n 的增长，哈代-拉马努金逼近公式与 $p(n)$ 的逼近程度.

拆分 P 的秩是 P 的最大部分减去 P 的拆分数. 对于拆分 P，设 $L(P)$ 是 P 的最大部分，$\omega(P)$ 为 P 中 1 的个数，设 $\mu(P)$ 为 P 中大于 $\omega(P)$ 的数的个数. 定义 P 的 c-秩(crank)为 $L(P)$，如果 $\omega(P)=0$；如果 $\omega(P)>0$，则为 $\mu(P)-\omega(P)$.

11. 对于尽可能多的正整数 n，$n\equiv j(\bmod 5)$，确认恰有 $p(n)/5$ 个 n 的拆分的秩模 5 同余于 j，其中 $0\leqslant j\leqslant 4$.
12. 对于尽可能多的正整数 n，$n\equiv j(\bmod 7)$，确认恰有 $p(n)/7$ 个 n 的拆分的秩模 7 同余于 j，其中 $0\leqslant j\leqslant 6$.
13. 对于尽可能多的正整数 n，$n\equiv j(\bmod 11)$，确认恰有 $p(n)/11$ 个 n 的拆分的秩模 11 同余于 j，其中 $0\leqslant j\leqslant 10$.
14. 对于尽可能多的正整数 n，$n\equiv j(\bmod 5)$，确认恰有 $p(n)/5$ 个 n 的拆分的 c-秩模 5 同余于 j，其中 $0\leqslant j\leqslant 4$.
15. 对于尽可能多的正整数 n，$n\equiv j(\bmod 7)$，确认恰有 $p(n)/7$ 个 n 的拆分的 c-秩模 7 同余于 j，其中 $0\leqslant j\leqslant 6$.
16. 对于尽可能多的正整数 n，$n\equiv j(\bmod 11)$，确认恰有 $p(n)/11$ 个 n 的拆分的 c-秩模 11 同余于 j，其中 $0\leqslant j\leqslant 10$.

程序设计

1. 给定正整数 n，用欧拉拆分公式计算 $p(n)$.
2. 给定正整数 n，验证 $p^{D}(n)=p_{O}(n)$.
3. 给定正整数 n 和 m，r 为整数，且 $0\leqslant r<m$，计算 $p_{S}(n)$，其中 S 是模 m 余 r 的整数的集合.

第9章　密　码　学

怎样给一条信息加密才能使只有预期的接收者能够解密该信息？从古时候起，这一问题就一直吸引着人们的兴趣，特别是在外交、军事和商贸方面．如今，特别是随着电子信息时代和网络时代的到来，信息安全已经变得越来越重要．本章主要介绍密码系统和协议．从两千年前古罗马帝国使用的方法开始，我们将介绍一些经典的基于模算术的加密方法，以及在过去两个世纪里它们的发展变化，并且介绍密码学学习过程中的基本概念和术语．在所有这些经典的密码系统中，想要保密通信的双方必须采用同一密钥．我们也会讨论密码分析，即在没有密钥的基础上如何恢复密文．

从 20 世纪 70 年代开始，公钥密码的概念被引入并得到发展．在公钥密码系统中，想要通信的双方不需要分享共同的密钥；相反，双方都有只有己方知道的私钥和公开的公钥．利用公钥密码系统，你可以向对方发送用对方公钥加密的密文，只有用对应的私钥才能解密．我们将介绍最常用的公钥密码系统——RSA 密码系统，其安全性基于整数分解的困难性．

最后，我们会对一些密码协议进行讨论．这是实现双方或多方共同目标的用于创建协议的算法．我们将展示怎样利用密码技术分享共同的加密密钥、进行电子签名、在网上打扑克牌和分享秘密．我们也将介绍同态加密，这可以使得计算不用解密数据就可得到先解密再计算加密的效果．

9.1　字符密码

9.1.1　一些术语

在讨论具体的密码系统之前，我们给出密码系统的基本术语．基于密码系统的学科称为*密码学*．*密码术*是指密码学设计和实现密码系统的部分，*密码分析*旨在攻击或者破解这些系统．被转换成加密形式的原始信息称为*明文*．*加密*是指将明文转换成*密文*的过程中采用的转换方法．*密钥*确定从一系列可能的转换中选取的转换．将明文转换成密文的过程叫作*加密*或者*加密作业*，同时，拥有解密方法的预定接收方将密文转换成明文的逆向过程叫作*解密*或者*解密作业*．当然这与非预定接收者通过密码分析使密文可读的过程是不一样的．

*密码系统*是指由如下方面组成的集合：确认的明文信息，可能的密文信息，一套有不同加密函数的密钥以及相应的加密函数和解密函数．正规地讲，密码系统是指包含可能的明文信息的有限集合 $\mathscr{P}$，可能的密文信息的有限集合 $\mathscr{C}$，可能密钥的密钥空间 $\mathscr{K}$，以及对于密钥空间 $\mathscr{K}$ 里的每一个密钥 k，存在的加密函数 E_k 和对应的解密函数 D_k，使得任意的明文信息 x 满足 $D_k(E_k(x))=x$.

本章主要介绍基于模算术的密码系统．最初可以追溯到尤利乌斯·凯撒(Julius Caesar)；我们将要讨论的最新的密码系统是 20 世纪 70 年代后期发展起来的．在所有这些系统中，我们从将字母转换成数字开始．以标准的英语字母表为准，将字母转换为整数 0～25，见表 9.1.

表 9.1 字母与数字对照表

字母	A	B	C	D	E	F	G	H	I	J	K	L	M	N	O	P	Q	R	S	T	U	V	W	X	Y	Z
等价数值	0	1	2	3	4	5	6	7	8	9	10	11	12	13	14	15	16	17	18	19	20	21	22	23	24	25

当然，如果用俄语、希腊语、希伯来语或者其他语言发送信息，我们可以用相应的字母表和整数. 同时，可以在表中包含所有的ASCII码，包括标点符号、空格、数字等. 然而，为了简化起见，我们只对英语字母表的字母做转换. 将字母转换为数字有各种各样的方法(包括转换为位流). 为简便计，这里我们选择一种简单易懂的转换方法.

首先，我们讨论通过将明文信息的每一个字母都转换成不同字母(或许相同)来生成密文的密码系统. 这种密码系统中的加密方法叫作*字符密码*或者*单字母密码*，因为每个字符独立替换为另一个字母. 这样总共就有26！种可能的方法来制作单字母变换对照表. 我们将讨论一些基于模算术的特殊单字母变换.

9.1.2 凯撒密码

尤利乌斯·凯撒用了基于替换的密码，将每个字母用其在字母表里后面的第三个字母替代，其中将字母表的最后三个字母用表中前三个字母替代. 用模算术来描述这个密码，令 P 是明文的一个字母对应的数值，C 是相应的密文字母的数值. 则

$$C \equiv P + 3 \pmod{26}, \quad 0 \leqslant C \leqslant 25.$$

明文和密文之间的对应如表9.2所示.

表 9.2 凯撒密码字母对照表

明文	A 0	B 1	C 2	D 3	E 4	F 5	G 6	H 7	I 8	J 9	K 10	L 11	M 12	N 13	O 14	P 15	Q 16	R 17	S 18	T 19	U 20	V 21	W 22	X 23	Y 24	Z 25
密文	3 D	4 E	5 F	6 G	7 H	8 I	9 J	10 K	11 L	12 M	13 N	14 O	15 P	16 Q	17 R	18 S	19 T	20 U	21 V	22 W	23 X	24 Y	25 Z	0 A	1 B	2 C

为了用此变换加密信息，首先将信息转变为每组五个数字的等价数值块，然后转换每一数字. 将字母分组可以防止由于某些单词被认出而被破译. 我们用例9.1说明这一过程.

例 9.1 加密以下信息：

THIS MESSAGE IS TOP SECRET

将信息分为五个字母一组，信息变为

THISM ESSAG EISTO PSECR ET

将字母转换为等价数值，得到

19 7 8 18 12　　4 18 18 0 6　　4 8 18 19 14

15 18 4 2 17　　4 19.

利用凯撒变换 $C \equiv P + 3 \pmod{26}$，变为

22 10 11 21 15　　7 21 21 3 9　　7 11 21 22 17

18 21 7 5 20　　7 22.

翻译为字母，得到

WKLVP HVVDJ HLVWR SVHFU HW

这就是加密的信息.

接收方依下列方式解密信息. 首先，将字母转换为数字. 然后，利用 $P\equiv C-3 \pmod{26}$ $(0\leqslant C\leqslant 25)$，将密文转变成数字形式的明文，最后将信息转换为字母. 我们用下面的例子说明解密过程.

例 9.2 解密用凯撒密码加密的信息

WKLVL VKRZZ HGHFL SKHU

首先将这些字母转换为其等价数值，得到

22　10　11　21　11　　21　10　17　25　25　　7　6　7　5　11　　18　10　7　20.

接下来，执行变换 $P\equiv C-3 \pmod{26}$将其转变为明文信息，得到

19　7　8　18　8　　18　7　14　22　22　　4　3　4　2　8　　15　7　4　17.

将其翻译为字母并得到明文信息

THISI SHOWW EDECI PHER

通过合理的字母组合，我们得到以下信息：

THIS IS HOW WE DECIPHER

9.1.3　仿射变换

凯撒密码是一种利用*移位变换*来加密的密码.

$$C\equiv P+k \pmod{26},\quad 0\leqslant C\leqslant 25,$$

其中 k 代表字母表中字母移动的位次. 总共有 26 种这样不同的变换，包括 $k\equiv 0 \pmod{26}$，由于 $C\equiv P \pmod{26}$，所以这种变换中字母并没有改变.

更一般情况下，我们考虑以下类型的变换：

$$C\equiv aP+b \pmod{26},\quad 0\leqslant C\leqslant 25, \tag{9.1}$$

其中 a 和 b 为整数，并且满足$(a, 26)=1$. 这种变换称为*仿射变换*. 移位变换是仿射变换中 $a=1$ 的情形. 由于要求$(a, 26)=1$，所以随着 P 遍历模 26 的完全剩余系，C 同样遍历. a 总共有 $\phi(26)=12$ 种选择，b 有 26 种选择，总共便有 $12\cdot 26=312$ 种此类变换(其中一种是 $C\equiv P \pmod{26}$，此时 $a=1$，$b=0$). 如果明文和密文之间的关系如式(9.1)所示，则逆关系为

$$P\equiv \overline{a}(C-b) \pmod{26},\quad 0\leqslant P\leqslant 25,$$

其中 $\overline{a}$ 是 a 模 26 的逆，可以用同余式 $\overline{a}\equiv a^{\phi(26)-1}=a^{11} \pmod{26}$求出. (由 7.3 节，该式可由欧拉定理导出.)

我们在例 9.3 中给出仿射变换的具体过程.

例 9.3 在仿射密码 $C\equiv aP+b \pmod{26}$中，令 $a=7$，$b=10$，使得 $C\equiv 7P+10 \pmod{26}$. 由于 15 是 7 模 26 的逆，故 $P\equiv 15(C-10)\equiv 15C+6 \pmod{26}$. 字母之间的对应关系如表 9.3 所示.

表 9.3　用 $C\equiv 7P+10 \pmod{26}$加密后的字母对照表

明文	A	B	C	D	E	F	G	H	I	J	K	L	M	N	O	P	Q	R	S	T	U	V	W	X	Y	Z
	0	1	2	3	4	5	6	7	8	9	10	11	12	13	14	15	16	17	18	19	20	21	22	23	24	25
密文	10	17	24	5	12	19	0	7	14	21	2	9	16	23	4	11	18	25	6	13	20	1	8	15	22	3
	K	R	Y	F	M	T	A	H	O	V	C	J	Q	X	E	L	S	Z	G	N	U	B	I	P	W	D

为了举例说明如何得到上述对照表，注意对应数字 11 的明文字母 L 对应的密文字母为 J，这是因为 $7 \cdot 11+10=87 \equiv 9 \pmod{26}$，其中 9 是 J 的对应数字.

下面举例说明如何加密.

PLEASE SEND MONEY

被转换为

LJMKG MGMXF QEXMW

同样，密文

FEXEN ZMBMK JNHMG MYZMN

对应明文

DONOT REVEA LTHES ECRET

或者，适当组合字母，得到

DO NOT REVEAL THE SECRET

下面讨论基于仿射变换密码的密码分析方法. 为了尝试破解单字母密码，我们要对比密文中字母出现的频率和普通文本中字母出现的频率，可以得到字母间相关的对应信息. 对各种英文文本信息加以总结，表 9.4 给出了字母表中 26 个字母的出现频率. 其他语言的字母的出现频率可在[Fr78]和[Ku76]中找到.

表 9.4 字母表中英文字母的出现频率表

字母	A	B	C	D	E	F	G	H	I	J	K	L	M	N	O	P	Q	R	S	T	U	V	W	X	Y	Z
频率(%)	7	1	3	4	13	3	2	3	8	<1	<1	4	3	8	7	3	<1	8	6	9	3	1	1	<1	2	<1

从此表中可以看出，在英文文本中出现频率最高的字母是 E，T，N，R，I，O 和 A，其中 E 出现的频率远远高于其他字母，达到了 13%，T，N，R，I，O 和 A 出现的频率在 7%～9%之间. 我们可以利用此信息判断加密信息采用的是何种仿射变换密码. 在下面的例子中给出具体的密码分析过程.

例 9.4 假设我们事先知道是用移位密码来加密信息的，信息的每一字母通过 $C \equiv P+k \pmod{26}$ $(0 \leqslant C \leqslant 25)$进行变换. 对密文进行密码分析：

YFXMP CESPZ CJTDF DPQFWQ ZCPY
NTASP CTYRX PDDLR PD

首先对密文中的每个字母的出现次数进行计数，如表 9.5 所示.

表 9.5 密文中字母的出现次数

字母	A	B	C	D	E	F	G	H	I	J	K	L	M	N	O	P	Q	R	S	T	U	V	W	X	Y	Z
出现次数	1	0	4	5	1	3	0	0	0	1	0	1	1	1	0	7	2	2	2	3	0	0	1	2	3	2

注意到密文中出现频率最高的字母是 P，字母 C，D，F，T 和 Y 的出现频率相对较高. 由于 E 是英文信息中出现频率最高的字母，所以猜测 P 表示 E. 如果是这样，则 $15 \equiv 4+k \pmod{26}$，所以 $k \equiv 11 \pmod{26}$. 因此，我们有 $C \equiv P+11 \pmod{26}$和 $P \equiv C-11 \pmod{26}$. 如表 9.6 所示.

表 9.6 样本密文的字母对照表

密文	A	B	C	D	E	F	G	H	I	J	K	L	M	N	O	P	Q	R	S	T	U	V	W	X	Y	Z
	0	1	2	3	4	5	6	7	8	9	10	11	12	13	14	15	16	17	18	19	20	21	22	23	24	25
明文	15	16	17	18	19	20	21	22	23	24	25	0	1	2	3	4	5	6	7	8	9	10	11	12	13	14
	P	Q	R	S	T	U	V	W	X	Y	Z	A	B	C	D	E	F	G	H	I	J	K	L	M	N	O

利用此对应关系，我们可以尝试破解密文，得到

NUMBE RTHEO RYISU SEFUL FOREN
CIPHE RINGM ESSAG ES

从中容易读出

NUMBER THEORY IS USEFUL FOR
ENCIPHERING MESSAGES

因此上述猜测是合理的. 如果在此变换下明文出现的是混乱信息，则应该选择基于密文字母出现频率的其他可能变换.

例 9.5 假设已知用形如 $C \equiv aP+b \pmod{26}$ $(0 \leqslant C \leqslant 25)$ 的仿射变换来加密信息. 例如，我们想对以下加密信息进行破解.

USLEL JUTCC YRTPS URKLT YGGFV
ELYUS LRYXD JURTU ULVCU URJRK
QLLQL YXSRV LBRYZ CYREK LVEXB
RYZDG HRGUS LJLLM LYPDJ LJTJU
FALGU PTGVT JULYU SLDAL TJRWU
SLJFE OLPU

首先对每一字母的出现次数进行计数，如表 9.7 所示.

表 9.7 密文中字母的出现次数

字母	A	B	C	D	E	F	G	H	I	J	K	L	M	N	O	P	Q	R	S	T	U	V	W	X	Y	Z
出现次数	2	2	4	4	5	3	6	1	0	10	3	22	1	0	1	4	2	12	7	8	16	5	1	3	10	2

基于此信息，猜测密文中出现频率最高的字母 L 对应 E，出现频率次高的 U 对应 T. 这意味着如果变换有如下形式：$C \equiv aP+b \pmod{26}$，则表明下面的同余式成立：

$$4a+b \equiv 11 \pmod{26}$$
$$19a+b \equiv 20 \pmod{26}.$$

由定理 5.17 知，上述方程组的解为 $a \equiv 11 \pmod{26}$ 和 $b \equiv 19 \pmod{26}$.

如果这是一个正确的加密变换，那么利用 19 是 11 模 26 的逆，解密变换为

$$P \equiv 19(C-19) \equiv 19C-361 \equiv 19C+3 \pmod{26}, \quad 0 \leqslant P \leqslant 25.$$

表 9.8 给出了上述变换的对应关系.

表 9.8 样本密文的字母对照表

密文	A	B	C	D	E	F	G	H	I	J	K	L	M	N	O	P	Q	R	S	T	U	V	W	X	Y	Z
	0	1	2	3	4	5	6	7	8	9	10	11	12	13	14	15	16	17	18	19	20	21	22	23	24	25
明文	3	22	15	8	1	20	13	6	25	18	11	4	23	16	9	2	21	14	7	0	19	12	5	24	17	10
	D	W	P	I	B	U	N	G	Z	S	L	E	X	Q	J	C	V	O	H	A	T	M	F	Y	R	K

在此对应下，我们试读出密文如下：

THEBE STAPP ROACH TOLEA RNNUM
BERTH EORYI STOAT TEMPT TOSOL
VEEVE RYHOM EWORK PROBL EMBYW
ORKIN GONTH ESEEX ERCIS ESAST
UDENT CANMA STERT HEIDE ASOFT
HESUB JECT

读者可以适当组合这些字母以确定这条信息的内容. ◀

可以改进本节描述的方法从而构造更难破解的密码系统. 例如，明文中的字母可以平移不同的位次，如9.2节讲述的维吉尼亚(Vigenère)密码. 9.2节除了介绍加密单个字符的方法外，还有基于加密字符块的其他方法，并且在后面几节中，还将对不同字符用不同密钥加密的方法进行介绍.

9.1 节习题

1. 利用凯撒密码，加密信息 ATTACK AT DAWN.
2. 解密被凯撒密码加密的信息 LFDPH LVDZL FRQTX HUHG.
3. 利用仿射变换 $C \equiv 11P+18 \pmod{26}$ 加密信息 SURRENDER IMMEDIATELY.
4. 利用仿射变换 $C \equiv 15P+14 \pmod{26}$ 加密信息 THE RIGHT CHOICE.
5. 解密用仿射变换 $C \equiv 21P+5 \pmod{26}$ 加密的信息 YLFQX PCRIT.
6. 解密用仿射变换 $C \equiv 3P+24 \pmod{26}$ 加密的信息 RTOLK TOIK.
7. 如果在一个用移位变换 $C \equiv P+k \pmod{26}$ 加密的长密文中，出现频率最高的字母是 Q，那么 k 的最可能的值是什么？
8. 信息 KYVMR CLVFW KYVBV PZJJV MVEKV VE 用移位变换 $C \equiv P+k \pmod{26}$ 加密. 利用字母出现的频率确定 k 的值. 明文信息是什么？
9. 信息 IVQLM IQATQ SMIKP QTLVW VMQAJ MBBMZ BPIVG WCZWE VNZWU KPQVM AMNWZ BCVMK WWSQM 用移位变换 $C \equiv P+k \pmod{26}$ 加密. 利用字母出现的频率确定 k 的值，并给出明文信息.
10. 如果被仿射变换 $C \equiv aP+b \pmod{26}$ 加密的长密文中出现频率最高的字母是 X 和 Q，则 a 和 b 最可能的值是什么？
11. 如果被仿射变换 $C \equiv aP+b \pmod{26}$ 加密的长密文中出现频率最高的字母分别是 W 和 B，那么 a 和 b 最可能的值是什么？
12. 信息 MJMZK CXUNM GWIRY VCPUW MPRRW GMIOP MSNYS RYRAZ PXMCD WPRYE YXD 是用仿射变换 $C \equiv aP+b \pmod{26}$ 加密的. 利用字母出现的频率确定 a 和 b 的值. 明文信息是什么？
13. 信息 WEZBF TBBNJ THNBT ADZOE TGTYR BZAJN ANOOZ ATWGN ABOVG FNWZV A 用仿射变换 $C \equiv aP+b \pmod{26}$ 加密的. 明文信息中出现频率最高的字母是 A，E，N 和 S，明文信息是什么？
14. 信息 PJXFJ SWJNX JMRTJ FVSUJ OOJWF OVAJR WHEOF JRWJO DJFFZ BJF 用仿射变换 $C \equiv aP+b \pmod{26}$ 加密. 利用字母出现的频率确定 a 和 b 的值. 明文信息是什么？

给定两个密码，首先用其中的一个密码对明文加密，然后用另一个密码对其结果进行加密. 这一过程产生的是乘积密码.

15. 确定先用变换 $C \equiv 5P+13 \pmod{26}$ 再用变换 $C \equiv 17P+3 \pmod{26}$ 加密的乘积密码.
16. 确定先用变换 $C \equiv aP+b \pmod{26}$ 再用变换 $C \equiv cP+d \pmod{26}$ 加密的乘积密码，其中 $(a, 26)=(c, 26)=1$.

计算和研究

1. 找出不同英文文本中字母的出现频率，例如本书中或者一个计算机程序或者一本小说.
2. 用仿射变换加密某信息，用其作为密文请你的同学破解.
3. 利用字母频率分析，破解你的同学用仿射变换加密的信息.

程序设计

1. 利用凯撒密码加密信息.
2. 利用变换 $C\equiv P+k \pmod{26}$ 加密信息，其中 k 为给定整数.
3. 利用变换 $C\equiv aP+b \pmod{26}$ 加密信息，其中 a 和 b 为整数且满足 $(a, 26)=1$.
4. 解密用凯撒密码加密的信息.
5. 解密用变换 $C\equiv P+k \pmod{26}$ 加密的信息，其中 k 为给定密钥.
6. 解密用变换 $C\equiv aP+b \pmod{26}$ 加密的信息，其中 a 和 b 为整数且满足 $(a, 26)=1$.

*7. 利用字母频率分析破解用变换 $C\equiv P+k \pmod{26}$ 加密的密码，其中 k 是未知密钥.

*8. 利用字母频率分析破解用变换 $C\equiv aP+b \pmod{26}$ 加密的密码，其中 a 和 b 是未知整数但满足 $(a, 26)=1$.

9.2　分组密码和流密码

在 9.1 节中，我们讨论了基于字母替换的字符(或单字母)密码. 这种密码在对密文字母进行频率分析时是比较脆弱的. 为了弥补这一缺陷，可以用特定长度的密文中的字母块替代明文中相同长度的字母块. 这种密码称为*分组密码*或者*多字母密码*. 在本节中，我们将对若干种分组密码进行讨论，包括基于模算术的多字母密码. 本节将包括 16 世纪以来有名的由一个关键字来确定几种不同字符密码而组合形成的密码和由希尔(参考[Hi31])在 1930 年前后发明的用模矩阵乘法进行分组加密的密码. 同样，我们也将对商业应用中具有重要作用的一种更复杂的分组密码进行讨论(忽略细节的描述)，称其为数据加密算法. 本节最后，我们将给出另一种密码：流密码，其中密钥将随着字符(或位信息)的变动而改变.

9.2.1　维吉尼亚密码

首先讨论以法国外交家和密码学家布莱斯·维吉尼亚的名字命名的*维吉尼亚密码*. 对明文的相同字母我们将变换加密方式. 维吉尼亚密码的密钥是一个关键词 $\ell_1\ell_2\cdots\ell_n$. 假设 ℓ_1，ℓ_2，…，ℓ_n 对应的等价数值分别为 k_1，k_2，…，k_n. 为了加密明文信息，首先将其拆分为长度为 n 的字母组. 等价数值为 p_1，p_2，…，p_n 的一组字母转换为一组密文信息，其对应的等价数值为 c_1，c_2，…，c_n，用移位变换表示如下：

$$c_i\equiv p_i+k_i \pmod{26},\quad 0\leqslant c_i\leqslant 25,$$

其中 $i=1, 2, \cdots, n$. *维吉尼亚密码*是将长度为 n 的明文信息字母组加密成为相同长度的密文信息字母组的加密算法，其密钥是 n 元数组 $(k_1, k_2, \cdots, k_n)$(终端的不足 n 个数字的数组可以用一些哑字符来填充). 因此可以将维吉尼亚密码看成用长为 n 的密钥对每组长为 n 的数组进行加密的密码系统.

例 9.6 利用密钥为 YTWOK 的维吉尼亚密码加密明文信息 MILLENNIUM，首先将明文信息和密钥转换为等价数值. 信息中的字母和密钥中的字母分别转换为

$$p_1p_2p_3p_4p_5p_6p_7p_8p_9p_{10}=12\ 8\ 11\ 11\ 4\ 13\ 13\ 8\ 20\ 12$$

和

$$k_1k_2k_3k_4k_5 = 24\ 19\ 22\ 14\ 10.$$

应用具有特定密钥的维吉尼亚密码，得到加密信息中的字符：

$$c_1 = p_1 + k_1 = 12 + 24 \equiv 10 \pmod{26}$$
$$c_2 = p_2 + k_2 = 8 + 19 \equiv 1 \pmod{26}$$
$$c_3 = p_3 + k_3 = 11 + 22 \equiv 7 \pmod{26}$$
$$c_4 = p_4 + k_4 = 11 + 14 \equiv 25 \pmod{26}$$
$$c_5 = p_5 + k_5 = 4 + 10 \equiv 14 \pmod{26}$$
$$c_6 = p_6 + k_1 = 13 + 24 \equiv 11 \pmod{26}$$
$$c_7 = p_7 + k_2 = 13 + 19 \equiv 6 \pmod{26}$$
$$c_8 = p_8 + k_3 = 8 + 22 \equiv 4 \pmod{26}$$
$$c_9 = p_9 + k_4 = 20 + 14 \equiv 8 \pmod{26}$$
$$c_{10} = p_{10} + k_5 = 12 + 10 \equiv 22 \pmod{26}.$$

布莱斯·维吉尼亚(Blaise De Vigenère，1523—1596)生于法国的圣普尔坎，并接受了良好的教育. 17岁进入国会议院，22岁担任沃木斯国会秘书. 1547年担任诺维尔公爵的秘书，1549年被派往罗马任外交官. 在此期间，他阅读了大量与密码学有关的书籍，并与罗马教廷的专家深入讨论了这一学科. 1570年，维吉尼亚结束了漫长的曾被学习打断的外交生涯，从国会退休. 他与一年轻女子结婚，并将自己的养老金施舍给了巴黎的穷人，而后埋身写作. 他的著作超过20部，其中最出名的是1585年完成的《数字密码学》(*Traicté des Chiffres*). 在这本书中，维吉尼亚给出了密码学的全面概述，对多字符密码进行了深入讨论，并对多字符密码的诸多已知的变种做了介绍，其中包括自动密钥密码. 许多历史学家认为此密码应该直接称为“维吉尼亚”而不是以他的名字命名.

维吉尼亚的著作不只是关于密码学，在他的《数字密码学》中也包含了对魔术、炼金术和宇宙奥秘的探讨，其中对彗星的研究帮助人们消除了上帝让彗星飞临地球是为了警告人们停止犯罪的迷信.

将数值转换回等价字母，得到被加密的信息为 KBHZO LGEIW. ◀

例 9.7 解密用密钥为 ZORRO 的维吉尼亚密码加密的密文信息 FFFLB CVFX，首先将密文信息的字符转换为等价数值，得到 $c_1c_2c_3c_4c_5c_6c_7c_8c_9 = 5\ 5\ 5\ 11\ 1\ 2\ 21\ 5\ 23$. 密钥的等价数值为 $k_1k_2k_3k_4k_5 = 25\ 14\ 17\ 17\ 14$. 为了得到明文信息的等价数值，进行如下操作：

$$p_1 \equiv c_1 - k_1 = 5 - 25 \equiv 6 \pmod{26}$$
$$p_2 \equiv c_2 - k_2 = 5 - 14 \equiv 17 \pmod{26}$$
$$p_3 \equiv c_3 - k_3 = 5 - 17 \equiv 14 \pmod{26}$$
$$p_4 \equiv c_4 - k_4 = 11 - 17 \equiv 20 \pmod{26}$$
$$p_5 \equiv c_5 - k_5 = 1 - 14 \equiv 13 \pmod{26}$$
$$p_6 \equiv c_6 - k_1 = 2 - 25 \equiv 3 \pmod{26}$$

$$p_7 \equiv c_7 - k_2 = 21 - 14 \equiv 7 \pmod{26}$$
$$p_8 \equiv c_8 - k_3 = 5 - 17 \equiv 14 \pmod{26}$$
$$p_9 \equiv c_9 - k_4 = 23 - 17 \equiv 6 \pmod{26}.$$

将数值转换回等价的字母，得到的明文信息为 GROUNDHOG. ◀

9.2.2　维吉尼亚密码分析

维吉尼亚密码曾被认为是不可破解的．它通常被用来加密用电报发送的敏感信息．然而，在 19 世纪中期，技术的进步使得维吉尼亚密码被成功破解．1863 年，普鲁士军官弗雷德里希·卡西斯基提出了一种可以确定维吉尼亚密码密钥长度的方法，这种方法现在被称为*卡西斯基检验法*．一旦知道了密钥的长度，对密文中出现的字母的频率分析就可以用来找出密钥的字符．就像许多发明只是以大家推测的首个发明者的名字命名一样，卡西斯基并不是首先发现这一方法的．现在我们知道，查尔斯·巴贝奇早在 1854 年就发现了同样的方法．然而，巴贝奇的方法却推迟了很多年才公开，推迟是由于英国国家安全的原因．英国军方早就利用巴贝奇的测试成功破解了敌方情报并对此保密．

卡西斯基的方法基于寻找密文中的相同字符串．当信息用密钥长度为 n 的维吉尼亚密码加密时，明文中距离为 n 的倍数的相同字符串被加密为相同的字符串(见习题 5)．一般来讲，卡西斯基检验法基于找出密文中长度为三或以上的相同字符串，这些字符串可能与明文中的相同字符串对应．对于密文中的每一对相同字符串，我们需要找出它们起始字符位置间的差距．假设密文中有 k 对这样的相同字符串，并且 d_1，d_2，d_3，…，d_k 是其起始字符的位置差距．如果密文中的这些相同字符串的确对应于明文的相同字符串，那么密钥长度 n 一定整除每个整数 $d_i(i=1, 2, \cdots, k)$，即 n 整除这些整数的最大公因子$(d_1, d_2, d_3, \cdots, d_k)$．

由于明文的不同字符串通过密钥的不同部分可以被加密成相同的密文，因此密文中有些相同字符串的起始位置的差距应该是无关的，可以忽略．我们可通过计算一部分而不是全部上述整数的最大公因子来解决这一问题．

可以用第二个测试方法来帮助我们检查是否找到了正确的密钥长度．这种检测法是由美国著名密码学家威廉姆·弗莱德曼于 1920 年发明的，它是通过研究密文字母频率的变化来估计维吉尼亚密码中密钥的长度．弗莱德曼注意到英文信息中字母频率有较大的变化，但是随着维吉尼亚密码中密钥长度的增加，这一变化却会越来越小．

弗莱德曼介绍了一种称为*重合次数*的方法．对于给定的具有 n 个字符的字符串 x_1，x_2，…，x_n，其重合次数记为 IC，它是此字符串中随机选择的两个元素相同的概率．现在假定我们处理的是英文字母串并且字母 A，B，…，Y 和 Z 在此字母串中的出现次数分别为 f_0，f_1，…，f_{24} 和 f_{25}．

因为第 i 个字母出现了 f_i 次，所以总共有

$$\binom{f_i}{2} = \frac{f_i(f_i - 1)}{2}$$

种方法选择两个元素使得它们都是第 i 个字符．由于有 $\binom{n}{2} = n(n-1)/2$ 种方法在此字符

串中选择两个字符，因此可以推出这个字符串的重合次数是

$$IC=\frac{\sum_{i=0}^{25} f_i(f_i-1)}{n(n-1)}.$$

考虑英文明文信息的一个字符串. 如果明文足够长，则字母的出现频率应该接近一般英文中的频率(如表 9.4 所示). 假定 p_0，p_1，…，p_{25} 分别对应 A，B，…，Y 和 Z 的出现概率，则随机选择的两个字母都是 A 的概率是 p_0^2，都是 B 的概率是 p_1^2，以此类推. 所以，我们期望此明文的重合次数接近

$$\sum_{i=0}^{25} p_i^2 \approx 0.065.$$

(此求和公式用到的 $p_i(i=0, 1, \cdots, 25)$可以在表 9.4 中找到.)此外，这一推理对字符密码产生的密文也是适用的. 对于字符密码，密文中某个字符的出现概率等于明文中其相应字符的出现概率. 所以对于用字符密码加密后的密文而言，和式 $\sum_{i=0}^{25} p_i^2$ 的各项虽然被置换，但和不变.

为了应用重合次数确定我们猜测的密钥长度 k 是否正确，将密文信息分为 k 个不同的部分. 第一部分包括位置为 1，$k+1$，$2k+1$，…的字符；第二部分包括位置为 2，$k+2$，$2k+2$，…的字符；等等. 我们对不同部分的重合次数分别进行计算. 如果猜测正确，则这些重合次数中的每一个都应该接近 0.065. 反之，如果猜测是错的，则这些值很有可能小于 0.065，它们将可能十分接近随机英文字符串的重合次数，即 $1/26\approx 0.038$. (这一重合次数可以用一般英文信息的字母出现频率来计算. 参见[StPa19]，其给出的值比表 9.4 更为精确.)

对于密文的每一部分，我们试图通过字母的频率检测找到被用来加密的密钥中的字母. 通过确定密文中出现频率最高的字母，并假定它们与一般英文中出现频率最高的字母相对应，进而找出最可能的密钥字母. 为了检验猜测是否正确，可以将用此密钥字母加密的信息的字母出现频率和此段密文中的字母出现频率进行比较.

一旦我们做出了对密钥字母的最好猜测，就可以尝试用已计算出的密钥解密信息. 如果解出了有意义的信息，则可推断解出了正确的明文. 反之，如果得出的是没有意义的信息，则需要重新开始检验其他的可能性.

下例给出用维吉尼亚密码加密的密文的密码分析过程.

例 9.8 假设用维吉尼亚密码加密的明文生成的密文为：

QWHID DNZEM WTLMT BKTIT EMWLZ
WVCVE HLTBS TUDLG WNUJE WJEUL
EXWQO SLNZA NLHYQ ALWEH VOQWD
VQTBW ILURY STIJW CLHWW RNSIH
MNUDI YFAVD ELAGB LSNZA NSMIF
GNZEM WALWL CXEFA BYJTS SNXLH
YHULK UCLOZ ZAJHI HWSM

下面我们描述对该信息的破解步骤．首先应用卡西斯基检验法，寻找密文中重复的三字母组．如下表所示：

三字母组	起始位置	起始位置间距
EMW	9，21，129	12，108，120
ZEM	8，128	120
ZAN	59，119	60
NZE	7，127	120
NZA	58，118	60
LHY	62，149	87
ALW	66，132	66

密文中长度为 3 的相同字母组的位置间距是 12，60，66，87，108 和 120．由于(12，60，66，87，108，120)＝3，故猜测密钥长度为 3.

假定这一猜测是正确的，将密文拆分为 3 个不同的部分．第一部分包含位置为 1，4，7，…，169 的字母；第二部分包含位置为 2，5，8，…，167 的字母，第三部分包含位置为 3，6，9，…，168 的字母．为了确认我们的猜测是正确的，对三部分密文的重合次数进行计算，分别得到 0.071，0.109 和 0.091．（重合次数的具体计算留给读者，见习题 12.）其中一个十分接近英文信息的重合次数 0.065，其他两个则比它大得多．这表明 3 或许就是正确的密钥长度．由于密文十分短，因此这些重合次数不是如预期的那样接近 0.065，这并非什么太大的问题．注意，如果我们的猜测是错误的，则某个重合次数应如我们所期望的那样小于 0.065，或许更接近 0.038.

继续一些工作后(留给读者)，我们得到加密的密钥是 USA，并且对应的明文是

WEHOL DTHES ETRUT HSTOB ESELF
EVIDE NTTHA TALLM ENARE CREAT
EDEQU ALTHA TTHEY AREEN DOWED
BYTHE IRCRE ATORW ITHCE RTAIN
UNALI ENABL ERIGH TSTHA TAMON
GTHES EAREL IFELI BERTY ANDTH
EPURS UITOF HAPPI NESS

这段明文出自美国《独立宣言》．原文为：“We hold these truths to be self-evident，that all men are created equal，that they are endowed by their Creator with certain unalienable Rights，that among these are Life，Liberty，and the pursuit of Happiness.”更多关于维吉尼亚密码的分析请参考[StPa19]和[TrWa02]. ◀

9.2.3 希尔密码

希尔(Hill)密码是由莱斯特·希尔于 1929 年发明的分组密码．为了介绍希尔密码，首先考虑双字母密码：在这些密码中，明文的两个字母组成的字母组被密文的两个字母组成的字母组所替代．下面举例说明这一过程.

例 9.9 为了用双字母希尔密码加密信息，首先将信息中的字母分为两个一组(如果最后一组为一个字母，则在信息最后添加虚字母 X，使之含有两个字母). 例如，信息

THE GOLD IS BURIED IN ORONO

被拆分为

TH EG OL DI SB UR IE DI NO RO NO.

下一步，将这些字母转换为等价数值(如前例)，得到

19 7　4 6　14 11　3 8　18 1　20 17　8 4　3 8
13 14　17 14　13 14.

莱斯特·希尔(Lester S. Hill，1891—1961)生于纽约. 他毕业于哥伦比亚学院，并于1926年在耶鲁大学获得了数学博士学位. 他曾任职于蒙大拿大学、普林斯顿大学、缅因大学、耶鲁大学和纽约亨特学院. 希尔对将数学应用到通信领域十分感兴趣. 他发明了检测电报的密码数字准确度的方法和著名的希尔密码加密方法. 在30多年的时间中，希尔向美国海军提交了很多关于处理多字母密码的密码论文.

明文信息每一组的两个数字 P_1P_2 被转换为一组密文数字 C_1C_2，并且定义 C_1 是 P_1 和 P_2 的一个线性组合模 26 的最小非负剩余，C_2 为 P_1 和 P_2 的另一个线性组合模 26 的最小非负剩余. 例如，令

$$C_1 \equiv 5P_1 + 17P_2 \pmod{26}, \quad 0 \leqslant C_1 < 26$$
$$C_2 \equiv 4P_1 + 15P_2 \pmod{26}, \quad 0 \leqslant C_2 < 26,$$

在此情况下，第一组数据 19 7 被转换为 6 25，这是因为

$$C_1 \equiv 5 \cdot 19 + 17 \cdot 7 \equiv 6 \pmod{26}$$
$$C_2 \equiv 4 \cdot 19 + 15 \cdot 7 \equiv 25 \pmod{26}.$$

对整个信息进行上述操作，得到下面的密文：

6 25　18 2　23 13　21 2　3 9　25 23　4 14　21 2　17 2　11 18　17 2.

将其转换成字母，有如下密文：

GZ SC XN VC DJ ZX EO VC RC LS RC.

这一密码系统的解密过程是由定理 5.17 推出的. 为了找到密文数据组 C_1C_2 对应的明文数据组 P_1P_2，利用如下关系：

$$P_1 \equiv 17C_1 + 5C_2 \pmod{26}$$
$$P_2 \equiv 18C_1 + 23C_2 \pmod{26}.$$

(读者应自己验证用定理 5.17 可推出这一关系.) ◀

例 9.9 中的双字母密码系统用矩阵描述更为简便. 对此密码系统，我们有

$$\begin{bmatrix} C_1 \\ C_2 \end{bmatrix} \equiv \begin{bmatrix} 5 & 17 \\ 4 & 15 \end{bmatrix} \begin{bmatrix} P_1 \\ P_2 \end{bmatrix} \pmod{26}.$$

由定理 5.19 可知，矩阵 $\begin{bmatrix} 17 & 5 \\ 18 & 23 \end{bmatrix}$ 是矩阵 $\begin{bmatrix} 5 & 17 \\ 4 & 15 \end{bmatrix}$ 模 26 的逆矩阵. 因此，定理 5.18 表明解

密可用下面的关系实现：

$$\begin{bmatrix}P_1\\P_2\end{bmatrix}\equiv\begin{bmatrix}17&5\\18&23\end{bmatrix}\begin{bmatrix}C_1\\C_2\end{bmatrix}(\bmod 26).$$

一般而言，希尔密码系统是将明文分为 n 个字母的数据组，并将字母转换为等价数值，然后利用如下关系生成密文：

$$\boldsymbol{C}\equiv\boldsymbol{AP}(\bmod 26),$$

其中 $\boldsymbol{A}$ 是 $n\times n$ 矩阵，$(\det\boldsymbol{A},26)=1$，$\boldsymbol{C}=\begin{bmatrix}C_1\\C_2\\\vdots\\C_n\end{bmatrix}$ 并且 $\boldsymbol{P}=\begin{bmatrix}P_1\\P_2\\\vdots\\P_n\end{bmatrix}$，$C_1C_2\cdots C_n$ 是对应明文数据组 $P_1P_2\cdots P_n$ 的密文数据组．最后将密文数字转为字母．对于解密，我们利用矩阵 $\overline{\boldsymbol{A}}$，即 $\boldsymbol{A}$ 模 26 的逆矩阵，它可以通过定理 5.21 得到．由于 $\overline{\boldsymbol{A}}\boldsymbol{A}\equiv\boldsymbol{I}(\bmod 26)$，故有

$$\overline{\boldsymbol{A}}\boldsymbol{C}\equiv\overline{\boldsymbol{A}}(\boldsymbol{AP})\equiv(\overline{\boldsymbol{A}}\boldsymbol{A})\boldsymbol{P}\equiv\boldsymbol{P}(\bmod 26).$$

所以，明文可以通过以下关系由密文得到：

$$\boldsymbol{P}\equiv\overline{\boldsymbol{A}}\boldsymbol{C}(\bmod 26).$$

例 9.10 利用 $n=3$ 和如下的加密矩阵示意这一过程：

$$\boldsymbol{A}=\begin{bmatrix}11&2&19\\5&23&25\\20&7&1\end{bmatrix}.$$

因为 $\det\boldsymbol{A}\equiv 5(\bmod 26)$，故有 $(\det\boldsymbol{A},26)=1$．为了加密数据组长度为 3 的明文信息，利用下述关系式：

$$\begin{bmatrix}C_1\\C_2\\C_3\end{bmatrix}\equiv\boldsymbol{A}\begin{bmatrix}P_1\\P_2\\P_3\end{bmatrix}(\bmod 26).$$

要加密信息 STOP PAYMENT，首先将信息拆分为长度为 3(有 3 个字母)的数据组，并添加虚字母 X 补充最后一组．我们有如下明文数据组：

STO PPA YME NTX.

将字母转换为对应的等价数值：

18 19 14　15 15 0　24 12 4　13 19 23.

第一个密文数据组通过下述方法得到：

$$\begin{bmatrix}C_1\\C_2\\C_3\end{bmatrix}\equiv\begin{bmatrix}11&2&19\\5&23&25\\20&7&1\end{bmatrix}\begin{bmatrix}18\\19\\14\end{bmatrix}\equiv\begin{bmatrix}8\\19\\13\end{bmatrix}(\bmod 26).$$

以同样方式加密全文，得到密文如下：

8 19 13　13 4 15　0 2 22　20 11 0.

将此信息转为字母，得到下面的密文：

ITN NEP ACW ULA.

这种多字母密码系统的解密过程需要通过如下变换从密文数据组得到相应的明文数据组：

$$\begin{bmatrix}P_1\\P_2\\P_3\end{bmatrix}\equiv\overline{\boldsymbol{A}}\begin{bmatrix}C_1\\C_2\\C_3\end{bmatrix}(\bmod 26),$$

其中

$$\overline{\boldsymbol{A}}=\begin{bmatrix}6&21&11\\21&25&16\\19&3&7\end{bmatrix}$$

是 $\boldsymbol{A}$ 模 26 的逆矩阵，它可以通过定理 5.21 得到.

由于多字母密码的操作对象是数据组而不是单个的字母，所以基于字母频率的密码分析是不易将其攻破的. 然而，数据组长度为 n 的多字母密码是易被基于长度为 n 的数据组的频率分析所破解的. 例如，对于双字母密码系统，长度为 2 的数据组共有 $26^2=676$ 种. 在一般英文文本中双字母的相对出现频率已经通过研究整理出来了. 通过对比密文中的双字母的出现频率与一般英文文本中双字母的出现频率，一般是可以成功破解双字母密码的. 例如，通过计数可以发现，英文中出现频率最高的双字母是 TH，紧随其后的是 HE. 如果应用的是希尔双字母密码系统，出现频率最高的双字母是 KX，次之是 VZ，那么可以猜测密文的双字母 KX 和 VZ 分别对应明文的 TH 和 HE. 也就是说，数据组 19 7 和 7 4 被分别转换为 10 23 和 21 25. 如果矩阵 $\boldsymbol{A}$ 是加密矩阵，则有

$$\boldsymbol{A}\begin{bmatrix}19&7\\7&4\end{bmatrix}\equiv\begin{bmatrix}10&21\\23&25\end{bmatrix}(\bmod 26).$$

由于 $\begin{bmatrix}4&19\\19&19\end{bmatrix}$ 是 $\begin{bmatrix}19&7\\7&4\end{bmatrix}(\bmod 26)$ 的逆，故有

$$\boldsymbol{A}\equiv\begin{bmatrix}10&21\\23&25\end{bmatrix}\begin{bmatrix}4&19\\19&19\end{bmatrix}\equiv\begin{bmatrix}23&17\\21&2\end{bmatrix}(\bmod 26),$$

这可能是一个密钥. 在尝试利用 $\overline{\boldsymbol{A}}=\begin{bmatrix}2&9\\5&23\end{bmatrix}$ 对密文进行破译之后，就将知道上述推测是否正确. ◀

通常来说，假设我们知道明文中长度 n 的数据组和密文中长度 n 的数据组之间的 n 个对应，例如，假设密文数据组 $C_{1j}C_{2j}\cdots C_{nj}$ $(j=1, 2, \cdots, n)$ 分别对应明文数据组 $P_{1j}P_{2j}\cdots P_{nj}$ $(j=1, 2, \cdots, n)$，则有

$$\boldsymbol{A}\begin{bmatrix}P_{1j}\\\vdots\\P_{nj}\end{bmatrix}\equiv\begin{bmatrix}C_{1j}\\\vdots\\C_{nj}\end{bmatrix}(\bmod 26),$$

其中 $j=1, 2, \cdots, n$.

这 n 个同余式可以用矩阵同余式简洁地表示为

$$\boldsymbol{AP}\equiv\boldsymbol{C}(\bmod 26),$$

其中 $\boldsymbol{P}$ 和 $\boldsymbol{C}$ 是 $n\times n$ 矩阵，它们的第 ij 个元素分别是 P_{ij} 和 C_{ij}. 如果$(\det\boldsymbol{P}, 26)=1$，则

可以通过下式找到加密矩阵 $\boldsymbol{A}$：

$$\boldsymbol{A} \equiv \boldsymbol{C}\overline{\boldsymbol{P}} \pmod{26},$$

其中 $\overline{\boldsymbol{P}}$ 是 $\boldsymbol{P}$ 模 26 的逆.

基于多字母出现频率的密码分析仅仅对于小 n 值时是有效的，其中 n 是多字母的长度. 例如，当 $n=10$ 时，总共有 26^{10}(接近 1.4×10^{14})种此长度的多字母. 对于这些多字母的任何相对频率分析都不是十分有效.

9.2.4 数据加密标准和相关密码

在 20 世纪的最后 20 年，应用在商业和政府中最重要的密码是数据加密算法(DEA)，它作为数据加密标准(DES)(美国联邦信息处理标准 46－1)于 1977 年被美国联邦政府所标准化. 它是由 IBM 公司发明的，在成为标准之前作为金星(Lucifer)密码而出名. DEA 是一种分组密码，利用 64 位的密钥(其中密钥的最后 8 位在使用之前是被拆开的，以用于奇偶检验)将 64 位的数据组转换为 64 位的密文数据组.

DEA 的加密过程十分复杂，在此不做详细描述. 方法大致如下：首先通过置换加密 64 位的明文数据组，然后对作用于 64 位字符串的左右两边的函数以特定方式迭代 16 次，最后应用初始置换的逆置换. 此密码的细节可以在参考资料[StPa19]和[MevaVa97]中查看. 对任何一个使用本书的经过成熟的数学训练的学生来说，上述细节都是很容易理解的；当然它们也十分冗长.

DEA 是对称密码. 信息的发送和接收双方必须知道相同的安全密钥，此密钥被同时用于加密和解密. 分配 DEA 的安全密钥是一个十分困难的问题，在公钥密码学(9.4 节)中有所提及.

尽管 DEA 没有被破解，也就是说没有针对它的简单攻击被发现，但是对于强力分析它却比较脆弱. 截至 1999 年，穷举搜索在一天之内可以检验所有 2^{56} 个可能的密钥. 由于易受此类算法的攻击，美国标准技术研究所(National Insitute of Standards and Technology，NIST)决定 1998 年之后就不再批准使用 DEA.

2000 年 11 月，NIST 采用了一种新的称为高级加密标准(Advanced Encryption Standard，AES)的算法作为美国政府的官方加密标准. 这种算法是由两位比利时科学家——琼・戴尔蒙(Joan Daemen)和文森特・瑞蒙(Vincent Rijmen)发明的，并以它的发明者命名为瑞戴(Rijndael). 在长达三年的竞争中，瑞戴算法从提交的各种候选加密标准中脱颖而出，被采纳为高级加密算法. AES 算法可以利用 128，192 和 256 位的对称密钥来加密和解密 128 位的数据组. AES 的复杂性和密钥所支持的长度使其多年来都可以对抗强力攻击. 美国政府希望 AES 能保持至少 20 年安全有效. 尽管不少密码学家努力尝试破解它，但到目前为止并未发现任何有效的算法. 一旦它的弱点被找到，新的更安全的替换它的密码体系也会提上日程. 而弱点仍未找到，AES 也正被超期使用，虽然有各种密码算法体系被提出来，但目前尚未有明确的替代者.

9.2.5 流密码

截至目前，我们所讨论的方法都是用同一个密钥来加密所有字符(或者数据组). 一旦知道了一个明文-密文信息对，密钥就可以被确定下来．为了增强安全性，可以通过改变加密连续字符的密钥来实现．为了讨论这种加密方法，首先给出一些术语．

密钥空间$\mathscr{K}$中的一个序列k_1，k_2，k_3，…称为**密钥流**．对应于密钥k_i的加密函数记作E_{k_i}．**流密码**是利用密钥流k_1，k_2，k_3，…将明文字符串$p_1p_2p_3$…转换为密文字符串$c_1c_2c_3$…的密码，其中$c_i=E_{k_i}(p_i)$．相应的解密函数为$D_{d_i}(c_i)=p_i$，其中d_i是对应于加密密钥k_i的解密密钥．

我们可以用多种方式为流密码生成密钥流．例如，可以随机选择一些密钥生成密钥流，或者可以利用**密钥流生成器**，它是一个输入起始密钥序列（种子序列）后会生成连续密钥的函数，可能会用到前面的明文中的符号．

最简单（非平凡）的流密码是**维尔南（Vernam）密码**，由吉尔伯特・维尔南于1917年提出并应用于电报信息的自动加密和解密．在这一流密码中，密钥流是和明文信息一样长的位串$k_1k_2\cdots k_m$，其中明文信息位串为$p_1p_2\cdots p_m$．明文位信息用如下映射加密：

$$E_{k_i}(p_i)\equiv k_i+p_i \pmod 2).$$

在维尔南密码中只有两种加密映射．当$k_i=0$时，E_{k_i}是将0映到0，1映到1的恒等映射．当$k_i=1$时，映射E_{k_i}将0映到1，将1映到0．与之相对应的解密变换D_{d_i}与E_{k_i}相同．

例 9.11 利用密钥流为1 1000 1111的维尔南密码加密明文位串0 1111 0111，得到位串1 0111 1000，其中每一位都是由明文和密钥流的位相加得到．解密只需要重复这一操作． ◀

维尔南密码中的密钥流只能用一次（习题38）．当维尔南密码的密钥流是随机选择的并且只用来加密一条明文信息时，被称为**一次一密钥（one-time pad）**．可以证明一次一密钥在如下意义是不可破解的：解密者破解用随机选取的且只用一次的密钥流加密的密文和简单地去猜明文字符串差不多．维尔南密码的问题是密钥流必须至少和明文信息一样长，并且必须在愿意使用一次一密钥的双方之间安全传递．因此，除非特别敏感的信息（通常是外交和军事方面），一次一密钥是不被使用的．

下面介绍另一种流密码，即由维吉尼亚于16世纪发明的**自动密钥密码**．自动密钥密码采用一个起始种子密钥，为单个字符，随后的密钥是明文字符．特别地，自动密钥密码对第一个字符以外的每一明文字符的移动值为前一字符的等价数值模26；以种子字符模26的等价数值移动第一个字符．也就是说，自动密钥密码通过如下变换加密字符p_i：

$$c_i\equiv p_i+k_i \pmod{26},$$

其中p_i是明文的第i个字符的等价数值，c_i是密文的第i个字符的等价数值，k_i为密码流的第i个字符的等价数值，且$k_1=s$，而s为种子字符的等价数值，并且对于$i\geqslant 2$有$k_i=p_{i-1}$．

解密用自动密钥密码加密的信息需要知道种子字符．我们从第一个密文字符的等价数值模26减去种子字符数值得到明文的首个字符，然后从下一个密文字符减去每一个明文字符的等价数值模26得到下一个明文字符．

吉尔伯特·维尔南(Gilbert S. Vernam，1890—1960)生于纽约的布鲁克林. 在伍斯特理工学院毕业后，他在美国电话电报公司(AT&T)获得了一份工作. 他可以不用实际搭建电路而在头脑中将其想出. 他的聪明才智十分出名，有一个故事提及他时说，每天晚上当他躺在沙发上的时候，总是会问："现在我能发明什么呢?"在美国电话电报公司期间，他发明了通过电传打字机进行信息传输的方法，这是第一个安全的自动密码系统. 同时他还发明了加密数字图像的技术. 维尔南还曾任职于国际通信实验室和邮政电报电话公司. 在密码学和电报交换系统的发明中，他总共拥有 65 项专利.

下面的例子演示了用自动密钥密码的加密和解密过程.

例 9.12 利用种子字符为 X(等价数值为 23)的自动密钥密码加密明文信息 HERMIT，首先将 HERMIT 的字母转换为其等价数值 7 4 17 12 8 19. 密钥流由数字 23 7 4 17 12 8 组成. 密文信息中的字符的等价数值为

$$p_1 + k_1 = 7 + 23 \equiv 4 \pmod{26}$$
$$p_2 + k_2 = 4 + 7 \equiv 11 \pmod{26}$$
$$p_3 + k_3 = 17 + 4 \equiv 21 \pmod{26}$$
$$p_4 + k_4 = 12 + 17 \equiv 3 \pmod{26}$$
$$p_5 + k_5 = 8 + 12 \equiv 20 \pmod{26}$$
$$p_6 + k_6 = 19 + 8 \equiv 1 \pmod{26}.$$

将其转换回字母，得到密文信息为 ELVDUB. ◀

例 9.13 解密用种子字符为 F 的自动密钥密码加密的密文信息 RMNTU，首先将密文字符转为其等价数值 17 12 13 19 20. 明文的第一个字符的等价数值可通过计算下式得到：

$$p_1 = c_1 - s \equiv 17 - 5 = 12 \pmod{26}.$$

利用如下算式得到明文后面字符的等价数值：

$$p_2 = c_2 - p_1 = 12 - 12 = 0 \pmod{26}$$
$$p_3 = c_3 - p_2 = 13 - 0 = 13 \pmod{26}$$
$$p_4 = c_4 - p_3 = 19 - 13 = 6 \pmod{26}$$
$$p_5 = c_5 - p_4 = 20 - 6 = 14 \pmod{26}$$

将等价数值换回字母得到明文信息是 MANGO. ◀

我们只是简单介绍了流密码这一高深学科的表层内容. 更多关于流密码的知识，包括流密码在实际应用中的破解，请查阅[MevaVa97].

9.2 节习题

1. 利用加密密钥为 SECRET 的维吉尼亚密码加密如下信息：

   DO NOT OPEN THIS ENVELOPE.

2. 解密用加密密钥为 SECRET 的维吉尼亚密码加密的如下信息：

   WBRCS LAZGJ MGKMF V.

3. 利用加密密钥为 TWAIN 的维吉尼亚密码加密如下信息：

AN ENGLISHMAN IS A PERSON WHO DOES THINGS BECAUSE THEY HAVE BEEN DONE BEFORE. AN AMERICAN IS A PERSON WHO DOES THINGS BECAUSE THEY HAVE NOT BEEN DONE BEFORE.

4. 解密用加密密钥为 TWAIN 的维吉尼亚密码加密的如下信息：

P A C W H   E Z U A R   N L T E B   X P E Z A   B P I M F
B J L M N   K J I V T   T H L B U   T P I A G   H X E T R
T N N M Q   T X O C G   H Q R W J   G S O Z Y   W W N L G
A A T P B   N O A V Q   L K F V N   M E O V F   M D A B U
T R E I E   B O E V N   G Z F T B   N N I A U   X Z A V Q
O W N Q F   A A D N E   H I I B Z   T P H M Z   T P I K F
T H O V R   P K U T Q   H Y C C C   R I E M V   Z D T U V
E H I W A   R A A Z F

5. 假设一条明文信息用维吉尼亚密码加密. 证明按密钥长度的倍数分割的相同字符串被加密为相同的密文字符串.

在习题 6~11 中，对于给定的用维吉尼亚密码加密的密文，利用本章中描述的密码分析过程对其进行密码分析.

6.
U C Y F C   O O C Q U   C Y F H E   B H F T H   E F E R F
G Q J C K   X V B U V   B S H F T   B L C Z B   S W K U V
B N K W E   H L T I C   G S O U V   B T Z F O   U P B B A
B F O P K   P P T L V   H O B U B   P I P G C   O U I K F

7.
K M K R E   C C W S P   I S N E J   R S X Z I   A L K Z S
Q S L E H   N V W A M   S R I Q M   Y J K M K   R E C C W
X M V O F   E L R L W   W E J C T   J C G A M   Y K J M X
C P W Q W   G L W L F   E L A E F   M R D W F   W J I S P
R W B X Z   C L S P H   O Y C M L   P W Q W A   R M K Y J
S R E D K   M K R E C   C A Z G G   Z Y X D C   E K R S L
F I J Q G   S L P W Y   V F D V G   K

8.
S I I W Z   F D I B N   H U D E U   W Q J H P   J K R N K
R L A C T   W X B I M   M H M P J   O F U F P   W V E O G
P Q P E L   V P Z Y D   A X I A G   P I T M A   X F S S S
G W P B W   I W O F O   T F W V F   J S X P L   B J O T P
S U D I J   J X F N R   F P A F G   R P S X I   W X J O R
P P X S Q   I

9.
J W E F F   P R G B A   G D S Z F   Z B T Z J   I B L S P
V D B T P   F X M L V   U G W I D   N W D H O   B N K J T
V L X I J   K P M Z Q   H Q E D W   Q C O B O   V J B Z U
H O I E G   J N V O U   B Y D U Q   N D T U F   U F L Z V
U Q E J V   Q J K F L   S B U P R   W D Q I F   V U J W B
V T H U P   R W J A Y   R V T U K   B D V E F   M E E Z I
E B F X R   X M M K L   D W L O E   P R Y F E   F U O

10. PDJVJ LFCJW ZQLGR EVMUV ZOWID
AJZPZ DWEMU QLGGI QZZME NZPJM
YXSMW IHQQP DBWIE KMSFB GIQWW
IJWZE YMAIC TJRRB MIYQS KPDJV
LAHIY LNRRM AICQR TCWAM YOUEE
PDSFS SSHGT YHQQP YMAIC OJXEW
YLPMS HZNYL PRTYC VJCMC YXSQX
WZNFV QZTQO QXGZC WERQS KZVQC
LLIWE WYLPR TCLVI KWWWC ZNYLP
KQMXJ

11. TUZTU WFGCG LHGTF GMKGR FIASR
KWKRR DAAGU WDGTQ GEYNB LISPY
QTNAG SLRWU GAXEY SUMHR VAZAE
WGKNV MSKSG ZEELN MGNEQ STIOY
MMHUF LHKYY SUMHR VAZFH DTUNG
ZEELN MGNEQ STZHR OROGU LBXOG
ZEXSO MTZHR QARSB DAAGU WDGTO
GZUTU WCROJ F

12. 如果我们知道密钥的长度为 3，怎样找到例 9.8 中正确的密钥 USA？

13. 利用将明文数据组 P_1P_2 转换为密文数据组 C_1C_2 的双字母密码加密信息 BEWARE OF THE MESSENGER，双字母密码如下所示：

$$C_1 \equiv 3P_1 + 10P_2 \pmod{26}$$
$$C_2 \equiv 9P_1 + 7P_2 \pmod{26}.$$

14. 利用将明文数据组 P_1P_2 转换为密文数据组 C_1C_2 的双字母密码加密信息 DO NOT SHOOT THE MESSENGER，双字母密码如下所示：

$$C_1 \equiv 8P_1 + 9P_2 \pmod{26}$$
$$C_2 \equiv 3P_1 + 11P_2 \pmod{26}.$$

15. 解密用将明文数据组 P_1P_2 转换为密文数据组 C_1C_2 的双字母密码加密的密文信息 RD SR QO VU QB CZ AN QW RD DS AK OB. 双字母密码如下所示：

$$C_1 \equiv 13P_1 + 4P_2 \pmod{26}$$
$$C_2 \equiv 9P_1 + P_2 \pmod{26}.$$

16. 解密用将明文数据组 P_1P_2 转换为密文数据组 C_1C_2 的双字母密码加密的密文信息 UW DM NK QB EK. 双字母密码如下所示：

$$C_1 \equiv 23P_1 + 3P_2 \pmod{26}$$
$$C_2 \equiv 10P_1 + 25P_2 \pmod{26}.$$

17. 某密码分析员发现密文中两个出现频率最高的双字母是 RH 和 NI，并猜测这些密文双字母分别对应英文信息中出现频率最高的双字母 TH 和 HE. 如果明文用如下描述的希尔双字母密码加密：

$$C_1 \equiv aP_1 + bP_2 \pmod{26}$$
$$C_2 \equiv cP_1 + dP_2 \pmod{26}.$$

则 a，b，c 和 d 的值分别是什么？

18. 如果分别用如下双字母密码加密，那么有多少对字母是不改变的？

a) $C_1 \equiv 4P_1 + 5P_2 \pmod{26}$
$C_2 \equiv 3P_1 + P_2 \pmod{26}$

b) $C_1 \equiv 7P_1 + 17P_2 \pmod{26}$
$C_2 \equiv P_1 + 6P_2 \pmod{26}$

c) $C_1 \equiv 3P_1 + 5P_2 \pmod{26}$
$C_2 \equiv 6P_1 + 3P_2 \pmod{26}$

19. 证明：如果希尔密码系统的加密矩阵 $\boldsymbol{A}$ 是对合矩阵模 26，即 $\boldsymbol{A}^2 \equiv \boldsymbol{I} \pmod{26}$，那么矩阵 $\boldsymbol{A}$ 也是这一密码系统的解密矩阵.
20. 密码分析员发现密文中出现频率最高的三字母(长度为 3 的数据组)是 LME，WRI 和 ZYC，并猜测这些密文分别对应英文信息中出现频率最高的三字母组 THE，AND 和 THA. 如果明文是用希尔三字母密码加密，即 $\boldsymbol{C} \equiv \boldsymbol{AP} \pmod{26}$，则 3×3 加密矩阵 $\boldsymbol{A}$ 的元素是什么？
21. 求下面的乘积密码：首先用加密矩阵为 $\begin{bmatrix} 2 & 3 \\ 1 & 17 \end{bmatrix}$ 的双字母希尔密码进行加密，然后再用加密矩阵为 $\begin{bmatrix} 5 & 1 \\ 25 & 4 \end{bmatrix}$ 的双字母希尔密码进行加密.
22. 证明由两个双字母希尔密码构成的乘积密码仍为双字母希尔密码.
23. 证明由数据组长度为 m 的希尔密码和数据组长度为 n 的希尔密码构成的乘积密码是数据组长度为 $[m, n]$ 的希尔密码.
24. 求下面的乘积密码对应的 6×6 加密矩阵：首先用加密矩阵为 $\begin{bmatrix} 3 & 1 \\ 2 & 1 \end{bmatrix}$ 的双字母希尔密码进行加密，然后再用加密矩阵为 $\begin{bmatrix} 1 & 1 & 0 \\ 1 & 0 & 1 \\ 0 & 1 & 1 \end{bmatrix}$ 的三字母希尔密码进行加密.

* 25. 在对换密码中，特定长度的数据组通过以特殊方式置换字符进行加密. 例如，长度为 5 的明文数据组 $P_1P_2P_3P_4P_5$ 可以变换为密文数据组 $C_1C_2C_3C_4C_5 = P_4P_5P_2P_1P_3$. 证明每一个这样的对换密码都是希尔密码，并且其加密矩阵有这样的性质：只包含 1 和 0 作为其元素，并且每一行和每一列恰好只有一个 1.

希尔密码是仿射变换数据组密码的特殊情形. 为了构造这样的变换，令 $\boldsymbol{A}$ 是元素均为整数的 $n\times n$ 矩阵，并且 $(\det \boldsymbol{A}, 26)=1$，令 $\boldsymbol{B}$ 为元素均为整数的 $n\times 1$ 矩阵. 为了加密信息，将其拆分为长度为 n 的数据组并将每一数据组的各个字母的等价数值代入 $n\times 1$ 矩阵 $\boldsymbol{P}$(如必要，最后一个数据组用虚字母填补). 通过计算 $\boldsymbol{C} \equiv (\boldsymbol{AP}+\boldsymbol{B}) \pmod{26}$ 得到对应的密文数据组，并将矩阵 $\boldsymbol{C}$ 的元素转换回字母.

26. 利用作用在两个连续字母的数据组上的仿射变换 $\boldsymbol{C} \equiv \begin{bmatrix} 3 & 2 \\ 7 & 11 \end{bmatrix}\boldsymbol{P} + \begin{bmatrix} 8 \\ 19 \end{bmatrix} \pmod{26}$，加密信息 HAVE A NICE DAY.
27. 对应于习题 26 中仿射变换的解密变换是什么？
28. 对应于加密变换 $\boldsymbol{C} \equiv (\boldsymbol{AP}+\boldsymbol{B}) \pmod{26}$ 的解密变换是什么？其中 $\boldsymbol{A}$ 是元素为整数的 $n\times n$ 矩阵并且 $(\det \boldsymbol{A}, 26)=1$，$\boldsymbol{B}$ 是元素为整数的 $n\times 1$ 矩阵.
29. 解密用仿射变换 $\boldsymbol{C} \equiv \begin{bmatrix} 5 & 2 \\ 11 & 15 \end{bmatrix}\boldsymbol{P} + \begin{bmatrix} 14 \\ 3 \end{bmatrix} \pmod{26}$ 加密的密文 HG PM QR YN NM.
30. 解释怎样解密用仿射变换 $\boldsymbol{C} \equiv \boldsymbol{AP}+\boldsymbol{B} \pmod{26}$ 加密的长度为 2 的数据组，其中 $\boldsymbol{A}$ 是元素为整数的 2×2 矩阵，并且 $(\det \boldsymbol{A}, 26)=1$，$\boldsymbol{B}$ 是元素为整数的 2×1 矩阵.
31. 解释怎样解密用仿射变换 $\boldsymbol{C} \equiv \boldsymbol{AP}+\boldsymbol{B} \pmod{26}$ 加密的长度为 3 的数据组，其中 $\boldsymbol{A}$ 是元素为整数的 3×3 矩阵，并且 $(\det \boldsymbol{A}, 26)=1$，$\boldsymbol{B}$ 是元素为整数的 3×1 矩阵.
32. 由两个基于仿射变换的双字母分组密码构成的乘积密码是否还是基于仿射变换的双字母分组密码？

* 33. 由两个基于仿射变换的分别对长度为 m 的数据组和长度为 n 的数据组加密的分组密码构成的乘积密码是否还是基于仿射变换的分组密码？

34. 用密钥流为 10 0111 1001 的维尔南密码加密位串 11 1010 0011.

35. 解密用密钥流为 10 0111 1001 的维尔南密码加密的位串 11 1010 0011.
36. 用种子字符为 Z 的自动密钥密码加密明文信息 MIDDLETOWN.
37. 解密用种子字符为 I 的自动密钥密码加密的密文信息 ZVRQH DUJIM.
38. 证明：如果密钥流对已知明文重复使用，则维尔南密码是易被已知明文攻击攻破的. 特别地，如果加密位串的人接触到了生成的密文字符串，则密钥流就可以找到.
39. 证明：如果维尔南密码的一个密钥流被用来加密两个不同的信息，那么通过模 2 相加两条信息的对应位得到的位串可以被拥有相应的密文信息的人找到. 解释为什么通过这种方式可以实现密码分析.

计算和研究

1. 利用维吉尼亚密码加密一些信息让你的同学来破解.
* 2. 解密你同学用维吉尼亚密码加密的信息.
3. 对用维吉尼亚密码加密的密文运用卡西斯基检验法.
4. 求某些字符串的重合次数.
5. 对用维吉尼亚密码加密的密文进行密码分析.
6. 找出各种英文文本中双字母的出现频率，例如计算机程序或某一本小说.
7. 找出各种英文文本中三字母的出现频率，例如计算机程序或某一本小说.
8. 利用希尔密码加密一些信息让你的同学来破解.
9. 解密你同学用希尔密码加密的信息.
10. 利用一次一密钥维吉尼亚密码加密和解密一些较长的信息，并将这些信息发送给你的某个同学.
11. 利用自动密钥密码加密一些信息让你的同学来破解.
12. 解密你同学用自动密钥密码加密的信息.

程序设计

1. 利用维吉尼亚密码加密信息.
2. 解密用维吉尼亚密码加密的信息.
* 3. 对用维吉尼亚密码加密的密文，运用卡西斯基检验法确定此密文的密钥长度.
4. 对一英文字符串，找出此字串的重合次数.
** 5. 分别用卡西斯基检验法和用重合次数的弗莱德曼检验法确定用维吉尼亚密码加密的密文可能的密钥长度. 对每一可能的密钥长度，利用字母频率分析确定密钥的每一字符. 对你找到的每一可能密钥试着恢复原始的明文. 最后通过解密出的英文检查你是否找到了正确的密钥.
6. 利用希尔密码加密信息.
7. 解密用希尔密码加密的信息.
* 8. 通过对密文的双字母的出现频率的分析，对用双字母希尔密码加密的信息进行密码分析.
9. 利用基于仿射变换的密码加密信息(见习题 26 前面的导言).
10. 解密用基于仿射变换的密码加密的信息.
11. 通过对密文的双字母的频率分析，对用基于仿射变换的双字母密码加密的信息进行密码分析.
12. 利用自动密钥密码加密信息.
13. 解密用自动密钥密码加密的信息.

9.3 指数密码

本节对基于模指数的密码进行讨论，此密码是由波里格(Pohlig)和海尔曼(Hellman)[PoHe78]于 1978 年发明的. 这种密码是建立在费马小定理(见 7.1 节)基础之上. 我们将会看到此系统所生成的密码不容易被密码分析所破解(这一密码有比实际用途更多的理论意义).

令 p 是素数，加密密钥 e 是正整数且满足$(e, p-1)=1$. 为了加密信息，首先将信息的字母转换为等价数值(保留字母的两位数等价数值中前面的零). 利用以前用过的对应关系，如表 9.9 所示.

表 9.9 英文字母的两位数对应表

字母	A	B	C	D	E	F	G	H	I	J	K	L	M	N	O	P	Q	R	S	T	U	V	W	X	Y	Z
等价数值	00	01	02	03	04	05	06	07	08	09	10	11	12	13	14	15	16	17	18	19	20	21	22	23	24	25

接下来，将数字信息分为长度为 $2m$ 位的十进制数据组，其中 $2m$ 是使得所有对应于 m 个字母的等价数值的数据组(该数据组此时被视为一个 $2m$ 位的十进制整数)小于 p 的最大正偶数，即如果 $2\,525<p<252\,525$，则 $m=2$.

每一明文数据组 P 是位数为 $2m$ 的十进制整数，通过如下关系生成密文数据组 C：

$$C \equiv P^e \pmod{p}, \quad 0 \leqslant C < p.$$

密文信息由这些密文数据组构成，其中每组都是小于 p 的整数. 注意到不同的 e 给出不同的密码，所以 e 被称作加密密钥. 我们用下例来示范此加密技术.

例 9.14 令素数 $p=2\,633$ 是加密过程中所使用的模，并令用作模指数中的指数的加密密钥为 $e=29$，于是$(e, p-1)=(29, 2\,632)=1$. 加密下面的明文信息：

THIS IS AN EXAMPLE OF AN EXPONENTIATION CIPHER,

首先将信息中的字母转换为它们的等价数值，然后将其分为长度为 4 的数据组，得到

1907 0818 0818 0013 0423
0012 1511 0414 0500 1304
2315 1413 0413 1908 0019
0814 1302 0815 0704 1723.

注意在信息的最后一个数据组中加上了字母 X 对应的等价数值 23，以凑成四位数.

接下来，用如下关系将每一明文数据组 P 转换为密文数据组 C：

$$C \equiv P^{29} \pmod{2633}, \quad 0 \leqslant C < 2633.$$

例如，加密第一个明文数据组可通过计算下式实现：

$$C \equiv 1907^{29} \equiv 2199 \pmod{2633}.$$

为了更有效地计算模指数，可以使用 5.1 节中的算法. 加密这些数据组，得到如下密文：

2199 1745 1745 1206 2437
2425 1729 1619 0935 0960
1072 1541 1701 1553 0735
2064 1351 1704 1841 1459. ◀

为了解密密文信息数据组 C，需要知道解密密钥，即整数 d 使得 $de \equiv 1 \pmod{p-1}$，所以 d 是 e 模 $p-1$ 的逆，由于$(e, p-1)=1$，故 d 一定存在. 如果将密文数据组 C 取 d 次方再模 p，那么就得到了明文数据组 P. 为此，我们首先考虑 $p \nmid P$ 的情形，然后考虑

$p \mid P$ 的情形．将 $p \nmid P$ 时，

$$C^d \equiv (P^e)^d = P^{ed} \equiv P^{k(p-1)+1} \equiv (P^{p-1})^k P \equiv P(\bmod p),$$

其中存在某一整数 k，使得 $de=k(p-1)+1$，这是因为 $de \equiv 1(\bmod p-1)$．（此处使用费马小定理来得出 $P^{p-1} \equiv 1(\bmod p)$．）当 $p \mid P$ 时，有 $P=0$，这是因为 $0 \leqslant P < p$，故同样由于 $C \equiv P^e = 0^e = 0(\bmod p)$，$0 \leqslant C < p$，我们得出 $C=0$．故 $C^d \equiv 0^d = 0(\bmod p)$，这表明此种情况下 $C^d \equiv P(\bmod p)$．

例 9.15 为了解密用素数模 $p=2\,633$ 和加密密钥 $e=29$ 加密的密文数据组，需要用到 e 模 $p-1=2\,632$ 的逆．一个和 5.2 节中一样的简单计算表明 $d=2\,269$ 就是它的逆．为了解密密文数据组 C，进而确定相应的明文数据组 P，利用下面的关系：

$$P \equiv C^{2\,269}(\bmod 2\,633).$$

例如，对密文数据组 2 199 进行解密，有

$$P \equiv 2\,199^{2\,269} \equiv 1\,907(\bmod 2\,633).$$

当然我们在模指数运算过程中使用了 5.1 节中的算法． ◀

对于每一个通过计算 $P^e(\bmod p)$ 来加密的明文数据组 P，如定理 5.10 所示，其位运算量只有 $O((\log_2 p)^3)$ 次．在解密之前，需要找到 e 模 $p-1$ 的逆 d．其位运算量约为 $O(\log^3 p)$ 次（见 5.2 节习题 17)，这仅需要做一次．接下来，为从密文数据组 C 恢复明文数据组 P，只需要计算 C^d 模 p 的最小正剩余；位运算量为 $O((\log_2 p)^3)$ 次．因此，利用模指数进行的解密和加密过程可以迅速实现．

另一方面，对用模指数加密信息的密码分析通常不能迅速实现．为理解这一点，假设已知作为模的素数 p，并假定已知对应于密文数据组 C 的明文数据组为 P，所以

$$C \equiv P^e(\bmod p). \tag{9.2}$$

为了成功地进行密码分析，需要找到加密密钥 e．这是一个计算困难的离散对数的问题，将会在第 10 章对其进行讨论．注意当十进制数 p 超过 200 位时，用计算机解决这一问题是不可行的．

9.3 节习题

1. 取素数 $p=101$ 和加密密钥 $e=3$，利用模指数加密信息 GOOD MORNING.
2. 取素数 $p=2\,621$ 和加密密钥 $e=7$，利用模指数加密信息 SWEET DREAMS.
3. 对应于密文 01 09 00 12 12 09 24 10 的明文是什么？其中密文由模为 $p=29$ 和加密次数为 $e=5$ 的模指数密码生成．
4. 对应于密文 1213 0902 0539 1208 1234 1103 1374 的明文是什么？其中密文由模为 $p=2\,591$ 和加密指数为 $e=13$ 的模指数密码生成．
5. 证明：当加密是由模 $p=31$ 和 $e=11$ 的模指数密码生成时，加密和解密过程是相同的．
6. 由模为 $p=29$ 和未知的加密密钥 e 构成的模指数密码生成的密文是 04 19 19 11 04 24 09 15 15．如果知道密文数据组 24 对应的明文字母是 U(等价数值为 20)，对上述密文进行密码分析．（提示：首先找到 24 以 20 为底在模 29 下的对数，再利用一些合理猜测．）

计算和研究

1. 利用指数密码加密一些信息让你的同学来破解．
2. 对于给定的加密密钥和素数模，解密你同学用指数密码加密的信息．

程序设计

1. 给定一条信息、加密密钥以及一个素数模，利用指数密码加密该信息.
2. 给定一条由指数密码加密的信息以及加密密钥和素数模，试解密该信息.

9.4 公钥密码学

截至目前我们所讨论的密码系统都是私钥密码系统或者对称密码系统的例子，它们的加密和解密密钥或者是一样的，或者可以很容易相互推出. 例如，在移位密码中，加密密钥是一个整数 k，与之对应的解密密钥是整数 $-k$. 在仿射密码中，加密密钥是整数对 (a, b)，与之对应的解密密钥是整数对 $(\overline{a}, -\overline{a}b)$，其中 $\overline{a}$ 是 a 模 26 的逆. 在希尔密码中，加密密钥是 $n\times n$ 矩阵 $\mathbf{A}$，与之对应的解密密钥是 $n\times n$ 矩阵 $\overline{\mathbf{A}}$，$\overline{\mathbf{A}}$ 是矩阵 $\mathbf{A}$ 模 26 的逆. 在波里格-海尔曼指数密码中，加密密钥是 (e, p)，其中 p 是素数；与之对应的解密密钥是 (d, p)，其中 d 是 e 模 $p-1$ 的逆. 对于 DEA，加密和解密密钥是完全一样的.

基于此，如果前面所讨论的密码系统之一被用来建立网络内部的安全通信，那么通信双方必须采用一个网络内对其他个体保密的密钥，这是由于一旦在这样的密码系统中加密密钥被得到，那么解密密钥可以用很少的计算机时间就能被找到. 因此，为了保持安全性，加密密钥本身必须通过安全通信频道传送.

为了避免向网络中每一对个体指派密钥，而且对网络的其他个体保密，一种新型的密码系统(称为公钥密码系统)于 20 世纪 70 年代被发明. 在这种密码系统中，加密密钥可以是公开的，因为从加密变换寻找解密变换所耗费的计算机时间是不切实际地大. 为了利用公钥密码系统建立具有 n 个个体的网络内的安全通信，每一个体都产生一个由密码系统指定类型的密钥，它可以进入加密变换 $E(k)$ 的构造，通过具体的规则由密钥 k 得到. 然后公开有 n 个密钥 $k_1, k_2, \cdots, k_n$ 的目录. 当个体 i 想要给个体 j 发送信息的时候，信息的字母被转换为其等价数值并且组合为指定大小的数据组. 然后，对于每一明文数据组 P，相应的密文数据组 $C=E_{k_j}(P)$ 就可以通过加密变换 E_{k_j} 得到. 为了解密信息，个体 j 对每一密文数据组 C 应用解密变换 D_{k_j} 找到 P；即

$$D_{k_j}(C)=D_{k_j}(E_{k_j}(P))=P.$$

由于解密变换 D_{k_j} 不能被除了个体 j 之外的其他个体通过合理的时间找到，因此即使知道加密密钥 k_j，任何没有授权的个体都不能解密信息. 此外，即使知道加密密钥 k_j，由于所需要的计算机时间十分巨大，因此对密文信息的密码分析也是极为困难的.

许多密码系统曾被提出作为公钥密码系统. 通过证明密文信息能在可接受的计算机时间内被解密，除了少数的系统都已被证明是不合适的. 在本节中，我们将介绍最为广泛使用的 RSA 密码系统. 除此之外，还将对其他几种公钥密码系统进行介绍，包括将在本节最后讨论的拉宾(Labin)公钥密码系统和将在本书第 11 章讨论的 EIGamal 公钥密码系统. 在第 14 章中，将讨论椭圆曲线密码系统，这些密码系统的安全性是基于三个复杂的数学问题的计算难度，这些数学问题是整数分解(已在第 4 章讨论过)和离散对数的求解(将在第 10 章进行讨论). 以及对模 p 的椭圆曲线求离散对数(将在第 14 章中讨论). ([MeVa97]和

[Ro18]有更全面的关于公钥密码的内容.)

尽管公钥密码系统有许多优点，但它们并不被广泛地应用于通用加密．这是因为这种密码系统的加密和解密需要耗费多数计算机太多的时间和存储空间，相比目前使用的对称密码系统多出几个量级．然而，公钥密码系统常常被用来加密 DES 等对称密码系统的密钥，以保证它们可以被安全地传输．它们也广泛用于各种密码协议，例如数字签名(将在 9.5 节进行讨论)．在各种智能卡和电子商务中它们也是特别有用的.

同时请注意在现代密码学中，用何种密码系统加密信息是公开已知的．因此，被加密信息的安全性不依赖于使用的加密算法的安全性．对于对称密钥密码系统，信息的安全性取决于所使用的加密密钥的安全性和通过其他信息(例如明文-密文数据对)寻找此密钥进行计算的难度．对于公钥密码系统来说，其安全性依赖于解密密钥的安全性和通过加密密钥及其他公共信息(例如明文-密文数据对)找到解密密钥进行计算的难度.

9.4.1 RSA 密码系统

现今最为广泛使用的公钥密码系统是 RSA *密码系统*，它根据 Ronald Rivest、Adi Shamir 和 Leonard Adleman 的名字命名[RiShAd78]，他们在 1977 年给出了该系统的描述(并于 1983 年申请了专利[RiShAd83])．但实际上该密码系统在早几年前的 1973 年就由英国数学家 Clifford Cocks 在英国情报部门的通信总部的一项秘密工作中发明出来了．Cocks 的发明直到 1997 年才脱密并公诸于众．当然也有传言，美国国家安全局于 1966 年就知晓该密码体系.

RSA 密码系统是基于模指数的公钥密码系统，其中密钥是由指数 e 和两个大素数的乘积生成的模数 n 组成的数对(e, n)；即 $n=pq$，其中 p 和 q 是大素数，且$(e, \phi(n))=1$. 为了加密信息，首先将字母转为其等价数值并形成尽可能长(位数为偶数)的数据组．为加密明文数据组 P，我们通过加密变换 $E(P)$生成密文数据组 C：

$$E(P)=C\equiv P^{e}(\bmod n),\ 0\leqslant C<n.$$

解密过程需要知道 e 模 $\phi(n)$的逆 d，由于$(e, \phi(n))=1$，所以它是存在的．为了解密密文数据组 C，我们利用解密变换 C 且

$$D(C)\equiv P^{d}(\bmod n),\ 0\leqslant D(C)<n.$$

为验证对所有明文信息 P 有 $D(C)=(P^{e})^{d}\equiv P(\bmod n)$，注意到

$$D(C)=C^{d}\equiv (P^{e})^{d}=P^{ed}\equiv P^{k\phi(n)+1}\equiv P^{\phi(n)k}P(\bmod n)$$

其中 $ed=k\phi(n)+1$ 对某个整数 k 成立，这是因为 $ed\equiv 1(\bmod \phi(n))$，当$(P, n)=1$ 时，由欧拉定理可知 $P^{\phi(n)}\equiv 1(\bmod n)$．故

$$P^{\phi(n)k}P\equiv (P^{\phi(n)})^{k}P\equiv P(\bmod n)$$

所以

$$D(C)\equiv P(\bmod n)$$

接下来我们考察少数情况，即$(P, n)>1$ 的情况(见习题 4)．为证明该解密变换恢复了明文信息，我们需要首先考虑在模 p 和模 q 时的同余，然后应用中国剩余定理．(此处的推导对$(P, n)=1$ 这种情形也可行，但要稍复杂些.)故设 $P\not\equiv 0(\bmod p)$．我们有 $D(C)\equiv P^{\phi(n)k}P\equiv$

$P^{(p-1)(q-1)/k}P \equiv (P^{p-1})^{(q-1)k}P \equiv P \pmod p$，此处由费马小定理我们使用了同余式 $P^{p-1} \equiv 1 \pmod p$. 进一步，如果 $P \equiv 0 \pmod p$，则 $C = P^e \equiv 0 \pmod p$，故在该情形下亦有 $D(C) \equiv P \pmod p$. 类似的推导对素数 q 也成立，故 $D(C) \equiv P \pmod q$. 应用中国剩余定理，在模 p 和模 q 时的同余给出 $D(C) \equiv P \pmod n$ 对所有 P，包括满足 $(P, n) > 1$ 的 P 均成立.

由上可知，对 RSA 密码系统，数据对 (d, n) 是和加密密钥 (e, n) 对应的解密密钥，其中 d 为 e 模 n 的逆.

注意，如果知道了信息 P 与 n 不互素，则破译者可通过分解 n 来破译该 RSA 系统(习题 4). 但任意信息 P 与 n 不互素的概率相当低(习题 3).

例 9.16 下面举例说明 RSA 密码系统的加密过程，假定加密模数是素数 43 和 59 的乘积(这比实际应用的大素数小很多)，这样得到以 $n = 43 \cdot 59 = 2537$ 为模. 取 $e = 13$ 作为指数；注意到 $(e, \phi(n)) = (13, 42 \cdot 58) = 1$. 为了加密信息

PUBLIC KEY CRYPTOGRAPHY，

首先将字母转为其等价数值，将这些数字分为长度为 4 的数据组. 得到

1520 0111 0802 1004
2402 1724 1519 1406
1700 1507 2423，

罗纳德·里威斯特(Ronald Rivest，生于 1948 年)于 1969 年在耶鲁大学获得学士学位，并于 1974 年在斯坦福大学获得了计算机科学博士学位. 他是麻省理工学院(MIT)的计算机科学教授，也是 RSA 数据安全公司(现在是安全动力的子公司)的合作创立者，该公司拥有 RSA 密码系统的专利权. 里威斯特曾经工作的领域包括机器智能、计算机算法和 VLSI 设计. 他是一本十分受欢迎的关于算法的教科书的作者之一([ColeRiSt10]).

阿迪·沙米尔(Adi Shamir，生于 1952 年)出生在以色列的特拉维夫. 他于 1972 年在特拉维夫大学获得了学士学位，并于 1977 年在威兹曼科学研究所获得计算机博士学位. 在华威大学任研究助理一年后，于 1978 年成为麻省理工学院的助理教授. 他现在任职于以色列威兹曼研究所的应用数学系，并建立了一个计算机安全研究小组. 除了合作发明 RSA 密码系统外，沙米尔对密码学还有许多贡献，包括攻破由 Merkle 和 Hellman 提出的作为公钥密码系统的背包密码系统，发展了许多密码协议，并创造性地对 DES 进行了密码分析.

勒纳德·阿德尔曼(Leonard Adleman，生于 1945 年)出生在美国加州的旧金山. 他于 1968 年和 1976 年在加州大学伯克利分校分别获得了学士学位和计算机科学博士学位. 从 1976 年到 1980 年，他任职于麻省理工学院的数学系；在此期间，帮助发明了 RSA 密码系统. 1980 年他获得了南加州大学计算机科学系的职位，并于 1985 年被任命为讲座教授. 除了在密码学中的工作，阿德尔曼的研究领域还有计算复杂性、计算机安全、免疫学和分子生物学. “计算机病毒”这一术语就是由他提出的. 利用 DNA 分子进行计算是他最近的主要兴趣所在. 阿德尔曼还曾做过电影 *Sneakers* 的技术顾问，在这部电影中计算机安全的作用十分显著. 另外，阿德尔曼也是一位业余拳击手.

其中添加了虚字母 $X=23$ 以填满最后的数据组.

利用下述关系式，将每一明文数据组加密为密文数据组：

$$C \equiv P^{13} \pmod{2\,537}.$$

例如，对第一个明文数据组 1 520 加密，得到

$$C \equiv (1\,520)^{13} \equiv 95 \pmod{2\,537}.$$

对所有明文数据组加密，我们得到密文信息

0095　1648　1410　1299
0811　2333　2132　0370
1185　1957　1084.

要解密用 RSA 密码加密的信息，必须找到 $e=13$ 模 $\phi(2\,537)=\phi(43\cdot 59)=42\cdot 58=2\,436$ 的逆. 利用欧拉算法进行简短的计算，如 5.2 节所示，可得 $d=937$ 是 13 模 2 436 的逆. 因此利用下述关系来解密密文数据组 C：

$$P \equiv C^{937} \pmod{2\,537},\quad 0 \leqslant P < 2\,537,$$

这是有效的，因为

$$C^{937} \equiv (P^{13})^{937} \equiv (P^{2\,436})^5 P \equiv P \pmod{2\,537}.$$

注意由欧拉定理可知

$$P^{\phi(2\,537)} = P^{2\,436} \equiv 1 \pmod{2\,537},$$

此时 $(P,\ 2\,537)=1$（对此例中的所有明文数据组均正确）. ◀

克利福德·科克斯（Clifford Cocks，生于 1950 年）出生在英国柴郡的佩斯贝瑞. 他毕业于曼彻斯特文理学校，这所有名的全日制学校成立于 1515 年. 在对希腊文和拉丁文产生厌恶后，他产生了对科学的兴趣，在优秀老师的指导下很快转移到数学上来. 1968 年，他在国际奥林匹克数学竞赛中获得了银牌. 1968 年秋，科克斯进入了剑桥大学国王学院，获得数学学士学位后，又在牛津大学学了短时间的数论. 1973 年，他在英国情报机关的政府通信总部（GCHQ）从事数学方面的工作. 加入 GCHQ 两个月后，科克斯的朋友与他谈论公钥密码学的思想，这被另一雇员 James Ellis 记录在内部的报告中. 仅一天的时间，科克斯就利用数论知识发明了 RSA 密码系统. 当他认识到把两个大素数相乘的过程反过来可以用作公钥密码系统的基础时，很快产生了这一思想. 在发明 RSA 密码系统 24 年后，1997 年科克斯才被允许公布了描述其发现的 GCHQ 内部文档. 除发明了 RSA 密码系统外，科克斯还以发明安全的基于身份识别的加密方案而著称，该方案利用用户的身份信息作为公钥. 2001 年，科克斯成为 GCHQ 的首席数学家. 他组织建立了海尔布隆数学研究所（由 GCHQ 和布里斯托尔大学合办）. 2015 年，科克斯被推选为皇家学会会士，即英国科学院院士.

RSA 密码系统的安全性　为了理解 RSA 密码系统是如何满足公钥密码系统的要求的，首先注意每一个体都可以在几分钟内由计算机找到两个有 200 位十进制数的大素数 p 和 q. 这些素数可以通过对有 200 位数的奇整数进行随机选择得到；由素数定理，这样一个整数是素数的概率接近 $2/\log 10^{200}$. 所以，我们可以期望在每平均检测了 $1/(2/\log 10^{200})$ 个整数后，或者说大约 230 个这样的整数后找到一个素数. 为了检验这些随机选择的奇数的素

性，我们采用拉宾概率素性检验(在7.2节中讨论过). 对这些200位的奇数执行小于此整数的100个基的米勒检验；一个合数通过所有检验的概率是小于10^{-60}的. 刚刚描述的过程只需要几分钟的计算机时间就可以找到一个200位的素数，并且只需要对此操作进行两次.

一旦找到素数p和q，就必须选定加密指数e，使得$(e, \phi(pq))=1$. 一个建议是选取比p和q都大的素数. 不论e是怎样找到的，都应满足$2^e>n=pq$，使得只取整数C的e次根$C\equiv P^e \pmod n$ $(0\leqslant C<n)$就能恢复明文数据组P($P\neq 0$或1)不可能. 只要$2^e>n$，则除$P=0$和1外的每一信息都通过模n指数被加密.

我们注意到，当模、指数和底数是500位的数时，利用RSA密码系统加密信息时所需要的模指数只要几秒的计算机时间就可以用5.1节中介绍的快速模指数算法完成. 同时，当素数p和q已知且$\phi(n)=\phi(pq)=(p-1)(q-1)$时，利用欧拉算法，可以迅速找到加密指数$e$模$\phi(n)$的逆$d$.

为了弄明白为什么加密密钥(e, n)不会轻易导出解密密钥(d, n)，我们注意到寻找e模$\phi(n)$的逆d需要首先找到$\phi(n)=\phi(pq)=(p-1)(q-1)$. 而找出$\phi(n)$并不比分解整数$n$容易. 原因在于$p+q=n-\phi(n)+1$，$p-q=\sqrt{(p+q)^2-4pq}=\sqrt{(p+q)^2-4n}$以及$p=\frac{1}{2}[(p+q)+(p-q)]$，$q=\frac{1}{2}[(p+q)-(p-q)]$. 因此，当已知$n=pq$和$\phi(n)=(p-1)(q-1)$时，$p$和$q$是容易找到的. 注意当$p$和$q$都有大约200位数时，$n=pq$的位数大约是400. 利用已知的最快的整数因子分解算法，计算机分解这样大小的整数需要耗费大约上百万年的时间. 与此同时，如果已知整数d，但不知道$\phi(n)$，则n也可能容易被分解，这是由于$ed-1$是$\phi(n)$的倍数，而我们有特殊算法利用$\phi(n)$的任何倍数对整数n进行分解(参见[Mi76]).

至今并没有证明不通过分解n来解密用RSA密码系统加密的信息是不可能的，但是到目前为止，没有发现这样的方法. 例如，如果存在可以快速找到不依赖于n的因子分解的模n的第e个根，则可以解密RSA密文. 通常所用的解密方法仍然和分解n是等价的，正如我们所指出的一样，大数分解是一个非常棘手的问题，需要耗费惊人的计算机时间. 如果没有找到不用分解n的方法解密RSA信息，那么随着整数分解方法和计算能力的改进，RSA系统的安全性可以通过增大模得到维持. 不幸的是，当分解模n可行后，用RSA加密的信息是易受攻击的. 这意味着对那些需要保密达几十年或上百年的信息要予以特别的照顾——例如，利用有数百位数的素数p和q来进行加密.

注意在选择RSA密码系统中使用的素数p和q时，有些需要注意的事项，以防止特殊的快速整数分解$n=pq$的技术的应用. 例如，$p-1$和$q-1$都应有大的素因子，$(p-1, q-1)$应该很小，p和q的十进制展开位数应该拉开一些(见习题12)，以防止p和q离得太近.

正如我们所指出的，RSA密码系统的安全性依赖于大整数分解的难度. 特别地，对于RSA密码系统来说，一旦模数n被分解，就很容易由加密变换找到解密变换.

9.4.2 对RSA密码系统的攻击

经过30年的详细研究，各种各样的对一些特别的RSA密码系统的攻击被设计出来.

这些攻击说明当启用 RSA 时必须多加小心以避免其特有的弱点，这些弱点被称为协议失败．注意，没有发现本质上的弱点致使 RSA 不适合作为公钥密码系统．我们将对一些攻击进行描述．感兴趣的读者请查阅[Bo99]．

用不同的密钥对相同的密文信息加密能引发一个成功的哈式广播攻击(Hastad broadcast attack)．例如，当加密指数 3 被三个不同的人用不同的加密模用来加密相同的信息时，拥有全部三条密文的人就可以恢复原始的明文．通常来说，当一条信息被充分多不同的 RSA 加密密钥分别加密时，从生成的密文中恢复原始的明文信息是可能的．甚至当原始信息以一种线性相关的方式对每一接收者而改变时，这种方法都是成功的．为了避免这一弱点，应该对信息进行一些不同的随机填补再加密．

下面描述由维纳(M. Wiener)[Wi90]发现的 RSA 的一个弱点．他证明了当 $n=pq$，p 和 q 为素数并且 $q<p<2q$ 时，加密密钥为(e, n)的 RSA 密码系统的解密指数 d 可以被有效地确定，并且解密次数 d 小于 $n^{1/4}/3$．(在第 13 章中我们将利用连分数理论来发展这一攻击．)这一结果表明用于生成加密模的素数 p 和 q 不能过于接近，并且应该使用相对较大的解密指数 d．尽管首先选择 RSA 密码的加密密钥是习惯性的做法，但是可以首先选择较大的解密指数，然后利用它来计算加密指数 e．

对生成加密模数 n 的一个素数的部分信息的泄露可以导致 RSA 密码系统的另一弱点．假定 $n=pq$ 是 m 位数．则知道 p 的前 $m/4$ 或者后 $m/4$ 位数将使得 n 可以被有效地分解．例如，当 p 和 q 都有 100 位时，如果知道 p 的前 50 或者后 50 位数字，就能够对 n 进行分解．关于部分密钥泄露攻击的详细内容参见[Co97]．一个类似的结果表明，如果得知解密指数 d 的后 $m/4$ 位，则可以通过 $O(e\log e)$次运算有效地找到 d．这说明如果加密指数 e 较小，那么只要知道了解密指数的后 1/4 位数，就可以找到它．

我们提及的最后一种攻击是由 Paul Kocher 于 1995 年当他还是斯坦福大学本科生的时候发现的．他证明了 RSA 密码系统的解密指数可以通过仔细测量此系统进行一系列解密所需要的时间来确定．这提供了用于确定解密指数 d 的信息．幸运的是，很容易就可以设计出方法来阻止这一攻击．关于这一攻击的详细信息，参见[TrWa20]和 Kocher 的论文[Ko96a]．

对 RSA 密码系统的广泛接受和应用使其成为重要的攻击目标．只有较小的弱点被发现，这给了人们充分的信心来实际应用这一密码系统．这也为找出这一广受欢迎的密码系统的弱点提供了充分的动力．

9.4.3 拉宾密码系统

迈克尔·拉宾(Michael Rabin)[Ra79]发现了 RSA 密码系统的一个变体，其对模 n 因子分解的计算复杂度和从加密变换得到解密变换的计算复杂度几乎是一样的．为了描述拉宾的密码系统，令 $n=pq$，其中 p 和 q 为奇素数，并令整数 b 满足 $0\leqslant b<n$．要加密明文信息 P，利用

$$C \equiv P(P+b)(\bmod n).$$

由于要用到一些还没有介绍的概念(见 12.1 节习题 49)，因此在此对拉宾密码的解密过程不做讨论．然而，对于每一密文数据组 C 有四种可能的 P 值满足 $C\equiv P(P+b)(\bmod n)$，这一模糊性使其解密过程复杂化．当 p 和 q 已知时，拉宾密码的解密过程可以迅速实

现，因为只需要进行$O(\log n)$次位运算.

拉宾已经证明，在不知道素数p和q的情况下，如果此密码系统有只需要$f(n)$次位运算的解密算法，那么有只需要$2(f(n)+\log n)$次位运算来分解n的算法. 因此，在不知道p和q的情况下，解密利用拉宾密码加密的信息的过程是和整数分解的计算复杂度差不多的. 更多关于拉宾公钥密码系统的信息，参见[MevaVa97].

9.4节习题

1. 如果$n=pq=14\,647$，并且$\phi(n)=14\,440$，求出素数p和q.
2. 如果$n=pq=4\,386\,607$，并且$\phi(n)=4\,382\,136$，求出素数p和q.
3. 假定密码分析员发现了信息P，其与RSA密码中使用的加密模$n=pq$不是互素的(可以通过欧几里得算法证明这一点)，证明密码分析员可以对n进行因子分解.
4. 习题3所描述的信息被发现的可能性是非常小的. 这可通过证明下面的叙述来说明：一个信息P与n不互素的概率是$\frac{1}{p}+\frac{1}{q}-\frac{1}{pq}$，并且当$p$和$q$都大于$10^{100}$时，这一概率小于$10^{-99}$. 在本习题中，假定信息在模$n$的剩余类中平均分布.
5. 信息BEST WISHES用密钥为$(e,n)=(3,2\,669)$的RSA密码加密后生成的密文是什么?
6. 信息LIFE IS A DREAM用密钥为$(e,n)=(7,2\,627)$的RSA密码加密后生成的密文是什么?
7. 如果用密钥为$(e,n)=(13,2\,747)$的RSA密码加密后生成的密文是2206 0755 0436 1165 1737，那么明文信息是什么?
8. 如果用密钥为$(e,n)=(5,2\,881)$的RSA密码加密后生成的密文是0504 1874 0347 0515 2088 2356 0736 0468，那么明文信息是什么?
9. 利用拉宾密码$C\equiv P(P+5)\pmod{2\,573}$加密信息SELL NOW.
10. 利用拉宾密码$C\equiv P(P+11)\pmod{3\,901}$加密信息LEAVE TOWN.
11. 假设十分关心密码安全性的Bob选定一个加密模n，$n=pq$，其中p和q是大素数，并选定了两个加密指数e_1和e_2. 他让Alice对信息进行双重加密. 首先用加密密钥为(e_1,n)的RSA密码加密信息，再对生成的密文用加密密钥为(e_2,n)的RSA密码加密. 通过此双重加密，Bob得到更多的安全性了吗? 验证你的结论. 用RSA系统加密信息时，习惯上用Bob和Alice代表发、收信息的人.
12. 在RSA密码系统中，解释为何不能选用靠得太近的素数p与q来生成加密指数n. 特别地，证明选用一对孪生素数会造成灾难性后果(提示：回顾费马因子分解方法).
13. 假定两个团队在RSA密码系统中使用共同的模数n，但加密指数不相同. 证明发送到这两个团队每一方的用各自RSA密钥加密的明文信息都可以从密文信息中恢复.
14. 假定加密指数3被三个不同的人用不同的加密模来应用于RSA密码系统. 用各自密钥加密的明文信息P可以从生成的三条密文信息恢复. (提示：假设这三个密钥的模分别为n_1，n_2和n_3. 首先找到同余方程组$x_i\equiv P^3\pmod{n_i}(i=1,2,3)$的解. 这是一个哈式广播攻击的例子.)
15. 当n是三个素数而不是两个素数的乘积时，RSA密码系统是怎样工作的?
16. 假定两个人所使用的RSA加密密钥的加密模分别为n_1和n_2，并且$n_1\neq n_2$. 如果$(n_1,n_2)>1$，那么怎样破解这一系统呢?
17. 在RSA密码系统中，若我们用同一密钥加密两条明文信息P_1，P_2及它们的乘积$P_1P_2=P$，则由将P加密得到的密文模n同余于C_1C_2，其中C_1，C_2分别是对应于P_1，P_2的密文，n是加密模.
18. 假设Alice的RSA加密密钥是(e,n)，她将明文信息P加密后得到密文信息C. 证明：如果Eve能设法获知Alice解密$C'=Cr^e$的结果，其中r是Eve随机选取的整数，则Eve就能通过截获C来得到P. (Alice可能错误地认为C'是一条有效信息从而将其解密，而Eve则因此可能获取Alice认为是废物的结果).(此处我们使用了在 RSA 系统中常用的人名. Alice 为收发信息的人. Eve 为窃听者.)

计算和研究

1. 为你们班的同学构造一个 RSA 密码的密钥表.
2. 对你们班的每个人,用此表的公钥利用 RSA 密码加密信息.
3. 解密你的同学发送的用你的 RSA 加密密钥加密的信息.

程序设计

1. 为 RSA 密码系统生成有效的密钥(e, n).
2. 对于给定的 RSA 密码系统的有效密钥(e, n)以及因子分解 $n=pq$,其中 p,q 为素数,找出相应的解密密钥 d.
3. 用具有给定密钥(e, n)的 RSA 密码加密给定的信息.
4. 对于一条用 RSA 密码通过加密密钥(e, n)加密的信息,若已知相应的解密密钥 d,解密该信息.

9.5 密码协议及应用

本节将演示密码系统怎样应用于两方或者多方为达成具体目标所执行的算法的协议中以及其他密码学应用中. 特别地,我们将展示两人或多人如何交换加密密钥,也会对怎样用 RSA 密码系统对信息进行签名以及怎样运用密码学在网络上公平地玩扑克进行描述. 最后将会展示人们怎样分享秘密,使得没有单独的个人知道该秘密,但是通过足够多的人的团体合作能够恢复秘密信息. 这些只是我们可以讨论的协议及应用的众多例子中的一小部分,感兴趣的读者可以参考[MevaVa97]以了解更多基于在本章中讨论的想法的更多协议和应用.

9.5.1 迪斐-海尔曼密钥交换

现在将讨论一个协议,该协议允许双方通过非安全通信连接交换保密密钥而不用在事先有何约定. 密钥交换是密码学中具有本质重要性的问题. 下面将要讨论的方法是由迪斐(Diffie)和海尔曼(Hellman)于 1976 年发明的,被称为迪斐-海尔曼密钥协议(参看[DiHe76]). 由此协议生成的通用保密密钥能被用来作为素未谋面或者从未分享过任何信息的多方团体进行特殊通信会话所采用的对称密码系统的公共密钥. 它有这样的性质,即未被授权的一方不能在可行的计算机时间内恢复它.

要实现此协议,需要一个大素数 p 和整数 r,使得 r^k 的最小正剩余遍历从 1 到 $p-1$ 的所有整数.(这就是说 r 是 p 的原根,将在第 10 章讨论此概念.)大素数 p 和整数 r 都是公开的.

在这一协议中,意欲分享公共密钥的双方各自在从 1 到 $p-2$ 之间的正整数中随机选择一个保密值. 如果双方分别选择 k_1 和 k_2,则第一方发送给第二方整数 y_1,其中

$$y_1 \equiv r^{k_1} \pmod{p}, \quad 0 < y_1 < p,$$

并且第二方通过计算下式得到公共密钥 K:

$$K \equiv y_1^{k_2} \equiv r^{k_1 k_2} \pmod{p}, \quad 0 < K < p.$$

同样,第二方发送给第一方整数 y_2,其中

$$y_2 \equiv r^{k_2} \pmod{p}, \quad 0 < y_2 < p,$$

并且第一方通过计算下式得到公共密钥 K:

$$K \equiv y_2^{k_1} \equiv r^{k_1 k_2} \pmod{p}, \quad 0 < K < p.$$

此密钥协议的安全性依赖于知道了 r^{k_1} 和 r^{k_2} 模 p 的最小正剩余的情况下保密密钥 K 的安全性. 也就是说，它依赖于计算模 p 的离散对数的复杂性(将在第 10 章讨论)，这是一个在计算上很难的问题. 在一定条件下，已经证明([Ma94])攻破这一协议等价于计算离散对数.

用同样的方式，公共密钥可以被有 n 个个体的群体所分享. 如果这些个体有密钥 k_1，k_2，…，k_n，则它们可以分享公共密钥

$$K \equiv r^{k_1 k_2 \cdots k_n} \pmod{p}.$$

我们将此方法生成公共密钥的过程的细节作为一个问题留给读者.

构造密钥协议这一话题已经远远超出我们在此所讨论的内容. 许多用于建立分享密钥的协议被发明出来，包括利用信托服务器分配密钥的协议. 更多关于这一话题的资料，请参考[MevaVa97]的第 12 章.

在第 14 章我们将介绍利用椭圆曲线密码的迪斐-海尔曼密钥交换体系的变体.

9.5.2 数字签名

当接收电子信息时，怎样才能知道它是来自预定的发送者呢? 这就需要*数字签名*来告诉我们此信息一定来自预定的一方. 我们将会证明公钥密码系统(例如 RSA 密码系统)能被用来发送“签名”信息. 当使用签名后，信息接收者就可以确信其来自该发送者，并且能够做出合理的判断：只有该发送者才是此信息的来源. 这种认证在电子邮件、电子银行和电子股票交易中都是需要的.

要了解 RSA 密码系统如何用于发送签名信息，假设 Alice 希望使用 RSA 密码系统发送签名信息. 回想一下 Alice 有一个公钥(n_{Alice}，e_{Alice})，其中 $n=pq$，其中 p 和 q 是大素数，对应的私钥为(n_{Alice}，d_{Alice})，其中 d 和 e 模 $\phi(n)=(p-1)(q-1)$ 互逆. 所有人都可得到 Alice 的公钥(n_{Alice}，e_{Alice})，但只有 Alice 本人知道 p，q 和 d_{Alice}，Alice 对消息 M 进行加密并用私钥签名. 她通过计算

$$S \equiv D_{\text{Alice}}(M) \equiv M^{d_{\text{Alice}}} \pmod{n_{\text{Alice}}}$$

创建签名加密信息，其他人不知道这是如何计算的.

任何接收到签名信息 S 的人都可以解密该信息，并可以确认这是 Alice 的原始信息. 为了恢复 S 并验证它是 Alice 的信息，收件人只需要使用 Alice 的公钥，这是因为

$$E_{\text{Alice}}(S) \equiv S^{e_{\text{Alice}}} \equiv (M^{d_{\text{Alice}}})^{e_{\text{Alice}}} \equiv M^{d_{\text{Alice}} e_{\text{Alice}}} \equiv M \pmod{n_{\text{Alice}}}.$$

Alice 可以将她签名的加密信息发送给她想要的任何人. 她可以将其发送给一个人，也可以将其广播给多个人. 任何接受到此信息的人可以将其转发给其他人，每个收到该信息的人都可以恢复该秘密信息并可确认它最初来自 Alice.

Alice 也可以发送一条只有一个人可以阅读的签名密文，接收者可以确认这是 Alice 发来的信息. 假设她想把信息 M 发给 Bob，只有他能读取，而且他可以确信这是 Alice 发送的. 为此，她首先创建自己签名的密文

$$S \equiv D_{\text{Alice}}(M) \equiv M^{d_{\text{Alice}}} \pmod{n_{\text{Alice}}}$$

其中(d_{Alice}，n_{Alice})是 Alice 的解密密钥，只有 Alice 本人知道. 然后如 $n_{\text{Bob}} > n_{\text{Alice}}$，其中

$(e_{\text{Bob}}, n_{\text{Bob}})$是 Bob 的加密密钥，则 Alice 通过对 S 再次加密得到

$$C = E_{\text{Bob}}(S) \equiv S^{e_{\text{Bob}}} (\text{mod } n_{\text{Bob}}), \quad 0 \leqslant C < n_{\text{Bob}}.$$

当 $n_{\text{Bob}} < n_{\text{Alice}}$ 时，Alice 将 S 分成一些长度小于 n_{Bob} 的块，并对每块用 E_{Bob} 进行加密.

至于解密，Bob 首先用私有解密转换 D_{Bob} 来恢复 S，

$$D_{\text{Bob}}(C) = D_{\text{Bob}}(E_{\text{Bob}}(S)) = S.$$

为了找到可能由 Alice 发送的明文信息 M，Bob 接下来使用公用加密转换 E_{Alice}，可得

$$E_{\text{Alice}}(S) = E_{\text{Alice}}(D_{\text{Alice}}(M)) = M.$$

在这里，我们使用了等式 $E_{\text{Alice}}(D_{\text{Alice}}(P)) = P$，这源于以下事实：

$$E_{\text{Alice}}(D_{\text{Alice}}(P)) \equiv (P^{d_{\text{Alice}}})^{e_{\text{Alice}}} \equiv P^{d_{\text{Alice}} e_{\text{Alice}}} \equiv P (\text{mod } n_{\text{Alice}}),$$

这是因为

$$d_{\text{Alice}} e_{\text{Alice}} \equiv 1 (\text{mod } \phi(n_{\text{Alice}})).$$

明文 P 和签名版本 S 的组合使 Bob 确认这个信息确实是 Alice 发出的. 而且 Alice 不能否认创建了该信息，因为除了她，没有人能够从原始信息 M 生成签名信息 S.

发送签名密文可以用来提供许多安全服务. 首先，只有接收者 Bob 能够得到原始信息，这确保了机密性. 由于信息必定源自 Alice，因此保证了信息源的完整性. 此外，数据完整性得到了保证，因为没有人可以在不知道加密密钥的情况下更改信息. 此外，Alice 不能否认创建了信息，因为只有她本人知道解密密钥.

我们将在第 14 章介绍一种基于椭圆曲线密码的数字签名方案.

9.5.3 电子扑克

指数密码的一种消遣应用已经被沙米尔、里威斯特和阿德尔曼[ShRiAd81]所描述. 他们证明通过利用指数密码，一种公平的扑克游戏可以通过计算机由两位玩家来参与. 假设艾力克斯和贝蒂想打扑克. 首先，他们共同选择一个大素数 p. 然后，他们各自选择保密密钥 e_1 和 e_2 作为模指数中的指数. 令 E_{e_1} 和 E_{e_2} 表示相应的加密变换，满足

$$E_{e_1}(M) \equiv M^{e_1} (\text{mod } p)$$
$$E_{e_2}(M) \equiv M^{e_2} (\text{mod } p),$$

其中 M 是明文信息. 令 d_1 和 d_2 分别为 e_1 和 e_2 模 p 的逆，并且 D_{e_1} 和 D_{e_2} 为对应的解密变换，使得

$$D_{e_1}(C) \equiv C^{d_1} (\text{mod } p)$$
$$D_{e_2}(C) \equiv C^{d_2} (\text{mod } p),$$

其中 C 是密文信息.

注意加密变换是可交换的，即

$$E_{e_1}(E_{e_2}(M)) = E_{e_2}(E_{e_1}(M)),$$

这是因为$(M^{e_2})^{e_1} \equiv (M^{e_1})^{e_2} (\text{mod } p)$.

为了玩扑克，一副牌被表示为 52 条信息：

$$M_1 = \text{“}\clubsuit 2\text{”}$$

$$M_2 = \text{“}\clubsuit 3\text{”}$$
$$\vdots$$
$$M_{52} = \text{“}\spadesuit \text{A”}$$

当艾力克斯和贝蒂想要玩电子扑克时，他们按照以下步骤进行．假设由贝蒂发牌．

1. 贝蒂用她的加密变换加密对应于扑克牌的52条信息，得到$E_{e_2}(M_1)$，$E_{e_2}(M_2)$，…，$E_{e_2}(M_{52})$．接着她通过随机安排加密信息的顺序进行洗牌，然后将52条洗牌过后的加密信息发送给艾力克斯．

2. 艾力克斯随机选择贝蒂发送给他的信息中的五条．他将这五条信息回发给贝蒂，贝蒂利用解密变换D_{e_2}解密这些信息以找到她手中的牌，这是因为对于所有信息M有$D_{e_2}(E_{e_2}(M))=M$成立．艾力克斯无法知道贝蒂有什么牌，因为他不能解密加密的信息$E_{e_2}(M_j)$，$j=1, 2, \cdots, 52$．

3. 艾力克斯另外随机选择五条信息．令这些信息为C_1，C_2，C_3，C_4，C_5，其中
$$C_j = E_{e_2}(M_{i_j}),$$
$j=1, 2, 3, 4, 5$．艾力克斯发送用他的加密变换预先加密的信息．得到这五条信息
$$C_j^* = E_{e_1}(C_j) = E_{e_1}(E_{e_2}(M_{i_j})),$$
$j=1, 2, 3, 4, 5$．艾力克斯将这五条被两次加密(先由贝蒂然后由艾力克斯)的信息发送给贝蒂．

4. 贝蒂用她的解密变换D_{e_2}找到
$$\begin{aligned} D_{e_2}(C_j^*) &= D_{e_2}(E_{e_1}(E_{e_2}(M_{i_j}))) \\ &= D_{e_2}(E_{e_2}(E_{e_1}(M_{i_j}))) \\ &= E_{e_1}(M_{i_j}), \end{aligned}$$
这是因为对所有信息M，有$E_{e_1}(E_{e_2}(M))=E_{e_2}(E_{e_1}(M))$和$D_{e_2}(E_{e_2}(M))=M$成立．贝蒂将这五条信息$E_{e_1}(M_{i_j})$回发给艾力克斯．

5. 艾力克斯利用他的解密变换D_{e_1}得到他手中的牌，这是因为
$$D_{e_1}(E_{e_1}(M_{i_j})) = M_{i_j}.$$

当游戏进行中需要处理额外的牌时，例如抽牌，对剩余扑克进行同样的步骤即可．注意应用我们所描述的过程，任何一方都不知道对方手中的牌是什么，每一手牌对双方都是基本公平的．为了保证没有作弊情况发生，在游戏的最后双方都亮出他们的密钥，使得每一玩家都能确认其他玩家事实上都在打出他们所亮的牌．

关于此方案的一个弱点和怎样克服这一弱点，可以在12.1节的习题中找到．

9.5.4 秘密共享

现在对密码学的另一个应用进行讨论，即秘密共享的方法．假定在一通信网络中有一些至关重要但是十分敏感的信息．如果这一信息分配给多个个体，它就变得更容易暴露；另一方面，如果此信息丢失，则后果又是十分严重的．这种信息的一个例子是用于进入计算机系统的密码文件的主密钥K．

要保护主密钥K既不丢失也不暴露，我们建立影子k_1，k_2，…，k_r，分别给r个不同

的个体．我们将会证明密钥 K 可以通过这些影子的任意 s 个容易地生成，其中 s 是小于 r 的正整数，反之，少于 s 个影子则不能找到密钥 K．因为至少需要 s 个不同个体来找到 K，所以这样密钥是不易被暴露的．此外，密钥 K 也是不易丢失的，因为这 r 个个体中任何拥有影子的 s 个个体都能生成 K．具有这种性质的设计称为 (s, r) 门限方案．

为了开发一个能被用来产生具有这种性质的影子的系统，我们利用中国剩余定理．选择比密钥 K 大的素数 p 和一个两两互素且不能被素数 p 整除的整数序列 $m_1, m_2, \cdots, m_r$，满足

$$m_1 < m_2 < \cdots < m_r$$

和

$$m_1 m_2 \cdots m_s > p m_r m_{r-1} \cdots m_{r-s+2}. \qquad (9.3)$$

注意式(9.3)表明 s 个最小的整数 m_j 的乘积大于 $s-1$ 个最大整数 m_j 和 p 的乘积．由式(9.3)得，如果 $M = m_1 m_2 \cdots m_s$，那么 M/p 大于 m_j 中任意 $s-1$ 个整数的乘积．

现在，令 t 是随机选择的小于 M/p 的非负整数．取

$$K_0 = K + tp,$$

故有 $0 \leqslant K_0 \leqslant M-1$（因为 $0 \leqslant K_0 = K + tp < p + tp = (t+1)p \leqslant (M/p)p = M$）．

要生成影子 $k_1, k_2, \cdots, k_r$，令 k_j 是满足下式的整数：

$$k_j \equiv K_0 \pmod{m_j},\ 0 \leqslant k_j < m_j,$$

其中 $j=1, 2, \cdots, r$．为了弄清主密钥 K 可由这 r 个拥有影子的个体中任何 s 个生成，假定 s 个影子 $k_{j_1}, k_{j_2}, \cdots, k_{j_s}$ 可用．利用中国剩余定理，容易找到 K_0 模 M_j 的最小正剩余，其中 $M_j = m_{j_1} m_{j_2} \cdots m_{j_s}$．由于已知 $0 \leqslant K_0 < M \leqslant M_j$，故可以确定 K_0，进而找到 $K = K_0 - tp$．

另一方面，假定只知道 $s-1$ 个影子 $k_{i_1}, k_{i_2}, \cdots, k_{i_{s-1}}$．由中国剩余定理，能够确定 K_0 模 M_i 的最小正剩余 a，其中 $M_i = m_{i_1} m_{i_2} \cdots m_{i_{s-1}}$．用这些影子，得到关于 K_0 的唯一信息是 a 是 K_0 模 M_i 的最小正剩余，并且 $0 \leqslant K_0 < M$．因此，我们只知道

$$K_0 = a + xM_i,$$

其中 $0 \leqslant x < M/M_i$．由式(9.3)，可以推断出 $M/M_i > p$，所以随着 x 遍历小于 M/M_i 的正整数，x 取遍模 p 完全剩余系中的每个值．因为对 $j=1, 2, \cdots, s$，有 $(m_j, p)=1$，故可知 $(M_i, p)=1$，因此 $a + xM_i$ 和 x 一样遍历模 p 完全剩余系中的每个值．所以，用 $s-1$ 个影子来确定 K_0 是不够的，因为 K_0 可以是模 p 的 p 个剩余类中的任何一个．

我们用一个例子来演示此门限方案．

例 9.17 令 $K=4$ 为主密钥．采用符合刚刚描述的类型的(2, 3)门限方案，其中 $p=7$，$m_1=11$，$m_2=12$ 以及 $m_3=17$，故 $M = m_1 m_2 = 132 > p m_3 = 119$．从小于 $M/p = 132/7$ 的正整数中随机选择 $t=14$，得到

$$K_0 = K + tp = 4 + 14 \cdot 7 = 102.$$

三个影子 k_1，k_2 和 k_3 是 K_0 模 m_1，m_2 和 m_3 的最小正剩余，即

$$k_1 \equiv 102 \equiv 3 \pmod{11}$$
$$k_2 \equiv 102 \equiv 6 \pmod{12}$$
$$k_3 \equiv 102 \equiv 0 \pmod{17},$$

所以这三个影子是 $k_1=3$，$k_2=6$ 和 $k_3=0$．

我们可以从这三个影子中的任意两个中恢复主密钥 K．假定已知 $k_1=3$ 和 $k_3=0$．利用

中国剩余定理，能够找出 K_0 模 $m_1m_3=11\cdot 17=187$；换句话说，因为 $K_0\equiv 3(\mathrm{mod}\ 11)$ 和 $K_0\equiv 0(\mathrm{mod}\ 17)$，所以有 $K_0\equiv 102(\mathrm{mod}\ 187)$. 由于 $0\leqslant K_0<M=132<187$，故可知 $K_0=102$，因此主密钥 $K=K_0-tp=102-14\cdot 7=4$. ◀

关于秘密分享方案的更多细节参见[MevaVa97].

9.5.5 同态加密

密码系统可以用来加密文件以对它们保密. 加密文件可以存储在计算机上或发送到远程服务器进行存储. 随着时间的流逝，越来越多的加密文件存储在云端，即它们存储在远程计算机上. 如果数据从云端下载到本地计算机处理时，窃听者可能能够访问这些数据. 如果我们使用含计算数据的加密文件对云端的加密数据执行计算则会更安全.

1978 年，在 RSA 密码系统推出后不久，研究人员探讨是否能设计一种密码系统可以对加密的数据进行任意计算，以使这些计算的未加密输出得到加密. 使用这样的密码系统，就没有必要对云端的数据进行解密. 这样的密码系统被称为*全同态密码系统*，因为它允许在加密数据上远程运行任意计算.

在讨论全同态加密的进展之前，我们证明了 RSA 密码系统是*部分同态的*，因为一些(但不是全部)算术运算可以对加密数据运行操作以获得结果的密文. 特别地，当使用 RSA 时，我们可以在不解密的情况下对加密数据进行乘法运算，但是加法不行.

例 9.18 (*RSA 是部分同态的*)设(n, e)是 RSA 密码系统的公钥，并设 M_1 和 M_2 是明文，且有 $0\leqslant M_1<n$ 及 $0\leqslant M_2<n$，则

$$E_{(n,e)}(M_1M_2)\equiv(M_1M_2)^e(\mathrm{mod}\ m)\equiv M_1^eM_2^e(\mathrm{mod}\ m)=E_{(n,e)}(M_1)E_{(n,e)}(M_2).$$ ◀

注 学习过抽象代数的人知道，从群$(G, \odot)$到群$(H, \cdot)$的同态是从 G 到 H 的映射 f，使得对于 G 中的所有 a 和 b，有 $f(a\odot b)=f(a)\cdot f(b)$. 通过该定义我们可以知道同态加密这个名词的含义.

我们已经证明 RSA 是乘法同态的. 当我们使用 RSA 加密，我们可以在不解密的情况下进行乘法运算，因为两个明文的乘积的加密是它们加密的乘积.

然而，对于所有 $\mathbb{Z}_n$ 中的 M_1 和 M_2，$E_{(n,e)}(M_1)+_nE_{(n,e)}(M_2)=E_{(n,e)}(M_1+M_2)$是不正确的. (例如，当 $M_2=1$ 时这很容易看出.)也就是说，当我们用 RSA 加密时，两个明文之和的加密不是它们的加密之和. 此外，可以证明，除了可以在加密数据上使用加法，别的运算均无可能. 因此，我们称 RSA 不是*加法同态的*，也不是全同态的.

在第 11 章中，我们介绍了埃尔伽莫密码系统，它是乘法同态的，但不是完全同态的. 在习题中，我们介绍了帕耶(Paillier)密码系统，它是加法同态的，但不是完全同态的.

尽管对全同态密码系统的搜索始于 1978 年，但直到 2009 年，Craig Gentry 在斯坦福大学的博士论文中提出了第一个全同态密码系统的方案. 他的方案既是乘法同态也是加法同态，并且任意使用乘法和加法电路的计算可以构造相应的计算电路. 然而，他的方案的某些方面使其难以实施并且效率低下. 自 2009 年以来的不断改进产生了多代全同态密码系统，今天云计算的服务商已经可以提供全同态加密服务了.

9.5 节习题

1. 利用迪斐-海尔曼密钥协议，找到拥有密钥 $k_1=27$ 和 $k_2=31$ 的双方可以使用的公共密钥，其中模为

$p=103$，底数为 $r=5$.

2. 利用迪斐-海尔曼密钥协议，找到拥有密钥 $k_1=7$ 和 $k_2=8$ 的双方可以使用的公共密钥，其中模为 $p=53$，底数为 $r=2$.
3. 求密钥分别为 $k_1=3$，$k_2=10$ 和 $k_3=5$ 的三方可以使用的公共密钥，其中模为 $p=601$，底数为 $r=7$.
4. 求密钥分别为 $k_1=11$，$k_2=12$，$k_3=17$ 和 $k_4=19$ 的四方可以使用的公共密钥，其中模为 $p=1\,009$，底数为 $r=3$.

*5. 仿书中所述，给出允许 n 方分享公共密钥协议的步骤.

6. Romeo 和 Juliet 分别有他们各自的 RSA 密钥$(5, 19\cdot67)$和$(3, 11\cdot71)$.
   a) 利用书中的方法，当明文信息是 GOODBYE SWEET LOVE 时，由 Remeo 发送给 Juliet 的签名密文信息是什么？
   b) 利用书中的方法，当明文信息是 ADIEU FOREVER 时，由 Juliet 发送给 Remeo 的签名密文信息是什么？
7. Harold 和 Audrey 分别有他们各自的 RSA 密钥$(3, 23\cdot47)$和$(7, 31\cdot59)$.
   a) 利用书中的方法，当明文信息是 CHEERS HAROLD 时，由 Harold 发送给 Audrey 的签名密文信息是什么？
   b) 利用书中的方法，当明文信息是 SINCERELY AUDREY 时，由 Audrey 发送给 Harold 的签名密文信息是什么？

Craig Gentry(生于 1972 年)于 1993 年获得杜克大学学士学位，1998 年获得哈佛大学法学院法学博士学位. 之后他做了两年的知识产权律师，从 2000 年到 2005 年，他是 NTT DoCoMo 美国实验室高级研究工程师. 后来他决定深造，2009 年获得斯坦福大学计算机科学博士学位. 之后加入了 IBM Watson 的密码学研究中心，并一直在那里工作.

Gentry 发明的全同态方案为他赢得了 2010 年 ACM Grace Hooper 奖. 2013 年，Gentry 与其他人构建了第一批加密多线性映射，利用它们构建了第一个模糊化加密程序方案，而这种方案过去许多人认为无法实现. Gentry 在这些领域的工作是基于格上的密码学，与 RSA 密码系统不同，这是量子计算无法破解的. Gentry 和他的同事提出了可验证计算的领域，允许函数的计算卸载到其他计算机，同时保持可验证的结果. 2014 年，Gentry 获得麦克阿瑟奖(也被称为是天才奖).

在习题 8 和习题 9 中，我们展示两种用 RSA 密码系统发送签名信息的方法，以避免数据组大小可能的改变.

*8. 令 H 是一固定整数. 令每一个体有两对加密密钥 $k=(e, n)$和 $k^*=(e, n^*)$，并且满足 $n<H<n^*$，其中 n 和 n^* 都是两个素数的乘积. 利用 RSA 密码系统，个体 i 能够通过发送 $E_{k_j^*}(D_{k_i}(P))$向个体 j 发送签名信息 P.
   a) 证明当变换 $E_{k_j^*}$ 在 D_{k_i} 应用之后使用时，改变数据组的大小是没有必要的.
   b) 说明个体 j 怎样恢复明文信息 P 以及为什么除了个体 i 没有人能发送此信息.
   c) 令个体 i 有加密密钥$(3, 11\cdot71)$和$(3, 29\cdot41)$，故 $781=11\cdot71<1000<1189=29\cdot41$，并令个体 j 有加密密钥$(7, 19\cdot47)$和$(7, 31\cdot37)$，故 $893=19\cdot47<1000<1147=31\cdot37$. 当明文信息是 HELLO ADAM 时，利用本习题开始给出的方法，个体 i 发送给个体 j 的签名密文信息是什么？当明文信息是 GOODBYE ALICE 时，个体 j 发送给个体 i 的签名密文信息是什么？

*9. a) 证明：如果个体 i 和 j 分别有加密密钥 $k_i=(e_i, n_i)$ 和 $k_j=(e_j, n_j)$，其中 n_i 和 n_j 都是不同素数的乘积，则个体 i 不需要改变数据组的大小就可以向个体 j 发送签名信息 P，发送的信息如下：

$$E_{k_j}(D_{k_i}(P)), \quad 如果 n_i < n_j$$
$$D_{k_j}(E_{k_i}(P)), \quad 如果 n_i > n_j.$$

b) 个体 j 怎样才能恢复 P？

c) 个体 j 怎样确认某个信息来自个体 i？

d) 令 $k_i=(11, 47\cdot 61)$ 和 $k_j=(13, 43\cdot 59)$. 利用 a) 部分描述的方法，如果信息是 REGARDS FRED，那么个体 i 发送给个体 j 的是什么？如果信息是 REGARDS ZELDA，那么个体 j 发送给个体 i 的是什么？

10. 利用本书中描述的(2，3)门限方案将主密钥 $K=5$ 分解为三个影子，如例 9.17 所述，其中 $p=7$，$m_1=11$，$m_2=12$，$m_3=17$ 和 $t=14$.

11. 利用本书中描述的(2，3)门限方案将主密钥 $K=3$ 分解为三个影子，其中 $p=5$，$m_1=8$，$m_2=9$，$m_3=11$ 和 $t=13$.

12. 说明怎样从习题 10 中建立的三个影子中的每一对恢复主密钥 K.

13. 说明怎样从习题 11 中建立的三个影子中的每一对恢复主密钥 K.

14. 建立一个书中描述的(3，5)门限方案. 利用此方案将主密钥 $K=22$ 分解为五个影子，并说明怎样才能从其中三个影子来恢复主密钥.

帕耶密码系统是一种公钥密码系统，1999 年由法国密码学家帕斯卡・帕耶(Pascal Paillier)提出. 它广泛应用于电子投票系统、电子现金等方案中. 在该系统中，公钥(n, g)和相应的密钥(p, q)是通过随机选择素数 p 和 q，在 $n=pq$ 的情况下创建的，且满足$(pq, \lambda)=1$，其中 $\lambda=(p-1)(q-1)$，g 为 $\mathbb{Z}_n$ 中非零元，$(((g^\lambda \bmod n^2)-1)/n, n)=1$. 信息 $m\in\mathbb{Z}_n$ 是通过选择一个随机 $r\in\mathbb{Z}_n$ 并且计算 $c=g^m r^n \bmod n^2$ 来加密的.

15. a) 证明可以取 $p=149$，$q=179$，$g=5$ 生成帕耶密码公钥. 首先检查这些参数所需的所有条件是否成立，然后求出生成的公钥和私钥.

b) 若取 $r=81$ 时，找到对应于明文 $m=67$ 的密文.

16. 证明帕耶密码系统是加法同态的.

计算和研究

1. 利用超过 100 位的素数 p 通过迪斐-海尔曼协议生成一个公共密钥集合.
2. 利用 RSA 密码系统生成一些签名信息，并验证这些信息来自预定的发送者.
3. 建立一个将主密钥分解为六个影子的(4，6)门限方案. 将这些影子分给你班上的六个同学，然后从中选择三个不同的四人小组，然后从每一小组的四个影子恢复密钥.

程序设计

1. 在一个网络中通过迪斐-海尔曼协议为一些个体生成公共密钥.
2. 给定一条信息，接受者的加密密钥(e, n_1)以及发送者的解密密钥(d, n_2)，加密并签名该信息.
3. 利用 RSA 密码和习题 8 中描述的方法发送签名信息.
4. 利用 RSA 密码和习题 9 中描述的方法发送签名信息.

*5. 通过模指数加密玩电子扑克.

6. 找到本书所描述的门限方案的影子.
7. 由本书中描述的一组门限方案的影子恢复主密钥.
8. 利用帕耶密码加密一段信息.

第10章 原　　根

本章将研究模 n 整数集中的乘法结构，其中 n 为正整数．首先介绍模 n 整数的阶这个概念，它是这个整数的最小的幂，使得它被 n 除后的余数是1．接着我们将研究模 n 整数的阶的基本性质．一个正整数 x，如果其所有幂遍历模 n 的所有整数，那么它就是模 n 的一个原根，这里 n 是一个正整数．我们会确定对什么样的正整数 n 存在模 n 的原根．

原根有很多用处．例如，当一个整数 n 存在原根时，就可以定义整数的离散对数(也叫作指数)．这些离散对数有和正实数的对数类似的性质．离散对数也可以用来简化模 n 的计算．

本章的诸多结论可用于素性检验(可认为是费马小定理的部分逆命题)．这些检验(比方说庞特检验(Proth's test))被广泛地用来证明某些特殊形式的数是素数，本章还会给出一些可以用来验证整数是素数的步骤．

最后，本章会介绍模 n 的最小通用指数的概念，它是使得对所有整数 x 满足 $x^U\equiv 1(\bmod n)$的最小指数 U．然后给出 n 的最小通用指数的公式，并用这个公式来证明卡迈克尔数(Carmichael number)的许多有用的结果．

10.1　整数的阶和原根

本节我们将研究与正整数 n 互素的整数 a 的所有幂中模 n 的最小正剩余，其中 n 大于1．首先从对整数 a 模 n 的阶的研究开始，也就是说，研究使得 a 的幂模 n 同余1的最小幂次数．然后研究整数 a 使得它的幂的最小正剩余遍历比 n 小且与 n 互素的正整数．如果这样的整数 a 存在，那么就称它们为 n 的原根．本章最主要的目标之一就是要确定什么样的正整数有原根．

10.1.1　整数的阶

根据欧拉定理，如果 n 为正整数且 a 是一个与 n 互素的整数，那么 $a^{\phi(n)}\equiv 1(\bmod n)$．因此至少存在一个正整数 x 满足这个同余方程 $a^x\equiv 1(\bmod n)$．反之，由良序的性质知存在一个最小的正整数 x 满足这个同余方程．

定义　设 a 和 n 是互素的整数，$a\neq 0$，$n>0$．使得 $a^x\equiv 1(\bmod n)$成立的最小正整数 x 称为 **a 模 n 的阶**，并记为 $\mathrm{ord}_n a$．

注　当 p 是素数时，a 在群($\mathbb{Z}_p^*$，$*$)中的阶也是 a 模 p 的阶．

注　这个记号是由高斯于1801年在他的《算术探讨》(*Disquisitiones Arithmeticae*)中首先引入的．与高斯使用的其他记号不同，这个记号至今仍广泛使用．

例10.1　为求出2模7的阶，我们计算2的各次幂模7的最小正剩余，有：

$$2^1\equiv 2(\bmod 7),\ 2^2\equiv 4(\bmod 7),\ 2^3\equiv 1(\bmod 7).$$

因此有 $\mathrm{ord}_7 2=3$．

类似地，为了求出3模7的阶，我们做如下计算：

$$3^1 \equiv 3(\bmod 7),\ 3^2 \equiv 2(\bmod 7),\ 3^3 \equiv 6(\bmod 7),$$
$$3^4 \equiv 4(\bmod 7),\ 3^5 \equiv 5(\bmod 7),\ 3^6 \equiv 1(\bmod 7).$$

我们得到 $\mathrm{ord}_7 3=6$. ◀

为了求得同余式 $a^x \equiv 1(\bmod n)$的全部解，需要下面的定理.

定理 10.1 *如果 a 和 n 是互素的整数，且 $a\neq 0$，$n>0$，那么正整数 x 是同余方程 $a^x \equiv 1(\bmod n)$的一个解当且仅当 $\mathrm{ord}_n a \mid x$.*

证明 如果 $\mathrm{ord}_n a \mid x$，那么 $x=k\cdot \mathrm{ord}_n a$，其中 k 为正整数. 因此

$$a^x = a^{k\cdot \mathrm{ord}_n a} = (a^{\mathrm{ord}_n a})^k \equiv 1(\bmod n).$$

反过来，如果 $a^x \equiv 1(\bmod n)$，则首先用带余除法记为

$$x = q\cdot \mathrm{ord}_n a + r,\quad 0\leqslant r < \mathrm{ord}_n a.$$

由这个方程得

$$a^x = a^{q\cdot \mathrm{ord}_n a + r} = (a^{\mathrm{ord}_n a})^q a^r \equiv a^r(\bmod n).$$

因为 $a^x \equiv 1(\bmod n)$，所以 $a^r \equiv 1(\bmod n)$. 从不等式 $0\leqslant r<\mathrm{ord}_n a$ 得，$r=0$，这是因为由定义知 $y=\mathrm{ord}_n a$ 是使得 $a^y \equiv 1(\bmod n)$成立的最小正整数. 由 $r=0$ 知，$x=q\cdot \mathrm{ord}_n a$，故有 $\mathrm{ord}_n a \mid x$. ■

例 10.2 用定理 10.1 和例 10.1 来确定 $x=10$ 和 $x=15$ 是否为方程 $2^x \equiv 1(\bmod 7)$的解. 由例 10.1 知 $\mathrm{ord}_7 2=3$. 因为 3 不整除 10，但 3 整除 15，故由定理 10.1 知 $x=10$ 不是 $2^x \equiv 1(\bmod 7)$的解，但是 $x=15$ 是这个同余方程的解. ◀

从定理 10.1 可以得到下面的推论.

推论 10.1.1 *如果 a 和 n 是互素的整数且 $n>0$，那么 $\mathrm{ord}_n a \mid \phi(n)$.*

证明 因为$(a, n)=1$，故由欧拉定理得

$$a^{\phi(n)} \equiv 1(\bmod n).$$

应用定理 10.1 便得 $\mathrm{ord}_n a \mid \phi(n)$. ■

当计算阶时，可以利用推论 10.1.1 作为一种简便方法. 下面的例子示范了相应的步骤.

例 10.3 为了求出 7 模 9 的阶，首先注意到有 $\phi(9)=6$. 因为 6 的正因子只有 1，2，3 和 6，故由推论 10.1.1 知它们是 $\mathrm{ord}_9 7$ 所有可能的取值. 又因为

$$7^1 \equiv 7(\bmod 9),\ 7^2 \equiv 4(\bmod 9),\ 7^3 \equiv 1(\bmod 9).$$

故 $\mathrm{ord}_9 7=3$. ◀

例 10.4 为了求出 5 模 17 的阶，首先有 $\phi(17)=16$. 因为 16 的正因子只有 1，2，4，8 和 16，故由推论 10.1.1 知它们是 $\mathrm{ord}_{17} 5$ 所有可能的值. 又因为

$$5^1 \equiv 5(\bmod 17),\ 5^2 \equiv 8(\bmod 17),\ 5^4 \equiv 13(\bmod 17),$$
$$5^8 \equiv 16(\bmod 17),\ 5^{16} \equiv 1(\bmod 17),$$

故 $\mathrm{ord}_{17} 5=16$. ◀

注意，求 $\mathrm{ord}_{17} 5=16$ 只需要计算同余式 $5^8 \equiv 16(\bmod 17)$. 这个同余式说明，$\mathrm{ord}_{17} 5$ 不能是 1，2，4，8 只能是 16.

下面的定理在后面的讨论中将会非常重要.

定理 10.2　如果 a 和 n 是互素的整数且 $n>0$，那么 $a^i \equiv a^j \pmod{n}$ 当且仅当 $i \equiv j \pmod{\mathrm{ord}_n a}$，其中 i 和 j 是非负整数.

证明　假设 $i \equiv j \pmod{\mathrm{ord}_n a}$ 且 $0 \leqslant j \leqslant i$. 则有 $i = j + k \cdot \mathrm{ord}_n a$，其中 k 是一个正整数. 因此有

$$a^i = a^{j+k \cdot \mathrm{ord}_n a} = a^j (a^{\mathrm{ord}_n a})^k \equiv a^j \pmod{n},$$

这是因为 $a^{\mathrm{ord}_n a} \equiv 1 \pmod{n}$.

反过来，假设 $a^i \equiv a^j \pmod{n}$ 且 $i \geqslant j$. 由 $(a, n)=1$，可知 $(a^j, n)=1$. 因此根据推论 5.5.1，同余式

$$a^i \equiv a^j \equiv a^j a^{i-j} \pmod{n}$$

约去 a^j，得

$$a^{i-j} \equiv 1 \pmod{n}.$$

由定理 10.1 得，$\mathrm{ord}_n a$ 整除 $i-j$，或者等价地有 $i \equiv j \pmod{\mathrm{ord}_n a}$. ■

下面的例子是定理 10.2 的应用.

例 10.5　令 $a=3$ 且 $n=14$. 由定理 10.2 得，$3^5 \equiv 3^{11} \pmod{14}$，但是 $3^9 \not\equiv 3^{20} \pmod{14}$，这是因为 $\phi(14)=6$ 且 $5 \equiv 11 \pmod{6}$，但是 $9 \not\equiv 20 \pmod{6}$. ◀

10.1.2　原根

给定一个整数 n，我们对模 n 阶为 $\phi(n)$ 的整数 a 感兴趣，即模 n 的最大可能阶. 正如我们将证明的那样，如果这样的一个整数存在，那么它的各次幂的最小正剩余遍历所有比 n 小且与 n 互素的正整数.

定义　如果 r 和 n 是互素的整数且 $n>0$，那么当 $\mathrm{ord}_n r = \phi(n)$ 时，称 r 是**模 n 的原根**或者 **n 的原根**，并且我们称 n 有一原根.

例 10.6　前面已证明 $\mathrm{ord}_7 3 = 6 = \phi(7)$. 因此，3 是模 7 的一个原根. 类似地，由于 $\mathrm{ord}_7 5 = 6$，故很容易得知 5 也是模 7 的一个原根. ◀

注　n 的原根这一概念可以用群的语言来描述. 令 $(\mathbb{Z}_n^*, *)$ 表示元素为模 n 同余类的群，每个同余类只包含与 n 互素的整数. 当 a 是小于 n 的正整数时，a 是模 n 的原根当且仅当 $\mathbb{Z}_n^*$ 的每个元素是 a 的幂. 换句话说，a 是模 n 的原根，当且仅当 a 是 $\mathbb{Z}_n^*$ 的生成元，这也意味着 $\mathbb{Z}_n^*$ 为循环群.

欧拉于 1737 年创造了“原根”这个术语. 但是他所给出的每个素数都有一个原根的证明是不正确的. 在 10.2 节，将会用拉格朗日于 1770 年给出的第一个正确的证明来证明每个素数都有一个原根. 高斯对原根也进行了深入研究，并给出了每个素数都有一个原根这个问题的若干其他证明.

然而并非所有整数都有原根. 例如就没有模 8 的原根. 为了看清这一点，注意，所有比 8 小且与 8 互素的正整数只有 1，3，5，7，并且 $\mathrm{ord}_8 1 = 1$，同时有 $\mathrm{ord}_8 3 = \mathrm{ord}_8 5 = \mathrm{ord}_8 7 = 2$. 因为 $\phi(8)=4$，所以没有模 8 的原根.

在前 30 个正整数中，2，3，4，5，6，7，9，10，11，13，14，17，18，19，22，23，25，26，27 和 29 都有原根，而 8，12，15，16，20，21，24，28 和 30 没有原根.（读者

可以自行验证这些结论；也可以参看本节课后习题 5～8）．从这些结论可以推测出什么呢？从这前 30 个数中，可知每个素数都有原根（正如拉格朗日所证明的），奇素数的幂也有原根（因为 $9=3^2$，$25=5^2$ 和 $27=3^3$ 都有原根），但是 2 的幂有原根的只有 4．在这个范围内有原根的其他整数还有 6，10，14，18，22 和 26．那么这些整数有什么共同点呢？它们每一个都是 2 与一个奇素数或一个奇素数的幂的乘积．根据这些结论，我们猜测一个正整数有原根当且仅当它为 2，4，p^t 或者 $2p^t$，其中 p 为奇素数且 t 是正整数．我们将在 10.2 节和 10.3 节中证明这个猜想．

为指出原根在某些方面的用途，我们给出下面的定理．

定理 10.3 如果 r 和 n 是互素的正整数且 $n>0$，则如果 r 是模 n 的一个原根，那么整数

$$r^1,\ r^2,\ \cdots,\ r^{\phi(n)}$$

构成了模 n 的既约剩余系．

证明 为了证明原根 r 的前 $\phi(n)$ 个幂构成模 n 的既约剩余系，我们只需要证明它们都与 n 互素且任何两个都不是模 n 同余的．

因为 $(r,\ n)=1$，由 3.1 节习题 16 可知对任意正整数 k 有 $(r^k,\ n)=1$．因此，这些幂都与 n 互素．为了证明它们中任何两个都不是模 n 同余的，假设有

$$r^i\equiv r^j \pmod n.$$

由定理 10.2 知，$i\equiv j \pmod{\mathrm{ord}_n r}$．因为 r 是 n 的原根，故 $\mathrm{ord}_n r=\phi(n)$，因此同余式也等于 $i\equiv j\pmod{\phi(n)}$．然而，对于 $1\leqslant i\leqslant\phi(n)$ 及 $1\leqslant j\leqslant\phi(n)$，同余式 $i\equiv j\pmod{\phi(n)}$ 说明 $i=j$．因此它们中任何两个都不是模 n 同余的．这就证明了它们构成模 n 的一个既约剩余系．■

例 10.7 由推论 10.1.1 可知，$\mathrm{ord}_9 2\mid\phi(9)=6$．因此，$\mathrm{ord}_9 2$ 的值只可能是 1，2，3 和 6．因为 $2^1=2$，$2^2=4$，$2^3=8$ 都不是模 9 同余 1 的，故 $\mathrm{ord}_9 2=6$．由此可知 2 是模 9 的一个原根．因此，由定理 10.3 知，2 的幂的前 $\phi(9)=6$ 个幂构成了模 9 的一个既约剩余系．它们是 $2^1\equiv2\pmod 9$，$2^2\equiv4\pmod 9$，$2^3\equiv8\pmod 9$，$2^4\equiv7\pmod 9$，$2^5\equiv5\pmod 9$，$2^6\equiv1\pmod 9$．◀

当一个整数有一个原根时，它通常还有其他的原根．为了证明这个结论，我们首先证明下面的定理．

定理 10.4 如果 $\mathrm{ord}_n a=t$ 并且 u 是一个正整数，那么有

$$\mathrm{ord}_n(a^u)=t/(t,\ u).$$

证明 令 $s=\mathrm{ord}_n(a^u)$，$v=(t,\ u)$，$t=t_1v$ 且 $u=u_1v$．由定理 3.1 可知，$(t_1,\ u_1)=1$．

因为 $t_1=t/(t,\ u)$，所以要证明 $\mathrm{ord}_n(a^u)=t_1$，为此，先来证明 $(a^u)^{t_1}\equiv1\pmod n$，从而 $t_1\mid s$，并且如果 $(a^u)^s\equiv1\pmod n$，则 $t_1\mid s$．首先有

$$(a^u)^{t_1}=(a^{u_1v})^{(t/v)}=(a^t)^{u_1}\equiv1\pmod n.$$

这是因为 $\mathrm{ord}_n a=t$．因此由定理 10.1 可知 $s\mid t_1$．

另一方面，由

$$(a^u)^s=a^{us}\equiv1\pmod n$$

得 $t\mid us$. 因此 $t_1 v\mid u_1 vs$，于是 $t_1\mid u_1 s$. 由于 $(t_1, u_1)=1$，故由引理 4.2 可得 $t_1\mid s$.

现在，由于 $s\mid t_1$ 和 $t_1\mid s$，得 $s=t_1=t/v=t/(t, u)$. 这就证明了定理. ■

例 10.8 由定理 10.4 且由例 10.1 中所证明的 $\mathrm{ord}_7 3=6$，可得 $\mathrm{ord}_7 3^4=6/(6, 4)=6/2=3$. ◀

下面关于定理 10.4 的推论表明一个原根的某个幂还是一个原根.

推论 10.4.1 令 r 是模 n 的原根，其中 n 是一个大于 1 的整数. 那么 r^u 是模 n 的一个原根当且仅当 $(u, \phi(n))=1$.

证明 由定理 10.4 可知，

$$\mathrm{ord}_n r^u=\mathrm{ord}_n r/(u, \mathrm{ord}_n r)=\phi(n)/(u, \phi(n)).$$

因此，若 $\mathrm{ord}_n r^u=\phi(n)$，则 r^u 是模 n 的一个原根当且仅当 $(u, \phi(n))=1$. ■

由此得到了下面的定理.

定理 10.5 如果正整数 n 有一个原根，那么它一共有 $\phi(\phi(n))$ 个不同余的原根.

证明 令 r 是模 n 的一个原根. 定理 10.3 表明整数 $r, r^2, \cdots, r^{\phi(n)}$ 构成了模 n 的一个既约剩余系. 再由推论 10.4.1 可知，r^u 是模 n 的一个原根当且仅当 $(u, \phi(n))=1$. 因为只有 $\phi(\phi(n))$ 个这样的整数 u，所以共有 $\phi(\phi(n))$ 个模 n 的原根. ■

例 10.9 令 $n=11$，则 2 是模 11 的一个原根(参看本节课后习题 5). 因为 11 有一个原根，故由定理 10.5 可知 11 一共有 $\phi(\phi(11))=4$ 个不同余的原根. 因为 $\phi(11)=10$，故由定理 10.5 的证明过程就可以找到这些原根，这只需要取 2^1, 2^3, 2^7 和 2^9 对模 n 的最小非负剩余(相应的就是 2, 8, 7 和 6)即可. 换句话说，2, 6, 7, 8 就是模 11 的全部不同余原根. ◀

10.1 节习题

1. 确定下列阶.
   a) $\mathrm{ord}_5 2$　b) $\mathrm{ord}_{10} 3$　c) $\mathrm{ord}_{13} 10$　d) $\mathrm{ord}_{10} 7$
2. 确定下列阶.
   a) $\mathrm{ord}_{11} 3$　b) $\mathrm{ord}_{17} 2$　c) $\mathrm{ord}_{21} 10$　d) $\mathrm{ord}_{25} 9$
3. 证明 $\mathrm{ord}_3 2=2$，$\mathrm{ord}_5 2=4$ 以及 $\mathrm{ord}_7 2=3$.
4. 证明 $\mathrm{ord}_{13} 2=12$，$\mathrm{ord}_{17} 2=8$ 以及 $\mathrm{ord}_{241} 2=24$.
5. a) 证明 5 是模 6 的一个原根.
   b) 证明 2 是模 11 的一个原根.
6. 求出模下列各整数的一个原根.
   a) 4　b) 5　c) 10　d) 13　e) 14　f) 18
7. 证明整数 12 没有原根.
8. 证明整数 20 没有原根.
9. 14 有多少个互不同余的原根？找到模 14 的所有不同余的原根.
10. 13 有多少个互不同余的原根？找到模 13 的所有不同余的原根.
11. 证明：如果 $\bar{a}$ 是 a 在模 n 的一个逆，那么 $\mathrm{ord}_n a=\mathrm{ord}_n \bar{a}$.
12. 证明：如果 n 是一个正整数，a 和 b 是分别与 n 互素的整数且满足 $(\mathrm{ord}_n a, \mathrm{ord}_n b)=1$，那么 $\mathrm{ord}_n(ab)=\mathrm{ord}_n a\cdot\mathrm{ord}_n b$.

13. 证明如果 a 和 n 是互素正整数，且 $\mathrm{ord}_n a$ 是奇数，那么只要 k 是正整数就有 $\mathrm{ord}_n(a^{2^k})=\mathrm{ord}_n a$.
14. 证明或证否，如果 r 和 s 都是素数 p 的原根，那么 rs 也是素数 p 的原根.
15. 如果 a 和 b 是分别与 n 互素的整数，但是 $\mathrm{ord}_n a$ 和 $\mathrm{ord}_n b$ 不一定互素，那么对 $\mathrm{ord}_n(ab)$会有什么样的结论?
16. 判断下述命题是否正确. 如果 n 是一个正整数且 d 是 $\phi(n)$的一个因子，则存在一个整数 a 满足 $\mathrm{ord}_n a=d$. 并证明你的判断.
17. 证明：如果 a 是一个与正整数 m 互素的整数且满足 $\mathrm{ord}_m a=st$，那么 $\mathrm{ord}_m a^t=s$.
18. 证明：如果 m 是一个正整数且 a 是一个与 m 互素的整数，并满足 $\mathrm{ord}_m a=m-1$，那么 m 是一个素数.
19. 证明：r 是模奇素数 p 的一个原根当且仅当 r 是满足$(r, p)=1$ 的整数且

$$r^{(p-1)/q}\not\equiv 1(\bmod p)$$

对 $p-1$ 所有的素因子 q 都成立.
20. 证明：如果 r 是模正整数 m 的一个原根，那么 $\bar{r}$ 也是模 m 的一个原根，其中 $\bar{r}$ 是 r 模 m 的一个逆.
21. 证明 $\mathrm{ord}_{F_n} 2\leqslant 2^{n+1}$，其中 $F_n=2^{2^n}+1$是第 n 个费马数.

* 22. 令 p 是费马数 $F_n=2^{2^n}+1$ 的一个素因子.
   a) 证明 $\mathrm{ord}_p 2=2^{n+1}$.
   b) 从 a)推出 $2^{n+1}\mid(p-1)$，从而 p 一定形如 $2^{n+1}k+1$.
23. 令 $m=a^n-1$，其中 a 和 n 是正整数. 证明 $\mathrm{ord}_m a=n$，并推出 $n\mid\phi(m)$.

* 24. a) 证明：如果 p 和 q 是不同的奇素数，那么 pq 是基为 2 的伪素数当且仅当 $\mathrm{ord}_q 2\mid(p-1)$和 $\mathrm{ord}_p 2\mid(q-1)$.
   b) 利用 a)题的结论来确定下面的哪些整数是基为 2 的伪素数：$13\cdot 67$，$19\cdot 73$，$23\cdot 89$，$29\cdot 97$.

* 25. 证明：如果 p 和 q 是不同的奇素数，那么 pq 是基为 2 的伪素数当且仅当 $M_pM_q=(2^p-1)(2^q-1)$是基为 2 的伪素数.

习题 26 和习题 27 与 de Polignac 在 1849 年提出的一个猜想有关：他猜想对每个奇整数 k，存在一个形如 2^n+k 的素数，其中 n 为正整数.

26. a) 利用习题 3 证明：若 $n\equiv 1(\bmod 2)$，则 $3\mid(2^n+61)$；若 $n\equiv 2(\bmod 4)$，则 $5\mid(2^n+61)$；若 $n\equiv 1(\bmod 3)$，则 $7\mid(2^n+61)$.
   b) 利用 a)证明对所有正整数 n 且 $n\not\equiv 0$ 或 $8(\bmod 12)$，可得 2^n+61 为合数.
   c) 借助于 b)找出一个正整数 n 使得 2^n+61 为素数.
27. a) 利用习题 3 和习题 4 以及 5.3 节的习题 33，证明：如果 k 为整数，且 $k\equiv -2^1(\bmod 3)$，$k\equiv -2^2(\bmod 5)$，$k\equiv -2^1(\bmod 7)$，$k\equiv -2^8(\bmod 13)$，$k\equiv -2^4(\bmod 17)$以及 $k\equiv -2^0(\bmod 241)$，则对所有正整数 n，2^n+k 是合数.
   b) 利用中国剩余定理找出一个正整数 k 使得 2^n+k 对所有正整数 n 均为合数，从而否定 de Polignac 的猜想.

有一个著名的被称为**循环攻击**(cycling attack)的迭代方法，不需要解密密钥的知识，就可以解密经过 RSA 密码加密的信息. 假设用于加密的公钥(e, n)是公开的，但是解密密钥(d, n)不是公开的. 为了解密一个密文数据组 C，需要构造一个序列 C_1，C_2，C_3，…，设 $C_1\equiv C^e(\bmod n)$，$0<C_1<n$，且 $C_{j+1}\equiv C_j^e(\bmod n)$，$0<C_{j+1}<n$，$j=1, 2, 3, \cdots$.

28. 证明 $C_j\equiv C^{e^j}(\bmod n)$，$0<C_j<n$.
29. 证明：存在一个下标 j 使得 $C_j=C$ 且 $C_{j-1}=P$，其中 P 是原始的明文信息. 证明这个下标 j 是

$\mathrm{ord}_{\phi(n)}e$ 的一个因子.

30. 令 $n=47\cdot 59$ 且 $e=17$. 利用迭代，找到与密文 1504 相对应的明文.

（注意：这种攻击 RSA 密码的迭代方法在合理的时间内是很少成功的. 甚至经过选择的素数 p 和 q 对这种方法来说也是毫无意义的. 参看 10.2 节习题 19.）

计算和研究

1. 确定 $\mathrm{ord}_{52\,579}2$，$\mathrm{ord}_{52\,579}3$，$\mathrm{ord}_{52\,579}1001$.
2. 找到尽可能多的以 2 为原根的整数. 会存在无穷多个这样的整数吗？

程序设计

1. 当 a 和 m 是互素的正整数时，确定 a 模 m 的阶.
2. 当原根存在时找到所有的原根.
3. 尝试用迭代法来解密 RSA 密文(参看习题 28 前面的导言).

10.2　素数的原根

本节和下一节的主要目的是来确定什么样的整数存在原根. 本节我们会证明每一个素数都有一个原根. 为了证明这一结论，首先需要研究多项式同余.

设 $f(x)$是一个整系数多项式. 称整数 c 是 $f(x)$模 m 的根是指 $f(c)\equiv 0(\mathrm{mod}\ m)$. 易知，如果 c 是 $f(x)$模 m 的根，那么每一个模 m 同余于 c 的整数也是一个根.

例 10.10 多项式 $f(x)=x^2+x+1$ 恰有两个模 7 不同余的根，它们是 $x\equiv 2(\mathrm{mod}\ 7)$ 和 $x\equiv 4(\mathrm{mod}\ 7)$. ◀

例 10.11 多项式 $g(x)=x^2+2$ 没有模 5 的根. ◀

例 10.12 费马小定理表明，如果 p 为素数，那么多项式 $h(x)=x^{p-1}-1$ 恰有 $p-1$ 个模 p 不同余的根，它们是 $x\equiv 1, 2, 3, \cdots, p-1(\mathrm{mod}\ p)$. ◀

下面是一个关于多项式模 p 的根的重要定理，其中 p 为素数.

定理 10.6（拉格朗日定理）　*假设 $f(x)=a_nx^n+a_{n-1}x^{n-1}+\cdots+a_1x+a_0$ 是一个次数为 n 且首项系数 a_n 不能被 p 整除的整系数多项式，且 $n\geqslant 1$. 那么 $f(x)$ 至多有 n 个模 p 不同余的根.*

证明 用数学归纳法来证明这个定理. 当 $n=1$ 时，有 $f(x)=a_1x+a_0$ 且 $p\nmid a_1$. $f(x)$ 模 p 的一个根就是线性同余方程 $a_1x\equiv -a_0(\mathrm{mod}\ p)$的解. 根据定理 5.12，由于$(a_1, p)=1$，这个线性同余方程恰有一个解，所以 $f(x)$模 p 也恰有一个根. 显然定理当 $n=1$ 时是成立的.

我们现在来完成归纳步骤. 假设这个定理对所有次数小于 n 的多项式都成立，并设整系数多项式 $f(x)$是 n 次的，其中 $n\geqslant 2$，其首项系数不被 p 整除，那么 $f(x)\equiv 0(\mathrm{mod}\ p)$ 无解或存在一个解 $x=a$ 使得 $f(a)\equiv 0(\mathrm{mod}\ p)$. 如果 $x=a$ 是一个解，那么有多项式 $g(x)$使得

$$f(x)-f(a)=(x-a)g(x).$$

这里 $g(x)$是首项系数不能被 p 整除的 $n-1$ 次多项式，这是因为$(x^m-a^m)/(x-a)$是 $n-1$ 次的首一整系数多项式. 如果 $f(b)\equiv 0(\mathrm{mod}\ p)$，则 $b\equiv a(\mathrm{mod}\ p)$或 $g(b)\equiv 0(\mathrm{mod}\ p)$，这是因为

$$f(x)=(x-a)g(x)+f(a)\equiv(x-a)g(x)(\bmod p),$$

p 是素数. 根据归纳假设，$g(x)$最多有 $n-1$ 个零点. 因此 $f(x)$最多有 $1+(n-1)=n$ 个零点，完成了归纳.

假设多项式 $f(x)$有 $n+1$ 个模 p 不同余的根，记为 c_0，c_1，…，c_n，且有 $f(c_k)\equiv 0(\bmod p)$，$k=0$，1，…，n. 因此有

$$\begin{aligned}f(x)-f(c_0) &= a_n(x^n-c_0^n)+a_{n-1}(x^{n-1}-c_0^{n-1})+\cdots+a_1(x-c_0)\\ &= a_n(x-c_0)(x^{n-1}+x^{n-2}c_0+\cdots+xc_0^{n-2}+c_0^{n-1})+\\ &\quad a_{n-1}(x-c_0)(x^{n-2}+x^{n-3}c_0+\cdots+xc_0^{n-3}+c_0^{n-2})+\cdots+\\ &\quad a_1(x-c_0)\\ &= (x-c_0)g(x),\end{aligned}$$

其中 $g(x)$是一个首项系数为 a_n 的次数为 $n-1$ 的多项式. 现在要证明 c_1，…，c_n 都是 $g(x)$模 p 的根. 令 k 是一个整数，且 $1\leqslant k\leqslant n$. 由于 $f(c_k)\equiv f(c_0)\equiv 0(\bmod p)$，故有

$$f(c_k)-f(c_0)=(c_k-c_0)g(c_k)\equiv 0(\bmod p).$$

于是 $g(c_k)\equiv 0(\bmod p)$，这是因为 $c_k-c_0\not\equiv 0(\bmod p)$. 因此，$c_k$ 是 $g(x)$模 p 的一个根. 这就证明了次数为 $n-1$ 且首项系数不能被 p 整除的多项式 $g(x)$有 n 个模 p 不同余的根. 这与归纳假设相矛盾. 因此，$f(x)$的模 p 不同余的根一定不会超过 n 个. 根据归纳假设定理得证. ■

现在应用拉格朗日定理来证明下面的结论.

定理 10.7 假设 p 为素数且 d 是 $p-1$ 的因子. 那么多项式 x^d-1 恰有 d 个模 p 不同余的根.

证明 假设 $p-1=de$. 那么有

$$\begin{aligned}x^{p-1}-1&=(x^d-1)(x^{d(e-1)}+x^{d(e-2)}+\cdots+x^d+1)\\&=(x^d-1)g(x).\end{aligned}$$

由费马小定理知，$x^{p-1}-1$ 有 $p-1$ 个模 p 不同余的根. 而且，任何一个 $x^{p-1}-1$ 模 p 的根或者是 x^d-1 模 p 的根，或者是 $g(x)$模 p 的根.

拉格朗日定理说 $g(x)$的模 p 不同余的根至多有 $d(e-1)=p-d-1$ 个. 因为任意一个 $x^{p-1}-1$ 模 p 的根但不是 $g(x)$模 p 的根一定是 x^d-1 模 p 的根，所以多项式 x^d-1 至少有$(p-1)-(p-d-1)=d$ 个模 p 不同余的根. 另一方面，拉格朗日定理表明它又至多有 d 个模 p 不同余的根. 因此，x^d-1 恰有 d 个模 p 不同余的根. ■

定理 10.7 可以用来证明一个很有用的结论：它表明有多少个模 p 给定阶不同余的整数. 在证明这一结论之前，先证明一个必要的引理.

引理 10.1 假设 p 是一个素数且 d 是 $p-1$ 的一个正因子. 那么比 p 小且模 p 的阶为 d 的正整数个数不超过 $\phi(d)$.

证明 对每一个 $p-1$ 的正因子 d，令 $F(d)$表示比 p 小且模 p 的阶为 d 的正整数的个数.

如果 $F(d)=0$，显然有 $F(d)\leqslant\phi(d)$. 否则，有一个整数 a 模 p 的阶为 d. 因为 $\mathrm{ord}_p a=d$，故整数

$$a, a^2, \cdots, a^d$$

是模 p 不同余的. 由于$(a^k)^d=(a^d)^k\equiv 1(\bmod p)$对所有的正整数 k 都成立，所以这些 a

的幂都是 x^d-1 模 p 的根．由定理 10.7 可知，x^d-1 恰有 d 个模 p 不同余的根，因此每一个模 p 的根同余于 a 的这些方幂中的某一个．

然而由定理 10.4，阶为 d 的 a 的幂均形如 a^k 且 $(k, d)=1$．又由于恰有 $\phi(d)$ 个满足 $1\leqslant k\leqslant d$ 的整数 k，因此如果有一个模 p 阶为 d 的元素，就一定有 $\phi(d)$ 个比 d 小的这样的整数．因此 $F(d)\leqslant\phi(d)$． ■

现在可以确定有多少个模 p 给定阶不同余的整数．

定理 10.8　*设 p 是一个素数且 d 是 $p-1$ 的一个正因子．那么模 p 的阶为 d 且不同余的整数的个数为 $\phi(d)$．*

证明　对每一个 $p-1$ 的正因子 d，令 $F(d)$ 表示比 p 小且模 p 的阶为 d 的正整数的个数．因为一个不能被 p 整除的整数模 p 的阶整除 $p-1$，于是有

$$p-1=\sum_{d\mid p-1}F(d).$$

由定理 8.7 得，

$$p-1=\sum_{d\mid p-1}\phi(d).$$

由引理 10.1 知，当 $d\mid(p-1)$ 时有 $F(d)\leqslant\phi(d)$．从这个不等式和下面的等式

$$\sum_{d\mid p-1}F(d)=\sum_{d\mid p-1}\phi(d)$$

可知，对 $p-1$ 的每一个正因子 d，有 $F(d)=\phi(d)$．

因此可以得到 $F(d)=\phi(d)$，这就说明恰有 $\phi(d)$ 个模 p 的阶为 d 且不同余的整数． ■

从定理 10.8 立即可得出下面的推论．

推论 10.8.1　*每个素数都有原根．*

证明　假设 p 是一个素数．由定理 10.8 可知，共有 $\phi(p-1)$ 个模 p 的阶为 $p-1$ 且不同余的整数．由定义知，它们中的每一个都是一个原根，因此 p 共有 $\phi(p-1)$ 个原根． ■

推论 10.8.1 给出了模素数原根存在的非构造性证明．附录 E 中的表 E.3 给出了比 1 000 小的所有素数的最小正原根；从这个表可以发现，2 是很多素数 p 的最小原根．那么 2 是否为无限多个素数的原根呢？这个问题的答案还是未知的，并且当把 2 换成一个除 ±1 或完全平方数以外的整数时，答案同样是未知的．但数据支持下面的埃米尔・阿廷(Emil Artin)的猜想．

阿廷猜想　*当 $a\neq\pm1$ 且 a 为非完全平方数时，整数 a 是无限多个素数的原根．*

虽然阿廷猜想至今还未解决，但是却有很多有趣的部分结果．例如，罗杰・希思布朗(Roger Heath-Brown)([He86])的一个结论说至多有两个素数和三个正的无平方因子整数 a，使得 a 只是有限多个素数的原根．从这项工作可推断出的一个结果是 2，3，5 中至少有一个数是无限多个素数的原根．

很多数学家研究过确定 g_p 的界的问题，其中 g_p 表示一个素数 p 的最小的原根．已证明的结果表明

$$g_p>C\log p$$

对某个常数 C 和无限多个素数 p 成立．这个由佛瑞兰德(Fridlender)于 1949 年和萨列(Salié)于 1950 年各自所独立证明的结论表明，有无限多个素数的最小原根比任何特定的正

整数都大.（细节参阅[Ri96]）. 然而 g_p 增长得并不快. Grosswald 证明了如果 p 是一个素数且 $p>e^{e^{24}}$，那么 $g_p<p^{0.499}$. 另一个有趣的结论是对每一个正整数 M，存在无限多个素数 p 使得$M<g_p<p-M$ 成立. 这个结论首先发表在 1984 年的《美国数学月刊》(*American Mathematical Monthly*)上.（细节参阅[Ri96].）

埃米尔·阿廷(Emil Artin，1898—1962)出生于奥地利的维也纳. 第一次世界大战期间，他在奥地利的军队服过兵役. 阿廷在莱比锡大学经过了本科和研究生的学习后，1921 年在那儿获得了他的博士学位. 在 1922 年到 1923 年期间，他在哥廷根大学做过研究. 1923 年，阿廷又去了汉堡大学工作. 虽然阿廷本人不是犹太人，但是由于他的妻子是犹太人，在纳粹政策下，他不得不在 1937 年离开德国. 在移居美国后，阿廷先后在圣母大学(1937—1938)、印第安纳大学(1938—1946)和普林斯顿大学(1946—1958)执教过. 阿廷在 1958 年回到德国，并在汉堡大学工作.

阿廷对抽象代数的许多领域做出过重要贡献，包括群论和环论. 他利用弦的概念定义了辫结构的概念，并一直为拓扑学家和代数学家所研究. 从研究二次域开始，阿廷还对解析数论和代数数论做出过重要贡献.

阿廷是一个非常优秀的教师和导师. 他同样还是一个很有天赋的音乐家. 阿廷演奏过大键琴、小键琴、长笛等，同时也是一个古典音乐的爱好者.

10.2 节习题

1. 确定下面每个多项式模 11 不同余的根的个数.
   a) x^2+2　b) x^2+10　c) x^3+x^2+2x+2　d) x^4+x^2+1
2. 确定下面每个多项式模 13 不同余的根的个数.
   a) x^2+1　b) x^2+3x+2　c) x^3+12　d) x^4+x^2+x+1
3. 确定下面每个素数的原根的个数.
   a) 7　b) 13　c) 17　d) 19　e) 29　f) 47
4. 找出素数 7 所有互不同余的原根.
5. 找出素数 13 所有互不同余的原根.
6. 找出素数 17 所有互不同余的原根.
7. 找出素数 19 所有互不同余的原根.
8. 假设 r 是素数 p 的一个原根，且 $p\equiv 1 \pmod 4$. 证明 $-r$ 也是一个原根.
9. 证明：如果 p 是一个素数且 $p\equiv 1 \pmod 4$，那么存在一个整数 x 满足 $x^2\equiv -1 \pmod p$.（提示：应用定理 10.8 来证明存在一个模 p 阶为 4 的整数 x.）
10. a) 确定多项式 x^2-x 模 6 不同余的根的个数.
    b) 解释为什么 a)的答案与拉格朗日定理不矛盾.
11. a) 用拉格朗日定理来证明：如果 p 为素数且 $f(x)$是一个次数为 n 的整系数多项式，且 $f(x)$模 p 的根的个数大于 n，那么 p 整除 $f(x)$的各项系数.
    b) 设 p 是一个素数. 利用 a)来证明多项式 $f(x)=(x-1)(x-2)\cdots(x-p+1)-x^{p-1}+1$ 的各项系数可被 p 整除.

c) 利用 b)，给出威尔逊定理(定理 7.1)的一个证明.（提示：考虑 $f(x)$的常数项.）

12. 找出模 p 的 $\phi(p-1)$个不同余的原根的积的最小正剩余，其中 p 为素数.

* 13. 假设 p 是一个素数，下面给出构造模 p 原根的一个方法概要. 假设 $\phi(p)=p-1$ 的素因子分解为 $p-1=q_1^{t_1}q_2^{t_2}\cdots q_r^{t_r}$，其中 $q_1, q_2, \cdots, q_r$ 为素数.

a) 应用定理 10.8 证明存在整数 $a_1, a_2, \cdots, a_r$，使得 $\mathrm{ord}_p a_1=q_1^{t_1}$，$\mathrm{ord}_p a_2=q_2^{t_2}$，…，$\mathrm{ord}_p a_r=q_r^{t_r}$ 成立.

b) 利用 10.1 节习题 12 证明 $a=a_1a_2\cdots a_r$ 是模 p 的一个原根.

c) 根据 a)题和 b)题给出的步骤，找出模 29 的一个原根.

* 14. 假设正合数 n 有素幂因子分解 $n=p_1^{a_1}p_2^{a_2}\cdots p_r^{a_r}$，其中 $p_i(1\leqslant i\leqslant r)$为素数. 证明对这样的 n，模 n 不同余的原根的个数是一个基为 $\prod_{j=1}^{r}(n-1, p_j-1)$的伪素数.

15. 利用习题 14 证明每一个不是 3 的幂的奇合数是一个伪素数，且这个伪素数除±1 外至少有两个基.

16. 证明：如果 p 是一个素数且 $p=2q+1$，这里 q 是一个奇素数且存在一个正整数 a 满足 $1<a<p-1$，那么 $p-a^2$ 是模 p 的一个原根.

* 17. a) 假设 $f(x)$是一个次数为 $n-1$ 的整系数多项式. 设 $x_1, x_2, \cdots, x_n$ 是模 p 的 n 个不同余的整数. 证明对所有的整数 x，同余式

$$f(x)\equiv\sum_{j=1}^{n}f(x_j)\prod_{\substack{i=1\\ i\neq j}}^{n}(x-x_i)\overline{(x_j-x_i)}\pmod p$$

成立，其中 $\overline{x_j-x_i}$ 是 x_j-x_i 模 p 的逆. 这种寻找 $f(x)$模 p 的方法叫作*拉格朗日插值法*.

b) 如果 $f(x)$是一个次数为 3 的多项式，并且满足 $f(1)\equiv 8$，$f(2)\equiv 2$，$f(3)\equiv 4\pmod{11}$，确定 $f(5)$模 11 的最小正剩余.

18. 在本题中，为了区别于 9.5 节中介绍的方案，我们给计算机系统的主密钥的保护创建了一个门限方案. 假设 $f(x)$是一个被随机选用的次数为 $r-1$ 的多项式，且这个多项式的常数项是主密钥 K. 设 p 是一个素数且 $p>K$，$p>s$. 通过确定 $f(x_j)$模 p 的最小正剩余来计算 s 个影子 $k_1, k_2, \cdots, k_s$，其中 $x_1, x_2, \cdots, x_s$ 为模 p 不同余的被随机选用的整数. 也就是说下式

$$k_j\equiv f(x_j)\pmod p,\quad 0\leqslant k_j<p$$

对 $j=1, 2, \cdots, s$ 都成立.

a) 利用习题 17 讲述的拉格朗日插值法证明主密钥 K 可以由 r 个影子来确定.

b) 证明主密钥 K 不能被少于 r 个影子来确定.

c) 假设 $K=33$，$p=47$，$r=4$，$s=7$，且 $f(x)=4x^3+x^2+31x+33$. 求 $f(x)$在 $x=1, 2, 3, 4, 5, 6, 7$ 处的值所对应的 7 个影子.

d) 怎样由四个影子 $f(1)$，$f(2)$，$f(3)$，$f(4)$来确定主密钥？

19. 证明：如果 $p-1$ 和 $q-1$ 各自存在大的素因子 p'和 q'，并且 $p'-1$ 和 $q'-1$ 也各自存在大的素因子 p''和 q''，那么循环攻击法(参看 10.1 节习题 28 的导言)对加密模为 $n=pq$ 的 RSA 密码无效.

计算和研究

1. 确定素数 10 007，10 009，10 037 各自最小的原根.
2. 爱尔迪希(Erdös)曾经猜想对任意一个足够大的素数 p 都存在一个素数 q 是 p 的一个原根. 对这个猜想你能够找到什么数据上的支持？对哪些小素数 p 这个猜想是错误的？

程序设计

1. 给定一个素数 p，利用习题 13 来确定 p 的一个原根.
2. 实现在习题 18 中所讲述的门限方案.

10.3 原根的存在性

在前面的章节中已经证明每个素数都有一个原根. 这一节将会确定所有有原根的正整数. 首先证明每个奇素数的幂都有原根.

模 p^2 的原根, p 为奇素数 证明每个奇素数的幂都有原根的第一步是要证明每个奇素数的平方都有原根.

定理 10.9 如果 p 是一个奇素数且有原根 r, 那么 r 或 $r+p$ 是模 p^2 的一个原根.

证明 因为 r 是模 p 的一个原根, 因此有

$$\mathrm{ord}_p r=\phi(p)=p-1.$$

假设 $n=\mathrm{ord}_{p^2} r$, 则有

$$r^n \equiv 1(\bmod p^2).$$

因为模 p^2 同余一定也模 p 同余, 故有

$$r^n \equiv 1(\bmod p).$$

根据定理 10.1, 由于 $p-1=\mathrm{ord}_p r$, 因此

$$(p-1)\mid n.$$

另一方面, 由推论 10.1.1 可知

$$n\mid\phi(p^2).$$

由于 $\phi(p^2)=p(p-1)$, 因此 $n\mid p(p-1)$. 又由于 $n\mid p(p-1)$ 且 $(p-1)\mid n$, 故 $n=p-1$ 或者 $n=p(p-1)$. 如果 $n=p(p-1)$, 则由于 $\mathrm{ord}_{p^2} r=\phi(p^2)$, 故 r 是模 p^2 的一个原根. 否则, 有 $n=p-1$, 因此

$$r^{p-1}\equiv 1(\bmod p^2). \tag{10.1}$$

令 $s=r+p$. 由于 $s\equiv r(\bmod p)$, 故 s 也是模 p 的一个原根. 因此 $\mathrm{ord}_{p^2} s$ 为 $p-1$ 或 $p(p-1)$. 我们将通过证明 $\mathrm{ord}_{p^2} s=p-1$ 是错误的得到 $\mathrm{ord}_{p^2} s=p(p-1)$.

为了证明 $\mathrm{ord}_{p^2} s\neq p-1$, 首先利用二项式定理得

$$\begin{aligned}s^{p-1}=(r+p)^{p-1}&=r^{p-1}+(p-1)r^{p-2}p+\binom{p-1}{2}r^{p-3}p^2+\cdots+p^{p-1}\\&\equiv r^{p-1}+(p-1)p\cdot r^{p-2}(\bmod p^2).\end{aligned}$$

因此, 利用式(10.1), 可以得到

$$s^{p-1}\equiv 1+(p-1)p\cdot r^{p-2}\equiv 1-pr^{p-2}(\bmod p^2).$$

从最后一个同余式可以证明

$$s^{p-1}\not\equiv 1(\bmod p^2).$$

为此, 若 $s^{p-1}\equiv 1(\bmod p^2)$, 则 $pr^{p-2}\equiv 0(\bmod p^2)$. 最后一个同余式表明 $r^{p-2}\equiv 0(\bmod p)$, 这与 $p\nmid r$ 矛盾(由于 r 是 p 的一个原根).

由于 $\mathrm{ord}_{p^2} s\neq p-1$, 故可得 $\mathrm{ord}_{p^2} s=p(p-1)=\phi(p^2)$. 因此 $s=r+p$ 是模 p^2 的一个原根. ■

例 10.13 素数 $p=7$ 以 $r=3$ 为一个原根. 从定理 10.9 的证明过程可以看出, 或者 $\mathrm{ord}_{49}3=6$ 或者 $\mathrm{ord}_{49}3=42$. 然而,

$$r^{p-1}=3^6\not\equiv 1(\bmod 49),$$

故有 $\mathrm{ord}_{49}3=42$. 因此 3 也是 $p^2=49$ 的一个原根.

当 r 是模素数 p 的一个原根时，同余式

$$r^{p-1}\equiv 1(\bmod p^2)$$

很少成立，其中 $r<p$. 因此，模 p 的原根 r 同时是模 p^2 的原根的情形很少发生. 当这种情况出现时，定理 10.9 表明 $r+p$ 是模 p^2 的一个原根. 下面的例子说明了这种情况.

例 10.14 令 $p=487$. 对模 487 的原根 10，有

$$10^{486}\equiv 1(\bmod 487^2).$$

因此，10 不是模 487^2 的一个原根. 但是定理 10.9 却表明 $497=10+487$ 是模 487^2 的一个原根.

模 p^k 的原根，p 为素数且 k 是一个正整数　下面将会证明每个奇素数的任意次幂都有原根.

定理 10.10　*假设 p 是一个奇素数. 那么对任意的正整数 k 都存在模 p^k 的原根. 而且，如果 r 是模 p^2 的一个原根，那么对任意的正整数 k，r 也是模 p^k 的一个原根.*

证明　由定理 10.9 可知，素数 p 有一个原根 r，同时也是模 p^2 的一个原根，因此有

$$r^{p-1}\not\equiv 1(\bmod p^2). \tag{10.2}$$

利用数学归纳法，我们将会证明对这个原根 r，

$$r^{p^{k-2}(p-1)}\not\equiv 1(\bmod p^k) \tag{10.3}$$

对所有的正整数 $k\geqslant 2$ 都成立.

一旦有了这个同余式，就可以根据下面的推理来证明 r 也是模 p^k 的一个原根. 令

$$n=\mathrm{ord}_{p^k}r.$$

由推论 10.1.1 可知 $n\mid\phi(p^k)$. 又根据定理 8.3 得 $\phi(p^k)=p^{k-1}(p-1)$. 因此有 $n\mid p^{k-1}(p-1)$. 另一方面，由于

$$r^n\equiv 1(\bmod p^k),$$

故有

$$r^n\equiv 1(\bmod p).$$

因为 r 是模 p 的原根，故 $\mathrm{ord}_p r=\phi(p)$. 由定理 8.2 可知 $\phi(p)=p-1$，所以 $\mathrm{ord}_p r=p-1$. 因此由定理 10.1 我们得 $(p-1)\mid n$.

因为 $(p-1)\mid n$ 且 $n\mid p^{k-1}(p-1)$，故 $n=p^t(p-1)$，其中 t 是一个满足 $0\leqslant t\leqslant k-1$ 的整数. 若 $t\leqslant k-2$，那么

$$r^{p^{k-2}(p-1)}=(r^{p^t(p-1)})^{p^{k-2-t}}\equiv 1(\bmod p^k),$$

这与式(10.3)矛盾. 因此 $\mathrm{ord}_{p^k}r=p^{k-1}(p-1)=\phi(p^k)$. 所以 r 也是模 p^k 的一个原根.

剩下的是要用数学归纳法来证明式(10.3). $k=2$ 的情形可直接由式(10.2)得出. 现在假设要证明的结论对整数 $k\geqslant 2$ 成立. 则有

$$r^{p^{k-2}(p-1)}\not\equiv 1(\bmod p^k).$$

由 $(r, p)=1$ 可得 $(r, p^{k-1})=1$. 故由欧拉定理可得

$$r^{p^{k-2}(p-1)}=r^{\phi(p^{k-1})}\equiv 1(\bmod p^{k-1}).$$

因此存在一个整数 d 满足

$$r^{p^{k-2}(p-1)}=1+dp^{k-1},$$

其中 $p\nmid d$，因为上式是由假设 $r^{p^{k-2}(p-1)}\not\equiv 1(\bmod p^k)$ 推出的．由二项式定理和 p 是奇素数的假设，对上式等号两边同时取 p 次幂，得到

$$\begin{aligned}r^{p^{k-1}(p-1)}&=(1+dp^{k-1})^p\\&=1+p(dp^{k-1})+\binom{p}{2}(dp^{k-1})^2+\cdots+(dp^{k-1})^p\\&\equiv 1+dp^k(\bmod p^{k+1}).\end{aligned}$$

由 $p\nmid d$ 可知

$$r^{p^{k-1}(p-1)}\not\equiv 1(\bmod p^{k+1}).$$

根据归纳法原理，定理得证． ■

例 10.15 从例 10.13 可知，$r=3$ 是模 7 和 7^2 的一个原根．因此，对所有正整数 k，定理 10.10 表明 $r=3$ 也是模 7^k 的一个原根． ◀

模 2^k 的原根 现在来讨论模为 2 的幂的原根的问题．已知 2 和 $2^2=4$ 都有原根，它们的原根分别为 1 和 3．而对 2 的高次幂，情况就完全不同了．下面将会证明，模这些 2 的高次幂不存在原根．

定理 10.11 如果 a 是一个奇数，且 k 是一个整数，$k\geqslant 3$，那么有下式成立：

$$a^{\phi(2^k)/2}=a^{2^{k-2}}\equiv 1(\bmod 2^k).$$

证明 用数学归纳法来证明这个结论．假设 a 是一个奇数，则有 $a=2b+1$，b 为整数．于是，

$$a^2=(2b+1)^2=4b^2+4b+1=4b(b+1)+1.$$

b 和 $b+1$ 两者必有一个为偶数，故 $8\mid 4b(4b+1)$．当 $k=2$ 时，定理中的等式成立，因此时同余式的两边都简化为 a，(左边式子的化简运用 $\phi(2^2)=2$.)可以如下证明当 $k=3$ 时上式成立：若 a 为奇数，则 $a\equiv\pm 1$ 或 $\pm 3(\bmod 8)$．因此，

$$a^2\equiv 1(\bmod 8).$$

这是当 $k=3$ 时的同余关系式，因为 $\phi(2^3)=4$.

现在来完成归纳法的证明．假设有

$$a^{2^{k-2}}\equiv 1(\bmod 2^k).$$

那么存在一个整数 d 满足

$$a^{2^{k-2}}=1+d2^k.$$

上式两边同时平方得

$$a^{2^{k-1}}=1+d2^{k+1}+d^2 2^{2k}.$$

因此得到

$$a^{2^{k-1}}\equiv 1(\bmod 2^{k+1}),$$

由此完成了归纳证明． ■

定理 10.11 表明除了 2 和 4 以外，其他 2 的幂都没有原根．这是因为当 a 是一个奇数时，由于 $a^{\phi(2^k)/2}\equiv 1(\bmod 2^k)$，故有 $\operatorname{ord}_{2^k}a\neq\phi(2^k)$.

虽然当 $k\geqslant 3$ 时没有模 2^k 的原根，但是它们却总有一个元素有最大可能的阶，即

$\phi(2^k)/2$，如下面的定理所示.

定理 10.12　设 $k\geqslant 3$ 是一个整数，则有

$$\mathrm{ord}_{2^k}5=\phi(2^k)/2=2^{k-2}.$$

证明　定理 10.11 表明，对 $k\geqslant 3$ 有

$$5^{2^{k-2}}\equiv 1(\mathrm{mod}\ 2^k).$$

从定理 10.1 可知，$\mathrm{ord}_{2^k}5\mid 2^{k-2}$. 因此，如果证明 $\mathrm{ord}_{2^k}5\nmid 2^{k-3}$，就会得到

$$\mathrm{ord}_{2^k}5=2^{k-2}.$$

为了证明 $\mathrm{ord}_{2^k}5\nmid 2^{k-3}$，下面将会用数学归纳法来证明对 $k\geqslant 3$ 有

$$5^{2^{k-3}}\equiv 1+2^{k-1}\not\equiv 1(\mathrm{mod}\ 2^k).$$

当 $k=3$ 时有

$$5\equiv 1+4(\mathrm{mod}\ 8).$$

现在假设所要证明的结果对 k 成立，即有

$$5^{2^{k-3}}\equiv 1+2^{k-1}(\mathrm{mod}\ 2^k).$$

也就是说存在一个整数 d 满足下式：

$$5^{2^{k-3}}=(1+2^{k-1})+d2^k.$$

两边同时平方得

$$5^{2^{k-2}}=(1+2^{k-1})^2+2(1+2^{k-1})d2^k+(d2^k)^2,$$

因此有

$$5^{2^{k-2}}\equiv(1+2^{k-1})^2=1+2^k+2^{2k-2}\equiv 1+2^k(\mathrm{mod}\ 2^{k+1}).$$

由归纳法原理可知定理成立. 于是就证明了

$$\mathrm{ord}_{2^k}5=\phi(2^k)/2.$$

■

模非素数幂整数的原根　前面已经证明所有奇素数的幂都有原根，但是 2 的幂除了 2 和 4 其他的没有原根. 下面来确定对不是素数幂的整数(也就是可以被两个或更多个素数整除的整数)当中什么样的整数存在原根. 我们将会证明不是素数的幂却有原根的正整数刚好是那些为奇素数的幂的 2 倍的整数.

为了缩小要考察的正整数的范围，首先考虑下面的结果.

定理 10.13　如果 $n=ab$，其中 a 和 b 是互素的正整数，$a>2$，$b>2$，则 n 没有原根.

证明　假设 x 与 n 互素. 注意，由于 $a>2$ 和 $b>2$，根据定理 8.6 知 $\phi(a)$和 $\phi(b)$都是偶数. 因为 $\phi(n)$是乘性的，所以 $\phi(n)/2=\phi(ab)/2=\phi(a)\phi(b)/2$ 既是 $\phi(a)$也是 $\phi(b)$的倍数. 由欧拉定理可得，如果$(x,n)=1$，则$(x,a)=(x,b)=1$.

这意味着 $x^{\phi(n)/2}\equiv 1(\mathrm{mod}\ a)$和 $x^{\phi(n)/2}\equiv 1(\mathrm{mod}\ b)$. 由推论 5.9.1 可得 $x^{\phi(n)/2}\equiv 1(\mathrm{mod}\ n)$，因此，$x$ 不是模 n 的原根.

根据定理 10.13，我们知道形式为 $n=2^jb$ 的整数 n 没有原根，其中 $j\geqslant 2$ 且 b 为正奇数或两个不同的奇素数的乘积.

定理 10.14　如果正整数 n 不是一个素数的幂或者不是一个素数的幂的 2 倍，那么 n 不存在原根.

证明　假设 n 是正整数且有素幂因子分解如下：

$$n=p_1^{t_1}p_2^{t_2}\cdots p_m^{t_m}.$$

假设 n 有一个原根 r. 也就是说，$(r, n)=1$ 和 $\mathrm{ord}_n r=\phi(n)$. 由于$(r, n)=1$，因此当 p^t 是 n 的素因子分解中的一项时，有$(r, p^t)=1$. 从而根据欧拉定理得到

$$r^{\phi(p^t)}\equiv 1(\bmod p^t).$$

下面令 U 表示 $\phi(p_1^{t_1})$，$\phi(p_2^{t_2})$，…，$\phi(p_m^{t_m})$的最小公倍数，即有

$$U=[\phi(p_1^{t_1}), \phi(p_2^{t_2}), \cdots, \phi(p_m^{t_m})].$$

由于 $\phi(p_i^{t_i})\mid U$，故对 $i=1, 2, \cdots, m$ 有

$$r^U\equiv 1(\bmod p_i^{t_i}).$$

利用定理 5.9 可得

$$r^U\equiv 1(\bmod n),$$

这就是说，

$$\mathrm{ord}_n r=\phi(n)\leqslant U.$$

由于 ϕ 是乘性函数，由定理 8.4 可得

$$\phi(n)=\phi(p_1^{t_1}p_2^{t_2}\cdots p_m^{t_m})=\phi(p_1^{t_1})\phi(p_2^{t_2})\cdots\phi(p_m^{t_m}).$$

由上式和不等式 $\phi(n)\leqslant U$ 立即可得

$$\phi(p_1^{t_1})\phi(p_2^{t_2})\cdots\phi(p_m^{t_m})\leqslant[\phi(p_1^{t_1}), \phi(p_2^{t_2}), \cdots, \phi(p_m^{t_m})].$$

由于一组整数的乘积小于或等于它们的最小公倍数只有在它们是两两互素的时候才成立(此时小于或等于就变成了等于)，因此整数 $\phi(p_1^{t_1})$，$\phi(p_2^{t_2})$，…，$\phi(p_m^{t_m})$必定是两两互素的.

由于 $\phi(p^t)=p^{t-1}(p-1)$，故 $\phi(p^t)$是偶数只有在 p 是奇数或 $p=2$ 且 $t\geqslant 2$ 时才成立. 因此，除去 $m=1$ 和 n 是一个素数的幂，以及 $m=2$ 和 $n=2p^t$ 这两种情况外，整数 $\phi(p_1^{t_1})$，$\phi(p_2^{t_2})$，…，$\phi(p_m^{t_m})$是两两不互素的，其中 p 是一个奇素数并且 t 是一个正整数. ■

现在已经把所要考察的对象限制为形如 $n=2p^t$ 的整数，其中 p 是一个奇素数并且 t 是一个正整数. 现在来证明所有这种形式的整数都有原根.

定理 10.15 如果 p 为奇素数并且 t 是正整数，那么 $2p^t$ 有原根. 事实上，如果 r 是模 p^t 的一个原根且 r 是奇数，那么它同样是模 $2p^t$ 的一个原根；而如果 r 是偶数，则 $r+p^t$ 是模 $2p^t$ 的一个原根.

证明 如果 r 是模 p^t 的一个原根，那么有

$$r^{\phi(p^t)}\equiv 1(\bmod p^t),$$

而且没有比 $\phi(p^t)$小的正次数具有这个性质. 由定理 8.4 得到 $\phi(2p^t)=\phi(2)\phi(p^t)=\phi(p^t)$，因此 $r^{\phi(2p^t)}\equiv 1(\bmod p^t)$.

如果 r 是奇数，则有

$$r^{\phi(2p^t)}\equiv 1(\bmod 2).$$

因此由推论 5.9.1 得，$r^{\phi(2p^t)}\equiv 1(\bmod 2p^t)$，并且没有比 $\phi(2p^t)$更小的次数满足这个同余式. 若有，那么这个次数一定满足模 p^t 同余于 1 的同余式，但是这又与 r 是模 p^t 的一个原根矛盾. 因此 r 是模 $2p^t$ 的一个原根.

另一方面，如果 r 是一个偶数，则 $r+p^t$ 是一个奇数. 因此

$$(r+p^t)^{\phi(2p^t)} \equiv 1(\bmod 2).$$

因为 $r+p^t \equiv r(\bmod p^t)$，故有

$$(r+p^t)^{\phi(2p^t)} \equiv 1(\bmod p^t).$$

从而 $(r+p^t)^{\phi(2p^t)} \equiv 1(\bmod 2p^t)$，且由于没有比 $r+p^t$ 更小的幂次模 $2p^t$ 同余于 1，因此 $r+p^t$ 是模 $2p^t$ 的一个原根. ■

例 10.16 在这一节前面的部分已经证明对所有的正整数 t，3 是模 7^t 的一个原根. 故由于 3 是奇数，定理 10.15 表明，对所有的正整数 t，3 也是模 $2 \cdot 7^t$ 的一个原根. 例如，3 是模 14 的一个原根.

类似地，已知对所有的正整数 t，2 是模 5^t 的一个原根. 因为 $2+5^t$ 是奇数，故定理 10.15 表明，对所有的正整数 t，$2+5^t$ 也是模 $2 \cdot 5^t$ 的一个原根. 例如，27 是模 50 的一个原根. ◀

小结 由前面的推论 10.8.1 和定理 10.10、10.11、10.13、10.14 和 10.15 可以得知什么样的正整数才有原根. 即有下面的定理.

定理 10.16 正整数 $n(n>1)$ 有原根当且仅当

$$n=2,\ 4,\ p^t \text{ 或者 } 2p^t,$$

其中 p 为奇素数且 t 是正整数.

10.3 节习题

1. 整数 4，10，16，22 和 28 中哪个有原根？
2. 整数 8，9，12，26，27，31 和 33 中哪个有原根？
3. 找出模下面各数的一个原根.
   a) 3^2　　b) 5^2　　c) 23^2　　d) 29^2
4. 找出模下面各数的一个原根.
   a) 11^2　　b) 13^2　　c) 17^2　　d) 19^2
5. 对所有的正整数 k，找出模下面各数的原根.
   a) 3^k　　b) 11^k　　c) 13^k　　d) 17^k
6. 对所有的正整数 k，找出模下面各数的一个原根.
   a) 23^k　　b) 29^k　　c) 31^k　　d) 37^k
7. 找出模下面各数的一个原根.
   a) 10　　b) 34　　c) 38　　d) 50
8. 找出模下面各数的一个原根.
   a) 6　　b) 18　　c) 26　　d) 338
9. 找出模 22 的所有原根.
10. 找出模 25 的所有原根.
11. 找出模 38 的所有原根.
12. 证明如果 p 是奇素数，r 是模 p 的原根，但不是模 p^2 的原根，那么 $r+tp$ 对于 $t=1,2,\cdots,p-1$ 是模 p^2 的原根.
13. a) 证明如果 p 是奇素数，g 是模 p 的原根且 $g^{p-1} \not\equiv 1(\bmod p^2)$，则 g 也是模 p^2 的原根，而如果 $g^{p-1} \equiv 1(\bmod p^2)$，则 $g+p$ 是模 p^2 的原根.
    b) 确定模 p 的原根中也是模 p^2 的原根的比例.
14. 找到模 5 和模 25 的所有原根.

15. 找到模 7 和模 49 的所有原根.

16. 若 p 是一个奇素数并且 t 是一个正整数. 证明：模 $2p^t$ 的原根的个数与模 p^t 的原根的个数是相等的.

☞ 17. 证明：整数 m 有原根当且仅当同余方程 $x^2 \equiv 1 \pmod{m}$ 的解为 $x \equiv \pm 1 \pmod{m}$.

* 18. 假设 n 是一个有原根的正整数. 利用这个原根，证明所有比 n 小且与 n 互素的正整数的乘积模 n 同余于 -1. (当 n 是素数时，这个结论就是威尔逊定理(定理 7.1).)

* 19. 证明：虽然当整数 $k \geqslant 3$ 时，模 2^k 没有原根，但是每一个奇数却是模 2^n 同余于 $(-1)^{\alpha}5^{\beta}$ 的，其中 $\alpha = 0$ 或 1，β 是一个满足 $0 \leqslant \beta \leqslant 2^{k-2}-1$ 的整数.

20. 若 p 是奇素数且有一个原根 r，找出最小的 p 使得 r 不是模 p^2 的原根.

计算和研究

1. 若 p 是素数，r 是 p 的原根但不是 p^2 的原根，找到尽可能多这样的例子. 并猜测这种情况出现的频率.

程序设计

1. 找出模奇素数的方幂的原根.
2. 找出模奇素数的方幂的 2 倍的原根.

10.4 离散对数和指数的算术

本节将介绍怎样利用原根来进行模算术运算. 设 r 是模正整数 m 的一个原根(因而 m 具有定理 10.16 中所表示的形式). 由定理 10.3 可知，下列整数

$$r,\ r^2,\ r^3,\ \cdots,\ r^{\phi(m)}$$

构成了模 m 的一个既约剩余系. 因此，若 a 是一个与 m 互素的整数，则存在唯一的一个整数 x 且 $1 \leqslant x \leqslant \phi(m)$，使得

$$r^x \equiv a \pmod{m}.$$

这就引出了下面的定义.

定义 假设 m 是有原根 r 的正整数. 如果正整数 a 满足 $(a, m)=1$，则使得同余式 $r^x \equiv a \pmod{m}$ $(1 \leqslant x \leqslant \phi(m))$ 成立的唯一的整数 x 称为 **a 对模 m 以 r 为底的指数**(或者叫作**离散对数**)，并且记为 $\mathrm{ind}_r a$，此处并未标明模 m，因为我们假定其取定值.

从定义可看出，$r^{\mathrm{ind}_r a} \equiv a \pmod{m}$. 同时我们也注意到如果 a 与 b 是与 m 互素的整数，则 $a \equiv b \pmod{m}$ 当且仅当 $\mathrm{ind}_r a = \mathrm{ind}_r b$.

指数拥有许多和对数一样的性质，只需要将等式改为模 $\phi(m)$ 的同余式即可. (这就是称其为离数对数的原因).

例 10.17 设 $m=7$. 我们已知 3 是模 7 的一个原根且有 $3^1 \equiv 3 \pmod 7$，$3^2 \equiv 2 \pmod 7$，$3^3 \equiv 6 \pmod 7$，$3^4 \equiv 4 \pmod 7$，$3^5 \equiv 5 \pmod 7$ 和 $3^6 \equiv 1 \pmod 7$.

因此，对模 7 有

$$\mathrm{ind}_3 1 = 6,\quad \mathrm{ind}_3 2 = 2,\quad \mathrm{ind}_3 3 = 1,$$
$$\mathrm{ind}_3 4 = 4,\quad \mathrm{ind}_3 5 = 5,\quad \mathrm{ind}_3 6 = 3.$$

利用模 7 的另一个不同的原根，就可以得到一组不同的指数. 例如，经计算原根为 5 的一组指数为：

$$\mathrm{ind}_5 1 = 6,\quad \mathrm{ind}_5 2 = 4,\quad \mathrm{ind}_5 3 = 5,$$
$$\mathrm{ind}_5 4 = 2,\quad \mathrm{ind}_5 5 = 1,\quad \mathrm{ind}_5 6 = 3.$$ ◀

指数的性质　我们现在给出一些关于指数的性质，模 m 的指数拥有和对数相似的性质，这只需要将等式用模 $\phi(m)$的同余式来代替即可.

定理 10.17　设 m 是一个有原根 r 的正整数，并且 a 和 b 是均与 m 互素的整数. 那么有

(i) $\mathrm{ind}_r 1 \equiv 0 \pmod{\phi(m)}$，

(ii) $\mathrm{ind}_r(ab) \equiv \mathrm{ind}_r a + \mathrm{ind}_r b \pmod{\phi(m)}$，

(iii) $\mathrm{ind}_r a^k \equiv k \cdot \mathrm{ind}_r a \pmod{\phi(m)}$，其中 k 为正整数.

(i) 的证明　由欧拉定理可知 $r^{\phi(m)} \equiv 1 \pmod m$. 因为 r 是模 m 的一个原根，并且没有 r 的更小的正幂使得模 m 同余于 1. 因此有 $\mathrm{ind}_r 1 = \phi(m) \equiv 0 \pmod{\phi(m)}$.

(ii) 的证明　要证明这个同余式，从指数的定义可得

$$r^{\mathrm{ind}_r(ab)} \equiv ab \pmod m$$

和

$$r^{\mathrm{ind}_r a + \mathrm{ind}_r b} \equiv r^{\mathrm{ind}_r a} \cdot r^{\mathrm{ind}_r b} \equiv ab \pmod m.$$

因此有

$$r^{\mathrm{ind}_r(ab)} \equiv r^{\mathrm{ind}_r a + \mathrm{ind}_r b} \pmod m.$$

由定理 10.2 可得

$$\mathrm{ind}_r(ab) \equiv \mathrm{ind}_r a + \mathrm{ind}_r b \pmod{\phi(m)}.$$

(iii) 的证明　要证明这个同余式，首先从指数的定义可得

$$r^{\mathrm{ind}_r a^k} \equiv a^k \pmod m$$

和

$$r^{k \cdot \mathrm{ind}_r a} \equiv (r^{\mathrm{ind}_r a})^k \pmod m.$$

因此有

$$r^{\mathrm{ind}_r a^k} \equiv r^{k \cdot \mathrm{ind}_r a} \pmod m.$$

再由定理 10.2 立即可得

$$\mathrm{ind}_r a^k \equiv k \cdot \mathrm{ind}_r a \pmod{\phi(m)}.$$

■

例 10.18　由前一个例子可知，对模 7 有 $\mathrm{ind}_5 2 = 4$ 和 $\mathrm{ind}_5 3 = 5$. 因为 $\phi(7) = 6$，故定理 10.17 的(ii)表明

$$\mathrm{ind}_5 6 = \mathrm{ind}_5(2 \cdot 3) = \mathrm{ind}_5 2 + \mathrm{ind}_5 3 = 4 + 5 = 9 \equiv 3 \pmod 6.$$

这与前面 $\mathrm{ind}_5 6$ 的值一致.

由定理 10.17 的(iii)可得

$$\mathrm{ind}_5 3^4 \equiv 4 \cdot \mathrm{ind}_5 3 \equiv 4 \cdot 5 = 20 \equiv 2 \pmod 6.$$

这与下面给出的直接计算的结果一致：

$$\mathrm{ind}_5 3^4 = \mathrm{ind}_5 81 = \mathrm{ind}_5 4 = 2.$$

◀

指数在求解某些类型的同余方程方面是非常有用的. 考虑下面的例子.

例 10.19　下面将会用指数来求同余方程 $6x^{12} \equiv 11 \pmod{17}$的解. 已知 3 是 17 的一个原根(由于 $3^8 \equiv -1 \pmod{17}$). 模 17 以 3 为底的指数在表 10.1 中给出.

表 10.1 模 17 以 3 为底的指数

a	1	2	3	4	5	6	7	8	9	10	11	12	13	14	15	16
$\text{ind}_3 a$	16	14	1	12	5	15	11	10	2	3	7	13	4	9	6	8

对每个模 17 以 3 为底的同余式两边同时取指数，得到模 $\phi(17)=16$ 的同余方程如下：

$$\text{ind}_3(6x^{12}) \equiv \text{ind}_3 11 = 7(\text{mod } 16).$$

由定理 10.17 的(ii)和(iii)得到

$$\text{ind}_3(6x^{12}) \equiv \text{ind}_3 6 + \text{ind}_3(x^{12}) \equiv 15 + 12 \cdot \text{ind}_3 x(\text{mod } 16).$$

因此

$$15 + 12 \cdot \text{ind}_3 x \equiv 7(\text{mod } 16)$$

或

$$12 \cdot \text{ind}_3 x \equiv 8(\text{mod } 16).$$

从这个同余式得到(读者可自行证明)下面的同余式：

$$\text{ind}_3 x \equiv 2(\text{mod } 4).$$

因此有

$$\text{ind}_3 x \equiv 2,\ 6,\ 10 \quad \text{或} \quad 14(\text{mod } 16).$$

因此，由指数的定义可得

$$x \equiv 3^2,\ 3^6,\ 3^{10} \quad \text{或} \quad 3^{14}(\text{mod } 17).$$

(注意上面的同余式是对模 17 成立的.)由于 $3^2 \equiv 9$，$3^6 \equiv 15$，$3^{10} \equiv 8$ 和 $3^{14} \equiv 2(\text{mod } 17)$，于是得

$$x \equiv 9,\ 15,\ 8 \quad \text{或} \quad 2(\text{mod } 17).$$

因为前面的每一步计算都是可逆的，所以原模 17 的同余方程共有 4 个不同余的解. ◀

例 10.20 下面来求同余方程 $7^x \equiv 6(\text{mod } 17)$的所有的解. 对每个模 17 以 3 为底的同余式两边同时取指数得

$$\text{ind}_3(7^x) \equiv \text{ind}_3 6 = 15(\text{mod } 16).$$

由定理 10.17 的(iii)得

$$\text{ind}_3(7^x) \equiv x \cdot \text{ind}_3 7 = 11x(\text{mod } 16).$$

因此

$$11x \equiv 15(\text{mod } 16).$$

因为 3 是 11 模 16 的逆，故对上面的线性同余方程两边同时乘以 3 就得

$$x \equiv 3 \cdot 15 = 45 \equiv 13(\text{mod } 16).$$

上面所有的过程都是可逆的. 因此同余方程

$$7^x \equiv 6(\text{mod } 17)$$

的解为

$$x \equiv 13(\text{mod } 16).$$

◀

10.4.1 寻找离散对数

给定一个素数 p 和它的一个原根 r，寻找整数 a 对模 p 以 r 为底的指数(离散对数)问

题称为离散对数问题．这个问题被认为和分解整数有一样的计算难度．基于这个原因，它被用来作为很多公钥密码系统的基础，例如 11.2 节中的 EIGaml 密码系统，以及在 11.2 节所介绍的迪斐-海尔曼密钥协议．随着离散对数问题在密码学中的重要性越来越大，人们对计算离散对数的有效算法进行了大量的研究．已知对计算离散对数最有效的算法是数域上的筛法，但是寻找模素数 p 的离散对数的计算量和对一个合数关于同样一个 p 进行因子分解的位运算量几乎是一样的．要确定解决一个模素数 p 的离散对数问题需要多长时间，参看表 4.2，这个表给出了对和 p 有一样多十进制位数的整数 n 进行因子分解所需要的时间．要想了解更多关于离散对数问题和求解离散对数问题的算法，请查询[MevaVa97]和[Da13]，以及他们引用的参考文献．

我们在这里描述两种计算离散算法的方法．求 a 对模 p 以 r 为底的离散对数简单但慢些的方法是对 $j=1, 2, \cdots, p-1$ 直接计算 $r^j \pmod p$ 的值，直到得到 a．当 n 很大时，这个算法是不实用的，因为它需要 $O(p)$ 次运算．（我们所说的运算是指小于 p 的正整数乘法、加法或比较大小．）

例 10.21 我们留给读者来验证 4 409 是素数，3 是 4 409 的原根．使用直接方法计算 $\mathrm{ind}_3\, 3\,613$，即 3 613 对模 4 409 以 3 为底的离散对数，我们计算 3 的连续幂模 4 409，直至得到 3 613.

我们发现 $3^1\equiv 3 \pmod{4\,409}$，$3^2\equiv 9 \pmod{4\,409}$，$3^3\equiv 27 \pmod{4\,409}$，$3^4\equiv 81 \pmod{4\,409}$，$3^5\equiv 243 \pmod{4\,409}$，$3^6\equiv 729 \pmod{4\,409}$，$3^7\equiv 2\,187 \pmod{4\,409}$，$3^8\equiv 2\,152 \pmod{4\,409}$，$3^9\equiv 2\,047 \pmod{4\,409}$，$3^{10}\equiv 1\,732 \pmod{4\,409}$ 和 $3^{11}\equiv 787 \pmod{4\,409}$，$3^{12}\equiv 2\,361 \pmod{4\,409}$，$3^{13}\equiv 2\,674 \pmod{4\,409}$ 和 $3^{14}\equiv 3\,613 \pmod{4\,409}$．我们得出 $\mathrm{ind}_3\, 3\,613=14 \pmod{4\,409}$.

注意我们非常幸运，仅在计算 14 次 3 的方幂模 4 409 后就遇到了 3 613．而我们需要计算 3 578 次 3 的方幂模 4 409 才能发现 $\mathrm{ind}_3\, 422=3\,578 \pmod{4\,409}$. ◀

我们现在介绍一种比直接计算更有效的算法，用于计算离散对数．该算法被称为小步-大步算法，由美国数学家 Daniel Shanks 于 1971 年给出．（一些报道称早在 1962 年，俄罗斯数学家亚历山大·盖尔方德(Alexander Gelfond)就知道该算法．）为了使用该算法来找到 a 对模 p 以 r 为底的离散对数，我们首先对 $i=0, 1, 2, \cdots, m-1$ 计算 $r^i \pmod p$，其中 $m=\lceil\sqrt{p-1}\,\rceil$（在前面我们知道当 x 是实数时，$\lceil x\rceil$ 表示不小于 x 的最小整数）．我们将这些值记下稍后使用，按 $r^i \pmod p$ 大小递增顺序列出．

丹·尚克斯(Dan Shanks，1917—1996)生于美国芝加哥．他毕业于芝加哥大学物理专业并获得学士学位．1940 年到 1950 年，他作为物理学家在阿伯丁试验场工作，后来加入海军武器实验室．1951 年，他在海军实验室的工作变成了数学家．1951 年到 1957 年，他先后担任数值分析部门和应用数学实验室的负责人．1957 年，他离开了海军实验室成为了海军舰艇研发中心的高级研究员．1976 年，在借调美国国家标准局工作一年后退休．1977 年，他加入马里兰大学数学系一直到 1996 年.

尚克斯于 1954 年在马里兰大学获得博士学位，尽管在 1949 他就完成并提交了博士论文，但他不得不完成所有的课程要求以获得学位.

1959 年到 1996 年尚克斯一直担任《计算杂志》(*Journal of Computation*)的编辑. 他发表过 80 多篇数值分析和数论方面的论文. 他的论文经常展示他的研究工作实验性的一面，这也许反映了他最初的物理学生涯. 尚克斯值得一提的成就是他与 John Wrench 的合作，即在 1962 年第一次将 π 算到第 100 000 位. 他还因 1962 年出版的《数论中已解决和未解决的问题》(*Solved and Unsolved Problems in Number Theory*)一书而备受钦佩. 该书共有三版，被休·威廉姆斯描述为非传统的、挑战性的和令人着迷的.

尚克斯认为，在某个推测被称为猜想之前，应该有大量证据证明该推测是正确的. 在这些证据之前，这只能被称为一个悬而未决的问题. 在他的书的第三版中他专门写过一篇文章，提到对未解决问题的过早猜想引起的错误工作. 在讨论奇完全数是否存在时，即使在小于 10^{50} 的奇数中都没有发现奇完全数，他写道："10^{50} 离无穷还差得远."

尚克斯还因他的幽默感和以娱乐的方式讲述长篇故事的能力而被人们铭记.

接下来，我们对 $j=0, 1, \cdots, m-1$ 计算 ar^{-jm} 直到我们找到对于某个整数 $i(0\leqslant i\leqslant m-1)$与 $r^i \pmod p$匹配的结果. 如果对于整数 j 和 i，$0\leqslant i\leqslant m-1$，$0\leqslant j\leqslant m-2$，有 $ar^{-jm}=r^i$，则有 $r^{jm+i}=a$. 这意味着对于某对小于 m 的非负整数对(i, j)有 $\text{ind}_r\, a=jm+i$. 这是因为 $0\leqslant \text{ind}_r\, a\leqslant p-1$ 且 $p\leqslant m^2$. 在这个过程中，找到整数 j 被称为大步，找到整数 i 被称为小步. (注意，尚克斯以"Mother May I"这款儿童游戏来命名该算法. 在这个游戏里，每个回合中玩家都被要求取指定量的大步或小步.)

我们现在总结小步-大步算法用于计算 a 对模 p 以 r 为底的离散对数，其中 p 是素数，r 是 p 的原根.

步骤 1：找到 $m=\lfloor\sqrt{p-1}\rfloor$.

步骤 2：对 $0\leqslant i\leqslant m-1$ 计算 $r^i \bmod p$，并将它们按大小顺序放在表中.

步骤 3：对于每个 j，$0\leqslant j\leqslant m-1$，计算 ar^{-mj}，然后对 $0\leqslant i\leqslant m-1$ 中的 i 匹配 r^i. 如果未找到相等的项，则对下一个 j 重复此步骤.

当在步骤 3 中找到匹配时，对相应的 i 和 j，我们得 $\text{ind}_r\, a=i+mj$.

例 10.22 使用小步-大步算法计算 37 对模 101 以 3 为底的离散对数. 我们有 $m=\lfloor\sqrt{101-1}\rfloor=\sqrt{100}=10$. 接下来，对于 $0\leqslant j\leqslant 9$，计算 $3^j \bmod 101$. 我们有 $3^1\equiv 3 \bmod 101$，$3^2\equiv 9 \bmod 101$，$3^3\equiv 27 \bmod 101$，$3^4\equiv 81 \bmod 101$，$3^5\equiv 41 \bmod 101$，$3^6\equiv 22 \bmod 101$，$3^7\equiv 66 \bmod 101$，$3^8\equiv 97 \bmod 101$ 和 $3^9\equiv 89 \bmod 101$.

我们现在对 $j=0, 1, 2, \cdots, m$ 逐一计算 $37\cdot 3^{-10j} \bmod 101$ 直到其与某个 $3^i \bmod 101$ $(0\leqslant i\leqslant 9)$的值相等. $37\cdot 3^{-10\cdot 0} \bmod 101=37$ 和 $37\cdot 3^{-10\cdot 1} \bmod 101=37\cdot 14 \bmod 101=13$ 与 $3^j \bmod 101(0\leqslant j\leqslant 9)$的值均不匹配，但 $37\cdot 3^{-10\cdot 2} \bmod 101=37\cdot 95 \bmod 101=81$ 与 $3^4=81 \bmod 101$ 相匹配，故有 $\text{ind}_3\, 37=4+10\cdot 2=24$. ◀

使用小步-大步算法计算 a 对模 p 以 r 为底的离散对数需要 $O(\sqrt{p}\log p)$次运算. 相比用直接法需要 $O(p)$次运算，这是一个进步.

10.4.2 幂剩余

指数对研究具有$x^k\equiv a(\bmod m)$形式的同余式是非常有用的，其中m是一个有原根的正整数且满足$(a, m)=1$. 在研究这样的同余式之前，先给出一个定义.

定义 如果m和k都是正整数且a是一个与m互素的整数，若同余方程$x^k\equiv a(\bmod m)$有解，则称a是m的**k次幂剩余**.

当m是一个有原根的正整数时，下面的定理对一个与m互素的整数a是m的k次幂剩余的问题给出了一个很好的判别法.

定理 10.18 假设m是一个有原根的正整数. 若k是一个正整数且a是一个与m互素的整数，那么同余方程$x^k\equiv a(\bmod m)$有解当且仅当

$$a^{\phi(m)/d}\equiv 1(\bmod m),$$

其中$d=(k, \phi(m))$. 进一步，若$x^k\equiv a(\bmod m)$有解，那么它恰有d个模m不同余的解.

证明 假设r是模m的一个原根，则同余式

$$x^k\equiv a(\bmod m)$$

成立当且仅当该同余式两边对以r为底的指数模$\phi(m)$同余，即

$$k\cdot \operatorname{ind}_r x\equiv \operatorname{ind}_r a(\bmod \phi(m)). \tag{10.4}$$

现在令$d=(k, \phi(m))$以及$y=\operatorname{ind}_r x$，则有$x\equiv r^y(\bmod \phi(m))$. 由定理5.12可知，若$d\nmid \operatorname{ind}_r a$，则线性同余方程

$$ky\equiv \operatorname{ind}_r a(\bmod \phi(m)) \tag{10.5}$$

无解，因此，没有整数x满足式(10.4). 若$d\mid \operatorname{ind}_r a$，则恰存在$d$个不同余于模$\phi(m)$的整数$y$使得式(10.5)成立. 因此恰存在$d$个不同余于模$\phi(m)$的整数$x$使得式(10.4)成立. 因为$d\mid \operatorname{ind}_r a$当且仅当

$$(\phi(m)/d)\operatorname{ind}_r a\equiv 0(\bmod \phi(m)),$$

且上式成立当且仅当

$$a^{\phi(m)/d}\equiv 1(\bmod m),$$

于是定理得证. ■

定理10.18表明，如果p为素数，k是正整数且a是一个与p互素的整数，那么a是p的k次幂剩余当且仅当

$$a^{(p-1)/d}\equiv 1(\bmod p),$$

其中$d=(k, p-1)$. 下面用一个例子来说明这一点.

例 10.23 要确定5是否为17的6次幂剩余，也就是说同余式

$$x^6\equiv 5(\bmod 17)$$

是否有解，确定

$$5^{16/(6,16)}=5^8\equiv -1(\bmod 17),$$

因此5不是17的6次幂剩余. ◀

模比100小的每个素数的最小原根所对应的指数在附录E的表E.4中给出.

定理7.10的证明 定理7.10的证明虽然有点长和复杂，但所需要的结论都是已经证

明了的. 我们给出这个证明是让读者知道即使初等的证明有时也是很难实现和不易理解的. 当你阅读这个证明的时候，请仔细地理解每一步并检验每一种独立的情况. 为方便起见，重述定理7.10如下.

定理7.10　如果n是一个奇正合数，那么n通过米勒检验的基b的个数最多是$(n-1)/4$，其中$1\leqslant b<n-1$.

定理的证明过程中需要用到下面的引理.

引理10.2　设p为奇素数且e和q是正整数. 那么同余方程$x^q\equiv 1(\bmod p^e)$的不同余的解的个数是$(q, p^{e-1}(p-1))$.

证明　设r是p^e的一个原根. 通过取关于r的指数，可知$x^q\equiv 1(\bmod p^e)$当且仅当$qy\equiv 0(\bmod \phi(p^e))$，其中$y=\mathrm{ind}_r x$. 利用定理5.12可知$qy\equiv 0(\bmod \phi(p^e))$恰有$(q, \phi(p^e))$个不同余的解. 因此同余方程$x^q\equiv 1(\bmod p^e)$共有$(q, \phi(p^e))=(q, p^{e-1}(p-1))$个不同余的解. ■

现在证明定理7.10.

证明　设$n-1=2^s t$，其中s是正整数且t是一个奇正整数. 定理7.10中的n对基b是一个强伪素数，则有

$$b^t\equiv 1(\bmod n)$$

或者

$$b^{2^j t}\equiv -1(\bmod n)$$

对某个整数$j(0\leqslant j\leqslant s-1)$成立. 对这两种情况，都有

$$b^{n-1}\equiv 1(\bmod n).$$

设n的素幂因子分解为$n=p_1^{e_1}p_2^{e_2}\cdot p_r^{e_r}$. 由引理10.2知同余方程$x^{n-1}\equiv 1(\bmod p_j^{e_j})$，$j=1, 2, \cdots, r$，共有$(n-1, p_j^{e_j}(p_j-1))=(n-1, p_j-1)$个不同余的解. 因此由中国剩余定理可知同余方程$x^{n-1}\equiv 1(\bmod n)$共有$\prod_{j=1}^{r}(n-1, p_j-1)$个不同余的解.

下面考虑两种情况.

情形(i)：首先考虑n的素幂因子分解中包含有素数的幂$p_k^{e_k}$(其中$e_k\geqslant 2$)的情形. 因为

$$(p_k-1)/p_k^{e_k}=(1/p_k^{e_k-1})-(1/p_k^{e_k})\leqslant 2/9$$

(最大可能的值在$p_j=3$和$e_j=2$时出现)，于是有

$$\begin{aligned}\prod_{j=1}^{r}(n-1, p_j-1)&\leqslant\prod_{j=1}^{r}(p_j-1)\\&\leqslant\left(\prod_{\substack{j=1\\ j\neq k}}^{r}p_j\right)\left(\frac{2}{9}p_k^{e_k}\right)\\&\leqslant\frac{2}{9}n.\end{aligned}$$

由于当$n\geqslant 9$时有$\frac{2}{9}n\leqslant\frac{1}{4}(n-1)$，于是得

$$\prod_{j=1}^{r}(n-1,\ p_j-1)\leqslant(n-1)/4.$$

因此，当 n 是对基 b 的一个强伪素数且 $1\leqslant b\leqslant n$ 时，最多有 $(n-1)/4$ 个整数 b.

情形(ii)：现在考虑 $n=p_1p_2\cdots p_r$ 的情形，其中 p_1，p_2，…，p_r 是不同的奇素数. 令

$$p_i-1=2^{s_i}t_i,\quad i=1,\ 2,\ \cdots,\ r,$$

其中 s_i 是正整数且 t_i 是正奇数. 重新排列素数 p_1，p_2，…，p_r(如有必要)使得 $s_1\leqslant s_2\leqslant\cdots\leqslant s_r$. 记

$$(n-1,\ p_i-1)=2^{\min(s,\ s_i)}(t,\ t_i).$$

同余方程 $x^t\equiv 1(\bmod p_i)$ 不同余的解的个数为 $T_i=(t,\ t_i)$. 由本节末的习题 30 可知，当 $0\leqslant j\leqslant s_i-1$ 时，同余方程 $x^{2^jt}\equiv -1(\bmod p_i)$ 共有 2^jT_i 个不同余的解，其他情况下无解. 因此，利用中国剩余定理，同余方程 $x^t\equiv 1(\bmod n)$ 共有 $T_1T_2\cdots T_r$ 个不同余的解，且同余方程 $x^{2^jt}\equiv -1(\bmod n)$ 当 $0\leqslant j\leqslant s_1-1$ 时共有 $2^{jr}T_1T_2\cdots T_r$ 个不同余的解. 因此共有

$$T_1T_2\cdots T_r\left(1+\sum_{j=0}^{s_1-1}2^{jr}\right)=T_1T_2\cdots T_r\left(1+\frac{2^{rs_1}-1}{2^r-1}\right)$$

个整数 b 且 $1\leqslant b\leqslant n-1$，对这个基 b，n 是一个强伪素数.

现在有

$$\phi(n)=(p_1-1)(p_2-1)\cdots(p_r-1)=t_1t_2\cdots t_r2^{s_1+s_2+\cdots+s_r}.$$

下面将证明

$$T_1T_2\cdots T_r\left(1+\frac{2^{rs_1}-1}{2^r-1}\right)\leqslant\phi(n)/4,$$

这就是所要的结果. 因为 $T_1T_2\cdots T_r\leqslant t_1t_2\cdots t_r$，故只要证明下式即可：

$$\left(1+\frac{2^{rs_j}-1}{2^r-1}\right)/2^{s_1+s_2+\cdots+s_r}\leqslant\frac{1}{4}.\tag{10.6}$$

因为 $s_1\leqslant\cdots\leqslant s_r$，故有

$$\begin{aligned}\left(1+\frac{2^{rs_j}-1}{2^r-1}\right)/2^{s_1+s_2+\cdots+s_r}&\leqslant\left(1+\frac{2^{rs_j}-1}{2^r-1}\right)/2^{rs_1}\\&=\frac{1}{2^{rs_1}}+\frac{2^{rs_1}-1}{2^{rs_1}(2^r-1)}\\&=\frac{1}{2^{rs_1}}+\frac{1}{2^r-1}-\frac{1}{2^{rs_1}(2^r-1)}\\&=\frac{1}{2^r-1}+\frac{2^r-2}{2^{rs_1}(2^r-1)}\\&\leqslant\frac{1}{2^{r-1}}.\end{aligned}$$

从这个不等式可知，式(10.6)当 $r\geqslant 3$ 时是成立的.

当 $r=2$ 时，有 $n=p_1p_2$ 且满足 $p_1-1=2^{s_1}t_1$ 和 $p_2-1=2^{s_2}t_2$，并有 $s_1\leqslant s_2$. 当 $s_1<s_2$ 时，式(10.6)同样是成立的，这是因为

$$\begin{aligned}\left(1+\frac{2^{2s_1}-1}{3}\right)/2^{s_1+s_2} &=\left(1+\frac{2^{2s_1}-1}{3}\right)/(2^{2s_1}\cdot 2^{s_2-s_1}) \\ &=\left(\frac{1}{3}+\frac{1}{3\cdot 2^{2s_1-1}}\right)/2^{s_2-s_1} \\ &\leqslant \frac{1}{4}.\end{aligned}$$

当 $s_1=s_2$ 时，有$(n-1,\ p_1-1)=2^sT_1$ 和$(n-1,\ p_2-1)=2^sT_2$. 假设 $p_1>p_2$ 则有 $T_1\neq t_1$，否则若 $T_1=t_1$，那么$(p_1-1)\mid(n-1)$，于是

$$n=p_1p_2\equiv p_2\equiv 1(\bmod\ p_1-1),$$

这就是说有 $p_2>p_1$，矛盾. 因为 $T_1\neq t_1$，故 $T_1\leqslant t_1/3$. 类似地，若 $p_1<p_2$，则有 $T_2\neq t_2$，故 $T_2\leqslant t_2/3$. 因此 $T_1T_2\leqslant t_1t_2/3$，又由于$\left(1+\frac{2^{2s_1}-1}{3}\right)/2^{2s_1}\leqslant\frac{1}{2}$，故得

$$T_1T_2\left(1+\frac{2^{2s_1}-1}{3}\right)\leqslant t_1t_2 2^{2s_1}/6=\phi(n)/6,$$

既然有 $\phi(n)/6\leqslant(n-1)/6<(n-1)/4$，这就证明了定理的最后一种情况. ■

通过分析定理 7.10 的证明过程中的不等式，得知对随机选定的基 $b(1\leqslant b\leqslant n-1)$，$n$ 是一个强伪素数的概率大约是 1/4，其中整数 n 的素因子分解形如 $n=p_1p_2$，$p_1=1+2q_1$ 且 $p_2=1+4q_2$，这里 q_1 和 q_2 为奇素数；或者 n 的素因子分解形如 $n=p_1p_2p_3$，这里 $p_1=1+2q_1$，$p_2=1+2q_2$，$p_3=1+2q_3$，q_1，q_2 和 q_3 是奇素数(参见习题 31).

10.4 节习题

1. 写出模 23 的关于原根 5 的指数表.
2. 解下列同余方程.
   a) $3x^5\equiv 1(\bmod\ 23)$　　b) $3x^{14}\equiv 2(\bmod\ 23)$
3. 解下列同余方程.
   a) $4x^5\equiv 7(\bmod\ 19)$　　b) $11x^9\equiv 1(\bmod\ 19)$
4. 解下列同余方程.
   a) $12^x\equiv 5(\bmod\ 17)$　　b) $13^x\equiv 2(\bmod\ 17)$
5. 解下列同余方程.
   a) $3^x\equiv 2(\bmod\ 23)$　　b) $13^x\equiv 5(\bmod\ 23)$
6. 哪个正整数 a 使得同余方程 $ax^4\equiv 2(\bmod\ 13)$有解？
7. 哪个正整数 b 使得同余方程 $8x^7\equiv b(\bmod\ 29)$有解？
8. 利用模 13 的以 2 为底的指数表，解同余方程 $2^x\equiv x(\bmod\ 13)$.
9. 解同余方程 $x^x\equiv x(\bmod\ 23)$.
10. 证明：如果 p 是一个以 r 为原根的奇素数，那么 $\mathrm{ind}_r(p-1)=(p-1)/2$.
11. 假设 p 是一个奇素数. 证明同余方程 $x^4\equiv -1(\bmod\ p)$有解当且仅当 p 形如 $8k+1$.
12. 证明有无限多个素数形如 $8k+1$.（提示：假设 p_1，p_2，…，p_n 是仅有的具有这种形式的素数. 令

$Q=(2p_1, p_2\cdots p_n)^k+1$. 证明 Q 一定有一个不同于 $p_1, p_2, \cdots, p_n$ 的奇素因子，且由习题 11，这个素数又有 $8k+1$ 的形式，由此得出矛盾.）

13. a) 设 p 为素数，a 为整数，$1\leqslant a\leqslant p$，证明用直接法计算 a 对模 p 以 r 为底的离散对数需要 $O(p)$ 次运算.

    b) 设 p 为素数，a 为整数，$1\leqslant a\leqslant p$，计算 a 对模 p 以 r 为底的离散对数平均需要多少次运算？

14. 设 p 为素数，r 为模 p 的一个原根. a 为整数，$1\leqslant a\leqslant p$，证明用小步-大步算法计算 a 对模 p 以 r 为底的离散对数需要 $O(\sqrt{p}\log p)$ 次运算.

15. 用直接法计算下列离散对数.

    a) $\operatorname{ind}_{19}43 \pmod{191}$　　b) $\operatorname{ind}_{10}247 \pmod{313}$

    c) $\operatorname{ind}_{17}519 \pmod{911}$　　d) $\operatorname{ind}_{21}48 \pmod{409}$

16. 用直接法计算下列离散对数.

    a) $\operatorname{ind}_{17}260 \pmod{311}$　　b) $\operatorname{ind}_{13}313 \pmod{479}$

    c) $\operatorname{ind}_{2}630 \pmod{709}$　　d) $\operatorname{ind}_{5}403 \pmod{727}$

17. 用小步-大步算法计算下列离散对数.

    a) $\operatorname{ind}_{10}2 \pmod{19}$　　b) $\operatorname{ind}_{3}2 \pmod{29}$　　c) $\operatorname{ind}_{7}15 \pmod{131}$

18. 用小步-大步算法计算下列离散对数.

    a) $\operatorname{ind}_{5}20 \pmod{53}$　　b) $\operatorname{ind}_{3}37 \pmod{101}$　　c) $\operatorname{ind}_{11}50 \pmod{997}$

由 10.3 节习题 19 得知，如果 a 是一个正奇数，那么存在唯一的整数 α 和 β 满足 $\alpha=0$ 或 1 以及 $0\leqslant\beta\leqslant 2^{k-2}-1$，使得 $a\equiv(-1)^{\alpha}5^{\beta} \pmod{2^k}$ 成立. 定义模 2^k 的指数系为数对 (α, β).

19. 确定 7 和 9 模 16 的指数系.

20. 同定理 10.17 中指数的运算规则一样，制定模 2^k 的指数系的积和幂的运算规则.

21. 利用模 32 的指数系来解同余方程 $7x^9\equiv 11 \pmod{32}$ 和 $3^x\equiv 17 \pmod{32}$.

设 n 的素幂因子分解为 $n=2^{t_0}p_1^{t_1}p_2^{t_2}\cdots p_m^{t_m}$. 设 a 是一个与 n 互素的整数，令 $r_1, r_2, \cdots, r_m$ 分别为 $p_1^{t_1}, p_2^{t_2}, \cdots, p_m^{t_m}$ 的原根，且令 $\gamma_1=\operatorname{ind}_{r_1}a\ (\bmod\ \phi(p_1^{t_1}))$，$\gamma_2=\operatorname{ind}_{r_2}a\ (\bmod\ \phi(p_2^{t_2}))$，$\cdots$，$\gamma_m=\operatorname{ind}_{r_m}a\ (\bmod\ \phi(p_m^{t_m}))$. 若 $t_0\leqslant 2$，令 r_0 为 2^{t_0} 的一个原根且 $\gamma_0=\operatorname{ind}_{r_0}a\ (\bmod\ \phi(2^{t_0}))$. 若 $t_0\geqslant 3$，令 (α, β) 为模 2^k 的指数系且使得 $a\equiv(-1)^{\alpha}5^{\beta} \pmod{2^k}$ 成立. 定义模 n 的指数系：当 $t_0\leqslant 2$ 时为 $(\gamma_0, \gamma_1, \gamma_2, \cdots, \gamma_m)$，当 $t_0\geqslant 3$ 时为 $(\alpha, \beta, \gamma_0, \gamma_1, \gamma_2, \cdots\gamma_m)$.

22. 证明：如果 n 是一个正整数，那么每个整数对模 n 都有唯一的一个指数系.

23. 确定 17 和 41(mod 120)的指数系（在计算过程中，利用 2 作为 120 的素因子 5 的一个原根）.

24. 同指数的运算规则一样，制定模 n 的指数系的积和幂的运算规则.

25. 利用模 60 的指数系来解同余方程 $11x^7\equiv 43 \pmod{60}$.

26. 设 p 是一个素数且 $p>3$. 证明：如果 $p\equiv 2 \pmod 3$，那么每个不被 3 整除的整数是 p 的三次剩余；如果 $p\equiv 1 \pmod 3$，则整数 a 是 p 的三次剩余当且仅当 $a^{(p-1)/3}\equiv 1 \pmod p$.

27. 设 e 是一个正整数且 $e\geqslant 2$. 证明：如果 k 是一个正奇数，那么每个奇数 a 都是 2^e 的 k 次幂剩余.

* 28. 设 e 是一个正整数且 $e\geqslant 2$. 证明：如果 k 是一个偶数，那么整数 a 是 2^e 的 k 次幂剩余当且仅当 $a\equiv 1 \pmod{(4k, 2^e)}$.

* 29. 设 e 是一个正整数且 $e\geqslant 2$. 证明：如果 k 为正整数，则 2^e 的 k 次不同余的幂剩余的个数是

$$\frac{2^{e-1}}{(k, 2)(k, 2^{e-2})}.$$

☞ 30. 设 p 为奇素数，$N=2^j u$ 是一个正整数，其中 j 为非负整数且 u 是正奇数，令 $p-1=2^s t$，其中 s 和 t 均为正整数且 t 是奇数. 证明：同余方程 $x^N\equiv -1 \pmod p$ 当 $0\leqslant j\leqslant s-1$ 时共有 $2^j(t, u)$ 个不同余

的解，在其他情况下无解.

* 31. a) 证明：对随机选定的基 b 且 $1\leqslant b\leqslant n-1$，$n$ 是一个强伪素数的概率大约是 1/4 仅当 n 的素因子分解有形式 $n=p_1p_2$，其中 $p_1=1+2q_1$，$p_2=1+4q_2$ 且 q_1 和 q_2 为奇素数；或者 n 的素因子分解形如 $n=p_1p_2p_3$，其中 $p_1=1+2q_1$，$p_2=1+2q_2$，$p_3=1+2q_3$，且 q_1，q_2 和 q_3 是不同的奇素数.

b) 求 $n=49\,939.998\,77$ 对随机选定的基 b 且 $1\leqslant b\leqslant n-1$ 是一个强伪素数的概率是多少？

计算和研究

1. 求整数 n，使得对随机选取的基 b，$1\leqslant b\leqslant n-1$，$n$ 为强伪素数的概率接近 1/4.

程序设计

1. 构建一个模一个整数的某一原根的指数表.
2. 用指数来解具有 $ax^b\equiv c(\bmod m)$形式的同余方程，其中 a，b，c 和 m 都是整数且 $c>0$，$m>0$，并且 m 有原根.
3. 若 m 和 k 都是正整数且 m 有原根，找出 m 的 k 次幂剩余.
4. 求模 2 的幂的指数系(参见习题 19 前的导言).
5. 求模任意正整数的指数系(参见习题 22 前的导言).

10.5 用整数的阶和原根进行素性检验

在第 7 章中我们知道费马小定理的逆是错误的. 费马小定理表明，如果 p 是一个素数且 a 是一个满足$(a, p)=1$ 的整数，就有 $a^{p-1}\equiv 1(\bmod p)$. 但若 a 是一个正整数，即使有 $a^{n-1}\equiv 1(\bmod n)$，n 仍有可能是一个合数. 虽然费马小定理的逆是错误的，但是我们仍然要问是否能建立它的部分逆命题？也就是说，能否对它的逆加上某些假设条件而使它是正确的？

这一节将会用本章中的概念来证明费马小定理的某些部分逆命题. 首先从大家所熟知的费马小定理的卢卡斯逆命题开始. 这个结果是由法国数学家爱德华·卢卡斯(Edouard Lucas)于 1876 年证明的.

定理 10.19(费马小定理的卢卡斯逆命题) 设 n 是一个正整数. 如果整数 x 满足

$$x^{n-1}\equiv 1(\bmod n)$$

和

$$x^{(n-1)/q}\not\equiv 1(\bmod n),$$

其中 q 是 $n-1$ 的任一素因子，那么 n 是一个素数.

证明 由于 $x^{n-1}\equiv 1(\bmod n)$，故由定理 10.1 知 $\mathrm{ord}_n x\mid(n-1)$. 我们要证明 $\mathrm{ord}_n x=n-1$. 假设 $\mathrm{ord}_n x\neq n-1$. 因为 $\mathrm{ord}_n x\mid(n-1)$，故存在一个整数 k 满足 $n-1=k\cdot\mathrm{ord}_n x$，且由于 $\mathrm{ord}_n x\neq n-1$，故 $k>1$. 设 q 为 k 的一个素因子，于是有

$$x^{(n-1)/q}=x^{(k\cdot\mathrm{ord}_n x)/q)}=(x^{\mathrm{ord}_n x})^{(k/q)}\equiv 1(\bmod n).$$

然而这与定理的假设矛盾，因此有 $\mathrm{ord}_n x=n-1$. 从 $\mathrm{ord}_n x\leqslant\phi(n)$和 $\phi(n)\leqslant n-1$ 得出 $\phi(n)=n-1$. 由定理 8.2 可知 n 一定是一个素数. ■

定理 10.19 等价于：如果一个整数对模 n 的次数是 $n-1$，那么 n 一定是一个素数. 下面用例子来说明定理 10.19 的应用.

例 10.24 设 $n=1\,009$. 则有 $11^{1\,008}\equiv 1(\bmod 1\,009)$. 1 008 的素因子是 2，3 和 7. 计算得 $11^{1\,008/2}=11^{504}\equiv -1(\bmod 1\,009)$，$11^{1\,008/3}=11^{336}\equiv 374(\bmod 1\,009)$，$11^{1\,008/7}=$

$11^{144}\equiv 935 \pmod{1\,009}$. 因此由定理 10.19 知，1 009 是一个素数. ◀

下面关于定理 10.19 的推论给出了一个更有效的素性检验的方法.

推论 10.19.1　设 n 是一个正奇数. 如果正整数 x 满足

$$x^{(n-1)/2}\equiv -1 \pmod n$$

和

$$x^{(n-1)/q}\not\equiv 1 \pmod n,$$

其中 q 是 $n-1$ 的任一奇素因子，那么 n 是一个素数.

证明　由于 $x^{(n-1)/2}\equiv -1 \pmod n$，故

$$x^{n-1}=(x^{(n-1)/2})^2\equiv (-1)^2\equiv 1 \pmod n.$$

此时定理 10.19 的假设条件均满足，故 n 是一个素数. ■

例 10.25　设 $n=2\,003$. $n-1=2\,002$ 的奇素因子是 7，11 和 13. 由于 $5^{2\,002/2}=5^{1\,001}\equiv -1 \pmod{2\,003}$，$5^{2\,002/7}=5^{286}\equiv 874 \pmod{2\,003}$，$5^{2\,002/11}=5^{183}\equiv 886 \pmod{2\,003}$ 和 $5^{2\,002/13}=5^{154}\equiv 633 \pmod{2\,003}$，由推论 10.19.1 知 2 003 是一个素数. ◀

要确定一个整数 n 是否为素数，可以用定理 10.19 或推论 10.19.1，但前提是要知道 $n-1$ 的素因子分解. 正如前面所知，寻找整数的素因子分解是一个极耗时间的过程. 仅仅当我们知道 $n-1$ 的因子分解的一些前提信息时，素性检验才会变得实用. 事实上，有了这些信息，检验才是有用的. 而费马数就具备这些前提条件. 第 12 章将会基于本节思想对费马数进行素性检验.

第 3 章曾经讨论过一个最近发现的算法，它能在多项式时间内(以素数的位计数)证明一个整数 n 是素数. 现在可以利用推论 10.19.1 证明一个稍弱的结论，即它在知道一些特殊信息的情况下也能在多项式时间内证明一个整数是素数.

定理 10.20　设 n 是一个素数，则在知道足够多信息的条件下，可经过 $O((\log_2 n)^4)$ 次位运算证明 n 的素性.

证明　用第二数学归纳原理. 归纳假设是对 $f(n)$ 的估计，其中 $f(n)$ 表示验证整数 n 是素数所需要的乘法和模指数运算的数目.

下面要证明

$$f(n)\leqslant 3(\log n/\log 2)-2.$$

首先，有 $f(2)=1$. 假设对所有的素数 q，$q<n$，不等式

$$f(q)\leqslant 3(\log n/\log 2)-2$$

成立.

用推论 10.19.1 来证 n 是一个素数. 假设数 2^a，q_1，…，q_t 和 x 满足

(i) $n-1=2^a q_1 q_2\cdots q_t$，

(ii) q_i 是素数，$i=1, 2, \cdots, t$，

(iii) $x^{(n-1)/2}\equiv -1 \pmod n$，

(iv) $x^{(n-1)/q_j}\equiv 1 \pmod n$，$j=1, 2, \cdots, t$.

我们需要做 t 次乘法来检验(i)，$t+1$ 次模指数运算来检验(iii)和(iv)，并用 $f(q_i)$ 次乘法和模指数运算来检验(ii)，这里 q_i 是素数且 $i=1, 2, \cdots, t$. 因此有

$$
\begin{aligned}
f(n) &= t + (t+1) + \sum_{i=1}^{t} f(q_i) \\
&\leqslant 2t + 1 + \sum_{i=1}^{t} ((3\log q_i / \log 2) - 2).
\end{aligned}
$$

每个乘法需要 $O((\log_2 n)^2)$ 次位运算，且每次模指数运算需要 $O((\log_2 n)^3)$ 次位运算. 因为乘法和模指数运算的总次数是 $f(n)=O(\log_2 n)$，因此所需要的位运算的次数为 $O((\log_2 n)\times(\log_2 n)^3)=O((\log_2 n)^4)$. ■

另一个关于费马小定理的有限定条件的逆命题是由亨利·波克林顿(Henry Pocklington)于 1914 年建立的. 他证明 n 的素性可由 $n-1$ 的部分因子分解得到. 通常记 $n-1=FR$，其中 F 表示 $n-1$ 的分解为素数的部分，R 表示剩下的不分解成素数的部分.

定理 10.21(波克林顿素性检验法) 假设 n 是一个正整数且 $n-1=FR$，其中 $(F, R)=1$ 并有 $F>R$. 若存在一个整数 a 满足 $(a^{(n-1)/q}-1, n)=1$，那么 n 是一个素数，这里 q 是一个满足 $q\mid F$ 的素数，且有 $a^{n-1}\equiv 1(\bmod n)$.

证明 假设 p 是 n 的一个素因子且 $p\leqslant\sqrt{n}$. 因为 $a^{n-1}\equiv 1(\bmod n)$(其中 a 是满足假设条件的整数)，则如果 $p\mid n$，就有 $a^{n-1}\equiv 1(\bmod p)$. 于是有 $\operatorname{ord}_p a\mid(n-1)$. 因此存在一个整数 t 满足 $n-1=t\cdot\operatorname{ord}_p a$.

现在假设 q 是一个满足 $q\mid F$ 的素数且 q^e 是素因子 q 在 F 的素因子分解中的幂. 我们要证明 $q\nmid t$. 为此，若 $q\mid t$，则

$$
a^{(n-1)/q} = a^{\operatorname{ord}_p a\cdot(t/q)} \equiv 1(\bmod p).
$$

由于 $p\mid a^{(n-1)/q}-1$ 和 $p\mid n$，故得 $p\mid(a^{(n-1)/q}-1, n)$. 这与假设 $(a^{(n-1)/q}-1, n)=1$ 矛盾. 因此 $q\nmid t$. 故 $q^e\mid\operatorname{ord}_p a$. 由于 F 的素幂因子分解中每个整除 F 的素因子的幂整除 $\operatorname{ord}_p a$，于是 $F\mid\operatorname{ord}_p a$. 又由于 $\operatorname{ord}_p a\mid(p-1)$，因此 $F\mid(p-1)$，从而 $F<p$.

由于 $F>R$ 和 $n-1=FR$，从而有 $n-1<F^2$. 而 $n-1$ 和 F^2 都是整数，故 $n\leqslant F^2$，从而 $p>F\geqslant\sqrt{n}$. 因此得知 n 是一个素数. ■

下面的例子是对波克林顿素性检验法的应用，其中只用了 $n-1$ 的部分因子分解来证明 n 是一个素数.

例 10.26 用波克林顿素性检验法来证明 23 801 是一个素数. 对 $n=23\,801$，$n-1$ 的部分因子分解为 $n-1=23\,800=FR$，其中 $F=200=2^3 5^2$ 且 $R=119$，因此有 $F>R$. 取 $a=3$ 得到(在计算软件的帮助下)：

$$
\begin{aligned}
3^{23\,800} &\equiv 1(\bmod 23\,801) \\
3^{23\,800/2} &\equiv -1(\bmod 23\,801) \\
3^{23\,800/5} &\equiv 19\,672(\bmod 23\,801).
\end{aligned}
$$

由此得到(利用欧几里得算法) $(3^{23\,800/2}-1, 23\,801)=(-2, 23\,801)=1$ 和 $(3^{23\,800/5}-1, 23\,801)=(19\,671, 23\,801)=1$. 这就证明了 23 801 是一个素数，尽管没有用到 $n-1=23\,800$ 的完全素因子分解(即 $23\,801=2^3\cdot 5^2\cdot 7\cdot 17$). ◀

可以用波克林顿素性检验法来证明另一个检验法，该检验法对具有特殊形式的整数的素性检验是非常有用的. 这个检验法(实际上早于波克林顿素性检验法)是庞特于 1878 年首

先证明的.

定理 10.22(庞特素性检验法)　设 n 是形如 $n=k2^m+1$ 的正整数，其中 k 是奇数且 m 为整数满足 $k<2^m$. 如果存在一个整数 a 满足

$$a^{(n-1)/2}\equiv -1(\bmod n),$$

那么 n 是一个素数.

证明　令 $s=2^m$ 且 $t=k$，则由假设条件得 $s>t$. 如果

$$a^{(n-1)/2}\equiv -1(\bmod n), \tag{10.7}$$

则可以很容易地证明$(a^{(n-1)/2}-1, n)=1$. 这是因为由式(10.7)，若 $d\mid(a^{(n-1)/2}-1)$且 $d\mid n$，则 $d\mid(a^{(n-1)/2}+1)$. 从而 d 整除$(a^{(n-1)/2}-1)+(a^{(n-1)/2}+1)=2$. 但 n 是奇数，于是只能有 $d=1$. 因此，波克林顿素性检验法的假设条件都满足，从而 n 是一个素数. ∎

例 10.27 用庞特素性检验法来证明 $n=13\cdot 2^8+1=3\,329$ 是一个素数.

首先有 $13<2^8=256$，取 $a=3$，经计算得(借助于计算软件)：

$$3^{(n-1)/2}=3^{3\,328/2}=3^{1\,664}\equiv -1(\bmod 3\,329).$$

于是由庞特素性检验法可知 3 329 是一个素数. ◀

庞特素性检验法被广泛用来检验具有 $k2^m+1$ 形式的大整数的素性. 这种素数称为是庞特素数. 直至 2022 年中，十大素数中有一个就是用庞特检验法得到的，其余的都是梅森素数. 很长一段时间以来，人们所知道的最大的素数不是梅森素数，而是具有 $k2^m+1$ 形式的素数. 读者可以从 Prime Pages 及 Prime Grid 这两个网站上学习更多的关于庞特素数的知识，并且下载基于 PC 技术的相关软件来运行庞特素性检验法，亲自寻找具有 $k2^m+1$ 形式的新素数. 如果你找到了这样一个素数，你可能会变得小有名气，但是如果你找到了一个新的梅森素数，则你可能马上声名鹊起.

10.5 节习题

1. 用费马小定理的卢卡斯逆命题证明 101 是一个素数，取 $x=2$.
2. 用费马小定理的卢卡斯逆命题证明 211 是一个素数，取 $x=2$.
3. 用推论 10.19.1 证明 233 是一个素数，取 $x=3$.
4. 用推论 10.19.1 证明 257 是一个素数，取 $x=3$.
5. 证明：如果存在一个整数 x 满足

$$x^{2^{2^n}}\equiv 1(\bmod F_n)$$

和

$$x^{2^{(2^n-1)}}\not\equiv 1(\bmod F_n),$$

那么费马数 $F_n=2^{2^n}+1$ 是一个素数.

6. 用波克林顿素性检验法来证明 7 057 是一个素数.(提示：在 $7\,057-1=7\,056=FR$ 的分解中取 $F=2^4\cdot 3^2=144$ 和 $R=49$.)
7. 用波克林顿素性检验法来证明 9 929 是一个素数.(提示：在 $9\,929-1=9\,928=FR$ 的分解中取 $F=136=2^3\cdot 17$ 和 $R=73$.)
8. 用庞特素性检验法来证明 449 是一个素数.
9. 用庞特素性检验法来证明 3 329 是一个素数.

*10. 证明：如果 $n-1=FR$，其中$(F, R)=1$. B 是一个整数满足 $FB>\sqrt{n}$ 且 R 没有比 B 小的素因子；对 F 的每个素因子 q，存在一个整数 a 满足 $a^{n-1}\equiv 1 \pmod n$ 和$(a^{(n-1)/q}-1, n)=1$；且存在一个比 1 大的整数 b 满足 $b^{n-1}\equiv 1 \pmod n$ 和$(b^F-1, n)=1$，那么 n 是一个素数.

*11. 假设 $n=hq^k+1$，其中 q 是一个素数且 $q^k>h$. 证明：如果存在一个整数 a 满足 $a^{n-1}\equiv 1 \pmod n$ 和 $(a^{(n-1)/q}-1, n)=1$，那么 n 是一个素数.

*12. 谢尔宾斯基数(Sierpiński number)是正奇数 k，使得所有形如 $k2^n+1$ 的整数都是合数，这里 n 是大于 1 的整数. 1960 年，谢尔宾斯基证明有无穷多这样的数. 证明 78 557 是谢尔宾斯基数.

*13. 设 n 是一个正整数. 证明：如果 $n-1$ 的素因子分解是 $n-1=p_1^{a_1}p_2^{a_2}\cdots p_t^{a_t}$，且对于 $j=1, 2, \cdots, t$，存在一个整数 x_j 满足

$$x_j^{(n-1)/p_j} \not\equiv 1 \pmod n$$

和

$$x_j^{n-1} \equiv 1 \pmod n,$$

那么整数 n 是一个素数.

*14. 设 n 是一个正整数且满足

$$n-1 = m\prod_{j=1}^{r} q_j^{a_j},$$

其中 m 是一个正整数，$a_1, a_2, \cdots, a_r$ 是正整数且 $q_1, q_2, \cdots, q_r$ 是大于 1 的两两互素的整数. 特别地，对正整数 $b_1, b_2, \cdots, b_r$，存在整数 $x_1, x_2, \cdots, x_r$ 使得

$$x_j^{n-1} \equiv 1 \pmod n$$

和

$$\left(x_j^{(n-1)/q_j}-1, n\right) = 1$$

对 $j=1, 2, \cdots, r$ 都成立，其中 q_j 的每个素因子都大于等于 b_j，$j=1, 2, \cdots, r$. 且有

$$n < \left(1+\prod_{j=1}^{r} b_j^{a_j}\right)^2.$$

证明 n 是一个素数.

瓦克劳·谢尔宾斯基(Waclaw Slerpiński，1882—1969)生于华沙，他的父亲是位著名的医生. 他的数学天赋被他的第一位高中数学老师所发现. 谢尔宾斯基在 1900 年进入华沙大学，并在 1903 年因一篇数论论文而获得金牌. 1904 年，尽管他在俄语考试中故意不及格以抗议俄国对波兰的占领，但还是正常毕业. 毕业后，谢尔宾斯基在华沙的一所女子学校任教. 在 1905 年的革命中这所学校一直罢课，他搬到了 Kraków 在亚格隆尼大学继续他的研究生阶段的学习. 1906 年他获得了博士学位，并于两年后获得了利沃夫大学的一个职位. 当第一次世界大战开始的时候，他被俄国人关押，但一些很有声望的俄国数学家想办法安排他到莫斯科与他们一起工作. 1918 年谢尔宾斯基返回到利沃夫，并很快接受了华沙大学的一个教授职位. 在第二次世界大战期间，谢尔宾斯基一直在这所地下大学工作，他当时的官方身份是一个职员. 在 1944 年的华沙起义后，纳粹分子烧毁了他的房子，捣毁了他的图书馆. 战争结束后，他在华沙大学的位置被恢复，他也一直任教到 1960 年退休.

谢尔宾斯基以想法丰富及其提出的众多问题而著称，他是位多产的作者，写有700多篇论文以及50多本书，他在数论、集合论、函数论、拓扑等诸多数学领域做出了很多重要贡献．谢尔宾斯基数是使得所有形如$k2^n+1$的数都是合数的正奇数k，其中$n>1$，该数一直是活跃的研究课题．在分形中有以他的名字命名的谢尔宾斯基三角、谢尔宾斯基曲线以及谢尔宾斯基地毯．

谢尔宾斯基也以其令人振奋的个性及超人的健康而广为人知．幸运的是，他在任何情况下都能保持高产，包括在俄国占领波兰、“一战”、“二战”这些糟糕的条件下．

计算和研究

1. 用波克林顿素性检验法来证明10 998 989是一个素数，其中$n-1=FR$，取$s=4004$，$t=2747$和$a=3$.
2. 用波克林顿素性检验法来证明111 649 121是一个素数.
3. 用庞特素性检验法找到尽可能多的形如$3\cdot 2^n+1$的素数.
4. 用庞特素性检验法找到尽可能多的形如$5\cdot 2^n+1$的素数.
5. 人们猜想78 557是最小的谢尔宾斯基数(参见习题12)．(谢尔宾斯基在1960年证明了有无限多个谢尔宾斯基数.)Seventeen or Bust分布式计算项目于2002年成立，旨在针对该猜想排除17个可能的反例．2016年，数论网接手了该项目(最新消息参见http://primegrid.com/forum_thread.php?id=1 647)．到2021年早期．该项目已排除了17个初始值中的12个．加入这个项目，从网站上下载软件，试着排除剩下的5个整数21 811，22 699，24 737，55 459和67 607中的一个．要做这些，需要找到一个整数n使得$k2^n+1$是素数，其中k是上面所列出的数中的一个.
6. 对费马数$F_4=2^{2^4}+1=65\,537$的素性给出一个简洁的证明.

程序设计

用下面所列方法来证明正整数n为素数.

1. 费马小定理的卢卡斯逆命题.
2. 推论10.19.1.
3. 波克林顿素性检验法.
4. 庞特素性检验法.

10.6　通用指数

设大于1的正整数n的素幂因子分解为

$$n=p_1^{t_1}p_2^{t_2}\cdots p_m^{t_m}.$$

如果整数a与n互素，则由欧拉定理得

$$a^{\phi(p^t)}\equiv 1(\bmod p^t),$$

其中p^t是n的素因子分解中出现过的素数幂．仿照定理10.14的证明，设

$$U=[\phi(p_1^{t_1}),\ \phi(p_2^{t_2}),\ \cdots,\ \phi(p_m^{t_m})]$$

为整数$\phi(p_i^{t_i})(i=1,2,\cdots,m)$的最小公倍数．因为

$$\phi(p_i^{t_i})\mid U$$

对$i=1,2,\cdots,m$成立，故由定理10.1得

$$a^U\equiv 1(\bmod p_i^{t_i})$$

对$i=1,2,\cdots,m$成立．因此，由4.3节习题39得

$$a^U \equiv 1 (\bmod n).$$

这引出下面的定义.

定义 正整数 n 的**通用指数**是一个正整数 U 使得

$$a^U \equiv 1 (\bmod n)$$

对所有与 n 互素的整数 a 都成立.

例 10.28 由于600的素幂因子分解为 $2^3 \cdot 3 \cdot 5^2$，所以600的一个通用指数为 $U=[\phi(2^3), \phi(3), \phi(5^2)]=[4, 2, 20]=20$.

由欧拉定理知 $\phi(n)$ 是一个通用指数. 正如我们已经证明的，整数 $U=[\phi(p_1^{t_1}), \phi(p_2^{t_2}), \cdots, \phi(p_m^{t_m})]$ 也是 $n=p_1^{t_1} p_2^{t_2} \cdots p_m^{t_m}$ 的一个通用指数. 但是我们感兴趣的是求 n 的最小正通用指数.

定义 正整数 n 最小的通用指数称为 n 的**最小通用指数**，记作 $\lambda(n)$.

下面基于 n 的素幂因子分解来确定最小通用指数 $\lambda(n)$ 的公式.

首先，如果 n 有一个原根，则 $\lambda(n)=\phi(n)$. 因为奇素数的幂都有原根，故得

$$\lambda(p^t)=\phi(p^t),$$

其中 p 是一个奇素数且 t 是一个正整数. 类似地，有 $\lambda(2)=\phi(2)=1$ 和 $\lambda(4)=\phi(4)=2$，因为2和4都有原根. 另一方面，如果 $t \geqslant 3$，则由定理10.11知

$$a^{2^{t-2}} \equiv 1 (\bmod 2^t).$$

另一方面，由定理10.12，有 $\operatorname{ord}_{2^t} 5=2^{t-2}$，因此如果 $t \geqslant 3$，则 $\lambda(2^t)=2^{t-2}$.

当 n 是一个素数的幂时，$\lambda(n)$ 的公式已经找到. 下面对任意的正整数 n 给出公式.

定理 10.23 假设正整数 n 的素幂因子分解为

$$n=2^{t_0} p_1^{t_1} p_2^{t_2} \cdots p_m^{t_m}.$$

则 n 的最小通用指数 $\lambda(n)$ 由下式给出：

$$\lambda(n)=[\lambda(2^{t_0}), \phi(p_1^{t_1}), \cdots, \phi(p_m^{t_m})].$$

特别地，存在一个整数 a 满足 $\operatorname{ord}_n a=\lambda(n)$，这是一个整数对模 n 最大可能的阶.

证明 设整数 b 满足 $(b, n)=1$. 为方便起见，记

$$M=[\lambda(2^{t_0}), \phi(p_1^{t_1}), \phi(p_2^{t_2}), \cdots, \phi(p_m^{t_m})].$$

因为 M 被整数 $\lambda(2^{t_0})$，$\phi(p_1^{t_1})=\lambda(p_1^{t_1})$，$\phi(p_2^{t_2})=\lambda(p_2^{t_2})$，$\cdots$，$\phi(p_m^{t_m})=\lambda(p_m^{t_m})$ 整除，且 $b^{\lambda(p^t)} \equiv 1 (\bmod p^t)$ 对 n 的素因子分解中出现的素数的幂都成立，故

$$b^M \equiv 1 (\bmod p^t),$$

其中 p^t 是 n 的素因子分解中的素数的幂.

因此，由推论5.9.1可得

$$b^M \equiv 1 (\bmod n).$$

最后一个同余式表明 M 是一个通用指数. 还要证明 M 是最小的那个通用指数. 为此，需要找到一个整数 a，使得没有比 a 的 M 次幂更小的正幂模 n 同余于1. 基于这个想法，设 r_i 为 $p_i^{t_i}$ 的一个原根.

考虑下面的联立同余方程组：

$$x \equiv 5 (\bmod 2^{t_0})$$

$$x \equiv r_1 (\bmod\ p_1^{t_1})$$
$$x \equiv r_2 (\bmod\ p_2^{t_2})$$
$$\vdots$$
$$x \equiv r_m (\bmod\ p_m^{t_m}).$$

由中国剩余定理知，这个同余方程组有一个模 $n=2^{t_0} p_1^{t_1} p_2^{t_2} \cdots p_m^{t_m}$ 下唯一的联立解 a；下面将要证明 $\mathrm{ord}_n a = M$. 要证明这一结论，假设 N 是一个满足下式的正整数：

$$a^N \equiv 1 (\bmod\ n).$$

那么，如果 p^t 是 n 的素幂因子，就有

$$a^N \equiv 1 (\bmod\ p^t),$$

因此

$$\mathrm{ord}_{p^t} a \mid N.$$

但是，由于 a 满足上面 $m+1$ 个同余方程，故

$$\mathrm{ord}_{p^t} a = \lambda(p^t),$$

对因子分解中的每个素数的幂均成立. 因此，由定理 10.1，

$$\lambda(p^t) \mid N$$

对 n 的因子分解中的所有素数的幂 p^t 均成立. 从而根据推论 5.9.1 得 $M=[\lambda(2^{t_0}), \phi(p_1^{t_1}), \phi(p_2^{t_2}), \cdots, \phi(p_m^{t_m})] \mid N$.

因为当 $a^N \equiv 1 (\bmod\ n)$ 时有 $a^M \equiv 1 (\bmod\ n)$ 和 $M \mid N$，故满足 $a^x \equiv 1 (\bmod\ n)$ 的最小正整数 x 是 $x \equiv M$. 从而由模 n 的阶的定义，我们有

$$\mathrm{ord}_n a = M.$$

这表明 $M=\lambda(n)$，且有一个正整数 a 满足 $\mathrm{ord}_n a = \lambda(n)$. ■

例 10.29 由于 180 的素幂因子分解为 $2^2 \cdot 3^2 \cdot 5$，故由定理 10.23 得

$$\lambda(180) = [\phi(2^2), \phi(3^2), \phi(5)] = 12.$$

要找到一个整数 a 满足 $\mathrm{ord}_{180} a = 12$，首先要确定模 3^2 和 5 的原根. 例如，取 2 和 3 分别为模 3^2 和 5 的原根. 则由中国剩余定理就可以确定下面同余方程组的解：

$$a \equiv 3 (\bmod\ 4)$$
$$a \equiv 2 (\bmod\ 9)$$
$$a \equiv 3 (\bmod\ 5),$$

其解为 $a \equiv 83 (\bmod\ 180)$. 由定理 10.23 的证明知，$\mathrm{ord}_{180} 83 = 12$. ◀

例 10.30 设 $n = 2^6 \cdot 3^2 \cdot 5 \cdot 7 \cdot 13 \cdot 17 \cdot 19 \cdot 37 \cdot 73$. 则有

$$\begin{aligned} \lambda(n) &= [\lambda(2^6), \phi(3^2), \phi(5), \phi(7), \phi(13), \phi(17), \phi(19), \phi(37), \phi(73)] \\ &= [2^4, 2\cdot 3, 2^2, 2\cdot 3, 2^2\cdot 3, 2^4, 2\cdot 3^2, 2^2 3^2, 2^3 3^2] \\ &= 2^4 \cdot 3^2 \\ &= 144. \end{aligned}$$

因此，当 a 是一个与 $2^6 \cdot 3^2 \cdot 5 \cdot 7 \cdot 13 \cdot 17 \cdot 19 \cdot 37 \cdot 73$ 互素的正整数时，有 $a^{144} \equiv 1 (\bmod\ 2^6 \cdot 3^2 \cdot 5 \cdot 7 \cdot 17 \cdot 19 \cdot 37 \cdot 73)$. ◀

卡迈克尔数的相关结果 现在回到卡迈克尔数，这在7.2节已经讨论过．回顾卡迈克尔数是一个合数 n，对一切满足 $(b, n)=1$ 的正整数 b，有 $b^{n-1}\equiv 1 \pmod{n}$ 成立．我们已证明 $n=q_1q_2\cdots q_k$ 是一个卡迈克尔数，这里 $q_1, q_2, \cdots, q_k$ 是不同的素数，且对 $j=1, 2, \cdots, k$，有 $(q_j-1)\mid(n-1)$．下面证明它的逆命题．

定理 10.24 如果 $n>2$ 是一个卡迈克尔数，那么 $n=q_1q_2\cdots q_k$，其中 $q_1, q_2, \cdots, q_k$ 是不同的奇素数，且对 $j=1, 2, \cdots, k$，有 $(q_j-1)\mid(n-1)$．

证明 如果 n 是一个卡迈克尔数，则

$$b^{n-1}\equiv 1 \pmod{n}$$

对满足 $(b, n)=1$ 的所有正整数 b 均成立．定理10.23表明存在一个整数 a 使得 $\mathrm{ord}_n a=\lambda(n)$，其中 $\lambda(n)$ 是最小通用指数；由于 $a^{n-1}\equiv 1 \pmod{n}$，故由定理10.1知

$$\lambda(n)\mid(n-1).$$

n 一定是奇数，否则，若 n 为偶数，则 $n-1$ 一定为奇数，但 $\lambda(n)$ 是偶数(因为 $n>2$)，这与 $\lambda(n)\mid(n-1)$ 矛盾．

现在证明 n 一定是不同素数的乘积．假设 n 有一个素幂因子 p^t，$t>2$．则

$$\lambda(p^t)=\phi(p^t)=p^{t-1}(p-1)\mid\lambda(n)=n-1.$$

这表明 $p\mid n-1$，但由于 $p\mid n$，故这是不可能的．因此 n 一定是不同奇素数的乘积，即

$$n=q_1q_2\cdots q_k.$$

再由 $\lambda(q_i)=\phi(q_i)=(q_i-1)\mid\lambda(n)=n-1$ 就得到了定理的证明． ■

可以很容易地证明关于卡迈克尔数的素因子分解的更多结果．

定理 10.25 一个卡迈克尔数至少有三个不同的奇素因子．

证明 设 n 是一个卡迈克尔数．那么 n 不能只含有一个素因子，因为它是一个合数且是不同素数的乘积．因此假设 $n=pq$，其中 p 和 q 是奇素数且满足 $p>q$．则有

$$n-1=pq-1=(p-1)q+(q-1)\equiv q-1\not\equiv 0 \pmod{p-1},$$

这就表明 $(p-1)\nmid(n-1)$，与卡迈克尔数的相关性质矛盾．因此，如果一个数 n 恰有两个不同的素因子，那么它不可能是卡迈克尔数． ■

10.6 节习题

1. 求下列整数 n 的最小通用指数 $\lambda(n)$．

   a) 100　b) 144　c) 222　d) 884

   e) $2^4\cdot 3^3\cdot 5^2\cdot 7$　f) $2^5\cdot 3^2\cdot 5^2\cdot 7^3\cdot 11^2\cdot 13\cdot 17\cdot 19$　g) $10!$　h) $20!$

2. 求所有使得 $\lambda(n)$ 分别为下列整数的正整数 n．

   a) 1　b) 2　c) 3　d) 4　e) 5　f) 6

3. 求使得 $\lambda(n)=12$ 的最大的整数 n．

4. 对下面每个模，找出一个整数使它有最大可能的阶．

   a) 12　b) 15　c) 20　d) 36　e) 40　f) 63

5. 证明：若 m 是一个正整数，那么 $\lambda(m)$ 整除 $\phi(m)$．

6. 证明：如果 m 和 n 是互素的正整数，那么 $\lambda(mn)=[\lambda(m), \lambda(n)]$．

7. 假设 n 是满足 $\lambda(n)=a$ 的最大的正整数，这里 a 是一个不变的正整数．证明：如果 m 是 $\lambda(m)=a$ 的另一个解，那么 m 整除 n．

8. 设 n 是一个正整数. 问有多少个不同余的整数对模 n 有最大的阶?
9. 证明:如果 a 和 m 是互素的整数,那么同余方程 $ax\equiv b(\bmod m)$ 的解是满足 $x\equiv a^{\lambda(m)-1}b(\bmod m)$ 的那些整数 x.
10. 证明:如果 c 是一个大于 1 的正整数,那么整数 1^c, 2^c, …, $(m-1)^c$ 形成模 m 的一个完全剩余系当且仅当 m 是一个无平方因子数且 $(c, \lambda(m))=1$.
*11. a) 证明:如果 c 和 m 是正整数且 m 是奇数,那么同余方程 $x^c\equiv x(\bmod m)$ 恰有

$$\prod_{j=1}^{r}(1+(c-1, \phi(p_j^{a_j})))$$

个不同余的解,其中 m 的素幂因子分解为 $m=p_1^{a_1}p_2^{a_2}\cdots p_r^{a_r}$.

b) 证明当 $(c-1, \phi(m))=2$ 时, $x^c\equiv x(\bmod m)$ 恰有 3^r 个解.
12. 用习题 11 证明,在用 RSA 密码加密时,总是有至少 9 个明文信息保持不变.
*13. 证明 561 是仅有的形如 $3pq$ 的卡迈克尔数,其中 p 和 q 是素数.
*14. 求所有形如 $5pq$ 的卡迈克尔数,其中 p 和 q 是素数.
*15. 证明仅有有限多个卡迈克尔数具有 $n=pqr$ 的形式,其中 p 是一个固定的素数, q 和 r 也是素数.
16. 证明:对一个拥有加密密钥 (e, n) 的 RSA 密码,它的解密次数 d 可以用 e 模 $\lambda(n)$ 的逆来代替.

设 n 是一个正整数. 当 $(a, n)=1$ 时,定义广义费马商 $q_n(a)$ 为 $q_n(a)\equiv(a^{\lambda(n)}-1)/n(\bmod n)$,其中 $0\leqslant q_n(a)<n$.

17. 证明:如果 $(a, n)=(b, n)=1$,那么 $q_n(ab)\equiv q_n(a)+q_n(b)(\bmod n)$.
18. 证明:如果 $(a, n)=1$,那么 $q_n(a+nc)\equiv q_n(a)\lambda(n)c\overline{a}(\bmod n)$,其中 $\overline{a}$ 是 a 模 n 的逆.

计算和研究

1. 求小于 1 000 的所有整数的通用指数.
2. 求至少有 4 个不同素因子的卡迈克尔数.

程序设计

1. 求一个正整数的最小通用指数.
2. 求一个整数,使它模 n 的阶恰好为 n 的最小通用指数.
3. 给定一个正整数 M,求最小通用指数为 M 的所有正整数 n.
4. 用习题 9 中的方法解线性同余方程.

第 11 章　整数的阶的应用

本章将介绍一些与整数的阶和原根有关的应用．首先，我们考虑随机数的生成问题．计算机利用硬件或软件生成的数据可以构造随机数，但不能按这种方式生成长随机数序列．为了满足在计算机程序中对长随机数序列的需求，人们提出了一些方法来产生能像随机数那样通过统计检验的数．这样的数称为伪随机数．我们将介绍基于模算术、整数的阶和原根来生成伪随机数的一些方法．

我们还将介绍一种用素数的原根来定义的公钥密码系统，即埃尔伽莫(ElGamal)密码系统．这种系统的安全性建立在求解模素数的离散对数问题的困难性之上．我们将展示如何利用埃尔伽莫加密对信息进行加密和解密，以及如何在此密码系统中对信息进行签名．

最后，我们将讨论整数的阶和原根的概念在电话线缆绞接中的有关应用．

11.1　伪随机数

随机选取的数具有很多应用．计算机模拟可用随机数来研究如核物理、运筹学和数据网络等领域中的现象．当不能检验一个系统的全部行为时，就可以用随机数构造随机样本来研究该系统．随机数可用于测试计算机算法的性能，还可以在算法的执行过程中，通过运行随机化的算法来进行随机选择．随机数还在数值分析中大量应用，例如在利用黎曼和来估计积分值这一微积分问题时．在数论中，随机数可用于概率素性检验．在密码学中，随机数在生成密钥和执行密码协议等多种场合中都有应用．

谈及*随机数*时，我们是指一个随机序列，它的每一项的选取都是随机的且不依赖于其他项，并且按某指定概率落在特定的区间中．（事实上，称某个特殊的数(比如 47)是随机的没有什么意义，尽管它可能是某个随机序列的一项．）1940 年以前，科学家在需要随机数时，通常采用掷骰子、转赌盘、瓮中取球、发牌或者从一个数据表(如人口统计报表)中选取随机的数字等方式生成它们，到了 20 世纪 40 年代，人们发明了产生随机数的机器，在 20 世纪 50 年代，可以利用计算机的随机噪声发生器来生成随机数．然而，由于计算机硬件的故障，由机械过程产生的随机数经常不是严格随机的．另一个严重的问题是，利用物理现象产生的随机数不能够重复产生以便检验计算机程序的运行结果．

1946 年，约翰·冯·诺伊曼(John Von Neumann)首先提出利用计算机程序取代机械方法生成随机数的想法．他提出的方法称为*平方取中方法*，其工作原理如下：要生成一个四位随机数，首先任取一个四位数，比如 6 139，然后将此数平方得到 37 687 321，取中间的四位数 6873 作为第二个随机数，从前一个数的平方中取中间四位数，总可得到一个新随机数，我们迭代此过程就得到一个随机序列．（四位数的平方为 8 位或少于 8 位的数，对于那些少于 8 位的数要在其前面补 0 凑足 8 位．）

事实上，由“平方取中方法”产生的序列并非随机选取的，当初始的四位数选定后，整个序列就确定了，但是它很像是随机选取的．这样生成的数在计算机模拟中很有用．我们将这类按某种规律的方法产生且看似具有随机性的序列中的整数称为*伪随机数*．

遗憾的是，平方取中方法也有不足之处．其中最不理想的是，对某些初始整数，按这种方法产生的序列在一个小的数集上不断重复，例如以 4 100 为初始整数，所产生的序列为 8 100，6 100，2 100，4 100，8 100，6 100，2 100，…，在重复之前仅有四个不同的整数．

约翰·冯·诺伊曼(1903—1957)出生于匈牙利布达佩斯一个富裕的犹太家庭．他的父亲是一位拥有法学博士学位的银行家，由奥匈帝国皇帝弗朗茨授予了匈牙利贵族身份．冯·诺伊曼是个了不起的神童，6 岁时会说古希腊语，8 岁时学会了微积分．他在布达佩斯最好的一所学校受过教育．19 岁开始发表数学论文，20 岁时获得了国家级的数学奥特沃斯(Eötvöz)奖．

因为他的父亲希望他选择应用性的专业，冯·诺伊曼在柏林大学学习了化学工程．1923 年，他通过了苏黎世联邦理工学院的入学考试并继续学习化学工程，同时在布达佩斯的帕兹曼尼·彼得大学攻读数学博士学位．他于 1926 年毕业，同时获得化学工程学位以及数学博士学位．毕业后他在哥廷根大学师从伟大数学家大卫·希尔伯特继续学习数学．在完成适应训练后(这使他有资格获得大学教职)，1927 年，他任教于柏林大学．他开始以每月一篇的速度撰写研究论文．1929 年搬到汉堡大学后他受邀到普林斯顿大学任职．1933 年，冯·诺伊曼与爱因斯坦一起成为美国新泽西州著名的普林斯顿高等研究院的首批终身成员之一．

冯·诺伊曼是 20 世纪最多才多艺的数学天才之一．他是当时最顶级的数学家，也是最后一位融合理论和应用的伟大数学家．他在数学的诸多分支，包括数学基础、几何、拓扑、泛函分析、遍历论、数值分析和算子代数等领域都做出了很大的贡献．他开创了博弈论这一数学学科，并利用它在数学经济学中取得了许多发现．冯·诺伊曼在计算机等领域也做出了许多开创性的贡献，包括计算机构架、线性规划、随机规划、元胞自动机和自复制机．冯·诺伊曼参与了核武器的开发，作为第二次世界大战期间曼哈顿计划的参与者，他解决了原子弹设计中出现的核物理问题．

冯·诺伊曼喜欢意第绪语和各种笑话．在办公室里大声播放德国音乐，让附近办公室的人(包括阿尔伯特·爱因斯坦)分心．他喜欢在嘈杂、混乱的环境中工作，例如开着电视的客厅，而不是他妻子收拾好的安静办公室．他喜欢开车，经常边看书边开车，多次发生事故并被捕．他喜欢吃喝，以衣着整洁著称．他总是穿正装，甚至当他骑着驴子来到科罗拉多大峡谷时．在他的博士考试中，大卫·希尔伯特曾向他咨询他的裁缝是谁，因为他的衣服很漂亮．冯·诺伊曼热爱历史并以其渊博的历史知识而闻名．普林斯顿的一位教授曾经说冯·诺伊曼对拜占庭历史比他懂得更多，尽管这位教授是一位拜占庭历史专家．

1955 年，冯·诺伊曼被诊断出患有癌症，这可能源自他的前列腺或胰腺．他在华盛顿特区的沃尔特·里德医疗中心去世，临终时由军方监护以确保他在服用大量镇静剂时不会泄露任何军事机密．

11.1.1 线性同余生成

D. H. 莱默在 1949 年提出了产生伪随机数的最常用方法，即线性同余方法．它的原理如下：选取整数 m，a，c 和 x_0，满足 $2\leqslant a<m$，$0\leqslant c<m$，$0\leqslant x_0$．则伪随机数列由如下递归公式产生：

$$x_{n+1}\equiv ax_n+c(\bmod m),\quad 0\leqslant x_{n+1}<m,$$

$n=0, 1, 2, 3, \cdots$．上式中的 m 称为模，a 称为乘子，c 称为增量，x_0 称为伪随机数生

成器的种子．下面的例子展示了线性同余方法．

例 11.1 在线性同余生成器中，取 $m=12$，$a=3$，$c=4$，$x_0=5$，则有 $x_1\equiv 3\cdot 5+4\equiv 7(\mathrm{mod}\ 12)$，从而 $x_1=7$．类似地，我们得到 $x_2=1$，$x_3=7$，等等，这是因为 $x_2\equiv 3\cdot 7+4\equiv 1(\mathrm{mod}\ 12)$，$x_3\equiv 3\cdot 1+4\equiv 7(\mathrm{mod}\ 12)$，等等．因此，生成器在出现重复之前仅生成了三个不同的整数．我们得到的伪随机序列是 5，7，1，7，1，7，1，7，…． ◀

例 11.2 在线性同余生成器中，取 $m=9$，$a=7$，$c=4$，$x_0=3$，得到伪随机序列 3，7，8，6，1，2，0，4，5，3，…(请读者自行验证)．这个序列在出现重复之前包含九个不同的整数． ◀

注 在计算机模拟中，经常要用到 0 到 1 之间的伪随机数．我们可用线性同余生成器得到 0 到 m 之间的伪随机数 x_i，$i=1, 2, 3, \cdots$，然后将每个数除以 m，就得到所需的伪随机序列 x_i/m，$i=1, 2, 3, \cdots$．

下面的定理告诉我们如何从乘子、增量和种子直接求线性同余方法生成的伪随机数列的项．

定理 11.1 由前述线性同余方法生成的序列的通项为

$$x_k\equiv a^k x_0+c(a^k-1)/(a-1)(\mathrm{mod}\ m),\quad 0\leqslant x_k<m.$$

证明 我们用数学归纳法证明．对 $k=1$，公式显然成立，因为 $x_1\equiv ax_0+c(\mathrm{mod}\ m)$，$0\leqslant x_1<m$．假设公式对第 k 项成立，则

$$x_k\equiv a^k x_0+c(a^k-1)/(a-1)(\mathrm{mod}\ m),\quad 0\leqslant x_k<m.$$

因为

$$x_{k+1}\equiv ax_k+c(\mathrm{mod}\ m),\quad 0\leqslant x_{k+1}<m,$$

所以

$$\begin{aligned}x_{k+1}&\equiv a(a^k x_0+c(a^k-1)/(a-1))+c\\&\equiv a^{k+1}x_0+c(a(a^k-1)/(a-1)+1)\\&\equiv a^{k+1}x_0+c(a^{k+1}-1)/(a-1)(\mathrm{mod}\ m),\end{aligned}$$

即公式对第 $k+1$ 项也成立．这说明公式对所有正整数 k 均成立． ■

线性同余伪随机数生成器的周期长度定义为它所生成的伪随机序列出现重复之前的最大长度．注意到线性同余生成器的最大可能的周期长度是模 m．下面的定理说明了周期长度何时能够达到最大值．

定理 11.2 线性同余生成器产生周期长度为 m 的序列，当且仅当 $(c, m)=1$ 且对 m 的任意素因子 p 有 $a\equiv 1(\mathrm{mod}\ p)$，并且若 $4\mid m$ 则 $a\equiv 1(\mathrm{mod}\ 4)$．

由于定理 11.2 的证明比较烦琐，我们略去证明，读者可参见[Kn97]．

11.1.2 纯乘性同余方法

当 $c=0$ 时，线性同余生成器很简单，因而特别有意思．此时，此方法称为纯乘性同余方法．记 m，a，x_0 分别是模、乘子和种子．伪随机数列由下式递归定义：

$$x_{n+1}\equiv ax_n(\mathrm{mod}\ m),\quad 0\leqslant x_{n+1}<m.$$

一般地，这样生成的伪随机数可用乘子和种子表示如下：

$$x_n \equiv a^n x_0 \pmod{m}, \quad 0 \leqslant x_n < m.$$

若 l 是用纯乘性生成器生成的序列的周期长度，则 l 必为满足下式的最小正整数：

$$x_0 \equiv a^l x_0 \pmod{m}.$$

若$(x_0, m)=1$，则由推论 5.5.1，有

$$a^l \equiv 1 \pmod{m}.$$

由此同余式可知，最大可能的周期长度为 $\lambda(m)$，即模 m 最小通用指数.

在许多应用中，纯乘性同余生成器的模 m 取梅森素数 $M_{31}=2^{31}-1$. 当模 m 为素数时，最大周期长度为 $m-1$，并且当 a 是模 m 的原根时，周期长度可以达到最大值. 为了找到能得出好结果的 M_{31} 的原根，我们首先证明 7 是 M_{31} 的一个原根.

定理 11.3 7 是 $M_{31}=2^{31}-1$ 的一个原根.

证明 要证 7 是 $M_{31}=2^{31}-1$ 的原根，由 10.1 节习题 19，只需要证明对 $M_{31}-1$ 的每个素因子 q，均有

$$7^{(M_{31}-1)/q} \not\equiv 1 \pmod{M_{31}}.$$

由此可得 $\operatorname{ord}_{M_{31}} 7=M_{31}-1$. 为求 $M_{31}-1$ 的因子分解，注意

$$\begin{aligned} M_{31}-1 &= 2^{31}-2=2(2^{30}-1)=2(2^{15}-1)(2^{15}+1) \\ &= 2(2^5-1)(2^{10}+2^5+1)(2^5+1)(2^{10}-2^5+1) \\ &= 2 \cdot 3^2 \cdot 7 \cdot 11 \cdot 31 \cdot 151 \cdot 331. \end{aligned}$$

若能证明对 $q=2, 3, 7, 11, 31, 151$ 和 331 有

$$7^{(M_{31}-1)/q} \not\equiv 1 \pmod{M_{31}},$$

则可知 7 是 $M_{31}=2\,147\,483\,647$ 的原根. 由于

$$\begin{aligned} 7^{(M_{31}-1)/2} &\equiv 2\,147\,483\,646 \not\equiv 1 \pmod{M_{31}} \\ 7^{(M_{31}-1)/3} &\equiv 1\,513\,477\,735 \not\equiv 1 \pmod{M_{31}} \\ 7^{(M_{31}-1)/7} &\equiv 120\,536\,285 \not\equiv 1 \pmod{M_{31}} \\ 7^{(M_{31}-1)/11} &\equiv 1\,969\,212\,174 \not\equiv 1 \pmod{M_{31}} \\ 7^{(M_{31}-1)/31} &\equiv 512 \not\equiv 1 \pmod{M_{31}} \\ 7^{(M_{31}-1)/151} &\equiv 535\,044\,134 \not\equiv 1 \pmod{M_{31}} \\ 7^{(M_{31}-1)/331} &\equiv 1\,761\,885\,083 \not\equiv 1 \pmod{M_{31}}, \end{aligned}$$

可见 7 为 M_{31} 的原根. ■

在实际应用中，我们并不取原根 7 作为生成器的乘子，因为这样生成的最初几个伪随机数比较小，而是利用推论 10.4.1 来求更大的原根. 当$(k, M_{31}-1)=1$ 时，7^k 也是 M_{31} 的原根. 例如，因为$(5, M_{31}-1)=1$，所以 $7^5=16\,807$ 是 M_{31} 的原根，因为$(13, M_{31}-1)=1$，所以 $7^{13} \equiv 252\,246\,292 \pmod{M_{31}}$ 也是 M_{31} 的原根，它们均可用作生成器的乘子.

11.1.3 平方伪随机数生成器

伪随机数生成器的另一个例子是平方伪随机数生成器. 给定正整数 n（即模）和初始项

x_0(即种子)，生成器按下列同余式产生伪随机数列：

$$x_{i+1} \equiv x_i^2 \pmod{n}, \quad 0 \leqslant x_{i+1} < n$$

由定义易见

$$x_i \equiv x_0^{2^i} \pmod{n}, \quad 0 \leqslant x_i < n.$$

例 11.3 在平方伪随机数生成器中，取 $n=209$ 为模，$x_0=6$ 为种子，则生成的序列为：

6，36，42，92，104，157，196，169，137，168，9，81，82，36，42，…

我们看到这个序列的周期为 12，并且第一项不在周期中. ◀

利用模 n 的阶的概念，我们可以求出平方伪随机数生成器所生成的序列的周期长度，如下面定理所示.

定理 11.4 *以 x_0 为种子、n 为模的平方伪随机数生成器的周期长度为 $\mathrm{ord}_s 2$，其中 s 是使得 $\mathrm{ord}_n x_0 = 2^t s$ 的正奇数，t 为非负整数.*

证明 设 ℓ 是平方伪随机数生成器的周期长度，先证 $\mathrm{ord}_s 2 \mid \ell$. 设对某个整数 j 有 $x_j = x_{j+\ell}$，则

$$x_0^{2^j} \equiv x_0^{2^{j+\ell}} \pmod{n},$$

于是

$$x_0^{2^{j+\ell}-2^j} \equiv 1 \pmod{n}.$$

由整数模 n 的阶的定义可知，

$$\mathrm{ord}_n x_0 \mid (2^{j+\ell} - 2^j),$$

或等价地

$$2^{j+\ell} \equiv 2^j \pmod{2^t s}. \tag{11.1}$$

由 $2^t \mid (2^{j+\ell} - 2^j)$ 和 $2^{j+\ell} - 2^j = 2^j(2^\ell - 1)$，可见 $j \geqslant t$. 由同余式(11.1)和定理 5.5，

$$2^{j+\ell-t} \equiv 2^{j-t} \pmod{s}.$$

利用定理 10.2，有 $j+\ell-t \equiv j-t \pmod{\mathrm{ord}_s 2}$. 因此，周期长度 $\ell \equiv 0 \pmod{\mathrm{ord}_s 2}$，即 $\mathrm{ord}_s 2 \mid \ell$.

现在来证 $\ell \mid \mathrm{ord}_s 2$，只需要证明存在两项 x_j 和 $x_k = x_j$，使得 $j \equiv k \pmod{\mathrm{ord}_s 2}$. 为此，设 $j \equiv k \pmod{\mathrm{ord}_s 2}$，且 $k \geqslant j \geqslant t$. 由定理 10.2，

$$2^j \equiv 2^k \pmod{s}.$$

而且有

$$2^k \equiv 2^j \pmod{2^t},$$

这是因为 $2^k - 2^j = 2^j(2^{k-j} - 1)$ 且 $j \geqslant t$. 注意到 $(2^t, s) = 1$，由推论 5.9.1 可得

$$2^j \equiv 2^k \pmod{2^t s}.$$

因为 $\mathrm{ord}_n x_0 = 2^t s$，所以

$$\mathrm{ord}_n x_0 \mid (2^k - 2^j),$$

这意味着

$$x^{2^k - 2^j} \equiv 1 \pmod{n},$$

即 $x^{2^k} \equiv x^{2^j} \pmod{n}$. 这说明 $x_k = x_j$. 我们得到 $\ell \mid \mathrm{ord}_s 2$. 证毕. ■

例 11.4 在例 11.3 中，平方伪随机数生成器取模 $n=209$，种子 $x_0=6$，则 $\text{ord}_{209}6=90$(请读者自行验证). 因为 $90=2\cdot 45$，由定理 11.4 知平方伪随机序列生成器的周期长度为 $\text{ord}_{45}2=12$(请读者自行验证). 这与我们把该生成器生成的项列出来时所观察到的长度相一致. ◀

怎样判断一个伪随机数列的项是否适用于计算机模拟或其他应用呢？一个方法是看看这些伪随机数是否能通过统计检验，这些检验能决定一个序列是否具有一个真正的随机序列很可能具备的统计特性. 一组这样的测试可用于评估伪随机数生成器. 例如，可以测试数或者数对出现的频率，也可以测试子序列出现的频率或者各种长度的同一个数出现的频率. 另外，自相关检验也是很有用的，它能检验该序列是否与平移后的序列相关. 关于这些检验及其他检验的讨论可参见[Kn97]和[MeraVa97].

在密码学应用中，伪随机数生成器不能是可预测的. 例如，线性同余伪随机数生成器就不能用于密码学，因为在这样生成的伪随机序列中，已知连续的若干项就可以求得其他项. 而只有密码上安全的伪随机数生成器才是可用的. 这些安全的生成器对于计算资源有限的攻击者而言，生成的序列的项是不可预测的. 更严格的概念见[MevaVa97]和[La90].

我们仅简要介绍了伪随机数的初步知识. 关于伪随机数的全面讨论，读者可参见[Kn97]. 对于伪随机数与密码学之间关系的综述，读者可参见拉加雷斯(Lagarias)在[Po90]中所写的章节.

11.1 节习题

1. 求以 69 为种子的平方取中方法所生成的两位数的伪随机数列.
2. 求下列线性同余方法产生的伪随机数列的前十项.
$$x_{n+1}\equiv 5x_n+2 \pmod{19},\quad x_0=6.$$
这个生成器的周期长度是多少？
3. 求下列线性同余方法产生的伪随机数列的周期长度.
$$x_{n+1}\equiv 4x_n+7 \pmod{25},\quad x_0=2.$$
4. 证明：若在线性同余方法中乘子取 $a=0$ 或 1，则其生成的结果对伪随机数列来说并不好.
5. 设线性同余生成器为 $x_{n+1}\equiv ax_n+c \pmod m$，$(c,m)=1$，对于下列各模 m，利用定理 11.2 求使得线性同余生成器周期长度为 m 的整数 a.
a) $m=1\,000$　　b) $m=30\,030$　　c) $m=10^6-1$　　d) $m=2^{25}-1$

* 6. 证明任何一个线性同余伪随机数生成器都可以约化为一个增量 $c=1$、种子为 0 的线性同余生成器. 即证明如下事实：种子为 x_0 的线性同余生成器 $x_{n+1}\equiv ax_n+c \pmod m$ 所生成的项可以表为 $x_n\equiv by_n+x_0 \pmod m$，其中 $b\equiv(a-1)x_0+c \pmod m$，$y_0=0$，$y_{n+1}\equiv ay_n+1 \pmod m$.

7. 对下列乘子 c，求纯乘性伪随机数生成器 $x_n\equiv cx_{n-1} \pmod{2^{31}-1}$ 的周期长度.
a) 2　　b) 3　　c) 4　　d) 5　　e) 13　　f) 17
8. 对于纯乘性伪随机数生成器 $x_{n+1}\equiv ax_n \pmod{2^e}$，$e\geqslant 3$，证明其最大可能的周期长度为 2^{e-2}，且在 $a\equiv\pm 3 \pmod 8$ 时达到最大值.
9. 对于模为 77、种子为 8 的平方伪随机数生成器，求其生成的伪随机数列.
10. 对于模为 1 001、种子为 5 的平方伪随机数生成器，求其生成的伪随机数列.
11. 利用定理 11.4，求习题 9 中伪随机序列的周期长度.
12. 利用定理 11.4，求习题 10 中伪随机序列的周期长度.

13. 证明：对于模为 77 的平方伪随机数生成器，不管种子如何选取，它所生成的伪随机数列最大可能的周期长度为 4.
14. 对于模为 989 的平方伪随机数生成器，不管种子如何选取，它所生成的伪随机数列的最大的周期长度是多少？

生成伪随机数的另一种方法是用**斐波那契生成器**. 设 m 是正整数，选定的初始整数 x_0 和 x_1 均小于 m，数列中其余的数由递归同余式生成：

$$x_{n+1} \equiv x_n + x_{n-1} (\bmod m), \quad 0 \leqslant x_{n+1} < m.$$

15. 求模为 $m=31$，初值为 $x_0=1$ 和 $x_1=24$ 的斐波那契生成器生成的前八个伪随机数.
16. 对纯乘性伪随机数生成器 $x_{n+1} \equiv a x_n (\bmod 101)$，选取一个较好的乘子 a.（提示：求 101 的一个不太小的原根.）
17. 对纯乘性伪随机数生成器 $x_n \equiv a x_{n-1} (\bmod 2^{25}-1)$，选取一个较好的乘子 a.（提示：求 $2^{25}-1$ 的一个原根，并取其适当的幂.）
18. 对于线性同余伪随机数生成器 $x_{n+1} \equiv a x_n + c (\bmod 1\,003)$，$0 \leqslant x_{n+1} < 1\,003$，若 $x_0=1$，$x_2=402$，$x_3=361$，求其乘子 a 和增量 c.
19. 对于纯乘性伪随机数生成器 $x_{n+1} \equiv a x_n (\bmod 1\,000)$，$0 \leqslant x_{n+1} < 1\,000$，若 313 和 145 是生成的连续两项，求乘子 a.
20. **离散指数生成器**以正整数 x_0 为种子，按递归关系 $x_{n+1} \equiv g^{x_n} (\bmod p) (0 < x_{n+1} < p,\ n=0,1,2,\cdots)$ 生成伪随机数 $x_1, x_2, x_3, \cdots$，其中 p 为奇素数，g 为模 p 的原根.
    a) 当 $p=17$，$g=3$，$x_0=2$ 时，求离散指数生成器生成的伪随机数列.
    b) 当 $p=47$，$g=5$，$x_0=3$ 时，求离散指数生成器生成的伪随机数列.
    c) 若已知素数 p 和原根 g，给定离散指数生成器产生的伪随机数列中某一项，能否容易地求出它的前一项？
21. 也可以用参数为 m 和 d 的**幂生成器**来生成伪随机数. 这里 m 是正整数，d 是与 $\phi(m)$ 互素的正整数. 此生成器以正整数 x_0 为种子，按递归定义 $x_{n+1} \equiv x_n^d (\bmod m)$，$0 \leqslant x_{n+1} < m$ 生成伪随机数 $x_1, x_2, x_3, \cdots$.
    a) 当 $m=15$，$d=3$，$x_0=2$ 时，求幂生成器生成的伪随机数列.
    b) 当 $m=23$，$d=3$，$x_0=3$ 时，求幂生成器生成的伪随机数列.

计算和研究

1. 分析以不同的初始值按平方取中方法产生的五位数伪随机数列的特点.
2. 对于任选的参数，求线性同余伪随机数生成器的周期长度.
3. 对 $a=65\,539$，$c=0$，$m=2^{31}$，求线性同余伪随机数生成器的周期长度.
4. 对 $a=69\,069$，$c=1$，$m=2^{32}$，求线性同余伪随机数生成器的周期长度.
5. 求使得以模为 2 867 的平方伪随机数生成器周期最长的种子.
6. 证明模为 9 992 503、种子为 564 的平方伪随机数生成器的周期长度是 924.
7. **二次同余伪随机数生成器**形如 $x_{n+1} \equiv (a x_n^2 + b x_n + c) (\bmod m)$，$0 \leqslant x_{n+1} < m$，其中 a，b，c 是整数. 对不同的二次同余伪随机数生成器求其周期长度. 你能给出周期长度等于 m 的充分条件吗？
8. 对于不同的模 m，求习题 15 的导言中所述的斐波那契生成器的周期长度. 你认为这是一个好的伪随机数生成器吗？
9. 有很多对伪随机数生成器的随机性进行衡量的经验方法. [Kn97]中给出了十种检验方法. 查看这些方法，并用其中的一些方法检验不同的伪随机数生成器.

程序设计

1. 平方取中生成器
2. 线性同余生成器

3. 纯乘性生成器
4. 平方生成器
5. 斐波那契生成器(参见习题 15 的导言)
6. 离散指数生成器(参见习题 20)
7. 幂生成器(参见习题 21)

11.2 埃尔伽莫密码系统

在第 9 章中，我们介绍了 RSA 公钥密码系统. RSA 密码系统的安全性建立在分解整数的难度之上. 本节将介绍另一种公钥密码系统，即埃尔伽莫密码系统，它是 T. 埃尔伽莫在 1985 年发明的，其安全性依赖于求模大素数的离散对数的难度. (回顾若 p 是素数，r 是 p 的原根，则整数 a 的离散对数是使得 $r^x\equiv a \pmod p$成立的次数 x.)

在埃尔伽莫密码系统中，每一个用户选取素数 p、p 的原根 r 以及整数 a，满足 $0\leqslant a\leqslant p-1$. 此次数 a 就是私钥，即用户必须保密的信息. 相应的公钥是(p, r, b)，其中整数 b 满足

$$b\equiv r^a \pmod p),\ 0\leqslant a\leqslant p-1.$$

在下面的例子中，我们说明如何选取埃尔伽莫密码系统的密钥.

例 11.5 为生成埃尔伽莫密码系统的公钥和私钥，我们首先选取一个素数 $p=2\,539$. (这里所选的四位数的素数只是为了说明此密码系统的工作原理；而在实际应用中，应该选取具有上百位数字的素数.)接下来，需要素数 p 的一个原根. 这里取 $p=2\,539$ 的原根 $r=2$(请读者自行验证). 然后，选取整数 a 满足 $0\leqslant a\leqslant 2\,538$，这里取 $a=14$ 为私钥，相应的公钥为$(p, r, b)=(2\,539, 2, 1\,150)$，因为 $b\equiv 2^{14}\equiv 1\,150 \pmod{2\,539}$.

在用埃尔伽莫密码系统加密信息之前，先要将字母转换为与之等价的数值，再构成最大可能长度的数据组(每组有偶数位数字)，正如我们在 9.4 节中用 RSA 密码系统加密信息之前所做的一样. (这只是将由字母组成的信息转换为整数的众多方法之一.)为了加密将要送至拥有公钥(p, r, b)的用户的信息，先选取随机的整数 k，$1\leqslant k\leqslant p-2$. 对每一个明文数据组 P，计算整数 γ 和 δ 如下：

$$\gamma\equiv r^k \pmod p,\quad 0\leqslant\gamma\leqslant p-1$$

且

$$\delta\equiv P\cdot b^k \pmod p,\ 0\leqslant\delta\leqslant p-1.$$

与明文数据组 P 对应的密文是有序对 $E(P)=(\gamma, \delta)$. 明文信息 P 乘以 b^k 得到 δ 就隐藏起来了. 隐藏了的信息连同 γ 一起发出，只有知道私钥 a 的用户才能计算 b^k 和 γ，并且据此来恢复原始信息.

塔赫尔·埃尔伽莫(1955—)出生于埃及. 他的父亲是一名政府官员，掌管着埃及大部分的卫生部门. 埃尔伽莫上了私立小学和公立高中. 在很小的时候，他就意识到自己喜欢数字. 1972 年高中毕业，他进入开罗大学学习电气工程. 本来他会主修他喜欢的数学，但因为得到数学学位后通常只能做教师，所以他选择了电气工程. 1977 年他获得开罗大学电气工程学士学位. 1979 年，他跟随五年前毕业于斯坦福大学的哥哥(他的三位同胞之一)的步伐来到了美国. 1981 年获斯坦福大学硕士学位，1984 年获斯坦福大学博士学位，在此期

间他选修了远超电气工程专业所需的数论和高等代数课程．他对密码学特别感兴趣，他认为密码学是他所见过的数学最佳应用．他的博士导师 Martin Hellman 是公钥密码体系的发明者之一．

埃尔伽莫最出名的贡献是埃尔伽莫离散对数密码系统，他从未就此申请过专利．因为埃尔伽莫密码系统的知识产权是公开的，许多人在这个密码系统的基础上进行了创新．在 1985 年在他的论文“一种公钥密码系统和基于离散对数的签名方案”中埃尔伽莫提出了他的离散对数密码系统和相应的埃尔伽莫签名方案．后者被 NIST 采纳作为数字签名算法(DSA)的数字签名标准(DSS)．他还为 SET 协议做出了贡献，该协议提供了电子交易的完整性和安全性．

埃尔伽莫的第一份业界工作是 1984 年在惠普实验室，在那里他从事图形处理以及成像．不久之后，他离开了并成为 InfoChip 的三位联合创始人之一，InfoChip 开发并出售了一个压缩芯片．他认为自己在 InfoChip 学会了如何管理一个项目．1991 年，他管理的 InfoChip 部分被出售，他在 RSA 实验室找到了一份工作．1995 年至 1998 年，他是网景通信公司的首席科学家，在那里他在 SSL(安全套接层)协议的开发中发挥了重要作用．1998 年，他创立了自己的公司 Securify，该公司销售软件，提供咨询服务，以帮助安全连接不同的网络．他工作过的其他公司包括 Kroll-O'Gara，该公司 1998 年末以 6 500 万美元的价格收购了 Securify．安全计算(现在是 McAfee 的一部分)、汤博威通信和 Salesforce．他曾在许多这样的公司担任首席执行官或首席技术官．他当过许多公司的总监，创立了几家公司，并为许多其他公司提供咨询．他目前是 Salesforce 的首席信息安全官．

埃尔伽莫有两个孩子．他喜欢读关于数论和古代历史的书．他学习了一些古埃及象形文字来阅读古代原始文本．他说当他坐飞机时，他很喜欢邻座看到他打开一本艰深的数论书时的眼神．埃尔伽莫称甘地是他的人格榜样，因为后者有平静的力量．值得一提的是，他为自己能够在不用尖叫着挣扎的情况下实现目标而感到自豪．

利用埃尔伽莫密码系统加密信息时，与明文数据组对应的密文的长度是原始明文数据组的两倍，我们称这种加密方法的信息扩张因子是 2．加密过程中的随机数 k 从几个方面提高了安全性，本节的最后我们将解释这一点．

对埃尔伽莫密码系统加密过的信息进行解密，需要知道私钥 a．对于密文对(γ, δ)而言，解密的第一步是计算 $\overline{\gamma^a}$，这只需要计算 $\gamma^{p-1-a} \pmod p$．于是，计算下式可以解密密文对 $C=(\gamma, \delta)$：

$$D(C)=\overline{\gamma^a}\delta.$$

为看清这样做为什么恢复了明文信息，只需要注意到

$$\begin{aligned}D(C) &\equiv \overline{\gamma^a}\delta \pmod p\\ &\equiv \overline{r^{ka}} P b^k \pmod p\\ &\equiv \overline{(r^a)^k} P b^k \pmod p\\ &\equiv \overline{b^k} P b^k \pmod p\\ &\equiv \overline{b^k} b^k P \pmod p\\ &\equiv P \pmod p.\end{aligned}$$

例 11.6 将展示埃尔伽莫密码系统的加密和解密过程．

例 11.6 根据例 11.5 中构造的公钥，我们用埃尔伽莫密码系统加密如下信息：

PUBLIC KEY CRYPTOGRAPHY.

在例 9.16 中，用 RSA 密码系统也加密了这一信息．我们已将字母转换为等价的数值，并且每四位数字分成一个数据组．由于最大可能的数据组为 2 525，所以这里采用同样的数据组如下：

$$\begin{array}{cccc} 1520 & 0111 & 0802 & 1004 \\ 2402 & 1724 & 1519 & 1406 \\ 1700 & 1507 & 2423, & \end{array}$$

其中，虚字母 X 转换为 23 以填满最后一组．

为加密这些数据组，选取随机数 k，$1 \leqslant k \leqslant 2537$（这里我们对每个数据组采用相同的 k；而实际应用中，对每个数据组选取不同的 k 以保证更高的安全性）．取 $k=1443$，要将每个明文数据组 P 加密，需要用到关系 $E(P)=(\gamma, \delta)$，其中 γ，δ 满足

$$\gamma \equiv 2^{1443} \equiv 2141 \pmod{2539}$$

且

$$\delta \equiv P \cdot 1150^{1443} \pmod{2539}, \quad 0 \leqslant \delta \leqslant 2538.$$

例如，第一个明文数据组的密文为(2141，216)，因为有

$$\gamma \equiv 2^{1443} \equiv 2141 \pmod{2539}$$

和

$$\delta \equiv 1520 \cdot 1150^{1443} \equiv 216 \pmod{2539}.$$

我们加密了每一数据组后，得到下列密文信息：

$$\begin{array}{cccc} (2141, 0216) & (2141, 1312) & (2141, 1771) & (2141, 1185) \\ (2141, 2132) & (2141, 1177) & (2141, 1938) & (2141, 2231) \\ (2141, 1177) & (2141, 1938) & (2141, 1694). & \end{array}$$

为解密密文数据组，我们计算

$$D(C) \equiv \overline{\gamma^{14}}\delta \pmod{2539}.$$

例如，为解密第二个密文数据组(2141，1312)，我们计算

$$\begin{aligned} D((2141, 1312)) &\equiv \overline{2141^{14}} \cdot 1312 \\ &\equiv \overline{1430} \cdot 1312 \\ &\equiv 2452 \cdot 1312 \\ &\equiv 111 \pmod{2539}. \end{aligned}$$

这里我们用到 2452 是 1430 模 2539 的逆．这个逆可以通过推广的欧几里得算法求得，读者可自行验证．（我们还用到 $2141^{14} \equiv 1430 \pmod{2539}$ 这一事实．） ◀

前面已经提到，埃尔伽莫密码系统的安全性基于从公钥(p, r, b)求私钥 a 的难度，这是离散对数问题的一个例子，而离散对数问题是一个计算困难问题，在 10.4 节已有叙述．破译埃尔伽莫加密方法就是在不知道私钥 a 的条件下，由公钥(p, r, b)和加密的信息(γ, δ)恢复信息 P．尽管可能存在不通过求解离散对数问题来破译的方法，但是这被普遍认为是计算困难的问题．

埃尔伽莫签名方案

下面讨论 1985 年 T．埃尔伽莫发明的用埃尔加莫密码系统对信息进行签名的过程．假

设用户的公钥是(p, r, b)，私钥是a，其中$b \equiv r^a \pmod p$．为了签名信息P，具有私钥a的用户这样做：首先，选取整数k，满足$(k, p-1)=1$．然后，计算γ和s，其中

$$\gamma \equiv r^k \pmod p, \quad 0 \leqslant \gamma \leqslant p-1$$

且

$$s \equiv (P - a\gamma)\overline{k} \pmod{p-1}, \quad 0 \leqslant s \leqslant p-2.$$

于是对信息P的签名是(γ, s)对．注意，这一签名依赖于随机整数k的值，并且只有知道私钥a才能进行计算．

为验证这是一个有效的签名方案，注意到我们已知公钥(p, r, b)，于是可以验证信息是来自可能的发送者的．为此，我们计算

$$V_1 \equiv \gamma^s b^\gamma \pmod p, \quad 0 \leqslant V_1 \leqslant p-1$$

和

$$V_2 \equiv r^P \pmod p, \quad 0 \leqslant V_2 \leqslant p-1.$$

签名的有效性要求$V_1 = V_2$．事实上，若签名有效，则

$$\begin{aligned} V_1 &\equiv \gamma^s b^\gamma \pmod p \\ &\equiv \gamma^{(P-a\gamma)\overline{k}} b^\gamma \pmod p \\ &\equiv (\gamma^{\overline{k}})^{P-a\gamma} b^\gamma \pmod p \\ &\equiv r^{(P-a\gamma)} b^\gamma \pmod p \\ &\equiv r^P \overline{r^{a\gamma}} b^\gamma \pmod p \\ &\equiv r^P \overline{b^\gamma} b^\gamma \pmod p \\ &\equiv r^P \pmod p \\ &= V_2. \end{aligned}$$

在埃尔伽莫签名方案中，签名不同的信息应采用不同的整数k．若用同一个整数k签名不同的信息，则利用这些签名信息求得私钥a是可能的(见习题8)．我们关心的另一个问题是，某人是否可以通过选取k并利用公钥(p, γ, b)计算$\gamma \equiv r^k \pmod p$来伪造信息$P$的签名．为完成签名，还要计算$s=(P-a\gamma)\overline{k} \pmod{p-1}$．但求$a$并不容易，因为要从$b$计算$a$是求离散对数，即求$b$关于$r$模$p$的离散对数．在不知道$a$的情况下，可以随机选取$s$，但成功的概率仅有$1/p$，而且当$p$充分大时接近于0.

例11.7将展示如何利用埃尔伽莫签名方案签名信息．

例11.7 设某人的埃尔伽莫公钥是$(p, r, b)=(2539, 2, 1150)$，对应的私钥是$a=14$．为签名信息$P=111$，首先随机选取满足$1 \leqslant k \leqslant 2538$且$(k, 2538)=1$的整数$k=457$．注意到$\overline{457}=2227 \pmod{2538}$，于是对明文信息111的签名可以通过如下计算得到：

$$\gamma \equiv 2^{457} \equiv 1079 \pmod{2539},$$

$$s \equiv (111 - 14 \cdot 1079) \cdot 2227 \equiv 1139 \pmod{2538}.$$

任何具有签名(1079，1139)和信息111的人都可以验证此签名是有效的，因为计算得到

$$1079^{1139} 1150^{1079} \equiv 1158 \pmod{2539}$$

和

$$2^{111} \equiv 1158 \pmod{2539}.$$ ◀

对埃尔伽莫签名方案加以修改，得到了人们广泛使用的数字签名算法(DSA). DSA 在 1994 年被列为美国政府官方标准，即联邦信息处理标准(FIPS)186，也就是所谓的数字签名标准. 要知道如何修改埃尔伽莫签名方案得到 DSA，参见[StPa19]和[MevaVa97].

11.2 节习题

1. 利用埃尔伽莫密码系统加密信息 HAPPY BIRTHDAY，其中公钥为$(p, r, b)=(2551, 6, 33)$. 说明如何利用私钥 $a=13$ 解密所得密文.
2. 利用埃尔伽莫密码系统加密信息 DO NOT PASS GO，其中公钥为$(p, r, b)=(2591, 7, 591)$. 说明如何利用私钥 $a=99$ 解密所得密文.
3. 已知利用公钥为$(p, r, b)=(2713, 5, 193)$的埃尔伽莫密码系统加密的信息为(2161, 660)，(2161, 1284)，(2161, 1467)，利用私钥 $a=17$ 解密此信息.
4. 已知利用公钥为$(p, r, b)=(2677, 2, 1410)$的埃尔伽莫密码系统加密的信息为(1061, 2185)，(1061, 733)，(1061, 1096)，利用私钥 $a=133$ 解密此信息.
5. 已知公钥$(p, r, b)=(2657, 3, 801)$，私钥 $a=211$ 和用来构造签名的整数 $k=101$. 利用埃尔伽莫签名方案对明文信息 $P=823$ 签名，并验证签名的有效性.
6. 已知公钥$(p, r, b)=(2543, 5, 1615)$，私钥 $a=99$ 和用来构造签名的整数 $k=257$. 利用埃尔伽莫签名方案对明文信息 $P=2525$ 签名，并验证签名的有效性.
7. 证明：若用埃尔伽莫密码系统加密两个不同的明文信息 P_1 和 P_2 时使用了同一个随机数 k，则知道明文 P_1 就能推出明文 P_2.
8. 证明：在埃尔伽莫签名方案中，若用同一个整数 k 签名两个不同的信息，产生的签名分别为(γ_1, s_1)和(γ_2, s_2)，则只要 $s_1 \not\equiv s_2 \pmod{p-1}$，就能从这些签名求得 k. 并且证明，一旦知道 k 就能轻易获取私钥 a.
9. 证明埃尔伽莫密码系统是乘法同态的(参见 9.5 节).

计算和研究

1. 为你班上每一个成员构造埃尔伽莫密码系统的公钥对和私钥对，并将所有公钥放在一个目录中.
2. 对你班上每一个成员，利用目录中公布的公钥，采用埃尔伽莫密码系统加密一个信息.
3. 对于你班上的其他成员发送给你的埃尔伽莫加密信息，利用你自己的私钥进行解密.

程序设计

1. 利用埃尔伽莫密码系统加密信息.
2. 解密由埃尔伽莫密码系统加密的信息.
3. 利用埃尔伽莫密码系统签名信息.

11.3 电话线缆绞接中的一个应用

前述理论的一个有趣应用是电话线缆的绞接. 我们的讨论基于[Or88]所阐述的内容，这与劳瑟(Lawther)的原创性文章[La35]中的内容有关，后者是对西南贝尔电话公司的工作报告.

为介绍相关应用，首先引入下面的定义.

定义 设 m 是正整数，a 是与 m 互素的整数，***a* 模 *m* 的±1-指数**是使得下式成立的最小正整数 x：

$$a^{x} \equiv \pm 1(\bmod m).$$

我们对确定一个整数模 m 的 ± 1-指数的最大可能值感兴趣，这一值记为 $\lambda_0(m)$. 下面两个定理将最大 ± 1-指数 $\lambda_0(m)$ 与最小通用指数 $\lambda(m)$ 联系起来.

首先，我们考虑有原根的正整数.

定理 11.5 设 m 是大于 2 的正整数且有原根，则它的最大 ± 1-指数 $\lambda_0(m)$ 是 $\phi(m)/2=\lambda(m)/2$.

证明 由于 m 有原根，所以 $\lambda(m)=\phi(m)$. 由定理 8.6，当 $m>2$ 时，$\phi(m)$ 是偶数，所以 $\phi(m)/2$ 是整数. 由欧拉定理可知，对使得 $(a, m)=1$ 的所有整数 a，均有

$$a^{\phi(m)}=(a^{\phi(m)/2})^2 \equiv 1(\bmod m).$$

由 10.3 节的习题 17 可知，当 m 有原根时，$x^2 \equiv 1(\bmod m)$ 有唯一解 $x \equiv \pm 1(\bmod m)$. 因此，

$$a^{\phi(m)/2} \equiv \pm 1(\bmod m).$$

这表明

$$\lambda_0(m) \leqslant \phi(m)/2.$$

现在，设 r 为模 m 的一个原根，其模 m 的 ± 1-指数为 e，则

$$r^{e} \equiv \pm 1(\bmod m),$$

于是，$r^{2e} \equiv 1(\bmod m)$. 因为 $\mathrm{ord}_m r=\phi(m)$，由定理 10.1 有 $\phi(m) \mid 2e$，即 $(\phi(m)/2) \mid e$. 从而，最大 ± 1-指数 $\lambda_0(m)$ 至少是 $\phi(m)/2$. 然而我们已经知道 $\lambda(m) \leqslant \phi(m)/2$，因此，$\lambda_0(m)=\phi(m)/2=\lambda(m)/2$. ■

现在我们来求没有原根的整数的最大 ± 1 -指数.

定理 11.6 设 m 是没有原根的正整数，则最大 ± 1-指数 $\lambda_0(m)$ 等于最小通用指数 $\lambda(m)$.

证明 首先证明，若存在阶为 $\lambda(m)$ 且 ± 1-指数为 e 的正整数 a，使得

$$a^{\lambda(m)/2} \not\equiv -1(\bmod m),$$

则 $e=\lambda(m)$. 因此，一旦找到这样的整数 a，我们就能证明 $\lambda_0(m)=\lambda(m)$.

假设正整数 a 的阶为 $\lambda(m)$ 模 m 且 ± 1-指数为 e，满足

$$a^{\lambda(m)/2} \not\equiv -1(\bmod m).$$

因为 $a^{e} \equiv \pm 1(\bmod m)$，所以 $a^{2e} \equiv 1(\bmod m)$. 由定理 10.1，$\lambda(m) \mid 2e$. 由于 $\lambda(m) \mid 2e$ 且 $e \leqslant \lambda(m)$，故或者 $e=\lambda(m)/2$，或者 $e=\lambda(m)$. 为证 $e \neq \lambda(m)/2$，注意到 $a^{e} \equiv \pm 1(\bmod m)$，但是 $a^{\lambda(m)/2} \not\equiv 1(\bmod m)$，这是因为由假设有 $\mathrm{ord}_m a=\lambda(m)$，且 $a^{\lambda(m)/2} \not\equiv -1(\bmod m)$. 因此，我们可以推出，若 $\mathrm{ord}_m a=\lambda(m)$，则 a 有 ± 1 -指数 e，且 $a^{e} \equiv -1(\bmod m)$，则 $e=\lambda(m)$.

下面找出具备所需性质的整数 a. 设 m 的素幂因子分解为 $m=2^{t_0} p_1^{t_1} p_2^{t_2} \cdots p_s^{t_s}$. 分情况考虑.

首先考虑 m 至少有两个奇素因子的情形. 设在所有整除 m 的素数幂 $p_i^{t_i}$ 中，$p_j^{t_j}$ 是整除 $\phi(p_j^{t_j})$ 的 2 的方幂中最小的一个. 设 r_i 是 $p_i^{t_i}$ $(i=1, 2, \cdots, s)$ 的原根. 设整数 a 满足下面的联立同余式：

$$a \equiv 3(\bmod 2^{t_0}),$$

$$a \equiv r_i(\text{mod } p_i^{t_i})\text{，对所有 } i,\ i \neq j$$
$$a \equiv r_j^2(\text{mod } p_j^{t_j}).$$

中国剩余定理保证了这样的整数 a 是存在的．注意到

$$\text{ord}_m a = [\lambda(2^{t_0}),\ \phi(p_1^{t_1}),\ \cdots,\ \phi(p_j^{t_j})/2,\ \cdots,\ \phi(p_s^{t_s})],$$

由 $p_j^{t_j}$ 的选取可知，此最小公倍数为 $\lambda(m)$．由于 $a \equiv r_j^2(\text{mod } p_j^{t_j})$，所以 $a^{\phi(p_j^{t_j})/2} \equiv r_j^{\phi(p_j^{t_j})} \equiv 1(\text{mod } p_j^{t_j})$．又因为 $\phi(p_j^{t_j})/2 \mid \lambda(m)/2$，我们知道

$$a^{\lambda(m)/2} \equiv 1(\text{mod } p_j^{t_j}),$$

从而

$$a^{\lambda(m)/2} \not\equiv -1(\text{mod } m).$$

因此，a 的 ± 1 -指数为 $\lambda(m)$．

接下来考虑针对形如 $m = 2^{t_0} p_1^{t_1}$ 的整数，其中 p_1 为奇素数，$t_0 \geqslant 2$，$t_1 \geqslant 1$，因为 m 没有原根．当 $t_0 = 2$ 或 3 时，我们有

$$\lambda(m) = [2,\ \phi(p_1^{t_1})] = \phi(p_1^{t_1}).$$

设 a 是下列同余方程的联立解：

$$a \equiv 1(\text{mod } 4)$$
$$a \equiv r(\text{mod } p_t^{t_1}),$$

其中 r 为 $p_1^{t_1}$ 的一个原根．我们知道 $\text{ord}_m a = \lambda(m)$．因为

$$a^{\lambda(m)/2} \equiv 1(\text{mod } 4),$$

所以

$$a^{\lambda(m)/2} \not\equiv -1(\text{mod } m).$$

因此，a 的 ± 1 -指数为 $\lambda(m)$．

当 $t_0 \leqslant 4$ 时，设 a 是下列联立同余方程组的解：

$$a \equiv 3(\text{mod } 2^{t_0})$$
$$a \equiv r(\text{mod } p_t^{t_1});$$

由中国剩余定理可知这样的 a 是存在的．可以证明 $\text{ord}_m a = \lambda(m)$．因为 $4 \mid \lambda(2^{t_0})$，所以 $4 \mid \lambda(m)$．于是，

$$a^{\lambda(m)/2} \equiv 3^{\lambda(m)/2} \equiv (3^2)^{\lambda(m)/4} \equiv 1(\text{mod } 8).$$

所以，

$$a^{\lambda(m)/2} \not\equiv -1(\text{mod } m),$$

从而 a 的 ± 1 -指数为 $\lambda(m)$．

最后，当 $m = 2^{t_0}$，$t_0 \geqslant 3$ 时，由定理 10.12 知 $\text{ord}_m 5 = \lambda(m)$，但

$$5^{\lambda(m)/2} \equiv (5^2)^{\lambda(m)/4} \equiv 1(\text{mod } 8).$$

所以

$$5^{\lambda(m)/2} \not\equiv -1(\text{mod } m);$$

由此得出 5 的 ± 1 -指数为 $\lambda(m)$．

上面的论述处理了 m 没有原根的所有情况，所以证明完毕. ■

现在，我们构建一种绞接电话线缆的系统. 电话线缆由外包绝缘物质的铜线的同心层制成，如图 11.1 所示，并且分成特定长度的节段生产.

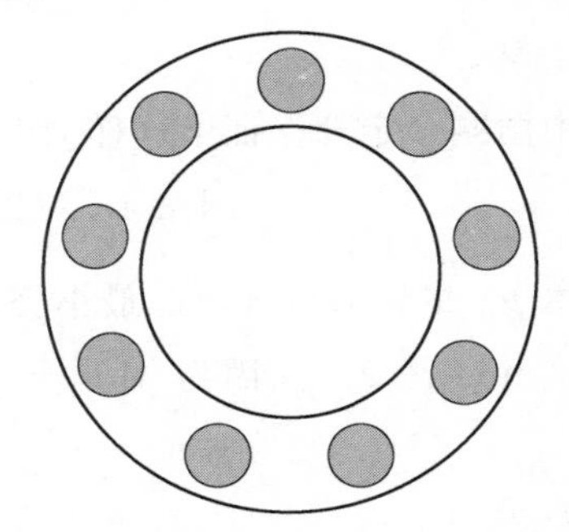

图 11.1 电话线缆某一层的截面图

电话线路由若干段线缆绞接而成. 当两根铜线在多个节段的同一层上相邻时，经常会出现干扰和串音的问题. 因此，在某一节段同一层上相邻的铜线，在相邻节段上不应同层相邻. 为实用起见，绞接系统应操作简单. 我们用下面的规则描述绞接系统：某一节段同心层上的线绞接到下一节段同心层上的线时，总在每个连接处有相同的绞接方向. 在有 m 根线的层中，我们将位置为 $j(1\leqslant j\leqslant m)$的线与下一节段中位置为 $S(j)$的线相连，其中 $S(j)$是 $1+(j-1)s$ 模 m 的最小正剩余. 这里，s 称为绞接系统的距，我们看到，当上一节段的线与下一节段的线绞接时，前一节段相邻的两根线在下一节段中正好相差 s 模 m. 为了使得相邻两节段中线的绞接是一一对应的，必须要求距 s 与线的数目 m 互素. 这说明，若同一节段上在位置 j 与在位置 k 的线均绞接到下一节段的同一位置，则 $S(j)=S(k)$，且

$$1+(j-1)s\equiv 1+(k-1)s(\bmod m),$$

于是 $js\equiv ks(\bmod m)$. 因为$(m, s)=1$，由推论 5.5.1 可见 $j\equiv k(\bmod m)$，而这是不可能的.

例 11.8 将九根线用距 2 绞接. 有如下对应关系：

$$\begin{array}{lll} 1\to 1 & 2\to 3 & 3\to 5 \\ 4\to 7 & 5\to 9 & 6\to 2 \\ 7\to 4 & 8\to 6 & 9\to 8, \end{array}$$

如图 11.2 所示. ◀

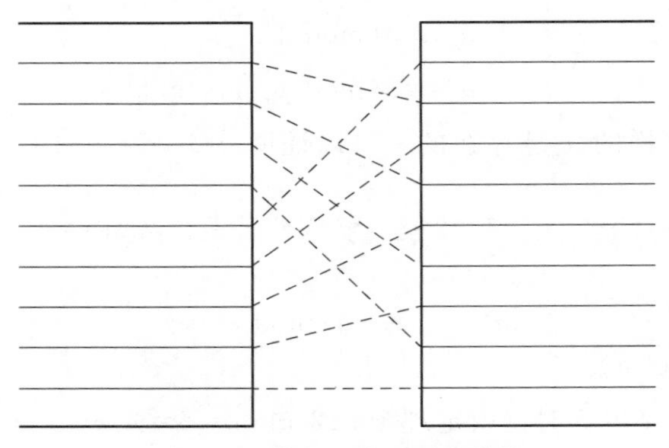

图 11.2 将九根线用距 2 绞接

下面的结论说明了电话线缆中第 1 节段的线与第 n 节段的线之间的对应关系.

定理 11.7 设 $S_n(j)$表示第 1 节段位置为 j 的线经过绞接后在第 n 节段的位置，则

$$S_n(j) \equiv 1 + (j-1)s^{n-1} \pmod m.$$

证明 对 $n=2$，由绞接系统的规则有

$$S_2(j) \equiv 1 + (j-1)s \pmod m,$$

所以命题对 $n=2$ 成立．现在假定

$$S_n(j) \equiv 1 + (j-1)s^{n-1} \pmod m.$$

则在下一节段中，位置为 $S_n(j)$ 的线绞接到如下位置的线：

$$\begin{aligned} S_{n+1}(j) &\equiv 1 + (S_n(j) - 1)s \\ &\equiv 1 + ((j-1)s^{n-1})s \\ &\equiv 1 + (j-1)s^n \pmod m. \end{aligned}$$

这说明命题成立． ■

在绞接系统中，我们希望某一节段上相邻的线在下一节段上分得尽可能远．定理 11.7 告诉我们，经过 n 次绞接后，位于 j 与 $j+1$ 两个相邻位置的线分别绞接到位置 $S_n(j) \equiv 1+(j-1)s^n \pmod m$ 和位置 $S_n(j+1) \equiv 1+js^n \pmod m$ 的线上．这些线在第 n 节段相邻当且仅当

$$S_n(j) - S_n(j+1) \equiv \pm 1 \pmod m,$$

或等价地，

$$(1+(j-1)s^n) - (1+js^n) \equiv \pm 1 \pmod m,$$

上式成立当且仅当

$$s^n \equiv \pm 1 \pmod m.$$

我们现在来应用本节开始所述的理论，要使第 1 节段中相邻的线在以后的绞接过程中分得尽可能远，则应选取距 s 为有最大 ± 1 -指数 $\lambda_0(m)$ 的整数．

例 11.9 对 100 根线，应选取距 s 使其 ± 1 -指数为 $\lambda_0(100) = \lambda(100) = 20$．经过适当计算，可取 $s=3$ 为距． ◀

11.3 节习题

1. 求下列正整数的最大 ± 1 -指数．

   a) 17　b) 22　c) 24　d) 36　e) 99　f) 100

2. 求模下列正整数的具有最大 ± 1 -指数的整数．

   a) 13　b) 14　c) 15　d) 25　e) 36　f) 60

3. 对具有下列数目的线的电话线缆，设计一个绞接方案．

   a) 50 根线　b) 76 根线　c) 125 根线

* 4. 证明在某一同心层具有 m 根线的任何电话线缆绞接系统中，在某节段上相邻的两根线至多在连续 $[(m-1)/2]$ 个节段上分开．证明：在 m 为素数时，用本节中所讲的系统能达到这个上限．

计算和研究

1. 对于不超过 1 000 的正整数，求它们的最大 ± 1 -指数．

程序设计

1. 给定正整数 m，求其最大 ± 1 -指数．
2. 用本节所述的方法，设计一种电话线缆绞接方案．

第12章 二次剩余

整数 a 何时是模素数 p 完全平方数呢？伟大的数论学家欧拉、勒让德和高斯对于这一问题及其相关问题的研究，导致了现代数论很多方面的发展．本章将讨论在研究这样的问题的过程中所得的新结论和老结论．首先，我们定义二次剩余的概念，即模 p 平方数的整数 a，并建立二次剩余的基本性质．我们引入用于判定一个整数是否为模 p 的二次剩余的勒让德符号，并讨论此符号的基本性质．我们还将叙述并证明由欧拉和高斯发现的两个重要的准则，它们可以用来判定 a 是否为模 p 的二次剩余，特别地，我们用这些准则来判定 -1 和 2 是否为 p 的二次剩余．

我们还将证明，模 pq 完全平方数恰有四个不同余的模 pq 平方根，其中 p 和 q 是素数．模平方根在密码学中被大量使用，例如用在公平地选择随机位的协议（“电子抛币”）中．我们将说明（在本章的最后一节中），在交互式协议中如何用模平方根来证明一个人掌握秘密信息而不泄露此信息．

假设 p 和 q 是两个不同的奇素数．我们要问 p 是否为模 q 平方数和 q 是否为模 p 平方数．这两个问题之间有什么关系吗？在本章中，我们将通过著名的二次互反律来说明这两个问题是紧密相关的．欧拉和勒让德发现了二次互反律，但最终由高斯在 18 世纪末给出证明．我们将给出二次互反律诸多证明中最容易理解的一个．二次互反律在理论和实践上都有着重要意义．我们将给出它在计算和证明一些有用结论中的应用，例如证明判定费马数是否为素数的佩潘（Pepin）检验法．

用来判定一个整数是否为模 p 二次剩余的勒让德符号可以推广为雅可比符号．我们将推导雅可比符号的基本性质，并证明它们也满足一个互反律，这是二次互反律的推论．我们将说明如何用雅可比符号来简化勒让德符号的计算．利用雅可比符号，我们引入一种特殊类型的伪素数——欧拉伪素数，它通过满足二次剩余的欧拉准则来伪装成素数．运用这一概念，我们提出一种概率素性检验法．

12.1 二次剩余与二次非剩余

设 p 是奇素数，a 是与 p 互素的整数．本章讨论的主要问题是：a 是否为模 p 完全平方数？首先从定义开始．

定义 设 m 是正整数，a 是整数．若 $(a, m)=1$，且同余方程 $x^2 \equiv a \pmod m$ 有解，则称 a 为 ***m* 的二次剩余**．若同余方程 $x^2 \equiv a \pmod m$ 无解，则称 a 为 ***m* 的二次非剩余**．

例 12.1 为决定哪些整数是 11 的二次剩余，我们计算整数 1，2，3，…，10 的平方，得到 $1^2 \equiv 10^2 \equiv 1 \pmod{11}$，$2^2 \equiv 9^2 \equiv 4 \pmod{11}$，$3^2 \equiv 8^2 \equiv 9 \pmod{11}$，$4^2 \equiv 7^2 \equiv 5 \pmod{11}$，$5^2 \equiv 6^2 \equiv 3 \pmod{11}$．因此，11 的二次剩余是 1，3，4，5，9，二次非剩余是 2，6，7，8，10． ◀

注意，正整数 m 的二次剩余恰为 10.4 节中 m 的 k 次剩余在 $k=2$ 的情形．设 p 是奇素数，则在整数 1，2，…，$p-1$ 中，p 的二次剩余与二次非剩余个数相同．我们利用下面的引理来证明这一事实.

引理 12.1 设 p 是奇素数, a 是不被 p 整除的整数, 则同余方程

$$x^2 \equiv a \pmod{p}$$

或者无解, 或者恰有两个模 p 不同余的解.

证明 若 $x^2 \equiv a \pmod{p}$ 有解, 不妨设为 $x = x_0$, 则易见 $x = -x_0$ 是不同余的解. 因为 $(-x_0)^2 = x_0^2 \equiv a \pmod{p}$, 所以 $-x_0$ 也是解. 我们还注意到, $x_0 \not\equiv -x_0 \pmod{p}$, 倘若 $x_0 \equiv -x_0 \pmod{p}$, 则有 $2x_0 \equiv 0 \pmod{p}$. 因为 p 是奇数且 $p \nmid x_0$, 故由引理 4.3 可知这是不可能的. (由 $x_0^2 \equiv a \pmod{p}$ 和 $p \nmid a$ 可得 $p \nmid x_0$.)

为证不存在多于两个不同余的解, 设 x_0 和 x_1 都是 $x^2 \equiv a \pmod{p}$ 的解. 则有 $x_0^2 \equiv x_1^2 \equiv a \pmod{p}$, 于是 $x_0^2 - x_1^2 = (x_0 + x_1)(x_0 - x_1) \equiv 0 \pmod{p}$. 因此, $p \mid (x_0 + x_1)$ 或 $p \mid (x_0 - x_1)$, 于是, $x_1 \equiv -x_0 \pmod{p}$ 或 $x_1 \equiv x_0 \pmod{p}$. 因此, 若 $x^2 \equiv a \pmod{p}$ 有解, 则只能有两个不同余的解. ■

由此得出以下定理.

定理 12.1 若 p 是奇素数, 则在整数 $1, 2, \cdots, p-1$ 中, p 的二次剩余恰有 $(p-1)/2$ 个, 二次非剩余恰有 $(p-1)/2$ 个.

证明 为在整数 $1, 2, \cdots, p-1$ 中找出 p 的所有二次剩余, 我们计算这些整数平方的模 p 最小正剩余. 因为要考虑 $p-1$ 个平方, 且同余方程 $x^2 \equiv a \pmod{p}$ 或者没有解, 或者有两个解, 所以在 $1, 2, \cdots, p-1$ 中, p 的二次剩余恰有 $(p-1)/2$ 个, 剩下的 $(p-1)-(p-1)/2=(p-1)/2$ 个不超过 $p-1$ 的正整数是 p 的二次非剩余. ■

第 10 章研究过的原根和指数提供了证明与二次剩余有关的结论的另外一种方法.

定理 12.2 设 p 是素数, r 是 p 的原根, a 是不被 p 整除的整数. 若 $\mathrm{ind}_r a$ 是偶数, 则 a 是 p 的二次剩余, 若 $\mathrm{ind}_r a$ 是奇数, 则 a 是 p 的二次非剩余.

证明 设 $\mathrm{ind}_r a$ 是偶数, 则 $(r^{\mathrm{ind}_r a/2})^2 \equiv a \pmod{p}$, 这说明 a 是 p 的二次剩余. 现在设 a 是 p 的二次剩余. 则存在整数 x 使得 $x^2 \equiv a \pmod{p}$, 于是 $\mathrm{ind}_r x^2 = \mathrm{ind}_r a$. 由定理 10.17 的(iii), $2 \cdot \mathrm{ind}_r x \equiv \mathrm{ind}_r a \pmod{\phi(p)}$, 因此 $\mathrm{ind}_r a$ 是偶数. 从而 a 是 p 的二次剩余当且仅当 $\mathrm{ind}_r a$ 是偶数. 因此, a 是 p 的二次非剩余当且仅当 $\mathrm{ind}_r a$ 是奇数. ■

由定理 12.2 可知, 奇素数 p 的每个原根都是 p 的二次非剩余.

我们通过给出定理 12.1 的另一个证明来说明如何利用原根、指数与二次剩余的关系证明有关二次剩余的结论.

证明 设 p 是奇素数且有原根 r, 由定理 12.2, 在整数 $1, 2, 3, \cdots, p-1$ 中, p 的二次剩余是那些以 r 为底的指数为偶数的整数. 于是, 此集合中 p 的二次剩余是 r^k 的最小正剩余, 其中 k 是满足 $1 \leqslant k \leqslant p-1$ 的偶数. 这样的整数恰有 $(p-1)/2$ 个, 所以结论成立. ■

下面的定义给出了与二次剩余有关的特殊记号.

定义 设 p 是奇素数, 整数 a 不被 p 整除. **勒让德符号** $\left(\frac{a}{p}\right)$ 定义为

$$\left(\frac{a}{p}\right) = \begin{cases} 1, & \text{若 } a \text{ 是 } p \text{ 的二次剩余;} \\ -1, & \text{若 } a \text{ 是 } p \text{ 的二次非剩余.} \end{cases}$$

该符号是以引入此记号的法国数学家安德里安-马里耶·勒让德的名字命名的.

安德里安-马里耶·勒让德(Adrien-Marie Legendre，1752—1833)出生于一个富有的家庭. 1775 年到 1780 年，他在巴黎军事学院担任教授. 1795 年，他被聘任为巴黎高等师范学院的教授. 他于 1785 年出版的学术论文集 *Recherches d'Analyse Indeterminée* 包含了对二次互反律的讨论、对狄利克雷的等差数列定理的叙述以及将正整数表为三平方和的讨论. 他证明了费马大定理 $n=5$ 的情形. 勒让德撰写了一本几何学的教科书 *Eléments de géométrie*，它被使用了一百多年，是其他教科书的范例. 勒让德在数理天文学和大地测量学中做出了奠基性的发现，他还第一个讨论了最小二乘法.

例 12.2 上一个例子给出了勒让德符号$\left(\frac{a}{11}\right)$在 $a=1，2，\cdots，10$ 的值：

$$\left(\frac{1}{11}\right)=\left(\frac{3}{11}\right)=\left(\frac{4}{11}\right)=\left(\frac{5}{11}\right)=\left(\frac{9}{11}\right)=1,$$

$$\left(\frac{2}{11}\right)=\left(\frac{6}{11}\right)=\left(\frac{7}{11}\right)=\left(\frac{8}{11}\right)=\left(\frac{10}{11}\right)=-1.$$ ◀

我们现在给出判定一个整数是否为某个素数的二次剩余的准则. 这个准则在证明勒让德符号的性质时很有用.

定理 12.3(欧拉判别法) 设 p 是奇素数，a 是不被 p 整除的正整数，则

$$\left(\frac{a}{p}\right)\equiv a^{(p-1)/2}(\bmod p).$$

证明 首先，假设$\left(\frac{a}{p}\right)=1$. 于是，同余方程 $x^2\equiv a(\bmod p)$有解，设为 $x=x_0$. 利用费马小定理，可知

$$a^{(p-1)/2}=(x_0^2)^{(p-1/2)}=x_0^{p-1}\equiv 1(\bmod p).$$

因此，若$\left(\frac{a}{p}\right)=1$，则$\left(\frac{a}{p}\right)\equiv a^{(p-1)/2}(\bmod p)$.

现在考虑$\left(\frac{a}{p}\right)=-1$ 的情形. 此时，同余方程 $x^2\equiv a(\bmod p)$无解. 由推论 5.12.1，对每个满足$(i，p)=1$ 的整数 i，存在整数 j 使得 $ij\equiv a(\bmod p)$. 又因为同余方程 $x^2\equiv a(\bmod p)$无解，故可知 $i\neq j$. 因此，我们可以将整数 $1，2，\cdots，p-1$ 分成$(p-1)/2$ 对，每一对的乘积为 a. 将这些式子相乘，得

$$(p-1)!\equiv a^{(p-1)/2}(\bmod p).$$

由威尔逊定理可知，$(p-1)!\equiv -1(\bmod p)$，于是

$$-1\equiv a^{(p-1)/2}(\bmod p).$$

在此情形下，我们有$\left(\frac{a}{p}\right)\equiv a^{(p-1)/2}(\bmod p)$. ■

例 12.3 设 $p=23$，$a=5$. 因为 $5^{11}\equiv -1(\bmod 23)$，所以由欧拉判别法，$\left(\frac{5}{23}\right)=-1$，

因此 5 为 23 的二次非剩余.

现在，我们来证明勒让德符号的一些性质.

定理 12.4 设 p 是奇素数，a 和 b 是不被 p 整除的整数. 则

(i) 若 $a\equiv b \pmod p$，则 $\left(\frac{a}{p}\right)=\left(\frac{b}{p}\right)$；

(ii) $\left(\frac{a}{p}\right)\left(\frac{b}{p}\right)=\left(\frac{ab}{p}\right)$；

(iii) $\left(\frac{a^2}{p}\right)=1$.

(i) 的证明 若 $a\equiv b \pmod p$，则 $x^2\equiv a \pmod p$ 有解当且仅当 $x^2\equiv b \pmod p$ 有解. 因此，$\left(\frac{a}{p}\right)=\left(\frac{b}{p}\right)$.

(ii) 的证明 由欧拉判别法可知

$$\left(\frac{a}{p}\right)\equiv a^{(p-1)/2} \pmod p,\quad \left(\frac{b}{p}\right)\equiv b^{(p-1)/2} \pmod p,$$

且

$$\left(\frac{ab}{p}\right)\equiv (ab)^{(p-1)/2} \pmod p.$$

因此，

$$\left(\frac{a}{p}\right)\left(\frac{b}{p}\right)\equiv a^{(p-1)/2}b^{(p-1)/2}=(ab)^{(p-1)/2}\equiv\left(\frac{ab}{p}\right) \pmod p.$$

由于勒让德符号的取值只能是 ±1，所以

$$\left(\frac{a}{p}\right)\left(\frac{b}{p}\right)=\left(\frac{ab}{p}\right).$$

(iii) 的证明 因为 $\left(\frac{a}{p}\right)=\pm1$，因此由(ii)，有

$$\left(\frac{a^2}{p}\right)=\left(\frac{a}{p}\right)\left(\frac{a}{p}\right)=1.$$ ■

定理 12.4 的(ii)有如下有趣的推论. 一个素数的两个二次剩余的乘积或者两个二次非剩余的乘积是此素数的二次剩余，但是一个素数的二次剩余与二次非剩余的乘积是此素数的二次非剩余.

可以像证明定理 12.2 一样，利用原根和指数的概念给出定理 12.3 和定理 12.4 的相对简单的证明.（见本节习题 30 和习题 31.）

12.1.1 何时 −1 为素数 p 的二次剩余

−1 是哪些不超过 20 的奇素数的二次剩余？由 $2^2\equiv-1 \pmod 5$，$5^2\equiv-1 \pmod{13}$，$4^2\equiv-1 \pmod{17}$，可知 −1 是 5，13，17 的二次剩余. 又易知(请读者自行验证)当 $p=3$，7，11，19 时，同余方程 $x^2\equiv-1 \pmod p$ 无解. 由此得出如下猜想：−1 是奇素数 p 的二次剩余当且仅当 $p\equiv1 \pmod 4$.

利用欧拉判别法，我们可以证明这一猜想.

定理 12.5　设 p 是奇素数，则

$$\left(\frac{-1}{p}\right)=\begin{cases}1, & 若\ p\equiv 1 \pmod 4;\\ -1, & 若\ p\equiv -1 \pmod 4.\end{cases}$$

证明　由欧拉判别法知

$$\left(\frac{-1}{p}\right)\equiv(-1)^{(p-1)/2} \pmod p.$$

若 $p\equiv 1 \pmod 4$，则对某个正整数 k 有 $p=4k+1$，所以

$$(-1)^{(p-1)/2}=(-1)^{2k}=1,$$

即有 $\left(\frac{-1}{p}\right)=1$. 若 $p\equiv 3 \pmod 4$，则对某个正整数 k 有 $p=4k+3$，所以

$$(-1)^{(p-1)/2}=(-1)^{2k+1}=-1,$$

即有 $\left(\frac{-1}{p}\right)=-1$. ■

12.1.2　高斯引理

下述高斯的优美结果给出了用于判定与素数 p 互素的整数 a 是否为 p 的二次剩余的另一个准则.

引理 12.2(高斯引理)　设 p 是奇素数，a 是整数，且 $(a, p)=1$. 若 s 是整数 a，$2a$，$3a$，…，$((p-1)/2)a$ 的最小正剩余中大于 $p/2$ 的个数，则 $\left(\frac{a}{p}\right)=(-1)^s$.

证明　考虑整数 a，$2a$，$3a$，…，$((p-1)/2)a$. 设 u_1，u_2，…，u_s 是它们的最小正剩余中大于 $p/2$ 的那些，v_1，v_2，…，v_t 是小于 $p/2$ 的那些. 因为对满足的 $1\leqslant j\leqslant(p-1)/2$ 的全部 j 有 $(ja, p)=1$，所以这些最小正剩余只能在集合 1，2，…，$p-1$ 中取得.

下面我们证明，$p-u_1$，$p-u_2$，…，$p-u_s$，v_1，v_2，…，v_t 按某一顺序恰好组成整数 1，2，…，$(p-1)/2$ 的集合. 为此，只需要证明这些整数两两模 p 不同余，这是因为这些正整数恰有 $(p-1)/2$ 个，并且都不超过 $(p-1)/2$.

显然，任意两个 u_i 模 p 不同余，任意两个 v_j 模 p 不同余；若这两组数中存在一对数模 p 同余，即有两个不超过 $(p-1)/2$ 的整数 m，n，则有 $ma\equiv na \pmod p$. 由于 $p\nmid a$，故有 $m\equiv n \pmod p$，而这是不可能的.

另外，一个 $p-u_i$ 不可能同余于一个 v_j，否则我们有整数 m，n 使得 $ma\equiv p-na \pmod p$，从而 $ma\equiv -na \pmod p$. 由于 $p\nmid a$，这将导致 $m\equiv -n \pmod p$，而这是不可能的，因为 m，n 都是 1，2，…，$(p-1)/2$ 中的数.

已经知道在适当排序后，$p-u_1$，$p-u_2$，…，$p-u_s$，v_1，v_2，…，v_t 恰是整数 1，2，…，$(p-1)/2$，我们得到

$$(p-u_1)(p-u_2)\cdots(p-u_s)v_1v_2\cdots v_t=\left(\frac{p-1}{2}\right)!,$$

这蕴涵

$$(-1)^s u_1 u_2 \cdots u_s v_1 v_2 \cdots v_t \equiv \left(\frac{p-1}{2}\right)!(\bmod p). \tag{12.1}$$

另一方面，因为 u_1，u_2，…，u_s，v_1，v_2，…，v_t 是整数 a，$2a$，…，$((p-1)/2)a$ 的最小正剩余，而且

$$\begin{aligned} u_1 u_2 \cdots u_s v_1 v_2 \cdots v_t &\equiv a \cdot 2a \cdots ((p-1)/2)a \\ &= a^{\frac{p-1}{2}}((p-1)/2)!\ (\bmod p). \end{aligned} \tag{12.2}$$

因此，由式(12.1)和式(12.2)可知

$$(-1)^s a^{\frac{p-1}{2}}((p-1)/2)! \equiv ((p-1)/2)!(\bmod p).$$

由于$(p,((p-1)/2)!)=1$，这一同余式蕴涵

$$(-1)^s a^{\frac{p-1}{2}} \equiv 1(\bmod p).$$

两边同时乘以$(-1)^s$，得

$$a^{\frac{p-1}{2}} \equiv (-1)^s(\bmod p).$$

欧拉判别法表明 $a^{\frac{p-1}{2}} \equiv \left(\frac{a}{p}\right)(\bmod p)$，所以

$$\left(\frac{a}{p}\right) \equiv (-1)^s(\bmod p),$$

这就证明了高斯引理. ■

例 12.4 设 $a=5$，$p=11$. 为利用高斯引理求$\left(\frac{5}{11}\right)$，计算 $1\cdot5$，$2\cdot5$，$3\cdot5$，$4\cdot5$，$5\cdot5$ 的最小正剩余，分别为 5，10，4，9，3. 因为只有两个大于 11/2，所以由高斯引理知$\left(\frac{5}{11}\right)=(-1)^2=1$. ◀

12.1.3 何时 2 为素数 p 的二次剩余

哪些不超过 50 的奇素数 p 以 2 为二次剩余？因为 $3^2\equiv2(\bmod 7)$，$6^2\equiv2(\bmod 17)$，$5^2\equiv2(\bmod 23)$，$8^2\equiv2(\bmod 31)$，$17^2\equiv2(\bmod 41)$，$7^2\equiv2(\bmod 47)$，所以 2 是 7，17，23，31，41，47 的二次剩余. 而 $p=3$，5，11，13，19，29，37，43 时，同余方程 $x^2\equiv 2(\bmod p)$无解(请读者自行验证). 那么，对于一般的素数 p，2 是其二次剩余的素数 p 有没有什么规律呢？考察上面的素数，我们发现 2 是否为素数 p 的二次剩余似乎是由 p 模 8 的同余式来决定的. 我们猜想，2 是奇素数 p 的二次剩余当且仅当 $p\equiv\pm1(\bmod 8)$. 利用高斯引理可以证明这一猜想.

定理 12.6 若 p 是奇素数，则

$$\left(\frac{2}{p}\right)=(-1)^{(p^2-1)/8}.$$

因此，对所有素数 $p\equiv\pm1(\bmod 8)$，2 是其二次剩余，对所有素数 $p\equiv\pm3(\bmod 8)$，2 是其二次非剩余.

证明 由高斯引理，若 s 是整数

$$1 \cdot 2,\ 2 \cdot 2,\ 3 \cdot 2,\ \cdots,\ ((p-1)/2) \cdot 2$$

的最小正剩余中大于 $p/2$ 的个数，则 $\left(\frac{2}{p}\right) \equiv (-1)^s$. 因为这些整数均小于 p，所以为了求这些整数的大于 $p/2$ 的最小正剩余的个数，我们只需要计数这些大于 $p/2$ 的整数的个数.

满足 $1 \leqslant j \leqslant (p-1)/2$ 的整数 $2j$ 在 $j \leqslant p/4$ 时小于 $p/2$. 因此，集合中有 $[p/4]$ 个整数小于 $p/2$. 因此，共有 $s=(p-1)/2-[p/4]$ 个整数大于 $p/2$. 从而，由高斯引理可知

$$\left(\frac{2}{p}\right) = (-1)^{\frac{p-1}{2}-[p/4]}.$$

为证明定理，只需要证明对每一个奇整数 p，有

$$\frac{p-1}{2} - [p/4] \equiv \frac{p^2-1}{8} \pmod 2. \tag{12.3}$$

注意，式(12.3)对正整数 p 成立当且仅当它对 $p+8$ 成立. 这是因为

$$\begin{aligned} \frac{(p+8)-1}{2} - [(p+8)/4] &= \left(\frac{p-1}{2}+4\right) - ([p/4]+2) \\ &\equiv \frac{p-1}{2} - [p/4] \pmod 2 \end{aligned}$$

和

$$\frac{(p+8)^2-1}{8} = \frac{p^2-1}{8} + 2p + 8 \equiv \frac{p^2-1}{8} \pmod 2.$$

所以我们推断出，若式(12.3)对 $p=\pm 1$ 和 $p=\pm 3$ 成立，则它对每个奇整数 p 成立. 我们将验证式(12.3)对这四个 p 的值成立的工作留给读者.

因此，对每个素数 p 都有 $\left(\frac{2}{p}\right) = (-1)^{(p^2-1)/8}$.

通过计算 $(p^2-1)/8 \pmod 2$ 的同余类，可知在 $p \equiv \pm 1 \pmod 8$ 时有 $\left(\frac{2}{p}\right)=1$，在 $p \equiv \pm 3 \pmod 8$ 时有 $\left(\frac{2}{p}\right)=-1$. ■

例 12.5 由定理 12.6 可知

$$\left(\frac{2}{7}\right) = \left(\frac{2}{17}\right) = \left(\frac{2}{23}\right) = \left(\frac{2}{31}\right) = 1,$$

而

$$\left(\frac{2}{3}\right) = \left(\frac{2}{5}\right) = \left(\frac{2}{11}\right) = \left(\frac{2}{13}\right) = \left(\frac{2}{19}\right) = \left(\frac{2}{29}\right) = -1.$$ ◀

现在我们给出一个计算勒让德符号的例子.

例 12.6 计算 $\left(\frac{317}{11}\right)$. 由于 $317 \equiv 9 \pmod{11}$，利用定理 12.4 可得

$$\left(\frac{317}{11}\right) = \left(\frac{9}{11}\right) = \left(\frac{3}{11}\right)^2 = 1.$$

计算 $\left(\frac{89}{13}\right)$. 由于 $89 \equiv -2 \pmod{13}$，故有

$$\left(\frac{89}{13}\right)=\left(\frac{-2}{13}\right)=\left(\frac{-1}{13}\right)\left(\frac{2}{13}\right).$$

又因为 $13\equiv 1 \pmod 4$，故由定理 12.5 知 $\left(\frac{-1}{13}\right)=1$. 因为 $13\equiv -3 \pmod 8$，故由定理 12.6 可知 $\left(\frac{2}{13}\right)=-1$. 因此，$\left(\frac{89}{13}\right)=-1$. ◀

在下一节中，我们将叙述并证明初等数论中最引人入胜、最富有挑战性且意义重大的结论，即*二次互反律*. 这一定理将 $\left(\frac{p}{q}\right)$ 与 $\left(\frac{q}{p}\right)$ 的值联系起来，其中 p 和 q 是奇素数. 从本章可以看出，二次互反律在理论和实践中都具有很多方面的意义. 从计算的角度来看，它可以帮助我们计算勒让德符号.

12.1.4 模平方根

假设 $n=pq$，其中 p 和 q 是不同的奇素数，且假设同余方程 $x^2\equiv a \pmod n$ 有解 $x=x_0$，其中 $0<a<n$ 且 $(a, n)=1$. 我们要证明上述同余方程恰有四个模 n 不同余的解. 换言之，我们要证明 a 有四个不同余的模 n *平方根*. 为此，设 $x_0\equiv x_1 \pmod p$，$0<x_1<p$，且设 $x_0\equiv x_2 \pmod q$，$0<x_2<q$. 则同余方程 $x^2\equiv a \pmod p$ 恰有两个不同余的模 p 解，即 $x\equiv x_1 \pmod p$ 和 $x\equiv p-x_1 \pmod p$. 类似地，同余方程 $x_2\equiv a \pmod q$ 恰有两个不同余的模 q 解，即 $x\equiv x_2 \pmod q$ 和 $x\equiv q-x_2 \pmod q$.

由中国剩余定理，同余方程 $x^2\equiv a \pmod n$ 恰有四个不同余的解；这四个不同余的解是下列四个联立同余方程组的唯一模 pq 解：

(i) $x\equiv x_1 \pmod p$
$x\equiv x_2 \pmod q$，

(ii) $x\equiv x_1 \pmod p$
$x\equiv q-x_2 \pmod q$，

(iii) $x\equiv p-x_1 \pmod p$
$x\equiv x_2 \pmod q$，

(iv) $x\equiv p-x_1 \pmod p$
$x\equiv q-x_2 \pmod q$.

我们分别用 x 和 y 表示(i)和(ii)的解. 易见(iii)和(iv)的解分别为 $n-y$ 和 $n-x$.

我们还注意到，当 $p\equiv q\equiv 3 \pmod 4$ 时，同余方程 $x^2\equiv a \pmod p$ 与 $x^2\equiv a \pmod q$ 的解分别为 $x\equiv \pm a^{(p+1)/4} \pmod p$ 和 $x\equiv \pm a^{(p+1)/4} \pmod q$. 由欧拉判别法知，$a^{(p-1)/2}\equiv\left(\frac{a}{p}\right)=1 \pmod p$，且 $a^{(q-1)/2}\equiv\left(\frac{a}{q}\right)=1 \pmod q$（由于我们假设同余方程 $x^2\equiv a \pmod{pq}$ 有解，所以 a 是 p 和 q 的二次剩余）. 因此，

$$(a^{(p+1)/4})^2=a^{(p+1)/2}=a^{(p-1)/2}\cdot a\equiv a \pmod p,$$

且

$$(a^{(q+1)/4})^2=a^{(q+1)/2}=a^{(q-1)/2}\cdot a\equiv a \pmod q.$$

利用中国剩余定理和刚才构造的显式解，我们容易求出同余方程 $x^2\equiv a \pmod n$ 的四个不同余的解. 下面的例子说明了这一方法.

例 12.7 假设我们事先知道同余方程

$$x^2\equiv 860 \pmod{11\,021}$$

有解．由于 11 021=103·107，所以为求出四个不同余的解，我们来解同余方程

$$x^2 \equiv 860 \equiv 36 \pmod{103}$$

和

$$x^2 \equiv 860 \equiv 4 \pmod{107}.$$

这两个同余方程的解分别是

$$x \equiv \pm 36^{(103+1)/4} \equiv \pm 36^{26} \equiv \pm 6 \pmod{103}$$

和

$$x \equiv \pm 4^{(107+1)/4} \equiv \pm 4^{27} \equiv \pm 2 \pmod{107}.$$

利用中国剩余定理我们得到，由同余方程组 $x \equiv \pm 6 \pmod{103}$，$x \equiv \pm 2 \pmod{107}$ 四个可能的符号所描述的四个同余方程组的解是 $x \equiv \pm 212$，$\pm 109 \pmod{11\,021}$． ◀

12.1.5 电子抛币

二次剩余一个有趣且有用的应用就是由布卢姆(Blum)[Bl82]发明的电子"抛币"．此方法充分利用了寻找素数所需时间和分解是两个素数乘积的整数所需时间的长度差，这也是第 9 章所讨论的 RSA 密码的基础．

现在，我们介绍电子抛币的一个方法．假设鲍勃和艾丽斯正在进行电子通信．艾丽斯选取了两个不同的大素数 p 和 q，它们满足 $p \equiv q \equiv 3 \pmod 4$．艾丽斯将整数 $n=pq$ 发送给鲍勃．鲍勃随机选取一个小于 n 的正整数 x，并将满足 $x^2 \equiv a \pmod n$ 的整数 a 发送给艾丽斯，其中 $0<a<n$．艾丽斯求出 $x^2 \equiv a \pmod n$ 的四个解，即 x，y，$n-x$ 和 $n-y$，然后将这四个解中的一个发送给鲍勃．注意到 $x+y \equiv 2x_1 \not\equiv 0 \pmod p$ 且 $x+y \equiv 0 \pmod q$，我们有 $(x+y, n)=q$ 和 $(x+(n-y), n)=p$．于是，若鲍勃收到 y 或 $n-y$，则他能用欧几里得算法求出 n 的两个素因子之一从而将 n 迅速分解．另一方面，若鲍勃收到的是 x 或 $n-x$，则他无法在合理的时间内分解 n．

于是，若鲍勃能分解 n 则他就赢得了抛币的胜利，否则艾丽斯胜利．由上面的分析我们知道，鲍勃收到能使他快速分解 n 的 $x^2 \equiv a \pmod n$ 的解的概率与他收到不能帮助他分解 n 的解的概率是相同的．因此，这个抛币方案是公平的．

莱诺·布卢姆(Lenore Blum)1942 年出生于纽约市的一个犹太家庭，她的父亲 Irving Epstein 是一名社会工作者，母亲 Rose 在布朗克斯科学高中教书．莱诺就读于一个进步的纽约城市公立学校，直到 9 岁全家搬到委内瑞拉的加拉加斯．父亲在那里工作．父母让莱诺和她的妹妹在一所纪律严格的委内瑞拉公立学校读书．她降了两个年级因为她不懂西班牙语，而且学制也不一样．学校的男孩欺负她．她告诉母亲她不想继续在委内瑞拉学校读书，她的母亲同意了，并让两个女儿退学．与上学相比，她和妹妹更喜欢乘公共汽车游览加拉加斯．

一年后，Rose 开始在加拉加斯的美国学校教书．作为一项福利，她的女儿能够在该学校上学．由于美国学校没有中学课程，莱诺只好就读于一所国际高中．她数学成绩优异，能够免修许多课程，16 岁就毕业了．她在加拉加斯遇到了曼努埃尔·布卢姆．他比她大四岁，同样来自犹太家庭．当莱诺还在读高中时，他离开了加拉加斯去了麻省理工学院．

有一位老师告诉莱诺，数学是一门死学科，它最好的成果已有2 000年的历史，于是她决定学习建筑．莱诺随后考入在匹兹堡的卡内基理工学院，但她对实习时的建筑工作感到厌倦，并觉得建筑数学没什么意思，于是她决定转学数学专业．她在转到工程学院下属的数学系时遇到了麻烦，后来一位数学教授鼓励她报名参加他开设的计算机实验班．莱诺在早期的计算机编程方面变得相当熟练．

在匹兹堡两年后，她决定转学到波士顿的西蒙斯学院学习数学，这样也能与她的丈夫曼努埃尔近点．西蒙斯大学的一位教授意识到莱诺由于程度太高无法从那里的数学课程中受益，于是帮她安排在麻省理工学院选修一些课程．因此，她在西蒙斯获得学士学位后，开始在麻省理工学院攻读数学博士学位．在麻省理工学院学习期间，她生下了儿子Avrim．她于1968年在Gerald Sacks的指导下获得博士学位．

毕业后莱诺去了加州大学伯克利分校，作为Julia Robinson的博士后并任讲师．1973年，她获得了加州奥克兰米尔斯学院的教职，她在那里创办了数学和计算机科学系。她主持该系直到1987年．1979年，她被授予米尔斯学院Letts-Villard主席奖．

1971年，她帮助成立了女性数学协会，并于1975年至1978任该协会的第三任主席．1983年，她与纽约市立大学的Michael Shub的工作获得了美国国家科学基金会VPW奖．1996年到1998年，她被聘为香港城市大学数学和计算机科学系客座教授．1999年，她被推举为卡内基梅隆大学计算机科学系杰出教授．莱诺对数学和计算机科学的研究以及教育工作做出了重大贡献，她促进了妇女在数学上的发展．她最著名的研究成果是Blum-Blum-Shub伪随机数字生成器以及与其他人在发展连续域上的计算和计算复杂性理论方面的工作，类似于图灵理论在离散域(如正整数)上的计算和计算复杂度的贡献．她与Felipe Cucker、Steve Smale和Mike Shub合著的书*Complexity and Real Computation*(BlCuSmSh98)是第一本介绍这一理论的教材．

2005年，莱诺・布卢姆由于在科学、数学和工程指导上的贡献被授予总统奖．她是CMU奥林巴斯项目的创始者，该项目致力于在前沿研究与促进经济商业化之间搭建桥梁．她目前正与丈夫和儿子一起设计有意识的图灵机架构．要了解更多关于莱诺・布卢姆的信息，请访问她的主页http://www.cs.cmu.edu/~lblum/.

12.1 节习题

1. 求下面每个整数的所有二次剩余.

   a) 3　　b) 5　　c) 13　　d) 19

2. 求下面每个整数的所有二次剩余.

   a) 7　　b) 8　　c) 15　　d) 18

3. 对 $j=1, 2, 3, 4$，求勒让德符号 $\left(\frac{j}{5}\right)$ 的值.

4. 对 $j=1, 2, 3, 4, 5, 6$，求勒让德符号 $\left(\frac{j}{7}\right)$ 的值.

5. 计算勒让德符号 $\left(\frac{7}{11}\right)$ 的值，

   a) 利用欧拉判别法.　　b) 利用高斯引理.

6. 设 a 和 b 是不被素数 p 整除的整数. 证明 a，b 和 ab 这三个整数中，或者有一个是 p 的二次剩余，或者三个都是 p 的二次剩余.

7. 证明：若 p 是奇素数，则

$$\left(\frac{-2}{p}\right)=\begin{cases}1, & 若\ p\equiv 1\ 或\ 3(\bmod 8);\\ -1, & 若\ p\equiv -1\ 或\ -3(\bmod 8).\end{cases}$$

8. 证明：若整数 n 的素幂因子分解式为

$$n=p_1^{2t_1+1}p_2^{2t_2+1}\cdots p_k^{2t_k+1}p_{k+1}^{2t_{k+1}}\cdots p_m^{2t_m},$$

且 q 是不整除 n 的素数，则

$$\left(\frac{n}{q}\right)=\left(\frac{p_1}{q}\right)\left(\frac{p_2}{q}\right)\cdots\left(\frac{p_k}{q}\right).$$

9. 证明：若 p 是素数且 $p\equiv 3(\bmod 4)$，则 $[(p-1)/2]!\equiv(-1)^t(\bmod p)$，其中 t 是 p 的非二次剩余中小于 $p/2$ 的正整数的个数.

10. 证明：若正整数 b 不被素数 p 整除，则

$$\left(\frac{b}{p}\right)+\left(\frac{2b}{p}\right)+\left(\frac{3b}{p}\right)+\cdots+\left(\frac{(p-1)b}{p}\right)=0.$$

11. 设 p 是素数，a 是 p 的二次剩余. 证明：若 $p\equiv 1(\bmod 4)$，则 $-a$ 也是 p 的二次剩余，而若 $p\equiv 3(\bmod 4)$，则 $-a$ 是 p 的二次非剩余.

12. 考虑二次同余方程 $ax^2+bx+c\equiv 0(\bmod p)$，其中 p 是素数，a，b，c 是整数，并且 $p\nmid a$.
   a) 设 $p=2$，确定哪些二次同余方程$(\bmod 2)$有解.
   b) 设 p 是奇素数，$d=b^2-4ac$. 证明：同余方程 $ax^2+bx+c\equiv 0(\bmod p)$ 等价于同余方程 $y^2\equiv d(\bmod p)$，其中 $y=2ax+b$. 从而推出，若 $d\equiv 0(\bmod p)$，则同余方程仅有一个解；若 d 是 p 的二次剩余，则同余方程有两个不同余的解；若 d 是 p 的二次非剩余，则同余方程无解.

13. 求下列二次同余方程的所有解.
   a) $x^2+x+1\equiv 0(\bmod 7)$
   b) $x^2+5x+1\equiv 0(\bmod 7)$
   c) $x^2+3x+1\equiv 0(\bmod 7)$

14. 证明：若 p 是素数且 $p\geqslant 7$，则 p 总有两个连续的二次剩余.（提示：先证明 2，5，10 中至少有一个是 p 的二次剩余.）

*15. 证明：若 p 是素数且 $p\geqslant 7$，则 p 总有两个差为 2 的二次剩余.

16. 证明：若 p 是素数且 $p\geqslant 7$，则 p 总有两个差为 3 的二次剩余.

17. 证明：若 a 是素数 p 的二次剩余，则 $x^2\equiv a(\bmod p)$ 的解是
   a) $x\equiv\pm a^{n+1}(\bmod p)$，若 $p=4n+3$；
   b) $x\equiv\pm a^{n+1}$ 或 $\pm 2^{2n+1}a^{n+1}(\bmod p)$，若 $p=8n+5$.

*18. 证明：若 p 是素数且 $p=8n+1$，r 是模 p 的原根，则 $x^2\equiv\pm 2(\bmod p)$ 的解由下式给出：

$$x\equiv\pm(r^{7n}\pm r^n)(\bmod p),$$

其中，第一个同余式中的符号±与第二个同余式括号内的符号±对应.

19. 求同余方程 $x^2\equiv 1(\bmod 15)$ 的所有解.

20. 求同余方程 $x^2\equiv 58(\bmod 77)$ 的所有解.

21. 求同余方程 $x^2\equiv 207(\bmod 1\,001)$ 的所有解.

22. 设 p 是奇素数，e 是正整数，a 是与 p 互素的整数. 证明同余方程 $x^2\equiv a(\bmod p^e)$ 或者无解，或者有两个不同余的解.

*23. 设 p 是奇素数，e 是正整数，a 是与 p 互素的整数. 证明同余方程 $x^2\equiv a(\bmod p^{e+1})$ 有解当且仅当同余方程 $x^2\equiv a(\bmod p^e)$ 有解. 利用习题 22 推出，若 a 是 p 的二次非剩余，则同余方程 $x^2\equiv a(\bmod p^e)$ 无解，若 a 为 p 的二次剩余，则有两个不同余的解.

24. 设 n 是奇数. 利用勒让德符号 $\left(\frac{a}{p_1}\right)$, …, $\left(\frac{a}{p_m}\right)$, 求出同余方程 $x^2 \equiv a \pmod{n}$ 的模 n 不同余的解的个数，其中，n 的素幂因子分解式为 $n=p_1^{t_1}p_2^{t_2}\cdots p_m^{t_m}$. (提示：利用习题 23.)
25. 求下列同余方程不同余的解的个数.
   a) $x^2 \equiv 31 \pmod{75}$
   b) $x^2 \equiv 16 \pmod{105}$
   c) $x^2 \equiv 46 \pmod{231}$
   d) $x^2 \equiv 1156 \pmod{3^2 5^3 7^5 11^6}$

* 26. 证明同余方程 $x^2 \equiv a \pmod{2^e}$ 或者无解，或者有四个不同余的解，其中 e 是整数，$e \geqslant 3$. (提示：利用 $(\pm x)^2 \equiv (2^{e-1} \pm x)^2 \pmod{2^e}$.)
27. 证明有无穷多形如 $4k+1$ 的素数. (提示：假设所有这样的素数为 p_1, p_2, …, p_n. 令 $N=4(p_1p_2\cdots p_n)^2+1$, 利用定理 12.5 证明 N 有除 p_1, p_2, …, p_n 外的形如 $4k+1$ 的素因子.)

* 28. 证明具有下列形式的素数有无穷多个.
   a) $8k+3$
   b) $8k+5$
   c) $8k+7$

   (提示：对每一部分，假设仅有有限个特定形式的素数 p_1, p_2, …, p_n. 对 a), 考察 $N=(p_1p_2\cdots p_n)^2+2$; 对 b), 考察 $N=(p_1p_2\cdots p_n)^2+4$; 对 c), 考察 $N=(4p_1p_2\cdots p_n)^2-2$. 利用定理 12.5 及定理 12.6 证明 N 有除 p_1, p_2, …, p_n 外的所需形式的素因子.)
29. 设 p 和 q 是奇素数，且 $p \equiv q \equiv 3 \pmod{4}$, a 是 $n=pq$ 的二次剩余. 证明 a 的四个不同余的模 pq 平方根中恰有一个是 n 的二次剩余.
30. 利用原根与指数证明定理 12.3.
31. 利用原根与指数证明定理 12.4.
32. 设 p 是奇素数. 证明 p 的二次非剩余中有 $(p-1)/2-\phi(p-1)$ 个不是 p 的原根.

* 33. 设 p 和 $q=2p+1$ 都是奇素数，证明除了 q 的二次非剩余 $2p$ 外，q 的 $p-1$ 个原根也是 q 的二次非剩余.

* 34. 证明：若 p 和 $q=4p+1$ 都是素数，a 为 q 的二次非剩余，且满足 $\mathrm{ord}_q a \neq 4$, 则 a 是 q 的原根.

* 35. 证明素数 p 为费马素数当且仅当 p 的二次非剩余均为 p 的原根.

* 36. 证明费马数 $F_n=2^{2^n}+1$ 的素因子 p 必有形式 $2^{n+2}k+1$. (提示：证明 $\mathrm{ord}_p 2=2^{n+1}$, 然后利用定理 12.6 证明 $2^{(p-1)/2} \equiv 1 \pmod{p}$, 推出 $2^{n+1} \mid (p-1)/2$.)

* 37. a) 证明：若素数 p 形如 $4k+3$, 且 $q=2p+1$ 是素数，则 q 整除梅森数 $M_p=2^p-1$. (提示：考虑勒让德符号 $\left(\frac{2}{q}\right)$.)

   b) 由 a) 证明 $23 \mid M_{11}$, $47 \mid M_{23}$, $503 \mid M_{251}$.

* 38. 证明：若 n 是正整数，$2n+1$ 是素数，且若 $n \equiv 0$ 或 $3 \pmod{4}$, 则 $2n+1$ 整除梅森数 $M_n=2^n-1$, 但若 $n \equiv 1$ 或 $2 \pmod{4}$, 则 $2n+1$ 整除 $M_n+2=2^n+1$. (提示：考虑勒让德符号 $\left(\frac{2}{2n+1}\right)$ 并利用定理 12.5.)
39. 证明：若 p 是奇素数，则梅森数 M_p 的每个素因子 q 必形如 $q=8k\pm 1$, 其中 k 是正整数. (提示：利用习题 38.)
40. 说明如何用习题 39 和定理 8.13 来证明 M_{17} 是素数.

* 41. 证明：若 p 是奇素数，则

$$\sum_{j=1}^{p-2}\left(\frac{j(j+1)}{p}\right)=-1.$$

(提示：首先证明 $\left(\frac{j(j+1)}{p}\right)=\left(\frac{\bar{j}+1}{p}\right)$, 其中 $\bar{j}$ 是 j 的模 p 逆.)

*42. 设 p 是奇素数. 在小于 p 的连续正整数对的集合中，令(RR)，(RN)，(NR)，(NN)分别代表二次剩余的对的个数、二次剩余后接二次非剩余的对的个数、二次非剩余后接二次剩余的对的个数、二次非剩余的对的个数.

a) 证明

$$(\mathrm{RR})+(\mathrm{RN})=\frac{1}{2}(p-2-(-1)^{(p-1)/2})$$

$$(\mathrm{NR})+(\mathrm{NN})=\frac{1}{2}(p-2+(-1)^{(p-1)/2})$$

$$(\mathrm{RR})+(\mathrm{NR})=\frac{1}{2}(p-1)-1$$

$$(\mathrm{RN})+(\mathrm{NN})=\frac{1}{2}(p-1).$$

b) 利用习题 41 证明

$$\sum_{j=1}^{p-2}\left(\frac{j(j+1)}{p}\right)=(\mathrm{RR})+(\mathrm{NN})-(\mathrm{RN})-(\mathrm{NR})=-1.$$

c) 由 a)和 b)，求(RR)，(RN)，(NR)，(NN).

43. 利用定理 10.17 证明定理 12.1.

*44. 设 p 和 q 是奇素数. 证明：若 $q=4p+1$，则 2 是 q 的原根.

*45. 设 p 和 q 是奇素数. 证明：若 p 形如 $4k+1$，且 $q=2p+1$，则 2 是 q 的原根.

*46. 设 p 和 q 是奇素数. 证明：若 p 形如 $4k-1$，且 $q=2p+1$，则 -2 是 q 的原根.

*47. 设 p 和 q 是奇素数. 证明：若 $q=2p+1$，则 -4 为 q 的原根.

48. 求同余方程 $x^2=482(\bmod 2\,773)$的解(注意，$2\,773=47\cdot 59$).

*49. 在此习题中，我们给出一种将用拉宾密码系统加密过的信息解密的方法. 回忆一下在 9.4 节的拉宾密码中，密文数据组 C 与相应的明文数据组 P 的关系为 $C\equiv P(P+\overline{2}b)(\bmod n)$，其中 $n=pq$，p 和 q 是两个不同的奇素数，b 是小于 n 的正整数.

a) 证明 $C+a\equiv(P+\overline{2}b)^2(\bmod n)$，其中，$a\equiv(\overline{2}b)^2(\bmod n)$，$\overline{2}$ 是 2 的模 n 逆.

b) 利用文中求解同余方程 $x^2\equiv a(\bmod n)$的方法以及 a)的结论，说明如何根据密文数据组 C 求出相应的明文数据组 P 的方法. 解释为什么会有四种可能的明文信息. (这种歧义是拉宾密码的缺陷.)

c) 对使用 $b=3$ 和 $n=47\cdot 59=2\,773$ 的拉宾密码系统加密过的密文 1819 0459 0803 进行解密.

50. 设 p 是奇素数，C 是明文 P 取次数为 e、模为 p 的模指数所得的密文，即 $C\equiv P^e(\bmod p)$，其中 $0<C<n$，$(e, p-1)=1$. 证明 C 是 p 的二次剩余当且仅当 P 是 p 的二次剩余.

*51. a) 证明在电子扑克游戏(参见 9.5 节)中，第二个选手只要注意到哪些牌的数字是模 p 的二次剩余，就会取得优势. (提示：利用习题 50.)

b) 证明：若牌的等价数值是二次非剩余，乘以一个固定不变的二次非剩余后，则 a)中第二个选手的优势就会丧失.

*52. 设在一个散列分配文件方案中，用于解决冲突的探测序列是 $h_j(K)\equiv h(K)+aj+bj^2(\bmod m)$，其中 $h(K)$是一个散列函数，m 是正整数，a 和 b 是整数，且$(b, m)=1$. 证明只有一半的文件地址能被探测到. 这被称为二次搜寻.

若 x，y，$x+y$ 均为模 p 的二次剩余，则称 x，y 构成模 p 的二次剩余链.

53. 求模 11 的二次剩余链 x，y，$x+y$.

54. 存在模 7 的二次剩余链吗？

对于密码学的许多应用，我们需要一种产生伪随机序列位的方法. 产生这种位序列的最广泛使用的方法之一是使用 Lenore Blum、Michael Blum 和 Michael Shub 开发的 Blum Blum Shub(BBS)伪随机位生成器

(参见[BlBlSh86]). 这个生成器需要两个均模 4 同余于 3 的大素数 p 和 q，以及不等于 0 或 1 且与 $M=pq$ 互素的种子 s. 使用 M 和 s，令 $x_0=s^2 \bmod M$，$x_{n+1}=x_n^2 \bmod M$，这样生成序列 x_j，$j=0, 1, \cdots$，这个伪随机位序列由每个 x_j 的最低有效位形成.（偶数的最低有效位为 0，奇数则是 1.）

55. 取 $p=43$，$q=79$，$M=3\,397$，令 $s=818$. 求使用 BBS 生成器得到的伪随机位序列的前 10 位.
56. 证明由 BBS 生成器得到的序列 x_j 可用下列同余式直接计算，

$$x_{j-1}=(s^{2^j \bmod \lambda(M)}) \bmod M, \; j=1, 2, \cdots$$

其中，$\lambda(M)=\lambda(pq)=[p-1, q-1]$.

计算和研究

1. 求下列勒让德符号的值：$\left(\frac{1\,521}{451\,879}\right)$，$\left(\frac{222\,344}{21\,155\,500\,207}\right)$，$\left(\frac{6\,818\,811}{15\,454\,356\,666\,611}\right)$.
2. 证明对素数 $p=30\,059\,924\,764\,123$ 有 $\left(\frac{q}{p}\right)=-1$，其中 q 为满足 $2\leqslant q\leqslant 181$ 的素数.
3. 设 n 是正整数，称整数 $x_1, x_2, \cdots, x_n$ 的集合为二次剩余链，若这些数的连续子集的和均为二次剩余. 证明 1，4，45，94，261，310，344，387，393，394，456 构成模 631 的二次剩余链.（注意：共需检验 66 个值.）
4. 求出每个小于 1 000 的素数的最小二次非剩余.
5. 随机选取 100 个大于 100 000 小于 1 000 000 的素数和 100 个大于 100 000 000 小于 1 000 000 000 的素数，求出它们的最小二次非剩余. 根据所得数据，你能提出什么猜想吗？
6. 利用数值结果，确定对哪些奇素数 p，p 的满足 $1\leqslant a\leqslant (p-1)/2$ 的二次剩余 a 比满足 $(p+1)/2\leqslant a\leqslant p-1$ 的多.
7. 设 p 是满足 $p\equiv 3 \pmod 4$ 的素数. 已经证明了若 R 是 p 的连续二次剩余的最大数目，N 为 p 的连续二次非剩余的最大数目，则 $R=N<\sqrt{p}$. 验证这一结论对小于 1 000 的此类型的所有素数都成立.
8. 设 p 是满足 $p\equiv 1 \pmod 4$ 的素数. 人们猜想，若 N 是 p 的连续二次非剩余的最大数目，则当 p 充分大时有 $N<\sqrt{p}$. 找出此猜想成立的证据. 对哪些较小的素数此不等式不成立？
9. 求出 4 609 126 的四个模 $14\,438\,821=4\,003\cdot 3\,607$ 平方根.
10. 求出 11 535 的模 142 661 平方根. 哪个是 142 661 的二次剩余？
11. 取 $p=7\,727$，$q=6\,983$，$M=53\,957\,641$，令 $s=899\,251$. 求使用 BBS 生成器得到的伪随机位序列的前 10 位.
12. 取 $p=2\,714\,311$，$q=14\,200\,871$，$M=38\,545\,580\,364\,881$，令 $s=34\,556\,789$. 求使用 BBS 生成器得到的伪随机位序列的前 50 位.

程序设计

1. 利用欧拉判别法计算勒让德符号.
2. 利用高斯引理计算勒让德符号.
3. 给定一个正整数 n，它是两个模 4 同余于 3 的不同素数的乘积，求 x^2 的最小正剩余的四个平方根，其中 x 是与 n 互素的整数.

* 4. 利用本节描述的方法进行电子抛币.

** 5. 将由拉宾密码系统加密过的信息解密(参见习题 49).

12.2 二次互反律

设 p 和 q 是不同的奇素数，再假设已经知道 q 是否为 p 的二次剩余，我们能知道 p 是否为 q 的二次剩余吗？18 世纪中叶，欧拉就得到了此问题的答案. 他通过大量的例证得到了问题的答案，但是并没有证明他的答案是正确的. 后来，勒让德在 1785 年用现代而优美的形式将欧拉的答案重述为一个定理，即二次互反律. 此定理告诉我们，只要知道 $x^2 \equiv p \pmod{q}$ 是否有解，就能判定 $x^2 \equiv q \pmod{p}$ 是否有解.

定理 12.7(二次互反律) *设 p 和 q 是不同的奇素数，则*

$$\left(\frac{p}{q}\right)\left(\frac{q}{p}\right)=(-1)^{\frac{p-1}{2}\cdot\frac{q-1}{2}}.$$

勒让德发表了几个对这一定理的证明，但他的每个证明都存在严重的缺陷. 高斯给出了第一个正确的证明，他称自己在 18 岁时重新发现了这一结果. 高斯花费了许多精力来找这一定理的证明，他曾写道“一整年来，这个定理折磨着我，使我做出最大的努力，直到最后得到证明”.

自从高斯在 1796 年得到第一个证明后，他继续寻求证明此定理的不同方法. 他至少给出了二次互反律的六个证明. 他寻求更多证明的目的是找到一种可以推广到更高次幂的方法. 特别地，他对素数的三次或四次剩余很感兴趣；也就是说，他的兴趣在于，在给定素数 p 和不被 p 整除的整数 a 时，确定同余方程 $x^3 \equiv a \pmod{p}$ 和 $x^4 \equiv a \pmod{p}$ 何时有解. 随着第六个证明的完成，高斯终于到达了他的目的，因为这一证明可以推广到高次幂的情形. (有关高斯的证明和对高次幂剩余的推广的更多信息，参见[IrR095]、[Go98]和[Le00].)

寻求新的证明方法并没有终止于高斯，柯西、戴德金、狄利克雷、克罗内克和埃森斯坦等著名数学家都给出了二次互反律的原创性证明. 1921 年有人数出二次互反律已有 56 个不同的证明；1963 年，M. 格斯滕哈勃(Gerstenhaber)[Ge63]的一篇文章给出了二次互反律的第 152 个证明. 2000 年，弗朗茨·莱默梅尔(Franz Lemmermeyer)[Le00]编纂了二次互反律的 192 个证明的一个列表，注明了每个证明的年份、证明者和证明方法. 莱默梅尔在网上更新该表(https://www.mathi.uni-heidebevg.de/～flemmermeyer/qrg_proofs.html.)截至 2022 年中，共列出了 332 种不同的证明. 他不仅在列表上添加了一些新证明，也加入一些比较旧的被忽略的证明. 根据他的列表，格斯滕哈勃的证明是第 220 个，在过去的十年中，有 15 个新证明被完成. 一个有趣的问题是：人们会不会以每年一个的速度给出新的证明？(第 295 个证明的梗概可参见习题 17.)尽管二次互反律的很多证明是类似的，但它们所包含的方法出人意料得多. 这些方法所蕴涵的思想可能会很有意义. 例如，高斯的第一个证明很复杂，运用了数学归纳法，这一证明在多于 175 年的时间内很少引起人们的兴趣，直到 20 世纪 70 年代它的思想被用于代数学的一个高等领域 K-理论中的计算.

我们之前所陈述和证明的二次互反律不同于欧拉当初猜想的结论. 下面版本的结论等价于定理 12.7 所述的版本. 欧拉基于计算很多特例的结果得出了这一版本的结论.

定理 12.8 *设 p 是奇素数，a 是不被 p 整除的整数. 若 q 是素数，且 $p \equiv \pm q \pmod{4a}$，则 $\left(\frac{a}{p}\right)=\left(\frac{a}{q}\right)$.*

这一版本的二次互反律说明，勒让德符号 $\left(\frac{a}{p}\right)$ 的取值只依赖于 p 的模 $4a$ 剩余类，且

对被 $4a$ 除所得余数为 r 或 $4a-r$ 的所有素数 p 取值都相同.

二次互反律的这一形式与定理 12.7 的等价性的证明留作习题 10 和习题 11，请读者在习题 12 中用高斯引理直接证明这一形式的二次互反律.

在证明二次互反律之前，我们先讨论它的一些推论，以及如何用它来计算勒让德符号. 首先注意，当 $p\equiv1(\bmod 4)$时$\frac{p-1}{2}$是偶数，当 $p\equiv3(\bmod 4)$时$\frac{p-1}{2}$是奇数，可见若 $p\equiv1(\bmod 4)$或 $q\equiv1(\bmod 4)$则$\frac{p-1}{2}\cdot\frac{q-1}{2}$是偶数，若 $p\equiv q\equiv3(\bmod 4)$则$\frac{p-1}{2}\cdot\frac{q-1}{2}$是奇数. 于是，

$$\left(\frac{p}{q}\right)\left(\frac{q}{p}\right)=\begin{cases}1, & 若\ p\equiv1(\bmod 4)\ 或\ q\equiv1(\bmod 4)(或二者同时成立);\\ -1, & 若\ p\equiv q\equiv3(\bmod 4).\end{cases}$$

因为$\left(\frac{p}{q}\right)$和$\left(\frac{q}{p}\right)$的取值只能是±1，所以

$$\left(\frac{p}{q}\right)=\begin{cases}\left(\frac{q}{p}\right), & 若\ p\equiv1(\bmod 4)\ 或\ q\equiv1(\bmod 4)(或二者同时成立);\\ -\left(\frac{q}{p}\right), & 若\ p\equiv q\equiv3(\bmod 4)\end{cases}$$

这意味着，若 p 和 q 是奇素数，则$\left(\frac{p}{q}\right)=\left(\frac{q}{p}\right)$，除非 p 和 q 都模 4 同余于 3 才有$\left(\frac{p}{q}\right)=-\left(\frac{q}{p}\right)$.

例 12.8 设 $p=13$ 且 $q=17$. 因为 $p\equiv q\equiv1(\bmod 4)$，故由二次互反律知$\left(\frac{13}{17}\right)=\left(\frac{17}{13}\right)$. 由定理 12.4 的(i)知$\left(\frac{17}{13}\right)=\left(\frac{4}{13}\right)$，再由定理 12.4 的(iii)可得$\left(\frac{4}{13}\right)=\left(\frac{2^2}{13}\right)=1$. 综合这些等式可知，$\left(\frac{13}{17}\right)=1$. ◀

例 12.9 设 $p=7$ 且 $q=19$. 因为 $p\equiv q\equiv3(\bmod 4)$，故由二次互反律知$\left(\frac{7}{19}\right)=-\left(\frac{19}{7}\right)$. 由定理 12.4 的(i)知$\left(\frac{19}{7}\right)=\left(\frac{5}{7}\right)$. 再用二次互反律，由 $5\equiv1(\bmod 4)$和 $7\equiv3(\bmod 4)$，有$\left(\frac{5}{7}\right)=\left(\frac{7}{5}\right)$. 而由定理 12.4 的(i)和定理 12.6 可知$\left(\frac{7}{5}\right)=\left(\frac{2}{5}\right)=-1$，因此，$\left(\frac{7}{19}\right)=1$. ◀

我们可以利用二次互反律、定理 12.4 和定理 12.6 来计算勒让德符号. 不幸的是，这样计算勒让德符号时必须进行素因子分解.

例 12.10 计算$\left(\frac{713}{1\,009}\right)$(注意，1 009 是素数). 有分解式 $713=23\cdot31$，所以由定理 12.4 的(ii)，有

$$\left(\frac{713}{1\,009}\right)=\left(\frac{23\cdot31}{1\,009}\right)=\left(\frac{23}{1\,009}\right)\left(\frac{31}{1\,009}\right).$$

我们用二次互反律来计算等式右端的两个勒让德符号. 由于 $1\,009\equiv 1 \pmod 4$，故

$$\left(\frac{23}{1\,009}\right)=\left(\frac{1\,009}{23}\right),\ \left(\frac{31}{1\,009}\right)=\left(\frac{1\,009}{31}\right).$$

利用定理 12.4 的(i)，有

$$\left(\frac{1\,009}{23}\right)=\left(\frac{20}{23}\right),\left(\frac{1\,009}{31}\right)=\left(\frac{17}{31}\right).$$

再根据定理 12.4 的(ii)和(iii)，有

$$\left(\frac{20}{23}\right)=\left(\frac{2^2\cdot 5}{23}\right)=\left(\frac{2^2}{23}\right)\left(\frac{5}{23}\right)=\left(\frac{5}{23}\right).$$

二次互反律、定理 12.4 的(i)和定理 12.6 告诉我们，

$$\left(\frac{5}{23}\right)=\left(\frac{23}{5}\right)=\left(\frac{3}{5}\right)=\left(\frac{5}{3}\right)=\left(\frac{2}{3}\right)=-1.$$

从而，$\left(\frac{23}{1\,009}\right)=-1$.

类似地，利用二次互反律、定理 12.4 和定理 12.6，可求得

$$\left(\frac{17}{31}\right)=\left(\frac{31}{17}\right)=\left(\frac{14}{17}\right)=\left(\frac{2}{17}\right)\left(\frac{7}{17}\right)=\left(\frac{7}{17}\right)=\left(\frac{17}{7}\right)=\left(\frac{3}{7}\right)$$

$$=-\left(\frac{7}{3}\right)=-\left(\frac{4}{3}\right)=-\left(\frac{2^2}{3}\right)=-1.$$

从而，$\left(\frac{31}{1\,009}\right)=-1$.

因此，$\left(\frac{713}{1\,009}\right)=(-1)(-1)=1$. ◀

二次互反律的一个证明

下面引入二次互反律的一个证明，它最初由马克斯·艾森斯坦(Max Eisenstein)给出，此证明简化了高斯所给的第三个证明. 下述艾森斯坦的引理使得这一简化成为可能，它将二次互反律的证明转化为对三角形中格点的计数.

引理 12.3 设 p 是奇素数，a 是不被 p 整除的奇数，则

$$\left(\frac{a}{p}\right)=(-1)^{T(a,\ p)},$$

其中，

$$T(a,\ p)=\sum_{j=1}^{(p-1)/2}[ja/p].$$

证明 考虑整数 a，$2a$，…，$((p-1)/2)a$ 的最小正剩余；设 u_1，u_2，…，u_s 是那些大于 $p/2$ 的最小正剩余，v_1，v_2，…，v_t 是那些小于 $p/2$ 的最小剩余. 由带余除法知

$$ja=p[ja/p]+\text{余数},$$

其中，余数是 u_j 或 v_j 中的一个. 将 $(p-1)/2$ 个这样的等式相加，得

$$\sum_{j=1}^{(p-1)/2} ja=\sum_{j=1}^{(p-1)/2} p[ja/p]+\sum_{j=1}^{s}u_j+\sum_{j=1}^{t}v_j. \tag{12.4}$$

正如我们在高斯引理的证明过程中所证明的，整数 $p-u_1$，$p-u_2$，…，$p-u_s$，v_1，v_2，…，v_t 按某一次序恰好就是整数 1，2，…，$(p-1)/2$. 因此，将这些整数加起来得到

$$\sum_{j=1}^{(p-1)/2} j=\sum_{j=1}^{s}(p-u_j)+\sum_{j=1}^{t}v_j=ps-\sum_{j=1}^{s}u_j+\sum_{j=1}^{t}v_j. \tag{12.5}$$

费迪南德·戈特霍尔德·马克斯·艾森斯坦(Ferdinand Gotthold Max Eisenstein，1823—1852)一生饱受疾患之苦. 在返回德国之前，他及家人曾移居英格兰、爱尔兰和威尔士. 在爱尔兰，艾森斯坦拜见了威廉·罗文·哈密顿(William Rowan Hamilton)爵士. 哈密顿给了他一份关于五次方程无根式解的论文，这激起了他对数学的兴趣. 1843 年，也就是他 20 岁时，艾森斯坦回到德国进入柏林大学学习.

进入大学之后不久，艾森斯坦就得出一些新的结论，数学界为之震惊. 1844 年，艾森斯坦在哥廷根会见高斯，他们一起探讨了三次互反律. 高斯对艾森斯坦印象极为深刻，曾试图为他取得经济资助. 高斯曾致信探险家、科学家亚历山大·冯·洪堡(Alexander von Humboldt)，称赞艾森斯坦"是上天赐予的每个世纪仅有的几个天才之一". 艾森斯坦是一位非常多产的数学家. 1844 年，他在 *Crelle's Journal* 的第 27 卷发表论文 16 篇之多. 在大学的第三个学期，他被布雷斯劳大学授予名誉博士学位. 艾森斯坦被柏林大学聘为无薪讲师；但在 1847 年之后，艾森斯坦的健康状况急剧恶化，不得不常年卧床. 然而，他的数学创造依然不减. 在西西里休养了一年后，艾森斯坦的病情并未好转，他返回德国，并于 29 岁卒于肺结核. 他的英年早逝被数学家们视为是极大的损失.

从式(12.4)减去式(12.5)，得到

$$\sum_{j=1}^{(p-1)/2} ja-\sum_{j=1}^{(p-1)/2} j=\sum_{j=1}^{(p-1)/2} p[ja/p]-ps+2\sum_{j=1}^{s}u_j,$$

或等价地有

$$(a-1)\sum_{j=1}^{(p-1)/2} j=pT(a,p)-ps+2\sum_{j=1}^{s}u_j,$$

这是因为 $T(a,p)=\sum_{j=1}^{(p-1)/2}[ja/p]$. 将上面的等式模 2，由于 p 和 a 是奇数，所以得

$$0\equiv T(a,p)-s \pmod 2.$$

于是，

$$T(a,p)\equiv s \pmod 2.$$

为完成证明，我们注意，由高斯引理有

$$\left(\frac{a}{p}\right)=(-1)^s.$$

因而，由 $(-1)^s=(-1)^{T(a,p)}$ 可知

$$\left(\frac{a}{p}\right)=(-1)^{T(a,p)}.$$ ■

尽管引理 12.3 最初是用于证明二次互反律的一个工具，但它也可以用来计算勒让德符号.

例 12.11 为用引理 12.3 计算 $\left(\frac{7}{11}\right)$，我们计算和

$$\sum_{j=1}^{5}[7j/11]=[7/11]+[14/11]+[21/11]+[28/11]+[35/11]$$
$$=0+1+1+2+3=7.$$

因此，$\left(\frac{7}{11}\right)=(-1)^7=-1$.

类似地，为求出$\left(\frac{11}{7}\right)$，我们注意到

$$\sum_{j=1}^{3}[11j/7]=[11/7]+[22/7]+[33/7]=1+3+4=8,$$

所以，$\left(\frac{11}{7}\right)=(-1)^8=1$.

在证明二次互反律之前，我们先用一个例子展示证明的方法.

设 $p=7$，$q=11$. 我们考虑满足 $1\leqslant x\leqslant(7-1)/2=3$ 和 $1\leqslant y\leqslant(11-1)/2=5$ 的整数对 (x, y)，共有 15 个. 我们注意到其中的任何一对都不满足 $11x=7y$，因为由 $11x=7y$ 可知 $11\mid 7y$，于是或者 $11\mid 7$，这是不正确的，或者 $11\mid y$，由 $1\leqslant y\leqslant 5$ 知这也是不可能的.

根据 $11x$ 与 $7y$ 的相对大小，我们将这 15 对整数分成两组，如图 12.1 所示.

满足 $1\leqslant x\leqslant 3$、$1\leqslant y\leqslant 5$ 和 $11x>7y$ 的整数对 (x, y) 恰为满足 $1\leqslant x\leqslant 3$ 和 $1\leqslant y\leqslant 11x/7$ 的那些整数对. 对于满足 $1\leqslant x\leqslant 3$ 的固定整数 x，y 只有 $[11x/7]$ 个允许值. 从而，满足 $1\leqslant x\leqslant 3$、$1\leqslant y\leqslant 5$ 和 $11x>7y$ 的整数对的总个数为

$$\sum_{j=1}^{3}[11j/7]=[11/7]+[22/7]+[33/7]=1+3+4=8;$$

它们是(1, 1)，(2, 1)，(2, 2)，(2, 3)，(3, 1)，(3, 2)，(3, 3)，(3, 4).

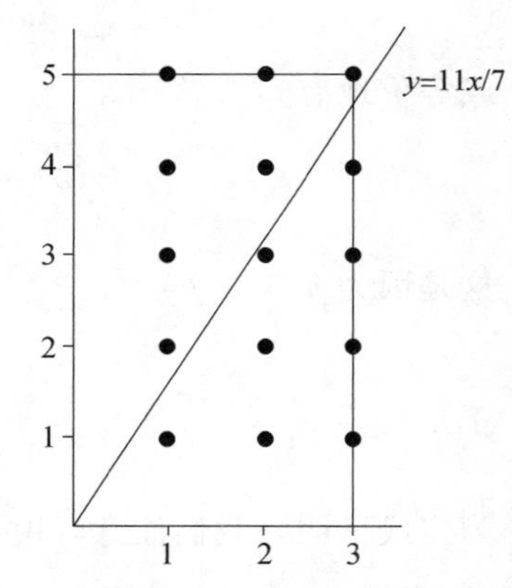

图 12.1 通过计数格点确定 $\left(\frac{7}{11}\right)\left(\frac{11}{7}\right)$

满足 $1\leqslant x\leqslant 3$、$1\leqslant y\leqslant 5$ 和 $11x<7y$ 的整数对 (x, y) 恰为满足 $1\leqslant y\leqslant 5$ 和 $1\leqslant x\leqslant 7y/11$ 的整数对. 对满足 $1\leqslant y\leqslant 5$ 的固定整数 y，x 只有 $[7y/11]$ 个允许值. 从而，满足 $1\leqslant x\leqslant 3$、$1\leqslant y\leqslant 5$ 和 $11x<7y$ 的整数对的总个数为

$$\sum_{j=1}^{5}[7j/11]=[7/11]+[14/11]+[21/11]+[28/11]+[35/11]=0+1+1+2+3=7.$$

它们是 (1, 2)，(1, 3)，(1, 4)，(1, 5)，(2, 4)，(2, 5)，(3, 5).

于是，

$$\frac{11-1}{2}\cdot\frac{7-1}{2}=5\cdot 3=15$$
$$=\sum_{j=1}^{3}[11j/7]+\sum_{j=1}^{5}[7j/11]=8+7.$$

因此，

$$(-1)^{\frac{11-1}{2}\cdot\frac{7-1}{2}}=(-1)^{\sum_{j=1}^{3}[11j/7]+\sum_{j=1}^{5}[7j/11]}$$
$$=(-1)^{\sum_{j=1}^{3}[11j/7]}(-1)^{\sum_{j=1}^{5}[7j/11]}.$$

由引理 12.3 知$\left(\frac{11}{7}\right)=(-1)^{\sum_{j=1}^{3}[11j/7]}$和$\left(\frac{7}{11}\right)=(-1)^{\sum_{j=1}^{5}[7j/11]}$，可见$\left(\frac{7}{11}\right)\times\left(\frac{11}{7}\right)=(-1)^{\frac{7-1}{2}\cdot\frac{11-1}{2}}$.

这样就得到了二次互反律在 $p=7$ 和 $q=11$ 时的特殊情形.

现在，我们运用上述例子中的思想来证明二次互反律.

证明 考虑满足 $1\leqslant x\leqslant(p-1)/2$ 和 $1\leqslant y\leqslant(q-1)/2$ 的整数对(x, y)，共有$\frac{p-1}{2}\cdot\frac{q-1}{2}$个. 根据 px 与 qy 的相对大小，我们将这些整数对分成两组，如图 12.2 所示.

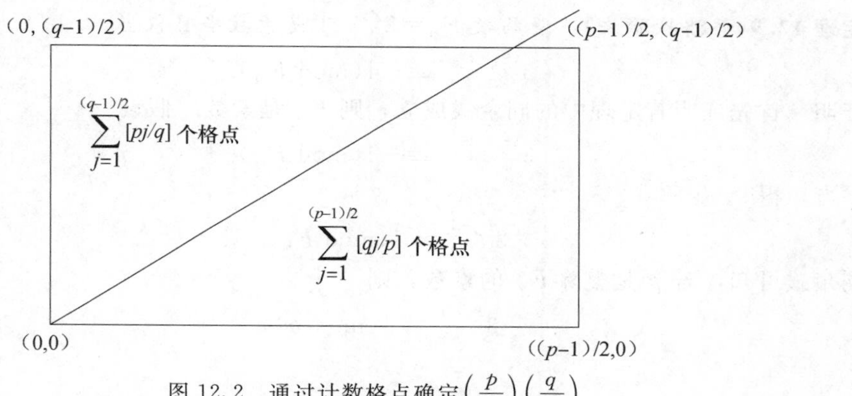

图 12.2 通过计数格点确定$\left(\frac{p}{q}\right)\left(\frac{q}{p}\right)$

首先，注意到对所有这些整数对都有 $qx\neq py$. 因为若有 $qx=py$，则 $q\mid py$，由此推出 $q\mid p$ 或$q\mid y$. 然而，由于 p 和q 是不同素数，故 $q\nmid p$，由 $1\leqslant y\leqslant(q-1)/2$ 知 $q\nmid y$.

为计算满足 $1\leqslant x\leqslant(p-1)/2$、$1\leqslant y\leqslant(q-1)/2$ 和 $qx>py$ 的整数对，我们注意到这些整数对恰好是满足 $1\leqslant x\leqslant(p-1)/2$ 和 $1\leqslant y\leqslant qx/p$ 的整数对. 对满足 $1\leqslant x\leqslant(p-1)/2$ 的固定整数 x，有$[qx/p]$个 y 满足 $1\leqslant y\leqslant qx/p$. 因此，满足 $1\leqslant x\leqslant(p-1)/2$、$1\leqslant y\leqslant(q-1)/2$ 和 $qx>py$ 的整数对的总数为 $\sum_{j=1}^{(p-1)/2}[qj/p]$.

现在考虑满足 $1\leqslant x\leqslant(p-1)/2$、$1\leqslant y\leqslant(q-1)/2$ 和 $qx<py$ 的整数对(x, y). 这些整数对恰好是满足 $1\leqslant y\leqslant(q-1)/2$ 和 $1\leqslant x\leqslant py/q$ 的整数对. 因此，对满足 $1\leqslant y\leqslant(q-1)/2$ 的固定整数 y，恰有$[py/q]$个 x 满足 $1\leqslant x\leqslant py/q$. 这说明满足 $1\leqslant x\leqslant(p-1)/2$、$1\leqslant y\leqslant(q-1)/2$ 和 $qx<py$ 的整数对的总数为 $\sum_{j=1}^{(q-1)/2}[pj/q]$.

将上述两类整数对的总数加起来，并注意到一共有$\frac{p-1}{2}\cdot\frac{q-1}{2}$对，可见

$$\sum_{j=1}^{(p-1)/2}[qj/p]+\sum_{j=1}^{(q-1)/2}[pj/q]=\frac{p-1}{2}\cdot\frac{q-1}{2},$$

或用引理 12.3 的记号，有

$$T(q,\ p)+T(p,\ q)=\frac{p-1}{2}\cdot\frac{q-1}{2}.$$

因此，

$$(-1)^{T(q,\ p)+T(p,\ q)}=(-1)^{T(q,\ p)}(-1)^{T(p,\ q)}=(-1)^{\frac{p-1}{2}\cdot\frac{q-1}{2}}.$$

由引理 12.3 可知 $(-1)^{T(q,p)}=\left(\frac{q}{p}\right)$ 且 $(-1)^{T(p,q)}=\left(\frac{p}{q}\right)$. 因此，

$$\left(\frac{p}{q}\right)\left(\frac{q}{p}\right)=(-1)^{\frac{p-1}{2}\cdot\frac{q-1}{2}}.$$

这就推出了二次互反律. ■

二次互反律有许多应用，其中一个就是用来证明下面的费马数素性检验法.

定理 12.9(佩潘检验法) 费马数 $F_m=2^{2^m}+1$ 是素数当且仅当

$$3^{(F_m-1)/2}\equiv-1(\bmod F_m).$$

证明 首先证明若定理中的同余式成立，则 F_m 是素数. 假设

$$3^{(F_m-1)/2}\equiv-1(\bmod F_m).$$

两边平方，得

$$3^{F_m-1}\equiv 1(\bmod F_m).$$

由此同余式可知，若 p 是整除 F_m 的素数，则

$$3^{F_m-1}\equiv 1(\bmod p),$$

从而

$$\operatorname{ord}_p 3\mid(F_m-1)=2^{2^m}.$$

因此，$\operatorname{ord}_p 3$ 必为 2 的幂. 而由 $3^{(F_m-1)/2}\equiv-1(\bmod F_m)$ 有

$$\operatorname{ord}_p 3 \nmid 2^{2^m-1}=(F_m-1)/2.$$

因而只可能是 $\operatorname{ord}_p 3=2^{2^m}=F_m-1$. 因为 $\operatorname{ord}_p 3=F_m-1\leqslant p-1$ 且 $p\mid F_m$，所以 $p=F_m$，即 F_m 是素数.

反过来，若 $F_m=2^{2^m}+1$ 是素数，$m\geqslant 1$，则由二次互反律知

$$\left(\frac{3}{F_m}\right)=\left(\frac{F_m}{3}\right)=\left(\frac{2}{3}\right)=-1,\tag{12.6}$$

这是因为 $F_m\equiv 1(\bmod 4)$ 且 $F_m\equiv 2(\bmod 3)$.

现在，由欧拉判别法可知

$$\left(\frac{3}{F_m}\right)\equiv 3^{(F_m-1)/2}(\bmod F_m).\tag{12.7}$$

根据关于 $\left(\frac{3}{F_m}\right)$ 的式(12.6)和式(12.7)，我们推出

$$3^{(F_m-1)/2} \equiv -1 \pmod{F_m}.$$

证毕. ■

例 12.12 设 $m=2$. 则 $F_2=2^{2^2}+1=17$，且

$$3^{(F_2-1)/2}=3^8\equiv -1 \pmod{17}.$$

由佩潘检验法，$F_2=2^{2^2}+1=17$ 是素数.

设 $m=5$. 则 $F_5=2^{2^5}+1=2^{32}+1=4\,294\,967\,297$. 注意到

$$3^{(F_5-1)/2}=3^{2^{31}}=3^{2\,146\,483\,648}\equiv 10\,324\,303 \not\equiv -1 \pmod{4\,294\,967\,297}.$$

由佩潘检验法可知 F_5 不是素数. ◀

12.2 节习题

1. 计算下列勒让德符号.

   a) $\left(\frac{3}{53}\right)$ b) $\left(\frac{7}{79}\right)$ c) $\left(\frac{15}{101}\right)$ d) $\left(\frac{31}{641}\right)$ e) $\left(\frac{111}{991}\right)$ f) $\left(\frac{105}{1\,009}\right)$

2. 利用二次互反律证明，若 p 是奇素数，则

$$\left(\frac{3}{p}\right)=\begin{cases}1, & \text{若 } p\equiv \pm 1 \pmod{12};\\ -1, & \text{若 } p\equiv \pm 5 \pmod{12}.\end{cases}$$

3. 证明：若 p 是奇素数，则

$$\left(\frac{-3}{p}\right)=\begin{cases}1, & \text{若 } p\equiv 1 \pmod{6};\\ -1, & \text{若 } p\equiv -1 \pmod{6}.\end{cases}$$

4. 找出一个描述以 5 为二次剩余的所有素数 p 的同余式.
5. 找出一个描述以 7 为二次剩余的所有素数 p 的同余式.
6. 证明有无穷多形如 $5k+4$ 的素数.（提示：设 n 为正整数，令 $Q=5(n!)^2-1$. 证明 Q 有大于 n 的形如 $5k+4$ 的素因子. 为此，利用二次互反律证明，若素数 p 整除 Q，则 $\left(\frac{p}{5}\right)=1$.）
7. 利用佩潘检验法证明下列费马数为素数.

   a) $F_1=5$ b) $F_3=257$ c) $F_4=65\,537$

* 8. 利用佩潘检验法证明 3 是每个费马素数的原根.

* 9. 在此习题中，我们给出二次互反律的另一个证明. 设 p 和 q 是不同的奇素数，R 是以 $O=(0,0)$，$A=(p/2,0)$，$B=(q/2,0)$ 和 $C=(p/2,q/2)$ 为顶点的矩形，如下图所示.

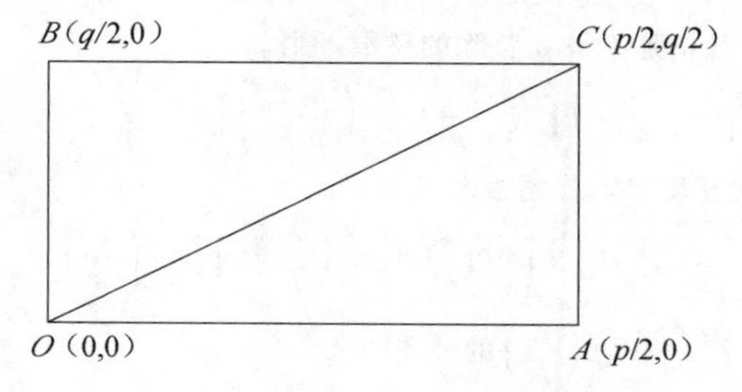

a) 证明矩形 R 中格点（以整数为坐标的点）的数目为 $\frac{p-1}{2}\cdot\frac{q-1}{2}$.

b) 证明包含 O 和 C 的对角线上无格点.

c) 证明以 O，A，C 为顶点的三角形中格点的数目为 $\sum_{j=1}^{(p-1)/2}[jq/p]$.

d) 证明以 O，B，C 为顶点的三角形中格点的数目为 $\sum_{j=1}^{(q-1)/2}[jp/q]$.

e) 利用 a)、b)、c)和 d)推出

$$\sum_{j=1}^{(p-1)/2}[jq/p]+\sum_{j=1}^{(q-1)/2}[jp/q]=\frac{p-1}{2}\cdot\frac{q-1}{2}.$$

利用此等式和引理 12.3 推出二次互反律.

习题 10 和习题 11 要求证明二次互反律的欧拉形式(定理 12.8)与定理 12.7 所给的形式是等价的.

10. 证明二次互反律的欧拉形式(即定理 12.8)蕴涵定理 12.7 所给出的二次互反律的形式.（提示：分别考虑 $p\equiv q(\bmod 4)$ 和 $p\not\equiv q(\bmod 4)$ 的情形.）

11. 证明定理 12.7 所给的二次互反律的形式蕴涵二次互反律的欧拉形式，即定理 12.8.（提示：先考虑 $a=2$ 和 a 是奇素数的情形，再考虑 a 为合数的情形.）

12. 利用高斯引理证明二次互反律的欧拉形式，即定理 12.8.（提示：证明为求 $\left(\frac{q}{p}\right)$，我们只需要求出满足某个不等式 $(2t-1)(p/2a)\leqslant k\leqslant t(p/a)(t=1, 2, \cdots, 2u-1)$ 的整数 k 的个数，其中，若 a 是偶数则 $u=a/2$，若 a 是奇数则 $u=(a-1)/2$. 然后，取 $p=4am+r$，$0<r<4a$，证明求满足上述某个不等式的 k 的个数与求满足某个不等式 $(2t-1)r/2a\leqslant k\leqslant tr/a(t=1, 2, \cdots, 2u-1)$ 的整数 k 的个数一致. 证明这个数目只依赖于 r. 然后，用 $4a-r$ 代替 r，重复最后一步.）

习题 13 要求读者完成最初由艾森斯坦给出的二次互反律的证明的细节，此证明要求读者对复数较为熟悉.

13. 若 $\zeta^n=1$，其中 n 是正整数，则称复数 ζ 为 n 次单位根. 若 n 是使得 $\zeta^n=1$ 成立的最小正整数，则称 ζ 为 n 次本原单位根. 回忆 $e^{2\pi i}=1$.

   a) 证明：若整数 k 满足 $0\leqslant k\leqslant n-1$，则 $e^{(2\pi i/n)k}$ 是 n 次单位根，它是本原的当且仅当 $(k, n)=1$.

   b) 证明：若 ζ 是 n 次单位根且 $m\equiv\ell(\bmod n)$，则 $\zeta^m=\zeta^\ell$. 进一步证明，若 ζ 是 n 次本原单位根且 $\zeta^m=\zeta^\ell$，则 $m\equiv\ell(\bmod n)$.

   c) 定义 $f(z)=e^{2\pi iz}-e^{-2\pi iz}=2i\sin(2\pi z)$. 证明 $f(z+1)=f(z)$，$f(-z)=-f(z)$，且 $f(z)$ 的所有实零点是 $n/2$，其中 n 是整数.

   d) 证明：若 n 是正整数，则 $x^n-y^n=\prod_{k=0}^{n-1}(\zeta^k x-\zeta^{-k}y)$，其中 $\zeta=e^{2\pi i/n}$.

   e) 证明：若 n 是奇正数，$f(z)$ 如 c)中所定义，则

$$\frac{f(nz)}{f(z)}=\prod_{k=1}^{(n-1)/2}f\left(z+\frac{k}{n}\right)f\left(z-\frac{k}{n}\right).$$

   f) 证明：若 p 是奇素数且 a 是不被 p 整除的整数，则

$$\prod_{\ell=1}^{(p-1)/2}f\left(\frac{\ell a}{p}\right)=\left(\frac{a}{p}\right)\prod_{\ell=1}^{(p-1)/2}f\left(\frac{\ell}{p}\right).$$

   g) 利用 e)和 f)证明二次互反律，首先考虑

$$\prod_{\ell=1}^{(p-1)/2}f\left(\frac{\ell q}{p}\right)=\left(\frac{q}{p}\right)\prod_{\ell=1}^{(p-1)/2}f\left(\frac{\ell}{p}\right).$$

   （提示：利用 e)得到 $f\left(\frac{\ell q}{p}\right)/f\left(\frac{\ell}{p}\right)$ 的公式.）

14. 设 p 是奇素数，满足 $\left(\frac{n}{p}\right)=-1$，其中对满足 $k<2^m$ 的某个整数 k 和 m 有 $n=k2^m+1$. 证明 n 是素

数当且仅当 $p^{(n-1)/2}\equiv -1 \pmod n$.（提示：利用10.5节庞特定理证明必要性，利用欧拉判别法和二次互反律证明充分性.）

15. 整数 $p=1+8\cdot 3\cdot 5\cdot 7\cdot 11\cdot 13\cdot 17\cdot 19\cdot 23=892\,371\,481$ 是素数(读者可用计算软件验证). 证明对所有满足 $q\leqslant 23$ 的素数 q，均有 $\left(\frac{q}{p}\right)=1$. 推断出 p 没有小于29的二次非剩余和原根.（这一事实是下一个习题结论的一个特例.）

16. 本题中我们将证明，给定任意整数 M，存在无穷多素数 p 使得 $M<r_p<p-M$，其中 r_p 是最小的模 p 原根.

    a) 设 $q_1=2$，$q_2=3$，$q_3=5$，…，q_n 是所有不超过 M 的素数. 由狄利克雷关于等差数列中素数的定理，存在素数 $p=1+8q_1q_2\cdots q_nr$，其中 r 为正整数. 证明 $\left(\frac{-1}{p}\right)=1$，$\left(\frac{2}{p}\right)=1$，且 $\left(\frac{q_i}{p}\right)=1$，$i=2, 3, \cdots, n$.

    b) 证明满足 $-M\leqslant t+kp\leqslant M$ 的所有整数 $t+kp$(其中 t 为任意给定的整数)都是模 p 二次剩余，从而不是模 p 原根. 并证明这蕴涵了想要的结论.

* 17. 人们以惊人的速度发现二次互反律的新证明. 在本题中，我们完成由金(Kim)[Ki04]发现的证明的步骤，根据莱默梅尔截至2022年中的计数，这是二次互反律的第295个证明. 为证明做准备，设 p 和 q 是互异的奇素数，R 是满足 $1\leqslant a\leqslant \frac{pq-1}{2}$ 和 $(a, pq)=1$ 的整数 a 的集合，S 是满足 $1\leqslant a\leqslant \frac{pq-1}{2}$ 和 $(a, p)=1$ 的整数 a 的集合，T 是整数 $q\cdot 1, q\cdot 2, \cdots, q\cdot \frac{p-1}{2}$ 的集合. 最后，令 $A=\prod_{a\in R} a$.

    a) 证明 T 是 S 的子集且 $R=S-T$.

    b) 利用a)和欧拉判别法证明 $A\equiv(-1)^{\frac{q-1}{2}}\left(\frac{q}{p}\right) \pmod p$.

    c) 通过交换a)和b)中的 p 和 q，证明 $A\equiv(-1)^{\frac{p-1}{2}}\left(\frac{p}{q}\right) \pmod q$.

    d) 利用b)和c)证明，$(-1)^{\frac{q-1}{2}}\left(\frac{q}{p}\right)=(-1)^{\frac{p-1}{2}}\left(\frac{p}{q}\right)$ 当且仅当 $A\equiv\pm 1 \pmod{pq}$.

    e) 证明 $A\equiv 1$ 或 $-1 \pmod{pq}$ 当且仅当 $p\equiv q\equiv 1 \pmod 4$.

    (提示：首先，通过将 R 中的元素按照其乘积为1或−1进行配对，证明 $A\equiv\pm\prod_{a\in U} a \pmod{pq}$，其中 $U=\{a\in R \mid a^2\equiv\pm 1 \pmod{pq}\}$. 然后，分别考虑同余方程 $a^2\equiv 1 \pmod{pq}$ 和 $a^2\equiv -1 \pmod{pq}$ 的解.)

    f) 由d)和e)推导出 $(-1)^{\frac{q-1}{2}}\left(\frac{q}{p}\right)=(-1)^{\frac{p-1}{2}}\left(\frac{p}{q}\right)$ 当且仅当 $p\equiv q\equiv 1 \pmod 4$. 由此同余式导出二次互反律.

计算和研究

1. 利用佩潘检验法，证明费马数 F_6，F_7 和 F_8 是合数. 你能进一步做下去吗?

程序设计

1. 利用二次互反律计算勒让德符号.
2. 给定正整数 n，利用佩潘检验法判定第 n 个费马数 F_n 是否为素数.

12.3 雅可比符号

在本节中，我们将定义雅可比符号，它是以引入这一概念的德国数学家卡尔·雅可比

(Carl Jacobi)的名字命名的. 雅可比符号推广了前面两节所研究的勒让德符号. 雅可比符号同二次互反律一样有相同的性质，但只对互素的奇数对成立，这里的互反律可以归结为在不同的奇素数上的二次互反律. 雅可比符号的互反律可用来有效地计算勒让德符号，这一点与二次互反律不同. 另外，雅可比符号可以用来定义另一种类型的伪素数，即欧拉伪素数，这在 12.4 节中讨论.

定义 设 n 是正奇数，其素幂因子分解式为 $n=p_1^{t_1}p_2^{t_2}\cdots p_m^{t_m}$，令 a 是与 n 互素的整数. 则**雅可比符号** $\left(\frac{a}{n}\right)$ 定义如下：

$$\left(\frac{a}{n}\right)=\left(\frac{a}{p_1^{t_1}p_2^{t_2}\cdots p_m^{t_m}}\right)=\left(\frac{a}{p_1}\right)^{t_1}\left(\frac{a}{p_2}\right)^{t_2}\cdots\left(\frac{a}{p_m}\right)^{t_m},$$

其中等式右边的符号是勒让德符号.

当 $(a, n)=1$ 时，雅可比符号 $\left(\frac{a}{n}\right)=\pm 1$，因为定义中勒让德符号为 ± 1. 当 $(a, n)\neq 1$ 时，$\left(\frac{a}{n}\right)=0$. 为看出这一点，注意到若 $(a, n)\neq 1$，则必有素数 p 同时整除 a 和 n. 这意味着勒让德符号 $\left(\frac{a}{p}\right)=0$ 并出现在 $\left(\frac{a}{n}\right)$ 的定义中.

例 12.13 由雅可比符号的定义可知

$$\left(\frac{2}{45}\right)=\left(\frac{2}{3^2\cdot 5}\right)=\left(\frac{2}{3}\right)^2\left(\frac{2}{5}\right)=(-1)^2(-1)=-1,$$

且

$$\begin{aligned}\left(\frac{109}{385}\right)&=\left(\frac{109}{5\cdot 7\cdot 11}\right)=\left(\frac{109}{5}\right)\left(\frac{109}{7}\right)\left(\frac{109}{11}\right)=\left(\frac{4}{5}\right)\left(\frac{4}{7}\right)\left(\frac{10}{11}\right)\\&=\left(\frac{2}{5}\right)^2\left(\frac{2}{7}\right)^2\left(\frac{-1}{11}\right)=(-1)^2 1^2(-1)=-1.\end{aligned}$$

◀

当 n 是素数时，雅可比符号与勒让德符号一致. 但 n 是合数时，雅可比符号 $\left(\frac{a}{n}\right)$ 的取值并不能确定同余方程 $x^2\equiv a\pmod n$ 是否有解. 我们知道，若同余方程 $x^2\equiv a\pmod n$ 有解，则 $\left(\frac{a}{n}\right)=1$. 事实上，注意到若 p 是 n 的素因子且 $x^2\equiv a\pmod n$ 有解，则 $x^2\equiv a\pmod p$ 有解，从而 $\left(\frac{a}{p}\right)=1$，因此，$\left(\frac{a}{n}\right)=\prod_{j=1}^{m}\left(\frac{a}{p_j}\right)^{t_j}=1$，其中 n 有素幂因子分解式 $n=p_1^{t_1}p_2^{t_2}\cdots p_m^{t_m}$. 为看到在 $\left(\frac{a}{n}\right)=1$ 时 $x^2\equiv a\pmod n$ 可能无解，设 $a=2$，$n=15$. 则有 $\left(\frac{2}{15}\right)=\left(\frac{2}{3}\right)\left(\frac{2}{5}\right)=(-1)(-1)=1$. 但是 $x^2\equiv 2\pmod{15}$ 无解，这是因为 $x^2\equiv 2\pmod 3$ 和 $x^2\equiv 2\pmod 5$ 均无解.

12.3.1 雅可比符号的性质

现在，我们来证明雅可比符号有类似勒让德符号的某些性质.

定理 12.10　设 n 是正奇数，a 和 b 是与 n 互素的整数．则

(i) 若 $a\equiv b \pmod n$，则 $\left(\frac{a}{n}\right)=\left(\frac{b}{n}\right)$.

(ii) $\left(\frac{ab}{n}\right)=\left(\frac{a}{n}\right)\left(\frac{b}{n}\right)$.

(iii) $\left(\frac{-1}{n}\right)=(-1)^{(n-1)/2}$.

(iv) $\left(\frac{2}{n}\right)=(-1)^{(n^2-1)/8}$.

卡尔·古斯塔夫·雅各布·雅可比(Carl Gustav Jacob Jacobi，1804—1851)出生于一个富裕的银行家家庭．雅可比从小就受到了良好的家庭教育．他在柏林大学学习期间，通过阅读欧拉的著作掌握了数学知识，于 1825 年获得博士学位．1826 年，他在哥尼斯堡大学担任讲师，1831 年被聘为教授．除了研究数论外，雅可比在分析、几何和力学上也做出了重要贡献．他对数学史也很感兴趣，还促成了欧拉文集的出版，而在此之前，这项出版工作持续了 125 年都没有完成．

证明　在定理的证明过程中，我们利用素幂因子分解式 $n=p_1^{t_1}p_2^{t_2}\cdots p_m^{t_m}$.

(i) 的证明　我们知道，若 p 是 n 的素因子，则 $a\equiv b \pmod p$．于是，由定理 12.4(i)，有 $\left(\frac{a}{p}\right)=\left(\frac{b}{p}\right)$．由此可知

$$\left(\frac{a}{n}\right)=\left(\frac{a}{p_1}\right)^{t_1}\left(\frac{a}{p_2}\right)^{t_2}\cdots\left(\frac{a}{p_m}\right)^{t_m}=\left(\frac{b}{p_1}\right)^{t_1}\left(\frac{b}{p_2}\right)^{t_2}\cdots\left(\frac{b}{p_m}\right)^{t_m}=\left(\frac{b}{n}\right).$$

(ii) 的证明　由定理 12.4(ii)知，$\left(\frac{ab}{p_i}\right)=\left(\frac{a}{p_i}\right)\left(\frac{b}{p_i}\right)$，$i=1, 2, \cdots, m$．因此，

$$\begin{aligned}\left(\frac{ab}{n}\right)&=\left(\frac{ab}{p_1}\right)^{t_1}\left(\frac{ab}{p_2}\right)^{t_2}\cdots\left(\frac{ab}{p_m}\right)^{t_m}\\&=\left(\frac{a}{p_1}\right)^{t_1}\left(\frac{b}{p_1}\right)^{t_1}\left(\frac{a}{p_2}\right)^{t_2}\left(\frac{b}{p_2}\right)^{t_2}\cdots\left(\frac{a}{p_m}\right)^{t_m}\cdots\left(\frac{b}{p_m}\right)^{t_m}\\&=\left(\frac{a}{n}\right)\left(\frac{b}{n}\right).\end{aligned}$$

(iii) 的证明　由定理 12.5 可知，若 p 是素数，则 $\left(\frac{-1}{p}\right)=(-1)^{(p-1)/2}$．因此，

$$\begin{aligned}\left(\frac{-1}{n}\right)&=\left(\frac{-1}{p_1}\right)^{t_1}\left(\frac{-1}{p_2}\right)^{t_2}\cdots\left(\frac{-1}{p_m}\right)^{t_m}\\&=(-1)^{t_1(p_1-1)/2+t_2(p_2-1)/2+\cdots+t_m(p_m-1)/2}.\end{aligned}$$

由 n 的素幂因子分解式，有

$$n=(1+(p_1-1))^{t_1}(1+(p_2-1))^{t_2}\cdots(1+(p_m-1))^{t_m}.$$

因为 p_i-1 是偶数，所以

$$(1+(p_i-1))^{t_i} \equiv 1+t_i(p_i-1) \pmod 4,$$

且

$$(1+t_i(p_i-1))(1+t_j(p_j-1)) \equiv 1+t_i(p_i-1)+t_j(p_j-1) \pmod 4.$$

因此，

$$n \equiv 1+t_1(p_1-1)+t_2(p_2-1)+\cdots+t_m(p_m-1) \pmod 4,$$

于是

$$(n-1)/2 \equiv t_1(p_1-1)/2+t_2(p_2-1)/2+\cdots+t_m(p_m-1)/2 \pmod 2.$$

将这个关于$(n-1)/2$的同余式和$\left(\frac{-1}{n}\right)$的表达式结合起来，就证明了$\left(\frac{-1}{n}\right)=(-1)^{(n-1)/2}$.

(iv) 的证明 由定理 12.6 可知，若 p 是素数，则$\left(\frac{2}{p}\right)=(-1)^{(p^2-1)/8}$. 于是，

$$\left(\frac{2}{n}\right)=\left(\frac{2}{p_1}\right)^{t_1}\left(\frac{2}{p_2}\right)^{t_2}\cdots\left(\frac{2}{p_m}\right)^{t_m}=(-1)^{t_1(p_1^2-1)/8+t_2(p_2^2-1)/8+\cdots+t_m(p_m^2-1)/8}.$$

在(iii)的证明中，我们注意到

$$n^2=(1+(p_1^2-1))^{t_1}(1+(p_2^2-1))^{t_2}\cdots(1+(p_m^2-1))^{t_m}.$$

因为 $p_i^2-1\equiv 0 \pmod 8$，$i=1$，2，…，m，所以

$$(1+(p_i^2-1))^{t_i} \equiv 1+t_i(p_i^2-1) \pmod{64},$$

且

$$(1+t_i(p_i^2-1))(1+t_j(p_j^2-1)) \equiv 1+t_i(p_i^2-1)+t_j(p_j^2-1) \pmod{64}.$$

于是，

$$n^2 \equiv 1+t_1(p_1^2-1)+t_2(p_2^2-1)+\cdots+t_m(p_m^2-1) \pmod{64},$$

这说明

$$(n^2-1)/8 = t_1(p_1^2-1)/8+t_2(p_2^2-1)/8+\cdots+t_m(p_m^2-1)/8 \pmod 8.$$

将这个关于$(n^2-1)/8$的同余式与$\left(\frac{2}{n}\right)$的表达式结合起来，就有$\left(\frac{2}{n}\right)=(-1)^{(n^2-1)/8}$. ■

12.3.2 雅可比符号的互反律

现在我们来证明雅可比符号与勒让德符号满足相同的互反律.

定理 12.11（雅可比符号的互反律） 设 n 和 m 是互素的正奇数且大于 1. 则

$$\left(\frac{n}{m}\right)\left(\frac{m}{n}\right)=(-1)^{\frac{m-1}{2}\cdot\frac{n-1}{2}}.$$

证明 设 m 和 n 的素幂因子分解式分别为 $m=p_1^{a_1}p_2^{a_2}\cdots p_s^{a_s}$ 和 $n=q_1^{b_1}q_2^{b_2}\cdots q_r^{b_r}$. 可知

$$\left(\frac{m}{n}\right)=\prod_{i=1}^{r}\left(\frac{m}{q_i}\right)^{b_i}=\prod_{i=1}^{r}\prod_{j=1}^{s}\left(\frac{p_j}{q_i}\right)^{b_ia_j},$$

且

$$\left(\frac{n}{m}\right)=\prod_{j=1}^{s}\left(\frac{n}{p_j}\right)^{a_j}=\prod_{j=1}^{s}\prod_{i=1}^{r}\left(\frac{q_i}{p_j}\right)^{a_jb_i}.$$

因此，

$$\left(\frac{m}{n}\right)\left(\frac{n}{m}\right)=\prod_{i=1}^{r}\prod_{j=1}^{s}\left[\left(\frac{p_j}{q_i}\right)\left(\frac{q_i}{p_j}\right)\right]^{a_j b_i}.$$

由二次互反律知

$$\left(\frac{p_j}{q_i}\right)\left(\frac{q_i}{p_j}\right)=(-1)^{\left(\frac{p_j-1}{2}\right)\left(\frac{q_i-1}{2}\right)}.$$

从而，

$$\left(\frac{m}{n}\right)\left(\frac{n}{m}\right)=\prod_{i=1}^{r}\prod_{j=1}^{s}(-1)^{a_j\left(\frac{p_j-1}{2}\right)b_i\left(\frac{q_i-1}{2}\right)}=(-1)^{\sum_{i=1}^{r}\sum_{j=1}^{s}a_j\left(\frac{p_j-1}{2}\right)b_i\left(\frac{q_i-1}{2}\right)}. \tag{12.8}$$

注意到

$$\sum_{i=1}^{r}\sum_{j=1}^{s}a_j\left(\frac{p_j-1}{2}\right)b_i\left(\frac{q_i-1}{2}\right)=\sum_{j=1}^{s}a_j\left(\frac{p_j-1}{2}\right)\sum_{i=1}^{r}b_i\left(\frac{q_i-1}{2}\right).$$

正如我们在定理12.10(iii)的证明中所展示的，

$$\sum_{j=1}^{s}a_j\left(\frac{p_j-1}{2}\right)\equiv\frac{m-1}{2}\pmod 2,$$

且

$$\sum_{i=1}^{r}b_i\left(\frac{q_i-1}{2}\right)\equiv\frac{n-1}{2}\pmod 2.$$

因此，

$$\sum_{i=1}^{r}\sum_{j=1}^{s}a_j\left(\frac{p_j-1}{2}\right)b_i\left(\frac{q_i-1}{2}\right)\equiv\frac{m-1}{2}\cdot\frac{n-1}{2}\pmod 2. \tag{12.9}$$

因此，由式(12.8)和式(12.9)，我们得出

$$\left(\frac{m}{n}\right)\left(\frac{n}{m}\right)=(-1)^{\frac{m-1}{2}\cdot\frac{n-1}{2}}.$$

■

12.3.3 计算勒让德符号和雅可比符号

当使用二次互反律计算勒让德符号时，互换其分子分母位置之前我们经常需要分解一个或更多个勒让德符号．大家可以通过例12.10中计算$\left(\frac{713}{1\,009}\right)$看到这一点．由于分解整数并无有效算法，所以连续使用二次互反律来计算勒让德符号并不便捷．如同雅可比所认识到的那样，我们可以通过雅可比符号及其互反律来计算勒让德符号．可将下面的例子同例12.10对比来体会这一差异．(同时，习题15和习题16也演示了如何用雅可比符号来计算勒让德符号.)

例12.14 连续使用雅可比符号的二次互反律、定理12.11以及定理12.10中雅可比符号的性质，我们有

$$\begin{aligned}\left(\frac{713}{1\,009}\right)&=\left(\frac{1\,009}{713}\right)=\left(\frac{296}{713}\right)=\left(\frac{2^3}{713}\right)\left(\frac{37}{713}\right)=\left(\frac{713}{37}\right)\\&=\left(\frac{10}{37}\right)=\left(\frac{2}{37}\right)\left(\frac{5}{37}\right)=-\left(\frac{37}{5}\right)=-\left(\frac{2}{5}\right)=1.\end{aligned}$$

这里在第一个、第四个和第七个等式使用了雅可比符号的互反律．应用定理 12.10(i)得到第二个、第五个以及第八个等式，由(ii)得到了第三个及第六个等式，由(iv)得到了第四个、第六个及第九个等式． ◀

我们现在利用定理 12.10 以及雅可比符号的互反律来给出一个计算雅可比符号及勒让德符号的有效算法．设 a 和 b 是互素的正整数，$a>b$．令 $R_0=a$，$R_1=b$．利用带余除法，并提出余数中 2 的最高次幂，得

$$R_0=R_1q_1+2^{s_1}R_2,$$

其中 s_1 是非负整数，R_2 是小于 R_1 的正奇数．反复使用带余除法，并提出所得余数中 2 的最高次幂，得

$$\begin{aligned}R_1&=R_2q_2+2^{s_2}R_3\\R_2&=R_3q_3+2^{s_3}R_4\\&\vdots\\R_{n-3}&=R_{n-2}q_{n-2}+2^{s_{n-2}}R_{n-1}\\R_{n-2}&=R_{n-1}q_{n-1}+2^{s_{n-1}}\cdot 1,\end{aligned}$$

其中，s_j 是非负整数，R_j 是小于 R_{j-1} 的正奇数，$j=2,3,\cdots,n-1$．注意，得到最后一个等式所做除法的次数不超过用欧几里得算法求 a 和 b 的最大公因子所做除法的次数．

我们用下面的例子说明这一等式序列．

例 12.15 设 $a=401$，$b=111$，则

$$\begin{aligned}401&=111\cdot 3+2^2\cdot 17\\111&=17\cdot 6+2^0\cdot 9\\17&=9\cdot 1+2^3\cdot 1\end{aligned}$$ ◀

利用前述的等式序列以及雅可比符号的性质，我们可以证明下述定理，它给出了计算雅可比符号的算法．

定理 12.12 设 a 和 b 是正整数且 $a>b$，则

$$\left(\frac{a}{b}\right)=(-1)^{s_1\frac{R_1^2-1}{8}+\cdots+s_{n-1}\frac{R_{n-1}^2-1}{8}+\frac{R_1-1}{2}\cdot\frac{R_2-1}{2}+\cdots+\frac{R_{n-2}-1}{2}\cdot\frac{R_{n-1}-1}{2}},$$

其中，整数 R_j 和 s_j 如前所述，$j=1,2,\cdots,n-1$．

证明 由第一个等式和定理 12.10 的(i)、(ii)、(iv)，有

$$\left(\frac{a}{b}\right)=\left(\frac{R_0}{R_1}\right)=\left(\frac{2^{s_1}R_2}{R_1}\right)=\left(\frac{2}{R_1}\right)^{s_1}\left(\frac{R_2}{R_1}\right)=(-1)^{s_1\frac{R_1^2-1}{8}}\left(\frac{R_2}{R_1}\right).$$

利用定理 12.11，即雅可比符号的互反律，有

$$\left(\frac{R_2}{R_1}\right)=(-1)^{\frac{R_1-1}{2}\cdot\frac{R_2-1}{2}}\left(\frac{R_1}{R_2}\right),$$

所以

$$\left(\frac{a}{b}\right)=(-1)^{\frac{R_1-1}{2}\cdot\frac{R_2-1}{2}+s_1\frac{R_1^2-1}{8}}\left(\frac{R_1}{R_2}\right).$$

类似地，由接下来的除法，对 $j=2, 3, \cdots, n-1$ 有

$$\left(\frac{R_{j-1}}{R_j}\right)=(-1)^{\frac{R_j-1}{2}\cdot\frac{R_{j+1}-1}{2}+s_1\frac{R_j^2-1}{8}}\left(\frac{R_j}{R_{j+1}}\right).$$

综合所有等式就得到想要的 $\left(\frac{a}{b}\right)$ 的表达式. ■

下面的例子显示了定理 12.12 的用途.

例 12.16 我们利用例 12.15 中的除法和定理 12.12 来计算 $\left(\frac{401}{111}\right)$，可得

$$\left(\frac{401}{111}\right)=(-1)^{2\cdot\frac{111^2-1}{8}+0\cdot\frac{17^2-1}{8}+3\cdot\frac{9^2-1}{8}+\frac{111-1}{2}\cdot\frac{17-1}{2}+\frac{17-1}{2}\cdot\frac{9-1}{2}}=1.$$ ◀

下面的推论给出了利用定理 12.12 所给出的计算雅可比符号的算法的复杂性.

推论 12.12.1 设 a 和 b 是互素的正整数，$a>b$，则可用 $O((\log_2 b)^3)$ 次位运算计算雅可比符号 $\left(\frac{a}{b}\right)$.

证明 利用定理 12.12 计算 $\left(\frac{a}{b}\right)$，需要做 $O(\log_2 b)$ 次除法，为此，注意到除法的次数不超过用欧几里得算法求 (a, b) 所需除法的次数. 因此，由拉梅定理知，需要 $O(\log_2 b)$ 次除法，而每一次除法需要 $O((\log_2 b)^2)$ 次位运算. 一旦做完除法，每对整数 R_j 和 s_j 需用 $O(\log_2 b)$ 次位运算求得.

因此，需要 $O((\log_2 b)^3)$ 次位运算来从 a 和 b 中求出所有整数 R_j 和 s_j，其中 $j=1, 2, \cdots, n-1$. 最后，为计算定理 12.12 中 $\left(\frac{a}{b}\right)$ 表达式中 -1 的次数，我们要用到 R_j 的二进制表达式中最后三位和 s_j 的二进制表示中的最后一位，其中 $j=1, 2, \cdots, n-1$. 因此，我们又用了 $O(\log_2 b)$ 次二进制位运算来求得 $\left(\frac{a}{b}\right)$. 因为 $O((\log_2 b)^3)+O(\log_2 b)=O((\log_2 b)^3)$，所以推论成立. ■

若更为细致地分析除法所需的位运算的次数，则可以改进上述推论. 特别地，可以证明计算 $\left(\frac{a}{b}\right)$ 仅需要 $O((\log_2 b)^2)$ 次位运算，我们将其留作习题.

12.3 节习题

1. 计算下列每个雅可比符号的值.

   a) $\left(\frac{5}{21}\right)$　b) $\left(\frac{27}{101}\right)$　c) $\left(\frac{111}{1\,001}\right)$

   d) $\left(\frac{1\,009}{2\,307}\right)$　e) $\left(\frac{2\,663}{3\,299}\right)$　f) $\left(\frac{10\,001}{20\,003}\right)$

2. 计算下列每个雅可比符号的值.

   a) $\left(\frac{7}{33}\right)$　b) $\left(\frac{125}{517}\right)$　c) $\left(\frac{116}{1\,003}\right)$

d) $\left(\frac{1\,903}{7\,807}\right)$　　e) $\left(\frac{1\,313}{4\,197}\right)$　　f) $\left(\frac{111\,663}{48\,277}\right)$

3. 对哪些与 21 互素的正整数 n，雅可比符号 $\left(\frac{21}{n}\right)$ 等于 -1.

4. 对哪些与 15 互素的正整数 n，雅可比符号 $\left(\frac{15}{n}\right)$ 等于 1?

5. 对哪些与 30 互素的正整数 n，雅可比符号 $\left(\frac{30}{n}\right)$ 等于 1?

假设 $n=pq$，其中 p 和 q 是素数. 若 a 是 n 的二次非剩余但 $\left(\frac{a}{n}\right)=1$，则称 a 是一个模 n 伪平方数.

6. 证明：若 a 是模 n 伪平方数，则 $\left(\frac{a}{p}\right)=\left(\frac{a}{q}\right)=-1$.

7. 求出全体模 21 伪平方数.

8. 求出全体模 35 伪平方数.

9. 求出全体模 143 伪平方数.

10. 设 a 和 b 是互素的整数，且 b 是正奇数，$a=(-1)^s 2^t q$，其中 q 是奇数. 证明

$$\left(\frac{a}{b}\right)=(-1)^{\frac{b-1}{2}\cdot s+\frac{b^2-1}{8}\cdot t}\left(\frac{q}{b}\right).$$

11. 设 n 是无平方因子的正奇数. 证明存在整数 a 使得 $(a, n)=1$ 并且 $\left(\frac{a}{n}\right)=-1$.

12. 设 n 是无平方因子的正奇数.

a) 证明 $\sum\left(\frac{k}{n}\right)=0$，其中对一个模 n 既约剩余系中所有的 k 求和.（提示：利用习题 11.）

b) 由 a) 证明，既约剩余系中使得 $\left(\frac{k}{n}\right)=1$ 的整数的个数等于使得 $\left(\frac{k}{n}\right)=-1$ 的整数的个数.

* 13. 设 a 和 $b=r_0$ 是互素的正奇数，使得

$$\begin{aligned} a &= r_0 q_1+\varepsilon_1 r_1 \\ r_0 &= r_1 q_2+\varepsilon_2 r_2 \\ &\vdots \\ r_{n-1} &= r_{n-1} q_{n-1}+\varepsilon_n r_n, \end{aligned}$$

其中，q_i 是非负偶数，$\varepsilon_i=\pm 1$，r_i 是正整数且 $r_i<r_{r-1}$，$i=1, 2, \cdots, n_j$，且 $r_n=1$. 这些等式是反复利用 1.5 节习题 26 中改进了的带余除法得到的.

a) 证明雅可比符号 $\left(\frac{a}{b}\right)$ 由下式给出：

$$\left(\frac{a}{b}\right)=(-1)^{\left(\frac{r_0-1}{2}\cdot\frac{\varepsilon_1 r_1-1}{2}+\frac{r_1-1}{2}\cdot\frac{\varepsilon_2 r_2-1}{2}+\cdots+\frac{r_{n-1}-1}{2}\cdot\frac{\varepsilon_n r_n-1}{2}\right)}.$$

b) 证明雅可比符号 $\left(\frac{a}{b}\right)$ 由下式给出：

$$\left(\frac{a}{b}\right)=(-1)^T,$$

其中，T 是满足 $1\leqslant i\leqslant n$ 和 $r_{i-1}\equiv\varepsilon_i r_i\equiv 3 \pmod 4$ 的整数 i 的个数.

* 14. 证明：若 a 和 b 是奇数，且 $(a, b)=1$，则对雅可比符号有如下互反律成立：

$$\left(\frac{a}{|b|}\right)\left(\frac{b}{|a|}\right)=\begin{cases}-(-1)^{\frac{a-1}{2}\cdot\frac{b-1}{2}}, & \text{若 } a<0 \text{ 且 } b<0;\\ (-1)^{\frac{a-1}{2}\cdot\frac{b-1}{2}}, & \text{其他.}\end{cases}$$

15. 按下列要求分别计算勒让德符号$\left(\frac{1\,783}{7\,523}\right)$.

    a) 使用勒让德符号的性质，不用雅可比符号的性质.

    b) 同时使用勒让德符号和雅可比符号的性质.

16. 证明利用雅可比符号的性质可以比仅用勒让德符号的性质更便捷地计算勒让德符号$\left(\frac{756\,479}{1\,298\,351}\right)$.

在习题 17～23 中，我们讨论**克罗内克符号**（它以利奥波德·克罗内克（Leopold Kronecker）的名字命名），它是雅可比符号的推广，其定义如下. 设正整数 a 不是完全平方数，且 $a\equiv 0$ 或 $1 \pmod 4$. 定义

$$\left(\frac{a}{2}\right)=\begin{cases}1, & \text{若 } a\equiv 1 \pmod 8;\\ -1, & \text{若 } a\equiv 5 \pmod 8.\end{cases}$$

$\left(\frac{a}{p}\right)=$勒让德符号$\left(\frac{a}{p}\right)$，若 p 是奇素数且 $p\nmid a$.

$\left(\frac{a}{n}\right)=\prod_{j=1}^{r}\left(\frac{a}{p_j}\right)^{t_j}$，若$(a, n)=1$ 且 $n=\prod_{j=1}^{r}p_j^{t_j}$ 是 n 的素幂因子分解式.

17. 计算下列克罗内克符号：

    a) $\left(\frac{5}{12}\right)$　　b) $\left(\frac{13}{20}\right)$　　c) $\left(\frac{101}{200}\right)$

对习题 18～23，设正整数 a 不是完全平方数，且 $a\equiv 0$ 或 $1 \pmod 4$.

利奥波德·克罗内克（Leopold Kronecker，1823—1891）出生于普鲁士利格尼茨的一个事业兴旺的犹太家庭. 他的父亲是一位有成就的实业家，他的母亲也来自富裕的家庭. 他小时候由很多家庭教师教授知识. 后来，他进入利格尼茨文法中学，由数论学家库默尔(Kummer)教授数学. 库默尔很快便发现了克罗内克的数学天赋，并鼓励他从事数学研究. 1841 年，克罗内克进入柏林大学学习数学、天文学、气象学、化学和哲学. 1845 年，克罗内克写出了关于代数数论的博士论文，他的导师是狄利克雷.

克罗内克本可以就此开始前途光明的学术生涯，但是他却返回利格尼茨帮助他的一个叔叔打理银行业务. 1848 年，克罗内克与这位叔叔的女儿结婚. 在利格尼茨，克罗内克仍然凭借自己的兴趣研究数学. 1855 年，在完成对家族事业的义务后，克罗内克返回了柏林. 他急切盼望进入大学开始数学生涯. 虽然他没有大学的职位，不能教课，但是他仍然非常积极地做研究，发表了很多关于数论、椭圆函数、代数以及它们的联系等方面的文章. 1860 年，克罗内克被选入柏林科学院，从而可以在柏林大学授课. 他抓住这个机会教授数论和其他数学专题的课程. 克罗内克的课程需要学生付出很多的精力但很有启发性. 不幸的是，他在普通学生中并不受欢迎，有很多学生在学期末会退掉他的课.

克罗内克笃信构造性数学，认为数学应该只考虑有限的数字和有限次的运算. 他对非构造的存在性证明持怀疑态度，反对非构造地定义的对象，例如无理数. 他也不承认超越数的存在. 他因下面的话而出名："上帝创造了整数，其他都是人的作品."克罗内克对构造性数学的坚信并没有得到多数同事的认同，尽管他并不是唯一持有这种观点的知名数学家. 许多数学家发现克罗内克难以相处，尤其是他容易因数学上的不同意见与人争吵. 克罗内克很在意自己的矮小身材，即使别人和善地提及他的身高时他也会大发脾气.

18. 证明：若 $2 \nmid a$，则 $\left(\frac{a}{2}\right)=\left(\frac{2}{|a|}\right)$，其中右边的符号是雅可比符号.

19. 证明：若 n_1，n_2 是正整数且$(a_1, n_1, n_2)=1$，则 $\left(\frac{a}{n_1 n_2}\right)=\left(\frac{a}{n_1}\right)\cdot\left(\frac{a}{n_2}\right)$.

* 20. 证明：若 n 是与 a 互素的正整数，且 a 是奇数，则 $\left(\frac{a}{n}\right)=\left(\frac{n}{|a|}\right)$，而若 a 是偶数且 $a=2^s t$，其中 t 是奇数，则

$$\left(\frac{a}{n}\right)=\left(\frac{2}{n}\right)^s(-1)^{\frac{t-1}{2}\cdot\frac{n-1}{2}}\left(\frac{n}{|t|}\right).$$

* 21. 证明：若 n_1 和 n_2 是与 a 互素且大于1的正整数，$n_1 \equiv n_2 \pmod{|a|}$，则有 $\left(\frac{a}{n_1}\right)=\left(\frac{a}{n_2}\right)$.

* 22. 证明：若 $|a| \geqslant 3$，则存在正整数 n，使得 $\left(\frac{a}{n}\right)=-1$.

* 23. 证明：若 $a \neq 0$，则 $\left(\frac{a}{|a|-1}\right)=\begin{cases}1, & \text{若 } a>0; \\ -1, & \text{若 } a<0.\end{cases}$

24. 证明：若整数 a 和整数 b 互素，且 $a<b$，则可通过 $O((\log_2 b)^2)$ 次位运算求得雅可比符号 $\left(\frac{a}{b}\right)$.

计算和研究

1. 计算勒让德符号 $\left(\frac{1\,656\,169}{2\,355\,151}\right)$ 的值.

2. 计算下列雅可比符号的值：$\left(\frac{9\,343}{65\,518\,791}\right)$，$\left(\frac{54\,371}{5\,400\,207\,333}\right)$，$\left(\frac{320\,001}{11\,111\,111\,111\,111}\right)$.

程序设计

1. 利用定理12.12计算雅可比符号.
2. 利用习题10和习题13计算雅可比符号.
3. 计算克罗内克符号(其定义见习题17的导言).

12.4 欧拉伪素数

在第7章中，我们引入了伪素数的概念. 伪素数是指有素数的一些性质但却是合数的数. 回想费马小定理(定理7.3)告诉我们，如果 p 是素数且 $p \nmid a$，则 $a^{p-1} \equiv 1 \pmod{p}$. 给定正整数 n，如果我们发现 $2^{n-1} \not\equiv 1 \pmod{n}$，则我们知道 n 是合数. 然而，正如我们在例7.9中看到的那样，$341=11\cdot 31$ 不是素数，但 $2^{340} \equiv 1 \pmod{341}$. 因为341有素数的一个性质，我们称之为伪素数.(有时，该伪素数被称为费马伪素数，以区别于其他类型的伪素数.)

在这里，我们介绍欧拉伪素数，这是一个合数，但符合欧拉判别法. 为了给出精确的定义，我们回顾欧拉判别法及其如何用于确定某些正整数是合数.

假设 p 是奇素数，设 b 是不被 p 整除的整数. 由欧拉判别法知

$$b^{(p-1)/2} \equiv \left(\frac{b}{p}\right) \pmod{p}.$$

因此，若要对正奇数 n 进行素性检验，可以取整数 b，满足$(b, n)=1$，并判定下式是否成立：

$$b^{(n-1)/2} \equiv \left(\frac{b}{n}\right) (\bmod n),$$

其中，同余式右边的符号是雅可比符号. 若这一同余式不成立，则 n 是合数.

例 12.17 设 $n=341$，$b=2$. 经计算得 $2^{170} \equiv 1(\bmod 341)$. 由于 $341 \equiv -3(\bmod 8)$，故利用定理 12.10(iv)可知 $\left(\frac{2}{341}\right)=-1$. 因此，$2^{170} \not\equiv \left(\frac{2}{341}\right)(\bmod 341)$. 这说明 341 不是素数. ◀

因此，我们可以基于欧拉判别法定义一类伪素数.

定义 一个满足同余式

$$b^{(n-1)/2} \equiv \left(\frac{b}{n}\right) (\bmod n)$$

的奇正合数 n 称为**以 b 为基的欧拉伪素数**，其中 b 是正整数.

一个以 b 为基的欧拉伪素数是合数，它通过满足定义中的同余式来伪装成素数.

例 12.18 设 $n=1\,105$，$b=2$. 经计算得 $2^{552} \equiv 1(\bmod 1\,105)$. 由 $1\,105 \equiv 1(\bmod 8)$可知 $\left(\frac{2}{1\,105}\right)=1$. 于是，$2^{552} \equiv \left(\frac{2}{1\,105}\right)(\bmod 1\,105)$. 因为 1 105 是合数，所以它是一个以 2 为基的欧拉伪素数. ◀

下面的定理说明，每一个以 b 为基的欧拉伪素数都是以 b 为基的伪素数.

定理 12.13 *若 n 是以 b 为基的欧拉伪素数，则 n 是以 b 为基的伪素数.*

证明 若 n 是以 b 为基的欧拉伪素数，则

$$b^{(n-1)/2} \equiv \left(\frac{b}{n}\right) (\bmod n).$$

因此，将此同余式两边平方，得

$$(b^{(n-1)/2})^2 \equiv \left(\frac{b}{n}\right)^2 (\bmod n).$$

由 $\left(\frac{b}{n}\right)=\pm 1$ 可知 $b^{n-1} \equiv 1(\bmod n)$，这表明 n 是以 b 为基的伪素数. ■

并非每个伪素数都是欧拉伪素数. 例如，整数 341 不是以 2 为基的欧拉伪素数，但我们已经证明它是一个以 2 为基的伪素数.

我们知道，每个欧拉伪素数都是伪素数. 下面，我们要证明每个强伪素数都是欧拉伪素数.（强伪素数的定义见 7.2 节.）

定理 12.14 *若 n 是以 b 为基的强伪素数，则 n 是以 b 为基的欧拉伪素数.*

证明 设 n 是以 b 为基的强伪素数. 于是，若 $n-1=2^s t$，其中 t 是奇数，则或者 $b^t \equiv 1(\bmod n)$或者 $b^{2^r t} \equiv -1(\bmod n)$，其中 $0 \leqslant r \leqslant s-1$. 设 n 的素幂因子分解式为 $n=\prod_{i=1}^{m} p_i^{a_i}$.

首先考虑 $b^t \equiv 1(\bmod n)$的情形. 设 p 是 n 的素因子. 因为 $b^t \equiv 1(\bmod n)$，所以 $\mathrm{ord}_p b \mid t$. 由于 t 是奇数，所以 $\mathrm{ord}_p b$ 也是奇数. 从而 $\mathrm{ord}_p b \mid (p-1)/2$，这是因为 $\mathrm{ord}_p b$ 是偶数 $\phi(p)=p-1$ 的奇因子. 于是，有

$$b^{(p-1)/2} \equiv 1(\bmod p).$$

因此，由欧拉判别法有$\left(\frac{b}{p}\right)=1$.

为计算雅可比符号$\left(\frac{b}{n}\right)$，注意到对 n 的所有素因子 p 均有$\left(\frac{b}{p}\right)=1$. 因此，

$$\left(\frac{b}{n}\right)=\left(\frac{b}{\prod_{i=1}^{m} p_i^{a_i}}\right)=\prod_{i=1}^{m}\left(\frac{b}{p_i}\right)^{a_i}=1.$$

因为 $b^t \equiv 1(\bmod n)$，所以 $b^{(n-1)/2}=(b^t)^{2^{s-1}} \equiv 1(\bmod n)$. 从而，有

$$b^{(n-1)/2} \equiv \left(\frac{b}{n}\right) \equiv 1(\bmod n).$$

我们得出结论：n 是以 b 为基的欧拉伪素数.

接下来考虑

$$b^{2^r t} \equiv -1(\bmod n)$$

的情形，其中 r 满足 $0 \leqslant r \leqslant s-1$. 若 p 是 n 的素因子，则

$$b^{2^r t} \equiv -1(\bmod p).$$

将此同余式两边平方，得

$$b^{2^{r+1} t} \equiv 1(\bmod p),$$

这表明 $\operatorname{ord}_p b \mid 2^{r+1} t$，但从前面的同余式知 $\operatorname{ord}_p b \nmid 2^r t$. 因此，

$$\operatorname{ord}_p b=2^{r+1} c,$$

其中 c 是奇数. 因为 $\operatorname{ord}_p b \mid (p-1)$ 且 $2^{r+1} \mid \operatorname{ord}_p b$，所以 $2^{r+1} \mid (p-1)$. 于是，$p=2^{r+1} d+1$，其中 d 是整数. 因为

$$b^{(\operatorname{ord}_p b)/2} \equiv -1(\bmod p),$$

所以有

$$\begin{aligned}\left(\frac{b}{p}\right) &\equiv b^{(p-1)/2}=b^{(\operatorname{ord}_p b/2)((p-1)/\operatorname{ord}_p b)} \\ &\equiv(-1)^{(p-1)/\operatorname{ord}_p b}=(-1)^{(p-1)/(2^{r+1} c)}(\bmod p).\end{aligned}$$

因为 c 是奇数，所以$(-1)^c=-1$. 于是，

$$\left(\frac{b}{p}\right)=(-1)^{(p-1)/2^{r+1}}=(-1)^d, \tag{12.10}$$

这里 $d=(p-1)/2^{r+1}$. 因为 n 的每个素因子 p_i 都形如 $p_i=2^{r+1} d_i+1$，所以

$$\begin{aligned} n &=\prod_{i=1}^{m} p_i^{a_i} \\ &=\prod_{i=1}^{m}(2^{r+1} d_i+1)^{a_i} \\ &\equiv \prod_{i=1}^{m}(1+2^{r+1} a_i d_i)\end{aligned}$$

$$\equiv 1+2^{r+1}\sum_{i=1}^{m}a_id_i \pmod{2^{2r+2}}.$$

因此，

$$t2^{s-1}=(n-1)/2\equiv 2^r\sum_{i=1}^{m}a_id_i \pmod{2^{r+1}}.$$

此同余式表明

$$t2^{s-1-r}\equiv\sum_{i=1}^{m}a_id_i \pmod 2,$$

且

$$b^{(n-1)/2}=(b^{2^rt})^{2^{s-1-r}}\equiv(-1)^{2^{s-1-r}}=(-1)^{\sum_{i=1}^{m}a_id_i} \pmod n. \tag{12.11}$$

另一方面，由式(12.10)有

$$\left(\frac{b}{n}\right)=\prod_{i=1}^{m}\left(\frac{b}{p_i}\right)^{a_i}=\prod_{i=1}^{m}((-1)^{d_i})^{a_i}=\prod_{i=1}^{m}(-1)^{a_id_i}=(-1)^{\sum_{i=1}^{m}a_id_i}.$$

因此，将前面的等式与式(12.11)结合起来，可知

$$b^{(n-1)/2}\equiv\left(\frac{b}{n}\right)\pmod n.$$

所以，n 是以 b 为基的欧拉伪素数. ■

虽然每个以 b 为基的强伪素数也是有相同基的欧拉伪素数，但是每个以 b 为基的欧拉伪素数并不都是以 b 为基的强伪素数，如下例所示.

例 12.19 例 12.18 中已经证明了 1 105 是以 2 为基的欧拉伪素数. 但 1 105 不是以 2 为基的强伪素数，这是因为

$$2^{(1\,105-1)/2}=2^{552}\equiv 1 \pmod{1\,105},$$

而

$$2^{(1\,105-1)/2^2}=2^{276}\equiv 781\not\equiv\pm 1 \pmod{1\,105}.$$ ◀

虽然以 b 为基的欧拉伪素数并不一定是有相同基的强伪素数，但是满足一定条件时，以 b 为基的欧拉伪素数可以是有相同基的强伪素数. 下面的两个定理就是这种类型的结论.

定理 12.15 *若 $n\equiv 3 \pmod 4$，n 是以 b 为基的欧拉伪素数，则 n 是以 b 为基的强伪素数.*

证明 由同余式 $n\equiv 3 \pmod 4$ 可知 $n-1=2\cdot t$，其中 $t=(n-1)/2$ 是奇数. 因为 n 是以 b 为基的欧拉伪素数，所以

$$b^t=b^{(n-1)/2}\equiv\left(\frac{b}{n}\right)\pmod n.$$

由于 $\left(\frac{b}{n}\right)=\pm 1$，因此或者 $b^t\equiv 1 \pmod n$ 或者 $b^t\equiv -1 \pmod n$.

于是，以 b 为基的强伪素数的定义中的某个同余式必成立. 因此，n 是以 b 为基的强伪素数. ■

定理 12.16 若 n 是以 b 为基的欧拉伪素数且 $\left(\frac{b}{n}\right)=-1$，则 n 是以 b 为基的强伪素数.

证明 记 $n-1=2^s t$，其中 t 是奇数，s 是正整数. 由于 n 是以 b 为基的欧拉伪素数，所以有

$$b^{2^{s-1}t}=b^{(n-1)/2}\equiv\left(\frac{b}{n}\right)(\bmod n).$$

而 $\left(\frac{b}{n}\right)=-1$，故

$$b^{t2^{s-1}}\equiv-1(\bmod n).$$

这是以 b 为基的强伪素数的定义中的同余式. 因为 n 是合数，所以它是以 b 为基的强伪素数. ■

利用欧拉伪素性的概念，我们来建立一种概率素性检验法. 这个检验法是由索洛韦(Solovay)和斯特拉森(Strassen)[SoSt77]首先提出的.

在给出这个检验法之前，先给出几个有用的引理.

引理 12.4 若 n 是正奇数且不是完全平方数，则至少存在一个整数 b，满足 $1<b<n$，$(b, n)=1$ 和 $\left(\frac{b}{n}\right)=-1$，其中 $\left(\frac{b}{n}\right)$ 是雅可比符号.

证明 若 n 是素数，则定理 12.1 保证了这样的整数 b 的存在. 若 n 是合数但不是完全平方数，可记 $n=rs$，其中 $(r, s)=1$ 且 $r=p^e$，p 是奇素数且 e 是正奇数.

现在，设 t 是素数 p 的二次非剩余，由定理 12.1 知存在这样的 t. 利用中国剩余定理可以求得整数 b，满足 $1<b<n$，$(b, n)=1$ 和以下两个同余式：

$$b\equiv t(\bmod r)$$
$$b\equiv 1(\bmod s).$$

则有

$$\left(\frac{b}{r}\right)=\left(\frac{b}{p^e}\right)=\left(\frac{b}{p}\right)^e=(-1)^e=-1$$

且 $\left(\frac{b}{s}\right)=1$. 因为 $\left(\frac{b}{n}\right)=\left(\frac{b}{r}\right)\left(\frac{b}{s}\right)$，所以 $\left(\frac{b}{n}\right)=-1$. ■

引理 12.5 设 n 是奇合数. 则至少存在一个整数 b，它满足 $1<b<n$，$(b, n)=1$ 和

$$b^{(n-1)/2}\not\equiv\left(\frac{b}{n}\right)(\bmod n).$$

证明 假设对所有不超过 n 且与 n 互素的正整数 b 均有下式成立：

$$b^{(n-1)/2}\equiv\left(\frac{b}{n}\right)(\bmod n). \tag{12.12}$$

将此同余式两边平方，若 $(b, n)=1$ 则得

$$b^{n-1}\equiv\left(\frac{b}{n}\right)^2\equiv(\pm 1)^2=1(\bmod n).$$

因此，n 必为卡迈克尔数. 从而，由定理 10.25 知 $n=q_1q_2\cdots q_r$，其中 $q_1, q_2, \cdots, q_r$ 是不同的奇素数.

下面我们证明，

$$b^{(n-1)/2} \equiv 1(\mathrm{mod}\ n)$$

对所有满足 $1 \leqslant b \leqslant n$ 和 $(b, n)=1$ 的整数 b 均成立. 假设 b 是满足

$$b^{(n-1)/2} \equiv -1(\mathrm{mod}\ n)$$

的整数. 利用中国剩余定理可以求得整数 a，满足 $1<a<n$ 和 $(a, n)=1$，且

$$a \equiv b(\mathrm{mod}\ q_1)$$
$$a \equiv 1(\mathrm{mod}\ q_2 q_3 \cdots q_r).$$

因此，我们看到

$$a^{(n-1)/2} \equiv b^{(n-1)/2} \equiv -1(\mathrm{mod}\ q_1), \tag{12.13}$$

但是

$$a^{(n-1)/2} \equiv 1(\mathrm{mod}\ q_2 q_3 \cdots q_r). \tag{12.14}$$

由同余式(12.13)和式(12.14)可知

$$a^{(n-1)/2} \not\equiv \pm 1(\mathrm{mod}\ n),$$

这与同余式(12.12)矛盾. 因此，对满足 $1 \leqslant b \leqslant n$ 和 $(b, n)=1$ 的所有整数 b，必有

$$b^{(n-1)/2} \equiv 1(\mathrm{mod}\ n).$$

因而由假设式(12.12)可知

$$\left(\frac{b}{n}\right) \equiv b^{(n-1)/2} \equiv 1(\mathrm{mod}\ n),$$

这蕴涵 $\left(\frac{b}{n}\right)=1$ 对满足 $1 \leqslant b \leqslant n$ 和 $(b, n)=1$ 的所有整数 b 均成立. 然而引理 12.4 表明这是不可能的. 因此，刚开始的假设是错误的. 至少存在一个整数 b 满足 $1<b<n$ 和 $(b, n)=1$，且有

$$b^{(n-1)/2} \not\equiv \left(\frac{b}{n}\right)(\mathrm{mod}\ n).$$ ■

现在给出并证明一个定理，它是本节中概率素性检验法的基础.

定理 12.17 设 n 是奇合数. 在小于 n 且与 n 互素的正整数中，使得 n 是以其为基的欧拉伪素数的整数不超过 $\phi(n)/2$ 个.

证明 由引理 12.5 知，存在整数 b 满足 $1<b<n$ 和 $(b, n)=1$，且

$$b^{(n-1)/2} \not\equiv \left(\frac{b}{n}\right)(\mathrm{mod}\ n). \tag{12.15}$$

现在，令 $a_1, a_2, \cdots, a_m$ 表示那些满足 $1 \leqslant a_j \leqslant n$，$(a_j, n)=1$ 和

$$a_j^{(n-1)/2} \equiv \left(\frac{a_j}{n}\right)(\mathrm{mod}\ n) \tag{12.16}$$

的正整数，其中 $j=1, 2, \cdots, m$.

设 $r_1, r_2, \cdots, r_m$ 是整数 $ba_1, ba_2, \cdots, ba_m$ 的模 n 最小正剩余. 注意到对 $j=1, 2, \cdots, m$，整数 r_j 互不相同，且 $(r_j, n)=1$. 而且，

$$r_j^{(n-1)/2} \not\equiv \left(\frac{r_j}{n}\right)(\mathrm{mod}\ n); \tag{12.17}$$

因为，若

$$r_j^{(n-1)/2} \equiv \left(\frac{r_j}{n}\right) (\bmod n),$$

则

$$(ba_j)^{(n-1)/2} \equiv \left(\frac{ba_j}{n}\right) (\bmod n),$$

这能推出

$$b^{(n-1)/2} a_j^{(n-1)/2} \equiv \left(\frac{b}{n}\right)\left(\frac{a_j}{n}\right) (\bmod n),$$

又因为式(12.16)成立，所以有

$$b^{(n-1)/2} \equiv \left(\frac{b}{n}\right) (\bmod n),$$

但是这与式(12.15)矛盾.

因为 $a_j(j=1, 2, \cdots, m)$满足同余式(12.16)，而式(12.17)表明 $r_j(j=1, 2, \cdots, m)$不满足，所以这两个整数集没有公共元素. 因此，合起来看这两个集合一共有 $2m$ 个小于 n 且与 n 互素的互不相同的正整数. 因为小于 n 且与 n 互素的整数的个数为 $\phi(n)$，所以得到 $2m \leqslant \phi(n)$，从而 $m \leqslant \phi(n)/2$. 这就证明了定理. ■

由定理12.17可知，若 n 是奇合数，当整数 b 从整数 $1, 2, \cdots, n-1$ 中随机选取时，则 n 是以 b 为基的欧拉伪素数的概率小于1/2. 这样就有了下面的概率素性检验法.

定理 12.18(索洛韦-斯特拉森概率素性检验法)　设 n 是正整数. 从整数 $1, 2, \cdots, n-1$ 中随机选取 k 个整数 $b_1, b_2, \cdots, b_k$. 对这些整数 $b_j(j=1, 2\cdots, k)$中的每一个，判定是否有

$$b_j^{(n-1)/2} \equiv \left(\frac{b_j}{n}\right) (\bmod n).$$

若这样的同余式都不成立，则 n 是合数. 若 n 是素数，则所有的同余式都成立. 若 n 是合数，则所有 k 个同余式都成立的概率小于 $1/2^k$. 因此，当 k 足够大且 n 通过这个检验时，整数 n“几乎一定是素数”.

因为每个以 b 为基的强伪素数也是有相同基的欧拉伪素数，所以通过索洛韦-斯特拉森概率素性检验的合数比通过拉宾概率素性检验的合数多，尽管它们都需要 $O(k(\log_2 n)^3)$次位运算.

12.4 节习题

1. 证明561是以2为基的欧拉伪素数.
2. 证明15 841是以2为基的欧拉伪素数，是以2为基的强伪素数，且是卡迈克尔数.
3. 证明：若 n 是以 a 和 b 为基的欧拉伪素数，则 n 是以 ab 为基的欧拉伪素数.
4. 证明：若 n 是以 b 为基的欧拉伪素数，则 n 也是以 $n-b$ 为基的欧拉伪素数.
5. 证明：若 $n \equiv 5(\bmod 8)$且 n 是以2为基的欧拉伪素数，则 n 是以2为基的强伪素数.
6. 证明：若 $n \equiv 5(\bmod 12)$且 n 是以3为基的欧拉伪素数，则 n 是以3为基的强伪素数.
7. 若 n 是以5为基的欧拉伪素数，试给出一个同余条件，使得 n 也是以5为基的强伪素数.

** 8. 设正合数 n 有素幂因子分解式 $n=p_1^{a_1} p_2^{a_2} \cdots p_m^{a_m}$，其中 $p_j=1+2^{k_j} q_j$，$j=1, 2, \cdots, m$，$k_1 \leqslant k_2 \leqslant \cdots \leqslant k_m$，

且 $n=1+2^kq$. 证明：若 n 是以 b 为基的欧拉伪素数，则恰有

$$\delta_n \prod_{j=1}^{m} ((n-1)/2,\ p_j-1)$$

个不同的 b，其中 $1 \leqslant b < n$ 且

$$\delta_n = \begin{cases} 2, & \text{若 } k_1 = k; \\ 1/2, & \text{若对某个 } j\text{，有 } k_j < k \text{ 且 } a_j \text{ 是奇数}; \\ 1, & \text{其他情形}. \end{cases}$$

9. 设 $1 \leqslant b < 561$，有多少个 b 使得 561 是以 b 为基的欧拉伪素数?
10. 设 $1 \leqslant b < 1\,729$，有多少个 b 使得 1 729 是以 b 为基的欧拉伪素数?

计算和研究

1. 求所有小于 1 000 000 的以 2 为基的欧拉伪素数. 将基变为 3，5，7 和 11，解同样的问题. 基于你的结果设计一种素性检验法.
2. 求 10 个位数在 50 到 60 之间的整数，它们“几乎是素数”，因为它们能通过多于 20 次索洛韦-斯特拉森概率素性检验.
3. 对于 $b \leqslant 50$ 的所有正整数 b，求基 b 的最小欧拉伪素数.

卡塔兰(Catalan)数 C_0，C_1，C_2，… 由 $C_0=1$ 和 $C_{n+1}=C_0C_n+C_1C_{n-1}+\cdots+C_{n-1}C_1+C_nC_0$ 递归定义，$n=0$，1，2，3，…. 2008 年，瑞士数学家 Christian Aebi 和澳大利亚数学家 Grant Cairns 证明了当 p 是奇素数时 $(-1)^{(p-1)/2}C_{(p-1)/2} \equiv 2 \pmod p$. 一个合数 n 若满足 $(-1)^{(n-1)/2}C_{(n-1)/2} \equiv 2 \pmod n$ 则被称为卡塔兰伪素数.

4. 证明 5 907 是卡塔兰伪素数.
5. 搜寻其他大于 5 907 的卡塔兰伪素数.

程序设计

1. 给定整数 n 和大于 1 的正整数 b，判定 n 是否能通过以 b 为基的欧拉伪素数的检验.
2. 对给定的整数 n 进行索洛韦-斯特拉森概率素性检验.

12.5 零知识证明

假设你想要别人确信你拥有某些重要的私有信息而不泄露信息. 例如，你可能想要让某人确信你知道某个 200 位正整数的素因子分解而不告诉他们这些素因子. 或者你可能证明了一个重要定理，而且想要数学界确信你有这样的证明而不透露这一证明. 在本节中，我们主要讨论众所周知的零知识或者最小透露证明的方法，它们可用来使某人确信你拥有特定的、私有的可证实的信息而不透露信息. 零知识证明是在 20 世纪 80 年代中期发明的.

在零知识证明中有两方，拥有秘密信息的证明者和想要确认证明者拥有秘密信息的检验者. 在应用零知识证明时，没有秘密信息的人通过伪装成证明者成功欺骗检验者的概率是极低的. 而且，检验者除了知道证明者拥有信息之外，不知道或几乎不知道有关信息的其他任何情况. 特别地，检验者不能使第三方相信检验者知道这一信息.

注 由于零知识证明仅提供给检验者很小一部分信息，所以零知识证明更适合被称为最小透露证明. 尽管如此，我们对这样的证明还是使用最初的术语.

我们将通过一些这样的证明的例子来说明零知识证明的应用，每一个例子都是基于这样的事实：在不知道两个素数时求模两个素数乘积的平方根很简单，而求平方根却很困难. (关于这一点的讨论参见 12.1 节.)

我们的第一个例子展示了零知识证明的一个方案，但是它有缺陷，从而不适用于实际应用. 尽管如此，我们仍将此方案作为第一个例子来介绍，这是因为它相对简单地说明了零知识证明这一概念. 此外，明白它为何是无效方案可以加深我们的理解(见习题 11). 在此方案中，证明者保拉想要检验者文斯确信她知道 n 的素因子分解，其中 n 是两个大素数 p 和 q 的乘积，而不帮他求出这两个素因子.

在最初设计此方案时，人们认为，若一个人不像保拉那样知道 p 和 q，则他不可能在合理的时间内求得 y 模 n 的平方根. 但事实并非如此，习题 11 说明了这一点.

此方案是基于重复下列步骤的.

(i) 文斯知道 n 但不知道 p 和 q，随机选择整数 x. 计算 x^4 模 n 的最小非负剩余 y 并将其发送给保拉.

(ii) 保拉接收 y 后计算它的模 n 平方根.（在描述完这一过程后，我们会介绍她如何进行计算.）这一平方根是 x^2 模 n 的最小正剩余. 她将这一整数发送给文斯.

(iii) 文斯通过求出 x^2 除以 n 的余数来检验保拉的答案.

要看清在步骤(ii)中保拉为何能求得 x^2 模 n 的最小正剩余，注意到因为她知道 p 和 q，所以能够轻易求得 x^4 四个模 n 的平方根. 下一步，x^4 的四个模 n 平方根中只有一个是模 n 的二次剩余(见习题 3). 所以，为求出 x^2，她可以通过计算它们模 p 和模 q 平方根的勒让德符号的值来选取正确的 x^4 模 n 的平方根. 注意，不像保拉一样知道 p 和 q 的人不可能在合理的时间内求出 y 模 n 的平方根.

我们在下例中说明这一程序.

例 12.20 假设保拉的私有信息是 n 的因子分解 $n=103\cdot 239=24\,617$. 她可以用前述过程使文斯确信她知道素数 $p=103$ 和 $q=239$，而不把它们透露给他.（在实践中所用的是具有数百位数字的素数 p 和 q，而不是本例中所用的小素数.）

为了说明此过程，假设在步骤(i)中文斯随机选取的整数是 9 134. 他算出 $9\,134^4$ 模 24 617 的最小正剩余是 20 682. 他将整数 20 682 发送给保拉.

在步骤(ii)中，保拉利用下面的同余式确定整数 x^2：

$$x^2 \equiv \pm 20\,682^{(103+1)/4} \equiv \pm 20\,682^{26} \equiv \pm 59 \pmod{103}$$

$$x^2 \equiv \pm 20\,682^{(239+1)/4} \equiv \pm 20\,682^{60} \equiv \pm 75 \pmod{239}.$$

(注意，我们用了如下事实：当 $p\equiv q\equiv 3 \pmod 4$ 时，$x^2\equiv a \pmod p$ 和 $x^2\equiv a \pmod q$ 的解分别是 $x^2\equiv \pm a^{(p+1)/4} \pmod p$ 和 $x^2\equiv \pm a^{(q+1)/4} \pmod q$.)

因为 x^2 是模 $24\,617=103\cdot 239$ 的二次剩余，所以它也是模 103 和 239 的二次剩余. 计算勒让德符号，得到 $\left(\frac{59}{103}\right)=1$，$\left(\frac{-59}{103}\right)=-1$，$\left(\frac{75}{239}\right)=1$ 和 $\left(\frac{-75}{239}\right)=1$. 因此，保拉通过解方程组 $x^2\equiv 59 \pmod{103}$ 和 $x^2\equiv 75 \pmod{239}$ 求得 x^2. 解出此方程组，她得到 $x^2\equiv 2943 \pmod{24\,617}$.

在步骤(iii)中，文斯注意到 $x^2=9\,134^2\equiv 2\,943 \pmod{24\,617}$，从而核实了保拉的答案. ◀

现在我们来描述一种基于零知识技巧的方法，它用来核实证明者的身份，是由沙米尔(Adi shamir)于 1985 年发明的. 我们仍假设 $n=pq$，其中 p 和 q 都是模 4 同余于 3 的大素数. 设 I 是代表某一特定信息的正整数，例如身份号码. 证明者选取一个小的正整数 c，

使得通过并置 I 和 c 所得的整数 v(将 I 的各位数字写在 c 后面所得的数字)是模 n 的二次剩余．(可以通过反复试验找到数字 c，成功的概率接近 1/2.)证明者容易求得 v 模 n 的一个平方根 u.

证明者利用一个交互式证明使检验者确信她知道素数 p 和 q. 证明的每个循环都基于下面的步骤.

(i) 证明者保拉选取一个随机数字 r，发送给检验者一个含有两个值的信息：x 和 y，其中 $x \equiv r^2 \pmod{n}$，$0 \leqslant x < n$，$y \equiv v\bar{x} \pmod{n}$，$0 \leqslant y < n$. 这里，像往常一样，$\bar{x}$ 是 x 模 n 的逆.

(ii) 检验者文斯验证 $xy \equiv v \pmod{n}$，随机选择位 b 并将其发送给证明者.

(iii) 若文斯发送的位 b 是 0，则保拉发送 r 给文斯. 否则，若比特 b 是 1，则保拉发送 $u\bar{r}$ 模 n 的最小正剩余，其中 $\bar{r}$ 是 r 的模 n 逆.

(iv) 文斯计算保拉所发送的数的平方. 若文斯发送的是 0，则他验证这一平方为 x，即 $r^2 \equiv x \pmod{n}$. 若他发送的是 1，则他验证这一平方为 y，即 $s^2 \equiv y \pmod{n}$.

这一过程也基于如下事实：证明者能求得 v 模 n 的平方根 u，而任何不知道 p 和 q 的人不可能在合理的时间内求出 y 模 n 的平方根.

这一过程的四个步骤形成一个循环. 循环经过充分多的重复可以保证高度的安全性，这正是我们下面所要描述的.

我们在下面的例子中展示此类零知识证明.

例 12.21 假设保拉想通过使文斯确信她知道 $n = 31 \cdot 61 = 1\,891$ 的素因子来证实自己的身份. 她的身份号码是 $I = 391$. 注意，391 是 1 891 的二次剩余，这是因为它是 31 和 61 的二次剩余(读者可自行验证)，所以她可取 $v = 391$(即在这种情况下，她不必给 I 并置一个整数 c). 保拉发现 $u = 239$ 是 391 模 1 891 的平方根. 由于已知素数 31 和 61，所以她可容易地进行这一运算. (注意，在此例中我们选取的是小素数 p 和 q. 而在实践中，应该使用具有数百位数的素数.)

我们来看此过程的一个循环. 在步骤(i)中，保拉选取一个随机数，例如 $r = 998$. 她发送给文斯两个数：$x \equiv r^2 \equiv 998^2 \equiv 1\,338 \pmod{1\,891}$ 和 $y \equiv v\bar{x} \equiv 391 \cdot 1\,296 \equiv 1\,839 \pmod{1\,891}$.

在步骤(ii)中，文斯验证 $xy \equiv 1\,338 \cdot 1\,839 \equiv 391 \pmod{1\,891}$，并随机选择一个位 b 并发送给保拉，不妨设 $b = 1$.

在步骤(iii)中，保拉将 $s \equiv u\bar{r} = 239 \cdot 1\,855 \equiv 851 \pmod{1\,891}$ 发送给文斯. 最后，在步骤(iv)中，文斯验证 $s^2 \equiv 851^2 \equiv 1\,839 \equiv y \pmod{1\,891}$. ◀

注意，若证明者将 r 和 s 都发送给检验者，则检验者将会知道证明者所保有的私有信息 $u = rs$. 通过一个具有充分多循环的检验后，证明者已经证明一经要求她就可以生成 r 或者 s. 这表明她一定知道 u，因为在每个循环中她都知道 r 和 s. 检验者对随机位的选取使得想用被操控的数字通过检验以完成此过程是不可能的. 例如，某人可以计算一个已知数字 r 的平方并发送 $x = r^2$，而不是选取一个随机数. 类似地，某人可以选取一个数 x 使得 $v\bar{x}$ 是已知的平方数. 然而，在不知道 u 的情况下，预先算出 x 和 y 并使其均为已知数字的平方是不可能的.

由于检验者选择的位是随机的，故它是 0 的概率为 1/2，与它是 1 的概率一样. 若某

人不知道 v 的平方根 u，则它们通过该检验的一个循环的概率几乎就是 1/2. 因此，某人伪装成证明者在这项检验中通过 30 个循环的概率近似于 $1/2^{30}$，这小于十亿分之一.

此过程的一个变种(即菲亚特-沙米尔(Fiat-Shamir)方法)是智能卡所用的认证过程的基础，例如可用来确认个人身份号码.

下面，我们利用零知识证明来描述一种用以证明某人拥有特定信息的方法. 假设证明者保拉拥有用一列数字 v_1，v_2，…，v_m 表示的信息，其中 $1 \leqslant v_j < n$，$j=1$，2，…，m. 这里，如前所述，n 是模 4 同余于 3 的两个素数 p 和 q 的乘积. 保拉公开整数序列 s_1，s_2，…，s_m，其中 $s_j \equiv \overline{v}_j^2 (\bmod n)$，$1 \leqslant s_j < n$. 保拉想要检验者文斯确信她知道私有信息 v_1，v_2，…，v_m，但不透露信息给文斯. 文斯知道的只是她所公开的模 n 和公开信息 s_1，s_2，…，s_m.

下面的过程可以用来使文斯确信她有这一信息. 此过程的每个循环都有如下的步骤.

(i) 保拉选取随机数 r 并计算 $x = r^2 (\bmod n)$，并将其发送给文斯.

(ii) 文斯选择集合$\{1, 2, \cdots, m\}$的一个子集 S 并将其发送给保拉.

(iii) 保拉计算 r 和整数 v_j 的乘积模 n 的最小正剩余 y，其中 $j \in S$，即 $y \equiv r \prod_{j \in S} v_j (\bmod n)$，$0 \leqslant y < n$，然后她将 y 发送给文斯.

(iv) 文斯验证 $x \equiv y^2 z (\bmod n)$，其中 z 是使得 j 属于 S 的整数 s_j 的乘积，即 $z \equiv \prod_{j \in S} s_j$，$0 \leqslant z < n$.

注意，步骤(iv)中的同余式是成立的，这是因为

$$\begin{aligned} y^2 z &\equiv r^2 \prod_{j \in S} v_j^2 \prod_{j \in S} s_j \\ &\equiv r^2 \prod_{j \in S} v_j^2 \overline{v}_j^2 \\ &\equiv r^2 (\bmod n). \end{aligned}$$

使用随机数 r 为的是使检验者无法确定秘密信息的部分整数 v_j 的值，这可通过选择集合 $S=\{j\}$来达到目的. 当此过程执行后，检验者不会获得能够有助于确定私有信息 v_1，…，v_m 的任何新信息.

我们用下面的例子展示这种交互式零知识证明的一个循环.

例 12.22 假设保拉想要文斯确信她拥有用整数 $v_1 = 1\,144$，$v_2 = 877$，$v_3 = 2\,001$，$v_4 = 1\,221$，$v_5 = 101$ 表示的私有信息. 她的秘密模是 $n = 47 \cdot 53 = 2\,491$. (在实践中，使用的是具有数百位的素数而不是本例中的小素数.)

她的公开信息由整数 s_j 组成，其中 $s_j \equiv \overline{v}_j^2 (\bmod 2\,491)$，$0 < s_j < 2\,491$，$j=1$，2，3，4，5. 经过例行计算，她的公开信息由整数 $s_1 = 197$，$s_2 = 2\,453$，$s_3 = 1\,553$，$s_4 = 941$，$s_5 = 494$ 组成.

保拉通过文中描述的过程能够使文斯确信她拥有秘密信息. 我们来描述一下此过程的一个循环. 在步骤(i)中，保拉选取一个随机数，不妨设为 $r = 1\,253$. 然后她将 r^2 模 2 491 的最小正剩余 $x = 679$ 发送给文斯.

在步骤(ii)中，文斯选取$\{1, 2, 3, 4, 5\}$的一个子集(比如 $s=\{1, 3, 4, 5\}$)并告知保拉这一选择.

在步骤(iii)中，保拉计算数字 y，$0\leqslant y<2\,491$ 并且

$$\begin{aligned} y &\equiv rv_1v_3v_4v_5 \\ &\equiv 1\,253\cdot 1\,144\cdot 2\,001\cdot 1\,221\cdot 101 \\ &\equiv 68 \pmod{2\,491}. \end{aligned}$$

然后，她将 $y=68$ 发送给文斯.

最后，在步骤(iv)中，文斯通过验证 $x=679\equiv 68^2\cdot 197\cdot 1\,553\cdot 941\cdot 494 \pmod{2\,491}$ 来确认 $x\equiv y^2 s_1s_3s_4s_5 \pmod{2\,491}$.

文斯可以让保拉对此过程执行多次循环以确认她拥有秘密信息. 当他感觉她在欺骗他的概率足够小以满足他的要求时就可以停下来.

证明者怎样才能在信息的零知识证明的交互过程中作弊呢？也就是说，当证明者没有私有信息时，怎样才能欺骗检验者使其相信她确实知道私有信息 v_1，…，v_m 呢？唯一明显的方法是在检验者提供 S 之前猜测集合 S：在步骤(i)中，取 $x=r^2\prod_{j\in S}\overline{v}_j^2$；在步骤(iii)中，取 $y=r$. 因为集合 S 有 2^m 种可能(这与$\{1, 2, \cdots, m\}$的子集数目一样)，所以不知道私有信息的人利用这一技术欺骗检验者的概率是 $1/2^m$. 而且，当循环重复 T 次时，这一概率缩小为 $1/2^{mT}$. 例如，若 $m=10$ 且 $T=3$，则检验者被欺骗的概率小于十亿分之一.

在本节中，我们仅对零知识证明做了简要的介绍. 想要对这一专题了解更多的读者可以阅读戈德瓦塞尔(Goldwasser)在[Po90]中所写的一章以及这一章里提供的参考文献.

12.5 节习题

1. 假设 $n=3\,149=47\cdot 67$，且 $x^4\equiv 2\,070 \pmod{3\,149}$. 求 x^2 模 3 149 的最小非负剩余.
2. 假设 $n=11\,021=103\cdot 107$，且 $x^4\equiv 1\,686 \pmod{11\,021}$. 求 x^2 模 11 021 的最小非负剩余.
3. 假设 $n=pq$，其中 p 和 q 都是模 4 同余于 3 的素数，且 x 是与 n 互素的整数. 证明在 x^4 的四个模 n 平方根中，只有一个是某个整数的平方的最小非负剩余.
4. 假设保拉的身份号码是 1 760，模是 $1\,961=37\cdot 53$. 若保拉选择随机数字 1 101，而文斯以 1 作为他的随机比特，说明保拉如何在沙米尔过程的一个循环内使文斯确认她的身份.
5. 假设保拉的身份号码是 7，模是 $1\,411=17\cdot 83$. 若保拉选择随机数字 822，而文斯以 1 作为他的随机比特，说明保拉如何利用沙米尔过程的一个循环使文斯确认她的身份.
6. 执行例 12.22 中用来确认证明者拥有秘密信息的步骤，其中证明者在步骤(i)中选择的随机数字为 $r=888$，检验者选择$\{1, 2, 3, 4, 5\}$的子集$\{2, 3, 5\}$.
7. 执行例 12.22 中用来确认证明者拥有秘密信息的步骤，其中证明者在步骤(i)中选择的随机数字为 $r=1\,403$，检验者选择$\{1, 2, 3, 4, 5\}$的子集$\{1, 5\}$.
8. 设 $n=2\,491=47\cdot 53$. 假设保拉的身份信息由六个数 $v_1=881$，$v_2=1\,199$，$v_3=2\,144$，$v_4=110$，$v_5=557$ 和 $v_6=2\,200$ 的序列组成.
   a) 求出保拉的公开身份信息 s_1，s_2，s_3，s_4，s_5，s_6.
   b) 假设保拉随机选取了数字 $r=1\,091$，文斯选取子集 $S=2, 3, 5, 6$ 并将其发送给保拉. 求出保拉计算出并发送给文斯的数字.
   c) 文斯进行什么样的计算来验证保拉知道秘密信息？
9. 设 $n=3\,953=59\cdot 67$. 假设保拉的身份信息由六个数 $v_1=1\,001$，$v_2=21$，$v_3=3\,097$，$v_4=989$，$v_5=157$ 和 $v_6=1\,039$ 的序列组成.

a) 求出保拉的公开身份信息 s_1，s_2，s_3，s_4，s_5，s_6.

b) 假设保拉随机选取了数字 $r=403$，文斯选取子集 $S=\{1, 2, 4, 6\}$并将其发送给保拉. 求出保拉计算出并发送给文斯的数字.

c) 文斯进行什么样的计算来验证保拉知道秘密信息?

10. 假设 $n=pq$，其中 p 和 q 是大的奇素数，并且能够在不知道 p 和 q 的情况下有效地提取模 n 平方根. 证明能够以接近于1的概率找出素因子 p 和 q.（提示：基于下面的过程写出的算法. 选取整数 x. 提取 x^2 的模 n 最小非负剩余的一个平方根. 需要证明找到与 $\pm x$ 模 n 不同余的平方根的概率是1/2.）

11. 在本习题中，我们指出在例12.20之前所述零知识证明方案的一个缺点. 假设文斯随机选取整数 w，直到他找到 w 的一个值，使得其雅可比符号 $\left(\frac{w}{n}\right)$ 等于-1，并将 w^2 的模 n 最小非负剩余 z 发送给保拉. 证明一旦保拉发回她计算的 z 的平方根，文斯就能分解 n.

计算和研究

1. 给你的某个同班同学一个整数 n，其中 $n=pq$，且 p 和 q 均为超过50位的素数，它们模4同余于3. 利用零知识证明使你的同学确信你知道 p 和 q.
2. 利用文中描述的零知识证明，使你的某个同班同学确信你知道一个形如10个均小于10 000的正整数的序列的秘密.

程序设计

1. 给定 n（它是两个模4同余于3的不同素数的乘积）以及 x^4 的模 n 最小正剩余，其中 x 是与 n 互素的整数. 求出 x^2 的模 n 最小正剩余.

第13章 十进制分数与连分数

本章将讨论用十进制分数和连分数来表示有理数和无理数的方法．我们将证明，任意一个有理数均可表示为有限的或循环的十进制分数，并且给出关于其循环节长度的一些结论．我们还将用十进制分数构造无理数，同时展示如何用十进制分数去表示一个超越数，并且证明实数集是不可数的．

连分数提供了一种表示数的有用方法．我们将证明每一个有理数都具有有限的连分数，而任意一个无理数都具有无限的连分数，并且连分数是其最佳有理逼近．我们将建立一个重要的结论：二次无理数可用循环连分数表达．最后，我们将给出如何使用连分数来帮助我们分解整数．

13.1 十进制分数

本节我们将讨论有理数和无理数的十进制分数表示．首先，考虑实数的 b 进制展开，其中 b 为大于1的正整数．设 α 为一正实数，$a=[\alpha]$ 为 α 的整数部分，$\gamma=\alpha-[\alpha]$ 为 α 的分数部分，进而 $\alpha=a+\gamma$，$0\leqslant\gamma<1$．由定理2.1可知，整数 a 有唯一的 b 进制展开式．现在证明，分数部分 γ 具有唯一的 b 进制展开式．

定理 13.1 设 γ 是一个实数，并且 $0\leqslant\gamma<1$，令 b 是一个正整数，$b>1$．那么 γ 就可以唯一表示为

$$\gamma=\sum_{j=1}^{\infty}c_j/b^j,$$

其中系数 c_j 为整数，满足 $0\leqslant c_j\leqslant b-1$，$j=1$，$2$，$\cdots$，并且对于任意的正整数 N，都存在整数 n，$n\geqslant N$，使得 $c_n\neq b-1$.

定理13.1的证明中涉及了无穷级数．我们用下述公式来表示一个无穷等比数列的项的和．

定理 13.2 设 a，r 为实数，$|r|<1$，则

$$\sum_{j=0}^{\infty}ar^j=a/(1-r).$$

微积分和数学分析的大部分教材上都包含定理13.2的证明(例如可参见[Ru64])．

注意，每个有限位的 b 进制展开都可以写成一个尾部完全由数字 $b-1$ 组成的无限位展开，这是因为 $(.c_1c_2\cdots c_m)_b=(.c_1c_2\cdots c_{m-1}b-1\ b-1\cdots)_b$．例如，$(.12)_{10}=(.11\,999\cdots)_{10}$．这就是为什么我们在定理13.1中要求，对于每个整数 N，存在整数 n，使得 $n\geqslant N$ 且 $c_n\neq b-1$；没有这个限制，b 进制展开不是唯一的．

现在我们来证明定理13.1.

证明 首先令

$$c_1=[b\gamma],$$

于是 $0\leqslant c_1\leqslant b-1$，因为 $0\leqslant b\gamma<b$．再令

$$\gamma_1 = b\gamma - c_1 = b\gamma - [b\gamma],$$

从而 $0 \leqslant \gamma_1 < 1$，且

$$\gamma = \frac{c_1}{b} + \frac{\gamma_1}{b}.$$

对于 $k=2, 3, \cdots$，我们递归定义 c_k 和 γ_k 如下：

$$c_k = [b\gamma_{k-1}]$$
$$\gamma_k = b\gamma_{k-1} - c_k,$$

从而 $0 \leqslant c_k \leqslant b-1$，因为 $0 \leqslant b\gamma_{k-1} < b$ 且 $0 \leqslant \gamma_k < 1$. 于是

$$\gamma = \frac{c_1}{b} + \frac{c_2}{b^2} + \cdots + \frac{c_n}{b^n} + \frac{\gamma_n}{b^n}.$$

又由 $0 \leqslant \gamma_n < 1$，可知 $0 \leqslant \gamma_n / b^n < 1/b^n$. 于是，

$$\lim_{n \to \infty} \gamma_n / b^n = 0.$$

所以，我们可以推出

$$\begin{aligned}\gamma &= \lim_{n \to \infty} \left(\frac{c_1}{b} + \frac{c_2}{b^2} + \cdots + \frac{c_n}{b^n} \right) \\ &= \sum_{j=1}^{\infty} c_j / b^j.\end{aligned}$$

为了证明该展开式是唯一的，假设有

$$\gamma = \sum_{j=1}^{\infty} c_j / b^j = \sum_{j=1}^{\infty} d_j / b^j,$$

其中 $0 \leqslant c_j \leqslant b-1$，$0 \leqslant d_j \leqslant b-1$，并且对于任意的正整数 N，都存在整数 n 和 m，使得 $c_n \neq b-1$，$d_m \neq b-1$，其中 $n \geqslant N$ 且 $m \geqslant N$. 假设 k 是使得 $c_k \neq d_k$ 成立的最小下标，不妨设 $c_k > d_k$（$c_k < d_k$ 的情形可通过交换两个展开式来证明），则

$$0 = \sum_{j=1}^{\infty} (c_j - d_j)/b^j = (c_k - d_k)/b^k + \sum_{j=k+1}^{\infty} (c_j - d_j)/b^j,$$

故

$$(c_k - d_k)/b^k = \sum_{j=k+1}^{\infty} (d_j - c_j)/b^j. \tag{13.1}$$

由于 $c_k > d_k$，我们有

$$(c_k - d_k)/b^k \geqslant 1/b^k, \tag{13.2}$$

然而

$$\begin{aligned}\sum_{j=k+1}^{\infty} (d_j - c_j)/b^j &\leqslant \sum_{j=k+1}^{\infty} (b-1)/b^j \\ &= (b-1) \frac{1/b^{k+1}}{1 - 1/b} \\ &= 1/b^k,\end{aligned} \tag{13.3}$$

上式不等号右边的求和用到了定理 13.2. 注意到式(13.3)中等号成立当且仅当对任意的 $j \geqslant k+1$，有 $d_j - c_j = b-1$，以及当且仅当对于任意的 $j \geqslant k+1$，有 $d_j = b-1$，$c_j = 0$. 这

与定理的假设条件矛盾. 所以式(13.3)中的不等式为严格不等式, 进而式(13.2)和式(13.3)与式(13.1)矛盾. 这表明, α 的 b 进制展开式是唯一的. ■

一个实数的形如 $\sum_{j=1}^{\infty} c_j/b^j$ 的唯一展开式称为该数的 b 进制展开, 记作 $(.c_1c_2c_3\cdots)_b$.

为了求出实数 γ 的 b 进制展开式 $(.c_1c_2c_3\cdots)_b$, 我们可以用定理 13.1 的证明中给出的递推公式, 即

$$c_k=[b\gamma_{k-1}], \quad \gamma_k=b\gamma_{k-1}-[b\gamma_{k-1}],$$

其中 $\gamma_0=\gamma$, $k=1, 2, 3, \cdots$(注意, 这些数字有显式公式——见习题 27).

例 13.1 设 $(.c_1c_2c_3\cdots)_b$ 为 1/6 的八进制展开式, 则

$$c_1=\left[8\cdot\frac{1}{6}\right]=1, \quad \gamma_1=8\cdot\frac{1}{6}-1=\frac{1}{3},$$

$$c_2=\left[8\cdot\frac{1}{3}\right]=2, \quad \gamma_2=8\cdot\frac{1}{3}-2=\frac{2}{3},$$

$$c_3=\left[8\cdot\frac{2}{3}\right]=5, \quad \gamma_3=8\cdot\frac{2}{3}-5=\frac{1}{3},$$

$$c_4=\left[8\cdot\frac{1}{3}\right]=2, \quad \gamma_4=8\cdot\frac{1}{3}-2=\frac{2}{3},$$

$$c_5=\left[8\cdot\frac{2}{3}\right]=5, \quad \gamma_5=8\cdot\frac{2}{3}-5=\frac{1}{3},$$

等等. 可以看到上述展开过程是循环的; 因此,

$$1/6=(.125\,252\,5\cdots)_8.$$ ◀

下面讨论有理数的 b 进制展开式. 我们将证明一个实数为有理数当且仅当它的 b 进制展开式是循环的或者是有限的.

定义 对于一个 b 进制展开式 $(.c_1c_2c_3\cdots)_b$, 若存在正整数 n, 使得 $c_n=c_{n+1}=c_{n+2}=\cdots=0$, 则称该展开式是**有限的**.

例 13.2 1/8 的十进制展开式 $(.125\,000\cdots)_{10}=(.125)_{10}$ 是有限的. 同样, 4/9 的 6 进制展开式 $(.240\,00\cdots)_6=(.24)_6$ 也是有限的. ◀

为了描述那些具有有限的 b 进制展开式的实数, 我们证明下面的定理.

定理 13.3 实数 $\alpha(0\leqslant\alpha<1)$ 有一个有限的 b 进制展开式当且仅当 α 是有理数, 并且可写为 $\alpha=r/s$, 其中 $0\leqslant r<s$, 而且 s 的任一素因子均整除 b.

证明 首先, 设 α 有一个有限的 b 进制展开式,

$$\alpha=(.c_1c_2\cdots c_n)_b.$$

那么

$$\begin{aligned}\alpha&=\frac{c_1}{b}+\frac{c_2}{b^2}+\cdots+\frac{c_n}{b^n}\\&=\frac{c_1b^{n-1}+c_2b^{n-2}+\cdots+c_n}{b^n},\end{aligned}$$

所以 α 为有理数, 而且可以写为分母仅能被 b 的素因子整除的分数形式.

反过来，设 $0\leqslant\alpha<1$，且 $\alpha=r/s$，其中 s 的任一素因子都整除 b. 因此，存在 b 的幂(不妨设为 b^N)能被 s 整除(例如，取 N 为 s 的素幂因子分解中指数最大的那个). 那么

$$b^N\alpha=b^N r/s=ar,$$

其中，$sa=b^N$，a 为一正整数，因为 $s\mid b^N$. 现在设 $(a_m a_{m-1}\cdots a_1 a_0)_b$ 为 ar 的 b 进制展开式，则

$$\begin{aligned}\alpha&=ar/b^N=\frac{a_m b^m+a_{m-1}b^{m-1}+\cdots+a_1 b+a_0}{b^N}\\&=a_m b^{m-N}+a_{m-1}b^{m-1-N}+\cdots+a_1 b^{1-N}+a_0 b^{-N}\\&=(.00\cdots a_m a_{m-1}\cdots a_1 a_0)_b.\end{aligned}$$

因此，α 具有有限的 b 进制展开式. ■

一个 b 进制展开式如果不是有限的，那么它可能是循环的，例如，

$$1/3=(.333\cdots)_{10},$$
$$1/6=(.166\,6\cdots)_{10},$$

及

$$1/7=(.142\,857\,142\,857\,142\,857\cdots)_{10}.$$

定义 对于一个 b 进制展开式 $(.c_1c_2c_3\cdots)_b$，如果存在正整数 N 和 k，使得对任意的 $n\geqslant N$ 都有 $c_{n+k}=c_n$，那么就称该展开式是**循环的**.

我们将循环的 b 进制展开式 $(.c_1c_2\cdots c_{N-1}c_N\cdots c_{N+k-1}c_N\cdots c_{N+k-1}c_N\cdots)_b$ 记为 $(.c_1c_2\cdots c_{N-1}\overline{c_N\cdots c_{N+k-1}})_b$. 例如

$$1/3=(.\overline{3})_{10},$$
$$1/6=(.1\overline{6})_{10},$$

及

$$1/7=(.\overline{142\,857})_{10}.$$

注意 1/3 和 1/7 的十进制展开式的循环部分是直接开始的，而 1/6 的十进制展开式的循环部分开始之前还有一位数字 1. 我们称 b 进制展开式循环部分之前的部分为预循环(pre-period)，循环的部分称为循环节，这里循环节取最小可能的长度. 这个长度称为周期.

例 13.3 2/45 的三进制展开式为 $(.00\overline{1\,012})_3$，预循环是 $(00)_3$，循环节是 $(1\,012)_3$. ◀

下面的定理告诉我们，有理数具有有限的或循环的 b 进制展开式. 而且，该定理还给出了有理数的 b 进制展开式的预循环和循环节的长度.

定理 13.4 设 b 为一正整数，则一个循环的 b 进制展开式表示一个有理数. 反过来，有理数的 b 进制展开式或者是循环的，或者是有限的. 进一步，设 $0<\alpha<1$，$\alpha=r/s$，其中 r，s 为互素的正整数，$s=TU$，其中 T 的任一素因子整除 b 且 $(U,b)=1$，则 α 的 b 进制展开式的循环节长度为 $\mathrm{ord}_U b$，预循环的长度是 N，其中 N 为满足 $T\mid b^N$ 的最小正整数.

在给出定理 13.4 的证明之前，我们先说明如何使用它. 例如确定十进制展开的预循环和循环节的长度. 设 $\alpha=r/s$，$0<\alpha<1$，$s=2^{s_1}5^{s_2}t$，其中 $(t,10)=1$. 根据定理 13.4 预循环的长度为 $\max(s_1,s_2)$，周期为 $\mathrm{ord}_t 10$.

例 13.4 设 $\alpha=5/28$. 因为 $28=2^2\cdot 7$，定理 13.4 告诉我们对于十进制，预循环的长

度为 2，周期为 $\text{ord}_7 10=6$. 实际上 $5/28=(.17\overline{857142})_{10}$，可知结果是正确的. ◀

现在我们来证明定理 13.4.

证明 首先，设 α 的 b 进制展开式是循环的，则

$$\begin{aligned}\alpha &=(.c_1c_2\cdots c_N\overline{c_{N+1}\cdots c_{N+k}})_b\\ &=\frac{c_1}{b}+\frac{c_2}{b^2}+\cdots+\frac{c_N}{b^N}+\left(\sum_{j=0}^{\infty}\frac{1}{b^{jk}}\right)\left(\frac{c_{N+1}}{b^{N+1}}+\cdots+\frac{c_{N+K}}{b^{N+k}}\right)\\ &=\frac{c_1}{b}+\frac{c_2}{b^2}+\cdots+\frac{c_N}{b^N}+\left(\frac{b^k}{b^k-1}\right)\left(\frac{c_{N+1}}{b^{N+1}}+\cdots+\frac{c_{N+K}}{b^{N+k}}\right),\end{aligned}$$

其中，由定理 13.2 知

$$\sum_{j=0}^{\infty}\frac{1}{b^{jk}}=\frac{1}{1-\frac{1}{b^k}}=\frac{b^k}{b^k-1}.$$

因为 α 是有理数之和，所以其为有理数.

反过来，设 $0<\alpha<1$，$\alpha=r/s$，其中 r，s 为互素的正整数，$s=TU$，其中 T 的任一素因子整除 b 且 $(U, b)=1$，N 为满足 $T\mid b^N$ 的最小正整数.

由 $T\mid b^N$，我们有 $aT=b^N$，其中 a 为正整数，从而

$$b^N\alpha=b^N\frac{r}{TU}=\frac{ar}{U}. \tag{13.4}$$

进一步，可将其写为

$$\frac{ar}{U}=A+\frac{C}{U}, \tag{13.5}$$

其中 A，C 为整数且满足

$$0\leqslant A<b^N,\quad 0<C<U,$$

且 $(C, U)=1$. (关于 A 的不等式可从 $0<b^N\alpha=\frac{ar}{U}<b^N$ 得到，而这又可从不等式 $0<\alpha<1$ 两边乘以 b^N 得到.) 由条件 $(r, s)=1$ 易知 $(C, U)=1$. 由定理 13.1，A 有一个 b 进制展开式 $A=(a_na_{n-1}\cdots a_1a_0)_b$.

若 $U=1$，则 α 的 b 进制展开式显然是有限的. 否则，令 $v=\text{ord}_U b$，则

$$b^v\frac{C}{U}=\frac{(tU+1)C}{U}=tC+\frac{C}{U}, \tag{13.6}$$

其中 t 为一整数，因为 $b^v\equiv 1\pmod U$. 然而，我们又有

$$b^v\frac{C}{U}=b^v\left(\frac{c_1}{b}+\frac{c_2}{b^2}+\cdots\frac{c_v}{b^v}+\frac{\gamma_v}{b^v}\right), \tag{13.7}$$

其中 $(.c_1c_2c_3\cdots)_b$ 为 $\frac{C}{U}$ 的 b 进制展开式，因此

$$c_k=[b\gamma_{k-1}],\quad \gamma_k=b\gamma_{k-1}-[b\gamma_{k-1}],\quad k=1, 2, 3, \cdots$$

这里 $\gamma_0=\frac{C}{U}$，由式 (13.7)，可得

$$b^{v}\frac{C}{U}=(c_{1}b^{v-1}+c_{2}b^{v-2}+\cdots+c_{v})+\gamma_{v}. \tag{13.8}$$

比较式(13.6)和式(13.8)中的分数部分，并注意到$0\leqslant\gamma_v<1$，我们发现

$$\gamma_{v}=\frac{C}{U}.$$

故

$$\gamma_{v}=\gamma_{0}=\frac{C}{U},$$

因此由c_1，c_2，…的递归定义，我们可以推出$c_{k+v}=c_k$，$k=1$，2，3，…，从而$\frac{C}{U}$有一个b进制循环展开式

$$\frac{C}{U}=(.\overline{c_{1}c_{2}\cdots c_{v}})_{b}.$$

联立式(13.4)和式(13.5)，把A和$\frac{C}{U}$的b进制展开式代入，有

$$b^{N}\alpha=(a_{n}a_{n-1}\cdots a_{1}a_{0}.\overline{c_{1}c_{2}\cdots c_{v}})_{b}. \tag{13.9}$$

式(13.9)两边同除以b^N，得

$$\alpha=(.00\cdots a_{n}a_{n-1}\cdots a_{1}a_{0}\overline{c_{1}c_{2}\cdots c_{v}})_{b},$$

(此处我们将$b^N\alpha$的b进制展开式的小数点向左平移了N位得到α的b进制展开式)．α的这个b进制展开式中，预循环$(.00\cdots a_na_{n-1}\cdots a_1a_0)_b$的长度为$N$，以$N-(n+1)$个零开头，而循环节的长度为$v$.

我们已经证明存在一个α的b进制展开式，其预循环长度为N，循环节长度为v．为了完成证明，我们还必须证明无法重组出α的其他形式的b进制展开式，使得其预循环的长度小于N，或者循环节的长度小于v．为了证明这一点，假设

$$\begin{aligned}\alpha&=(.c_{1}c_{2}\cdots c_{M}\overline{c_{M+1}\cdots c_{M+k}})_{b}\\&=\frac{c_{1}}{b}+\frac{c_{2}}{b^{2}}+\cdots+\frac{c_{M}}{b^{M}}+\left(\frac{b^{k}}{b^{k}-1}\right)\left(\frac{c_{M+1}}{b^{M+1}}+\cdots+\frac{c_{M+k}}{b^{M+k}}\right)\\&=\frac{(c_{1}b^{M-1}+c_{2}b^{M-2}+\cdots+c_{M})(b^{k}-1)+(c_{M+1}b^{k-1}+\cdots+c_{M+k})}{b^{M}(b^{k}-1)}.\end{aligned}$$

由于$\alpha=r/s$，$(r,s)=1$，故$s\mid b^M(b^k-1)$．因此，$T\mid b^M$，$U\mid(b^k-1)$．从而，$M\geqslant N$，$v\mid k$(由定理10.1，因为$b^k\equiv1(\bmod U)$和$v=\mathrm{ord}_Ub$)．因此，其预循环的长度不能小于N，而循环节的长度不能小于v. ■

注意，既约有理数r/s的预循环和循环节的长度仅与分母s有关，与分子r无关.

由定理13.4我们知道，一个既不是有限的又非循环的b进制展开式表示一个无理数.

例13.5 具有十进制展开式

$$\alpha=.10\,100\,100\,010\,000\cdots$$

的数包含一个1，接着一个0，一个1，再接着两个0，一个1，再接着三个0，如此下去．它表示的就是一个无理数，因为其十进制展开式既不是有限的，也不是循环的. ◀

上例中的 α 是特意构造的，使得其十进制展开式明显不是循环的．但是证明一些自然产生的数(如 e 和 π 等)是无理数时，就不能用定理 13.4 了，因为没有显式公式表示这些数的十进制位数字．无论计算了它们十进制展开式的多少位，我们都不能由此判定它们是无理数，因为它们的循环节可能比我们已算过的位数的数目还要长．

超越数

法国数学家刘维尔是第一个证明了某一个特定的数是超越数的人．(回忆 1.1 节中超越数的定义：没有一个整系数多项式以其为根的数.)刘维尔证明的超越数是

$$\alpha=\sum_{i=1}^{\infty}\frac{1}{10^{i!}}=0.11\,000\,100\,000\,000\,000\,000\,000\,100\cdots.$$

这个数在小数点后第 $n!$ 个位置取 1(其中 n 是正整数)，其他位置取 0．为了证明这个数是超越数，刘维尔证明了下面的定理，它告诉我们：一个代数数无法用有理数很好地逼近．注意到一个 n 次代数数就是一个 n 次整系数多项式的实根，并且还要求它不是任何一个次数小于 n 的整系数多项式的根．

定理 13.5 如果 α 是一个 n 次代数数，其中 n 是一个大于 1 的正整数，那么就存在一个正实数 C，使得

$$\left|\alpha-\frac{p}{q}\right|>C/q^n$$

对于任意一个有理数 p/q 都成立．

定理 13.5 的证明虽然不难，但是需要微积分的知识，所以在这里我们不给出证明．读者可以参考[HaWr08]中的证明．我们更愿意用这个定理来证明刘维尔的那个数是超越数．

推论 13.5.1 数 $\alpha=\sum\limits_{i=1}^{\infty}1/10^{i!}$ 是超越数．

证明 首先，注意 α 不是有理数，因为它的十进制展开式不是有限的，也不是循环的．它不是循环的，因为展开式中相邻的 1 之间的 0 的个数是不断增加的．

令 p_k/q_k 表示定义 α 的和式中前 k 项的和．注意 $q_k=10^{k!}$．因为对于任意的 $i>k+1$，都有 $10^{i!}\geqslant 10^{(k+1)!i}$，所以

$$\left|\alpha-\frac{p_k}{q_k}\right|=\frac{1}{10^{(k+1)!}}+\sum_{i=k+2}^{\infty}\frac{1}{(10^{(k+1)!})^i}.$$

因为

$$\sum_{i=k+2}^{\infty}\frac{1}{10^{(k+1)!\,i}}\leqslant\frac{1}{10^{(k+1)!}},$$

所以

$$\left|\alpha-\frac{p_k}{q_k}\right|<\frac{2}{10^{(k+1)!}}.$$

所以 α 不可能是代数数，原因在于若它是 n 次代数数，则由定理 13.5，就应当存在一个正实数 C，使得 $|\alpha-p_k/q_k|>C/q_k^n$．这是不成立的，因为 $|\alpha-p_k/q_k|<2/q_k^{k+1}$，从而可以使 k 足够大且大于 n，这样就会产生矛盾． ■

实数的十进制展开式的概念可以用于证明实数集不是**可数**的．一个**可数集**就是一个可

以与正整数集构造一一映射的集合．等价地说，一个可数集的所有元素可以依照某种顺序排列出来．与 1 对应的元素第一个被列出，其次是与 2 对应的元素，如此下去．在 1.1 节的定理 1.4 中我们证明了正有理数是可数的．这个结论也有许多其他的证明(参见习题 30～33)．

我们将给出德国数学家康托(Georg Cantor)的证明．

定理 13.6 实数集是不可数集．

证明 假设实数集是可数集．那么 0 和 1 之间的所有实数所构成的子集也应当是可数的，因为一个可数集的子集也是可数的(请读者自己证明)．根据这个假设，0 和 1 之间的实数集能够以 r_1，r_2，r_3，…的形式列出．设它们的十进制展开式分别为：

$$r_1 = 0.d_{11}d_{12}d_{13}d_{14}\cdots$$
$$r_2 = 0.d_{21}d_{22}d_{23}d_{24}\cdots$$
$$r_3 = 0.d_{31}d_{32}d_{33}d_{34}\cdots$$
$$r_4 = 0.d_{41}d_{42}d_{43}d_{44}\cdots$$

等等．现在构造一个新的实数 r，其十进制展开式为 $0.d_1d_2d_3d_4\cdots$，其中当 $d_{ii}\neq 4$ 时 $d_i=4$，而当 $d_{ii}=4$ 时 $d_i=5$．

由于每一个实数都有唯一的十进制展开(展开式的尾部完全由 9 组成的情况排除在外)，所以我们所构造的 0 和 1 之间的实数 r 不等于 r_1，r_2，r_3，…中的任何一个，这是因为 r 不存在于上述列表之中，这与所有 0 和 1 之间的实数都在上述列表之中矛盾．因而 0 和 1 之间的实数集乃至全体实数集都是不可数的． ■

乔治·康托(Georg Cantor，1845—1918)出生于俄国的圣彼得堡，他的父亲是当地的一位成功的商人．当他 11 岁的时候，整个家庭由于不堪俄国严酷的气候而迁至德国．在德国读高中的时候，康托开始对数学产生了兴趣．开始他进入苏黎世大学后来在柏林大学念书，先后师从著名数学家库默尔、魏尔斯特拉斯、克罗内克．1867 年他因数论方面的工作获得了博士学位．1869 年他取得了哈雷大学的一个职位，并且在那里工作到 1913 年退休．

康托被认为是集合论的创始人，也因对数学分析的贡献而著称．许多数学家都高度推崇他的工作，如希尔伯特就曾评价他的工作是："数学天才的绝佳之作以及纯粹人类智力行为的最高成就．"除了数学，康托对哲学也很感兴趣，曾写过将他的集合论与形而上学联系起来的文章．

康托于 1874 年结婚并且有五个孩子．他性格比较忧郁但所幸被他的妻子的乐观所平衡．虽然从他父亲那里继承了一大笔遗产，但由于他在哈雷大学当教授的工资很低，所以他申请了柏林大学一个待遇较好的职位．但是克罗内克阻止了对他的任命，因为克罗内克并不认同康托在集合论上的观点．不幸的是，康托在他的晚年一直遭受着精神病的折磨．1918 年他在一个精神病诊所因心脏病突发去世．

13.1 节习题

1. 写出下列各数的十进制展开式．

a) 2/5　b) 5/12　c) 12/13　d) 8/15　e) 1/111　f) 1/1 001

2. 写出下列各数的八进制展开式.

a) 1/3　b) 1/4　c) 3/5　d) 1/6　e) 1/12　f) 7/22

3. 找出表示下列展开式的既约分数.

a) .12　b) $.1\overline{2}$　c) $.\overline{12}$

4. 找出表示下列展开式的既约分数.

a) $(.123)_7$　b) $(.0\overline{13})_6$　c) $(.\overline{17})_{11}$　d) $(.\overline{ABC})_{16}$

5. 哪些正整数 b 使得 11/210 的 b 进制展开式是有限的?

6. 求出下列有理数的十进制展开式中的预循环和循环节的长度.

a) 7/12　b) 11/30　c) 1/75　d) 10/23　e) 13/56　f) 1/61

7. 求出下列有理数的十二进制展开式中的预循环和循环节的长度.

a) 1/4　b) 1/8　c) 7/10　d) 5/24　e) 17/132　f) 7/360

8. 设 b 为正整数且 $b>1$. 证明：$1/m$ 的 b 进制展开式的循环节长度是 $m-1$，当且仅当 m 是素数并且 b 是 m 的一个原根.（原根定义参见 10.1 节.）

9. 素数 p 等于多少时，$1/p$ 的十进制展开式的循环节长度等于下列整数?

a) 1　b) 2　c) 3　d) 4　e) 5　f) 6

10. 写出下列各数的 b 进制展开式.

a) $1/(b-1)$　b) $1/(b+1)$

11. 设 b 是一个大于 2 的整数. 证明：$1/(b-1)^2$ 的 b 进制展开式为 $(.\overline{0123\cdots b-3\ b-1})_b$

12. 现有一个实数的 b 进制展开式

$$(.0123\cdots b-1\ 101\ 112\cdots)_b,$$

它是通过连续列出整数的 b 进制展开式构造出来的. 证明：该展开式所代表的实数是无理数.

13. 证明

$$\frac{1}{b}+\frac{1}{b^4}+\frac{1}{b^9}+\frac{1}{b^{16}}+\frac{1}{b^{25}}+\cdots$$

是无理数，其中 b 是比 1 大的任意正整数.

14. 令 b_1, b_2, b_3, …是一个由大于 1 的正整数构成的无穷序列. 证明：任意实数都可以由

$$c_0+\frac{c_1}{b_1}+\frac{c_2}{b_1b_2}+\frac{c_3}{b_1b_2b_3}+\cdots$$

表示，其中 c_0, c_1, c_2, c_3, …为整数，并且 $0\leqslant c_k<k$, $k=1, 2, 3, \cdots$.

15. 证明每一个实数都具有形如

$$c_0+\frac{c_1}{1!}+\frac{c_2}{2!}+\frac{c_3}{3!}+\cdots$$

的展开式，其中 c_0, c_1, c_2, c_3, …是整数，且 $0\leqslant c_k<k$, $k=1, 2, 3, \cdots$.

16. 证明任意有理数按照习题 15 中的展开式展开，该展开式一定是有限的.

17. 证明 e 是无理数.（提示：利用等式 $\mathrm{e}=\sum_{n=0}^{\infty}1/n!$. 假设 e 是有理数，则 $\mathrm{e}=a/b$, a, b 为正整数. 令 $x=b!\left(\mathrm{e}-\sum_{n=0}^{b}1/n!\right)$. 通过证明 x 是正整数，但又有 $0<x<1$，得出矛盾.）

18. 在十进制下所有仅由 0 和 1 组成的实数集合是否可数?

* 19. 设 p 是除 2 和 5 之外的素数，a 是小于 p 的正整数. 证明如果 $a/p=(.\overline{c_1c_2\cdots c_m})_{10}$ 是 a/p 的十进制展开，其中 $m=2n$ 为周期，则 $(c_1c_2\cdots c_n)_{10}+(c_{n+1}c_{n+2}\cdots c_m)_{10}=10^{n+1}-1=(99\cdots99)_{10}$.（例如，

$1/7=(.\overline{142\,857})_{10}$ 以及$(142)_{10}+(857)_{10}=(999)_{10}$.)该结果被称为 Midy 定理，由法国数学家 Étienne Midy 于 1836 年给出证明.

* 20. 陈述并证明习题 19 中给出的 Midy 定理在 b 进制上的推广，其中 b 是大于或等于 2 的整数.

21. 假设 b 是大于 1 的正整数，设 a_1，a_2，…是一个整数序列，且对于所有正整数 i，$0\leqslant a_i\leqslant b-1$. 此外，假设有无穷多 k 使得 $a_k\neq 0$. 证明 $x=\sum_{k=1}^{\infty} a_k/b^{k!}$ 是超越的.（这样的数 x 称为刘维尔数.）

* 22. 证明如果 r 是有理数，那么存在一个整数 n，使得没有整数对(p,q)，$q>1$，满足 $0<|r-p/q|<1/q^n$.

* 23. 设 p 为素数，$1/p$ 的 b 进制展开式为$(.\overline{c_1c_2\cdots c_{p-1}})_b$，因此 $1/p$ 的 b 进制展开式的循环节长度为 $p-1$. 证明：如果 m 是一个正整数且 $1\leqslant m<p$，那么

$$m/p=(.\overline{c_{k+1}\cdots c_{p-1}c_1c_2\cdots c_{k-1}c_k})_b,$$

其中 k 是 $\mathrm{ind}_b m$ 模 p 的最小正剩余.（$\mathrm{ind}_b m \pmod p$）为满足 $1\leqslant x\leqslant p-1$，$b^x\equiv m \pmod p$ 的唯一整数 x.）

* 24. 证明：如果 p 是素数，并且 $1/p=(.\overline{c_1c_2\cdots c_k})_b$ 的循环节长度是偶数，即 $k=2t$，那么 $c_j+c_{j+t}=b-1$，$j=1,2,\cdots,t$.

25. 什么样的正整数 n 能够使得 $1/n$ 的二进制展开式中循环节的长度等于 $n-1$?

26. 什么样的正整数 n 能够使得 $1/n$ 的十进制展开式中循环节的长度等于 $n-1$?

27. 设 b 为正整数，实数 $\gamma=\sum_{j=1}^{\infty} c_j/b^j$，$0\leqslant\gamma<1$. 证明：$\gamma$ 的 b 进制展开式中的系数可以通过公式 $c_j=[\gamma b^j]-b[\gamma b^{j-1}]$ 导出，$j=1,2,\cdots$.（提示：首先证明 $0\leqslant[\gamma b^j]-b[\gamma b^{j-1}]\leqslant b-1$. 再证明 $\sum_{j=1}^{N}([\gamma b^j]-b[\gamma b^{j-1}])/b^j=\gamma-(\gamma b^N[\gamma b^N]/b^N)$，并令 $N\to\infty$.）

28. 运用习题 27 中的公式求出 1/6 的十四进制展开式.

29. 证明数

$$\sum_{i=1}^{\infty}(-1)^{a_i}/10^{i!}$$

对任意的正整数序列 a_1，a_2，…都是超越数.

30. a) 证明一个集合 S 是可数的，如果存在 S 到正整数集的单射.
    b) 通过证明函数 $f(p/q)=2^p3^q$ 为单射，其中 p 和 q 是互素正整数，利用 a)的结论来证明正有理数集是可数的.

31. a) 证明如果集合 S_1，S_2，…，S_k，…是可数的，则 $\bigcup_{j=1}^{\infty} S_j$ 是可数的.
    b) 取 S_k 为以 k 为分母的正有理数集，使用 a)证明正有理数集是可数的.

32. 根据分子和分母之和的大小排序，证明正有理数集是可数的.

33. 利用正有理数是可数的这个结论证明有理数集是可数的.

34. 伪随机数可以由 $1/P$ 的 m 进制展开式生成，其中 P 是与 m 互素的正整数. 令 $x_n=c_{j+n}$，其中正整数 j 表示种子的位置，$1/P=(.c_1c_2c_3\cdots)_m$，这个数被称为 $1/P$ 生成子. 找出下列两组参数所对应的伪随机数序列所生成的前十项.

    a) $m=7$，$P=19$，$j=6$　　　b) $m=8$，$P=21$，$j=5$

计算和研究

1. 求出 212/31 597，1 053/4 437 189，81 327/16 666 699 的十进制展开式的预循环和循环节.
2. 尽可能多地找到这样的整数 n，使得 $1/n$ 的十进制展开式的循环节长度为 $n-1$.

3. 计算 π 的十进制展开的前 10 000 项. 你能找出什么规律吗? 对数字 0 到 9 在展开式中的分布规律提出一些猜想.
4. 计算 $(e-1)/(e+1)$ 的十进制展开的前 10 000 项. 你能找出什么规律吗? 对数字 0 到 9 在展开式中的分布规律提出一些猜想.

程序设计

1. 求出一个有理数 r/s 的 b 进制展开式，其中 b 是一个大于 1 的正整数.
2. 由一个有理数的 b 进制展开式，求出该有理数 r/s 最简分式的分子和分母，其中 b 是一个大于 1 的正整数.
3. b 是一个大于 1 的正整数，求出一个有理数的 b 进制展开式中预循环和循环节的长度.
4. 用 $1/P$ 生成子根据模数 m 和 j 处的种子产生伪随机数(习题 34 中有介绍)，其中 P 和 m 是大于 1 的互素的正整数，j 是正整数.

13.2 有限连分数

本章的剩下部分将和连分数有关. 特别地，本节我们将定义什么是有限连分数，并将证明每个有理数均可写为一个有限连分数. 后面的几节将讨论无限连分数.

运用欧几里得算法，我们可以将有理数表示成**连分数**. 例如，欧几里得算法可以产生如下的等式序列:

$$\begin{aligned}
62 &= 2\cdot 23+16\\
23 &= 1\cdot 16+7\\
16 &= 2\cdot 7+2\\
7 &= 3\cdot 2+1.
\end{aligned}$$

我们用等式中的除数去除等式的左右两边，可得

$$\begin{aligned}
\frac{62}{23} &= 2+\frac{16}{23}=2+\frac{1}{23/16}\\
\frac{23}{16} &= 1+\frac{7}{16}=1+\frac{1}{16/7}\\
\frac{16}{7} &= 2+\frac{2}{7}=2+\frac{1}{7/2}\\
\frac{7}{2} &= 3+\frac{1}{2}.
\end{aligned}$$

合并这些式子，我们得到

$$\begin{aligned}
\frac{62}{23} &= 2+\frac{1}{23/16}\\
&= 2+\cfrac{1}{1+\cfrac{1}{16/7}}\\
&= 2+\cfrac{1}{1+\cfrac{1}{2+\cfrac{1}{7/2}}}
\end{aligned}$$

$$=2+\cfrac{1}{1+\cfrac{1}{2+\cfrac{1}{3+\cfrac{1}{2}}}}$$

上述一连串等式的最后一项就是 62/23 的连分数展开式.

现在，我们来定义连分数.

定义 一个**有限连分数**是形如

$$a_0+\cfrac{1}{a_1+\cfrac{1}{a_2+\cfrac{}{\ddots+\cfrac{1}{a_{n-1}+\cfrac{1}{a_n}}}}}$$

的表达式，其中 a_0，a_1，a_2，…，a_n 是实数，并且 a_1，a_2，…，a_n 大于零. 实数 a_1，a_2，…，a_n 被称为连分数的**部分商**. 如果实数 a_0，a_1，a_2，…，a_n 都是整数，那么就称连分数是**简单的**.

由于将连分数完全写出十分麻烦，因此我们用符号 $[a_0; a_1, a_2, \cdots, a_n]$ 表示上述定义中的有限连分数.

现在来证明每一个有限简单连分数都表示一个有理数. 稍后，我们将证明每一个有理数都可以用有限简单连分数表示.

定理 13.7 每一个有限简单连分数都表示一个有理数.

证明 用数学归纳法来证明该定理. 对于 $n=1$，我们有

$$[a_0; a_1]=a_0+\frac{1}{a_1}=\frac{a_0a_1+1}{a_0},$$

它是有理数. 现在假设对于正整数 k，当 a_0，a_1，a_2，…，a_k 是整数，并且 a_1，a_2，…，a_k 大于 0 时，简单连分数 $[a_0; a_1, a_2, \cdots, a_k]$ 是一个有理数. 令 a_0，a_1，a_2，…，a_{k+1} 是整数，并且 a_1，a_2，…，a_{k+1} 大于 0. 注意到

$$[a_0; a_1, \cdots, a_{k+1}]=a_0+\frac{1}{[a_1; a_2, \cdots, a_k, a_{k+1}]}.$$

由归纳法的假设知，$[a_1; a_2 \cdots a_k, a_{k+1}]$ 是有理数；因此，存在整数 r 和 s，其中 $s\neq 0$，使得连分数等于 r/s. 于是

$$[a_0; a_1, \cdots, a_k, a_{k+1}]=a_0+\frac{1}{r/s}=\frac{a_0r+s}{r},$$

它也是一个有理数. ■

现在运用欧几里得算法来证明每一个有理数都可以写为有限简单连分数.

定理 13.8 每一个有理数都可以表示为有限简单连分数.

证明 令 $x=a/b$，其中 a 和 b 是整数，并且 $b>0$. 令 $r_0=a$，$r_1=b$，那么，欧几里

得算法将产生下列等式序列：

$$
\begin{aligned}
r_0 &= r_1 q_1 + r_2 \qquad & 0 < r_2 < r_1, \\
r_1 &= r_2 q_2 + r_3 \qquad & 0 < r_3 < r_2, \\
r_2 &= r_3 q_3 + r_4 \qquad & 0 < r_4 < r_3, \\
&\vdots \\
r_{n-3} &= r_{n-2} q_{n-2} + r_{n-1} \qquad & 0 < r_{n-1} < r_{n-2}, \\
r_{n-2} &= r_{n-1} q_{n-1} + r_n \qquad & 0 < r_n < r_{n-1}, \\
r_{n-1} &= r_n q_n
\end{aligned}
$$

上述等式中 q_2，q_3，…，q_n 都是正整数. 以连分数形式表达上述等式，我们有

$$
\begin{aligned}
\frac{a}{b} &= \frac{r_0}{r_1} = q_1 + \frac{r_2}{r_1} = q_1 + \frac{1}{r_1/r_2} \\
\frac{r_1}{r_2} &= q_2 + \frac{r_3}{r_2} = q_2 + \frac{1}{r_2/r_3} \\
\frac{r_2}{r_3} &= q_3 + \frac{r_4}{r_3} = q_3 + \frac{1}{r_3/r_4} \\
&\vdots \\
\frac{r_{n-3}}{r_{n-2}} &= q_{n-2} + \frac{r_{n-1}}{r_{n-2}} = q_{n-2} + \frac{1}{r_{n-2}/r_{n-1}} \\
\frac{r_{n-2}}{r_{n-1}} &= q_{n-1} + \frac{r_n}{r_{n-1}} = q_{n-1} + \frac{1}{r_{n-1}/r_n} \\
\frac{r_{n-1}}{r_n} &= q_n.
\end{aligned}
$$

将第二个等式中 r_1/r_2 的值代入第一个等式，得到

$$
\frac{a}{b} = q_1 + \cfrac{1}{q_2 + \cfrac{1}{r_2/r_3}}. \tag{13.10}
$$

类似地，将第三个等式中 r_2/r_3 的值代入式(13.10)，得到

$$
\frac{a}{b} = q_1 + \cfrac{1}{q_2 + \cfrac{1}{q_3 + \cfrac{1}{r_3/r_4}}}.
$$

继续进行上述过程，我们有

$$
\frac{a}{b} = q_1 + \cfrac{1}{q_2 + \cfrac{1}{q_3 + \cfrac{}{\ddots + q_{n-1} + \cfrac{1}{q_n}}}}.
$$

因此$\frac{a}{b}=[q_1; q_2, \cdots, q_n]$. 这表明每一个有理数均可写为有限简单连分数. ■

注意，有理数所对应的连分数不是唯一的. 由恒等式

$$a_n=(a_n-1)+\frac{1}{1},$$

我们看到，只要$a_n>1$，就有

$$[a_0; a_1, a_2, \cdots, a_{n-1}, a_n]=[a_0; a_1, a_2, \cdots, a_{n-1}, a_n-1, 1].$$

例 13.6

$$\frac{7}{11}=[0; 1, 1, 1, 3]=[0; 1, 1, 1, 2, 1].$$ ◀

事实上，可以证明每一个有理数都恰好具有两种有限简单连分数的表示形式，一种具有奇数个项，另一种具有偶数个项(参看本节后面的习题 14).

下面，我们将讨论通过对连分数的表示式在不同位置进行截断而得到的数.

定义 连分数$[a_0; a_1, a_2, \cdots, a_k]$(其中$k$为不大于$n$的非负整数)被称为连分数$[a_0; a_1, a_2, \cdots, a_n]$的**第$k$个收敛子**，记作$C_k$.

在接下来的工作中，我们需要连分数收敛子的一些性质. 现在，我们以一个收敛子的公式作为开始来推导出这些性质.

定理 13.9 令$a_0, a_1, a_2, \cdots, a_n$为实数，其中$a_1, a_2, \cdots, a_n$为正数. 设序列$p_0, p_1, p_2, \cdots, p_n$和$q_0, q_1, q_2, \cdots, q_n$按如下方式递归定义：

$$p_0=a_0 \qquad q_0=1$$
$$p_1=a_0a_1+1 \qquad q_1=a_1$$

及

$$p_k=a_kp_{k-1}+p_{k-2} \quad q_k=a_kq_{k-1}+q_{k-2}$$

$k=2, 3, \cdots, n$. 那么第k个收敛子$C_k=[a_0; a_1, \cdots, a_k]$由下式给出：

$$C_k=p_k/q_k.$$

证明 用数学归纳法证明该定理. 首先求最初的三个收敛子. 它们是

$$C_0=[a_0]=a_0/1=p_0/q_0.$$

$$C_1=[a_0; a_1]=a_0+\frac{1}{a_1}=\frac{a_0a_1+1}{a_1}=\frac{p_1}{q_1}.$$

$$C_2=[a_0; a_1, a_2]=a_0+\cfrac{1}{a_1+\cfrac{1}{a_2}}=\frac{a_2(a_1a_0+1)+a_0}{a_2a_1+1}=\frac{p_2}{q_2}.$$

因此，对于$k=0$，$k=1$和$k=2$的情形，定理是正确的.

现在，假设对正整数k，$2\leqslant k<n$，定理是成立的. 这意味着

$$C_k=[a_0; a_1, \cdots, a_k]=\frac{p_k}{q_k}=\frac{a_kp_{k-1}+p_{k-2}}{a_kq_{k-1}+q_{k-2}}. \tag{13.11}$$

由p_j和q_j的定义方式，我们知道实数p_{k-1}, p_{k-2}, q_{k-1}和q_{k-2}仅仅依赖于部分商a_0,

$a_1, \cdots, a_{k-1}$. 因此，用 a_k+1/a_{k+1} 替代式(13.11)中的 a_k，a_{k+1} 得到

$$\begin{aligned}C_{k+1} &= [a_0; a_1, \cdots, a_k, a_{k+1}] = \left[a_0; a_1, \cdots, a_{k-1}, a_k + \frac{1}{a_{k+1}}\right] \\ &= \frac{\left(a_k + \frac{1}{a_{k+1}}\right)p_{k-1} + p_{k-2}}{\left(a_k + \frac{1}{a_{k+1}}\right)q_{k-1} + q_{k-2}} \\ &= \frac{a_{k+1}(a_k p_{k-1} + p_{k-2}) + p_{k-1}}{a_{k+1}(a_k q_{k-1} + q_{k-2}) + q_{k-1}} \\ &= \frac{a_{k+1}p_k + p_{k-1}}{a_{k+1}q_k + q_{k-1}} \\ &= \frac{p_{k+1}}{q_{k+1}}.\end{aligned}$$

这样就通过归纳法完成了证明. ■

我们将通过下面的例子来描述如何应用定理 13.9.

例 13.7 我们有 $173/55=[3; 6, 1, 7]$. 下面计算序列 p_j 和 q_j，其中 $j=0, 1, 2, 3$：

$$\begin{array}{ll} p_0 = 3 & q_0 = 1 \\ p_1 = 3 \cdot 6 + 1 = 19 & q_1 = 6 \\ p_2 = 1 \cdot 19 + 3 = 22 & q_2 = 1 \cdot 6 + 1 = 7 \\ p_3 = 7 \cdot 22 + 19 = 173 & q_3 = 7 \cdot 7 + 6 = 55. \end{array}$$

因此，上述连分数的收敛子为

$$\begin{aligned} C_0 &= p_0/q_0 = 3/1 = 3 \\ C_1 &= p_1/q_1 = 19/6 \\ C_2 &= p_2/q_2 = 22/7 \\ C_3 &= p_3/q_3 = 173/55. \end{aligned}$$

◀

下面定理给出了连分数的相邻的两个收敛子的关联.

定理 13.10 令 $C_k=p_k/q_k$ 为连分数 $[a_0; a_1, a_2, \cdots, a_n]$ 的第 k 个收敛子，其中 k 为正整数，$1 \leqslant k \leqslant n$. 如果 p_k 如定理 13.9 中所定义的，那么

$$p_k q_{k-1} - p_{k-1} q_k = (-1)^{k-1}.$$

证明 利用数学归纳法证明该定理. 对于 $k=1$，有

$$p_1 q_0 - p_0 q_1 = (a_0 a_1 + 1) \cdot 1 - a_0 a_1 = 1.$$

假设该定理对于整数 $k(1 \leqslant k < n)$ 是正确的，那么

$$p_k q_{k-1} - p_{k-1} q_k = (-1)^{k-1}.$$

进而

$$\begin{aligned} p_{k+1} q_k - p_k q_{k+1} &= (a_{k+1} p_k + p_{k-1}) q_k - p_k (a_{k+1} q_k + q_{k-1}) \\ &= p_{k-1} q_k - p_k q_{k-1} = -(-1)^{k-1} = (-1)^k, \end{aligned}$$

因此，该定理对于 $k+1$ 的情形也是正确的. 这样，我们就用归纳法完成了证明. ■

我们通过描述定理 13.9 的例子来描述定理 13.10.

例 13.8 对于连分数[3; 6, 1, 7]，我们有

$$p_0q_1-p_1q_0=3\cdot 6-19\cdot 1=-1$$
$$p_1q_2-p_2q_1=19\cdot 7-22\cdot 6=1$$
$$p_2q_3-p_3q_2=22\cdot 55-173\cdot 7=-1.$$
◀

作为定理 13.10 的一个结果，可知对于 $k=1, 2, \cdots$，简单连分数的收敛子 p_k/q_k 是既约分数. 下面的推论 13.10.1 说明了这一点.

推论 13.10.1 令 $C_k=p_k/q_k$ 为简单连分数$[a_0; a_1, \cdots, a_n]$的第 k 个收敛子，其中整数 p_k 和 q_k 如定理 13.9 中所定义，那么整数 p_k 和 q_k 互素.

证明 令 $d=(p_k, q_k)$，其中 k 为正整数. 由定理 13.10 可知

$$p_kq_{k-1}-q_kp_{k-1}=(-1)^{k-1}.$$

因此 $d\mid(-1)^{k-1}$. 我们得出 $d=1$，因为它是正数且除以$(-1)^{k-1}$. ■

我们还有定理 13.10 的一个有用的推论.

推论 13.10.2 令 $C_k=p_k/q_k$ 为简单连分数$[a_0; a_1, \cdots, a_n]$的第 k 个收敛子. 那么对于所有的整数 k，$1\leqslant k\leqslant n$，有

$$C_k-C_{k-1}=\frac{(-1)^{k-1}}{q_kq_{k-1}}.$$

并且对于所有的整数 k，$2\leqslant k\leqslant n$，有

$$C_k-C_{k-2}=\frac{a_k(-1)^k}{q_kq_{k-2}}.$$

证明 由定理 13.10 可知 $p_kq_{k-1}-p_{k-1}q_k=(-1)^{k-1}$.

首先通过用 q_kq_{k-1} 去除上式的两边，得到第一个恒等式：

$$C_k-C_{k-1}=\frac{p_k}{q_k}-\frac{p_{k-1}}{q_{k-1}}=\frac{p_kq_{k-1}-p_{k-1}q_k}{q_kq_{k-1}}=\frac{(-1)^{k-1}}{q_kq_{k-1}}.$$

为了得到第二个恒等式，注意到

$$C_k-C_{k-2}=\frac{p_k}{q_k}-\frac{p_{k-2}}{q_{k-2}}=\frac{p_kq_{k-2}-p_{k-2}q_k}{q_kq_{k-2}}.$$

由于 $p_k=a_kp_{k-1}+p_{k-2}$，$q_k=a_kq_{k-1}+q_{k-2}$，右边分子部分为

$$\begin{aligned}p_kq_{k-2}-p_{k-2}q_k&=(a_kp_{k-1}+p_{k-2})q_{k-2}-p_{k-2}(a_kq_{k-1}+q_{k-2})\\&=a_k(p_{k-1}q_{k-2}-p_{k-2}q_{k-1})\\&=a_k(-1)^{k-2},\end{aligned}$$

由定理 13.10 可知 $p_{k-1}q_{k-2}-p_{k-2}q_{k-1}=(-1)^{k-2}$.

所以

$$C_k-C_{k-2}=\frac{a_k(-1)^k}{q_kq_{k-2}}.$$

这就是推论中的第二个恒等式. ■

利用推论 13.10.2，我们可以证明下面的定理，它对引入无限连分数是非常有用的.

定理 13.11 令 C_k 为有限简单连分数 $[a_0; a_1, a_2, \cdots, a_n]$ 的第 k 个收敛子. 那么

$$C_1 > C_3 > C_5 > \cdots,$$
$$C_0 < C_2 < C_4 < \cdots,$$

并且每一个下标为奇数的收敛子 $C_{2j-1}(j=0, 1, 2, \cdots)$ 都大于任一下标为偶数的收敛子 $C_{2k}(k=0, 1, 2, \cdots)$.

证明 推论 13.10.2 表明，对于 $k=2, 3, \cdots, n$,

$$C_k - C_{k-2} = \frac{a_k(-1)^k}{q_k q_{k-2}},$$

进而我们知道，当 k 是奇数时，

$$C_k < C_{k-2},$$

当 k 是偶数时，

$$C_k > C_{k-2}.$$

因此，

$$C_1 > C_3 > C_5 > \cdots,$$
$$C_0 < C_2 < C_4 < \cdots.$$

为证明每一个下标为奇数的收敛子大于任何一个下标为偶数的收敛子，注意由推论 13.10.2，我们有

$$C_{2m} - C_{2m-1} = \frac{(-1)^{2m-1}}{q_{2m} q_{2m-1}} < 0,$$

因此 $C_{2m-1} > C_{2m}$. 对比 C_{2k} 和 C_{2j-1}，我们有

$$C_{2j-1} > C_{2j+2k-1} > C_{2j+2k} > C_{2k}.$$

因此，每一个下标为奇数的收敛子都大于任一下标为偶数的收敛子. ■

例 13.9 考虑有限简单连分数 $[2; 3, 1, 1, 2, 4]$. 它对应的收敛子为

$$C_0 = 2/1 = 2$$
$$C_1 = 7/3 = 2.333\,3\cdots$$
$$C_2 = 9/4 = 2.25$$
$$C_3 = 16/7 = 2.285\,7\cdots$$
$$C_4 = 41/18 = 2.277\,7\cdots$$
$$C_5 = 180/79 = 2.278\,4\cdots.$$

可见

$$C_0 = 2 < C_2 = 2.25 < C_4 = 2.277\,7\cdots$$
$$< C_5 = 2.278\,4\cdots < C_3 = 2.285\,7\cdots < C_1 = 2.333\,3\cdots.$$ ◀

13.2 节习题

1. 以既约分数的形式写出下列简单连分数所表示的有理数.
   a) $[2; 7]$　b) $[1; 2, 3]$　c) $[0; 5, 6]$　d) $[3; 7, 15, 1]$
   e) $[1; 1]$　f) $[1; 1, 1]$　g) $[1; 1, 1, 1]$　h) $[1; 1, 1, 1, 1]$
2. 以既约分数的形式写出下列简单连分数所表示的有理数.

a) [10; 3]　b) [3; 2, 1]　c) [0; 1, 2, 3]　d) [2; 1, 2, 1]
e) [2; 1, 2, 1, 1, 4]　f) [1; 2, 1, 2]　g) [1; 2, 1, 2, 1]　h) [1; 2, 1, 2, 1, 2]

3. 写出下列有理数所对应的简单连分数的表达式，并且要求其部分商的最后一项不是 1.
a) 18/13　b) 32/17　c) 19/9　d) 310/99　e) −931/1 005　f) 831/8 110

4. 写出下列有理数所对应的简单连分数的表达式，并且要求其部分商的最后一项不是 1.
a) 6/5　b) 22/7　c) 19/29　d) 5/999　e) −943/1 001　f) 873/4 867

5. 写出习题 3 中所求出的每一个连分数的收敛子.

6. 写出习题 4 中所求出的每一个连分数的收敛子.

7. 证明习题 5 中所找到的收敛子满足定理 13.11.

8. 证明习题 6 中所找到的收敛子满足定理 13.11.

9. a) 对所有满足 $3\leqslant n\leqslant 10$ 的正整数 n，计算 $(1+1/n)^2$ 的连分数表示.
b) 根据 a)的计算结果，对 $n\geqslant 3$，提出并证明一个关于 $(1+1/n)^2$ 的连分数的猜想.（提示：将奇数和偶数分开考虑.）

10. 令 f_k 表示第 k 个斐波那契数. 求出 f_{k+1}/f_k 所对应的简单连分数，其中 k 为正整数，并且要求其部分商的最后一项是 1.

11. 证明：对有理数 α，$\alpha>1$，如果其简单连分数表达式为 $[a_0; a_1, \cdots, a_n]$，那么 $1/\alpha$ 对应的简单连分数表达式为 $[0; a_1, \cdots, a_n]$.

☞ 12. 证明：如果 $a_0>0$，那么

$$p_k/p_{k-1}=[a_k; a_{k-1}, \cdots, a_1, a_0]$$

和

$$q_k/q_{k-1}=[a_k; a_{k-1}, \cdots, a_2, a_1]$$

为连分数 $[a_0; a_1, \cdots, a_n]$ 的相邻的两个收敛子，其中 $C_{k-1}=p_{k-1}/q_{k-1}$ 及 $C_k=p_k/q_k$，$k\geqslant 1$.（提示：利用公式 $p_k=a_kp_{k-1}+p_{k-2}$ 证明 $p_k/p_{k-1}=a_k+1/(p_{k-1}/p_{k-2})$.）

☞ 13. 证明：$q_k\geqslant f_k$，$k=1, 2, \cdots$，其中 $C_k=p_k/q_k$ 为简单连分数 $[a_0; a_1, \cdots, a_n]$ 的第 k 个收敛子，f_k 表示第 k 个斐波那契数.

14. 证明：每一个有理数都恰有两个有限简单连分数展开式.（提示：参见例 13.6.）

* 15. 令 $[a_0; a_1, \cdots, a_n]$ 表示 r/s 的简单连分数展开式，其中 $(r, s)=1$，并且 $r\geqslant 1$. 证明：这一连分数为对称的，即 $a_0=a_n$，$a_1=a_{n-1}$，$a_2=a_{n-2}$，…，当且仅当若 n 是奇数则 $r\mid(s^2+1)$，且若 n 是偶数则 $r\mid(s^2-1)$.（提示：应用习题 12 和定理 13.10.）

* 16. 解释如何使用 1.5 节习题 25 中的带余除法，在加减号都允许出现的情况下，生成有理数所对应的有限连分数.

17. 令 $a_0, a_1, a_2, \cdots, a_k$ 为实数，并且 $a_1, a_2, \cdots, a_k$ 都是正数，同时令 x 为一正实数. 证明：若 k 为奇数，那么 $[a_0; a_1, \cdots, a_k]<[a_0; a_1, \cdots, a_k+x]$；若 k 为偶数，那么 $[a_0; a_1, \cdots, a_k]>[a_0; a_1, \cdots, a_k+x]$.

18. 对于下列整数 n，确定 n 能否被表示成为两个正整数 a 和 b 的和，其中 a/b 的有限简单连分数的部分商或者为 1 或者为 2.
a) 13　b) 17　c) 19　d) 23　e) 27　f) 29

计算和研究

1. 求出 1 001/3 000，10 001/30 000 和 100 001/300 000 所对应的简单连分数.

2. 对 10 个不同的有理数 x，分别求出 x 和 $2x$ 的有限连分数. 你能找出由 x 的有限简单连分数得到 $2x$ 的有限简单连分数的规律吗？

3. 对小于等于 1 000 的每一个整数 n，判断是否存在这样的整数 a 和 b，使得 $n=a+b$，并且 a/b 的有限

简单连分数的部分商或者为 1 或者为 2. 你能做出一些猜想吗？

程序设计

1. 求出一个有理数的简单连分数展开式.
2. 求出一个有限简单连分数的收敛子，并且求出这个连分数所表示的有理数.
3. 给定 x 的连分数表示，计算 $2x$ 的连分数表示.（参考计算和研究部分的习题 2.）

13.3 无限连分数

本节将定义无限连分数且给出将实数表示为无限连分数的方法. 我们将通过这种表示法来给出该实数的很好的有理逼近. 最后应用连分数来解释一种对 RSA 密码系统的攻击方法. 下一节我们将研究二次无理数的连分数表示.

假设有一个无限的正整数序列 a_0，a_1，a_2，…. 那么，如何定义一个无限连分数$[a_0; a_1, a_2, \cdots]$呢？为了使无限连分数有意义，我们需要数学分析中的一个结论. 在这里，我们仅给出这个结论，相应的证明请读者参考数学分析教材，如[Ru64].

定理 13.12 *令 x_0，x_1，x_2，…为一实数序列，它满足 $x_0<x_1<x_2<\cdots x_k<\cdots<u$，并且存在某个实数 U，使得对于 $k=0$，1，2，…，有 $x_k<U$；或者满足 $x_0>x_1>x_2>\cdots>x_k>\cdots>L$，并且存在某个实数 L，使得对于 $k=0$，1，2，…，有 $x_k>L$. 那么，序列 x_0，x_1，x_2，…的项就趋于一个极限 x，即存在一个实数 x，使得*

$$\lim_{k\to\infty} x_k = x.$$

现在就能够用有限连分数的极限来定义无限连分数了，具体定义如下面定理所示.

定理 13.13 *令 a_0，a_1，a_2，…为一个无限的正整数序列，同时令 $C_k=[a_0; a_1, a_2, \cdots, a_k]$. 那么收敛子 C_k 趋近于一个极限 α，即*

$$\lim_{k\to\infty} C_k = \alpha.$$

在证明定理 13.13 之前，我们将定理中所提及的极限 α 称为*无限简单连分数*$[a_0; a_1, a_2, \cdots]$的值.

为了证明定理 13.13，我们将会证明下标为偶数的收敛子所构成的无限序列是递增的，并且有一个上界，而下标为奇数的收敛子所构成的无限序列是递减的，并且有一个下界. 然后，再根据定理 13.12，证明这两个序列的极限事实上是相等的.

证明 设 m 为一正偶数. 由定理 13.11，我们有

$$C_1 > C_3 > C_5 > \cdots > C_{m-1},$$
$$C_0 < C_2 < C_4 < \cdots < C_m,$$

并且对于任意的 $2k\leqslant m$ 和 $2j-1<m$，有 $C_{2k}<C_{2j+1}$. 通过考虑所有可能的 m 值，我们有

$$C_0 < C_2 < C_4 < \cdots < C_{2k-2} < C_{2k} < \cdots < C_{2j+1} < \cdots < C_5 < C_3 < C_1$$

并且对于任意的正整数 j 和 k，有 $C_{2j}<C_{2k+1}$. 我们看到两个序列 C_1，C_3，C_5，…和 C_0，C_2，C_4，…是满足定理 13.12 的假设的. 因此，序列 C_1，C_3，C_5，…趋向于极限 α_1，而序列 C_0，C_2，C_4，…趋向于极限 α_2，即

$$\lim_{n\to\infty} C_{2n+1} = \alpha_1$$

和

$$\lim_{n\to\infty} C_{2n}=\alpha_2.$$

我们的目标是证明这两个极限 α_1 和 α_2 相等. 应用推论 13.10.2，有

$$C_{2n+1}-C_{2n}=\frac{p_{2n+1}}{q_{2n+1}}-\frac{p_{2n}}{q_{2n}}=\frac{(-1)^{(2n+1)-1}}{q_{2n+1}q_{2n}}=\frac{1}{q_{2n+1}q_{2n}}.$$

因为对所有的正整数 k 都有 $q_k\geqslant k$(见 13.2 节的习题 13)，我们得到

$$\frac{1}{q_{2n+1}q_{2n}}<\frac{1}{(2n+1)(2n)},$$

因此

$$C_{2n+1}-C_{2n}=\frac{1}{q_{2n+1}q_{2n}}$$

趋向于 0，即

$$\lim_{n\to\infty}(C_{2n+1}-C_{2n})=0.$$

所以，序列 C_1，C_3，C_5，…和 C_0，C_2，C_4，…具有相同的极限，这是因为

$$\lim_{n\to\infty}C_{2n+1}-\lim_{n\to\infty}C_{2n}=\lim_{n\to\infty}(C_{2n+1}-C_{2n})=0.$$

进而 $\alpha_1=\alpha_2$. 于是，可以推出所有的收敛子都趋近于极限 $\alpha=\alpha_1=\alpha_2$. 这就完成了定理的证明. ■

前面我们证明了有理数具有有限简单连分数表示式. 下面将证明任何无限简单连分数的值都是无理数.

定理 13.14 *设 a_0，a_1，a_2，…为整数，并且 a_1，a_2，…为正. 那么 $[a_0;\ a_1,\ a_2,\ \cdots]$ 为无理数.*

证明 令 $\alpha=[a_0;\ a_1,\ a_2,\ \cdots]$，并令

$$C_k=p_k/q_k=[a_0;\ a_1,\ a_2,\ \cdots,\ a_k]$$

为 α 的第 k 个收敛子. 当 n 为正整数时，定理 13.13 表明 $C_{2n}<\alpha<C_{2n+1}$，因此

$$0<\alpha-C_{2n}<C_{2n+1}-C_{2n}.$$

而由推论 13.10.2 得

$$C_{2n+1}-C_{2n}=\frac{1}{q_{2n+1}q_{2n}},$$

这意味着

$$0<\alpha-C_{2n}=\alpha-\frac{p_{2n}}{q_{2n}}<\frac{1}{q_{2n+1}q_{2n}},$$

从而有

$$0<\alpha q_{2n}-p_{2n}<\frac{1}{q_{2n+1}}.$$

假设 α 是有理数，那么 $\alpha=a/b$，其中 a 和 b 为整数，并且 $b\neq 0$. 于是

$$0<\frac{aq_{2n}}{b}-p_{2n}<\frac{1}{q_{2n+1}},$$

这个不等式两边同乘以 b，得到

$$0 < aq_{2n} - bp_{2n} < \frac{b}{q_{2n+1}}.$$

注意到对于所有的正整数 n，$aq_{2n} - bp_{2n}$ 都是整数．然而，由于 $q_{2n+1} > 2n+1$，故对每个整数 n 存在一个整数 n_0 使得 $q_{2n_0+1} > b$，因此 $b/q_{2n_0+1} < 1$．这就得到一个矛盾，因为整数 $aq_{2n_0} - bp_{2n_0}$ 不可能在 0 和 1 之间．这就证明了 α 是无理数．■

我们已经证明了每一个无限简单连分数表示一个无理数．现在证明每一个无理数都可以唯一地由一个无限简单连分数来表示．证明的具体过程是：首先构造一个这样的连分数，然后证明它是唯一的．

定理 13.15 设 $\alpha = \alpha_0$ 是一个无理数，并且如下递归地定义序列 a_0，a_1，a_2，…：

$$a_k = [\alpha_k] \qquad \alpha_{k+1} = 1/(\alpha_k - a_k),$$

其中 $k = 0$，1，2，…．那么，无限简单连分数 $[a_0; a_1, a_2, \cdots]$ 的值就是 α．

证明 由 a_k 的递归定义，我们看到对于每一个 k，a_k 都是整数．进一步，由数学归纳法，可以证明对于每一个非负整数 k，α_k 都是无理数，所以 α_{k+1} 是存在的．首先，注意到 $\alpha_0 = \alpha$ 是无理数，从而 $\alpha_0 \neq a_0 = [\alpha_0]$ 与 $\alpha_1 = 1/(\alpha_0 - a_0)$ 是存在的．

接下来，假设 α_k 是无理数，因而 α_{k+1} 是存在的．我们能够很容易知道 α_{k+1} 也是无理数，这是因为

$$\alpha_{k+1} = 1/(\alpha_k - a_k).$$

这意味着

$$\alpha_k = a_k + \frac{1}{\alpha_{k+1}}, \tag{13.12}$$

如果 α_{k+1} 是有理数，那么 α_k 也是有理数．现在，由于 α_k 是无理数且 a_k 是整数，因此 $\alpha_k \neq a_k$，并且

$$a_k < \alpha_k < a_k + 1,$$

于是

$$0 < \alpha_k - a_k < 1.$$

因此

$$\alpha_{k+1} = 1/(\alpha_k - a_k) > 1,$$

从而

$$a_{k+1} = [\alpha_{k+1}] \geqslant 1, \quad k = 0, 1, 2, \cdots.$$

这意味着所有的整数 a_1，a_2，…都是正的．

反复利用式(13.12)，我们得到

$$\begin{aligned}
\alpha &= \alpha_0 = a_0 + \frac{1}{\alpha_1} = [a_0; \alpha_1] \\
&= a_0 + \cfrac{1}{a_1 + \cfrac{1}{\alpha_2}} = [a_0; a_1, \alpha_2] \\
&\ \vdots \\
&= a_0 + \frac{1}{\qquad\qquad} = [a_0; a_1, a_2, \cdots, a_k, \alpha_{k+1}]
\end{aligned}$$

$$a_1+\cfrac{1}{a_2+\ddots+a_k+\cfrac{1}{\alpha_{k+1}}}$$

我们必须证明：当 k 趋于无穷，也就是说 k 的增长没有限制时，$[a_0; a_1, a_2, \cdots, a_k, \alpha_{k+1}]$的值趋于 α. 由定理 13.9 得知，

$$\alpha=[a_0; a_1, \cdots, a_k, \alpha_{k+1}]=\frac{\alpha_{k+1}p_k+p_{k-1}}{\alpha_{k+1}q_k+q_{k-1}},$$

其中 $C_j=p_j/q_j$ 为$[a_0; a_1, a_2, \cdots]$的第 j 个收敛子. 因此，

$$\begin{aligned}\alpha-C_k&=\frac{\alpha_{k+1}p_k+p_{k-1}}{\alpha_{k+1}q_k+q_{k-1}}-\frac{p_k}{q_k}\\&=\frac{-(p_kq_{k-1}-p_{k-1}q_k)}{(\alpha_{k+1}q_k+q_{k-1})q_k}\\&=\frac{-(-1)^{k-1}}{(\alpha_{k+1}q_k+q_{k-1})q_k},\end{aligned}$$

此处我们利用定理 13.10 来简化右边第二个等式中的分子. 由

$$\alpha_{k+1}q_k+q_{k-1}>a_{k+1}q_k+q_{k-1}=q_{k+1}$$

可以得到

$$|\alpha-C_k|<\frac{1}{q_kq_{k+1}}.$$

由于 $q_k>k$(见 13.2 节的习题 13)，因此当 k 趋于无穷时 $1/(q_kq_{k+1})$趋于 0. 因此，当 k 趋于无穷时 C_k 趋于 α，换句话说，无限简单连分数$[a_0; a_1, a_2, \cdots]$的值就是 α. ■

为了说明一个无理数的无限简单连分数表达式是唯一的，我们证明下面的定理.

定理 13.16　如果两个无限简单连分数$[a_0; a_1, a_2, \cdots]$和$[b_0; b_1, b_2, \cdots]$表示相同的无理数，那么 $a_k=b_k$，$k=0, 1, 2, \cdots$.

证明　假设 $\alpha=[a_0; a_1, a_2, \cdots]$，由于 $C_0=a_0$，$C_1=a_0+1/a_1$，根据定理 13.11，

$$a_0<\alpha<a_0+1/a_1,$$

因此 $a_0=[\alpha]$. 进一步，注意到

$$[a_0; a_1, a_2, \cdots]=a_0+\frac{1}{[a_1; a_2, a_3, \cdots]},$$

这是因为

$$\begin{aligned}\alpha&=[a_0; a_1, a_2, \cdots]=\lim_{k\to\infty}[a_0; a_1, a_2, \cdots, a_k]\\&=\lim_{k\to\infty}\left(a_0+\frac{1}{[a_1; a_2, a_3, \cdots, a_k]}\right)\\&=a_0+\frac{1}{\lim\limits_{k\to\infty}[a_1; a_2, a_3, \cdots, a_k]}\end{aligned}$$

$$=a_0+\frac{1}{[a_1;\ a_2,\ a_3,\ \cdots]}.$$

假设

$$[a_0;\ a_1,\ a_2,\ \cdots]=[b_0;\ b_1,\ b_2,\ \cdots].$$

上面的式子表明

$$a_0=b_0=[\alpha]$$

并且

$$a_0+\frac{1}{[a_1;\ a_2,\ \cdots]}=b_0+\frac{1}{[b_1;\ b_2,\ \cdots]},$$

因此

$$[a_1;\ a_2,\ \cdots]=[b_1;\ b_2,\ \cdots].$$

现在，假设 $a_k=b_k$，并且 $[a_{k+1};\ a_{k+2},\ \cdots]=[b_{k+1};\ b_{k+2},\ \cdots]$. 重复上述证明过程，可知 $a_{k+1}=b_{k+1}$，并且

$$a_{k+1}+\frac{1}{[a_{k+2};\ a_{k+3},\ \cdots]}=b_{k+1}+\frac{1}{[b_{k+2};\ b_{k+3},\ \cdots]},$$

这意味着

$$[a_{k+2};\ a_{k+3},\ \cdots]=[b_{k+2};\ b_{k+3},\ \cdots].$$

因此，由数学归纳法知，对于 $k=0$，1，2，…，都有 $a_k=b_k$. ■

为了求出一个实数的简单连分数展开式，可以使用定理 13.15 中所给出的算法. 下面用例子来描述这个过程.

例 13.10 令 $\alpha=\sqrt{6}$. 可以求出

$$a_0=[\sqrt{6}]=2,\quad \alpha_1=\frac{1}{\sqrt{6}-2}=\frac{\sqrt{6}+2}{2},$$

$$a_1=\left[\frac{\sqrt{6}+2}{2}\right]=2,\quad \alpha_2=\frac{1}{\left(\frac{\sqrt{6}+2}{2}\right)-2}=\sqrt{6}+2,$$

$$a_2=[\sqrt{6}+2]=4,\quad \alpha_3=\frac{1}{(\sqrt{6}+2)-4}=\frac{\sqrt{6}+2}{2}=\alpha_1.$$

由于 $\alpha_3=\alpha_1$，故 $a_3=a_1$，$a_4=a_2$，…，等等. 因此

$$\sqrt{6}=[2;\ 2,\ 4,\ 2,\ 4,\ 2,\ 4,\ \cdots].$$

$\sqrt{6}$ 的简单连分数是循环的. 我们将在下一节讨论循环简单连分数. ◀

在下例中，我们给出另一个无理数的简单连续分数展开.

例 13.11 $\sqrt[3]{2}=1.259\ 921\ 049\ 89\cdots$ 的简单连分数为 $[1;\ 3,\ 1,\ 5,\ 1,\ 1,\ 4,\ 1,\ 1,\ 8,\ 1,\ 14,\ 1,\ 10,\ 2,\ 1,\ \cdots]$. 它的前 17 个收敛子是 4/3，5/4，29/23，34/27，63/50，286/277，349/277，635/504，5 429/4 309，6 064/4 813，90 325/71 691，96 389/76 504，1 054 215/836 731，2 204 819/11 749 966，3 259 034/2 586 697，15 240 955/12 096 754 和 186 150 494/14 747 745.

观察 $p_{10}/q_{10}=6\,064/4\,813=1.259\,921\,047\,16$. 因此，$\sqrt[3]{2}-p_{10}/q_{10}=|1.259\,921\,049\,89-1.259\,921\,047\,16|=0.000\,000\,002\,73$. 这个近似的接近程度与丢番图逼近的狄利克雷定理的证明中所得到的一致，即 $|\sqrt[3]{2}-p_{10}/q_{10}|<1/(q_{10}q_{11})=1/(4\,813)(71\,691)=0.000\,000\,002\,89$. ◀

定理 13.17（丢番图逼近的狄利克雷定理） 如果 α 是一个无理数，那么存在无穷多个有理数 p/q，使得

$$|\alpha-p/q|<1/q^2.$$

证明 令 p_k/q_k 为 α 的连分数的第 k 个收敛子. 那么，由定理 13.15 的证明可知

$$|\alpha-p_k/q_k|<1/(q_kq_{k+1}).$$

因为 $q_k<q_{k+1}$，这样就有

$$|\alpha-p_k/q_k|<1/q_k^2.$$

因此，α 的收敛子 $p_k/q_k(k=1,\ 2,\ \cdots)$就构成了满足定理条件的无穷多个有理数. ■

下面的定理和推论表明，α 的简单连分数的收敛子是对 α 的最佳有理逼近，即 p_k/q_k 比任何分母小于 q_k 的有理数都要更接近 α.（关于实数的任意分母的最佳有理逼近参看本节习题 17.）

定理 13.18 令 α 为一无理数，并且对于 $j=1,\ 2,\ \cdots$，p_j/q_j 为 α 的无限简单连分数的收敛子. 如果 r 和 s 都为整数，$s>0$，并且 k 为一正整数，使得

$$|s\alpha-r|<|q_k\alpha-p_k|,$$

那么 $s\geqslant q_{k+1}$.

证明 假设 $|s\alpha-r|<|q_k\alpha-p_k|$，但是 $1\leqslant s<q_{k+1}$. 我们考虑联立方程

$$p_kx+p_{k+1}y=r$$
$$q_kx+q_{k+1}y=s.$$

第一个和第二个方程两边分别乘以 q_k 和 p_k，然后用第一个式子减去第二个，得到

$$(p_{k+1}q_k-p_kq_{k+1})y=rq_k-sp_k.$$

由定理 13.10 知，$p_{k+1}q_k-p_kq_{k+1}=(-1)^k$，于是

$$y=(-1)^k(rq_k-sp_k).$$

类似地，分别用 q_{k+1} 和 p_{k+1} 依次乘以上面的两个方程，然后用第二个式子减去第一个，得到

$$x=(-1)^k(sp_{k+1}-rq_{k+1}).$$

现在证明 $s\neq0$ 及 $y\neq0$. 如果 $x=0$，那么 $sp_{k+1}=rq_{k+1}$. 由于$(p_{k+1},\ q_{k+1})=1$，引理 4.2 表明 $q_{k+1}\mid s$，于是 $q_{k+1}\leqslant s$，这与假设矛盾. 如果 $y=0$，那么 $r=p_kx$，$s=q_kx$，从而

$$|s\alpha-r|=|x||q_k\alpha-p_k|\geqslant|q_k\alpha-p_k|,$$

由于$|x|\geqslant1$，这与假设矛盾.

下面我们证明 x 和 y 的符号相反. 首先假设 $y<0$. 由 $q_kx=s-q_{k+1}y$，因为 $q_k>0$，$q_kx>0$，因而 $x>0$. 当 $y>0$ 时，由于 $q_{k+1}y\geqslant q_{k+1}>s$，我们得到 $q_kx=s-q_{k+1}y<0$，因此 $x<0$.

由定理 13.11，$p_k/q_k<\alpha<p_{k+1}/q_{k+1}$ 和 $p_{k+1}/q_{k+1}<\alpha<p_k/q_k$ 中必有一个成立. 而无论何种情况都会得出 $q_k\alpha-p_k$ 和 $q_{k+1}\alpha-p_{k+1}$ 的符号相反.

由证明开始时的联立方程，我们得到

$$|s\alpha - r| = |(q_k x + q_{k+1} y)\alpha - (p_k x + p_{k+1} y)|$$
$$= |x(q_k\alpha - p_k) + y(q_{k+1}\alpha - p_{k+1})|.$$

综合前面两段的结论可知，$x(q_k\alpha - p_k)$和 $y(q_{k+1}\alpha - p_{k+1})$具有同样的符号，再加上$|x| \geqslant 1$，最终有

$$\begin{aligned}|s\alpha - r| &= |x||q_k\alpha - p_k| + |y||q_{k+1}\alpha - p_{k+1}|\\ &\geqslant |x||q_k\alpha - p_k|\\ &\geqslant |q_k\alpha - p_k|.\end{aligned}$$

这与假设矛盾.

现在已经证明我们的假设是错误的，因此，证明完毕. ■

推论 13.18.1 设 α 为一无理数，对于 $j=1, 2, \cdots$, p_j/q_j 为 α 的无限简单连分数的收敛子. 如果 r/s 为一有理数，其中 r 和 s 都为整数，$s>0$，并且 k 为一正整数，使得

$$|\alpha - r/s| < |\alpha - p_k/q_k|,$$

那么 $s>q_k$.

证明 假设 $s \leqslant q_k$ 并且

$$|\alpha - r/s| < |\alpha - p_k/q_k|.$$

将两个不等式相乘，得到

$$s|\alpha - r/s| < q_k|\alpha - p_k/q_k|,$$

因此

$$|s\alpha - r| < |q_k\alpha - p_k|,$$

与定理 13.18 的结论矛盾. ■

例 13.12 实数 π 的简单连分数为 $\pi=[3; 7, 15, 1, 292, 1, 1, 1, 2, 1, 3, \cdots]$. ($\pi$ 已经被计算到小数点后 1 500 亿位，故不难得出 π 的连分数的更多部分商.)注意到部分商所构成的序列中没有能够观察出来的规律. 这个连分数的收敛子是对 π 的最佳有理逼近. 前五个是 3，22/7，333/106，355/113 和 103 993/33 102. 由推论 13.18.1 推出$\frac{333}{106}$就是分母小于或等于 112 的对 π 的最佳有理逼近，等等. ◀

最后，我们将用以下结论来结束本节：对于任何一个对无理数的有理逼近，只要它足够地接近这个无理数，那么它一定是这个数的无限简单连分数展开式的收敛子.

定理 13.19 如果 α 是一个无理数，并且 r/s 是一个既约有理数，其中 r 和 s 都为整数，并且 $s>0$，使得

$$|\alpha - r/s| < 1/(2s^2),$$

那么 r/s 是 α 的简单连分数展开式的一个收敛子.

证明 假设 r/s 不是 α 的简单连分数展开式的收敛子. 那么，就存在相邻的收敛子 p_k/q_k 和 p_{k+1}/q_{k+1}，使得 $q_k \leqslant s < q_{k+1}$. 由定理 13.18，我们得到

$$|q_k\alpha - p_k| \leqslant |s\alpha - r| = s|\alpha - r/s| < 1/(2s).$$

两边除以 q_k，得到

$$|\alpha - p_k/q_k| < 1/(2sq_k).$$

因为$|sp_k - rq_k| \geqslant 1$($sp_k - rq_k$ 是一个非零整数，因为 $r/s \neq p_k/q_k$)，这样就有

$$\begin{aligned}\frac{1}{sq_k} &\leqslant \frac{|sp_k - rq_k|}{sq_k} \\ &= \left|\frac{p_k}{q_k} - \frac{r}{s}\right| \\ &\leqslant \left|\alpha - \frac{p_k}{q_k}\right| + \left|\alpha - \frac{r}{s}\right| \\ &< \frac{1}{2sq_k} + \frac{1}{2s^2}\end{aligned}$$

(此处我们用三角不等式得到了其中的第二个不等式)．因此有

$$1/(2sq_k) < 1/(2s^2).$$

故

$$2sq_k > 2s^2,$$

从而 $q_k > s$，这与假设矛盾． ■

连分数在攻击 RSA 密码系统上的应用 我们使用定理 13.19 对于有理数的版本(即习题 21)来解释，为什么对于某一类 RSA 密码的攻击是奏效的．我们将定理 13.19 的这个版本的证明留作习题．

定理 13.20(对 RSA 的维纳(Wiener)低加密指数攻击) 设 $n=pq$，其中 p 和 q 为奇素数，并且 $q<p<2q$，$d<n^{1/4}/3$．那么给定一个 RSA 加密密钥 (e, n)，解密密钥就可以用 $O((\log n)^3)$ 次位运算找到．

证明 我们的证明基于连分数对有理数的逼近．首先，由于 $de \equiv 1 (\bmod \phi(n))$，所以存在一个整数 k，使得 $de-1=k\phi(n)$．等式两边同除以 $d\phi(n)$，得到

$$\frac{e}{\phi(n)} - \frac{1}{d\phi(n)} = \frac{k}{d},$$

于是有

$$\frac{e}{\phi(n)} - \frac{k}{d} = \frac{1}{d\phi(n)}.$$

这说明分数 k/d 是对 $e/\phi(n)$ 的一个很好的逼近．我们也得出 k/d 是既约的，因为 $ed-k\phi(n)=1$，由定理 3.3 得出 $(d, k)=1$．

再注意到 $q<\sqrt{n}$，这是因为定理中假定 $q<p$ 并且 $n=pq$．由 $q<p$ 得

$$p+q-1 \leqslant 2q+q-1 = 3q-1 < 3\sqrt{n}.$$

由 $\phi(n)=n-p-q+1$，我们有 $n-\phi(n)=n-(n-p-q+1)=p+q-1<3\sqrt{n}$．

可以用最后一个不等式来证明 k/d 是对 e/n 的一个非常好的逼近．我们看到

$$\begin{aligned}\left|\frac{e}{n} - \frac{k}{d}\right| &= \left|\frac{de-kn}{nd}\right| \\ &= \left|\frac{(de-k\phi(n))-(kn+k\phi(n))}{nd}\right| \\ &= \left|\frac{1-k(n-\phi(n))}{nd}\right| \leqslant \frac{3k\sqrt{n}}{nd} = \frac{3k}{d\sqrt{n}}.\end{aligned}$$

因为 $e<\phi(n)$，故 $ke<k\phi(n)=de-1<de$．这意味着 $k<d$．现在应用 $d<n^{1/4}/3$ 的假定，于是有 $k<n^{1/4}/3$．

这样就有

$$\left|\frac{e}{n}-\frac{k}{d}\right|\leqslant\frac{3k\sqrt{n}}{nd}\leqslant\frac{3(n^{1/4}/3)\sqrt{n}}{nd}=\frac{1}{dn^{1/4}}<\frac{1}{2d^2}.$$

我们现在使用习题 21．由该定理可知 k/d 是 e/n 的连分数展开式的一个收敛子．同时注意到 e 和 n 是公开的信息．因此，为找到 k/d，仅需要检查 e/n 的收敛子．由于 k/d 是一个既约分数，所以为了检测每一个收敛子是否等于 k/d，我们假设它的分子等于 k，分母等于 d．接下来用它的值计算 $\phi(n)$，这是因为 $\phi(n)=(de-1)/k$．我们使用这个所谓的 $\phi(n)$的值和 n 的值分解 n(如何分解请参见 9.4 节)．因为计算出一个分母为 n 的有理数所有的收敛子需要 $O((\log n)^3)$次的位运算，所以找到 d 需要 $O((\log n)^3)$次的位运算． ■

注意，当解密指数 d 很小时，RSA 解密会容易些．然而，维纳的低加密指数攻击表明这会使信息变得易受攻击．因此，应注意确保对应于所选择的公钥对(e, n)的解密密钥 d 不应满足不等式 $d<n^{1/4}/3$．维纳在[Wi90]中提供了几种方法来确保该不等式不成立．

注 维纳低加密指数攻击是以密码学家迈克尔・J. 维纳(Michael J. Wiener)的名字命名的．维纳对系统保护软件以及密码系统的各种破解攻击有过许多贡献．他曾在卡尔顿大学以及爱迪德(Irdeto)和恩托(Entrust)科技公司工作过．

13.3 节习题

1. 求出下列各个实数的简单连分数．

   a) $\sqrt{2}$ b) $\sqrt{3}$ c) $\sqrt{5}$ d) $(1+\sqrt{5})/2$

2. 求出下列各个实数的简单连分数的前五个部分商．

   a) $\sqrt[3]{2}$ b) 2π c) $(e-1)/(e+1)$ d) $(e^2-1)/(e^2+1)$

3. 求出对于 π 的分母不大于 100 000 的最佳有理逼近．

4. e 的无限简单连分数展开(见例 13.12)为

$$e=[2;1,2,1,1,4,1,1,6,1,1,\cdots].$$

   a) 求出 e 的连分数的前 8 个收敛子．

   b) 求对于 e 的分母不大于 536 的最佳有理逼近．

☞ 5. 设 α 为一无理数，且 $\alpha>1$．证明：$1/\alpha$ 的简单连分数的第 k 个收敛子为 α 的简单连分数的第 $k-1$ 个收敛子的倒数．

* 6. 设 α 为一无理数，p_j/q_j 表示 α 的简单连分数展开式的第 j 个收敛子．证明：三个相邻的收敛子中至少有一个满足不等式

$$|\alpha-p_j/q_j|<1/(\sqrt{5}q_j^2).$$

   进而推出存在无穷个有理数 p/q，其中 p 和 q 是整数，并且 $q\neq0$，使得

$$|\alpha-p/q|<1/(\sqrt{5}q^2).$$

* 7. 令 α 是一个具有简单连分数展开式 $\alpha=[a_0;a_1,a_2,\cdots]$的无理数．证明：若 $a_1>1$，则$-\alpha=[-a_0-1;1,a_1-1,a_2,a_3,\cdots]$；若 $a_1=1$，则$-\alpha=[-a_0-1;a_2+1,a_3,\cdots]$．

* 8. 证明：如果 p_k/q_k 和 p_{k+1}/q_{k+1} 是无理数 α 的简单连分数的相邻的收敛子，那么

$$|\alpha-p_k/q_k|<1/(2q_k^2)$$

或者

$$|\alpha - p_{k+1}/q_{k+1}| < 1/(2q_{k+1}^2).$$

（提示：首先证明 $|\alpha-p_k/q_k|+|\alpha-p_{k+1}/q_{k+1}|=|p_{k+1}/q_{k+1}-p_k/q_k|=1/(q_kq_{k+1})$.）

* 9. 证明：如果 $\alpha=(1+\sqrt{5})/2$，并且 $c>\sqrt{5}$，那么仅存在有限个有理数 p/q，其中 p 和 q 是整数，并且 $q\neq 0$，使得

$$|\alpha - p/q| < 1/(cq^2).$$

（提示：考虑$\sqrt{5}$的简单连分数的收敛子.）

设 α 和 β 为两个实数，我们称 β 等价于 α 是指存在整数 a，b，c 和 d，使得 $ad-bc=\pm 1$ 并且 $\beta=\dfrac{a\alpha+b}{c\alpha+d}$.

10. 证明一个实数 α 和其自身等价.
11. 证明：如果 α 和 β 为实数，并且 β 等价于 α，那么 α 等价于 β. 因此，我们可以说 α 和 β 是等价的.
12. 证明：如果 α，β 和 γ 为实数，并且 α 和 β 等价，β 和 γ 等价，那么 α 和 γ 等价.
13. 证明：任意两个有理数是等价的.

* 14. 证明：两个无理数 α 和 β 是等价的，当且仅当它们的简单连分数的尾部是一致的，即如果 $\alpha=[a_0; a_1, a_2, \cdots, a_j, c_1, c_2, c_3, \cdots]$和 $\beta=[b_0; b_1, b_2, \cdots, b_k, c_1, c_2, c_3, \cdots]$，其中 $a_i(i=0, 1, 2, \cdots, j)$，$b_i(i=0, 1, 2, \cdots, k)$和 $c_i(i=0, 1, 2, 3, \cdots)$是整数，且除 a_0 和 b_0 外，都是正数.

令 α 为一无理数，α 的简单连分数展开式为 $\alpha=[a_0; a_1, a_2, \cdots]$. 和前面一样，令 p_k/q_k 表示连分数的第 k 个收敛子. 我们定义连分数的**伪收敛子**为

$$p_{k,t}/q_{k,t} = (tp_{k-1}+p_{k-2})/(tq_{k-1}+q_{k-2}),$$

其中，k 为一个正整数，$k\geqslant 2$，t 为一个正数，并且 $0<t<a_k$.

15. 证明：每一个伪收敛子都是既约分数.

* 16. 证明：有理数序列 $p_{k,2}/q_{k,2}$，…，$p_{k,a_{k-1}}/q_{k,a_{k-1}}$，$p_{k,a_k}/q_{k,a_k}$ 在 k 为偶数时是单调递增的，在 k 为奇数时是单调递减的.

* 17. 证明：如果 r 和 s 为整数，满足 $s>0$ 并且

$$|\alpha - r/s| \leqslant |\alpha - p_{k,t}/q_{k,t}|,$$

其中，k 为一个正整数并且 $0<t<a_k$，那么 $s>q_{k,t}$ 或者 $r/s=p_{k-1}/q_{k-1}$. 这说明对一个实数的最近有理逼近(closest rational approximation)是其简单连分数的收敛子和伪收敛子.

18. 当 $k=2$ 时，求出 π 的简单连分数的伪收敛子.
19. 找一个有理数 r/s，使得它比 22/7 更接近 π，并且其分母 s 小于 106.（提示：利用习题 17.）
20. 找一个有理数 r/s，使得它为分母小于 100 的数中最接近 e 的.
21. 证明定理 13.19 对于有理数也是正确的. 即证明：如果 a，b，c 和 d 为整数，b 和 d 非零，$(a, b)=(c, d)=1$，并且

$$\left|\frac{a}{b}-\frac{c}{d}\right| < \frac{1}{2d^2},$$

那么 c/d 是 a/b 的连分数展开式的收敛子.

22. 证明：计算一个分母为 n 的有理数的全部收敛子可以通过 $O((\log n)^3)$次位运算完成.
23. 使用维纳的低加密指数攻击来对模 n 进行因子分解，并找到具有加密指数 $e=42\,667$ 和模 $n=64\,741$ 的公钥(e, n)的解密密钥.
24. 使用维纳的低加密指数攻击来对模 n 进行因子分解，并找到具有加密指数 $e=17\,993$ 和模 $n=90\,581$ 的公钥(e, n)的解密密钥.

计算和研究

1. 计算$\sqrt{2}$和$\sqrt[3]{2}$的前 100 个部分商，根据这些结果，看看你是否可以找到这些简单连分数的部分商的规则.
2. 计算 e 和 e^2 的简单连分数的前 100 个部分商. 根据这些结果，看看你是否可以找到这些简单连分数的部分商的规则.
3. 计算 π 和 π^2 的简单连分数的前 1 000 个部分商. 两者的最大部分商分别是多少？整数 1 在这些部分商中出现过多少次？根据这些结果，看看你是否可以找到这些简单连分数的部分商的规则.
4. 使用维纳的低加密指数攻击，首先检查该攻击的条件是否满足，对模 n 进行因子分解，并找出下面公钥(e, n)的解密密钥 d.

   a) $e=35\,958\,979$，$n=37\,969\,069$.
   b) $e=37\,474\,211$，$n=51\,541\,817$.
   c) $e=21\,248\,061$，$n=55\,791\,517$.
   d) $e=60\,728\,973$，$n=160\,523\,347$.

程序设计

1. 给定一个实数 x，求出 x 的简单连分数.
2. 给定一个无理数 x 和一个正整数 n，求 x 的分母不超过 n 的最佳有理逼近.

13.4 循环连分数

本节我们将研究循环的无限连分数. 可以证明无限连分数是循环的当且仅当它所表示的实数是二次无理数. 下面我们从定义开始.

定义(循环连分数) 我们称无限连分数$[a_0; a_1, a_2, \cdots]$为**循环的**，如果存在正整数 N 和 k，使得对于所有的正整数 n，$n \geqslant N$，有 $a_n = a_{n+k}$. 用记号

$$[a_0; a_1, a_2, \cdots, a_{N-1}, \overline{a_N, a_{N+1}, a_{N+k-1}}]$$

来表示循环无限简单连分数

$$[a_0; a_1, a_2, \cdots, a_{N-1}, a_N, a_{N+1}, \cdots, a_{N+k-1}, a_N, a_{N+1}, \cdots].$$

例如，$[1; 2, \overline{3, 4}]$表示无限简单连分数$[1; 2, 3, 4, 3, 4, 3, 4, \cdots]$. (用本节后面的结论不难证明$[1; 2, \overline{3, 4}] = \dfrac{4+\sqrt{3}}{4}$.)

在 13.1 节中，我们证明了一个数的 b 进制展开式是循环的当且仅当这个数是有理数. 为了刻画具有循环的无限简单连分数的无理数，我们需要下面的定义.

定义(二次无理数) 实数 α 被称为**二次无理数**是指 α 是一个无理数，并且它是一个整系数二次多项式的根，即

$$A\alpha^2 + B\alpha + C = 0,$$

其中 A，B，C 为整数，并且 $A \neq 0$.

例 13.13 令 $\alpha = 2+\sqrt{3}$. 为证明 α 为二次无理数，首先确认其为无理数(请读者自行验证). 为验证 α 为某一整系数二次多项式的根，注意到 $\alpha - 2 = \sqrt{3}$，两边取平方有 $\alpha^2 - 4\alpha + 4 = 3$，进一步两边减去 3 可得 $\alpha^2 - 4\alpha + 1 = 0$. 由此知 α 为二次无理数. ◀

我们将要证明一个无理数的无限简单连分数是循环的当且仅当这个数是二次无理数. 在证明之前，我们首先推导一些关于二次无理数的有用的结论.

引理 13.1 实数 α 是二次无理数当且仅当存在整数 a，b 和 c，并且 $b>0$，$c\neq0$，使得 b 不是一个完全平方数，同时

$$\alpha=(a+\sqrt{b})/c.$$

证明 如果 α 是一个二次无理数，那么 α 是无理数，并且存在整数 A，B，C，使得 $A\alpha^2+B\alpha+C=0$. 由二次求根公式，我们知道

$$\alpha=\frac{-B\pm\sqrt{B^2-4AC}}{2A}.$$

因为 α 是实数，所以 $B^2-4AC>0$，又由于 α 是无理数，所以 B^2-4AC 不是完全平方数且 $A\neq0$. 通过令 $a=-B$，$b=B^2-4AC$，$c=2A$ 或者令 $a=B$，$b=B^2-4AC$，$c=-2A$，我们就得到了所期望的 α 的表示形式.

相反地，如果

$$\alpha=(a+\sqrt{b})/c,$$

其中 a，b 和 c 为整数，$b>0$，$c\neq0$，并且 b 不是一个完全平方数. 那么由 1.1 节的习题 3 和定理 4.9，容易看出 α 是无理数. 进一步，我们注意到

$$c^2\alpha^2-2ac\alpha+(a^2-b)=0,$$

因此 α 是一个二次无理数. ∎

下面的引理将在证明循环简单连分数表示二次无理数时用到.

引理 13.2 如果 α 是二次无理数并且 r，s，t 和 u 是整数，那么 $(r\alpha+s)/(t\alpha+u)$ 或者是有理数，或者是二次无理数.

证明 由引理 13.1，存在整数 a，b 和 c，其中 $b>0$，$c\neq0$，并且 b 不是一个完全平方数，使得

$$\alpha=(a+\sqrt{b})/c.$$

因此

$$\begin{aligned}\frac{r\alpha+s}{t\alpha+u}&=\left[\frac{r(a+\sqrt{b})}{c}+s\right]\Big/\left[\frac{t(a+\sqrt{b})}{c}+u\right]\\&=\frac{(ar+cs)+r\sqrt{b}}{(at+cu)+t\sqrt{b}}\\&=\frac{[(ar+cs)+r\sqrt{b}][(at+cu)-t\sqrt{b}]}{[(at+cu)+t\sqrt{b}][(at+cu)-t\sqrt{b}]}\\&=\frac{[(ar+cs)(at+cu)-rtb]+[r(at+cu)-t(ar+cs)]\sqrt{b}}{(at+cu)^2-t^2b}.\end{aligned}$$

由引理 13.1，$(r\alpha+s)/(t\alpha+u)$ 是二次无理数，除非 $\sqrt{b}$ 的系数是 0，那样的话，它就是有理数. ∎

在下面关于二次无理数的简单连分数的讨论中，我们将要用到二次无理数共轭的概念.

定义 令 $\alpha=(a+\sqrt{b})/c$ 为一个二次无理数. 那么 α 的**共轭**（记为 α'）定义为 $\alpha'=(a-\sqrt{b})/c$.

引理 13.3 如果二次无理数 α 是多项式 $Ax^2+Bx+C=0$ 的一个根，那么这个多项式的另一个根就是 α'，即为 α 的共轭.

证明 由二次求根公式，$Ax^2+Bx+C=0$ 的两个根是

$$\frac{-B\pm\sqrt{B^2-4AC}}{2A}.$$

如果 α 是其中的一个根，那么 α' 就是另一个根，因为只要将 α 中的 $\sqrt{B^2-4AC}$ 取反号就可得到 α'. ■

下面的引理告诉我们如何求出一个含二次无理数的算术表达式的共轭.

引理 13.4 如果 $\alpha_1=(a_1+b_1\sqrt{d})/c_1$ 和 $\alpha_2=(a_2+b_2\sqrt{d})/c_2$ 是有理数或者二次无理数，那么

(i) $(\alpha_1+\alpha_2)'=\alpha_1'+\alpha_2'$

(ii) $(\alpha_1-\alpha_2)'=\alpha_1'-\alpha_2'$

(iii) $(\alpha_1\alpha_2)'=\alpha_1'\alpha_2'$

(iv) $(\alpha_1/\alpha_2)'=\alpha_1'/\alpha_2'$

下面给出(iv)的证明；其他部分的证明比较简单，在本节的最后作为习题留给读者.

(iv) 的证明 注意到

$$\begin{aligned}\alpha_1/\alpha_2&=\frac{(a_1+b_1\sqrt{d})/c_1}{(a_2+b_2\sqrt{d})/c_2}\\&=\frac{c_2(a_1+b_1\sqrt{d})(a_2-b_2\sqrt{d})}{c_1(a_2+b_2\sqrt{d})(a_2-b_2\sqrt{d})}\\&=\frac{(c_2a_1a_2-c_2b_1b_2d)+(c_2a_2b_1-c_2a_1b_2)\sqrt{d}}{c_1(a_2^2-b_2^2d)},\end{aligned}$$

而

$$\begin{aligned}\alpha'_1/\alpha'_2&=\frac{(a_1-b_1\sqrt{d})/c_1}{(a_2-b_2\sqrt{d})/c_2}\\&=\frac{c_2(a_1-b_1\sqrt{d})(a_2+b_2\sqrt{d})}{c_1(a_2-b_2\sqrt{d})(a_2+b_2\sqrt{d})}\\&=\frac{(c_2a_1a_2-c_2b_1b_2d)-(c_2a_2b_1-c_2b_1b_2)\sqrt{d}}{c_1(a_2^2-b_2^2d)}.\end{aligned}$$

所以，$(\alpha_1/\alpha_2)'=\alpha_1'/\alpha_2'$. ■

关于循环简单连分数的基本结果称为拉格朗日定理(虽然定理的一部分是由欧拉证明的). (注意这个定理与第 10 章讨论的多项式同余的拉格朗日定理是不同的. 本章中，我们所指的不是那个结论.)欧拉于 1737 年证明了一个循环无限简单连分数表示一个二次无理数. 拉格朗日于 1770 年证明了一个二次无理数有一个循环连分数表示.

定理 13.21(拉格朗日定理) 一个无理数的无限简单连分数是循环的当且仅当这个数是二次无理数.

我们首先证明循环连分数表示一个二次无理数. 在给出求一个二次无理数的连分数的特定算法之后，其逆命题，即二次无理数的简单连分数是循环的，也将予以证明.

证明 设 α 的简单连分数是循环的，即

$$\alpha=[a_0;a_1,a_2,\cdots,a_{N-1},\overline{a_N,a_{N+1},\cdots,a_{N+k}}].$$

现在，令

$$\beta=[\overline{a_N;a_{N+1},\cdots,a_{N+k}}].$$

那么

$$\beta=[a_N;a_{N+1},\cdots,a_{N+k},\beta],$$

由定理 13.9 可得，

$$\beta=\frac{\beta p_k+p_{k-1}}{\beta q_k+q_{k-1}},\tag{13.13}$$

其中，p_k/q_k 和 p_{k-1}/q_{k-1} 是$[a_N;a_{N+1},\cdots,a_{N+k}]$的收敛子. 由于 β 的简单连分数是无限的，β 为无理数，由式(13.13)，我们有

$$q_k\beta^2+(q_{k-1}-p_k)\beta-p_{k-1}=0,$$

因此，β 是一个二次无理数. 现在，注意到

$$\alpha=[a_0;a_1,a_2,\cdots,a_{N-1},\beta],$$

于是，由定理 13.9，我们有

$$\alpha=\frac{\beta p_{N-1}+p_{N-2}}{\beta q_{N-1}+q_{N-2}},$$

其中，p_{N-1}/q_{N-1} 和 p_{N-2}/q_{N-2} 是$[a_0;a_1,a_2,\cdots,a_{N-1}]$的收敛子. 由于 β 是一个二次无理数，故引理 13.2 表明 α 也是一个二次无理数(α 是无理数，因为它有一个无限简单连分数展开式). 该定理“仅当”部分的证明在随后的一些准备工作之后会给出. ■

下面的例子说明如何使用定理 13.21 的证明通过一个循环简单连分数求出它所表示的二次无理数.

例 13.14 令 $x=[3;\overline{1,2}]$. 由定理 13.21 可知 x 是一个二次无理数. 为了求出 x 的值，令 $x=[3;y]$，其中 $y=[\overline{1;2}]$，如定理 13.21 中所证明的那样. 我们有 $y=[1;2,y]$，于是

$$y=1+\cfrac{1}{2+\cfrac{1}{y}}=\frac{3y+1}{2y+1}.$$

进而有 $2y^2-2y-1=0$. 由于 y 是正的，故由二次求根公式得，$y=\frac{1+\sqrt{3}}{2}$. 因为 $x=3+\frac{1}{y}$，所以有

$$x=3+\frac{2}{1+\sqrt{3}}=3+\frac{2-\sqrt{3}}{-2}=\frac{4+\sqrt{3}}{2}.$$ ◄

为了构造出一种求二次无理数对应的简单连分数的算法，我们需要下面的引理.

引理 13.5 如果 α 是一个二次无理数，那么 α 就可以写为

$$\alpha = (P + \sqrt{d})/Q,$$

其中 P，Q 和 d 为整数，$Q \neq 0$，$d > 0$，d 不是一个完全平方数，并且 $Q \mid (d - P^2)$.

证明 因为 α 是一个二次无理数，故引理 13.1 表明

$$\alpha = (a + \sqrt{b})/c,$$

其中 a，b 和 c 是整数，$b > 0$ 并且 $c \neq 0$. 将 α 的表达式中的分子分母同乘以 $|c|$，得到

$$\alpha = \frac{a|c| + \sqrt{bc^2}}{c|c|}$$

(其中用到了 $|c| = \sqrt{c^2}$). 现在，令 $P = a|c|$，$Q = c|c|$ 及 $d = bc^2$. 那么 P，Q 和 d 是整数，$Q \neq 0$，因为 $c \neq 0$，$d > 0$(因 $b > 0$)，且 d 不是一个完全平方数，因为 b 不是一个完全平方数. 最后，因为 $d - P^2 = bc^2 - a^2c^2 = c^2(b - a^2) = \pm Q(b - a^2)$，故有 $Q \mid (d - P^2)$. ■

我们现在给出一个求二次无理数对应的简单连分数的算法.

定理 13.22 令 α 为一个二次无理数，由引理 13.5，存在整数 P_0，Q_0 和 d 使得

$$\alpha = (P_0 + \sqrt{d})/Q_0,$$

其中 $Q_0 \neq 0$，$d > 0$，d 不是一个完全平方数，并且 $Q_0 \mid (d - P_0^2)$. 对 $k = 0, 1, 2, \cdots$，递归定义

$$\begin{aligned} \alpha_k &= (P_k + \sqrt{d})/Q_k, \\ a_k &= [\alpha_k], \\ P_{k+1} &= a_k Q_k - P_k, \\ Q_{k+1} &= (d - P_{k+1}^2)/Q_k. \end{aligned}$$

那么，$\alpha = [a_0; a_1, a_2, \cdots]$.

证明 通过数学归纳法，我们将证明 P_k，Q_k 为整数，并且 $Q_k \neq 0$，$Q_k \mid (d - P_k^2)$，$k = 0, 1, 2, \cdots$. 首先，由定理中的假设，该论断对于 $k = 0$ 是正确的. 接下来，假设 P_k 和 Q_k 为整数，并且 $Q_k \neq 0$，$Q_k \mid (d - P_k^2)$. 那么，

$$P_{k+1} = a_k Q_k - P_k$$

也是一个整数. 进一步，

$$\begin{aligned} Q_{k+1} &= (d - P_{k+1}^2)/Q_k \\ &= [d - (a_k Q_k - P_k)^2]/Q_k \\ &= (d - P_k^2)/Q_k + (2a_k P_k - a_k^2 Q_k). \end{aligned}$$

因为由归纳法的假设 $Q_k \mid (d - P_k^2)$，故 Q_{k+1} 是一个整数；又由于 d 不是一个完全平方数，故 $d \neq P_k^2$，于是 $Q_{k+1} = (d - P_{k+1}^2)/Q_k \neq 0$. 因为

$$Q_k = (d - P_{k+1}^2)/Q_{k+1},$$

所以 $Q_{k+1} \mid (d - P_{k+1}^2)$. 这样就完成了归纳法的证明.

为了证明整数 a_0，a_1，a_2，$\cdots$是简单连分数 α 的部分商，我们利用定理 13.15. 如果能够证明对 $k = 0, 1, 2, \cdots$有

$$\alpha_{k+1} = 1/(\alpha_k - a_k),$$

那么就有 $\alpha = [a_0; a_1, a_2, \cdots]$. 注意到

$$
\begin{aligned}
\alpha_k - a_k &= \frac{P_k + \sqrt{d}}{Q_k} - a_k \\
&= [\sqrt{d} - (a_k Q_k - P_k)]/Q_k \\
&= (\sqrt{d} - P_{k+1})/Q_k \\
&= (\sqrt{d} - P_{k+1})(\sqrt{d} + P_{k+1})/Q_k(\sqrt{d} + P_{k+1}) \\
&= (d - P_{k+1}^2)/(Q_k(\sqrt{d} + P_{k+1})) \\
&= Q_k Q_{k+1}/(Q_k(\sqrt{d} + P_{k+1})) \\
&= Q_{k+1}/(\sqrt{d} + P_{k+1}) \\
&= 1/\alpha_{k+1},
\end{aligned}
$$

其中，我们使用了 Q_{k+1} 的定义，从而用 $Q_k Q_{k+1}$ 代替了 $d-P_{k+1}^2$. 因此，可以推出 $\alpha=[a_0; a_1, a_2, \cdots]$. ■

我们将在下面的例子中说明如何应用定理 13.22 中给出的算法.

例 13.15 令 $\alpha=(3+\sqrt{7})/2$. 由引理 13.5，将 α 写为

$$\alpha=(6+\sqrt{28})/4,$$

其中令 $P_0=6$，$Q_0=4$，$d=28$. 因此，$a_0=[\alpha]=2$，并且

$$
\begin{aligned}
&P_1 = 2\cdot 4 - 6 = 2, && \alpha_1 = (2+\sqrt{28})/6, \\
&Q_1 = (28-2^2)/4 = 6, && a_1 = [(2+\sqrt{28})/6] = 1, \\
&P_2 = 1\cdot 6 - 2 = 4, && \alpha_2 = (4+\sqrt{28})/2, \\
&Q_2 = (28-4^2)/6 = 2, && a_2 = [(4+\sqrt{28})/2] = 4, \\
&P_3 = 4\cdot 2 - 4 = 4, && \alpha_3 = (4+\sqrt{28})/6, \\
&Q_3 = (28-4^2)/2 = 6, && a_3 = [(4+\sqrt{28})/6] = 1, \\
&P_4 = 1\cdot 6 - 4 = 2, && \alpha_4 = (2+\sqrt{28})/4, \\
&Q_4 = (28-2^2)/6 = 4, && a_4 = [(2+\sqrt{28})/4] = 1, \\
&P_5 = 1\cdot 4 - 2 = 2, && \alpha_5 = (2+\sqrt{28})/6, \\
&Q_5 = (28-2^2)/4 = 6, && a_5 = [(2+\sqrt{28})/6] = 1,
\end{aligned}
$$

等等，出现重复，这是因为 $P_1=P_5$ 以及 $Q_1=Q_5$. 因此，我们得到

$$
\begin{aligned}
(3+\sqrt{7})/2 &= [2; 1, 4, 1, 1, 1, 4, 1, 1, \cdots] \\
&= [2; \overline{1, 4, 1, 1}].
\end{aligned}
$$

◀

下面，我们将通过证明二次无理数的简单连分数是循环的来完成拉格朗日定理的证明.

定理 13.21 的证明(续) 令 α 为一个二次无理数，由引理 13.5，可以将 α 写为

$$\alpha=(P_0+\sqrt{d})/Q_0.$$

进一步，由定理 13.22，我们有 $\alpha=[a_0; a_1, a_2, \cdots]$，其中，对 $k=0, 1, 2, \cdots$，

$$\alpha_k=(P_k+\sqrt{d})/Q_k,$$

$$a_k = [\alpha_k],$$
$$P_{k+1} = a_k Q_k - P_k,$$
$$Q_{k+1} = (d - P_{k+1}^2)/Q_k.$$

由于 $\alpha=[a_0; a_1, a_2, \cdots, \alpha_k]$，故定理 13.11 表明

$$\alpha = (p_{k-1}\alpha_k + p_{k-2})/(q_{k-1}\alpha_k + q_{k-2}).$$

上式两边取共轭，并利用引理 13.4，可以得到

$$\alpha' = (p_{k-1}\alpha'_k + p_{k-2})/(q_{k-1}\alpha'_k + q_{k-2}). \tag{13.14}$$

当用式(13.14)求解 α'_k 时，我们发现

$$\alpha'_k = \frac{-q_{k-2}}{q_{k-1}}\left(\frac{\alpha' - \dfrac{p_{k-2}}{q_{k-2}}}{\alpha' - \dfrac{p_{k-1}}{q_{k-1}}}\right).$$

注意到当 k 趋于无穷时，收敛子 p_{k-2}/q_{k-2} 和 p_{k-1}/q_{k-1} 趋于 α，于是

$$\left(\alpha' - \frac{p_{k-2}}{q_{k-2}}\right)\Big/\left(\alpha' - \frac{p_{k-1}}{q_{k-1}}\right)$$

趋于 1. 因此，存在一个整数 N 使得对 $k \geqslant N$，有 $\alpha'_k < 0$. 因为对于 $k > 1$，有 $\alpha_k > 0$，故

$$\alpha_k - \alpha'_k = \frac{P_k + \sqrt{d}}{Q_k} - \frac{P_k - \sqrt{d}}{Q_k} = \frac{2\sqrt{d}}{Q_k} > 0,$$

于是对于 $k \geqslant N$，$Q_k > 0$.

因为 $Q_k Q_{k+1} = d - P_{k+1}^2$，所以对于 $k \geqslant N$，

$$Q_k \leqslant Q_k Q_{k+1} = d - P_{k+1}^2 \leqslant d.$$

同样对于 $k \geqslant N$，我们有

$$P_{k+1}^2 \leqslant d = P_{k+1}^2 - Q_k Q_{k+1},$$

于是

$$-\sqrt{d} < P_{k+1} < \sqrt{d}.$$

由不等式 $0 \leqslant Q_k \leqslant d$ 和 $-\sqrt{d} < P_{k+1} < \sqrt{d}$，其中 $k \geqslant N$，我们看到当 $k > N$ 时整数 P_k 和 Q_k 可能的值仅存在有限对. 而对于 $k \geqslant N$，有无限个整数 k，所以存在两个整数 i 和 j，使得 $P_i = P_j$，$Q_i = Q_j$，其中 $i < j$. 因此，由 α_k 的定义可知 $\alpha_i = \alpha_j$. 进而，$a_i = a_j$，$a_{i+1} = a_{j+1}$，$a_{i+2} = a_{j+2}$，…，所以，

$$\begin{aligned}\alpha &= [a_0; a_1, a_2, \cdots, a_{i-1}, a_i, a_{i+1}, \cdots, a_{j-1}, a_i, a_{i+1}, \cdots, a_{j-1}, \cdots] \\ &= [a_0; a_1, a_2, \cdots, a_{i-1}, \overline{a_i, a_{i+1}, \cdots, a_{j-1}}].\end{aligned}$$

这就证明了 α 是一个循环简单连分数. ■

纯循环连分数 下面，我们研究循环简单连分数中被称为纯循环的一类，即没有预循环的那些数.

定义 连分数 $\alpha = [a_0; a_1, a_2, \cdots]$ 被称为**纯循环的**，如果存在一个整数 n，使得对于 $k = 0, 1, 2, \cdots$，有 $a_k = a_{n+k}$，即有

$$[a_0; a_1, a_2, \cdots] = [\overline{a_0; a_1, a_2, a_3, \cdots, a_{n-1}}].$$

例 13.16 连分数$[\overline{2;3}]=(1+\sqrt{3})/2$是纯循环的，而$[2;\overline{2,4}]=\sqrt{6}$不是纯循环的. ◀

下面的定义和定理描述了那些有纯循环简单连分数的二次无理数.

定义 一个二次无理数α被称为**既约的**，如果$\alpha>1$并且$-1<\alpha'<0$，其中α'是α的共轭.

例 13.17 二次无理数$1+\sqrt{5}$不是既约的. 因为$\sqrt{5}=2.223\,60\cdots$，所以$1+\sqrt{5}>1$，$1-\sqrt{5}<-1$. 二次无理数$2+\sqrt{7}$是既约的，因为$\sqrt{7}=2.645\,75\cdots$，$2+\sqrt{7}>0$，$-1<(2+\sqrt{7})=2-\sqrt{7}<0$. ◀

定理 13.23 二次无理数α的简单连分数是纯循环的当且仅当α是既约的. 进一步，如果α是既约的，并且$\alpha=[\overline{a_0;a_1,a_2,\cdots,a_n}]$，那么$-1/\alpha'$的连分数为$[\overline{a_n;a_{n-1},\cdots,a_0}]$.

证明 首先，假设α是既约的二次无理数. 回忆定理 13.15 中简单连分数α的部分商为

$$a_k=[\alpha_k],\quad \alpha_{k+1}=1/(\alpha_k-a_k),$$

$k=0,1,2,\cdots$，其中$\alpha_0=\alpha$. 我们注意到

$$1/\alpha_{k+1}=\alpha_k-a_k,$$

通过两边取共轭并应用引理 13.4，我们得到

$$1/\alpha'_{k+1}=\alpha'_k-a_k. \tag{13.15}$$

由数学归纳法可以证明，$-1<\alpha'_k<0$，$k=0,1,2,\cdots$. 首先，注意到由于$\alpha_0=\alpha$是既约的，所以$-1<\alpha'_0<0$. 现在，假设$-1<\alpha'_k<0$. 那么当$k=0,1,2,\cdots$时，因为$a_k\geqslant1$，(注意到因为$\alpha>1$所以$a_0\geqslant1$)，所以由式(13.15)可得

$$1/\alpha'_{k+1}<-1,$$

于是$-1<\alpha'_{k+1}<0$. 因此，对于$k=0,1,2,\cdots$有$-1<\alpha'_k<0$.

接着注意到由式(13.15)有

$$\alpha'_k=a_k+1/\alpha'_{k+1},$$

并且因为$-1<\alpha'_k<0$，所以

$$-1<a_k+1/\alpha'_{k+1}<0.$$

因此

$$-1-1/\alpha'_{k+1}<a_k<-1/\alpha'_{k+1},$$

从而

$$a_k=[-1/\alpha'_{k+1}].$$

由于α是一个二次无理数，故拉格朗日定理的证明表明，存在非负整数i和j，$i<j$，使得$\alpha_i=\alpha_j$，于是$-1/\alpha'_i=-1/\alpha'_j$. 由于$a_{i-1}=[-1/\alpha'_i]$，$a_{j-1}=[-1/\alpha'_j]$，故$a_{i-1}=a_{j-1}$. 进一步，因为$\alpha_{i-1}=a_{i-1}+1/\alpha_i$，$\alpha_{j-1}=a_{j-1}+1/\alpha_j$，所以还有$\alpha_{i-1}=\alpha_{j-1}$. 重复上述论证过程，我们看到$\alpha_{i-2}=\alpha_{j-2}$，$\alpha_{i-3}=\alpha_{j-3}$，$\cdots$，并且，最终有$\alpha_0=\alpha_{j-1}$. 因为

$$\begin{aligned}\alpha_0=\alpha&=[a_0;a_1,\cdots,a_{j-i-1},\alpha_{j-1}]\\&=[a_0;a_1,\cdots,a_{j-i-1},\alpha_0]\\&=[\overline{a_0;a_1,\cdots,a_{j-i-1}}],\end{aligned}$$

所以α的简单连分数是纯循环的.

为了证明逆命题，假设α是一个具有纯循环连分数$\alpha=[\overline{a_0;a_1,a_2,\cdots,a_k}]$的二次

无理数. 由于$\alpha=[a_0; a_1, a_2, \cdots, a_k, \alpha]$，故定理 13.9 表明

$$\alpha=\frac{\alpha p_k+p_{k-1}}{\alpha q_k+q_{k-1}}, \tag{13.16}$$

其中，p_{k-1}/q_{k-1} 和 p_k/q_k 分别是 α 的连分数展开式的第 $k-1$ 个和第 k 个收敛子. 由式(13.16)，我们看到

$$q_k\alpha^2+(q_{k-1}-p_k)\alpha-p_{k-1}=0. \tag{13.17}$$

现在，令 β 为一个二次无理数，使得 $\beta=[\overline{a_k; a_{k-1}, \cdots, a_1, a_0}]$，即这个连分数的循环节与 α 是相反的. 那么 $\beta=[a_k; a_{k-1}, \cdots, a_1, a_0, \beta]$，从而由定理 13.9，有

$$\beta=\frac{\beta p'_k+p'_{k-1}}{\beta q'_k+q'_{k-1}}, \tag{13.18}$$

其中，p'_{k-1}/q'_{k-1}和 p'_k/q'_k是 β 的连分数展开式的第 $k-1$ 个和第 k 个收敛子. 然而，由 13.2 节的习题 12，有

$$p_k/p_{k-1}=[a_k; a_{k-1}, \cdots, a_1, a_0]=p'_k/q'_k$$

和

$$q_k/q_{k-1}=[a_k; a_{k-1}, \cdots, a_2, a_1]=p'_{k-1}/q'_{k-1}.$$

因为 p'_{k-1}/q'_{k-1}和 p'_k/q'_k是收敛子，所以它们是既约分数. 同样，p_k/p_{k-1} 和 q_k/q_{k-1} 也是既约分数，因为定理 13.10 表明 $p_kq_{k-1}-p_{k-1}q_k=(-1)^{k-1}$. 从而

$$p'_k=p_k, \quad q'_k=p_{k-1}$$

并且

$$p'_{k-1}=q_k, \quad q'_{k-1}=q_{k-1}.$$

将这些值代入式(13.18)，得到

$$\beta=\frac{\beta p_k+q_k}{\beta p_{k-1}+q_{k-1}}.$$

进而，我们知道

$$p_{k-1}\beta^2+(q_{k-1}-p_k)\beta-q_k=0.$$

这意味着

$$q_k(-1/\beta)^2+(q_{k-1}-p_k)(-1/\beta)-p_{k-1}=0. \tag{13.19}$$

由式(13.17)和式(13.19)，我们看到二次方程

$$q_kx^2+(q_{k-1}-p_k)x-p_{k-1}=0$$

的两个根是 α 和$-1/\beta$，从而由此二次方程有 $\alpha'=-1/\beta$. 由 $\beta=[\overline{a_n; a_{n-1}, \cdots, a_1, a_0}]$，有 $\beta>1$，于是$-1<\alpha'=-1/\beta<0$. 因此，α 是一个既约二次无理数.

进一步，由于 $\beta=-1/\alpha'$，所以

$$-1/\alpha'=[\overline{a_n; a_{n-1}, \cdots, a_1, a_0}].$$

■

现在，我们来求$\sqrt{D}$的循环简单连分数的表达式，其中 D 为一正整数，并且不是完全平方数. 虽然$\sqrt{D}$不是既约的(这是因为它的共轭$-\sqrt{D}$不在-1 和 0 之间)，但是二次无理数$[\sqrt{D}]+\sqrt{D}$是既约的，因为它的共轭$[\sqrt{D}]-\sqrt{D}$在-1 和 0 之间. 从而由定理 13.23 可知$[\sqrt{D}]+\sqrt{D}$的连分数是纯循环的. 由于$[\sqrt{D}]+\sqrt{D}$的简单连分数开头的部分商为

$[[\sqrt{D}]+\sqrt{D}]=2[\sqrt{D}]=2a_0$，其中 $a_0=[\sqrt{D}]$，因此有

$$\begin{aligned}[\sqrt{D}]+\sqrt{D} &= [\overline{2a_0;\ a_1,\ a_2,\ \cdots,\ a_n}] \\ &= [2a_0;\ a_1,\ a_2,\ \cdots,\ a_n,\ 2a_0,\ a_1,\ \cdots,\ a_n].\end{aligned}$$

该等式两边减掉 $a_0=[\sqrt{D}]$得到

$$\begin{aligned}\sqrt{D} &= [a_0;\ a_1,\ a_2,\ \cdots,\ 2a_0,\ a_1,\ a_2,\ \cdots,\ 2a_0,\ \cdots] \\ &= [a_0;\ \overline{a_1,\ a_2,\ \cdots,\ a_n,\ 2a_0}].\end{aligned}$$

为了得到关于$\sqrt{D}$的连分数的部分商的更多信息，由定理 13.23，$-1/([\sqrt{D}]-\sqrt{D})$的简单连分数展开式可以通过将$[\sqrt{D}]+\sqrt{D}$的循环节反转得到，所以

$$1/([\sqrt{D}]-[\sqrt{D}])=[\overline{a_n;\ a_{n-1},\ \cdots,\ a_1,\ 2a_0}].$$

但

$$\sqrt{D}-[\sqrt{D}]=[0;\ \overline{a_1,\ a_2,\ \cdots,\ a_n,\ 2a_0}],$$

因此取倒数得

$$1/(\sqrt{D}-[\sqrt{D}])=[\overline{a_1;\ a_2,\ \cdots,\ a_n,\ 2a_0}].$$

所以当我们比较 $1/(\sqrt{D}-[\sqrt{D}])$的简单连分数的两种表达式的时候，得到

$$a_1=a_n,\quad a_2=a_{n-1},\quad \cdots,\quad a_n=a_1,$$

所以$\sqrt{D}$的连分数的循环部分从第一项至倒数第二项是对称的.

综上所述，$\sqrt{D}$的简单连分数具有下面的形式：

$$\sqrt{D}=[a_0;\ \overline{a_1,\ a_2,\ \cdots,\ a_2,\ a_1,\ 2a_0}].$$

我们用一些例子来说明这一点.

例 13.18

$$\begin{aligned}\sqrt{23} &= [4;\ \overline{1,\ 3,\ 1,\ 8}], \\ \sqrt{31} &= [5;\ \overline{1,\ 1,\ 3,\ 5,\ 3,\ 1,\ 1,\ 10}], \\ \sqrt{46} &= [6;\ \overline{1,\ 2,\ 1,\ 1,\ 2,\ 6,\ 2,\ 1,\ 1,\ 2,\ 1,\ 12}], \\ \sqrt{76} &= [8;\ \overline{1,\ 2,\ 1,\ 1,\ 5,\ 4,\ 5,\ 1,\ 1,\ 2,\ 1,\ 16}], \\ \sqrt{97} &= [9;\ \overline{1,\ 5,\ 1,\ 1,\ 1,\ 1,\ 1,\ 1,\ 5,\ 1,\ 18}],\end{aligned}$$

其中每一个连分数都有一个长度为 1 的预循环部分以及一个以第一个部分商的两倍为结尾的循环节，并且该循环节从第一项至倒数第二项是对称的. ◀

对于不是完全平方数并且小于 100 的正整数 d，$\sqrt{d}$的简单连分数的展开式可以在附录 E 的表 E.5 中查到.

13.4 节习题

1. 不使用附录 E，计算下列各数的简单连分数.（计算完毕与附录 E 对照检查.）

   a) $\sqrt{7}$　　b) $\sqrt{11}$　　c) $\sqrt{23}$　　d) $\sqrt{47}$　　e) $\sqrt{59}$　　f) $\sqrt{94}$

2. 求下列各数的简单连分数.

a) $\sqrt{101}$　b) $\sqrt{103}$　c) $\sqrt{107}$　d) $\sqrt{201}$　e) $\sqrt{203}$　f) $\sqrt{209}$

3. 求下列各数的简单连分数.

a) $1+\sqrt{2}$　b) $(2+\sqrt{5})/3$　c) $(5-\sqrt{7})/4$

4. 求下列各数的简单连分数.

a) $(1+\sqrt{3})/2$　b) $(14+\sqrt{37})/3$　c) $(13-\sqrt{2})/7$

5. 求下列各简单连分数展开式所对应的二次无理数.

a) $[2;1,\overline{5}]$　b) $[2;\overline{1,5}]$　c) $[\overline{2;1,5}]$

6. 求下列各简单连分数展开式所对应的二次无理数.

a) $[1;2,\overline{3}]$　b) $[1;\overline{2,3}]$　c) $[\overline{1;2,3}]$　d) $[1;2,\overline{3,4}]$

7. 求下列各简单连分数展开式所对应的二次无理数.

a) $[3;\overline{6}]$　b) $[4;\overline{8}]$　c) $[5;\overline{10}]$　d) $[6;\overline{12}]$

8. a) 设 d 为一个正整数. 证明 $\sqrt{d^2+1}$ 的简单连分数为 $[d;\overline{2d}]$.

b) 用 a)的结论，求出 $\sqrt{101}$，$\sqrt{290}$ 和 $\sqrt{2\,210}$ 的简单连分数.

9. 设 d 为一个整数，$d\geqslant 2$.

a) 证明 $\sqrt{d^2-1}$ 的简单连分数为 $[d-1;\overline{1,2d-2}]$.

b) 证明 $\sqrt{d^2-d}$ 的简单连分数为 $[d-1;\overline{2,2d-2}]$.

c) 用 a)和 b)的结论，求出 $\sqrt{99}$，$\sqrt{110}$，$\sqrt{272}$ 和 $\sqrt{600}$ 的简单连分数.

10. a) 证明：如果 d 为一个整数，$d\geqslant 3$，那么 $\sqrt{d^2-2}$ 的简单连分数为 $[d-1;\overline{1,d-2,1,2d-2}]$.

b) 证明：如果 d 为一个正整数，那么 $\sqrt{d^2+2}$ 的简单连分数为 $[d;\overline{d,2d}]$.

c) 求出 $\sqrt{47}$，$\sqrt{51}$ 和 $\sqrt{287}$ 的简单连分数表示.

11. 设 d 为一个正奇数.

a) 证明：如果 $d>1$，那么 $\sqrt{d^2+4}$ 的简单连分数为 $[d;\overline{(d-1)/2,1,1,(d-1)/2,2d}]$.

b) 证明：如果 $d>3$，那么 $\sqrt{d^2-4}$ 的简单连分数为 $[d-1;\overline{1,(d-3)/2,2,(d-3)/2,1,2d-2}]$.

12. 证明：$\sqrt{d}$ 的简单连分数的循环节长度为 1 当且仅当 $d=a^2+1$，其中 d 为正整数，a 为非负整数.

13. 证明：$\sqrt{d}$ 的简单连分数的循环节长度为 2 当且仅当 $d=a^2+b$，其中 d 为正整数，a，b 为整数，$b>1$，并且 $b\mid 2a$.

14. 证明：如果 $\alpha_1=(a_1+b_1\sqrt{d})/c_1$ 和 $\alpha_2=(a_2+b_2\sqrt{d})/c_2$ 是二次无理数，那么下列各式成立.（引理 13.4.）

a) $(\alpha_1+\alpha_2)'=\alpha_1'+\alpha_2'$　b) $(\alpha_1-\alpha_2)'=\alpha_1'-\alpha_2'$　c) $(\alpha_1\alpha_2)'=\alpha_1'\cdot\alpha_2'$

15. 下面哪些二次无理数有纯循环连分数？

a) $1+\sqrt{5}$　b) $2+\sqrt{8}$　c) $4+\sqrt{17}$

d) $(11-\sqrt{10})/9$　e) $(3+\sqrt{23})/2$　f) $(17+\sqrt{188})/3$

16. 设 $\alpha=(a+\sqrt{b})/c$，其中 a，b 和 c 为整数，$b>0$，并且 b 不是完全平方数. 证明：α 为一个既约二次无理数当且仅当 $0<a<\sqrt{b}$ 且 $\sqrt{b}-a<c<\sqrt{b}+a<2\sqrt{b}$.

17. 证明：如果 α 是一个既约二次无理数，那么 $-1/\alpha'$ 也是一个既约二次无理数.

* 18. 设 k 为一个正整数. 证明：不存在无穷多个正整数 D，使得 $\sqrt{D}$ 的简单连分数展开式的循环节长度为 k.（提示：令 $a_1=2$，$a_2=5$，并且对于 $k\geqslant 3$，令 $a_k=2a_{k-1}+a_{k-2}$. 证明：如果 $D=(ta_k+1)^2+2ta_{k-1}+1$，其中 t 为一非负整数，那么 $\sqrt{D}$ 的循环节长度为 $k+1$.）

*19. 设 k 为一个正整数. 令 $D_k=(3^k+1)^2+3$. 证明 $\sqrt{D_k}$ 的简单连分数的循环节长度为 $6k$.

计算和研究

1. 求出 $\sqrt{100\,007}$, $\sqrt{1\,000\,007}$ 和 $\sqrt{10\,000\,007}$ 的简单连分数.
2. 找到最小的正整数 D, 使得 $\sqrt{D}$ 的简单连分数的循环节的长度分别为 10, 100, 1 000 和 10 000.
3. 当正整数 D 分别小于 1 000, 10 000 和 100 000 时, 求出 $\sqrt{D}$ 的简单连分数的循环节长度的最大值. 你能做出一些猜想吗?
4. 对一定范围的正整数 D, 根据 $\sqrt{D}$ 的连分数展开, 对各种 $f(d)$ 猜测 $\sqrt{f(d)}$ 的连分数展开公式, 其中 $f(d)$ 为不同于书中已涵盖的整系数多项式、指数函数或者这些函数的组合.

程序设计

*1. 求一个循环简单连分数对应的二次无理数.
2. 求一个二次无理数所对应的循环简单连分数展开式.

13.5 用连分数进行因子分解

如果能找到正整数 x 和 y, 使得 $x^2-y^2=n$ 并且 $x-y\neq 1$, 我们就能够分解正整数 n. 这是 4.4 节中所讨论的费马因子分解方法的基础. 然而, 如果能够找到正整数 x 和 y, 使其满足较弱的条件

$$x^2\equiv y^2 \pmod n),\quad 0<y<x<n,\ 并且\ x+y\neq n, \tag{13.20}$$

就有可能分解 n 了. 其原因在于: 如果式(13.20)成立, 那么 n 整除 $x^2-y^2=(x+y)(x-y)$; 如果 n 既不整除 $x-y$, 也不整除 $x+y$, 那么 $(n, x-y)$ 和 $(n, x+y)$ 是 n 的因子, 并且它们都不等于 1 或 n. 我们可以用欧几里得算法快速地找到这些因子.

例 13.19 $29^2-17^2=841-289=552\equiv 0 \pmod{69}$. 由于 $29^2-17^2=(29-17)(29+17)\equiv 0 \pmod{69}$, 并且 $(29-17, 69)=(12, 69)$ 和 $(29+17, 69)=(46, 69)$ 都不等于 1 或 69, 而且都是 69 的因子. 利用欧几里得算法, 我们可以求出这些因子, 它们为 $(12, 69)=3$ 和 $(46, 69)=23$. ◀

$\sqrt{n}$ 的连分数展开式可以用于求解同余方程 $x^2\equiv y^2 \pmod n$. 下面的定理就是求解的基础.

定理 13.24 设 n 为一个正整数, 并且不是完全平方数. 定义 $\alpha_k=(P_k+\sqrt{n})/Q_k$, $a_k=[\alpha_k]$, $P_{k+1}=a_kQ_k-P_k$ 和 $Q_{k+1}=(n-P_{k+1}^2)/Q_k$, $k=0, 1, 2, \cdots$, 其中 $\alpha_0=\sqrt{n}$. 进一步, 令 p_k/q_k 表示 $\sqrt{n}$ 的简单连分数展开式的第 k 个收敛子. 那么,

$$p_k^2-nq_k^2=(-1)^{k-1}Q_{k+1}.$$

定理 13.24 的证明依赖于下面有用的引理.

引理 13.6 令 $r+s\sqrt{n}=t+u\sqrt{n}$, 其中 r, s, t, u 都是有理数, n 为正整数, 且不为完全平方数. 那么 $r=t$ 且 $s=u$.

证明 因为 $r+s\sqrt{n}=t+u\sqrt{n}$, 所以如果 $s\neq u$, 那么

$$\sqrt{n}=\frac{r-t}{u-s}.$$

因为 $(r-t)/(u-s)$ 是有理数, 而 $\sqrt{n}$ 是无理数, 所以 $s=u$, 进而 $r=t$. ■

现在，我们可以证明定理 13.24 了.

证明 因为$\sqrt{n}=\alpha_0=[a_0;a_1,a_2,\cdots,a_k,\alpha_{k+1}]$，所以由定理 13.9，

$$\sqrt{n}=\frac{\alpha_{k+1}p_k+p_{k-1}}{\alpha_{k+1}q_k+q_{k-1}}.$$

由$\alpha_{k+1}=(P_{k+1}+\sqrt{n})/Q_{k+1}$得，

$$\sqrt{n}=\frac{(P_{k+1}+\sqrt{n})p_k+Q_{k+1}P_{k-1}}{(P_{k+1}+\sqrt{n})q_k+Q_{k+1}q_{k-1}}.$$

因此，

$$nq_k+(P_{k+1}q_k+Q_{k+1}q_{k-1})\sqrt{n}=(P_{k+1}p_k+Q_{k+1}p_{k-1})+p_k\sqrt{n}.$$

由引理 13.6 得，$nq_k=P_{k+1}p_k+Q_{k+1}p_{k-1}$ 及 $P_{k+1}q_k+Q_{k+1}q_{k-1}=p_k$. 上两式分别乘以 q_k 和 p_k，再用第二式减去第一式，通过化简，并应用定理 13.10，我们得到

$$p_k^2-nq_k^2=(p_kq_{k-1}-p_{k-1}q_k)Q_{k+1}=(-1)^{k-1}Q_{k+1},$$

这样就完成了证明. ■

现在，我们概括地描述一下用于分解整数 n 的*连分数算法*，它是由 D. H. Lehmer 和 R. E. Powers 在 1931 年提出的，并于 1975 年由 J. Brillhart 和 M. A. Morrison 进一步发展(细节请参考[LePo31]和[MoBr75]). 假设序列 p_k，q_k，Q_k，a_k 和α_k 就是通常计算$\sqrt{n}$的连分数展开式中所定义的量. 由定理 13.24，对于每一个非负整数 k，有

$$p_k^2\equiv(-1)^{k-1}Q_{k+1}(\bmod n),$$

其中 p_k 和 Q_{k+1} 如定理中所定义的. 现在，假设 k 是奇数，并且 Q_{k+1} 是一个平方数，即 $Q_{k+1}=s^2$，其中 s 是一个正整数. 那么 $p_k^2\equiv s^2(\bmod n)$，这样就可以通过这个同余方程来分解 n 了. 简而言之，为了分解 n，只需要实现定理 13.15 中所描述的求$\sqrt{n}$的连分数展开式的算法. 我们在序列$\{Q_k\}$的下标为偶数的项中搜索值为平方数的项. 每一个这样的项都有可能得到 n 的一个非平凡因子(也有可能仅仅得到 $n=1\cdot n$). 我们将在下面两个例子中描述这个算法.

例 13.20 用连分数算法来分解 1 037. 令 $\alpha=\sqrt{1\,037}=(0+\sqrt{1\,037})/1$，其中 $P_0=1$，$Q_0=1$，由此生成 P_k，Q_k，α_k 和 a_k. 我们在序列$\{Q_k\}$的下标为偶数的项中搜索值为平方数的项. 可以看到 $Q_1=13$，$Q_2=49$. 由于 $49=7^2$ 是个平方数，并且 Q_2 的下标为偶数，所以考察同余方程 $p_1^2\equiv(-1)^2Q_2(\bmod 1\,037)$. 计算序列$\{p_k\}$的各项，可以求出 $p_1=129$. 这样就有同余式 $129^2\equiv49(\bmod 1\,037)$. 因此，$129^2-7^2=(129-7)(129+7)\equiv0(\bmod\ 1\,037)$. 于是就有了 1 037 的因子$(129-7,1\,037)=(122,1\,037)=61$ 和$(129+7,1\,037)=(136,1\,037)=17$. ◀

例 13.21 用连分数算法求出 1 000 009 的因子(仿照[Ri85]中的计算). 首先 $Q_1=9$，$Q_2=445$，$Q_3=873$ 和 $Q_4=81$. 因为 $81=9^2$ 是平方数，所以考察同余方程 $p_3^2\equiv(-1)^4\times Q_4(\bmod\ 1\,000\,009)$. 然而，$p_3=2\,000\,009\equiv-9(\bmod\ 1\,000\,009)$，因此 p_3+9 可以被 1 000 009 整除. 这样，我们就没有从这里得到 1 000 009 的任何因子.

我们继续计算，直到能在序列$\{Q_k\}$的下标为偶数的项中找到另一个平方数为止. 当 $k=18$ 时，$Q_{18}=16$. 可以计算出 $p_{17}=494\,881$. 由同余方程 $p_{17}^2\equiv(-1)^{18}Q_{18}(\bmod 1\,000\,009)$，我们

有 $494\,881^2 \equiv 4^2 \pmod{1\,000\,009}$. 这样就有了 1 000 009 的因子$(494\,881-4, 1\,000\,009)=(494\,877, 1\,000\,009)=293$ 和$(494\,881+4, 1\,000\,009)=(494\,885, 1\,000\,009)=3\,413$. ◀

基于连分数展开式的更强的方法在[Di84]、[Gu75]和[WaSm87]中有详细描述. 我们将在习题 6 中描述其中一种.

13.5 节习题

1. 用同余式 $19^2 \equiv 2^2 \pmod{119}$求出 119 的因子.
2. 用连分数算法分解 1 537.
3. 用连分数算法分解 3 053.
4. 若 n 为一正整数，p_1，p_2，…，p_m 为素数. 设存在整数 x_1，x_2，…，x_r 使得

$$\begin{aligned} x_1^2 &\equiv (-1)^{e_{01}} p_1^{e_{11}} \cdots p_m^{e_{m1}} \pmod n, \\ x_2^2 &\equiv (-1)^{e_{02}} p_1^{e_{12}} \cdots p_m^{e_{m2}} \pmod n, \\ &\vdots \\ x_r^2 &\equiv (-1)^{e_{0r}} p_1^{e_{1r}} \cdots p_m^{e_{mr}} \pmod n, \end{aligned}$$

其中

$$\begin{aligned} e_{01} + e_{02} + \cdots + e_{0r} &= 2e_0 \\ e_{11} + e_{12} + \cdots + e_{1r} &= 2e_1 \\ &\vdots \\ e_{m1} + e_{m2} + \cdots + e_{mr} &= 2e_m. \end{aligned}$$

证明：$x^2 \equiv y^2 \pmod n$，其中 $x=x_1x_2\cdots x_r$ 和 $y=(-1)^{e_0} p_1^{e_1} \cdots p_r^{e_r}$. 解释如何使用这些信息分解 n. 这里，素数 p_1，p_2，…，p_r 连同-1 被称为因子基.

5. 证明：通过令 $x_1=17$，$x_2=19$ 且以$\{3, 5\}$为因子基可以分解 143.
6. 设 n 为一正整数，p_1，p_2，…，p_r 为素数. 设 $Q_{k_i} = \prod_{j=1}^{r} p_j^{k_{ij}}$，$i=1, 2, \cdots, t$，其中整数 Q_j 的定义如同其在$\sqrt{n}$的连分数中的定义. 解释 $\sum_{i=1}^{t} k_i$ 和 $\sum_{i=1}^{t} k_{ij}$ $(j=1, 2, \cdots, r)$为偶数时，如何分解 n.
7. 证明：使用$\sqrt{12\,007\,001}$的连分数展开式，并以-1，2，31，71，97 为因子基，可以对 12 007 001 进行因子分解.（提示：使用 $Q_1=2^3\cdot 97$，$Q_{12}=2^4\cdot 71$，$Q_{28}=2^{11}$，$Q_{34}=31\cdot 97$ 及 $Q_{41}=31\cdot 71$，并证明 $p_0 p_{11} p_{27} p_{33} p_{40}=9\,815\,310$.）
8. 使用$\sqrt{197\,209}$的连分数展开式，并以 2，3，5 为因子基，分解 197 209.

计算和研究

1. 用连分数算法分解 13 290 059.（提示：使用计算软件计算$\sqrt{13\,290\,059}$的连分数中相应的 Q_k. 你可能需要计算超过 50 项.）
2. 使用连分数算法分解 $F_7=2^{2^7}+1$.

*3. 使用连分数算法找到 N_{11} 的素因子分解，其中 N_j 是下面所定义的序列的第 j 项：$N_1=2$，$N_{j+1}=p_1p_2\cdots p_j+1$，这里 p_j 为 N_j 的最大素因子.（例如：$N_2=3$，$N_3=7$，$N_4=43$，$N_5=1\,807$，等等.）

程序设计

*1. 使用连分数算法分解正整数.

**2. 使用因子基和连分数展开式分解正整数(参见习题 6).

第14章　非线性丢番图方程与椭圆曲线

如果对一个方程只求它的整数(或有理数)解，便称该方程为丢番图方程(diophantine equation). 我们已经研究了一类简单的丢番图方程，即线性丢番图方程(3.3节). 我们已学会如何求一个线性丢番图方程的全部整数解，但如何求解非线性丢番图方程呢?

有一个深刻的定理(超出了本书的范围)表明，没有适用于求解所有非线性丢番图方程的通用方法. 特别地，著名的希尔伯特1900年问题系列中的第十个问题是追寻整系数多元多项式是否存在整数解的一般算法. 该问题在1970年被俄罗斯数学家Yuri Matiyasevich解决，应用了其他数学家重要贡献，他证明了这种算法不存在.

然而，对于某些特定的非线性丢番图方程以及一些非线性丢番图方程的特定族，人们已经得到了一些结果. 本章将讲述几种类型的非线性丢番图方程. 首先，我们考虑丢番图方程 $x^2+y^2=z^2$，这是直角三角形的边长所满足的方程. 满足该方程的整数三元组(x，y，z)称作毕达哥拉斯三元组. 我们可以给出其精确的表达式，之后可以通过几何手段寻找单位圆上的有理点来证明该表达式.

在讨论了丢番图方程 $x^2+y^2=z^2$ 后，我们将考虑著名的丢番图方程 $x^n+y^n=z^n$，这里 n 为大于2的整数. 也就是说，我们感兴趣的是两个整数的 n 次幂的和是否为另一个整数的 n 次幂，这里三个整数中的任何一个都不为0. 费马声称该丢番图方程在 $n>2$ 时没有解(即众所周知的费马大定理)，但是350多年来没有人能给出它的证明. 1995年，怀尔斯(Andrew Wiles)首次给出了该定理的证明，从而终止了数学上最大的挑战之一. 费马大定理的证明远远超出了本书的范围，但是我们可以对 $n=4$ 的情形给出一个证明.

接下来，我们将考虑把整数表示成一些平方数的和的问题，从而判定哪些整数可以表示成两个平方数的和. 进一步，我们将证明任何一个正整数都是四个平方数的和.

我们还将研究丢番图方程 $x^2-dy^2=1$，即著名的佩尔方程(Pell's equation). 我们将证明可以用 $\sqrt{d}$ 的简单连分数来求该方程的解，这为连分数的应用又提供了一个有力的例证.

我们将研究著名的同余数问题，该问题是判断有哪些整数是以整数为三条边长的直角三角形的面积. 近些年通过对某些三次丢番图方程(即椭圆曲线)的研究，对这一古老问题的研究有了不少进展. 我们将展示找出某些椭圆曲线上的有理点是如何应用在同余数问题的研究上的.

随后我们将引入模 p 意义下的椭圆曲线，p 为素数. 关于这些曲线结构的一些有用的结果将被介绍. 我们会研究这些曲线上的点，并讨论在模 p 椭圆曲线上求离散算法的问题. 在椭圆曲线上找到离散算法的难度正是椭圆曲线密码的安全性基础.

最后，对奇素数 p，我们会讨论模 p 椭圆曲线的一些应用. 我们将给出由Hendrik Lenstra提出的椭圆曲线因子分解法. 另外，还将介绍椭圆曲线密码. 特别地，我们将涵盖埃尔伽莫椭圆曲线密码体系、椭圆曲线Diffie-Hellman密码交换以及椭圆曲线数字签名算法.

14.1 毕达哥拉斯三元组

毕达哥拉斯定理表明，直角三角形的两条直角边的平方和等于斜边的平方．相反，对于任何一个三角形，如果它的两条边的平方和等于第三边的平方，那么它就是直角三角形．因此，如果想找到所有具有整数边长的直角三角形，只需要找到满足下面丢番图方程的所有正整数三元组 x，y，z 即可：

$$x^2+y^2=z^2. \tag{14.1}$$

满足这个方程的正整数三元组被称为*毕达哥拉斯三元组*，这是以古希腊数学家毕达哥拉斯的名字命名的．类似地称三条边长是整数的直角三角形的*毕达哥拉斯三角形*．

例 14.1 三元组(3，4，5)；(6，8，10)和(5，12，13)都是毕达哥拉斯三元组，因为 $3^2+4^2=5^2$，$6^2+8^2=10^2$ 和 $5^2+12^2=13^2$．◀

不同于大多数非线性丢番图方程，式(14.1)的所有整数解是可以用公式显式描述的．在推导这个公式之前，我们需要如下定义：

定义 *一个毕达哥拉斯三元组(x, y, z)称为***本原的**，*如果 x，y，z 互素，即$(x, y, z)=1$．(以其为三条边的三角形称作***本原直角三角形**．)

毕达哥拉斯(Pythagoras，约公元前 572—公元前 500)出生于希腊的萨摩斯岛．在进行了广泛的游学后，毕达哥拉斯在古希腊的克罗托纳(现位于意大利南部)创建了其著名的学校．该学校除了是一个致力于研究数学、哲学和科学的学术组织外，还是学员进行神秘仪式的地点．学员自称是毕达哥拉斯的追随者，不发表任何东西，并且把所有发现归功于毕达哥拉斯本人．然而，人们相信是毕达哥拉斯本人发现了现在所说的毕达哥拉斯定理，即 $a^2+b^2=c^2$，其中 a，b 和 c 分别是直角三角形的两直角边和斜边的长度．毕达哥拉斯学派相信，理解世界的关键在于自然数和形式．他们的中心信条是“万物皆数”．由于对自然数的痴迷，毕达哥拉斯学派在数论方面做出了很多发现．特别地，他们研究过完全数和亲和数，因为他们觉得这些数具有神秘的性质．

注 记号(x, y, z)也用来表示数的有序的三元组或是 x，y，z 的最大公因子．一般而言，可通过上下文来判断其具体的含义．

例 14.2 毕达哥拉斯三元组(3，4，5)和(5，12，13)是本原的，而(6，8，10)不是本原的．◀

设(x, y, z)为一个毕达哥拉斯三元组且$(x, y, z)=d$．则有整数 x_1，y_1，z_1，满足 $x=dx_1$，$y=dy_1$，$z=dz_1$，且$(x_1, y_1, z_1)=1$．进一步，因为

$$x^2+y^2=z^2,$$

所以有

$$(x/d)^2+(y/d)^2=(z/d)^2,$$

于是

$$x_1^2+y_1^2=z_1^2.$$

因而，(x_1, y_1, z_1)是一个本原毕达哥拉斯三元组，而原来的三元组(x, y, z)是本原毕达哥拉斯三元组的整数倍.

而且，我们还可以注意到，一个本原(或任意)毕达哥拉斯三元组的任意整数倍仍是一个毕达哥拉斯三元组. 设(x_1, y_1, z_1)是一个本原毕达哥拉斯三元组，则有

$$x_1^2+y_1^2=z_1^2,$$

因而

$$(dx_1)^2+(dy_1)^2=(dz_1)^2,$$

所以(dx_1, dy_1, dz_1)也是一个毕达哥拉斯三元组.

因此，所有的毕达哥拉斯三元组都可以通过本原毕达哥拉斯三元组的整数倍而得到. 为了找到所有本原毕达哥拉斯三元组，我们需要一些引理. 第一个引理告诉我们，本原毕达哥拉斯三元组的任意两个整数互素.

引理 14.1 如果(x, y, z)为一个本原毕达哥拉斯三元组，则$(x, y)=(y, z)=(x, z)=1$.

证明 假设(x, y, z)为一个本原毕达哥拉斯三元组且$(x, y)>1$，则存在素数p，使得$p\mid(x, y)$，因此$p\mid x$且$p\mid y$，所以$p\mid(x^2+y^2)=z^2$，由$p\mid z^2$知$p\mid z$. 这与$(x, y, z)=1$矛盾. 因此$(x, y)=1$，同理可得$(y, z)=(x, z)=1$. ■

接下来，我们建立一个关于本原毕达哥拉斯三元组的整数的奇偶性的引理.

引理 14.2 设(x, y, z)为一个本原毕达哥拉斯三元组，则x为偶数且y为奇数，或者x为奇数且y为偶数.

证明 设(x, y, z)为一个本原毕达哥拉斯三元组. 由引理14.1知，$(x, y)=1$，从而x，y不可能同为偶数. x，y也不可能同为奇数. 若x，y同为奇数，则

$$x^2\equiv y^2\equiv 1 \pmod 4,$$

从而

$$z^2=x^2+y^2\equiv 2 \pmod 4.$$

这是不可能的. 所以，x为偶数且y为奇数，或者x为奇数且y为偶数. ■

我们需要的最后一个引理是算术基本定理的推论. 它表明，如果两个互素的整数的乘积是一个平方数，那么这两个数都必须是平方数.

引理 14.3 若r，s和t为正整数，且$(r, s)=1$，$rs=t^2$，则存在整数m，n，使得$r=m^2$，$s=n^2$.

证明 若$r=1$或$s=1$，则结论显然成立，所以可以假设$r>1$且$s>1$. 设r，s和t的素幂因子分解分别为

$$r=p_1^{a_1}p_2^{a_2}\cdots p_u^{a_u},$$

$$s=p_{u+1}^{a_{u+1}}p_{u+2}^{a_{u+2}}\cdots p_v^{a_v},$$

$$t=q_1^{b_1}q_2^{b_2}\cdots q_k^{b_k}.$$

因为$(r, s)=1$，故r和s的因子分解中出现的素数是不同的. 由于$rs=t^2$，所以

$$p_1^{a_1}p_2^{a_2}\cdots p_u^{a_u}p_{u+1}^{a_{u+1}}p_{u+2}^{a_{u+2}}\cdots p_v^{a_v}=q_1^{2b_1}q_2^{2b_2}\cdots q_k^{2b_k}.$$

由算术基本定理，上述方程两边出现的素因子的方幂是相同的. 也就是说，每一个p_i必须

等于某一个 q_j，而且指数相等，即 $a_i=2b_j$. 因此，所有指数 a_i 都是偶数，因而$\frac{a_i}{2}$是一个整数. 令

$$m=p_1^{a_1/2}p_2^{a_2/2}\cdots p_u^{a_u/2}$$

和

$$n=p_{u+1}^{a_{u+1}/2}p_{u+2}^{a_{u+2}/2}\cdots p_v^{a_v/2},$$

则 $r=m^2$，$s=n^2$. ■

我们现在可以证明想要的描述所有本原毕达哥拉斯三元组的结果了.

定理 14.1 正整数 x，y，z 构成一个本原毕达哥拉斯三元组且 y 为偶数，当且仅当存在互素的正整数 m，n，$m>n$，其中 m 为奇数，n 为偶数，或者，m 为偶数，n 为奇数，并且满足

$$x=m^2-n^2,$$
$$y=2mn,$$
$$z=m^2+n^2.$$

证明 设(x, y, z)为一个本原毕达哥拉斯三元组，我们将证明存在整数 m，n 满足定理的条件. 引理 14.2 表明，x 为奇数，y 为偶数，或者，x 为偶数，y 为奇数. 由于假定 y 为偶数，故 x，z 均为奇数，从而 $z+x$ 和 $z-x$ 都是偶数，所以存在正整数 r，s 满足 $r=(z+x)/2$，$s=(z-x)/2$.

由于 $x^2+y^2=z^2$，所以有 $y^2=z^2-x^2=(z+x)(z-x)$，从而

$$\left(\frac{y}{2}\right)^2=\left(\frac{z+x}{2}\right)\left(\frac{z-x}{2}\right)=rs.$$

注意到$(r, s)=1$. 事实上，如果$(r, s)=d$，那么因为 $d\mid r$，$d\mid s$，所以 $d\mid(r+s)=z$ 并且 $d\mid(r-s)=x$，这意味着 $d\mid(x, z)=1$，所以 $d=1$.

由引理 14.3 可知，存在正整数 m 和 n 满足 $r=m^2$ 和 $s=n^2$. 把 x，y，z 写成 m 和 n 的表达式的形式：

$$x=r-s=m^2-n^2,$$
$$y=\sqrt{4rs}=\sqrt{4m^2n^2}=2mn,$$
$$z=r+s=m^2+n^2.$$

由于 m 和 n 的任一公因子都整除 $x=m^2-n^2$，$y=2mn$ 和 $z=m^2+n^2$ 且$(x, y, z)=1$，所以$(m, n)=1$. m 和 n 还不能同为奇数，否则，x，y，z 均为偶数，与$(x, y, z)=1$ 矛盾. 由于$(m, n)=1$ 且 m 和 n 不能同为奇数，所以 m 为奇数，n 为偶数，或者，m 为偶数，n 为奇数. 这就证明了每个本原毕达哥拉斯三元组具有想要的形式.

要完成证明，我们必须证明每一个三元组

$$x=m^2-n^2,$$
$$y=2mn,$$
$$z=m^2+n^2$$

构成一个本原毕达哥拉斯三元组，其中 m，n 为正整数，$m>n$，$(m, n)=1$ 且 $m\not\equiv n \pmod 2$.

首先 m^2-n^2，$2mn$，m^2+n^2 构成一个毕达哥拉斯三元组，这是因为

$$\begin{aligned} x^2+y^2 &= (m^2-n^2)^2+(2mn)^2 \\ &= (m^4-2m^2n^2+n^4)+4m^2n^2 \\ &= m^4+2m^2n^2+n^4 \\ &= (m^2+n^2)^2 \\ &= z^2. \end{aligned}$$

要证 x，y，z 构成一个本原毕达哥拉斯三元组，只需要证明 x，y，z 是两两互素的．假设$(x, y, z)=d>1$，则有素数 $p\mid(x, y, z)$．由于 x 是奇数(因为 $x=m^2-n^2$，且 m^2 和 n^2 的奇偶性相反)，故 $p\neq 2$．由 $p\mid x$，$p\mid z$ 知 $p\mid(z+x)=2m^2$，$p\mid(z-x)=2n^2$，从而 $p\mid m$ 且 $p\mid n$，这与$(m, n)=1$ 矛盾．因此$(x, y, z)=1$，即(x, y, z)是一个本原毕达哥拉斯三元组．■

下面的例子说明使用定理 14.1 产生一个本原毕达哥拉斯三元组．

例 14.3 令 $m=5$ 和 $n=2$，则$(m, n)=1$，$m\not\equiv n \pmod 2$且 $m>n$．因此，由定理 14.1 可知，

$$\begin{aligned} x &= m^2-n^2=5^2-2^2=21, \\ y &= 2mn=2\cdot 5\cdot 2=20, \\ z &= m^2+n^2=5^2+2^2=29 \end{aligned}$$

构成一个本原毕达哥拉斯三元组．◀

表 14.1 列举了所有用定理 14.1 产生的满足 $m\leqslant 6$ 的本原毕达哥拉斯三元组．

表 14.1　一些本原毕达哥拉斯三元组

m	n	$x=m^2-n^2$	$y=2mn$	$z=m^2+n^2$
2	1	3	4	5
3	2	5	12	13
4	1	15	8	17
4	3	7	24	25
5	2	21	20	29
5	4	9	40	41
6	1	35	12	37
6	5	11	60	61

单位圆上的有理点

现在我们关注丢番图几何中的问题，丢番图几何是寻找代数曲线上哪些坐标均为有理数或整数的点的数学分支．曲线上这种坐标均为有理数的点被称为曲线上的有理点，我们将利用几何方式来找出单位圆 $x^2+y^2=1$ 上的有理点．

找出单位圆上的有理点的一个好处是可以得到这些有理点相对应的毕达哥拉斯三元组，这两者间的关系如下文所述．设 a，b，c 为整数，$c\neq 0$，$a^2+b^2=c^2$(因此当 a，b，c

为正整数时，(a, b, c)是毕达哥拉斯三元组）. 该方程两边同除以 c^2，得到

$$\left(\frac{a}{c}\right)^2+\left(\frac{b}{c}\right)^2=1.$$

故点$\left(\frac{a}{c}, \frac{b}{c}\right)$是单位圆 $x^2+y^2=1$ 上的一个有理点，所以说每个毕达哥拉斯三元组均在单位圆上有有理点与其对应.

反过来，设点(x, y)是单位圆上的有理点，则 $x^2+y^2=1$，其中 x，y 为有理数. 将 x 与 y 表示为两个整数商的形式，并选择它们分母的最小公倍数，则可将 x，y 写为 $x=\frac{a}{c}$，$y=\frac{b}{c}$，其中 a，b，c 为整数，$c\neq 0$，且

$$\left(\frac{a}{c}\right)^2+\left(\frac{b}{c}\right)^2=1.$$

两边同乘 c^2，则有 $a^2+b^2=c^2$，故若 a 与 b 均为正数，那么(a, b, c)为毕达哥拉斯三元组.

现在我们利用一些几何上很简单的思想来找出单位圆上的有理点. 首先我们已知$(0, 1)$，$(0, -1)$，$(1, 0)$，$(-1, 0)$为圆上的有理点，在这四点中从$(-1, 0)$开始，注意到若(x, y)是平面上的有理点，则(x, y)与$(-1, 0)$之间连线的斜率为 $t=\frac{y}{x+1}$，这也是一个有理数. 现在假设 t 为有理数，并考虑通过$(-1, 0)$的直线 $y=t(x+1)$，我们发现其与单位圆交于第二个有理点(参看图 14.1). 因此可用有理数 t 来参数化单位圆上的所有有理点.（一般而言，一个曲线的参数化是指用一个或几个变量表达该曲线上的点.）

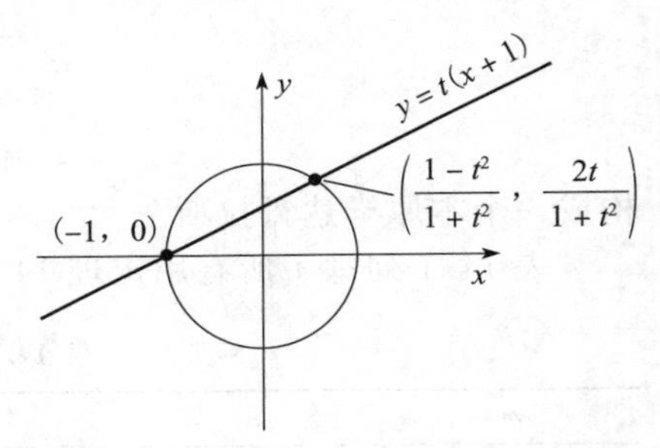

图 14.1 单位圆上有理点的参数化

为找出直线 $y=t(x+1)$ 与单位圆 $x^2+y^2=1$ 的交点，将 y 用 $t(x+1)$代替来求解 x，则有

$$x^2+t^2(x+1)^2=1.$$

两边同时减 1，并分解 x^2-1 得

$$(x^2-1)+t^2(x+1)^2=(x+1)(x-1)+t^2(x+1)^2=0.$$

提取公因子 $x+1$ 可得

$$(x+1)[(x-1)+t^2(x+1)]=0.$$

注意到 $x=-1$ 为其中一解，这是因为$(-1, 0)$在这条线上，x 其余的解可通过求解下面方程得到：

$$(x-1)+t^2(x+1)=0.$$

可解出 $x=(1-t^2)/(1+t^2)$. 通过直线的方程 $y=t(x+1)$得出 y 值为

$$y=t(x+1)=t\left(\frac{1-t^2}{1+t^2}+1\right)=t\left(\frac{1-t^2}{1+t^2}+\frac{1+t^2}{1+t^2}\right)=\frac{2t}{1+t^2}.$$

可以推断出直线 $y=t(x+1)$ 与单位圆的第二个交点为 $\left(\frac{1-t^2}{1+t^2}, \frac{2t}{1+t^2}\right)$，其坐标均为 t 的有理函数，故若 t 为理数，则该交点为有理点.（有理数 t 的有理函数是有理的，因为它们是两个关于 t 的多项式的商，有理数的积、和、商仍是有理数.）

如此我们得到单位圆上的所有有理点，即 $(-1, 0)$ 与所有形如 $\left(\frac{1-t^2}{1+t^2}, \frac{2t}{1+t^2}\right)$ 的点，其中 t 为有理数.

若令 $t=\frac{m}{n}$，其中 m，n 为正整数，则在上述单位圆上有理点的参数方程中，我们得到一个毕达哥拉斯三元组的公式，即给定正整数 m，n，可得到单位圆上的有理点 $\left(\frac{m^2-n^2}{m^2+n^2}, \frac{2mn}{m^2+n^2}\right)$，从早先的讨论中可知 $(m^2-n^2, 2mn, m^2+n^2)$ 为一个毕达哥拉斯三元组.

当得到单位圆 $x^2+y^2-1=0$ 上的有理点时，我们便得到了代数曲线 $f(x, y)=0$ 上的有理点，其中 $f(x, y)$ 为整系数的多项式. 这是一类重要的丢番图问题. 将有理点用有理数 t 表示出，我们得到该曲线的一个有理参数化，更多的代数曲线的有理参数化的例子可参看习题 21～24. 这是研究各类丢番图方程的重要技巧.

14.1 节习题

1. a) 找出满足 $z\leqslant 40$ 的所有本原毕达哥拉斯三元组 (x, y, z).
   b) 找出满足 $z\leqslant 40$ 的所有毕达哥拉斯三元组 (x, y, z).
2. 证明：如果 (x, y, z) 为一个本原毕达哥拉斯三元组，那么 x 或者 y 可被 3 整除.
3. 证明：如果 (x, y, z) 为一个本原毕达哥拉斯三元组，那么 x，y 或 z 中恰有一个被 5 整除.
4. 证明：如果 (x, y, z) 为一个本原毕达哥拉斯三元组，那么 x，y 或 z 中至少有一个被 4 整除.
5. 试证每一个大于 2 的正整数至少是一个毕达哥拉斯三元组的一部分.
6. 令 $x_1=3$，$y_1=4$，$z_1=5$，递归定义 x_n，y_n，z_n $(n=2, 3, 4, \cdots)$ 如下：
$$x_n = 3x_{n-1}+2z_{n-1}+1,$$
$$y_n = 3x_{n-1}+2z_{n-1}+2,$$
$$z_n = 4x_{n-1}+3z_{n-1}+2.$$
   证明 (x_n, y_n, z_n) 为一个毕达哥拉斯三元组.
7. 证明：若 (x, y, z) 为满足 $y=x+1$ 的毕达哥拉斯三元组，则 (x, y, z) 为习题 6 中给出的毕达哥拉斯三元组中的一个.
8. 求出丢番图方程 $x^2+2y^2=z^2$ 的所有正整数解.（提示：采用定理 14.1 的证明.）
9. 求出丢番图方程 $x^2+3y^2=z^2$ 的所有正整数解.（提示：采用定理 14.1 的证明.）

* 10. 求出丢番图方程 $w^2+x^2+y^2=z^2$ 的所有正整数解.

11. 找出包含 12 的所有毕达哥拉斯三元组.
12. 给出所有满足 $z=y+1$ 的毕达哥拉斯三元组 (x, y, z) 的公式.
13. 给出所有满足 $z=y+2$ 的毕达哥拉斯三元组 (x, y, z) 的公式.

* 14. 试证：对一个固定的整数 x，毕达哥拉斯三元组 (x, y, z)（满足 $x^2+y^2=z^2$）的数目在 x 为奇数时为 $(\tau(x^2)-1)/2$，x 为偶数时为 $(\tau(x^2/4)-1)/2$.（$\tau(n)$ 为整数 n 的正因子个数.）

* 15. 求出丢番图方程 $x^2+py^2=z^2$ 的所有正整数解，其中 p 为素数.

16. 求出丢番图方程 $1/x^2+1/y^2=1/z^2$ 的所有正整数解.
17. 证明 $f_n f_{n+3}$，$2f_{n+1}f_{n+2}$ 和 $f_{n+1}^2+f_{n+2}^2$ 构成一个毕达哥拉斯三元组，其中 f_k 为第 k 个斐波那契数.
18. 求出所有边长为整数值且面积等于周长的直角三角形的边长.
19. 通过计算过点(1，0)斜率为有理数 t 的直线与单位圆 $x^2+y^2=1$ 的交点来找出单位圆上的所有有理点.
20. 通过计算过点(0，1)斜率为有理数 t 的直线与单位圆 $x^2+y^2=1$ 的交点来找出单位圆上的所有有理点.
21. 通过计算过点(1，1)斜率为有理数 t 的直线与圆 $x^2+y^2=2$ 的交点来找出该圆上的所有有理点.
22. 通过计算过点(1，1)斜率为有理数 t 的直线与椭圆 $x^2+3y^2=4$ 的交点来找出该椭圆上的所有有理点.
23. 通过计算过点(−1，0)斜率为有理数 t 的直线与椭圆 $x^2+xy+y^2=1$ 的交点来找出该椭圆上的所有有理点.
24. 设 d 为正整数，通过计算过点(−1，0)斜率为有理数 t 的直线与双曲线 $x^2-dy^2=1$ 的交点来找出该双曲线上的所有有理点.
25. 证明圆 $x^2+y^2=3$ 上没有有理点.
26. 证明圆 $x^2+y^2=15$ 上没有有理点.
* 27. 找出单位球面 $x^2+y^2+z^2=1$ 上的所有有理点.
(提示：采用球极平面投影将此单位球面投影到平面 $z=0$ 上. 该投影将球面上的点(x, y, z)映到点$(u, v, 0)$. 点$(u, v, 0)$是经过点(x, y, z)与球面上北极点(0，0，1)的直线与平面 $z=0$ 的交点. 用对应该交点的两个有理参数 u 和 v 来参数化单位球面上的所有有理点.)

计算和研究

1. 找到尽可能多的毕达哥拉斯三元组(x, y, z)，其中 x，y，z 中的每一个都是某个整数的平方减 1. 你认为会有无限多个这样的三元组吗？
2. 设 $\Delta(n)$为斜边长小于 n 的毕达哥拉斯三元组的数目. 计算 $\Delta(10^i)$，$1\leqslant i\leqslant 6$. 对这些 i 值，分析 $\Delta(10^i)/10^i$，试给出随着 n 的增长 $\Delta(n)/n$ 的渐近公式.

程序设计

1. 给定正整数 n，求所有包含 n 的毕达哥拉斯三元组.
2. 给定正整数 n，求所有斜边小于 n 的毕达哥拉斯三元组.
3. 给定正整数 n，求斜边小于 n 的本原毕达哥拉斯三元组的数目.

14.2 费马大定理

在前一节中，我们证明了丢番图方程 $x^2+y^2=z^2$ 有无穷多组非零整数解. 如果将该方程中的指数 2 换成大于 2 的整数，又会如何呢？在一本关于丢番图工作的手抄本中，紧接着关于 $x^2+y^2=z^2$ 的讨论，费马在页边的空白处写道：

"将一个整数的 3 次方写成两个整数的 3 次方之和、一个整数的 4 次方写成两个整数的 4 次方之和，甚至一般而言，将一个整数的 n 次方写成两个整数的 n 次方之和，无论如何都是不可能做到的. 对于这一点，我找到了一个真正绝妙的证明，但是空白太小了，写不下."

对于 $n=4$ 的特殊情形，费马小传见第 4 章确实有一个证明. 稍后，我们将运用他的基本方法给出这种情形下的证明. 虽然我们永远不会知道费马是否真的证明了所有 $n>2$ 情形下的结论，但是数学家相信他是几乎没有可能做到. 直到 1800 年，费马写在那本关于丢番图工作的书上的页边空白处的所有其他论断都已被解决了，有些被证明了，有些则被指出是错误的. 不管怎样，下面的定理被称为费马大定理.

定理 14.2(费马大定理) 丢番图方程 $x^n+y^n=z^n$ 无非零整数解，其中 n 是整数，且 $n\geqslant 3$.

注意，如果可以证明在 p 为奇素数时丢番图方程

$$x^p+y^p=z^p$$

没有非零整数解，那么就能证明费马大定理是正确的.（见本节的习题 2.）

对费马大定理证明的求索挑战了数学家超过 350 年. 很多伟大的数学家都曾致力于该问题的研究，但是都没有达到最终的成功. 然而，一系列有趣的局部解被建立了起来，并且数论的一些新领域也在这些探索中应运而生. 第一个关于费马大定理的重要的进展是 1770 年欧拉在他的著作《代数》中关于该定理在 $n=3$ 情形下的证明.（也就是说，欧拉证明了 $x^3+y^3=z^3$ 没有非零整数解.）但欧拉的证明有一个严重错误，不过没过多久，勒让德设法弥补了这个漏洞.

1805 年，法国数学家索菲·热尔曼(Sophie Germain)证明了一个关于费马大定理的一般性结论，而不只是针对某个指数 n 的特殊值. 她证明了如果 p 和 $2p+1$ 都是素数，那么在整数 x，y，z 满足 $xyz\neq 0$ 并且 p 不整除 xyz 的条件下，$x^p+y^p=z^p$ 无整数解. 作为一个特殊情况，她指出如果 $x^5+y^5=z^5$ 有整数解，那么 x，y，z 中必有一个能被 5 整除. 1825 年，运用费马证明 $n=4$ 时使用的无穷下降法(稍后，我们将在本节中给出该证明)，狄利克雷和勒让德分别独立地证明了 $n=5$ 的情形. 14 年后，拉梅使用无穷下降法证明了 $n=7$ 的情形.

索菲·热尔曼(Sophie Germain，1776—1831)出生于巴黎，她的父亲是商人和珠宝商、国民议会代表以及法国银行的董事.

热尔曼 13 岁之前一直在家上学. 在混乱的法国大革命期间，她在父亲收藏丰富的图书馆里学习，自学了一些有关数学和科学的书籍. 她在十几岁时得知阿基米德因拒绝停止研究数学而被罗马人杀死的事后就决定学习数学. 她告诉父母想成为一名数学家. 但他们坚持认为这不是女人的职业. 尽管如此，她继续热切地学习数学，最终她的父母态度也缓和了. 尽管她从未结婚或正式工作过，她的父亲仍继续为她提供经济支持.

新建立的巴黎综合理工学院不招收女性，因此热尔曼决定获得该校诸多课程的笔记来学习. 在学习了拉格朗日的分析课程笔记后，她以 M. LeBlanc 的名字给拉格朗日写了一封信，这实际上是一个辍学者的名字. 被这封信中深刻的见解所打动，拉格朗日决定见一见 M. LeBlanc，他惊讶地发现这封信的作者是一位年轻女子. 他决定成为她的顾问和赞助者，并告诉他的同事，她有不同寻常的数学天赋. 许多人决定与她通信. 即便如此，她所受的杂乱无章、不系统的教育没有为她提供所需的专业培训. 热尔曼用笔名 M. LeBlanc 与许多数学家有过通信，其中包括勒让德，勒让德将她的许多发现添加到 *Theorie des Nombres* 一书中. 她与高斯有一封著名的通信，高斯赞扬了她的数论证明，当他发现通信者是一位女性时，更是不吝称赞.

热尔曼以其对费马大定理的研究而闻名. 她证明了如果 x，y 和 z 是整数，且 $x^5+y^5=z^5$，那么 x，y 或 z 必须被 5 整除. 她提出了一个宏伟计划来证明费马大定理，这是第一个试图证明对无穷多个指数 n 费马大定理成立，而不是一次证明一个指数. 她的一些工作在 20 世纪 80 年代费马大定理的部分证明中具有重要意义.（当然后来的发现表明她的宏伟计划无法给出完整的证明.）

1809年，法国科学院发起了一场寻找数学理论的竞赛，以解释德国物理学家Chladni研究的弹性表面的振动．热尔曼提交了1811年比赛的唯一参赛作品；她没有获奖，因为她没有根据基本原理推导出她的假设．比赛的评委拉格朗日修改了热尔曼工作中的一些错误，并导出了一个方程，有效解释了Chladni的一些模式．1813年，在第二轮比赛中，由于证明了在一些特殊情况下拉格朗日方程可得出Chladni的模式，她获得了荣誉奖．在1815年的第三轮比赛中，她的工作被认为配得上一千克黄金．尽管她的想法是弹性理论的数学基础，她基本上被排除在该理论后继发展之外．

高斯对她的工作印象深刻，推荐哥廷根大学授予她荣誉博士学位．不幸的是，就在她获得这个学位之前，她死于乳腺癌．19世纪猖獗的性别歧视无疑阻止了索菲·热尔曼获得适当的教育，她也没有得到许多数学家和科学家的认真对待．这是她也是数论的不幸．

19世纪中期，数学家为证明任意指数n的费马大定理开辟了一些新的途径，其中最大的成就是德国数学家库默尔(Ernst Kummer)做出的．他认识到基于对某些代数整数集具有唯一素因子分解的假设所做的看似可行的方法注定是要失败的．为了克服这个困难，库默尔发展出一套理论来支撑唯一素因子分解．他的基本思想是“理想数”的概念．运用这一概念，库默尔能够证明对于一大类素数(即所谓的“正则素数”)费马大定理是成立的．虽然存在一些而且可能有无穷多素数是非正则的，但是库默尔的工作表明费马大定理对很多n都是成立的．特别地，库默尔的工作表明费马大定理对于除了37，59和67之外的小于100的素数指数是成立的，因为小于100的素数中只有这三个是非正则的．库默尔引入“理想数”不仅导致了代数数论的产生(后来发展为一个重要的研究领域)，还导致了抽象代数的环论的产生．对于库默尔的理论不起作用的37，59，67和其他一些非正则素数，人们后来发展了一系列更为有效的处理技巧．

恩斯特·爱德华·库默尔(Ernst Eduard Kummer，1810—1893)生于普鲁士(今德国)的索拉乌．他的父亲是位物理学家，卒于1813年．在1819年进入索拉乌文法中学之前，库默尔一直在家接受私人教育．在德国文法中学是强调学术学习的学校．他1828年进入哈雷大学学习神学，他的哲学课程的训练包括对数学的研究．在他的数学教授薛克(H. F. Scherk)的鼓励下，库默尔转学数学，并将数学作为主要研究领域．1831年他在哈雷大学获得博士学位，同年在母校索拉乌文法中学教书．第二年他来到利格尼茨(今波兰莱格尼察市)文法中学，在那里教书十年．他在函数论方面的研究(包括对高斯在超几何级数上工作的推广)吸引了德国一流数学家的注意，包括雅可比，雅可比努力推荐他到大学任教．

1842年库默尔任职于布雷斯劳大学(今波兰弗罗茨瓦夫)，开始在数论领域的研究．1843年，在试图证明费马大定理的时候，他引进了“理想数”的概念．虽然通过这个概念并不能证明费马大定理，但是库默尔的思想导致了抽象代数和代数数论新的研究领域的产生．1855年他到柏林大学任教直到1883年退休．

库默尔是一位受欢迎的老师，以讲课清晰、幽默和关心学生而闻名．他结过两次婚，第一任太太是狄利克雷妻子的表妹，她于婚后第八年(即1848年)去世．

1983 年，德国数学家格德・法尔廷斯(Gerd Faltings)证明了当整数 $n\geqslant 3$ 时 $x^n+y^n=z^n$ 只有有限个非零的整数解．当然，如果该有限数能被证明是 0，则费马大定理得证．对于费马大定理的最终证明始于 1986 年，德国数学家格哈德・佛莱(Gerhard Frey)首次将费马大定理与椭圆曲线联系起来．由于连接两个看似无关的领域，他的工作让数学家为之震惊．

用计算机对一些不同的数值进行测试能够证明对于特定的 n 值费马大定理是正确的．1977 年，萨姆・瓦格斯塔夫(Sam Wagstaff)使用这样的测试(耗费数年的机时)证实，对于 $n\leqslant 125\,000$ 的所有指数 n 费马大定理都是正确的．1993 年，这样的测试证实 $n<4\cdot 10^6$ 时，费马大定理是正确的．然而，此时没有任何费马大定理的证明出现．

到了 1993 年，安德鲁・怀尔斯(Andrew Wiles)——普林斯顿大学的一名教授，宣布他能够证明费马大定理，因而震惊了整个数学界．他通过在英国剑桥的一系列讲座来说明此事．他没有给别人任何提示这个讲座就是那个众所周知的定理的证明．他所给出的证明是他七年独立工作的顶峰．该证明使用了椭圆曲线中大量极为深奥的理论．怀尔斯的论证给知识渊博的数学家以深刻的印象，于是有传言说费马大定理最终被证明了．然而，当怀尔斯长达 200 页的手稿被仔细研究时，出现了一个严重的错误．虽然人们一度认为这个证明的缺陷是无法弥补的，但在一年多以后，怀尔斯(在泰勒(Richard Taylor)的帮助下)设法完成了所剩部分的证明．在 1995 年，怀尔斯出版了修订后的费马大定理的证明，这次只有 125 页长．该版本通过了认真的检查．怀尔斯的证明标志着对于费马大定理长达 350 多年的证明求索之路的终结．

安德鲁・怀尔斯(Andrew Wiles，1953—　)10 岁时在图书馆看到一本述及费马大定理的书，从此就迷上了这一问题．他对此问题看似简单但没有任何一个伟大的数学家能解决它而深受触动，而且知道自己永远不会放弃这个问题．1971 年，怀尔斯进入牛津大学默顿学院学习，1974 年获学士学位，同年进入剑桥大学克莱尔学院攻读博士学位，在约翰・科茨(John Coates)的指导下研究椭圆曲线，从 1977 年到 1980 年，他担任克莱尔学院的研究员和哈佛大学的本杰明・皮尔斯(Benjamin Pierce)助理教授．1981 年他在普林斯顿高等研究院任研究员，1982 年被聘为普林斯顿大学的教授．他于 1985 年获得古根海姆(Guggenheim)奖，并在法国高等科学研究院和巴黎高等师范学院做了一年的研究．然而，他并没有意识到正是在椭圆曲线领域多年的研究帮助他解决了这个困扰他多年的问题．

怀尔斯对于费马大定理的证明是少数几个被大众媒体报道的数学发现之一．PBS 制作了关于这一发现的一期非常棒的 NOVA 节目(相关信息可以在 PBS 的网站上找到)．关于这个证明的综合信息还可以参考西蒙・辛格(Simon Singh)所著的《费马之谜：对世界最伟大数学问题的世纪求索》(*Fermat's Enigma: The Epic Quest to Solve the World's Greatest Mathematical Problem*)([Si97])．还有一篇关于该定理的详细论述[CoSiSt97]，其中囊括了证明中所使用的椭圆曲线理论. 怀尔斯的原始证明已出版在1995年的《数学年鉴》(*Annals of Mathematics*)([Wi95])中.

对于想了解费马大定理历史以及想了解这个猜想如何导致代数数论产生的读者,可以参阅[Ed96]、[Ri79]和[Va96].

怀尔斯七年求解之路

1986年,怀尔斯知道了佛莱和瑞贝(Ribet)的研究结果,他们的工作表明费马大定理可从椭圆曲线理论中的一个猜想导出,这个猜想就是志村-谷山猜想(Shimura-Taniyama conjecture). 他意识到这很有可能是解决费马大定理的一种有效途径,他放弃了正在进行的其他研究,全身心地投入对费马大定理的证明中.

在最开始的几年中,他与同事们分享他的进展. 后来他认为这些讨论虽然能吸引很多人的兴趣,但也使他受到很大的干扰. 在独立集中研究费马大定理的七年中,他决定他的时间只能用在"他的问题"和他的家庭上. 他最好的放松方法就是工作之余陪伴他的孩子.

1993年,怀尔斯向几个同事透露他已经快完成对费马大定理的证明了. 在修补了他认为的几个纰漏后,他在剑桥做了一场演讲,讲了证明的提纲. 尽管这个证明看起来像其他许多证明一样有致命伤,数学家还是普遍认为怀尔斯得出了一个有效的证明. 在他写完结论准备发表的时候发现了一个微小但严重的错误. 怀尔斯继续勤奋工作,在以前的一个学生的协助下,用了一年多的时间,在几乎要放弃的情况下,他终于找到一种方法补好了这个漏洞.

怀尔斯的成功给他带来了数不清的荣誉和嘉奖,同时也带给他心灵上的宁静. 他曾经说:"证明了这个问题后有一种失落感,但是同时也带来了巨大的自由感. 在过去的8年中,我始终被这个问题困扰着,成天想着它,从起床开始一直到睡觉前. 这个漫长的探索过程终于结束了. 我的心灵也可以得到休息了."

沃尔夫斯克尔奖

证明出费马大定理除了会带来名声外,还有额外的物质奖励. 1908年,德国实业家保罗·沃尔夫斯克尔(Paul Wolfskehl)立下遗嘱,给哥廷根科学院设一个奖项,奖励第一个证明出费马大定理的人10万马克. 不幸的是,在1908年到1912年间,出现了上千个不正确的证明试图染指这份奖金,这些证明大多印在自制的小册子上.(很多人没有经过严谨的数学训练并且对什么是正确的证明没有清楚的认识,就试图解决一些著名的问题,比如费马大定理,就算有的没有设立奖金也要证明). 尽管怀尔斯的证明已经被认为是正确的,哥廷根科学院还是花了两年时间去确认这个证明是有效的,之后他们才把奖金颁发给怀尔斯.

有谣言说因为通货膨胀奖金已经不值几文了,也许只有1芬尼(一种德国硬币)了,但是怀尔斯还是得到了大概5万美元. 10万马克的奖金本来值150万美元左右,第一次世界大战后由于德国恶性通货膨胀变得只值50万美元了. 第二次世界大战后西德马克的引进进一步加剧了它的贬值. 很多人在想为什么沃尔夫斯克尔要留这么一大笔奖金给第一个证明出费马大定理的人. 有浪漫倾向的人相信这样一个传闻,当沃尔夫斯克尔被他爱恋的女子抛弃后试图自杀,让他重新获得活下去的意愿就是因为他遇到了费马大定理. 但是更为现实的自传研究者认为他的捐献是为了报复他妻子玛丽. 他的家族强迫他娶了玛丽,所以他不想让自己死后的财产由他的妻子继承,而把它奖励给第一个能证明出费马大定理的人.

14.2.1 $n=4$ 时的证明

对于 $n=4$ 所给出的证明使用了费马发明的*无穷下降法*. 该方法基于正整数的良序性质，运用反证法，通过揭示每一个解都有一个“更小”的解，进而与良序性质相违背，最终达到证明丢番图方程没有解的目的. 使用无穷下降法也可以证明 $n=3$ 的情形，但更复杂些. 读者可以在[Ed96]或[Ri00]中找到 $n=3$ 的证明.

使用无穷下降法，我们将证明丢番图方程 $x^4+y^4=z^2$ 关于 x, y, z 没有非零整数解. 这个结果比 $n=4$ 时的费马大定理要强，因为 $x^4+y^4=z^4=(z^2)^2$ 的解一定可以导出 $x^4+y^4=z^2$ 的解.

定理 14.3 *丢番图方程*

$$x^4+y^4=z^2$$

关于 x, y, z 没有非零整数解.

证明 假设该方程存在非零整数解 x, y, z. 因为将变量的相反数代入该方程不改变方程的正确性，所以可以假设 x, y, z 都是正整数.

我们还可以假设 $(x, y)=1$，理由如下：设 $(x, y)=d$，则 $x=dx_1$, $y=dy_1$，且 $(x_1, y_1)=1$，其中 x_1 和 y_1 都是正整数. 由于 $x^4+y^4=z^2$，我们有

$$(dx_1)^4+(dy_1)^4=z^2,$$

于是

$$d^4(x_1^4+y_1^4)=z^2.$$

因此 $d^4 \mid z^2$，由 4.3 节的习题 43，可知 $d^2 \mid z$. 因此，$z=d^2z_1$，其中 z_1 是正整数. 于是，

$$d^4(x_1^4+y_1^4)=(d^2z_1)^2=d^4z_1^2,$$

所以

$$x_1^4+y_1^4=z_1^2.$$

这就给出了 $x^4+y^4=z^2$ 的一组正整数解 $x=x_1$, $y=y_1$, $z=z_1$，且 $(x_1, y_1)=1$.

设正整数 $x=x_0$, $y=y_0$ 和 $z=z_0$ 是 $x^4+y^4=z^2$ 的一组解，并且 $(x_0, y_0)=1$. 下面将证明存在另一组正整数解 $x=x_1$, $y=y_1$, $z=z_1$，其中 $(x_1, y_1)=1$，满足 $z_1<z_0$.

由 $x_0^4+y_0^4=z_0^2$ 得

$$(x_0^2)^2+(y_0^2)^2=z_0^2,$$

于是 x_0^2, y_0^2, z_0 构成一个毕达哥拉斯三元组. 进一步有 $(x_0^2, y_0^2)=1$，因为如果存在素数 p 使得 $p \mid x_0^2$, $p \mid y_0^2$，那么 $p \mid x_0$ 且 $p \mid y_0$，这与 $(x_0, y_0)=1$ 矛盾. 因此，x_0^2, y_0^2, z_0 是一个本原毕达哥拉斯三元组，由定理 14.1 可知，存在正整数 m 和 n，$(m, n)=1$，$m \not\equiv n \pmod 2$，且

$$\begin{aligned} x_0^2 &= m^2-n^2, \\ y_0^2 &= 2mn, \\ z_0 &= m^2+n^2, \end{aligned}$$

其中，为了保证 y_0^2 是偶数，在必要的时候我们交换 x_0^2 和 y_0^2.

由 x_0^2 的表达式可知

$$x_0^2+n^2=m^2.$$

由于$(m, n)=1$，所以 x_0，n，m 构成了一个本原毕达哥拉斯三元组，其中 m 是奇数，n 为偶数. 再一次使用定理 14.1，可知存在正整数 r 和 s，其中$(r, s)=1$，$r\not\equiv s \pmod 2$，并且

$$x_0=r^2-s^2,$$
$$n=2rs,$$
$$m=r^2+s^2.$$

由于 m 是奇数并且$(m, n)=1$，所以$(m, 2n)=1$. 因为 $y_0^2=(2n)m$，故引理 14.3 表明存在正整数 z_1 和 w，使得 $m=z_1^2$，$2n=w^2$. 因为 w 是偶数，所以可令 $w=2v$，其中 v 是一个正整数，从而

$$v^2=n/2=rs.$$

因为$(r, s)=1$，故引理 14.3 表明存在正整数 x_1 和 y_1 使得 $r=x_1^2$ 和 $s=y_1^2$. 因为$(r, s)=1$，易知$(x_1, y_1)=1$. 因此，

$$x_1^4+y_1^4=r^2+s^2=m=z_1^2,$$

其中 x_1，y_1，z_1 是正整数且$(x_1, y_1)=1$. 而且我们有 $z_1<z_0$，这是因为

$$z_1\leqslant z_1^4=m^2<m^2+n^2=z_0.$$

为完成证明，我们假设 $x^4+y^4=z^2$ 至少有一个整数解. 由良序性可知在所有的正整数解中，对于变量 z，存在一个最小值 z_0. 然而，我们已经证明，通过这个解可以找到一个更小的 z，这就导致了矛盾. 至此，我们用无穷下降法完成了对该定理的证明. ■

证明费马大定理的努力始于许多特殊情况的证明，然后是一些有希望但没有解决总体问题的一般方法，最后线索导向了椭圆曲线理论. 早期历史的更多信息，请参阅[Ed96].

我们已经证明了费马大定理在 $n=4$ 的情形，并提到 18 世纪欧拉就发现了 $n=3$ 时的证法.（他的原始证明中的错误在他后来的工作中得到了纠正.）19 世纪，许多其他特殊情形得到了证明，包括 $n=5$（勒让德和狄利克雷独立地给出证明）、$n=7$（由拉梅给出）和 $n=6$，10，14 也得到了证明. 所有这些证明使用了费马的无穷下降法. 但随着 n 的增加，它们变得越来越复杂.

19 世纪热尔曼和库默尔发展了一些更一般的方法. 尽管这些方法似乎很有希望. 但还是不足以证明该定理. 20 世纪下半叶，费马大定理和椭圆曲线的关联被发现，最终怀尔斯给出了证明，该证明于 1993 年公布，1994 年进行了修正.

14.2.2 关于一些丢番图方程的猜想

数学中一个长久得不到证明的猜想的解决往往会引出新的猜想. 当然，费马大定理就是这样一个典型的例子. 例如，安德鲁·比尔（Andrew Beal）——一位银行家和业余数学家，猜想费马大定理在更一般的条件下也是正确的，即 $x^n+y^n=z^n$ 中的三个指数可以是不同的.

比尔猜想 *方程 $x^a+y^b=z^c$ 在 $a\geqslant 3$，$b\geqslant 3$，$c\geqslant 3$ 且$(x, y)=(y, z)=(x, z)=1$ 的情况下，不存在正整数解.*

比尔猜想还没有被解决. 为了引起别人对这个猜想的兴趣，安德鲁·比尔为它的证明

或反例提供了十万美元的奖金. 比尔猜想也被称作为 Tijdeman-Zagier 猜想、一般形式的费马方程猜想，以及一些其他名称.

20 世纪 90 年代费马大定理的证明使得与丢番图方程有关的猜想中最著名的一个被解决了. 令人惊讶的是，2002 年，另一个众所周知且长时间得不到证明的与丢番图方程有关的猜想也被解决了. 1844 年，比利时数学家尤金 · 卡塔兰(Eugene Catalan)猜想同为整数次幂的相邻正整数只有 $8=2^3$ 和 $9=3^2$ 一对. 换句话说，他做了如下猜想：

卡塔兰猜想 *丢番图方程*

$$x^m - y^n = 1$$

在 $m\geqslant 2$，$n\geqslant 2$ 时，除了 $x=3$，$y=2$ 和 $m=2$，$n=3$ 以外，没有其他正整数解.

早在 14 世纪，莱维 · 本 · 热尔松(Levi ben Gerson)就证明了 8 和 9 是唯一以 2 和 3 为底数的连续整数，即他证明了在 $m\geqslant 2$，$n\geqslant 2$ 时，如果 $3^n-2^m=\pm 1$，那么必有 $m=3$，$n=2$. 从那之后，卡塔兰猜想的某些情形逐渐被解决. 到了 18 世纪，欧拉使用无穷下降法证明了连续的三次方数和平方数只有 8 和 9 这一对. 也就是说他证明了丢番图方程 $x^3-y^2=\pm 1$ 存在唯一解——$x=2$ 和 $y=3$. 19 世纪和 20 世纪初又有了一些新的进展，在 1976 年，蒂德曼(R. Tijdeman)证明了卡塔兰方程至多存在有限个解. 直到 2002 年，才最终由普雷达 · 米哈伊列斯库(Preda Mihăilescu)证明了卡塔兰猜想的正确性. 该猜想现称为米哈伊列斯库定理.

莱维 · 本 · 热尔松(Levi Ben Gerson，1288—1344)，出生于法国南部的巴诺斯，是一个多才多艺的人. 他是一位犹太哲学家、圣经学者、数学家、天文学家和医生. 他很可能是通过行医谋生，尤其是因为他从未担任过犹太教职位. 除了知道他曾经在奥兰吉(Orange)和阿维尼翁(Avignon)生活过外，对于他的生活细节一无所知. 1321 年莱维用希伯来语写了很多书，多数学者认为他不会读写阿拉伯语或拉丁语，而希伯来语被他认为是基督徒的语言. 除了希伯来语，他还会说普罗旺斯语(法国南部以及意大利和西班牙部分地区所说的语言). 莱维写过《计算的艺术》(*The Art of Calculation*)，有时也被称为是《数字之书》(*The Book of Numbers*). 书的内容包括算术运算，比如求根计算等. 晚年，他写了一本关于三角学的书《论正弦、弦和弧》(*On Sines, Chords and Arcs*)，其精确的正弦函数取值表在很长的时间里被引用. 1343 年莫城(Meaux)主教邀请莱维写一本关于欧几里得前五部书的注释的书，他称之为《数之和谐》(*The Harmony of Numbers*). 这本书包含了一个证明(1，2)，(2，3)，(3，4)和(8，9)是仅有的连续数对，它们的素因子只有 2 或 3. 莱维还发明了一种测量天体之间角距离的仪器，它被称为雅可比标尺. 他观测到了月食和日食并根据他收集的数据提出了新的天文模型. 他的哲学著作很多，这些著作被认为是对中世纪哲学的重要贡献.

莱维跟一些著名的基督教徒都保持联系，而且他的思想以广博著称. 教皇克莱门特六世曾经把莱维的一些天文学方面的书翻译成拉丁文，天文学家开普勒后来参考过这个翻译版本. 很幸运的是，莱维居住在普罗旺斯，教皇对这个地方的犹太人提供了一些保护，不像法国其他的任何地方. 但是，在宗教迫害时期，莱维的工作异常困难，甚至使得他无法获得几个重要的犹太奖学金.

为了统一费马大定理和用于证明卡塔兰猜想的米哈伊列斯库定理，一个新的猜想被提了出来.

费马-卡塔兰猜想 *方程 $x^a+y^b=z^c$ 在 $(x, y)=(y, z)=(x, z)=1$ 且 $\frac{1}{a}+\frac{1}{b}+\frac{1}{c}<1$ 的条件下至多存在有限多个解.*

费马-卡塔兰猜想现在还悬而未决. 到目前为止，满足该猜想的丢番图方程的解仅有 10 个，它们是

$$1+2^3=3^2,$$
$$2^5+7^2=3^4,$$
$$7^3+13^2=2^9,$$
$$2^7+17^3=71^2,$$
$$3^5+11^4=122^2,$$
$$17^7+76\,271^3=21\,063\,928^2,$$
$$1\,414^3+2\,213\,459^2=65^7,$$
$$9\,262^3+15\,312\,283^2=113^7,$$
$$43^8+96\,222^3=30\,042\,907^2,$$
$$33^8+1\,549\,034^2=15\,613^3.$$

普雷达·米哈伊列斯库(Preda Mihaillescu，1955—)出生于罗马尼亚布加勒斯特的一个至少可以追溯三代为教师和院士的家庭. 他的母亲是一名妇科和外科医生. 在他四岁的时候就可以心算两个三位数的乘法，并惊讶于大人对此的震惊. 他在布加勒斯特上学，直到 1973 年搬到瑞士，并在那里获得政治庇护.

米哈伊列斯库决定学习应用数学的实践课程. 他就读于苏黎世联邦理工学院，1975 年至 1980 年，他攻读的是数学专业，1983 年至 1988 年则是计算机科学和信息安全. 1977 年至 2000 年作为一名数学家，他先是在瑞士银行部门兼职，后来是全职工作. 虽然他有一份全职工作，但他在晚上从事学习和研究. 他于 1997 年获得数学博士学位. 他的博士论文 *Cyclotomy of rings and primality testing* 是在 Erwin Engeler 和 Hendrik Lenstra 的指导下完成的.

在获得博士学位后，他同时申请了工业界和学术界的工作. 他得到了 RSA 实验室的工作机会和德国帕德博恩大学的职位. 他在 RSA 工作实验室工作了几个月，但越来越倾向于从事数学研究工作. 他接受了帕德博恩大学的职位，在那里他教书并从事数论和密码学研究. 2005 年，他接受了哥廷根大学数学研究所的邀请，在那里从事理论和应用数学研究.

米哈伊列斯库对理论数学及其在密码学中的实际应用都很感兴趣. 他最为人所知的是 2002 年对卡塔兰猜想的证明，该猜想悬而未决了 158 年. 他在工业上的成就包括开发了瑞士线上 ATM 系统、瑞银的密码系统软件以及指纹识别算法.

他目前的兴趣涉及纯数学和数学在信息安全中的应用. 他对计算数论感兴趣，包括与密码学问题相关的算法. 他继续研究指数丢番图方程，例如用分圆法研究费马-卡塔兰猜想以及代数数论中的一些未解决问题. 他还对指纹识别的实际应用感兴趣，包括为指纹中的信息建模.

注意以上的例子中．均有一项指数为 2．故这些并非比尔猜想的反例．

尤金·卡塔兰(Eugène Catalan，1814—1894)出生于比利时的布鲁日，1835 年毕业于巴黎综合理工学院，之后他被分配到马恩河畔沙龙(Châlons-sur-Marne)教书．1838 年，在他的校友约瑟夫·刘维尔的帮助下，他在巴黎综合理工科学院获得一个教几何的讲师的职位．刘维尔很欣赏卡塔兰的数学天赋．但是由于他支持法兰西共和国的政治活动，卡塔兰的职业受到了当局的干扰．卡塔拉在数论和数学其他领域发表了大量的论文，其中最著名的就是他定义了一些名为“卡塔兰数”的数字，这些数字经常出现在计数问题中．利用这些数字，他确定了由不相交对角线把一个多边形分割成三角形的数目．卡塔兰并不是第一个解决这个问题的人．18 世纪的谢格奈(Segner)解决过这个问题，但他的证明不如卡塔兰的证明优美．

14.2.3 *abc* 猜想

1985 年，约瑟夫·欧斯特列(Joseph Oesterlé)和大卫·马瑟(David Masser)提出了一个猜想，并激起了众多数学家的兴趣．如果这个猜想是成立的，那么它可以用来求解很多著名的丢番图方程．在介绍这个猜想之前，我们先引入一些符号．

定义 设 n 为一个正整数，则 $\mathrm{rad}(n)$表示 n 的不同素因子的乘积．$\mathrm{rad}(n)$也被称为 n 的**无平方**部分，因为它可以通过消去 n 的素因子分解式中那些产生平方项的因子得到．

例 14.4 如果 $n=2^4\cdot 3^2\cdot 5^3\cdot 7^2\cdot 11$，那么 $\mathrm{rad}(n)=2\cdot 3\cdot 5\cdot 7\cdot 11=2\,310$． ◀

我们现在给出这个猜想．

***abc* 猜想** 对于任意实数 $\varepsilon>0$，存在一个常数 $K(\varepsilon)$，使得如果存在整数 a，b，c 满足 $a+b=c$ 和$(a, b)=1$，那么就有

$$\max(|a|, |b|, |c|)<K(\varepsilon)(\mathrm{rad}(abc))^{1+\varepsilon}.$$

一些很深刻的结果已经被证明是该猜想的推论．如果要展开讲这个猜想的背景和动机，那我们就会离主题太远了．若想了解该猜想的由来和有关结果，可以参阅[GrTu02]和[Ma00]．尽管许多数学家相信 *abc* 猜想是真的，但没有人发现了令人信服的证据．在过去的几十年里，许多数学家声称证明了 *abc* 猜想，但没有可接受的正确证明．这些所谓的证明中最具争议的是著名日本数学家望月新一(Shinichi Mochizuki)2012 年在网上发布的一系列的四篇论文，累计超过 500 页．它们是用许多数学家认为难以理解的风格写成的．此外，这些论文依赖于大量他的早期论文结果．尽管不少数学家努力地研究了望月新一的证明，但目前没有公正的审阅人证实证明是完全正确的．然而直到最近，这些审阅人也没有发现望月新一证明中的错误．2018 年末，德国数学家 Peter Scholze(菲尔兹奖的获得者)和与望月新一同一研究领域的专家 Jakob Stix 在网上发布了一份报告，指出了望月新一论文中的一个错误．然而望月新一在他的网站上发布了对他们报告的反驳．望月新一声称关于 *abc* 猜想证明的一篇 600 页的论文现在已经发表在日本京都的 *Publications of the Research In-*

stitute for Mathematics 杂志上. 数学家应该很快能判断出 Scholze 和 Stix 正确，还是望月新一正确. 但就目前而言，*abc* 猜想被认为是一个悬而未决的问题.

在下面的例子中，我们将展示 *abc* 猜想是如何用于证明与费马大定理相关的结论的.

例 14.5 应用 *abc* 猜想得到一个费马大定理的局部解. 下面讨论的依据是格兰维尔(Granville)和塔克(Tucker)[GrTu02]的结果. 假设有

$$x^n+y^n=z^n,$$

其中 x，y，z 是两两互素的整数. 令 $a=x^n$，$b=y^n$，$c=z^n$. 可从下式估计 $\mathrm{rad}(abc)=\mathrm{rad}(x^ny^nz^n)$：

$$\mathrm{rad}(x^ny^nz^n)=\mathrm{rad}(xyz)\leqslant xyz<z^3.$$

等式 $\mathrm{rad}(x^ny^nz^n)=\mathrm{rad}(xyz)$成立是因为整除 $x^ny^nz^n$ 的素数和整除 xyz 的素数是一样的. 上式中第一个不等式成立是因为 $\mathrm{rad}(m)\leqslant m$ 对任意正整数 m 成立，后一个不等式成立是因为 x 和 y 都是正数，并且 $x<z$，$y<z$.

现在应用 *abc* 猜想并注意到 $\max(|a|, |b|, |c|)=z^n$，于是对于任意实数 $\varepsilon>0$，都存在一个常数 $K(\varepsilon)>0$，使得

$$z^n\leqslant K(\varepsilon)(z^3)^{1+\varepsilon}.$$

如果令 $\varepsilon=1/6$，$n\geqslant 4$，则很容易得到 $n-3(1+\varepsilon)\geqslant n/8$. 进而可推出

$$z^n\leqslant K(1/6)^8,$$

其中 $K(1/6)$是对应于 $\varepsilon=1/6$ 的常数 $K(\varepsilon)$. 所以 $z\leqslant K(1/6)^{8/n}$. 因此，当 $n\geqslant 4$ 时，$x^n+y^n=z^n$ 的解 x，y，z 都小于一个固定的上界. 进而，该方程只存在有限个解. ◀

14.2 节习题

1. 证明：如果 x，y，z 构成一个毕达哥拉斯三元组，并且整数 $n>2$，那么 $x^n+y^n\neq z^n$.
2. 在命题"当 p 为奇素数时，$x^p+y^p=z^p$ 无非零整数解"成立的条件下，试证明费马大定理是定理 14.3 的推论.
3. 设 p 为素数，利用费马小定理(定理 7.3)证明：

   a) 如果 $x^{p-1}+y^{p-1}=z^{p-1}$，那么 $p\mid xyz$.

   b) 如果 $x^p+y^p=z^p$，那么 $p\mid(x+y-z)$.
4. ➤ 使用无穷下降法证明丢番图方程 $x^4-y^4=z^2$ 没有非零整数解.
5. 利用习题 4 证明：整数边长的直角三角形的面积不可能是完全平方数.
6. * 证明丢番图方程 $x^4+4y^4=z^2$ 没有非零整数解.
7. * 证明丢番图方程 $x^4+8y^4=z^2$ 没有非零整数解.
8. 证明丢番图方程 $x^4+3y^4=z^2$ 有无穷多解.
9. 求出丢番图方程 $y^2=x^4+1$ 的所有有理数解.

令 k 为一整数，$y^2=x^3+k$ 形式的丢番图方程被称为**巴舍方程**，它是以 17 世纪早期的法国数学家克劳德 · 巴舍(Claude Bachet)的名字命名的. 它也被称作是**莫德尔方程**，以英国数学家 Louis Mordell 的名字命名. 莫德尔在 20 世纪中叶研究了这些方程.

克劳德·葛斯派·巴舍·德梅齐里亚克(Claude Gaspar Bachet de Méziriac，1581—1638)出生于法国布雷斯地区的布尔格．他的父亲是位贵族，在省最高法院任职．他在萨伏依公国的耶稣会接受了早期教育．后来，他又在帕多瓦、里昂和米兰耶稣会学习．1601年，他进入米兰耶稣修道会教书．不幸的是，1602年他生病并离开了耶稣修道会．他决定依靠他在布雷斯地区的布尔格的庄园过悠闲的生活，那里的庄园给他提供了丰厚的收入．除了1619—1620年住在巴黎外，巴舍基本上住在他的庄园里．在巴黎的时候，他担任路易十三的家庭教师．然而，他决心投身于文学和数学，于是他匆忙离开了皇宫．

巴舍写了一些关于数学游戏的书．这些是几乎后来所有关于数学消遣书的基础．他发现了一种构造幻方的方法．巴舍在数论上的工作主要是丢番图方程．1612年，他出版了 *Problèmes plaisans et délectables, qui se font par les nombres* 一书，这是欧洲第一本讨论线性丢番图方程解的书．1621年，巴舍猜想每个正整数都可以写成四个整数的平方和．他对325以内的所有整数都进行了验证．1621年，巴舍讨论了现在以他的名字命名的丢番图方程．然而，他最出名的是将丢番图的希腊语著作 *Arithmetica* 翻译为拉丁语．就是在他那本书里，费马在空白处写下了我们现今称为是费马大定理的结论．巴舍1635年当选为法兰西院士．

巴舍另外也有一些文学作品发行，包括用法语、意大利语和拉丁语所写的一些诗歌、翻译的一些宗教作品和奥维德的作品，他还出版了一本名为 *Délices* 的法语诗歌选集．他于1620年与 Philiberte de Chabeu 结婚并育有7个子女．

10. 证明巴舍方程 $y^2=x^3-5$ 无整数解或者找出其所有整数解．
11. 证明巴舍方程 $y^2=x^3+16$ 无整数解或者找出其所有整数解．
12. 证明巴舍方程 $y^2=x^3+7$ 无解．(提示：先在方程两边各加1，再考虑模4的同余运算．)
*13. 证明巴舍方程 $y^2=x^3+23$ 无整数解 x 和 y．(提示：考虑此方程模4的同余运算．)
*14. 证明巴舍方程 $y^2=x^3+45$ 无整数解 x 和 y．(提示：考虑此方程模8的同余运算．)
15. 证明：在毕达哥拉斯三元组中，至多存在一个平方数．
16. 对于丢番图方程 $x^2+y^2=z^3$，证明：由任意正整数 k，可由它构造出一组解 $x=3k^2-1$，$y=k(k^2-3)$ 和 $z=k^2+1$，进而证明该方程有无穷多组整数解．
17. 这道习题是索菲·热尔曼于1805年所证的一个定理．假设有奇素数 p 和 q，使得只要整数 x，y，z 满足 $x^n+y^n+z^n\equiv 0 \pmod p$，就有 $p\mid xyz$．进一步假设同余方程 $w^n\equiv q \pmod p$ 无解．请证明：如果整数 x，y，z 满足 $x^n+y^n+z^n=0$，那么就有 $q\mid xyz$．
18. 证明丢番图方程 $w^3+x^3+y^3=z^3$ 有无穷多个非平凡解．(提示：令 $w=9zk^4$，$x=z(1-9k^3)$，$y=3zk\times(1-3k^3)$，其中 z 和 k 都是非零整数．)
19. 能否找到四个连续的正整数，使得前三个数的三次方之和等于第四个数的三次方？
20. 证明丢番图方程 $w^4+x^4=y^4+z^4$ 有无穷多个非平凡解．(提示：欧拉通过设 $w=m^7+m^5n^2-2m^3n^4+3m^2n^5+mn^6$，$x=m^6n-3m^5n^2-2m^4n^3+m^2n^5+n^7$，$y=m^7+m^5n^2-2m^3n^4-3m^2n^5+mn^6$，$z=m^6n+3m^5n^2-2m^4n^3+m^2n^5+n^7$ 证明了该命题，其中 m，n 为正整数．如你有计算机代数系统则在此处会很有用．)
21. 证明丢番图方程 $3^n-2^m=-1$ 的唯一正整数解为 $m=2$，$n=1$．
22. 证明丢番图方程 $3^n-2^m=1$ 的唯一正整数解为 $m=3$，$n=2$．
23. 丢番图方程 $x^2+y^2+z^2=3xyz$ 被称为马尔可夫(Markov)方程．以俄国数学家 Andrey Andreyevich Markov 的名字命名．

a) 证明：如果 $x=a$，$y=b$ 和 $z=c$ 是马尔可夫方程的解，那么 $x=a$，$y=b$ 和 $z=3ab-c$ 为其另一组解.

* b) 证明：马尔可夫方程的每一组正整数解都能从解 $x=1$，$y=1$，$z=1$ 开始通过 a)中的公式迭代产生.

* 24. 将 abc 猜想应用到卡塔兰方程 $x^m-y^n=1$ 中，以得到卡塔兰猜想的局部解，其中整数 m 和 n 都大于或等于 2.

* 25. 应用 abc 猜想证明：当次数足够大时，比尔猜想中的相应方程无解.

26. 应用 abc 猜想证明连续的重因子数三元组是有限多的.（n 被称为重因子数，如果素数 p 整除 n，则 p^2 也能整除 n.）

27. 应用 abc 猜想证明满足 n^3+1 为重因子数的 n 是有限多的.（n 被称为重因子数，如果素数 p 整除 n，则 p^2 也能整除 n.）

计算和研究

1. 欧拉曾经猜想：少于 n 个非零整数的 n 次幂之和不可能等于一个整数的 n 次幂. 通过找到四个整数使其五次幂之和等于另一个整数的五次幂来说明该猜想是不对的(1966 年由兰德(Lander)和帕金(Parkin)证明了这一点). 你能找出更多的反例吗?
2. 任给一个正整数 n，尽可能多地找出 n 次幂之和相等的数对.

程序设计

1. 设正整数 a，b，c 均大于或等于 3，搜寻满足方程 $x^a+y^b=z^c$ 的两两互素的整数 x，y，z.
2. 生成丢番图方程 $x^2+y^2=z^3$ 的解(参见习题 16).
3. 生成丢番图方程 $w^3+x^3+y^3=z^3$ 的解(参见习题 18).
4. 任给一个正整数 k，寻找巴舍方程 $y^2=x^3+k$ 的整数解.
5. 生成习题 23 中所定义的马尔可夫方程的解.

14.3 平方和

历史上数学家一直对将整数表示为整数的平方和这个问题很感兴趣. 这些数学家中，丢番图、费马、欧拉和拉格朗日等对该问题做出了重要贡献. 在本节中，我们将讨论两个这样的问题：哪些整数可以表示成两个整数的平方和? 能够使得任意正整数表示成 n 个整数的平方和的最小的 n 是多少?

首先考虑第一个问题. 并不是所有的正整数都能表示为两个整数的平方和. 事实上，如果 n 是 $4k+3$ 这样的形式，那么它就不能表示为两个整数的平方和. 这是因为对于任意整数 a，都有 $a^2\equiv 0$ 或 $1 \pmod 4$，进而 $x^2+y^2\equiv 0, 1, 2 \pmod 4$，如我们在第 6 章中证明的.

为了推测哪些整数能表示为两个整数的平方和，我们首先检验一些小的正整数.

例 14.6 在前 20 个正整数中，我们有

$1=0^2+1^2$，
$2=1^2+1^2$，
3 不是两个整数的平方和，
$4=2^2+0^2$，
$5=2^2+1^2$，
6 不是两个整数的平方和，
7 不是两个整数的平方和，

11 不是两个整数的平方和，
12 不是两个整数的平方和，
$13=3^2+2^2$，
14 不是两个整数的平方和，
15 不是两个整数的平方和，
$16=4^2+0^2$，
$17=4^2+1^2$，

$8=2^2+2^2$，	$18=3^2+3^2$，
$9=3^2+0^2$，	19 不是两个整数的平方和，
$10=3^2+1^2$，	$20=2^2+4^2$. ◀

从例 14.6 中，我们并不能明显地看出哪些整数可以写成两个整数的平方和.（你能从那些无法表示为两个整数的平方和的数中找到一些规律吗？）

现在开始证明一个整数能否表示成两个整数的平方和，取决于这个整数的素因子分解. 这有两个原因：第一，两个整数如果都能表示为两个整数的平方和，那么它们的乘积也能表示为两个整数的平方和；第二，一个素数可以表示为两个整数的平方和当且仅当它不是 $4k+3$ 的形式. 我们将证明这两个结论，然后给出一个定理及其证明，它能够指出哪些整数可以表示为两个整数的平方和.

能够表示成两个整数平方和的整数的乘积仍然可以表示为两个整数的平方和，这个定理的证明基于一个重要的代数恒等式，在本节中我们将多次使用.

定理 14.4 *如果 m 和 n 都可以表示为两个整数的平方和，那么 mn 同样也可以表示为两个整数的平方和.*

证明 令 $m=a^2+b^2$ 且 $n=c^2+d^2$. 那么有

$$mn=(a^2+b^2)(c^2+d^2)=(ac+bd)^2+(ad-bc)^2. \tag{14.2}$$

读者可以通过将上式两边展开很容易地验证等式成立. ■

注 我们也可以用复数来证明该定理. 若 $m=a^2+b^2$，则 $m=(a+bi)(a-bi)$，同样若 $n=c^2+d^2$，则 $n=(c+di)(c-di)$. 故有

$$\begin{aligned}mn&=(a+bi)(c+di)(a-bi)(c-di)\\&=((ac-bd)+(ad+bc)i)((ad-bc)-(ac+bd)i)=(ac+bd)^2+(ad-bc)^2.\end{aligned}$$

例 14.7 因为 $5=2^2+1^2$，$13=3^2+2^2$，故由式(14.2)可得

$$\begin{aligned}65=5\cdot13&=(2^2+1^2)(3^2+2^2)\\&=(2\cdot3+1\cdot2)^2+(2\cdot2-1\cdot3)^2=8^2+1^2.\end{aligned}$$ ◀

一个非常重要的结论是：每一个 $4k+1$ 形式的素数都可以表示为两个整数的平方和. 为证明这个结论，我们需要下面的引理.

引理 14.4 *如果 p 是一个 $4m+1$ 形式的素数，其中 m 是整数，那么存在整数 x 和 y，使得 $x^2+y^2=kp$ 对于某个小于 p 的正整数 k 成立.*

证明 由定理 12.5 知，-1 是 p 的二次剩余. 因此存在整数 a，$a<p$，使得 $a^2\equiv-1\pmod p$，从而存在某个正整数 k，使得 $a^2+1=kp$ 成立. 因此，$x^2+y^2=kp$，其中 $x=a$，$y=1$. 由不等式 $kp=x^2+y^2\leqslant(p-1)^2+1<p^2$ 可知 $k<p$. ■

现在可以证明下面的定理了，它将告诉我们，不是 $4k+3$ 形式的所有素数都可以表示成两个整数的平方和.

定理 14.5 *如果 p 不是 $4k+3$ 形式的素数，那么存在整数 x 和 y 使得 $x^2+y^2=p$.*

证明 注意到 2 可以表示成两个整数的平方和，即 $1^2+1^2=2$. 现在，假设素数 p 是 $4k+1$ 的形式. 令 m 是使得 $x^2+y^2=mp$ 有整数解 x 和 y 的最小正整数. 由引理 14.4 可知，m 存在并且 $m<p$. 由良序性可知，使得 $x^2+y^2=mp$ 有整数解的最小正整数是存在的. 下面将证明 $m=1$.

假设 $m>1$，定义

$$a \equiv x \pmod m, \quad b \equiv y \pmod m$$

并且

$$-m/2 < a \leqslant m/2, \quad -m/2 < b \leqslant m/2.$$

于是 $a^2+b^2 \equiv x^2+y^2=mp \equiv 0 \pmod m$. 因此存在整数 k，使得

$$a^2+b^2=km.$$

我们有

$$(a^2+b^2)(x^2+y^2)=(km)(mp)=km^2p.$$

由式(14.2)，有

$$(a^2+b^2)(x^2+y^2)=(ax+by)^2+(ay-bx)^2.$$

进一步，由于 $a \equiv x \pmod m$，$b \equiv y \pmod m$，所以

$$ax+by \equiv x^2+y^2 \equiv 0 \pmod m$$
$$ay-bx \equiv xy-yx \equiv 0 \pmod m.$$

因此，$(ax+by)/m$ 和 $(ay-bx)/m$ 都是整数，于是

$$\left(\frac{ax+by}{m}\right)^2+\left(\frac{ax-by}{m}\right)^2=km^2p/m^2=kp$$

是两个整数的平方和. 如果能够证明 $0<k<m$，那么就与 m 是使得 $x^2+y^2=mp$ 有整数解的最小正整数矛盾. 我们知道 $a^2+b^2=km$，其中 $-m/2<a \leqslant m/2$，$-m/2<b \leqslant m/2$. 因此 $a^2 \leqslant m^2/4$，$b^2 \leqslant m^2/4$. 于是

$$0 \leqslant km=a^2+b^2 \leqslant 2(m^2/4)=m^2/2.$$

进而 $0 \leqslant k \leqslant m/2$，这样就有 $k<m$. 最后剩下的部分是要证明 $k \neq 0$. 如果 $k=0$，就有 $a^2+b^2=0$. 于是 $a=b=0$，故 $x \equiv y \equiv 0 \pmod m$，即 $m \mid x$，$m \mid y$. 又因为 $x^2+y^2=mp$，所以 $m^2 \mid mp$，进而 $m \mid p$. 因为 m 小于 p，所以 $m=1$. 这样就完成了证明. ■

现在，我们可以将各个部分组合在一起，从而证明根据正整数能否表示为两个整数的平方和对其分类的重要结论. 注意我们将在 15.3 节回过来讨论该问题，即研究正整数 n 被表示为两个整数平方和有多少种方式. 我们将在第 15 章中利用高斯整数来讨论这一问题.

定理 14.6　正整数 n 可以表示为两个整数的平方和，当且仅当 n 的每一个 $4k+3$ 形式的素因子在 n 的素因子分解式中为偶次方.

证明　设在 n 的素因子分解中没有 $4k+3$ 形式的素因子以奇次方出现. 我们将 n 写为 $n=t^2u$，其中 u 是素数的乘积. 没有 $4k+3$ 形式的素数在 u 中出现. 根据定理 14.5，u 中的每一个素因子都可以写为两个整数的平方和. 应用定理 14.4 若干次(比 u 中不同素因子的个数少一)，就可以将 u 写为两个整数的平方和，即

$$u=x^2+y^2.$$

进而 n 就可写为两个整数的平方和：

$$n=(tx)^2+(ty)^2.$$

接下来，假设存在一个素数 p，$p \equiv 3 \pmod 4$，它出现在 n 的素因子分解中，并且为奇次方，记其幂次为$(2j+1)$. 进一步，假设 n 能够表示为两个整数的平方和，即

$$n = x^2 + y^2.$$

令$(x, y)=d$，$a=x/d$，$b=y/d$，并且$m=n/d^2$．于是$(a, b)=1$，并且

$$a^2 + b^2 = m.$$

设 p^k 是使得 p 能够整除 d 的最大的幂，那么 m 被 $p^{2j-2k+1}$ 整除，这里 $2j-2k+1\geqslant 1$ 因为它是非负的；从而 $p|m$．我们知道 p 不整除 a，因为如果 p 整除 a，那么由 $b^2=m-a^2$ 可知 $p|b$，这与$(a, b)=1$矛盾．

所以，存在一个整数 z 使得 $az\equiv b(\bmod p)$．从而有

$$a^2 + b^2 \equiv a^2 + (az)^2 = a^2(1+z^2)(\bmod p).$$

由于 $a^2+b^2=m$ 并且 $p|m$，所以

$$a^2(1+z^2) \equiv 0(\bmod p).$$

因为$(a, p)=1$，所以 $1+z^2\equiv 0(\bmod p)$．这意味着 $z^2\equiv -1(\bmod p)$，但这是不可能的，因为由 $p\equiv 3(\bmod 4)$可知 -1 不可能是 p 的二次剩余．这个矛盾就说明 n 不能表示为两个整数的平方和．■

因为存在整数不能表示为两个整数的平方和，那么我们要问是否所有的正整数都可以表示为三个整数的平方和呢？答案是否定的，因为 7 就无法写为三个整数的平方和(读者可以自己验证)．由于三个整数的平方不满足，我们就考虑四个整数的平方．答案是肯定的，正如我们要证明的一样．费马曾写道他对此有一个证明，但是他从未发表(绝大多数的数学史学家相信他确实有一个证明)．欧拉虽然不能给出证明，但是他已经取得了实质性的进展．最终，在 1770 年，拉格朗日给出了第一个公开发表的证明．

证明每一个正整数都可以写为四个整数的平方和依赖于下面的定理，它表明任何两个能够分别写为四个整数的平方和的整数，它们的乘积也可以写为四个整数的平方和．作为与两个整数的平方和相对应的结论，在证明中我们将用到一个重要的代数恒等式．

定理 14.7　*如果正整数 m 和 n 都可以表示成四个整数的平方和，那么 mn 也可以表示成四个整数的平方和．*

证明　令 $m=a^2+b^2+c^2+d^2$，$n=e^2+f^2+g^2+h^2$，则 mn 也可以表示成四个整数的平方和是基于下面的代数恒等式：

$$\begin{aligned} mn &= (a^2+b^2+c^2+d^2)(e^2+f^2+g^2+h^2) \\ &= (ae+bf+cg+dh)^2 + (af-be+ch-dg)^2 + \\ &\quad (ag-bh-ce+df)^2 + (ah+bg-cf-de)^2. \end{aligned} \tag{14.3}$$

■

读者可以通过将所有项相乘(将右边展开)很容易地验证等式成立．

注　定理 14.7 可以利用整四元数来证明．整四元数是形如 $q=x+y\mathrm{i}+z\mathrm{j}+w\mathrm{k}$，其中 x，y，z，w 为整数，加法按四个分量来计算．乘法按照 $\mathrm{i}^2=\mathrm{j}^2=\mathrm{k}^2=-1$，$\mathrm{ij}=-\mathrm{ji}=\mathrm{k}$，$\mathrm{jk}=-\mathrm{kj}=\mathrm{i}$，以及 $\mathrm{ki}=-\mathrm{ik}=\mathrm{j}$ 来计算．该体系的乘法满足结合律，但非交换．定义 q 的共轭为 $\bar{q}=x-y\mathrm{i}-z\mathrm{j}-w\mathrm{k}$．如 p 和 q 均为整四元数，则直接验算可得 $\overline{pq}=\overline{q}\overline{p}$．定义 $q=x+y\mathrm{i}+z\mathrm{j}+w\mathrm{k}$ 的范数为 $N(q)=q\bar{q}=x^2+y^2+z^2+w^2$，则由共轭的乘法公式可得 $N(pq)=N(qp)$．由以上这些性质可得 $N(pq)=N(p)N(q)$．而显然一个整数是四个整数的平方和当且仅当其为某个整四元数的范数．故如 p 和 q 均为四个整数的平方和，则它们的积也是．

我们用一个例子来说明定理 14.7.

例 14.8 因为 $7=2^2+1^2+1^2+1^2$，$10=3^2+1^2+0^2+0^2$，由式(14.3)有

$$\begin{aligned}70&=7\cdot 10=(2^2+1^2+1^2+1^2)(3^2+1^2+0^2+0^2)\\&=(2\cdot 3+1\cdot 1+1\cdot 0+1\cdot 0)^2+(2\cdot 1-1\cdot 3+1\cdot 0-1\cdot 0)^2+\\&\quad(2\cdot 0-1\cdot 0-1\cdot 3+1\cdot 1)^2+(2\cdot 0+1\cdot 0-1\cdot 1-1\cdot 3)^2\\&=7^2+1^2+2^2+4^2.\end{aligned}$$

◀

下面开始证明每个素数都可以表示为四个整数的平方和. 首先给出一个引理.

引理 14.5 *如果 p 是一个奇素数，那么存在一个整数 k，$k<p$，使得*

$$kp=x^2+y^2+z^2+w^2$$

有整数解 x，y，z，w.

证明 首先证明存在整数 x 和 y，使得

$$x^2+y^2+1\equiv 0(\bmod p),$$

其中 $0\leqslant x<p/2$，$0\leqslant y<p/2$.

令

$$S=\left\{0^2,\ 1^2,\ \cdots,\ \left(\frac{p-1}{2}\right)^2\right\}$$

且

$$T=\left\{-1-0^2,\ -1-1^2,\ \cdots,\ -1-\left(\frac{p-1}{2}\right)^2\right\}.$$

S 中的任意两个元素都不是模 p 同余的(因为 $x^2\equiv y^2(\bmod p)$ 可以推出 $x\equiv\pm y(\bmod p)$). 同样，T 中的任意两个元素也都不是模 p 同余的. 显而易见，$S\cup T$ 中含有 $p+1$ 个不同的整数. 根据鸽笼原理，在这个并集中一定有两个整数模 p 同余. 也就是说，存在整数 x 和 y，使得 $x^2\equiv -1-y^2(\bmod p)$，其中 $0\leqslant x\leqslant(p-1)/2$，$0\leqslant y<(p-1)/2$. 我们有

$$x^2+y^2+1\equiv 0(\bmod p);$$

于是，存在某个整数 k，使得 $x^2+y^2+1^2+0^2=kp$. 由 $x^2+y^2+1\leqslant 2((p-1)/2)^2+1<p^2$，可知 $k<p$. ■

下面证明每一个素数都可以表示为四个整数的平方和.

注 读者可以比较一下定理 14.8 与定理 14.5 的证明框架.

定理 14.8 *设 p 是一个素数. 那么方程 $x^2+y^2+z^2+w^2=p$ 有整数解 x，y，z，w.*

证明 当 $p=2$ 时结论是正确的，因为 $2=1^2+1^2+0^2+0^2$. 现在假设 p 是一个奇素数，令 m 是使得 $x^2+y^2+z^2+w^2=mp$ 有整数解的最小的整数. (由引理 14.5 和良序性可知，这样的整数是存在的.)如果能够证明 $m=1$，那么定理得证. 为此，我们采用反证法，假设 $m>1$ 且找到了一个这样小的整数.

如果 m 是一个偶数，那么 x，y，z 和 w 或者同奇，或者同偶，或者两个为奇、两个为偶. 综合这几种情形，我们可以重排这些整数(如果需要的话)，使得 $x\equiv y(\bmod 2)$，$z\equiv w(\bmod 2)$. 这样一来，$(x-y)/2$，$(x+y)/2$，$(z-w)/2$，$(z+w)/2$ 都是整数，并且

$$\left(\frac{x-y}{2}\right)^2+\left(\frac{x+y}{2}\right)^2+\left(\frac{z-w}{2}\right)^2+\left(\frac{z+w}{2}\right)^2=(m/2)p.$$

这与 m 是使得 mp 表示成为四个整数的平方和的最小整数相矛盾.

接下来，设 m 是一个奇数，并且 $m>1$. 令 a，b，c，d 为整数，使得

$$a\equiv x(\bmod m),\quad b\equiv y(\bmod m),\quad c\equiv z(\bmod m),\quad d\equiv w(\bmod m),$$

并且

$$-m/2<a<m/2,\ -m/2<b<m/2,$$
$$-m/2<c<m/2,\ -m/2<d<m/2.$$

我们有

$$a^2+b^2+c^2+d^2\equiv x^2+y^2+z^2+w^2(\bmod m);$$

因此，存在某个整数 k 使得

$$a^2+b^2+c^2+d^2=km,$$

而且

$$0\leqslant a^2+b^2+c^2+d^2<4(m/2)^2=m^2.$$

因此，$0\leqslant k<m$. 如果 $k=0$，那么 $a=b=c=d=0$，进而 $x\equiv y\equiv z\equiv w\equiv 0(\bmod m)$. 由此可推出 $m^2\mid mp$，而这是不可能的，因为 $1<m<p$. 从而必有 $k>0$.

我们有

$$(x^2+y^2+z^2+w^2)(a^2+b^2+c^2+d^2)=mp\cdot km=m^2kp.$$

通过定理 14.7 证明中的恒等式，我们又有

$$(ax+by+cz+dw)^2+(bx-ay+dz-cw)^2+$$
$$(cx-dy-az+bw)^2+(dx+cy-bz-aw)^2=m^2kp.$$

上式左边的四项都可以被 m 整除，因为

$$ax+by+cz+dw\equiv x^2+y^2+z^2+w^2\equiv 0(\bmod m),$$
$$bx-ay+dz-cw\equiv yx-xy+wz-zw\equiv 0(\bmod m),$$
$$cx-dy-az+bw\equiv zx-wy-xz+yw\equiv 0(\bmod m),$$
$$dx+cy-bz-aw\equiv wx+zy-yz-xw\equiv 0(\bmod m).$$

令 X，Y，Z 和 W 是这些数除以 m 所得的整数，即

$$X=(ax+by+cz+dw)/m,$$
$$Y=(bx-ay+dz-cw)/m,$$
$$Z=(cx-dy-az+bw)/m,$$
$$W=(dx+cy-bz-aw)/m.$$

这样就有

$$X^2+Y^2+Z^2+W^2=m^2kp/m^2=kp.$$

但是，这就与 m 的定义相矛盾了，因此 m 一定等于 1. ■

我们现在就可以给出并证明这个有关整数表示为四个整数平方和的基本定理了.

定理 14.9 每一个正整数都可以表示为四个整数的平方和.

证明 假设 n 是一个正整数. 通过算术基本定理，n 可以表示为素数的乘积. 由定理 14.8，它的每一个素因子都可以写为四个整数的平方和. 反复应用定理 14.7 足够多次，就得到 n 也为四个整数的平方和. ■

我们已经证明了每一个正整数可以写成四个整数的平方和. 正如前面所提到的，这个

定理最早是由拉格朗日于 1770 年证明的. 大约在同一时间，英国数学家爱德华・华林(Edward Waring)将这个问题进行了推广. 他提出但并未证明以下结论：每一个正整数都可以表示为 9 个非负整数的三次方和，还可以表示成为 19 个非负整数的四次方和，等等. 我们以下面这种方式来表达这个猜想.

爱德华・华林(Edward Waring，1736—1798)出生于英格兰什罗普郡的老城. 他的父亲是那里的一个农场主. 年轻时他在什鲁斯伯里学院就读. 1753 年进入剑桥莫德琳学院并获得了一个勤工俭学的机会以减免学费. 他的数学天赋很快引起了老师的注意. 1754 年他被推选为学院的研究生，1757 年毕业. 由于他的非凡成就，1759 年他被提名为剑桥卢卡斯数学教授. 在 John Wilson 的帮助下，他平息了剑桥圣约翰学院的 William Powell 在一本小册子里对他数学能力的质疑，1760 年仅 23 岁的他正式当选为卢卡斯教授.

华林最重要的著作是《代数沉思录》(*Meditationes algebraicae*)，内容包含了方程理论、数论、几何学等方面. 在这本书中他对抽象代数的一部分早期理论做出了重要的贡献，他的结论现在被称为伽罗瓦理论(Galois theory). 在书中他还不加证明地提出了一个命题，那就是每个整数都可写成不超过 9 个数的立方和，每个整数都可写成不超过 19 个数的四次方和，如此等等，这个结论我们现在称为华林定理(Waring's theorem). 为了表彰他在《代数沉思录》中的贡献，华林在 1763 年当选为英国皇家学会成员. 然而因为这本书主题太深奥了而且华林又不善表达、使用的记号难懂，所以很少有学者读过这本书.

令人惊讶的是，华林在担任数学教授的同时也学习医学，于 1767 年获得医学博士学位，在 1770 年放弃行医之前，他在几所医院短期实习过. 他在医学上没有获得成功的主要原因是他容易害羞且视力不佳. 华林在当数学教授的时候还能继续从事医学活动，是因为他不需要讲数学课. 事实上，华林以不善表达闻名，他的书写基本上没人能看懂. 遗憾的是，这种缺点在数学教授中并不少见!

1776 年华林与玛丽・奥斯维尔(Mary Oswell)结婚. 他和妻子在什鲁斯伯里住了一段时间，但是他的妻子不喜欢这个地方. 他们后来搬到了华林乡下的庄园.

与华林同时代的人认为他是一个自负和谦虚的结合体，不过自负占大部分. 尽管他的不善表达限制了他在活着的时候进一步提高他的名声，但人们还是认为他是当时最伟大的英国数学家之一. 在晚年的时候，他深陷于宗教性的抑郁中并且变得神经质，这使得他有几个奖项没能接受.

华林问题 如果 k 是一个正整数，那么是否存在整数 $g(k)$ 使得每一个正整数都可以写为 $g(k)$ 个非负整数的 k 次幂之和，且是否有比 $g(k)$ 小的整数满足这个条件?

拉格朗日定理告诉我们，$g(2)=4$(因为不存在整数能表示为三个整数的平方和). 19 世纪，数学家证明了对于 $3\leqslant k\leqslant 8$ 和 $k=10$ 的情形，这样的整数 $g(k)$ 是存在的. 直到 1906 年才由大卫・希尔伯特证明，对于每一个正整数 k，都存在一个常数 $g(k)$，使得每一个正整数都可以表示为 $g(k)$ 个非负整数的 k 次幂之和. 希尔伯特的证明非常复杂，而且不是构造性的，所以他没有给出计算 $g(k)$ 的公式. 现在已知 $g(3)=9$，$g(4)=19$，$g(5)=37$，并且对于 $6\leqslant k\leqslant 471\,600\,000$，有

$$g(k)=[(3/2)^k]+2^k-2.$$

这些公式的证明依赖于解析数论中的非初等结果. 而关于 $g(k)$，仍然还有很多没有解决的问题.

虽然每一个正整数都可以写成 9 个整数的三次方之和的形式，但是，不能表示成 8 个正整数的三次方之和的数只有两个：23 和 239. Kent D. Boklan 和 Noam D. Elkies 在 2010 年证明了每个大于 454 的整数至多可用 7 个的立方数和来表示. 这种观察可以引出函数 $G(k)$的定义：所有足够大的正整数都可以表示成至多 $G(k)$个整数的 k 次方的和. 由前面的叙述可知，$G(3)\leqslant 7$. 同样，不难得知 $G(3)\geqslant 4$，因为没有满足 $n\equiv\pm 4 \pmod 9$的正整数 n 可以表示为 3 个正整数的三次方之和(见习题 22). 这样就有 $4\leqslant G(3)\leqslant 7$. 可能让你大吃一惊的是，现在我们还不知道 $G(3)$到底是等于 4，5，6，7 中的哪一个. $G(k)$的值是非常难以确定的，现在唯一已知的两个 $G(k)$是 $G(2)=4$ 和 $G(4)=16$. 当 $k=5$，6，7，8 时，已知的关于 $G(k)$的最好的不等式为：$6\leqslant G(5)\leqslant 17$，$9\leqslant G(6)\leqslant 24$，$8\leqslant G(7)\leqslant 32$，$32\leqslant G(8)\leqslant 42$.

有兴趣的读者可以从[Le74]等众多的文献中了解华林问题的最新结果. 翁德利希(Wunderlich)和库比纳(Kubina)的一篇文章[WuKu90]给出了这一公式中 $g(k)$的上限.

三个立方数的和

正整数 n 若模 9 同余于 4 或 5，则不是 3 个立方数的和(参看习题 22). 但是否其余的整数为三个数立方和仍然悬而未决(此处的立方可以是负整数，这一点与华林问题不同). 例如，很久以来就知道 3 有两种表达，即 $3=1^3+1^3+1^3=4^3+4^3+(-5)^3$. 在过去的 20 年里，人们对将 1 000 以内的整数表示为三个数立方和投入了巨量的努力和计算时间. 目前，小于 1 000 且模 9 不同余于 4 或 5 还不能确定是否为三个数立方和的数有 114，390，627，633，732，921 以及 975. 2019 年人们费了很大力气才确定模 9 不同余于 4 或 5 的数 33 和 42 可表为三个数立方和，即

$$33=8\,866\,128\,975\,287\,528^3+(-8\,778\,405\,442\,862\,239)^3+(-2\,736\,111\,468\,807\,040)^3$$

(由英国数学家 Andrew Booker 发现)

$$42=(-80\,538\,738\,812\,075\,974)^3+80\,435\,758\,145\,817\,515^3+1\,260\,212\,329\,733\,563^3$$

(由 Andrew Booker 和美国数学家 Andrew Sutherland 发现).

找出 42 的这个表达式耗费了上百万小时的计算机时间. 这些数值在 YouTube 的 *Numberphile* 栏目以及许多流行杂志和学术杂志上都有重点报道.

寻找 3 的第三个三个数立方和的表示也耗费了巨量的计算. 最终由 Booker 和 Sutherland 得到：

$$3=569\,936\,821\,221\,962\,380\,720^3+(-569\,936\,821\,113\,563\,493\,509)^3+(-472\,715\,493\,453\,327\,032)^3.$$

3 的第三个三个数立方和表示的存在也回答了英国数论学家莫德尔(Louis Mordell)于 1953 年所提的问题.

确定更多的数是否为三个数立方和需要巨量的计算机时间和灵巧的系统搜寻策略.

14.3 节习题

1. 已知 $13=3^2+2^2$，$29=5^2+2^2$ 和 $50=7^2+1^2$，将下列整数写为两个整数的平方和.

a) $377=13\cdot29$　　b) $650=13\cdot50$
c) $1\,450=29\cdot50$　　d) $18\,850=13\cdot29\cdot50$

2. 判断下列各整数能否写为两个整数的平方和.
a) 19　b) 25　c) 29　d) 45　e) 65
f) 80　g) 99　h) 999　i) 1 000

3. 将下列各整数表示为两个整数的平方和.
a) 34　b) 90　c) 101　d) 490　e) 21 658　f) 324 608

4. 证明：一个正整数可以表示为两个整数的平方差当且仅当该整数不是 $4k+2$ 的形式，其中 k 为整数.

5. 如果可能的话，将下列正整数表示为三个整数的平方和.
a) 3　b) 90　c) 11　d) 18　e) 23　f) 28

6. 证明：若一个正整数 n 是 $8k+7$ 的形式，其中 k 为整数，那么 n 不能表示为三个整数的平方和.

7. 证明：若一个正整数 n 是 $4^m(8k+7)$ 的形式，其中 k，m 为非负整数，那么 n 不能表示为三个整数的平方和.

8. 证明或者推翻命题：若两个整数都可以表示为三个整数的平方和，那么这两个整数的和也可以表示为三个整数的平方和.

9. 已知 $7=2^2+1^2+1^2+1^2$，$15=3^2+2^2+1^2+1^2$ 并且 $34=4^2+4^2+1^2+1^2$，将下列整数写为四个整数的平方和.
a) $105=7\cdot15$　　b) $510=15\cdot34$
c) $238=7\cdot34$　　d) $3\,570=7\cdot15\cdot34$

10. 将下列整数写为四个整数的平方和.
a) 6　b) 12　c) 21　d) 89　e) 99　f) 555

11. 证明：每一个大于或等于 170 的整数 n 都可以表示为五个正整数的平方和.（提示：将 $m=n-169$ 写为四个整数的平方和，并且注意到 $169=13^2=12^2+5^2=12^2+4^2+3^2=10^2+8^2+2^2+1^2$.）

12. 证明：不能表示为五个正整数的平方和的正整数只有 1，2，3，4，6，7，9，10，12，15，18，33.（提示：运用习题 11，证明以上整数无法按照上述要求表达，并且证明所有小于 170 的正整数都可以按照上述要求表达.）

* 13. 证明：存在任意大的正整数不能表示为四个正整数的平方和.

我们在习题 14 和习题 15 中给出定理 14.5 的另一个证明的概要.

* 14. 证明：如果 p 为一个素数，并且整数 a 不能被 p 整除，那么存在整数 x 和 y，使得 $ax\equiv y \pmod p$，其中 $0<|x|<\sqrt{p}$，$0<|y|<\sqrt{p}$. 这个结果被称为图厄引理，是以挪威数学家图厄(Axel Thue)的名字命名的.（提示：应用鸽笼原理证明：存在两个形如 $au-v$ 的整数，其中 $0\leqslant|u|\leqslant[\sqrt{p}]$，$0\leqslant|v|\leqslant[\sqrt{p}]$，它们模 p 同余. 分别由 u 和 v 的两个值构造出 x 和 y.）

阿克塞尔·图厄(Axel Thue，1863—1922)出生于挪威滕斯贝格. 1889 年在奥斯陆大学获得博士学位. 1891 年到 1894 年，他在莱比锡和柏林师从德国数学家索菲斯·李(Sophus Lie)，1903 年到 1922 年他在奥斯陆大学担任应用力学教授. 图厄是现被称为文字组合这一领域的主要贡献者. 图厄第一个研究了通过有限的字母表构造一个无限的序列，使得这个序列不包含两个相邻的相同字符串. 后来席格(Siegel)和罗斯(Roth)发展了他的关于代数数的逼近理论. 根据他的结论，他证明了某些特定的丢番图方程(如 $y^3-2x^3=1$)有有限个解. 艾德蒙·朗道(Edmund Landau)评价图厄的逼近理论是“我所知道的初等数论中最重要的发现”.

15. 由习题 14 证明定理 14.5.（提示：证明存在整数 a，使得 $a^2\equiv -1 \pmod p$. 然后对 a 使用图厄引理.）
16. 证明：23 可以表示为 9 个非负整数的三次方之和，但是无法表示为 8 个非负整数的三次方之和.

习题 17～21 给出了 $g(4)\leqslant 50$ 的一个初等证明.

17. 证明

$$\sum_{1\leqslant i<j\leqslant 4}((x_i+x_j)^4+(x_i-x_j)^4)=6\Big(\sum_{k=1}^{4}x_k^2\Big)^2.$$

（提示：考虑恒等式$(x_i+x_j)^4+(x_i-x_j)^4=2x_i^4+12x_i^2x_j^2+2x_j^4$.）

18. 根据习题 17 证明：每一个形如 $6n^2$ 的整数都可以写为 12 个整数的 4 次幂之和，其中 n 为正整数.
19. 由习题 18 和每一个正整数都可以表示为 4 个整数的平方和的事实，证明每一个形如 $6m$ 的正整数都可以写为 48 个整数的 4 次幂之和.
20. 证明：0，1，2，81，16，17 构成一个模 6 的完全剩余系，并且这些数都可以表示为至多两个整数的 4 次幂之和. 由此，证明任意一个大于 81 的整数 n 都可以写为 $6m+k$ 的形式，其中 m 是正整数，k 是上述剩余系中的元素. 进一步，由此推出任意一个小于 81 的整数都可以表示为 50 个整数的 4 次幂之和.
21. 证明：每一个小于或等于 81 的正整数 n 都可以表示为至多 50 个整数的 4 次幂之和.（提示：对于 $51\leqslant n\leqslant 81$ 的情形，令前三项都为 2^4.）由此，结合习题 20 推出 $g(4)\leqslant 50$.
22. 证明：形如 $n\equiv \pm 4 \pmod 9$的正整数 n 无法表示为 3 个整数的三次方之和.
23. 证明所有将 0 表为三个整数立方和的形式都是形如 $x^3+(-x)^3+0^3=0$，其中 x 为整数.
24. a) 先证明德国数学家 Kurt Mahler 于 1936 年给出的恒等式：$(9b^4)^3+(3b-9b^4)^3+(1-9b^3)^3=1$，其中 b 为任意正整数. 然后由此证明 1 有无穷多的方式表示为三个整数的立方和.
    b) 先证明 A. S. Verebrusov 于 1908 年给出的恒等式：
    $(1+6c^3)^3+(1-6c^3)^3+(-6c^2)^3=2$，其中 c 为任意正整数. 然后由此证明 2 有无穷多的方式表示为三个整数的立方和.
25. 证明：如果正整数 n 满足 $n\equiv 15 \pmod{16}$，那么 n 就无法表示为少于 15 个整数的 4 次幂之和. 进而证明 $G(4)\geqslant 15$.
26. 利用 31 无法表示为 15 个整数的 4 次幂之和的事实及无穷下降法，证明：具有 $31\cdot 16^m$ 形式的正整数无法表示为 15 个整数的 4 次幂之和.（提示：假设 $\sum\limits_{i=1}^{15}x_i^4=31\cdot 16^m$. 证明 x_i 必为偶数，进而有 $\sum\limits_{i=1}^{15}(x_i/2)^4=31\cdot 16^{m-1}$.）

计算和研究

1. 找出所有小于 100 的整数表示为两个整数的平方和的不同方式的个数.（计$(\pm x)^2+(\pm y)^2$ 为四次，每一次对应于不同的正负号组合.）根据你的发现提出一个猜想.
2. 根据数值观察，提出一个关于正整数能够表示为 3 个整数的平方和的猜想.（务必参考习题 7.）
3. 对于 $n=2，3，4，5$ 的情况，研究哪些正整数可以表示为 n 个非负整数的立方和.
4. 找出 2 的三个整数立方和表达式，要求不同于习题 24b)中给出的式子.

第 n 个的士数 $\mathrm{Ta}(n)$也常被称为第 n 个哈代-拉马努金数，是最小的能用 n 种方式表示为两个正整数立方和形式的整数. 例如因 $1^3+1^3=2$，故 $\mathrm{Ta}(1)=2$.

5. 验证拉马努金告诉哈代的结论 $\mathrm{Ta}(2)=1\,729$.（在哈代去医院看望拉马努金时，哈代告诉他自己得到的士数 1 729，但觉得这个数没啥意义. 后者回答说并非如此，因为 1 729 是最小的能用 2 种方式表示为两个正整数立方和形式的整数.）
6. 计算 $\mathrm{Ta}(3)$.

程序设计

* 1. 确定一个正整数 n 是否可以表示为两个整数的平方和，如果可以的话，给出其具体的表示形式.
* 2. 给定一个正整数 n，将 n 表示为四个整数的平方和.

14.4 佩尔方程

在本节中，我们将研究形如

$$x^2-dy^2=n \tag{14.4}$$

的丢番图方程，其中 d 和 n 是固定的整数. 当 $d<0$，$n<0$ 时，式(14.4)无解. 当 $d<0$，$n>0$ 时，最多存在有限个解，因为方程 $x^2-dy^2=n$ 意味着 $|x|\leqslant\sqrt{n}$，$|y|\leqslant\sqrt{n/|d|}$. 并且，当 d 是一个平方数时，不妨设 $d=D^2$，那么

$$x^2-dy^2=x^2-D^2y^2=(x+Dy)(x-Dy)=n.$$

因此，当 d 是一个平方数时，式(14.4)的任何一个解都对应于方程组

$$x+Dy=a$$
$$x-Dy=b$$

的联立解，其中，整数 a，b 满足 $n=ab$. 在这种情形下，原方程仅有有限多个解，因为对于 $n=ab$ 的每一种因子分解方式，上述方程组至多有一个整数解.

在本节余下的部分中，我们将把兴趣转向丢番图方程 $x^2-dy^2=n$，其中 d 和 n 是整数，d 是正整数并且不是平方数. 正如下面的定理所要表明的，$\sqrt{d}$ 的简单连分数对于研究该方程将发挥举足轻重的作用.（第 13 章介绍了连分数的有用背景知识.）

定理 14.10 令 d 和 n 为整数，$d>0$，并且 d 不是平方数，$|n|<\sqrt{d}$. 如果 $x^2-dy^2=n$，那么 x/y 就是 $\sqrt{d}$ 的简单连分数的一个收敛子.

证明 首先考虑 $n>0$ 的情况. 注意只须考虑 $x>0$. $y>0$. 因为 $x^2-dy^2=n$，所以有

$$(x+y\sqrt{d})(x-y\sqrt{d})=n. \tag{14.5}$$

由式(14.5)，我们有 $x-y\sqrt{d}>0$，进而 $x>y\sqrt{d}$. 所以

$$\frac{x}{y}-\sqrt{d}>0,$$

并且由 $0<n<\sqrt{d}$ 可得

$$\begin{aligned}\frac{x}{y}-\sqrt{d}&=\frac{(x-\sqrt{d}\,y)}{y}\\&=\frac{x^2-dy^2}{y(x+y\sqrt{d})}\\&<\frac{n}{y(2y\sqrt{d})}\\&<\frac{\sqrt{d}}{2y^2\sqrt{d}}\end{aligned}$$

$$=\frac{1}{2y^2}.$$

因为 $0<\frac{x}{y}-\sqrt{d}<\frac{1}{2y^2}$，故定理 13.19 表明 x/y 就是$\sqrt{d}$的简单连分数的一个收敛子.

当 $n<0$ 时，将等式 $x^2-dy^2=n$ 两边同除以 $-d$，得

$$y^2-(1/d)x^2=-n/d,$$

类似 $n>0$ 的情形，y/x 是 $1/\sqrt{d}$ 的简单连分数展开式的一个收敛子. 因此，由 13.3 节的习题 5，我们知道 $x/y=1/(y/x)$ 一定是 $\sqrt{d}=1/(1/\sqrt{d})$ 的简单连分数的一个收敛子. ■

丢番图方程 $x^2-dy^2=n$ 在 $n=1$ 的特殊情形称为佩尔方程，它以约翰·佩尔(John Pell)的名字命名. 尽管佩尔在他那个时代的数学界里有着重要的地位，但是对于求解这个以他名字命名的方程，他的贡献并不大. 求解这个方程的历史十分漫长. 一些特定的佩尔方程早在阿基米德和丢番图的工作中就已经被讨论过了. 而且在 12 世纪，印度数学家婆什迦罗(Bhaskara)给出了一种求解佩尔方程的方法. 后来，在一封写于 1657 年的信中，费马将"证明方程 $x^2-dy^2=1$ 存在无穷多个整数解，其中 d 为大于 1 的正整数，并且不是平方数"这个问题摆在了"全欧洲数学家"的面前. 不久，英国数学家沃利斯(Wallis)和布龙克尔(Brouncker)提出了一种求解方法，但是没有证明出该方法切实可行. 在一篇 1767 年发表的论文中，欧拉给出了证明该定理所需要的全部理论，在 1768 年，拉格朗日发表了相应的证明. 沃利斯、布龙克尔、欧拉和拉格朗日所使用的方法都与$\sqrt{d}$的连分数的使用有着紧密的联系. 我们将给出如何通过连分数来求解佩尔方程的方法. 特别地，我们将应用定理 14.10 和定理 13.24 来求出佩尔方程和相关方程 $x^2-dy^2=-1$ 的所有解. 若想了解关于佩尔方程的更多信息，可以参阅[Ba03]，这是一本专门讲述佩尔方程的著作.

现在，在 $|n|<\sqrt{d}$ 的情况下，通过$\sqrt{d}$的简单连分数展开式的收敛子，我们给出了丢番图方程 $x^2-dy^2=n$ 的解. 下面重新叙述定理 13.24，用 d 代替 n，因为这将帮助我们使用收敛子来找到丢番图方程的解.

定理 13.24 设 d 为一个正整数，并且不是完全平方数. 定义 $\alpha_k=(P_k+\sqrt{d})/Q_k$，$a_k=[\alpha_k]$，$P_{k+1}=a_kQ_k-P_k$，$Q_{k+1}=(d-P_{k+1}^2)/Q_k$，$k=0, 1, 2, \cdots$，其中 $\alpha_0=\sqrt{d}$. 进一步，令 p_k/q_k 表示$\sqrt{d}$的简单连分数展开式的第 k 个收敛子. 那么，

$$p_k^2-dq_k^2=(-1)^{k-1}Q_{k+1}.$$

约翰·佩尔(John Pell，1611—1683)是一位牧师的儿子，出生于英格兰苏塞克斯，就读于剑桥三一学院. 他成为一名教师而不是像他父亲期待的那样进入教会. 在语言学和数学上崭露头角后，他在阿姆斯特丹大学获得了一个职位. 他一直待在那里，直到在奥伦治亲王的邀请下，他加入了一所在布雷达的新大学. 佩尔在数学方面的著作包括一本名为《数学的思想》(*Idea of Mathematics*)的书，还有许多小册子和文章. 他和当时的一些一流数学家都有过通信，包括微积分的创始人莱布尼茨和牛顿. 欧拉把 $x^2-dy^2=1$ 称为"佩尔方程"是因为在他熟悉的一本书中，佩尔推广了一些其他数学家求解方程 $x^2-12y^2=n$ 的工作.

佩尔后来加入了外交使团. 他在瑞士担任过奥利弗·克伦威尔(Oliver Cromwell)的发言人，1654年进入英国外交部. 最终他决定成为一位教士，并于1661年接受了神职，伦敦主教推荐他为牧师. 不幸的是，直到去世，他都一直生活在赤贫中.

婆什迦罗(Bhaskara，1114—1185)出生于印度迈索尔邦的比贾布尔. 婆什迦罗是乌贾因天文台的负责人，几个世纪以来乌贾因一直是印度的数学研究中心. 他是当时最著名的印度数学家. 婆什迦罗在数学上的著作有《美》(*Lilavati*)和《代数学》(*Bijaganita*)，这两本教材涵盖了代数、算术和几何学的部分内容. 婆什迦罗研究了变量比方程更多的线性方程组，通晓很多组合公式. 他研究了很多不同的丢番图方程，尤其是用他称为"循环法"的办法解决了方程 $x^2-dy^2=1$ 在 $d=8$，11，32，61和67的情形. 对于方程 $x^2-61y^2=1$，他解出了 $x=1\,766\,319\,049$ 和 $y=226\,153\,980$，他深厚的计算功力由此可见一斑. 婆什迦罗也写过几本重要的天文学方面的书，包括《历算书》(*Siddhantasiromani*).

定理 14.11 设 d 为正整数，并且不是平方数. 令 p_k/q_k 表示$\sqrt{d}$的简单连分数的第 k 个收敛子，$k=1, 2, 3, \cdots$，令 n 表示连分数的循环节长度. 那么，当 n 是偶数时，丢番图方程 $x^2-dy^2=1$ 的正整数解为 $x=p_{jn-1}$，$y=q_{jn-1}$，$j=1, 2, 3, \cdots$，并且丢番图方程 $x^2-dy^2=-1$ 无解. 当 n 是奇数时，丢番图方程 $x^2-dy^2=1$ 的正整数解为 $x=p_{2jn-1}$，$y=q_{2jn-1}$，$j=1, 2, 3, \cdots$，丢番图方程 $x^2-dy^2=-1$ 的整数解为 $x=p_{(2j-1)n-1}$，$y=q_{(2j-1)n-1}$，$j=1, 2, 3, \cdots$.

证明 定理14.10表明：如果 x_0，y_0 是 $x^2-dy^2=\pm 1$ 的正整数解，那么 $x_0=p_k$，$y_0=q_k$，其中 p_k/q_k 表示$\sqrt{d}$的简单连分数的第 k 个收敛子. 另一方面，由定理13.24知，

$$p_k^2-dq_k^2=(-1)^{k-1}Q_{k+1},$$

其中 Q_{k+1} 正如定理13.24中所定义.

由于$\sqrt{d}$的简单连分数展开式的循环节长度是 n，所以 $Q_{jn}=Q_0=1$，其中 $j=1, 2, 3, \cdots$，这是因为$\sqrt{d}=\dfrac{P_0+\sqrt{d}}{Q_0}$. 因此，

$$p_{jn-1}^2-dq_{jn-1}^2=(-1)^{jn}Q_{nj}=(-1)^{jn}.$$

这个等式表明，当 n 是偶数时，p_{jn-1}，q_{jn-1} 就是 $x^2-dy^2=1$ 的一组解，其中 $j=1, 2, 3, \cdots$；而当 n 是奇数时，p_{2jn-1}，q_{2jn-1} 就是 $x^2-dy^2=1$ 的一组解，同时 $p_{2(j-1)n-1}$，$q_{2(j-1)n-1}$ 就是 $x^2-dy^2=-1$ 的一组解，其中 $j=1, 2, 3, \cdots$.

为了证明丢番图方程 $x^2-dy^2=1$ 和 $x^2-dy^2=-1$ 除了上述解之外没有其他的解，我们将证明 $Q_{k+1}=1$ 意味着 $n\mid k$，并且 $Q_j\neq -1$，$j=1, 2, 3, \cdots$.

首先注意到，如果 $Q_{k+1}=1$，那么

$$\alpha_{k+1}=P_{k+1}+\sqrt{d}.$$

因为 $\alpha_{k+1}=[a_{k+1}; a_{k+2}, \cdots]$，所以 α_{k+1} 的连分数展开式是纯循环的. 因此，由定理13.23

知，$-1<\alpha_{k+1}=P_{k+1}-\sqrt{d}<0$. 由此推出，$P_{k+1}=[\sqrt{d}]$，进而 $\alpha_k=\alpha_0$，并且 $n|k$.

为证明对于 $j=1, 2, 3, \cdots$，有 $Q_j\neq-1$，注意到 $Q_j=-1$ 意味着 $\alpha_j=-P_j-\sqrt{d}$. 因为 α_j 有一个纯循环的简单连分数展开，所以有

$$-1<\alpha'_j=-P_j+\sqrt{d}<0$$

并且

$$\alpha_j=-P_j-\sqrt{d}>1.$$

由第一个不等式可得，$P_j>-\sqrt{d}$，而由第二个不等式可得 $P_j<-1-\sqrt{d}$. 这两个不等式对 P_j 来说是矛盾的，所以 $Q_j\neq-1$.

现在，我们已经找到了 $x^2-dy^2=1$ 和 $x^2-dy^2=-1$ 的所有正整数解，从而完成了定理的证明. ■

根据定理 14.11. 只需要找出佩尔方程的最小正解，则可用其生成其余所有解. 我们用下面的例子来描述定理 14.11 的用法.

例 14.9 由于 $\sqrt{13}$ 的简单连分数为 $[3;\overline{1, 1, 1, 1, 6}]$，所以丢番图方程 $x^2-13y^2=1$ 的正整数解为 p_{10j-1}，q_{10j-1}，其中 $j=1, 2, 3, \cdots$，p_{10j-1}/q_{10j-1} 是 $\sqrt{13}$ 的简单连分数展开式的第 $10j-1$ 个收敛子；最小的正整数解为 $p_9=649$，$q_9=180$. 丢番图方程 $x^2-13y^2=-1$ 的正整数解为 p_{10j-6}，q_{10j-6}，其中 $j=1, 2, 3, \cdots$；最小的正整数解为 $p_4=18$，$q_4=5$. ◀

例 14.10 由于 $\sqrt{14}$ 的简单连分数为 $[3;\overline{1, 2, 1, 6}]$，所以丢番图方程 $x^2-14y^2=1$ 的正整数解为 p_{4j-1}，q_{4j-1}，其中 $j=1, 2, 3, \cdots$，p_{4j-1}/q_{4j-1} 是 $\sqrt{14}$ 的简单连分数展开式的第 $4j-1$ 个收敛子. 最小的正整数解为 $p_3=15$，$q_3=4$. 丢番图方程 $x^2-14y^2=-1$ 无解，因为 $\sqrt{14}$ 的简单连分数展开式的循环节长度是偶数. ◀

我们以下面的定理来结束本节，它告诉我们如何由佩尔方程 $x^2-dy^2=1$ 的最小正整数解确定其所有正整数解，而不用求出 $\sqrt{d}$ 的简单连分数展开式的收敛子.

定理 14.12 设 x_1，y_1 是丢番图方程 $x^2-dy^2=1$ 的最小正整数解，其中 d 为正整数，并且不是平方数. 那么所有的正整数解 x_k，y_k 可由

$$x_k+y_k\sqrt{d}=(x_1+y_1\sqrt{d})^k$$

给出，其中 $k=1, 2, 3, \cdots$.（注意，x_k 和 y_k 是用引理 14.4 求出的.）

证明 我们必须证明每一个这样的 x_k，y_k 都是方程的解，其中 $k=1, 2, 3, \cdots$，且每一个解都是这种形式.

要证明 x_k，y_k 是解，我们首先取共轭，由引理 13.4，因共轭的幂等于幂的共轭，所以有 $x_k-y_k\sqrt{d}=(x_1-y_1\sqrt{d})^k$. 现在，由于

$$\begin{aligned}x_k^2-dy_k^2&=(x_k+y_k\sqrt{d})(x_k-y_k\sqrt{d})\\&=(x_1+y_1\sqrt{d})^k(x_1-y_1\sqrt{d})^k\\&=(x_1^2-dy_1^2)^k\\&=1.\end{aligned}$$

因此，x_k，y_k 为一个解，$k=1, 2, 3, \cdots$.

为证明每个正整数解等于 x_k，y_k，这里 k 为某个正整数，假设 X，Y 为不同于 x_k，y_k 的一个正解，$k=1, 2, 3, \cdots$. 则存在整数 n，满足

$$(x_1+y_1\sqrt{d})^n < X+Y\sqrt{d} < (x_1+y_1\sqrt{d})^{n+1}.$$

上式两端乘以 $(x_1+y_1\sqrt{d})^{-n}$，得到

$$1 < (x_1-y_1\sqrt{d})^n(X+Y\sqrt{d}) < x_1+y_1\sqrt{d},$$

这是因为 $x_1^2-dy_1^2=1$ 能够推出 $x_1-y_1\sqrt{d}=(x_1+y_1\sqrt{d})^{-1}$.

现在，令

$$s+t\sqrt{d}=(x_1-y_1\sqrt{d})^n(X+Y\sqrt{d})$$

并且

$$\begin{aligned} s^2-dt^2 &= (s-t\sqrt{d})(s+t\sqrt{d}) \\ &= (x_1+y_1\sqrt{d})^n(X-Y\sqrt{d})(x_1-y_1\sqrt{d})^n(X+Y\sqrt{d}) \\ &= (x_1^2-dy_1^2)^n(X^2-dY^2) \\ &= 1. \end{aligned}$$

我们看到 s，t 是 $x^2-dy^2=1$ 的一个解，并且 $1<s+t\sqrt{d}<x_1+y_1\sqrt{d}$. 而且，因为 $s+t\sqrt{d}>1$，所以有 $0<(s+t\sqrt{d})^{-1}<1$. 因此，

$$s=\frac{1}{2}\left[(s+t\sqrt{d})+(s-t\sqrt{d})\right]>0$$

并且

$$t=\frac{1}{2\sqrt{d}}\left[(s+t\sqrt{d})-(s-t\sqrt{d})\right]>0.$$

这表明 s，t 是正整数解，因此由 x_1，y_1 是最小的正整数解，我们有 $s\geqslant x_1$，$t\geqslant y_1$. 但是这与不等式 $s+t\sqrt{d}<x_1+y_1\sqrt{d}$ 矛盾. 因此，一定存在某个 k，使得 $X=x_k$，$Y=y_k$. ■

我们用下面的例子来演示定理 14.11 的用法.

例 14.11 由例 14.9 可知丢番图方程 $x^2-13y^2=1$ 的最小正整数解为 $x_1=649$，$y_1=180$. 因此，所有的正整数解 x_k，y_k 就可以由下式得到：

$$x_k+y_k\sqrt{13}=(649+180\sqrt{13})^k.$$

比如说，我们有

$$x_2+y_2\sqrt{13}=842\,401+233\,640\sqrt{13}.$$

于是，$x_2=842\,401$，$y_2=233\,640$ 是除 $x_1=649$，$y_1=180$ 以外的最小的正整数解. ◀

14.4 节习题

1. 求出下列方程所有的解，其中 x 和 y 都是整数.
   a) $x^2+3y^2=4$　　b) $x^2+5y^2=7$　　c) $2x^2+7y^2=30$
2. 求出下列方程所有的解，其中 x 和 y 都是整数.
   a) $x^2-y^2=8$　　b) $x^2+4y^2=40$　　c) $4x^2+9y^2=100$
3. 现有丢番图方程 $x^2-31y^2=n$，当 n 取下列值时，哪个方程有解？

a) 1　b) -1　c) 2　d) -3　e) 4　f) -45

4. 求出下列丢番图方程的最小正整数解.

　a) $x^2-29y^2=-1$　b) $x^2-29y^2=1$

5. 求出丢番图方程 $x^2-37y^2=1$ 的三个最小的正整数解.

6. 根据下列 d 的值，确定丢番图方程 $x^2-dy^2=-1$ 是否有整数解.

　a) 2　b) 3　c) 6　d) 13　e) 17　f) 31　g) 41　h) 50

7. 丢番图方程 $x^2-61y^2=1$ 的最小正整数解是 $x_1=1\,766\,319\,049$，$y_1=226\,153\,980$. 请找出该方程除 x_1，y_1 外的最小正整数解.

*8. 证明：如果 p_k/q_k 是$\sqrt{d}$的简单连分数展开式的收敛子，那么 $|p_k^2-dq_k^2|<1+2\sqrt{d}$.

9. 证明：如果正整数 d 有 $4k+3$ 形式的素因子，其中 k 为非负整数，那么丢番图方程 $x^2-dy^2=-1$ 无解.

10. 设 d 和 n 是正整数.

　a) 证明：如果 r，s 是丢番图方程 $x^2-dy^2=1$ 的一个解，并且 X，Y 是丢番图方程 $x^2-dy^2=n$ 的一个解，那么 $Xr\pm dYs$，$Xs\pm Yr$ 也是 $x^2-dy^2=n$ 的解.

　b) 证明：丢番图方程 $x^2-dy^2=n$ 或者没有解，或者有无穷多个解.

11. 找出所有的两条直角边是相邻的整数的直角三角形.（提示：运用定理 14.1，将两条直角边写为 $x=s^2-t^2$，$y=2st$，其中，s 和 t 是互素的正整数，并且 $s>t$，s 和 t 具有不同的奇偶性. 那么 $x-y=\pm1$ 就意味着$(s-t)^2-2t^2=\pm1$.）

12. 证明丢番图方程 $x^4-2y^4=1$ 没有非平凡解.

13. 证明丢番图方程 $x^4-2y^4=-1$ 没有非平凡解.

14. 证明：如果第 n 个三角数 t_n 等于 m 的平方，即 $n(n+1)/2=m^2$，那么 $x=2n+1$，$y=m$ 就是丢番图方程 $x^2-8y^2=1$ 的解. 按照正整数 x 以及对应的三角数和平方数对的值的增序，找到该方程这种形式的前五个解.

计算和研究

1. 求丢番图方程 $x^2-109y^2=1$ 的最小正整数解.（费马对所有小于 150 的正整数 N 求出了 $x^2-Ny^2=1$ 的最小解. 并向英国数学家挑战 $N=151$ 或 $N=313$ 的情形. John William Brouncker 和 John Wallis 均对此有解答.）

2. 求丢番图方程 $x^2-991y^2=1$ 的最小正整数解.

3. 求丢番图方程 $x^2-1\,000\,099y^2=1$ 的最小正整数解.

程序设计

1. 求整数 n，$|n|<\sqrt{d}$，使得丢番图方程 $x^2-dy^2=n$ 无解.

2. 求丢番图方程 $x^2-dy^2=1$ 和 $x^2-dy^2=-1$ 的最小正整数解.

3. 由佩尔方程的最小正整数解求出它所有的解(见定理 14.12).

14.5 同余数和椭圆曲线

在 14.1 节中，我们证明了所有毕达哥拉斯三元组都可以通过寻找单位圆上的有理点来确定. 寻找毕达哥拉斯三元组只是可以通过寻找代数曲线上的有理点来研究的诸多数论问题之一. 本节我们将研究另一种此类型的问题.

正整数 N 被称作是同余数，如果 N 是一个各边长为有理数的直角三角形的面积. 我们将这种三角形称作有理直角三角形. 类似地，若一个直角三角形各边长为整数，则称其为整数直角三角形. 注意，若 x 和 y 分别是一个直角三角形的两条直角边，z 是斜边，那么有 $x^2+y^2=z^2$，且三角形面积为 $xy/2$. 因此，正有理数 N 为同余数当且仅当存在有理数 x，y，z，使得 $x^2+y^2=z^2$ 以及 $xy/2=N$.

例 14.12 6 是一个同余数，因为以 3，4，5 为边的直角三角形的面积为 6. ◀

判断哪些正整数是同余数被称作同余数问题. 最早的关于此问题的讨论参见著于 972 年的佚名阿拉伯手稿中. 该手稿表明早先的阿拉伯数学家知道 30 个不同的同余数. 这些同余数中最小的是 5，6，14，15，21，30，34，65，70，最大的是 10 374. 13 世纪，斐波那契证明了 7 是同余数，而且他提出平方数均非同余数，但并没有给出证明. (此处的平方数是指正整数的平方.)17 世纪，费马证明了整数 1，2，3 均非同余数，我们会很快看到他的 1 非同余数的证明表明了平方数均非同余数.

"同余数"这个词是 18 世纪时由欧拉引入的. (我们将在后文讨论该名称的背景来历，读者需要注意此处的"同余"与整数的同余及三角形的同余(相似)并无直接联系.)同余数问题的历史牵扯众多；关于其历史的更多资料可在[Gu94]以及[Di05]的第二卷中查阅. 本节我们将解释同余数问题是如何与找特定代数曲线上的有理点联系起来的.

若读者想知道关于同余数问题的更多最近进展，可以参看[Ch98]、[Ch06]、[Co08]、[Ko96]以及[SaSa07]. 本节的部分内容源自[Co08]以及[SaSa07].

14.5.1 毕达哥拉斯三元组和同余数

当寻找同余数的时候，我们只需要考虑无平方因子的整数，这是因为一个整数是同余数当且仅当其无平方因子部分是同余数. (在 4.3 节的习题 8 中，若 N 是正整数，则可记 $N=u^2v$，其中 u 和 v 是正整数，v 是 N 的无平方因子部分.)为说明这一点，注意如果 N 是同余数，则有一个面积为 N 的有理直角三角形. 将该三角形缩小 $1/u$ 倍，则新三角形的各边长是原来三角形相应边长的$\frac{1}{u}$，其面积为 v. 同样，将一个面积为 v 的有理直角三角形放大 u 倍，则可得到一个面积为 N 的有理直角三角形.

回顾在 14.1 节中，当 b 为偶数时，整数组(a, b, c)为本原毕达哥拉斯三元组当且仅当有互素的正整数 m 和 n，$m>n$，m 与 n 奇偶性不同，使得 $a=m^2-n^2$，$b=2mn$ 以及 $c=m^2+n^2$. 该三角形的面积为正整数 $ab/2=(m^2-n^2)mn$，下面的定理阐明毕达哥拉斯三元组和同余数之间的关系，即每个同余数来自一个毕达哥拉斯三元组.

定理 14.13 *如果 N 为无平方因子的正整数，则 N 是同余数当且仅当有正整数 s 使得 s^2N 为一个本原直角三角形的面积. 因此，一个无平方因子的整数 N 为同余数当且仅当有互素的奇偶性不同的整数 m 和 n 以及一个正整数 s，使得 $s^2N=mn(m+n)(m-n)$.*

证明 设 N 为无平方因子的正整数，且是同余数. 则 N 是三个边长为 A，B，C 的有理直角三角形的面积. 取 s 为有理数 A，B，C 的分母的最小公倍数. 则(sA, sB, sC)是毕达哥拉斯三元组且以其为三边的直角三角形的面积为 s^2N.

我们将证明(sA, sB, sC)必是本原毕达哥拉斯三元组. 设 $M \mid sA$，$M \mid sB$，$M \mid sC$，其中 M 是正整数. 需要证 $M=1$. 注意到$(sA/M, sB/M, sC/M)$是毕达哥拉斯三元组且相应的直角三角形的面积为 s^2N/M^2. 因该面积为整数，故 $M^2 \mid s^2N$. 而 N 是无平方因子，

故 $M^2 | s^2$，由 4.3 节的习题 64 有 $M|s$. 所以有整数 t 使得 $s=Mt$ 且 tA，tB，tC 为正整数. 由于 s 是有理数 A，B，C 的分母的最小公倍数，故 t 是这些分母的倍数，且 $t \leqslant s$；这表明 $s=t$ 以及 $M=1$.

在前面的讨论中，我们实际上已经证明了其逆命题. 也就是说，如果有正整数 s 使得 $s^2 N$ 是边长为 a，b，c 的本原直角三角形的面积，则 N 为三边长分别是 a/s，b/s，c/s 的有理直角三角形的面积.

为完成证明，回顾前文中本原直角三角形三边边长为 m^2-n^2，$2mn$ 和 m^2+n^2，其中 m，n 为互素的正整数且奇偶性不同. 这表明其面积为 $(1/2)(m^2-n^2)(2mn)=mn(m+n)\times(m-n)$.

■

定理 14.13 指出了一种求同余数的方法，特别是让 m，n 取遍奇偶性不同且 $m>n$ 的整数对来计算 $(m^2-n^2)mn$ 的无平方因子部分来生成同余数. 表 14.2 列出了该过程，它是表 14.1 的扩展，增加了面积和面积的无平方因子部分这两项. 定理 14.13 表明如果 N 为同余数，则只要该表足够长，它就会出现在最后一列的某行中，然而在显示特定的无平方因子的同余数之前需要等很长时间，我们无法知道事先要等多长时间，另外我们也注意到在表 14.2 中 210 在最后一列中出现了两次，这表明它是对应于两个不同的毕达哥拉斯三元组的三角形面积的无平方因子部分. 本节后面我们将回来讨论这一事实.

表 14.2　一些本原毕达哥拉斯三元组及其生成的同余数

m	n	$x=m^2-n^2$	$y=2mn$	$z=m^2+n^2$	$(m^2-n^2)mn$	无平方因子部分
2	1	3	4	5	6	6
3	2	5	12	13	30	30
4	1	15	8	17	60	15
4	3	7	24	25	84	21
5	2	21	20	29	210	210
5	4	9	40	41	180	5
6	1	35	12	37	210	210
6	5	11	60	61	330	330

下面的例子表明了用这种方法证明某个正整数为同余数的困难性.

例 14.13 5，7，53 均为同余数. 查看表 14.2 可知 5 为同余数，因其为边长是 9，40，41 的本原直角三角形的面积的无平方因子部分，该三角形面积为 $180=6^2 5$，将该三角形每条边的边长缩小到原来的 1/6，则可得到直角三角形边长分别是 $9/6=3/2$，$40/6=20/3$ 以及 $41/6$，面积为 5. 表 14.2 的行数不够多，因此在最后一列中没有 7 出现，然而只要计算到 $m=16$，$n=9$，7 便会出现，此时会得到一个三边边长分别为 175，288 和 337 的本原直角三角形，其面积为 $25\,200=60^2 7$，由此可得 7 为同余数；缩小后得到三边边长为 $175/60=35/12$，$288/60=24/5$ 和 $377/60$ 的直角三角形，其面积为 7.

此外在表 14.2 最后一列中没有 53，我们需要将该表扩展很长才能得知 53 为同余数. 53 第一次作为本原毕达哥拉斯三元组所对应的面积的无平方因子部分是当 $m=1\,873\,180\,325$ 及 $n=1\,158\,313\,156$. 其对应的三角形面积是 $(297\,855\,654\,284\,978\,790)^2 \cdot 53$. ◀

下面由斐波那契证明的定理可用来帮助搜寻同余数，它同时也是在许多证明中有用的工具.

定理 14.14 设 a，b 为奇偶性不同且互素的正整数，$a>b$，当 a，b，$a+b$，$a-b$ 中的任意三个为平方数时，则第四个数为 s^2N，其中 N 为一个同余数，s 为整数.

证明 当 a 与 b 为奇偶性不同且互素的正整数，且 $a>b$ 时，$(a^2-b^2, 2ab, a^2+b^2)$ 为本原毕达哥拉斯三元组. 对应于该三元组的直角三角形的面积为 $(a^2-b^2)ab=(a+b)(a-b)ab$. 在应考虑的四种情形中，我们只处理 a，b，$a+b$ 为平方数的情形，其余的三种情形留作练习.

当 a，b，$a+b$ 为平方数时，$(a+b)ab$ 亦为平方数，故 $M=\sqrt{(a+b)ab}$ 为正整数，且对应于该毕达哥拉斯三元组的三角形的面积为 $M^2(a-b)$，这意味着 $a-b$ 是两直角边长为 $(a^2-b^2)/M$ 及 $2ab/M$ 的有理直角三角形的面积. 设 s 为这两个直角边的分母的最小公倍数，故 $a-b=s^2N$，其中 N 为同余数，命题得证. ■

下面将解释从本原毕达哥拉斯三元组出发如何利用定理 14.14 来寻找同余数. 如果 (x, y, z) 为本原毕达哥拉斯三元组，则 x，y 是奇偶性不同的互素的正整数，x^2 与 y^2 也是奇偶性不同的互素的正整数，且 x^2，y^2，$x^2+y^2=z^2$ 均为平方数. 由定理 14.14，若 $x^2>y^2$，则有 $x^2-y^2=s^2N$，其中 N 为同余数；若 $x^2<y^2$，则有 $y^2-x^2=s^2N$，其中 N 为同余数. 下面的例子演示了该过程.

例 14.14 对于毕达哥拉斯三元组 $(x, y, z)=(3, 4, 5)$，可用上文的步骤来找出同余数. $x^2=9$，$y^2=16$，$x^2+y^2=25$，$y^2-x^2=7$. 这表明 7 为同余数，因其无平方因子. 类似地，对于毕达哥拉斯三元组 $(x, y, z)=(5, 12, 13)$，$x^2=15$，$y^2=144$，$x^2+y^2=169$，$y^2-x^2=119$. 其中 119 无平方因子，故知其为同余数. ◀

14.5.2 确定最小的同余数

在例 14.12 及例 14.13 中，我们证明了 5，6，7 为同余数. 早先我们提到过，费马证明了 1，2，3 均非同余数. 4 也不是同余数，这是因为如果 4 为同余数，则 $(1/2)^2 4=1$ 也是同余数. 故 5 为最小的同余数.

我们现在证明平方数均非同余数，这当然表明 1 非同余数，因为 1 是平方数. 2 和 3 非同余数的证明在本节留作习题.

定理 14.15 有理直角三角形的面积非平方数.

证明 我们将采用无穷下降法来证明此定理. 首先，假设存在一个有理直角三角形，其面积是平方数. 将各边乘以其分母的最小公倍数，则可得到一个整数直角三角形，其面积为平方数. 将各边除以它们的最大公约数，可得到一个本原直角三角形. 若 S 为面积是平方数的本原直角三角形的集合，则 S 非空. 对 S 中元素的斜边长的平方用良序性，可知 S 中有一个三角形斜边最短.

现假设对应于该三角形的本原毕达哥拉斯三元组为 $(m^2-n^2, 2mn, m^2+n^2)$，其中互素的正整数 m，n 奇偶性不同，且 $m>n$. 该三角形面积为 $(m^2-n^2)mn=(m+n)(m-n)mn$.

由于 m 与 n 互素，易知因子 $m+n$，$m-n$，m，n 两两互素. 故由 $(m+n)(m-n)mn$ 为平方数知这四个因子均为平方数. 设 $m+n=a^2$，$m-n=b^2$，$m=c^2$，$n=d^2$，其中 a，

b，c，d 为整数. 由于 a，b 为互素的奇数(由于 m，n 奇偶性不同)，故$(a^2+b^2)/2=m$，且该三角形的斜边长为 $m^2+n^2=c^4+d^4$.

注意到

$$2d^2=a^2-b^2=(a-b)(a+b).$$

由于 $a-b$ 与 $a+b$ 为偶数(因 a 与 b 均为奇数)，因此它们的公因子能同时整除$(a+b)(a-b)=2a$ 及$(a+b)-(a-b)=2b$. 故$(a-b, a+b)\mid 2(a, b)=2$，因此$(a-b, a+b)=2$. 这与 $2d^2=(a-b)(a+b)$一起表明(读者可自行验证)$a-b$ 与 $a+b$ 中一个形如 $2u^2$，另一个形如 v^2，其中$(u, v)=1$.

因

$$(a+b)+(a-b)=2a=2u^2+v^2,$$

故 v^2 必为偶数. 因此 v 为偶数，令 $v=2w$，w 为正整数. 所以 $v^2=4w^2$，$a=u^2+2w^2$. 类似地有 $b=\pm(u^2-2w^2)$，$d=2uw$. 所以

$$m=(a^2+b^2)/2=((u^2+2w^2)^2+(u^2-2w^2)^2)/2=u^4+4w^4.$$

由此可知$(u^2, 2w^2, c)$为本原毕达哥拉斯三元组，且相应的三角形面积为$(u^2\cdot 2w^2)/2=(uw)^2$，斜边长为 c. 因为 $c<c^4+d^4$(这是因为 c 为正整数)，这样我们就构造了另一个本原直角三角形，其面积为平方数，且斜边长比我们一开始所说的最短斜边还短，这就完成了证明.

■

14.5.3 三个平方数的算术级数与同余数

我们现在研究一个初看起来与同余数无关而实际上与其等价的问题. 这个问题是：哪些正整数是由三个整数的平方数组成的算术级数的公差？例如，考察平方数序列

$$1, 4, 9, 16, 25, 36, 49, 64, 81, 100, 121, 144, \cdots,$$

可以看出三个平方数序列 1，25，49 的公差为 24. 在斐波那契 1225 年的著作 *Liber Quadratorum* 中，他称一个整数 n 为*同方数*(congrumm)，如果有整数 x 使得 $x^2\pm n$ 均为平方数. 故整数 n 为同方数当且仅当有整数 x 使得 x^2-n，x^2，x^2+n 是公差为 n 的三个平方数的算术级数.(等价地讲，N 为同方数当且仅当丢番图方程组 $q^2-p^2=N$，$r^2-q^2=N$ 有解 p，q，r.)单词 Congrumm 来自拉丁文 congruere，意思是聚在一起，正如上述算术级数中的三个平方数那样.

斐波那契关注的是三个非 0 整数的平方所组成的算术级数. 若将其扩展到三个有理数所组成的算术级数上将会如何？注意到 a^2，b^2，c^2 是三个有理数的平方所组成的公差为 N 的算术级数，当且仅当$(sa)^2$，$(sb)^2$，$(sc)^2$ 是公差为 s^2N 的三个有理平方数所组成的级数，其中 s 是整数. 因此，如果找到一个公差是 s^2N 的三个平方数的算术级数，其中 N 是无平方因子，则每个数除以 s^2 后可得到三有理数平方构成的公差为 N 的算术级数.

下面可证明判断正整数 N 是否为同余数等同于判别其是否为某三个平方数的算术级数的公差. 首先设正整数 N 为同余数，则有正整数 a，b，c，使得 $a^2+b^2=c^2$，$ab/2=N$. 而$(a+b)^2=a^2+2ab+b^2=(a^2+b^2)+2ab=c^2+2ab$，$(a-b)^2=a^2-2ab+b^2=(a^2+b^2)-2ab=c^2-2ab$. 因此$(a-b)^2$，$c^2$，$(a+b)^2$ 为公差是 $2ab=4(ab/2)=4N$ 的三个平方数的算术级数. 将该级数除以 4，得到级数$((a-b)/2)^2$，$(c/2)^2$，$((a+b)/2)^2$.

这是公差为 N 的由三个有理平方数组成的算术级数. 下面的例子演示了此构造方法.

例 14.15 在例 14.13 中，我们证明了 5 为同余数，因其为三边长为 $a=3/2$，$b=20/3$，$c=41/6$ 的直角三角形的面积，故 $((3/2)-(20/3)/2)^2=(31/12)^2$，$((41/6)/2)^2=(41/12)^2$，$((3/2)+(20/3)/2)^2=(49/12)^2$ 是公差为 5 的三个平方数组成的算术级数. ◀

现假设有三个有理平方数组成的算术级数 x^2-N，x^2，x^2+N，那么该如何构造一个面积为 N 的有理直角三角形？若令 $a=\sqrt{x^2+N}-\sqrt{x^2-N}$，$b=\sqrt{x^2+N}+\sqrt{x^2-N}$，$c=2x$，则 a，b，c 为有理数，且有 $a^2+b^2=(\sqrt{x^2+N}-\sqrt{x^2-N})^2+(\sqrt{x^2+N}+\sqrt{x^2-N})^2=4x^2=c^2$ 及 $\dfrac{ab}{2}=(\sqrt{x^2+N}-\sqrt{x^2-N})(\sqrt{x^2+N}+\sqrt{x^2-N})/2=\dfrac{(x^2+N)-(x^2-N)}{2}$. 故 N 为同余数，下面的例子演示了该构造方法.

例 14.16 已知 1，25，49 是公差为 $24=2^2\cdot 6$ 的三个平方数的算术级数，将每项除以 $2^2=4$，得到级数 $1/4$，$25/4$，$49/4$，公差为 $N=6$，为无平方因子. 为找出一个面积为 6 的边长为 a，b，c 的直角三角形，我们选用 $x^2=25/4$，这样可得到一个直角三角形，边长分别是

$$a=\sqrt{\left(\frac{5}{2}\right)^2+6}-\sqrt{\left(\frac{5}{2}\right)^2-6}=\sqrt{\frac{49}{4}}-\sqrt{\frac{1}{4}}=\frac{7}{2}-\frac{1}{2}=3,$$

$$b=\sqrt{\left(\frac{5}{2}\right)^2+6}+\sqrt{\left(\frac{5}{2}\right)^2-6}=\sqrt{\frac{49}{4}}+\sqrt{\frac{1}{4}}=\frac{7}{2}+\frac{1}{2}=4,$$

$$c=2x=2(5/2)=5.$$

◀

综上所述，我们有如下定理：

定理 14.16 *正整数 N 为同余数当且仅当 N 为由三个有理平方数所组成的算术级数的公差.*

从上可知同余数问题等价于确定哪个正整数是同方数，这种等价性隐含于对“同余数”(congruent number)这个名词的使用当中，而“congruent”这个词亦来自拉丁文“congruere”.

14.5.4 同余数与椭圆曲线

根据定义，正整数 N 为同余数如果丢番图方程组 $a^2+b^2=c^2$，$ab/2=N$ 有正有理解 (a, b, c)，或者丢番图方程组 $s^2-r^2=N$，$t^2-s^2=N$ 有有理解 (r, s, t). 另外，我们也有用单个丢番图方程的有理解来刻画同余数的第三种方法.

设 N 为同余数，a，b，c 为正有理数，$a^2+b^2=c^2$，$ab/2=N$. 我们将证明三元组 (a, b, c)对应于某曲线上的有理点. 为得到该曲线并建立这种对应关系，首先设 $u=c-a$，故 $c=a+u$. 因 $b^2=c^2-a^2=(c+a)(c-b)=(c+a)u$，故 $u>0$. 其次，在方程 $a^2+b^2=c^2$ 中，将 c 用 $a+u$ 代替，得 $a^2+b^2=a^2+2au+u^2$，简化整理后有 $2au=b^2-u^2$. 将方程 $ab/2=N$ 两边同除以 b(因 $ab=2N$，故 $b\neq 0$)，可得 $a=2N/b$. 在方程 $2au=b^2-u^2$ 中将 a 用 $2N/b$ 代替，可得

$$4Nu/b=b^2-u^2.$$

两边同乘以$\frac{b}{u^3}$(注意$u\neq 0$；若$u=0$，则$a=c$，这会得出$b=0$)，得到$\frac{4N}{u^2}=\left(\frac{b}{u}\right)^3-\left(\frac{b}{u}\right)$.

再将两边同乘以N^3，可得$\left(\frac{2N^2}{u}\right)^2=\left(\frac{Nb}{u}\right)^3-N^2\left(\frac{Nb}{u}\right)$.

由此可知点(x, y)在曲线$y^2=x^3-N^2x$上，其中$x=\frac{Nb}{u}=\frac{Nb}{(c-a)}$，$y=\frac{2N^2}{u}=\frac{2N^2}{(c-a)}$，因$c-a>0$，故$x$，$y$均为正数.

现在假设(x, y)为曲线$y^2=x^3-N^2x$上的有理点，我们将找出正有理数三元组(a, b, c)，使得$a^2+b^2=c^2$，$ab/2=N$. 若a，b，c为有理数，且$x=Nb/(c-a)$，$y=2N^2/(c-a)$，则

$$x/y=(Nb/(c-a))/(2N^2/(c-a))=b/2N.$$

故可取$b=2Nx/y$. 另外，由$ab/2=N$，可知$a=2N/b$，所以可取

$$a=\frac{2N}{(2Nx/y)}=\frac{y}{2x}=\frac{y^2}{2xy}=\frac{(x^3-N^2x)}{2xy}=\frac{(x^2-N^2)}{y}.$$

化简后有

$$a^2+b^2=\left(\frac{(x^2-N^2)}{y}\right)^2+\left(\frac{2Nx}{y}\right)^2=\frac{(x^2+N^2)^2}{y^2}.$$

取正的平方根，则有$c=\frac{(x^2+N^2)}{y}$.

综上有下面的定理.

定理 14.17 设N为同余数，则满足$a^2+b^2=c^2$，$ab/2=N$的正有理数三元组(a, b, c)与曲线$y^2=x^3-N^2x$上的有理点(x, y)(x，y为正数)之间存在一个一一对应. 在此对应下，三元组(a, b, c)对应于点(x, y)，其中

$$x=\frac{Nb}{c-a},\quad y=\frac{2N^2}{c-a},$$

而曲线$y^2=x^3-N^2x$上的点(x, y)对应于三元组(a, b, c)，其中

$$a=\frac{x^2-N^2}{y},\quad b=\frac{2Nx}{y},\quad c=\frac{x^2+N^2}{y}.$$

接下来的定理是定理 14.17 的直接推论.

定理 14.18 正整数N为同余数当且仅当曲线$y^2=x^3-N^2x$上有有理点(x, y)，其中x，y为正数.

下面的两个例子演示了如何使用定理 14.17.

例 14.17 三边长为 3，4，5 的本原直角三角形的面积为$N=6$，在定理 14.17 的对应关系下，三元组(3，4，5)对应于曲线$y^2=x^3-6^2x=x^3-36x$上的点$(x, y)=((6\cdot 4)/(5-3), (2\cdot 6^2)/(5-3))=(12, 36)$. ◀

例 14.18 在表 14.2 中 210 是三边长为 21，20，29 的直角三角形以及边长为 35，12，

37 的直角三角形的面积. 由定理 14.17 可知这两个有理直角三角形分别对应于曲线 $y^2=x^3-210^2x$ 上的有理点. 在该定理的对应关系中,(21, 20, 29)被映射为点$(x, y)=((210\cdot 20)/(29-21), (2\cdot 210^2)/(29-21))=(525, 11\,025)$,(35, 12, 37)被映射为点$(x, y)=((210\cdot 12)/(37-35), (2\cdot 2\,102)/(37-35))=(1\,260, 44\,100)$. ◀

在研究同余数的过程中,形如 $y^2=x^3-N^2x$ 的曲线被称为是椭圆曲线(elliptic curve). 一般而言,椭圆曲线是指满足 $y^2=x^3+ax+b$(a, b 为实数)且 $4a^3+27b^2\neq 0$ 的点集(x, y). 在模 p 剩余类上的椭圆曲线将在本章后面讨论. 椭圆曲线在证明费马大定理的过程中起着令人惊讶的重要作用. 椭圆曲线也是一种重要的整数分解方法的基础. 并且,有一种重要的公钥密码系统也是建立在椭圆曲线的理论基础之上. 这里我们只简单陈述椭圆曲线的一些性质. 椭圆曲线有不少有趣的性质,并且与很多有重要影响的未解决猜想密切相关,感兴趣的读者可以从[Wa08]得到更多的相关知识.

椭圆曲线上点的加法 椭圆曲线的一个重要特点是可以用其上的已知点通过代数技巧来构造新的点. 特别地,给定椭圆曲线 $\mathcal{C}$ 上的两点,通过计算它们的和可得到 $\mathcal{C}$ 上新的一点,这个和用曲线的几何性质来定义,如下所述. (这种和与将两点的对应坐标相加所得的点不同.)为定义这个和,设椭圆曲线 $y^2=x^3+ax+b$ 上有两点 $P_1=(x_1, y_1)$, $P_2=(x_2, y_2)$, $x_1\neq x_2$. 为用几何方式定义它们的和 P_1+P_2,先画出连接 P_1 和 P_2 的直线 ℓ,可以证明该直线与 $\mathcal{C}$ 有第三个交点 P_3',和 P_1+P_2 即定义为将 P_3' 的 y 坐标改变符号后所得的点 P_3. 从几何上看 P_3 与 P_3' 关于 x 轴对称(如此定义的一个重要原因是为了使其符合结合律,参看[Wa08]). 图 14.2 显示了此求和过程.

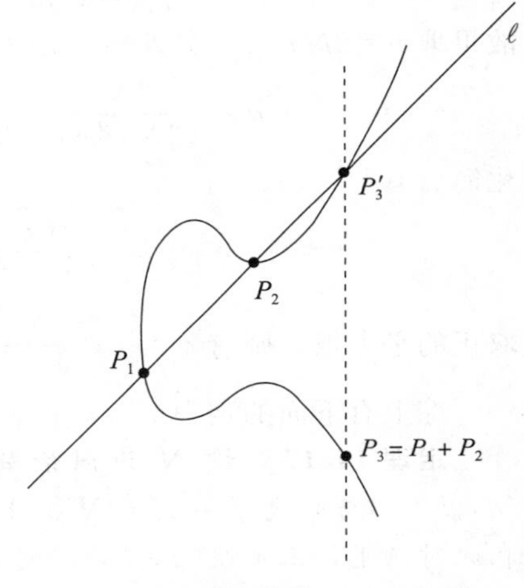

图 14.2　椭圆曲线上两 x 坐标不同的点的加法

为求 $P_3=P_1+P_2$ 的代数公式,首先注意到过 P_1 和 P_2 的直线 ℓ 的斜率为 $m=\dfrac{y_2-y_1}{x_2-x_1}$,其方程为 $y=m(x-x_1)+y_1$. 为求 ℓ 与 $\mathcal{C}$ 的第三个交点(P_1 和 P_2 是另外两个交点),将 ℓ 的方程所给出的 y 值代入 $\mathcal{C}$ 的方程,得到$(m(x-x_1)+y_1)^2=x^3+ax+b$.

从该方程可知,若点(x, y)为 ℓ 与 $\mathcal{C}$ 的交点,则 x 为该三次方程的根,可通过从等号右边减去左边得到. 所以三次方程中 x^2 的系数为$-m^2$,若 r_1, r_2, r_3 为三次多项式 $x^3+a_2x^2+a_1x+a_0$ 的根,则 $r_1+r_2+r_3=-a_2$. ℓ 与 $\mathcal{C}$ 的第三个交点是 $P'_3=(-x_3, y_3)$,因此 $x_1+x_2+x_3=m^2$,故 $x_3=m^2-x_1-x_2$,所以有 $y_3=m(x_1-x_3)-y_1$.

现在考虑 $P_1=P_2$ 的情形. 注意到若 p_2 在 $\mathcal{C}$ 上趋近于 P_1 时,连接 P_2 与 P_1 的线段趋近于 $\mathcal{C}$ P_1 处的切线. 为定义 $P_1+P_2=2P_1$,首先画出 $\mathcal{C}$ 在 P_1 处的切线 ℓ. 该直线与曲线 $\mathcal{C}$ 有交点 P',改变其 y 坐标的符号便得到 P_3 点. (可用隐函数微分来求 $\mathcal{C}$ 在 P_1 处的斜率.)其余具体细节留给读者(参看本节末的习题 24),最后的代数公式在下一定理中给出.

在给出椭圆曲线上两点 P_1 与 P_2 的和的一般公式之前,需要定义无穷远点∞. 可将该

点想象为既在 y 轴顶部又在 y 轴底部的一点，例如，当 $x_1=x_2$，$y_1\neq y_2$ 时，ℓ 被认为是交该椭圆曲线于点∞的竖直线，该点关于 x 轴的对称点是其自身(∞).

我们可对椭圆曲线上两个点的各种可能值来定义其和.

定义(椭圆曲线的加法公式) 设椭圆曲线 $y^2=x^3+ax+b$ 上有两个点 $P_1=(x_1, y_1)$ 及 $P_2=(x_2, y_2)$. 下面给出了 P_1 与 P_2 的和 $P_3=(x_3, y_3)$的计算规则.

(i) 当 $P_1\neq P_2$ 且两者均非∞时，若 $x_1\neq x_2$，则定义

$$P_3=P_1+P_2=(m^2-x_1-x_2,\ m(x_1-x_3)-y_1),$$

其中 $m=\dfrac{(y_2-y_1)}{(x_2-x_1)}$；若 $x_1=x_2$ 但 $y_1\neq y_2$，则定义

$$P_3=P_1+P_2=\infty.$$

(ii) 当 $P_1=P_2$ 非∞时，若 $y_1=y_2\neq 0$，则定义

$$P_1+P_2=2P_1=(m^2-2x_1,\ m(x_1-x_3)-y_1),$$

其中 $m=\dfrac{(3x_1^2+a)}{2y_1}$，而若 $y_1=y_2=0$，则定义

$$P_1+P_2=\infty.$$

(iii) 最后，对所有椭圆曲线上的点 P(包括∞)定义 $P+\infty=P$.

椭圆曲线上点的加法如我们所定义的那样，对所有点 P_1 和 P_2，满足交换律 $P_1+P_2=P_2+P_1$；有单位元，即对所有点 P，有 $P+\infty=P$；存在逆元，即对所有点 P，存在点 P'，使得 $P+P'=\infty$；满足结合律，即对任意点 P_1，P_2，P_3，有$(P_1+P_2)+P_3=P_1+(P_2+P_3)$. (这些性质的证明参看[Wa08]. 令人惊异的是结合律的证明比其他性质的证明要难不少.)

注 椭圆曲线上的点 $P=(x, y)$的负元是其关于 x 轴的对称点，即$-P=(x, -y)$. 可以看到 $P=(x, y)$属于椭圆曲线模 p 当且仅当$-P=(x, -y)$也属于该曲线.

注 为计算椭圆曲线上点 P_1 与 P_2 的和 $P_1+P_2=P_3$，在计算 P_3 的 y 轴坐标 y_3 之前需要计算 x 轴坐标 x_3，这是因为计算 y_3 需要用到 x_3. 对 $P_1\neq P_2$ 和 $P_1=P_2$ 均是如此.

注意到对椭圆曲线上的两个不同的有理点 P_1 和 P_2，其和仍为有理点，读者可从定义验证这一点. 同样，对椭圆曲线上的一个有理点 P，其代数加倍 $2P$ 以及所有形如 kP(k 为正整数)的点也是该曲线上的有理点. 因此，当我们知道椭圆曲线 $y^2=x^3-N^2x$(N 为正整数)上的一个或多个有理点时，可以利用加法得到其他的有理点. 我们得到的每个有理点均对应于面积为 N 的有理直角三角形.

下面的例子演示了如何利用代数加倍来求出额外的指定面积的直角三角形.

例 14.19 在例 14.17 中，我们已知椭圆曲线 $y^2=x^3-36x$ 上的有理点 $P=(x, y)=(12, 36)$对应于三边长为 3，4，5 的有理直角三角形. 通过找出对应于 $2P$ 的有理直角三角形，可得到新的面积为 6 的有理直角三角形.

为计算 $2P$，首先计算曲线在(12, 36)处的切线$\mathcal{C}$的斜率为 $m=(3\cdot 12^2-36)/(2\cdot 36)=11/2$. 利用此斜率可得 $x_1=m^2-2x_1=(11/2)^2-2\cdot 12=25/4$. 其次，用 x_1 的值可得 $m(x_1-x_3)-y_1=\dfrac{11}{2}\left(12-\dfrac{25}{4}\right)-36=\dfrac{11}{2}\cdot\dfrac{23}{4}-36=\dfrac{253}{8}-\dfrac{288}{8}=-\dfrac{35}{8}$，这表明 $2P=(25/4, -35/8)$.

为利用定理14.17中的对应关系，我们需要一个有正的 y 坐标的点. 改变 y 坐标的符号得到曲线上的一点 $\left(\frac{25}{4}, \frac{35}{8}\right)$. 由定理14.17，对应于 $\left(\frac{25}{4}, \frac{35}{8}\right)$ 的三元组 (a, b, c) 之值为

$$a=\frac{\left(\left(\frac{25}{4}\right)^2-36\right)}{\frac{35}{8}}=\frac{7}{10},$$

$$b=\frac{\left(2\cdot 6\cdot \frac{25}{4}\right)}{\frac{35}{8}}=\frac{120}{7},$$

$$c=\frac{\left(\left(\frac{25}{4}\right)^2+\left(\frac{35}{8}\right)^2\right)}{\frac{35}{8}}=\frac{1\,201}{70}.$$

这表明三边长为7/10，120/7和1 201/7的有理直角三角形的面积亦为6.（参看计算与研究部分的习题6.） ◀

利用例14.19中描述的加倍公式，可以证明当 N 为同余数时，有无穷多个面积为 N 的不同的有理直角三角形. 证明该结论所用的椭圆曲线上有理点的性质已超出了本书的范围，读者可参看[Ch06].

下面的例子是利用两个面积为 N 的有理直角三角形来找出另外的具有同样面积的有理直角三角形.

例 14.20 在例14.18中，我们找出了椭圆曲线 $y^2=x^3-210^2x$ 上的两个有理点，它们是 $P_1=(525, 11\,025)$，对应于三边长为21，20和29的有理直角三角形；$P_2=(1\,260, 44\,100)$，对应于三边长为35，12和37的有理直角三角形. 通过计算 P_1+P_2 可得到另外的面积为210的有理直角三角形. 为计算此和，注意到 $m=\frac{44\,100-11\,025}{1\,260-525}=45$，因此 $x_3=m^2-x_1-x_2=45^2-525-1\,260=240$，$y_3=m(x_1-x_3)-y_1=45(525-240)-11\,025=1\,800$，故 $P_1+P_2=(240, 1\,800)$.

由定理14.17，$(240, 1\,800)$ 对应于三元组 (a, b, c)，其中

$$a=\frac{(240^2-210^2)}{1\,800}=\frac{(57\,600-44\,100)}{1\,800}=\frac{15}{2},$$

$$b=\frac{2\cdot 210\cdot 240}{1\,800}=56,$$

$$c=\frac{(240^2+210^2)}{1\,800}=\frac{113}{2}.$$

这表明三边长为15/2，56，113/2的有理直角三角形的面积亦为210. ◀

判别同余数的算法 最后我们给出一个判断一个正整数是否为同余数的有效算法. 但

不幸的是，现在还不清楚该算法是否会出差错．该算法是建立在 Jerrold Tunnell 于 1983 年在[Tw83]中所证明的定理基础之上的．此定理的证明涉及了椭圆曲线及模形式的很深的知识，超出了本书的范围．（证明参看[Ko96]．）

定理 14.19（Tunnell 定理） 设 n 为正整数，记 A_n，B_n，C_n，D_n 分别为方程 $n=2x^2+y^2+32z^2$，$n=2x^2+y^2+8z^2$，$n=8x^2+2y^2+64z^2$，$n=8x^2+2y^2+16z^2$ 的整数解的个数．若 n 为同余数，则若 n 为奇数，则有 $A_n=B_n/2$；若 n 为偶数，则有 $C_n=D_n/2$．反之，在 BSD(Birch-Swinnerton Dyer)猜想成立的假设下，若 n 为奇数时有 $A_n=B_n/2$，n 为偶数时有 $C_n=D_n/2$，则 n 为同余数．

要利用 Tunnell 定理来判断一个正整数是否为同余数，需要计算 A_n，B_n，C_n，D_n，并验证相关等式．这些量可以很快直接计算得出，故验证也很方便．Tunnell 定理能告诉我们某个正整数不是同余数，但不能确定一个正整数一定是同余数．当然，若 BSD 猜想得到证明，则这个不确定性自然会消失．下面的例子是 Tunnell 定理应用的演示．

例 14.21 Tunnell 定理能验证费马的结论，即 3 非同余数．

注意有 $A_3=4$，$B_3=4$，这是因为 $3=2x^2+y^2+32z^2$ 以及 $3=2x^2+y^2+8z^2$ 的整数解均为 $x=\pm1$，$y=\pm1$，$z=0$．由于 $A_3\neq B_3/2$，故 3 非同余数．

Tunnell 定理中带猜想性质的部分判断 34 为同余数．为证明这一点，注意到 $34=8x^2+2y^2+64z^2$ 的整数解为 $x=\pm2$，$y=\pm1$，$z=0$，故 $C_{34}=4$．而 $34=8x^2+2y^2+16z^2$ 的整数解为 $x=\pm2$，$y=\pm1$，$z=0$，以及 $x=0$，$y=\pm3$，$z=\pm1$，所以 $D_{34}=8$，故 $C_{34}=D_{34}/2$．因此在 BSD 猜想成立的基础上，可判定 34 为同余数．读者可自行找出面积为 34 的有理直角三角形来验证这一点．（参看计算与研究部分的习题 2．） ◀

注 BSD 猜想是克雷(Clay)数学研究所在 2000 年提出的七大重要且具挑战性的千禧年数学问题之一．克雷数学研究所为每个问题的解决提供一百万美元奖金．该猜想若能被证实，则我们可有一种比较简便的方法确定实数上的椭圆曲线是否有有限或无限个有理点．英国数学家 Bryan Birch 和 Peter Swinnerton-Dyer 在 1960 年前期根据他们在剑桥大学用早期计算机进行数值计算的结果提出了该猜想．

14.5 节习题

1. 证明本原毕达哥拉斯三角形面积为偶数．
2. 找出扩展的表 14.2 的最后一列中对应于 $m=7$，$n=2$，4，6 的同余数．
3. 找出扩展的表 14.2 的最后一列中对应于 $m=8$，$n=1$，3，5，7 的同余数．
4. 找出扩展的表 14.2 的最后一列中对应于 $m=9$，$n=2$，4，8 的同余数．
5. 找出对应于下列毕达哥拉斯三元组的本原直角三角形面积的无平方因子同余数．

   a) (15，8，17)　　b) (7，24，25)　　c) (21，20，29)　　d) (9，40，41)
6. 找出对应于下列毕达哥拉斯三元组的本原直角三角形面积的无平方因子同余数．

   a) (35，12，37)　　b) (11，60，61)　　c) (45，28，53)　　d) (33，56，65)
7. 证明有无穷多个不同的同余数．
8. 完成定理 14.14 的证明中未处理的三种情形．
9. 利用 1 非同余数这一事实来证明$\sqrt{2}$非有理数．（提示：考虑两直角边为$\sqrt{2}$的直角三角形．）
10. 利用 2 非同余数这一事实来证明$\sqrt{2}$非有理数．（提示：考虑两直角边为 2 的直角三角形．）

* 11. 利用无穷下降法证明一个平方数的两倍不可能是同余数.

** 12. 证明 3 非同余数.（提示：利用定理 14.14. 四种情形中的三种可以直接证明，最后一种情形较为复杂.）

13. 解释为何下列整数不可能为三个平方数的算术级数的公差.

a) 1　　b) 8　　c) 25　　d) 48

14. 解释为何下列整数不可能为三个平方数的算术级数的公差.

a) 2　　b) 9　　c) 32　　d) 300

15. 找出有理数 r 使得 $r^2 \pm 7$ 同为有理数的平方.

16. 找出有理数 r 使得 $r^2 \pm 15$ 同为有理数的平方.

17. 从公差为 336 的三个平方数的算术级数 289，625，961 开始构造一个诸边为有理数且面积是 21 的直角三角形.

18. 从公差为 840 的三个平方数的算术级数 529，1 369，2 209 开始构造一个诸边为有理数且面积是 210 的直角三角形.

19. 在本题中，我们证明找出所有由三个有理平方数组成的算术级数等价于找出圆 $x^2+y^2=2$ 上的所有有理点.（对这些点的参数化表达式参考 14.1 节中的习题 21.）

a) 证明：若 a^2，b^2，c^2 为由正整数组成的算术级数，则$(a/b,\ c/b)$为圆 $x^2+y^2=2$ 上的有理点.

b) 证明：若 $x^2+y^2=2$，其中 x，y 为有理数，t 为非 0 整数，则$(tx)^2$，t^2，$(ty)^2$ 为由三个有理平方数组成的算术级数.

20. 利用定理 14.17 中的映射找出椭圆曲线 $y^2=x^3-25x$ 上对应于三边长为 3/2，20/3，41/6 的有理直角三角形的有理点.

21. 利用定理 14.17 中的映射找出椭圆曲线 $y^2=x^3-49x$ 上对应于三边长为 35/12，24/5，337/60 的有理直角三角形的有理点.

22. 证明椭圆曲线 $y^2=x^3-x$ 上不存在有理点$(x,\ y)$，其中 x，y 均为正数.（提示：将该问题转化为同余数问题.）

23. 证明椭圆曲线 $y^2=x^3-4x$ 上不存在有理点$(x,\ y)$，其中 x，y 均为正数.（提示：将该问题转化为同余数问题.）

24. 完成椭圆曲线上一点的代数加倍公式的推导.

25. 利用在习题 20 中找出的椭圆曲线 $y^2=x^3-25x$ 上的一点，使用代数加倍找出面积为 5 的有理直角三角形，但其三边长不为 3/2，20/3，41/6.

26. 利用在习题 21 中找出的椭圆曲线 $y^2=x^3-49x$ 上的一点，使用代数加倍找出面积为 7 的有理直角三角形，但其三边长不为 35/12，24/5，337/60.

27. 将椭圆曲线 $y^2=x^3-36x$ 上的两点(12，36)及(25/4，−35/8)相加，并利用定理 14.17 找出面积为 6 的有理直角三角形，使其不同于三边长分别为 3，4，5 及 7/10，120/7，1 201/70 的三角形.

28. 将椭圆曲线 $y^2=x^3-210x$ 上的两点(240，1 800)及(1 260，44 100)相加，并利用定理 14.17 找出面积为 210 的有理直角三角形，使其不同于在例 14.20 中提及的三个三角形.

29. 找出两个公差为 6 的三有理平方数的算术级数，使其不同于$(1/2)^2$，$(5/2)^2$，$(7/2)^2$.

30. 找出两个不同的公差为 21 的三有理平方数的算术级数.

31. 利用 Tunnell 定理证明下列整数非同余数.

a) 1　　b) 10　　c) 17

32. 利用 Tunnell 定理证明下列整数非同余数.

a) 2　　b) 10　　c) 126

33. 假设 BSD 猜想成立，利用 Tunnell 定理证明 41 为同余数.

34. 假设 BSD 猜想成立，利用 Tunnell 定理证明 157 为同余数.
35. 欧拉曾经猜想(但未证明)，如果 n 为无平方因子的正整数且 $n\equiv 5$，6 或 7(mod8)，则 n 为同余数. 假设 BSD 猜想成立，利用 Tunnell 定理来证明该猜想.

如果一个三角形的三边长及面积均为有理数，则被称为海仑三角形(Heron triangle). 海仑三角形是以亚历山大的海仑的名字来命名的，他证明了三边长为 a，b，c 的三角形的面积是 $\sqrt{s(s-a)(s-b)(s-c)}$，其中 $s=(a+b+c)/2$. 回顾如果长为 a 与 b 的边的夹角为 θ，则三角形面积为 $(ab\sin\theta)/2$. 此外，由余弦定律，有 $c^2=a^2+b^2-2ab\cos\theta$.

36. 三边长为 13，14，15 的三角形为海仑三角形.
* 37. 证明：若 n 为正整数，则有一个面积为 n 的海仑三角形.（提示：将两个三边长为 2，$\left|r-\left(\frac{1}{r}\right)\right|$，$\left|s-\left(\frac{1}{s}\right)\right|$ 的三角形粘在一起，其中 $r=2n/(n-2)$，$s=(n-2)/4$，然后将该三角形适当缩放.）
38. 证明：如果海仑三角形三边长为 x，y，z，且边长为 x，y 的两边的夹角为 θ，则 $\cos\theta$ 和 $\sin\theta$ 为有理数，且有有理数 t 使得 $\sin\theta=\frac{2t}{t^2+1}$ 以及 $\cos\theta=\frac{t^2-1}{t^2+1}$.

我们称一个整数 n 为 t-同余数，如果有有理数 a，b，c，使得 $ab\left(\frac{2t}{t^2+1}\right)=2n$ 以及 $a^2+b^2-2ab\times\left(\frac{t^2-1}{t^2+1}\right)=c^2$.（当 $t=1$ 时，t-同余数就是同余数.）

39. a) 设 t 为有理数，证明正整数 n 为 t-同余数当且仅当 n/t 和 t^2+1 为有理平方数或曲线 $y^2=\left(x-\frac{n}{t}\right)\times(x+nt)$ 上有有理点 (x, y)，$y\neq 0$. 也就是说，n 为 t-同余数当且仅当存在一个面积为 n 的海仑三角形.（提示：证明如果 a，b，c 满足定义中的方程且 $b\neq c$，则 $(a^2/4, (ab^2-ac^2)/8)$ 在这条曲线上. 当 (x, y) 在该曲线上且 $y\neq 0$ 时，令 $a=|(x^2+y^2)/y|$，$b=|(x-(n/t))(x+nt)/y|$；当 $y=0$ 时，令 $a=2\sqrt{n/t}$，$b=c=\sqrt{n(t^2+1)/t}$.）

    b) 证明：若 $n=12$，$t=4/3$，则曲线 $y^2=\left(x-\frac{n}{t}\right)(x+nt)$ 上有点 $(-6, 30)$.

    c) 利用 a)证明 12 为 4/3 -同余数，并求出面积为 12 的有理三角形的三边长.

    d) 利用习题 37 和习题 38 证明如果 n 为正整数，则有有理数 t 使得 n 为 t-同余数.
40. 本题介绍了另外一个通过搜寻椭圆曲线上的有理点来解决的问题. 考察一个由同样大的球堆垒而成的 x 层的正方棱锥，即顶部放置一个球，其下一层放四个球，…，底层即第 x 层放 x^2 个球.

    a) 证明这些球能被置于一个边长为 y 的正方形中当且仅当 $y^2=x(x+1)(2x+1)/6$ 有正整数解 (x, y).

    b) 证明：如果 $1\leqslant x\leqslant 10$，则只有当 $x=1$ 时才可将这些球堆为正方棱锥.

    c) 证明 $(0, 0)$ 和 $(1, 1)$ 均在曲线 $y^2=x(x+1)(2x+1)/6$ 上，计算 $(0, 0)$ 与 $(1, 1)$ 在该曲线上的和.

    d) 计算 c)中得到的点与 $(1, 1)$ 的和，证明由此和可以得到一个正整数解.

计算和研究

1. 扩展表 14.2，使其包含所有满足 $50\geqslant n>m$ 且 m，n 奇偶性不同的整数对 m，n.
2. 通过找出对应于三角形面积的无平方因子为 34 的毕达哥拉斯三元组来证明 34 为同余数.
3. 通过找出对应于三角形面积的无平方因子为 39 的毕达哥拉斯三元组来证明 39 为同余数.
4. 找出椭圆曲线 $y^2=x^3-53^2x$ 上对应于本原毕达哥拉斯三元组 $a=m^2-n^2$，$b=2mn$，$c=m^2+n^2$ 的有理点，其中 $m=1\ 873\ 180\ 325$，$n=1\ 158\ 313\ 156$.
5. 依次检查所有整数的平方数来找出尽可能多的三平方算术级数.

6. 通过对椭圆曲线 $y^2=x^3-36x$ 上的点不断地进行代数加倍来找出尽可能多的面积为 6 的有理直角三角形.
7. 通过对椭圆曲线 $y^2=x^3-210^2x$ 上的点不断地进行代数加倍来找出尽可能多的面积为 210 的有理直角三角形.
8. 利用(111, 6 160, 6 161), (231, 2 960, 2 969), (518, 1 320, 1 418), (280, 2 442, 2 458)是对应于面积为 $341\,880=2^2\cdot 170\,940$ 的直角三角形的四个毕达哥拉斯三元组的事实来找出椭圆曲线 $y^2=x^3-170\,940^2x$ 上四个不同的有理点，并通过这些点之间的加法找出更多的面积为 170 940 的有理直角三角形.

程序设计

1. 给定正整数 U，扩展表 14.2 使其包含所有满足 $U\geqslant m>n$ 且 m，n 奇偶性不同的整数对 m，n.
2. 给定椭圆曲线 $y^2=x^3+ax+b$ 及其上两点，计算两个点的和.
3. 给定面积为 N 的有理直角三角形的各边长，找出椭圆曲线 $y^2=x^3-N^2x$ 上对应的点. 然后用代数加倍找出该曲线上新的有理点及其相应的面积为 N 的有理直角三角形.

14.6　模素数椭圆曲线

椭圆曲线对解决数论中的许多问题起到很重要的作用，也有很多其他不同的应用. 在 14.5 节中，我们介绍了实数上的椭圆曲线并学习了如何将其应用到同余数问题上. 注意到实数上的椭圆曲线是满足 $y^2=x^3+ax+b$ 的点集(x, y)，其中 a，b 为实数，且 $4a^3+27b^2\neq 0$. 我们也可以研究有理数域上的椭圆曲线，即满足同样方程的点集(x, y)，其中 a，b 为有理数. 本节我们研究模奇素数的椭圆曲线. 其上点的加法将根据实数上椭圆曲线上点的加法以及模 p 的运算来确定.

有限椭圆曲线

首先我们给出模 p 的椭圆曲线的定义，其中 p 为奇素数.

定义(模 p 的椭圆曲线)　*设 a 和 b 为大于 1 的整数，p 为奇素数，且有$(4a^3+27b^2, p)=1$，则模 p 的椭圆曲线 $E_p(a, b)$是满足 $y^2\equiv x^3+ax+b \pmod p$的点集$(x, y)$并加上无穷远点$\infty$，其中 x，y 为整数.*

模 p 的椭圆曲线是一个离散点集. 这一点与实数上的椭圆曲线不同. 下面我们解释如何找出模 p 的椭圆曲线上的点. 首先注意到(x, y)是 $E_p(a, b)$上点当且仅当 x^3+ax+b 是模 p 的二次剩余.

例 14.22　为找出 $E_5(1, 2)$上的点，需要对 $x=i(i\in\{0, 1, 2, 3, 4)$来求解同余方程 $y^2\equiv x^3+x+2 \pmod 5$.

因为 $y^2\equiv 2 \pmod 5$无解，故该曲线上没有点 x 坐标为 0. 求解 $y^2\equiv 1^3+1+2=4 \pmod 5$，可得 x 坐标为 1 的点，该同余式的解为 $y\equiv 2 \pmod 5$和 $y\equiv 3 \pmod 5$. 读者可验证对于 $x=2$ 和 $x=3$ 该同余式无解，因为此时需要 y 满足 $y^2\equiv 2 \pmod 5$. 对于 $x=4$，求解 $y^2\equiv 4^3+4+2\equiv 0 \pmod 5$得到 $y\equiv 0 \pmod 5$.

由此我们知道 $E_5(1, 2)$是满足 $y^2\equiv x^3+x+2 \pmod 5$的点$(x, y)$以及无穷远点$\infty$，因此，(1, 2)，(1, 3)，(4, 0)和∞这四个点在椭圆曲线上. ◀

例 14.23　为找出 $E_7(3, 4)$上的点，须对 $x=0$，1，2，3，4，5，6 来求解同余方程 $y^2\equiv x^3+3x+4 \pmod 7$. 首先对每个 x 值，计算 $x^3+3x+4 \pmod 7$，然后计算 $y^2 \pmod 7$，

看看那个 y 值与上面的值相合.

读者可以验证当 $x=0$ 时 $y^2\equiv4 \pmod 7$，当 $x=1$ 时 $y^2\equiv1 \pmod 7$，当 $x=2$ 时 $y^2\equiv4 \pmod 7$，当 $x=3$ 时 $y^2\equiv5 \pmod 7$，当 $x=4$ 时 $y^2\equiv3 \pmod 7$，当 $x=5$ 时 $y^2\equiv4 \pmod 7$，当 $x=6$ 时 $y^2\equiv0 \pmod 7$.

$y^2\equiv4 \pmod 7$的解是 $y=2$ 和 $y=5$；$y^2\equiv1 \pmod 7$的解是 $y=1$ 和 $y=6$；$y^2\equiv3 \pmod 7$ 和 $y^2\equiv5 \pmod 7$无解；$y^2\equiv0 \pmod 7$的解只有 $y=0$.

综上，$E_7(3, 4)$上的十个点是$(0, 2)$，$(0, 5)$，$(1, 1)$，$(1, 6)$，$(2, 2)$，$(2, 5)$，$(5, 2)$，$(5, 5)$，$(6, 0)$和∞.

通过以上两个例子可以看出，给定奇素数 p 和整数 a，b，计算 $E_p(a, b)$上的点时，若 c 为非零的模 p 二次剩余，对应的 $y^2\equiv c \pmod p$有两个 y 值. 若 c 非模 p 二次剩余，对应的 $y^2\equiv c \pmod p$无解. 当 $c=0$ 时，$y^2\equiv c \pmod p$仅有一解.

因为不超过 $p-1$ 的非零整数有一半是平方，故可大致推定，x^3+ax+b(a，b 非零)对不超过 $p-1$ 的一半正整数是模 p 的平方. 考虑到无穷远点，可推断在 $E_p(a, b)$上大约有 $p+1$ 个点. 1933 年德国数论学家哈赛(Helmut Hasse)给出了$|E_p(a, b)|$一个很有用的界，即 $p+1$ 与$|E_p(a, b)|$的差值不超过 $2\sqrt{p}$. (Emil Artin 曾在博士论文中猜测该结论成立. 参看 10.2 节他的小传.)下面我们给出哈赛定理的这个界，其证明可见[Wa08].

定理 14.20(哈赛定理) 设 $E_p(a, b)$为模 p 椭圆曲线，p 为奇素数，a 和 b 为整数，则

$$|p+1-|E_p(a, b)||\leqslant 2\sqrt{p}.$$

注 哈赛定理给出了椭圆曲线 $E_p(a, b)$上点数的界. 一个自然的问题是对每个 n，是否存在有 n 个点的椭圆曲线，使得$|p+1-n|\leqslant2\sqrt{p}$. 1941 年德国数学家 Max Deuring 对这个问题给出了肯定的回答.

对模 p 椭圆曲线上的点，我们可以执行加法、倍乘等运算. 其计算公式基本上与实数上椭圆曲线相同(除以实数用乘以整数模 p 的逆取代). 至于对这些运算的几何解释在模 p 椭圆曲线上并不成立. 但是，有下面一些代数计算规则(变动处有注明).

定义 (模 p 椭圆曲线上的加法公式，p 为奇素数)设 $P_1(x_1, x_2)$与 $P_2(x_1, x_2)$是模 p 椭圆曲线 $y^2=x^3+ax+b$ 上的两点. 定义 $P_3=P_1+P_2=(x_3, y_3)$如下：

海尔穆特·哈赛(Helmut Hasse，1898—1979)出生于德国凯塞尔. 他的父亲是一位法官；他的母亲出生在密尔沃基，后来搬到凯塞尔并在那里长大. 哈赛曾就读于凯塞尔附近的几所中学，但在他 15 岁时，他的家人搬到柏林，他在费希特中学学习. 第一次世界大战期间毕业后，他自愿参加海军服役，被派驻在基尔，在那里他参加数学家奥托·托普利茨的讲座. 当他从海军退伍时，他进入了哥廷根大学，师从一些著名数学家，包括兰道、希尔伯特、诺特和赫克. 1930 年，他开始在马尔堡大学学习，在那里他写了一篇关于数域上的二次型的论文.

哈赛返回马尔堡大学任职之前曾在基尔大学和哈雷大学担任学术职务. 在马尔堡时，他开始研究椭圆曲线，证明了椭圆曲线上的 ζ 函数有类似黎曼猜想的性质.

1933 年，纳粹上台并颁布了一项法律，将所有犹太教职工从哥廷根数学研究所开除；在那一年，有 18 名数学家离开．当外尔从研究所辞职时，哈赛收到了成为他的继任者的邀请．根据外尔的建议，哈赛接受了这个提议．虽然他遭到了几位有纳粹倾向的教授的强烈反对，但在 1934 年，他被聘为教授，并担任数学研究所所长．

哈赛与许多德国犹太数学家有过合作，他的数学工作从未向政治因素妥协．然而，他确实持有强烈的民族主义观点，并赞同希特勒的许多立场．他申请加入纳粹党以增加影响力，但因为他的先辈是犹太人，所以没有得以加入．

1939 年到 1945 年，哈赛在哥廷根一直处于离职状态．这段时间他回到了海军服役，在柏林研究关于弹道学的问题．1945 年 9 月，他回到哥廷根，在那里被英国占领军解职，失去了教书的权利．他拒绝了哥廷根的一个仅从事研究的职位．但是 1946 年，他在柏林科学院担任研究职务．1948 年他在柏林恢复了教学，他开设了比较音乐和数论美学原理的讲座．1949 年，他被聘为东柏林洪堡大学教授．大约在同一时间，他出版了教科书 *Zahlentheorie*，书中首次系统介绍了他开创的基于局部方法的代数数论．1950 年，哈赛被聘为汉堡大学的教授．他在那里一直工作到 1966 年退休．

哈斯被认为是 20 世纪最重要的数学家之一．他所取得的成就包括数学研究、数学展示、教学和编辑工作．50 年来，他一直是学术刊物 *Journal fur die reine und angewandte Mathematik* 的主编，这一刊物也经常被称为 *Crelle's Journal*，由奥古斯特·利奥波德·克雷尔(August Leopold Crelle)于 1826 年创办．它也是最古老的仍然在办的数学期刊．

(i) 当 $P_1 \neq P_2$ 且均非无穷远点时，如果 $x_1 \neq x_2$，定义

$$P_1 + P_2 = (x_3, y_3) = (m^2 - x_1 - x_2, m(x_1 - x_3) - y_1),$$

其中 $m=(y_2-y_1)(x_2-x_1)^{-1}$，$(x_2-x_1)^{-1}$ 是 x_2-x_1 的模 p 逆；如果 $x_1=x_2$，但 $y_1 \neq y_2$，

定义

$$P_1 + P_2 = \infty.$$

(ii) 当 $P_1=P_2$ 且非无穷远点时，如 $y_1=y_2\neq 0$，定义

$$P_1 + P_2 = 2P_1 = (m^2 - 2x_1, m(x_1 - x_3) - y_1),$$

其中 $m=(3x_1^2+a)(2y_1)^{-1}$，$(2y_1)^{-1}$ 是 $2y_1$ 的模 p 逆；如 $y_1=y_2=0$

定义

$$P_1 + P_2 = \infty.$$

(iii) 对所有椭圆曲线上的点 P(包括 ∞)，

$$P + \infty = P.$$

注 尽管模 p 椭圆曲线上的点是离散点集，“切线的斜率”这个词还是可以指代 $m=(3x_1^2+a)(2y_1)^{-1}$，其中$(2y_1)^{-1}$ 是 $2y_1$ 的模 p 逆．

注 如同实数上的椭圆曲线一样，模 p 的椭圆曲线上的点 $P=(x, y)$的负元为其关于 x 轴的反射，即$-P=(x, -y)$．注意点 $P=(x, y)$在该模 p 椭圆曲线上当且仅当$-P=(x, -y)$也在该曲线上．

注 设若 P_1，P_2 为模 p 的椭圆曲线上两点，为求得 $P_3=P_1+P_2$，需要计算 P_3 的 x 轴坐标 x_3，为求得 P_3 的 y 轴坐标 y_3，也需要先计算出 x_3．这对 $P_1\neq P_2$ 以及 $P_1=P_2$ 都是如此．

注 模 p 椭圆曲线 $E_p(a, b)$ 上点的加法运算性质基本上类似于实数上椭圆曲线上点的加法(运用适当的单位元、逆元和交换律)，包括单位元的存在性、逆元的存在性和结合律等.

对正整数 n，$P\in E_p(a, b)$，计算 nP 的有效方法是利用 n 的二进制展开. 设若 $n=(b_k b_{k-1}\cdots b_1 b_0)$，则 $nP=\sum_{j=0}^{k} 2^k P$. 所以为计算 nP，只需要计算 P，$2P$，2^2P，…，2^kP，而这只需要对 P 反复利用加倍律即可. 对于那些为 1 的 b_j，累加所有的 2^jP，例如为计算 $13P$，先计算 P，$4P$，$8P$，然后将三者相加即可.

例 14.24 为计算 $E_{23}(1, 2)$上的 $11P$，其中 $P=(8, 4)$，首先有 $11P=8P+2P+P$. 读者可用加倍律验证 $2P=(0, 5)$，$4P=2(2P)=2(0, 5)=(3, 20)$，$8P=2(3, 20)=(3, 3)$，利用求和规则有

$$\begin{aligned}11P&=(3, 3)+(0, 5)+(8, 4)=((3, 3)+(0, 5))+(8, 4)\\&=(0, 18)+(8, 4)=(8, 19).\end{aligned}$$

◀

注 一些计算模 p(或者模合数 m)的椭圆曲线上点加法和倍乘的有用的工具可参考 https://andrea.corbellini.name/ecc/interactive/modk-mul.html 以及 https://graui.de/code/elliptic2/.

例 14.25 点 $P_1=(x_1, y_1)=(1, 2)$和 $P_2=(x_2, y_2)=(4, 0)$均为 $E_5(2, 0)$上的点(参看例 14.22). 为计算 $P_1+P_2=P_3=(x_3, y_3)$，首先有 $m=(y_2-y_1)(x_2-x_1)^{-1}=(0-2)(4-1)^{-1}\equiv-2\cdot2\equiv1(\mathrm{mod}\ 5)$. (这里用了$(4-1)^{-1}=3^{-1}=2(\mathrm{mod}\ 5)$.)于是有 $x_3=m^2-x_1-x_2=1^2-1-4\equiv1(\mathrm{mod}\ 5)$. 同时也有 $y_3=m(x_1-x_3)-y_1=1(1-1)-2\equiv3(\mathrm{mod}\ 5)$. 故有 $P_1+P_2=P_3=(1, 3)$. ◀

例 14.26 点 $P=(x_1, y_1)=(2, 5)$为 $E_7(3, 4)$上的点(参看例 14.23). 为计算 $2P=2(2, 5)=(x_2, y_2)$，利用模 p 椭圆曲线上点的加倍公式，首先有

$$m=(3x_1^2+a)(2y_1)^{-1}=(3\cdot2^2+3)(2\cdot5)^{-1}\equiv1\cdot5\equiv5(\mathrm{mod}\ 7).$$

于是有

$$x_2=m^2-2x_1=5^2-2\cdot2\equiv0(\mathrm{mod}\ 7).$$

故有

$$y_2=m(x_1-x_2)-y_1=5(2-0)-5\equiv5(\mathrm{mod}\ 7).$$

可得 $2P=(0, 5)$. ◀

考察 $E_p(a, b)$上有哪些点(x, y)，对 x 和 y 各有 p 种可能. 因此即使考虑无穷远点，$E_p(a, b)$上最多有 p^2+1 个点. 由此可知对 $E_p(a, b)$上的每个点 P，存在正整数 j 和 k，$j<k$，使得 $jP=kP$. 该式两边同时加上 $k(-P)$，则左边为 $jP+k(-P)=jP-kP=(j-k)P$，右边为 $kP+k(-P)=kP-kP=\infty$，这表明$(j-k)P=\infty$. 故满足 $mP=\infty$的正整数 m 的集合非空，且其中有一个最小正整数 m. 由此我们引入下面的定义.

定义 (模 p 椭圆曲线上点的阶)椭圆曲线 $E_p(a, b)$上点 P 的阶是满足 $dP=\infty$ 的最小正整数 d. 此处 p 为奇素数，a，b 为整数.

下面这个定理告诉我们，如果 m 乘 P 为无穷远点，则 m 一定是 P 点阶的倍数.

定理 14.21 设P为椭圆曲线$E_p(a,b)$上的点，p为奇素数且$mP=\infty$，则有P的阶整除m.

证明 设有$mP=\infty$，m为正整数. 若有$m=dq+r$，$0\leqslant r<d$，则有$\infty=mP=(dq+r)P=q(dP)+rP=q\infty+rP$. 这表明$rP=\infty$，而由$d$的最小性可知$r=0$，故有$d|m$. ■

例 14.27 $P=(2,1)$为$E_7(2,3)$(模7意义下的曲线$y^2=x^3+2x+3$)上的点. 计算可得$2P=(3,6)$，$3P=(6,0)$，$4P=(3,1)$，$5P=(2,6)$，$6P=\infty$(读者可自行验算). 故知(2，1)在$E_7(2,3)$上的阶为6. ◀

于是我们有下面的定理.

定理 14.22 如果P为奇素数，a和b为整数，则对$P\in E_p(a,b)$，ord(P)整除$|E_p(a,b)|$.

如果读者学过群论，定理14.22可用拉格朗日定理简单证明. 我们在此处省略掉该证明.

利用哈赛定理和定理14.22，有时可求出$|E_p(a,b)|$.

例 14.28 在[Wa08]中有(2，3)为$E_{557}(-10,21)$上的点，阶为189. 由定理14.22知189整除$|E_{557}(-10,21)|$. 由哈赛定理有

$$|557+1-|E_{557}(-10,21)||<2\sqrt{557}.$$

$\sqrt{557}$大约是23.6，故有

$$\left|557+1-|E_{557}(-10,21)|\right|<47.$$

因此$511<|E_{557}(-10,21)|<605$. 最小的189的几个倍数是189，378，567，以及756. 由此可知$E_{557}(-10,21)=567$. ◀

定义 （椭圆曲线上的离散对数） 设p为奇素数，a和b为整数，P和Q为$E_p(a,b)$上的点，且有$Q=nP$，n为正整数. 称n为Q关于底P在$E_p(a,b)$上的离散对数. **离散对数问题**是对椭圆曲线$E_p(a,b)$上满足$Q=nP$的点P和Q，找出相应的n.

当然直接计算所有P的倍数也可以找出这个离散对数n. 但这种直推的方法p较大时就不太实际. 密码实际应用中会出现数百位素数的场景. 下面用个小例子来演示直推的方法.

例 14.29 在例14.27中我们有点$P=(2,1)$属于$E_7(2,3)$，同时可算得$2P=(3,6)$，$3P=(6,0)$，$4P=(3,1)$，$5P=(2,6)$，$6P=\infty$. 故有(3，1)关于底(2，1)的离散对数为4，(6，0)的离散对数为3，(3，6)关于底(2，1)的离散对数为2. ◀

在第10章中我们介绍了计算模p的离散对数的小步-大步法. 同时我们在第10章中介绍了一些更高效的方法. 同样寻找椭圆曲线上的离散对数也有多种方法. 例如指数积分法、Pohlig-Hellman方法、小步-大步法、波拉德ρ方法以及波拉德λ方法，这些方法可在[Wa08]以及[Si09]中找到. 这些资料也给出了处理一些较难情形的特殊算法. 当然这些方法都无法真正威胁建立在搜寻离散对数困难性上的椭圆曲线密码系统，尽管它们的确指出在使用椭圆曲线密码时有些情况应该避免.

我们定义了整数集上的椭圆曲线以及模 p 椭圆曲线．能否将这种定义延拓到模 m（m 为合数）上去？遗憾的是不能．我们无法将此种点的定义延拓到 $y^2 \equiv x^3+ax+b \pmod m$（$m$ 为合数）上去，因为只能对那些与 m 互素的整数取模 m 的逆．

后面我们需要研究曲线 $y^2 \equiv x^3+ax+b \pmod m$，$m$ 为合数．类似地用 $E_m(a, b)$ 表示该曲线．当 m 为合数时，$(m, 6)=1$ 且 $(4a^3+27b^2, m)=1$，$E_m(a, b)$ 即满足 $y^2 \equiv x^3+ax+b \pmod m$ 的点集 (x, y) 与无穷远点 ∞ 一起被称为伪椭圆曲线．对于其上的两点 P 和 Q，我们可以试着如同模 p 的椭圆曲线那样执行加法运算．然而因为 m 为合数，有些整数没有模 m 的逆，所以这种和是无法定义的．本章后面一节中的整数分解算法将会用到这一点．

例 14.30 点 $(5, 3)$ 和 $(19, 4)$ 均属于 $E_{21}(1, 5)$．当尝试用椭圆曲线上点的加法公式来计算这两点的和时，得到 $(5, 3)+(19, 4)=(m^2-5-24, m(5-x_3)-19)$，此处 $m=(4-3)(19-5)^{-1}$．然而 $19-5=14$ 在模 21 的意义下没有逆，因为 $(14, 21)=7\neq 1$．因此 $(5, 3)+(19, 4)$ 无法定义． ◀

14.6 节习题

1. 找出下面椭圆曲线上的所有点．
   a) $E_5(1, 3)$　　b) $E_7(2, 4)$　　c) $E_{11}(1, 6)$
2. 找出下面椭圆曲线上的所有点．
   a) $E_7(2, -1)$　　b) $E_{11}(10, 3)$　　c) $E_{13}(0, 1)$
3. 计算 $E_{11}(10, 3)$ 上的下列点．
   a) $-(15, 16)$　　b) $2(11, 4)$　　c) $3(11, 4)$
   d) $4(11, 4)$　　e) $(15, 3)+(1, 2)$　　f) $(6, 4)-(4, 5)$
4. 计算 $E_{23}(6, 5)$ 上的下列点．
   a) $-(20, 11)$　　b) $2(3, 2)$　　c) $3(3, 2)$
   d) $4(3, 2)$　　e) $(20, 11)+(3, 2)$　　f) $(8, 6)-(4, 1)$
5. 设 p 为奇素数，证明 $E_p(a, b)$ 上的点数（包括无穷远点）为 $p+1+\sum_{i=0}^{p-1}\left(\frac{i^3+ai+b}{p}\right)$，这里 $\left(\frac{c}{p}\right)$ 为勒让德符号．
6. a) 根据哈赛定理 $|E_5(a, b)|$ 的可能值是多少？此处 a，b 为正整数．
   b) 利用网上提供的诸如椭圆曲线加法与数乘程序（https://andrea.corbellini.name/ecc/interactive/modk-mul.html），找出每个由哈赛定理限定的 $|E_5(a, b)|$ 可能值所对应的 a，b 的值．
7. 证明 $|E_{17}(2, 2)|=19$ 以及 $(5, 1)\in E_{17}(2, 2)$ 的阶为 19．
8. $(0, 1)\in E_{101}(7, 1)$ 的阶为 116．利用哈赛定理和定理 14.22 计算 $|E_{101}(7, 1)|$．
9. $(-1, 2)\in E_{103}(7, 12)$ 的阶为 13．点 $(19, 0)$ 的阶为 2．利用哈赛定理和定理 14.22 计算 $|E_{103}(7, 12)|$．
10. 本题中我们将对模 p 椭圆曲线证明一个类似于费马小定理的结论，其中 p 为奇素数．设 $|E_p(a, b)|=n$，a，b 为整数，P 为 $E_p(a, b)$ 上一点．
    a) 设 k 为正整数，P 为 $E_p(a, b)$ 上任一点．证明若 $P_1, P_2, \cdots, P_k$ 为 $E_p(a, b)$ 上的 k 个不同点，则 $P_1+P, P_2+P, \cdots, P_k+P$ 这 k 个点也互异．
    b) 利用 a)，证明若 $P_1, P_2, \cdots, P_n$ 为 $E_p(a, b)$ 上的 n 个不同点，则 $P_1+P_2+\cdots+P_n=(P_1+P)+(P_2+P)+\cdots+(P_n+P)$．

c) 由 b)证明 $nP=\infty$，即无穷远点.

11. 构造 $E_5(1, 2)$上点的加法表.
12. 构造 $E_7(3, -4)$上点的加法表.
13. 构造 $E_{11}(3, -1)$上点的加法表.
14. 对下面每一对点，计算它们在伪椭圆曲线 $E_{38}(3, -6)$上的和或者证明和无法定义.
    a) (20, 6), (13, 30)　　b) (5, 20), (8, 32)
    c) (18, 16), (22, 26)　　d) (18, 22), (9, 22)
15. 对下面每一对点，计算它们在伪椭圆曲线 $E_{42}(6, -1)$上的和，或者证明和无法定义.
    a) (17, 10), (26, 35)　　b) (31, 18), (26, 35)
    c) (38, 17), (17, 38)　　d) (40, 21), (17, 38)
16. 对下面的点，计算它们在 $E_{221}(2, 3)$上的代数加倍或证明代数加倍不存在.
    a) (36, 75)　　b) (39, 74)
    c) (168, 39)　　d) (186, 136)
17. 对下面的点，计算它们在 $E_{143}(11, 17)$上的代数加倍，或证明代数加倍不存在.
    a) (87, 26)　　b) (123, 39)
    c) (107, 34)　　d) (81, 31)
18. 找出 $E_7(3, -4)$上每个点的阶.
19. 找出 $E_{11}(3, -1)$上每个点的阶.
20. 计算椭圆曲线 $E_7(1, 1)$上的点 $Q=(0, 6)$对底 $P=(2, 2)$的离散对数.
21. 计算椭圆曲线 $E_{23}(9, 17)$上的点 $Q=(4, 5)$对底 $P=(16, 5)$的离散对数.

计算和研究

1. 找出 $E_{37}(32, 8)$上的所有点并计数.
2. 找出 $E_{97}(14, 29)$上的所有点并计数.
3. 根据哈赛定理找出 $|E_{17}(a, b)|$ 所有可能的值 n，并找出相应的 a，b 使得 $|E_{17}(a, b)|=n$.
4. 在 $E_{37}(32, 8)$上计算(35, 11)与(33, 36)的和.
5. 在 $E_{29}(32, 8)$上计算(26, 28)与(28, 27)的和.
6. 在 $E_{101}(23, 8)$上计算 $k(29, 4)$，正整数 $k\leqslant 100$.
7. 对 $P=(37, 88)\in E_{27}(14, 29)$，计算 $17P$.
8. 找出 $E_{23}(1, 4)$上的所有点. 如果读者学过群论，可以证明这些点构成一个循环群，且除了无穷远点外都是该群的生成元.
9. 求 $E_{599}(-5, 5)$和 $E_{761}(-5, 5)$上的点数.
10. 求 $E_{89}(5, 1)$上每一点的阶.

程序设计

1. 对实数上的椭圆曲线上两点执行加法.
2. 对实数上的椭圆曲线上的一点乘以一个正整数.
3. 计算 $|E_p(a, b)|$，其中 p 为奇素数，a，b 为整数.
4. 对模 p 椭圆曲线上两点执行加法，其中 p 为奇素数.
5. 对模 p 椭圆曲线上一点乘以 n，其中 p 为奇素数.
6. 计算 $E_p(a, b)$上某点的阶，其中 p 为奇素数，a，b 为整数.

14.7 椭圆曲线的应用

椭圆曲线在数学和密码学中都有许多应用. 在本节我们将介绍一种使用模 p 上椭圆曲

线的重要因子分解算法，其中 p 是奇素数. 荷兰数学和计算机科学家 Hendrik Lenstra 在 20 世纪 80 年代提出了该算法. 使用椭圆曲线进行因子分解对最小素因子位数在 50 到 60 之间的整数仍然是最佳算法. 我们引入椭圆曲线密码系统，它使用模奇素数椭圆曲线. 特别地我们会解释如何使用它来加密消息、对消息进行签名和安全地交换密钥. 椭圆曲线密码广泛应用于各种场景中，包括比特币等加密货币体系.

14.7.1 利用椭圆曲线分解因子

寻找新的高效因子分解算法是许多数论学家的追求. 这个目标变得越来越重要，因为许多公钥密码系统(包括 RSA 在内)的安全性依赖于分解大整数的难度. 荷兰数学家 Hendrik Lenstra 1987 年在因子分解方面取得了重大突破，Lenstra 发现了一种使用椭圆曲线对整数进行分解的方法. 他的方法被称为*椭圆曲线因子分解法*(ECM)，是仅次于二次筛法和广义数论筛法的第三快的因子分解方法. 它在次指数时间内运行. 更确切地说，它运行所需时间为 $O(e^{\sqrt{\log p \log\log p}(\sqrt{2}+O(1))})$，这里 p 为 n 的最小素因子. ECM 作为一种特殊的因子分解算法，最适合于寻找因子不超过 60 位的数，因为它的运行时间由 n 的最小素因子 p 的大小决定，而不是由被分解的数 n 的大小决定. 使用 ECM 发现的最大素数是在 2013 年发现的一个 63 位数.

20 世纪 80 年代，几位数学家提出椭圆曲线算术也许可以用来分解整数. 特别地，人们认为也许可以构造一种与波拉德 $p-1$ 因子分解法相似的因子分解方法(在 7.1 节中有介绍). 这种方法被称为 Lenstra *椭圆曲线法*. 由 Hendrik Lenstra 在 1987 年提出.

我们现在列出用 Lenstra 椭圆曲线法来分解正整数 n 的步骤.

Lenstra 椭圆曲线分解算法

(i) 检查 n 可否被 2 或 3 整除. 如否，并且也不是一个完全平方数或者正整数的更高幂，进入步骤(ii).

(ii) 随机选择正整数 a，x_1 和 y_1，以及一个大的正整数 B，它是小素因子低次幂的乘积，例如可取 $B=\text{lcm}(2, 3, \cdots, m)$，其中 m 是一个相当大的正整数，或者取 $B=10!$. (B 的大小根据 n 的大小来选取.)

(iii) 计算 $b=y_1^2-x_1^2-ax_1$，其中点 $P=(x_1, y_1)$属于伪椭圆曲线 $E_n(a, b)$(即曲线 $y_1^2=x_1^3+ax_1+b(\text{mod } n)$).

(iv) 如果 $D=(4a^3+27b^2, n)$严格地在 1 和 n 之间，则停止，因为 D 是 n 一个因子. 如果 $D=1$，则进入步骤(v). 如果 $D=n$，则返回步骤(ii)并选择 a 的新值.

(v) 使用一系列的加倍、加法和倍乘来计算 BP，从(x_1, y_1)开始. 如果在任何时候因为我们需要找到一个与 n 不互素的整数的模 n 逆而导致计算失败，停止，因为我们找到了 n 的一个因子.

(vi) 如果 BP 属于 $E_n(a, b)$，则返回步骤(ii). 重新选择 a，x_1 和 y_1 并继续步骤(iii)-(v).

我们用两个例子说明 Lenstra 椭圆曲线因子分解法是如何工作的.

Hendrik Willem Lenstra, JR. (1949—)生于荷兰赞丹(Zaadam)，他的父亲是那里的数学老师. 当一个老师问六岁的他想成为什么样的人时，他说："数学教授."1977 年，Lenstra 在阿姆斯特丹大学获得博士学位. 1978 年，他成为那里的教授. 1987 年，他加入了加州大学伯克利分校，1998 年到 2003 年，他在伯克利和荷兰莱顿大学之间辗转. 2003 年，他辞去了加州大学伯克利分校的职务，成为莱顿大学的全职教授.

Hendrik Lenstra 来自一个数学世家. 他有四个兄弟和一个妹妹. 他的三个兄弟 Arjen、Andries 和 Jan Kare 也是数学家. 他的主要兴趣是计算数论. 他因在 1982 年(与 Arjen(他的兄弟)和 Lazsló Lovász)共同发现 Lenstra-Lenstra-Lovász 格基约简算法而闻名. 此算法在最优化和密码学中起着重要作用. 他于 1987 年发明的椭圆曲线因子分解法是体现他创造性的一个例子. 他的其他成就包括娱乐性的逆费马方程 $x^{1/n}+y^{1/n}=z^{1/n}$ 的求解，其中 x，y，z 和 n 是正整数，与他人共同创建了一组基于大量计算机计算结果的关于二次域理想类群结构的猜想.

Lenstra 还因补全了丹麦艺术家 M. C. Escher 未完成的作品而闻名. 他通过确定作品背后的数学变换填补了 Escher 画作中的空隙. Lenstra 喜欢阅读希腊古典文学，例如希腊原文的荷马史诗.

Lenstra 以幽默感著称. 他最著名的幽默有"娱乐数论是数论中难以认真研究的部分""没有证明的数学演讲就像没有爱情场景的电影"和"如果你解决了一个已经存在了几个世纪的问题，你应该用另一个问题来代替它留给后世". (参见 https://user.web.ucs/louisiana.edu/～avm1260/lenstra.html 以获取更多他的有意思的幽默名言.)

1998 年，他获得了荷兰最高科学奖——斯宾诺莎奖.

例 14.31 我们将展示如何用 Lenstra 椭圆曲线因子分解算法对 $n=4\,453$ 进行因子分解. 首先，我们注意到 4 453 不能被 2 或 3 整除，它不是正整数的幂. 我们选择伪椭圆曲线 $E_{4\,453}(10,\ -2)$，即曲线 $y^2=x^3+10x-2(\bmod 4\,453)$，然后选择点 $P=(1,\ 3)$. 我们此处取 $B=5$，因为 4 453 是相对较小的整数. (注意，$\mathrm{lcm}[2,\ 3,\ 4,\ 5]=60$.)该伪椭圆曲线的判别式为 $4a^3+27b^2=4\cdot 10^3+27\cdot(-2)^2=4\,108$，而$(4\,108,\ 4\,453)=1$.

首先计算 $2P$. 为了求 $2P$，我们需要计算在 $P=(1,\ 3)$处切线的斜率，其为 $m\equiv(3\cdot 1^2+10)(2\cdot 3)^{-1}(\bmod n)$. 我们已知 n 不是 2 或 3 的倍数，所以$(4\,453,\ 6)=1$. 使用欧几里得算法，我们发现 $6^{-1}=3\,713(\bmod 4\,453)$. 这意味着 $m=(3\cdot 1^2+10)\cdot 3\,713(\bmod 4\,453)=2\,739$. 应用代数加倍公式得到 $2P=(4\,332,\ 3\,230)$.

接下来，我们通过使用模 p 椭圆曲线上加法公式将 $2P$ 和 P 相加得到 $3P$. 使用加法公式计算 $2P+P=(4\,332,\ 3\,230)+(1,\ 3)$需要 4 331 的模 4 453 的逆. 然而，使用欧几里得算法，我们发现$(4\,331,\ 4\,453)=61$. 因此，逆并不存在. 但是我们可以得出 61(它是素数)是 4 453 的因子，且有 $4\,453=61\cdot 73$. 尽管我们连续计算 mP 在 $m=3$ 时过程停止了，但我们得到了 4 453 的因子. ◀

例 14.32 使用 Lenstra 椭圆曲线因子分解法来分解 $n=455\,839$. 我们将遵循特拉普(Trappe)和华盛顿(Washington)在[TrWa96]的方法，并将把大部分计算留给读者.

首先，我们注意到 455 839 不能被 2 或 3 整除，并且不是平方数(其平方根约为 675.16)

或整数的幂．我们选择伪椭圆曲线 $E_{455\,839}(5, -5)$，即 $y^2=x^3+5x-5(\mathrm{mod}\ 455\,839)$ 和该曲线上的点 $P=(1, 1)$．该椭圆曲线的判别式为 $4a^3+27b^2=4\cdot5^3+27\cdot(-5)^2=1\,175$ 且有 $(1\,175, 455\,839)=1$．我们选择 $B=10!$，因此该算法的目标是使用加法以及倍乘公式计算该曲线上的点 $(10!)P$．然而，该程序可能会在中间步骤发现 455 839 的一个因子并终止．因为我们的目标是分解 455 839，如果发生这种情况，我们就达成了目标．

在 $P=(x, y)$ 处切线的斜率为 $m\equiv(3\cdot x^2+5)(2\cdot y)^{-1}(\mathrm{mod}\ n)$．使用 m 我们可以计算 $2P$．当 $P=(1, 1)$ 时，$m\equiv4(\mathrm{mod}\ n)$．因此，$2P=(x', y')$，其中 $x'=m^2-2x=14$，$y'=m(x-x')-y=4(1-14)-1\equiv-53(\mathrm{mod}\ n)$．（我们可以通过验证这个 $2P$ 属于该椭圆曲线来检验我们的工作．注意 $(-53)^2\equiv2\,809\equiv143+514-54(\mathrm{mod}\ 455\,839)$．）

下一步是计算 $3!P=6P$．我们首先使用加倍公式求 $2(2P)$，然后用加法公式求 $6P=4P+2P$．要通过加倍公式求 $4P=2(2P)$，需要计算 $m(2P)=m((14, -53))=(3\cdot14^2+5)(2(-53))^{-1}=-593\cdot(106)^{-1}(\mathrm{mod}\ 455\,839)$．使用欧几里得算法，我们发现 $106^{-1}\equiv81\,707(\mathrm{mod}\ 455\,839)$．使用加倍公式得出 $4P=(259\,851, 116\,255)$．要计算 $6P$，我们现在只需要计算 $4P=(259\,851, 116\,255)$ 与 $2P=(14, -53)$ 的和．我们将此计算留给读者．

继续下去，我们发现可以计算 $4!P$，$5!P$，$6!P$ 和 $7!P$ 无须计算与 455 839 不互素的整数的逆．然而，计算 $8!P$ 需要计算 599 模 455 839 的逆．但使用欧几里得算法，我们有 $(599, 455\,839)=599$．因此，我们发现 599 是 455 839 的一个因子．将 455 839 除以 599，我们有 $455\,839=599\cdot761$．◀

14.7.2 椭圆曲线密码

椭圆曲线密码系统(ECC)是由美国数学家 Neal Koblitz 和 Victor Miller 于 1985 年各自独立发明的．这些密码系统类似于 T. ElGamal 发明的离散对数(DL)密码系统．然而，在椭圆曲线密码系统里，离散对数密码系统里模素数的乘法群被模素数椭圆曲线上的点群代替，相应的模乘法被椭圆曲线上的点的加法所取代，模取幂被替换为椭圆曲线上点的倍乘．椭圆曲线密码系统的安全性基于椭圆曲线上离散对数问题的计算难度，而不是求取模素数的离散对数的难度．

埃尔伽莫椭圆曲线密码系统 我们现在介绍埃尔伽莫椭圆曲线密码系统．特别地，我们将描述如何使用它加密信息，以及双方如何构造共享密钥，以及如何使用该系统来构造数字签名．

椭圆曲线密码系统的安全性取决于计算模 p 椭圆曲线上的离散对数的难度，其中 p 是奇素数．目前，数学家认为模素数椭圆曲线上的离散对数问题比模素数乘法群中的离散对数问题困难得多．因此，使用模 p 椭圆曲线代替模 p 整数时可以实现更高级别的安全性．此外，对于一个素数 p，有许多模 p 椭圆曲线具有大致 p 个点．

假设 Alice 想用埃尔伽莫椭圆曲线密码系统向 Bob 发送一条密文．Bob 首先选择一个素数 $p\equiv3(\mathrm{mod}\ 4)$ 和一个椭圆曲线 $E_p(a, b)$，其中 a 和 b 是整数，这些信息是公开的．每个想与 Bob 共享消息的人都可以使用这个椭圆曲线．Bob 选择一个不超过 $|E_p(a, b)|$ 的正整数 z 以及一个点 $\alpha\in E_p(a, b)$，他计算出 $\beta=z\alpha$．为使别人向他发送密文，他公开了

α，β，$|E_p(a, b)|$和 p．但是，他将整数 z 保密，这是他的私钥.

在与 Bob 通信之前，Alice 首先需要选择一个正整数 k 不超过$|E_p(a, b)|$．她要对 k 保密，这是她的私钥.

现在，假设 Alice 有一条秘文 m 要签名．我们假设 m 是一个正整数．（要对文本信息或其他类型的信息进行签名，必须将此信息映射到一个正整数.）她执行以下步骤．首先她将信息编码为 Bob 所选择的椭圆曲线上的点 x，即 $x \in E_p(a, b)$．（这可以通过多种方式实现，例如 Neal Koblitz 设计的方法，参看[Ko94].）然后，Alice 使用加密函数 $e(x, k)$对信息进行加密，其中 $e(x, k)=(k\alpha, x+k\beta)=(y_1, y_2)$．注意，这个有序对的第一个分量是 Alice 的密钥 k 和 α 的乘积，α 在 Bob 的公开信息中.

当 Bob 接收到来自 Alice 的消息(y_1, y_2)时，他可以使用函数 $d(y_1, y_2)=y_2-zy_1$ 来解密．他能恢复该消息是因为$(x+k\beta)-x(k\alpha)=x+k(z\alpha)-z(k\alpha)=x$．我们用一个简单的例子来演示加密和解密.

例 14.33 假设 Bob 选择了素数 $p=11$ 和椭圆曲线 $E_{11}(5, 4)$．他还选择了点 $\alpha=(10, 3)\in E_p(a, b)$和整数 $z=3$．他算得 $\beta=3(10, 3)=(10, 8)$．Alice 选择 2 作为她的私钥 k．她将密文编码为点 $x=(2, 0)\in E_{11}(5, 4)$．为了加密她的信息，她计算 $y_1=k\alpha=2(10, 3)=(5, 0)$和 $y_2=x+k\beta=(2, 0)+2(10, 8)=(2, 0)+(5, 0)=(4, 0)$．她得到加密后的信息是$(y_1, y_2)=((5, 0), (4, 0))$.

为了解密消息$((y_1, y_2)=((5, 0), (4, 0)))$，Bob 算得 $x=y_2-zy_1=(4, 0)-3(5, 0)$．因在曲线 $E_{11}(5, 4)$上 $3(5, 0)=(5, 0)$，所以我们有 $x=(4, 0)-(5, 0)=(4, 0)+(5, 0)=(2, 0)$．这样他就成功地找到了原始信息 $x=(2, 0)$. ◀

椭圆曲线 Diffie-Hellman 密钥交换 我们有类似于第 9 章中讨论的 Diffie-Hellman 密钥交换协议的椭圆曲线版本．Alice 和 Bob 使用基于模 p 椭圆曲线的协议交换密钥，其中 p 是一个大于或等于 5 的素数，他们遵循以下步骤.

(i) 他们预先约定好模 p 椭圆曲线$E_p(a, b)$以及在这条曲线上指定的一个点 G(称为基点)，其中 p 是素数，$p\geqslant 5$，a 和 b 是整数.

(ii) Alice 和 Bob 各自秘密随机选择正整数 N_{Alice} 和 N_{Bob}，并计算他们各自的公开点 $N_{\text{Alice}}G$ 和 $N_{\text{Bob}}G$.

(iii) 他们各自计算公共密钥．Alice 计算 $N_{\text{Alice}}N_{\text{Bob}}G$，Bob 计算 $N_{\text{Bob}}N_{\text{Alice}}G$．他们现在有了一个公共密钥只有他们知道．他们得到了相同的密钥，因为 $N_{\text{Alice}}N_{\text{Bob}}G=N_{\text{Bob}}N_{\text{Alice}}G$.

例 14.34 假设 Alice 和 Bob 已经约定好了椭圆曲线 $E_{23}(-2, 15)$，即曲线 $y^2\equiv x^3-2x+15 \pmod{23}$和基点 $G=(4, 5)$．此外，假设 Alice 选择了 $N_{\text{Alice}}=7$ 作为她的密钥，而 Bob 选择了 $N_{\text{Bob}}=3$ 作为他的密钥．对于他们的公开点，Alice 算得 $N_{\text{Alice}}G=7G=7(4, 5)=(17, 8)$，而 Bob 算得 $N_{\text{Bob}}G=3(4, 5)=(13, 22)$．为了获得他们的共享密钥，Alice 计算 $N_{\text{Alice}}N_{\text{Bob}}G=7(13, 22)=(15, 5)$，Bob 计算 $N_{\text{Bob}}N_{\text{Alice}}G=3(13, 22)=(15, 5)$．因此，他们的共享密钥是$(15, 5)$. ◀

椭圆曲线数字签名算法 11.2 节中描述的埃尔伽莫数字签名算法(DSA)有一个椭圆曲线上的版本，称为椭圆曲线数字签名算法(ECDSA)，由加拿大数学家斯科特・凡斯通(Scott Vanstone)于 1992 年发明．这种签名方案效率很高，它使用的位比 DSA 更少．它被用于一些数字现金方案，包括比特币．我们假设信息已被编码为不超过 m 的整数，其中 m 是正整数．

启用 ECDSA 所需的第一个任务是创建一些公开的参数．为此，被称为可信第三方的可信管理员选择模 p 椭圆曲线 $E_p(a, b)$，其中 p 是大素数，a 和 b 是整数且有 $|E_p(a, b)|>m$．注意该受信任第三方需要计算 $E_p(a, b)$上的点数，以确保它大于 m．可信第三方还需选择基点 $G \in E_p(a, b)$，使得 G 的阶 q 是一个大素数．

要发送签名信息，每个用户都选择一个签名密钥 s，其中 $1<s<q-1$．使用 s，该用户计算相应的验证密钥 $V=sG$．验证密钥 V 是公开的．当发件人希望在邮件 M(用整数表示)上签名时，他随机选择一个小于 q 的整数 e，然后计算出点 $eG \in E_p(a, b)$，并计算 $s_1=x(eG) \pmod q$(其中符号 $x(P)$表示点 P 的第一个坐标)和 $s_2=(M+ss_1)e^{-1} \pmod q$．数字签名是数对$(s_1, s_2)$．

验证者可以通过计算 $v_1=Ms_2{}^{-1} \pmod q$以及 $v_2=s_1s_2{}^{-1} \pmod q$，进一步计算 $v_1G+v_2V \in E_p(a, b)$来确认该签名是否有效(注意 V 是验证密钥)．最后，他只须验证 $x(v_1G+v_2V) \pmod q)=s_1$ 即可．

注 为了证明验证步骤是否确认有效签名，注意 $v_1G+v_2V=Ms_2^{-1}G+s_1s_2(sG)=(M+ss_1)s_2^{-1}G=(ss_2)s_2^{-1}G-eG \in E_p(a, b)$．这意味着 $x(v_1G+v_2V) \pmod q)=x(eG) \pmod q)=s_1$．

我们提供了一个简单的示例来说明对信息的数字签名和签名验证．

例 14.35 假设可信第三方选择了椭圆曲线 $E_{17}(2, 2)$．(请读者自行证明$|E_{17}(2, 2)|=19$．)这个可信第三方选择具有阶为 19 的基点 $G=(5, 1)$．

萨曼选择 $s=5$ 作为她的密钥．所以，她的公开验证密钥 $V=sG$ 是 $V=5(5, 1)=(9, 16)$．她希望在信息 $M=5$ 上签名．为此，她随机地选择整数 $e=8$，并计算 $s_1=x(eG)=x(8(5, 1))=x(13, 7)=13$ 以及 $s_2=(M+ss_1)e^{-1}=(5+5 \cdot 13)8^{-1} \equiv (5+65)12=4 \pmod{19}$．(我们利用了 $8^{-1} \equiv 12 \pmod{19}$这一事实．)因此，她对信息的数字签名是(13, 4)．

为了验证此签名，维克多计算 $v_1=Ms_2^{-1}=5 \cdot 4^{-1}=5 \cdot 5=6 \pmod{19}$．

这里我们使用了 $4^{-1} \equiv 5 \pmod{19}$这一事实．通过计算 $x(v_1G+v_2V)=x(6(5, 1)+8(9, 16))=x((16, 13)+(6, 3))=x(13, 7)=13$，维克多验证了签名．因为 $x(v_1G+v_2V)=13=s_1$，萨曼的签名得到了验证．

14.7 节习题

1. 在例 14.32 中，我们考虑伪椭圆曲线 $E_{455\,839}(5, -5)$上点 $P=(1, 1)$的倍数．对下列 k 计算 $k!P$．
   a) $k=3$ b) $k=4$ c) $k=5$
2. 根据 Lenstra 椭圆曲线因子分解法，使用 $E_{391}(1, -1)$和其上的点 $P=(228, 14)$对 391 进行因子分解．通过先计算 $2P$ 后计算 $3P$ 来执行该算法．
3. 根据 Lenstra 椭圆曲线因子分解法，使用 $E_{493}(1, 1)$和其上的点 $P=(0, 1)$对 493 进行因子分解．通过先计算 $6P$ 后计算 $12P$ 来执行该算法．
4. 根据 Lenstra 椭圆曲线因子分解法，使用 $E_{187}(3, 7)$和其上的点 $P=(38, 112)$对 187 进行因子分解．

5. 根据 Lenstra 椭圆曲线因子分解法，使用 $E_{26\,167}(4, 128)$和其上的点 $P=(2, 12)$对 26 167 进行因子分解.
6. 根据 Lenstra 椭圆曲线因子分解法，使用 $E_{6\,887}(14, 19)$和其上的点 $P=(1\,512, 3\,166)$对 6 887 进行因子分解.
7. 使用 Lenstra 椭圆曲线因子分解法对 9 073 进行因子分解.
8. 使用 Lenstra 椭圆曲线因子分解法对 9 509 进行因子分解.
9. 使用 Lenstra 椭圆曲线因子分解法对 9 641 进行因子分解.
10. 假设 Bob 已经选择了素数 103 和椭圆曲线 $E_{103}(4, 19)$来利用椭圆曲线密码加密信息. 他还选择了点 $\alpha=(45, 13)\in E_{103}(4, 19)$以及整数 $z=8$. 他计算得到 $\beta=8(45, 13)=(16, 70)$. Alice 选择 12 作为她的私钥 k.
    她将她的信息 m 编码为点$(95, 14)\in E_{103}(4, 19)$.
    a) 计算 Alice 发给 Bob 的密文.
    b) 演示 Bob 如何解密 a)中 Alice 的密文.
11. 假设 Bob 已经选择了素数 881 和椭圆曲线 $E_{881}(23, 17)$来利用椭圆曲线密码加密信息. 他还选择了点 $\alpha=(7, 87)\in E_{881}(23, 17)$以及整数 $z=11$. 他计算得到 $\beta=11(7, 87)=(247, 593)$. Alice 选择 22 作为她的私钥 k. 她将她的信息 m 编码为点 $x=(153, 18)\in E_{881}(23, 17)$.
    a) 计算 Alice 发给 Bob 的密文.
    b) 演示 Bob 如何解密 a)中 Alice 的密文.
12. Alice 和 Bob 达成了椭圆曲线版本的 Diffie-Hellman 密钥交换协议，他们约定了椭圆曲线 $y^2=x^3+x \pmod 7$以及基点 $G=(3, 3)$. Alice 选择她的密钥为 $N_{\text{Alice}}=5$，Bob 选择他的密钥为 $N_{\text{Bob}}=3$. 计算他们的共享密钥.
13. Alice 和 Bob 达成了椭圆曲线版本的 Diffie-Hellman 密钥交换协议，他们约定了椭圆曲线 $y^2=x^3-3x+11 \pmod{41}$以及基点 $G=(6, 2)$. Alice 选择她的密钥为 $N_{\text{Alice}}=7$，Bob 选择他的密钥为 $N_{\text{Bob}}=4$. 计算他们的共享密钥.
14. 窃听者 Eve 截获了 Alice 和 Bob 之间的信息，现在她知道了椭圆曲线 $E_p(r, s)$，Alice 和 Bob 共享基点 $G\in E_p(r, s)$以及 Alice 发送给 Bob 的点 aG 和 Bob 发送给 Alice 的 bG. 若 Eve 知道如何求解 $E_p(r, s)$上的离散对数问题，解释可以从她掌握的信息得到 abG.
15. Alice 和 Bob 约定了椭圆曲线 $E_{19}(3, -1)$以及基点 $G=(14, 7)$. Alice 和 Bob 分别计算出他们的密钥 a 和 b. Alice 发送点 $aG=(3, 15)$给 Bob，Bob 将点 $bG=(16, 18)$发送给 Alice. Eve 截获了 Alice 发送给 Bob 和 Bob 发送给 Alice 的信息，包含他们约定的椭圆曲线与基点以及点 aG 和 bG. 使用 Eve 知道的信息找到 abG.（需要求解 $E_{19}(3, -1)$上的离散对数问题.）
16. 假设可信第三方已经选择了椭圆曲线 $E_{23}(3, 15)$（注意$|E_{23}(3, 15)|=19$）和基点 $G=(2, 11)\in E_{23}(3, 15)$，使得 G 的阶 19 为素数. 萨曼想将签名信息 $M=16$ 发送给维克多，她的签名密钥是 $s=13$，她随机选择整数 $e=15$ 来对消息进行签名.
    a) 找到萨曼的验证密钥 V.
    b) 为此信息构造萨曼的数字签名(s_1, s_2).
    c) 解释维克多如何验证此数字签名的有效性.
17. 假设可信第三方已经选择了椭圆曲线 $E_{19}(5, 8)$（注意$|E_{19}(5, 8)|=22$）和基点 $G=(7, 5)\in E_{19}(5, 8)$，使得 G 的阶 11 为素数. 萨曼想将签名信息 $M=10$ 发送给维克多，她的密钥是 $s=7$，她随机选择整数 $e=8$ 来对消息进行签名.
    a) 找到萨曼的验证密钥 V.
    b) 为此信息构造萨曼的数字签名(s_1, s_2).

c) 解释维克多如何验证此数字签名的有效性.

计算和研究

1. 在例 14.32 中，对 $n=3$，4，5，6，7 的计算 $n!P$.
2. 使用 Lenstra 椭圆曲线因子分解法，利用 $E_{589}(389, 1)$对 5 959 进行因子分解.
3. 证明 640 和 777 分别是在 $E_{599}(-5, 5)$和在 $E_{761}(-5, 5)$上，使得 $k(1, 1)=\infty$成立的最小的整数 k.
4. 证明 640 整除 8!，但 777 不整除 8!. 并从这个结论和前一习题推断 $8!P=\infty$在 $E_{599}(-5, 5)$上，但不在 $E_{761}(-5, 5)$上.

程序设计

1. 使用 Lenstra 椭圆曲线因子分解法对正整数进行因子分解.
2. 使用椭圆曲线 Diffie-Hellman 密钥交换协议实现密钥交换.
3. 对采用椭圆曲线数字签名算法签名的信息进行签名和验证.
4. 使用椭圆曲线密码对信息进行加密和解密.

第15章 高斯整数

在前面的章节中我们研究了整数集合的一些性质．有意思的是，在其他一些数集中也存在类似于整数的一些关于整除、素性和因子分解的性质．在本章中，我们研究高斯整数，即形如 $a+bi$ 的数，其中 a，b 是整数，$i=\sqrt{-1}$．我们将介绍高斯整数的整除概念，对高斯整数给出一种带余除法，并描述一个高斯整数是素数的条件．然后，对于一对高斯整数，我们引入最大公因子的概念，并且证明一个高斯整数(在某种意义下)能够唯一地表示成高斯素数的乘积．最后，我们将说明如何利用高斯整数来确定一个正整数可以用多少种方式表为两个整数的平方和．本章中的内容仅是数论的一个分支——代数数论(主要研究代数数及其性质)的入门知识．继续学习数论的同学将会发现对于高斯整数的这些相当具体的讨论对于进一步研究是非常有益的过渡．学习代数数论极好的参考文献包括[AlWi03]、[Mo99]、[Po99]和[Ri01]．

15.1 高斯整数和高斯素数

本章中我们把数论的研究扩展到复数的领域．考虑到有的读者从未接触过复数或是想复习一下复数，我们先简要地回顾一下复数的基本性质．

复数就是形如 $x+yi$ 的数，其中 x，y 为实数，$i=\sqrt{-1}$．复数可以按如下法则进行加、减、乘和除运算：

$$(a+bi)+(c+di)=(a+c)+(b+d)i$$

$$(a+bi)-(c+di)=(a-c)+(b-d)i$$

$$(a+bi)(c+di)=ac+adi+bci+bdi^2=(ac-bd)+(ad+bc)i$$

$$\frac{a+bi}{c+di}=\frac{a+bi}{c+di}\cdot\frac{c-di}{c-di}=\frac{ac+bd}{c^2+d^2}+\frac{(-ad+bc)i}{c^2+d^2}.$$

注意，复数的加法和乘法是可交换的．如 $a+bi$ 与 $c+di$ 均为复数，则 $a+bi=c+di$ 当且仅当 $a=c$，$b=d$．

我们利用整数的绝对值来衡量整数的大小．对于复数，一般用下面几种方法来衡量其大小．

定义 若 $z=x+iy$ 是复数，则 z 的**绝对值** $|z|$ 等于

$$|z|=\sqrt{x^2+y^2},$$

而 z 的**范数** $N(z)$ 等于

$$|z|^2=x^2+y^2.$$

给定一个复数，通过改变这个数的虚部的符号，可以得到一个与其有相同的绝对值和范数的复数．

定义 复数 $z=a+bi$ 的**共轭**是复数 $a-bi$，记作 $\overline{z}$．

若 w 和 z 是两个复数，则 wz 的共轭是 w 和 z 的共轭的乘积．即 $\overline{(wz)}=(\overline{w})(\overline{z})$．若 $z=x+iy$ 是复数，则

$$z\overline{z}=(x+\mathrm{i}y)(x-\mathrm{i}y)=x^2+y^2=N(z).$$

下面我们将证明范数的几个有用的性质.

定理 15.1 把复数映成非负实数的范数函数 N 满足下列性质:

(i) 对任意复数 z，$N(z)$是非负实数.

(ii) 对任意复数 z 和 w，$N(zw)=N(z)N(w)$.

(iii) $N(z)=0$ 当且仅当 $z=0$.

证明 对(i)，假设 z 是一个复数，则 $z=x+\mathrm{i}y$，其中 x 和 y 是实数. 由于 x^2 和 y^2 都是非负实数，所以 $N(z)=x^2+y^2$ 是非负实数.

对(ii)，当 z 和 w 为复数时，有

$$N(zw)=(zw)\overline{(zw)}=(zw)(\overline{z}\overline{w})=(z\overline{z})(w\overline{w})=N(z)N(w).$$

对(iii)，因为 $0=0+0\mathrm{i}$，所以 $N(0)=0^2+0^2=0$. 反之，假设 $N(x+\mathrm{i}y)=0$，其中 x 和 y 是整数，则 $x^2+y^2=0$. 由于 x^2 和 y^2 都是非负的，所以 $x=0$，$y=0$. 从而可得 $x+\mathrm{i}y=0+\mathrm{i}0=0$.

■

15.1.1 高斯整数

在前面的章节里我们主要研究的是有理数和整数. 数论的一个重要分支——代数数论把整数的一些理论推广到一些特殊的代数整数集合. 所谓代数整数就是首一(即首项系数是1)整系数多项式的根. 下面我们将介绍本章的研究对象——一类特殊的代数整数集合.

定义 形如 $a+b\mathrm{i}$(其中 a，b 是整数)的复数被称为**高斯整数**. 高斯整数全体记作 $\mathbb{Z}[\mathrm{i}]$.

若 $\gamma=a+b\mathrm{i}$ 是高斯整数，则它是满足如下方程的代数整数，

$$\gamma^2-2a\gamma+(a^2+b^2)=0.$$

这一点读者可自行验证. 由于 γ 满足首一二次整系数多项式，所以它被称为二次无理数(定义参看13.4节). 反之，若 $\alpha=r+s\mathrm{i}$，其中 r，s 是有理数，而且 α 是一个首一二次整系数多项式的根，则 α 是高斯整数(见习题41). 高斯整数是以伟大的德国数学家高斯的名字命名的，他是第一位深入研究这类数性质的数学家.

通常我们使用希腊字母来表示高斯整数，例如 α，β，γ 和 δ. 注意到若 n 是一个整数，则 $n=n+0\mathrm{i}$ 也是高斯整数. 当我们讨论高斯整数的时候，把通常的整数称为有理整数.

高斯整数在加、减、乘运算下是封闭的，正如下面定理所述.

定理 15.2 设 $\alpha=x+\mathrm{i}y$ 和 $\beta=w+\mathrm{i}z$ 是高斯整数，其中 x，y，w 和 z 是有理整数，则 $\alpha+\beta$，$\alpha-\beta$ 和 $\alpha\beta$ 都是高斯整数.

证明 我们有 $\alpha+\beta=(x+\mathrm{i}y)+(w+\mathrm{i}z)=(x+w)+\mathrm{i}(y+z)$，$\alpha-\beta=(x+\mathrm{i}y)-(w+\mathrm{i}z)=(x-w)+\mathrm{i}(y-z)$，$\alpha\beta=(x+\mathrm{i}y)(w+\mathrm{i}z)=xw+\mathrm{i}yw+\mathrm{i}xz+\mathrm{i}^2yz=(xw-yz)+\mathrm{i}(yw+xz)$. 因为有理整数在加、减、乘运算下封闭，从而 $\alpha+\beta$，$\alpha-\beta$ 和 $\alpha\beta$ 都是高斯整数.

■

虽然高斯整数在加、减和乘运算下封闭，但是它们在除法运算下并不封闭，这一点与有理整数类似. 此外，若 $\alpha=a+b\mathrm{i}$ 是高斯整数，则 $N(\alpha)=a^2+b^2$ 是非负有理整数.

15.1.2 高斯整数的整除性

我们可以像研究有理整数那样去研究高斯整数. 整数的许多基本性质可以直接类推到

高斯整数上．要讨论高斯整数的这些性质，需要介绍高斯整数类似于通常整数的一些概念．特别地，我们需要说明一个高斯整数整除另一个高斯整数的意义．然后，我们将定义高斯素数、一对高斯整数的最大公因子以及其他一些重要概念．

定义 设 α 和 β 是高斯整数且 $\alpha \neq 0$．我们称 α **整除** β 是指存在一个高斯整数 γ 使得 $\beta=\alpha\gamma$．若 α 整除 β，则记作 $\alpha \mid \beta$；若 α 不整除 β，则记作 $\alpha \nmid \beta$．

例 15.1 由于 $(2-i)(5+3i)=13+i$，故有 $2-i \mid 13+i$．但是 $3+2i \nmid 6+5i$，因为

$$\frac{6+5i}{3+2i}=\frac{(6+5i)(3-2i)}{(3+2i)(3-2i)}=\frac{28+3i}{13}=\frac{28}{13}+\frac{3i}{13}$$

不是高斯整数． ◀

例 15.2 可以看出对任意高斯整数 $a+bi$，均有 $-i \mid (a+bi)$，这是因为只要 a，b 为整数，就有 $a+bi=-i(-b+ai)$．除了 $-i$ 之外，能够整除任意一个高斯整数的只有 1，-1 和 i．在本节的后半部分，我们将会看到为什么会是这样的． ◀

例 15.3 能够被 $3+2i$ 整除的高斯整数是 $(3+2i)(a+bi)$，其中 a，b 是整数．注意到 $(3+2i)(a+bi)=3a+2ia+3ib+2i^2b=(3a-2b)+i(2a+3b)$．我们在图 15.1 中标出了这些高斯整数．

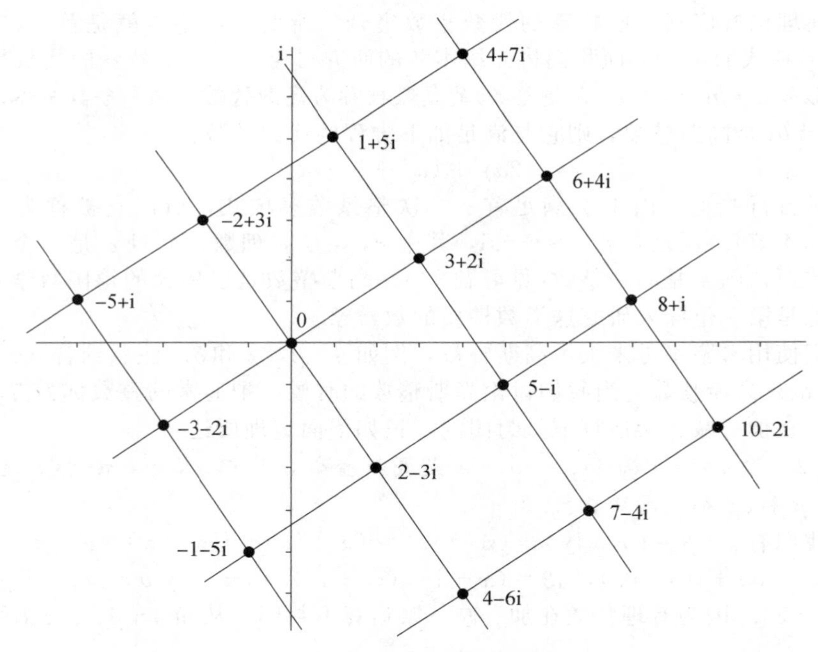

图 15.1 被 $3+2i$ 整除的高斯整数 ◀

高斯整数的整除性也满足有理整数整除性的一些相同的性质．例如，若 α，β 和 γ 是高斯整数且 $\alpha \mid \beta$，$\beta \mid \gamma$，则 $\alpha \mid \gamma$．再者，若 α，β，γ，ν 和 μ 是高斯整数，且 $\gamma \mid \alpha$，$\gamma \mid \beta$，则 $\gamma \mid (\mu\alpha+\nu\beta)$．这些性质留给读者自行验证．

在整数中，恰有两个整数是 1 的因子，即 1 和 -1．现在要确定哪些高斯整数是 1 的因

子．首先，我们给出下述定义．

定义 若$\varepsilon|1$，则称高斯整数ε是**单位**．若ε是单位，则称$\varepsilon\alpha$为高斯整数α的一个**相伴**．

下面我们用便于计算的方法来刻画高斯整数是单位的条件．

定理 15.3 一个高斯整数ε是单位当且仅当$N(\varepsilon)=1$．

证明 首先假设ε是单位．则存在一个高斯整数ν使得$\varepsilon\nu=1$．由定理 15.1 的(ii)可知，$N(\varepsilon\nu)=N(\varepsilon)N(\nu)=1$．由于$\varepsilon$和$\nu$都是高斯整数，所以$N(\varepsilon)$和$N(\nu)$都是正整数，于是$N(\varepsilon)=N(\nu)=1$．

反之，假设$N(\varepsilon)=1$．则$\varepsilon\bar{\varepsilon}=N(\varepsilon)=1$．从而$\varepsilon|1$，$\varepsilon$是单位． ■

下面我们确定哪些高斯整数是单位．

定理 15.4 高斯整数的单位为 1，-1，i 和$-$i．

证明 由定理 15.3 可知，高斯整数$\varepsilon=a+b\mathrm{i}$是单位当且仅当$N(\varepsilon)=1$．由于$N(\varepsilon)=N(a+b\mathrm{i})=a^2+b^2$，所以$\varepsilon$是单位当且仅当$a^2+b^2=1$．而$a$，$b$都是有理整数，所以$\varepsilon=a+b\mathrm{i}$是单位当且仅当$(a, b)=(1, 0)$，$(-1, 0)$，$(0, 1)$或$(0, -1)$．从而$\varepsilon$是单位当且仅当$\varepsilon=1$，$-1$，i 或$-$i． ■

现在我们已经知道哪些高斯整数是单位，所以对于一个高斯整数β来说，它的全部相伴是四个高斯整数β，$-\beta$，$\mathrm{i}\beta$和$-\mathrm{i}\beta$．

例 15.4 高斯整数$-2+3\mathrm{i}$的相伴是$-2+3\mathrm{i}$，$-(-2+3\mathrm{i})=2-3\mathrm{i}$，$\mathrm{i}(-2+3\mathrm{i})=-2\mathrm{i}+3\mathrm{i}^2=-3-2\mathrm{i}$和$-\mathrm{i}(-2+3\mathrm{i})=2\mathrm{i}-3\mathrm{i}^2=3+2\mathrm{i}$． ◀

15.1.3 高斯素数

一个有理整数是素数当且仅当它不能被除了 1、-1、它自身及其相反数以外的其他整数整除．为了定义高斯素数，我们希望整除性能够忽略掉单位和相伴．

定义 若非零高斯整数π不是单位，而且只能够被单位和它的相伴整除，则称之为**高斯素数**．

由高斯素数的定义可知一个高斯整数π是素的当且仅当它恰有 8 个因子——4 个单位和它的 4 个相伴，即 1，-1，i，$-$i，π，$-\pi$，$\mathrm{i}\pi$和$-\mathrm{i}\pi$．（高斯整数中的单位恰有 4 个因子，也就是 4 个单位．既不是单位也不是素数的高斯整数必有多于 8 个相异因子．）

整数集合中的素数被称为*有理素数*．下面我们将会看到有些有理素数仍然是高斯素数，但是有些就不再是高斯素数．在给出高斯素数的例子之前，我们先证明一个有用的结论，可以用来帮助我们判断一个高斯整数是否为素数．

定理 15.5 若π是高斯整数，而且$N(\pi)=p$，其中p是有理素数，则π和$\bar{\pi}$是高斯素数，而p不是高斯素数．

证明 假设$\pi=\alpha\beta$，其中α，β是高斯整数．则$N(\pi)=N(\alpha\beta)=N(\alpha)N(\beta)$，因此$p=N(\alpha)N(\beta)$．由于$N(\alpha)$和$N(\beta)$是正整数，所以$N(\alpha)=1$且$N(\beta)=p$，或者$N(\alpha)=p$且$N(\beta)=1$．由定理 15.3 可知或者$\alpha$是单位，或者$\beta$是单位．这意味着$\pi$不能分解成两个非单位的高斯整数的乘积，因此它必然是一个高斯素数．

注意到$N(\pi)=\pi\bar{\pi}$．因为$N(\pi)=p$，从而有$p=\pi\bar{\pi}$，这说明p不是高斯素数．而

$N(\overline{\pi})=p$，所以 $\overline{\pi}$ 也是高斯素数. ■

现在我们给出高斯素数的一些例子.

例 15.5 我们可以用定理 15.5 来证明 $2-\mathrm{i}$ 是高斯素数，因为 $N(2-\mathrm{i})=2^2+1^2=5$，而 5 是有理素数. 再由 $5=(2+\mathrm{i})(2-\mathrm{i})$ 可知，5 不是高斯素数. 类似地，$2+3\mathrm{i}$ 是高斯素数，因为 $N(2+3\mathrm{i})=2^2+3^2=13$，而 13 是有理素数. 进而 13 不是高斯素数，因为 $13=(2+3\mathrm{i})(2-3\mathrm{i})$. ◀

定理 15.5 的逆命题不成立. 我们将在例 15.6 中看到，存在范数不是有理素数的高斯素数.

例 15.6 整数 3 是高斯素数，我们下面会给出证明，但是 $N(3)=N(3+0\mathrm{i})=3^2+0^2=9$ 不是有理素数. 现在证明 3 是高斯素数. 假设 $3=(a+b\mathrm{i})(c+d\mathrm{i})$，其中 $a+b\mathrm{i}$ 和 $c+d\mathrm{i}$ 不是单位. 等式两边同时取范数，有

$$N(3)=N((a+b\mathrm{i})\cdot(c+d\mathrm{i})).$$

由定理 15.1 的(ii)可得

$$9=N(a+\mathrm{i}b)N(c+\mathrm{i}d).$$

因为 $a+\mathrm{i}b$ 和 $c+\mathrm{i}d$ 都不是单位，故 $N(a+\mathrm{i}b)\neq 1$，$N(c+\mathrm{i}d)\neq 1$，所以 $N(a+\mathrm{i}b)=N(c+\mathrm{i}d)=3$. 也就是说，$N(a+\mathrm{i}b)=a^2+b^2=3$，而这是不可能的，因为 3 不是两个有理整数的平方和. 从而证明了 3 是高斯素数. ◀

下面我们来看有理素数 2 是否为高斯素数.

例 15.7 为判断 2 是否是高斯素数，我们来看是否存在非单位的高斯整数 α 和 β 使得 $2=\alpha\beta$，其中 $\alpha=a+\mathrm{i}b$，$\beta=c+\mathrm{i}d$. 若 $2=\alpha\beta$，取范数，则有

$$N(2)=N(\alpha)N(\beta).$$

因为 $N(2)=N(2+0\mathrm{i})=2^2+0^2=4$，所以有

$$N(\alpha)N(\beta)=(a^2+b^2)(c^2+d^2)=4.$$

由 α 和 β 都不是单位可知 $N(\alpha)\neq 1$，$N(\beta)\neq 1$. 这表明 $a^2+b^2=c^2+d^2=2$，所以 a，b，c，d 只能取 1 或 -1. 因此，α 和 β 只可能是 $1+\mathrm{i}$，$-1+\mathrm{i}$，$1-\mathrm{i}$ 或 $-1-\mathrm{i}$. 通过验证，我们发现，当 $\alpha=1+\mathrm{i}$，$\beta=1-\mathrm{i}$ 时，有 $\alpha\beta=2$. 因此我们断定 2 不是高斯素数，且 $2=(1+\mathrm{i})(1-\mathrm{i})$.

由于 $N(1+\mathrm{i})=N(1-\mathrm{i})=2$，而 2 是素数，因此由定理 15.5 可知 $1+\mathrm{i}$ 和 $1-\mathrm{i}$ 都是高斯素数. ◀

通过例 15.5、例 15.6 和例 15.7，我们发现有些有理素数仍然是高斯素数，例如 3；但是有些有理素数就不是高斯素数，例如 $2=(1-\mathrm{i})(1+\mathrm{i})$ 和 $5=(2+\mathrm{i})(2-\mathrm{i})$. 在 15.3 节中，我们将确定哪些有理素数仍是高斯素数，而哪些不是高斯素数.

15.1.4 高斯整数的带余除法

在本书的第 1 章，我们介绍了有理整数的带余除法，也就是用正整数 b 去除整数 a，可得到一个小于 b 的非负整数 r(余数)，而且所得到的商和余数都是唯一的. 对于高斯整数，我们也希望有类似的结论，但是在高斯整数中，说一个除式中的余数小于除数是没有

意义的．利用范数，可以让除式中余数的范数小于除数的范数，从而得到推广的带余除法，进而克服这个困难．但是，不像有理整数的情况那样，我们计算得到的商和余数并不是唯一的，这一点将会通过后面的例题来说明．

定理 15.6（高斯整数的带余除法） 设 α 和 β 是高斯整数，且 $\beta \neq 0$．则存在高斯整数 γ 和 ρ，使得

$$\alpha = \beta\gamma + \rho,$$

而且 $0 \leqslant N(\rho) < N(\beta)$．这里的 γ 被称为**商**，ρ 被称为**余数**．

证明 假设 $\alpha/\beta = x + \mathrm{i}y$，则复数 $x + \mathrm{i}y$ 是高斯整数当且仅当 β 整除 α．令 $s = \left[x + \frac{1}{2}\right]$，$t = \left[y + \frac{1}{2}\right]$（它们分别是距离 x 和 y 最近的整数，若 x 或 y 的分数部分是 1/2，则舍去分数部分；见图 15.2）．

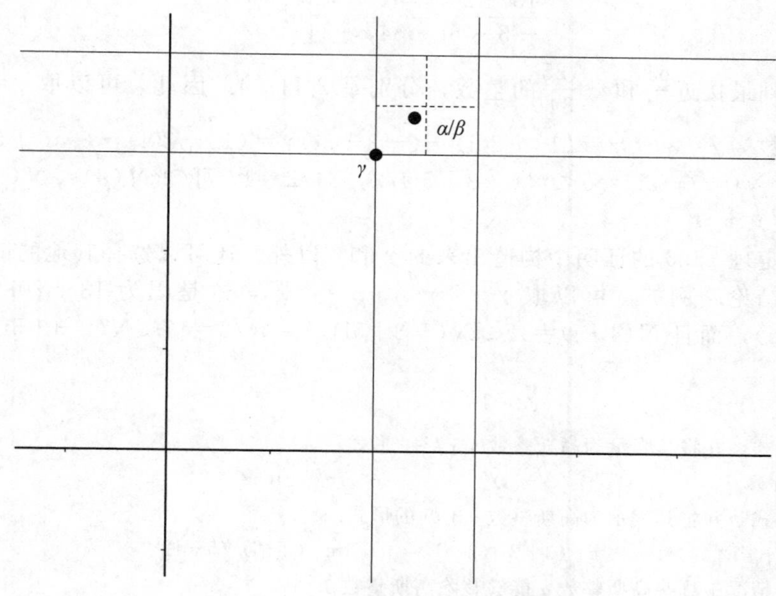

图 15.2 确定 α 被 β 除的商 γ

这样选择 s 和 t 以后，我们有

$$x + \mathrm{i}y = (s + f) + \mathrm{i}(t + g),$$

其中 f 和 g 是实数，并且 $|f| \leqslant 1/2$，$|g| \leqslant 1/2$．现在令 $\gamma = s + t\mathrm{i}$，$\rho = \alpha - \beta\gamma$．由定理 15.1 可知 $N(\rho) \geqslant 0$．

下面证明 $N(\rho) < N(\beta)$．由于 $\alpha/\beta = x + \mathrm{i}y$，利用定理 15.1(ii)，故有

$$\begin{aligned} N(\rho) &= N(\alpha - \beta\gamma) = N(((\alpha/\beta) - \gamma)\beta) = N((x + \mathrm{i}y) - \gamma)\beta) \\ &= N((x + \mathrm{i}y) - \gamma)N(\beta). \end{aligned}$$

因为 $\gamma = s + t\mathrm{i}$，$x - s = f$，$y - t = g$，所以

$$N(\rho) = N((x + \mathrm{i}y) - (s + t\mathrm{i}))N(\beta) = N(f + \mathrm{i}g)N(\beta).$$

最后，由于$|f|\leqslant 1/2$，$|g|\leqslant 1/2$，所以

$$N(\rho)=N(f+\mathrm{i}g)N(\beta)\leqslant((1/2)^2+(1/2)^2)N(\beta)\leqslant N(\beta)/2<N(\beta).$$

证毕. ■

注 在定理 15.6 的证明中，用非零高斯整数β去除高斯整数α，我们构造了一个余数ρ使得$0\leqslant N(\rho)\leqslant N(\beta)/2$. 也就是说，余数的范数不超过除数范数的 1/2. 这是一个很有用且需要记住的事实.

例 15.8 说明了如何计算定理 15.6 的证明过程中的商和余数. 这个例子也表明了这些取值并非是唯一的，从而意味着存在其他可能的值也满足定理的结论.

例 15.8 令$\alpha=13+20\mathrm{i}$，$\beta=-3+5\mathrm{i}$. 我们按照定理 15.6 的证明中的步骤来找γ和ρ使得$\alpha=\beta\gamma+\rho$，而且$N(\rho)<N(\beta)$，也就是说，$13+20\mathrm{i}=(-3+5\mathrm{i})\gamma+\rho$且$0\leqslant N(\rho)<N(-3+5\mathrm{i})=34$. 首先，用$\beta$去除$\alpha$可得

$$\frac{13+20\mathrm{i}}{-3+5\mathrm{i}}=\frac{61}{34}-\frac{125}{34}\mathrm{i}.$$

然后，找到最接近$\frac{61}{34}$和$-\frac{125}{34}$的整数，分别是 2 和-4. 因此，可以取$\gamma=2-4\mathrm{i}$作为商. 对应的余数为$\rho=\alpha-\beta\gamma=(13+20\mathrm{i})-(-3+5\mathrm{i})\gamma=(13+20\mathrm{i})-(-3+5\mathrm{i})(2-4\mathrm{i})=-1-2\mathrm{i}$. 通过$N(-1-2\mathrm{i})=5<N(-3+5\mathrm{i})/2=34/2=17$可知$N(\rho)<N(\beta)/2<N(\beta)$（参见前面的注）.

除了按照定理 15.6 的证明中构造出来的γ和ρ以外，还可以选择其他的值，同样也满足带余除法的结论. 例如，可以取$\gamma=2-3\mathrm{i}$，$\rho=4+\mathrm{i}$，这是因为$13+20\mathrm{i}=(-3+5\mathrm{i})(2-3\mathrm{i})+(4+\mathrm{i})$，而且$N(4+\mathrm{i})=17\leqslant N(-3+5\mathrm{i})/2=34/2=17<N(-3+5\mathrm{i})$. ◀

15.1 节习题

1. 化简下列表达式，并将其表示为高斯整数$a+b\mathrm{i}$的形式.
   a) $(2+\mathrm{i})^2(3+\mathrm{i})$　b) $(2-3\mathrm{i})^3$　c) $-\mathrm{i}(-\mathrm{i}+3)^3$
2. 化简下列表达式，并将其表示为高斯整数$a+b\mathrm{i}$的形式.
   a) $(-1+\mathrm{i})^3(1+\mathrm{i})^3$　b) $(3+2\mathrm{i})(3-\mathrm{i})^2$　c) $(2+\mathrm{i})^2(5-\mathrm{i})^3$
3. 判定下列 4 种情况中哪些高斯整数α能够整除高斯整数β.
   a) $\alpha=2-\mathrm{i}$，$\beta=5+5\mathrm{i}$.　b) $\alpha=1-\mathrm{i}$，$\beta=8$.
   c) $\alpha=5$，$\beta=2+3\mathrm{i}$.　d) $\alpha=3+2\mathrm{i}$，$\beta=26$.
4. 判定下列 4 种情况中哪些高斯整数α能够整除高斯整数β.
   a) $\alpha=3$，$\beta=4+7\mathrm{i}$.　b) $\alpha=2+\mathrm{i}$，$\beta=15$.
   c) $\alpha=5+3\mathrm{i}$，$\beta=30+6\mathrm{i}$.　d) $\alpha=11+4\mathrm{i}$，$\beta=274$
5. 给出所有能够被$4+3\mathrm{i}$整除的高斯整数的公式，并且在平面中将这些高斯整数标出来.
6. 给出所有能够被$4-\mathrm{i}$整除的高斯整数的公式，并且在平面中将这些高斯整数标出来.
7. 证明：若α，β，γ是高斯整数，且$\alpha|\beta$，$\beta|\gamma$，则$\alpha|\gamma$.
8. 证明：若α，β，γ，μ和ν是高斯整数，且$\gamma|\alpha$和$\gamma|\beta$，则$\gamma|(\mu\alpha+\nu\beta)$.
9. 证明：若ε是高斯整数中的单位，则$\varepsilon^5=\varepsilon$.
10. 找出所有的高斯整数$\alpha=a+b\mathrm{i}$，使得α的共轭$\bar{\alpha}=a-b\mathrm{i}$是$\alpha$的相伴.

11. 证明：若 α 和 β 是高斯整数，$\alpha \mid \beta$ 且 $\beta \mid \alpha$，则 α 和 β 是相伴的.
12. 证明：若 α 和 β 是高斯整数，且 $\alpha \mid \beta$，则 $N(\alpha) \mid N(\beta)$.
13. 假设 $N(\alpha) \mid N(\beta)$，其中 α 和 β 是高斯整数. 是否一定有 $\alpha \mid \beta$? 若是，请给出证明. 否则，请举出反例.
14. 证明：若 $\alpha \mid \beta$，其中 α 和 β 是高斯整数，则 $\bar{\alpha} \mid \bar{\beta}$.
15. 证明：若 $\alpha = a + bi$ 是非零高斯整数，则 α 恰有一个相伴 $\beta = c + di$(包括 α 自身)，其中 $c > 0$，$d \geqslant 0$.
16. 对下列每一组 α 和 β，利用定理 15.6 的证明中的构造方法找出 α 被 β 除的商 γ 和余数 ρ，并验证 $N(\rho) < N(\beta)$.
    a) $\alpha = 14 + 17i$，$\beta = 2 + 3i$　　b) $\alpha = 7 - 19i$，$\beta = 3 - 4i$　　c) $\alpha = 33$，$\beta = 5 + i$
17. 对下列每一组 α 和 β，利用定理 15.6 的证明中的构造方法找出 α 被 β 除的商 γ 和余数 ρ，并验证 $N(\rho) < N(\beta)$.
    a) $\alpha = 24 - 9i$，$\beta = 3 + 3i$　　b) $\alpha = 18 + 15i$，$\beta = 3 + 4i$　　c) $\alpha = 87i$，$\beta = 11 - 2i$
18. 对习题 16 中每一组 α 和 β，找出一组不同于定理 15.6 的证明中的构造方法得出的高斯整数 γ 和 ρ，使得 $\alpha = \beta\gamma + \rho$，且 $N(\rho) < N(\beta)$.
19. 对习题 17 中每一组 α 和 β，找出一组不同于定理 15.6 的证明中的构造方法得出的高斯整数 γ 和 ρ，使得 $\alpha = \beta\gamma + \rho$，且 $N(\rho) < N(\beta)$.
20. 证明：对于任意一组高斯整数 α 和 β，$\beta \neq 0$ 且 $\beta \nmid \alpha$，都至少存在两组不同的高斯整数 γ 和 ρ，使得 $\alpha = \beta\gamma + \rho$，且 $N(\rho) < N(\beta)$.
*21. 设 α 和 β 是高斯整数，且 $\beta \neq 0$，求所有满足 $\alpha = \beta\gamma + \rho$，且 $N(\rho) < N(\beta)$ 的高斯整数 γ 和 ρ 的可能的数目.（提示：用几何方法来分析，通过观察 α/β 在包含它的那个方块中的位置以及与格子的四个顶点的距离.）
22. 验证 $(-2-i)^3 + (-2+i)^3 = (1+i)^4$，并解释为何该式能说明在高斯整数上比尔(Beal)猜想不成立.
23. 证明：$1+i$ 整除高斯整数 $a+bi$ 当且仅当 a，b 同为奇数，或者同为偶数.
24. 证明：若 π 是高斯素数，则 $N(\pi) = 2$ 或者 $N(\pi) \equiv 1 \pmod 4$.
25. 找出所有形如 $\alpha^2 + 1$ 的高斯素数，其中 α 是高斯整数.
26. 证明：若 $a + bi$ 是高斯素数，则 $b + ai$ 也是高斯素数.
27. 利用例 15.6 中证明 3 是高斯素数的方法来证明有理素数 7 也是高斯素数.
28. 证明：任意形如 $4k+3$ 的有理素数 p 都是高斯素数.
29. 设 α 为非零高斯整数，既不是单位也不是素数. 证明：存在高斯整数 β 使得 $\beta \mid \alpha$ 且 $1 < N(\beta) \leqslant \sqrt{N(\alpha)}$.
30. 解释如何利用埃拉托色尼斯筛法找出所有范数小于给定界的高斯素数.
31. 找出范数小于 100 的所有高斯素数.
32. 在平面的格点上标示出所有范数小于 200 的高斯素数.

对高斯整数，也可以定义同余的概念. 假设 α，β 和 γ 是高斯整数，而且 $\gamma \neq 0$. 若 $\gamma \mid (\alpha - \beta)$，则称 α 模 γ 同余于 β，记作 $\alpha \equiv \beta \pmod{\gamma}$.

33. 假设 μ 是非零高斯整数，证明下述性质成立.
    a) 若 α 是高斯整数，则 $\alpha \equiv \alpha \pmod{\mu}$.
    b) 若 $\alpha \equiv \beta \pmod{\mu}$，则 $\beta \equiv \alpha \pmod{\mu}$.
    c) 若 $\alpha \equiv \beta \pmod{\mu}$ 且 $\beta \equiv \gamma \pmod{\mu}$，则 $\alpha \equiv \gamma \pmod{\mu}$.
34. 假设 $\alpha \equiv \beta \pmod{\mu}$ 且 $\gamma \equiv \delta \pmod{\mu}$，其中 α，β，γ，δ 和 μ 是高斯整数，且 $\mu \neq 0$. 证明下述性质成立.
    a) $\alpha + \gamma \equiv \beta + \delta \pmod{\mu}$　　b) $\alpha - \gamma \equiv \beta - \delta \pmod{\mu}$　　c) $\alpha\gamma \equiv \beta\delta \pmod{\mu}$
35. 证明：计算两个高斯整数 $\alpha = a_1 + ib_1$ 和 $\beta = a_2 + ib_2$ 的乘积可以通过只做有理整数的 3 次乘法和 5 次加减法得到，而不是如课文所示的用 4 次乘法.（提示：一种方法是利用乘积 $(a_1 + b_1)(a_2 + b_2)$；另一种方法是利用乘积 $b_2(a_1+b_1)$.)

36. 设 a 和 b 都是实数，令 $\{a+bi\}=\{a\}+\{b\}i$，其中 $\{x\}$ 是最靠近实数 x 的整数，若分数部分为 1/2，则舍去分数部分．证明：若 z 是复数，则 $N(z-\{z\})\leqslant 1/2$，并且不存在比 $\{z\}$ 更靠近 z 的高斯整数.

设 k 是一个非负整数．高斯-斐波那契数 G_k 定义为 $G_k=f_k+if_{k+1}$．习题 37～39 中的 G_k 均为高斯-斐波那契数.

37. a) 列出高斯-斐波那契序列中 $k=0, 1, 2, 3, 4, 5$ 的项(回忆，$f_0=0$).
    b) 对 $k=2, 3, \cdots$，证明 $G_k=G_{k-1}+G_{k-2}$.
38. 对任意非负整数 k，证明 $N(G_k)=f_{2k+1}$.
39. 证明 $G_{n+2}G_{n+1}-G_{n+3}G_n=(-1)^n(2+i)$ 对任意正整数 n 成立.
40. 证明：任意高斯整数均可写成 $a_n(-1+i)^n+a_{n-1}(-1+i)^{n-1}+\cdots+a_1(-1+i)+a_0$ 的形式，其中 $a_j=0$ 或 1，这里 $j=0, 1, \cdots, n-1, n$.
41. 证明：若 α 形如 $r+si$，其中 r，s 是有理数，并且 α 是首一二次整系数多项式的根，则 α 是高斯整数.
42. 若 $\pi=a+bi$ 是高斯素数，而且 $(a+1)+bi$，$(a-1)+bi$，$a+(b+1)i$，$a+(b-1)i$ 中有一个也是高斯素数，则能得到什么结论?
43. 证明：若 $\pi_1=a-1+bi$，$\pi_2=a+1+bi$，$\pi_3=a+(b-1)i$，$\pi_4=a+(b+1)i$ 都是高斯素数，而且 $|a|+|b|>5$，则 5 整除 a 和 b，并且 a，b 均不为 0.
44. 仿照 4.2 节得到 n 个连续合数的方法来构造一个不含高斯素数的高斯整数块.（提示：可以从列出所有高斯整数 $a+bi$ 的乘积开始，其中 a，b 为整数，且 $0\leqslant a\leqslant m$，$0\leqslant b\leqslant n$.）
45. 找出所有的高斯整数 α，β 和 γ 使得 $\alpha\beta\gamma=\alpha+\beta+\gamma=1$.
46. 证明：若 π 是高斯素数，并且 $N(\pi)\neq 2$，则 π 恰有一个相伴模 4 同余于 1 或 $3+2i$.

计算和研究

1. 找出所有的高斯整数对 γ 和 ρ，使得 $180-181i=(12+13i)\gamma+\rho$ 且 $N(\rho)<N(12+13i)$.
2. 利用埃拉托色尼斯筛法，找出所有范数小于 1 000 的高斯素数.
3. 找出尽可能多的高斯素数对，使之相差为 2.
4. 找出尽可能多的高斯素数三元组，使之构成公差为 2 的等差数列.
5. 尽可能多地找出形如 $1+bi$ 的高斯素数，其中 b 为整数.（现今并不清楚是否有无限多个此种类型的素数.）
6. 尽可能多地找出形如 $\alpha^2+\alpha+(9+4i)$ 的高斯素数.

** 7. 给定正实数 k，寻找高斯壕(Gaussian moat)，也就是复平面上包围原点的宽度为 k 且不包含高斯素数的区域．目前未被解决的高斯壕问题问是否存在无限的高斯素数序列，使得该序列中任意两个相邻的数之间的差是有界的.（想了解高斯壕的更多信息可参考[GeWaWi98].）

程序设计

1. 给定 2 个高斯整数 α 和 β，找出所有的高斯整数对 γ 和 ρ 使得 $\alpha=\gamma\beta+\rho$.
2. 利用埃拉托色尼斯筛法找出所有的范数小于一个给定整数的高斯素数.
3. 给定一个正实数 k 和一个正整数 n，从一个范数不超过 5 的高斯素数出发来搜寻所有范数小于 n 的高斯素数，使得由一个高斯素数得到另一个高斯素数的步骤不超过 k.
4. 画出前面程序设计中所能取到的高斯素数的图.

15.2 最大公因子和唯一因子分解

在第 3 章，我们证明了任意一对非零的有理整数都有最大公因子．利用最大公因子的性质，我们证明了若一个素数整除两个整数的乘积，则它必然整除其中一个整数．由此我们证明了任何一个整数都能够唯一地表示成一些素因子乘积的形式(这些素因子按递增顺序排列). 在本节中，对高斯整数我们将得到类似的结论. 首先，给出高斯整数最大公因子的定义，我们将说明任意一对不全为零的高斯整数都有最大公因子. 然后证明若一个高斯素数整除两个高斯整数的乘积，则它必然整除其中一个. 我们将利用这些结论得出高斯整数的唯一因子分解定理.

15.2.1 最大公因子

我们不能直接照搬整数最大公因子的原始定义，因为说一个高斯整数比另一个大是没有意义的. 但是，利用定理 3.5 中描述的两个有理整数最大公因子的方法(没有用整数大小的序关系)，我们可以定义出两个高斯整数的最大公因子.

定义 设 α 和 β 是两个高斯整数，α 和 β 的**最大公因子**是满足如下两个性质的高斯整数 γ：

(i) $\gamma|\alpha$ 且 $\gamma|\beta$；

(ii) 若 $\delta|\alpha$ 且 $\delta|\beta$，则 $\delta|\gamma$.

若 γ 是高斯整数 α 和 β 的最大公因子，则可直接证明 γ 的所有相伴也都是 α 和 β 的最大公因子(见习题 7). 因此，若 γ 是 α 和 β 的最大公因子，则 $-\gamma$，$\mathrm{i}\gamma$ 和 $-\mathrm{i}\gamma$ 也都是 α 和 β 的最大公因子. 反之也成立，即任意两个高斯整数的最大公因子是相伴的，这一点将在后面给出证明. 首先，我们证明任意两个高斯整数都存在最大公因子.

定理 15.7 若 α 和 β 是不全为零的高斯整数，则

(i) 存在高斯整数 γ 是 α 和 β 的最大公因子；

(ii) 若 γ 是 α 和 β 的最大公因子，则存在高斯整数 μ 和 ν(称为 α 和 β 的贝祖系数，Étienne Bézout 小传见 3.1 节)，使得 $\gamma=\mu\alpha+\nu\beta$.

证明 令 $S=\{N(\mu\alpha+\nu\beta)\mid$，其中 μ，ν 为高斯整数，并且 $\mu\alpha+\nu\beta\neq 0\}$. 因为当 μ 和 ν 是高斯整数时，$\mu\alpha+\nu\beta$ 也是高斯整数，而非零高斯整数的范数都是正整数，所以 S 中的元素都是正整数. 显然 S 非空，因为 $N(1\cdot\alpha+0\cdot\beta)=N(\alpha)$ 和 $N(0\cdot\alpha+1\cdot\beta)=N(\beta)$ 不全为 0，至少有一个在 S 中.

因为 S 是一个非空的正整数集，由良序性质可知 S 中必有最小元. 因此，存在高斯整数 $\gamma=\mu_0\alpha+\nu_0\beta$，其中 μ_0，ν_0 为高斯整数，使得对任意高斯整数 μ，ν 均有 $N(\gamma)\leqslant N(\mu\alpha+\nu\beta)$.

下面我们来证明 γ 就是 α 和 β 的最大公因子. 首先，假设 $\delta|\alpha$ 且 $\delta|\beta$. 则存在高斯整数 ρ 和 σ 使得 $\alpha=\delta\rho$，$\beta=\delta\sigma$. 从而由

$$\gamma=\mu_0\alpha+\nu_0\beta=\mu_0\delta\rho+\nu_0\delta\sigma=\delta(\mu_0\rho+\nu_0\sigma)$$

可知 $\delta|\gamma$.

要证明 $\gamma|\alpha$ 且 $\gamma|\beta$，只需要证明 γ 整除任意形如 $\mu\alpha+\nu\beta$ 的高斯整数. 因此我们假设 $\tau=\mu_1\alpha+\nu_1\beta$，其中 μ_1 和 ν_1 都是高斯整数. 由定理 15.6(即高斯整数的带余除法)可知

$$\tau=\gamma\eta+\zeta,$$

其中 η 和 ζ 都是高斯整数，并且 $0\leqslant N(\zeta)<N(\gamma)$. 此外，$\zeta$ 也是形如 $\mu\alpha+\nu\beta$ 的高斯整数，这可由下式看出：

$$\zeta=\tau-\gamma\eta=(\mu_1\alpha+\nu_1\beta)-(\mu_0\alpha+\nu_0\beta)\eta=(\mu_1-\mu_0\eta)\alpha+(\nu_1-\nu_0\eta)\beta.$$

注意到 γ 取的是所有形如 $\mu\alpha+\nu\beta$ 的非零高斯整数中范数最小的．由于 ζ 也有此形式，且 $0\leqslant N(\zeta)<N(\gamma)$，所以有 $N(\zeta)=0$．由定理 15.1 可知，$\zeta=0$．因此，$\tau=\gamma\eta$．从而我们得出任意形如 $\mu\alpha+\nu\beta$ 的高斯整数都能被 γ 整除． ■

下面我们将证明两个高斯整数的任意两个最大公因子必然是相伴的．

定理 15.8 若 γ_1 和 γ_2 是不全为零的高斯整数 α 和 β 的最大公因子，则 γ_1 和 γ_2 彼此相伴．

证明 假设 γ_1 和 γ_2 都是 α 和 β 的最大公因子．由最大公因子定义的(ii)，有 $\gamma_1\mid\gamma_2$，且 $\gamma_2\mid\gamma_1$．从而存在高斯整数 ε 和 θ，使得 $\gamma_2=\varepsilon\gamma_1$，$\gamma_1=\theta\gamma_2$．结合两式，可得

$$\gamma_1=\theta\varepsilon\gamma_1.$$

两边同时除以 γ_1($\gamma_1\neq 0$，因为 0 不是两个不全为零的高斯整数的最大公因子)，可得

$$\theta\varepsilon=1.$$

从而 θ 和 ε 都是单位．由于 $\gamma_1=\theta\gamma_2$，所以 γ_1 和 γ_2 相伴． ■

定理 15.8 的逆命题同样也成立，我们将其作为习题 7 留给读者来验证．

定义 若 1 是高斯整数 α 和 β 的最大公因子，则称 α 和 β **互素**．

注意，1 是 α 和 β 的最大公因子当且仅当 1 的相伴 -1，i，$-$i 也都是 α 和 β 的最大公因子．例如，若 i 是 α 和 β 的最大公因子，则这两个高斯整数互素．

我们可以仿照欧几里得算法(定理 3.6)来计算两个高斯整数的最大公因子．

定理 15.9(高斯整数的欧几里得算法) 令 $\rho_0=\alpha$ 和 $\rho_1=\beta$ 为非零高斯整数．若连续使用高斯整数的带余除法，可以得到 $\rho_j=\rho_{j+1}\gamma_{j+1}+\rho_{j+2}$，其中 $N(\rho_{j+2})<N(\rho_{j+1})$，$j=0$，1，2，…，$n-2$，并且 $\rho_{n+1}=0$．则最后一个非零余数 ρ_n 就是 α 和 β 的最大公因子．

我们将定理 15.9 的证明留给读者，可参考定理 3.6 的证明思路．可以把高斯整数的欧几里得算法的步骤倒推回去，从而把求出的最大公因子表示为两个高斯整数的线性组合的形式．下面用例题来说明这一点．

例 15.9 假设 $\alpha=97+210i$，$\beta=123+16i$．利用欧几里得算法(基于定理 15.6 的证明过程中给出的带余除法)可以按下列几个步骤来找出 α 和 β 的最大公因子．

$$\begin{aligned}
97+210i &= (123+16i)(1+2i)+(6-52i)\\
123+16i &= (6-52i)(2i)+(19+4i)\\
6-52i &= (19+4i)(-3i)+(-6+5i)\\
19+4i &= (-6+5i)(-2-2i)+(-3+2i)\\
-6+5i &= (-3+2i)2+i\\
-3+2i &= i(2+3i)+0.
\end{aligned}$$

我们得出 i 是 97+210i 和 123+16i 的最大公因子．因此，这两个高斯整数所有的最大公因子为 i 的相伴 1，-1，i 和 $-$i．从而可知 97+210i 和 123+16i 互素．

因为 97+210i 和 123+16i 是互素的，所以可以把 1 表示成这两个高斯整数的线性组合的形式．对上述步骤倒推，然后两边同时乘以 $-$i 得到 1，可以找到高斯整数 μ 和 ν，使得 $1=\mu\alpha+\nu\beta$．这些计算都留给读者来完成．最终结果是

$$(97+210i)(-24+21i)+(123+16i)(57+17i)=1.$$ ◀

15.2.2 高斯整数的唯一因子分解

算术基本定理表明任意一个有理整数都能唯一地分解成素数的乘积. 该定理的证明依赖于这样一个性质：若一个有理素数 p 整除两个有理整数的乘积 ab，则 $p|a$ 或者 $p|b$. 下面证明高斯整数的一个类似的性质，它在证明高斯整数的唯一因子分解定理中起着重要的作用.

引理 15.1 若 π 是高斯素数，α 和 β 是高斯整数，且 $\pi|\alpha\beta$，则 $\pi|\alpha$ 或者 $\pi|\beta$.

证明 假设 π 不整除 α，下面证明 π 必然整除 β. 若 $\pi\nmid\alpha$，则知 $\varepsilon\pi\nmid\alpha$，其中 ε 为单位. 因为 π 的因子只有 1，-1，i，$-$i，π，$-\pi$，iπ 和 $-$iπ，从而 π 和 α 的最大公因子只能是单位. 也就是说，1 是 π 和 α 的最大公因子. 由定理 15.7 可知，存在高斯整数 μ 和 ν，使得

$$1=\mu\pi+\nu\alpha.$$

等式两边同时乘以 β，有

$$\beta=\pi(\mu\beta)+\nu(\alpha\beta).$$

由定理假设 $\pi|\alpha\beta$，知 $\pi|\nu(\alpha\beta)$. 又 $\beta=\pi(\mu\beta)+\nu(\alpha\beta)$，从而可得 $\pi|\beta$(利用 15.1 节的习题 8). ■

引理 15.1 是证明高斯整数具有唯一因子分解性质的关键. 而其他的一些代数整数集，例如 $\mathbb{Z}[\sqrt{-5}]$(形如 $a+b\sqrt{-5}$ 的二次整数全体)并不具有类似于引理 15.1 的性质，从而也不具有唯一因子分解性.

我们可以把引理 15.1 推广到多个数乘积的情形.

引理 15.2 若 π 是高斯素数，α_1，α_2，…，α_m 是高斯整数，且 $\pi|\alpha_1\alpha_2\cdots\alpha_m$，则存在一个整数 j，$1\leqslant j\leqslant m$，使得 $\pi|\alpha_j$.

证明 可以用数学归纳法来证明这个结论. 当 $m=1$ 时，结论是显然的. 现在假设对 $m=k$ 结论成立，其中 k 是正整数. 也就是说，如果假设

$$\pi|\alpha_1\alpha_2\cdots\alpha_k,$$

其中 α_i 是高斯整数，$i=1, 2, \cdots, k$，则 $\pi|\alpha_i$ 对某个整数 $i(1\leqslant i\leqslant k)$成立. 现在假设

$$\pi|\alpha_1\alpha_2\cdots\alpha_k\alpha_{k+1},$$

其中 α_i 是高斯整数，$i=1, 2, \cdots, k+1$，则 $\pi|\alpha_1(\alpha_2\cdots\alpha_k\alpha_{k+1})$，由引理 15.1，有 $\pi|\alpha_1$ 或者 $\pi|\alpha_2\cdots\alpha_k\alpha_{k+1}$. 若 $\pi|\alpha_2\cdots\alpha_k\alpha_{k+1}$，则由归纳假设，可知 $\pi|\alpha_j$ 对某个整数 $j(2\leqslant j\leqslant k+1)$ 成立. 从而可知存在整数 j，$1\leqslant j\leqslant k+1$，使得 $\pi|\alpha_j$. 证毕. ■

下面我们陈述并证明高斯整数的唯一因子分解定理. 当然，高斯首先给出了此定理的证明. 高斯意识到高斯整数的这种结构与整数集合的结构相似，并且意识到高斯整数的作用(本章后面将展示).

定理 15.10(高斯整数的唯一因子分解定理) 假设 γ 是非零高斯整数，且 γ 不是单位，则

(i) γ 能够表示成一些高斯素数的乘积；并且

(ii) 该因子分解在某种意义上来说是唯一的. 也就是说，若

$$\gamma=\pi_1\pi_2\cdots\pi_s=\rho_1\rho_2\cdots\rho_t,$$

其中 π_1，π_2，…，π_s，ρ_1，ρ_2，…，ρ_t 都是高斯素数，则有 $s=t$，并且对这些项重新标号(如果必要的话)，可使得 π_i 和 ρ_i 是相伴的，其中 $i=1$，2，…，s.

证明 我们用第二数学归纳原理对 γ 的范数 $N(\gamma)$ 进行归纳来证明(i). 首先 $\gamma\neq 0$ 而且 γ 不是单位，由定理 15.3 可知 $N(\gamma)\neq 1$. 从而 $N(\gamma)\geqslant 2$.

当 $N(\gamma)=2$ 时，由定理 15.5 可得 γ 是高斯素数. 因此，在这种情况下，γ 恰为一个高斯素数(它自身)的乘积.

现在假设 $N(\gamma)>2$. 我们假定任意范数小于 $N(\gamma)$ 的高斯整数 δ 都可以写成高斯素数的乘积；这是归纳法的假设. 若 γ 是高斯素数，则它显然可以表示成高斯素数的乘积，就是它自身. 否则，$\gamma=\eta\theta$，其中 η 和 θ 都是高斯整数，而且不是单位. 因为 η 和 θ 不是单位，由定理 15.1 和定理 15.3 可知 $N(\eta)>1$，$N(\theta)>1$. 进而，由 $N(\gamma)=N(\eta)N(\theta)$，我们有 $2\leqslant N(\eta)<N(\gamma)$，$2\leqslant N(\theta)<N(\gamma)$. 由归纳假设可知，$\eta$ 和 θ 均为一些高斯素数的乘积. 即 $\eta=\pi_1\pi_2\cdots\pi_s$，$\theta=\rho_1\rho_2\cdots\rho_t$，其中 π_1，π_2，…，π_s 和 ρ_1，ρ_2，…，ρ_t 都是高斯素数. 因此，

$$\gamma=\theta\eta=\pi_1\pi_2\cdots\pi_s\rho_1\rho_2\cdots\rho_t$$

是一些高斯素数的乘积. 从而也就证明了任意非零高斯整数都可写成高斯素数乘积的形式.

下面我们再用第二数学归纳原理来证明定理的(ii)，即在定理描述的意义下因子分解是唯一的. 假设 γ 是非零高斯整数，且不是单位. 由定理 15.3 可知 $N(\gamma)\geqslant 2$. 下面开始归纳法的证明. 首先，当 $N(\gamma)=2$ 时，γ 是高斯素数，因此 γ 表示成高斯素数的乘积只有一种方式，即乘积中只有一项 γ.

现在假定定理中的(ii)对所有范数小于 $N(\gamma)$ 的高斯整数 δ 都成立. 假设 γ 能够以两种方式表示为高斯素数的乘积，即

$$\gamma=\pi_1\pi_2\cdots\pi_s=\rho_1\rho_2\cdots\rho_t,$$

其中 π_1，π_2，…，π_s，ρ_1，ρ_2，…，ρ_t 都是高斯素数. 显然 $s>1$；否则 γ 为高斯素数，此时已知表示法唯一.

因为 $\pi_1\mid\pi_1\pi_2\cdots\pi_s$，而且 $\pi_1\pi_2\cdots\pi_s=\rho_1\rho_2\cdots\rho_t$，所以有 $\pi_1\mid\rho_1\rho_2\cdots\rho_t$. 由引理 15.2 知，$\pi_1\mid\rho_k$ 对某个整数 $k(1\leqslant k\leqslant t)$成立. 我们可以对 ρ_1，ρ_2，…，ρ_k 重新排序(如果必要的话)，使得 $\pi_1\mid\rho_1$. 由于 ρ_1 是高斯素数，它只能被单位和它的相伴整除，因此 π_1 和 ρ_1 必然相伴. 所以 $\rho_1=\varepsilon\pi_1$，其中 ε 为单位. 这表明

$$\pi_1\pi_2\cdots\pi_s=\rho_1\rho_2\cdots\rho_t=\varepsilon\pi_1\rho_2\cdots\rho_t.$$

对上式两边同时除以 π_1，可得

$$\pi_2\pi_3\cdots\pi_s=(\varepsilon\rho_2)\rho_3\cdots\rho_t.$$

由于 π_1 是高斯素数，故有 $N(\pi_1)\geqslant 2$. 因此

$$1\leqslant N(\pi_2\pi_3\cdots\pi_s)<N(\pi_1\pi_2\cdots\pi_s)=N(\gamma).$$

由归纳假设以及 $\pi_2\pi_3\cdots\pi_s=(\varepsilon\rho_2)\rho_3\cdots\rho_t$，我们可以推出 $s-1=t-1$，并且通过重新排序(如果必要的话)，可使得 ρ_i 是 π_i 的相伴，这里 $i=1$，2，3，…，$s-1$. 从而定理的(ii)得证. ■

将高斯整数分解成高斯素数的乘积可以通过计算范数来完成. 由于这些范数是有理整数，从而可以分解成一些素数的乘积. 对分解式中的每一个素数，我们来寻找以此为范数

的高斯整数可能的高斯素因子．可以用每一个可能的高斯素因子做除法，由此来判断它是否能够整除该高斯整数．

例 15.10 将 20 分解成高斯整数的乘积．计算可得 $N(20)=20^2=400$，因此 20 的高斯素因子的范数可能是 2 或 5．我们发现用 $(1+i)^4$ 去除 20，可得商为 -5．而 $5=(1+2i)(1-2i)$，故有

$$20=-(1+i)^4(1+2i)(1-2i).$$

◀

15.2 节习题

1. 求出下列高斯整数对的一个最大公因子和贝祖系数．
   a) $4+7i$，$-1+4i$　　b) $8-14i$，$7+17i$
   c) $11+16i$，$10+11i$　　d) $135-14i$，$155+34i$
2. 求出下列高斯整数对的一个最大公因子和贝祖系数．
   a) 10，$18+26i$　　b) $7-4i$，$1+3i$
   c) $18-i$，$11+7i$　　d) $79+33i$，$37-19i$
3. 利用两个高斯整数的最大公因子的定义来证明：若 π_1 和 π_2 是高斯素数，且不相伴，则 1 是它们的最大公因子．
4. 利用两个高斯整数的最大公因子的定义来证明：若 ε 是单位，α 是高斯整数，则 1 是它们的最大公因子．
5. 证明：若 γ 是高斯整数 α 和 β 的最大公因子，则 $\overline{\gamma}$ 是 $\overline{\alpha}$ 和 $\overline{\beta}$ 的最大公因子．
6. a) 对两个高斯整数的最大公因子的定义进行推广，给出多个高斯整数的最大公因子的定义．
   b) 由所推广的定义来证明三个高斯整数 α，β 和 γ 的最大公因子也是 α，β 的最大公因子与 γ 的最大公因子．
7. 证明：若 α，β 是高斯整数，γ 是 α，β 的最大公因子，则 γ 的相伴也是 α，β 的最大公因子．
8. 证明：若 α，β 是高斯整数，$N(\alpha)$ 和 $N(\beta)$ 作为有理整数是互素的，则 α 和 β 作为高斯整数也是互素的．
9. 证明习题 8 中所陈述的结论的逆命题不一定成立，即找出一对互素的高斯整数 α 和 β，但是它们的范数 $N(\alpha)$ 和 $N(\beta)$ 不是互素的正整数．
10. 证明：若 α，β 是高斯整数，γ 是 α 和 β 的最大公因子，则 $N(\gamma)$ 整除 $(N(\alpha), N(\beta))$．
11. 证明：若 a 和 b 作为有理整数是互素的，则它们作为高斯整数也是互素的．
12. 证明：设 α，β 和 γ 是高斯整数，n 为正整数使得 $\alpha\beta=\gamma^n$ 成立，并且 α 与 β 互素，则 $\alpha=\varepsilon\delta^n$，其中 ε 为单位，δ 为一个高斯整数．
13. a) 利用书中所讲的高斯整数的欧几里得算法来求出 $\alpha=44+18i$ 和 $\beta=12-16i$ 的最大公因子，并写出欧几里得算法的每一个步骤．
    b) 利用 a) 中的步骤求出高斯整数 μ 和 ν，使得 $\mu(44+18i)+\nu(12-16i)$ 等于 a) 中所求出的最大公因子．
14. a) 利用书中所讲的高斯整数的欧几里得算法来证明 $2-11i$ 和 $7+8i$ 互素，并写出欧几里得算法的每一个步骤．
    b) 利用 a) 中的步骤求出高斯整数 μ 和 ν，使得 $\mu(2-11i)+\nu(7+8i)=1$．
15. 证明：对每个正整数 k，相邻的两个高斯斐波那契数 G_k 和 G_{k+1}（定义可参看 15.1 节中习题 37 的导言）是互素的．
16. 对于正整数 k 来说，求出两个相邻的高斯斐波那契数 G_k 和 G_{k+1}（定义可参看 15.1 节中习题 37 的导

言)的最大公因子需要做多少次除法？证明你的结论.

17. 对求出两个非零高斯整数 α 和 β 的最大公因子所需要的运算次数给出大 O 估计，这里 $N(\alpha)\leqslant N(\beta)$.（提示：利用定理 15.6 证明后面的注.）

18. 将下列每一个高斯整数分解成高斯素数和单位的乘积，使得每一个高斯素因子的实部为正整数，而虚部为非负整数.

 a) $9+i$ b) 4 c) $22+7i$ d) $210+2\,100i$

19. 将下列每一个高斯整数分解成高斯素数和单位的乘积，使得每一个高斯素因子的实部为正整数，而虚部为非负整数.

 a) $7+6i$ b) $3-13i$ c) 28 d) $400i$

20. 将高斯整数 $k+(7-k)i(k=1,2,3,4,5,6,7)$分解成高斯素数的乘积，使得每一个高斯素因子的实部为正整数，而虚部为非负整数.

21. 确定下列高斯整数的不同高斯整数因子(相伴视作不同的因子)的个数.

 a) 10 b) $256+128i$ c) $27\,000$ d) $5\,040+40\,320i$

22. 确定下列高斯整数的不同高斯整数因子(相伴视作不同的因子)的个数.

 a) 198 b) $128+256i$ c) $169\,000$ d) $4\,004+8\,008i$

23. 设 $a+ib$ 为高斯整数，n 为有理整数. 证明 n 与 $a+ib$ 互素当且仅当 n 与 $b+ia$ 互素.

24. 利用高斯整数的唯一因子分解定理(定理 15.10)和 15.1 节的习题 13 来证明：若不计项的次序，则任意非零高斯整数均可唯一写成 $\epsilon\pi_1^{e_1}\pi_2^{e_2}\cdots\pi_k^{e_k}$ 的形式，其中 ϵ 为单位，$\pi_j=a_j+ib_j$ 为彼此不相伴的高斯素数，且 $a_j>0$，$b_j\geqslant 0$，e_j 为正整数，$j=1,2,\cdots,k$.

25. 利用欧几里得证明存在无穷多个素数的方法(定理 4.1)来证明存在无穷多个高斯素数.

习题 26～43 中的高斯整数的同余概念可参看 15.1 节中习题 33 前面导言中给出的定义.

26. a) 设 α，β 和 μ 是高斯整数，给出 α 模 μ 的逆 β 的定义.

 b) 若高斯整数 α 和 μ 互素，证明存在高斯整数 β，使得 β 是 α 模 μ 的逆.

27. 求出 $1+2i$ 模 $2+3i$ 的一个逆.

28. 求出 4 模 $5+2i$ 的一个逆.

29. 说明为什么线性同余方程 $\alpha x\equiv\beta \pmod{\mu}$ 可解，其中 α，β 和 μ 是高斯整数，并且 α 和 μ 互素.

30. 求解下列关于高斯整数的线性同余方程.

 a) $(2+i)x\equiv 3 \pmod{4-i}$ b) $4x\equiv -3+4i \pmod{5+2i}$ c) $2x\equiv 5 \pmod{3-2i}$

31. 求解下列关于高斯整数的线性同余方程.

 a) $3x\equiv 2+i \pmod{13}$ b) $5x\equiv 3-2i \pmod{4+i}$ c) $(3+i)x\equiv 4 \pmod{2+3i}$

32. 求解下列关于高斯整数的线性同余方程.

 a) $5x\equiv 2-3i \pmod{11}$ b) $4x\equiv 7+i \pmod{3+2i}$ c) $(2+5i)x\equiv 3 \pmod{4-7i}$

33. 对一组高斯整数的同余式，叙述并证明类似的中国剩余定理.

34. 求出下列关于高斯整数的同余方程组的解.

$$x\equiv 2 \pmod{2+3i}$$
$$x\equiv 3 \pmod{1+4i}.$$

35. 求出下列关于高斯整数的同余方程组的解.

$$x\equiv 1+3i \pmod{2+5i}$$
$$x\equiv 2-i \pmod{3-4i}.$$

36. 求一个高斯整数 x，使得 x 模 11 同余于 1，模 $4+3i$ 同余于 2，模 $1+7i$ 同余于 3.

设 γ 为高斯整数，模 γ 的完全剩余系是一个高斯整数集合，使得任意高斯整数模 γ 均恰与该集合中的一个元素同余.

37. 求出模下列高斯整数的一个完全剩余系.

a) $1-i$　　b) 2　　c) $2+3i$

38. 求出模下列高斯整数的一个完全剩余系.

a) $1+2i$　　b) 3　　c) $4-i$

39. 证明：对任意高斯整数 α，其完全剩余系恰有 $N(\alpha)$ 个元素.

设 γ 为高斯整数，模 γ 的既约剩余系是一个高斯整数集合，使得任意与 γ 互素的高斯整数模 γ 恰与该集合中的一个元素同余.

40. 求出模下列高斯整数的一个既约剩余系.

a) $-1+3i$　　b) 2　　c) $5-i$

41. 求出模下列高斯整数的一个既约剩余系.

a) $2+2i$　　b) 4　　c) $4+2i$

42. 设 π 为高斯素数. 确定模 π 的既约剩余系中元素的个数.

43. 设 π 为高斯素数. 确定模 π^e 的既约剩余系中元素的个数，其中 e 为正整数.

44. a) 证明：形如 $r+s\sqrt{-3}$(r 和 s 为有理数)的代数整数均可表为 $a+b\omega$ 的形式，其中 a，b 为整数，$\omega=(-1+\sqrt{-3})/2$. 在 19 世纪中期，艾森斯坦研究过具有此形式的数(其小传见 12.2 节)，后来这些数被称为艾森斯坦整数.（它们有时也被称为艾森斯坦-雅可比整数，因为雅可比也曾经研究过这些数.）艾森斯坦整数的全体记作 $\mathbb{Z}[\omega]$.

b) 证明两个艾森斯坦整数的和、差和乘积仍然是艾森斯坦整数.

c) 设 α 为艾森斯坦整数，试证明 α 的复共轭 $\bar{\alpha}$ 也是艾森斯坦整数.（提示：首先证明 $\bar{\omega}=\omega^2$.）

d) 设 α 为艾森斯坦整数，$\alpha=a+b\omega$，a，b 为整数. 我们定义 α 的范数为 $N(\alpha)=a^2-ab+b^2$. 证明：对任意艾森斯坦整数 α，都有 $N(\alpha)=\alpha\bar{\alpha}$.

e) 设 α 和 β 为艾森斯坦整数，称 α 整除 β 是指存在 $\gamma\in\mathbb{Z}[\omega]$ 使得 $\beta=\alpha\gamma$. 判断 $1+2\omega$ 是否整除 $1+5\omega$，$3+\omega$ 是否整除 $9+8\omega$.

f) 若艾森斯坦整数 ε 整除 1，则称 ε 为单位. 找出艾森斯坦整数中所有的单位.

g) 设 $\pi\in\mathbb{Z}[\omega]$，π 是艾森斯坦素数是指 π 只能被单位或它的相伴整除(一个艾森斯坦整数的相伴是该整数与单位的乘积). 试判断下列艾森斯坦整数中哪些是艾森斯坦素数：$1+2\omega$，$3-2\omega$，$5+4\omega$ 和 $-7-2\omega$.

* h) 若 α 和 β 是艾森斯坦整数，且 $\beta\neq0$，证明：存在 γ 和 ρ，使得 $\alpha=\beta\gamma+\rho$，且 $N(\rho)<N(\beta)$. 这就是艾森斯坦整数的带余除法.

i) 利用 h)证明任意艾森斯坦整数可表为一些艾森斯坦素数的乘积，若将相伴素数看成同一个素数，则在此意义下，此表示法唯一.

j) 将下面这些艾森斯坦整数分解为艾森斯坦素数的乘积：6，$5+9\omega$，114，$37+74\omega$.

45. a) 证明：形如 $r+s\sqrt{-5}$(r 和 s 为有理数)的代数整数均可表为 $a+b\sqrt{-5}$ 的形式，其中 a，b 为有理整数.（第 3 章我们对这些数做了简单的研究. 在这个习题中，我们将更详细地讨论这类数.）

b) 证明：形如 $a+b\sqrt{-5}$(a，b 是有理整数)的两个数的和、差和乘积仍然具有此形式.

c) 我们把形如 $a+b\sqrt{-5}$ 的数的全体记作 $\mathbb{Z}[\sqrt{-5}]$. 假设 α，$\beta\in\mathbb{Z}[\sqrt{-5}]$，称 α 整除 β 是指存在 $\gamma\in\mathbb{Z}[\sqrt{-5}]$ 使得 $\beta=\alpha\gamma$. 判断 $-9+11\sqrt{-5}$ 是否能够被 $2+3\sqrt{-5}$ 整除，$8+13\sqrt{-5}$ 是否能够被 $1+4\sqrt{-5}$ 整除.

d) 设 $\alpha=a+b\sqrt{-5}$，我们定义 α 的范数为 $N(\alpha)=a^2+5b^2$. 证明：对任意 α，$\beta\in\mathbb{Z}[\sqrt{-5}]$，都有 $N(\alpha\beta)=N(\alpha)N(\beta)$.

e) 设 $\varepsilon\in\mathbb{Z}[\sqrt{-5}]$，若 ε 整除 1，则称 ε 为单位. 证明：$\mathbb{Z}[\sqrt{-5}]$ 中的单位只有 1 和 -1.

f) 我们称$\mathbb{Z}[\sqrt{-5}]$的元素α是素数，若它在$\mathbb{Z}[\sqrt{-5}]$中的因子只有1，-1，α和$-\alpha$. 证明2，3，$1+\sqrt{-5}$和$1-\sqrt{-5}$都是素数，2不能整除$1+\sqrt{-5}$和$1-\sqrt{-5}$. 从而$6=2\cdot 3=(1+\sqrt{-5})\times(1-\sqrt{-5})$能够以两种方式写成素数乘积的形式. 这表明在$\mathbb{Z}[\sqrt{-5}]$中，素数的唯一分解性不成立.

g) 证明：在$\mathbb{Z}[\sqrt{-5}]$中不存在γ和ρ，使得$7-2\sqrt{-5}=(1+\sqrt{-5})\gamma+\rho$，且$N(\rho)<N(1+\sqrt{-5})=6$. 由此可知在$\mathbb{Z}[\sqrt{-5}]$中没有类似的带余除法.

h) 设$\alpha=3$，$\beta=1+\sqrt{-5}$，证明：在$\mathbb{Z}[\sqrt{-5}]$中不存在μ和ν使得$\alpha\mu+\beta\nu=1$，虽然α和β都是素数且互相不能整除.

计算和研究

1. 将高斯整数$(2\,007-k)+(2\,008-k)\mathrm{i}$($k\leqslant 8$为正整数)唯一分解成高斯素数和单位的乘积，使得每一个高斯素因子的实部为正整数，而虚部为非负整数.
2. 对尽量多的正整数n，构造高斯整数α，使得α为所有范数小于n的高斯素数的乘积再加1，试求出α的范数最小的素因子. 你是否认为这样构造出来的数α中有无限多个是高斯素数？
3. 随机选取两个高斯整数，判断它们是否互素. 重复多次，由此来估计两个随机选取的高斯整数互素的概率.

程序设计

1. 利用高斯整数的欧几里得算法来求两个高斯整数的最大公因子.
2. 将两个高斯整数的最大公因子表成它们的线性组合的形式.
3. 基于高斯整数的带余除法证明过程中求商和余数的方法，确定高斯整数的欧几里得算法中计算步骤的数目.
4. 将高斯整数唯一因子分解成单位与高斯素数乘积的形式，并使得分解中的每一个高斯素数都位于第一象限.

15.3 高斯整数与平方和

在14.3节中，我们给出了哪些正整数可以表示成两个有理整数的平方和. 在本节中，我们将要用所学的关于高斯素数的知识来证明该结论. 利用高斯素数也可以求出一个正整数表示成两个数的平方和的不同方法数.

在14.3节中，我们证明了任意形如$4k+1$的素数都是两个有理整数的平方和. 下面用高斯素数来给出另一种证明.

定理 15.11 *设p为形如$4k+1$的有理素数，其中k为正整数，则p可表为两个有理整数的平方和.*

证明 假设p形如$4k+1$，其中k为正整数. 为了证明p能写成两个有理整数的平方和，我们先证明p不是高斯素数. 由定理12.5可知，-1为模p二次剩余. 因此，存在有理整数t，使得$t^2\equiv -1\pmod{p}$. 于是$p\mid(t^2+1)$. 由这一有理整数的整除关系可得$p\mid(t+\mathrm{i})(t-\mathrm{i})$. 如果$p$是高斯素数，则由引理15.1，有$p\mid t+\mathrm{i}$或者$p\mid t-\mathrm{i}$. 但这两种情况都不成立，因为能够被$p$整除的高斯整数均形如$p(a+b\mathrm{i})=pa+pb\mathrm{i}$，其中$a$，$b$为有理整数，而$t+\mathrm{i}$和$t-\mathrm{i}$均不满足此条件. 从而推出$p$不是高斯素数.

由于p不是高斯素数，所以存在非单位的高斯整数α和β，使得$p=\alpha\beta$. 等式两边同时取范数，可得

$$N(p)=p^2=N(\alpha\beta)=N(\alpha)N(\beta).$$

因为α和β都不是单位，所以$N(\alpha)\neq 1$，$N(\beta)\neq 1$. 这表明只可能$N(\alpha)=N(\beta)=p$. 所以，如果$\alpha=a+b\mathrm{i}$和$\beta=c+d\mathrm{i}$，则有

$$p=N(\alpha)=a^2+b^2 \text{ 且 } p=N(\beta)=c^2+d^2.$$

从而p可写成两个有理整数的平方和. ■

为弄清哪些有理整数是两个数的平方和，我们需要判定哪些有理整数是高斯素数以及哪些能分解为高斯素数. 为此，我们需要以下引理.

引理 15.3 *若π是高斯素数，则有且仅有一个有理素数p，使得$\pi\mid p$.*

证明 首先，我们将有理整数$N(\pi)$分解成素因子乘积的形式，即$N(\pi)=p_1p_2\cdots p_t$，其中p_j为有理素数，$j=1, 2, \cdots, t$. 因为$N(\pi)=\pi\bar{\pi}$，所以$\pi\mid N(\pi)$，故有$\pi\mid p_1p_2\cdots p_t$. 由引理 15.2 可知，存在整数$j(1\leqslant j\leqslant t)$，使得$\pi\mid p_j$. 从而证明了$\pi$整除某个有理素数$p$.

为完成证明，我们只需要证明π不能同时整除两个不同的有理素数. 假设$\pi\mid p_1$且$\pi\mid p_2$，其中p_1和p_2为互异的有理素数. 因为p_1和p_2互素，由推论 3.3.1 可知，存在有理整数m，n，使得$mp_1+np_2=1$. 进而，由$\pi\mid p_1$，$\pi\mid p_2$可得$\pi\mid 1$(利用 15.1 节中习题 8 的整除性质). 这表明π为单位，而这是不可能的. 因此，π不可能同时整除两个不同的有理素数. ■

下面来确定哪些有理素数是高斯素数，并将那些不是高斯素数的有理素数分解成高斯素数的乘积.

定理 15.12 *设p为有理素数，则p作为高斯整数可按如下法则进行分解.*

(i) 若$p=2$，则$p=-\mathrm{i}(1+\mathrm{i})^2=\mathrm{i}(1-\mathrm{i})^2$，其中$1+\mathrm{i}$和$1-\mathrm{i}$都是范数为 2 的高斯素数.

(ii) 若$p\equiv 3(\bmod 4)$，则$p=\pi$是高斯素数且$N(\pi)=p^2$.

(iii) 若$p\equiv 1(\bmod 4)$，则$p=\pi\pi'$，其中π和π'是不相伴的高斯素数，且$N(\pi)=N(\pi')=p$.

证明 对(i)，注意到$2=-\mathrm{i}(1+\mathrm{i})^2=\mathrm{i}(1-\mathrm{i})^2$，其中因子$\mathrm{i}$和$-\mathrm{i}$是单位. 进一步有，$N(1+\mathrm{i})=N(1-\mathrm{i})=1^2+1^2=2$. 因为$N(1+\mathrm{i})=N(1-\mathrm{i})$是有理素数，由定理 15.5 可知$1+\mathrm{i}$和$1-\mathrm{i}$为高斯素数.

对(ii)，令p为有理素数，且$p\equiv 3(\bmod 4)$. 假设$p=\alpha\beta$，$\alpha=a+b\mathrm{i}$和$\beta=c+d\mathrm{i}$为高斯整数，而且α和β都不是单位. 由定理 15.1 的(ii)可知$N(p)=N(\alpha\beta)=N(\alpha)N(\beta)$. 因为$N(p)=p^2$，$N(\alpha)=a^2+b^2$，$N(\beta)=c^2+d^2$，故有$p^2=(a^2+b^2)(c^2+d^2)$. 而$\alpha$和$\beta$都不是单位，所以它们的范数都不是 1. 从而必有$N(\alpha)=a^2+b^2=p$和$N(\beta)=c^2+d^2=p$. 但这是不可能的，因为当$p\equiv 3(\bmod 4)$时，$p$不能表为两个有理整数的平方和.

对(iii)，令p为有理素数，且$p\equiv 1(\bmod 4)$. 由定理 15.11 可知存在整数a，b使得$p=a^2+b^2$. 若$\pi=a-b\mathrm{i}$，$\pi'=a+b\mathrm{i}$，则$p^2=N(p)=N(\pi)N(\pi')$，从而有$N(\pi)=N(\pi')=p$. 由定理 15.5 即可得知π和π'均为高斯素数.

下面我们将证明π与π'不相伴. 假设$\pi=\varepsilon\pi'$，其中ε为单位. 由于ε是单位，所以ε只可能为 1，-1，i或$-\mathrm{i}$.

若 $\varepsilon=1$，则 $\pi=\pi'$. 这表明 $a+b\mathrm{i}=a-b\mathrm{i}$，因此 $b=0$. 从而 $p=a^2+b^2=a^2$，由于 p 是素数，故这是不可能的. 类似地，若 $\varepsilon=-1$，则 $\pi=-\pi'$. 这表明 $a+b\mathrm{i}=-a+b\mathrm{i}$，因此 $a=0$. 从而 $b^2=p$，这也不可能. 若 $\varepsilon=\mathrm{i}$，则 $a+\mathrm{i}b=\mathrm{i}(a-\mathrm{i}b)=b+\mathrm{i}a$，因此 $a=b$. 类似地，若 $\varepsilon=-\mathrm{i}$，则 $a+\mathrm{i}b=-\mathrm{i}(a-\mathrm{i}b)$，从而 $a=-b$. 这两种情况下，均有 $p=a^2+b^2=2a^2$，而 p 为奇素数，所以也不可能. 对于 ε 的四种可能取值，我们说明了都是不可能的，从而也就证明了 π 与 π' 不相伴. ■

现在可以用高斯整数的唯一分解定理来确定一个正整数表示为两个有理整数平方和的方法数. 回忆一下，在 14.3 节的定理 14.6 中我们已经给出了哪些正整数能够表示为两个数的平方和.

定理 15.13 *假设 n 为正整数，且有如下素幂因子分解*

$$n=2^m p_1^{e_1} p_2^{e_2}\cdots p_s^{e_s} q_1^{f_1} q_2^{f_2}\cdots q_t^{f_t},$$

其中 m 为非负整数，$p_1, p_2, \cdots, p_s$ 为 $4k+1$ 形式的素数，$q_1, q_2, \cdots, q_t$ 为 $4k+3$ 形式的素数，$e_1, e_2, \cdots, e_s$ 为非负整数，$f_1, f_2, \cdots, f_t$ 为非负偶数. 则有

$$4(e_1+1)(e_2+1)\cdots(e_s+1)$$

种方法将 n 表为两个有理整数的平方和.（这里平方和中次序不同或者符号不同的表示法都认为是不同的表示法.）

证明 要计算将 n 表示为两个有理整数平方和的方法数，即方程 $a^2+b^2=n$ 的解的个数，只需要计算将 n 分解成共轭高斯整数的乘积 $n=(a+\mathrm{i}b)(a-\mathrm{i}b)$ 的方法数.

我们利用 n 的因子分解来计算将 n 表成两个共轭复数乘积 $n=(a+\mathrm{i}b)(a-\mathrm{i}b)$ 的方法数. 首先，由定理 15.11 可知，对整除 n 的形如 $4k+1$ 的素数 p_k，存在整数 a_k 和 b_k，使得 $p_k=a_k^2+b_k^2$. 并且，由于 $1+\mathrm{i}=\mathrm{i}(1-\mathrm{i})$，故有 $2^m=(1+\mathrm{i})^m(1-\mathrm{i})^m=(\mathrm{i}(1-\mathrm{i}))^m(1-\mathrm{i})^m=\mathrm{i}^m(1-\mathrm{i})^{2m}$.

所以，我们有

$$\begin{aligned} n=&\mathrm{i}^m(1-\mathrm{i})^{2m}(a_1+b_1\mathrm{i})^{e_1}(a_1-b_1\mathrm{i})^{e_1}(a_2+b_2\mathrm{i})^{e_2}(a_2-b_2\mathrm{i})^{e_2}\cdots \\ &(a_s-b_s\mathrm{i})^{e_s}(a_s+b_s\mathrm{i})^{e_s}q_1^{f_1}q_2^{f_2}\cdots q_t^{f_t}. \end{aligned}$$

然后，注意到 $\varepsilon=\mathrm{i}^m$ 的取值只能是 $1, -1, \mathrm{i}$ 或者 $-\mathrm{i}$，所以它是单位. 这表明 n 可按如下方式分解成单位和高斯素数的乘积：

$$\begin{aligned} n=&\varepsilon(1-\mathrm{i})^{2m}(a_1+b_1\mathrm{i})^{e_1}(a_1-b_1\mathrm{i})^{e_1}(a_2+b_2\mathrm{i})^{e_2}(a_2-b_2\mathrm{i})^{e_2}\cdots \\ &(a_s-b_s\mathrm{i})^{e_s}(a_s+b_s\mathrm{i})^{e_s}q_1^{f_1}q_2^{f_2}\cdots q_t^{f_t}. \end{aligned}$$

因为高斯整数 $a+\mathrm{i}b$ 整除 n，所以它表示为单位和高斯素数乘积的因子分解式只能为如下形式：

$$\begin{aligned} a+\mathrm{i}b=&\varepsilon_0(1-\mathrm{i})^{w}(a_1+b_1\mathrm{i})^{g_1}(a_1-b_1\mathrm{i})^{h_1}(a_2+b_2\mathrm{i})^{g_2}(a_2-b_2\mathrm{i})^{h_2}\cdots \\ &(a_s+b_s\mathrm{i})^{g_s}(a_s-b_s\mathrm{i})^{h_s}q_1^{k_1}q_2^{k_2}\cdots q_t^{k_t}, \end{aligned}$$

其中 ε_0 是单位，$w, g_1, \cdots, g_s, h_1, \cdots, h_s$ 和 $k_1, \cdots, k_t$ 为非负整数，且 $0\leqslant w\leqslant 2m$，$0\leqslant g_i\leqslant e_i$，$0\leqslant h_i\leqslant e_i$（其中 $i=1, 2, \cdots, s$），$0\leqslant k_j\leqslant f_j$（其中 $j=1, 2, \cdots, t$）.

对 $a+\mathrm{i}b$ 取共轭，有

$$a-\mathrm{i}b=\overline{\varepsilon_0}(1+\mathrm{i})^w(a_1-b_1\mathrm{i})^{g_1}(a_1+b_1\mathrm{i})^{h_1}(a_2-b_2\mathrm{i})^{g_2}(a_2+b_2\mathrm{i})^{h_2}\cdots$$
$$(a_s-b_s\mathrm{i})^{g_s}(a_s+b_s\mathrm{i})^{h_s}q_1^{k_1}q_2^{k_2}\cdots q_t^{k_t}.$$

现在可将等式 $n=(a+\mathrm{i}b)(a-\mathrm{i}b)$ 写成如下形式

$$n=2^w p_1^{g_1+h_1}\cdots p_s^{g_s+h_s}q_1^{2k_1}\cdots q_t^{2k_t}.$$

通过与原来的分解式比较，可得 $w=m$，$g_i+h_i=e_i(i=1,2,\cdots,s)$ 和 $2k_j=f_j(j=1,2,\cdots,t)$. 可以看出 w 和 $k_j(j=1,2,\cdots,t)$ 的取值是确定的，而对于每一个 g_i 有 e_i+1 种取法，也就是 $g_i=0,1,2,\cdots,e_i$，而且如果 g_i 已经确定了，则 $h_i=e_i-g_i$ 也是确定的. 另外，对于单位 ε_0 有 4 种取法. 从而我们可以推出，对于因子 $a+\mathrm{i}b$ 有 $4(e_1+1)(e_2+1)\cdots(e_s+1)$ 种取法，恰好也是把 n 表为两个数的平方和的方法数. ■

例 15.11 假设 $n=25=5^2$. 则由定理 15.13 可知有 $4\cdot 3=12$ 种方法将 25 写成两个有理整数的平方和. $((\pm3)^2+(\pm4)^2$, $(\pm4)^2+(\pm3)^2$, $(\pm5)^2+0^2$, $0^2+(\pm5)^2$. 对于平方和中项的顺序不同的表示，我们都看作不同的表示法)

假设 $n=90=2\cdot5\cdot3^2$. 则由定理 15.13 可知有 $4\cdot2=8$ 种方法将 90 写成两个有理整数的平方和. $((\pm3)^2+(\pm9)^2$, $(\pm9)^2+(\pm3)^2$. 对于平方和中项的顺序不同的表示，我们都看作不同的表示法.)

令 $n=16\,200=2^3\cdot5^2\cdot3^4$. 则由定理 15.13 可知有 $4\cdot3=12$ 种方法将 16 200 写成两个有理整数的平方和. 读者可自行找出这些表示方法. ◀

小结

在本节中，我们利用高斯整数来研究了丢番图方程 $x^2+y^2=n$ 的解的情况，其中 n 为正整数. 高斯整数在研究其他类型的丢番图方程时也是非常有用的. 例如，我们可以用高斯整数来找出毕达哥拉斯三元组(习题 9)，也可以用高斯整数来求出丢番图方程 $x^2+y^2=z^3$ 的有理整数解(习题 10).

15.3 节习题

1. 确定下列有理整数写成两个有理整数平方和的方法数. 并将这些表示法写出.
   a) 5　　b) 20　　c) 120　　d) 1 000
2. 确定下列有理整数写成两个有理整数平方和的方法数. 并将这些表示法写出.
   a) 16　　b) 99　　c) 650　　d) 1 001 000
3. 说明如何在高斯整数范围内求解形如 $\alpha x+\beta y=\gamma$ 的线性丢番图方程，其中 α，β，γ 为高斯整数.
4. 求出下列线性丢番图方程的所有高斯整数解.
   a) $(3+2\mathrm{i})x+5y=7\mathrm{i}$　　b) $5x+(2-\mathrm{i})y=3$
5. 求出下列线性丢番图方程的所有高斯整数解.
   a) $(3+4\mathrm{i})x+(3-\mathrm{i})y=7\mathrm{i}$　　b) $(7+\mathrm{i})x+(7-\mathrm{i})y=1$
6. 求解线性丢番图方程 $\alpha x+\beta y+\delta z=\gamma$，其中 α，β，δ 及 γ 为高斯整数，解 (x,y,z) 为高斯整数三元组.
7. 证明定理 15.11 中的唯一性部分. 即若 p 是 $4k+1$ 型的素数，$p=a^2+b^2=c^2+d^2$，a，b，c，d 为整数，则有 $a^2=c^2$，$b^2=d^2$ 或者 $a^2=d^2$，$b^2=c^2$.

8. 在本题中，我们将用高斯整数来求出丢番图方程 $x^2+1=y^3$ 的有理整数解. 注意该丢番图方程是巴舍方程在 $k=1$ 时的情形.（在 14.2 节习题中有定义）
   a) 证明：若 x 和 y 为满足方程 $x^2+1=y^3$ 的整数，则 $x+\mathrm{i}$ 与 $x-\mathrm{i}$ 互素.
   b) 证明：存在有理整数 r，s 使得 $x=r^3-3rs^2$ 和 $3r^2s-s^3=1$.（提示：利用 a)和 15.2 节中的习题 12 来证明存在单位 ε 和高斯整数 δ，使得 $x+\mathrm{i}=(\varepsilon\delta)^3$.）
   c) 通过分析 b)中关于 r，s 的方程来求出 $x^2+1=y^3$ 的所有整数解.
9. 利用高斯整数来证 14.1 节的定理 14.1，该定理给出了本原毕达哥拉斯三元组，也就是方程 $x^2+y^2=z^2$ 的整数解，其中 x，y，z 两两互素.（提示：首先分解因式 $x^2+y^2=(x+\mathrm{i}y)(x-\mathrm{i}y)$，然后证明高斯整数 $x+\mathrm{i}y$ 与 $x-\mathrm{i}y$ 互素，再利用 15.1 节的习题 10.）

* 10. 利用高斯整数来求出丢番图方程 $x^2+y^2=z^3$ 的所有有理整数解.

* 11. 证明高斯整数的费马小定理：若高斯整数 α 与 π 互素，则 $\alpha^{N(\pi)-1}\equiv 1(\bmod \pi)$.（提示：假设 p 是唯一的有理素数使得 $\pi\mid p$，分别考虑 $p\equiv 1(\bmod 4)$，$p\equiv 2(\bmod 4)$，$p\equiv 3(\bmod 4)$三种情形.）

12. 设 γ 为高斯整数，我们定义 $\phi(\gamma)$为模 γ 的既约剩余系中元素的个数. 证明高斯整数的欧拉定理：若 γ 为高斯整数，α 为与 γ 互素的高斯整数，则
$$\alpha^{\phi(\gamma)}\equiv 1(\bmod \gamma).$$
13. 证明高斯整数的威尔逊定理：若 π 是高斯素数，$\{\alpha_1, \alpha_2, \cdots, \alpha_r\}$为模 π 的一个既约剩余系，则
$$\alpha_1\alpha_2\cdots\alpha_r\equiv -1(\bmod \pi).$$
14. 证明：对艾森斯坦整数(参看 15.2 节习题 44 中的定义)来说有
   a) 有理素数 2 是艾森斯坦素数.
   b) 形如 $3k+2$(k 为正整数)的有理素数是艾森斯坦素数.
   c) 形如 $3k+1$(k 为正整数)的有理素数可以分解成两个彼此不相伴的艾森斯坦素数的乘积.

计算和研究

1. 在第 14 章中我们提到卡塔兰猜想已被解决，即 2^3 和 3^2 是唯一相差 1 的有理整数幂. 关于高斯整数的一个公开问题是找出所有相差为一个单位的高斯整数幂. 证明$(11+11\mathrm{i})^2$ 和$(3\mathrm{i})^5$，$(1-\mathrm{i})^5$ 和$(1+2\mathrm{i})^2$，以及$(78+78\mathrm{i})^2$ 和$(23\mathrm{i})^3$ 都满足此条件. 能否找到其他的满足条件的数对？
2. 证明：$(3+13\mathrm{i})^3+(7+\mathrm{i})^3=(3+10\mathrm{i})^3+(1+10\mathrm{i})^3$，$(6+3\mathrm{i})^4+(2+6\mathrm{i})^4=(4+2\mathrm{i})^4+(2+\mathrm{i})^4$，$(2+3\mathrm{i})^5+(2-3\mathrm{i})^5=3^5+1$，$(1+6\mathrm{i})^5+(3-2\mathrm{i})^5=(6+\mathrm{i})^5+(-2+3\mathrm{i})^5$，$(9+6\mathrm{i})^5+(3-10\mathrm{i})^5=(6+\mathrm{i})^5+(6-5\mathrm{i})^5$ 和 $(15+14\mathrm{i})^5+(5-18\mathrm{i})^5=(18-7\mathrm{i})^5+(2+3\mathrm{i})^5$. 你能否找到方程 $x^n+y^n=w^n+z^n$ 的其他解，其中 x，y，z 和 w 是高斯整数且 n 为正整数.
3. 比尔猜想是说：若 a，b，c 均为不小于 3 的有理整数，则丢番图方程 $x^a+y^b=z^c$ 没有非平凡的有理整数解. 证明：当 x，y，z 可以取两两互素的高斯整数时，这个猜想不再成立. 15.1 节的习题 22 给出了反例. 你能否找到其他的反例？

程序设计

1. 找出把一个正整数 n 写成两个有理整数平方和的方法数.
2. 写出正整数 n 表为两个有理整数平方和的所有表示法.

附　录

附录 A　整数集公理

在本附录中，我们给出整数集 $\mathbb{Z}=\{\cdots, -1, 0, 1, 2, \cdots\}$ 的一系列重要性质，在这里将其作为公理来看待. 这些性质在证明数论结果时是很重要的，我们先从整数集上的加法和乘法开始研究. 与通常一样，a 与 b 的和用 $a+b$ 表示，乘积用 $a\cdot b$ 表示，为方便起见，用 ab 代替 $a\cdot b$.

- 封闭性：若 $a, b\in\mathbb{Z}$，则 $a+b\in\mathbb{Z}$，$ab\in\mathbb{Z}$.
- 交换律：对任意 $a, b\in\mathbb{Z}$，$a+b=b+a$，$ab=ba$.
- 结合律：对任意 $a, b, c\in\mathbb{Z}$，$(a+b)+c=a+(b+c)$，$(ab)c=a(bc)$.
- 分配律：对任意 $a, b, c\in\mathbb{Z}$，$(a+b)c=ac+bc$.
- 单位元：对任意 $a\in\mathbb{Z}$，$a+0=a$，$a\cdot 1=a$.
- 加法逆元：$\forall a\in\mathbb{Z}$，方程 $a+x=0$ 有整数解 x，我们称 x 为 a 的加法逆元，记作 $-a$. 另外，用 $b-a$ 表示 $b+(-a)$.
- 消去律：若 $a, b, c\in\mathbb{Z}$，满足 $ac=bc$ 且 $c\neq 0$，则 $a=b$.

我们可以利用以上这些公理和等式的基本性质来推导整数的其他性质，下面的例子就说明了这个问题. 我们将那些可以由这些公理简单推导出结论的证明过程省略.

例 A.1 我们说明如何证明 $0\cdot a=0$. 由于 0 是加法单位元，所以 $0+0=0$，两边同时乘以 a，可得 $(0+0)\cdot a=0\cdot a$，根据分配律，左边等于 $0\cdot a+0\cdot a$，因此 $0\cdot a+0\cdot a=0\cdot a$，两边同时减去 $0\cdot a$（同时加上 $0\cdot a$ 的加法逆元），可得 $0\cdot a=0$. 利用加法结合律和 0 是加法单位元，左边变为 $0\cdot a+(0\cdot a-0\cdot a)=0\cdot a+0=0\cdot a$. 右边变为 $0\cdot a-0\cdot a=0$. ◀

根据正整数集 $\{1, 2, 3, \cdots\}$，我们可以定义整数的次序.

定义　设 $a, b\in\mathbb{Z}$，若 $b-a$ 是正整数，则称 $a<b$，$a<b$ 有时候也记作 $b>a$.

注意 a 是正整数当且仅当 $a>0$.

下面是整数次序的基本性质.

- 正整数的封闭性：只要 a 和 b 是正整数，则 $a+b$ 和 $a\cdot b$ 一定也是正整数.
- 三分律：对任意整数 a，$a>0$，$a=0$ 和 $a<0$ 中有且仅有一条成立.

由于整数集具有在加法和乘法运算下封闭的正整数子集，且三分律成立，因此我们称整数集为有序集.

根据上面的公理，我们可以证明整数次序的基本性质. 本节中，对于一些简单的性质我们均直接利用而未加证明，请看下面的例子：

例 A.2 假设 $a, b, c\in\mathbb{Z}$，$a<b$，$c>0$，那么我们可以证明 $ac<bc$. 首先根据定义，由 $a<b$ 可知 $b-a>0$，根据正整数在乘法运算下的封闭性可知，$(b-a)c>0$，从而可得 $ac<bc$. ◀

完整的公理体系还需要下面这一条：

• 良序性：正整数集的任意非空子集中均含有最小元素.

我们说，正整数集是良序的，但另一方面，整数集并不具有良序性，读者可以自行验证，整数集的子集并不一定都具有最小元素．注意到 1.3 节的数学归纳法原理就是基于本附录的公理．有时候，人们用数学归纳法作为公理代替良序性质，此时，良序性质就成了数学归纳法的推论了.

习题

1. 根据整数集的公理，对任意整数 a，b 和 c，证明以下命题：
   a) $a\cdot(b+c)=a\cdot b+a\cdot c$
   b) $(a+b)^2=a^2+2ab+b^2$
   c) $a+(b+c)=(c+a)+b$
   d) $(b-a)+(c-b)+(a-c)=0$
2. 根据整数集的公理，对任意整数 a 和 b，证明以下命题：
   a) $(-1)a=-a$
   b) $-(a\cdot b)=a\cdot(-b)$
   c) $(-a)\cdot(-b)=ab$
   d) $-(a+b)=(-a)+(-b)$
3. -0 的值是多少？给出理由.
4. 根据整数集的公理证明，如果 $ab=0$，则 $a=0$ 或 $b=0$.
5. 证明整数 a 是正整数当且仅当 $a>0$.
6. 已知 a，b，$c\in\mathbb{Z}$，$a<b$，$c<0$，根据整数次序的定义和正整数的性质，证明以下命题：
   a) $a+c<b+c$
   b) $a^2\geqslant 0$
   c) $ac>bc$
   d) $c^3<0$
7. 证明：如果 a，b，$c\in\mathbb{Z}$ 且 $a>b$，$b>c$，则 $a>c$.

* 8. 证明没有比 1 小的正整数.

附录 B 二项式系数

两个单项式的和叫作二项式．二项式的幂在数论乃至整个数学中都有比较重要的应用，在本附录中，我们将定义二项式系数，证明二项式系数就是二项式的幂展开式中相应项的系数.

定义 如果非负整数 k 和 m 满足 $k\leqslant m$，则**二项式系数** $\binom{m}{k}$ 定义如下：

$$\binom{m}{k}=\frac{m!}{k!(m-k)!}$$

当 k 和 m 是正整数，且 $k>m$ 时，定义 $\binom{m}{k}=0$.

计算 $\binom{m}{k}$ 时，我们发现定义式中是可以约分的，因为

$$\begin{aligned}\binom{m}{k}&=\frac{m!}{k!(m-k)!}=\frac{1\cdot 2\cdot 3\cdots(m-k)(m-k+1)\cdots(m-1)m}{k!1\cdot 2\cdot 3\cdots(m-k)}\\&=\frac{(m-k+1)\cdots(m-1)m}{k!}\end{aligned}$$

例 B.1 计算 $\binom{7}{3}$：

$$\binom{7}{3}=\frac{7!}{3!4!}=\frac{1\cdot2\cdot3\cdot4\cdot5\cdot6\cdot7}{1\cdot2\cdot3\cdot1\cdot2\cdot3\cdot4}=\frac{5\cdot6\cdot7}{1\cdot2\cdot3}=35.$$

下面我们证明有关二项式系数的几个简单性质.

定理 B.1　令 k 和 n 是满足 $k\leqslant n$ 的非负整数，则

(i) $\binom{n}{0}=\binom{n}{n}=1$；

(ii) $\binom{n}{k}=\binom{n}{n-k}$.

证明　为证(i)是正确的，注意

$$\binom{n}{0}=\frac{n!}{0!n!}=\frac{n!}{n!}=1$$

且

$$\binom{n}{n}=\frac{n!}{n!0!}=\frac{n!}{n!}=1,$$

对(ii)有

$$\binom{n}{k}=\frac{n!}{k!(n-k)!}=\frac{n!}{(n-k)!(n-(n-k))!}=\binom{n}{n-k}.$$ ■

二项式系数的一个重要性质是下面的等式.

定理 B.2(帕斯卡(pascal)等式)　令 k 和 n 是满足 $k\leqslant n$ 的正整数，则

$$\binom{n}{k}+\binom{n}{k-1}=\binom{n+1}{k}.$$

证明　我们直接计算和式：

$$\binom{n}{k}+\binom{n}{k-1}=\frac{n!}{k!(n-k)!}+\frac{n!}{(k-1)!(n-k+1)!},$$

上式用公分母 $k!(n-k+1)!$ 通分后，得

$$\begin{aligned}\binom{n}{k}+\binom{n}{k-1}&=\frac{n!(n-k+1)}{k!(n-k+1)!}+\frac{n!k}{k!(n-k+1)!}\\&=\frac{n!((n-k+1)+k)}{k!(n-k+1)!}\\&=\frac{n!(n+1)}{k!(n-k+1)!}\\&=\frac{(n+1)!}{k!(n-k+1)!}\\&=\binom{n+1}{k}.\end{aligned}$$ ■

根据定理 B.2，我们可以画出帕斯卡三角形，这个三角形以法国数学家帕斯卡(Blaise Pascal)的名字命名，他在研究博弈的时候曾经用过二项式系数. 在帕斯卡三角形中，第

$(n+1)$行的第$(k+1)$个元素就是二项式系数$\binom{n}{k}$. 图 B.1 画出了帕斯卡三角形的前 9 行的所有元素. 其实帕斯卡三角形在帕斯卡研究之前就早已经被印度和一些伊斯兰国家的数学家研究过.

可以发现在帕斯卡三角形中，两边的元素均是 1. 为计算中间的元素，只需要将它上面对应位置的两侧元素求和即可. 根据定理 B.2 可知该做法的合理性.

二项式系数出现在和式方幂的展开式中，具体情况参看下面的二项式定理.

1
1 1
1 2 1
1 3 3 1
1 4 6 4 1
1 5 10 10 5 1
1 6 15 20 15 6 1
1 7 21 35 35 21 7 1
1 8 28 56 70 56 28 8 1

图 B.1　帕斯卡三角形

定理 B.3(二项式定理)　令 x 和 y 为变量，n 为正整数，则

$$(x+y)^n=\binom{n}{0}x^n+\binom{n}{1}x^{n-1}y+\binom{n}{2}x^{n-2}y^2+\cdots+\binom{n}{n-2}x^2y^{n-2}+\binom{n}{n-1}xy^{n-1}+\binom{n}{n}y^n.$$

布莱兹·帕斯卡(Blaise Pascal，1623—1662)很小就显示出他的数学天分，他的父亲曾在解析几何上有很多发现，为了鼓励他有其他爱好，他的父亲不让他接触数学方面的书. 16 岁的时候，他就得出了关于圆锥曲线的重要结论. 18 岁的时候，他设计制造了一个计算器，并且把它成功地销售出去. 不久，帕斯卡在流体静力学方面做出了重要的贡献. 帕斯卡和费马一起奠定了现代概率论的基础. 就是在他的概率论的著作中，帕斯卡有了新的发现，我们今天称为帕斯卡三角形，同时他还第一次清晰地阐述了数学归纳法原理. 1654 年，由于强烈的宗教体验的推动，帕斯卡放弃了对数学和科学的追求而投身于神学. 他再次重新开始数学研究是因为有天晚上，他牙疼失眠，为了转移注意力，他研究了一下关于旋轮线的数学性质. 他的牙疼竟然奇迹般地好了，于是他认为这是神赞成他进行数学研究的信号.

利用求和符号，可以写作

$$(x+y)^n=\sum_{j=0}^{n}\binom{n}{j}x^{n-j}y^j$$

证明　我们利用数学归纳法来证明该命题. 当 $n=1$ 时候，由二项式定理，公式变为

$$(x+y)^1=\binom{1}{0}x^1y^0+\binom{1}{1}x^0y^1.$$

但由于$\binom{1}{0}=\binom{1}{1}=1$，这表明$(x+y)^1=x+y$，显然成立.

现假设对于正整数 n 命题成立，即

$$(x+y)^n=\sum_{j=0}^{n}\binom{n}{j}x^{n-j}y^j.$$

我们证明对于正整数 $n+1$，命题也成立，根据归纳假设，有

$$(x+y)^{n+1}=(x+y)^n(x+y)$$

$$=\left[\sum_{j=0}^{n}\binom{n}{j}x^{n-j}y^{j}\right](x+y)$$
$$=\sum_{j=0}^{n}\binom{n}{j}x^{n-j+1}y^{j}+\sum_{j=0}^{n}\binom{n}{j}x^{n-j}y^{j+1}.$$

又

$$\sum_{j=0}^{n}\binom{n}{j}x^{n-j+1}y^{j}=x^{n+1}+\sum_{j=1}^{n}\binom{n}{j}x^{n-j+1}y^{j}$$
$$\sum_{j=0}^{n}\binom{n}{j}x^{n-j}y^{j+1}=\sum_{j=0}^{n-1}\binom{n}{j}x^{n-j}y^{j+1}+y^{n+1}=\sum_{j=1}^{n}\binom{n}{j-1}x^{n-j+1}y^{j}+y^{n+1},$$

因此，

$$(x+y)^{n+1}=x^{n+1}+\sum_{j=1}^{n}\left[\binom{n}{j}+\binom{n}{j-1}\right]x^{n-j+1}y^{j}+y^{n+1}.$$

根据帕斯卡等式，有

$$\binom{n}{j}+\binom{n}{j-1}=\binom{n+1}{j},$$

从而

$$(x+y)^{n+1}=x^{n+1}+\sum_{j=1}^{n}\binom{n+1}{j}x^{n-j+1}y^{j}+y^{n+1}$$
$$=\sum_{j=0}^{n+1}\binom{n+1}{j}x^{n+1-j}y^{j}.$$

命题得证. ■

二项式定理说明，$(x+y)^n$ 展开式的系数恰好就是帕斯卡三角形的第 $n+1$ 行中的数. 下面给出二项式定理的一个应用.

推论 B.3.1 令 n 为非负整数，则

$$2^n=(1+1)^n=\sum_{j=0}^{n}\binom{n}{j}1^{n-j}1^{j}=\sum_{j=0}^{n}\binom{n}{j}.$$

证明 令 $x=1$，$y=1$，代入二项式定理即可. ■

推论 B.3.1 说明，如果对帕斯卡三角形的第 $n+1$ 行元素求和，其值为 2^n，例如，对于第 5 行，我们有

$$\binom{4}{0}+\binom{4}{1}+\binom{4}{2}+\binom{4}{3}+\binom{4}{4}=1+4+6+4+1=16=2^4.$$

习题

1. 计算下列二项式系数的值.

a) $\binom{100}{0}$　b) $\binom{50}{1}$　c) $\binom{20}{3}$　d) $\binom{11}{5}$　e) $\binom{10}{7}$　f) $\binom{70}{70}$

2. 计算二项式系数 $\binom{9}{3}$，$\binom{9}{4}$ 和 $\binom{10}{4}$，并验证 $\binom{9}{3}+\binom{9}{4}=\binom{10}{4}$.

3. 利用二项式定理写出下列表达式展开的所有项.

a) $(a+b)^5$ b) $(x+y)^{10}$ c) $(m-n)^7$ d) $(2a+3b)^4$ e) $(3x-4y)^5$ f) $(5x+7)^8$

4. 在$(2x+3y)^{200}$的展开式中，$x^{99}y^{101}$的系数是多少？

5. 设n是正整数，利用二项式定理将$(1+(-1))^n$展开，并以此证明

$$\sum_{k=0}^{n}(-1)^k\binom{n}{k}=0.$$

6. 根据推论 B.3.1 和习题 5 计算：

$$\binom{n}{0}+\binom{n}{2}+\binom{n}{4}+\cdots$$

和

$$\binom{n}{1}+\binom{n}{3}+\binom{n}{5}+\cdots.$$

7. 证明：若整数n，r和k满足$0\leqslant k\leqslant r\leqslant n$，则

$$\binom{n}{r}\binom{r}{k}=\binom{n}{k}\binom{n-k}{r-k}.$$

*8. 若m为正整数，n为整数满足$0\leqslant n\leqslant m$，求$\binom{m}{n}$的最大值并证明之.

9. 整数r，n满足$1\leqslant r\leqslant n$，证明：

$$\binom{r}{r}+\binom{r+1}{r}+\cdots+\binom{n}{r}=\binom{n+1}{r+1}.$$

当x是实数，n是正整数时，二项式系数$\binom{x}{n}$可以结合$\binom{x}{1}=x$，由下式递归定义：

$$\binom{x}{n+1}=\frac{x-n}{n+1}\binom{x}{n}.$$

10. 根据递归定义证明，当x是正整数时，$\binom{x}{k}=\dfrac{x!}{k!\,(x-k)!}$，其中整数$k$满足$1\leqslant k\leqslant x$.

11. 根据递归定义证明，当x和n是正整数时，$\binom{x}{n}+\binom{x}{n+1}=\binom{x+1}{n+1}$.

12. 二项式系数$\binom{n}{k}$恰好就是从n个元素的集合中选出k个元素子集合的个数，其中n和k为整数且$0\leqslant k\leqslant n$.

13. 根据习题 12，给出二项式定理的另一个证明.

14. 令S为一个n个元素的集合，P_1和P_2是S中的元素可能具有的性质，$n(P_1)$，$n(P_2)$，$n(P_1, P_2)$分别表示具有性质P_1，P_2和同时具有P_1，P_2的元素的个数，试证明S中既不具有性质P_1也不具有性质P_2的元素共有$n-[n(P_1)+n(P_2)-n(P_1, P_2)]$个.

15. 令S为一个n个元素的集合，P_1，P_2和P_3是S中的元素可能具有的性质，试证明S中不具有性质P_1，P_2，P_3的元素个数为

$$n-[n(P_1)+n(P_2)+n(P_3)]+n(P_1, P_2)+n(P_1, P_3)+n(P_2, P_3)-n(P_1, P_2, P_3)],$$

其中$n(P_{i_1}, \cdots, P_{i_k})$表示同时具备性质$P_{i_1}$，…，$P_{i_k}$的元素的个数.

*16. 本题主要是想介绍容斥原理：令S为一个n个元素的集合，P_1，P_2，…，P_t是S中的元素可能具有的t个不同性质，证明S中不具备上面t个性质的元素个数为

$$n-[n(P_1)+n(P_2)+\cdots+n(P_t)]+[n(P_1, P_2)+n(P_1, P_3)+\cdots+n(P_{t-1}, P_t)]-$$
$$[n(P_1, P_2, P_3)+n(P_1, P_2, P_4)+\cdots+n(P_{t-2}, P_{t-1}, P_t)]+\cdots+(-1)^t n(P_1, P_2, \cdots, P_t)$$

其中$n(P_{i_1}, \cdots, P_{i_k})$表示同时具备性质$P_{i_1}$，…，$P_{i_k}$的元素的个数. 第一个方括号中表示所有具有一种性质的元素的个数，第二个方括号中表示所有同时具备两种性质的元素的个数，第三个方括

号中表示同时具有三种性质的元素的个数，以此类推.（提示：对于 S 中的每个元素，确定它在上面这个等式中出现的次数. 如果一个元素具有 k 个性质，证明它出现的次数为 $1-\binom{k}{1}+\binom{k}{2}-\cdots+(-1)^k\binom{k}{k}$，而根据习题 5，当 $k>0$ 时，此值为 0.）

*17. $(x_1+x_2+\cdots+x_m)^n$ 展开式的各项系数是多少？这些系数我们称为**多项式系数**.

18. 将 $(x+y+z)^7$ 的各项系数写出来.

19. 在 $(2x-3y+5z)^{12}$ 的展开式中 $x^3y^4z^5$ 的系数是多少？

计算和研究

1. 设 k 为正整数，若二项式系数 $\binom{n}{k}$ 不超过 1 000 000，则整数 n 最小取多少？

程序设计

1. 计算二项式系数.
2. 任给一个正整数 n，输出帕斯卡三角形的前 n 行.
3. 任给一个正整数 n，根据二项式定理将 $(x+y)^n$ 展开.

附录 C　Maple、Mathematica 和 SageMath 在数论中的应用

研究数论中的问题通常需要用大整数进行计算. 幸运的是，目前有许多工具可以用于此类计算. 本附录介绍三种最流行的工具 Maple、Mathematica 和 SageMath 如何用于数论中的计算. Maple 和 Mathematica 都是商业软件，但是 SageMath 是一款开源软件，可以免费使用. 我们将集中讨论这三个系统中的现有命令. 所有这些都支持广泛的编程环境，可用于创建有用的学习数论的程序. 我们不会在这里描述这些编程环境. 但是，如果其中一个系统没有特定的数论函数命令，为这个命令编写程序并不困难.

C.1　Maple 在数论中的应用

Maple 系统广泛应用于数值和符号计算，还可以用于开发其他功能. 我们将简要描述 Maple 对数论的一些现有支持. 关于 Maple 的更多信息，请访问 Maple 网站 http://www.maplesoft.com.

有一本很有用的参考书讲述如何使用 Maple 研究数论以及离散数学的其他专题，书名是 *Exploring Discrete Mathematics with Maple*（[Ro97]）（更新版在[Ro18]的第 8 版的网站上有提供）. 这本书解释如何使用 Maple 查找最大公约数和最小公倍数、应用中国余数定理、因子分解、运行素性检验、计算 b 进制展开式、使用经典密码和 RSA 密码系统进行加密和解密，以及执行其他数论计算.

此外，Maple 关于数论和密码学方面的相关知识可参考圣-帕特里克学院的 John Cosgrave 为一门课程所撰写的课程表，详情可以参阅网 https://www.johnbcosgrave.com/archive/Maple.htm.（可以通过点击“Third Year”进入.）

Maple 中的数论命令

下面，我们将与本书相关的 Maple 命令按章加以简介. 这些命令对于检查本书中的计

算结果、计算或检查一些习题以及每节末尾的计算和研究都很有用. 此外，每节末尾列出的许多研究和程序设计可以用 Maple 来实现. 至于如何编写 Maple 程序，请参阅相应的 Maple 参考资料，如 Maplesoft 网站上的入门和高级编程指南.

在 Maple 中，用于数论计算的命令可以在 NumberTheory 软件包(在 2016 年取代并补充了旧的 numtheory 包). 数论的一些有用命令包含在 Maple 命令的标准集中，还有一些可以在其他包中找到，例如组合命令的 combstruct 包(替换和补充了旧的 combinat 组合包).

使用这些命令最简单的方法是首先加载 NumberTheory 包，这样使用包中的命令就不需要以长命令形式附带包名称. 要加载 NumberTheory 软件包，请使用命令

```
restart
with(NumberTheory):
```

若要在尚未加载 NumberTheory 包时使用命令，必须在命令名称之前包括 NumberTheory:- . 在我们的命令列表中，我们将假设 NumberTheory 包已经被加载.

有关 Maple NumberTheory 软件包的更多信息，请访问

https://www.maplesoft.com/support/help/maple/view.aspx?path=NumberTheory.

请注意，只要已加载此程序包，其他包(如 combstruct 包)中的命令可以调用，即可以在不用重复加载程序包的情况下使用. 因此，我们将以短形式显示命令. 对于那些不在 NumberTheory 包中的命令，我们将指出在哪里可以找到它们. Maple 内核中的命令始终可以在不指定包的情况下使用；当我们使用这些命令时，不指定任何包.

第 1 章

factorial(n)给出了 n 的阶乘值.

doublefactorial(n)给出 $n!!$ 的值，即 n 的二重阶乘值.

fibonacci(n)给出第 n 个斐波那契数. (命令 fibonacci 位于 combstruct 包中.)

iquo(int_1, int_2)计算int_1 除以int_2 的商.

irem(int_1, int_2)计算int_1 除以int_2 的余数.

floor($expr$)计算小于或等于实数 $expr$ 的最大整数.

Divisors(n)计算整数 n 的正因子.

关于 Michael Monagan 提出的 $3x+1$ 猜想计算的 Maple 工作表可在 Maplesoft 应用中心获取，网址为 https://www.maplesoft.com/Applications/Detail.aspx?id=3644. 此工作表基于 Gaston Gonnet 所写文本和之前在 Maple V Release 5 共享库上已有的内容.

第 2 章

convert(int, base, $posint$)将十进制记数法中的整数 int 转换为进制为 $posint$ 的数.

convert(int, binary)将十进制表示法中的整数 int 转换为二进制表示.

convert(int, hex)将十进制表示法中的整数 int 转换为十六进制数.

convert(bin, decimal, binary)将二进制表示法中的整数 bin 转换为十进制数.

convert(oct, decimal, octal)将八进制表示法中的整数 oct 转换为十进制数.

convert(hex, decimal, hex)将十六进制表示法中的整数 hex 转换为十进制数.

第 3 章

igcd(int_1，…，int_n)计算整数 int_1，…，int_n 的最大公约数.

igcdex(int_1，int_2)使用扩展的欧几里得算法计算整数 int_1 和 int_2 的最大公因子，同时将该因子表为 int_1 和 int_2 的线性组合.

ilcm(int_1，…，int_n)计算整数 int_1，…，int_n 的最小公倍数.

第 4 章

isprime(n)测试 n 是否为素数.

ithprime(n)计算第 n 个素数，其中 n 是正整数.

prevprime(n)计算小于整数 n 的最大素数.

nextprime(n)计算大于整数 n 的最小素数.

IthFermat(n)给出第 n 个费马数.

issqr(n)确定 n 是否为一个平方数.

ifactor(n)将整数 n 分解为素数幂的乘积.

PrimeFactors(n)计算整数 n 的素因子.

第 5 章

运算符 mod 可以在 Maple 中使用；例如，17 mod 4 是让 Maple 取 17 模 4 的最小剩余.

msolve(eqn，m)求方程 eqn 的模 m 的整数解.

chrem([n_1，…，n_r]，[m_1，…，m_r])计算唯一正整数 int，使得 int mod $m_i=n_i$，$i=1$，…，r.

第 7 章

phi(n)计算在 n 处的欧拉中函数的值.

第 8 章

InverseTotient(m)给出一组整数 n，其中 $\phi(m)=n$.

sigma(n)给出整数 n 的正因子之和.

tau(n)给出整数 n 的正因子数目.

bigmomega(n)给出了 $\Omega(n)$的值，即 n 的素因子个数.

IthMersenne(n)给出第 n 个最小的梅森素数.

mersenne(n)确定第 n 个梅森数 $M_n=2^n-1$ 是否为素数.

mobius(n)计算 Möbius 函数在整数 n 处的值.

partition(n)列出正整数 n 的所有拆分.（partition 在 combstruct 包中.）

partition(n，m)列出正整数 n 的所有拆分，且所有部分不超过 m.（partition 在 combstruct 包中.）

第 10 章

MultiplicativeOrder(m，n)给出 m 模 n 的阶.

PrimitiveRoot(n)在原根存在的情况下给出 n 的最小原根.

PrimitiveRoot(n，ith=i)给出 n 的第 i 个最小原根.

ModularLog(n_1，n_2，n_3)计算模 n_3 意义下 n_1 以 n_2 底的指数或离散对数.（函数 index

(n_1, n_2, n_3)与该函数相同.)

`CarmichaelLambda`(n)计算 $\lambda(n)$，即 n 的最小通用指数.

第 11 章

`generator`＝`rand`($a..b$)生成一个函数，该函数生成一个介于 a 和 b 之间的整数，`generator()`给出一个 a 和 b 之间的整数.

第 12 章

`QuadraticResidue`(a, n)给出值 1，如果 a 是模 n 的二次剩余，给出－1，如果 a 是 n 的二次非剩余.

`KroneckerSymbol`(a, n)计算 a 和 n 的克罗内克符号.

`JacobiSymbol`(a, m)计算 a 和 m 的雅可比符号，其中 m 是素数.

`LegendreSymbol`(a, m)计算 a 和 m 的勒让德符号(在 Maple 中为 `JacobiSymbol`(a, m)的别名).

`ModularSquareRoot`(x, n)给出一个整数 y，$y^2 = x \bmod n$，即 x 的模 n 平方根，如果存在的话.

第 13 章

`RepeatingDecimal`(x)给出有理数 x 的十进制循环小数形式.

`ContinuedFraction`(r)计算 r 的连分数表示，其中 r 是实数.

`ContinuedFraction`(*term*, *value*)将循环连分数转换为二次无理数.

第 14 章

`SumOfSquares`(n)给出两个正整数平方和为 n 的所有可能组合.

Judith Koeller 的工作表“Elliptic Curve Arithmetic over the Real Numbers”可在 Maplesoft 应用程序中心找到. 另一张工作表，Roman Pearce 的“The Elliptic Curve Factoring Method”，给出了模素数椭圆曲线上进行算术运算以及 Lenstra 椭圆曲线因子分解的命令. 第三个工作表，Pauline Hong 的“Elliptic Curve Cryptography”实现了椭圆曲线密码上的一些命令. 这三个工作表都使用旧的 Maple 命令.

第 15 章

Maple 支持一个特殊的包 `GaussInt`，用于处理高斯整数. 为使用该包中的命令，首先运行命令

```
restart
with(GaussInt):
```

我们给出这个包中命令的短形式，假设该包已加载. 运行此命令后，可以用通常的运算符进行高斯整数的加法、减法、乘法和幂运算. Maple 要求输入高斯整数 $a+ib$ 为 a＋b＊I.(也就是说，必须在 b 和字母 I 之间用＊运算符，Maple 用字母 I 来表示虚根单位 i.)

`GInearest`(c)返回最接近复数 c 的高斯整数，在距离一样的情况下，选择最小范数的高斯整数.

`GIquo`(m, n)求 m 除以 n 的高斯整数商.

`GIrem`(m, n)求 m 除以 n 的高斯整数余数.

GInorm(m)给出复数 m 的范数.

GIprime(m)当 m 是高斯素数时返回 true，否则返回 false.

GIfactor(m)将 m 分解为单位和高斯素数乘积的形式.

GIfactors(m)根据高斯整数 m 的因子分解给出其中的一个单位、高斯素因子及它们的倍数.

GIsieve(m)，其中 m 是正整数，列出所有的高斯素数 $a+ib$，$0\leqslant a\leqslant b$，范数不超过 m^2.

GIdivisor(m)给出高斯整数 m 在第一象限中的因子集.

GInodiv(m)计算 m 所有非伴随因子个数.

GIgcd(m_1，m_2，…，m_r)给出高斯整数 m_1，m_2，…，m_r 在第一象限中的最大公因子.

GIgcdex(a，b，s，t)计算高斯整数 a 和 b 在第一象限中的最大公因子，并找到整数 s 和 t，使得 $as+bt$ 等于该最大公因子.

GIchrem([a_0，a_1，…，a_r]，[u_0，u_1，…，u_r])计算唯一的高斯整数 m 使得对于 $i=1$，2，…，r，m 模 u_i 同余于 a_i.

GIlcm(a_1，…，a_r)在第一象限中(正实部和非负虚部)找到高斯整数 a_1，…，a_r 的最小(范数意义下)公倍数.

GIphi(n)给出模 n 的既约剩余系中高斯整数的个数，其中 n 是高斯整数.

GIquadres(a，b)如果高斯整数 a 是高斯整数 b 的二次剩余，则返回 1，否则返回 −1.

附录

binomial(n，r)计算二项式系数 C_n^r.

C.2　Mathematica 在数论中的应用

Mathematica 系统同样广泛用于数值和符号计算，也可以用于开发其他功能. 我们将描述现有的 Mathematica 对于本书中数论计算的支持. 有关 Mathematica 的更多信息，请参看 http://www.mathematica.com.

Mathematica 支持许多数论命令作为其基础系统的一部分. 过去几年，在 Mathematica 软件包中出现了许多数论命令，其中软件包是在特定领域实现功能的程序集. 但是现在，Mathematica 系统已将这些包中的大多数命令合并到 Mathematica 中. (Mathematica 早期版本的软件包仍然可用，包括 ContinuedFractions 和 NumberTheoryFunctions，以及更多较旧的 Mathematica 软件包可以从 https://library.wolfram.com 找到. 查阅 *Mathematica Book*[Wo03]，了解如何加载和使用它们.)

要使用包中的命令，必须告诉 Mathematica 从这个包中运行命令，可以通过加载包来实现. 例如，要加载过时的软件包 NumberTheoryFunctions，你需要使用以下命令：

```
In[1]:= <<NumberTheory'NumberTheoryFunctions'
```

Martha Abell 和 James Braselton 的 *Mathematica by Example*, *5th ed*. ([AbBr21])是 Mathematica 12.2 的很好参考资料. 书中开发的 Mathematica 程序代码可以从出版商提供的网址下载.

使用 Mathematica 进行数论计算的另一个资源是 Stan Wagon 的 *Mathematica in Ac-*

tion([Wa99]). 这本书包含关于如何使用 Mathematica 来研究大素数、运行扩展的欧几里得算法、求解线性丢番图方程、使用中国剩余定理、处理连分数以及生成素数证书的讨论.

另一本使用 Mathematica 研究数论以及其他离散数学内容的有用的参考书是 *Exploring Discrete Mathematics with Mathematica*([Ro11])(在[Ro18]的第 8 版的网站上提供了更新版本). 这本书解释了如何使用 Mathematica 来寻找最大公因子和最小公倍数、应用中国剩余定理、因子分解、运行素性检测、计算 b 进制展开式、使用经典密码和 RSA 密码系统进行加密和解密，以及执行其他的一些数论计算.

Mathematica 中的数论命令

与本书所涵盖的内容相关的 Mathematica 命令按照其所在的章展示. 这些命令对检验书中的计算、处理或检查某些习题，以及每节末尾的计算和研究十分有用. 此外，可以利用 Mathematica 为每节末许多研究和程序设计编写命令.

查阅 Mathematica 的参考资料，如 Stephen Wolfram 的 *An Elementary Introduction to the Wolfram Language*, *2nd ed.*，可在 https://www.wolfram.com/language/elementary-introduction/2nd-ed/找到. (要用早期版本的 Mathematica 编写程序，请参阅 *Mathematica Book*([Wo03]).)

第 1 章

`IntegerPart`[x]给出实数 x 的整数部分.

`FractionalPart`[x]给出实数 x 的小数部分.

`Floor`[x]给出不超过 x 的最大整数.

`Ceiling`[x]给出大于或等于 x 的最小整数.

`OddQ`[n]的值为 `True`，如果 n 是奇数，否则为 `False`.

`EvenQ`[n]的值为 `True`，如果 n 是偶数，否则为 `False`.

`Factorial`[n]对正整数 n 给出 $n!$ 的值.

`Fibonacci`[n]给出第 n 个斐波那契数 f_n.

`Divisible`[n, m]的值为 `True`，如果 n 可被 m 整除，否则为 `False`.

`Quotient`[m, n]给出 n 除以 m 的整数商.

`Mod`[m, n]给出 n 除以 m 的余数.

`QuotientRemainder`[n, m]给出 n 除以 m 的商和余数.

Collatz($3x+1$)问题相关命令已经由 Ilan Vardi 添加在 Mathematica 中，可以通过访问 Wolfram Library Archive 中相应的 Mathematica 包获取，网址为 https://library.wolfram.com/infocenter/ID/153/.

第 2 章

`BaseForm`[n, b]给出 n 的 b 进制表示.

`IntegerDigits`[n, b]给出 n 的 b 进制表示的数字序列.

第 3 章

`GCD`[n_1, n_2, …, n_k]给出整数 n_1, n_2, …, n_k 的最大公因子.

ExtendedGCD[n，m]给出 $d=\gcd(n, m)$和 Bézout 系数 s 和 t，使得 $d=sn+tm$．三元组(d，s，t)称为整数 n 和 m 的最大公因子扩展组．

ExtendedGCD[n_1，n_2，…，n_k]给出 $d=\gcd(n_1, n_2, \cdots, n_k)$和 Bézout 系数 s_1，s_2，…，s_k，使得 $d=s_1n_1+s_2n_2+\cdots+s_kn_k$．

LCM[n_1，n_2，…，n_k]给出整数 n_1，n_2，…，n_k 的最小公倍数．

第 4 章

PrimeQ[n]如果 n 是素数，则给出 True；如果 n 不是素数，则给出 False．

CompositeQ[n]如果 n 为合数给出 True，否则为 False．

Prime[n]给出第 n 个素数．

PrimePi[x]给出小于或等于 x 的素数的个数．

Zeta[s]给出复数 s 处黎曼 ζ 函数的值．

NextPrime[n]给出大于 n 的最小素数．

FactorInteger[n]列出 n 的素因子分解中的素因子和相应的幂次．

Divisors[n]列出 n 的因子集．

IntegerExponent[n，b]给出 n 所含 b 的最高幂．

SquareFreeQ[n]如果 n 包含平方因子，则显示 True，否则显示 False．

(以下函数是 NumberTheory 软件包的一部分．使用命令 ln[1]= <<NumberTheory′启用该包．

FactorIntegerECM[n]使用 Lenstra 椭圆曲线因子分解法给出 n 的一个因子．

第 5 章

Mod[k，n]给出 k 模 n 的最小非负剩余．

Mod[k，n，1]给出 k 模 n 的最小正剩余．

Mod[k，n，$-n/2$]给出 k 模 n 的绝对值最小剩余．

PowerMod[a，b，n]给出 $a^b \bmod n$ 的值．取 $b=-1$ 得出 a 模 n 的逆，如果它存在的话．

ModularInverse[a，n]给出 a 模 n 的逆．

ChineseRemainder[$list_1$，$list_2$]给出最小的非负整数 r，使得 Mod[r，$list_2$]等于 $list_1$．(例如，ChineseRemainder[{r_1，r_2}，{m_1，m_2}]给出同余方程组 $x\equiv r_1 \bmod m_1$ 和 $x\equiv r_2 \bmod m_2$ 的解．)

第 6 章

Hash[s]为 s 提供一个整数哈希码．

第 7 章

EulerPhi[n]给出欧拉 ϕ 函数在 n 处的值．

CarmichaelLambda[n]给出 $\lambda(n)$的值，即 Carmichael 函数在正整数 n 处的值．

第 8 章

DirichletConvole[f，g，n，m]给出两个算术函数 $f(n)$和 $g(n)$的卷积．

Length[Divisors[n]]给出 $\tau(n)$的值，即正整数 n 的因子个数．

DivisorSigma[k，n]给出 n 的所有因子 k 次幂之和的值．取 $k=1$ 得到 $\sigma(n)$，即 n 的因

子和. 取 $k=0$ 得到 $\tau(n)$，即 n 的因子个数.

DivisorSum[n，#&]给出 $\sigma(n)$，即正整数 n 的因子之和.

PerfectNumber[n]给出第 n 个完全数.

PerfectNumberQ[n]给出 True，如果 n 是一个完全数，否则为 False.

MersennePrimeExponent[n]给出第 n 个梅森素数的次数.

MersennePrimeExponentQ[n]在 $M_n=2^n-1$ 是素数的情况下给出 True，而在其他情况下给出 False.

MoebiusMu[n]给出了 $\mu(n)$的值.

PartitionsP[n]给出 $p(n)$，即正整数 n 的拆分数.

IntegerPartitions[n]列出整数 n 的所有拆分.

IntegerPartitions[n，k]列出将 n 划分为最多 k 个整数和的拆分.

第 9 章

2015 年之后的 Mathematica 版本为私钥及公钥密码系统提供了内置函数，也支持 RSA 公钥密码系统与椭圆曲线密码系统. 支持的操作包括加密和解密、密钥生成和数字签名. 想了解这些命令是如何工作的，请转到 https://reference. wolfram. com/language/guide/Cryptography. html.

Mathematica 中提供了进行密码分析的命令. 例如，可以使用 CharacterCounts["string"]命令. 在字符串上运行此命令时，输出将是一个字符列表，以及每个字符出现在该字符串中的次数. 还可以计算每个 n 元组字符串出现的次数，使用命令 CharacterCounts["*string*"，n]即可.

有关密码学各个方面的演示可在 Wolfram 示范中心 https://reference. wolfram. com/language/中查看.

RSA 公钥密码系统已由 Stephan Kaufmann 在 Mathematica 中实现. 可以在 http://library. wolfram. com/infocenter/MathSource/1966/获得 Mathematica 软件包、如何使用它的说明，以及 Mathematica 笔记.（此软件包使用 Mathematica 的 2000 年版本.）

第 10 章

MultiplicativeOrder[k，n]给出了 k 模 n 的阶.

PrimitiveRoot[n]在 n 有原根时给出 n 的原根，没有时则无赋值.（此命令是 PrimalityProvouring 包的一部分，可以使用 In[1]:= <<<PrimalityProving'加载.）

PrimeQCertificate[n]生成一个证书，验证 n 是素数或合数.

CarmichaelLambda[n]给出了最小通用指数 $\lambda(n)$.

第 11 章

RandomInteger[a]给出一个介于 0 和 a 之间的随机整数.

RandomInteger[a，b]给出一个介于 a 和 b 之间的随机整数.

第 12 章

JacobiSymbol[n，m]给出雅可比符号 $\left(\frac{n}{m}\right)$的值.

第 13 章

RealDigits[x]给出了 x 的十进制形式的各位数字列表.

RealDigits[x，b]给出 x 的b 进制展开式中的数字列表.

FromDigits[{{a_0，…，{a_m，…,}}，e}]给出对应于循环十进制展开式的有理数，有预循环和循环部分，且前 e 位作为一个整体.

FromDigits[{{a_0，…，{a_m，…}}，e}b]给出对应于循环 b 进制展开式的有理数，有预循环和循环部分，且前 e 位作为一个整体.

ContinuedFraction[x，n]给出 x 的连分数展开式的前 n 项.

ContinuedFraction[x]给出二次无理数的完全连分数展开式.

FromContinuedFraction[*list*]从其连分数展开式中查找一个数字.

FromContinuedFraction[{a_0，a_1，…}]用部分商 a_0，a_1，…表示连分数.

FromContinuedFraction[{a_0，a_1，…，{p_0，p_1，…}}]用部分商 a_0，a_1，…及附加商 p_0，p_1，…表示连分数.

Convergents[*rat*]给出一个有理数或二次无理数的连分数表示的所有收敛子.

Convergents[x，n]给出数 x 的前 n 项收敛子.

Convergents[*cf*]给出了从 ContinuedFraction 或 ContinuedFractionForm 转换而来的特定连分数 *cf* 的收敛子 QuadraticIrrationalQ[*expr*]检验 *expr* 是否为二次无理数.

第 14 章

two_squares(n)给出一种将 n 表示为两个平方和的方法，如果存在的话.

John McGee 编写的适用于椭圆曲线的 Mathematica 软件包可从 Wolfram 档案库中找到. 对于实数上的椭圆曲线和模 p 的椭圆曲线，其中 p 是素数，该软件包提供了在曲线上生成随机点、执行曲线上两个点的加法运算、计算点的倍乘的程序. 该软件包也可以用于显示实数上的椭圆曲线图. 对于模 p 椭圆曲线，该软件包可以计算曲线上点的阶以及曲线上的点数，也可以运行一些加密应用程序.

第 15 章

Im[z]给出复数 z 的虚部.

Re[z]给出复数 z 的实部.

Abs[z]给出 z 的绝对值.

Conjugate[z]给出复数 z 的共轭.

Divisors[z，GaussianIntegers- > True]列出高斯整数 z 所有的高斯整数因子.

DivisorSigma[k，z，GaussianIntegers- > True]给出高斯整数 z 的所有高斯整数因子 k 次方的和.

FactorInteger[z，GaussianIntegers- > True]列出高斯整数 z 分解中所有具正实部和非负实部的高斯整数素因子、相应的幂次以及单位.

PrimeQ[n，GaussianIntegers- > True]如果 n 是高斯素数，则返回 True 的值，否则返回 False.

GCD[z_1, z_2, …, z_k]给出整数 z_1, z_2, …, z_k 的最大公因子.

LCM[z_1, z_2, …, z_k]给出整数 z_1, z_2, …, z_k 的最小公倍数.

SquareR[d, n]给出了将整数 n 表示为 d 个平方和的方法的数量.

附录

Binomial[n, m]给出二项式系数$\binom{n}{m}$的值.

C.3 SageMath 在数论中的应用

SageMath 是一个开源软件系统，2005 年在 GNU 通用公共许可下首次发布．这是一个免费的计算机代数系统，包含了许多开源软件包，并提供统一接口.

在 SageMath 中，输入一个表达式，在命令行界面中按回车键或在笔记本界面中按 Shift+Return 键后，SageMath 执行你的表达式并给出答案．SageMath 能识别嵌入 Python 语言中的数学对象．每一个量——一个实数、一个多项式、一个矩阵等——都属于一个父对象，而父对象告诉 SageMath 如何对量执行运算.

刚引入 Sage 时，它是“System of Algebra and Geometric Experimentation”的缩写，但这个较长的名称被摈弃了，因为 Sage 的范围扩展到代数和几何之外．SageMath 包含一个数学软件集合以及捆绑这些组件功能的核心库．它提供了一个表达数学计算的框架和一个数学算法库．SageMath 是由数学家 William Stein 提出的．他现在专注于 SageMath 和相关项目的开发．他希望 SageMath 提供一个自由开放的计算环境与 Mathematica、Maple、MATLAB 和 Magma 等其他系统竞争．SageMath 支持计算的数学领域包括基础代数、微积分、数论、密码学、抽象代数、组合数学、图论和线性代数.

用户界面是网页浏览器的笔记本或命令行．使用笔记本，SageMath 连接到本地 SageMath 安装或网上的 SageMath 服务器.

可以从 sagemath.org 下载 SageMath 并在你的机器上运行．SageMath 可在 Linux、macOS 和 Windows 上运行．你也可以在浏览器中在线使用它．想要执行此操作，请访问 sagemath.org 并单击“CoCalc Instant SageWorksheet”或者“SageMathCell”的链接．完成此操作后，单击“Run CoCalc Now”按钮.

你也可以使用 Sage Cell Server 运行 SageMath 命令．连接到该服务器上，在浏览器中输入 https://sagecell.sagemath.org/．弹出一个大的空窗口．你可以在此窗口中输入 Sage 命令，然后单击大的“EVALUATE”按钮.

想要了解 SageMath，SageMath 网站上的 Sage 教程是一个很好的开始．另一个有用的资源是 G. V. Bard 的 *Sage for Undergraduates*([Ba15])，该书帮助学生开始使用 SageMath.

第 1 章

fibonacci(n)给出第 n 个斐波那契数 f_n.

floor(x)给出不超过数 x 的最大整数.

n//m 是整数 n 除以 m 时的商.

n%m 是 n 除以 m 时的余数.

n.divides(m)如果 n 能整除 m，则返回值 True，否则返回值 False.

n.divisors()给出 n 的因子列表.

第2章

ZZ ([a_0, a_1, …, a_{n-1}, a_n], base=b)给出$(a_na_{n-1}\cdots a_1a_0)_b$ 的十进制展式式.

n.str(base=b)给出 n 的 b 进制展开式.

注意，在 SageMath 中，进制不超过 36 的数字使用字母 a 到 z 表示数字 10 到 36，其中字母的大小写无关紧要.

第3章

gcd(a, b)给出 a 和 b 的最大公因子.

xgcd(a, b)给出一个三元组，该三元组的第一个数是 a 和 b 的最大公因子，第二个和第三个数是 r 和 s，即 Bézout 系数，使得 gcd(a, b)$=ra+sb$.（注意 xgcd 是扩展欧几里得算法的缩写.）

lcm(a, b)给出两个整数 a 和 b 的最小公倍数.

第4章

isprime(n)告诉你 n 是否为素. 如果 n 是素数，则返回值 True.

nth_prime(m)给出第 m 个素数.

primes_first_n(k)给出 k 个最小的素数，其中 k 是正整数.

prime_pi(n)给出不超过 n 的素数的个数.

next_prime(a)给出大于整数 a 的最小素数.

previous_prime(a)给出不超过整数 a 的最大素数.

prime_range(n, m)列出 $n\leqslant p\leqslant m$ 的素数 p.

factor(a)给出整数 a 的唯一因子分解，以素数的递增顺序列出素数幂.

Prime_divisors(a)给出了整数 a 的所有素因子.

zeta(s)给出在 s 处的黎曼 ζ 函数的值.

第5章

mod(k, m)给出整数 k 除以正整数 m 时的余数.

power_mod(a, m, n)给出 $a^m \pmod n$.

inverse_mod(m, n)给出 n 模 m 的逆.

CRT(a, b, m, n)给出一个非负整数 $x<mn$，使得 $x\equiv a \pmod m$ 和 $x\equiv b \pmod n$.

CRT_list([a_1, a_2, …, a_n], [b_1, b_2, …, b_n])给出一个非负整数 x，使得 $x\equiv a_i \pmod{b_i}$，$i=1, 2, \cdots, n$.

第7章

factorial(n)当 n 是正整数时给出 $n!$.

第8章

euler_phi(n)给出正整数 n 处的欧拉 ϕ 函数的值.

number_of_divisors(n)给出正整数 n 的因子个数.

sigma(n, k)给出正整数 n 的因子 k 次幂的和.

sigma(n)给出正整数 n 的正因子之和.

moebius(n)给出 Möbius 函数在正整数 n 处的值.

Partitions(n). cardinatity()给出正整数 n 的拆分数.

number_of_Partitions(n)给出正整数 n 的拆分数.

Partitions(n). list ()给出正整数 n 的所有拆分.

Partitions(n, length=m). list()列出正整数 n 的所有表示为 m 个正整数和的拆分.

Partitions(n, min_length=m). list()列出正整数 n 的所有表示为至少 m 个正整数和的拆分.

Partitions(n, max_part=m). list()列出正整数 n 的所有表示为不大于 m 的正整数和的拆分.

Partitions(n, min_part=m). list()列出正整数 n 的所有表示为不小于 m 的正整数和的拆分.

第 9 章

Sage Refrerenc Manual: *Cryptograhy* 的当前版本可参考 https://doc.sagemath.org/html/en/reference/cryptography/index.html，该网址提供了用于实现各种密码系统的 Python 模块的完整集合，包括经典密码系统、公钥密码系统和流媒体密码系统.

大量的 Sage 密码学程序可以在 https://wiki.sagemath.org/interact/cryptography 找到，特别地，有支持移位密码、仿射密码、替换密码、Vigenère 密码、一次性密码本、Hill 密码和 RSA 密码系统以及字母频率计数器的 Sage 码.

移位密码的命令

将密码系统设置为移位密码系统：

S=ShiftCryptosystem(AlphabeticStrings()); S

将明文 P 指定为字符串 m: P=S. encoding(“m”)

将密钥设置为 k: $K=k$

生成对应于明文 P 的密文 C:

C=S. enciphering(K, P); C

恢复 C 对应的明文: S. deciphering(K, C)

仿射密码的命令

将密码系统设置为仿射密码系统：

A=AffineCryptosystem(AlphabeticStrings()); A

将明文 P 指定为字符串 m: P=A. encoding(“m”)

将密码设置为(a, b): a, b=(a, b)

生成对应于明文 P 的密文 C:

C=A. enciphering(a, b, P); C

恢复 C 对应的明文：A. `deciphering(`a，b，C`)`对应的明文.

查阅 Minh Van Nguyen 的文章"Number Theory and the RSA Public Key Cryptosystem"，学习如何使用 SageMath 实现 RSA 密码系统.（你可以在 SageMath 网站上找到这篇文章.）

第 10 章

`primitive_root(`n`)`给出正整数 n 的原根(如果有).

第 11 章

ElGamal 密码系统的 SageMath 代码可以在 http://w3.countnumber.de/fischer/SageIntro.html 上查阅.

第 12 章

`legendre_symbol(`a，p`)`计算勒让德符号$\left(\frac{a}{p}\right)$的值.

`quadratic_residues(`p`)`列出素数 p 的二次剩余.

`Kronecker_symbol(`a，n`)`计算克罗内克符号$\left(\frac{a}{p}\right)$.

第 13 章

`continued_fract(`x`)`给出了正实数 x 的简单连分数展开.

`continued_fractn_list(`x，`nterms=`k`)`给出正实数 x 的连分数展开的前 k 项部分和.

`continued_fract([`a_1，a_2，a_3，…，a_n`])`创建连分数$[a_1; a_2, a_3, \cdots, a_n]$.

`c.convergents()`产生连分数 c 的收敛子.

`c.value()`给出连分数 c 的值.

第 14 章

E=`EllipticCurve(`a，b`)`定义 E 为有理数域上的椭圆曲线 $y^2=x^3+ax+b$.

E=`EllipticCurve(GF(`p`)，[`a，b`])`将 E 定义为模 p 椭圆曲线 $y^2=x^3+ax+b$.

$E(0)$是曲线 E 上的无穷远处点.

$P=E([x, y])$将 P 定义为椭圆曲线 E 上的点(x, y).

P.`additive_order()`给出了点 $P\in E$ 的加法阶.

E=`EllipticCurve(GF(`p`)，[`a，b`])`；E.`cardinality()`给出模 p 椭圆曲线 $y^2=x^3+ax+b$ 上的点数.

F=`Zmod(`n`)`；`EllipticCurve(`F，$[a, b]$`)`定义伪椭圆曲线 $y^2=x^3+ax+b \bmod n$，其中 n 是一个正合数.

$P+Q$ 是点 $P\in E$ 和 $Q\in E$ 的和.

nP 是点 $P\in E$ 的 n 倍.

$E(a, b)+E(c, d)$是点$(a, b)\in E$ 和$(c, d)\in E$ 的和.

第 15 章

`ZZ[I]`是高斯整数的集合.

附录

`Binomial[`n，m`]`给出二项式系数$\binom{n}{m}$的值.

附录 D 有关数论的网站

这里我们给出一些主要的关于数论的网址并加以简介，这些网址是搜寻网上数论知识的很好的起点. 在本书出版的时候，这些网址可以按照给出的链接登录. 但由于网络瞬息万变，这些网址可能会有变动，或者被关掉，或者内容有改变. 著者和出版商都不能保证这些网站上的内容. 如果你无法登录这些网站，可以尝试搜索它们是否有新的链接. 你可以在 http://www.awlonline.com/rosen 上找到关于本书网上参考资源的一个比较全面的向导. 该向导也可以帮你找到一些有关数论和密码学的不易搜得的网站.

整数序列在线百科全书®(OEIS®)(http://oeis.org)

如果你有一列数，你可以用 OEIS 识别以这些数为子序列的序列. 事实证明，它对研究整数序列的数学家和研究人员、学生和教师，以及业余数学家和解谜者都非常有用. OEIS 是一个在线数据库，提供大量有趣的整数序列信息. 截至 2022 年 7 月，该数据库中包含了超过 355 313 个序列. 每个条目包含序列的前几项、与序列相关的关键字、参考资料和其他特征. 你甚至可以用 OEIS 生成图形或播放该序列的音乐表现形式. 数据库可通过使用关键字或通过提供子序列来搜索. 该数据库是由 Neil Sloane 创建的，多年来也是由他维护的. 它作为一本书出版了两个版本，但最终由于它的篇幅变得过于庞大，无法以印刷形式出版. 20 世纪 90 年代中期，Sloane 创建了该数据库的网站. 后来，他创建了 OEIS 基金会来维护数据库以确保其持续运营.

斐波那契数和黄金分割(https://r-knott.surrey.ac.uk/Fibonacci/fib.html)

该网站搜集了大量的有关斐波那契数的内容，包括它的历史、在自然界中的背景、和斐波那契数相关的谜题以及它的数学性质，其余的内容主要和黄金分割有关. 该网站提供了许多到其他网址的链接，是一个研究斐波那契数的好起点.

素数(https://primes.utm.edu)

这是一个关于素数的最好网站. 从中你可以找到名词表、入门读物、研究文献、关于素数的常见问题、最新的纪录、猜想、大量的素数及其因子分解式，也有很多到其他网站的链接. 其中有些链接地址提供了很有用的软件. 这是一个研究素数的好网站.

网上素数大搜索(http://www.mersenne.org)

从这个网站你可以找到关于梅森素数的最新发现，也可以从该站点下载软件来搜寻梅森素数以及其他具有特殊形式的素数. 该网站上也有关于找素数和素数分解的其他网址的链接. 要想参与共同搜寻创纪录的新素数不要错过这个网站.

MacTutor 数学历史档案馆(https://mathshistory.st-andrews.ac.uk/)

这是一个关于数学家传记的主要网站，囊括了从古至今的数百位数学家的传记. 你也能从中找到一些有关重要数学主题历史的文章，包括素数、费马大定理等.

数学中的常见问题(https://cs.uwaterloo.ca/～alopez-o/math-faq/)

这是一个来自 USENET 新闻组 sci.math 的常见数学问题的汇编，其中有几个和数论问题相关的部分，包括素数、费马大定理以及一些数学历史和琐事的大杂烩.

数论网(http://www.numbertheory.org)

该网站提供了大量的与数论内容相关的链接. 你可以在这些链接网址上找到诸如数论

计算的软件、课程笔记、文章、在线论文、历史传记、会议信息、招聘等一切网上和数论相关的其他事物.

NOVA 在线——证明(http://www.pbs.org/wgbh/nova/proof)

该网址提供了关于费马大定理证明的一个电视节目的一些材料，包括节目讲稿和对安德鲁·怀尔斯的访谈以及一些其他的关于费马大定理的网站的链接. 许多读者会发现关于索菲·热尔曼的专题文章"Math's Hidden Woman"特别有趣.

Numberphile(https://www.youtube.com/numberphile)

Numberphile 是一个 YouTube 频道，提供大量关于各种数学主题的视频，包括数论的许多主题. 该频道经常更新数论中的新发现，并提供优质的播客节目.

附录 E　表

表 E.1 给出了小于 10 000 且不被 5 整除的奇数的最小素因子，最左边给出了这个数的前几位，每列的最上面数字给出的是这个数的末位. 如果这个数是素数，则用小横线表示. 该表格的采用得到了 U. Dudley, *Elementary Number Theory*, Second Edition, Copyright © 1969 and 1978 by W. H. Freeman and Company 的许可，保留所有权利.

表 E.2 给出了一些算术函数的值.

表 E.3 给出了模 p 的最小原根 r，p 为素数且小于 1 000.

表 E.4 得到了 J. V. Uspensky and M. A. Heaslet, *Elementary Number Theory*, McGraw-Hill Book Company 1939 的版权许可.

表 E.5 给出了正整数平方根的简单连分数.

表 E.1　最小素因子表

	1	3	7	9		1	3	7	9		1	3	7	9		1	3	7	9
0	—	—	—	3	18	—	3	11	3	36	19	3	—	3	54	—	3	—	3
1	—	—	—	—	19	—	—	—	—	37	7	—	13	—	55	19	7	—	13
2	3	—	3	—	20	3	7	3	11	38	7	—	3	—	56	3	—	3	—
3	—	3	—	3	21	—	3	7	3	39	17	3	—	3	57	—	3	—	3
4	—	—	—	7	22	13	—	—	—	40	—	13	11	—	58	7	11	—	19
5	3	—	3	—	23	3	—	3	—	41	3	7	3	—	59	3	—	3	—
6	—	3	—	3	24	—	3	13	3	42	—	3	7	3	60	—	3	—	3
7	—	—	7	—	25	—	11	—	7	43	—	—	19	—	61	13	—	—	—
8	3	—	3	—	26	3	—	3	—	44	3	—	3	—	62	3	7	3	17
9	7	3	—	3	27	—	3	—	3	45	11	3	—	3	63	—	3	7	3
10	—	—	—	—	28	—	—	7	17	46	—	—	—	7	64	—	—	—	11
11	3	—	3	7	29	3	—	3	13	47	3	11	3	—	65	3	—	3	—
12	11	3	—	3	30	7	3	—	3	48	13	3	—	3	66	—	3	23	3
13	—	7	—	—	31	—	—	—	11	49	—	17	7	—	67	11	—	—	7
14	3	11	3	—	32	3	17	3	7	50	3	—	3	—	68	3	—	3	13
15	—	3	—	3	33	—	3	—	3	51	7	3	11	3	69	—	3	17	3
16	7	—	—	13	34	11	7	—	—	52	—	—	17	23	70	—	19	7	—
17	3	—	3	—	35	3	—	3	—	53	3	13	3	7	71	3	23	3	—

（续）

	1	3	7	9		1	3	7	9		1	3	7	9		1	3	7	9
72	7	3	—	3	112	19	—	7	—	152	3	—	3	11	192	17	3	41	3
73	17	—	11	—	113	3	11	3	17	153	—	3	29	3	193	—	—	13	7
74	3	—	3	7	114	7	3	31	3	154	23	—	7	—	194	3	29	3	—
75	—	3	—	3	115	—	—	13	19	155	3	—	3	—	195	—	3	19	3
76	—	7	13	—	116	3	—	3	7	156	7	3	—	3	196	37	13	7	11
77	3	—	3	19	117	—	3	11	3	157	—	11	19	—	197	3	—	3	—
78	11	3	—	3	118	—	7	—	29	158	3	—	3	7	198	7	3	—	3
79	7	13	—	17	119	3	—	3	11	159	37	3	—	3	199	11	—	—	—
80	3	11	3	—	120	—	3	17	3	160	—	7	—	—	200	3	—	3	7
81	—	3	19	3	121	7	—	—	23	161	3	—	3	—	201	—	3	—	3
82	—	—	—	—	122	3	—	3	—	162	—	3	—	3	202	43	7	—	—
83	3	7	3	—	123	—	3	—	3	163	7	23	—	11	203	3	19	3	—
84	29	3	7	3	124	17	11	29	—	164	3	31	3	17	204	13	3	23	3
85	23	—	—	—	125	3	7	3	—	165	13	3	—	3	205	7	—	11	29
86	3	—	3	11	126	13	3	7	3	166	11	—	—	—	206	3	—	3	—
87	13	3	—	3	127	31	19	—	—	167	3	7	3	23	207	19	3	31	3
88	—	—	—	7	128	3	—	3	—	168	41	3	7	3	208	—	—	—	—
89	3	19	3	29	129	—	3	—	3	169	19	—	—	—	209	3	7	3	—
90	17	3	—	3	130	—	—	—	7	170	3	13	3	—	210	11	3	7	3
91	—	11	7	—	131	3	13	3	—	171	29	3	17	3	211	—	—	29	13
92	3	13	3	—	132	—	3	—	3	172	—	—	11	7	212	3	11	3	—
93	7	3	—	3	133	11	31	7	13	173	3	—	3	37	213	—	3	—	3
94	—	23	—	13	134	3	17	3	19	174	—	3	—	3	214	—	—	19	7
95	3	8	3	7	135	7	3	23	3	175	17	—	7	—	215	3	—	3	17
96	31	3	—	3	136	—	29	—	37	176	3	41	3	29	216	—	3	11	3
97	—	7	—	11	137	3	—	3	7	177	7	3	—	3	217	13	41	7	—
98	3	—	3	23	138	—	3	19	3	178	13	—	—	—	218	3	37	3	11
99	—	3	—	3	139	13	7	11	—	179	3	11	3	7	219	7	3	13	3
100	7	17	19	—	140	3	23	3	—	180	—	3	13	3	220	31	—	—	47
101	3	—	3	—	141	17	3	13	3	181	—	7	23	17	221	3	—	3	7
102	—	3	13	3	142	7	—	—	—	182	3	—	3	31	222	—	3	17	3
103	—	—	17	—	143	3	—	3	—	183	—	3	11	3	223	23	7	—	—
104	3	7	3	—	144	11	3	—	3	184	7	19	—	43	224	3	—	3	13
105	—	3	7	3	145	—	—	31	—	185	3	17	3	11	225	—	3	37	3
106	—	—	11	—	146	3	7	3	13	186	—	3	—	3	226	7	31	—	—
107	3	29	3	13	147	—	3	7	3	187	—	—	—	—	227	3	—	3	43
108	23	3	—	3	148	—	—	—	—	188	3	7	3	—	228	—	3	—	3
109	—	—	—	7	149	3	—	3	—	189	31	3	7	3	229	29	—	—	11
110	3	—	3	—	150	19	3	11	3	190	—	11	—	23	230	3	7	3	—
111	11	3	—	3	151	—	17	37	7	191	3	—	3	19	231	—	3	7	3

（续）

	1	3	7	9		1	3	7	9		1	3	7	9		1	3	7	9
232	11	23	13	17	272	3	7	3	—	312	—	3	53	3	352	7	13	—	—
233	3	—	3	—	273	—	3	7	3	313	31	13	—	43	353	3	—	3	—
234	—	3	—	3	274	—	13	41	—	314	3	7	3	47	354	—	3	—	3
235	—	13	—	7	275	3	—	3	31	315	23	3	7	3	355	53	11	—	—
236	3	17	3	23	276	11	3	—	3	316	29	—	—	—	356	3	7	3	43
237	—	3	—	3	277	17	47	—	7	317	3	19	3	11	357	—	3	7	3
238	—	—	7	—	278	3	11	3	—	318	—	3	—	3	358	—	—	17	37
239	3	—	3	—	279	—	3	—	3	319	—	31	23	7	359	3	—	3	59
240	7	3	29	3	280	—	—	7	53	320	3	—	3	—	360	13	3	—	3
241	—	19	—	41	281	3	29	3	—	321	13	3	—	3	361	23	—	—	7
242	3	—	3	7	282	7	3	11	3	322	—	11	7	—	362	3	—	3	19
243	11	3	—	3	283	19	—	—	17	323	3	53	3	41	363	—	3	—	3
244	—	7	—	31	284	3	—	3	7	324	7	3	17	3	364	11	—	7	41
245	3	11	3	—	285	—	3	—	3	325	—	—	—	—	365	3	13	3	—
246	23	3	—	3	286	—	7	47	19	326	3	13	3	7	366	7	3	19	3
247	7	—	—	37	287	3	13	3	—	327	—	3	29	3	367	—	—	—	13
248	3	13	3	19	288	43	3	—	3	328	17	7	19	11	368	3	29	3	7
249	47	3	11	3	289	7	11	—	13	329	3	37	3	—	369	—	3	—	3
250	41	—	23	13	290	3	—	3	—	330	—	3	—	3	370	—	7	11	—
251	3	7	3	11	291	41	3	—	3	331	7	—	31	—	371	3	47	3	—
252	—	3	7	3	292	23	37	—	29	332	3	—	3	—	372	61	3	—	3
253	—	17	43	—	293	3	7	3	—	333	—	3	47	3	373	7	—	37	—
254	3	—	3	—	294	17	3	7	3	334	13	—	—	17	374	3	19	3	23
255	—	3	—	3	295	13	—	—	11	335	3	7	3	—	375	11	3	13	3
256	13	11	17	7	296	3	—	3	—	336	—	3	7	3	376	—	53	—	—
257	3	31	3	—	297	—	3	13	3	337	—	—	11	31	377	3	7	3	—
258	29	3	13	3	298	11	19	29	7	338	3	17	3	—	378	19	3	7	3
259	—	—	7	23	299	3	41	3	—	339	—	3	43	3	379	17	—	—	29
260	3	19	3	—	300	—	3	31	3	340	19	41	—	7	380	3	—	3	31
261	7	3	—	3	301	—	23	7	—	341	3	—	3	13	381	37	3	11	3
262	—	43	37	11	302	3	—	3	13	342	11	3	23	3	382	—	—	43	7
263	3	—	3	7	303	7	3	—	3	343	47	—	7	19	383	3	—	3	11
264	19	3	—	3	304	—	17	11	—	344	3	11	3	—	384	23	3	—	3
265	11	7	—	—	305	3	43	3	7	345	7	3	—	3	385	—	—	7	17
266	3	—	3	17	306	—	3	—	3	346	—	—	—	—	386	3	—	3	53
267	—	3	—	3	307	37	7	17	—	347	3	23	3	7	387	7	3	—	3
268	7	—	—	—	308	3	—	3	—	348	59	3	11	3	388	—	11	13	—
269	3	—	3	—	309	11	3	19	3	349	—	7	13	—	389	3	17	3	7
270	37	3	—	3	310	7	29	13	—	350	3	31	3	11	390	47	3	—	3
271	—	—	11	—	311	3	11	3	—	351	—	3	—	3	391	—	7	—	—

(续)

	1	3	7	9
392	3	—	3	—
393	—	3	31	3
394	7	—	—	11
395	3	59	37	3
396	17	3	—	3
397	11	29	41	23
398	3	7	3	—
399	13	3	7	3
400	—	—	—	19
401	3	—	3	—
402	—	3	—	3
403	29	37	11	7
404	3	13	3	—
405	—	3	—	3
406	31	17	7	13
407	3	—	3	—
408	7	3	61	3
409	—	—	17	—
410	3	11	3	7
411	—	3	23	3
412	13	7	—	—
413	3	—	3	—
414	41	3	11	3
415	7	—	—	—
416	3	23	3	11
417	43	3	—	3
418	37	47	53	59
419	3	7	3	13
420	—	3	7	3
421	—	11	—	—
422	3	41	3	—
423	—	3	19	3
424	—	—	31	7
425	3	—	3	—
426	—	3	17	3
427	—	—	7	11
428	3	—	3	—
429	7	3	—	3
430	11	13	59	31
431	3	19	3	7
432	29	3	—	3
433	61	7	—	—
434	3	43	3	—
435	19	3	—	3
436	7	—	11	17
437	3	—	3	29
438	13	3	41	3
439	—	23	—	53
440	3	7	3	—
441	11	3	7	3
442	—	—	19	43
443	3	11	3	23
444	—	3	—	3
445	—	61	—	7
446	3	—	3	41
447	17	3	11	3
448	—	—	7	67
449	3	—	3	11
450	7	3	—	3
451	13	—	—	—
452	3	—	3	7
453	23	3	13	3
454	19	7	—	—
455	3	29	3	47
456	—	3	—	3
457	7	17	23	19
458	3	—	3	13
459	—	3	—	3
460	43	—	17	11
461	3	7	3	31
462	—	3	7	3
463	11	41	—	—
464	3	—	3	—
465	—	3	—	3
466	59	—	13	7
467	3	—	3	—
468	31	3	43	3
469	—	13	7	37
470	3	—	3	17
471	7	3	53	3
472	—	—	29	—
473	3	—	3	7
474	11	3	47	3
475	—	7	67	—
476	3	11	3	19
477	13	3	17	3
478	7	—	—	—
479	3	—	3	—
480	—	3	11	3
481	17	—	—	61
482	3	7	3	11
483	—	3	7	3
484	47	29	37	13
485	3	23	3	43
486	—	3	31	3
487	—	11	—	7
488	3	19	3	—
489	67	3	59	3
490	13	—	7	—
491	3	17	3	—
492	7	3	13	3
493	—	—	—	11
494	3	—	3	7
495	—	3	—	3
496	11	7	—	—
497	3	—	3	13
498	17	3	—	3
499	7	—	19	—
500	3	—	3	—
501	—	3	29	3
502	—	—	11	47
503	3	7	3	—
504	71	3	7	3
505	—	31	13	—
506	3	61	3	37
507	11	3	—	3
508	—	13	—	7
509	3	11	3	—
510	—	3	—	3
511	19	—	7	—
512	3	47	3	23
513	7	3	11	3
514	53	37	—	19
515	3	—	3	7
516	13	3	—	3
517	—	7	31	—
518	3	71	3	—
519	29	3	—	3
520	7	11	41	—
521	3	13	3	17
522	23	3	—	3
523	—	—	—	13
524	3	7	3	29
525	59	3	7	3
526	—	19	23	11
527	3	—	3	—
528	—	3	17	3
529	11	67	—	7
530	3	—	3	—
531	47	3	13	3
532	17	—	7	73
533	3	—	3	19
534	7	3	—	3
535	—	53	11	23
536	3	31	3	7
537	41	3	19	3
538	—	7	—	17
539	3	—	3	—
540	11	3	—	3
541	7	—	—	—
542	3	11	3	61
543	—	3	—	3
544	—	—	13	—
545	3	7	3	53
546	43	3	7	3
547	—	13	—	—
548	3	—	3	11
549	17	3	23	3
550	—	—	—	7
551	3	37	3	—

（续）

	1	3	7	9
552	—	3	—	3
553	—	11	7	29
554	3	23	3	31
555	7	3	—	3
556	67	—	19	—
557	3	—	3	7
558	—	3	37	3
559	—	7	29	11
560	3	13	3	71
561	31	3	41	3
562	7	—	17	13
563	3	43	3	—
564	—	3	—	3
565	—	—	—	—
566	3	7	3	—
567	53	3	7	3
568	13	—	11	—
569	3	—	3	41
570	—	3	13	3
571	—	29	—	7
572	3	59	3	17
573	11	3	—	3
574	—	—	7	—
575	3	11	3	13
576	7	3	73	3
577	29	23	53	—
578	3	—	3	7
579	—	3	11	3
580	—	7	—	37
581	3	—	3	11
582	—	3	—	3
583	7	19	13	—
584	3	—	3	—
585	—	3	—	3
586	—	11	—	—
587	3	7	3	—
588	—	3	7	3
589	43	71	—	17
590	3	—	3	19
591	23	3	61	3
592	31	—	—	7
593	3	17	3	—
594	13	3	19	3
595	11	—	7	59
596	3	67	3	47
597	7	3	43	3
598	—	31	—	53
599	3	13	3	7
600	17	3	—	3
601	—	7	11	13
602	3	19	3	—
603	37	3	—	3
604	7	—	—	23
605	3	—	3	73
606	11	3	—	3
607	13	—	59	—
608	3	7	3	—
609	—	3	7	3
610	—	17	31	41
611	3	—	311	29
612	—	3	11	3
613	—	—	17	7
614	3	—	3	11
615	—	3	47	3
616	61	—	7	31
617	3	—	3	37
618	7	3	23	3
619	41	11	—	—
620	3	—	3	7
621	—	3	—	3
622	—	7	13	—
623	3	23	3	17
624	79	3	—	3
625	7	13	—	11
626	3	—	3	—
627	—	3	—	3
628	11	61	—	19
629	3	7	3	—
630	—	3	7	3
631	—	59	—	71
632	3	—	3	—
633	13	3	—	3
634	17	—	11	7
635	3	—	3	—
636	—	3	—	3
637	23	—	7	—
638	3	13	3	—
639	7	3	—	3
640	37	19	43	13
641	3	11	3	7
642	—	3	—	3
643	59	7	41	47
644	3	19	3	—
645	—	3	11	3
646	7	23	29	—
647	3	—	3	11
648	—	3	13	3
649	—	43	73	67
650	3	7	3	23
651	17	3	7	3
652	—	11	61	—
653	3	47	3	13
654	31	3	—	3
655	—	—	79	7
656	3	—	3	—
657	—	3	—	3
658	—	29	7	11
659	3	19	3	—
660	7	3	—	3
661	11	17	13	—
662	3	37	3	7
663	19	3	—	3
664	29	7	17	61
665	3	—	3	—
666	—	3	59	3
667	7	—	11	—
668	3	41	3	—
669	—	3	37	3
670	—	—	19	—
671	3	7	3	—
672	11	3	7	3
673	53	—	—	23
674	3	11	3	17
675	43	3	29	3
676	—	—	67	7
677	3	13	3	—
678	—	3	11	3
679	—	—	7	13
680	3	—	3	11
681	7	3	17	3
682	19	—	—	—
683	3	—	3	7
684	—	3	41	3
685	13	7	—	19
686	3	—	3	—
687	—	3	13	3
688	7	—	71	83
689	3	61	3	—
690	67	3	—	3
691	—	31	—	11
692	3	7	3	13
693	29	3	7	3
694	11	53	—	—
695	3	17	3	—
696	—	3	—	3
697	—	19	—	7
698	3	—	3	29
699	—	3	—	3
700	—	47	7	43
701	3	—	3	—
702	7	3	—	3
703	79	13	31	—
704	3	—	3	7
705	11	3	—	3
706	23	7	37	—
707	3	11	3	—
708	73	3	19	3
709	7	41	47	31
710	3	—	3	—
711	13	3	11	3

（续）

	1	3	7	9		1	3	7	9		1	3	7	9		1	3	7	9
712	—	17	—	—	752	3	—	3	—	792	89	3	—	3	832	53	7	11	—
713	3	7	3	11	753	17	3	—	3	793	7	—	—	17	833	3	13	3	31
714	37	3	7	3	754	—	19	—	—	794	3	13	3	—	834	19	3	17	3
715	—	23	17	—	755	3	7	3	—	795	—	3	73	3	835	7	—	61	13
716	3	13	3	67	756	—	3	7	3	796	19	—	31	13	836	3	—	3	—
717	71	3	—	3	757	67	—	—	11	797	3	7	3	79	837	11	3	—	3
718	43	11	—	7	758	3	—	3	—	798	23	3	7	3	838	17	83	—	—
719	3	—	3	23	759	—	3	71	3	799	61	—	11	19	839	3	7	3	37
720	19	3	—	3	760	11	—	—	7	800	3	53	3	—	840	31	3	7	3
721	—	—	7	—	761	3	23	3	19	801	—	3	—	3	841	13	47	19	—
722	3	31	3	—	762	—	3	29	3	802	13	71	23	7	842	3	—	3	—
723	7	3	—	3	763	13	17	7	—	803	3	29	3	—	843	—	3	11	3
724	13	—	—	11	764	3	—	3	—	804	11	3	13	3	844	23	—	—	7
725	3	—	3	7	765	7	3	13	3	805	83	—	7	—	845	3	79	3	11
726	53	3	13	3	766	47	79	11	—	806	3	11	3	—	846	—	3	—	3
727	11	7	19	29	767	3	—	3	7	807	7	3	41	3	847	43	37	7	61
728	3	—	3	37	768	—	3	—	3	808	—	59	—	—	848	3	17	3	13
729	23	3	—	3	769	—	7	43	—	809	3	—	3	7	849	7	3	29	3
730	7	67	—	—	770	3	—	3	13	810	—	3	11	3	850	—	11	47	67
731	3	71	3	13	771	11	3	—	3	811	—	7	—	23	851	3	—	3	7
732	—	3	17	3	772	7	—	—	59	812	3	—	3	11	852	—	3	—	3
733	—	—	11	41	773	3	11	3	71	813	47	3	79	3	853	19	7	—	—
734	3	7	3	—	774	—	3	61	3	814	7	17	—	29	854	3	—	3	83
735	—	3	7	3	775	23	—	—	—	815	3	31	3	41	855	17	3	43	3
736	17	37	53	—	776	3	7	3	17	816	—	3	—	3	856	7	—	13	11
737	3	73	3	47	777	19	3	7	3	817	—	11	13	—	857	3	—	3	23
738	11	3	83	3	778	31	43	13	—	818	3	7	3	19	858	—	3	31	3
739	19	—	13	7	779	3	—	3	11	819	—	3	7	3	859	11	13	—	—
740	3	11	3	31	780	29	3	37	3	820	59	13	29	—	860	3	7	3	—
741	—	3	—	3	781	73	13	—	7	821	3	43	3	—	861	79	3	7	3
742	41	13	7	17	782	3	—	3	—	822	—	3	19	3	862	37	—	—	—
743	3	—	3	43	783	41	3	17	3	823	—	—	—	7	863	3	89	3	53
744	7	3	11	3	784	—	11	7	47	824	3	—	3	73	864	—	3	—	3
745	—	29	—	—	785	3	—	3	29	825	37	3	23	3	865	41	17	11	7
746	3	17	3	7	786	7	3	—	3	826	11	—	7	—	866	3	—	3	—
747	31	3	—	3	787	17	—	—	—	827	3	—	3	17	867	13	3	—	3
748	—	7	—	—	788	3	—	3	7	828	7	3	—	3	868	—	19	7	—
749	3	59	3	—	789	13	3	53	3	829	—	—	—	43	869	3	—	3	—
750	13	3	—	3	790	—	7	—	11	830	3	19	3	7	870	7	3	—	3
751	7	11	—	73	791	3	41	3	—	831	—	3	—	3	871	31	—	23	—

（续）

	1	3	7	9
872	3	11	3	7
873	—	3	—	3
874	—	7	—	13
875	3	—	3	193
876	—	3	11	3
877	7	31	67	—
878	3	—	3	11
879	59	3	19	3
880	13	—	—	23
881	3	7	3	—
882	—	3	7	3
883	—	11	—	—
884	3	37	3	—
885	53	3	17	3
886	—	—	—	7
887	3	19	3	13
888	83	3	—	3
889	17	—	7	11
890	3	29	3	59
891	7	3	37	3
892	11	—	79	—
893	3	—	3	7
894	—	3	23	3
895	—	7	13	17
896	3	—	3	—
897	—	3	47	3
898	7	13	11	89
899	3	17	3	—
900	—	3	—	3
901	—	—	71	29
902	3	7	3	—
903	11	3	7	3
904	—	—	83	—
905	3	11	3	—
906	13	3	—	3
907	47	43	29	7
908	3	31	3	61
909	—	3	11	3
910	19	—	7	—
911	3	31	3	11
912	7	3	—	3
913	23	—	—	13
914	3	41	3	7
915	—	3	—	3
916	—	7	89	53
917	3	—	3	67
918	—	3	—	3
919	7	29	17	—
920	3	—	3	—
921	61	3	13	3
922	—	23	—	11
923	3	7	3	—
924	—	3	7	3
925	11	19	—	47
926	3	59	3	13
927	73	3	—	3
928	—	—	37	7
929	3	—	3	17
930	71	3	41	3
931	—	67	7	—
932	3	—	3	19
933	7	3	—	3
934	—	—	13	—
935	3	47	3	7
936	11	3	14	3
937	—	7	—	83
938	3	11	3	41
939	—	3	—	3
940	7	—	23	97
941	3	—	3	—
942	—	3	11	3
943	—	—	—	—
944	3	7	3	11
945	13	3	7	3
946	—	—	—	17
947	3	—	3	—
948	19	3	53	3
949	—	11	—	7
950	3	13	3	37
951	—	3	31	3
952	—	89	7	13
953	3	—	3	—
954	7	3	—	3
955	—	41	19	11
956	3	73	3	7
957	17	3	61	3
958	11	7	—	43
959	3	53	3	29
960	—	3	13	3
961	7	—	59	—
962	3	—	3	—
963	—	3	23	3
964	31	—	11	—
965	3	7	3	13
966	—	3	7	3
967	19	17	—	—
968	3	23	3	—
969	11	3	—	3
970	89	31	18	7
971	3	11	3	—
972	—	3	71	3
973	37	—	7	—
974	3	—	3	—
975	7	3	11	3
976	43	13	—	—
977	3	29	3	7
978	—	3	—	3
979	—	7	97	41
980	3	—	3	17
981	—	3	—	3
982	7	11	31	—
983	3	—	3	—
984	13	3	43	3
985	—	59	—	—
986	3	7	3	71
987	—	3	7	3
988	41	—	—	11
989	3	13	3	19
990	—	3	—	3
991	11	23	47	7
992	3	—	3	—
993	—	3	19	3
994	—	61	7	—
995	3	37	3	23
996	7	3	—	3
997	13	—	11	17
998	3	67	3	7
999	97	3	13	3

表 E.2　一些算术函数的值

n	$\phi(n)$	$\tau(n)$	$\sigma(n)$	n	$\phi(n)$	$\tau(n)$	$\sigma(n)$
1	1	1	1	6	2	4	12
2	1	2	3	7	6	2	8
3	2	2	4	8	4	4	15
4	2	3	7	9	6	3	13
5	4	2	6	10	4	4	18

（续）

n	$\phi(n)$	$\tau(n)$	$\sigma(n)$	n	$\phi(n)$	$\tau(n)$	$\sigma(n)$
11	10	2	12	56	24	8	120
12	4	6	28	57	36	4	80
13	12	2	14	58	28	4	90
14	6	4	24	59	58	2	60
15	8	4	24	60	16	12	168
16	8	5	31	61	60	2	62
17	16	2	18	62	30	4	96
18	6	6	39	63	36	6	104
19	18	2	20	64	32	7	127
20	8	6	42	65	48	4	84
21	12	4	32	66	20	8	144
22	10	4	36	67	66	2	68
23	22	2	24	68	32	6	126
24	8	8	60	69	44	4	96
25	20	3	31	70	24	8	144
26	12	4	42	71	70	2	72
27	18	4	40	72	24	12	195
28	12	6	56	73	72	2	74
29	28	2	30	74	36	4	114
30	8	8	72	75	40	6	124
31	30	2	32	76	36	6	140
32	16	6	63	77	60	4	96
33	20	4	48	78	24	8	168
34	16	4	54	79	78	2	80
35	24	4	48	80	32	10	186
36	12	9	91	81	54	5	121
37	36	2	38	82	40	4	126
38	18	4	60	83	82	2	84
39	24	4	56	84	24	12	224
40	16	8	90	85	64	4	108
41	40	2	42	86	42	4	132
42	12	8	96	87	56	4	120
43	42	2	44	88	40	8	180
44	20	6	84	89	88	2	90
45	24	6	78	90	24	12	234
46	22	6	72	91	72	4	112
47	46	2	48	92	44	6	168
48	16	10	124	93	60	4	128
49	42	3	57	94	46	4	144
50	20	6	93	95	72	4	120
51	32	4	72	96	32	12	252
52	24	6	98	97	96	2	98
53	52	2	54	98	42	6	171
54	18	8	120	99	60	6	156
55	40	4	72	100	40	9	217

表 E.3　模素数的最小原根

p	r	p	r	p	r	p	r
2	1	191	19	439	15	709	2
3	2	193	5	443	2	719	11
5	2	197	2	449	3	727	5
7	3	199	3	457	13	733	6
11	2	211	2	461	2	739	3
13	2	223	3	463	3	743	5
17	3	227	2	467	2	751	3
19	2	229	6	479	13	757	2
23	5	233	3	487	3	761	6
29	2	239	7	491	2	769	11
31	3	241	7	499	7	773	2
37	2	251	6	503	5	787	2
41	6	257	3	509	2	797	2
43	3	263	5	521	3	809	3
47	5	269	2	523	2	811	3
53	2	271	6	541	2	821	2
59	2	277	5	547	2	823	3
61	2	281	3	557	2	827	2
67	2	283	3	563	2	829	2
71	7	293	2	569	3	839	11
73	5	307	5	571	3	853	2
79	3	311	17	577	5	857	3
83	2	313	10	587	2	859	2
89	3	317	2	593	3	863	5
97	5	331	3	599	7	877	2
101	2	337	10	601	7	881	3
103	5	347	2	607	3	883	2
107	2	349	2	613	2	887	5
109	6	353	3	617	3	907	2
113	3	359	7	619	2	911	17
127	3	367	6	631	3	919	7
131	2	373	2	641	3	929	3
137	3	379	2	643	11	937	5
139	2	383	5	647	5	941	2
149	2	389	2	653	2	947	2
151	6	397	5	659	2	953	3
157	5	401	3	601	2	967	5
163	2	409	21	673	5	971	6
167	5	419	2	677	2	977	3
173	2	421	2	683	5	983	5
179	2	431	7	691	3	991	6
181	2	433	5	701	2	997	7

表 E.4 指数

p	数字															
	1	2	3	4	5	6	7	8	9	10	11	12	13	14	15	16
3	2	1														
5	4	1	3	2							指数					
7	6	2	1	4	5	3										
11	10	1	8	2	4	9	7	3	6	5						
13	12	1	4	2	9	5	11	3	8	10	7	6				
17	16	14	1	12	5	15	11	10	2	3	7	13	4	9	6	8
19	18	1	13	2	16	14	6	3	8	17	12	15	5	7	11	4
23	22	2	16	4	1	18	19	6	10	3	9	20	14	21	17	8
29	28	1	5	2	22	6	12	3	10	23	25	7	18	13	27	4
31	30	24	1	18	20	25	28	12	2	14	23	19	11	22	21	0
37	36	1	26	2	23	27	32	3	16	24	30	28	11	33	13	4
41	40	26	15	12	22	1	39	38	30	8	3	27	31	25	37	24
43	42	27	1	12	25	28	35	39	2	10	30	13	32	20	26	24
47	46	18	20	36	1	38	32	8	40	19	7	10	11	4	21	26
53	52	1	17	2	47	18	14	3	34	48	6	19	24	15	12	4
59	58	1	50	2	6	51	18	3	42	7	25	52	45	19	56	4
61	60	1	6	2	22	7	49	3	12	23	15	8	40	50	28	4
67	66	1	39	2	15	40	23	3	12	16	59	41	19	24	54	4
71	70	6	26	12	28	32	1	18	52	34	31	38	39	7	54	24
73	72	8	6	16	1	14	33	24	12	9	55	22	59	41	7	32
79	78	4	1	8	62	5	53	12	2	66	68	9	34	57	63	16
83	82	1	72	2	27	73	8	3	62	28	24	74	77	9	17	4
89	88	16	1	32	70	17	81	48	2	86	84	33	23	9	71	64
97	96	34	70	68	1	8	31	6	44	35	86	42	25	65	71	40

p	数字																
	17	18	19	20	21	22	23	24	25	26	27	28	29	30	31	32	33
19	10	9															
23	7	12	15	5	13	11								指数			
29	21	11	9	24	17	26	20	8	16	19	15	14					
31	7	26	4	8	29	17	27	13	10	5	3	16	9	15			
37	7	17	35	25	22	31	15	29	10	12	6	34	21	14	9	5	20
41	33	16	9	34	14	29	36	13	4	17	5	11	7	23	28	10	18
43	38	29	19	37	36	15	16	40	8	17	3	5	41	11	34	9	31
47	16	12	45	37	6	25	5	28	2	29	14	22	35	39	3	44	27
53	10	35	37	49	31	7	39	20	42	25	51	16	46	13	33	5	23
59	40	43	38	8	10	26	15	53	12	46	34	20	28	57	49	5	17
61	47	13	26	24	55	16	57	9	44	41	18	51	35	29	59	5	21
67	64	13	10	17	62	60	28	42	30	20	51	25	44	55	47	5	32
71	49	58	16	40	27	37	15	44	56	45	8	13	68	60	11	30	57
73	21	20	62	17	39	63	46	30	2	67	18	49	35	15	11	40	61
79	21	6	32	70	54	72	26	13	46	38	3	61	11	67	56	20	69
83	56	63	47	29	80	25	60	75	56	78	52	10	12	18	38	5	14
89	6	18	35	14	82	12	57	49	52	39	3	25	59	87	31	80	85
97	89	78	81	69	5	24	77	76	2	59	18	3	13	9	46	74	60

（续）

p	数字															
	34	35	36	37	38	39	40	41	42	43	44	45	46	47	48	49
37	8	19	18													
41	19	21	2	32	35	6	20				指数					
43	23	18	14	7	4	33	22	6	21							
47	34	33	30	42	17	31	9	15	24	13	43	41	23			
53	11	9	36	30	38	41	50	45	32	22	8	29	40	44	21	23
59	41	24	44	55	39	37	9	14	11	33	27	48	16	23	54	36
61	48	11	14	39	27	46	25	54	56	43	17	34	58	20	10	38
67	65	38	14	22	11	58	18	53	63	9	61	27	29	50	43	46
71	55	29	64	20	22	65	46	25	33	48	43	10	21	9	50	2
78	29	34	28	64	70	65	25	4	47	51	71	13	54	31	38	66
79	25	37	10	19	36	35	74	75	58	49	76	64	30	59	17	28
83	57	35	64	20	48	67	30	40	81	71	26	7	61	23	76	16
89	22	63	34	11	51	24	30	21	10	29	28	72	73	54	65	74
97	27	32	16	91	19	95	7	85	39	4	58	45	15	84	14	62

p	数字															
	50	51	52	53	54	55	56	57	58	59	60	61	62	63	64	65
53	43	27	26													
59	13	32	47	22	35	31	21	30	29			指数				
61	45	53	42	33	19	37	52	32	36	31	30					
67	31	37	21	57	52	8	26	49	45	36	56	7	48	35	6	34
71	62	5	51	23	14	59	19	42	4	3	66	69	17	53	36	67
73	10	27	3	53	26	56	57	68	43	5	23	58	19	45	48	60
79	50	22	42	77	7	52	65	33	15	31	71	45	60	55	24	18
83	55	46	79	59	53	51	11	37	13	34	19	66	39	70	6	22
89	68	7	55	78	19	66	41	36	75	43	15	69	47	83	8	5
97	36	63	93	10	52	87	37	55	47	67	43	64	80	75	12	26

p	数字															
	66	67	68	69	70	71	72	73	74	75	76	77	78	79	80	81
67	33															
71	63	47	61	41	35						指数					
78	69	50	37	52	42	44	36									
79	73	48	29	27	41	51	14	44	23	47	40	43	39			
83	15	45	58	50	36	33	65	69	21	44	49	32	68	43	31	42
89	13	56	38	58	79	62	50	20	27	53	67	77	40	42	46	4
97	94	57	61	51	66	11	50	28	29	72	53	21	33	30	41	88

p	数字														
	82	83	84	85	86	87	88	89	90	91	92	93	94	95	96
83	41														
89	37	61	26	76	45	60	44					指数			
97	23	17	73	90	38	83	92	54	79	56	49	20	22	82	48

（续）

p	指数															
	1	2	3	4	5	6	7	8	9	10	11	12	13	14	15	16
3	2	1														
5	2	4	3	1												
7	3	2	6	4	5	1						数字				
11	2	4	8	5	10	9	7	3	6	1						
13	2	4	8	3	6	12	11	9	5	10	7	1				
17	3	9	10	13	5	15	11	16	14	8	7	4	12	2	6	1
19	2	4	8	16	13	7	14	9	18	17	15	11	3	6	12	5
23	5	2	10	4	20	8	17	16	11	9	22	18	21	13	19	3
29	2	4	8	16	3	6	12	24	19	9	18	7	14	28	27	25
31	3	9	27	19	26	16	17	20	29	25	13	8	24	10	30	28
37	2	4	8	16	32	27	17	34	31	25	13	26	15	30	23	9
41	6	36	11	25	27	39	29	10	19	32	28	4	24	21	3	18
43	3	9	27	38	28	41	37	25	32	10	30	4	12	36	22	23
47	5	25	31	14	23	21	11	8	40	12	13	18	43	27	41	17
53	2	4	8	16	32	11	22	44	35	17	34	15	30	7	14	28
59	2	4	8	16	32	5	10	20	40	21	42	25	50	41	23	46
61	2	4	8	16	32	3	6	12	24	48	35	9	18	36	11	22
67	2	4	8	16	32	64	61	55	43	19	38	9	18	36	5	10
71	7	49	59	58	51	2	14	27	47	45	31	4	28	54	23	19
73	5	25	52	41	59	3	15	2	10	50	31	9	45	6	30	4
79	3	9	27	2	6	18	54	4	12	36	29	8	24	72	58	16
83	2	4	8	16	32	64	45	7	14	28	56	29	58	33	66	49
89	3	9	27	81	65	17	51	64	14	42	37	22	66	20	60	2
97	2	25	28	43	21	8	40	6	30	53	71	64	29	48	46	36

p	指数																
	17	18	19	20	21	22	23	24	25	26	27	28	29	30	31	32	33
19	10	1															
23	15	6	7	12	14	1							数字				
29	21	13	26	23	17	5	10	20	11	22	15	1					
31	22	4	12	5	15	14	11	2	6	18	23	7	21	1			
37	18	36	35	33	29	21	5	10	20	3	6	12	24	11	22	7	14
41	26	33	34	40	35	5	30	16	14	2	12	31	22	9	13	37	17
43	26	35	19	14	42	40	34	16	5	15	2	6	18	11	33	13	39
47	38	2	10	3	15	28	46	42	22	16	33	24	26	36	39	7	35
53	3	6	12	24	48	43	33	13	26	52	51	49	45	37	21	42	31
59	33	7	14	28	56	53	47	35	11	22	44	29	58	57	55	51	43
61	44	27	54	47	33	5	10	20	40	19	38	15	30	60	59	57	53
67	20	40	13	26	52	37	7	14	28	56	45	23	46	25	50	33	66
71	62	8	56	37	46	38	53	16	41	3	21	5	35	32	11	6	42
73	20	27	62	18	17	12	60	8	40	54	51	36	34	24	47	16	7
79	48	65	37	32	17	51	74	64	34	23	69	49	68	46	59	19	57
83	15	30	60	37	74	65	47	11	22	44	5	10	20	40	80	77	71
89	6	18	54	73	41	34	13	39	28	84	74	44	43	40	31	4	12
97	83	27	38	93	77	94	82	22	13	65	34	73	74	79	7	35	78

（续）

p	指数															
	34	35	36	37	38	39	40	41	42	43	44	45	46	47	48	49
37	28	19	1													
41	20	38	23	15	8	7	1						数字			
43	31	7	21	20	17	8	24	29	1							
47	34	29	4	20	6	30	9	45	37	44	32	19	1			
53	9	18	36	19	38	23	46	39	25	50	47	41	29	5	10	20
59	27	54	49	39	19	38	17	34	9	18	36	13	26	52	45	31
61	45	29	58	55	49	37	13	26	52	43	25	50	39	17	34	7
67	65	63	59	51	35	3	6	12	24	48	29	58	49	31	62	57
71	10	70	64	22	12	13	20	69	57	44	24	26	40	67	43	17
73	35	29	72	68	48	21	32	14	70	58	71	63	23	42	64	28
79	13	39	38	35	26	78	76	70	52	77	73	61	25	75	67	43
83	59	35	70	57	31	62	41	82	81	79	75	67	51	19	38	76
89	36	19	57	82	68	26	78	56	79	59	88	86	80	62	8	24
97	2	10	50	56	86	42	16	80	12	60	9	45	31	58	96	92

p	指数															
	50	51	52	53	54	55	56	57	58	59	60	61	62	63	64	65
53	40	27	1													
59	3	6	12	24	48	37	15	30	1				数字			
61	14	28	56	51	41	21	42	23	46	31	1					
67	47	27	54	41	15	30	60	53	39	11	22	44	21	42	17	34
71	48	52	9	63	15	34	25	33	18	55	30	68	50	66	36	39
73	67	43	69	53	46	11	55	56	61	13	65	33	19	22	37	39
79	50	71	55	7	21	63	31	14	42	47	62	28	5	15	45	56
83	69	55	27	54	25	50	17	34	68	53	23	46	9	18	36	72
89	72	38	25	75	47	52	67	23	69	29	87	83	71	35	16	48
97	72	69	54	76	89	57	91	67	44	26	33	68	49	51	61	14

p	指数															
	66	67	68	69	70	71	72	73	74	75	76	77	78	79	80	81
67	1															
71	60	65	29	61	1											
73	49	26	57	66	38	44	1									
79	10	30	11	33	20	60	22	66	40	41	44	53	1			
83	61	39	78	73	63	43	3	6	12	24	48	13	26	52	21	42
89	55	76	50	61	5	15	45	46	49	58	85	77	53	70	32	7
97	70	59	4	20	3	15	75	84	32	63	24	23	18	90	62	19

p	指数														
	82	83	84	85	86	87	88	89	90	91	92	93	94	95	96
83	1														
89	21	63	11	33	10	30	1				数字				
97	95	87	47	41	11	55	81	17	85	37	88	52	66	39	1

表 E.5　正整数平方根的简单连分数

d	$\sqrt{d}$	d	$\sqrt{d}$
2	$[1; \overline{2}]$	53	$[7; \overline{3, 1, 1, 3, 14}]$
3	$[1; \overline{1, 2}]$	54	$[7; \overline{2, 1, 6, 2, 14}]$
5	$[2; \overline{4}]$	55	$[7; \overline{2, 2, 2, 14}]$
6	$[2; \overline{2, 4}]$	56	$[7; \overline{2, 14}]$
7	$[2; \overline{1, 1, 1, 4}]$	57	$[7; \overline{1, 1, 4, 1, 1, 14}]$
8	$[2; \overline{1, 4}]$	58	$[7; \overline{1, 1, 1, 1, 1, 1, 14}]$
10	$[3; \overline{6}]$	59	$[7; \overline{1, 2, 7, 2, 1, 14}]$
11	$[3; \overline{3, 6}]$	60	$[7; \overline{1, 2, 1, 14}]$
12	$[3; \overline{2, 6}]$	61	$[7; \overline{1, 4, 3, 1, 2, 2, 1, 3, 4, 1, 14}]$
13	$[3; \overline{1, 1, 1, 1, 6}]$	62	$[7; \overline{1, 6, 1, 14}]$
14	$[3; \overline{1, 2, 1, 6}]$	63	$[7; \overline{1, 14}]$
15	$[3; \overline{1, 6}]$	65	$[8; \overline{16}]$
17	$[4; \overline{8}]$	66	$[8; \overline{8, 16}]$
18	$[4; \overline{4, 8}]$	67	$[8; \overline{5, 2, 1, 1, 7, 1, 1, 2, 5, 16}]$
19	$[4; \overline{2, 1, 3, 1, 2, 8}]$	68	$[8; \overline{4, 16}]$
20	$[4; \overline{2, 8}]$	69	$[8; \overline{3, 3, 1, 4, 1, 3, 3, 16}]$
21	$[4; \overline{1, 1, 2, 1, 1, 8}]$	70	$[8; \overline{2, 1, 2, 1, 2, 16}]$
22	$[4; \overline{1, 2, 4, 2, 1, 8}]$	71	$[8; \overline{2, 2, 1, 7, 1, 2, 2, 16}]$
23	$[4; \overline{1, 3, 1, 8}]$	72	$[8; \overline{2, 16}]$
24	$[4; \overline{1, 8}]$	73	$[8; \overline{1, 1, 5, 5, 1, 1, 16}]$
26	$[5; \overline{10}]$	74	$[8; \overline{1, 1, 1, 1, 16}]$
27	$[5; \overline{5, 10}]$	75	$[8; \overline{1, 1, 1, 16}]$
28	$[5; \overline{3, 2, 3, 10}]$	76	$[8; \overline{1, 2, 1, 1, 5, 4, 5, 1, 1, 2, 1, 16}]$
29	$[5; \overline{2, 1, 1, 2, 10}]$	77	$[8; \overline{1, 3, 2, 3, 1, 16}]$
30	$[5; \overline{2, 10}]$	78	$[8; \overline{1, 4, 1, 16}]$
31	$[5; \overline{1, 1, 3, 5, 3, 1, 1, 10}]$	79	$[8; \overline{1, 7, 1, 16}]$
32	$[5; \overline{1, 1, 1, 10}]$	80	$[8; \overline{1, 16}]$
33	$[5; \overline{1, 2, 1, 10}]$	82	$[9; \overline{18}]$
34	$[5; \overline{1, 4, 1, 10}]$	83	$[9; \overline{9, 18}]$
35	$[5; \overline{1, 10}]$	84	$[9; \overline{6, 18}]$
37	$[6; \overline{12}]$	85	$[9; \overline{4, 1, 1, 4, 18}]$
38	$[6; \overline{6, 12}]$	86	$[9; \overline{3, 1, 1, 1, 8, 1, 1, 1, 3, 18}]$
39	$[6; \overline{4, 12}]$	87	$[9; \overline{3, 18}]$
40	$[6; \overline{3, 12}]$	88	$[9; \overline{2, 1, 1, 1, 2, 18}]$
41	$[6; \overline{2, 2, 12}]$	89	$[9; \overline{2, 3, 3, 2, 18}]$
42	$[6; \overline{2, 12}]$	90	$[9; \overline{2, 18}]$
43	$[6; \overline{1, 1, 3, 1, 5, 1, 3, 1, 1, 12}]$	91	$[9; \overline{1, 1, 5, 1, 5, 1, 1, 18}]$
44	$[6; \overline{1, 1, 1, 2, 1, 1, 1, 12}]$	92	$[9; \overline{1, 1, 2, 4, 2, 1, 1, 18}]$
45	$[6; \overline{1, 2, 2, 2, 1, 12}]$	93	$[9; \overline{1, 1, 1, 4, 6, 4, 1, 1, 1, 18}]$
46	$[6; \overline{1, 3, 1, 1, 2, 6, 2, 1, 1, 3, 1, 12}]$	94	$[9; \overline{1, 2, 3, 1, 1, 5, 1, 8, 1, 5, 1, 1, 3, 2, 1, 18}]$
47	$[6; \overline{1, 5, 1, 12}]$	95	$[9; \overline{1, 2, 1, 18}]$
48	$[6; \overline{1, 12}]$	96	$[9; \overline{1, 3, 1, 18}]$
50	$[7; \overline{14}]$	97	$[9; \overline{1, 5, 1, 1, 1, 1, 1, 1, 5, 1, 18}]$
51	$[7; \overline{7, 14}]$	98	$[9; \overline{1, 8, 1, 18}]$
52	$[7; \overline{4, 1, 2, 1, 4, 14}]$	99	$[9; \overline{1, 18}]$

参考文献

此处给出了大量的数论及其应用的出版物，包括书和论文. 特别地，其中一些出版物涵盖了数的因子分解、素性检验、数论历史以及密码学等.

若要学习更多的数论知识，可以参看其他的数论教科书，例如[AdGo76]、[An94]、[Ar70]、[Ba69]、[Be66]、[Bo70]、[BoSh66]、[Bu10]、[Da99]、[Di05]、[Du08]、[ErSu03]、[F189]、[Gi70]、[Go98]、[Gr82]、[Gu80]、[HaWr08]、[Hu82]、[IrRo95]、[Ki74]、[La58]、[Le90]、[Le96]、[Le02]、[Lo95]、[Ma-]、[Na81]、[NiZuMo91]、[Or67]、[Or88]、[PeBy70]、[Ra77]、[Re96a]、[Ro77]、[Sh85]、[Sh83]、[Sh67]、[Si87]、[Si64]、[Si70]、[St78]、[St64]、[UsHe39]、[Va01]、[Vi54]和[Wr39].

有许多关于密码学的有用书籍，如[BaCiCa09]、[BePi82]、[BlSeSm99]、[Bo82]、[De82]、[Ga15]、[HoPiSi08]、[Ko81]、[Kr86]、[MevaVa97]、[MeMa82]、[Pf89]、[Sa90]、[SePi89]、[Sh17]、[StPa19]和[TrWa20].

另外在许多网站上，也可以得到一些关于数论的其他信息，包括最新的发现等. 附录D给出了最主要的几个数论和密码学的网站. 在本书英文版的网站 www. pearsonhighered. com/rosen 上你也可以找到大量的相关链接.

[AbBr21] M. Abell and J. Braselton, *Mathematica in Action*, 6th ed., Academic Press, New York, 2021.

[AdGo76] W.W. Adams and L.J. Goldstein, *Introduction to Number Theory,* Prentice Hall, Englewood Cliffs, New Jersey, 1976.

[Ad79] L.M. Adleman, “A subexponential algorithm for the discrete logarithm problem with applications to cryptography,” *Proceedings of the 20th Annual Symposium on the Foundations of Computer Science*, 1979, 55–60.

[AdPoRu83] L.M. Adleman, C. Pomerance, and R.S. Rumely, “On distinguishing prime numbers from composite numbers,” *Annals of Mathematics*, Volume 117 (1983).

[AgKaSa02] M.A. Agrawal, N. Kayal, N. Saxena, “PRIMES is in P,” Department of Computer Science & Engineering, Indian Institute of Technology, Kanpur, India, August 6, 2002.

[AiZi18] M. Aigner and G.M. Ziegler, *Proofs from THE BOOK*, 6th ed, Springer, Berlin, 2018.

[AlWi03] S. Alaca and K. Williams, *Introductory Algebraic Number Theory*, Cambridge University Press, New York, 2003.

[AlGrPo94] W.R. Alford, A. Granville, and C. Pomerance, "There are infinitely many Carmichael numbers," *Annals of Mathematics*, Volume 140 (1994), 703–722.

[An76] G.E. Andrews, *The Theory of Partitions*, Cambridge University Press, Cambridge, England, 1976.

[An94] G.E. Andrews, *Number Theory*, Dover, New York, 1994.

[AnEr04] G.E. Andrews and K. Ericksson, *Integer Partitions*, Cambridge University Press, Cambridge, England, 2004.

[Ap76] T.A. Apostol, *Introduction to Analytic Number Theory*, Springer-Verlag, New York, 1976.

[Ar70] R.G. Archibald, *An Introduction to the Theory of Numbers*, Merrill, Columbus, Ohio, 1970.

[BaSh96] E. Bach and J. Shallit, *Algorithmic Number Theory*, MIT Press, Cambridge, Massachusetts, 1996.

[Ba94] P. Bachmann, *Die Analytische Zahlentheorie*, Teubner, Leipzig, Germany, 1894.

[BaCiCa09] M.W. Baldoni, C. Ciliberto, and G.M. Piacentini Cattaneo, *Elementary Number Theory, Cryptography and Codes*, Springer, New York, 2009.

[Ba03] E.J. Barbeau, *Pell's Equation*, Springer-Verlag, New York, 2003.

[Ba15] G.V. Bard, *Sage for Undergraduates*, AMS, Providence, Rhode Island, 2015.

[Ba69] I.A. Barnett, *Elements of Number Theory*, Prindle, Weber, and Schmidt, Boston, 1969.

[Be66] A.H. Beiler, *Recreations in the Theory of Numbers*, 2nd ed., Dover, New York, 1966.

[BePi82] H. Beker and F. Piper, *Cipher Systems*, Wiley, New York, 1982.

[Be65] E.T. Bell, *Men of Mathematics*, Simon & Schuster, New York, 1965.

[BlSeSm99] I. Blake, G. Seroussi, and N. Smart, *Elliptic Curves in Cryptography*, Cambridge University Press, Cambridge, England, 1999.

[BlBlSh86] L. Blum, M. Blum, and M. Shub, "A simple secure pseudo-random number generator," *SIAM Journal of Computing*, Volume 15, Number 2 (1986), 364–383.

[BlCuSmSh98] L. Blum, F. Cucker, S. Smale, and M. Shub, *Complexity and Real Computation*, Springer-Verlag, New York, 1998.

[Bl82] M. Blum, "Coin-flipping by telephone—A protocol for solving impossible problems," *IEEE Proceedings, Spring Compcon 82* (1982), 133–137.

[Bo07] E.D. Bolker, *Elementary Number Theory*, Dover, New York, 2007.

[Bo99] D. Boneh, "Twenty years of attacks on the RSA cryptosystem," *American Mathematical Society Notices*, Volume 46 (1999), 203–213.

[Bo82] B. Bosworth, *Codes, Ciphers, and Computers*, Hayden, Rochelle Park, New Jersey, 1982.

[Bo91] C.B. Boyer, *A History of Mathematics*, 2nd ed., Wiley, New York, 1991.

[BoSh66] Z.I. Borevich and I.R. Shafarevich, *Number Theory*, Academic Press, New York, 1966.

[Br91] R.P. Brent, "Improved techniques for lower bounds for odd perfect numbers," *Mathematics of Computation*, Volume 57 (1991), 857–868.

[Br00] R.P. Brent, "Recent progress and prospects for integer factorization algorithms," *Proc. COCOON* 2000, LNCS 1858, pages 3–22, Springer-Verlag, 2000.

[BrCote93] R.P. Brent, G.L. Cohen, and H.J.J. te Riele, "Improved techniques for lower bounds for odd perfect numbers," *Mathematics of Computation*, Volume 61 (1993), 857–868.

[Br89] D.M. Bressoud, *Factorization and Primality Testing*, Springer-Verlag, New York, 1989.

[BrWa00] D. Bressoud and S. Wagon, *A Course in Computational Number Theory*, Key College Publishing, Emeryville, California, 2000.

[Br81] J. Brillhart, "Fermat's factoring method and its variants," *Congressus Numerantium*, Volume 32 (1981), 29–48.

[Br88] J. Brillhart, D.H. Lehmer, J.L. Selfridge, B. Tuckerman, S.S. Wagstaff, Jr., *Factorizations of* $b^n \pm 1$, $b = 2, 3, 5, 6, 7, 10, 11, 12$ *up to High Powers*, 2nd ed., American Mathematical Society, Providence, Rhode Island, 1988.

[Br02] J. Brillhart, D.H. Lehmer, J.L. Selfridge, B. Tuckerman, S.S. Wagstaff, Jr., *Factorizations of* $b^n \pm 1$, $b = 2, 3, 5, 6, 7, 10, 11, 12$ *up to High Powers*, 3rd ed, American Mathematical Society, Providence, Rhode Island, 2002, available online at https://homes.cerias.purdue.edu/~ssw/cun/third/index.html.

[Bu10] D.M. Burton, *Elementary Number Theory*, 7th ed., McGraw-Hill, New York, 2010.

[Ca59] R.D. Carmichael, *The Theory of Numbers and Diophantine Analysis*, Dover, New York, 1959 (reprint of the original 1914 and 1915 editions of the two books).

[Ch06] J. Chahal, "Congruent numbers and elliptic curves," *American Mathematical Monthly*, Volume 113 (2006), 308–317.

[Ch98] V. Chandrashekar, "The congruent number problem," *Resonance*, Volume 8 (1998), 33–45.

[Ch83] D. Chaum, editor, *Advances in Cryptology—Proceedings of Crypto 83*, Plenum, New York, 1984.

[ChRiSh83] D. Chaum, R.L. Rivest, A.T. Sherman, editors, *Advances in Cryptology—Proceedings of Crypto 82*, Plenum, New York, 1983.

[Ci88] B. Cipra, "PCs factor a 'most wanted' number," *Science*, Volume 242 (1988), 1634–1635.

[Ci90] B. Cipra, "Big number breakdown," *Science*, Volume 248 (1990), 1608.

[Co87] G.L. Cohen, "On the largest component of an odd perfect number," *Journal of the Australian Mathematical Society, (A)*, Volume 42 (1987), 280–286.

[CoWe91] W.N. Colquitt and L. Welsh, Jr., "A new Mersenne prime," *Mathematics of Computation*, Volume 56 (1991), 867–870.

[Co08] K. Conrad, "The congruent number problem," *Harvard College Mathematics Review*, Volume 2, Number 2 (2008), 58–74.

[CoGu96] R.H. Conway and R.K. Guy, *The Book of Numbers*, Copernicus Books, New York, 1996.

[Co97] D. Coppersmith, "Small solutions to polynomial equations, and low exponent RSA vulnerabilities," *Journal of Cryptology*, Volume 10 (1997), 233–260.

[CoLeRiSt10] T.H. Cormen, C.E. Leierson, R.L. Rivest, C. Stein, *Introduction to Algorithms*, 3rd ed., MIT Press, Cambridge, Massachusetts, 2010.

[CoSiSt97] G. Cornell, J.H. Silverman, and G. Stevens, *Modular Forms and Fermat's Last Theorem,* Springer-Verlag, New York, 1997.

[Co89] D.A. Cox, *Primes of the Form* $x^2 + ny^2$, Wiley, New York, 1989.

[Cr94] R.E. Crandall, *Projects in Scientific Computation*, Springer-Verlag, New York, 1994.

[CrPo05] R. Crandall and C. Pomerance, *Prime Numbers, A Computational Perspective*, 2nd ed., Springer-Verlag, New York, 2005.

[Cs07] G.P. Csicery (director), *N Is a Number: Portrait of Paul Erdős* (DVD), Facets, Chicago, 2007.

[Da13] A. Das, *Computational Number Theory*, CRC Press, Boca Raton, 2013.

[Da99] H. Davenport, *The Higher Arithmetic*, 7th ed., Cambridge University Press, Cambridge, England, 1999.

[DeMe07] J. De Koninck and A. Mercier, *1001 Problems in Classical Number Theory*, AMS, Providence, Rhode Island, 2007.

[De82] D.E.R. Denning, *Cryptography and Data Security*, Addison-Wesley, Reading, Massachusetts, 1982.

[De03] J. Derbyshire, *Prime Obsession*, Joseph Henry Press, Washington, D.C., 2003.

[De17] K. Devlin, *Finding Fibonacci: The Quest to Rediscover the Forgotten Mathematical Genius Who Changed the World*, Princeton University Press, Princeton, 2017.

[De11] K. Devlin, *The Man of Numbers: Fibonacci's Arithmetic Revolution*, Walker Books, London, England, 2011.

[Di57] L.E. Dickson, *Introduction to the Theory of Numbers*, Dover, New York, 1957 (reprint of the original 1929 edition).

[Di05] L.E. Dickson, *History of the Theory of Numbers*, three volumes, Dover, New York, 2005 (reprint of the 1919 original).

[Di70] *Dictionary of Scientific Biography*, Scribners, New York, 1970.

[DiHe76] W. Diffie and M. Hellman, "New directions in cryptography," *IEEE Transactions on Information Theory*, Volume 22 (1976), 644–655.

[Di84] J.D. Dixon, "Factorization and primality tests," *American Mathematical Monthly*, Volume 91 (1984), 333–353.

[Du08] U. Dudley, *Elementary Number Theory*, 2nd ed., Dover, New York, 2008.

[Ed96] H.M. Edwards, *Fermat's Last Theorem*, 5th ed., Springer-Verlag, New York, 1996.

[Ed01] H.M. Edwards, *Riemann's Zeta Function*, Dover, New York, 2001.

[ErSu03] P. Erdős and J. Surányi, *Topics in the History of Numbers*, Springer-Verlag, New York, 2003.

[Ev92] H. Eves, *An Introduction to the History of Mathematics*, 6th ed., Elsevier, New York, 1992.

[Ew83] J. Ewing, "$2^{86243} - 1$ is prime," *The Mathematical Intelligencer*, Volume 5 (1983), 60.

[Fl89] D. Flath, *Introduction to Number Theory*, Wiley, New York, 1989.

[Fl83] D.R. Floyd, "Annotated bibliography in conventional and public key cryptography," *Cryptologia*, Volume 7 (1983), 12–24.

[FrGy20] Róbert Freud and Edit Gyarmati, "Number Theory," American Mathematical Society, Providence, Rhode Island, 2020.

[Fr56] J.E. Freund, "Round robin mathematics," *American Mathematical Monthly*, Volume 63 (1956), 112–114.

[Fr78] W.F. Friedman, *Elements of Cryptanalysis*, Aegean Park Press, Laguna Hills, California, 1978.

[Ga91] J. Gallian, "The mathematics of identification numbers," *College Mathematics Journal*, Volume 22 (1991), 194–202.

[Ga92] J. Gallian, "Assigning driver's license numbers," *Mathematics Magazine*, Volume 64 (1992), 13–22.

[Ga96] J. Gallian, "Error detection methods," *ACM Computing Surveys*, Volume 28 (1996), 504–517.

[GaWi88] J. Gallian and S. Winters, "Modular arithmetic in the marketplace," *American Mathematical Monthly*, Volume 95 (1988), 548–551.

[Ga15] J. von zur Gathen, *Cryptoschool*, Springer-Verlag, Berlin, 2015.

[Ga86] C.F. Gauss, *Disquisitiones Arithmeticae*, revised English translation by W.C. Waterhouse, Springer-Verlag, New York, 1986.

[Ge63] M. Gerstenhaber, "The 152nd proof of the law of quadratic reciprocity," *American Mathematical Monthly*, Volume 70 (1963), 397–398.

[Ge82] A. Gersho, editor, *Advances in Cryptography*, Department of Electrical and Computer Engineering, University of California, Santa Barbara, 1982.

[GeWaWi98] E. Gethner, S. Wagon, and B. Wick, "A stroll through the Gaussian primes," *American Mathematical Monthly*, Volume 104 (1998), 216–225.

[Gi70] A.A. Gioia, *The Theory of Numbers*, Markham, Chicago, 1970.

[Go98] J.R. Goldman, *The Queen of Mathematics: An Historically Motivated Guide to Number Theory*, A.K. Peters, Wellesley, Massachusetts, 1998.

[Go80] J. Gordon, "Use of intractable problems in cryptography," *Information Privacy*, Volume 2 (1980), 178–184.

[GoOh08] T. Goto and Y. Ohno, "Odd perfect numbers have a prime factor exceeding 10^8," *Mathematics of Computation*, Volume 77 (2008), 1859–1868.

[GrKnPa94] R.L. Graham, D.E. Knuth, and O. Patashnik, *Concrete Mathematics*, 2nd ed., Addison-Wesley, Reading, Massachusetts, 1994.

[Gr04] A. Granville, "It is easy to determine whether a given integer is prime," *Current Events in Mathematics*, American Mathematical Society, 2004.

[GrTu02] A. Granville and T.J. Tucker, "It's as easy as abc," *Notices of the American Mathematical Society*, Volume 49 (2002), 1224–1231.

[Gr82] E. Grosswald, *Topics from the Theory of Numbers*, 2nd ed., Birkhauser, Boston, 1982.

[Gu80] H. Gupta, *Selected Topics in Number Theory*, Abacus Press, Kent, England, 1980.

[Gu75] R.K. Guy, "How to factor a number," *Proceedings of the Fifth Manitoba Conference on Numerical Mathematics*, Utilitas, Winnepeg, Manitoba, 1975, 49–89.

[Gu94] R.K. Guy, *Unsolved Problems in Number Theory*, 2nd ed., Springer-Verlag, New York, 1994.

[Ha83] P. Hagis, Jr., "Sketch of a proof that an odd perfect number relatively prime to 3 has at least eleven prime factors," *Mathematics of Computations*, Volume 46 (1983), 399–404.

[HaWr08] G.H. Hardy and E.M. Wright, *An Introduction to the Theory of Numbers*, 6th ed., Oxford University Press, Oxford, 2008.

[HaHo21] D. Harvey and J. van der Hoeven, "Integer multiplication in time $O(n \log n)$," *Annals of Mathematics*, Volume 193 (2021), 563–617.

[He80] A.K. Head, "Multiplication modulo n," *BIT*, Volume 20 (1980), 115–116.

[He86] D. R. Heath-Brown, "Artin's conjecture for primitive roots," *The Quarterly Journal of Mathematics*, Volume 37 (1) (1986), 27–38.

[He79] M.E. Hellman, "The mathematics of public-key cryptography," *Scientific American*, Volume 241 (1979), 146–157.

[Hi31] L.S. Hill, "Concerning certain linear transformation apparatus of cryptography," *American Mathematical Monthly*, Volume 38 (1931), 135–154.

[HoPiSi08] J. Hoffstein, J. Pipher, J.H. Silverman, *An Introduction to Mathematical Cryptography*, Springer, New York, 2008.

[Ho99] P. Hoffman, *The Man Who Loved Only Numbers*, Hyperion, New York, 1999.

[Hu82] L. Hua, *Introduction to Number Theory*, Springer-Verlag, New York, 1982.

[Hw79] K. Hwang, *Computer Arithmetic: Principles, Architecture and Design*, Wiley, New York, 1979.

[IrRo95] K.F. Ireland and M.I. Rosen, *A Classical Introduction to Modern Number Theory*, 2nd ed., Springer-Verlag, New York, 1995.

[JoMeVa01] D. Johnson, A. Menezes, S. Vanstone, *The Elliptic Curve Digital Signature Algorithm (ECDSA)*, Certicom, *International Journal of Information Security*, Volume 1, Issue 1 (2001), 36–63. Available at https://link.springer.com/article/10.1007/s102070100002.

[Ka96] D. Kahn, *The Codebreakers: The Story of Secret Writing*, 2nd ed., Scribners, New York, 1996.

[Ka98] V. Katz, *A History of Mathematics: An Introduction*, 2nd ed., Addison-Wesley, Boston, 1998.

[Ki04] S.V. Kim, "An elementary proof of the quadratic reciprocity law," *American Mathematical Monthly*, Volume 111, Number 1 (2004), 45–50.

[Ki74] A.M. Kirch, *Elementary Number Theory: A Computer Approach*, Intext, New York, 1974.

[Ki01] J. Kirtland, *Identification Numbers and Check Digit Schemes*, Mathematical Association of America, Washington, D.C., 2001.

[Kl72] M. Kline, *Mathematical Thought from Ancient to Modern Times*, Oxford University Press, New York, 1972.

[Kn97] D.E. Knuth, *Art of Computer Programming: Semi-Numerical Algorithms*, Volume 2, 3rd ed., Addison-Wesley, Reading, Massachusetts, 1997.

[Kn97a] D.E. Knuth, *Art of Computer Programming: Sorting and Searching*, Volume 3, 2nd ed., Addison-Wesley, Reading, Massachusetts, 1997.

[Ko94] N. Koblitz, *A Course in Number Theory and Cryptography*, 2nd ed., Springer-Verlag, New York, 1994.

[Ko96] N. Koblitz, *Introduction to Elliptic Curves and Modular Forms*, 2nd ed., Springer-Verlag, New York, 1996.

[Ko96a] P. Kocher, "Timing attacks on implementations of Diffie-Hellman, RSA, DSS, and other systems," *Advances in Cryptology—CRYPTO '96*, LNCS 1109, Springer-Verlag, New York, 1996, 104–113.

[Ko83] G. Kolata, "Factoring gets easier," *Science*, Volume 222 (1983), 999–1001.

[Ko81] A.G. Konheim, *Cryptography: A Primer*, Wiley, New York, 1981.

[KrWa14] J.S. Kraft and L. Washington, *An Introduction to Number Theory with Cryptography*, CRC Press, Boca Raton, 2014.

[Kr86] E. Kranakis, *Primality and Cryptography*, Wiley-Teubner, Stuttgart, Germany, 1986.

[Kr79] L.Kronsjo, *Algorithms: Their Complexity and Efficiency*, Wiley, New York, 1979.

[Ku76] S. Kullback, *Statistical Methods in Cryptanalysis*, Aegean Park Press, Laguna Hills, California, 1976.

[La90] J.C. Lagarias, "Pseudo-random number generators in cryptography and number theory," pages 115–143 in *Cryptology and Computational Number Theory*, Volume 42 of Proceedings of Symposia in Advanced Mathematics, American Mathematical Society, Providence, Rhode Island, 1990.

[LaOd82] J.C. Lagarias and A.M. Odlyzko, "New algorithms for computing $\pi(x)$," Bell Laboratories Technical Memorandum TM-82-11218-57.

[La58] E. Landau, *Elementary Number Theory*, Chelsea, New York, 1958.

[La60] E. Landau, *Foundations of Analysis*, 2nd ed., Chelsea, New York, 1960.

[La35] H.P. Lawther, Jr., "An application of number theory to the splicing of telephone cables," *American Mathematical Monthly*, Volume 42 (1935), 81–91.

[LePo31] D.H. Lehmer and R.E. Powers, "On factoring large numbers," *Bulletin of the American Mathematical Society*, Volume 37 (1931), 770–776.

[Le00] F. Lemmermeyer, *Reciprocity Laws from Euler to Eisenstein,* Springer-Verlag, Berlin, 2000.

[Le79] A. Lempel, "Cryptology in transition," *Computing Surveys*, Volume 11 (1979), 285–303.

[Le80] H.W. Lenstra, Jr., "Primality testing," *Studieweek Getaltheorie en Computers*, 1–5 September 1980, Stichting Mathematisch Centrum, Amsterdam, Holland.

[Le90] W.J. LeVeque, *Elementary Theory of Numbers*, Dover, New York, 1990.

[Le96] W.J. LeVeque, *Fundamentals of Number Theory*, Dover, New York, 1996.

[Le02] W.J. LeVeque, *Topics in Number Theory*, Dover, New York, 2002.

[Le74] W.J. LeVeque, editor, *Reviews in Number Theory* [1940–1972], and R.K. Guy, editor, *Reviews in Number Theory* [1973–1983], six volumes each, American Mathematical Society, Washington, D.C., 1974 and 1984, respectively.

[LiDu87] Y. Li and S. Du, *Chinese Mathematics: A Concise History*, translated by J. Crossley and A. Lun, Clarendon Press, Oxford, England, 1987.

[Li73] U. Libbrecht, *Chinese Mathematics in the Thirteenth Century, The Shu-shu chiu-chang of Ch'in Chiu-shao*, MIT Press, 1973.

[Li79] R.J. Lipton, "How to cheat at mental poker," and "An improved power encryption method," unpublished reports, Department of Computer Science, University of California, Berkeley, 1979.

[Lo95] C.T. Long, *Elementary Introduction to Number Theory*, 3rd ed., Waveland Press, Prospect Heights, Illinois, 1995.

[Lo90] J.H. Loxton, editor, *Number Theory and Cryptography*, Cambridge University Press, Cambridge, England, 1990.

[Ma79] D.G. Malm, *A Computer Laboratory Manual for Number Theory*, COMPress, Wentworth, New Hampshire, 1979.

[Ma61] G.B. Matthews, *Theory of Numbers*, Chelsea, New York, 1961.

[Ma94] U. Maurer, "Towards the equivalence of breaking the Diffie-Hellman protocol and computing discrete logarithms," *Advances in Cryptology—CRYPTO '94*, LNCS 839, 1994, 271–281.

[Ma95] U. Maurer, "Fast generation of prime numbers and secure public-key cryptographic parameters," *Journal of Cryptology*, Volume 8 (1995), 123–155.

[Ma00] B. Mazur, "Questions about powers of numbers," *Notices of the American Mathematical Society*, Volume 47 (2000), 195–202.

[McRa79] J.H. McClellan and C.M. Rader, *Number Theory in Digital Signal Processing*, Prentice Hall, Englewood Cliffs, New Jersey, 1979.

[MevaVa97] A.J. Menezes, P.C. van Oorschot, S.A. Vanstone, *Handbook of Applied Cryptography*, CRC Press, Boca Raton, Florida, 1997.

[Me82] R.C. Merkle, *Secrecy, Authentication, and Public Key Systems*, UMI Research Press, Ann Arbor, Michigan, 1982.

[MeHe78] R.C. Merkle and M.E. Hellman, "Hiding information and signatures in trapdoor knapsacks," *IEEE Transactions in Information Theory*, Volume 24 (1978), 525–530.

[Me18] R. Mestrović, "Euclid's theorem on the infinitude of primes: A historical survey of its proofs (300 B.C.–2017), https://arxiv.org/pdf/1202.3670.pdf.

[MeMa82] C.H. Meyer and S.M. Matyas, *Cryptography: A New Dimension in Computer Data Security*, Wiley, New York, 1982.

[Mi76] G.L. Miller, "Riemann's hypothesis and tests for primality," *Journal of Computer and Systems Science*, Volume 13 (1976), 300–317.

[Mi47] W.H. Mills, "A prime-representing function," *Bulletin of the American Mathematical Society*, Volume 53 (1947), 604.

[Mo96a] R.A. Mollin, *Quadratics*, CRC Press, Boca Raton, Florida, 1996.

[Mo99] R.A. Mollin, *Algebraic Number Theory*, CRC Press, Boca Raton, Florida, 1999.

[Mo96] M.B. Monagan, K.O. Geddes, K.M. Heal, G. Labahn, and S.M. Vorkoetter, *Maple V Programming Guide*, Springer-Verlag, New York, 1996.

[Mo80] L. Monier, "Evaluation and comparison of two efficient probabilistic primality testing algorithms," *Theoretical Computer Science*, Volume 11 (1980), 97–108.

[Mo69] L.J. Mordell, *Diophantine Equations*, Academic Press, New York, 1969.

[MoBr75] M.A. Morrison and J. Brillhart, "A method of factoring and the factorization of F7," *Mathematics of Computation*, Volume 29 (1975), 183–205.

[Na81] T. Nagell, *Introduction to Number Theory*, Chelsea, New York, 1981.

[Ne69] O.E. Neugebauer, *The Exact Sciences in Antiquity*, Dover, New York, 1969.

[NeSc99] J. Neukirch and N. Schappacher, *Algebraic Number Theory*, Springer-Verlag, New York, 1999.

[NiZuMo91] I. Niven, H.S. Zuckerman, and H.L. Montgomery, *An Introduction to the Theory of Numbers*, 5th ed., Wiley, New York, 1991.

[OcRa12] P. Ochem and M. Rao, "Odd Perfect Numbers Are Greater than 10^{1500}," *Mathematics of Computation*, Volume 81 (2012), 1869–1877.

[Od90] A.M. Odlyzko, "The rise and fall of knapsack cryptosystems," pages 75–88 in *Cryptology and Computational Number Theory*, Volume 42 of Proceedings of Symposia in Applied Mathematics, American Mathematical Society, Providence, Rhode Island, 1990.

[Od95] A.M. Odlyzko, "The future of integer factorization," *RSA CryptoBytes*, Volume 2, Number 1 (1995), 5–12.

[Odte85] A.M. Odlyzko and H.J.J. te Riele, "Disproof of the Mertens conjecture," *Journal für die reine und angewandte Mathematik*, Volume 357 (1985), 138–160.

[Or67] O. Ore, *An Invitation to Number Theory*, Random House, New York, 1967.

[Or88] O. Ore, *Number Theory and Its History*, Dover, New York, 1988.

[PaMi88] S.K. Park and K.W. Miller, "Random number generators: Good ones are hard to find," *Communications of the ACM*, Volume 31 (1988), 1192–1201.

[PeBy70] A.J. Pettofrezzo and D.R. Byrkit, *Elements of Number Theory*, Prentice Hall, Englewood Cliffs, New Jersey, 1970.

[Pf89] C.P. Pfleeger, *Security in Computing*, Prentice Hall, Englewood Cliffs, New Jersey, 1989.

[Po14] H.C. Pocklington, "The determination of the prime or composite nature of large numbers by Fermat's theorem," *Proceedings of the Cambridge Philosophical Society*, Volume 18 (1914/6), 29–30.

[PoHe78] S. Pohlig and M. Hellman, "An improved algorithm for computing logarithms over GF(p) and its cryptographic significance," *IEEE Transactions on Information Theory*, Volume 24 (1978), 106–110.

[Po99] H. Pollard and H. Diamond, *The Theory of Algebraic Numbers*, 3rd ed., Dover, New York, 1999.

[Po74] J.M. Pollard, "Theorems on factorization and primality testing," *Proceedings of the Cambridge Philosophical Society*, Volume 76 (1974), 521–528.

[Po75] J.M. Pollard, "A Monte Carlo method for factorization," *Nordisk Tidskrift for Informationsbehandling (BIT)*, Volume 15 (1975), 331–334.

[Po81] C. Pomerance, "Recent developments in primality testing," *The Mathematical Intelligencer*, Volume 3 (1981), 97–105.

[Po82] C. Pomerance, "The search for prime numbers," *Scientific American*, Volume 247 (1982), 136–147.

[Po84] C. Pomerance, *Lecture Notes on Primality Testing and Factoring*, Mathematical Association of America, Washington, D.C., 1984.

[Po90] C. Pomerance, editor, *Cryptology and Computational Number Theory*, American Mathematical Society, Providence, Rhode Island, 1990.

[Po93] C. Pomerance, "Carmichael numbers," *Nieuw Arch. v. Wiskunde*, Volume 4, Number 11 (1993), 199–209.

[Ra79] M.O. Rabin, "Digitalized signatures and public-key functions as intractable as factorization," M.I.T. Laboratory for Computer Science Technical Report LCS/TR-212, Cambridge, Massachusetts, 1979.

[Ra80] M.O. Rabin, "Probabilistic algorithms for testing primality," *Journal of Number Theory*, Volume 12 (1980), 128–138.

[Ra77] H. Rademacher, *Lectures on Elementary Number Theory*, Krieger, Malabar, Florida, 1977.

[Ra88] M. Ram Murty, "Artin's conjecture for primitive roots," *The Mathematical Intelligencer*, Volume 10 (4) (1988), 59–67.

[Re96] D. Redfern, *The Maple Handbook*, Springer-Verlag, New York, 1996.

[Re96a] D. Redmond, *Number Theory: An Introduction*, Marcel Dekker, Inc., New York, 1996.

[Ri79] P. Ribenboim, *13 Lectures on Fermat's Last Theorem*, Springer-Verlag, New York, 1979.

[Ri91] P. Ribenboim, *The Little Book of Big Primes*, Springer-Verlag, New York, 1991.

[Ri96] P. Ribenboim, *The New Book of Prime Number Records*, Springer-Verlag, New York, 1996.

[Ri00] P. Ribenboim, *Fermat's Last Theorem for Amateurs*, Springer-Verlag, New York, 2000.

[Ri01] P. Ribenboim, *Classical Theory of Algebraic Integers*, 2nd ed., Springer-Verlag, New York, 2001.

[Ri71] F. Richman, *Number Theory, An Introduction to Algebra*, Brooks/Cole, Belmont, California, 1971.

[Ri59] B. Riemann, "Uber die Anzahl der Primzahlen unter einer gegeben Grösse," *Monatsberichte der Berliner Akademie,* November 1859.

[Ri85] H. Riesel, "Modern factorization methods," *BIT* (1985), 205–222.

[Ri94] H. Riesel, *Prime Numbers and Computer Methods for Factorization*, 2nd ed., Birkhauser, Boston, 1994.

[Ri78] R.L. Rivest, "Remarks on a proposed cryptanalytic attack on the M.I.T. public-key cryptosystem," *Cryptologia*, Volume 2 (1978), 62–65.

[RiShAd78] R.L. Rivest, A. Shamir, and L.M. Adleman, "A method for obtaining digital signatures and public-key cryptosystems," *Communications of the ACM*, Volume 21 (1978), 120–126.

[RiShAd83] R.L. Rivest, A. Shamir, and L.M. Adleman, "Cryptographic communications system and method," United States Patent #4,405,8239, issued September 20, 1983.

[Ro77] J. Roberts, *Elementary Number Theory*, MIT Press, Cambridge, Massachusetts, 1977.

[Ro97] K.H. Rosen et al., *Exploring Discrete Mathematics with Maple,* McGraw-Hill, New York, 1997.

[Ro11] K.H. Rosen, et al., *Exploring Discrete Mathematics with Mathematica*, McGraw-Hill, New York, 2011.

[Ro18] K.H. Rosen, *Handbook of Discrete and Combinatorial Mathematics*, 2nd ed., CRC Press, Boca Raton, Florida, 2018.

[Ro19] K.H. Rosen, *Discrete Mathematics and Its Applications*, 8th ed., McGraw-Hill Education, New York, 2019.

[Ro19a] W. Rounds, "Euclid's Lemma and the Square Root of 2," *The American Mathematical Monthly*, Volume 126, Number 3 (2019), 274.

[Ro08] E. Rowland, "A natural prime-generating recurrence," *Journal of Integer Sequence*, Article 08.2.8, Volume 11, 2008.

[Ru64] W. Rudin, *Principles of Mathematical Analysis*, 2nd ed., McGraw-Hill, New York, 1964.

[Ru83] R. Rumely, "Recent advances in primality testing," *Notices of the American Mathematical Society*, Volume 30 (1983), 475–477.

[Sa03a] K. Sabbagh, *The Riemann Hypothesis*, Farrar, Strauss, and Giroux, New York, 2003.

[SaSa07] J. Sally and P.J. Sally, Jr., *Roots to Research*, AMS, Providence, Rhode Island, 2007.

[Sa90] A. Salomaa, *Public-Key Cryptography*, Springer-Verlag, New York, 1990.

[Sa03b] M. du Sautoy, *The Music of the Primes*, Harper Collins, New York, 2003.

[ScOp85] W. Scharlau and H. Opolka, *From Fermat to Minkowski, Lectures on the Theory of Numbers and Its Historical Development*, Springer-Verlag, New York, 1985.

[Sc98] B. Schechter, *My Brain Is Open*, Simon and Schuster, New York, 1998.

[Sc86] M.R. Schroeder, *Number Theory in Science and Communication*, 2nd ed., Springer-Verlag, Berlin, 1986.

[SePi89] J. Seberry and J. Pieprzyk, *Cryptography: An Introduction to Computer Security*, Prentice Hall, New York, 1989.

[Sh79] A. Shamir, "How to share a secret," *Communications of the ACM*, Volume 22 (1979), 612–613.

[Sh83] A. Shamir, "A polynomial time algorithm for breaking the basic Merkle-Hellman cryptosystem," in *Advances in Cryptology—Proceedings of Crypto 82* (1983), 279–288.

[Sh84] A. Shamir, "A polynomial time algorithm for breaking the basic Merkle-Hellman cryptosystem," *IEEE Transactions on Information Theory*, Volume 30 (1984), 699–704. (This is an improved version of [Sh83].)

[ShRiAd81] A. Shamir, R.L. Rivest, and L.M. Adleman, "Mental poker," *The Mathematical Gardner*, D.A. Klarner, editor, Wadsworth International, Belmont, California, 1981, 37–43.

[Sh85] D. Shanks, *Solved and Unsolved Problems in Number Theory*, 3rd ed., Chelsea, New York, 1985.

[Sh83a] H.S. Shapiro, *Introduction to the Theory of Numbers*, Wiley, New York, 1983.

[Sh17] T.R. Shemanske, *Modern Cryptography and Elliptic Curves: A Beginner's Guide*, American Mathematical Society, Providence, Rhode Island, 2017.

[Sh67] J.E. Shockley, *Introduction to Number Theory*, Holt, Rinehart, and Winston, New York, 1967.

[Si64] W. Sierpinski, *A Selection of Problems in the Theory of Numbers*, Pergamon Press, New York, 1964.

[Si70] W. Sierpinski, *250 Problems in Elementary Number Theory*, Polish Scientific Publishers, Warsaw, 1970.

[Si87] W. Sierpinski, *Elementary Theory of Numbers*, 2nd ed., North-Holland, Amsterdam, 1987.

[Si09] J.H. Silverman, *The Arithmetic of Elliptic Curves*, 2nd ed., Springer, 2009.

[Si82] G.J. Simmons, editor, *Secure Communications and Asymmetric Cryptosystems*, AAAS Selected Symposium Series Volume 69, Westview Press, Boulder, Colorado, 1982.

[Si97] S. Singh, *Fermat's Enigma: The Epic Quest to Solve the World's Greatest Mathematical Problem,* Walker and Company, New York, 1997.

[Si66] A. Sinkov, *Elementary Cryptanalysis*, Mathematical Association of America, Washington, D.C., 1966.

[SlPl95] N.J.A. Sloane and S. Plouffe, *The Encyclopedia of Integer Sequences*, Academic Press, New York, 1995.

[Sl78] D. Slowinski, "Searching for the 27th Mersenne prime," *Journal of Recreational Mathematics*, Volume 11 (1978/9), 258–261.

[SoSt77] R. Solovay and V. Strassen, "A fast Monte Carlo test for primality," *SIAM Journal for Computing*, Volume 6 (1977), 84–85 and erratum, Volume 7 (1978), 118.

[So86] M.A. Soderstrand et al., editors, *Residue Number System Arithmetic: Modern Applications in Digital Signal Processing*, IEEE Press, New York, 1986.

[Sp82] D.D. Spencer, *Computers in Number Theory*, Computer Science Press, Rockville, Maryland, 1982.

[St78] H.M. Stark, *An Introduction to Number Theory*, Markham, Chicago, 1970; reprint MIT Press, Cambridge, Massachusetts, 1978.

[St09] W. Stein, *Elementary Number Theory: Primes, Congruences, and Secrets*, Springer, New York, 2009.

[St64] B.M. Stewart, *The Theory of Numbers*, 2nd ed., Macmillan, New York, 1964.

[StPa19] D.R. Stinson and M.B. Paterson, *Cryptography, Theory and Practice*, 4th ed., Chapman & Hall/CRC, Boca Raton, Florida, 2019.

[SzTa67] N.S. Szabo and R.J. Tanaka, *Residue Arithmetic and Its Applications to Computer Technology*, McGraw-Hill, 1967.

[Ta18] R. Takloo-Bighash, *A Pythagorean Introduction to Number Theory*, Springer, New York, 2018.

[TrWa20] W. Trappe and L. Washington, *Introduction to Cryptography with Coding Theory,* 3rd ed., Pearson, Hoboken, New Jersey, 2020.

[Tu83] J. Tunnell, "A classical diophantine problem and modular forms of weight 3/2," *Inventiones Mathematicae*, Volume 72 (1983), 323–334.

[UsHe39] J.V. Uspensky and M.A. Heaslet, *Elementary Number Theory*, McGraw-Hill, New York, 1939.

[Va89] S. Vajda, *Fibonacci and Lucas Numbers and the Golden Section: Theory and Applications*, Ellis Horwood, Chichester, England, 1989.

[Va96] A.J. van der Poorten, *Notes on Fermat's Last Theorem,* Wiley, New York, 1996.

[Va01] C. VandenEynden, *Elementary Number Theory*, McGraw-Hill, New York, 2001.

[Vi54] I.M. Vinogradov, *Elements of Number Theory*, Dover, New York, 1954.

[Wa86a] S. Wagon, "Primality testing," *The Mathematical Intelligencer*, Volume 8, Number 3 (1986), 58–61.

[Wa99] S. Wagon, *Mathematica in Action,* 2nd ed. Telos, New York, 1999.

[Wa86] S.S. Wagstaff, "Using computers to teach number theory," *SIAM News*, Volume 19 (1986), 14 and 18.

[Wa90] S.S. Wagstaff, "Some uses of microcomputers in number theory research," *Computers and Mathematics with Applications*, Volume 19 (1990), 53–58.

[WaSm87] S.S. Wagstaff and J.W. Smith, "Methods of factoring large integers," in *Number Theory, New York, 1984–1985*, LNM, Volume 1240, Springer-Verlag, Berlin, 1987, 281–303.

[Wa08] L. Washington, *Elliptic Curves: Number Theory and Cryptography,* 2nd ed., Chapman and Hall/CRC, Boca Raton, Florida, 2008.

[We84] A. Weil, *Number Theory: An Approach through History from Hummurapi to Legendre*, Birkhauser, Boston, 1984.

[We17] Martin H. Weissman, *An Illustrated Theory of Numbers*, AMS, Providence, Rhode Island, 2017.

[Wi90] M.J. Wiener, "Cryptanalysis of short RSA secret exponents," *IEEE Transactions on Information Theory*, Volume 36 (1990), 553–558.

[Wi95] A. Wiles, "Modular elliptic-curves and Fermat's last theorem," *Annals of Mathematics,* Volume 141 (1995), 443–551.

[Wi78] H.C. Williams, "Primality testing on a computer," *Ars Combinatorica*, Volume 5 (1978), 127–185.

[Wi82] H.C. Williams, "The influence of computers in the development of number theory," *Computers and Mathematics with Applications*, Volume 8 (1982), 75–93.

[Wi84] H.C. Williams, "An overview of factoring," in *Advances in Cryptology, Proceedings of Crypto 83*, Plenum, New York, 1984, 87–102.

[Wi86] H.C. Williams, editor, *Advances in Cryptology—CRYPTO '85*, Springer-Verlag, Berlin, 1986.

[Wo03] S. Wolfram, *The Mathematica Book*, 5th ed., Cambridge University Press, New York, 2003.

[Wr39] H.N. Wright, *First Course in Theory of Numbers*, Wiley, New York, 1939.

[Wu65] M.C. Wunderlich, "Another proof of the infinite primes theorem," *American Mathematical Monthly,* Volume 72, Number 3 (1965), 305.

[Wu85] M.C. Wunderlich, "Implementing the continued fraction algorithm on parallel machines," *Mathematics of Computation*, Volume 44 (1985), 251–260.

[WuKu90] M.C. Wunderlich and J.M. Kubina, "Extending Waring's conjecture to 471,600,000," *Mathematics of Computation*, Volume 55 (1990), 815–820.